Tobias Scheidegger

»Petite Science«
Außeruniversitäre Naturforschung
in der Schweiz um 1900

Tobias Scheidegger

»Petite Science«

Außeruniversitäre Naturforschung in der Schweiz um 1900

WALLSTEIN VERLAG

Die Druckvorstufe dieser Publikation wurde vom
Schweizerischen Nationalfonds
zur Förderung der wissenschaftlichen Forschung unterstützt.

Die vorliegende Arbeit wurde von der Philosophischen Fakultät der Universität Zürich
im Frühjahrssemester 2015 auf Antrag von Prof. Dr. Thomas Hengartner und
Prof. Dr. Philipp Sarasin als Dissertation angenommen.

Inhalt

Einleitung . . . 7

1. Ein Wissen der Dinge: Sammeln und Objektpraktiken . . . 59
1.1 Fixierte Natur: Ontologie und Epistemik der Sammlungsdinge . . . 61
1.2 Dingpraktiken der Petite Science . . . 77
1.3 Vergnügliche Dinge: Natursammeln als Hobby und Konsumkultur . . . 108

2. Listen des Lokalen: Floren und Faunen als Wissensformate . . . 129
2.1 Verortung und Umrisse eines Wissensformats . . . 131
2.2 Heterogene Listen: Zur medialen Struktur der Floren und Faunen . . . 146
2.3 Lokalkataloge als Forschungsprogramm . . . 180

3. Zirkulierende Objekte und soziale Beziehungen . . . 199
3.1 Kollektive Dingzirkulation . . . 201
3.2 Kauf und Tausch von Naturdingen . . . 221
3.3 Gabenökonomien der Petite Science . . . 240

4. Ordnung Macht Zugehörigkeit . . . 265
4.1. Brügger versus Gremli: Ein Wissenschaftsstreit . . . 266
4.2 Soziale Stellung und Positionen zur Polemik . . . 303
4.3 Ordnungsmacht und Zugehörigkeit: Epilog und Fazit . . . 320

5. Institutionen und Akteure der Petite Science . . . 329
5.1 Akteure an institutionellen Schnittstellen . . . 330
5.2. Lokale Naturmuseen . . . 340
5.3 Schulen . . . 381
5.4 Naturforschervereine, bürgerliche Netzwerke und Behörden . . . 410
5.5 Institutionen und Akteure: Rückblick . . . 440

6. Landschaft zwischen Erkenntnis und Erlebnis . . . 445
6.1 Landschaft als Ort der Erkenntnis . . . 446
6.2 Lokalforschung und Entstehung des Naturschutzes . . . 474
6.3 Landschaftsgänge: Auf Exkursion . . . 490
6.4. Naturforscher als Landschaftsproduzenten . . . 509

7. Petite Science als Heimwissenschaft und Heimatmaschine 527
7.1 Forschung im trauten Heim: Heimwissenschaft 528
7.2 Lokalforschung als Heimatmaschine 566

Schluss 621

Quellen- und Literaturverzeichnis 635

Abbildungsnachweise 673

Anhang:
Zusammenstellung von deutschsprachigen Titeln
naturkundlicher Anleitungsliteratur 681

Personenregister 691

Dank 701

Ausführliches Inhaltsverzeichnis 703

Einleitung

Einstieg ins Feld

Im Sommer des Jahres 1912 schrieb der 56-jährige Spezerei- und Kurzwarenhändler Auguste Charpié aus Malleray im Berner Jura einen Brief ins benachbarte Solothurnische. In seinem Schreiben, das an den gleichaltrigen Langendörfer Arzt Rudolf Probst adressiert war, gab sich der jurassische Krämer als Wissenschaftler zu erkennen: »Dans l'état actuel de ma *petite science* je ne puis rapporter ma rose qu'à R[osa] tomentella, mais ce n'est en tous cas pas la forme normale dont elle diffère beaucoup.«[1]

Charpié hatte den Solothurner Arzt sechs Jahre zuvor auf einer Exkursion im nahen Jura kennengelernt, und zwischen den beiden entwickelte sich rasch eine enge Freundschaft. Beide Männer teilten die gleiche Leidenschaft: Ihre Freizeit verbrachten sie mit der Erforschung der heimischen Pflanzenwelt. Es war diese Forschung, die Charpié in besagtem Schreiben als seine »kleine Wissenschaft« geltend machte. Wie sah diese Forschung der beiden Botanikerkollegen aus? Charpié und Probst waren ungezählte Stunden ihrer arbeitsfreien Zeit draußen unterwegs und spürten auf Jurahöhen und Mooren des Mittellandes Pflanzen nach. Ihre Fundstücke schickten sie sich gegenseitig zu und besprachen Bestimmungsprobleme sowie das Vorkommen einzelner Arten an bestimmten Standorten. Ihre botanischen Interessen erstreckten sich also einerseits auf die Systematik, die Bestimmung und Abgrenzung einzelner Pflanzenarten, und andererseits auf die Floristik, die vollständige Erfassung aller Pflanzenarten die in einem ausgewählten Gebiet vorkommen.

Vor allem Rudolf Probst verfolgte den zweiten Forschungsschwerpunkt sehr zielgerichtet. Der blumenkundige Mediziner war Mitglied in der *Naturforschenden Gesellschaft Solothurn* und veröffentlichte in deren Vereinszeitschrift etliche floristische Artikel. Probst wusste auch die Vereinskollegen für seine Forschungsarbeiten einzuspannen. Mit zunehmender Dauer seiner Forschungen verfügte er nicht nur über eine riesige Sammlung der solothurnischen Flora, sondern auch über ein datengesättigtes Verzeichnis aller im Kantonsgebiet vorkommenden Pflanzen sowie deren Standorte.

1 Naturmuseum Solothurn, Nachlass Dr. Rud. Probst, Korrespondenzen, Doppelband (1710/1711), Brief Charpiés vom 31.8.1912, Hervorhebung T.S.

Ziel seiner Bestrebungen war es, ein vollständiges Verzeichnis der kantonalen Flora zusammenzustellen. Sein Tod durchkreuzte diese Pläne, und so blieb es dem Freizeitbotaniker schließlich verwehrt, die Veröffentlichung seines posthum erschienenen Lebenswerks *Verzeichnis der Gefässkryptogamen und Phanerogamen des Kantons Solothurn* (1949) noch mitzuerleben.

Auch Auguste Charpié publizierte verschiedentlich in Regionalblättern die Früchte seiner Freizeitforschungen. Im Gegensatz zu Probst waren die Interessen des Krämers nicht ausschließlich auf die Natur gerichtet, sondern weiter gespannt. Stets aber bildete das Lokale den Dreh- und Angelpunkt seiner Forschungstätigkeit; sei es als Sammler alter Zeichnungen, Wappen und Briefmarken oder als Erforscher von Flurnamen, jurassischem Patois oder eben der hiesigen Pflanzenwelt.

Für ihre Forschungen verkehrten die zwei Freizeitbotaniker nicht nur unter ihresgleichen. Beide pflegten auch Kontakt mit akademischen Botanikern an Hochschulen der Schweiz und des Auslands, und nach Charpiés Tod wanderte dessen Pflanzensammlung ins Herbar der Universität Zürich, während Probsts Kollektion nach einer langen Zwischenstation im Naturmuseum Solothurn schließlich an der Universität Bern landete.

Mit ihrer wissenschaftlichen Freizeitbeschäftigung stellten der Solothurner Mediziner und der Berner Merceriehändler um die Wende zum 20. Jahrhundert keine Ausnahmen dar. Naturforschung war ein florierendes Hobby mittelständischer Männer. Zwischen 1880 und der Zwischenkriegszeit verzeichnete die nichtprofessionelle Forschungstätigkeit in naturhistorischen Teilgebieten wie der Botanik, der Insektenkunde, der Ornithologie oder der Paläontologie eine eindrückliche Konjunktur. Diese Beliebtheit schlug sich in entsprechenden Vereinsaktivitäten und Publikationen nieder und war auch, wie schon Zeitgenossen feststellten, für das breitere Publikum unübersehbar. So konstatierte 1889 beispielsweise der Zofinger Apotheker Hermann Fischer-Sigwart, selber umtriebiger Naturforscher, die weite Verbreitung dieser trendigen Freizeitbeschäftigung:

> »In früheren Jahren sah man nur selten einen Herrn mit einer Botanisirbüchse auf dem Rücken die Gegend durchstreifen. Auch genirte man sich, mit diesem ungewohnten Anhängsel auszugehen und war jeweilen froh, wenn man eine abgelegene Gegend erreicht hatte, wo man den neugierigen Blicken der Menge entzogen war. [...] Heute ist das ganz anders geworden. Truppweise rücken die jungen Botaniker ins Feld. Das Publikum ist längst an den Anblick der grünen Blechbüchsen so gewöhnt, dass es kaum mehr darauf achtet«.[2]

2 Fischer-Sigwart: Beiträge, 11.

Obwohl eher als sachliche Feststellung gedacht, bediente Fischer-Sigwarts Beschreibung einen zeitgeistigen Gemeinplatz. Das Vorstellungsbild des kauzigen Amateurwissenschaftlers und leidenschaftlichen Sammlers, der mit Schmetterlingsnetz und Botanisierbüchse bewehrt durch Wälder und Wiesen irrt und den Objekten seiner Begierde nachstellt, prägte die populäre Wahrnehmung der Naturforschung nachhaltig. In zeitgenössischen Karikaturen und literarischen Texten wurde dieses Klischee dutzendfach reproduziert und wirkt bis heute nach: Noch Anfang des 21. Jahrhunderts bemühen Texte akademischer Wissenschaftskommunikation die einschlägigen Bilder der Schmetterlingsjagd, der Botanisierbüchse und des Blümchenbestimmens, um die Naturforschung vergangener Tage zu umschreiben und kontrastreich von der heutigen abzusetzen.[3]

Dem starken Reiz dieses Bildes bin auch ich anfänglich erlegen. Als mich vor einigen Jahren Fischer-Sigwarts oben zitierter Befund auf die Fährten der naturkundlichen Freizeitforscher um 1900 führte, galt meine erste Aufmerksamkeit ebenfalls dieser Figur des etwas verschrobenen Liebhabersammlers. Erst die allmähliche Vertrautheit mit den Quellen verschob meine Betrachtungsweise und ließ mich Hinweise wie jenen Ernst Bades beherzigen, der 1913 als Autor eines Naturkunderatgebers dem Sammelnovizen Folgendes ins Stammbuch schrieb: »Eine Käfersammlung, wie überhaupt jede naturwissenschaftliche Sammlung, ist nicht das Endglied naturwissenschaftlicher Beobachtung, sondern lediglich ein Mittel, jene Studien zu ergänzen, die der Sammler in der freien Natur macht.«[4]

Ich begann, solche Verlautbarungen beim Wort zu nehmen. In vergleichbarer Weise wie Franz Leuthardt, der 1902 als Präsident der *Naturforschenden Gesellschaft Baselland* die »Kenntnis der Natur der engern Heimat, also die eigentliche Naturforschung«[5] als Hauptaufgabe seines Vereins umschrieb und diesem Zweck das Sammeln unterordnete, so richtete sich auch mein Blickwinkel immer mehr auf das Naturaliensammeln als eine *wissenschaftliche* Tätigkeit. Von dort war es nur noch ein kleiner Schritt, bis schließlich das Sammeln aus dem hauptsächlichen Fokus rückte und die freizeitliche Naturforschung im weiteren Sinne an dessen Stelle trat. Mit dieser Verschiebung der Perspektive erschloss ich mir auch neue Quellengattungen, und neben die anfänglich konsultierten Sammelratgeber und Sammlerzeitschriften traten Zeitschriften von Naturforschervereinen, Akten von Lokalmuseen und Korrespondenzen von Freizeitforschern. Immer deutlicher traten schließlich die Umrisse einer vergangenen naturwissenschaftlichen

3 So 2001 *Unipress*, das Magazin der Universität Bern (Etter: Editorial, 4) und 2007 *Horizonte*, die Zeitschrift des Schweizerischen Nationsfonds (Waldner: Reden wir, 33).

4 Bade: Handbuch für Naturaliensammler, 341.

5 Leuthardt: Jahresbericht 1901, 9.

Praxis hervor, die mit Auguste Charpiés Worten treffend als »petite science« charakterisiert werden kann.

Dieser Petite Science nähert sich die vorliegende Untersuchung. Sie skizziert diese als eigenständigen Modus der naturgeschichtlichen Forschung in der Schweiz um 1900, der autonome Milieus ausbildete und eigene Forschungsagenden verfolgte. Angesichts des noch immer sehr überschaubaren Forschungsstandes zu diesem Wissenschaftsmodus sind die Leitfragen, die dieser Arbeit zugrunde lagen, einer weiten Perspektive verpflichtet. Sie zielen auf eine panoramatische Darstellung dieser einst so verbreiteten, historiographisch jedoch unterbeleuchteten populären Wissenschaftsaktivitäten: Was zeichnete diese Art, Naturgeschichte zu betreiben, als eigenständigen Wissenschaftsmodus aus? Wie unterschied sich dieser Modus von der universitären Naturforschung seiner Zeit, und was für ein Verhältnis pflegten diese beiden Sphären zueinander? Wie organisierten sich die Akteure der Petite Science, und welches waren ihre hauptsächlichen Wissenspraktiken? Wer betrieb solche freizeitlichen Naturforschungen und aus welchen Motiven? In welcher Weise waren Forschungsperspektiven durch zeitgenössische Leitkonzepte aus der Naturgeschichte sowie aus anderen Diskurszusammenhängen geprägt, und wie formten sie im Gegenzug diese durch ihre wissenschaftliche Tätigkeit mit?

In der folgenden Einleitung möchte ich erläutern, wie ich bei der Erforschung und Darstellung dieses Wissenschaftsmodus vorgegangen bin. Den Auftakt bildet eine Begriffsklärung. Es sollen bestehende Konzepte, die sich zur Konturierung der Petite Science anbieten könnten, dargestellt und ihre Beschränkungen aufgezeigt werden. Anschließend soll veranschaulicht werden, inwiefern der Begriff Petite Science geeignet ist, als heuristisches Werkzeug die wichtigsten Eigenschaften der naturkundlichen Freizeitforschung um 1900 herauszustellen. Nach einem kurzen Portrait dieser Eigenschaften will ich erläutern, welche theoretischen Zugänge diesen Gegenstand zu erhellen vermögen und daher meiner Arbeit zugrunde gelegt wurden. Dieser theoretischen Verortung folgen methodische Erwägungen sowie Ausführungen zum Quellenkorpus, bevor die Einleitung durch eine Vorschau auf die einzelnen Kapitel meiner Untersuchung beschlossen wird.

Terminologische Klärungen

Dass ich mich zur Bezeichnung dieses Wissenschaftsmodus bei Auguste Charpiés eingängigem Bild der Petite Science bediente, ist nicht in erster Linie auf meine Absicht zurückzuführen, die Fachwelt mit einer neuen Begrifflichkeit zu beglücken. Vielmehr zeigte sich im Laufe der Arbeit, dass dieses Selbstportrait des bluminteressierten Kurzwarenhändlers eine äußerst treffende Charakterisierung der freizeitlichen Naturforschung abgibt. So diente mir die Petite Science als heuristischer Kompass, der mir bei der Erkundung des vielgestaltigen Feldes der außeruniversitären Naturforschung die Richtung wies und auch den Erzählfaden der vorliegenden Arbeit – die gewissermaßen einen Taschenführer durch dieses wissenschaftliche Feld darstellt – ausrichtete.

Bevor nun eingehender aufgezeigt werden soll, inwiefern der Begriff der Petite Science die wichtigsten Eigenschaften dieses Wissenschaftsmodus zu umreißen vermag, will ich jedoch begründen, wieso ich mit dem Charpié'schen Lehnwort überhaupt eine neue Begrifflichkeit[6] in die Welt setzte. Mit gutem Recht mag man einwenden, dass zur Umschreibung dieser freizeitlichen Wissenschaftsbetätigungen bereits ein ausreichendes Vokabular zur Verfügung stünde – zu nennen wären beispielsweise die »Amateurwissenschaft«, die »Laienwissenschaft«, die »Populärwissenschaft« oder die »Citizen Science«. Dieser Einwand ist berechtigt, doch wie ein Blick auf die wichtigsten dieser Bezeichnungen nun aufzeigen soll, weist das bestehende Begriffsrepertoire etliche Unzulänglichkeiten auf, was die terminologische Anleihe beim Berner Kurzwarenhändler legitimiert. In dieser Überschau zu bereits existierenden Begrifflichkeiten sollen neben deren analytischem Potential sowie meinen inhaltlichen Vorbehalten auch konkrete Forschungsarbeiten zur Sprache kommen, die auf diesen Konzepten aufbauen. So vermittelt folgende nomenklatorische Tour d'Horizon auch einen ersten Überblick zum Forschungsstand bezüglich populärer Wissenschaftsaktivitäten.

Der naheliegendste Begriff zur Umschreibung des skizzierten Wissenschaftsmodus ist jener der »Amateurwissenschaft«. Einigkeit über diesen Begriff besteht in der wissenschaftsgeschichtlichen und kulturwissenschaftlichen Forschung jedoch nur ansatzweise, und eine weitere Klärung stünde an, wie

6 Ganz neu ist der Begriff der Petite Science genau genommen nicht: Bereits 1963 veröffentlichte der Wissenschaftstheoretiker Derek de Solla Price seine Untersuchung *Little Science, Big Science* und knüpfte damit an einen »geglückten Ausdruck« Alvin M. Weinbergs aus dem Jahre 1961 an (Solla Price: Little Science, 14). Unter dem Eindruck von Los Alamos und Cape Canaveral erstellte Solla Price in seiner Schrift die Zeitdiagnose einer sogenannten »big science«: Gegenwärtige Wissenschaft unterscheide sich von der früheren »little science« durch ein exponentielles Wachstum bezüglich Manpower, finanziellem Ressourcenbedarf sowie dem Output an Publikationen. Solla Price' »little science« dient nur als rhetorische Kontrastfolie, um eine längst vergangene Wissenschaftsrealität zu bezeichnen, die noch nicht von solchen Wachstumsschüben geprägt gewesen sei. Sie meint somit etwas gänzlich anderes als die hier interessierende Petite Science als Freizeitwissenschaft um 1900. Dem hier interessierenden Wissenschaftsmodus weit adäquater ist hingegen Christoph Schmitts Begrifflichkeit des »Kleinforschers«, die er in einer Studie zur volkskundlichen Forschungstätigkeit von mecklenburgischen Lehrern verwendete (vgl. Schmitt: Helfer und Helden).

der deutsche Historiker Andreas Daum betont: »Die Amateurwissenschaft bleibt im Ganzen eine chamäleonartige Erscheinung und bedarf der präziseren empirischen Bestimmung.«[7] Trotz der beklagten Unklarheit lässt sich in der Forschung ein grober Konsens über die wichtigsten Eigenschaften der Amateurwissenschaften ausmachen. Dessen Eckpunkte sind erstens, dass der Amateur eine wissenschaftliche Tätigkeit nicht als Lohnarbeit ausübt, sondern einzig zu seinem persönlichen Vergnügen. Diese Bedeutungsdimension heben auch die im deutschen Sprachraum synonym verwendeten Begriffe des »Liebhabers« oder des »Dilettanten« hervor. Zweitens schreiben die meisten Untersuchungen der Amateurwissenschaft eine gewisse Autonomie gegenüber der »richtigen« Wissenschaft zu: Der Amateur betreibt eine Wissenschaft gemäß eigenen Bedürfnissen und ist in keiner Weise verpflichtet, die Ergebnisse seiner Privatforschungen wieder in den wissenschaftlichen Diskurs einzuspeisen. Ob drittens der Mangel an formaler wissenschaftlicher Ausbildung beziehungsweise die autodidaktische Komponente ein Wesensmerkmal des Amateurs darstellt (beziehungsweise umgekehrt: ob ein universitär Ausgebildeter ein Amateur sein kann), darüber gehen die Meinungen auseinander.

Bei weitem am besten erforscht ist das naturkundliche Amateurwesen für Großbritannien. Dies kommt nicht von ungefähr, da die Insel gewissermaßen das Königreich des Amateurismus darstellte. Wie Morris Berman 1975 aufzeigte, prägte die Figur des Amateurs noch weit bis ins 19. Jahrhundert das vorherrschende Wissenschaftsideal Großbritanniens.[8] Der unabhängige und vermögende *gentleman scientist*, der Wissenschaft aus reinem Vergnügen und frei von profanen Zwängen wie Gelderwerb betreibt, galt als das Maß aller Dinge. Ein Sachverhalt, der gemäß Berman die anhaltende kulturelle Hegemonie aristokratischer Ideale auch im Mittelstand widerspiegelte und auch die wichtigste Ursache für die im europäischen Vergleich erst sehr spät erfolgte Professionalisierung der britischen Naturwissenschaften darstellte. Ebenfalls in den 1970er-Jahren legte David E. Allen sein wissenschaftshistorisches Standardwerk *The Naturalist in Britain* vor. Dieses zeichnete die Entwicklung der britischen Naturgeschichte vom 18. bis ins frühe 20. Jahrhundert ausdrücklich aus sozialgeschichtlicher Perspektive nach, was für die damalige Biologiegeschichte ein Novum darstellte. In dieser sowie weiteren Arbeiten fasste Allen von Naturforschervereinen und Sammlern über Museen und die entstehenden Hochschulinstitute das weite Feld der gesamten Naturgeschichtsforschung ins Auge, in dem die Figur des Amateurs eine prominente Rolle einnahm.[9] In anderen Untersuchungen

7 Daum: Wissenschaftspopularisierung, 111.
8 Berman: »Hegemony« and the amateur tradition.
9 Vgl. Allen: The Naturalist in Britain. A Social History (1976); ders.: The Botanists. A History of the Botanical Society of the British Isles (1986).

widmete er sich zudem dem Phänomen der verschiedenen naturbezogenen *crazes* des viktorianischen Zeitalters; populären Begeisterungswellen beispielsweise für Farnpflanzen, Meeresalgen oder Muscheln, die hauptsächlich von bürgerlichen Frauen und Kindern gesammelt und zu ästhetischen Hausschmuckensembles zusammengestellt wurden.[10]

In den 1990er-Jahren präsentierte die Wissenschaftshistorikerin Anne Secord mit ihren Untersuchungen zur »artisan botany« eine Subkultur des britischen Amateurwesens und weitete den Blick über die herkömmliche Fixierung auf das viktorianische Bürgertum und die aristokratischen Gentlemen Scientists aus. Sie porträtierte britische Handwerkermilieus, die sich in der ersten Hälfte des 19. Jahrhunderts in Gaststätten trafen, um miteinander botanische Forschung und Belehrung zu betreiben. Diese »science in the pub« zeichnete sich aus durch mündliche Überlieferungsweisen und – was vor allem im Kontakt mit sozial höhergestellten Gentlemen Scientists zum Tragen kam – durch einen eigensinnigen Ethos, der sich an Tugenden der Handwerkszünfte anlehnte.[11]

Hauptthema vieler jüngerer Untersuchungen zum naturkundlichen Amateurwesen in Großbritannien ist jedoch die (verspätete) Entstehung einer professionellen, akademischen Naturforschung ab den 1870er-Jahren und deren angespanntes Verhältnis zu den traditionellen Freizeitforschern. Bis in die 1990er-Jahre lautete die dominante wissenschaftsgeschichtliche Erzählung, dass die herkömmliche Amateurforschung in der neuen Hochschulforschung, die sich am kontinentaleuropäischen Modell einer laborgestützten, empirischen Wissenschaft orientiert hätte, schlicht keinen Platz mehr gehabt hätte. In ihrer Ausrichtung als feldbasierte und sammelnde Naturgeschichte habe sich die bisherige Amateurforschung mit der physiologischen Forschungsperspektive der *new biology*, wie sie nun an den entstehenden Hochschulinstituten betrieben wurde, als inkompatibel erwiesen. Die Amateure als Advokaten einer veralteten Wissenschaft hätten fortan als lebende Fossilien eine unbedeutende und höchstens noch anekdotische Rolle im Wissenschaftsbetrieb gespielt.

Neuere Untersuchungen der 1990er- und frühen 2000er-Jahre widerlegen diese Sichtweise. Sie zeigen, dass die Erzählung des einer veralteten Wissenschaft anhängenden Amateurs vielmehr eine rhetorische Abgrenzungsstrategie der im Entstehen begriffenen disziplinären Naturforschung darstellte: Die neue Schicht bezahlter Naturwissenschaftler, die an Hochschulen und Instituten lehrte und forschte, habe sich mit der imaginierten Figur des Amateurs eine Kontrastfolie geschaffen, vor der sich ihr eigenes

10 Vgl. Allen: The Victorian Fern Craze (1969).

11 Vgl. Anne Secord: Science in the pub. Artisan botanists in early nineteenth-century Lancashire (1994); dies.: Corresponding interests. Artisans and gentlemen in nineteenth-century natural history (1994); dies.: Artisan botany (1996).

Tun abhob und so ihre noch junge professionelle Identität festigte.[12] Verschiedene Arbeiten zeigen denn auch auf, dass die Trennlinie zwischen diesen beiden Wissenschaftsmodi alles andere als klar verlief und es in Großbritannien auch nach der Etablierung einer professionellen biologischen Hochschulforschung zu fortgesetzter Zusammenarbeit zwischen Akademikern und Amateurforschern kam, beispielsweise bei pflanzenökologischen Kartierungsprojekten.[13]

Für die USA wurde das naturkundliche Amateurwesen unter analogem Blickwinkel erforscht, auch wenn im Vergleich zu Großbritannien die einschlägigen Arbeiten etwas dünner gesät sind. Die Rolle einer vielzitierten Pionierarbeit kommt Sally Kohlstedts Fallstudie zur *Boston Society of Natural History* aus dem Jahr 1976 zu.[14] Kohlstedts Untersuchung baut auf dem klassischen Narrativ des durch zunehmende Professionalisierung bedrängten Amateurs auf. Wesentlich früher als in Großbritannien, nämlich bereits zwischen 1830 und 1850, seien die Bostoner Dilettanten von den sich formierenden professionellen Naturwissenschaftlern marginalisiert und ihr Laienwissen vor dem Hintergrund neuer Studiengänge, Zertifikate und Wissenschaftsvereinigungen abgewertet worden.

Eine umfassende Studie zum US-amerikanischen Amateurwesen legte Elizabeth B. Keeney 1992 mit ihren *The Botanizers* vor.[15] Keeneys Monographie zeichnet die Entwicklungen der Amateurbotanik über das ganze 19. Jahrhundert nach. Die Schwerpunkte der sozialgeschichtlich ausgerichteten Studie liegen auf der Interaktion der Amateure mit einer sich professionalisierenden Hochschulbotanik und der Ausformung einer eigenständigen amateurbotanischen Wissenschaftsgemeinde mit einem spezifischen Angebot an Wissenschaftspopularisatoren, Vereinsstrukturen, Zeitschriften und Bestimmungsliteratur. Weiter behandelt Keeney die Einbettung der Freizeitwissenschaft in moralische, naturtheologische und utilitaristische Vorstellungen des Bürgertums, widmet sich ausführlich der Teilnahme der Frauen an der Amateurbotanik und zeigt, wie diese sich im ausgehenden 19. Jahrhundert im reformpädagogischen *nature study movement* ein neues Betätigungsfeld zu schaffen versuchten.

12 Vgl. Allen: On parallel lines. Natural history and biology from the late Victorian periode (1998); Alberti: Amateurs and professionals in one county; Desmond: Redefining the X-axis. »Professionals«, »amateurs« and the making of mid-Victorian biology (2001).

13 Sehr früh schon finden sich diesbezügliche Hinweise bei Lowe: Amateurs and professionals. The institutional emergence of British plant ecology (1976); die kontinuierliche Kooperation beleuchtet ebenso Alberti: Amateurs and professionals.

14 Vgl. Kohlstedt: The nineteenth-century amateur tradition. The case of the Boston Society of Natural History (1976).

15 Vgl. Keeney: The Botanizers. Amateur Scientists in Nineteenth-Century America (1992).

Eine vergleichbare Studie zur Amateurornithologie veröffentlichte Mark V. Barrow Jr. 1998.[16] Barrow zeigte, wie sich in der zweiten Hälfte des 19. Jahrhunderts eine sich professionalisierende Ornithologie vom Fußvolk der populären *birdwatchers* abzugrenzen begann, beispielsweise über die konsequente Verwendung lateinischer Nomenklatur. Seine Studie nimmt aber nicht ausschließlich die Perspektive der Professionalisierung ein, sondern widmet sich ebenso dem wissenschaftlichen Milieu der Amateurornithologen und dessen Vereinen, Zeitschriften und Forschungspraktiken und skizziert auch die Felder, auf denen Amateure und Professionelle weiterhin miteinander verkehrten.

Unter leicht geänderten Vorzeichen verfolgten letztere Fragestellung auch Susan Leigh Star und James R. Griesemer in ihrer 1989 erschienenen Untersuchung zum *Museum of Vertebrate Zoology* in Berkeley.[17] In dieser Studie zu einem geozoologischen Kartierungsprojekt in Kalifornien fokussierten sie sich auf die fortgesetzte Kooperation zwischen akademischen Forschern und Amateuren im frühen 20. Jahrhundert, also vor dem Hintergrund der längst erfolgten Professionalisierung der Naturwissenschaften. Vergleichbare milieuübergreifende Zusammenarbeit thematisieren auch mehrere jüngere Arbeiten des Wissenschaftshistorikers Robert E. Kohler. In zwei Fallstudien zu den naturwissenschaftlichen Subdisziplinen der Survey-Forschung und der Pflanzenökologie zeigte Kohler, wie mit dem Aufkommen dieser neuen Forschungsrichtungen um 1900 vermeintlich klare Grenzziehungen zwischen Amateuren und Professionellen sich zu verschieben begannen und neu verhandelt werden mussten.[18]

Während also die naturkundliche Amateurwissenschaft in der angelsächsischen Wissenschaftsgeschichte einige Aufmerksamkeit auf sich zu ziehen wusste, ist sie im französischen und deutschen Sprachraum noch nicht eingehend erforscht. Für Frankreich eine rare Ausnahme stellt Patrick Matagnes Monographie *Aux origines de l'écologie* aus dem Jahre 1999 dar.[19] Diese Studie würdigte die verkannte Rolle der naturkundlichen Amateure bei der Ausformulierung ökologischer Theorien in Frankreich und beleuchtet deren Milieus, die um gelehrte Naturforschergesellschaften herum organisiert waren und eigenständige Konzepte, Begrifflichkeiten und Medien entwickelt hatten. Vergleichbare Übersichtsstudien zu amateurhaften Natur-

16 Vgl. Barrow: A Passion for Birds. American Ornithology after Audubon (1998).

17 Vgl. Star und Griesemer: Institutional ecology, »translations« and boundary objects. Amateurs and professionals in Berkeley's Museum of Vertebrate Zoology, 1907-1939 (1989).

18 Vgl. Kohler: Landscapes and Labscapes. Exploring the Lab-Field Border in Biology (2002) und ders.: All Creatures. Naturalists, Collectors, and Biodiversity. 1850-1950 (2006).

19 Vgl. Matagne: Aux origines de l'écologie. Les naturalistes en France de 1800 à 1914. (1999).

forschern fehlen für Deutschland weitgehend,[20] während die Laienpartizipation in der Geschichtswissenschaft,[21] der Archäologie[22] oder der Volkskunde[23] weit gründlicher erforscht ist.

Dies heißt aber nicht, dass die naturkundlichen Amateure von der deutschsprachigen Biologiegeschichte gänzlich die kalte Schulter gezeigt bekamen. So wurden die Laienforscher einerseits von Studien zur Geschichte des naturhistorischen Museumswesens[24] und zur Wissenschaftspopularisierung[25] als Randerscheinung gestreift, andererseits wurde in mehreren Arbeiten die naturkundliche »Amateurforschung« gewinnbringend unter anderen Begrifflichkeiten und Konzepten analysiert, wie ich weiter unten noch ausführen werde.

Für die vorliegende Untersuchung verwende ich den Begriff des »Amateurs« eher zurückhaltend. Auch wenn er in vielerlei Hinsicht auf das Tun und Treiben der Petite Science zutrifft, sprechen doch mehrere Gründe dagegen. So erstens, dass der Begriff historisch betrachtet oftmals Ausdruck von Projektionen und machtvollen Zuschreibungen war, wie für Großbritannien aufgezeigt wurde. Seine Verwendung ruft unweigerlich Vorstellungen von Abgrenzungsrhetoriken und Ausschlussmechanismen hervor, die jedoch in keiner Weise die Realität der naturkundlichen Petite Science in der Schweiz um 1900 kennzeichnen: Eine grundsätzliche Exklusion der Freizeitforscher seitens der professionellen Wissenschaftler ließ sich nicht

20 Eine der wenigen Ausnahmen, Theodor Butterfass: Liebhaberbotaniker deutscher Sprache (1987), beschränkt sich auf eine Auflistung biographischer Kurzportraits von über 100 Amateurbotanikern, lässt aber eine weiter gehende Kontextualisierung und Synthese weitgehend vermissen.

21 Vgl. exemplarisch Hermann Heimpel: Geschichtsvereine einst und jetzt (1972).

22 Vgl. Altekamp: Der Archäologe als Dilettant. Traditionen des Amateurhaften in der deutschen Klassischen Archäologie (2001).

23 Vgl. Vera Deissner: Die Volkskunde und ihre Methoden. Perspektiven auf die Geschichte einer »tastend-schreitenden Wissenschaft« bis 1945 (1997), sowie Anita Bagus: Volkskultur in der bildungsbürgerlichen Welt. Zum Institutionalisierungsprozess wissenschaftlicher Volkskunde im wilhelminischen Kaiserreich am Beispiel der Hessischen Vereinigung für Volkskunde (2005). Auf die neuere Fachgeschichtsschreibung der Volkskunde unter Berücksichtigung der Öffentlichkeitswirkung und der Amateurpartizipation der jungen Disziplin gehe ich weiter unten ausführlicher ein.

24 Vgl. den gehaltvollen Aufsatz von Susanne Köstering: Transformatoren des Wissens. Lehrer, Amateurforscher und das Leipziger Naturkundliche Heimatmuseum (1999). Als Nebenschauplatz wird das Amateurwesen auch erwähnt in Köstering detailreicher Studie: Natur zum Anschauen. Das Naturkundemuseum des deutschen Kaiserreiches 1871-1914 (2003); sowie in Carsten Kretschmann: Räume öffnen sich. Naturhistorische Museen im Deutschland des 19. Jahrhunderts (2006).

25 Vgl. Daum: Wissenschaftspopularisierung im 19. Jahrhundert. Bürgerliche Kultur, naturwissenschaftliche Bildung und die deutsche Öffentlichkeit, 1848-1914 (1998); Schwarz: Bilden, überzeugen, unterhalten: Wissenschaftspopularisierung und Wissenskultur im 19. Jahrhundert (2003).

feststellen. Zweitens ist problematisch, dass der Begriff des »Amateurs« heute oftmals einen abwertenden Beiklang hat und mit fachlichem Ungenügen gleichgesetzt wird, auch wenn im Untersuchungszeitraum die Ausdrücke »Amateur«, »Liebhaber« oder »Dilettant« von den Akteuren der naturkundlichen Lokalforschung durchaus noch als affirmative oder liebevoll ironische Selbstbezeichnung verwendet wurden.[26] Drittens spricht gegen den Begriff, dass mit Blick auf das Quellenmaterial eine klare Abgrenzung der Amateure von professionellen Forschern nicht leicht zu bewerkstelligen ist; das Feld ist gekennzeichnet von fließenden Grenzen und schwer bestimmbaren Mittelpositionen.[27] Für das hier interessierende Wissensmilieu kommt viertens schließlich hinzu, dass die Hauptkriterien amateurhafter Wissenschaftspraxis, die Tätigkeit bloß zum Vergnügen statt zum Gelderwerb sowie eine fehlende formale Ausbildung, für prägende Figuren der naturkundlichen Petite Science um 1900 schlicht nicht zutreffen. Als personifizierte Rückgrate der verschiedenen lokalen Naturforschermilieus ließen sich nämlich jeweils von mir als »Zentrumsakteure« bezeichnete Männer ausmachen. Bei diesen handelte es sich oft um promovierte Naturwissenschaftler, die nun in Personalunion als Naturkundelehrer, Museumskurator und Naturforschervereinspräsident in einer Kleinstadt wirkten. Diese Zentrumsakteure besaßen also eine naturwissenschaftliche Ausbildung und bestritten auch ihr Einkommen mehr oder weniger mit naturwissenschaftlicher Betätigung.

Neben der »Amateurwissenschaft« drängt sich ein weiterer Begriff zur Umschreibung der freizeitlichen Naturforschung auf; die sogenannte »Wissenschaftspopularisierung« beziehungsweise die »Populärwissenschaft«. Im Gefolge einer sozialkonstruktivistisch ausgerichteten Wissenschaftsforschung erfuhr das Konzept der Wissenschaftspopularisierung in den vergangenen dreißig Jahren eine grundlegende Überholung. Heute besteht ein relativ breiter Konsens darüber, dass Popularisierung etwas anderes bedeutet als bloß die Vermittlung vereinfachter und zurechtgestutzter wissenschaftlicher Erkenntnisse an ein passives Laienpublikum. Anstelle des veralteten Bildes der Einbahnkommunikation von oben nach unten ist ein Konzept getreten, das Popularisierung als dialogischen, interaktiven Prozess auf-

26 Sehr aufschlussreich war die Kritik des Begriffes, den im Laufe meiner Forschung etliche Gesprächspartner äußerten, die an Institutionen tätig sind, welche sich auch heute noch durch mehr oder minder ausgeprägte Laienpartizipation auszeichnen, so Mitarbeitende von Museen, Universitätssammlungen und Instituten systematischer Biologie. Meist stellten sie in Frage, ob »Amateur« ein zutreffender Begriff sei, und fühlten sich bemüßigt, die wissenschaftliche Qualität solcher Laienbeiträge ausdrücklich zu betonen.

27 Darauf weisen auch etliche Autoren hin, die mit dem Begriff des »Amateurs« arbeiten, so z. B. Kohlstedt: The Nineteenth-century amateur tradition, 173; Keeney: The Botanizers; 1-6.

fasst.[28] Den Bedürfnissen und Ansprüchen des Publikums beziehungsweise des Ansprechpartners gemäß transformiert sich das jeweils kommunizierte Wissen und wirkt dadurch auf den Entstehungszusammenhang wissenschaftlicher Erkenntnisse zurück.[29] Vermeintlich selbstevidente Größen wie »ExpertInnen«, »Wissenschaft«, »Publikum« oder »Öffentlichkeit« erscheinen in dieser Perspektive nun nicht mehr als Voraussetzung, sondern als Resultat solcher Kommunikationsprozesse: Sie werden in der Übertragung und Transformation von Wissensbeständen zwischen verschiedenen Kontexten kulturell erst hergestellt.[30]

Untersuchungen zur Populärwissenschaft des 19. Jahrhunderts in verschiedenen europäischen Ländern liegen ziemlich zahlreich vor.[31] Etliche dieser Publikationen basieren jedoch noch auf einem traditionellen Popularisierungsmodell, das die konzeptionellen Differenzierungen der jüngeren Zeit kaum widerspiegelt. Diese Studien beschränken sich vornehmlich auf die Darstellung populärwissenschaftlicher Publizistik, deren Inhalte und Rhetorik, ihre Autoren und Promotoren, ihre Verbreitung und Ähnliches, während Bedürfnisse und Tätigkeiten der verschiedenen Publika so-

28 Grundlegend für diese Neuorientierung des Popularisierungskonzepts war Richard Whitley: Knowledge producers and knowledge acquirers. Popularisation as a relation between scientific fields and their publics (1985). Auch wenn dieses erneuerte Konzept von Popularisierung auf breite Zustimmung stößt, so sind doch einige Gegenstimmen zu vernehmen. Einen ausdrücklichen Gegenstandpunkt zum interaktionistischen Popularisierungsmodell Whitleys, dem er stattdessen ein Modell entgegenstellt, welches das hierarchische Gefälle innerhalb jeder Popularisierung bewusst herausstreicht, vertritt in jüngerer Zeit Carsten Kretschmann: Einleitung. Wissenspopularisierung – ein altes, neues Forschungsfeld (2003). Aus entgegengesetzter Warte halten Autoren wie Wolfgang Kaschuba et al. auch dem erneuerten Popularisierungsbegriff vor, das veraltete Bild eines hierarchischen und einseitigen Kommunikationsverhältnisses fortzuschreiben, und schlagen vor, »Popularisierung« durch den Begriff des »Wissenstransfers« zu ersetzen (Kaschuba et al.: Volkskundliches Wissen, 2009, 192 f.).

29 Vgl. Cooter und Pumfrey: Separate spheres, 250; Drouin und Bensaude-Vincent: Nature for the people, 424.

30 Exemplarisch diverse Studien Steven Shapins zur Konstruktion des wissenschaftlichen Publikums und der Figur des glaubwürdigen Wissenschaftlers, vgl. Shapin: A Social History of Truth: Civility and Science in Seventeenth-Century England (1994).

31 Vgl. die klassischen Untersuchungen von Susan Sheets-Pyenson: Popular science periodicals in Paris and London: The emergence of a low scientific culture, 1820-1875 (1985) sowie von Daniel Raichvarg und Jean Jacques: Savants et ignorants: Une histoire de la vulgarisation des sciences (1991). Theoretisch differenzierteren Popularisierungskonzepten verpflichtet sind die jüngeren Studien von Andreas W. Daum: Wissenschaftspopularisierung im 19. Jahrhundert. Bürgerliche Kultur, naturwissenschaftliche Bildung und die deutsche Öffentlichkeit, 1848-1914 (1998) sowie von Angela Schwarz: Der Schlüssel zur modernen Welt. Wissenschaftspopularisierung in Großbritannien und Deutschland im Übergang zur Moderne, ca. 1870-1914 (1999). Eine ausführliche Übersicht zum Forschungsstand über die Populärwissenschaft bietet auch Sarasin: Reizbare Maschinen, 124-136.

wie Rückwirkungen auf etablierte Wissenschaften (auch quellenbedingt) kaum Berücksichtigung finden.

Auch wenn die populärwissenschaftliche Publizistik unbestrittenermaßen die populären Wissenskulturen moderner Gesellschaften stark prägte, so laufen Untersuchungen mit einem ausschließlichen Fokus auf einschlägige Medienprodukte doch Gefahr, ungewollt ein veraltetes, diffusionistisches Modell der Wissenschaftspopularisierung zu reproduzieren. Nicht nur angesichts der grundsätzlichen Orientierungsleistung, die (populär)wissenschaftliche Erkenntnisse bei der Bewältigung des modernen Alltags bieten,[32] drängt sich ein erweiterter Begriff der Populärwissenschaft auf. Der populäre Wissenschaftsbezug im 19. Jahrhundert erschöpfte sich nämlich keineswegs in der Lektüre einschlägiger Bücher und Magazine.

Bauteile für eine solche konzeptionelle Erweiterung stellen beispielsweise Roger Cooter und Stephen Pumfrey in ihrem Artikel *Separate spheres and public places* (1994) bereit. Ihr Beitrag besteht weniger in einer terminologischen Neuschöpfung denn in einem plausiblen Vorschlag für eine Perspektivenverschiebung. Anknüpfend an bereits skizzierte Kritikpunkte eines veralteten Popularisierungsmodells, plädieren sie für eine Sicht auf Populärwissenschaft, die sich an Leitkonzepten der Popular Cultural Studies orientiert und deren Erkenntnisse zum Verhältnis von elitärer und subordinierter Kultur berücksichtigt. Deutlicher noch als vergleichbare Autoren betonen Cooter und Pumfrey den Eigensinn der Rezipienten, die ihren eigenen Bedürfnissen entsprechend Wissensbestände der Elitenwissenschaft sich aneignen, anpassen, umdeuten und anwenden würden: »In short, ›popular science‹ may diverge from ›learned science‹ not because the latter is poorly understood, but because it is developed by its recipients for different purposes.«[33] Ausgehend von dieser Prämisse, formulieren Cooter und Pumfrey zwei Schwerpunkte, die die Erforschung von »science in popular culture« in den Blick zu nehmen habe. Einerseits sei die Pluralität von Orten genauer zu erforschen, an denen wissenschaftliches Wissen rezipiert

32 Unter Bezug auf Michel Foucault und Roger Chartier streicht Philipp Sarasin die Wichtigkeit der populärwissenschaftlichen Sinnproduktion für die Alltagsbewältigung in der Moderne heraus (vgl. Sarasin: »La science en famille«, 97-99).

33 Roger Cooter und Stephen Pumfrey: Separate spheres and public places. Reflections on the history of science popularization and science in popular culture (1994), 249-250. Für einen vergleichbaren Perspektivenwechsel hin zur Untersuchung der populären Wissensaneignung und der sie bedingenden Umstände plädierten auch Brecht und Orland: Populäres Wissen. Einleitung (1999). Ausdrücklich auf die Naturgeschichte bezogen vertreten diese Position ebenfalls Drouin und Bensaude-Vincent: »In conclusion, the popular natural history tradition can be seen as a major aspect which contributed to shaping the discipline. Though natural history was never ›popular itself‹, it remained open to various degress of non-specialized languages and to various forms of practice« (Drouin und Bensaude-Vincent: Nature for the people, 424).

und produziert wird. Andererseits seien über die Rezeption hinaus auch dingliche Praktiken und handfeste Tätigkeiten ins Auge zu fassen.[34]

Vor allem die erste der beiden Forschungsperspektiven erfuhr in den vergangenen Jahren seitens der Wissenschaftsgeschichte einige Aufmerksamkeit. Ulrike Felt portraitierte 1996 Orte, an denen sich im Wien des frühen 20. Jahrhunderts Wissenschaft und Öffentlichkeit begegneten. Sie zeigte, wie unterschiedlich motivierte Popularisierungsakteure wie Printmedien, die Volksbildungsbewegung, naturwissenschaftliche Museen sowie die Universität im Austausch mit verschiedenen Publika den »Hybridraum« einer »›öffentliche[n]‹ Wissenschaft« hervorbrachten.[35] Vergleichbar skizzierte Andreas W. Daum in seiner äußerst umfangreichen Übersichtsstudie *Wissenschaftspopularisierung im 19. Jahrhundert* (1998) die fundamentale Rolle, die populärwissenschaftliche Publizistik, aber auch Vereine, Festanlässe, Vortragsabende, Museen und Volksbildungseinrichtungen in der Ausweitung und Ausdifferenzierung der Sphäre bürgerlicher Öffentlichkeit in Deutschland einnahmen.[36] Dem Öffentlichkeitscharakter von Wissenschaften war auch der Sammelband gewidmet, den Sybilla Nikolow und Arne Schirrmacher im Jahre 2007 herausbrachten. Darin formulierten sie einen konzeptionellen Entwurf zum Öffentlichkeitsbezug von Wissenschaften, den sie dem ihrer Meinung nach unbrauchbaren Popularisierungsbegriff entgegenstellen. Sie umreißen ein Modell der gestuften Öffentlichkeit der Wissenschaft und verdeutlichen damit, wie Wissenschaftler in verschiedenen öffentlichen Räumen mit je spezifischen Öffentlichkeiten – Fachwissenschaft, Fachöffentlichkeit, gebildete Öffentlichkeit sowie gelegentlich interessierte und breite Öffentlichkeit – in Beziehung treten und dabei je bestimmte Ziele und Interaktionsweisen verfolgen.[37]

Zu naturkundlichen Vereinen als herausragenden Orten einer pluralen Wissenschaftslandschaft liegen für Deutschland auch etliche Fallstudien vor, deren Schwerpunkt jedoch meist auf dem 18. Jahrhundert liegt. Neben den einschlägigen Ausführungen von Andreas Daum sind unter diversen anderen zu erwähnen die Sammelbände zu gelehrten Gesellschaften im

34 Dass die Selbsttätigkeit und das *savoir faire* ebenfalls wichtige Elemente der populären Wissenschaftskultur darstellten, wird auch hervorgehoben von Sarasin: »La science en famille«, 99 und 101; Daum: Wissenschaftspopularisierung: 331-332 und Schwarz: Bilden, 227 und 233.

35 Vgl. Ulrike Felt: »Öffentliche« Wissenschaft. Zur Beziehung von Naturwissenschaften und Gesellschaft in Wien von der Jahrhundertwende bis zum Ende der ersten Republik (1996).

36 Vgl. Daum: Wissenschaftspopularisierung.

37 Vgl. Sybilla Nikolow und Arne Schirrmacher: Das Verhältnis von Wissenschaft und Öffentlichkeit als Beziehungsgeschichte. Historiographische und systematische Perspektiven (2007).

mitteldeutschen Raum von Detlef Döring und Kurt Nowak,[38] Constantin Goschlers im Jahr 2000 publizierter Artikel *Wissenschaftliche »Vereinsmenschen«* zur *Berliner medizinischen Gesellschaft* und zur *Berliner anthropologischen Gesellschaft* in der Zeit des Kaiserreichs,[39] Anke te Heesens 2001 veröffentlichter Beitrag zur *Gesellschaft Naturforschender Freunde zu Berlin* im späten 18. Jahrhundert[40] sowie Katrin Böhme-Kasslers Studie zur selben Gesellschaft,[41] Katrin Denise Phillips Aufsatz von 2003 über die *Naturwissenschaftliche Gesellschaft Isis zu Dresden*[42] sowie die unlängst erschienene Arbeit Ayako Sakurais über die *Senckenbergische Naturforschende Gesellschaft* in Frankfurt am Main.[43]

Die vorliegende Arbeit operiert kaum mit dem Begriff der »Populärwissenschaft«. Unbesehen der Neuausrichtung des Popularisierungsbegriffs leiden die meisten Untersuchungen, die sich ausdrücklich auf dieses Konzept berufen, an einer auf Publizistik und Medienprodukte verengten Perspektive, die zur Erhellung der konkreten Forschungspraktiken der hier interessierenden Freizeitwissenschaftler wenig taugt. Dieser Mangel wird dadurch kaum gemildert, dass einige Autoren die wissenschaftliche Selbsttätigkeit von Laien ebenfalls der Populärwissenschaft zuschlagen. Dagegen scheinen Konzepte wie jenes der »öffentlichen« Wissenschaft und daraus abgeleitete Forschungsfelder wie die Naturforschervereine als Teilöffentlichkeit der Wissenschaft besser geeignet, die Konturen der Petite Science zu erfassen. Es mag eine semantische Spitzfindigkeit darstellen, doch wenn man auf den Begriff der Populärwissenschaft gar nicht verzichten mag, so erscheint es für das vorliegende Untersuchungsfeld zumindest schlüssiger, stattdessen von einer »populären Wissenschaft« zu reden.[44] Dies soll weiter unten noch ausgeführt werden.

Eine weitere Begrifflichkeit, die sich zur Konzeptualisierung der Petite Science anbietet, ist die sogenannte »Citizen Science«. Dieser Begriff ver-

38 Vgl. Detlef Döring und Kurt Nowak (Hg.): Gelehrte Gesellschaften im mitteldeutschen Raum, 1650-1820 (2000-2002, 3 Bde.), die Bände enthalten Aufsätze zu Naturforschenden Gesellschaften unter anderem in Jena und Leipzig.

39 Vgl. Constantin Goschler: Wissenschaftliche »Vereinsmenschen«. Geselligkeit und Öffentlichkeit in Berliner wissenschaftlichen Vereinen im Kaiserreich (2000).

40 Vgl. Anke te Heesen: Vom naturgeschichtlichen Investor zum Staatsdiener. Sammler und Sammlungen der Gesellschaft Naturforschender Freunde zu Berlin um 1800 (2001).

41 Vgl. Katrin Böhme-Kassler: Gemeinschaftsunternehmen Naturforschung. Modifikation und Tradition in der Gesellschaft Naturforschender Freunde zu Berlin. 1773-1906 (2005).

42 Vgl. Phillips: Friends of nature. Urban sociability and regional natural history in Dresden, 1800-1850 (2003).

43 Vgl. Ayako Sakurai: Science and societies in Frankfurt am Main (2013).

44 Auf die inhaltliche Differenz zwischen diesen beiden Bezeichnungen verweist auch Lynn K. Nyhart: »But popular science is not coextensive with the popularization of elite science« (Nyhart: Modern Nature, 16).

zeichnet seit einem Jahrzehnt eine eindrückliche Konjunktur und meint grob die Laienpartizipation an Wissenschaften. Sein Sinngehalt ist jedoch alles andere als klar; »Citizen Science« führen unterschiedlichste Akteure im Munde, die damit verschiedene Dinge bezeichnen und divergierende Absichten verfolgen. Eine kurze Klärung drängt sich also auf.

Erstens wird der Begriff von Naturwissenschaftlern verwendet, die das kognitive Potential von Laien als Ressource für große Erhebungsprojekte zu nutzen versuchen. Die Einbindung dieser engagierten Bürgerwissenschaftler geschieht meist internetgestützt. Laien können so Big-Data-Bestände durchforsten und sich beispielsweise bei der Suche nach Meteoriteneinschlägen oder der Kartierung von Galaxien behilflich machen.[45] Ebenfalls verbreitet sind Citizen-Science-Projekte in floristischen und faunistischen Bestandeserfassungen sowie im Biodiversitätsmonitoring, wo Laien über entsprechende Online-Tools Pflanzenstandorte, Tiersichtungen oder Neophytenfunde an eine Zentralstelle melden können.[46] In diesen Projekten wird der Begriff der Citizen Science nüchtern und meist ohne weitere Reflexion verwendet, froh, dass man die verstaubte »ehrenamtliche Mitarbeit« mit einem modischen Label aufpeppen kann. Bei den meisten solcher Unterfangen herrscht unter ihren Koordinatoren wohl der (unausgesprochene) Konsens, dass deren grundsätzliche Konzeption sowie die Kontrolle, Analyse und publizistische Weiterverwertung der über Bürgerpartizipation gesammelten Daten in den Händen der bezahlten Profis verbleibt, die diese Beteiligungsprojekte initiierten. Es handelt sich also mehrheitlich um eine »Citizen Science light«, und den partizipierenden Bürgern kommt hauptsächlich die Rolle von »secondary collaborators«[47] zu, wie Jane Maienschein solche Hilfswissenschaftler bezeichnete.

Etwas anderes schwebt den ausdrücklichen Propagandisten der Citizen Science vor, deren Bild der Bürgerwissenschaft von einer zeitgeistigen Sympathie für die Laienpartizipation geprägt ist.[48] Sie formen Citizen Science zum Kampfbegriff einer wissenschaftspolitischen Generalabrechnung mit dem imaginierten Feindbild einer abgehobenen Elitenwissenschaft, die sich keinen Deut um die »kleinen Leute« kümmere. Mag auch die Reaktualisierung von Fragen nach Wissenschaft und Macht, Teilhabe und Emanzipation der Öffentlichkeit, gesellschaftlicher Streuung von Expertise und so fort

45 Vgl. Weinberger: To big to know, 132-139.

46 In der Schweiz nutzt beispielsweise Info Flora, eine Stiftung zur Dokumentation der Wildpflanzen, diese Möglichkeit der onlinegestützten Laienpartizipation, das sogenannte »Online Feldbuch«. Neben Info Flora, die einem ausgesprochen wissenschaftlichen Anspruch verpflichtet ist, existieren aber auch zahlreiche faunistische Mitmachprojekte, welche zur Meldung von Wildtiersichtungen und Ähnlichem aufrufen, bei denen Sensibilisierungs- und Öffentlichkeitsaspekte wohl höher zu gewichten sind als die schlussendlich eingegangenen Daten.

47 Maienschein: Why collaborate?, 17.

48 Exemplarisch Peter Finke: Citizen Science. Das unterschätzte Wissen der Laien (2014).

sympathisch klingen, so zeichnen diese Apologeten der Laienbeteiligung doch ein verzerrtes Bild der akademischen Wissenschaft, das sich um 30 Jahre wissenschaftshistorischer Forschung zum komplexen Wechselspiel von Wissenschaft und Öffentlichkeit foutiert. Spätestens in der journalistischen Rezeption solcher Theorie wird augenscheinlich, dass trotz ihrem emanzipatorischen Anspruch eine derart schematische Betrachtungsweise von Wissenschaft und Laientum ein argumentatives Dual-Use-Gut darstellt, das unschwer auch zu Munition für antiintellektuelle Streubombardements umgerüstet werden kann.[49]

Vereinzelt wird die modische Begrifflichkeit »Citizen Science« zudem auch in jüngeren wissenschaftsgeschichtlichen Arbeiten verwendet, um frühere naturhistorische Forschungsunterfangen mit Laienpartizipation zu charakterisieren, so beispielsweise in Dominik Mahrs Studie zur Feldornithologie und Tiergeographie in Deutschland um 1900.[50]

In der vorliegenden Arbeit nehme ich von besagter Begrifflichkeit Abstand. »Citizen Science« ist meines Erachtens zu sehr mit den gegenwartsbezogenen Bedeutungen – also einerseits den laienhaften Hilfsdiensten für Großprojekte der Datenauswertung und -erhebung und andererseits einem überzeichneten Gegenentwurf zur »Elitenwissenschaft« – aufgeladen, als dass eine Anwendung auf historisch vergangene Wissenschaftsformationen Sinn ergeben würde. Wie auch Dominik Mahr in seiner erwähnten Studie betont, traf der in der heutigen Lesart überwiegende bloße Hilfscharakter der Bürgerbeteiligung auf die naturkundliche Lokalforschung in Deutschland um 1900 keineswegs zu. Gleiches galt für die Schweiz: Auch die Akteure der dortigen Petite Science beschränkten sich nicht auf Hilfsdienste, sondern beteiligten sich aktiv an der Ausformulierung von Forschungsprogrammen und theoretischen Hypothesen.

Mit einer weiteren Begrifflichkeit, die zumindest dem Wortlaut nach obigem Konzept recht nahezustehen scheint, existiert hingegen ein Werkzeug,

49 So schreibt *Weltwoche*-Autor Alex Reichmuth in seiner Besprechung von Peter Finkes *Citizen Science* mit Berufung auf Finke, »an den Universitäten grassiere elitäres Denken […]. Theorielastigkeit und Weltfremdheit machten sich breit, gepaart mit Selbstbezogenheit und Arroganz«. In manchen Wissenschaftsdisziplinen will Reichmuth gar einen »eigentliche[n] Elite-Basis-Konflikt« ausgemacht haben. Die anschließende Behauptung, dass immer wieder »ehrenamtliche Forscher wesentlich zum Fortschritt der Wissenschaft« beitrügen, ist diskutabel, dass zur Untermalung dieser These jedoch der Luzerner Laienvolkskundler Josef Zihlmann alias »Seppi a de Wiggere« angeführt wird, der sich noch in den 1980er-Jahren hauptsächlich mit Brauch- und Flurnamenforschung hervortat, ist hingegen doch eher abenteuerlich (vgl. Reichmuth: Direkte Demokratie des Geistes).

50 Vgl. Dominik Mahr: Citizen Science. Partizipative Wissenschaft im späten 19. und frühen 20. Jahrhundert (2014).

das sich zur Analyse der Petite Science weit besser eignet, nämlich die sogenannte *civic science*, wie sie Lynn K. Nyhart in mehreren Beiträgen skizziert hat.[51] Mit diesem Begriff beschreibt die US-amerikanische Wissenschaftshistorikerin ein Netzwerk von außeruniversitären Naturhistorikern im deutschen Kaiserreich, die ihre Wirkstätten an Schulen, in Naturforschervereinen sowie an zoologischen Gärten und öffentlichen Aquarien hatten, punktuell aber auch Verbindungen zu Universitätsinstituten aufwiesen. Deren Tätigkeiten erstreckten sich von theoretischer und angewandter Forschung über popularisierende Aktivitäten in Vereinen und Museen bis hin zu pädagogischen Tätigkeiten. Die Akteure dieser Civic Science verfolgten vorwiegend lokal definierte Forschungsschwerpunkte, waren aber als informelles Milieu auch landesweit vernetzt. Sie waren nicht nur durch vergleichbare Weltanschauungen und mittelständische Herkunft verbunden, sondern teilten als gemeinsamen wissenschaftlichen Denkstil auch eine Vorliebe für tiergeographische und ökologische Fragestellungen. Damit zusammenhängend, bevorzugten sie in ihren Forschungspraktiken die Beobachtung lebender Organismen sowohl in freier Natur als auch in Gefangenschaft anstelle der experimentellen Laborforschung. Nyhart betont, dass die vorschnelle Charakterisierung dieser Forscher als »Wissenschaftspopularisatoren« sowohl deren empirische als auch theoretische Beiträge zur naturgeschichtlichen Wissenschaft verkennen würde. Vielmehr handle es sich bei der Civic Science um eine »autonomous scientific-cultural sphere«[52], die sich durch eigenständige Theoriekonzepte und Organisationsweisen von der universitären Wissenschaft ihrer Zeit unterschieden habe.

Das Milieu der Civic Science, wie es Lynn K. Nyhart erhellend darstellte, ähnelt in vielerlei Hinsicht der von mir ins Auge gefassten Petite Science. Auch diese bildete einen autonomen Modus der naturhistorischen Wissenschaft, der neben der Hochschulforschung Bestand hatte und von dieser sich durch eigenständige Wissenschaftspraktiken abhob. Vergleichbar sind auch der meist kleinbürgerliche Hintergrund ihrer Akteure sowie deren hauptsächliche institutionelle Verankerung an Schulen, naturhistorischen Museen und Naturforschervereinen.

In zweierlei Hinsicht vertritt Nyharts Arbeit beziehungsweise das von ihr portraitierte Milieu jedoch Standpunkte, die so entscheidend von meinem Forschungsinteresse und -gegenstand abweichen, dass eine Übernahme ihrer Begrifflichkeit nicht unproblematisch wäre. Erstens ist ihre Arbeit stark ideengeschichtlich ausgerichtet und verfolgt eine äußerst ambitionierte Fragestellung; sie will nämlich aufzeigen, wie die Entstehung ökolo-

51 Vgl. Lynn K. Nyhart: Civic and economic zoology in the nineteenth-century Germany. The »living communities« of Karl Möbius (1998), und dies.: Modern Nature. The Rise of the Biological Perspective (2009).

52 Nyhart: Civic and economic zoology, 608.

gischer Denkweisen im ausgehenden 19. Jahrhundert mit der Formierung der modernen deutschen Gesellschaft zusammenhing und beide Phänomene sich gegenseitig durchdrangen. Meine vorliegende Arbeit hingegen verfolgt eine andere Forschungsperspektive: Sie strebt die Ethnographie der sozialen und epistemischen Praktiken einer populären Wissenschaft an und zielt als solche auf eine dichte Beschreibung der Milieus der naturkundlichen Lokalforschung in der Schweiz um 1900. Zweitens interpretiert Nyhart die Civic Science als intellektuelle Speerspitze einer damals entstehenden »biological perspective«, innerhalb welcher die ökologische Zoologie die Leitwissenschaft dargestellt habe. Vor diesem Hintergrund konstatiert Nyhart ein fast ausschließliches Interesse dieser Bürgerwissenschaftler für ökologisch inspirierte Tierbeobachtungen sowie deren entschiedene Frontstellung gegen systematische Naturgeschichtsforschung. Auch dies trifft auf die naturkundliche Petite Science in der Schweiz um 1900 in dieser kategorischen Form nicht zu: Die Lokalforscher waren in ihrem Tun und Denken durchaus von ökologischen Theorien inspiriert, was aber keineswegs einer Gegnerschaft zur Tier- und Pflanzenkunde systematischer Ausrichtung gleichkam. Zudem besaß die Botanik unter Akteuren der naturkundlichen Lokalforschung grundsätzlich einen höheren Stellenwert und kann mit gutem Recht als Leitdisziplin der Petite Science bezeichnet werden. Trotz diesen unterschiedlichen Ausrichtungen waren Nyharts Arbeiten eine wichtige Inspirationsquelle meiner Forschungen, und ihre Befunde zur Civic Science werden verschiedentlich als Vergleichsfolie herangezogen, um Eigenheiten der hiesigen Lokalforschung zu kontextualisieren.

Die vorangegangene Rundschau skizzierte eine Reihe von bereits bestehenden wissenschaftstheoretischen Begrifflichkeiten, die sich auf den ersten Blick zur Konzeptualisierung der Petite Science anbieten, so die Amateurwissenschaft, die Populärwissenschaft, die Citizen Science und die Civic Science. Dabei wurden das Potential und vor allem die Grenzen dieser verschiedenen Ansätze aufgezeigt. Nach dieser terminologischen Umschau sollen nun die zentralen Merkmale der Petite Science umrissen und soll aufgezeigt werden, in welcher Weise diese den Quellen entnommene Selbstcharakterisierung wesentliche Eigenschaften jenes Wissenschaftsmodus zu beleuchten vermag.

Petite Science: Konturen eines Wissenschaftsmodus

Der Kurzwarenhändler Auguste Charpié forschte hauptsächlich in Fußdistanz seines Wohnortes Malleray, also im bernischen und solothurnischen Jura und Mittelland, und stand damit stellvertretend für die gesamte

Petite Science: Diese wurde wesentlich als naturhistorische Lokalforschung betrieben. Das Lokale[53] markierte den begrenzten Horizont ihrer epistemischen, forschungspraktischen und sozialen Reichweite. Die herausragende Stellung des Lokalen in den Erkenntnisinteressen der Petite Science widerspiegelte sich in ihrem prominentesten Wissensformat, dem sich auch Charpiés Kollege, der Mediziner Rudolf Probst, mit Hingabe widmete: der Lokalkatalogisierung (der Inventarisierung lokaler Artvorkommen) sowie ihr entsprechenden Sammelpraktiken. Derart ausgerichtete Lokalforschung war die bei weitem häufigste Erscheinungsform der Petite Science. Auch wenn andere Untergruppen wie sammelnde Liebhaber und taxonomische Spezialisten ebenfalls wichtige Stützen dieses Modus der Naturforschung bildeten, liegt der Fokus der vorliegenden Arbeit doch hauptsächlich auf den botanischen und zoologischen Lokalforschern,[54] die ich auch als synonyme Bezeichnung für das gesamte Milieu der Petite Science verwende.

Eine solche Lokalforschung bedeutete ihren Akteuren neben rein naturhistorischen Erkenntnissen in erster Linie ein Wissen um den alltäglich gelebten Raum, wie es im Nachruf auf den Frauenfelder Naturforscher Heinrich Wegelin (1853-1940) eindrücklich beschrieben wird:

> »Vor allem war sein wissenschaftliches Interesse auf den Heimatkanton gerichtet. Ihn nach jeder Richtung zu durchforschen, war sein Lebensziel […]. Nach der Art seines Arbeitens war Wegelin ein Sammler und Beobachter, ein Systematiker. Sein nächstes Ziel war, möglichst alles kennenzulernen, was ihm im täglichen Leben an Naturgegenständen vor Augen kam.«[55]

Als alltägliche Erforschung des Nahraumes stellte die naturkundliche Lokalforschung für ihre Protagonisten auch in hohem Maße Orientierungswissen und Beheimatungsangebot dar. Gerade der Aspekt der Beheimatung wurde um 1900 immer bedeutender, und die lokale Naturforschung spielte in jenen Jahren eine wichtige Rolle für eine charakteristische Raumpraxis der Moderne – der Erschließung und Deutung nahräumlicher Naturlandschaften als »Heimat«. Im Zusammenspiel mit zeitgenössischen ökologischen Denkansätzen bildete die Idee der »Heimat« auch das Moment, das um die

53 Mit Verzicht auf definitorische Spitzfindigkeiten ist mit diesem »Lokalen« auch das Regionale oder Kantonale mitgemeint.

54 Im Sinne einer inhaltlichen Fokussierung beschränke ich mich in der vorliegenden Studie hauptsächlich auf die Darstellung botanischer und zoologischer Wissenspraktiken, während ich meteorologische, archäologische, geologische und paläontologische Forschungen ausblende oder höchstens am Rande streife. Innerhalb der oftmals generalistisch ausgerichteten Lokalforschung bildeten botanische und – etwas geringer ausgeprägt – zoologische Bestandeserfassungen sowie systematische Sammlungen die klaren Schwerpunkte und stellten in diesem Sinne die Leitwissenschaften der Petite Science dar.

55 Leisi: Dr. h. c. Heinrich Wegelin, 161 f.

Jahrhundertwende eine thematische Ausweitung der naturkundlichen Lokalforschung hin auf ethnographische Fragestellungen begünstigte. Ausdrücklicher als zuvor erachteten sich lokale Naturforscher nun auch als zuständig für die Erforschung menschlicher Kultur ihrer Wohngegend.

Neben ihrem räumlichen Bezug zeichnete sich auch das Wissenschaftsverständnis der Petite Science in mehrfacher Hinsicht durch eine Beschränkung aus. In ihren Verlautbarungen pflegten die Lokalforscher eine auffällige Rhetorik der Selbstbescheidung. Auch wenn sie sich durchaus als »Wissenschaftler« betrachteten, so traten sie doch mit betont zurückhaltendem Anspruch auf. Meist stilisierten sie sich als bescheidene Materialsammler, deren Rolle sich auf die bloße Bereitstellung von Dingen und Daten für eine in späterer Zukunft noch zu erfolgende Weiterverarbeitung beschränke. Dies war einerseits eine rhetorische Schutzstrategie, entsprach aber auch nüchterner Einsicht in das eigene Tun. Auch wenn richtigerweise viele wissenschaftsgeschichtliche Autoren das Narrativ der angeblichen Ablösung einer »veralteten« und amateurhaften Naturgeschichte durch moderne, universitäre Laborbiologie als unzutreffend abtun und auf komplexe Wechselbeziehungen zwischen diesen beiden Paradigmen verweisen,[56] so ist doch unübersehbar, dass die Akteure der Petite Science einer naturgeschichtlichen Forschungspraxis ziemlich klassischer Ausprägung verpflichtet waren. Sie verkörperten gewissermaßen die *longue durée* des naturhistorischen Paradigmas: Auch wenn sie sich Innovationen keineswegs verschlossen und ihre Forschungen punktuell um neuere Konzepte wie Evolutionslehre, Biogeographie oder Ökologie ergänzten, so würden sich doch viele der hier beschriebenen Forschungspraktiken bereits für die erste Hälfte des 19. Jahrhunderts ausmachen lassen. Mit dieser eher konservativen Ausrichtung waren die naturhistorischen Lokalforscher um 1900 jedoch keineswegs marginalisiert. Vielmehr waren sie (zumindest in Teilen) anschlussfähig an universitäre Naturforschung, wie sie an etlichen damaligen Lehrstühlen beispielsweise des Polytechnikums (der heutigen ETH) und der Universität Zürich betrieben wurde, so dass die Existenz enger Beziehungen zwischen beiden Wissenschaftsmodi nicht weiter überrascht.

Wie sah also die Wissenschaftspraxis der Lokalforscher konkret aus? Sie drängten nicht an die vorderste Front wissenschaftlicher Innovation und legten auf theoretischem Parkett eine augenscheinliche Zurückhaltung an den Tag. Die Protagonisten der naturhistorischen Petite Science betrieben vor allem beschreibende Wissenschaft, einerseits im Sinne floristischer und faunistischer Bestandeserfassungen und andererseits in Gestalt taxono-

56 So beispielsweise Simon: Natur-Geschichte, 32; Alberti: Amateurs and professionals, 116 und Nyhart: Natural history, 426.

misch-morphologischer Untersuchungen von Einzelobjekten. Ihre deskriptive Zuständigkeit beschränkten sie auf lokal definierte Gebiete, sowohl geographisch als Lokalforscher wie auch innerhalb der biologischen Systematik als Spezialisten für bestimmte taxonomische Gruppen. Diese lokale Einschränkung war Voraussetzung ihres reichen Erfahrungswissens und verlieh ihren Forschungsresultaten Glaubwürdigkeit und Autorität, so dass diese auch vor dem kritischen Blick professioneller Wissenschaft Bestand haben konnten.

Für beide Forschungszweige, also Floristik und Faunistik wie auch Systematik, bildeten Sammlungen die dingliche Grundlage der Erkenntnis. Ihrer epistemischen Natur nach war die Petite Science daher wesentlich auch eine sammelnde Wissenschaft. Diese Ausrichtung hatte verschiedene Auswirkungen. Auch wenn die Beobachtung in freier Natur als wichtige Erkenntnisweise beschworen und praktiziert wurde und die feldforschende Ausrichtung für das Wissenschaftsverständnis der Petite Science sehr bedeutsam war, so besaßen doch tote Naturobjekte den Vorrang vor lebenden Tieren und Pflanzen.[57] Die aufwendige Arbeit des Konservierens und Ordnens dieser Dinge nahm im Wissenschaftsalltag der Petite Science eine prominente Stellung ein.

Eng verbunden mit der inventarisierenden und sammelnden Ausrichtung der Petite Science war zudem ihr ausgeprägt kollektiver Charakter. Wie verschiedene wissenschaftstheoretische Arbeiten aufgezeigt haben, vermögen sammelnde Wissenschaften in besonderem Maße, die Anstrengungen unterschiedlicher Akteure auf ein gemeinsames Ziel hin gleichzurichten.[58] Die dem Sammeln eigenen Dingzirkulationen spielten zudem eine wichtige Rolle für den informellen Zusammenhalt der Petite Science: Materielle Transaktionen wie gemeinsame Sammelaktionen, Tausch und Schenkungen vermittelten und stärkten soziale Beziehungen innerhalb des lokalforschenden Milieus.

Da sammelnd-inventarisierende Wissenschaften immer auch mit älteren Sammlungen und Datenbeständen vorgängiger Forscher umgehen und in diesem Sinne stets kuratorisch tätig sein müssen,[59] war ein spezifisches Geschichtsbewusstsein ein weiteres Kennzeichen der naturkundlichen Lokalforschung. Diese historische Sensibilität war nicht nur der Erkenntnislogik

57 Vereinzelt wurden von Akteuren der Petite Science auch Forschung mit lebendigen Organismen wie Pflanzenzucht, Vermehrung und Haltung von Tieren in Aquarien und Terrarien, physiologische Experimente sowie Freisetzungsversuche betrieben, in mehr oder minder ausgeprägter Ernsthaftigkeit. Diese Wissenspraktiken bildeten innerhalb der naturhistorischen Lokalforschung jedoch eher ein zweitrangiges Phänomen und werden in der vorliegenden Arbeit nur am Rande gestreift.

58 Vgl. beispielsweise Maienschein: Why collaborate? oder Star und Griesemer: Institutional ecology.

59 Vgl. Kohler: Finders, keepers, 448.

sammelnder Wissenschaft geschuldet, sondern ebenso Ausdruck einer Identitätspolitik, mittels deren sich die kleinstädtischen Wissensmilieus der Petite Science ihrer Herkunft und Bedeutung versicherten.

Mit der Geschichtlichkeit der gesammelten Objekte rückt ebenso das Museum in den Blick – es handelte sich bei der naturgeschichtlichen Petite Science auch um eine museumsbasierte Wissenschaft. Zwar wurden bedeutende lokalfaunistische und -floristische Sammlungen meist von privater Seite angehäuft, landeten aber im Laufe ihres »Lebens«,[60] meist nach dem Tod ihres ursprünglichen Besitzers, häufig im lokalen oder kantonalen Naturkundemuseum. Über diese Funktion als Gravitationszentrum privater Sammlungsbestände hinaus war das lokale Museum auch in grundsätzlicherer Hinsicht ein institutionelles Standbein der Petite Science. Die meisten Lokalmuseen wurden von Männern geleitet, die auch anderweitig in ihrem lokalen Wissensmilieu eine wichtige Stellung einnahmen. Durch diese Netzwerke hatten die naturkundlichen Lokalforscher einen privilegierten Zugang zu diesen Häusern und vermochten sie in eigener Sache zu verwenden, als Ressource an Material und Arbeitskraft oder als Plattform für Öffentlichkeitsbezug. Zudem bildete das Museum gewissermaßen den natürlichen Verbündeten der naturhistorisch orientierten Petite Science, die spätestens im Laufe des beginnenden 20. Jahrhunderts ihre Alliierten an den Hochschulen zunehmend wegbrechen sah. Im Museum dagegen fand die Naturgeschichte einen sicheren Hort, wie der Historiker Christian Simon festhält. Er stellt die Tendenz fest, »dass naturhistorische Wissenschaftspraxis eingeschlossen wurde oder sich selbst einschloss im Gehäuse der Museen, wo sie ihrem Nährboden, den Sammlungen am nächsten war«.[61]

In struktureller Hinsicht war die Petite Science eine föderal verfasste Vereinswissenschaft. Ihr organisatorisches Rückgrat bildeten die Kantonalsektionen der 1815 gegründeten *Schweizerischen Naturforschenden Gesellschaft* (SNG).[62] Die Petite Science bestand somit aus kantonal definierten Milieus, deren Mittelpunkte meist die Kantonshauptorte darstellten: Dort fanden

60 Zum kulturwissenschaftlichen Konzept der Objektbiographie vgl. Tretjakow: Biographie des Dings; Fél und Hofer: Geräte der Átányer Bauern; Kopytoff: The cultural biography of things sowie spezifisch zu seiner Anwendung im Bereich der biologiehistorischen Museumsforschung Alberti: Objects and the museum.

61 Simon: Natur-Geschichte, 32.

62 In geringerem Maße war die Organisationsstruktur der Petite Science auch von vorwiegend lokal ausgerichteten Spezialvereinen wie entomologischen, botanischen oder ornithologischen Gesellschaften geprägt. Diese standen aber hinsichtlich Umfang, Bedeutung und vor allem Öffentlichkeitswirkung den kantonalen Naturforschenden Gesellschaften deutlich nach und bilden daher nur einen Nebenschauplatz meiner Untersuchungen. Zur Geschichte der Schweizerischen Naturforschenden Gesellschaft vgl. Kupper und Schär (Hg.): Die Naturforschenden. Auf der Suche nach Wissen über die Schweiz und die Welt, 1800-2015 (2015).

die Vereinssitzungen statt, und dort waren mit den Lokalmuseen und den Kantonsschulen auch ihre anderen wichtigen Wirkstätten angesiedelt. Das lose Band zwischen diesen kantonalen (klein)städtischen Milieus bildeten die permanent tagenden SNG-Kommissionen sowie das Jahrestreffen der Muttergesellschaft, das abwechselnd in einer anderen Stadt zu Gast war. Dieses Treffen bot den Kantonalgesellschaften ungefähr alle 20 Jahre die Möglichkeit, sich vor nationalem Publikum zu präsentieren, und stellte für die Eliten der einzelnen lokalen Wissensmilieus eine Gelegenheit dar, sich untereinander sowie mit Vertretern der Hochschulwissenschaft zu vernetzen.

Für die konkrete Organisation beispielsweise von faunistischen Forschungsprojekten waren die kantonalen Vereinsstrukturen meist von untergeordneter Bedeutung. Üblicherweise wurden solche Projekte von informellen Netzwerken getragen, in deren Reihen sich aber viele Vereinsmitglieder fanden. Die Wichtigkeit der Naturforschervereine bestand vor allem in der Herstellung eines sozialen Umfelds, das die Durchführung von individuellen und gemeinsamen Forschungen begünstigte, in der Schaffung einer wissenschaftsinteressierten Öffentlichkeit sowie, was äußerst zentral war, in der Bereitstellung von Publikationsmöglichkeiten in Form eines gedruckten Jahresberichts.

Neben Museen und Naturforschervereinen bildeten die Kantonsschulen[63] das dritte institutionelle Standbein der Petite Science. Vor allem Gymnasien verfügten häufig über naturhistorische Sammlungen und in Gestalt der sogenannten »Programmbeilagen« auch über eigene Publikationsgefäße, die von lokalforschenden Lehrern in Anspruch genommen wurden. Die Lehrerschaft stellte zudem engagierte Vereinsaktivisten oder zumindest potentielle Adressaten der naturforschenden Öffentlichkeitsarbeit. Auch die Schüler hatten ihren Platz im Gefüge der Lokalforschung, verschiedentlich wurden sie als willfährige Sammelhelfer und Datenlieferanten eingespannt. Der schulische Naturkundeunterricht erfuhr im ausgehenden 19. Jahrhundert eine deutliche Aufwertung innerhalb der Lehrpläne und wurde im 20. Jahrhundert zum wichtigsten Transmissionsriemen für die Verbreitung ökologisch inspirierter Heimatvorstellungen und des jungen Naturschutzgedankens.

Die drei Institutionen Lokalmuseum, kantonaler Naturforscherverein und Kantonsschule bildeten zusammen das tragende Gerüst der Petite Science. An der Schaltstelle dieser drei Institutionen ließ sich für etliche Kantonshauptorte eine Figur ausmachen, die gewissermaßen die Petite Science leibhaft verkörperte: jene des *naturkundlichen Zentrumsakteurs*. Bei diesem

63 Dies waren weiterführende Schulen mit kantonaler Trägerschaft (im Gegensatz zu den kommunal getragenen Volksschulen der obligatorischen Schulzeit). Unter dem Dach einer Kantonsschule waren oft mehrere Abteilungen zusammengefasst, üblicherweise ein Gymnasium, ein Lehrerseminar sowie eine Realschule mit technischer und kaufmännischer Abteilung.

handelte es sich üblicherweise um den Naturkundelehrer der Kantonsschule, der in Personalunion meist auch als Leiter des naturhistorischen Lokalmuseums sowie als Präsident des kantonalen Naturforschervereins amtete. Bei den Zentrumsakteuren handelte es sich fast durchgehend um studierte Naturwissenschaftler, meist mit Doktortitel, die in ihrer konkreten Forschungstätigkeit jedoch normalerweise ein ausgesprochen generalistisches Programm verfolgten und sich als Schmetterlingskundler, Botaniker und Paläontologen gleichermaßen hervortaten. Im Milieu der Petite Science betrachtete man dieses lokal verfasste Universalgelehrtentum als Ideal, das man der Zerstückelung des modernen Wissens entgegenstellte, wie beispielsweise der Nachruf des Churer Mediziners und Naturforschers Eduard Killias (1829-1891) bezeugt:

> »Kein Gebiet der Naturforschung war ihm fremd, er fand sich in allen Sätteln zurecht. [...] Selten sind der Glücklichen, die heute, bei dem chaotischen Anwachsen der Thatsachen, die den Bestand der Naturwissenschaften ausmachen und bei dem sich eng abgrenzenden Spezialistenthum, den verknüpfenden Faden und Überblick nicht verlieren und ein Gesammtbild der Naturerscheinungen sich zu gewinnen vermögen.«[64]

Aufgrund ihrer Verankerung in diesen drei Institutionen zeichnete sich die naturkundliche Lokalforschung durch einen ausgesprochenen Öffentlichkeitsbezug aus, der durch ihre starke Überschneidung mit anderen (hauptsächlich naturbezogenen) Vereinen des Bürgertums sowie die häufige Medienpräsenz ihrer Zentrumsakteure zusätzlich verstärkt wurde. In ihrer öffentlichen Wirkung beschränkte sich die Petite Science aber nicht auf die Vermittlung naturwissenschaftlicher Kenntnisse, sondern prägte auch kulturelle Konzepte wie Landschaftswahrnehmung und Naturvorstellungen breiter Gesellschaftsschichten. Nicht allein aufgrund ihres öffentlichen Charakters handelte es sich bei der Petite Science um eine *populäre* Wissenschaft beziehungsweise um eine »volkstümliche« Wissenschaft, wie sie in der Sprache der Zeitgenossen auch geheißen wurde. Populär war sie ebenso im Sinne einer beliebten Freizeitbeschäftigung sowie ihrer hohen gesellschaftlichen Sichtbarkeit, die sich in medial vermittelten Klischeebildern des mit Botanisierbüchse und Schmetterlingsnetz bewehrten kauzigen Natursammlers niederschlug.[65]

Populär war die Lokalforschung jedoch vor allem auch in Bezug auf ihre Sozialstruktur. Wie auch in anderen Vereinen dieser Jahre pflegte man in den Naturforschergesellschaften demonstrativ die Gleichheit aller Mitglieder,

64 Lorenz: Dr. Eduard Killias, XXIV.

65 Diese breitenwirksamen, öffentlichen (Zerr-)Bilder der naturkundlichen Lokalforschung entsprechen jenem Phänomen, das George Basalla als »pop science« umschrieben hatte (vgl. Basalla: Pop science).

gleich, ob es sich um studierte Honoratioren oder naturinteressierte Handwerker handelte, und wurde nicht müde, seine Verwurzelung in der Bevölkerung und der lokalen Gemeinschaft zu betonen. So hob auch ein Nachruf auf den Liestaler Lehrer und Naturforscherpräsidenten Franz Leuthardt (1861-1934) dessen Volksverbundenheit lobend hervor:

> »Er liebte aber auch sein Volk und wusste selbst mit dem einfachen Mann zu verkehren und ihn für die Natur zu begeistern. Wenn die Freude an der Natur und das Interesse für die Naturforschung im Kanton Baselland in weitere Kreise gedrungen ist, so ist das fast ganz sein Verdienst.«[66]

Franz Leuthardts Herkunft war durchaus repräsentativ für den sozialen Hintergrund vieler Lokalforscher. Er entstammte einer handwerklich-kleinbäuerlichen Familie und schaffte über Schul- und Universitätsbildung den gesellschaftlichen Aufstieg zum Rektor einer Bezirksschule und zum Eigenheimbesitzer. Wie abermals ein Nachruf auf Leuthardt geltend macht, habe diese Herkunft ihn und sein Schaffen zeitlebens geprägt: »Aus dem gewöhnlichen Volke ist er dank seiner Fähigkeiten und seiner Energie emporgestiegen über viele. Doch zum Volke zog's ihn immer wieder hin; mit dem Volke lebte und fühlte er.«[67]

Zu guter Letzt zeichnete auch ihre Bedeutungsoffenheit die Petite Science als populäre Wissenschaft aus. Wie von Roger Cooter und Stephen Pumfrey beschrieben, eigneten sich die Akteure der Lokalforschung die naturhistorische Wissenschaft gemäß eigenen – sowohl subjektiven als auch schicht- und zeitspezifischen – Bedürfnissen an. Diese Bedürfnisse deckten ein weites Spektrum ab. Jenseits des reinen Interesses an der Naturforschung erstreckten sie sich von vergnüglichem Konsum und Freizeitbeschäftigung über Alltagsfluchten und Befreiung von gesellschaftlichen Zwängen bis hin zu sozialpsychologischer Kompensation sowie der Sinnstiftung in einer beschleunigten Moderne.

Unbesehen aller »Volkstümlichkeit« hatte der inklusive Charakter der Petite Science auch seine immanenten Grenzen; handelte es sich doch aufs Ganze betrachtet um eine *(klein)bürgerliche Männerwissenschaft*. Noch um 1900 stellte die aktive Beteiligung von Frauen an der naturkundlichen Lokalforschung eine klare Ausnahmeerscheinung dar, und ebenso rar war die Teilhabe der Arbeiterklasse.

Nachdem ich nun in groben Umrissen die zentralen Eigenheiten der Petite Science skizziert habe, will ich diese in einem kurzen Fazit nochmals zusammenfassen: Es handelte sich bei der Petite Science des ausgehenden 19. Jahrhunderts um einen eigenen Modus der naturgeschichtlichen Wissenschafts-

66 Heinis: Dr. phil. Franz Leuthardt, 461.
67 Rolle: Dr. phil. Franz Leuthardt, 205.

praxis, der neben der Hochschulwissenschaft bestand und mit dieser partiell auch Austausch pflegte, jedoch in epistemischer wie sozialer Hinsicht eine bedingt autonome Sphäre ausbildete. Die Forschungsperspektiven der Petite Science orientierten sich an einer beschreibenden Naturgeschichte und waren in erster Linie dem Lokalen verpflichtet. Dieses bildete den Erkenntnisrahmen für eine meist generalistisch betriebene Forschung, in der floristische und faunistische Bestandeserfassungen sowie dazugehörige Sammelpraktiken einen herausragenden Rang einnahmen.

Ihrer Struktur nach war die Petite Science föderal organisiert und teilte sich in eine Vielzahl einzelner kleinstädtisch-kantonaler Milieus, die jedoch durch den Dachverband der *Schweizerischen Naturforschenden Gesellschaft* lose verbunden waren. Institutionell hatten diese lokalen Wissensmilieus der Petite Science ihre tragenden Stützen in der Dreiheit von Kantonalsektion der SNG, lokalem Naturmuseum und der Kantonsschule. An der Schaltstelle dieser drei Institutionen wirkte üblicherweise die Figur des Zentrumsakteurs, die das jeweilige Milieu in hohem Maße prägte und meist auch überregional vernetzt war.

Der Wissenschaftsmodus der Petite Science zeichnete sich in mehrfacher Hinsicht als populäre Wissenschaft aus. Ab 1880 erfuhr diese eine eigentliche Konjunktur, und die damit einhergehende Sichtbarkeit schlug sich auch in medial verbreiteten Zerrbildern und Karikaturen des Lokalforschers nieder. Über ihre Verankerung in lokalen Institutionen und Ausstrahlung auf geistesverwandte Vereine vermochte die Petite Science einen starken Öffentlichkeitsbezug zu entwickeln, der über reine Wissensvermittlung hinausreichte, indem er auch Sinnstiftung bezüglich nahräumlicher Natur und Gesellschaft bewirkte. Bezüglich ihrer Sozialstruktur wiesen die Milieus der naturkundlichen Lokalforschung eine gewisse Durchlässigkeit auf und zählten neben angestammten lokalen Honoratioren auch Männer kleinbürgerlicher und bäuerlicher Herkunft in ihren Reihen, waren aber Frauen und Arbeitern noch kaum zugänglich.

Geschichtswissenschaftlich ist die Petite Science als populärer Wissenschaftsmodus in der Schweiz um 1900 überraschend dürftig aufgearbeitet. Naheliegenderweise streifen verschiedene Studien zu Teilgebieten der Naturgeschichte wie beispielsweise dem Museumswesen[68] oder dem frühen Naturschutz[69] einige Aspekte der freizeitlichen Naturforschung. Sieht man ab von den zahlreichen älteren Festschriften einzelner Naturforschervereine, die sich aus Vereinsinnensicht meist auf chronologische Auflistungen,

68 Vgl. Christian Simon: Natur-Geschichte. Das Naturhistorische Museum Basel im 19. und 20. Jahrhundert (2009).

69 Vgl. Stefan Bachmann: Zwischen Patriotismus und Wissenschaft. Die schweizerischen Naturschutzpioniere. 1900-1938 (1999). Patrick Kupper: Wildnis schaffen. Eine transnationale Geschichte des Schweizerischen Nationalparks (2012).

Personalien und Anekdotisches beschränken,[70] liegen jedoch kaum Studien vor, die sich umfassender den Milieus der naturkundlichen Lokalforschung, ihren Wissenspraktiken, ihrer sozialen Organisation und kulturellen Ausstrahlung widmen. Eine bemerkenswerte Ausnahme bildet die 2004 erschienene Festschrift zum 150-jährigen Bestehen der *Thurgauischen Naturforschenden Gesellschaft*, die von Michael Bürgi und Daniel Speich herausgegeben wurde.[71] Mit der Betitelung *Lokale Naturen* stellten Bürgi und Speich den Lokalbezug als bestimmendes Wesensmerkmal dieser Wissenschaftspraxis heraus, eine Stoßrichtung, die auch meine Arbeit verfolgt. Auch wenn dieser Jubiläumsband eine weit breitere Zeitspanne ins Auge fasste, so konnte die vorliegende Untersuchung doch in vielfacher Hinsicht von dieser anregenden Pionierstudie profitieren.

Theoretische Horizonte

Unter welchem theoretischen Blickwinkel näherte sich die vorliegende Untersuchung dieser Petite Science? Auf den ersten Blick scheint die Sache klar: Die Akteure der naturkundlichen Lokalforschung waren Lehrer, Ärzte, Pfarrer, Krämer oder Handwerker, die sich vereinsmäßig organisierten. Sie hielten Vorträge, produzierten Zeitschriften und pflegten ein geselliges Vereinsleben, das enge Überschneidungen mit anderen bürgerlichen Naturaktivitäten wie Wandern oder Bergsteigen aufwies. Ebenso stellte die Lokalforschung ein boomendes Freizeitvergnügen dar, das die Entstehung eines breiten Warenangebots spezialisierter Konsumgüter nach sich zog und etliche Berührungspunkte mit dem Tourismusgewerbe aufwies. Diese Liste, die sich beliebig weiterführen ließe, lässt keinen Zweifel aufkommen: Es handelt sich bei der populärkulturellen Petite Science um einen Teilbereich der Sozial- und Kulturgeschichte des Bürgertums. Dies ist nicht falsch, jedoch nur die halbe Wahrheit. Nimmt man nämlich das explizite Selbstverständnis der damaligen Lokalforscher sowie ihre Außenwahrnehmung durch Exponenten der universitären Naturforschung als Bewertungsmaßstab, so handelte es sich bei ihrem Tun schlicht um Wissenschaft. Kann man aber die Petite Science zugleich als Teil bürgerlicher (Populär-)Kultur und Gesellschaft wie auch als Wissenschaft untersuchen?

70 Eine solche Perspektive findet sich auch noch in jüngeren Festschriften wie Charles Huber: Die Ringe des Apollo. 150 Jahre Entomologischer Verein Bern. 1858-2008 (2008). Huber unternimmt im Gegensatz zu älteren Festschriften aber stellenweise den Versuch, die eigene Vereinsgeschichte sozialhistorisch zu kontextualisieren.

71 Vgl. Michael Bürgi und Daniel Speich: Lokale Naturen. 150 Jahre Thurgauische Naturforschende Gesellschaft. 1854-2004 (2004).

Diese Frage berührt ein allgemeineres Problem der Historiographie der Wissenschaften, das in jüngerer Zeit vermehrt zur Sprache kam.[72] Lange standen sich in der Wissenschaftsgeschichte zwei Sichtweisen gegenüber, die sich gegenseitig ausschlossen oder zumindest geflissentlich übersahen. Ab den späten 1970er-Jahren widmete die sozialkonstruktivistisch inspirierte Wissenschaftsforschung[73] ihre Aufmerksamkeit vornehmlich innerwissenschaftlichen Mechanismen semiotischer wie dinglich-praktischer Natur, mit denen stabiles und als »wissenschaftlich« anerkanntes Wissen hergestellt wird.[74] Wie diese Tätigkeiten in breiter gefasste gesellschaftliche Strukturen eingebettet war, interessierte die VertreterInnen konstruktivistischer Wissenschaftsforschung hingegen nicht allzu sehr, und so blendeten sie Fragen nach politischer und wirtschaftlicher Macht tendenziell aus.[75] Im Gegenzug interessierten sich soziologisch ausgerichtete Wissenschaftstheoretiker in erster Linie für die gesellschaftliche Herkunft einzelner Forscher und den daraus sich ergebenden Positionen und Strategien innerhalb der Wissenschaftsgemeinde.[76] Obwohl dieser Bruch mit dem Idealismus einer internalistischen Wissenschaftstheorie durchaus nötig war und wichtige Einsichten zu Tage förderte, vermochten diese Theorien dem epistemischen Gehalt der Wissenschaft kaum gerecht zu werden. Das Unterfangen, Formen und Inhalte wissenschaftlicher Diskurse in erster Linie auf die gesellschaftliche Stellung ihrer Akteure zurückführen zu wollen, ignorierte die Eigengesetzlichkeit wissenschaftlichen Wissens in unzulässiger Weise. Seit rund 20 Jahren vertritt jedoch eine wachsende Zahl von wissenschaftstheoretischen Autoren den Anspruch, diese beiden Perspektiven zusammenzuführen. In Anlehnung an solche Studien verfolgt auch vorliegende Arbeit über die naturkundliche Lokalforschung um 1900 das Ziel, deren Diskursbestände und Wissenspraktiken, die sozialen Positionen und Handlungen ihrer Akteure sowie ihre weiter gefassten sozial- und kulturgeschichtlichen Kontexte aufeinander zu beziehen. Vorschläge, entlang welcher Leitfragen eine solche Untersuchung durchgeführt werden kann, bezog ich aus unterschiedlichen Denkzusammenhängen, die aber teilweise auf die gleichen theoretischen Wurzeln zurückreichen. Ich beschränke mich im Folgenden auf kurze Portraits dieser verschiedenen Konzepte. Anschließend möchte

72 Vgl. Nyhart: Modern Nature, 14-15; Sarasin: Was ist Wissensgeschichte?, 169.

73 Grundlegend für diese Perspektive waren Bruno Latour und Steve Woolgar: Laboratory Life. The Social Construction of Scientific Facts (1979), sowie Karin Knorr-Cetina: The Manufacture of Knowledge. An Essay on the Constructivist and Contextual Nature of Science (1981).

74 Aufgrund ihres Fokus auf kognitive, technische oder mediale Herstellungs- und Stabilisierungsweisen von Wissen werden derart ausgerichtete Studien auch unter dem Etikett des *practical turn* zusammengefasst.

75 Vgl. Speich-Chasseé und Gugerli: Wissensgeschichte, 93.

76 Exemplarisch Pierre Bourdieu: La spécificité du champ scientifique et les conditions sociales du progrès de la raison (1975).

ich ausführlicher auf die durchaus ähnlichen Forschungsperspektiven eingehen, die von diesen unterschiedlichen Ansätzen vorgeschlagen werden und diese nach verbindenden Gesichtspunkten zusammenführen.

Eine wichtige Inspirationsquelle für die vorliegende Untersuchung stellte die ab den 1990er-Jahren vor allem in Großbritannien prominent auftretende Richtung der Wissenschaftsgeschichte dar, die sich selber als Kulturgeschichte der Naturgeschichte versteht. Exemplarisch vertritt diese Perspektive der Sammelband *Cultures of Natural History* (1996).[77] Diese Strömung geht von zwei Grundprämissen aus. Einerseits fokussiert sie auf die kulturelle Bedeutungsproduktion durch die Naturgeschichte und die von ihr vermittelten gesellschaftlichen Werte. Andererseits plädiert sie dafür, auch die naturhistorische Wissenschaftspraxis als Ensemble kultureller Praktiken ins Auge zu fassen: »Further, in so far as natural history is a discipline, it lends itself to treatment in terms of the conventions, skills and stategies, – let us call them, collectively, practices – through which knowledge claims have been promoted, secured and defended.«[78] Im deutschen Sprachraum war es vor allem Anke te Heesen, die mit ihren vornehmlich sammlungsgeschichtlich ausgerichteten Arbeiten diese wissenschaftshistorische Perspektive nachhaltig in die Diskussion einbrachte,[79] während in den USA diverse jüngere Studien Robert E. Kohlers den Anspruch einer kulturhistorisch informierten Wissenschaftsgeschichte mustergültig umsetzten.[80]

Weiter bezog ich wertvolle Anregungen von der Wissensgeschichte zürcherischer Prägung. Dieser jüngere interdisziplinäre Denk- und Forschungszusammenhang ist verbunden durch die gemeinsame Grundüberzeugung, dass die Frage nach Wissen einen privilegierten Erkenntniszugang zu jenem Gesamtzusammenhang darstellt, den man gemeinhin als »Gesellschaft« bezeichnet.[81] In ihrem Deutungsanspruch ist die Wissensgeschichte somit weiter gefasst als die vorgängig erwähnte kulturhistorische Biologiegeschichte und weist über die Sphäre der Wissenschaft und ihrer einzelnen Disziplinen hinaus. Diese weite Optik widerspiegelt den spezifischen

77 Vgl. Nicholas Jardine, James A. Secord und Emma Spary (Hg.): Cultures of Natural History (1996). Dieser Band versammelt mit Nicholas Jardine, James A. Secord, Emma Spary, Anne Larsen, Anne Secord, Jean-Marc Drouin, Bernadette Bensaude-Vincent oder Lynn K. Nyhart eine stattliche Reihe von Autoren, welche die Konturen meiner Studie stark prägten.

78 Jardine und Spary: The natures of cultural history, 8.

79 Exemplarisch Anke te Heesen und Emma Spary (Hg.): Sammeln als Wissen. Das Sammeln und seine wissenschaftsgeschichtliche Bedeutung (2002).

80 So beispielsweise Robert E. Kohler: All Creatures. Naturalists, Collectors, and Biodiversity, 1850-1950 (2006).

81 Vgl. Sarasin: Was ist Wissensgeschichte, 160-163; Speich Chassé und Gugerli: Wissensgeschichte, 86.

Wissensbegriff, der dem wissensgeschichtlichen Denken zugrunde liegt. Ausgehend von einer relativistischen, an Ludwik Fleck und Michel Foucault geschulten Konzeption von Wissen erkennt die Wissensgeschichte keinen wesensmäßigen Unterschied zwischen populären und akademischen Wissensbeständen. Vielmehr erachtet sie gerade die Rekonstruktion und Erklärung solcher Grenzziehungen zwischen verschiedenen »Provinzen des Wissens«[82] als eine ihrer wesentlichen Aufgaben. Unter dieser Fragestellung bilden denn auch Phänomene der Zirkulation und Transformation verschiedener Wissensformen in der Gesellschaft sowie ihre Auswirkungen auf lebensweltliche Werte und alltägliche Praktiken ein zentrales Erkenntnisinteresse der Wissensgeschichte. Auch wenn sich diese Zürcher Tendenz ausdrücklich von der Wissenschaftsgeschichte abgrenzt und stattdessen die gesellschaftliche Funktion von Wissen zum Forschungsgegenstand erhebt, bestehen doch Berührungspunkte beispielsweise mit der oben skizzierten Wissenschaftsgeschichte kulturhistorischer Prägung. Auch für die Wissensgeschichte bilden jüngere Ansätze einer semiotisch ausgerichteten und auf Praktiken fokussierten Wissenschaftsgeschichte den wichtigsten theoretischen Bezugsrahmen.[83]

Fruchtbare Ideen empfing die vorliegende Arbeit zu guter Letzt auch aus neueren Forschungen zur Wissenschaftsgeschichte der Volkskunde um 1900.[84] Auch wenn die Volkskunde als wissenschaftliche Disziplin auf den ersten Blick kaum etwas mit der Naturgeschichte zu tun hat, so ließen sich doch viele Erkenntnisse dieser jüngeren volkskundlichen Fachgeschichtsschreibung auf die Darstellung der naturkundlichen Petite Science übertragen. Die beiden Wissenschaften wiesen nämlich zahlreiche Überschneidungen auf. Sie glichen sich in epistemischer Hinsicht durch ihre sammelnd-inventarisierenden und klassifizierenden Erkenntnisziele, und auch bezüglich ihrer sozialen Strukturierung waren sie wesensverwandt. Sie waren beide organisiert in Vereinen mit vergleichbarer Sozialstruktur sowie in informellen Netzwerken, die sich um Projekte kollektiver Datenerhebung bildeten. Die Übertragung von Erkenntnissen der volkskundlichen Fachgeschichtsschreibung war zudem möglich, da besagte Untersuchungen sich ebenfalls an den oben erwähnten Leitplanken einer jüngeren Wissenschaftsgeschichte orientierten und ihr Augenmerk auf die praktische Herstellung von Wissen, die Medialität und Stofflichkeit dieser Erkenntnispraktiken sowie Prozesse des Wissenstransfers richteten.

82 Sarasin: Was ist Wissensgeschichte?, 167.
83 Speich Chassé und Gugerli: Wissensgeschichte, 94 und 91.
84 Die Mehrzahl dieser Untersuchungen entstand im Rahmen des DFG-Forschungsverbundes »Volkskundliches Wissen und gesellschaftlicher Wissenstransfer: Zur Produktion kultureller Wissensformate im 20. Jahrhundert«, der an mehreren deutschen Volkskundeinstituten angesiedelt war und zwischen 2006 und 2012 Bestand hatte.

Unbesehen ihrer je spezifischen Herleitung und Verortung weisen die vorgestellten wissens- und wissenschaftshistorischen Ansätze große Übereinstimmungen auf, was die aus ihnen abgeleiteten Forschungsperspektiven anbelangt. Diese sich ähnelnden programmatischen Verlautbarungen führe ich im Folgenden zu einer Synthese zusammen, die meiner Untersuchung als thematische Richtschnur dienen soll.

Erstens teilen alle genannten Strömungen ein ausgeprägtes Interesse für die materiellen Praktiken der wissenschaftlichen Erkenntnisproduktion.[85] Die Handhabe von Naturobjekten und Geräten, die dinglichen Untersuchungsanordnungen oder die Stofflichkeit von Repräsentationen erfahren weit größere Aufmerksamkeit als bisher. Nicholas Jardine spricht in diesem Zusammenhang von einem »›materialistischen‹ Zugang«[86] der neueren Wissenschaftsforschung, und vergleichbar definiert Philipp Sarasin einen »moderat materialistischen, das heißt auf Medien und materiale Praktiken abhebenden ›Kulturalismus‹«[87] als deren Kennzeichen.

Mit den Medien benennt Sarasin zudem eine zweite analytische Dimension, die eng mit der materialen Perspektive verbunden ist: Alle genannten Ansätze plädieren für eine stärkere Beachtung der medialen Aspekte, die der Erfassung, Speicherung, Darstellung und Verbreitung von Wissen zugrunde liegen.[88] Mit diesem Fokus auf Medien rücken auch Prozesse der Transformation in den Blick, die Wissen beim Übergang zwischen verschiedenen medialen Kontexten stets durchläuft. Der oben erwähnte volkskundliche Forschungsverbund schuf mit dem Begriff des »Wissensformats« eine nützliche Analysekategorie, die es ermöglicht, diese unterschiedlichen Bedeutungsebenen von Medialität als Ganzes zu denken. Die Autoren des Verbundes umreißen das Potential dieser Kategorie wie folgt:

> »Sie lenkt den Blick auf die tradierten Regeln, in denen Wissen erhoben, geformt und weitergegeben wird, auf den sinnlich-ästhetischen und sachkulturellen Charakter sowie auf die Prozesshaftigkeit der Wissensgenerierung und -weitergabe. [...] Formate kommen nicht erst bei der Anordnung von Wissen, als Darstellung von wissenschaftlichen Ergebnissen zum Einsatz, sondern bereits bei der Generierung von Wissen.«[89]

Drittens messen alle Ansätze der räumlichen Dimension von Wissen große Bedeutung bei. Bezogen auf die freizeitliche Naturforschung umfasst diese Dimension räumliche Praktiken wie die Feldforschung, aber auch spezifische

85 Vgl. Jardine und Spary: The natures of cultural history, 8; Cooter und Pumfrey: Separate spheres and public places, 255.

86 Jardine: Sammlung, 202.

87 Sarasin: Was ist Wissensgeschichte?, 172.

88 Vgl. Sarasin: Was ist Wissensgeschichte?, 168; Jardine und Spary: The natures of cultural history, 8.

89 Kaschuba et al.: Volkskundliches Wissen, 189.

Örtlichkeiten wie das Studierzimmer. Wie von etlichen Autoren hervorgehoben, ist die Größe Raum aber noch in viel grundsätzlicherer Weise in der Untersuchung mitzudenken. Wissen ist nie ortlos und entsteht nicht in einem aseptischen Reich der Ideen, sondern in ganz konkreten, möblierten und bevölkerten Räumen wie Labors, Vereinslokalen oder auf einer Jurawiese. Wissen ist somit nie gänzlich »rein«, sondern es finden sich in ihm stets Spuren seines Entstehungs- und Verwendungszusammenhangs eingeschrieben.[90] Dies gilt in besonderem Maße für die Naturgeschichte, die sich immer mit partikularen Räumen und ihren Bewohnern auseinandersetzt,[91] und noch ausgeprägter für die Petite Science mit ihrem starken Fokus auf lokale Gegebenheiten.

Die Lokalität von (naturkundlichem) Wissen war jedoch nicht nur eine Folge der jeweils vor Ort aufzufindenden Naturbesonderheiten. Lokal geprägte Wissenspraktiken und Untersuchungsstile waren ebenso das Resultat sozialer Mechanismen, die sich zwischen den Freizeitforschern innerhalb eines Kleinstädtchens abspielten. So vermochten thematische Vorlieben und wissenschaftliche Netzwerke des jeweiligen Zentrumsakteurs oder bereits bestehende Vereinstraditionen und Sammlungsbestände der vor Ort praktizierten Naturforschung ihren Stempel aufzudrücken. Um diesen epistemischen Lokalkolorit zu konzeptualisieren, der aus dem Wechselspiel von bereits Gegebenem und seiner Verstärkung durch sozialen Austausch innerhalb lokal situierter Forschergemeinschaften hervorging, konnte ich abermals auf eine Begrifflichkeit des erwähnten volkskundlichen Forschungsverbundes zurückgreifen: jenen des »Wissensmilieus«. Die Autoren des Verbundes definieren ein Wissensmilieu als »relativ homogenen, intern aber differenzierten Interaktionszusammenhang mit erhöhter Binnenkommunikation, der zugleich durch ein zumindest implizites Milieu-Wissen um gemeinsame Praxisformen geprägt ist«.[92] Das Konzept des »Wissensmilieus« ermöglicht es, lokale Bedingungen und Ausformungen des Wissens zu berücksichtigen. Es stellt Kommunikations- und Transferprozesse in den Mittelpunkt und weist so den Vorteil auf, die Zugehörigkeit zu lokalen Wissensgemeinschaften unabhängig vom Kriterium einer Vereinsmitgliedschaft beurteilen zu können.

Mit den Ausführungen zu den lokalen Wissensmilieus sind wir auch schon längst bei der vierten Perspektive angelangt, die in den Forschungsprogrammen der oben portraitierten Theoriezusammenhänge angelegt ist: den sozialen Praktiken des Wissens.[93] Neben verschiedenen Formen der Vergemeinschaftung und Kooperation erscheinen unter diesem Blickwinkel

90 Vgl. Sarasin: Was ist Wissensgeschichte?, 166.
91 Vgl. Jardine und Spary: The natures of cultural history, 7.
92 Kaschuba et al.: Volkskundliches Wissen, 189.
93 Vgl. Jardine und Spary: The natures of cultural history, 8.

vor allem Fragen nach Zeugenschaft, Glaubwürdigkeit oder Autorität sowohl in kollegialen Beziehungen als auch in Streitfällen als erforschungswürdig. Stärker ins Rampenlicht rücken nach einer längeren Phase diesbezüglicher Zurückhaltung nun auch wieder die einzelnen Akteure des Wissens. Dies tun sie jedoch nicht mehr im hagiographischen Sinn der traditionellen Wissenschaftsgeschichte. Vielmehr gilt es gemäß Philipp Sarasin zu ergründen, wie das von den Akteuren produzierte Wissen mit ihrer gesellschaftlichen Stellung, mit ihrem Ansehen und ihrer Macht verflochten war und welche Selbstverhältnisse mit diesen wissensbezogenen Dispositionen einhergingen.[94]

Die Untersuchung der materiellen Praktiken, der medialen Aspekte, der räumlichen Verortung sowie der Akteure und ihrer Soziabilität bilden die Eckpunkte eines groben Forschungsprogramms, das ich aus Ansätzen der kulturwissenschaftlichen Historiographie der Naturgeschichte, der Wissensgeschichte sowie jüngeren volkskundlichen Fachgeschichtsstudien zusammenstellte und welches mir als Leitfaden diente. Wie aus der Kapitelüberschau am Ende dieser Einleitung hervorgeht, sind je nach verhandelter Thematik diese vier Perspektiven in den einzelnen Kapiteln meiner Arbeit unterschiedlich gewichtet. Die materialen Praktiken und medialen Aspekte bilden den hauptsächlichen Denkrahmen der ersten Kapitel, während in der zweiten Hälfte der Studie das Augenmerk stärker auf die Akteure, Orte und Räumlichkeiten gerichtet ist.

Methodologische Erwägungen und Begründung des Quellenkorpus

Die oben skizzierten drei Theoriezusammenhänge, die den Denkrahmen dieser Arbeit abstecken, integrieren ihrerseits ein weites Spektrum von Bezugspunkten aus Fächern wie Geschichte, Ethnologie, Medientheorie und Wissenschaftssoziologie. In der vorliegenden Lesart wurde als Gemeinsamkeit dieser Zusammenhänge deren »anthropologischer« Fokus auf Wissensakteure und ihr Handeln herausgehoben. Die methodischen Folgerungen, die sich aus dieser Sichtweise ergaben, sollen nun umrissen werden.

Ich schrieb die vorliegende Studie zur Geschichte der naturkundlichen Lokalforschung aus der Warte der Volkskunde. Den vorgängig dargestellten Theoriebezügen, die dieser Arbeit die Richtung vorgaben, sind somit historiographische Grundannahmen dieser »historisch argumentierende[n] Gegen-

94 Vgl. Sarasin: Was ist Wissensgeschichte?, 169 f.

wartswissenschaft«[95] unterlegt, die ich hier kurz benennen möchte. Ab den späten 1970er-Jahren begann eine junge Generation von VolkskundlerInnen, die historische Forschung innerhalb des Faches grundlegend zu überholen. Man richtete neue Fragen an neue (bzw. neu-alte) Gegenstandsbereiche, und vor allem identifizierte man mit den »kleinen Leuten« neue Kräfte, die die Geschichte strukturieren beziehungsweise eben vielmehr »machen«. Mit diesen neuartigen Konzepten, Geschichte zu denken und zu erforschen, bewegte sich die damalige Volkskunde nicht im luftleeren Raum. Auch wenn einzelnen ihrer Exponenten eine Vorreiterrolle zukam, so wurden vergleichbare Ansätze ebenso in den sich ausformierenden »Bindestrich-Geschichten«[96] der Alltagsgeschichte, der Historischen Anthropologie oder der Geschlechtergeschichte vorangetrieben. Als verbindendes Element dieser verschiedenen Ansätze charakterisiert die Volkskundlerin Carola Lipp deren vergleichbare »Epistemologie, die auf die Lebenswelt und das Denken und Handeln der historischen Akteure gerichtet ist«.[97] Diese Grundannahmen entsprechen in der historischen Forschung volkskundlicher Provenienz noch immer dem großmehrheitlichen Konsens und erfuhren in den vergangenen Jahren in der Debatte um die sogenannte »historische Ethnographie« eine neuerliche Aktualisierung.[98]

Eine solche Geschichtskonzeption legt bestimmte methodische Zugänge nahe. Die Ausrichtung auf historische Subjekte gründet auf der Überzeugung,

95 Kaschuba: Einführung in die Europäische Ethnologie, 85. Zur Geschichte und zum epistemischen Status des Historischen in der Volkskunde vgl. auch ders.: Die Europäische Ethnologie und der Raum der Geschichte; Hengartner: Das Historische in und an der Volkskunde; ders.: Zur Ordnung von Raum und Zeit; Schmoll: Unentschiedene Disziplinarität; Wietschorke: Historische Forschung in der Europäischen Ethnologie.

96 Daniel: Kompendium Kulturgeschichte, 297.

97 Lipp: Perspektiven der historischen Forschung, 214.

98 Die Metapher der »historischen Ethnographie« berührt die Frage, inwiefern methodische Grundannahmen der feldbasierten Gegenwartsforschung auch auf die quellengestützte Analyse der Vergangenheit übertragen werden können. Zwar machten schon in den 1980er-Jahren Vertreter der Alltagsgeschichte Anleihen beim methodologischen Vokabular der Ethnologie (vgl. Hans Medick: Missionare im Ruderboot, 1984), diese Bezugnahme war aber noch eher metaphorisch verstanden. Jüngere Aufsätze der Volkskunde plädieren dagegen ausdrücklicher für die konkrete Anwendbarkeit ethnologischer Methodik und Reflexionskompetenz auf die archivalische Forschung (vgl. diese Position noch moderat bei Keller-Drescher: Die Fragen der Gegenwart, ausgeprägter bei Fenske: Mikro, Makro, Agency; Ingendahl und Keller-Drescher: Historische Ethnografie). Die Archivrecherche wird von diesen Autorinnen als Feldaufenthalt und Dialog mit den Quellen stilisiert, mit der Konsequenz, dass die historisch Forschenden auch die emotionalen und sinnlichen Erfahrungen des Rechercheprozesses in ihren Textproduktionen zu berücksichtigen und überhaupt der Selbstreflexion als Forschende weit größeren Stellenwert einzuräumen hätten. Zur Kritik an dieser These vgl. Maase: Das Archiv als Feld?; Lipp: Perspektiven der historischen Forschung, 222-224; Wietschorke: Historische Ethnographie, 205-207 sowie Kienitz: Von Akten, Akteuren und Archiven.

dass Geschichte und Kultur in alltäglichen Prozessen von Menschen ausgehandelt und hergestellt wird. Historische Phänomene lassen sich so nur erschließen, wenn man herausarbeitet, wie Menschen vergangener Zeiten ihre Lebenswelt wahrgenommen und gedeutet haben, wie sie auf Grundlage ihrer subjektiven Sinnstiftungen handelten und wie sie ihre eigenen Handlungen interpretierten.[99] Die verbreitetste Methode, mit der eine solche emische Geschichtsschreibung – also die Rekonstruktion der Vergangenheit aus der Sicht der damaligen Subjekte, ihrer Handlungen, Wahrnehmung und Deutungen – angestrebt wird, ist die hermeneutische Interpretation der Quellen. Mit dem Ziel, »kulturellen Selbstverständlichkeiten, die bis ins lebensweltliche Wissen des Forschers fortwirken«,[100] ihre Selbstverständlichkeit zu nehmen, liegt dieser Hermeneutik ein »systematisches Als-ob«[101] zugrunde: In Anlehnung an ethnographische Forschungsprozesse mimt der historische Forscher einen Fremden, der aus den Quellen rekonstruierte Sachverhalte so beschreibt, als hätte er dergleichen noch nie zuvor gesehen. Als Königsweg (oder wenn man will: ausgetrampelter Pfad)[102] hin zu einer solchen Beschreibung erweist sich – unbesehen aller Kritik an ihr – noch immer die »dichte Beschreibung«, wie sie vom Ethnologen Clifford Geertz skizziert wurde und als solche Eingang ins gängige Methodenrepertoire historischer Anthropologie fand. Im semiotischen Kulturverständnis Geertz' besitzen menschliche Handlungen und Artikulationen eine symbolische Dimension, die den Mitgliedern einer Kultur bekannt und zugänglich ist. Aufgabe des Ethnologen (bzw. des Historikers) ist es, Handlungen zu beobachten und interpretierend zu beschreiben, welchen Symbolsystemen die Akteure in ihrem Handeln folgen oder, in den Worten Carola Lipps, »die Regeln und Massgaben ihres Handelns, seien sie sprachlicher oder sozialer Natur, zu decodieren«.[103] Lipps Präzisierung zu diesen »Regeln und Massgaben« ist sehr bedeutsam. Handlungen lassen sich nicht ausschließlich auf die unmittelbare soziale Interaktion der Subjekte zurückführen, bei der Bedeutungssysteme jeweils aktualisiert und verhandelt werden. Die strukturelle Prägung durch Zeichensysteme reicht tiefer: Bewussten Handlungen und Aussagen von Subjekten sind stets Diskurse vorgelagert, im foucaultschen Sinne verstanden als »strukturierende Materialität und Zeichen-Logik dessen, was jemand meinen, glauben oder wissen kann«.[104]

99 Vgl. Kaschuba: Die Europäische Ethnologie, 10 f.; Daniel: Kompendium Kulturgeschichte, 17; Lipp: Perspektiven der historischen Forschung, 210 f.
100 Maase: Das Archiv als Feld?, 256.
101 Ebd.
102 Nicht zu Unrecht macht Kaspar Maase in diesem Zusammenhang die »dichte Beschreibung« als »Magnetberg« in der methodischen Landschaft historischer Kulturanalyse aus (Maase: Das Archiv als Feld, 256).
103 Lipp: Perspektiven der historischen Forschung, 211.
104 Sarasin: Was ist Wissensgeschichte, 164.

Dass diese diskursive Bedingtheit vieler Handlungen gerade bei Akteuren besonders ausgeprägt ist, die ihr Tun ausdrücklich als wissenschaftliches verstehen, braucht kaum ausführlicher begründet zu werden.

Diese strukturelle (Mit-)Formierung des Handelns[105] hat auch methodische Implikationen. Angesichts seiner diskursiven Prägungen stößt ein rein hermeneutischer Zugang zu menschlichem Handeln an seine Grenzen und bedarf einer Ergänzung um diskursanalytische Methoden. Auch wenn vorliegende Arbeit mit dieser Position einig geht, so ist sie in ihrer Hauptsache nicht diskursanalytisch ausgerichtet. In Bezug auf diesbezügliche Erkenntnisinteressen verfuhr sie eher reproduktiv und griff auf einschlägige Sekundäruntersuchungen zurück, wo sich dies thematisch anbot. Vielmehr hielt ich es in meiner Arbeit mit Kaspar Maase, der die quellengestützte Rekonstruktion und dichte Beschreibung von Praktiken und deren Deutung durch die Akteure als vorgängig gegenüber jeglicher Kontextualisierung – also auch der diskursanalytischen – erachtet:

> »Die Grundlage dafür bildet die möglichst detailgenaue und nuancenreiche Rekonstruktion der Praktiken aus den Quellen. Vor der Kontextualisierung hat quasi die Dekontextualisierung zu stehen […]. Historische Ethnographie versucht, im Verhältnis zwischen überlieferten Selbstdeutungen und überlieferten Praxen letztere als Kompass der wissenschaftlichen Expedition zu nehmen. […] Die Logik der Praxen gibt vor, wie die schriftlichen Quellen genutzt werden.«[106]

Dass eine derartige Rekonstruktion von Praktiken nur für einen eingegrenzten kulturellen Komplex bewältigt werden kann, dessen Umrisse und Kontexte zudem stets mit einer gewissen Willkür festgelegt werden, versteht sich für Maase von selbst.[107] Diesem Bewusstsein um die mehrfache Beschränkung des eigenen Tuns entspricht auch die eher bescheidene Erklärungsweite, die Maase als Ziel seiner historischen Ethnographie ausgibt. Angestrebt würde nicht die »holistische Erfassung einer Lebenswelt und Rekonstruktion ihrer tragenden Sinnstrukturen […], [s]ondern punktuelle Korrektur gängiger Aussendeutungen«.[108]

Maases betont bescheidener Anspruch mag dem Understatement eines verdienten Forschers geschuldet sein. Auch wenn meine Arbeit ein wenig mehr anstrebt als punktuelle Richtigstellungen, so teile ich doch grundsätzlich Maases erkenntnisbezogene Zurückhaltung. In der vorliegenden Arbeit fühlte ich mich ebenfalls einer so verstandenen induktiven Empirie verpflichtet, die sich sehr nahe an den Quellen bewegt.

105 Zum Verhältnis von Handlungen und ihrer Strukturierung durch Diskurse vgl. beispielsweise Reckwitz: Praktiken und Diskurse.
106 Maase: Das Archiv als Feld?, 258 und 259.
107 Ebd., 258.
108 Ebd., 261.

Die Erkenntnisweise der interpretativen Hermeneutik, die meiner Untersuchung in Gestalt der »dichten Beschreibung« zugrunde liegt, konkretisierte sich in zwei methodischen Darstellungsformen:[109] in Fallstudien sowie im kollektivbiographischen Zugang. Fallanalysen waren und sind die bevorzugte Darstellungsform lebensweltlich und alltagsgeschichtlich orientierter Studien.[110] Sie erlauben im Idealfall, wie Urs Germann und Marietta Meier in einer aktuellen Standortbestimmung festhalten, »das Besondere und das Allgemeine sinnvoll aufeinander zu beziehen, ohne dabei in die Aporien einer reinen Makro- oder Mikrogeschichte zu verfallen«.[111] In der vorliegenden Arbeit wurden Fälle in unterschiedlichem Detaillierungs- und Ausführlichkeitsgrad behandelt. Einzelnen Fallbeispielen wie Christian Brüggers Bastardforschungen und seinem Streit mit August Gremli oder Franz Leuthardts »Heimatlandschaft« im Liestaler Schulgarten ist ein ganzes Kapitel gewidmet, in der Hoffnung, daran grundlegende Fragestellungen verhandeln zu können, während andere Fälle, meist zum Zwecke der Veranschaulichung, nur kurz angedeutet werden.

Gewissermaßen eine Spezialform des Falles stellt der einzelne Naturforscher beziehungsweise seine Biographie dar, die in meiner Untersuchung als prominentes Darstellungsmittel dient. In der Wissenschaftsgeschichte sowie der allgemeinen Historiographie blickt die biographische Methode auf eine bewegte Geschichte zurück.[112] Auf ihre einst überragende Stellung folgte ab der Nachkriegszeit der tiefe Fall: Vor dem Hintergrund strukturorientierter und später semiotischer Forschungsansätze erschien die Betrachtung beispielsweise einer wissenschaftlichen Erfindung durch das Vergrößerungsglas eines individuellen Lebenslaufs als unzulänglich und überholt. Die biographische Methode sah sich dem Vorwurf ausgesetzt, theorieresistent zu sein und ein konservatives Bild von Geschichte und Wissenschaft zu befördern. Mit der oben beschriebenen Öffnung historischer Forschung hin zu Erkenntnisweisen der Ethnologie begann sich der Wind jedoch ab den 1980er-Jahren wieder zu drehen. Es dauerte nicht allzu

109 Ob es sich bei Fallstudien und der Kollektivbiographie, aber auch bei der dichten Beschreibung selbst um eine Methode oder eine Darstellungsweise handelt, wird von verschiedenen Autoren unterschiedlich eingeschätzt. Analog zu Stephan Wolff, der die dichte Beschreibung ausdrücklich nicht als Methode, sondern als »Darstellungsstrategie« oder »Praxis der Darstellung« versteht (Wolff: Anatomie der Dichten Beschreibung, 343), charakterisiert auch Margit Szöllösi-Janze die biographische Zugangsweise als »Genre« (Szöllösi-Janze: Lebens-Geschichte, 21). Levke Harders und Veronika Lipphardt hingegen bezeichnen die Kollektivbiographie sowohl als »Darstellungsform« wie auch als »Untersuchungsmethode« (Harders und Lipphardt: Kollektivbiografie, 81).

110 Vgl. Göttsch: Archivalische Quellen, 25-26.

111 Germann und Meier: Fallgeschichten, 19.

112 Vgl. zur ehemals prominenten Stellung, zur Kritik und Renaissance der biographischen Methode Szöllösi-Janze: Lebens-Geschichte, 17-19.

lange, bis die wiederentdeckte Leidenschaft für die biographische Zugangsweise von der Alltagsgeschichte auch auf WissenschaftshistorikerInnen abfärbte. So konstatiert Margit Szöllösi-Janze für die gegenwärtige wissenschaftsgeschichtliche Forschung eine eigentliche Renaissance der biographischen Methode. Sie führt diese Rückbesinnung auf den Theorie- und Methodenpluralismus zurück, der die heutigen Kulturwissenschaften ganz allgemein präge und sich auch in der biographischen Zugangsweise spiegle. Diese vereine »ein Sammelsurium von Ansätzen, Methoden, Erkenntnisinteressen, ohne ein einziges ausschließlich und durchgängig zu verfolgen«,[113] und müsse sich zu Recht die Frage gefallen lassen, ob sie nicht bloß einem fröhlichen Eklektizismus fröne. Szöllösi-Janze bejaht dies zwar, deutet aber diese vermeintliche Schwäche zur ausdrücklichen Stärke der biographischen Darstellungsweise um. Diese erlaube eine »integrierende Perspektive«[114] und erschließe über den einzelnen Protagonisten die vielfältigen Dimensionen, die Wissenschaft haben könne.

Die methodologisch entscheidende Frage bei der Arbeit mit Fällen und so auch beim biographischen Zugang ist, ob sich diese generalisieren lassen und ermöglichen, das Allgemeine im Besonderen herauszustellen.[115] Ein gangbarer Weg, die Eigenheiten singulärer Akteure und ihrer Lebensläufe sinnvoll auf jene von vergleichbaren Zeitgenossen zu beziehen, mit diesen zu vergleichen und von diesen abzuheben, ist die Methode der Kollektivbiographie. Diese Methode wurde bereits in den 1980er-Jahren diskutiert und erfuhr im Zuge der jüngeren Biographie-Renaissance erneute Beachtung. In einer Übersichtsdarstellung stellten Levke Harders und Veronika Lipphardt 2006 eine Konjunktur fest, die kollektivbiographische Ansätze in der (Wissenschafts-)Geschichte verzeichneten.[116] Harders und Lipphardt grenzen die Kollektivbiographie von der quantitativ ausgerichteten Prosopographie ab und beschreiben sie als Methode des qualitativen Vergleichs. Die Autorinnen skizzieren das konkrete methodische Vorgehen einer kollektivbiographischen Untersuchung folgendermaßen: Ausgehend von einer problemorientierten Fragestellung stellt man eine größere Gruppe von historischen Personen zusammen, deren Lebensläufe den festgelegten inhaltlichen Kriterien entsprechen. Anschließend nimmt man – beispielsweise mit Blick auf die entsprechenden Quellenlagen – eine nochmalige Auswahl vor und stellt einen kleineren Biographiekorpus als eigentliche Untersuchungsgruppe

113 Szöllösi-Janze: Lebens-Geschichte, 21.

114 Ebd., 29.

115 Vgl. Germann und Meier: Fallgeschichten, 21 f.

116 Vgl. Harders und Lipphardt: Kollektivbiografie, 81 f. Dieser Befund trifft auch auf die Biologiegeschichte zu. Diverse Autoren, die vorliegende Arbeit inspirierten, bedienten sich ansatzweise einer kollektivbiographischen Methode, ohne diese aber ausdrücklich als solche zu benennen, so Nyhart: Modern Nature oder Kohler: Landscapes.

zusammen. Deren Lebensläufe beziehungsweise in Abhängigkeit von der Fragestellung gewisse Ausschnitte davon werden nun unter Zuhilfenahme zusätzlicher Quellen studiert und anschließend miteinander in Beziehung gebracht. Idealerweise beschränkt sich die Analyse nicht auf den bloßen Vergleich von Parallelen und Unterschieden zwischen den einzelnen Akteuren, sondern arbeitet in der Untersuchungsgruppe bestehende Netzwerke im Sinne von Kommunikations- und Kooperationszusammenhängen oder gegenseitige Beeinflussungen heraus. Harders und Lipphardt erachten die kollektivbiographische Methode als adäquate Antwort auf die Spannung zwischen Einzelfall und Verallgemeinerung:

> »Während die Einzelbiografie eine einzelne Person gegen einen oft allzu stark verallgemeinerten Hintergrund abhebt, kann die Kollektivbiografie durch eine direkte Gegenüberstellung die Gemeinsamkeiten und Unterschiede von Personen, die hinsichtlich eines bestimmten Merkmals verglichen werden, akzentuieren. […] Sie ermöglicht ein analytisches Ausbalancieren zwischen dem Einzelnen und der Gruppe, zwischen Lebenswelt des Wissenschaftlers und seinem wissenschaftlichen Werk.«[117]

Wie dies für alle qualitativen Fallstudien gilt, steht und fällt auch der Erklärungsanspruch der Kollektivbiographie mit der plausiblen Begründung der Kriterien, nach denen der Untersuchungskorpus zusammengestellt wurde. Harders und Lipphardt nennen zwei Arten von Merkmalen, nach denen eine Zusammenstellung der Untersuchungsgruppe erfolgen kann. Einerseits sind dies Eigenschaften, die aus der Sicht der Akteure rekonstruiert werden, also beispielsweise ausdrückliche Selbstverständnisse und selbstdeklarierte Zugehörigkeiten. Andererseits kann eine Einteilung nach formalen Kriterien wie der Zugehörigkeit zu bestimmten Institutionen oder Generationen vorgenommen werden.

Ich möchte nun zum letzten Punkt meiner methodologischen Ausführungen kommen. Unter Bezug auf die dargelegten Prämissen der Kollektivbiographie will ich erläutern, wie diese Methode in meiner Arbeit angewendet wurde, und zugleich umreißen, an welchen Kriterien sich die Auswahl der von mir untersuchten Personen und die Zusammensetzung des zugehörigen Quellenkorpus orientierte.

Meine Untersuchung war nicht von Anfang an auf eine kollektivbiographische Fragestellung hin ausgerichtet. Die Hypothese, dass mein Untersuchungsfeld in hohem Maße durch eine homogene Gruppe von Akteuren geprägt war, bildete nicht den Ausgangspunkt meiner Forschung, sondern kristallisierte sich erst im fortgeschrittenen Forschungsstadium heraus. Die Methodik der Kollektivbiographie war somit nicht forschungsleitend und

117 Harders und Lipphardt: Kollektivbiografie, 86 f.

wurde auch nicht konsequent im oben dargelegten Sinne Harders' und Lipphardts angewendet. Ich bediente mich ihrer aber im Laufe des Forschungsprozesses vor allem zur gezielten Verdichtung des Quellenmaterials mit dem Ziel einer hinreichenden Sättigung sowie als Darstellungsform.

Den ersten dieser beiden Aspekte, die gezielte Verdichtung, möchte ich nun kurz ausführen. Wie am Anfang der Einleitung dargelegt, fokussierte ich mich zu Beginn meiner Forschungen auf die Figur des »Natursammlers«. Eine grobe Ausgangsthese bildete die Vermutung, dass das freizeitliche Naturaliensammeln im ausgehenden 19. Jahrhundert eine Hochkonjunktur verzeichnete. Diese These stützte sich auf die bereits zitierte Feststellung Hermann Fischer-Sigwarts zu den Heerscharen, die mit Botanisierbüchsen ins Grüne hinauszögen, sowie auf vergleichbare Aussagen weiterer Zeitgenossen, auf die ich im Zusammenhang mit thematisch anders gelagerten Recherchen gestoßen bin. Zusätzlich plausibilisiert wurde dieser Befund des Zofinger Apothekers durch eine bald vorgenommene Analyse der Erscheinungshäufigkeit naturkundlicher Ratgeberschriften und Sammelanleitungen im 19. und 20. Jahrhundert. Mit dieser groben zeitlichen Orientierung und eher vagen Vorstellungen zur Gestalt des »Natursammlers« wagte ich mich an die ersten archivalischen Materialien. Mit zunehmender Vertrautheit mit dem Gegenstand sowie durch Vertiefung in die Sekundärliteratur reiften erste Einsichten. Erstens zeigte sich, dass das Naturaliensammeln im ausgehenden 19. Jahrhundert wohl boomen mochte, jedoch in ziemlich identischer Weise bereits um die Jahrhundertmitte betrieben wurde. Zweitens ersetzte ich die Karikatur des kauzigen Sammlers rasch durch das adäquatere Bild eines Naturforschers, der im Rahmen eines Vereins oder eines informellen Netzwerks ausdrücklich »Wissenschaft« betreibt und für den das Sammeln eher Mittel zum Zweck bedeutet. Drittens zeigte sich, dass lokale Wissensmilieus existierten, die sehr vergleichbar funktionierten und geprägt waren durch das Zusammenspiel von kantonaler Sektion der *Naturforschenden Gesellschaft*, lokalem Museum und der Kantonsschule. Allmählich begann sich auch – noch in schemenhaften Umrissen – die Figur des naturkundlichen Zentrumsakteurs zu konturieren, die sich an der Schnittstelle dieser Institutionen für jedes Lokalmilieu ausmachen ließ. Die sich abzeichnende kollektivbiographische Gruppe der naturkundlichen Zentrumsakteure gab meinen nächsten Rechercheschritten die Zielrichtung vor. Unter Zuhilfenahme weiterer Quellengattungen wie Jahresberichten und Jubiläumsschriften von Museen und Naturforschervereinen identifizierte ich weitere potentiell interessante Akteure und machte ausfindig, ob zu diesen in den Naturmuseen und Staatsarchiven Nachlassmaterialien vorhanden waren.

Nach Recherchen am Botanischen Garten der Universität Zürich, in den Naturmuseen in Frauenfeld, Luzern, Solothurn und Chur sowie in den Staatsarchiven der Kantone Basel-Land und Graubünden zeichnete sich allmählich eine Sättigung ab, und die aufgefundenen Materialien schienen eine gewisse Redundanz aufzuweisen. Ich hatte nun für gesamthaft fünf lokale Wissensmilieus – Frauenfeld, Luzern, Solothurn, Liestal und Chur – dichtes Material zu jeweils einem bis ungefähr fünf Akteuren erschlossen. Daher sah ich im Folgenden von anfänglich geplanten Recherchen in weiteren Naturmuseen der deutschen Schweiz ab. Stattdessen begann ich, das aufbereitete handschriftliche Material zu den Akteuren meiner fünf ausgewählten Kleinstädte um die gezielte Lektüre gedruckter Quellen wie wissenschaftliche Aufsätze und Vereinsinterna in den Jahresberichten der Naturforschervereine, Fach- und Sammlerzeitschriften oder Floren- und Faunenwerke zu ergänzen und weiter zu verdichten, bis ich allmählich zur Analyse und Darstellung des Materials überging.

Welches archivalische Material liegt meiner Arbeit zugrunde? Ich untersuchte neben institutionellen Nachlässen von Universitätsinstituten, Museen und Naturforschervereinen schwerpunktmäßig Privatnachlässe von Lokalforschern und Natursammlern. Zu diesen Privatnachlässen drängt sich eine kurze Anmerkung auf. Im Gegensatz zu den Nachlässen akademischer Forscher, die sich laut Levke Harders und Veronika Lipphardt üblicherweise als »umfangreich und handverlesen«[118] erweisen würden und bereits während ihrer Er- oder Zusammenstellung bewusst auf die Sichtung durch nachfolgende Generationen hin konzipiert worden seien, erweisen sich nachgelassene Archivalien freizeitlicher Naturforscher als etwas karger und unübersichtlicher. Wie Roger Cooter und Stephen Pumfrey zur Quellenlage populärer Wissenschaftstätigkeit treffend festhalten, müssten derartige Quellen »to be excavated in bits and pieces before the attempt to interpret can begin«.[119] David Allen benannte zudem ein weiteres Problem, mit dem der kulturwissenschaftlich interessierte Forscher konfrontiert ist, wenn er sich durch die typischen Hinterlassenschaften eines Naturhistorikers wühlt – auf den ersten Blick geben diese Quellen nur beschränkt Aufschluss über die Menschen hinter der Forschung:

> »Natural history literature is of a kind from which it is peculiarly difficult to quarry ›social‹ detail. The main mass, devoted to field observations or long lists of species, is ever on its guard against just those more mundane remarks of value to the social historian. [...] In truth, this might be dubbed more aptly the *archeology* of natural history: the piecing together of the living reality of the past from the merest unintended fragments.«[120]

118 Vgl. Harders und Lipphardt: Kollektivbiografie, 85.
119 Cooter und Pumfrey: Separate spheres, 255.
120 Allen: The Naturalist, xviii.

Auch ich musste mich durch Materialien arbeiten, die sich – zumindest anfänglich – als deutlich weniger »redselig« erwiesen als die von mir ebenfalls durchforsteten institutionellen Korrespondenzbücher, Vereinsnachrichten, Nekrologe, privaten Briefwechsel sowie Tagebücher. Viele Quellenbestände in den Privatnachlässen umfassten ganze Papierstapel von Listen ausgetauschter oder erworbener Spezimen, von Fundorten oder taxonomischer Angaben. Für die zeitgenössischen Kollegen eines verstorbenen Naturforschers, die vertraut waren mit der Logik des systematischen Sammelns und Lokalkatalogisierens, waren solche privaten Manuskripte selbsterklärend. Als Rohdaten für eine eventuelle Weiterverwendung stellten sie wertvolle und mitunter umkämpfte Hinterlassenschaften dar. Sie wurden geordnet und bereinigt, bevor sie meist dem lokalen Naturmuseum übergeben wurden, wo sie sich zum Teil heute noch befinden.[121] Nachdem ich Zettel um Zettel meine anfänglichen Widerstände überwand und mir dieses »stumme« Material vertrauter wurde, relativierten sich David Allens Aussagen zur Beschränktheit naturhistorischer Quellen. Speziell für eine praxissensible Wissenschaftsgeschichte erwiesen sich auch solche Rohdaten und Papierbündel als sehr aufschlussreich und förderten durchaus Erkenntnisse über »soziale Details« zu Tage, nämlich über konkrete Wissenspraktiken der Lokalforscher.

Kommen wir nach dieser kurzen Überschau zu den Recherchestrategien und der Quellenlage wieder zurück auf die kollektivbiographische Gruppe der naturkundlichen Zentrumsakteure. Wie beschrieben, steuerte diese sich abzeichnende Kategorie einerseits Ausrichtung und Verlauf meiner Datenerhebung, andererseits prägte sie die theoriegeleitete Kodierung, Beschreibung und Analyse des erhobenen Materials.[122] Auf diese Weise bildete die

121 Die Archivsituation der einzelnen lokalen Naturmuseen gestaltet sich sehr unterschiedlich: Einige übergaben irgendwann in der zweiten Hälfte des 20. Jahrhunderts alle das Museum betreffende Archivalien dem kantonalen Staatsarchiv ihres Kantons oder aber entsorgten diese, andere besitzen noch jene Archivalien, die sich direkt auf einzelne Sammlungen oder Sammler beziehen, während andere Museen noch alle Quellen zu ihrer Geschichte selber verwahren und in äußerst unterschiedlichem Umfang auch erschlossen haben. Auch das Bewusstsein für die Bedeutung sowie das Wissen um die vor Ort aufbewahrten Quellen unterscheidet sich von Haus zu Haus stark. Vgl. zur (mangelhaften) Dokumentation der eigenen (Sammlungs-)Geschichte durch die Institution Museum auch Joss: Anhäufen, 29.

122 Ich verfolgte eine Vorgehensweise, die sich an der Grounded Theory gemäß Barney Glaser und Anselm Strauss orientierte und folglich auf eine Gleichzeitigkeit der Erhebung, Kodierung und Analyse der Daten abzielte: »Theoriegenerierung, gekoppelt mit der Auffassung von Theorie als Prozess, erfordert, dass alle drei Operationen weitestgehend *parallel* ausgeführt werden. Sie sollten von Anfang der Untersuchung an bis hin zu ihrem Ende ineinander übergehen und sich permanent überkreuzen« (Glaser und Strauss: Grounded Theory, 52). Vgl. dazu auch Strauss: Methodologische Grundlagen, 447-451.

biographische Gruppe der Zentrumsakteure den Kristallisationskern für ein theoretisches Sampling, das ich im Sinne Barney Glasers und Anselm Strauss' vornahm:

»Theoretisches Sampling meint den auf die Generierung von Theorie zielenden Prozess der Datenerhebung, währenddessen der Forscher seine Daten parallel erhebt, kodiert und analysiert sowie darüber entscheidet, welche Daten als nächste erhoben werden sollen und wo sie zu finden sind. Dieser Prozess der Datenerhebung wird durch die im Entstehen begriffene [...] Theorie kontrolliert.«[123]

Der Fokus auf die naturkundlichen Zentrumsakteure ermöglichte mir, meine Quellen gezielt zu ergänzen, das Phänomen der Petite Science theoretisch zunehmend klarer zu konturieren und seine von mir schließlich festgelegte Definition – ein eigenständiger Modus naturhistorischer Forschung, der getragen von hauptsächlich mittelständischen Männern sich vornehmlich in Kleinstädten zu autonomen Wissensmilieus ausbildete, die um die Dreiheit von Naturforscherverein, Lokalmuseum und Kantonsschule strukturiert waren – zu plausibilisieren. Ich will nun mit Blick auf die Untersuchungsgruppe meiner Zentrumsakteure die sozialen, geographischen und zeitlichen Grenzziehungen begründen, entlang deren ich die Umrisse meines Untersuchungsgegenstandes festlegte.[124]

Diese Gruppe setzt sich zusammen aus den Zentrumsakteuren *Christian Gregor Brügger* (1833-1899) aus Chur, *Heinrich Wegelin* (1853-1940) aus Frauenfeld, *Franz Leuthardt* (1861-1934) aus Liestal, *Hans Bachmann* (1866-1940) aus Luzern sowie aus Solothurn *Isaak Adolf Bloch* (1869-1959). Bei diesen fünf Männern handelte es sich um idealtypische Zentrumsakteure, deren Zugehörigkeit zur kollektivbiographischen Untersuchungsgruppe durch vergleichbare formale Kriterien gegeben war: Sie alle waren in Personalunion Naturkundelehrer an der Mittelschule ihres Wohnortes, wirkten als Kurator des lokalen Naturmuseums und amteten als Präsident ihrer kantonalen Naturforschersektion.

Meine Arbeit beschränkte sich jedoch nicht ausschließlich auf diesen Idealtypus. Für die lokalen Wissensmilieus waren auch unscheinbarere Gestalten prägend, die zwar bezüglich ihrer öffentlichen Wahrnehmung und der Ämterkumulation hinter den Zentrumsakteuren zurückgestanden haben mochten, jedoch ebenfalls großen Einfluss auf die Forschungsaktivitäten vor Ort (und darüber hinaus) ausübten. Bei diesen Forscherpersönlich-

123 Glaser und Straus: Grounded Theory, 53.

124 Die epistemischen Charakteristika dieses Wissenschaftsmodus – die Petite Science als floristische und faunistische Lokalforschung mit zugehörigen Sammelpraktiken sowie angereichert um Forschungsinteressen der Biogeographie, der Adaptions- und Selektionsforschung sowie der Ökologie – wurden bereits im ersten Teil der Einleitung skizziert und werden hier nicht mehr ausführlich dargelegt.

keiten handelte es sich beispielsweise um die Verfasser lokaler Floren- und Faunenwerke, um die Besitzer großer Sammlungen oder um taxonomische Spezialisten. Häufig saßen sie ebenfalls im Vorstand ihres kantonalen Naturforschervereins oder nahmen andere institutionelle Verpflichtungen wahr. Zusammen mit den Zentrumsakteuren bildeten diese profilierten Forscher die Elite der lokalen Wissensmilieus. Die vorliegende Arbeit fokussiert hauptsächlich auf diese beiden charakteristischen Akteurstypen. In den ersten Kapiteln, in denen einzelne Wissenspraktiken dargestellt werden, stehen häufig Forscherpersönlichkeiten und ihre konkreten Tätigkeiten im Zentrum der Betrachtung. Mit Blick auf ihre eigenen Forschungstätigkeiten kommen die Zentrumsakteure in diesen Ausführungen ebenfalls vereinzelt schon vor, ihren prominenten Auftritt als Idealtypus haben sie jedoch erst ab dem fünften Kapitel. Einerseits ermöglichen sie als heuristische Figuren Einblick in die soziale Strukturierung der lokalen Wissensmilieus der Naturforschung. Andererseits ist ihre nähere Betrachtung unumgänglich, will man die gesellschaftliche Ausstrahlung der Lokalforschung um 1900 erfassen. Zentrumsakteure waren an der Schnittstelle von Verein, Schule und Museum tätig und aufgrund dieses Öffentlichkeitsbezugs wichtige Multiplikatoren einer modernen, »heimatlichen« Naturkonzeption, die im Milieu der Lokalforschung mitgeschaffen wurde.

Wie sind die Zentrumsakteure gesellschaftlich zu verorten? Bis auf den älteren Christian Brügger, der einer alteingesessenen Patrizierfamilie angehörte, erwies sich die gewählte Gruppe als sozial sehr homogen: Wegelin, Leuthardt, Bachmann und Bloch entstammten alle kleinbürgerlich-bäuerlichen Milieus und gelangten – mitunter über den Umweg als Primarlehrer – durch ein naturkundliches Studium auf ihre angesehenen Positionen. Sie alle können als Vertreter jener *bourgeoisie des talents* betrachtet werden, die im Zuge der Bildungsexpansion des 19. Jahrhunderts ihre Chancen auf gesellschaftlichen Aufstieg realisierte und in den sich professionalisierenden Bereichen Bildung, Verwaltung und freie Dienstleistungen ihr Auskommen fand.[125] Zwar prägten vereinzelt bereits in den 1860er-Jahren, also zu Zeiten Brüggers, Zentrumsakteure kleinbürgerlicher Herkunft die Wissensmilieus einiger Kleinstädte. Dennoch ist der einer älteren Generation angehörige Churer Patrizier typisch für die Vorrangstellung, die die Abkömmlinge vermögender Familien innerhalb des Naturforschermilieus noch über das zweite Drittel des 19. Jahrhunderts hinaus einnahmen. Dass die Söhne von Glasern und Kleinbauern sich zu tonangebenden

125 Vgl. Tanner: Arbeitssame Patrioten, 106. Für die Jahre um 1900 zählt Albert Tanner 4,9 % der Gesamtbevölkerung zum Bürgertum. Diese Zahl setzt sich zusammen aus 1,3 % Wirtschaftsbürgertum, 1,7 % Besitzbürgertum und 1,9 % Bourgoisie des talents, wobei letzterer Prozentsatz absolut ca. 30.000 Personen entspricht (vgl. ebd. 46).

Gestalten der Petite Science ihrer Städte emporarbeiten konnten und diese ein ausgesprochen »volkstümliches« Selbstverständnis pflegte, war somit ein Charakteristikum des ausgehenden 19. Jahrhunderts.

In ihrer idealtypischen Ausprägung ließ sich die Gestalt des Zentrumsakteurs nur in Klein- und Mittelstädten ausmachen, was im Umkehrschluss auch die Petite Science als hauptsächlich klein- und mittelstädtisches Phänomen auszeichnet. Sie florierte in der Schweiz[126] um 1900 hauptsächlich in Kantonshauptorten oder Provinzstädtchen mit eigener Kantonsschule und Museum. In meiner Untersuchung fokussierte ich mich auf Liestal[127] (Einwohner um 1900: 5403), Frauenfeld[128] (7761), Solothurn[129] (10.025), Chur[130] (11.532) sowie Luzern[131] (29.255). Gerade mit Blick auf Luzern bedarf die kategorische Aussage, dass die Petite Science ein kleinstädtisches Phänomen dargestellt habe, einer Relativierung. Als spezifischer Modus naturhistorischer Forschung kam die Petite Science mit ihren Forschungsschwerpunkten Floristik und Faunistik sowie Systematik auch in größeren Städten der Schweiz sehr wohl vor. In Luzern war das Fehlen einer Universität wohl der wichtigste Faktor für die Ausbildung einer lebhaften lokalen Naturforscherszene, doch auch in Universitätsstädten wie Bern und Basel existierte im Umfeld der Naturforschenden Gesellschaften und der städti-

126 Auch wenn die vorliegende Arbeit nur auf die deutsche Schweiz ausgerichtet war, kann ich auf der Basis der jetzigen Quellenkenntnisse mit gutem Gewissen behaupten, dass die Situation in vergleichbaren Kleinstädten der französischen und der italienischen Schweiz sich sehr ähnlich präsentiert haben musste – auch dort bildeten die Kantonalsektionen der SNG, die lokalen Museen und die Kantonsschulen das tragende Gerüst lokaler Wissensmilieus, in denen identische lokalbezogene Forschungen betrieben wurden wie in den Städtchen jenseits der Sprachgrenze. Wie die nachgelassenen Korrespondenzen zeigten, pflegten zudem etliche Protagonisten der deutschsprachigen Petite Science durchaus Kontakte über den »Rösti-« und »Polentagraben« hinweg.

127 Kantonshauptort des Kantons Basel-Landschaft. Liestal war Sitz der Regierung und einer Bezirksschule (im Kanton existierten weder ein Gymnasium noch ein Seminar). Um 1900 waren über 50 % der Bevölkerung Liestals im sekundären Sektor beschäftigt, hauptsächlich im Metall- und Maschinenbau sowie in der Textilindustrie (vgl. Wunderlin: Liestal, Kap. 3).

128 Kantonshauptort des Kantons Thurgau. Sitz der Regierung, der Kantonsschule sowie einer Kaserne. Um 1900 regionales Industriezentrum mit 1400 Fabrikarbeitsplätzen im Metall- und Maschinenbau (vgl. Spuhler und Gnädinger: Frauenfeld, Kap. 2).

129 Kantonshauptort des Kantons Solothurn. Sitz der Regierung und der Kantonsschule. Wichtige Industriezweige um 1900 waren die Textilindustrie, Feinmechanik und die Uhrenindustrie (vgl. Weber und Keller: Solothurn, Kap. 5).

130 Kantonshauptort des Kantons Graubünden, Sitz der Regierung, der Kantonsschule und des Lehrerseminars. Wichtiger Wirtschaftszweig war der Fremdenverkehr (vgl. Simonett: Chur, Kap. 3).

131 Hauptort des gleichnamigen Kantons, Sitz der Regierung, der Kantonsschule und eines Lehrerseminars. Neben die Industrie und Bauwirtschaft trat als wichtigster Wirtschaftsfaktor im ausgehenden 19. Jahrhundert der Fremdenverkehr (vgl. Trübe: Luzern, Kap. 5).

schen Naturhistorischen Museen ein Milieu von Freizeitnaturforschern, das sich neben den Universitäten behauptete und punktuell mit diesen kooperierte.[132] Einzig auf der Grundlage der Einwohnerzahl oder der Existenz einer Universität lassen sich also keine verallgemeinernden Aussagen über das Florieren der Petite Science in einer bestimmten Stadt treffen – allen strukturellen Ähnlichkeiten zum Trotz waren die lokalen Wissensmilieus immer auch stark von der Eigenlogik der einzelnen Städte geprägt, beispielsweise durch die spezifische Struktur und Kultur ihres Stadtbürgertums.[133] Auch wenn eine starre Definition und Verortung der Petite Science über die Stadtgröße nicht praktikabel ist und naturhistorische Forschung im Modus der Petite Science auch in größeren Städten betrieben wurde, so lässt sich dennoch eine klare Tendenz ausmachen: In den größeren Städten suchte man vergebens nach dem idealtypischen Zentrumsakteur, der eine vergleichbare Machtfülle wie seine Kollegen in den Kleinstädten aufwies, und es kam dort die Petite Science auch nur ansatzweise als autonomes Wissensmilieu zur Blüte. Sie stand in größeren Städten meist im Schatten der Hochschulwissenschaften, was beispielsweise ein Blick auf die *Naturforschende Gesellschaft in Zürich* deutlich macht. In den Jahren um 1900 saßen in wechselnder Zusammensetzung in deren Vorstand: Ulrich Grubenmann (Professor für Mineralogie und Gesteinskunde an der Universität und am Polytechnikum), Arnold Lang (Professor für Zoologie an der Universität und am Polytechnikum), Hans Schinz (Professor für Botanik an der Universität), Max Standfuss (Professor für Entomologie am Polytechnikum), Carl Schröter (Professor für Botanik am Polytechnikum), Alfred Werner, (Professor für Chemie an der Universität) sowie Johann Jakob Früh (Professor für Geographie am Polytechnikum). Auch die Schaffung und Betreuung von Museen entfiel in der Limmatstadt als Betätigungsfeld der Freizeitwissenschaftler, da die beiden Hochschulen entsprechende Sammelaufträge

132 In beiden Städten bildete das naturhistorische Museum das Gravitationszentrum für naturkundliche Freizeitforscher. In Bern wurde diese Institution von der Burgergemeinde getragen, und auch die *Naturforschende Gesellschaft Bern* sowie der *Entomologische Verein Bern* wiesen enge Verbindungen zu dieser Körperschaft des Stadtberner Patriziats auf (vgl. Huber: Die Ringe des Apollo, 158-161). Vergleichbar war auch das *Naturhistorische Museum* Basel fest in den Händen von Privatgelehrten aus dem städtischen Großbürgertum. Diese gingen als Gentlemen Scientists gewissermaßen hauptberuflich der Naturforschung nach, bloß ohne auf Bezahlung angewiesen zu sein (vgl. Simon: Natur-Geschichte). Die freizeitliche Naturforschung in diesen beiden Städten war somit alles andere als eine »volkstümliche« Angelegenheit (auch wenn sich unter den ehrenamtlichen Mitarbeitern beispielsweise des Basler Museums ebenfalls zahlreiche Lehrer fanden) und stand eher in der sozialen Tradition älterer naturhistorischer Forschung.

133 Dass sich gerade in der konservativen Stadt Basel das elitäre Privatgelehrtentum neben der Universität noch lange halten konnte, ist somit kein Zufall (vgl. Simon: Naturwissenschaften in Basel, 4-6 sowie allgemein zur Struktur des baselstädtischen Großbürgertums im 19. Jahrhundert vgl. Sarasin: Stadt der Bürger).

zur Genüge abdeckten. Da die vorliegende Arbeit dem sozialen Funktionieren lokaler Wissensmilieus und deren gesellschaftlicher Ausstrahlung auf den Grund gehen will, lag also die Beschränkung auf kleinere und mittlere Städte ohne eigene Universität nahe. Diese Einschränkung bedeutet jedoch keineswegs, dass nicht auch vereinzelt großstädtische Protagonisten auftreten, die eine wichtige Rolle im Netzwerk der Petite Science einnahmen.

Anders als seine soziale Charakterisierung und soziogeographische Verortung ließ sich die von mir vorgenommene Periodisierung des hier interessierenden Wissenschaftsmodus – »um 1900« – nicht direkt aus Merkmalen des von mir zusammengestellten biographischen Kollektivs ableiten. In zeitlicher Hinsicht schert Christian Brügger aus diesem Kollektiv aus. Mit seinem 1830er-Geburtsjahr personifiziert er eine frühere Generation der Lokalforschung als seine vier nachfolgenden Kollegen, die in den 1850er- oder 1860er-Jahren zur Welt kamen. Es wurde bereits erwähnt, dass sich die Petite Science in Bezug auf ihre Erkenntnispraktiken durch eine *longue durée* auszeichnete, und Gleiches lässt sich auch für ihr soziales Funktionieren feststellen. Bereits um die Mitte des 19. Jahrhunderts existierten in Klein- und Mittelstädten der Schweiz florierende Wissensmilieus der lokalen Naturforschung, deren tragende Säulen vereinzelt ebenfalls kleinbürgerliche Zentrumsakteure darstellten, die die Ämter des Kantonsschulprofessors, des Museumskurators und des Vereinspräsidenten auf sich vereinigten. Die Periodisierung dieser Arbeit hätte so auch »1850-1950« lauten können und für die Jahrhundertmitte prägende Zentrumsakteure wie Franz Joseph Kaufmann (1825-1892) aus Luzern, Franz Vinzenz Lang (1821-1899) aus Solothurn oder Bernhard Wartmann (1830-1902) aus St. Gallen ins Auge fassen können. Eine weitere Möglichkeit der Periodisierung hätte auf die massenhafte Beliebtheit des Natursammelns abzielen können und als Zeitrahmen ungefähr »1870-1920« abgesteckt. In meiner Arbeit setzte ich jedoch mit »um 1900« einen anderen Schwerpunkt. Diesen leitete ich inhaltlich her. Nach einer langen epistemischen Konstanz über das ganze Jahrhundert hinweg erfuhr die naturhistorische Lokalforschung um 1900 eine paradigmatische Erweiterung und Neuausrichtung, die sich unter Stichwort »Heimat« zusammenfassen lässt. Diese Wende – die auch mit anderen historiographisch postulierten Epochenwechseln zusammenfällt[134] – war geprägt von neuen Denkstilen wie der Ökologie, dem Naturschutzgedanken und der inhaltlichen Öffnung zu anthropologischen Forschungsinteressen. Diese heimatliche Justierung war wesentlich für die Popularität der

134 Diese Wende fällt in jenen Zeitabschnitt, den Ulrich Herbert als Beginn der »Hochmoderne« ausmacht und den er gekennzeichnet sieht durch eine Vielzahl an kulturellen, sozialen und politischen Neuerungen und Experimenten, die er als Ausdruck einer »feverish search für adequate responses to the new avalanche of challenges« interpretiert (Herbert: Europe in high modernity, 11).

Petite Science bis weit in die Nachkriegszeit verantwortlich und ermöglichte es ihr, sich auch angesichts der Neuausrichtung universitärer Naturforschung ab der Zwischenkriegszeit weiterhin in den Reservaten der Schulen, der Lokalmuseen und der Naturforschervereine zu behaupten. Christian Brügger erlebte diese Neujustierung nicht mehr mit. Trotzdem fanden er und andere Naturforscher seiner Generation Aufnahme in meine Untersuchungsgruppe, und zwar nicht in erster Linie als Kontrastfolie. Vielmehr waren ihre Tätigkeiten typisch für die Wissenspraxis der systematisch-inventarisierenden Naturforschung, die in ihrer *longue durée* bereits während des ganzen Jahrhunderts betrieben wurde und auch über die »heimatliche« Wende von 1900 hinweg Bestand hatte.

Kapitelübersicht

Mit einer kurzen Gesamtschau auf den Inhalt der vorliegenden Untersuchung soll nun die Einleitung abgeschlossen werden. Wie es dem Portrait einer sammelnden Wissenschaft angemessen ist, nimmt meine Arbeit ihren Ausgang bei den Naturdingen: Das *erste Kapitel* widmet sich den Sammlungsdingen und Objektpraktiken, die den Forschungsalltag der Freizeitwissenschaftler prägten. Nach kürzeren Ausführungen zur Ontologie von Natursammlungsdingen interessieren hier vor allem Praktiken der Dinghandhabe. Den Auftakt macht eine Typologie der verschiedenen Arten von Sammlungen, die zwischen floristisch-faunistischer Belegsammlung, der taxonomischen Sammlung und der Liebhabersammlung unterscheidet und auch die wichtigsten Forschungsschwerpunkte in den Milieus der Petite Science umreißt. Nach der Darstellung der Sammlungsweisen wird die wichtige Bedeutung der korrekten Dinghandhabe für das wissenschaftliche Selbstverständnis der Freizeitforscher beleuchtet. Im Milieu der Petite Science entschied der regelkonforme Umgang mit Dingen – die saubere Konservierung, die richtige Etikettierung und so fort – über die Zugehörigkeit: Nur jene Freizeitforscher, die besagte Dingtugenden einhielten, wurden von ihren Kollegen und Akademikern als »Wissenschaftler anerkannt. Den Abschluss des Kapitels bilden Ausführungen zur gesamtgesellschaftlichen Popularität, deren sich das Naturaliensammeln im ausgehenden 19. Jahrhundert erfreute, sowie zu dessen Einbettung in eine damals sich ausdifferenzierende Freizeitkonsumkultur.

Das *zweite Kapitel* ist den lokalen Floren- und Faunenkatalogen gewidmet. Diese Bestandeserfassungen stellten das wichtigste Wissensformat der Petite Science dar und verzeichneten im ausgehenden 19. Jahrhundert eine Konjunktur. Nach der Darstellung des typischen Aufbaus solcher Kataloge wird eingehender deren mediale Struktur untersucht. Floren- und

Faunenverzeichnisse erweisen sich als heterogene Listen, die die Referenzbeziehung diverser Elemente über Zeit und Raum hinweg sicherstellen müssen: zwischen älteren Verzeichnissen und der gegenwärtigen Liste, zwischen verstorbenen Sammlern und lebenden Forschern, zwischen Sammlungsobjekten und ihren Verschriftlichungen. Anschließend wird die materielle Arbeitsorganisation dargestellt, die den schließlich gedruckten Katalogen zugrunde lag. Wir werfen einen Blick auf die Papierwerkzeuge der Zettel und der Leerstellen, mit welchen die Katalogautoren der steten Dynamik des Sammelns und der biologischen Taxonomie begegneten und Ordnung herstellten. Das Kapitel endet mit einer Beschreibung der sozialen Effekte dieser medialen Strukturen. Kataloge und ihre Auflistungen formulierten zumindest implizit ein Forschungsprogramm: In ihrer Lückenhaftigkeit ging von ihnen stets ein Vervollständigungsappell aus, der zu weiterer Forschung anspornte. Dass diese Forschungen kollektiv betrieben werden konnten, verdankte sich auch der medialen Gestalt des Kataloges. Es war wesentlich die mediale Wirkkraft der Liste, die die Forschungsbemühungen unterschiedlichster Akteure gleichrichtete.

Das *dritte Kapitel* nimmt sich nun detaillierter der Sozialbeziehungen innerhalb der Petite Science an. Ich zeige auf, dass das Funktionieren dieses Wissenschaftsmodus wesentlich über dingvermittelte Beziehungen sichergestellt wurde. Naturkundliche Lesezirkel und Tauschkreise sowie vor allem kollektive Sammelprojekte stärkten die Gemeinschaft unter den Lokalforschern. Neben gemeinschaftlichen Dingzirkulationen stellten auch der formale Tausch und der kommerzielle Handel mit Naturobjekten Austauschweisen dar, die das Milieu der Lokalforscher sozial strukturierten. Unter allen dingvermittelten Beziehungen nahm schließlich die freundschaftliche Gabe eine herausragende Stellung ein. Sie festigte informelle Netzwerke und bildete die Grundlage oft langjähriger Forschungskooperationen.

Dass das Milieu der Petite Science nicht ausschließlich im Zeichen eines freundschaftlichen Miteinanders stand, zeige ich *im vierten Kapitel.* Dieses beleuchtet den erbitterten Wissenschaftsstreit, den sich die beiden Botaniker Christian Brügger und August Gremli in den 1880er-Jahren lieferten. In der Analyse dieses Fallbeispiels wird aufgezeigt, dass die Ordnungsentwürfe der biologischen Systematik sich nicht nur auf die Naturdinge beziehen. Vielmehr bilden diese ebenso die Grundlage für das ordentliche Funktionieren einer Wissenschaftsgemeinschaft. So provoziert die Hinterfragung herrschender Ordnungskonzepte, wie dies Brügger mit seinen Forschungen zu Pflanzenbastarden tat, dass im Gegenzug die eigene Zugehörigkeit zur Wissenschaft in Frage gestellt wird.

Nach dem Blick auf mediale und soziale Strukturierungen des Wissensmilieus untersucht das *fünfte Kapitel* die institutionelle Rahmung der naturhistorischen Lokalforschung. Ausgehend von der Figur des naturkundlichen Zentrumsakteurs werden die drei wichtigsten Betätigungsfelder der Petite

Science skizziert; die kantonalen Naturforschervereine, die lokalen Naturmuseen und die Schulen. Dabei soll in erster Linie gezeigt werden, wie diese Institutionen mit den konkreten Wissenspraktiken der Lokalforscher verbunden waren und ihnen als Ressourcen und Bühnen der Öffentlichkeit dienten. An der Schnittstelle dieser Institutionen waren die naturkundlichen Zentrumsakteure positioniert. Ich zeige auf, wie diese herausragenden Protagonisten lokaler Wissensmilieus die verschiedenen Institutionen zu orchestrieren wussten und sich durch gezielte Vernetzung mit dem bürgerlichen Vereinswesen, der Lokalpresse und den Behörden als angesehene öffentliche Persönlichkeiten etablieren konnten.

Das *sechste Kapitel* widmet sich dem Raum der Petite Science und begleitet deren Akteure auf ihren Streifzügen durch die Landschaft. Ich zeige auf, wie die Lokalforscher Landschaft als Ort der Erkenntnis nutzten, und illustriere dies an einigen landschaftsbezogenen Forschungspraktiken wie den Freisetzungsversuchen. Die profunden Landschaftskenntnisse der hauptsächlich floristisch und faunistisch ausgerichteten Lokalforscher spielten zudem eine große und bislang unterschätzte Rolle in der Entstehung des Naturschutzgedankens um 1900. Landschaft war jedoch nicht nur Objekt der Erkenntnis, sondern auch Ort der Geselligkeit. Die gemeinsamen Exkursionen boten den bürgerlichen Männern willkommene Freiräume und stellten wichtige Orte der Vergemeinschaftung dar. Mit ihren Streifzügen durch die nähere und weitere Umgebung beteiligten sich die Naturforscher aktiv an der Herstellung einer modernen, durch öffentlichen Verkehr und touristische Infrastruktur erschlossenen Freizeitlandschaft. Die Zurichtung der Landschaft geschah auch mental, und Naturforscher waren mit ihren Konzepten und Praktiken an der Prägung landschaftlicher Vorstellungsräume, beispielsweise der »mediterranen« Alpentäler, beteiligt.

Das abschließende, *siebte Kapitel* thematisiert ebenfalls die Räumlichkeit der Petite Science und untersucht die Freizeitwissenschaft als Heimwissenschaft. Eine Analyse des Raumtypus des Studierzimmers zeigt, dass diesem Zimmer eine wichtige Funktion in der Selbstdarstellung der Freizeitwissenschaftler zukam und den bürgerlichen Männern einen innerfamiliären Rückzugsraum darstellte. Das überschaubare, kleine Reich des Studierzimmers mit seinem geordneten Dinguniversum steht zudem sinnbildlich für den Charakter einer modernen Lebenskunst, den die Freizeitwissenschaft annehmen konnte und der auch in anderen kontemplativen Techniken wie Naturtagebüchern oder Gartenfotografien zu Tage trat. Die Schaffung überschaubarer Welten beschränkte sich nicht auf das private Eigenheim. Um 1900 herum entwickelte sich die naturkundliche Lokalforschung zu einer effektiven Heimatmaschine. Aus zeitgeistigen Gesinnungen wie der Alpenbegeisterung und dem »Schützen-und-Retten«-Diskurs sowie aus modernen biologischen Denkstilen wie der Ökologie formten die Lokalforscher eine moderne, als »Heimat« verstandene Natur. Über die bewährten Institutionen der Schulen, der Museen und Vereine popularisierten die Lokalforscher dieses Konzept, wo es über lange Jahrzehnte wirksam bleiben und die Natur- und Landschaftswahrnehmung breiter Bevölkerungskreise nachhaltig prägen sollte.

1. Ein Wissen der Dinge: Sammeln und Objektpraktiken

Am Ende des Jahres 1902 zog der Liestaler Bezirksschullehrer Franz Leuthardt Bilanz. In seiner Funktion als Präsident blickte er zurück auf das dritte Vereinsjahr der unlängst gegründeten *Naturforschenden Gesellschaft Baselland,* in der sich rund 80 Lehrer, Pfarrer, Ärzte und Unternehmer zusammengeschlossen hatten mit dem Ziel, die »Kenntnis der Natur der engern Heimat, also die eigentliche Naturforschung zu fördern«.[1] Um zu bewerten, ob die Baselbieter Naturforscher ihr selbstgestecktes Vereinsziel erfolgreich umgesetzt hatten, nahm Leuthardt die Menge der gemeinsam gesammelten Naturobjekte als Richtschnur und redete seinen Kollegen ins Gewissen:

> »Die Mitglieder der zoologischen Kommission liessen sich angelegen sein, die einheimischen Insekten aufzusammeln. Des fernern ist die Aufsammlung der einheimischen Landmollusken soweit gediehen, dass ein erstmaliger Versuch, die Resultate derselben zu veröffentlichen, bald gewagt werden dürfte. Wenn durch so konsequente Durchforschung unserer Umgebung Beobachtung um Beobachtung, Baustein um Baustein zusammengetragen wird, dürfte später genügend Material vorhanden sein, um der Wissenschaft einen wahren und bleibenden Dienst zu erweisen. Nur sollten sich an dieser Arbeit mehr Hände beteiligen, als dies zur Zeit der Fall ist. Deshalb wird auch eine Zusammenstellung unserer Tierwelt, wie sie andere Gebiete besitzen, noch so lange ein frommer Wunsch bleiben, bis sich mehr Mitglieder finden, die Zeit und vor allem Lust und Liebe haben zum Sammeln solcher Objekte.«[2]

Präsident Leuthardt brachte in seinem Fazit wesentliche Aspekte des Wissenschaftsverständnisses der Petite Science zum Ausdruck: Diese verstand sich als naturkundliche Lokalforschung, die in erster Linie als sammelnde Wissenschaft funktionierte.[3] Ebenfalls charakteristisch war die Bescheidenheit, mit der Leuthardt das eigene Tun umschrieb. Er sah die Rolle seines Vereins vor

1 Leuthardt: Jahresbericht 1901, 9.

2 Leuthardt: Jahresbericht 1902, 7.

3 Grundlegend zum Sammeln als wissenschaftlicher Erkenntnispraxis vgl. Heesen und Spary: Sammeln als Wissen; Kohler: Finders, keepers.

allem darin, Material zusammenzutragen, um »später« der Wissenschaft dienen zu können. Diese Selbstbescheidung bedeutete keineswegs, dass sich die Sammler der Petite Science nicht selbst auch der Wissenschaft zugerechnet hätten. Ihre Stilisierung als bloß dienende Materialzuträger mochte ein Stück weit eine Schutzstrategie gegen zu hohe Erwartungen darstellen und auch allfällige Zweifel an Sinn und Zweck der eigenen Sammeltätigkeit beruhigen. Eine solche beinahe messianische Hoffnung auf wissenschaftliche Verwendung des angesammelten Materials in zukünftigen Zeiten äußerte auch der St. Galler Lehrer und Freizeitentomologe Johann Müller-Rutz in einem Brief an den Frauenfelder Naturforscher Heinrich Wegelin: »Wenn auch gegenwärtig das Tier unbenützt in Ihrer Sammlung ruht, es wird schon wieder ein Sammler erstehen, der sich mit diesen Tieren beschäftigt.«[4]

Über weite Strecken war diese bescheidene Zukunftsgerichtetheit weder Rhetorik noch Strategie, sondern entsprach einer nüchternen Einschätzung des eigenen Tuns. Wie jede sammelnde Wissenschaft war auch die naturkundliche Lokalforschung mit den »kuratorischen« Verpflichtungen,[5] die das Objektsammeln mit sich bringt – Herkunftsdokumentation, Bestimmung, Einordnung und Konservierung –, oft dermaßen ausgelastet, dass für spezifischere Erforschung der einzelnen Objekte meist wenig Zeit blieb. Bereits im Rahmen einer solchen Objektzusammenstellung konnten jedoch, wie der Wissenschaftshistoriker Hans-Jörg Rheinberger herausstreicht, wissenschaftliche Erkenntnisse gewonnen werden. Allein schon durch das Herauslösen aus ihrem ursprünglichen und ihrem Hineinstellen in einen neuen Zusammenhang würden Naturgegenstände zu epistemischen Objekten und bildeten so die dingliche Grundlage beschreibender Wissenschaft:

> »Dadurch, dass sie in einen anderen, theoretisch und praktisch motivierten Zusammenhang gestellt werden, geht ein Bedeutungswandel mit ihnen vor. Es werden in der neuen Juxtaposition vielleicht überhaupt erst Aspekte an ihnen sichtbar, die ohne diese Umordnung bedeutungslos und damit auch unsichtbar geblieben wären.«[6]

Damit aber Naturdinge überhaupt in solche erkenntnisbringende Zusammenhänge gestellt werden können, müssen sie zuerst einer Umwandlung unterzogen und in dauerhafte Präparate verwandelt werden. Das folgende Kapitel widmet sich solchen Dingpraktiken, die Naturobjekte in Erkenntnisdinge verwandeln und so die Voraussetzung für alle späteren Verwendungs-

4 Naturmuseum Thurgau, Schachtel 3100.R Konservatoren: Wegelin Heinrich. Entomologische Korrespondenz, Brief Müller-Rutz' vom 21.9.1932.
5 Vgl. Kohler: Finders, keepers, 432 und 448.
6 Rheinberger: Epistemologica, 66.

zwecke des Materials – wissenschaftlicher oder anderer Natur – darstellen. Nach diesem allgemeinen Einblick in naturhistorische Sachkulturen sollen die spezifischen Objektpraktiken der Petite Science eingehender betrachtet werden. Den Auftakt hierzu bildet eine Übersicht über die drei verbreitetsten Sammlungskonzepte der Freizeitforscher und die ihnen unterlegten Erkenntnisziele. Dieser Typologie folgt ein Blick auf die besondere Bedeutung der Dingpraktiken für das wissenschaftliche Selbstverständnis der Lokalforscher. Dinge und ihre Handhabe werden als Seriositätsindikatoren beleuchtet, die über die »Wissenschaftlichkeit« eines Sammlers und seine Zugehörigkeit zur Wissenschaftsgemeinde entschieden. Zu guter Letzt sollen schließlich auch außerwissenschaftliche Aspekte wie Vergnügen und freizeitlicher Konsum interessieren, welche die Sachkultur des naturkundlichen Sammelns ebenfalls mitprägten.

1.1 Fixierte Natur: Ontologie und Epistemik der Sammlungsdinge

Künstlich gemachte Naturdinge

Naturdinge sind prominente Abwesende, zumindest aus gegenwärtiger Sicht. Mochte sich auch einst im Leben eines Lokalforschers alles um sie gedreht und diese in seinem Alltag wie in den Kästen seines Studierzimmers viel Platz beansprucht haben, so sind sie heute meist von seinen restlichen Hinterlassenschaften abgetrennt. Der historisch Forschende nimmt mit den papierenen Nachlassmaterialien vorlieb, den Briefen, Verzeichnissen und Manuskripten verstorbener Lokalforscher, die ihre Wege in Staatsarchive oder Museen fanden. Die Blumen oder Schmetterlinge hingegen, die der Naturforscher zu Lebzeiten eingesammelt hatte, lagern entweder in den Rollregalen der Museumslager, wo sie größeren Sammlungen einverleibt worden sind, oder aber sie wurden in andere Städte verschoben oder gar vernichtet.

Die folgenden Ausführungen sind in diesem Sinne eine Geste der Anerkennung. Es soll den Naturdingen, die im Alltagsgeschäft der lokalforschenden Sammler einst eine dermaßen wichtige Stellung einnahmen, die gebührende Aufmerksamkeit zukommen. Die Verneigung vor den Objekten und ihrer Handhabe richtet den Blick auf jene unscheinbaren Praktiken und unausgesprochenen Selbstverständlichkeiten, welche die unumgängliche Voraussetzung jeglicher Lokalforschung bildeten – ohne Dinge und ihre sachgerechte Bearbeitung lief nichts. Allen späteren Forschungen, Texten und Handlungen war diese teils stumme, teils geschwätzige Sachkultur der Naturgeschichte zu Grunde gelegt, und so liegt es nahe, die Dinge den Auftakt übernehmen zu lassen.

Mit wem oder was haben wir es zu tun, wenn wir von konservierten oder präparierten Naturdingen, von naturhistorischen Sammlungsobjekten sprechen? Am Anfang dieser Dinge steht ein Passagenritual von radikaler ontologischer Tragweite: »Von den Eiern des grünf. Teichhuhnes habe ich noch 3 geöffnet, es war dies sehr interessant, die Jungen haben noch gelebt & sich durch Lärm ihres Daseins noch bei geschlossener Schale bemerkbar gemacht. Sie liegen nun in Formol.«[7] Diese lakonisch gehaltene Tötungsnachricht findet sich in einem Brief, den der Solothurner Bezirksschullehrer Isak Bloch am 2. Juni 1905 dem Klinikdirektor Leopold Greppin zukommen ließ. Bloch war nebenamtlicher Kurator der unlängst wiedereröffneten naturhistorischen Sammlungen der Stadt, und für den Ausbau einer ornithologischen Sammlung stand ihm der Mediziner mit Rat, Tat und Schießgewehr zur Seite. Allein zwischen 1900 und 1911 erlegte Greppin – im Besitz einer von Bloch beim kantonalen Finanzdepartement erwirkten Ausnahmebewilligung zur Jagd geschützter Vögel – insgesamt 888 solcher Tiere.[8] Zumindest diejenigen Lokalforscher, die sich auf zoologische Sammlungsgebiete verlegten, waren also mit einem Aspekt wohlvertraut, der in der aktuellen Literatur zum ontologischen und epistemischen Status biologischer Präparate selten zur Sprache kommt: der Tötung. Dieser paradoxe Geburtsakt markiert den Anfangspunkt aller naturkundlichen Objektbiographien.

Auch in den zeitgenössischen Quellen wird der Tötungsakt selten thematisiert, und wenn er ausdrücklich zur Sprache gebracht wird, dann vor allem als pragmatisch-technisches Problem.[9] Als solches bedeutete die Tötung nämlich bloß einen ersten Schritt in einer langen Stufenreihe von Herausforderungen, welche die Überführung eines ehemals lebendigen, organischen Dings in ein dauerhaftes Objekt der Wissenschaft an die Sammler stellte – Schädlingsbefall, Zersetzung durch Licht und Luft, Verfärbung und so fort.

Sammler, welche sich mit entsprechenden Klassen des Naturreiches beschäftigten, kamen also nicht umhin, sich mit der effektivsten Art der Tötung auseinanderzusetzen. In seiner Anleitungsschrift *Der Naturalien-Sammler* (1882) gibt Leopold Eger gleichsam eine Genesis unter umgekehrten Vorzeichen zum Besten; er zählt vom kleinen Schmetterling bis zum großen Haustier alles auf, was kreucht und fleucht, und für jedes Tierchen hat er die

7 Naturmuseum Solothurn, Kopialbuch »VI. 1903 – XI. 1907«, Eintrag vom 2.6.1905, 315.

8 Bloch: Zehn Jahre im neuen Museum, 55f.

9 Wenn auch naturhistorische Ratgeberliteratur die Schmerzvermeidung beim Tötungsakt schon früh im 19. Jahrhundert thematisierte, so wurde Letzterer doch erst gegen Ende des Jahrhunderts von breiteren Kreisen naturkundlicher Praktiker in ernsthafter Weise als ethisches Problem erörtert. Auch dann wurde die Angelegenheit fast ausschließlich unter pädagogischen Gesichtspunkten verhandelt und wurden vorwiegend die moralischen Gefahren diskutiert, welche die Tötung von Tieren durch Kinder und Jugendliche darstellen.

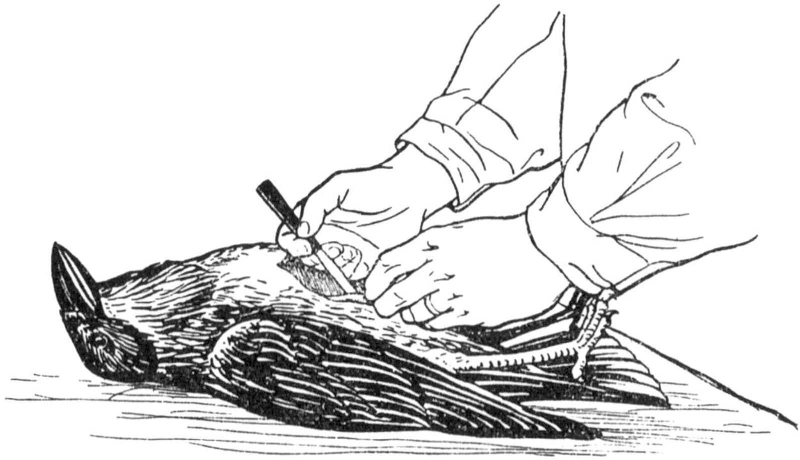

Abb. 61. Das Abbalgen einer Krähe.

Abb. 1.1: Präparation eines Vogels.
Abbildung aus einer naturkundlichen Anleitungsschrift (1914).

perfekte Tötungsart zur Hand – Äther, Weingeist, Spiritus, Zyankali, Karbolsäure, Arsenik, konzentrierter Tabaksaft, siedendes Wasser, stark erhitzte Luft, seitliches Zusammendrücken der Brust, Erstickung, glühende Nadeln, fester Druck auf die Luftröhre, ein Schuss oder ein Stich in die Rückenmarksäule.[10]

Wie ein Blick in Verkaufsprospekte zeitgenössischer Naturalienhandlungen zeigt, bedingte die sachgerechte Tötung den Besitz einer stattlichen Zahl einschlägiger Geräte und Stoffe. Solche Ausrüstung bot beispielsweise die Firma *Böttcher* aus Berlin zum Kauf, ihr Warenprospekt bot dem geneigten Konsumenten alle möglichen Werkzeuge für das naturkundliche Todeshandwerk: »Tötungsgläser«, »Tötungsspritzen« und anderes mehr (vgl. Abbildung 1.2).[11]

Am Anfang steht die Tötung. Dies liegt in der Natur der Sache: Im Hinblick auf den ontologischen Status der naturhistorischen Sammlungsobjekte gehört es zu deren wesentlichsten Eigenschaften, dass es sich nicht bloß um

10 Eger: Der Naturalien-Sammler, 83 f.

11 Vgl. Verkaufskatalog der Firma Hermann Wernicke, Dresden-Blasewitz, Frühjahr 1931, im Naturmuseum Thurgau, Nachlass E. Bodman. Schachtel 4050.A (Sammler und Donatoren), Mappe »v. Bodman Emanuel, Freiherr: Entomologisches Material«. In Bodmans Objektnachlass im Naturmuseum Thurgau finden sich auch etliche Tötungsinstrumente und einschlägige Chemikalien (Naturmuseum Thurgau, Objekt Nr. 2465, Nachlass Emanuel von Bodman).

tote Dinge, sondern auch um tot*gemachte* Lebewesen handelt. Wenn auch wohl der einschneidendste, so ist die Tötung jedoch nur der erste einer langen Reihe von Schritten naturkundlicher Objektbearbeitung. Der Aspekt des Gemachten zeichnet die Natur-Sammlungs-Dinge nämlich noch in viel umfassenderer Weise aus. Wie die Wissenschaftshistorikerin Anne Larsen betont, handelt es sich bei diesen Natur-Sammlungs-Dingen nicht (mehr) um natürliche Objekte, sondern um künstliche Dinge.[12] Damit aus einem Naturding ein künstliches Präparat – die Zeitgenossen sprachen von »Specimen« oder »Belegen« – entsteht, muss in einem zweiten Schritt die Organizität des toten Körpers ausgetrieben werden. Dies bedeutete in erster Linie einen Kampf gegen die Feuchtigkeit und verlangte etwas handwerkliches Geschick, wie man einer zeitgenössischen Präparationsanleitungsschrift für Kleinvögel entnehmen kann: »Nachdem man diese wenigen Handlungen an dem Objekt vorgenommen hat, zieht man einen Faden durch dessen Nasenlöcher, hängt das Tier daran an einem luftigen Orte auf, streicht das Gefieder glatt, und nachdem das Tier einige Zeit getrocknet hat, ist es zur Mumie geworden.«[13] Je nachdem, um welches Naturding es sich handelte, wurde diese getrocknete Mumie in weiteren Arbeitsschritten entfettet, bemalt, eingerieben oder zusammengeleimt und wurde so in ein haltbares künstliches Objekt verwandelt.

Die Transformation durch Trocknung war die verbreitetste Methode, Naturdinge in jenen »Zustand der Fixierung«[14] zu versetzen, den Hans-Jörg Rheinberger als Voraussetzung für alle weitere wissenschaftliche Verwendung der Objekte beschreibt. Bei Weichtieren, Reptilien oder Fischen, aber auch bei Pilzen oder Früchten ist dieser Methode kein Erfolg beschieden. Dort kamen andere Techniken wie die Nasspräparation in Konservierungsflüssigkeiten zur Anwendung. Diese Präparationsmethode wurde an großen Museen Europas seit dem ausgehenden 18. Jahrhundert zunehmend perfektioniert, sie gehörte jedoch nicht ins gängige Repertoire der Lokalforscher. Für diese Einschränkung können zwei Ursachen festgemacht werden. Der erste ist pragmatischer Natur: Sammlungen von Nasspräparaten sind technisch anspruchsvoll, teuer und platzraubend und kamen deshalb für private Sammler weniger in Frage. Selbst zeitgenössische Museen waren mit den materiellen Eigenschaften solcher Präparate mitunter überfordert.[15] Zweitens lassen sich unter den bevorzugt gesammelten Naturdingen auch Vorlieben ausmachen, die nicht bloß pragmatische Gründe hatten. Als »Leitformen

12 Larsen: Equipment for the field, 358.

13 Konwiczka: Vorpräparation und Versendung von Sammelobjekten, zit. bei Bade: Handbuch für Naturaliensammler, 280.

14 Rheinberger: Epistemologica, 66.

15 Vgl. z.B. Bloch: Zehn Jahre im neuen Museum, 17.

Ernst A. Böttcher, Berlin C 2, Brüderstrasse 15. 9

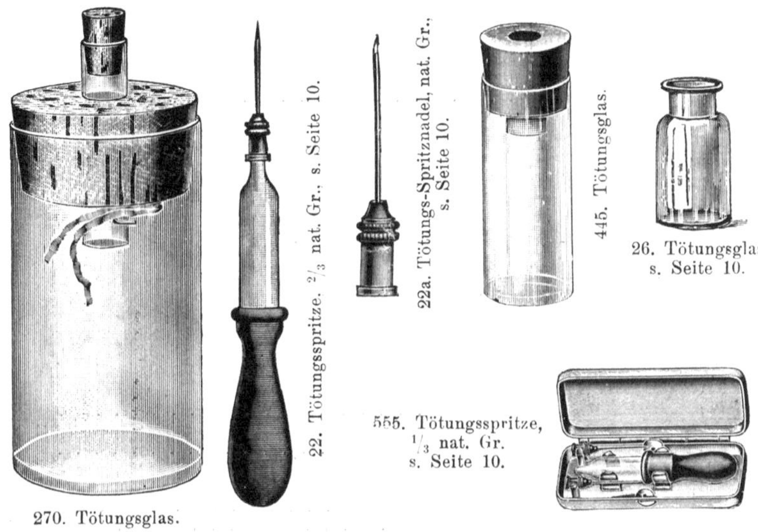

26a. **Tötungsglas** aus extra starkem Glase, Boden abgeschnürt, Ränder geschliffen, zur Aufnahme von Cyankali oder Watte (die mit Schwefeläther befeuchtet wird) s. Abbild. S. 8

11×4 1/2	14 1/2×5 1/2	16×6 1/2	
—.30	—.50	—.75	mit Korken

26b. **Tötungsglas**, ebenso, doch inkl Ia Korken mit Holzkappe . . —.45, —.70 1.—

Tötungsgläser, deren Giftkugel zwecks Erneuerung des Giftes durch Verschraubung geschlossen werden, führe ich nicht, da dieser Verschluss das Austreten des Giftes nicht vollständig verhindern kann, letzteres auch stark die Metallteile angreift, sodass diese Art Tötungsgläser nicht ohne Gefahr zu benutzen sind.

Das Füllen der Tötungsgläser mit bestem, stark wirkenden Cyankali lose oder eingegipst kann nur gegen polizeilichen Giftschein besorgt werden und kostet . . . . per Glas —.60, —.80 und 1.—

554. **Tötungsglas-Korken** mit Holzklappe, auf die Tötungsgläser No. 26a passend

kl. Durchm. ca. 39	47	59 mm
—.20	—.25	—.30

445. **Tötungsglas „Ideal".** Dieses Glas wird durch einen aus Ia rotem Gummi hergestellten Pfropfen luftdicht verschlossen. In dem Holzteil befindet sich, vor Bruch geschützt, das zur Aufnahme von Cyankalium (oder mit Schwefeläther befeuchtete Watte) bestimmte Gläschen. Ohne das Gift zu berühren, lässt sich die Füllung mit Cyankalium selbst auf Exkursionen in wenigen Sekunden gefahrlos auswechseln. Wenige Tropfen Essig mit dem Gift in Berührung gebracht, führen sofort eine stärkere Giftwirkung herbei. S. Abbild. Jedem Tötungsglas ist ein Reservegiftgläschen beigefügt.
b) Grösse 100×45 mm 1.50 c) 115×65 mm 1.75

270. **Tötungsglas,** besonders für Hymenopteren geeignet, Ränder geschliffen. An der Innenfläche des Korkens befindet sich ein Stückchen Schwefelfaden, welches, angezündet, Schwefeldunst entwickelt, der die in das Glas geworfenen Tiere schnell tötet. Durch den Korken geht eine Glasröhre, die mit einem kleinen Korken verschlossen ist, zum Einwurf kleiner Insekten, s. Abbild.

90×35	100×45	115×65 mm
—.40	—.60	—.80

Abb. 1.2: Entomologische Tötungsutensilien. Ausschnitt aus dem Warenkatalog einer Berliner Naturalienhandlung (ca. 1910).

affektiver Dinge«[16] verkörperten beispielsweise Blumen oder Schmetterlinge zeittypische kulturelle Wertvorstellungen und erfreuten sich größerer Beliebtheit als Sammelobjekte, als dies für andere Gattungen von Naturdingen der Fall war.[17] Unter den beliebtesten Sammlungsobjekten der Petite Science rangierten die Blütenpflanzen klar an erster Stelle, während Kryptogamen wie Moose, Flechten oder Algen schon seltener in privaten Sammlungen vertreten waren. Auf der Beliebtheitsskala folgten Schmetterlinge, Käfer und Schneckenhäuser. Von privaten Reptilien- oder Amphibiensammlungen gibt es praktisch keine Berichte, und ähnlich rar waren Ornithologen, die über eine stattliche private Sammlung präparierter Vogelkörper verfügten. Gleiches gilt für (Klein-)Säugetiere, die fast ausschließlich von Museen und kaum privat gesammelt wurden. Auch für diese Einschränkung waren in erster Linie pragmatische Gründe ausschlaggebend: Die sachgerechte dermoplastische Präparation[18] von Tierkörpern war durch Laien nur schwer zu bewerkstelligen, und die regelmäßige Beauftragung eines professionellen Präparators war für einen mittelständischen Sammler schlicht zu teuer. Aber auch einfacher – beispielsweise als bloße Bälge – präparierte Vögel und Säugetiere fanden sich nur selten in den Studierzimmern der Lokalforscher.

Sammlungsdinge als Zeichen

Der Blick auf eine akkurat gepresste Herbarpflanze, einen aufgenadelten Schmetterling oder ausgestopften Vogel bewegt den Betrachter auf andere Weise, als dies eine Abbildung zu tun vermag. Solche Sammlungsbelege sind nicht bloß Repräsentationen eines Naturdings. Aus der Natur entnommen und zu künstlichen Objekten zugerichtet, zeichnen sie sich durch einen Schwebezustand aus, der nicht zuletzt aus dem fundamentalen ontologischen Einschnitt der Tötung hervorgeht: Es handelt sich um totes Material, das durch geschickte (und sich selbst unsichtbar machende) Zurichtung auf eine Lebendigkeit zurückverweist.[19] So funktionieren Präparate nicht bloß als Repräsentation der Naturdinge, sondern als deren eigentlicher Ersatz. Dies nähert sie in ihrer Funktion durchaus wissenschaftlichen Modellen an,[20]

16 Holländer: Der Sammeltrieb, 136.

17 Vgl. zu ästhetischen Vorlieben im naturgeschichtlichen Sammeln z.B. Allen: Tastes and crazes; Larsen: Equipment for the field; Barrow: The specimen dealer.

18 Als elaborierte Form der Taxidermie (= Tierpräparation) entwickelte sich die Dermoplastik, in welcher ein dem Muskelbau nachgebildeter Grundkörper aus Gips oder Ähnlichem mit der konservierten Haut des toten Tieres überzogen wird, im Laufe des 19. Jahrhunderts zum professionellen Kunsthandwerk.

19 Grasseni: Ein Unbeschriebener, 135.

20 Vgl. Daston: Glass flowers, 250; Chadarevian und Hopwood: Dimensions of modelling; Morrison und Morgan: Models as mediating instruments.

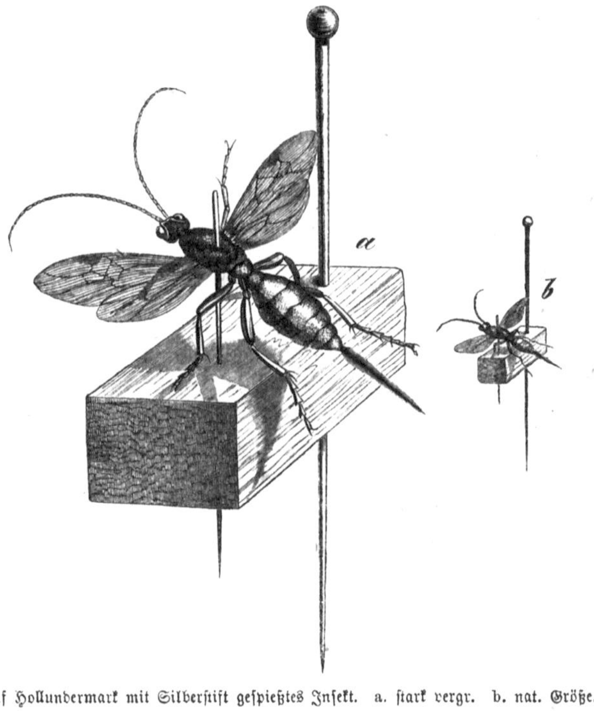

Abb. 1.3: Sogenannte »genadelte« Insekten.
Illustration aus einem naturkundlichen Sammelratgeber (1876).

von denen sie sich jedoch durch den Authentizitätsanspruch abgrenzen, der in den verwischten Materialbearbeitungsspuren zum Ausdruck kommt. Selbst Blumen, die mit der Trocknung unweigerlich ihre Gestalt ändern, verharren trotz deutlich sichtbareren Bearbeitungsspuren in einer ontologischen Zwischenwelt. Der Wissenschaftshistoriker Müller-Wille beschreibt diesen Schwebezustand wie folgt: »Als Repräsentant seiner Art ist das Herbarexemplar Repräsentation und repräsentiertes Objekt in einem und bewahrt daher immer einen opaken, noch nicht interpretierten Rest in sich auf.«[21] In vergleichbarer Weise charakterisiert auch Hans-Jörg Rheinberger das Spezimen als ontologisch schillerndes Ding, das »als Signifikant am Substrat ihres Signifikates teil[habe]«.[22]

21 Müller-Wille: Carl von Linnés Herbarschrank, 28.
22 Rheinberger: Epistemologica, 70.

Die Darstellungen der beiden Wissenschaftshistoriker machen die nachhaltige Dominanz semiotischer Ansätze sichtbar, die das Nachdenken über wissenschaftliche Sammlungsdinge bis heute stark beeinflussen. Von Michel Foucaults *Les mots et les choses* (1966) bis zu Krzysztof Pomians Essayband *L'ordre du temps* (1984) und lange darüber hinaus herrschte jene Perspektive vor, in der Objektsammlungen als »Tableaus der Zeichen«[23] und Sammlungsdinge als »Zeichenträger«[24] interpretiert wurden. Man interessierte sich für die Zeichen, die materiellen Dinge in ihrer Stofflichkeit hingegen wurden, um die unmissverständlichen Worte Pomians zu zitieren, von den Semiotikern als »dürftig« und »[nicht] wirklich interessant«[25] abgetan.

Für etliche Fragestellungen liegt eine semiotische Betrachtung der Naturobjekte nahe. So sind Foucaults Ausführungen zum Wesen der biologischen Taxonomie oder Pomians Überlegungen zur Bedeutungsveränderung von Sammlungsobjekten im Laufe der Zeit durchaus gewinnbringend auch für die hier interessierenden Sammlungspraktiken der Petite Science anzuwenden. Dennoch wurden diese zeichentheoretisch inspirierten Ansätze in den vergangenen 30 Jahren zunehmend kritisiert. In ihrem Grundtenor zielten die Vorbehalte gegenüber den semiotischen Theorien vor allem darauf, dass diese zu viel Gewicht auf die wandelbare und scheinbar über den Objekten schwebende oder um sie herum »tosende«[26] Bedeutung der Dinge legen würden, während die Dinge und ihre Stofflichkeit übersehen worden seien. Die Bedeutung eines Objekts sei jedoch nie losgelöst von der Materialität der Dinge zu ergründen, so dass diese gewissermaßen den blinden Fleck der einschlägigen Ansätze darstelle. Der Vorwurf der Materialblindheit findet sich sowohl in allgemeineren Ausführungen zur ethnologischen Erforschung materieller Kultur formuliert[27] als auch spezifischer in Erörterungen zur Rolle des Dinglichen in der Wissenschaftsgeschichte.[28] Zusätzlich zum Vorwurf der Materialblindheit bemängeln die Kritiker semiotischer Theorien deren Praxisvergessenheit.[29] Doch selbst in den wenigen Fällen, in denen Semiotiker überhaupt auf konkrete Dingpraktiken zu sprechen kommen, meinen sie damit in erster Linie – um nochmals Pomian zu zitieren – »Blick und

23 Foucault: Die Ordnung der Dinge, 101.
24 Pomian: Der Ursprung des Museums, 51.
25 Ebd., 79.
26 Geimer: Über Reste, 112.
27 Vgl. z. B. Hahn: Materielle Kultur, 137-142; Henare, Holbrad und Wastell: Introduction; Küchler: Was Dinge tun.
28 Vgl. z. B. Daston: Introduction. Speechless, 16 f.; Dotzler: Einleitung. Zu einer Epistemologie, 8; Heesen und Lutz: Einleitung, 14 f.
29 Vgl. z. B. Klein: Spaces of classification; Spary: Codes der Leidenschaft (eine zwar explizit an Roland Barthes' Zeichenkonzeption angelehnte, sich aber punktuell von dieser lösende Studie).

25.

Abb. 1.4: Mit Papierstreifen befestigter Herbarbeleg.
Illustration aus einer botanischen Anleitungsschrift (1895).

Sprache«.[30] Tätigkeiten der »Hand« hingegen erachtet der Zeichentheoretiker als unbedeutend. In etlichen wissenschaftshistorischen Arbeiten jüngeren Datums wurde jedoch überzeugend dargelegt, dass die konkrete Handhabe der dinglichen Objekte einen wesentlichen Teil nicht nur des Sammleralltags, sondern der naturkundlichen Erkenntnispraxis überhaupt ausmacht.[31]

Sammlungsdinge als Arbeitsobjekte

Richtet man sein Augenmerk stärker auf Dingpraktiken und stoffliche Eigenschaften, so drängen sich auch Begrifflichkeiten auf, die wissenschaftliche Objekte nicht ausschließlich als Zeichen interpretieren, sondern eher auf den Gebrauchswert der Objekte abzielen. Eingangs des Kapitels wurde mit Hans-Jörg Rheinberger argumentiert, dass gesammelte Naturobjekte durch ihre bewusste Einordnung in eine neue Umgebung zu »epistemischen Dingen« werden, zu »Dinge[n], denen die Anstrengung des Wissens gilt«.[32] Diese neue Umgebung, das waren Herbarien, Sammelkästen und Schubladensysteme, epistemische Settings, die Michel Foucault prägnant als »klare Räume, in denen die Dinge nebeneinandertreten«,[33] umschrieben hatte. Um als Dinge der Erkenntnis – als »Epistemologica«[34] – Eingang in diese Räume zu finden, mussten die Naturdinge jener Umwandlung unterzogen werden, die oben bereits beschrieben wurde: Durch Trocknung fixiert und von bescheidener räumlicher Ausdehnung, dies waren die idealen Eigenschaften eines naturhistorischen Sammlungsobjekts. Ein vergängliches und sperriges Naturding wurde so zu einem »manageable piece of the natural world«[35] zugerichtet. Erst als solches vermochte es nun den unterschiedlichsten Anforderungen des Forschungsalltags gerecht zu werden. Es konnte in die Hände genommen, betrachtet, eingeordnet, katalogisiert, transportiert und

30 Pomian: Der Ursprung des Museums, 84.

31 Mustergültig führt dies beispielsweise Staffan Müller-Willes Aufsatz *Carl von Linnés Herbarschrank* (2001) vor, der die Rolle eines Schubladenmöbels für die Entstehung der Linné'schen Pflanzensystematik nachzeichnet. Erhellend ist auch Wolfgang Lefèvres Beitrag zu Cuviers natürlichem System, in dem er schlüssig darlegt, dass die von Foucault für das ausgehende 18. Jahrhundert postulierte Aufmerksamkeit für die innere Organisation der Lebewesen nicht bloß die Folge rein ideeller Zeichenkonzeptionen war, sondern in enger Verbindung mit der konkreten Organisation des Muséum d'Histoire Naturelle in Paris sowie mit dessen herausragendem Bestand an zoologischen Nasspräparaten stand (Lefèvre: Changing contexts of classifications, 9).

32 Rheinberger: Experimentalsysteme, 24. Rheinberger betont, dass unter epistemischen Dingen nicht ausschließlich »Objekte im engeren Sinn« zu verstehen seien, »es können auch Strukturen, Reaktionen, Funktionen sein« (ebd.).

33 Foucault: Die Ordnung der Dinge, 172.

34 Vgl. Rheinberger: Epistemologica.

35 Larsen: Equipment for the field, 358.

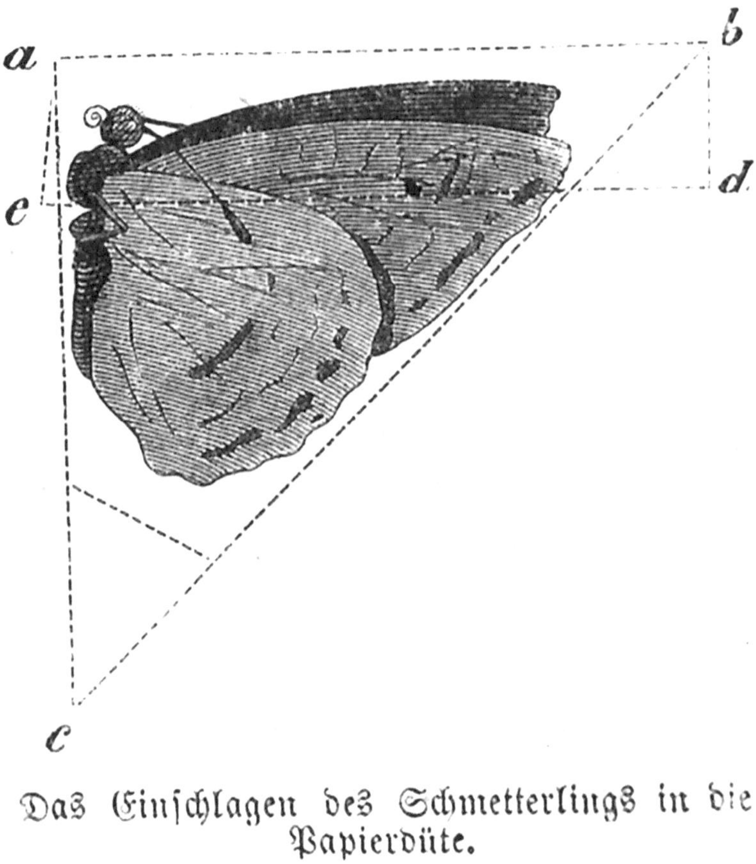

Abb. 1.5: Anleitung zur versandtauglichen Verpackung von Schmetterlingen. Illustration aus einem naturkundlichen Sammelratgeber (1876).

ausgestellt werden. In ihrer Untersuchung wissenschaftlicher Objektivitätsvorstellungen beschreiben Peter Galison und Lorraine Daston solche handlichen Wissenschaftsdinge als notwendige »Arbeitsobjekte«, mit denen sich besser hantieren lasse als mit Naturmaterial: »Keine Wissenschaft kommt ohne solche standardisierten Arbeitsobjekte aus, denn unbehandelte natürliche Objekte sind zu kapriziös in ihrer Besonderheit, um Verallgemeinerungen und Vergleichen zugänglich zu sein.«[36] Die Umwandlung eines Naturdings in ein fixiertes Arbeitsobjekt erleichterte nicht nur die Handhabe durch den einzelnen Forscher. Sie war ebenso die Voraussetzung für

36 Daston und Galison: Objektivität, 22.

die Weitergabe der gesammelten Gegenstände innerhalb des wissenschaftlichen Kollektivs, sowohl über räumliche Distanzen als auch zeitlich über die Lebensspannen einander folgender Wissenschaftlergenerationen hinweg.

Um den Blick für diese raum-zeitliche Mobilität der fixierten Naturdinge zu schärfen, drängen sich begriffliche Anleihen beim Wissenschaftssoziologen Bruno Latour auf. Betrachtet man nämlich die Objektströme zwischen einzelnen Naturkundlern, so springt ins Auge, dass sich diese nicht ausschließlich Präparate zusandten, sondern ebenso häufig Beschreibungen, Listen, Tabellen oder Karten. Neben die fixierten Naturobjekte gesellte sich mit den papiernen Aufzeichnungen eine zweite Gattung von Arbeitsobjekten, die einen wesentlichen Teil der naturkundlichen Sachkultur darstellte. Latour schöpfte mehrere Begrifflichkeiten, die es ermöglichen, diese Papierobjekte in ihrer engen Verbindung zu Naturobjekten zu beschreiben.

Ausgehend von einer wissenschaftsethnographischen Untersuchung einer geobotanischen Feldforschung versuchte Latour, die erkenntnistheoretische Grundstruktur empirischer Naturforschung zu bestimmen. Er beschrieb das botanische Forschungsprojekt als Kette diverser Arbeitsschritte, in denen konkrete, dreidimensionale Naturdinge nach und nach in Zeichen eingeflacht werden: Bodenproben werden entnommen, in einem Setzkasten systematisch angeordnet, mit Farbskalen abgeglichen und schließlich in einer Tabelle auf Papier dargestellt. Bei jedem dieser Bearbeitungsschritte werde Materie in Form beziehungsweise werden Dinge in Zeichen übersetzt, was einer steten Reduktion von Lokalität, Partikularität und Materialität des aufgesammelten Naturdings gleichkomme. Am Ende der Kette seien so schließlich standardisierte und universale Aussagen über das einzelne Naturobjekt möglich, die sich auf »das gesamte bisher etablierte praktische Wissen« stützen würden.[37] Gemäß diesem Modell sind wissenschaftliche Aussagen über die Welt also mit den konkreten Dingen der Welt stets durch solche Referenzketten verbunden.

Es sollen hier jedoch weniger Latours erkenntnistheoretische Großentwürfe interessieren, denn ein praktischer Aspekt, auf den er aufmerksam macht. In materieller Hinsicht bedeutet die Eindampfung des Partikularen, die im Laufe der einzelnen Forschungsschritte vorgenommen wird, stets auch eine physische Dimensionsreduktion – vereinfacht gesagt, die Umwandlung eines Naturdings in Papier. Eine Pflanze wird draußen ausgegraben, und erste Daten zu Standort und Zeitpunkt werden notiert. Zu Hause wird die Pflanze getrocknet und gepresst und auf einem Herbarbogen befestigt. Bestimmungsbüchern entnimmt man ihre korrekte Bezeichnung, diese wird auf eine Etikette geschrieben und dem Herbarbogen beigelegt. Die Namen

37 Latour: Zirkulierende Referenz, 87.

Fig. 16.

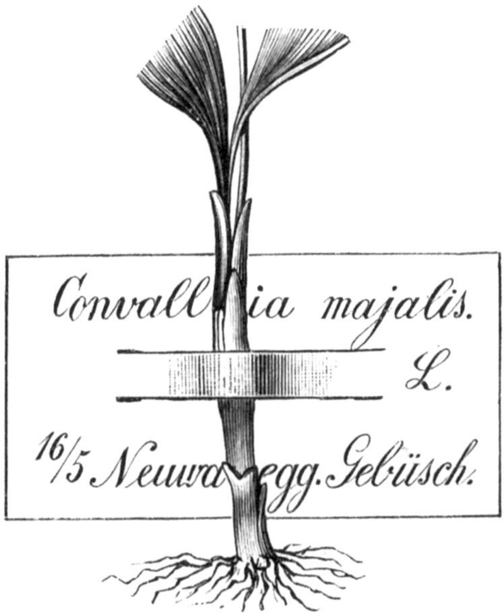

Abb. 1.6: Beispiel für die korrekte Etikettierung von Herbarpflanzen. Illustration aus einer botanischen Anleitungsschrift (1892).

der Etiketten werden zusammen mit den Funddaten in ein Sammlungsregister übertragen, welches schließlich den Ausgangspunkt für eine wissenschaftliche Publikation darstellt. Latour weist darauf hin, dass sich diese eingeflachten Objekte besser für eine vergleichende Untersuchung eignen würden. Statt sich draußen in freier Natur mit einer unübersichtlichen, lebendigen Ganzheit herumzuschlagen, sei die Forschungsarbeit mit zweidimensionalen Papierdingen ungemein bequemer. Die Listen und Herbarbelege ließen sich nebeneinander auf einer Schreibfläche arrangieren und rekombinieren und erleichterten den Erkenntnisgewinn.

Diese Charakterisierung fixierter Naturdinge erinnert augenscheinlich an Dastons und Galisons »Arbeitsobjekte«. Latour prägte nun zur Bezeichnung solcher Erkenntnisobjekte zwei originelle Begrifflichkeiten, die gegenüber Dastons und Galisons Terminologie einen konzeptionellen Mehrwert aufweisen. Er bezeichnet die eingeflachten Naturentitäten als »Inskriptionen«. Da er Forschungsprozesse als Verkettung aneinandergereihter Materie-Form-Umwandlungen betrachtet, lenkt er die Aufmerksamkeit weg von den einzelnen Dingen (an denen manche wissenschaftshistorische Betrachtungen gerne hängenblieben), hin auf die Gesamtheit aller eingeflachten Objekte und deren Zusammenwirken. Der Wissenschaftsforscher soll also die ganze »Kaskade von Inskriptionen«,[38] die zusammenhängende Kette vom Naturding über das Präparat und seine Auflistung bis hin zur Publikation ins Auge fassen. Welche Stellung haben nun die Naturdinge in einer solchen Kaskade von Einschreibungen? Da laut Latour jede Umwandlung von Materie in ein Zeichen stets nachvollziehbar bleiben und Referenz in beide Richtungen zirkulieren müsse, bedinge dies auch die mögliche Umkehrung von Einschreibungen, im Falle des Botanikers beispielsweise die erneute Überprüfung früherer Artbestimmungen an den Herbarbelegen oder das nochmalige Aufsuchen von Fundorten. In der langen Reihe von Einschreibungen nehmen die Naturdinge in ihrer Eigenschaft als Belege jedoch einen herausragenden Platz ein, oder, wie es Latour ganz blumig umschreibt: »Ein Text spricht von Pflanzen. Pflanzen dienen einem Text als Fußnoten. Ein Text ruht auf einem Blumenbett …«[39]

Der zweite Begriff, den Latour für die Umschreibung der Inskriptionen in die Welt setzte, ist jener der *immutable mobiles* (unveränderbare mobile Objekte).[40] Damit betont er ebenfalls die fixierende Einflachung, die mit der Einschreibung von Naturdingen einhergeht, hebt aber noch mehr die Mobilität solcher Objekte hervor. Indem beispielsweise die Fundstücke einzelner Exkursionen oder ganze Sammlungen in eine Papierliste verwandelt werden, lassen sie sich unkompliziert und unbeschädigt versenden, von anderen Forschern begutachten oder mit älteren Resultaten vergleichen. Dinge unter der Perspektive unveränderbarer mobiler Objekte zu betrachten schärft die Aufmerksamkeit für Prozesse der Wissensverbreitung und für Verbindungen zwischen forschenden Menschen über Raum und Zeit.

Papierene Listen und Verzeichnisse machten einen Großteil der naturhistorischen Objektströme aus. In den Briefen und Paketsendungen der Lokalforscher wurde jedoch keineswegs nur Flachware versandt, und zu Recht weist der Wissenschaftshistoriker Kijan Espahangizi darauf hin, dass bislang in der Wissenschaftsforschung zu wenig erörtert worden sei, inwiefern auch nichtinskribierte Wissensobjekte zu *immutable mobiles* werden können.[41] Zusätzlich stellt sich die Frage, ob man bei versandten Naturobjekten überhaupt von »unveränderlichen« mobilen Objekten sprechen kann, wie zum Beispiel der Postverkehr des Solothurner Sammlungskurators Isaak

38 Latour: Drawing things together, 281-283. Ohne diesen Sachverhalt ausdrücklich mit einem Begriff zu versehen, verweist auch Daston an anderer Stelle sehr wohl auch auf die Eigenheit von Einschreibungen, eine zusammenhängende Kette zu bilden (vgl. Daston: Objectivity with and without words, 271).

39 Latour: Zirkulierende Referenz, 47.

40 Eine gute Einführung in die Begrifflichkeit der *immutable mobiles* findet sich in Latour: Drawing things together.

41 Espahangizi: »Immutable Mobiles« im Glas, 107.

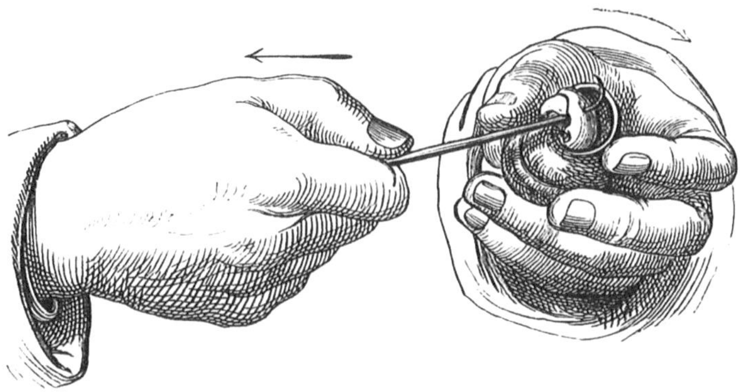

Fig. 45. Haken zum Entfernen der Schnecken aus den Gehäusen.

Abb. 1.7: Präparation von Schneckengehäusen.
Illustration aus einem naturkundlichen Sammelratgeber (1876).

Bloch anschaulich macht. Innerhalb einer Woche sandten ihm im Juli 1910 zwei Primarlehrer Schlangen zu, die in Nunningen und Bellach gefangen und getötet worden waren. Es schienen die hochsommerlichen Temperaturen den Schlangenkadavern nicht gut bekommen zu sein und so eröffnete Bloch sein Dankesschreiben beide Male mit dem identischen Hinweis: »Die mir übersandte Schlange war bereits im Zustande starker Verwesung, als ich sie in Empfang nahm.«[42] Gleiches galt selbst für präparierte Naturobjekte, die per Post verschickt wurden. Es war keineswegs selbstverständlich, dass diese unbeschädigt an ihrem Bestimmungsort angelangten, wie eine Sammlerzeitschrift 1903 ihren Lesern einschärfte:

> »Diejenigen Entomophilen, welche regen Tauschverkehr pflegen, wissen ein Lied davon zu singen, wie oft die Insektensendungen in schlechtem Zustande eingehen. Ein erfahrener Händler verbürgt sogar, dass getrost ein Viertel bis ein Drittel aller Insektentransporte […] unterwegs mehr oder minder Schaden erleiden.«[43]

Nicht umsonst gehörte es gewissermaßen zur Standarderöffnung eines naturkundlichen Briefes, den guten Erhalt einer Sendung ausdrücklich zu bestätigen. Mit Blick auf die Fragilität der frischen wie der präparierten Naturobjekte ist also einschränkend anzufügen, dass diese höchstens als *quasi-immutable mobiles* aufgefasst werden können.[44]

42 Naturmuseum Solothurn, Kopialbuch »XI. 1907 – III. 1916«, Eintrag vom 14.7.1910, 170 und Eintrag vom 21.7.1910, 171.
43 F.: Wie soll man Insekten verpacken und versenden?
44 Vgl. Scheidegger: Handhaben, 212.

Fixierte Naturdinge: Fazit

Die vorangegangenen Ausführungen umrissen das Wesen naturkundlicher Sammlungsobjekte. Aus ontologischer Sicht handelt es sich bei diesen Objekten um gemachte und folglich künstliche Dinge: Lebewesen werden getötet und so bearbeitet, dass sie langfristig fixiert sind. Vor allem zeichentheoretisch ausgerichtete Objektanalysen drehen sich oft um den ontologisch faszinierenden Doppelcharakter der präparierten Naturdinge, Zeichen und Bezeichnetes zugleich darzustellen. Solche semiotisch inspirierten Ansätze prägten die wissenschaftstheoretische Auseinandersetzung mit Objekten nachhaltig. In jüngerer Zeit gerieten diese aber zunehmend in die Kritik. Sie sahen sich dem Vorwurf ausgesetzt, Dinge ausschließlich als Zeichenträger wahrzunehmen und folglich an Material- wie Praxisblindheit zu leiden.

Ins Blickfeld rückte die materielle Praxis durch Ansätze wie jenen Hans-Jörg Rheinbergers, der untersuchte, wie Objekte durch ihre bewusste (Neu-)Anordnung zu wissenschaftlicher Erkenntnis führen und so zu »epistemischen Dingen« werden. Vor dem Hintergrund solcher praxisorientierter Forschungsfragen interessieren fixierte Naturobjekte nicht mehr in erster Linie als Zeichenträger. Präparate werden nun vielmehr als »Arbeitsobjekte« (Daston und Galison) oder »immutable Mobiles« (Latour) konzeptualisiert, die als materielle Grundlage empirischer Naturforschung zu betrachten seien. Latours Begrifflichkeit der »Inskriptionen«, mit eben genannten Konzepten eng verwandt, ermöglicht zudem eine sinnvolle Ausweitung der Betrachtungsweise: Im Laufe eines Forschungsprojektes werden die anfänglich sperrigen Naturobjekte nach und nach eingeflacht und zu eine Kaskade von zweidimensionalen Einschreibungen umgeformt. Latours Begriffe sind somit nützliche Werkzeuge, um dingliche Sammlungsobjekte wie Präparate und Belege zusammen mit papierenen Einschreibungen wie Etiketten und Listen zu denken. Diese Ausweitung ist nicht unbedeutend, machen doch gerade diese Papierdinge einen großen Teil der heute noch erhaltenen Objektbestände sammelnder Lokalforscher aus.

Dieser Auslegeordnung von Dingkonzeptionen aus unterschiedlichen Disziplinen wie Wissenschaftsgeschichte, -philosophie und -soziologie kam die Rolle eines Auftakts zu. Die vielfältigen Weisen, wissenschaftliche Sammlungsdinge zu denken und zu beschreiben, bilden gewissermaßen die Hintergrundmusik der kommenden Kapitel, mal deutlich zu vernehmen und mal kaum hörbar mitschwingend. Ganz so, wie auch die Lokalforscher die stofflichen Aspekte und dinglichen Praktiken ihres Tuns verhandelten: Meist stillschweigend vorausgesetzt und nur gelegentlich ausdrücklich zur Sprache gebracht.

Die oben beleuchteten Facetten der Objekte und ihrer Handhabe beziehen sich auf naturhistorische Sammlungsdinge im Allgemeinen, es handelt sich nicht um spezifische Dingeigenschaften, die ausschließlich Objekten der Lokalforschung zukommen. Im Folgenden sollen nun genau solche Eigenschaften näher interessieren, welche die Dingpraktiken der Petite Science im Besonderen auszeichnen. Dazu kehren wir nach der etwas abstrakten Umschau im Reich der Dingtheorien wieder zurück nach Liestal, zu Franz Leuthardt und seinen sammelnden Naturforscherkollegen.

1.2 Dingpraktiken der Petite Science

Sammlungstypen der Petite Science

Nach vorangegangener Darstellung ontologischer und erkenntnistheoretischer Eigenschaften des einzelnen Natursammlungsdings sollen nun die eigentlichen Sammlungen der Lokalforscher beleuchtet werden. Mit Blick auf diese Sammlungen können drei verschiedene Typen unterschieden werden. Die epistemischen Grundstrukturen dieser Sammlungstypen entsprechen den wichtigsten Wissenspraktiken, die im Milieu der Petite Science betrieben wurden: der floristischen und faunistischen Lokalforschung sowie der biologischen Systematik. Einer Darstellung der unterschiedlichen Sammlungsweisen kommt somit auch der Charakter einer Vorschau auf Themen zu, die in den folgenden Kapiteln dieser Arbeit eingehender verhandelt werden.

Es versteht sich von selbst, dass es sich bei dieser Auflistung von Sammlungsstrukturen und den ihnen entsprechenden Forschungsrichtungen um eine idealtypische Einteilung handelt. Die Übergänge zwischen den verschiedenen Wissens- und Dingpraktiken waren nicht trennscharf voneinander abgrenzbar, und die Akteure der Petite Science bewegten sich oft in mehreren Sammlungskontexten gleichzeitig. Betrachten wir nun diese verschiedenen Arten von Objektsammlungen, die sich in den Studierzimmern der Freizeitforscher anhäuften.

Floristische und faunistische Belegsammlungen

Die 1900 neu gegründete *Naturforschende Gesellschaft Baselland* verfolgte einen weit umrissenen Vereinszweck: Man schloss sich im Verein zusammen, um die »Kenntnis der Natur der engern Heimat, also die eigentliche Naturforschung zu fördern«.[45] Neben Vorträgen, einem Lesezirkel und gemeinsamen Exkursionen wollte man diesem Vorhaben vor allem durch

45 Leuthardt: Jahresbericht 1901, 9.

Sammelaktivitäten gerecht werden. In der eingangs des Kapitels zitierten Moralpredigt des Vereinspräsidenten Leuthardt erwähnt dieser das eigentliche Ziel der lokalforschenden Bestrebungen, nämlich eine »Zusammenstellung unserer Tierwelt, wie sie andere Gebiete besitzen«.[46] Mit dieser »Zusammenstellung« meinte Leuthardt eine naturhistorische Inventarisierung seines Kantonsgebietes. Ziel solcher Erhebungen ist es, alle in einem bestimmten Gebiet vorkommenden Tier- oder Pflanzenarten ausfindig zu machen, mit Angaben über Vorkommen, Standorte und Häufigkeit vollständig aufzulisten und schließlich zu publizieren. Die derart ausgerichteten Forschungszweige heißen Faunistik und Floristik, die entsprechenden Publikationen von Bestandsinventaren bezeichnete man in der zeitgenössischen Fachsprache als »Faunenkatalog«, »Faunenverzeichnis« oder schlicht »Fauna« (und dito für die Flora). Solche Bestandesaufnahmen bildeten das populärste Wissensformat innerhalb der naturkundlichen Lokalforschung und sollen in den beiden nächsten Kapiteln eingehender erörtert werden.

Der verbreiteten Forschungstätigkeit der Lokalfloristik oder -faunistik entsprach folgerichtig auch der häufigste Typus von Sammlungen: die Belegsammlung. Solche Sammlungen bildeten gewissermaßen das dingliche Fundament von Bestandeserfassungen, ihren Objekten kam der Status von Belegen zu – im Sinne der von Latour beschriebenen privilegierten Dinge innerhalb einer Kaskade von Einschreibungen. Hans-Jörg Rheinberger bezeichnet Sammlungsdinge mit einer solchen Referenzfunktion als »trouvaillen«, sie rangieren in der Sammlung als handfester »Beweis für das Vorkommen einer Art oder einer Varietät in einer bestimmten Region oder einem bestimmten Land«.[47]

Belegsammlungen bezeugten die vom Forscher in Lokalverzeichnissen aufgelisteten Angaben, und es kam ihnen somit ein Wahrheitsmoment zu: Ein Lokalforscher, der etwas auf seinen wissenschaftlichen Ruf gab, hatte Forscherkollegen umstandslos Einblick in seine Sammlung zu gewähren, falls er darum gebeten wurde. Falls er dem Ideal der Überprüfbarkeit nicht entsprechen konnte oder wollte, stand es schlecht um sein Ansehen. Als beispielsweise der streitbare Bündner Botaniker Christian Brügger auf Verlangen eines ihm kritisch gesinnten Kollegen etliche Belege nicht vorweisen konnte, rapportierte sein Kontrahent dieses Unvermögen mit wertendem Unterton: »Meine Bitte, mich seine Weiden gütigst einsehen zu lassen, beantwortete Herr Br. kurz dahin, dass das rein unmöglich sei, er hätte sie seit Jahren nicht gesehen und sie lägen in den verschiedensten Packen u. Kisten zerstreut.«[48] In die gleiche Kerbe hieb der Mitstreiter dieses Kritikers. Auch er warf Brügger vor, Aussagen nicht mit Herbarpflanzen belegen zu können,

46 Leuthardt: Jahresbericht 1902, 7.
47 Rheinberger: Epistemologica, 70.
48 Buser: Die Brügger'schen Weidenbastarde, 51.

und unterstellte ebenfalls die grundsätzliche Unglaubwürdigkeit des Churer Lokalforschers: »Fatal, Hr. Brügger, sehr fatal! Ich fürchte nur, man wird einmal später noch gar viele andere dergleichen Lücken in Ihrem Herbar antreffen!«[49]

Mit der Beweisfunktion der Belege waren zwei Praktiken der Objektbetrachtung eng verbunden. Erstens war dies die Praxis der Autopsie. Diese meinte das methodologische Ideal, dass alle publizierten Angaben über das Vorkommen einer bestimmten Tier- oder Pflanzenart auf eigener Anschauung beruhen sollten und man also nichts veröffentlichen dürfe, was man nicht entweder als Präparat oder in freier Natur mit eigenen Augen betrachtet habe. Die zweite Praxis war jene der Revision. Auch diese sollte die Beweisfunktion der Sammlungsdinge zusätzlich unterstreichen. Hierzu wurden eine Sammlung oder Teile davon an einen ausgewiesenen Experten ausgehändigt, damit dieser die vorgenommenen Bestimmungen der Objekte überprüfe. Kraft seiner wissenschaftlichen Autorität sollte das Gewicht der Belege bestärkt werden, und so unterließ es ein Sammlungsbesitzer auch nur selten, auf deren Revision durch diesen oder jenen Spezialisten hinzuweisen.

Welche Struktur wies eine Belegsammlung auf? In derartigen Sammlungen widerspiegelte sich der Anspruch lokalfaunistischer oder -floristischer Forschungen, die Naturbestände eines bestimmten Gebietes vollständig zu erfassen. Das Sammlungsideal einer Belegsammlung war somit eine geographisch definierte Vollständigkeit, das heißt eine in die Breite sich erstreckende Vollständigkeit: In erster Linie ging es darum, von jeder vorkommenden Tier- oder Pflanzenart eines betreffenden Gebietes mindestens einen Vertreter in seiner Sammlung eingereiht zu wissen. Es war nicht Ziel und Zweck, jeden einzelnen Standort der vorkommenden Arten mit einem entsprechenden Beleg zu unterstreichen – war sein grundsätzliches Vorkommen mit einem Exemplar belegt, reichte das aus, um auch weiteren Standortangaben Glaubwürdigkeit zu verleihen. Für die Sammlungsstrategie bedeutete dies konkret, dass man von der gleichen Art stets nur einige wenige Exemplare sammelte, beispielsweise je einen weiblichen und männlichen sowie einen adulten und juvenilen Vertreter. Belegsammlungen waren also horizontal in die Breite ausgerichtet und verfolgten mit Blick auf die einzelnen Spezies eine »flache« Anhäufung.[50]

49 Gremli: Brügger's Bastarte, 43

50 Hierin unterscheiden sich lokalfloristisch und -faunistisch motivierte Belegsammlungen auch von biogeographischen und populationsbiologischen *Survey*-Forschungen, wie sie in den USA im frühen 20. Jahrhundert durchgeführt wurden. Zugespitzt ausgedrückt verfolgten diese staatlich unterstützten Großprojekte das Forschungsziel, von jedem Ort jedes Ding einzusammeln. Entsprechend wiesen die daraus hervorgehenden Sammlungen bestimmter Gebiete jeweils unzählige Vertreter der gleichen Spezies

Auch wenn Präsident Leuthardt seine Vereinskollegen eindringlich zur Erforschung von Flora, Fauna und Gäa des Baselbiets aufrief und hoffte, die Ergebnisse in kantonalen Verzeichnissen publizieren zu können, so blieb die Umsetzung seines Forschungsprogramms doch in mehrfacher Hinsicht hinter seinen Erwartungen zurück. Einerseits musste Leuthardt rasch einsehen, dass es mit den vereinsmäßigen Bestandeserfassungen nicht wirklich klappen wollte und sich die entsprechende Forschung »meist auf die Einzeltätigkeit der Mitglieder beschränkt«.[51] Andererseits sollte Leuthardt zeitlebens nie die Veröffentlichung einer umfassenden Kantonalflora oder -fauna erleben; wie von ihm befürchtet, blieb dies ein frommer Wunsch. Bereits in den ersten Jahrgängen seiner Vereinszeitschrift konnte Präsident Leuthardt jedoch schon einige spezialisierte Lokalverzeichnisse veröffentlichen, beispielsweise das *Verzeichnis der Bombyciden von Liestal und Umgebung* (1902), *Die Noctuiden der Umgebung von Liestal* (1904) oder *Die Geometriden von Liestal und Umgebung* (1911), die alle drei vom Buchbindermeister Jakob Seiler eingereicht wurden. In ihrer doppelten Beschränkung waren diese Verzeichnisse Seilers recht typisch für die Bestandeserfassungen aus dem Kreise der Petite Science: Sie fokussierten sich einerseits auf ausgewählte Familien innerhalb einer Ordnung oder Klasse des Tier- oder Pflanzenreiches, im Falle Seilers auf Spinnen-Falter, Eulen-Falter und Spanner, und richteten andererseits ihre Aufmerksamkeit auf ein geographisch überschaubares Gebiet. Da Seilers Sammlung die Grundlage seiner Verzeichnisse bildete, widerspiegelte sie auch diese Beschränkung, wie er einem seiner Beiträge vorausschickte: »Für die Umgebung von Liestal finden sich die Belegstücke fast vollständig in meiner Sammlung.«[52] Diese lokale und systematische Beschränkung ermöglichte es den Sammlern, Vollständigkeit auf ihren gewählten Feldern zu erreichen. So berichtet der Freizeitentomologe Friedrich Ris, Direktor der Heilanstalt Rheinau, einem Kollegen, wie er sich nach den Kleinschmetterlingen nun einer neuen Beschäftigung zugewendet und auch diese fast schon wieder ausgereizt habe:

> »Das starke Bedürfnis nach Entomologie in der freien Natur befriedige ich nun mit Tagfaltern […] & Libellen, die aber beide auch für meine gewöhnliche Umgebung ziemlich erschöpft sind: ich habe 1916-19 systematisch jede Wasseransammlung abgesucht, die von hier in einer Exkursion mit dem motorlosen Rad erreichbar ist, dies & jenes ganz interessante gefunden, aber nun auch dieses Thema ziemlich erledigt.«[53]

auf und bildeten eine solide empirische Basis für die Erforschung kleinster taxonomischer Abweichungen (Vgl. Kohler: All Creatures, 229-265).

51 Leuthardt: Jahresbericht 1902, 6.

52 Seiler: Die Geometriden, 46.

53 Naturmuseum Thurgau, Schachtel 3100.R, Konservatoren: Wegelin Heinrich. Entomologische Korrespondenz, Brief Ris vom 6.8.1922.

Auch wenn herausragende Sammler die vollständige Kollektion beispielsweise aller Blütenpflanzen oder Insekten ihres ganzen Kantonsgebietes[54] angestrebt haben mochten, so war dieser Anspruch doch eher den naturhistorischen Museen der Kantone oder Städte vorbehalten.

Die Fokussierung auf den eigenen Kanton prägte im ausgehenden 19. Jahrhundert zunehmend die Sammlungskonzepte dieser Häuser. Verfolgten die Museen noch um die Jahrhundertmitte einen Sammlungsauftrag im Geiste der Aufklärung, in der in enzyklopädischer Weise interessante Naturobjekte von nah und fern zusammengetragen wurden, mistete eine jüngere Generation von Kuratoren ab den 1890er-Jahren diese naturhistorischen Gemischtwarenläden entschieden aus.[55] So auch der bereits mehrmals erwähnte Kantonsschullehrer und nebenamtliche Museumskurator Isaak Bloch, der 1898 die Leitung der naturhistorischen Abteilung des *Museums der Stadt Solothurn* übernahm. 1902 legte er Rechenschaft über seine ersten Jahre ab und hob dabei besonders die »neu angelegte Schweizerfauna (Säugetiere und Vögel)« hervor, die »successive in eine eigentliche Lokalfauna des Kantons Solothurn umgewandelt werden soll«.[56] Überhaupt stellten diese städtischen oder kantonalen Museen wichtige soziale Knotenpunkte der Petite Science dar. Aus der Optik der Dinge waren sie zudem mächtige Gravitationszentren innerhalb des naturhistorischen Sammlungsuniversums. So vermochten sie, meist nach Ableben ihrer Besitzer, auch viele private Sammlungen anzuziehen und sich einzuverleiben. Das regionale Museumswesen und das private naturkundliche Sammeln waren auf sehr vielfältige Weise miteinander verbunden und können nicht losgelöst voneinander betrachtet werden.[57]

54 Dass faunistisch oder floristisch ausgerichtete Lokalforscher doch häufig in der territorialen Größe des »Kantons« dachten und handelten, hatte unterschiedliche Gründe. Die wichtigste Ursache war wohl das föderale Organisationsprinzip der *Schweizerischen Naturforschenden Gesellschaft*, in der die kantonalen Sektionen den wichtigsten institutionellen Rahmen für die einzelnen Lokalforscher abgaben. Dies schloss aber nicht aus, dass auch lokale oder nationale Räume als Untersuchungs- und Darstellungsrahmen gewählt wurden. Ausführlicher zur Territorialität der faunistischen und floristischen Forschung vgl. Kapitel 2.1.

55 Die wissenschaftlichen und politischen Konzepte, die dieser Ausrichtung auf das Lokale und ab 1900 dann zunehmend auf das »Heimatliche« zugrunde lagen, werden in den Kapiteln 6 und 7 ausführlicher beleuchtet.

56 Bloch: Nachwort, 243.

57 Die Funktion der Museen als Relaisstationen im Milieu der Petite Science sowie die Zusammenarbeit zwischen den Institutionen und den Einzelforschern wird in den Kapiteln 3 und 5 eingehender dargestellt.

Liebhabersammlungen

Sammlungstypen lassen sich nicht immer scharf voneinander trennen. Der Übergang von Belegsammlungen in Liebhabersammlungen ist durchaus fließend, wie folgendes Beispiel zeigen soll. Als Anfang der 1870er-Jahre der junge Pfarrer August Rätzer eine »Vorpostenpfarrei« im Gadmental im Berner Oberland antrat, begann er sich rasch auch mit der dortigen Insekten- und speziell Käferwelt zu beschäftigen.[58] Als Resultat seiner mehrjährigen Lokalforschung in diesem Alpental veröffentlichte er 1876 das faunistische Portrait *Das Gadmental und seine Coleopterenfauna*. 1875 verließ er das Tal in Richtung Berner Seeland und ließ sich 1879 schließlich in Büren an der Aare nieder. Wo immer ihn sein Beruf hintrug, widmete er sich der lokalen Insektenfauna. Gleiches galt auch für seine Sommerferien, die der Käfersammler regelmäßig im Wallis zubrachte. Diese käferkundlichen Beobachtungen aus seinen neuen Wohnorten sowie aus seiner bevorzugten Feriendestination verarbeitete der Pfarrer 1888 ebenfalls in einem faunistischen Zeitschriftenartikel, den *Nachträgen zur Fauna coleopterum helvetica, besonders aus dem Gebiete des Berner Seelandes, des Jura und der Walliseralpen*.

Die entomologischen Sammelleidenschaften Rätzers erstreckten sich aber über lokalfaunistische Unterfangen hinaus. Durch Tausch und Kauf verstand es der Landpfarrer, große Sammlungen europäischer Käfer und Schmetterlinge (sowie von Letzteren auch exotische Exemplare) anzulegen. Allein seine paläarktische Käfersammlung umfasste 11.000 Arten in gesamthaft 25.000 Exemplaren, und auch seine Schmetterlingssammlung, die »100 wohlgefüllte, grosse Kästen«[59] zählte, konnte sich sehen lassen.

Es handelte sich bei diesen Kollektionen Rätzers um Liebhabersammlungen. Als solche unterschieden sie sich in wesentlichen Punkten von Belegsammlungen: Ihnen entwuchsen kaum faunistische Arbeiten, sie stellten also nicht jene »Fußnoten« eines wissenschaftlichen Textes dar, als die Bruno Latour Sammlungsobjekte umschrieben hat. Liebhabersammlungen waren zwar ebenfalls nach dem Prinzip der »breiten« Vollständigkeit organisiert, und man strebte beispielsweise danach, möglichst alle in Europa vorkommenden Käfer zu besitzen. Die Logik hinter der Sammlung war jedoch eine andere. Rätzers Sammlungsstrategie bestand darin, »Lücken seiner Sammlungen zu ergänzen«.[60] Sein Vollständigkeitsprinzip war jedoch nicht in erster Linie wissenschaftlich motiviert, sondern eher von Sammellust getrieben. Davon zeugen auch die großzügigen Schenkungen, mit denen Rätzer bereits zu Lebzeiten die Naturmuseen in Bern und Solothurn

58 Vgl. die Biographie Rätzers in Bloch: Zehn Jahre im neuen Museum, 144-148.
59 Bloch: Zehn Jahre im neuen Museum, 147.
60 Ebd., 147.

bedachte.[61] Im Gegensatz zu faunistisch oder floristisch tätigen Lokalforschern konnte der entomophile Pfarrer seine Sammlungen leichten Herzens abtreten, da diese für ihn keine Arbeitsinstrumente darstellten. Fast scheint es, dass für den leidenschaftlichen Sammler Rätzer der Reiz einer Sammlung verloren ging, wenn diese halbwegs vervollständigt war. Mit der Weggabe seiner Sammlungen machte er reinen Tisch, um sich mit frischem Elan sogleich wieder in ein neues Sammlungsabenteuer zu stürzen und abermals unbekannte Stücke in seine Hände zu bekommen.

Die Ökonomie von Liebhabersammlungen war geprägt vom Reiz des Raren. Unter Liebhabern standen selten vorkommende oder gar ausgestorbene Arten sowie Exemplare mit ungewöhnlichen Färbungen oder Missbildungen hoch im Kurs. Solche Objekte fanden sich in einschlägigen Sammlerzeitschriften und Tauschbörsen zuhauf im Angebot. Überhaupt zeichnete sich die liebhaberische Sammlungspraxis auch dadurch aus, dass Objekte häufig eingekauft wurden. Für den Aufbau von Liebhabersammlungen flossen im Laufe eines Lebens mitunter beachtliche Geldsummen.[62] Es fällt auf, dass die Liebhaberei im Allgemeinen sowie auch die damit einhergehenden kommerziellen Strukturen wie Insektenhandlungen und Anzeigenblätter für das Gebiet der Insektenkunde besonders stark ausgeprägt waren. Über die Ursachen kann nur spekuliert werden, sie liegen wohl vorwiegend in ästhetischen Vorlieben.

Eine Liebhabersammlung folgte anderen Motiven als floristisch oder faunistisch ausgerichtete Belegsammlungen. Dies schmälerte jedoch nicht zwingend das Ansehen, das Liebhabersammler in wissenschaftlichen Kreisen genossen. So lobte der Entomologie-Kurator des *Naturhistorischen Museums* Bern den erwähnten Pfarrer Rätzer als »einen der besten Kenner der Schweizer Schmetterlings- und Käferfauna«.[63] Meist besaßen die Liebhaber herausragende Kompetenzen in der Bestimmung von Arten, die von floristisch und faunistisch tätigen Lokalforschern sowie von Museumskuratoren gerne in Anspruch genommen wurden.

Auch wenn Sammellust ein wichtiger Antrieb liebhaberischer Objektsammlungen darstellte, so waren doch viele solcher Sammlungen mehr als reiner Selbstzweck. Liebhaber waren profunde Kenner der Materie und als solche oftmals Spezialisten für ausgewählte Teilbereiche der botanischen oder zoologischen Systematik. So organisierten sie auch ihre Sammlungen

61 Pfarrer Rätzers Zusammenarbeit mit Isaak Bloch und dem naturhistorischen Museum in Solothurn und seine Mithilfe beim dortigen Aufbau einer neuen entomologischen Sammlung werden in Kapitel 5.2 eingehender dargestellt.

62 Die kommerziellen Aspekte des privaten Naturaliensammelns werden in Kapitel 3.2 detaillierter beschrieben.

63 Zit. nach Bloch: Zehn Jahre im neuen Museum, 145.

unter diesem Gesichtspunkt, was uns zur nächsten Kategorie von Sammlungen führt, der taxonomischen Sammlung. Was bereits für die Unterscheidung zwischen Beleg- und Liebhabersammlung vorangeschickt wurde, gilt noch ausgeprägter für die Beziehung zwischen Liebhaber- und taxonomischer Sammlung: Auch diese wiesen äußerst fließende Übergänge auf.

Taxonomische Sammlungen

August Rätzer war als junger Mann einige wenige Jahre Mitglied der *Naturforschenden Gesellschaft Bern*. Er trat dort aber bald wieder aus, als enthusiastischer Insektenliebhaber lag dem Pfarrer aus Wangen an der Aare ein anderer Verein thematisch näher: die *Schweizerische Entomologische Gesellschaft* (SEG) sowie deren Berner Sektion.[64] Diese Spezialgesellschaft war 1858 gegründet worden und schloss sich erst im Jahre 1913 als eigenständige Sektion der *Schweizerischen Naturforschenden Gesellschaft* an. Sie gab ein Mitteilungsblatt heraus, organisierte eine Jahrestagung und besaß in einigen Städten der Schweiz lokale Ableger. So auch in Bern, wo der *Entomologische Verein Bern* eng mit dem naturhistorischen Museum zusammenarbeitete. Wie es aber ihrer spezialisierten Ausrichtung entsprach, zählte die SEG nur eine recht überschaubare Zahl von Männern als Vereinsmitglieder.

Eines dieser Mitglieder war Paul Born, der nur zwei Dörfer von Rätzer entfernt in Herzogenbuchsee wohnte und mit dem Pfarrer befreundet war. Born war Direktor einer großen Seidenbandfabrik und widmete sich in seiner Freizeit mit großer Hingabe der Entomologie. Sein Fachgebiet war die Käferforschung, in der er sich auf die Familie der Laufkäfer spezialisierte und es zu großem Ansehen auf diesem Forschungsgebiet brachte. Im Laufe seines Lebens brachte der Fabrikant eine riesige Sammlung zusammen, von der er bereits zu Lebzeiten kleinere Teile abtrat. So vermachte er beispielsweise der 1901 wiedereröffneten naturhistorischen Abteilung des *Museums der Stadt Solothurn* eine Kollektion exotischer Käfer, eine Schenkung, die übrigens Pfarrer Rätzer persönlich eingefädelt hatte. Nachdem Born im Jahre 1928 gestorben war, ging seine 60.0000 Exemplare zählende Laufkäfersammlung an die ETH Zürich, während der Rest seiner Kollektion ins *Naturhistorische Museum* Wien, das Mekka der europäischen Käferforschung, wanderte.[65]

64 Die Beziehungen zwischen der Schweizerischen Naturforschenden Gesellschaft (SNG) und der Schweizerischen Entomologischen Gesellschaft (SEG) und ihren jeweiligen Kantonalsektionen waren jedoch eng. Die Gründung der SEG wurde 1858 am Rande einer SNG-Jahrestagung in die Wege geleitet. Im gleichen Jahr entstand auch der Berner Entomologische Verein als Kantonalsektion der SEG, der sich 1873 als eigenständige Sektion der Naturforschenden Gesellschaft in Bern angliederte (vgl. Huber: Die Ringe des Apollo, 11-14 und 60-63).

65 Vgl. Sauter: Die entomologischen Sammlungen.

Dass es sich bei Born nicht ausschließlich um einen Liebhabersammler handelte, zeigt sich keineswegs nur am Ehrendoktortitel, den er für seine entomologischen Forschungen von der Universität Bern verliehen bekam. Auch Dutzende von ihm verfasste Publikationen zeugen von der wissenschaftlichen Ausrichtung des Fabrikanten und seiner Kollektion.[66] Seine Veröffentlichungen behandelten hauptsächlich Fragen der Systematik der Käfer, was sich auch in seiner Sammlung niederschlug: Bei dieser handelte es sich um eine mustergültige taxonomische Sammlung. Taxonomische Forschung befasst sich mit der systematischen Ordnung der Naturobjekte. Sie verfolgt das Ziel, die Naturdinge der Welt in sinnvolle Einheiten zu gliedern, um den praktischen Umgang mit ihnen – also das Benennen, das Ordnen und so fort – zu ermöglichen. Die wichtigste dieser Gliederungen ist die »Art«, die gewissermaßen die taxonomische Grundeinheit bildet. Arten wiederum versucht man zu größeren Gruppen wie Gattungen oder Familien (aber auch in Untergruppen wie Subspezies oder Varietäten) zu ordnen und die Kriterien dieser Gruppenbildungen nachvollziehbar zu machen. Es liegt in der Natur der Sache, dass die einmal gezogenen Grenzlinien immer wieder aufs Neue zur Diskussion gestellt werden können. Biologische Taxonomie ist im Grunde ein unabgeschlossener Prozess, und je nachdem, wie man aufgrund neuer Erkenntnisse oder Materialbestände diese oder jene Verwandtschaftsbeziehung stärker gewichtet, ergeben sich neue Vorschläge für plausible Ordnungssysteme. So besteht das tägliche Geschäft der biologischen Systematik darin, bislang aufgestellte Gruppierungen immer wieder auf ihre Stichhaltigkeit zu überprüfen und neu entdeckte Objekte ins bisherige System einzuordnen, zu beschreiben und zu benennen. Genau dies waren denn auch Schwerpunkte von Borns Forschungen.

Als dingliche Grundlage der biologischen Systematik unterschieden sich taxonomische Sammlungen in ihrer Struktur deutlich von floristischen und faunistischen Belegsammlungen.[67] Letztere wollten möglichst alle Arten

66 Die meisten von Borns Artikeln befassten sich mit der Systematik einzelner Arten und ihrer »Formen« (Unterarten und Varietäten) sowie mit der Beschreibung neuer Arten und waren meist nur einige wenige Seiten lang. Er veröffentlichte diese hauptsächlich in entomologischen Fachblättern und Sammlerzeitschriften des ganzen deutschsprachigen Raums. Zu den Publikationspraktiken Borns vgl. auch Kapitel 3.2 sowie Staub: Paul Born, 138 f.

67 Auch Objekte einer taxonomischen Sammlung haben eine Belegfunktion. Diese ist aber gänzlich anders gelagert als das geographische Beweispotential, das laut Rheinberger den »trouvaillen« in der Floristik und Faunistik zukommt. Für taxonomische Sammlungen bedeutend sind vor allem die sogenannten Typus-Belege. Bei diesen handelt es sich um das konkrete, präparierte Naturding, anhand dessen eine neue Art oder Gattung erstmalig beschrieben wurde. Diese sind also der dingliche Beleg für einen neuen »Eintrag« innerhalb des taxonomischen Systems, und so kommt ihnen

zusammenstellen, die innerhalb eines geographisch umgrenzten Gebietes aufzufinden sind, und begnügten sich zu diesem Zweck mit je einigen wenigen Exemplaren pro vorkommende Art. Im Gegensatz dazu verfolgten taxonomische Sammler ein anderes Ziel. Ihr Vollständigkeitsideal bezog sich nicht in erster Linie auf einen geographischen Raum, sondern auf ausgewählte Gruppen des Pflanzen- oder Tierreichs, meist einzelne Gattungen oder Familien. Auch Paul Born strebte die umfassende Sammlung eines Taxons an und fokussierte seine Sammeltätigkeit auf die Familie der *Carabidae*, der Laufkäfer. Im Unterschied zu Lokalforschern ging diese systematische Einschränkung jedoch meist mit einer globalen Ausweitung einher. Dies war auch für Born der Fall, der Laufkäfer aus der ganzen Welt sammelte und erforschte. Taxonomische Kollektionen unterschieden sich von floristischen und faunistischen Sammlungen aber nicht nur hinsichtlich ihrer geographischen Ausdehnung, sondern mehr noch in Bezug auf die Anzahl gesammelter Exemplare pro Spezies. Als taxonomisch forschender Entomologe interessierte sich Born besonders für Fälle problematischer Grenzziehungen zwischen einzelnen Arten (beziehungsweise innerhalb einzelner Arten, also zwischen einzelnen Unterarten). Um die Plausibilität bisheriger Grenzziehungen zu widerlegen oder um nachvollziehbar zu machen, warum es sich bei einem Objekt um den Vertreter einer neuen Art handelt, muss der Taxonom eine große Zahl von Exemplaren der fraglichen Spezies zur Verfügung haben.[68] Ordnet er diese bereits vorhandenen sowie neu dazugekommene Exemplare nach bestimmten Kriterien zu einer Reihe, so unterscheiden sich unter Umständen Anfang und Ende dieser Serie so deutlich, dass ihre gemeinsame Zugehörigkeit zur gleichen Art in Frage gestellt werden muss und sich neue Grenzziehungen aufdrängen. Im Gegensatz zum »flachen« Vollständigkeitsideal der faunistischen und floristischen Belegsammlung verfolgt der taxonomische Sammler also ein »tiefes« Sammlungsprinzip, seine Objektanhäufung verläuft gewissermaßen vertikal zum taxonomischen Horizont.

Zur Wissenschaftlichkeit anleiten: Naturkundliche Ratgeberliteratur

Die Sammlungstypen der Belegsammlung sowie die taxonomische Sammlung verwiesen auf die häufigsten Forschungstätigkeiten der Petite Science. Sowohl Faunistik und Floristik wie die biologische Systematik waren aber

ein besonderer Wert innerhalb einer Sammlung zu (zu Typusbelegen vgl. Ackery, Goodger und Lees: The Bürgermeister's butterfly; Johnson: Type-specimens of birds; Daston: Type specimens).

68 Eine gute Einführung in die epistemischen und praktischen Grundlagen der taxonomischen Forschung bietet Kohler: All Creatures, 226-265.

kein Alleinstellungsmerkmal dieses Wissenschaftsmodus; die gleichen Forschungsperspektiven und damit verbundene Sammelpraktiken wurden auch an Hochschulen verfolgt. Dennoch kam den Dingen in der Petite Science eine besondere Bedeutung zu. Ihre charakteristische Rolle für diesen Wissenschaftsmodus bestand darin, dingliche Zeugnisse für die Einhaltung wissenschaftlicher Standards abzugeben: Die korrekte Dinghandhabe entschied darüber, ob Naturobjekte und ihre Besitzer als »wissenschaftlich« anerkannt wurden.

Um dies zu illustrieren, kehren wir zuerst nochmals zurück zum Churer Gymnasiallehrer Christian Brügger, dessen von Zeitgenossen bemängelte Dokumentationspraxis oben bereits erwähnt wurde. Aus dem Unvermögen des kontroversen Bündner Botanikers, Belege auf Verlangen vorlegen zu können, drehten ihm seine Kontrahenten in den 1880er-Jahren einen Strick und stellten seine wissenschaftliche Glaubwürdigkeit grundsätzlich in Frage.

Sein mangelhafter Umgang mit Naturobjekten beschädigte Brüggers Ruf selbst über sein Ableben hinaus. So meinte beispielsweise der Botaniker Heinrich Brockmann-Jerosch, der sich Anfang des 20. Jahrhunderts an der ETH Zürich mit dem wissenschaftlichen Nachlass des verstorbenen Churers beschäftigt hatte, dass die umstrittenen Publikationen Brüggers »besser gänzlich unterblieben wären«.[69] Zu diesem unvorteilhaften Schluss gelangte er nicht zuletzt aufgrund des Zustandes, in dem er Brüggers Pflanzensammlung auffand:

> »Zu den Angaben der Brüggerschen Manuskripte sind in seinem Herbarium […] selten Belegstücke vorhanden. […] Die Pflanzen des Herbariums waren zum grössten Teil nur nach Exkursionen geordnet, lagen oft in vermodertem Presspapier und waren deshalb grossenteils völlig unkenntlich; ein anderer Teil war ohne Etiquette und so blieb ein relativ kleiner Rest von brauchbarem Material, der geordnet werden konnte.«[70]

Brügger hätte es eigentlich besser wissen beziehungsweise handhaben müssen: Er war promovierter Botaniker und arbeitete nach seinem Studium sogar einige Jahre als Konservator der botanischen Sammlungen des Eidgenössischen Polytechnikums in Zürich. Wie ihm aber der sonst durchaus wohlgesinnte Professor Carl Schröter in einem Nachruf vorhielt, habe Brügger bereits damals nicht durch Ordnungssinn geglänzt, vielmehr hätten »die Ordnung und Instandhaltung […] seine schwache Seite«[71] dargestellt. Die ungenügende Sorgfalt im Umgang mit den Sammlungsdingen

69 Brockmann-Jerosch: Die Flora des Puschlav, VI.
70 Ebd., VII.
71 Schröter: Prof. Christian G. Brügger, IX.

war nicht der einzige Grund für den angeschlagenen Ruf und die wissenschaftlichen Polemiken, die Brügger in den 1880er-Jahren auszulösen vermochte.[72] Die entsprechenden Einlassungen von Brüggers Zeitgenossen und Nachfolgern verdeutlichen jedoch die Wichtigkeit, die der sachgerechten Objektpraxis im wissenschaftlichen Selbstverständnis der Petite Science zukam.

Nicht wenige Akteure der naturkundlichen Petite Science hatten einschlägige Universitätsbildung, in erster Linie die Gymnasiallehrer, die Ärzte, Apotheker und Chemiker. In den naturwissenschaftlichen Fächern, aber auch in den medizinischen und pharmazeutischen Kursen wurden sie mit den Standards wissenschaftlicher Dinghandhabe vertraut gemacht. Wie aber erlernten jene Lokalforscher, die nie eine Hochschule besucht hatten, das entsprechende Handwerk?

Grundsätzlich hatten die Freizeitforscher zwei Möglichkeiten, sich diese Handfertigkeiten anzueignen. Einerseits konnten sie sich mit der Lektüre von naturkundlicher Ratgeberliteratur kundig machen. Anderseits stand es ihnen offen, bei erfahrenen Sammlerkollegen, bei Kuratoren von Museen und Universitätssammlungen oder bei Hochschulwissenschaftlern Ratschläge einzuholen. In beiden Belehrungsweisen zeigte sich, dass sich die Petite Science hinsichtlich der Wissenschaftlichkeit ihres Tuns stets absichern musste. Ihre Unsicherheit drückte sich in einer gesteigerten Aufmerksamkeit für sorgfältige Objektbehandlung aus. Diesen Seriositätsimperativ der Dinge erlegten sich die Freizeitforscher teilweise selbst auf, teilweise wurde er ihnen von etablierten Wissenschaftlern anerzogen. In diesem Gebot spielte die korrekte Inskription der Naturdinge gleichsam die Rolle eines doppelten Eintrittsgeldes: Für das Sammlungsobjekt, dass es als epistemisches Ding angenommen wird und legitimerweise in der wissenschaftlichen Objektsphäre zirkulieren darf, und für den Sammler, dass er den Kriterien der Wissenschaftlichkeit gerecht wird und Anerkennung als Mitglied der Wissenschaftsgemeinde verdient. Es handelte sich sozusagen um eine Initiation durch korrekte Transformation.

Bevor diese dinggestützten Verhandlungen der Zugehörigkeit näher beleuchtet werden sollen, betrachten wir kurz die Gattung naturkundlicher Ratgeberliteratur. Erste solche Titel erscheinen im deutschsprachigen Raum in der zweiten Hälfte des 18. Jahrhunderts. Ihr Aufkommen widerspiegelt die wichtigsten Entwicklungen der Naturgeschichte jener Zeit. Ehemals im Privatbesitz befindliche Naturalienkabinette wurden zunehmend verstaatlicht und unter professionelle Leitung gestellt. Als Folge des wach-

72 Brüggers umstrittenen Publikationen über Pflanzenhybride sowie den Gründen für ihren Provokationsgehalt widmet sich ausführlich das vierte Kapitel der vorliegenden Arbeit.

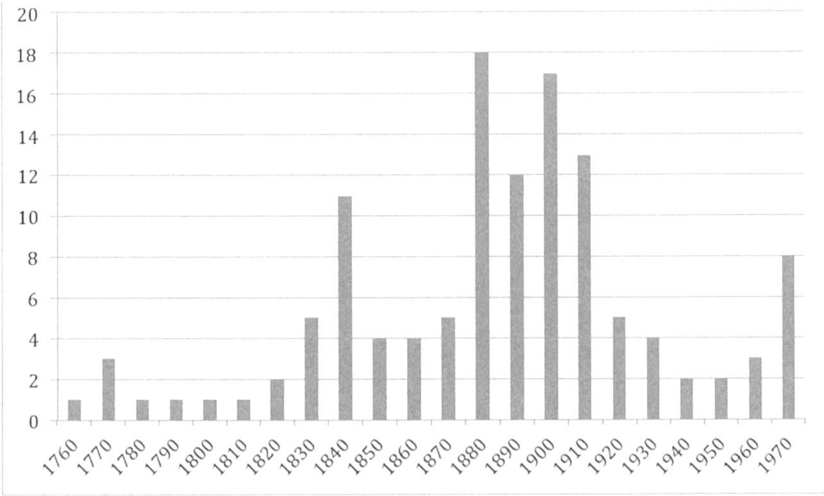

Abb. 1.8: Anzahl der Neuerscheinungen von Anleitungsschriften für naturkundliches Sammeln pro Dekade (vgl. die Auflistung der Titel im Anhang dieser Arbeit, S. 681-690).

senden Kolonialhandels sowie von überseeischen Forschungsexpeditionen strömten immer mehr exotische Tiere und Pflanzen in die europäischen Sammlungen. Beide Entwicklungen weckten den Bedarf nach Fachwissen über das Sammeln, den Transport und die Präparation von Naturobjekten. Es richtete sich die Anleitungsliteratur jener Jahrzehnte denn auch weniger an interessierte Freizeitforscher als an eine sich ausbildende Schicht berufsmäßiger Kustoden und Konservatoren. Die Zahl spezialisierter Veröffentlichungen blieb entsprechend gering, zwischen den 1760er- und 1820er-Jahren wurden im deutschsprachigen Raum pro Dekade ein bis zwei solcher Schriften auf den Markt gebracht (vgl. die Auflistung entsprechender Neuerscheinungen im Anhang dieser Arbeit). Eine erste merkliche Steigerung der Veröffentlichungszahlen ist für den Vormärz und die damit einhergehende Konjunktur der »Wissenschaftspopularisierung« auszumachen. Immerhin fünf neue Titel wurden in den 1830er-Jahren publiziert, während für das Revolutionsjahrzehnt elf Neuerscheinungen nachgewiesen werden konnten. Die drei folgenden Jahrzehnte blieb die Zahl einschlägiger Veröffentlichungen auf eher tiefem Niveau konstant, bis es zwischen 1880 und 1914 zu einem eigentlichen Boom von Anleitungsschriften kommen sollte. Dieser zeugt eindrücklich von einer Blütezeit freizeitlichen Natursammelns in jener Epoche – praktisch im Jahresrhythmus wurde nun ein neuer Titel angeboten (vgl. Abbildung 1.8). Diese Häufung der Anleitungspublikationen ist ein gewichtiger Hinweis auf die steigende Popularität naturkundlichen Sammelns ab den 1880er Jahren.

Zugleich aber ist diese Steigerung der Erscheinungszahlen auch Ausdruck einer allgemeineren Kommerzialisierung populärwissenschaftlicher Angebote um die Jahrhundertwende, auf die der Historiker Andreas Daum in seinem Standardwerk zur Wissenschaftspopularisierung in Deutschland hinweist.[73]

Wie sah eine solche naturkundliche Anleitungsschrift für Freizeitwissenschaftler aus? Grob lassen sich zwei Gattungen ausmachen: einerseits Publikationen, die von Blumen, Insekten über Säugetiere bis zu Steinen umfassend über das Sammeln aller naturhistorischer Objektfamilien informierten, andererseits spezialisierte Werke, die sich auf das Herbarisieren oder die Anlage einer Schmetterlingssammlung fokussierten.

Sowohl die allgemeinen wie die spezialisierten Werke gliederten sich meist in drei Teile. In einem ersten, einführenden Teil legten die Autoren Rechenschaft über Sinn und Zweck des Sammelns als privater Freizeitbeschäftigung ab. Um das Sammeln zu rechtfertigen, wurde meist ein umfassender Katalog an Vorteilen aufgeführt, die dieses Hobby dem Einzelnen und der Gesellschaft bringen würden. So preist beispielsweise Leopold Eger in seinem *Naturalien-Sammler* (1882) die Naturforschung als eigentliche Wundertat:

> »(M)ehr als jedes andere Feld menschlichen Denkens und Wissen [ist sie] geeignet, das körperliche (sinnliche), wie das geistige Wahrnehmungsvermögen zu üben und zu schärfen, den Formen- und Farben-, den Schönheits- und Ordnungssinn so gut wie die Denkkraft im Forschen nach Ursachen und Wirkungen, nach dem inneren gesetzmässigen Zusammenhange der einzelnen Erscheinungen zu wecken und zu kräftigen, die praktische, materielle Seite des Menschenlebens, wie die religiösen Gefühle für den allgütigen Schöpfer zu fördern.«[74]

In diesen Einleitungen kam jene Grunddisposition der Freizeitwissenschaft deutlich zum Ausdruck, die Andreas Daum als »andauernden Rechtfertigungszwang«[75] umschreibt. Mit betontem Ernst beschworen die Ratgeberautoren die Wissenschaftlichkeit des privaten Sammelns und grenzten dieses Tun entschieden ab vom rein vergnüglichen Sammeln. Dieses Bemühen um Seriosität findet sich auch in der Losung, die der Wissenschaftspopularisator Kurt Floericke gleich auf der ersten Seite seiner Anleitungsschrift *Der Sammler* (1914) seinen Lesern zum Geleit gab: »Naturwissenschaft ohne Sammlungen ist nicht denkbar, und naturgeschichtliche Sammlungen ohne wissenschaftlichen Hintergrund haben weder Zweck noch Sinn, sind

73 Daum: Wissenschaftspopularisierung, 191.
74 Eger: Der Naturalien-Sammler, 1.
75 Daum: Wissenschaftspopularisierung, 334.

Abb. 1.9: Anleitungsschrift *Handbuch für Naturaliensammler* von Ernst Bade (ca. 1900).

eine blosse Spielerei.«[76] Gleichermaßen wie vom Spiel galt es auch, sich von »Sport«[77] und »Leidenschaft«[78] zu distanzieren.

Der zweite Teil eines Anleitungsbuches war den eigentlichen Handwerkskünsten des Sammelns, Tötens, Präparierens, Ordnens und Ausstellens gewidmet, und drittens schließlich enthielten viele der Anleitungsschriften auch Abschnitte, die der Vermittlung allgemeinen naturkundlichen Wissens dienten – über Anatomie, Physiologie und Lebensweise der Tiere und Pflanzen, über die Naturvorkommnisse der Vorzeit, über die Evolution oder über Naturschutz. Die Autoren der Anleitungsliteratur waren oftmals keine spezialisierten Sammler, sondern bestritten ihren Lebensunterhalt als wissenschaftspopularisierende Publizisten und deckten als solche weite Interessensspektren ab.[79] Aufgrund solcher thematischen und personellen Überschneidungen zählen Angela Schwarz und Matthias Daum in ihren Untersuchungen zur Wissenschaftspopularisierung in Deutschland denn diese praxisorientierte Ratgeberliteratur auch zum weiteren Feld popularisierender Publizistik.[80] Anleitungsliteratur stand nach Daum nur in bedingter Autonomie zu diesem Feld und sei durch dieselben Spannungen gekennzeichnet gewesen wie die Wissenschaftspopularisierung im Allgemeinen, in erster Linie durch die Abgrenzungsbemühungen gegen bloßes Spiel und Liebhaberei.

Handhaben und Teilhaben: Dingtugenden als Zugehörigkeitskriterium

Auch wenn im Milieu der Petite Science dieser für die Wissenschaftspopularisierung verschiedentlich beschriebene Rechtfertigungsdruck kaum auszumachen war, so spielte der Seriositätsimperativ der naturkundlichen Ratgeberschriften trotzdem eine Rolle, und zwar ganz handfest im Umgang mit

76 Floericke: Der Sammler, 1f.

77 Bade: Handbuch für Naturaliensammler, V f. »Sport« war unter natur- und heimatkundlichen Amateuren eine verbreitete Negativfolie, vor welcher man sein eigenes Tun geflissentlich abgesetzt haben wollte, so auch bei Floericke: Der Sammler, 6f.; Wetterwald: Naturschutz und Schule, 36; Frank: Incipit Lamentatio, 12.

78 Bade: Handbuch für Naturaliensammler, V f.

79 Beispielsweise der oben zitierte Autor der Anleitungsschrift *Der Sammler*, Kurt Floericke (1869-1934), studierte Naturwissenschaften und promovierte mit einer ornithologischen Regionalfauna. In seiner folgenden Tätigkeit als Publizist unter anderem für die Kosmos-Redaktion der Franck'schen Verlagsbuchhandlung in Stuttgart, schien er jedoch augenscheinlich von jeglicher Spezialisierung Abstand genommen zu haben: Floericke veröffentlichte insgesamt rund 100 Monographien und 800 Zeitschriftenbeiträge, deren thematische Spannweite von Militaria über Reiseberichte, Volks- und Landesbeschreibungen bis hin zu diversen naturkundlichen Gebieten eine ansehnliche Palette umschloss. Vgl. zu Floerickes Werk und Leben auch Franke: Dr. Curt Floericke.

80 Daum: Wissenschaftspopularisierung, 331-334; Schwarz: Bilden, 227.

Abb. 1.10: Anleitungsschrift *Der Sammler* von Kurt Floericke (1914).

den Dingen. An der korrekten Handhabe der Dinge verhandelten die Freizeitforscher die Berechtigung ihres Tuns, und die Einhaltung entsprechender Vorgaben bedeutete ihnen ein wichtiges Kriterium der Wissenschaftlichkeit. Die entsprechenden Regeln korrekter Objektpraxis waren mehr als bloßes Buchwissen. Sie wurden nicht nur in den Ratgebern verhandelt, sondern finden sich oft auch in brieflichen Ermahnungen erfahrener Sammlerkollegen und professioneller Wissenschaftler an die Lokalforscher. Dies verdeutlicht, dass in erster Linie Dingpraktiken über die legitime Zugehörigkeit entschieden und nicht die abstrakte Rechtfertigungsrhetorik, wie sie in den Einleitungskapiteln der Ratgeber bemüßigt wurde. Welches waren nun diese epistemischen Handwerkstugenden, die in den Ratgebern angepriesen wurden und denen die Lokalforscher mal mehr und mal weniger nachkamen?

An erster Stelle rangierte das Primat der Forschung. Eine wissenschaftliche Sammlung zeichne sich dadurch aus, so mahnt Leopold Eger in seiner Anleitungsschrift *Der Naturalien-Sammler*, dass es sich bei ihr um mehr als um eine »äusserliche Anhäufung todter Naturkörper«[81] handle. Vorrang besitze vielmehr die Beobachtung der noch lebenden Naturobjekte und die Inskription der einschlägigen Daten wie Standort oder Verhaltensweise. So werde verhindert, dass das Sammeln zur bloßen »Schacherlust«[82] verkomme, und die Sammlung werde vielmehr als Grundlage für spätere Forschungen zusammengestellt.

Das Forschungsprimat zog eine zweite Sammlungstugend nach sich: die planvolle Beschränkung auf das Überschaubare. »Lieber im kleinen genau arbeiten als im grossen etwas Halbes leisten«,[83] so lautete die Losung, die der Ratgeberautor Ernst Bade für die Petite Science ausgab. Diese Beschränkung erstreckte sich über zwei Dimensionen. Die erste war geographischer Natur und gab dem Sammeln in der lokalen Nahumgebung den Vorrang. »Gewöhnlich glauben die jungen Botaniker«, so belehrte der Luzerner Botaniker Jakob Steiger von Büron seine Leserschaft, »man müsse […] mit den Pflanzen der Rigi oder des Pilatus beginnen. Das ist aber gerade verkehrt. Man muss zuerst jene Gewächse untersuchen und erkennen, welche sich in der nächsten Umgebung finden. Jedes Dorf, jeder Hof, jede Matte ist ein botanischer Garten […].«[84] Diese Fokussierung auf einen nahen und kleinen räumlichen Ausschnitt wurde in erster Linie pragmatisch begründet. Mitunter spielten aber auch ideologische Konzeptionen des Eigenen und

81 Eger: Der Naturalien-Sammler, 5.

82 Floericke: Der Sammler, 1.

83 Bade: Handbuch für Naturaliensammler, 217.

84 Steiger von Büron: Die Flora des Kantons Luzern, 57.

Fremden hinein. So beschwor beispielsweise der bereits zitierte Ratgeberautor Kurt Floericke, Autor Dutzender populärer Naturkundebüchlein sowie kriegsverherrlichender Schriften, die Vorzüge einer Lokalsammlung. Es sei eine solche einem »kunterbunt zusammengewürfelte[n] Sammelsurium von ›Raritäten‹ aus aller Herren Länder« vorzuziehen und »man lasse sich deshalb nicht verleiten, etwa einen der bestechend schönen Prachtschmetterlinge oder Riesenkäfer der Tropen in eine Sammlung deutscher Schmetterlinge oder Käfer einzureihen [...] denn trotz seiner bestechenden Schönheit würde ein solches Tier zwischen unseren schlichteren einheimischen Kerfen nur störend wirken.«[85]

Die zweite Beschränkung bezog sich auf die biologische Systematik. Neben der räumlichen Fokussierung wurde dem Freizeitforscher auch das Anlegen einer ausgewählten Sammlung bestimmter Gattungen, Familien oder Ordnungen nahegelegt. So führte Franz Leuthardt für das Beispiel einer Käferfauna seinen Baselbieter Naturforscherkollegen vor Augen, dass eine solche bereits für ein überschaubares Gebiet rasch die ganze »Lebensarbeit eines Forschers« in Anspruch nehme. Es sei daher ratsam, sich auf eine oder wenige Familien zu beschränken, nur dies ermögliche eine »genügende Vertiefung in den Stoff«.[86]

Beide Einschränkungsvorgaben waren dem gleichen Ideal verpflichtet: der Vollständigkeit. Es handelte sich dabei um die Vollständigkeit des Lokalen und Ausgewählten, den Anspruch genereller Vollständigkeit trat man an professionelle Institutionen ab:

> »Dem Naturliebhaber ist es nicht möglich, eine vollständige Sammlung aller Naturkörper anzulegen, dazu sind vielmehr die grossen naturhistorischen Museen da. Was er aber erreichen kann, ist Vollständigkeit in Spezialsammlungen, besonders solcher ganz bestimmter Gebiete der Heimat.«[87]

Neben nüchternem Objektbezug und planvoller Selbstbescheidung kam drittens auch der technisch und ästhetisch sauberen Fixierung der Naturdinge eine wichtige Rolle zu. Beschriftungen hatten akkurat zu sein. Eine Verschmutzung der Präparate durch organische Sekrete wie Blut oder Körperfett war zu vermeiden. Oberflächen wie Haare oder Federn sollten geglättet

85 Floericke: Der Sammler, 2f. Der bereits erwähnte Kurt Floericke hatte eine dezidiert offene Flanke gegen das Nationale: Seine Mitgliedschaft im Monistenbund und der Freimaurerei bewahrte diesen äußerst produktiven Popularisator offensichtlich nicht davor, sich während des 1. Weltkrieges mit ausgeprägtem Geschäftssinn auf das Verfassen militaristisch-chauvinistischer Sachliteratur zu verlegen. So zeigte er Marktpräsenz mit Titeln wie *Forscherfahrt ins Feindesland* (Stuttgart: Kosmos, 1918); *Strategie und Taktik des Spieles mit Bleisoldaten. Eine Anleitung, wie man mit Bleisoldaten richtig kriegsmässig spielen kann: für Bleisoldatenfreunde jeden Alters* (Stuttgart: Pentagon, 1917); *Gegen die Moskowiter* (Stuttgart: Franckh, 1916).

86 StABL, Nachlass Franz Leuthardt, PA 6102, »Einiges über die grossen Laufkäfer«, 1f.

87 Bade: Handbuch für Naturaliensammler, 272.

werden. Das Tableau der Dinge hatte durch »Schönheit, Eleganz und Übersichtlichkeit«[88] zu bestechen. Es musste sich dem betrachtenden Blick ebenmäßig und vollständig darbieten. Anleitungsbücher wie Sammlerkollegen wiesen darauf hin, dass beispielsweise präparierte Insekten in gleichmäßigem Abstand, stets durch die analogen Körperglieder sowie auf gleicher Höhe aufgenadelt und zwecks optimaler Sichtbarkeit bestimmte Körperteile auch »gespannt« werden müssten, um den Anforderung der objektepistemischen Tugenden gerecht zu werden:

> »Insekten ohne Spannung der Beine, der Fühler usw., wie man besonders Käfer in vielen Museen, aber auch bei Liebhabern findet, stellen wohl eine Sammlung von Tieren vor, ohne indessen Anspruch auf den Titel einer guten naturwissenschaftlichen Sammlung erheben zu können.«[89]

In die Kategorie der Dinganordnung sind weiter auch die Ausführungen zur Sammlungspräsentation einzuordnen. Es fällt auf, dass in der Anleitungsliteratur zeitgenössische museale Präsentationsstrategien ausgiebig rezipiert wurden. So lobt beispielsweise der Ratgeberautor Ernst Bade die modernen tiergeographischen Dioramen und empfiehlt dem Freizeitforscher deren Nachahmung:

> »Heute geht man hierin viel weiter, man bringt die ausgestopften Tiere in Landschaften unter, die denen der freien Natur, wo sich das Leben des dargestellten Tieres abspielt, naturgetreu nachgebildet sind. Man stellt Tiergruppen her, die sowohl vom künstlerischen wie erzieherischen Wert hoch bedeutend sind [...] und was hier Gutes geleistet wird, dem soll der Liebhaber, wenn auch nur in bescheidenem Masse, nacheifern.«[90]

Das Quellenmaterial legt jedoch nahe, dass solche aufwändigen Präsentationsweisen im Privathaushalt der Sammler kaum Anwendung gefunden haben dürften – aus den oben bereits erwähnten Gründen wie Kosten und Platzbedarf. Zudem fanden diese moderneren Präsentationsstrategien in den von Freizeitforschern vornehmlich betriebenen Sparten Botanik und Entomologie auch in den musealen Leuchtturminstitutionen dieser Jahrzehnte noch keinen verbreiteten Widerhall, sondern beschränkten sich vorwiegend auf die Ausstellung von Wirbeltieren. Die Aufbewahrung der privaten Sammlungsbestände begnügte sich also vielmehr mit geschlossenen Schränken oder Schränken mit Sichtfenstern; einer musealen Objektrahmung des frühen 19. Jahrhunderts. Schränke, in Kombination mit entsprechenden Kisten, hatten den Vorzug, Dinge platzsparend und geschützt vor

88 Naturmuseum Thurgau, Schachtel 3100.R Konservatoren: Wegelin Heinrich. Entomologische Korrespondenz, Brief Heinrich Ziegler-Reinachers vom 12.7.1908.
89 Bade: Handbuch für Naturaliensammler, 302.
90 Ebd., 486f.

Licht und Staub zu verwahren. Eigentliche Schausammlungen wurden von sammelnden Lokalforschern nicht angestrebt – beim gelegentlichen Besuch eines Sammlerkollegen entnahm man dem Schrank jene Einzelkästen, deren Inhalt man sich näher zu besehen wünschte.

Das vierte Gebot wissenschaftlich korrekter Dinghandhabe war die Ordentlichkeit des Objektbestandes. Diese wurde als wohl wichtigster Maßstab epistemischer und moralischer[91] Vertrauenswürdigkeit erachtet. Auch Franz Leuthardt bewertete die Wissenschaftlichkeit der Vereinsaktivitäten der Baselbieter Naturforscher nach diesem Kriterium. Im Jahresbericht für 1901 hob der Präsident der *Naturforschenden Gesellschaft Baselland* die vorbildliche Ordentlichkeit als Visitenkarte des Vereins hervor: »Ende des Berichtsjahres waren sämtlichen innern Arbeiten bereinigt, alle Sammlungsgegenstände geordnet und katalogisiert, das Inventar nachgeführt, überhaupt auf allen Gebieten mustergültige Ordnung.«[92]

Eine wichtige Ordnungstechnik war die Buchführung, in der die sammelnden Lokalforscher ihre Objektzugänge und Bestände jährlich inventarisierten. Diese Inskriptionsgattung soll im nächsten Kapitel eingehender dargestellt werden. Ebenso zentral war die physische Dingaufbewahrung. Diese musste der grundsätzlichen Dynamik einer laufenden Sammlung, die gemäß einer Beobachtung Walter Benjamins stets »zwischen den Polen der Unordnung und der Ordnung«[93] oszilliert, gerecht werden. Bei Herbarbelegen gestaltete sich dies einigermaßen praktikabel: Die Grundelemente bildeten die Herbarblätter mit den aufgeklebten, getrockneten Belegen sowie Mappen, welche verschiedene taxonomische Ränge widerspiegelten und diese Blätter aufnahmen. Bei allfälligen taxonomischen Reformen oder Neubestimmungen der Spezimen ließen sich die Blätter relativ leicht neu beschriften und in eine andere Mappe einordnen. Um einiges aufwändiger gestaltete sich die sammelnde Verwaltung beispielsweise von präparierten

91 Die Anleitungsliteratur des ausgehenden 19. Jahrhunderts steht diesbezüglich in einer älteren Tradition der Erziehung zur Ordentlichkeit. Entsprechende pädagogische Schriften, in welchen Kinder in erzieherischer Absicht zum Sammeln angehalten werden, existieren seit dem 18. Jahrhundert. Unter dem Lemma »Kinderspiel« führt Band 37 der Krünitz'schen *Oeconomischen Encyclopädie* acht Spielgattungen auf, darunter an zweiter Stelle »Sammlungen aus dem Thier- Pflanzen- Mineralreiche«. Die Rahmung des Sammelns als pädagogisch sinnvolle Tätigkeit schien im ausgehenden 18. Jahrhundert unter den Aufklärern eine ausgemachte Sache: »Ich hoffe«, so der Enzyklopädist, »dass man keinen Beweis von dem Nutzen dieser ergetzenden und unterrichtenden Beschäftigung für Kinder von mir fordern wird. [...] [Es] erhält ein Kind, welches selbst sammelt, dadurch eine beständige und angenehme Beschäftigung, und wird, bey der Aufbewahrung der gesammelten Sachen, an Beobachtung einer guten Ordnung gewöhnet« (Krünitz: Oeconomische Encyclopädie, Bd. 37, 851).

92 Leuthardt: Jahresbericht 1901, 9.

93 Benjamin: Ich packe meine Bibliothek aus, 389.

Insekten, da diese sperrig und zerbrechlich sind und im Gegensatz zu Herbarbelegen nicht gestapelt, sondern üblicherweise mit Nadeln auf Torfplatten in Sammlungskästen fixiert wurden. Da der Sammler nicht wissen kann, an welcher Stelle der Sammlungsanordnung Neueingänge hinzukommen, hätte das lückenlose Anordnen – im Sinne der oben beschriebenen Forderung nach ästhetisch sauberer Fixierung – bei jedem Neuzugang zeitraubende Umstellungsprozedere zur Folge. So hatte der praktisch veranlagte Sammler mit dem Zustand eines permanenten Provisoriums vorliebzunehmen, wie Kaspar Dietrich, Kustos des *Entomologischen Museums* am Zürcher Polytechnikum, dem ratsuchenden Bündner Kurarzt Eduard Killias im Februar 1873 ans Herz legte:

> »Noch eines. Ich habe schon vielfach zu bemerken Gelegenheit gehabt, wie wenige es verstehen, ihre Sammlung in gefälliger Weise zusammenzustellen. […] Ihnen würde ich einstweilen folgendes Verfahren anrathen, überhaupt jedem, dessen Sammlung der Vollständigkeit noch weit entfernt ist.«[94]

Dietrich lässt eine detaillierte Anweisung hinsichtlich der horizontalen und vertikalen Aufteilungen gemäß Gattungen, der zu verwendenden Papierart und Größe der provisorischen Etikettierung sowie des Managements der Lücken folgen und charakterisiert das ordentliche Sammeln als Prozess permanenter Dingbewegung, der erst mit der Annäherung an die Vollständigkeit zu einem Abschluss gelangt:

> »Nach einigen Jahren wird man veranlasst sein, die Sammlung wieder umzustecken, um an verschiedenen Stellen mehr Platz zu gewinnen, hält man sich aber auf diesem Provisorium, ist dies Umstecken eine Arbeit von 1, höchstens 2 Tagen. […] Erst wenn die Sammlung sich der Vollständigkeit nähert (natürlich relativ aufgefasst), darf man darauf denken, sie definitiv anzuordnen«.[95]

Eng mit der Vorgabe der Ordentlichkeit verwandt war die fünfte und letzte epistemische Dingtugend: die korrekte Einpassung der Objekte in taxonomische und nomenklatorische Regelwerke. Taxonomie und Nomenklatur sind in ihrer Standardisierungsabsicht stets machtvolle Anordnungen. Inwiefern sich solche Konstellationen auf das Tun und die soziale Zugehörigkeit der Lokalforscher auswirken konnten, wird am Fallbeispiel des bereits mehrmals erwähnten Christian Brügger im vierten Kapitel dieser Arbeit näher beschrieben. Hier sollen vorerst die praktisch-konkreten Aspekte dieser Dingpraxis im Vordergrund stehen. Hinsichtlich der Nomenklatur war die Verwendung der lateinischen Binominalbezeichnungen in linnéscher

94 StAGR, Nachlass Ed. Killias, B 260, Mappe »Briefe von K. Dietrich«, Brief vom 20.2.1873.
95 Ebd.

Tradition unumgänglich. Die Verwendung einer solchen Fachsprache war unter Freizeitforschern breiter Konsens. Dessen Infragestellung wurde als Affront gegen das wissenschaftliche Selbstverständnis der Petite Science verstanden, wie eine entsprechende Polemik in der Sammlerzeitschrift *Die Insekten-Börse* zeigte. Deren Redaktion berichtete mit großem Unverständnis über die Kritik, die der Ornithologe Wilhelm Schuster gegenüber der biologischen Nomenklatur äußerte. Schuster mokierte sich 1903 in der populärwissenschaftlichen Zeitschrift *Natur und Haus* über die »pedantischen, unvolkstümlichen Fachwissenschaftler«, die mit lateinischen Namen um sich würfen und sich so »den Anstrich eines wissenschaftlich sehr gebildeten geben«.[96] Die Antwort seitens der Freizeitwissenschaftler ließ nicht auf sich warten. Noch sachlich im Ton verteidigte die Redaktion der *Insekten-Börse* die Verwendung der lateinischen Fachsprache: »Es gibt nun einmal grosse Gebiete der Wissenschaft, die nie volkstümlich werden können und die allezeit tote Büchergelehrsamkeit bleiben werden, und dazu wird ein gut Teil der systematischen Naturgeschichte immer gehören.«[97] Von den Vorwürfen des germanophilen Vogelkundlers weit mehr noch angegriffen gefühlt zu haben schien sich Paul Born, der bereits erwähnte Seidenfabrikant und Käferkundler aus dem schweizerischen Herzogenbuchsee, Leser und gelegentlicher Autor der *Insekten-Börse*. In den zwei folgenden Ausgaben nahm er in einem polemischen Leserbrief ausführlich Stellung gegen Schusters Vorwürfe und lies seine Zuschrift mit einem spöttischen Schluss ausklingen:

> »Am besten ist es, wir machen es in Zukunft wie unsere Bauern und nennen kurzweg alle Insekten, welche im Wasser leben ›Wasserguëg‹, alle, welche nicht nach Eau de Cologne duften ›Stinkguëg‹, alle, welche unter Steinen leben ›Steinguëg‹ und alle, aus denen man nicht besonders klug wird, ›Donnerguëg‹. [...] Das wäre die moderne volkstümliche Entomologie.«[98]

Die Verwendung der lateinischen Nomenklatur war als gemeinschaftsbildendes Esperanto der Naturgeschichte unbestritten; ihre Beherrschung war für die Freizeitforscher – abgesehen von den pragmatischen Vorzügen einer jeden Fachsprache – sicherlich auch ein Medium der Zugehörigkeit und der Selbstbestätigung.[99] Dennoch schien die korrekte Anwendung der Nomenklatur für die Freizeitforscher nicht frei von Tücken, erforderte diese doch ein penibles Einhalten vielfältiger Regeln und Usancen. Solche Anforderungen mahnte beispielsweise der Museumskurator Isaak Bloch im

96 Zit. nach [s. n.]: Rundschau (Insekten-Börse 1903), 274.
97 [s. n.]: Rundschau (Insekten-Börse 1903), 274.
98 Born: Einmal etwas Nicht-Carabologisches, 323.
99 Vgl. dazu auch Secord: Artisan botany, 387.

Dezember 1902 in einem Schreiben an Xaver Stampfli aus Herzogenbuchsee an: »Was ich in Ihren Notizen einzig vermisse sind die Autorennamen, die hinter jeder lateinischen Bezeichnung nie fehlen sollten. Wissen Sie nicht aus welchem Spezialwerke Herr Direktor Büttikofer seinerzeit seine Angaben geschöpft hat?«[100]

Dreh- und Angelpunkt der Beanstandungen hinsichtlich mangelhafter Bezeichnung und systematischer Einordnung bildete jedoch die Etikette. Gleichsam im doppelten Wortsinne eines beschriebenen Papierzettels als auch des Einhaltens vorgeschriebener Verhaltensstandards war die korrekte Etikettierung der Objekte Zugehörigkeitskriterium ersten Ranges; im Verkehr mit Amateuren bildete das diesbezügliche Insistieren den eigentlichen Grundtenor professioneller Identität. Es waren stets dieselben Vorgaben, die angemahnt wurden: Die Einhaltung nomenklatorischer Regeln sowie die Vollständigkeit der Etikettierung bezüglich Angaben über Standort und Sammelzeitpunkt. Der sowieso schon ausgeprägt moralisierende Ton der Ratgeber erfuhr hier nochmals eine Steigerung, so beispielsweise bei Kurt Floericke, der in seiner Anleitungsschrift zu einer regelrechten Gewissenspredigt über die naturhistorischen Gebote anhebt:

> »Von allem Anfang an muss man sich daran gewöhnen, es mit der Bezeichnung und Etikettierung der Sammlungsgegenstände peinlich genau und furchtbar ernst zu nehmen. Nur eine in dieser Beziehung völlig einwandfrei geführte Sammlung darf Anspruch darauf erheben, von der Wissenschaft ernst genommen zu werden.«[101]

Unbesehen dieser steten Ermahnungen ignorierten viele Freizeitforscher dieses Gebot. Um bloßes Nicht-Wissen kann es sich nicht gehandelt haben, waren doch die einschlägigen Anweisungen unmöglich zu überlesen. Botanikprofessor Hans Schinz beispielsweise, der dem Botanischen Garten der Universität Zürich vorstand und engen Kontakt mit Freizeitforschern pflegte, bemühte sich hartnäckig, die entsprechenden Standards in der Gemeinschaft der Sammler zu verankern. So druckte er in den *Mitteilungen aus dem Botanischen Museum der Universität Zürich*, den Hausmitteilungen seines Instituts, regelmäßig ausführliche Anleitungen und Musterbeispiele ab:

> »Bitte das Etikettieren nicht zu unterlassen! Wir müssen an der Forderung eines etikettierten Beleges unbedingt festhalten. Die Etiketten, aus nicht steifem Papier geschnitten, sollten die ungefähre Grösse 12/8 cm haben und nachstehende Angaben tragen (erforderliches Minimum!): Angabe, wo die Pflanze gefunden wurde, also die geographische Orts-

100 Naturmuseum Solothurn, Kopialbuch »XI. 1901 – VI. 1903«, Eintrag vom 17.12.1902, 365.

101 Floericke: Der Sammler, 10.

bezeichnung, und zwar so, dass der Fundort mit Hilfe einer Karte ermittelt werden kann (und zwar nicht einfach Zürich, sondern z.B. Zürich, am Ütliberg, bei der Station Waldegg), das Datum, den Namen des Sammlers; wer wirklich mit Verständnis sammelt, der notiert wohl auch noch den Standorts-Charakter, vielleicht sogar den Grad der Häufigkeit, sich hierfür einer Skala von 1 — 10 bedienend, wobei 1 sehr selten, 10 sehr häufig (weitaus dominierend) bezeichnet. Die Etikette würde also folgendermaßen aussehen:

Kentranthus angustifolius (Miller) DC.
zerstreut in der Schutthalde des Creux du Van (Neuenburg)
13. VIII. 1912. Hans Schinz.«[102]

Schinz' Mühe schien oft vergeblich: »Wir werden gerne Ihre Pflanzen revidieren«, so antwortete Professor Schinz im August 1900 auf eine private Bitte um Revision, »müssen Sie aber bitten, die Etiquetten zu vervollständigen, das heißt die Fundorte anzugeben, da wir prinzipiell nur vollständig etiquettierte Herbarpflanzen zur Revision entgegennehmen.«[103] Über Gründe für dieses Nichtbefolgen zentraler Handwerksregeln kann nur spekuliert werden; die Erklärungen dafür liegen eher in der Nachlässigkeit der Sammler denn in amateurhaftem Eigensinn – mussten sich doch gelegentlich selbst promovierte Lokalforscher bei dieser Unterlassungssünde ertappen lassen.

Anhand dieser fünf epistemischen Dingtugenden – Forschungsprimat, Beschränkung, Anschaulichkeit, Ordentlichkeit und korrekte Etikettierung – wurde die Zugehörigkeit zum Feld der Wissenschaft verhandelt. Das Beharren auf diesen Dingroutinen war jedoch weder Pedanterie noch Machtdemonstration, auch wenn verschiedentlich Professionelle glaubten, sich für ihre unterweisenden »Schulmeistereien«[104] entschuldigen zu müssen: »Nehmen Sie bitte keinen Anstoss an meinen Aussetzungen«, bat Professor Hans Schinz den Lehrer Vögeli aus Meilen, »ich will nicht korrigieren, sondern nur unterstützen.«[105] Es handelte sich bei diesem Kriterienkatalog weniger um ein Ausschlussregime der Professionellen gegen die Freizeitforscher, sondern vielmehr um die stete Bemühung, referentielle Anschlussfähigkeit der betreffenden *immutable mobiles* herzustellen. Dieses Ansinnen lag im Interesse beider Seiten; die Freizeitforscher konnten durch Befolgen der Dingtugenden sicherstellen, dass ihre gesammelten Objekte und Inskrip-

102 Schinz: Der botanische Garten 1920/21, 20.
103 BGUZ, Nachlass Hans Schinz, Kopialbuch 35, 29.8.1900, 185.
104 StAGR, Nachlass Eduard Killias, B 260, Mappe »Briefe von K. Dietrich«, Brief Dietrichs vom 20.2.1873.
105 BGUZ, Nachlass Hans Schinz, Kopialbuch 36, 6.4.1901, 48.

tionen Einlass fanden in die wissenschaftliche Zirkulationssphäre,[106] den Professionellen andererseits konnten die Amateursammlungen nur dann als Forschungsressource dienen, falls diese aus korrekt fixierten und inskribierten Objekten bestanden. Im Zentrum dieser Operationen stand also nicht der Ausschluss der Freizeitwissenschaftler, sondern die epistemische Stabilisierung einer kollektiven, sammelnden Wissenschaft. Wenn auch das sachgerechte Handhaben als Bedingung des Teilhabens oftmals von »oben« (von moralisierender Anleitungsliteratur oder gewissenhaften Sammlungsprofis) vermittelt wurde, so wurden diese Handwerksgeheimnisse grundsätzlich auch von »unten«, also den freizeitlichen Lokalforschern, mitgetragen.

Damit unterscheidet sich die Funktion des Anleitungswissens in der Naturgeschichte wesentlich von jener in anderen Wissenschaften mit hoher Laienbeteiligung, beispielsweise der in den 1890er-Jahren sich formierenden Volkskunde. Im Zuge der Etablierung eines Fachparadigmas entbrannte in dieser jungen Wissenschaft, die noch weit von einer Institutionalisierung als universitäre Disziplin entfernt war, eine Dilettantismus-Diskussion mit klarem Ausschlusscharakter. Die Elite der entstehenden Disziplin, die sich mehrheitlich aus Großbürgern mit Universitätsbildung rekrutierte, suchte sich vor dem Hintergrund einer noch ungefestigten Fachidentität von nichtakademischen »Dilettanten« abzugrenzen. Wie vom Wissenschaftstheoretiker Thomas Kuhn als typisches Kennzeichen einer Wissenschaft in der vorparadigmatischen Phase beschrieben, fehlte dem jungen Fach Volkskunde anfänglich jegliche Anleitungsliteratur.[107] Dass solchen Anleitungen aber, wenn dann erst einmal geschrieben, eine vornehmlich disziplinierende bis exkludierende Rolle zufallen sollte, war für die Verfechter einer Professionalisierung keine Frage. So beispielsweise für den Literaturhistoriker Ludwig Fränkel, der im Jahre 1891 in der Zeitschrift *Urquell* das Fehlen von Anleitungsschriften beklagte:

> »Leider besitzen wir für die Methode, aus einem landschaftlich eng umgrenzten Gebiet folkloristischen Stoff zusammenzutragen, zu sichten, zu gliedern und mitzuteilen, noch keine allseitig stichhaltigen Hinweise. Und gerade hier wäre ein wegzeigender Führer besonders vonnöten, weil eben hier hunderte von völlig unberufenen Leuten ins Handwerk pfuschen und dem emsigen und zielbewussten Fachmanne störend ins Gehege kommen.«[108]

Die offene Diskriminierung nichtakademischer Volkskundler durch die Bildungseliten rief unter den Dilettanten eine trotzige Gegenreaktion hervor:

106 Die Zirkulation der Objekte und ihre gemeinschaftsbildende Wirkung wird in Kapitel 3 ausführlicher dargelegt.
107 Vgl. Kuhn: The Structure of Scientific Revolutions, 10-22.
108 Zit. bei: Deissner: Die Volkskunde und ihre Methoden, 151.

Bibliothek f. Volks- u. Heimatkunde.

Dieses

Handbüchlein

für den Heimatforscher

empfiehlt sich für jeden Freund der Heimat zum Mitnehmen auf Spaziergängen in Verbindung mit der Generalstabskarte und kann im Falle des Verlustes von unsern Mitarbeitern stets gratis bezogen werden.

Wir bitten in Bekanntenkreisen zu verbreiten.

Abb. 1.11: Heimatkundliche Anleitungsschrift *Praktisches Handbüchlein für den Heimatforscher I* von Christian Frank (1903).

Sie verfassten quasisubversive Anleitungsschriften, die die Laien zu eigensinniger Forschungstätigkeit ermächtigen sollten. In demonstrativer Abgrenzung stilisierten sich Exponenten dieser Laienvolkskunde als Graswurzelwissenschaft. So brachte beispielsweise Christian Frank, ein Schüler Wilhelm Heinrich Riehls, dieses antielitäre Selbstverständnis der Heimatkundeforscher auf den Punkt: »Wir ›Heimatler‹ sind keine Gelehrten, sondern einfache Leute«.[109] Die von Frank ab 1899 herausgegebene amateurhafte Heimatforscher-Zeitschrift *Deutsche Gauen* war exemplarisches Sprachrohr einer solchen Wissenschaft von unten. Durch die regelmäßige Publikation von Anleitungstexten in seiner Zeitschrift sowie in unzähligen Sonderbänden[110] verfolgte Frank einen Feldzug für die wissenschaftliche Selbstermächtigung der Dilettanten: »Durch Herausgabe von billigen und praktischen ›Ratgebern, Führern, Anleitungen, Wegweisern‹ ersetzen wir einigermaßen teure Werke und erziehen jeden, der's will zu selbstständigem Forschen.«[111] Mitunter nahmen Franks Bemühungen um eine Popularisierung heimatkundlicher Forschungspraxis beinahe missionarische Züge an, so ließ er beispielsweise am 11. Juni 1901 dem Amtsblatt des Bezirks Kaufbeuren eine amateurarchäologische *Anleitung zur Erhebung, Aufbewahrung und Anzeige geschichtlicher und vorgeschichtlicher Funde* in einer Auflage von 1000 Exemplaren beilegen.[112]

Diese beiden gegensätzlichen Funktionen von Anleitungsliteratur – ausschließende Disziplinierung und eigensinnige Selbstermächtigung – stellten einen Sonderfall dar. Sie erklärten sich vor dem Hintergrund der noch unabgeschlossenen Institutionalisierung des jungen Faches Volkskunde. Für die naturgeschichtliche Lokalforschung in der Schweiz hingegen finden sich keine vergleichbaren Diskurse.[113] Im Milieu der Petite Science bezeich-

109 Frank: Die Erziehung des Volkes; 140.

110 Vgl. z.B. Frank: Praktisches Handbüchlein für den Heimatforscher I.

111 Frank: Programm und Rückblick, 5.

112 Vgl. ebd., 8.

113 Dies im Gegensatz beispielsweise zur Naturforschung in Großbritannien, wo die Abgrenzung gegen »Amateure« sehr ausgeprägt war. Wie biologiehistorische Untersuchungen aufzeigen, kam es im Zuge der im Vergleich zum Kontinent spät erfolgten Professionalisierung der Naturkunde in Großbritannien ab den 1870er-Jahren zu entschiedenen Abgrenzungsmanövern der jungen akademischen Biologie gegen die naturkundlichen Amateure (vgl. dazu Allen: On parallel lines; Desmond: Redefining the X axis). Die Amateure hingegen reagierten auf diese Anfeindungen nicht durch trotzige Abgrenzung im Stile der »Heimatler«, sondern in vergleichbarer Weise wie die naturkundlichen Anleitungsapostel aus Deutschland: Durch Selbstdisziplinierung und Beschwörung der Kriterien der Wissenschaftlichkeit wollte man den Ansprüchen der Wissenschaft weiterhin genügen (vgl. Alberti: Amateurs and professionals). Eine eigensinnige Grassroots-Wissenschaft hingegen blühte vielmehr noch zu Hochzeiten des britischen Amateurismus, der in ausgeprägter Weise von Hierarchien der Klassengesellschaft geprägt war (Berman: Amateur hegemony). Wie Anne Secord in mehreren Arbeiten zur Freizeitbotanik im Handwerkermilieu des frühen 19. Jahrhunderts

nete man sich bis ins 20. Jahrhundert in affirmativer (und manchmal selbstironischer) Weise als Dilettant und fand daran nichts Verwerfliches.[114] Die grundsätzliche Akzeptanz der Freizeitforscher war einerseits darauf zurückzuführen, dass sich diese im relativ ruhigen Fahrwasser von universitär etablierten »Normalwissenschaften« wie der systematischen Botanik oder Entomologie bewegten. Besagte Disziplinen und ihre maßgeblichen Forscherpersönlichkeiten wie die Professoren Carl Schröter, Hans Schinz oder Max Standfuss waren eher traditionell naturgeschichtlichen Forschungsprogrammen verpflichtet und waren zudem alle auch Vorsteher universitärer Sammlungen. Ihre Tätigkeiten waren somit in hohem Maße kompatibel mit den Aktivitäten sammelnder Lokalforschung. So kamen sich die Hochschulwissenschaftler und die Lokalforscher nicht in die Quere, sondern profitierten vielmehr von der regen gegenseitigen Zusammenarbeit.[115] Der zweite Grund für das relativ harmonische Mit- oder Nebeneinander professioneller und freizeitlicher Naturforschung lag in der erwähnten Rhetorik der Selbstbescheidung, welche die Lokalforscher pflegten: Diese wussten um ihre Stellung und sahen in ihrer Sammlungstätigkeit eher einen Dienst an zukünftiger Wissenschaft. Bezüglich eigener Analysen und Theoriebildungen hielten sie sich dagegen eher zurück. Die Petite Science nahm also freiwillig jene dienende Zuträgerrolle ein, die in der frühen Volkskunde Gegenstand machtvoller Zuschreibungen gewesen war.

Spezifische Dingpraktiken: Fazit

Das vorangegangene Kapitel fasste Sammlungsweisen und spezifische Objektpraktiken der Petite Science ins Auge. Bezüglich des Sammelns wurden

ausführt, existierte mit dieser *artisan botany* ein eigenständiger Modus von Wissenschaftlichkeit, welcher sich durch orale Tradierung und im Kontakt mit sozial Höhergestellten durch einen eigensinnigen, der Handwerkswelt entlehnten Ethos auszeichnete. (Vgl. Secord: Corresponding interests, dies.: Artisan botany).

114 Dieser Begriff war noch lange Jahrzehnte durch eine gewisse Bedeutungsoffenheit geprägt. Zumindest im Naturforschermilieu fand er bis weit ins 20. Jahrhundert als durchaus affirmative Selbstbezeichnung häufige Verwendung, wie dies die Aussage des Freizeitentomologen Franz Lochers in einem Schreiben an den Frauenfelder Museumskurator Heinrich Wegelin aus dem Jahre 1929 illustriert: »Es liegt eben im Zuge der Zeit, dass sich nur noch so wenige die Ruhe nehmen dem wunderbaren Werden und Sein unserer bunten Fauna ihr Herz zu leihen. Denn auch ein ernsthafter Amateur und Dilettant kann der Wissenschaft gute Dienste leisten.« (Naturmuseum Frauenfeld. Schachtel 3100.R Konservatoren: Wegelin Heinrich. Entomologische Korrespondenz, Brief Lochers vom 4.12.1929).

115 Über die Kooperationsweisen zwischen der Petite Science und der akademischen Forschung berichten ausführlicher die Kapitel 3, 4 und 5.

drei Typen[116] vorgestellt, die im Milieu der naturkundlichen Petite Science vorherrschten: die floristisch-faunistische Belegsammlung, die Liebhabersammlung sowie die taxonomische Vergleichssammlung. Es lagen diesen Sammlungen bestimmte epistemische oder affektive Organisationsprinzipien zugrunde, die jeweils unterschiedlichen Forschungsschwerpunkten entsprachen. So kam denn auch den Einzelobjekten in den verschiedenen Sammlungsstrukturen je eigene Bedeutung zu: Den Floristikern und Faunistikern waren sie dingliche Belege, die ihre Angaben über Vorkommen und Standorte bewiesen, in den Augen eines Liebhabersammlers stellten sie begehrte Lückenfüller dar, und der taxonomisch forschende Spezialist betrachtete das einzelne Ding als weiteres Datum in einer langen Reihe mehr oder minder identischer Vergleichsobjekte.

Auch wenn Liebhaber und taxonomische Spezialisten nicht zu vernachlässigende Fraktionen der Petite Science darstellten, so liegt der Fokus dieser Untersuchung doch eindeutig auf den floristisch oder faunistisch ausgerichteten Lokalforschern und deren Wissenspraktiken. Dies aus verschiedenen Gründen. Einerseits waren die hauptsächlich im Umfeld der Kantonalsektionen der *Schweizerischen Naturforschenden Gesellschaft* organisierten Lokalforscher weit zahlreicher als die äußerst überschaubaren Kreise spezialisierter Sammler und taxonomischer Experten. Andererseits war auch die gesellschaftliche Ausstrahlung der Lokalforschung eine weit gewichtigere. Sie bildeten lokal verankerte Wissensmilieus und verfügten mit den kantonalen Naturforschervereinen, den kleinstädtischen Museen sowie den Schulen über institutionelle Stützpunkte. Diese waren vielfältig untereinander sowie mit weiteren kulturellen Einrichtungen und Vereinen verflochten und verschafften den Lokalforschern große gesellschaftliche Resonanz. Zusätzlich verstärkten die typischen Wissensformate der Lokalforschung wie museale Lokalsammlungen oder Floren- und Faunenkataloge ihre Öffentlichkeitswirkung, beispielsweise durch die Prägung der zeitgenössischen Natur- und Landschaftswahrnehmung. Kurz: Im Gegensatz zu der taxonomischen Spezialforschung handelte es sich bei der floristisch und faunistisch ausgerichteten Lokalforschung um eine populäre Wissenschaft.

116 Nicht weiter thematisiert wird in der vorliegenden Untersuchung die Haltung von Pflanzen oder Tieren in privaten Gärten, Terrarien oder Aquarien. Diese stellte gewissermaßen eine vierte Kategorie von Sammlungspraxis der Petite Science dar. Die Haltung lebendiger Dinge wurde unter verschiedenen Vorzeichen betrieben: Liebhaberei, Zucht (vorwiegend zu Zwecken der Objektgewinnung) sowie experimentelle Forschung. Vor allem unter Schmetterlingskundlern erfreuten sich Wärme-, Kälte-, oder Säureexperimente nach dem Vorbild Max Standfuss' einiger Beliebtheit (vgl. die entsprechenden Aufzeichnungen des oben erwähnten Franz Lochers im Naturmuseum Thurgau, Schachtel 3100.R Konservatoren: Wegelin Heinrich. Entomologische Korrespondenz, Brief Lochers vom 4.12.1929, Anhang).

Die Spezialisten hingegen wirkten eher unbeachtet von der Öffentlichkeit. Im Feld der Petite Science bildeten sie jedoch wichtige Bezugspunkte und wurden auch von Lokalforschern regelmäßig um Hilfe für Bestimmungen oder Sammlungsrevisionen gebeten. Sie unterschieden sich aber in ihrer sozialen Organisation und gesellschaftlichen Ausstrahlung stark von den Naturforschern lokaler Ausrichtung: Ihr Forschungshorizont und ihre Sammlungspraxis war meist international ausgerichtet, und auch ihre persönlichen Netzwerke spannten sich oft über die Landesgrenzen hinaus. Sie korrespondierten international und publizierten auch häufig in Fachzeitschriften des gesamten deutschsprachigen Raumes. Diese spezialisierten Wissenspraktiken fanden aber kaum Niederschlag in einer breiteren, lokalen Öffentlichkeit.

Nach den verschiedenen Typen von Sammlungszusammenhängen rückten die konkreten Objekte und ihre Handhabe in den Fokus. Das Wissen um den korrekten Umgang mit Naturdingen eigneten sich Akteure der Petite Science auf unterschiedliche Weise an: Jene, die nie ein einschlägiges Studium absolviert hatten, konnten sich entweder durch erfahrene Sammler und Institutionen belehren lassen oder sich in entsprechenden Anleitungsschriften kundig machen. Solche naturkundliche Ratgeberliteratur verzeichnete in den Jahren zwischen 1880 und 1914 einen eindrücklichen Boom. Diese Konjunktur kann als Indikator für die ausgeprägte Popularität gelesen werden, die das wissenschaftlich inspirierte Naturaliensammeln in dieser Zeit genoss. Anleitungsschriften stellten eine spezifische Untergattung der populärwissenschaftlichen Publizistik dar und waren wie diese durch einen unüberhörbaren Legitimationsdruck gekennzeichnet: Autoren naturkundlicher Sammelratgeber bemüßigten sich unablässig einer Rechtfertigungsrhetorik, und ihre Werke waren durchzogen von einem allumfassenden Seriositätsimperativ.

Dieser Tonfall fand nur bedingt Entsprechung im Milieu der Petite Science. Korrekte Dinghandhabe spielte zwar auch hier eine wichtige Rolle als Kriterium der Wissenschaftlichkeit, doch der moralisierende Ton der Anleitungsschriften fehlte hier weitgehend. Zugehörigkeit zur Wissenschaft wurde unter den Sammlern hauptsächlich über fünf verschiedene Dingtugenden verhandelt: Forschungsprimat, Beschränkung, Anschaulichkeit, Ordentlichkeit und korrekte Etikettierung. Gegenüber privaten Sammlern wurde seitens von institutionalisierten Sammlungszusammenhängen immer wieder auf das Einhalten dieser Vorgaben insistiert. Diese Ermahnungen waren jedoch nicht als Ausschlussmechanismus gedacht. Vielmehr sollten sie die korrekte Inskription sicherstellen und das Funktionieren der Referenzbeziehungen im Sinne Latours sicherstellen. Der Einhaltung dieser Vorgaben kam somit die Rolle einer Zutrittskontrolle zu: Bei korrekter Dinghandhabe war gewährleistet, dass sowohl die Dinge als auch ihre

Besitzer in die wissenschaftliche Zirkulationssphäre Einlass fanden. Diese Dingtugenden wurden von den Sammlern diskussionslos gutgeheißen, was auch mit dem wissenschaftlichen Selbstverständnis der Petite Science zusammenhing: Man begnügte sich mit der Beschreibung und Materialsammlung, Machtkämpfe um die eigene Stellung innerhalb des wissenschaftlichen Feldes, wie sie beispielsweise die deutschen Heimatkundler mit subversivem Furor austrugen, waren den Natursammlern in der Schweiz größtenteils fremd.

1.3 Vergnügliche Dinge: Natursammeln als Hobby und Konsumkultur

Sammlungskonjunktur im ausgehenden 19. Jahrhundert

Die vorangegangenen Ausführungen zu den Objektpraktiken und Dingtugenden gingen von der Grundannahme aus, dass das Sammeln gemäß dem ausdrücklichen Selbstverständnis der Lokalforscher einzig eine *wissenschaftliche* Tätigkeit darstellte. Dass andere Motivationen wie Sammelleidenschaft, Objektfetischismus oder Ordnungswahn durchaus im Spiel sein konnten, soll nicht in Abrede gestellt werden. Über die existierenden Quellen jedoch lassen sich solche Beweggründe kaum erschließen.[117] Dennoch soll zum Schluss ein Aspekt der materiellen Kultur der sammelnden Lokalforschung angeschnitten werden, der über rein wissenschaftliche Zielsetzungen hinausweist – jener des freizeitlichen Vergnügens an den Dingen. Auch dieser Aspekt wird in den Quellen selten explizit gemacht, er wird jedoch gleichsam durch die Dinge selbst zur Sprache gebracht.

Mit Blick auf die praxisorientierte Anleitungsliteratur folgert der Historiker Andreas W. Daum, dass die in Kreisen der naturkundlichen Freizeitforscher hochgehaltenen Ideale der »Selbsttätigkeit« und »Selbstanfertigung« auf ganz konkrete Weise die Forderung nach öffentlicher Teilhabe an der Naturwissenschaft eingelöst hätten.[118] Die Historikern Angela Schwarz verortet die Praxisversessenheit der Anleitungsschriften in utilitaristischen Rechtfertigungsdiskursen des Popularisierungsmilieus. So sei das in den Ratgebern vermittelte praktische Herstellungswissen von ihren Autoren stets

117 Einzige Ausnahme ist die Erinnerungsfunktion von Sammlungen, die verschiedentlich von den Lokalforschern thematisiert wird: Als Erinnerungsmedium ruft die Sammlung ihrem Besitzer unerwartete Funde, vergangene Wanderungen und lange zurückliegende Jugendjahre ins Gedächtnis, und ebenso stellten Sammlungen erinnerungsbehaftete Objekte dar, die das Andenken an verstorbene Sammler wachhielten. Ausführlicher behandeln die Erinnerungsfunktion von Sammlungen die Kapitel 3 und 7.

118 Daum: Wissenschaftspopularisierung im 19. Jahrhundert, 333.

auch als Ausdruck der leistungssteigernden Effekte der Freizeitwissenschaft gepriesen worden.[119] Daneben deutet Schwarz eine zusätzliche Interpretationsschiene an, die im Folgenden weiterverfolgt werden soll. Es habe nämlich die Anleitung zum Selbermachen auch eine Verstärkung der Publikumsbindung zur Folge gehabt: »Denn eine Leserschaft, die nicht nur zur bloßen Rezeption von Fakten aufgefordert war, sondern verschiedene Angebote der aktiven Teilnahme erhielt, verlor weniger rasch das Interesse an popularisierter Naturwissenschaft.«[120] Schwarz benennt damit eine zentrale Funktion populärer Wissenschaft, die in Untersuchungen zum populären Sachbuch verschiedentlich angeschnitten wird: das Vergnügen.[121] Dieses spielte auch für die freizeitwissenschaftliche Betätigung eine große Rolle. War aber in zeitgenössischen Anleitungsschriften von den vergnüglichen Aspekten der Naturkunde die Rede, so wurden diese stets durch den oben erwähnten Seriositätsimperativ gezügelt. So predigte beispielsweise der Ratgeberautor Kurt Floericke das Naturaliensammlen als nüchtern-protestantisches Vergnügen:

> »Eine Sammeltätigkeit, die mit Mass und Ziel betrieben wird, sich von Auswüchsen frei hält, auf wissenschaftlicher Grundlage beruht und sich ihrer Verantwortlichkeit gegenüber der Natur und der Mitwelt stets bewusst bleibt, ist geeignet, uns mit tiefer innerer Befriedigung zu erfüllen und uns zu einer unerschöpflichen Quelle nicht nur der Belehrung, sondern auch hoher Genüsse und reiner Freuden zu werden.«[122]

Die konkrete Wirkung dieser Mäßigungsrhetorik ist mehr als fraglich. Es ist vielmehr davon auszugehen, dass die zwischen 1870 und 1914 zu beobachtende Ausweitung des Naturaliensammelns, die sich beispielsweise anhand der Erscheinungskadenz einschlägiger Anleitungsschriften feststellen lässt, zumindest teilweise mit einer Öffnung und ideellen »Säkularisierung« einherging: weg von hehren moralischen Ansprüchen, hin zum reinen Vergnügen. Diese Öffnung hatte mehrere Ursachen. So war gegen Ende des Jahrhunderts ganz allgemein eine Vermehrung, Professionalisierung sowie Kommerzialisierung der Wissenschaftspopularisierung festzustellen. In nunmehr entpolitisierter Form erreichten naturwissenschaftlich orientierte Freizeitangebote so viele Menschen wie nie zuvor.[123] Ein weiterer Grund war die große Beliebtheit, der sich Naturaktivitäten wie Wandern oder Alpinismus im damaligen Bürgertum erfreuten. Besonders der Alpinismus wies enge Verbindungen zur freizeitlichen Naturforschung auf und suchte sich zumindest in seiner Frühphase auch durch die Betonung wissenschaftlicher Ver-

119 Schwarz: Bilden, 227 und 233.
120 Ebd., 233.
121 Vgl. z. B. Oels: Wissen und Unterhaltung; Hügel: Hinwendung zur Unterhaltung.
122 Floericke: Der Sammler, 11.
123 Vgl. Daum: Wissenschaftspopularisierung, 191.

einsziele zu legitimieren.[124] Trotz solchen Überschneidungen habe sich das Wissenschaftsverständnis des Alpinismus jedoch durch eine grundsätzliche Leichtigkeit vom naturkundlichen Vereinswesen unterschieden, wie der Volkskundler Bernhard Tschofen ausführt: »Vergnügte Laienwissenschaft, Wissenschaft als Unterhaltung, das ist es, wofür man beim […] Alpenverein seine Mitglieder rüsten will.«[125]

Ein weiterer Motor der Populärmachung bildeten die Pädagogik und der wachsende Markt für Spielwaren im letzten Drittel des 19. Jahrhunderts. Neben Modellbau, technischen Miniaturen, Fröbel-Gaben und Anker-Steinbaukästen[126] bildete auch das Naturaliensammeln eine Schnittstelle zwischen pädagogisch motiviertem Spielzeug und wissenschaftlichen Objektpraktiken. In seinem Buch *Das Spielzeug im Leben des Kindes* (1904) führte der Berliner Reformpädagoge Paul Hildebrandt die »Sammlerspiele« als erste Rubrik des Kapitels »Wissenschaftliche Spiele« an und lobte das Anlegen einer Pflanzensammlung durch Kinder als »ein von jedem Erzieher in hohem Masse zu förderndes Beginnen«[127] aus. Neben solchen Erziehungsfibeln für Eltern existierte auch eine eigene Gattung von Anleitungsliteratur, die sich explizit an Kinder und Jugendliche wandte, so beispielsweise Hermann Wagners *Der gelehrte Spielkamerad oder der kleine Naturforscher, Thierfreund und Sammler*, der 1865 erstmals veröffentlicht wurde.[128] Gerade am kindlichen Sammeln zeigte sich auch exemplarisch die enge Verquickung der pädagogisch angeschobenen Popularität der Naturaktivitäten mit einem Prozess der Kommerzialisierung. Gleich nach seinem Plädoyer für die Förderung kindlichen Sammelns schob Hildebrandt auch eine Verkaufsempfehlung nach: »Zum Sammeln von Pflanzen gibt es Herbarien-Mappen, Pflanzen-Pressen und nicht zu vergessen die Botanisiertrommeln.«[129]

124 So publizierte beispielsweise der *Schweizerische Alpenclub* bereits 1866, bloß 3 Jahre nach seiner Gründung, die Anleitungsschrift *Beobachtungsnotizen für die Mitglieder des Schweizer-Alpen-Club* und auch der *Deutsche und Österreichische Alpenverein* veröffentlichte mit den zwischen 1878 und 1882 erschienenen Teilbänden der *Anleitung zu wissenschaftlichen Beobachtungen auf Alpenreisen* eine vergleichbare Handreichung.

125 Tschofen: Berg Kultur Moderne, 103.

126 Vgl. z.B. Meinel: Kugeln und Stäbchen, 16; Chadarevian und Hopwood: Dimensions of modelling, 6.

127 Hildebrandt: Das Spielzeug, 167.

128 Der Untertitel des Buches umreißt anschaulich die Spannweite solcher naturpädagogischer Spielanleitungen: *Anleitung für kleine Physiker, Chemiker, Botaniker und Naturfreunde zum Experimentiren, zur Anlage von Pflanzen-, Stein-, Muschel-, Insekten-, Schmetterling-, Vogel-, Briefmarken-Sammlungen etc. sowie zur Pflege der Haustiere und Hausgartens.*

129 Hildebrandt: Das Spielzeug, 168.

Abb. 1.12: *Das Buch der Jugend.*
Populärwissenschaftliches Anleitungs- und Lesebuch (ca. 1890).

Spiel und Arbeit.

Wackere Knaben fertigen ihr Spielzeug selber an.

Herausgegeben von Otto Robert.

Allerhand . . . anziehende . . Beschäftigungen für die Jugend

24.

Herbarium.

Kurzgefaßte Anleitung zur Einrichtung eines Herbariums, nebst Anleitung zum Sammeln, Bestimmen und Beobachten der Pflanzen

nach Dr. K. G. Lutz, neu bearbeitet und erweitert von

M. Kohler.

Mit den Beigaben: 466 Etiquetten der wichtigsten Pflanzen etc.

Ravensburg.
Verlag von Otto Maier.

Abb. 1.13: *Herbarium*. Anleitungsschrift für Jugendliche (ca. 1910).

Spiel und Arbeit.

Wackere Knaben fertigen ihr Spielzeug selber an.

Herausgegeben von Otto Robert.

Allerhand ... anziehende ... Beschäftigungen für die Jugend.

30.

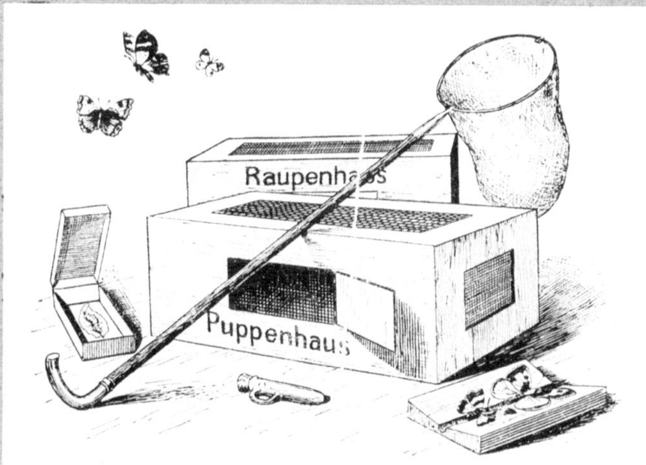

Einrichtungen für Schmetterlingszucht.

Nebst einer leichtfaßlichen Anleitung zur Zucht der Schmetterlinge, sowie zum Fang der Raupen und Falter, ferner zur Anlage einer biologischen Sammlung.

Von E. K. Filek.

— Mit 5 Modellbogen. —

Ravensburg. Verlag von Otto Maier.

Abb. 1.14: *Einrichtungen für Schmetterlingszucht.* Anleitungsheft mit 5 Modellbogen, für Jugendliche (ca. 1910).

Botanisierkapsel oder einer Sammelmappe. Erstere, auch Botanisier- und Pflanzentrommel oder Kapsel genannt*), von welcher Fig. 9 eine der gebräuchlichsten und praktischsten Formen darstellt, ist ein aus gut verzinntem Eisenblech verfertigter Behälter, welcher aus- und inwendig, um das Rosten zu verhüten, mit Ölfarbe (auswendig gewöhnlich mit grüner) angestrichen und außen glänzend lackiert ist, damit die Sonnenstrahlen zurückgeworfen werden, wodurch ein Erhitzen derselben, im Falle sie längere Zeit dem Sonnenschein ausgesetzt bleibt, verhindert wird. Ihr Durchschnitt

Fig. 9.

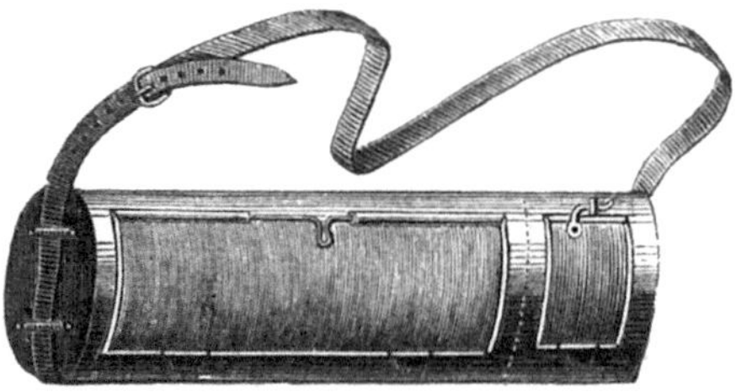

Abb. 1.15: Abbildung einer Botanisierbüchse in der Anleitungsschrift *Das Herbar* (1892).

Mit Blick auf die Popularität des vergnüglichen Naturaliensammelns lohnt gerade letzteres Objekt, die Botanisierbüchse, eine nähere Betrachtung. Diese wurde im ausgehenden 19. Jahrhundert zur weitverbreiteten Insignie bildungsbürgerlicher Kindheit. Gleichsam in einem Absinkprozess wandelte sich dieses Blechbehältnis vom ikonischen Objekt der naturkundlichen Forschung zum beliebten Requisit für Kindheitsdarstellungen. Über Jahrzehnte diente das emblematische Gefäß zur Selbst- und Fremdstilisierung der Naturforscher; es zierte die Titelseiten von Sammlerzeitschriften und alpinistischen Periodika, prangte (in mitunter selbstironischer Ausprägung) auf Einladungen zu Naturforscherversammlungen und erfreute sich unter Karikaturisten und Malern einiger Beliebtheit als unverkennbarer Ausrüstungsgegenstand des kauzigen Gelehrten und Sammlers.[130] Zunehmend nun tauchte das Gerät in der Welt der Kindheit auf, wo es andere Werte verkörperte (vgl. Abbildungen 1.12, 1.18 und 1.19). Zwar wurde das Blechbehältnis in jenen Jahren von Botanikern immer seltener benutzt, wie beispielsweise Ernst Bade in seiner Anleitungsschrift richtigstellte: »Zum Unterbringen der ausgehobenen Pflanzen benutzt man heute kaum noch die bekannte Botanisierbüchse.«[131] An ihrer Stellte empfahl er die Verwen-

130 Vgl. dazu auch Schmid: Geschichte der Botanisierbüchse, 140 und Larsen: Equipment for the field, 367.

131 Bade: Handbuch für Naturaliensammler, 206.

Abb. 1.16: Insektensammler mit Botanisierbüchse.
Illustration aus einer naturkundlichen Anleitungsschrift (1914).

dung tragbarer Sammelmappen. Dennoch schienen die mit Botanisierbüchsen bewehrten Kinder die Lokalforscher mit wissenschaftlichem Anspruch durchaus zu irritieren. Der Zofinger Apotheker, Sammler und Naturschutzpionier Hermann Fischer-Sigwart gab 1889 diesem Unbehagen mit folgenden, uns bereits bekannten Worten Ausdruck:

Abb. 1.17: Botanisierbüchse als selbstironisches Erkennungszeichen der Petite Science: Buchdeckel einer botanischen Anleitungsschrift (ca. 1885).

Abb. 1.18: Botanisierbüchse als Ikone bildungsbeflissener Jugend: Illustration aus dem Lesebuch *Der gelehrte Spielkamerad* (1891).

> »In früheren Jahren sah man nur selten einen Herrn mit einer Botanisirbüchse auf dem Rücken die Gegend durchstreifen. […] Heute ist das ganz anders geworden. […] jedes Kind trägt eine solche auf dem Rücken, wenn es am Sonntag mit seinen Eltern einen Ausflug ins Freie macht […].«[132]

Fischer-Sigwart beunruhigten wohl nicht ausschließlich die Botanisierbüchsen tragenden Kinder. Mit dem Bild einer blumenplündernden Völkerwanderung gab er einer Sorge Ausdruck, die viele seiner zeitgenössischen

132 Fischer-Sigwart: Beiträge, 11.

Naturforscherkollegen umtrieb: Sie sahen ihren privilegierten (da wissenschaftlich legitimierten) Anspruch auf die Nutzung der Naturlandschaft in Frage gestellt durch die Scharen von erholungssuchenden Durchschnittsbürgern, die es übers Wochenende nun ebenfalls hinaus ins Grüne zog. Auf diesen Trend reagierten die Naturforscher vereinzelt mit Abwertung der vergnügungslustigen Naturliebhaber und brachten auch den entstehenden Naturschutzgedanken als Waffe gegen die unliebsamen Konkurrenten in Anschlag, um ihre besonderen Nutzungsansprüche zu rechtfertigen.[133] Diese Distanzierungsversuche blieben aber eher selten, schlussendlich schöpften die Naturforscher und die »unwissenschaftlichen« Wanderer und Spaziergänger aus den gleichen Quellen bürgerlicher Naturbegeisterung und bewegten sich in überlappenden sozialen Milieus.

Sammeln zwischen Bastelei und Kommerzialisierung

Mochten sich die Lokalforscher in Einzelfällen von den rein vergnüglichen Naturaktivitäten ihrer Mitbürger abgegrenzt haben, so standen auch ihre eigenen Tätigkeiten durchaus im Zeichen unterhaltender Freizeitgestaltung und Konsumkultur. Dies galt einerseits für das Vereinsleben der Naturforscher mit seinen fröhlichen Seiten sowie andererseits für die gemeinsamen Exkursionen in freier Natur. Diese Exkursionen waren Momente der Geselligkeit und Ausgelassenheit und stellten wichtige Freiräume für die bürgerlichen Männer dar.[134] Als spezialisiertes Hobby zog die Naturforschung zudem den Kauf einschlägiger Ausrüstungsgegenstände nach sich, sowohl für die häusliche Tätigkeit des Sammelns wie für die Exkursionen in freier Natur. Der Erwerb dieser Dinge stellte nicht nur eine Notwendigkeit dar, sondern bediente ebenso die Konsumlust als Selbstzweck – oder aber die Freude am Selbermachen, falls die entsprechenden Dinge selber hergestellt wurden. Dies war oft der Fall: Naturhistorische Dinghandhabung ging meist mit diversen Basteleien einher. In Ernst Bades *Handbuch für Naturaliensammler* wird der geneigte Sammler in Techniken der Glas-, Metall-, Holz- und Zelluloidbearbeitung sowie in der eigenen Herstellung von Klebstoffen unterwiesen.[135] Dass solche handwerklichen Fertigkeiten Teil der lokalforschenden Objektpraxis waren, davon berichten die Quellen oft. Und dass diese neben den reinen Sammelfreuden eine zusätzliche Quelle der Befriedigung darstellen, darf man getrost annehmen.

133 Ausführlicher werden die Rolle der Lokalforscher für den entstehenden Naturschutz und die daraus abgeleiteten Nutzungsprivilegien der Naturlandschaft in Kapitel 6 dargestellt.
134 Die soziale Bedeutung der gemeinsamen Streifzüge durch die Landschaft wird in Kapitel 6 eingehender beleuchtet.
135 Bade: Handbuch für Naturaliensammler, 54-62.

Abb. 1.19: Botanisierbüchse als Accessoire bildungsbürgerlicher Kindheit: Frontispiz des Jugendlesebuchs *Entdeckungsreisen in Stadt und Land* (1909).

Wie schon angedeutet, war die materielle Kultur der sammelnden Heimwissenschaft hinsichtlich ihres vergnüglichen Charakters auch eng mit bürgerlicher Konsumkultur verwoben. Dies einerseits auf indirekte Weise: So erfreuten sich beispielsweise Warenverpackungen großer Beliebtheit unter den bastelnden Naturforschern. Sie funktionierten diese in Sammelbehältnisse um, da professionelle Aufbewahrungsbehältnisse für Naturobjekte schwierig erhältlich und entsprechend kostspielig waren. Sammler behalfen sich mit einem kreativen *détournement*. Industriell gefertigte Warenverpackungen hauptsächlich aus Karton oder Papier, die in den letzten Jahrzehnten des 19. Jahrhunderts vor allem im Lebensmittelverkauf allmählich zum Standard wurden,[136] dienten den Sammlern als willkommener Ersatz für teure Produkte spezialisierter Anbieter (vgl. Abbildung 1.20). Diese weitverbreitete Praxis der Umnutzung führte notabene auch dazu, dass Objekte der Konsumkultur als Nebeneffekt in die naturhistorischen Sammlungen Eingang fanden und dort bis in die Gegenwart erhalten blieben. In vielen Sammlungsnachlässen findet man noch heute große Anhäufungen von Zigarrenschachteln und Pralinenkartons aus längst vergangenen Zeiten – gewissermaßen als unbeabsichtigte, sekundäre Sammlungen.[137]

Die Verwicklung der sammelnden Dinghandhabe mit einer sich im ausgehenden 19. Jahrhundert ausdifferenzierenden Konsumkultur beschränkte sich nicht auf das Recycling von Verpackungsmaterialien. Was immer auch das Herz des Naturaliensammlers begehrte, fand sich im Angebot einer spezialisierten Freizeitindustrie. Die Ausweitung und Differenzierung einer (vorerst bürgerlichen) Freizeitkultur im Laufe des 19. Jahrhunderts führte zu einem wachsenden kommerziellen Angebot von Freizeitgütern, deren Umfang sich durch technologische Neuerungen wie die Massenproduktion zusätzlich ausweitete.[138] Populäres naturkundliches Forschen und Sammeln bildete dabei neben Spiel und Erziehung sowie Sport und Naturaktivitäten[139] eines jener Felder, in denen sich bereits früh eine Freizeitindustrie mit entsprechend ausgefächerten Warenangeboten und Distributionskanälen ausformte. Dies zeigt ein Blick in Presseerzeugnisse des amateurhaften Forscher- und Sammlermilieus. Die ein- bis zweiwöchentlich erscheinenden Zeitschriftentitel warteten mit äußerst umfangreichen Inseratenrubriken auf. Einen Eindruck von der schieren Menge und dem Spezialisierungsgrad zu erwerbender Ausrüstungsgegenstände beispielsweise für Freizeitentomologen vermittelt ein Advertorial aus der Sammlerzeitschrift *Insekten-Börse* vom Juni 1903. Ein Redaktor bespricht darin den neu erschienenen

136 König: Geschichte, 409 f.
137 Vgl. Bellanger: Verpackte Sammlungen.
138 Vgl. Lamprecht und Stamm: Die soziale Ordnung der Freizeit, 105 f.
139 Kleinschmidt: Konsumgesellschaft, 54.

Abb. 1.20: Aus Warenverpackung gebasteltes entomologisches Behältnis. Aus dem Nachlass des Thurgauer Schriftstellers Emanuel von Bodman (1874-1946).

Ausrüstungskatalog der Wiener Naturalienhandlung *Ortner* und gerät ob der wunderbaren Warenwelt in knabenhafte Verzückung. Im reich illustrierten Preisbuch würden 536 Gegenstände verzeichnet, »deren jeder einzelne dem Entomologen ein Bedürfnis« sei, wie der Fachjournalist versichert:

> »Allein etwa 100 Sorten Fangnetze, Streifsäcke und Schöpfnetze aller Systeme, vom einfachsten bis zum kompliziertesten, werden veranschaulicht und beschrieben, auch alle einzelnen Bestandteile angeboten, Stöcke, Stockzwingen mit Eisenspitzen, Klopfschirme, Klopfkeulen, Käfersiebe (System Reitter), Fangpinzetten, Spaten, Harken, Laternen, Hacken, Messer, Sägen, Brecher, Beile, Tödtungsgläser, alle Sorten Stöpfel dazu, ebenso wie die gebräuchlichen Gifte. Die Sammelbehälter und Transportmittel beginnen mit dem Etui zum Einstecken von Minutienstiften und enden mit der umfangreichen Exkursionstasche aus Schweinsleder. – Es ist unmöglich, hier alles aufzuzählen. Aber einiger Sonderapparate müssen wir doch noch Erwähnung tun. Da ist zunächst der Photelektor, ein Instrument zur automatischen Auslese von Kleininsekten aus dem Gesiebe (System Krauss), weiter der Apparat zum Fange myrmekophiler Insekten nach Charles Janet, Ortners Löffelpinzette zum Auslesen von Insekten aus Kot und Aas und zum Aufheben stechender Tiere, der Fumigator zum Ausräuchern von Rindenritzen und anderen Schlupfwinkeln, Flecks Lichtfangapparat, eine Anflugbüchse zum Fange von Schmetter-

lingsmännern und zur Paarung von Faltern, Zuchtzylinder mit Wasserzufuhr, Brause zum Befeuchten von Futterpflanzen, ein Puppentiegel aus porösem Ton, der den Sand für Puppen stets entsprechend feucht hält, Sonnenblumenmarkklötzchen für Minutienpräparation, Schneidapparat für solche, Stecktischchen für solche Sammler, die Tiere und Etiketten in gleicher Höhe haben wollen, Wachtls Larvenpräparierapparat, Kassetten mit Gläsern für Larvensammlungen und Spinnen, Spangen und Nadeln zum Befestigen von Präparatengläsern und Frassstücken in den Sammelkästen, Versandutensilien, optische Instrumente, alles in höchster Vollendung und peinlichst sauberer Ausführung.«[140]

Naturalienhandlungen als professionelle Anbieter solch spezialisierter Ausrüstungsgegenstände (vgl. auch Abbildungen 1.21 und 1.22) fanden ihre Abnehmer nicht bloß unter Freizeitforschern, sondern auch in Museen, Schul- und Universitätssammlungen sowie im medizinischen Bereich. Dennoch kann davon ausgegangen werden, dass gerade die Popularität naturkundlicher Sammeltätigkeit vielen Anbietern ein Auskommen bot, und dies nicht bloß in den Metropolen, sondern durchaus auch in bildungsbürgerlich geprägten Mittelstädten.[141]

Grundsätzlich wurde der Markt für Naturalien und Ausrüstungsgegenstände jedoch von einigen größeren Anbietern dominiert. Entsprechende Firmen wie *Ernst A. Böttcher* aus Berlin, *Wilhelm Niepelt* in Zirlau bei Breslau oder *Winkler und Wagner* (ehem. *Ortner & Co.*) aus Wien zeigten mit regelmäßig erscheinenden, illustrierten Warenkatalogen und häufigen Inseraten in einschlägigen Zeitschriften starke Marktpräsenz und finden sich auch im Quellenmaterial von schweizerischen Lokalforschern wieder. Diese Handlungen verkauften sowohl Naturobjekte[142] als auch Ausrüstungsgegenstände. Neben diese größeren Unternehmen gesellte sich eine Vielzahl von Handwerks- und Industriebetrieben, die mit einer innergewerblichen Spezialisierung vom entsprechenden Boom zu profitieren suchten, wie beispielsweise die Entomologische Druckerei von Paul Salchert in Berlin, die sich auf den Druck von Katalogen, Etiketten und Listen verlegte,[143] der

140 Insekten-Börse, Vol. 20, Nr. 25 (18.6.1903), 193.

141 Dass der Einstieg in den entomologischen Fachhandel als Verdienstmöglichkeit durchaus erwägenswert war, zeigt ein Inserat, welches der Eisenbahn-Hilfsschaffner Emil Götze aus dem sächsischen Eilenburg 1913 in der *Entomologischen Zeitschrift* schalten ließ: »Wer würde mir ohne Kaution entomolog. Bedarfs-Artikel sowie Schmetterlinge, Käfer und andere Insekten zum Verkauf übertragen. Eilenburg ist Stadt, hat über 14.000 Einwohner, höhere Schulen, Realgymnasium und Seminar. Noch kein entomologisches Geschäft am Platze« (Entomologische Zeitschrift, Vol. 26, Nr. 40, 4.1.1913, Beilage »Anzeigenblatt« o. S.).

142 Der kommerzielle Handel mit naturhistorischen Spezimen wird im Kapitel 3 eingehender beschrieben.

143 Entomologische Zeitschrift, Vol. 23, Nr. 5 (1.5.1909), Inseratenteil o. S.

Nr. 111 D. II.

Utensilien

für Naturaliensammler

II. TEIL:

Dermoplastik, Anatomie, Oologie, Botanik und Mikrospie

Ernst A. Böttcher

Naturalien- und Lehrmittel-Anstalt

BERLIN C. 2

Brüderstr. 15

Fernsprecher: Amt Zentrum 6246.

Ständiger Lieferant für viele Museen u. naturwissenschaftl. Vereine des In- und Auslandes

Goldene Medaille St. Louis.

Abb. 1.21: Warenkatalog der Berliner Naturalienhandlung *Böttcher* (ca. 1910).

Nadlermeister Hermann Kläger aus Neukölln,[144] der mit Insektennadeln zu reüssieren suchte, oder die Spezialtischlerei Hugo Günther aus Gotha, welche Insektenkasten und Schränke im Angebot führte.[145]

Verschiedentlich wagten auch einzelne Sammler den Schritt in die Unternehmerwelt und entwickelten auf der Grundlage eigener Erfahrungen Produkte, die sie zur Marktreife brachten und zu verkaufen suchten. So bewarb beispielsweise der pensionierte Lehrer B. Astfäller mit einem Flugblatt von ihm kreierte Weichblätter, welche »frischgetötete Schmetterlinge u.a. Insekten wochenlang tadellos spannweich zu erhalten«[146] versprachen, und eine Ausgabe des Fachblattes *Deutsche Entomologische National-Bibliothek* berichtete gleich von zwei Sammlern, welche aus ihrer »reichen praktischen Erfahrung heraus« entomologische Utensilien entwickelten und vermarkteten – Carl Ribbe aus Radebeul Dresden einen Reise-Raupenkasten für die Sommerfrische und F. Oscar König in Erfurt Zuchtbehälter und Fangapparate verschiedenster Art.[147]

Die ältesten der großen Fachgeschäfte waren bereits um die Jahrhundertmitte gegründet worden, so beispielsweise 1853 die *Naturalien- und Lehrmittelhandlung Wilhelm Schlüter* in Halle an der Saale.[148] Die meisten Gründungen »Naturhistorischer Institute«, wie sich die Naturalienhandlungen ebenfalls nannten, datierten jedoch nicht vor den 1870er- oder 1880er-Jahren.[149] Aus publizierten Warenkatalogen und Inseraten lässt sich eine Häufung entsprechender Geschäftsgründungen in den letzten zwei Jahrzehnten des 19. Jahrhunderts ableiten. Diese Konjunktur stützt den bereits anhand der Erscheinungszahlen einschlägiger Anleitungsschriften aufgestellten Befund einer Blütezeit privaten Naturaliensammelns zwischen 1880 und 1920.

Für die Schweiz sind nur wenige solcher Spezialhandlungen auszumachen. Der einzige auffindbare Verkaufskatalog stammt von der Firma *Gebrüder Scholl* (vgl. Abbildung 1.23), die am Zürcher Paradeplatz hauptsächlich mit dem Verkauf von Schreib-, Zeichen- und Malutensilien ihren Umsatz bestritt. In ihrem Prospekt *Entomologische Utensilien für Käfer- und Schmetterlingssammler* (ca. 1910) bot sie eine überschaubare Auswahl entsprechender Gerätschaften zum Kauf an, abzüglich Literatur und botani-

144 Deutsche Entomologische Nationalbibliothek, Vol. 1 (1910), Nr. 8, Inseratenteil o.S.

145 Entomologische Zeitschrift, Vol. 23, Nr. 1 (3.4.1909), 236.

146 Schachtel 4050.A (Sammler und Donatoren), Mappe »v. Bodman Emanuel, Freiherr: Entomologisches Material«.

147 Deutsche Entomologische Nationalbibliothek, Vol. 1 (1910), 2. Probenummer, Rubrik »Vom Markte«, o.S.

148 Vgl. Rosenbauer: Mikroskopische Präparate, 85.

149 Im Jahr 1910 warb beispielsweise die 1873 gegründete Firma A. Kricheldorff aus Berlin damit, das älteste Naturhistorische Institut der Stadt zu sein. Vgl. Deutsche Entomologische National-Bibliothek, Vol. 1, Nr. 1 (1.7.1910), Inseratenteil o.S.

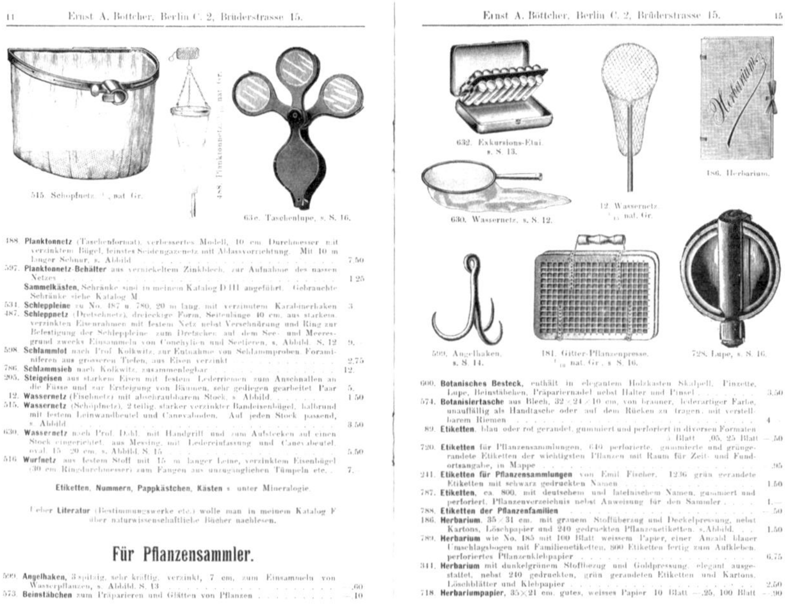

Abb. 1.22: Blick in den Warenkatalog der Firma *Böttcher.*

scher Utensilien fanden sich darin 122 entomologische Artikel. Auch andernorts aufzufindende Inserate lassen darauf schließen, dass der Handel mit besagten Sammlermaterialien in der Schweiz vorwiegend von Papeterien betrieben wurde; so werben im Inseratenteil eines Naturkundeführers von 1889 sowohl die *Papierhandlung Reichlen & Bodmer* an der Sihlstrasse in Zürich als auch die *Kunsthandlung H. Appenzeller* am Zürcher Paradeplatz damit, Pflanzenpapier und Pflanzenpressen in ihrem Sortiment zu führen.[150] Die Ballung dieser Geschäfte in der Region um die Bahnhofstrasse verrät auch etwas über ihre Klientel, etablierte sich diese Gegend doch ab den 1890er-Jahren mit ihrem differenzierten Angebot luxuriöser Waren als Flaniermeile des gehobenen »städtischen Konsum[s]«.[151]

Wollten sich Sammler aus Schweizer Mittelstädten spezialisiertes Material und Gerätschaften anschaffen, so kamen sie nicht umhin, in eine größere Stadt zu fahren oder dieses auf dem Postweg meist in Deutschland zu bestellen. Im Vergleich zu anderen Industrienationen entstand in Deutschland der Versandhandel – und mit ihm der illustrierte Warenkatalog als zentrales Verkaufsmedium – recht früh; die Vereinheitlichung von Post-, Speditions- und Zahlungswesen nach der Reichsgründung führte ab den

150 Vgl. Schröter und Schröter: Taschenflora des Alpenwanderers, Inseratenteil o. S.
151 Witzig: Einkaufen in der Stadt Zürich, 139.

ausgehenden 1870er-Jahren zum raschen Anwachsen dieses Verkaufskanals. Der Versandhandel von naturhistorischen Utensilien war insofern charakteristisch, als sich diese Verkaufsform bis zur Jahrhundertwende vornehmlich auf den Vertrieb spezialisierter Güter für Freizeit und Beruf verlegte und ihre Kundschaft hauptsächlich im oberen Mittelstand fand.[152]

Zusammenfassend lässt sich festhalten, dass sich die sammelnde Lokalforschung trotz ihrem wissenschaftlichen Selbstverständnis auch unter gänzlich anderen Vorzeichen betrachten lässt, nämlich als Teil einer bürgerlichen Konsumkultur. Das Naturaliensammeln wurde im ausgehenden 19. Jahrhundert äußerst populär und führte zu vielfältigen Überschneidungen mit anderen pädagogischen und freizeitlichen Betätigungen des Bürgertums. Diese Aktivitäten beförderten ein rasches Anwachsen eines ausdifferenzierten Angebots an Freizeitgütern. Die Popularität des Natursammelns um die Jahrhundertwende fand ihren Niederschlag in der Konjunktur einschlägiger Fachhändler spezialisierter Ausrüstungsgegenstände, der Naturalienhandlungen. Durch Versandhandel und das Verkaufsmedium des illustrierten Warenkataloges war es auch einem Lokalforscher in einer Schweizer Provinzstadt möglich, sich bei einem Berliner oder Dresdener Händler mit den begehrten Utensilien einzudecken.

152 König: Geschichte, 97; König: Kleine Geschichte, 87; König: Konsumkultur, 77.

Abb. 1.23: Entomologischer Verkaufsprospekt
der Zürcher Papierwarenhandlung *Gebr. Scholl* (ca. 1910).

2. Listen des Lokalen: Floren und Faunen als Wissensformate

In säurefreien Schachteln des *Bündner Naturmuseums* in Chur liegen Flora und Fauna Graubündens fein säuberlich zu Papierstapeln gebündelt. Auf Hunderten Zettelchen finden sich Listen von Schnabelkerfen, Lebermoosen, Schmetterlingen, Käfern und vielen mehr notiert. Lateinische Speziesbezeichnungen, Namen von Autoren, bibliographische Angaben und Ortsbezeichnungen reihen sich aneinander und bilden als Anhäufung unkommentierter Listen einen unüberschaubaren Wissensbestand (vgl. Abbildung 2.1). Die schiere Menge der dicht beschriebenen Zettel lässt einen ungemeinen Arbeitsaufwand erahnen, in den von Couverts und Mappen zusammengehaltenen Bündeln materialisiert sich ein eindrückliches intellektuelles Lebenswerk. Es handelt sich bei besagtem Wust von Zetteln um Teile des Nachlassmaterials des Bündner Arztes Eduard Killias (1829-1891). Killias arbeitete nach einem Medizinstudium in Zürch, Bern, Tübingen, Prag und Wien als Stadtarzt von Chur sowie als Kurarzt in Tarasp. Daneben amtete er von 1859 bis zu seinem Tode als Präsident der *Naturforschenden Gesellschaft Graubünden* und war ein äußerst produktiver Erforscher kantonaler Naturverhältnisse. Dies trug ihm einen nachhaltigen Ruf ein; noch 1939 wurde in Vereinsannalen die einstmalige Totenklage in Erinnerung gerufen, die Heimat habe mit der Forscherpersönlichkeit Killias »den Mittelpunkt ihres gesamten naturwissenschaftlichen Strebens«[1] verloren.

Mit welchen Forschungsleistungen tat sich Killias hervor? Seine Anstrengungen waren hauptsächlich auf floristische und faunistische Erhebungen ausgerichtet, also die Bestandeserfassung aller in einem geographisch klar umrissenen Gebiet vorkommenden Pflanzen- oder Tierarten. Diese Ausrichtung ist für den Wissenschaftsmodus der Petite Science typisch, und in Killias findet sie ihren geradezu exemplarischen Vertreter. Ein Blick auf seine wissenschaftlichen Publikationen, die er vor allem im Vereinsorgan – dem *Jahresbericht der Naturforschenden Gesellschaft Graubündens* – veröffentlichte, zeigt dies in eindrücklicher Weise. Dieses Bulletin wurde unter Killias' Mitwirkung 1856 reaktiviert, nachdem die vorgängige Publikation der 1825 gegrün-

1 Bener-Lorenz: Dr. med. Eduard Killias, 76.

deten Gesellschaft nach nur gerade zwei Ausgaben in den Jahren 1827 und 1829 wieder eingeschlafen war. Bereits zur ersten Ausgabe der wiederbelebten Zeitschrift steuerte der umtriebige Mediziner mit dem *Nachtrag zu Alexander Moritzis Verzeichniss der Pflanzen Graubündens* einen Beitrag floristischer Natur bei.[2] Ähnlich gelagerte Arbeiten, alle kleineren Umfangs, folgten praktisch im Jahrestakt: *Beiträge zur rhaetischen Flora: Gefässpflanzen* (1858)[3], *Verzeichniss der bündnerischen Laubmoose* (1859)[4], *Beiträge zur rhätischen Flora* (1860)[5] *Zweiter Nachtrag zu den Moos- und Flechtenverzeichnissen* (1861)[6], *Insectenverzeichniss aus Puschlav* (1862)[7] sowie die *Beiträge zur bündnerischen Kryptogamenflora: Laubmoose und Lebermoose* (1866)[8]. Nach dieser Veröffentlichung folgte eine über zehnjährige Publikationspause, die wohl auch mit Killias' neuer Stelle als Kurarzt im Badeort Tarasp zusammenhing, die er 1864 antrat. Die allsommerlichen Aufenthalte im Engadin und die damit verbundenen Reiseaktivitäten schienen jedoch Killias' Forschungstätigkeiten noch mehr zu beflügeln, wie in seinem Nachruf zu lesen ist:

> »Mit der Übernahme der Curarztstelle in Tarasp änderte und erweiterte sich sein Forschungsgebiet rasch. Nicht allzu häufig reiste er nach und kam wieder von Tarasp auf direktem Wege zurück, sondern meist auf Umwegen, die ihn nach und nach mit unserm ganzen Kantonsgebiete bekannt werden liessen. Gewiss war ihm dies gegenüber seinem bisherigen mehr begrenzten ärztlichen Wirkungskreise eine sehr willkommene Veränderung.«[9]

In den Tarasper Jahren trug Killias das Daten(roh)material für umfangreichere faunistische und floristische Publikationen zusammen, welche er von 1879 an bis zu seinem Tode an bewährter Stelle publizierte. Als eigentliches Großprojekt angelegt waren seine *Beiträge zu einem Verzeichnisse der Insectenfauna Gaubündens*, von welchem er insgesamt vier Teilverzeichnisse in Druck geben konnte: das *Verzeichniss der Bündner Hemipteren* (1879) das *Verzeichniss der Bündner Lepidopteren* (1880), einen *Nachtrag zum Verzeichniss der Bündner Lepidopteren* (1886) sowie das *Verzeichniss der Käfer Graubündens* (1894). Die geplante Vollendung des Letzteren durchkreuzte sein Tod; dieses Verzeichnis sowie weitere auf seinem wissenschaftlichen Nachlass basierende Nachträge wurden posthum veröffentlicht. Killias begnügte sich jedoch nicht mit diesem mehrere hundert Seiten umfassenden

2 In: Jahresbericht der Naturforschenden Gesellschaft Graubündens, Vol. I (1856), 71-86.
3 In: Ebd., Vol. III (1858), 168-179.
4 In: Ebd., Vol. IV (1859), 77-134.
5 In: Ebd., Vol. V (1860), 71-81.
6 In: Ebd., Vol. VI (1861), 245-251.
7 In: Ebd., Vol. VII (1862), 102-108.
8 In: Ebd., Vol. XI (1866), 183-200.
9 Lorenz: Dr. Eduard Killias, VII.

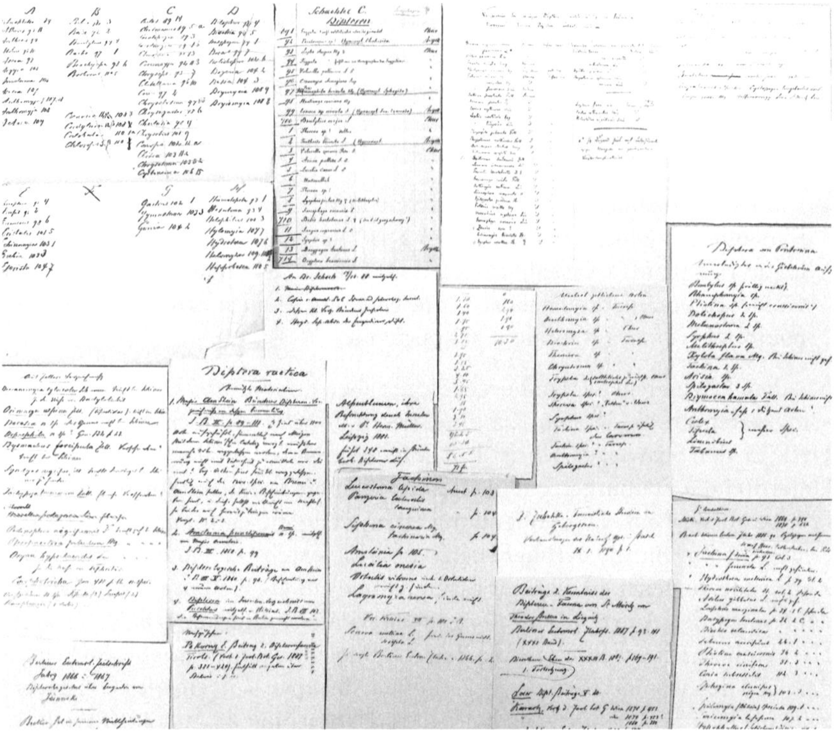

Abb. 2.1: Diverse entomologische Spezimenlisten und Literaturexzerpte aus dem Nachlass des Churer Arztes Eduard Killias (1829-1891).

entomologischen Großprojekt: 1888 veröffentlichte er als Frucht seiner botanischen Freizeitforschungen in Tarasp *Die Flora des Unterengadins*, ein rund 260 Seiten starkes Pflanzenverzeichnis, welches etlichen späteren Forschungen im Engadin als Grundlage diente. Dieser von Killias mit Hingabe betriebenen Forschungsrichtung der Lokalfaunistik und -floristik widmet sich das kommende Kapitel.

2.1 Verortung und Umrisse eines Wissensformats

Zur Konjunktur lokaler Naturinventare im 19. Jahrhundert

In seinem Bemühen um die Katalogisierung heimatlicher Natur war Killias kein Einzelfall. Als bevorzugte Wissensformate der naturkundlichen Lokalforschung erfreuten sich Floren- und Faunenverzeichnisse in der Schweiz des ausgehenden 19. Jahrhunderts einer ausgeprägten Konjunktur. So ist denn auch dem Vorwort des 1891 erschienenen *Guide du botaniste dans le canton du fribourg* spürbare Erleichterung zu entnehmen. Eine beschämende Lücke in der Wissenslandschaft schweizerischer Botanik, so freuten sich die Autoren Michel Cottet und François Castella, habe mit besagter Publikation endlich geschlossen werden können:

> »Souvent, en effet, nous avons entendu dire: tous les cantons de la Suisse romande ont leur Flore: Neuchâtel a sa Flore du Jura, Genève son Catalogue des plantes vasculaires croissant dans ses environs, Vaud a son Guide du botaniste, Valais sa Flore générale et plusieurs Flores locales; pourquoi Fribourg n'aurait-il pas la sienne?«[10]

Mit dem Erscheinen der Freiburger Flora gaben ihre Autoren den Stab gleichsam weiter, an die letzten Kantone, deren Territorien noch einen weißen Fleck in der Schweizer Floristik darstellten. Nicht zufällig wies auch ihr Untertitel die Freiburger Publikation explizit als »contribution à l'étude de la flore suisse« aus. Die Vollendung einer weiteren kantonalen Bestandeserfassung war für die verbliebenen, »unerforschten« Gebiete Ansporn und Zugzwang zugleich. In direkter Bezugnahme auf die Freiburger Flora stellte denn auch der Autor des 1898 erschienenen Solothurner Lokalkataloges, Hermann Lüscher, sein Werk als Begleichung einer ungeschriebenen Schuld dar: »Zu den wenigen Schweizerkantonen, die noch kein eigenes Florenverzeichnis besitzen, gehörte bis heute der unsrige, und da nun auch Freiburg seit 1891 in die Linie gerückt ist, darf Solothurn nicht zurückbleiben.«[11]

In den Protokollen der einschlägigen Vereine ist die Erstellung von floristischen und faunistischen Verzeichnissen verschiedentlich als Forschungsziel explizit festgehalten. So entnimmt man dem Tätigkeitsbericht der *Naturforschenden Gesellschaft Baselland*, einer damals frisch gegründeten Sektion der *Schweizerischen Naturforschenden Gesellschaft*, folgende Absichtserklärung:

> »Der Vorstand konnte sich ausserdem weit mehr als im Vorjahre der Hauptaufgabe widmen, Mittel und Wege zu finden, um die Kenntnis der Natur der engern Heimat, also die eigentliche Naturforschung zu fördern. Er kam nach eingebendem Studium zu dem Schlusse, es sei nicht erspriesslich, dass jedes Mitglied auf ›eigene Faust‹ ohne Fühlung

10 Cottet und Castella: Guide du botaniste, VIII f. Gleichermaßen beschämt zeigte sich auch Bernhard Wartmann in der Einleitung seiner St. Galler Flora von 1881: »Schon während meiner Studienzeit hat es mich stets unangenehm berührt, dass St. Gallen in botanischer Hinsicht weit weniger bekannt war als die meisten andern Schweizerkantone, und schon damals nahm ich mir vor, das reichlich vorhandene Material zu sammeln und durch zahlreiche eigene Excursionen zu vervollständigen« (Wartmann: Kritische Übersicht, 6).

11 Lüscher: Flora des Kantons Solothurn, III.

Abb. 2.2: *Flora des Kantons Solothurn* (1898), im Auftrag der *Naturforschenden Gesellschaft Solothurn* publiziert vom Aargauer Privatgelehrten Hermann Lüscher.

mit anderen vorgehe und die Arbeitskraft sich auf diese Weise zersplittere […] vielmehr sollten sich Interessensgruppen bilden und diese gleichzeitig nebeneinander jede eine bestimmte Aufgabe sich stellen und auf das gesteckte Ziel lossteuern.«[12]

Die hehren Vorsätze änderten aber wenig daran, dass die Umsetzung dieses lokalwissenschaftlichen Forschungszieles in den Jahrzehnten um 1900 bis auf Ausnahmen keinem festen Plan folgte. Im Gegensatz beispielsweise zu den USA, in welchen ab den 1880er-Jahren flächendeckende biologische Bestandeserfassungen von staatlicher Seite systematisch und mit beachtlichen Mitteln gefördert wurden,[13] waren die diesbezüglichen Anstrengungen in der Schweiz bis auf wenige Ausnahmen von keiner vergleichbaren Leitstelle koordiniert oder alimentiert.[14] Vielmehr entsprangen solche der privaten Initiative Einzelner oder überschaubarer Netzwerke und richteten sich dementsprechend nach deren Vorlieben und Kapazitäten. Unbesehen dieser fehlenden Institutionalisierung erschien in diesen Jahrzehnten eine Vielzahl von Bestandeserfassungen, die im zeitgenössischen Fachjargon »Catalog« oder »Verzeichnis« genannt wurden.

Diese Unterfangen standen nicht ohne historische Vorgänger da; die ältesten naturkundlichen Lokalkatalogisierungen datieren aus dem frühen 17. Jahrhundert, so beispielsweise für die Nordwestschweiz Caspar Bauhins *Catalogus plantarum circa Basileam sponte nascentium* (1622). Im Verlauf der nächsten anderthalb Jahrhunderte folgten ähnliche Werke in konstanter, aber eher geringer Zahl, um dann schließlich in der ersten Hälfte des 19. Jahrhunderts bereits einen deutlichen Anstieg in der Erscheinungskadenz zu verzeichnen. In dieser Zeit werden für etliche Regionen der Schweiz eigentliche Katalog-»Klassiker« publiziert, zu welchen die späteren Lokalforscher in gleichem Maße hochblickten, wie sie sich auch daran rieben. Den eigentlichen Zenit erreichten die einschlägigen Publikationen während eines Zeitfensters, das sich von ungefähr 1870 bis 1920 über rund ein halbes Jahrhundert erstreckte. Diese merkliche Häufung kann, wie bereits im vorangegangenen Kapitel für die Anleitungsschriften getan, als starker Hinweis auf die Popularität lokaler naturkundlicher Forschung in diesen Jahrzehnten gelesen werden.

Was zeichnet den Lokalkatalog als wichtigste mediale Darstellungsform der Petite Science aus? In der Einleitung seiner *Beiträge zu einem Verzeichnisse der Insectenfauna Graubündens* benennt Eduard Killias verschiedene Dimensionen, die mit der Publikation eines Faunenkataloges verbunden sind:

12 Leuthardt: Jahresbericht 1901, 9.
13 Vgl. Kohler: All Creatures.
14 Vgl. dazu die Ausführungen in Kapitel 2.3.

> »Die entomologischen Verzeichnisse [...] sollen eben so sehr ein nicht unbeträchtliches Material, wie es in überall zerstreuten Publicationen, Sammlungen und handschriftlichen Aufzeichnungen enthalten ist, in systematische Übersicht bringen, als dadurch hinwieder den Fachgenossen einen Überblick über das bisher Erreichte und damit auch einen Anhaltspunkt für weitere Untersuchungen gewähren.«[15]

Killias verweist hier auf die unterschiedlichsten Dimensionen, die ein Florenkatalog in sich vereinigt: Werke von früheren Forschern, aktuelle biologische Ordnungssysteme, gegenwärtige Fachkollegen und zukünftige Forschungsprogramme. Ein Katalog umspannt somit ein weites, disparates Feld, das im Folgenden auf verschiedenen Pfaden durchschritten werden soll.

Ein Blick in die Nachlassmaterialien der Freizeitforscher wie in die Vereinsblätter der Naturforschergesellschaften macht deutlich, dass Floren- und Faunenkataloge die gängigste Erhebungs- und Darstellungsform der naturkundlichen Lokalforschung darstellten. In Anlehnung an die Begrifflichkeit eines Forschungsverbunds um den Volkskundler Wolfgang Kaschuba lassen sich somit die Kataloge oder Verzeichnisse als typische »Wissensformate« der naturkundlichen Lokalforschung charakterisieren. Das heuristische Vermögen dieser Begrifflichkeit liegt darin, dass sie es ermöglicht, Wissensherstellung und Wissensverbreitung durch eben die Klammer des Formats verbunden zu sehen und zusammenzudenken:

> »Sie lenkt den Blick auf die tradierten Regeln, in denen Wissen erhoben, geformt und weitergegeben wird, auf den sinnlich-ästhetischen und sachkulturellen Charakter sowie auf die Prozesshaftigkeit der Wissensgenerierung und -weitergabe. [...] Formate kommen nicht erst bei der Anordnung von Wissen, als Darstellung von wissenschaftlichen Ergebnissen zum Einsatz, sondern bereits bei der Generierung von Wissen. Daher können auch Formen der Sammlung und Erhebung Wissensformate genannte werden.«[16]

Der Lokalkatalog entspricht dieser Definition des »Wissensformats« bestens: Kataloge stellten nicht nur die gängigste Publikationsgattung dar, sondern bildeten auch das Organisationsprinzip, das den privaten Sammlungen sowie den gemeinschaftlich betriebenen Forschungen zugrunde lag. Bevor wir uns nun eingehender dem Wissensformat des Lokalkataloges widmen, soll die Aufmerksamkeit kurz auf zwei andere Wissensformate gerichtet werden, und zwar auf meteorologische Messungen und auf phänologische Erhebungen. Diese Formate waren hinsichtlich der Lokalität ihres Wissens gleichfalls typisch für die Petite Science und wiesen in Bezug auf ihre mediale und soziale Struktur enge Verwandtschaft mit den Lokalkatalogen auf.

15 Killias: Hemiptera heteroptera, 3.
16 Kaschuba: Volkskundliches Wissen, 189.

Verwandte Verzeichnisse: Meteorologische und phänologische Messreihen

Das Erfassen von meteorologischen Daten, ab dem 17. Jahrhundert objektiviert durch Thermometer und Barometer und festhaltbar als Zahlenreihe, geschah bis um 1800 vorwiegend in unkoordinierten Einzelunternehmungen durch gelehrte Naturforscher. Erst im Laufe des 19. Jahrhunderts waren in der Schweiz Anstrengungen zur Bündelung der diesbezüglichen Aktivitäten zu verzeichnen. Auftrieb erhielten diese Bemühungen durch das naturkundliche Vereinswesen; in der Eidgenossenschaft initiierte die damals junge *Schweizerische Naturforschende Gesellschaft* (SNG) ab 1823 landesumfassende meteorologische Messungen, bis dieser erste Anlauf 1837 bereits wieder erlahmen sollte. Erfolgreicher waren die Koordinationsbemühungen unterdessen auf regionaler Ebene. In den 1850er-Jahren sammelten in Bern, Graubünden, Tessin und Thurgau Mitglieder der naturforschenden Gesellschaften entsprechende Daten, organisiert in lokalen Netzwerken.[17] Es erstaunt nicht, dass der Naturforscherpräsident Eduard Killias, dessen Affinität für die Dokumentation und Inventarisierung lokaler Naturerscheinungen im Auftakt dieses Kapitels nachgezeichnet wurde, den Messreihen seines Kantons ab 1860 einen festen, jährlichen Platz in den Jahresberichten des Bündner Vereines einräumte. Killias konnte dabei vor allem auf das Engagement des Churwaldner Gymnasialprofessors Christian Brügger zählen, der in den 1850er-Jahren in Eigenregie ein kleines Netz von über das Kantonsgebiet verteilten Beobachtungsstationen aufbaute.[18] Dieses Privatnetz wurde Ende 1863 in das erneut angeschobene nationale Messnetz der SNG integriert. Brügger selbst stand Killias in seinem Bemühen um die Inventarisierung des Lokalen in keiner Weise nach – neben den Wettermessungen verfolgte er zeitlebens den Plan einer Flora Graubündens und übte sich auch in phänologischen Aufzeichnungen.

Phänologische Datenerhebungen bildeten neben den meteorologischen Messungen das zweite verbreitete Wissensformat der naturkundlichen Lokalforschung. Die Phänologie dokumentiert die exakten Zeitpunkte jährlich wiederkehrender Naturereignisse wie die Blüte ausgewählter Pflanzen oder die Rückkehr bestimmter Zugvögel aus ihren Winterquartieren und zeichnet sich daher durch einen genuinen Lokalbezug aus. Als Ahnherr der Phänologie wird häufig Carl von Linné angeführt, der ab 1750 ein 18 Stützpunkte umfassendes Beobachtungsnetz um Uppsala aufgezogen und auf der Grundlage dieser Erhebungen eine Einteilung des Jahres in phänologische Jahreszeiten vorgenommen hat.[19]

17 Für eine Übersicht über die Zentralisierungsbemühungen auf nationaler Ebene sowie über die regionalen Messinitiativen im Kanton Thurgau vgl. Bürgi: Hinlänglich gebildet.

18 Zu Brüggers Messinitiative im Bündnerland vgl. Hupfer: Das Wetter in Tabellen.

19 Vgl. Uehlinger: Phänologie, 4f.

In Christian Brüggers Nachlass findet sich ein Bündel phänologischer Notizen, welche die Jahre 1862 bis 1884 umfassen und die jeweils die für Chur ersten »Stäuber«, Blätter oder Blüten von insgesamt acht Baum- und Straucharten festhalten. Vergleichbare Notizen finden sich in vielen Nachlassbeständen von Lokalforschern, oft schien es aber am Durchhaltewillen zu mangeln, und die betreffenden Aufzeichnungen erstrecken sich nur über wenige Jahre in konsequenter Vollständigkeit, so dass sie nie über das Stadium privater Einträge hinausgelangten. Ähnlich verhält es sich mit phänologischen Aufzeichnungen in der ebenfalls verbreiteten Quellengattung der »naturhistorischen Tagebücher«, welche viele Lokalforscher führten. In diesen hielten sie auffällige Naturbeobachtungen fest, darunter häufig auch phänologische Phänomene, jedoch in gänzlich unstrukturierter und unsystematischer Weise, so dass diesen Aufzeichnungen eher kontemplativer Charakter denn Anspruch auf wissenschaftliche Datenerhebung zukommt.[20]

Zeichneten sich phänologische Aufzeichnungen einzelner Forscher aber durch vollständige Erfassung eines längeren Zeitraumes aus, fanden sie wie die meteorologischen Messreihen durchaus Aufnahme in die Vereinsperiodika. So hinterließ beispielsweise Fridolin Schmidlin, der während dreier Jahrzehnte im basellandschaftlichen Pfeffingen als Pfarrer arbeitete, bei seinem Tod im Jahre 1888 äußerst umfangreiche phänologische Daten zur Tier- und Pflanzenwelt seiner Wohnumgebung. Diese gelangten in den Besitz Franz Leuthardts, Realschullehrer und Präsident der kantonalen Naturforschenden Gesellschaft, welcher sie wiederum seinem Freund und Forscherkollegen, dem Zofinger Apotheker Hermann Fischer-Sigwart, zur Bearbeitung überließ, so dass schließlich in den *Tätigkeitsberichten der Naturforschenden Gesellschaft Baselland* 1907 und 1911 Schmidlins Forschungen posthum der Öffentlichkeit zugänglich gemacht werden konnten. Insgesamt erstrecken sich die von Fischer-Sigwart aufbereiteten Notizen über rund 70 Druckseiten und liefern für die Jahre 1861 bis 1888 Angaben zu Ankunfts- und Wegflugdaten zu Dutzenden von Zugvogelarten sowie weitere Beobachtungen hinsichtlich Nistverhalten und anderem.

Die beiden Dokumentationsunterfangen der Meteorologie sowie der (botanischen) Phänologie waren Gegenstand erfolgreicher Koordinations- und Zentralisierungsbemühungen auf nationaler Ebene: Die neuaufgelegte Wettermessung ab 1863 wurde anfänglich noch unter der Federführung der *Schweizerischen Naturforschenden Gesellschaft* durchgeführt. Sie konnte dabei aber auf Bundesunterstützung zählen und wurde 1880 in ein eidgenössisches Institut überführt. Die planmäßige Durchführung landesweiter phä-

20 Auf diese privaten Tagebuchaufzeichnungen nahräumlichen Naturbeobachtungen und ihre Bedeutung für den einzelnen Naturforscher wird im Kapitel 7.1 ausführlicher eingegangen.

nologischer Messungen sollte dagegen länger auf sich warten lassen; erst 1951 schob der Zürcher Meteorologe Bernard Primault den Aufbau eines solchen Netzes an.[21]

Bewegliche Grenzen: Die Relativität des Lokalen

Im Gegensatz zu den eben beschriebenen Messungen in Meteorologie und Phänologie waren für floristische und faunistische Erhebungen im ausgehenden 19. Jahrhundert bis auf wenige Ausnahmen keine zentralisierten staatlichen Koordinationsbemühungen auszumachen. Als charakteristische Wissensformate der lokalforschenden Petite Science waren Floren- und Faunenkataloge in ihrer Fokussierung sowohl auf kleinere geographische Einheiten als auch auf bestimmte taxonomische Gruppen – wie beispielsweise das im vorangegangenen Kapitel bereits erwähnte *Verzeichnis der Bombyciden von Liestal und Umgebung*[22] – vielmehr Hervorbringungen engagierter Einzelner oder informeller Netzwerke. Dies zeigt sich auch an deren Publikationsweise: Häufig erschienen Verzeichnisse lokaler Bestände in den Jahresberichten von naturforschenden Vereinen oder Mittelschulen,[23] aufgrund ihrer hohen Seitenzahl oft als Serie über mehrere Jahrgänge selbiger aufgeteilt und zusätzlich als Sonderdruck einem interessierten Publikum zugänglich gemacht. Floren- und Faunenkataloge, die ein kantonales oder gar das nationale Gebiet abzudecken versuchten und als exkursionstaugliche Bestimmungswerke konzipiert waren, wurden hingegen oft als Monographien veröffentlicht. Vereinzelt wurden lokale Katalogisierungsmonographien auch als akademische Qualifikationsarbeiten verfasst. Diese waren aber meist unter dem spezifischeren Blickwinkel beispielsweise einer geobotanischen oder pflanzensoziologischen Fragestellung verfasst, und die eigentlichen Bestandeskataloge bildeten dabei eher ein Nebenprodukt beziehungsweise eine Vorarbeit besagter Forschungen.[24]

21 Beide Datenerhebungsprojekte existieren bis heute unter dem institutionellen Dach des Bundesamtes für Meteorologie und Klimatologie (MeteoSchweiz).

22 Jakob Seiler: Verzeichnis der Bombyciden von Liestal und Umgebung, in: *Tätigkeitsbericht der Naturforschenden Gesellschaft Baselland* 1 (1902), 54-67.

23 So beispielsweise Thomas Bruhins *Aufzählung der Gefässpflanzen Einsiedelns* als Beilage zu den Jahresberichten 1863/64 der Lehr- und Erziehungsanstalt des Benediktinerstifts Einsiedeln; Robert Kellers *Beiträge zur Kryptogamenflora von Winterthur* als Beilage zum Jahresbericht 1886 der Höheren Stadtschulen Winterthur oder Jakob Meisters *Flora von Schaffhausen* als Beilage zum Jahresbericht 1887 des Gymnasiums Schaffhausen (Angaben nach Büeler: Verzeichnis der Programm-Beilagen).

24 So dissertierte beispielsweise der Lehrer Ernst Kelhofer 1915 mit seinen *Beiträgen zur Pflanzengeographie des Kantons Schaffhausen* bei Hans Schinz. Dieser veröffentlichte 1920, nach dem frühen Tod Kelhofers, in der Schriftenreihe seines Instituts auch

Was bildet eine Flora oder eine Fauna ab? Ein Lokalkatalog sollte per Definitionem die Artvorkommen eines klar umrissenen Gebietes repräsentieren. Es wäre anzunehmen, dass sich die Festlegung des zu beobachtenden Territoriums naheliegenderweise an politisch-territorialen oder natürlichen Grenzziehungen orientiert hätte. Beides war jedoch nur bedingt der Fall. Das Kriterium der natürlichen Grenzziehung war nur beschränkt möglich, da die Bestimmung unterschiedlicher biogeographischer Regionen ein wissenschaftliches Erkenntnisziel von Faunistik und Floristik darstellte, das der Datenbeschaffung durch die Bestandeserfassung erkenntnistheoretisch nachgelagert war. Die strenge Einhaltung politischer Grenzkonstrukte hingegen scheiterte schlicht daran, dass sich weder Naturdinge noch Menschen an solche Restriktionen halten mochten. Es leuchtete den Autoren nicht ein, warum sie auf die Erwähnung interessanter Arten verzichten sollten, bloß weil diese just auf der anderen Seite der Kantonsgrenze das Licht der Welt erblickten. Zudem bestand die berechtigte Annahme, dass früher oder später besagte Spezies doch noch auf eigenem Territorium entdeckt werden könnte, was die Aufnahme in die Liste als potentielle Bestimmungshilfe durchaus sinnvoll erscheinen lässt.[25]

Eher noch als eine Hingabe an die Verlockungen der Seltenheiten war der unverkrampfte Umgang mit Grenzen aber Ausdruck eines zeittypischen Raumbezugs. Die in Vorworten der Kataloge oft angeführte »Heimat« der Lokalforscher war kein Raum der geistigen Abschottung, vielmehr handelt es sich um einen aktiv und unter Mithilfe moderner technischer Errungenschaften konstruierten Erfahrungsraum von – im Wortsinn – beweglichen Bürgern.[26] Diese heimatliche Territorialität war relativ und nicht zuletzt Ausdruck von Fortschritten der Mobilitätskultur. Noch 1870 unterteilt der Schwyzer Botaniker Joseph Rhiner die von ihm katalogisierte Landschaft der Waldstätte in durch unterschiedliche Gehdistanzen bemessene Zirkel: »Was am Rigi von Weggis bis zur Seewer gefunden worden ist, ist mit R., in der reichen Umgebung von Schwyz innert zwei Stunden, mit S, innert einer halben, mit Ss, innert zehn Minuten vom ersten Seemattle-Brücklein bei Seewen, mit Sss, im Bezirk Einsiedeln mit E. […] bezeichnet.«[27] Mit dem Ausbau des Eisenbahnnetzes änderte sich nun auch die zu erforschende Florenlandschaft, und so schreibt Rhiner in seinem 1893 publizierten Katalog *Gefässpflanzen der Urkantone*, er habe »in Überschreitung der politischen

dessen *Flora des Kantons Schaffhausen*, die der Doktorand auf seine Anregung hin während seiner Arbeit an der Dissertation zusammengestellt hatte.

25 Diese beiden Argumentationslinien finden sich beispielsweise bei Lüscher: Flora des Kantons Solothurn, IV.

26 Detaillierter behandeln die naturforschende Landschaftspraxis sowie die naturkundlichen »Heimat«-Konzeptionen die Kapitel 6 und 7.

27 Rhiner: Prodrom der Waldstätter Gefässpflanzen, IX.

Grenzen« auch den Gotthard ins Verzeichnis aufgenommen, »weil dieser Berg seit Eröffnung der Eisenbahn oft von Botanikern der deutschen Schweiz bestiegen wird«.[28] Durch Eisenbahnbau und vor allem die Eröffnung neuer Tunnelstrecken begründete Ausweitung des katalogisierten Gebietes findet sich in etlichen Katalogwerken des ausgehenden Jahrhunderts.[29] Seltener sind auch andere Gründe für eine Expansion angegeben. August Binz beispielsweise erwies mit der »auf Wunsch des botanischen Vereins Mülhausen«[30] gemachten Ausweitung seiner *Flora von Basel* (1901) auf elsässisches Territorium den Sammlerkollegen jenseits der Landesgrenze einen Freundschaftsdienst und eine Anerkennung für gelieferte Daten.

Trotz ihrer territorialen Relativität vermittelten diese Kataloge mitunter ziemlich essentialistische Aussagen über Land und Leute. Neben thematisch naheliegenden Ausführungen zu geologischen, topographischen und klimatologischen Spezifika des erforschten Gebietes berührten Vorworte von floristischen oder faunistischen Lokalkatalogen oftmals auch Aspekte, die keineswegs selbstverständlich in den Zuständigkeitsbereich einer naturkundlichen Inventarisierung zu fallen scheinen. Mit seinen bunt gemischten Ausführungen zur Landeskunde erinnert beispielsweise das gut 70-seitige Vorwort von Eduard Killias' *Flora des Unterengadins* (1888) eher an einen frühneuzeitlichen Reisebericht denn an ein Florenverzeichnis. Spätestens, wenn der Kurarzt im belehrenden Ton des Aufklärers beanstandet, dass die Unterengadiner Waldwirtschaft im Vergleich zum Tirol »stellenweise zu wünschen übrig«[31] lasse oder »in der landwirthschaftlichen Praxis [...] wohl Manches richtiger anzufassen«[32] wäre, wähnt man sich bei der Lektüre einer kameralistischen Landeskunde. Diese Überschneidungszone botanischer und volks- oder landeskundlicher Perspektiven sowie ihre Auswirkung auf Landschaftswahrnehmungen und Naturkonzeptionen wird in den Kapiteln 6 und 7 noch eingehender betrachtet. Es soll hier aber bereits hervorgehoben werden, dass sich Floren- und Faunenkataloge nicht darauf beschränken, Pflanzen und Tiere eines bestimmten Gebietes abzubilden, sondern dieses Territorium in seinen unterschiedlichsten Bedeutungen und Wahrnehmungen selbst mitkonstruierten. Widmen wir uns nun nach diesen Ausführungen zur Popularität faunistischer oder floristischer Katalogisierungen sowie zur Territorialität des Lokalen eingehender der Textgattung »Lokalkatalog« in ihren vielfältigen Dimensionen.

28 Ders.: Die Gefässpflanzen der Urkantone, 16 f.

29 So beispielsweise auch bei Schneider: Taschenbuch der Flora von Basel (1880), 4; oder bei Probst: Beitrag zur Flora von Solothurn und Umgebung (1904), 4.

30 Vgl. Binz: Flora von Basel und Umgebung, IV.

31 Killias: Flora des Unterengadins, LVI.

32 Ebd., LXI.

August Binz' Flora von Basel: *Zum Aufbau eines typischen Lokalkatalogs*

Wie hat man sich ein solches Lokalverzeichnis vorzustellen? Grob lassen sich zwei Arten von Lokalkatalogen unterscheiden. Einerseits gibt es solche Verzeichnisse, die sich darauf beschränken, alle jene Arten einer bestimmten Tier- oder Pflanzengruppe aufzuzählen, welche sich im umrissenen Territorium auffinden lassen. Geordnet werden diese Aufzählungen der nachgewiesenen Spezies gemäß einem bereits bestehenden taxonomischen System. Etwas elaboriertere Vertreter dieses Genres sind die Listen, die versuchen, zusätzlich für jede Art möglichst detaillierte Angaben zu Standort und Häufigkeit innerhalb des gewählten Landstrichs zu liefern. Andererseits existieren Lokalverzeichnisse, welche in die Anordnung der nachgewiesenen Spezies eigene taxonomische Konzeptualisierungen einfließen lassen und diese Auflistung mit einem eigens erstellten Bestimmungsschlüssel[33] versehen. Derartige Werke beschränken sich also nicht mehr darauf, die lokalen Verhältnisse bloß nach übernommenen Ordnungssystemen zu inventarisieren. Vielmehr sollen sie einerseits – wie auch die emblematische Gattungsbezeichnung der »Exkursionsflora« anzeigte – dem sammelnden Naturkundler draußen im Feld (oder drinnen im Studierzimmer) ermöglichen, ein aufgefundenes Objekt der heimischen Flora zuverlässig zu bestimmen. Andererseits sind derartige Lokalverzeichnisse immer auch Instrumente, die eigenen taxonomischen Überzeugungen in der Wissenschaft zu verankern, und als solche stets Interventionen im machtdurchsetzten Feld einer Ordnung der Dinge.[34]

33 Bestimmungsschlüssel erlauben es, ein unbekanntes Naturding anhand seiner charakteristischen Merkmale in einem stufenweisen Eliminationsverfahren zu bestimmen: Jeweils ein Bestimmungsmerkmal wird angeführt, der Benutzer muss dieses dem vorliegenden Exemplar entweder entnehmen oder aber absprechen können und wird je nach Antwort über ein nummerisches Leitsystem zu einer nächsten Verzweigung von wiederum zwei (oder mehreren) klar voneinander abweichenden Charakteristika weitergeleitet, bis der Schlüssel über zunehmend verfeinerte Merkmalskriterien schließlich zur letzten taxonomischen Rangstufe, jener der Speziesbezeichnung, führt. Es handelt sich also um die logisch-formale Struktur eines Entscheidungsbaumes, die als menschliche Hilfskonstruktion über die natürliche Struktur der biologischen Verwandtschaft gelegt wird und sich – wie bei Linnés »künstlichem« Schlüssel der 24 Klassen – nicht mit dieser decken muss. Linné entwarf einen Bestimmungsschlüssel, der über die Anzahl und Beschaffenheit der Staubbeutel eine Klasseneinteilung der Pflanzenwelt vornahm. Dieser Schlüssel funktionierte äußerst effektiv für die Bestimmung einzelner Arten, obwohl er die natürliche Verwandtschaft von Pflanzen ignorierte und eng verwandte Spezies verschiedenen Bestimmungsklassen zuteilte. Dies führte ab dem ausgehenden 18. Jahrhundert zu Kritik und zu einer Favorisierung »natürlicher« Systeme durch führende Botaniker wie Baptiste Lamarck oder Augustin-Pyrame de Candolle (vgl. zu Linnés Bestimmungsschlüssel Foucault: Die Ordnung der Dinge, 176-188; Jahn: Grundzüge der Biologiegeschichte, 234-237; Scharf: Identification keys).

34 Den Kämpfen um Hegemonie im Feld der Systematik nimmt sich das Kapitel 4 anhand einer Fallstudie zu Christian Brüggers Forschungen über Hybridpflanzen an.

Ein kurzer Blick in August Binz' im Jahre 1901 erstveröffentlichte *Flora von Basel und Umgebung* – ein in mehrfacher Hinsicht exemplarischer Vertreter einer lokalen Exkursionsflora[35] – soll die abstrakten Ausführungen zur Struktur eines Florenwerks etwas anschaulicher machen. In der Einleitung seines Büchleins verweist Binz auf ältere Florenwerke der Region Basel und legitimiert seine erneute Anstrengung zur Inventarisierung der regionalen Pflanzenwelt mit Unzulänglichkeiten der Vorgängerwerke sowie Veränderungen der hiesigen Umwelt. Weiter diskutiert er die geographischen Grenzziehungen, mit welchen er »Basel und Umgebung« territorial definierte (oder eben relativierte), und benennt die systematischen Referenzwerke, die er seinem eigenen Verzeichnis zugrunde legte. Es folgt eine Bibliographie verwendeter Arbeiten sowie eine Auflistung der Botaniker, von denen Binz Daten für seine eigene Arbeit übernommen hat. Daran schließt mit der »Anleitung zum Gebrauch des Buches« ein kurzes technisches Kapitel an, in dem Binz die Anwendung der Bestimmungsschlüssel sowie verwendete Abkürzungen erläutert. Dann folgen die beiden Schlüssel zur Bestimmung der Pflanzenfamilien (vgl. Abbildung 2.4). Binz wählte hier mit dem gleichzeitigen Angebot sowohl eines Schlüssels nach natürlichem wie auch linnéschem (»künstlichem«) System eine gängige Kompromisslösung. Seit dem ausgehenden 18. Jahrhundert stand nämlich die botanische Gemeinschaft dem linnéschen Schlüssel, der ein Pflanzenexemplar über die Zahl und Gestalt seiner Staubblätter wirkungsvoll zu bestimmen half, zunehmend kritisch gegenüber. Obwohl die Effektivität dieser Hilfskonstruktion unbestritten war, störten sich tonangebende Botaniker an der Tatsache, dass Linnés Schlüssel sich um die natürlichen Verwandtschaftsbeziehungen der Pflanzen foutierte. Anstelle der »künstlichen« Konstruktion Linnés entwarfen sie »natürliche« Schlüssel zur Pflanzenbestimmung, welche die biologischen Verwandtschaftsverhältnisse besser respektierten. Diese Schlüssel mochten wissenschaftlich adäquater sein, erwiesen sich aber als in der Praxis ungemein schwieriger anwendbar, vor allem für Laien.

Die Verwendung eines künstlichen oder natürlichen Schlüssels wurde so zur Gretchenfrage der Freizeitbotaniker: Als Ausdruck der vorgängig beschriebenen Objekttugenden entschied auch die Wahl des Schlüssels über die »Wissenschaftlichkeit« der Blumensammler.[36] Der eine Schlüssel war

35 Exemplarisch ist die *Flora von Basel und Umgebung* unter anderem aufgrund der Berufstätigkeit ihres Autors – Binz war Naturkundelehrer in Basel –, durch ihre mehrfache Neuauflage sowie aufgrund ihrer weiten Verbreitung: Ausgebaut zur *Flora der Schweiz*, fand Binz' Florenverzeichnis bis spät ins 20. Jahrhundert hinein in unzähligen Neuauflagen Verwendung im Schulunterricht sowie in der Lehrerausbildung. 1990 erschien die letzte, 19. Auflage, das Werk verzeichnete seit Anfangs des Jahrhunderts eine Auflagenzahl von 107.000 gedruckten Exemplaren.

36 Zur Verwendung natürlicher Schlüssel durch professionelle Botaniker und ihre Bedeutung als Abgrenzungskriterium gegen Laien vgl. Drouin und Bensaude-Vincent: Nature for the people, 419; Gates: Kindred Nature, 47; Keeney: The Botanizers, 62-65.

Abb. 2.3: *Flora von Basel und Umgebung* (1901) des Basler Realschullehrers August Binz.

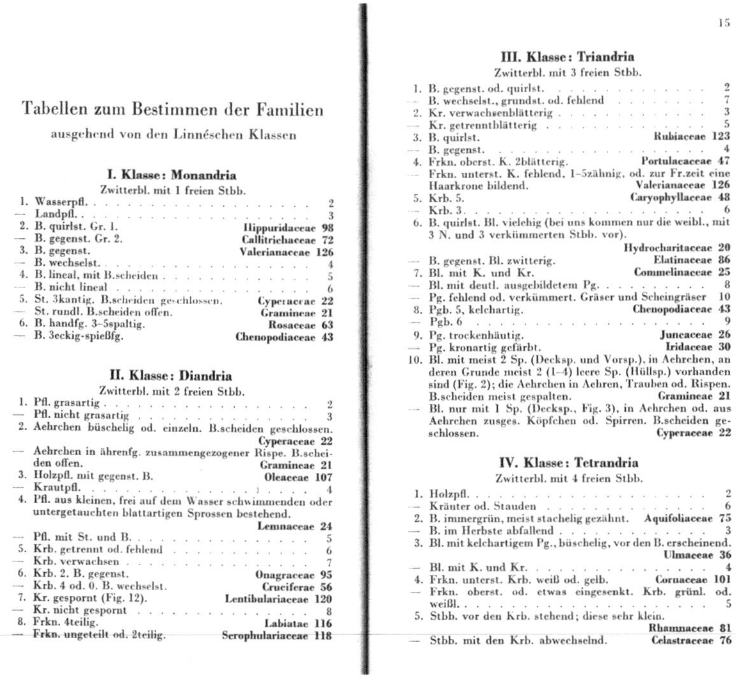

Tabellen zum Bestimmen der Familien
ausgehend von den Linnéschen Klassen

I. Klasse: Monandria
Zwitterbl. mit 1 freien Stbb.
1. Wasserpfl. 2
— Landpfl. 3
2. B. quirlst. Gr. 1. **Hippuridaceae 98**
— B. gegenst. Gr. 2. **Callitrichaceae 72**
3. B. gegenst. **Valerianaceae 126**
— B. wechselst. 4
4. B. lineal, mit B.scheiden 5
— B. nicht lineal 6
5. St. 3kantig. B.scheiden geschlossen. **Cyperaceae 22**
— St. rundl. B.scheiden offen. **Gramineae 21**
6. B. handfg. 3–5spaltig. **Rosaceae 63**
— B. 3eckig-spießfg. **Chenopodiaceae 43**

II. Klasse: Diandria
Zwitterbl. mit 2 freien Stbb.
1. Pfl. grasartig 2
— Pfl. nicht grasartig 3
2. Aehrchen büschelig od. einzeln. B.scheiden geschlossen. **Cyperaceae 22**
— Aehrchen in ährenfg. zusammengezogener Rispe. B.scheiden offen. **Gramineae 21**
3. Holzpfl. mit gegenst. B. **Oleaceae 107**
— Krautpfl. 4
4. Pfl. aus kleinen, frei auf dem Wasser schwimmenden oder untergetauchten blattartigen Sprossen bestehend. **Lemnaceae 24**
— Pfl. mit St. und B. 5
5. Krb. getrennt od. fehlend 6
— Krb. verwachsen 7
6. Krb. 2. B. gegenst. **Onagraceae 95**
— Krb. 4 od. 0. B. wechselst. **Cruciferae 56**
7. Kr. gespornt (Fig. 12). **Lentibulariaceae 120**
— Kr. nicht gespornt 8
8. Frkn. 4teilig. **Labiatae 116**
— Frkn. ungeteilt od. 2teilig. **Scrophulariaceae 118**

15

III. Klasse: Triandria
Zwitterbl. mit 3 freien Stbb.
1. B. gegenst. od. quirlst. 2
— B. wechselst., grundst. od. fehlend 7
2. Kr. verwachsenblätterig 3
— Kr. getrenntblätterig 5
3. B. quirlst. **Rubiaceae 123**
— B. gegenst. 4
4. Frkn. oberst. K. 2blätterig. **Portulacaceae 47**
— Frkn. unterst. K. fehlend, 1–5zähnig, od. zur Fr.zeit eine Haarkrone bildend. **Valerianaceae 126**
5. Krb. 5. **Caryophyllaceae 48**
— Krb. 3. 6
6. B. quirlst. Bl. vielehig (bei uns kommen nur die weibl., mit 3 N. und 3 verkümmerten Stbb. vor). **Hydrocharitaceae 20**
— B. gegenst. Bl. zwitterig. **Elatinaceae 86**
7. Bl. mit K. und Kr. **Commelinaceae 25**
— Bl. mit deutl. ausgebildetem Pg. 8
— Pg. fehlend od. verkümmert. Gräser und Scheingräser 10
8. Pgb. 5, kelchartig. **Chenopodiaceae 43**
— Pgb. 6 9
9. Pg. trockenhäutig. **Juncaceae 26**
— Pg. kronartig gefärbt. **Iridaceae 30**
10. Bl. mit meist 2 Sp. (Decksp. und Vorsp.), in Aehrchen, an deren Grunde meist 2 (1–4) leere Sp. (Hüllsp.) vorhanden sind (Fig. 2); die Aehrchen in Aehren, Trauben od. Rispen. B.scheiden meist gespalten. **Gramineae 21**
— Bl. nur mit 1 Sp. (Decksp., Fig. 3), in Aehrchen od. aus Aehrchen zusges. Köpfchen od. Spirren. B.scheiden geschlossen. **Cyperaceae 22**

IV. Klasse: Tetrandria
Zwitterbl. mit 4 freien Stbb.
1. Holzpfl. 2
— Kräuter od. Stauden 6
2. B. immergrün, meist stachelig gezähnt. **Aquifoliaceae 75**
— B. im Herbste abfallend 3
3. Bl. mit kelchartigem Pg., büschelig, vor den B. erscheinend. **Ulmaceae 36**
— Bl. mit K. und Kr. 4
4. Frkn. unterst. Krb. weiß od. gelb. **Cornaceae 101**
— Frkn. oberst. od. etwas eingesenkt. Krb. grünl. od. weißl. 5
5. Stbb. vor den Krb. stehend; diese sehr klein. **Rhamnaceae 81**
— Stbb. mit den Krb. abwechselnd. **Celastraceae 76**

Abb. 2.4: Bestimmungsschlüssel nach Linné in Augst Binz' *Flora von Basel* (1901).

unwissenschaftlich, der andere nicht sonderlich praktisch zu benutzen: Was war also zu tun? Der Autor einer naturkundlichen Anleitungsschrift empfahl den weniger geübten Lokalforschern ein pragmatisches Springen zwischen beiden Systemen:

> »Die natürliche Verwandtschaft der Pflanzen wird durch das alte künstliche, aber unendlich einfache System von Linné nicht zum Ausdruck gebracht und daher benutzt man es nur noch, um schnell den Name einer Pflanze feststellen zu können, was dem Anfänger durch das natürliche Pflanzensystem nicht so leicht möglich ist. Hat man aber den Namen der Pflanze nach Linné einmal festgestellt, so suche man die Pflanze im natürlichen System auf, lege auch das Herbarium nach dem natürlichen Pflanzensystem an, da nur dieses die Verwandtschaft der Gewächse zum Ausdruck bringt. Hier empfiehlt sich die Anschaffung einer Lokalflora für den Sammler in erster Linie.«[37]

Binz' Lokalflora ermöglichte mit ihren zwei Schlüsseln genau ein solches Wechseln zwischen dem künstlichen und dem natürlichen System. Der Be-

37 Bade: Handbuch für Naturaliensammler, 210.

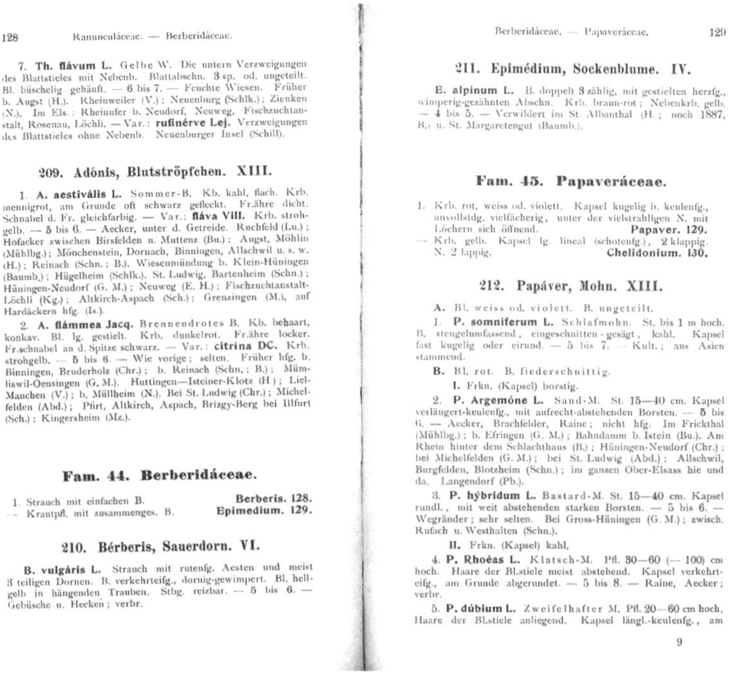

128 Ranunculáceae. — Berberidáceae.

7. **Th. flávum L.** Gelbe W. Die untern Verzweigungen des Blattstieles mit Nebenb. Blattabschn. 3 sp. od. ungeteilt. Bl. büschelig gehäuft. — 6 bis 7. — Feuchte Wiesen. Früher b. Augst (H.). Rheinweiler (V.); Neuenburg (Schlk.); Zienken (N.). Im Els.: Rheinufer b. Neudorf, Neuweg, Fischzuchtanstalt, Rosenau, Löchli. — Var.: **rufinérve Lej.** Verzweigungen des Blattstieles ohne Nebenb. Neuenburger Insel (Schill).

209. Adónis, Blutströpfchen. XIII.

1. **A. aestivális L.** Sommer-B. Kb. kahl, flach. Krb. mennigrot, am Grunde oft schwarz gefleckt. Fr.ähre dicht. Schnabel d. Fr. gleichfarbig. — Var.: **fláva Vill.** Krb. strohgelb. — 5 bis 6. — Aecker, unter d. Getreide. Ruchfeld (Lu.); Hofacker zwischen Birsfelden u. Muttenz (Bu.); Augst, Möhlin (Mühlbg.); Mönchenstein, Dornach, Binningen, Allschwil u. s. w. (H.); Reinach (Schn.; B.). Wiesenmündung b. Klein-Hüningen (Baumb.); Hügelheim (Schlk.). St. Ludwig, Bartenheim (Schn.); Hüningen-Neudorf (G. M.); Neuweg (E. H.); Fischzuchtanstalt-Löchli (Kg.); Altkirch-Aspach (Sch.); Grenzingen (M.), auf Hardäckern hfg. (Is.).

2. **A. flámmea Jacq.** Brennendrotes B. Kb. behaart, konkav. Bl. lg. gestielt. Krb. dunkelrot. Fr.ähre locker. Fr.schnabel an d. Spitze schwarz. — Var.: **citrina DC.** Krb. strohgelb. — 5 bis 6. — Wie vorige; selten. Früher hfg. b. Binningen, Bruderholz (Chr.); b. Reinach (Schn.; B.); Mümliswil-Oensingen (G. M.). Huttingen—Isteiner-Klotz (H.); Liel-Mauchen (V.); b. Müllheim (N.). Bei St. Ludwig (Chr.); Michelfelden (Abd.); Pfirt, Altkirch, Aspach, Brizgy-Berg bei Illfurt (Sch.); Kingersheim (Mz.).

Fam. 44. Berberidáceae.

1. Strauch mit einfachen B. **Berberis. 128.**
— Krautpfl. mit zusammenges. B. **Epimedium. 129.**

210. Bérberis, Sauerdorn. VI.

B. vulgáris L. Strauch mit rutenfg. Aesten und meist 3 teiligen Dornen. B. verkehrteifg., dornig-gewimpert. Bl. hellgelb in hängenden Trauben. Stbg. reizbar. — 5 bis 6. — Gebüsche u. Hecken; verbr.

Berberidáceae. — Papaveráceae. 129

211. Epimédium, Sockenblume. IV.

E. alpinum L. B. doppelt 3 zählig, mit gestielten herzfg., wimperig-gezähnten Abschn. Krb. braun-rot; Nebenkrb. gelb. — 4 bis 5. — Verwildert im St. Albanthal (H.; noch 1887, B.) u. St. Margaretengut (Baumb.).

Fam. 45. Papaveráceae.

1. Krb. rot, weiss od. violett. Kapsel kugelig b. keulenfg., unvollstdg. vielfächerig, unter der vielstrahligen N. mit Löchern sich öffnend. **Papaver. 129.**
— Krb. gelb. Kapsel lg. lineal (schotenfg.), 2 klappig. N. 2 lappig. **Chelidonium. 130.**

212. Papáver, Mohn. XIII.

A. Bl. weiss od. violett. B. ungeteilt.

1. **P. somniferum L.** Schlafmohn. St. bis 1 m hoch. B. stengelumfassend, eingeschnitten-gesägt, kahl. Kapsel fast kugelig oder eirund. — 5 bis 7. — Kult.; aus Asien stammend.

B. Bl. rot. B. fiederschnittig.

I. Frkn. (Kapsel) borstig.

2. **P. Argemóne L.** Sand-M. St. 15—40 cm. Kapsel verlängert-keulenfg., mit aufrecht-abstehenden Borsten. — 5 bis 6. — Aecker, Brachfelder, Raine; nicht hfg. Im Frickthal (Mühlbg.); b. Efringen (G. M.); Bahndamm b. Istein (Bu.). Am Rhein hinter dem Schlachthaus (B.); Hüningen-Neudorf (Chr.); bei Michelfelden (G. M.); bei St. Ludwig (Abd.); Allschwil, Burgfelden, Blotzheim (Schn.); im ganzen Ober-Elsass hie und da. Langendorf (Pb.).

3. **P. hýbridum L.** Bastard-M. St. 15—40 cm. Kapsel rundl., mit weit abstehenden starken Borsten. — 5 bis 6. — Wegränder; sehr selten. Bei Gross-Hüningen (G. M.); zwisch. Rufach u. Westhalten (Schn.).

II. Frkn. (Kapsel) kahl.

4. **P. Rhoéas L.** Klatsch-M. Pfl. 30—60 (— 100) cm hoch. Haare der Bl.stiele meist abstehend. Kapsel verkehrteifg., am Grunde abgerundet. — 5 bis 8. — Raine, Aecker; verbr.

5. **P. dúbium L.** Zweifelhafter M. Pfl. 20—60 cm hoch. Haare der Bl.stiele anliegend. Kapsel längl.-keulenfg., am

9

Abb. 2.5: Artbeschreibungen mit Standortangaben in August Binz' *Flora von Basel* (1901).

nutzer mochte sich für einen Schlüssel entscheiden und erhielt nach Anwendung desselben eine Ziffer, die auf die Seitenzahl des eigentlichen Verzeichnisses verweist. Dort fand sich die entsprechende Pflanzenfamilie, von welcher mit nochmaliger Anwendung eines eliminatorischen Bestimmungsschemas zuerst auf die entsprechende Gattung und schließlich auf die einzelne Art geschlossen werden konnte (vgl. Abbildung 2.5). Der Eintrag zur einzelnen Art umfasst kurze Angaben zu Gestalt, Blütezeit, typischen Biotopen und Häufigkeit und zählte dann konkrete Standorte aus dem Basler Florengebiet auf. Zusätzlich gestützt wurden diese konkreten Fundnennungen durch Angabe des Kürzels der Beobachter sowie vereinzelt durch Jahresangabe des Auffindens. So weit der klassische Aufbau des Wissensformats »Lokalverzeichnis« – es sollen nun erkenntnistheoretische Eigenheiten der hier angeführten Bausteine eines Florenkatalogs eingehender betrachtet werden.

2.2 Heterogene Listen: Zur medialen Struktur der Floren und Faunen

Listen und die Ordnung der Welt: Theoretische Annäherungen

Für den Fortgang der weiteren Überlegungen drängt sich an dieser Stelle ein kurzer medientheoretischer Exkurs zur »Liste« auf – diese logisch-rhetorische Struktur prägt das Wissensformat des Kataloges in all seinen Dimensionen, seien dies nun die haufenweise gebündelten Notizen aus Killias' Nachlassmaterial oder Binz' gedrucktes Verzeichnis der Basler Pflanzenwelt.

Obwohl sich Listen seit Anbeginn der menschlichen Zivilisationen auffinden lassen und als Speicher- und Organisationstechnologie rund um die Welt und in den unterschiedlichsten Sphären wie Verwaltung, Wirtschaft, Recht oder Alltag verbreitete Anwendung fanden, wurde ihnen auffällig geringe Aufmerksamkeit seitens der Wissenschaften zuteil. Da der epistemische Wert von Listen geringgeschätzt wurde, ließ auch die Wissenschaftsgeschichte diese Aufzeichnungsgattung lange Zeit links liegen.[38] Eine prominente Ausnahme stellt die Untersuchung *The Domestication of the Savage Mind* (1977) des Anthropologen Jack Goody dar. An seinen Überlegungen kommt keine der jüngeren Untersuchungen zu Listen vorbei, die sich im Zuge des neu erwachten Interesses für die praktisch-materiellen Seiten der Wissensorganisation mehrten. Auch wenn sich Goody mit Listenwissenschaften des urzeitlichen Babyloniens, mit Keilschriften und Tontafeln, beschäftigt, so sind doch die wesentlichen Teile seiner Analyse des Phänomens »Liste« auch auf andere Zeiten und Räume übertragbar. Grundsätzlich postuliert Goody, dass nicht bloß das Sprechen sich im Schreiben abbilde, sondern dass umgekehrt auch Schriftsysteme stets auf das Sprechen und auf damit verbundene kognitive Prozesse einwirkten. Eine geschriebene Liste beeinflusst also das Denken, sowohl dasjenige ihrer Ersteller als auch dasjenige ihrer Leser. Goody macht dieses Vermögen der Liste an ihrer besonderen visuellen Struktur fest, die Einzelwörter räumlich klar verorte und aus jeglichem narrativem Zusammenhang herauslöse:

> »[The list] depends on physical placement, on location; it can be read in different directions […]; it has a clear-cut beginning and a precise end, that is, a boundary, an edge, like a piece of cloth. Most important, it encourages the ordering of the items, by number, by initial sound, by category, etc. And the existence of boundaries, external and internal, brings greater visibility to categories, at the same time making them more abstract.«[39]

38 Müller-Wille und Charmantier: Lists as research technologies, 744.
39 Goody: The Domestication of the Savage Mind, 81.

Listen sind also keine neutralen, passiven Aufzeichnungen einer Realität, sondern vielmehr ein Eingriff in diese, bei welchem Dinge gemäß bestimmten Absichten geordnet und kategorisiert werden. Es sei nun gerade die Spannung zwischen der Veranschaulichung von Kategorien durch ihre räumliche Darstellung und der gleichzeitigen Sichtbarmachung ihres abstrakten Charakters, die zu weiteren Aktivitäten anrege – zur Arithmetik, zum Neu- und Umordnen, zum Vergleich oder zur Kompilation mehrerer Listen in einer neuen.[40] J. Mark Schuster weist zudem darauf hin, dass die von der Liste angeregten Handlungen nicht immer mit den ursprünglichen Absichten der Listenersteller einhergehen müssten; seien Dinge erst zu einer Liste zusammengestellt, so werde diese Kompilation von anderen Akteuren zu unterschiedlichsten Zwecken verwendet.[41]

Was heißt es für ein Ding, in eine Liste aufgenommen zu werden? Goody schreibt ihnen einen spezifischen Status der Nacktheit zu, eine Folge ihres Herauslösens aus Erzählungen: »(T)hey stand alone, with a bare quantity attached (and sometimes an ordinal number).«[42] Bereits im vorangegangenen Kapitel sind wir auf eine ähnlich tönende Charakterisierung des rationalen Zugriffs auf die Dinge der Welt gestoßen – in vergleichbarer Weise umriss auch Michel Foucault die im Tableau geordneten Objekte der Naturgeschichte als »jeden Kommentars und jeder sie umgebenden Sprache bar«.[43] Foucaults Lesart wurde unter Verweis auf die von ihm ignorierten Ding- und Praxisdimensionen des Ordnens hinterfragt, und auch ein Blick in die Lokalkataloge des späten 19. Jahrhunderts legt eine Relativierung der behaupteten Nackt- und Klarheit geordneter und aufgelisteter Naturdinge nahe. Man muss dabei keineswegs auf Spezialfälle wie die bereits erwähnten Land-und-Leute-Beschreibungen im Vorwort von Killias' *Flora des Unterengadins*, auf Johann Georg Amsteins *Die Mollusken Graubündens* (1884) oder auf Ernst Baumbergers *Die Felsenheide am Bielersee* (1904) verweisen, die ihre listenförmigen Artenverzeichnisse mit längeren Anekdoten[44] oder mit lieblichen Naturschilderungen ausschmückten, in denen »Blütenschmuck aufleuchtet« und »Blümchen hervorgezaubert«[45] werden. Diese

40 Vgl. ebd., 88-90 und 103-105.

41 Schuster: Making a list, 8.

42 Goody: The Domestication of the Savage Mind, 88.

43 Foucault: Die Ordnung der Dinge, 172.

44 So berichtet Amstein beispielsweise unter dem Lemma der Nacktschnecke *Limax cinereo-niger* folgende Anekdote aus seinen Erfahrungen mit besagten Mollusken: »Um der sehr lebhaften Gesellschaft den Aufenthalt möglichst angenehm zu machen, eilte ich in den Wald, um frisches Moos, feuchtes, morsches Holz und Walderde etc. zu holen. Bei meiner Rückkehr fand ich kein Stück mehr von der jugendlichen Schaar, sie mussten zwischen Glasplatte und Kästchenrand das Weite gesucht haben und bald dem Vertrocknen erlegen sein, oder hat sie die Mutter gefressen?« (Amstein: Die Mollusken Graubündens, 6).

45 Baumberger: Die Felsenheide, 6.

Listen näherten sich deutlich Prosaformaten an und offenbarten keineswegs bloße Räume der Klarheit. Auch ein Blick in das in seiner Struktur sehr klassische Florenverzeichnis von August Binz legt nahe, dass solche Auflistungen zumindest für eine eingeweihte Leserschaft ein vielstimmiges Narrativ zu entfalten vermochte: Eine zufällig aufgeschlagene Seite seiner Flora berichtet dem Leser von Landschaftsveränderungen, genannte Fundorte rufen Erinnerungen an eigene Wanderungen hervor, die Finderkürzel evozieren die Gesichter von Freunden oder Konkurrenten, und die von Binz übernommene Anordnung der Dinge verweist auf individuelle taxonomische Vorlieben und zeitgenössische Debatten der botanischen Systematik.

Aufgrund ihres Schnittstellencharakters zwischen verschiedensten Ebenen – zwischen Menschen, Dingen, Zeiten und Räumen – erscheinen Lokalkataloge als geschwätzige und vielstimmige Dokumente: Als »geschichtete« Listen sind sie eigentümliche Palimpseste lokaler naturkundlicher Wissensproduktion. Wir haben es mit einer Textgattung zu tun, die man mit Jacqueline Pigeots in anderem Zusammenhang entwickelter Begrifflichkeit der »heterogenen Liste« umschreiben könnte.[46]

Um diese Heterogenität heuristisch zu fassen, bietet sich ein Rückgriff auf Denkmodelle an, die sich einer »symmetrischen« Sichtweise auf Mensch-Ding-Verhältnisse verschrieben haben: Ausgehend von einer solchen Sichtweise, zeigt sich, dass im Unterfangen einer lokalen Bestandeserfassung mehr und anderes geordnet wird als bloß die Spezimen und Arten. Während meiner Arbeit mit den überlieferten Katalogen, Listen und Verzeichnissen Killias' nahm mein Gefühl, dem grundsätzlichen Ordnen eines kleinen Ausschnitts der Welt beizuwohnen, immer deutlicher Gestalt an. Theoretische Fundierungen meines Befundes lieferten die Arbeiten von John Law sowie von Susan Leigh Star und Geoffrey C. Bowker.[47] Was Ersterer unter dem Begriff der »modes of ordering« und die beiden Letzteren unter dem Begriff der »classification« zu fassen versuchen, sind grundsätzliche Weisen der Organisation der modernen Gesellschaft. Unter Ordnen oder Klassifizieren verstehen sie spezifische Bündelungen von Dingen, Praktiken, Menschen und räumlichen Anordnungen. Diese stets zeitlich und räumlich beschränkten Netzwerke schaffen unter großem Aufwand von Arbeit und Infrastruktur vergängliche Gefäße der Ordnung im Chaos der Welt. Sowohl Law als auch Star und Bowker verstehen die soziale Welt – die sowohl menschliche als auch dingliche Akteure umfasst – als Zusammenspiel verschiedener solcher Inseln des Ordnens: Kategorisierung sei ein grenzenloses Phänomen, jeder Modus des Ordnens berühre andere Regionen, in welchen mit vergleich-

46 Vgl. Pigeot: Die explodierte Liste.
47 Vgl. John Law: Organizing Modernity (1994), und Geoffrey C. Bowker und Susan Leigh Star: Sorting Things Out. Classification and its consequences (1999).

baren Zielen Realität bearbeitet werde. Um zwischen diesen verschiedenen weltordnenden Kontexten zu vermitteln, brauchen die einzelnen Modi je dazu befähigte Repräsentationen. Law beschreibt, wie solche zustande kommen: Objekte innerhalb eines Ordnungszusammenhangs würden möglichst auf ihre beständigen und dauerhaften Qualitäten reduziert, um fortan als brauchbare Repräsentation eines Phänomens Verwendung zu finden. Law erachtet diese auf ihre »durablen Materialeigenschaften« reduzierten Repräsentationen als unerlässlich, um mit den Dingen der Welt tätig zu sein und sich gemeinschaftlich auf diese zu beziehen. Sie ähneln also stark jenen »Inskriptionen« und »immutable Mobiles« Bruno Latours, die im vorgehenden Kapitel eingeführt wurden.

Floren- und Faunenkataloge sollen im Folgenden als solche Repräsentationen aufgefasst werden. Es handelt sich bei diesen Wissensformaten um Repräsentationen, denen eine heterogene Liste zugrunde liegt. Diese Heterogenität ist keine Besonderheit der Floren und Faunen. Vielmehr zeichnet sie alle jene Repräsentationen aus, welche zwischen Dingen und Menschen unterschiedlichster Ordnungskontexte vermitteln müssen. Bowker und Star umschreiben solche heterogenen Repräsentationen anschaulich als »pathway that includes everything populating those contexts. This includes people, things-objects, previous representations, and information about its own structure.«[48] Allen diesen Elementen begegnen wir auch in einem Lokalkatalog, wie bereits ein erster Blick in Binz' *Flora von Basel* gezeigt hat. Ein Katalog – gedacht als vermittelnde Schnittstelle zwischen Ausschnitten der Welt – muss in verschiedenste Richtungen seine Anschlussfähigkeit herstellen oder offenhalten. Er verknüpft unterschiedlichste Elemente wie *Leute* (eine Vielzahl an Forschern und Helfern), *vorgängige Repräsentationen* (ältere Florenkataloge), *Dinge* (Herbarbelege und Sammlungsverzeichnisse) sowie *Informationen über die eigene Struktur* (zugrundeliegende Taxonomien). Der Wille und der Zwang, all diese vielschichtigen Verweise in den einzelnen Lokalkatalogen festzuhalten, verantworten die heterogene Natur der Floren- und Faunenverzeichnisse.

Raumzeitliche Anschlussfähigkeit: Zur Historizität des Katalogisierens

Als Schnittstelle lokalwissenschaftlicher Vergangenheit und Gegenwart schenkten die Floren- und Faunenwerke historischen Vorläuferprojekten stets große Aufmerksamkeit. Oftmals prägte eine lokalpatriotisch ange-

48 Bowker und Star: Sorting Things Out, 293.

hauchte Rhetorik die Einleitungen dieser Werke, und mit sichtlichem Stolz nahmen die Autoren Bezug auf frühere Forschungen in den betreffenden Gegenden. Diese Bezugnahme sollte der Arbeit des einzelnen Forschers Gewicht verleihen, zog aber gleichzeitig Glaubwürdigkeitsprobleme nach sich. Dieser Spannung soll im Folgenden nachgegangen werden.

In ihrer betont lokalen Optik auferlegten sich Katalogautoren eine beinahe enzyklopädische Verpflichtung zur Vollständigkeit, wie dies auch Eduard Killias in der Vorrede seines bündnerischen Insektenverzeichnisses zum Ausdruck bringt: »Die Pflege entomologischer Studien ist in Bünden nicht neu, und da in diesen ›Beiträgen‹ überhaupt Alles berücksichtigt werden soll, so halten wir es für angezeigt, einiges Biographische und Personelle hier Eingangs zu berühren.«[49] Und so hält er es dann auch – auf den folgenden zehn Seiten seiner Einleitung würdigt Killias Männer, die sich seit dem 18. Jahrhundert um die entomologische Erforschung des Bündnerlandes verdient gemacht hatten. Diese ausführlichen biographischen Skizzen beschränken sich keineswegs auf deren naturforschende Tätigkeiten, Sammlungen und Publikationen, sondern berühren auch Familienverhältnisse und dynastische Aspekte sowie Ausbildung oder Beruf betreffender Forscher. Mit seinem genealogischen Eifer stellte der entomologisch interessierte Kurarzt keine Ausnahme dar, vergleichbare Darstellungen finden sich mehr oder weniger ausführlich praktisch in allen Einleitungen floristischer oder faunistischer Kataloge.

Die ausgesprochene Affinität für sammlungsbezogene Anekdoten sowie für Biographie und Bibliographie ließe sich mit Jack Goody in sehr genereller Weise auf die Grundstruktur der Liste zurückführen. Für den Anthropologen ist die (wohlgemerkt: frühzeitlich-babylonische) Liste eigentliches Gründungsmoment historischen Bewusstseins. Es ist somit naheliegend, dass Listenschreiber vorgängigen Listenschreibern Referenz erweisen; und zwar in Gestalt biographischer Listen. Dass fast keine lokale Bestandesliste ohne Erwähnung der Namen großer Vorgänger auskommt, lässt sich ebenso plausibel mit dem zeittypischen Faible für Lokalhistorie erklären. Albert Tanner beschreibt dies genealogische Interesse als »Kult der Persönlichkeit« und stellt diesen in den Kontext bürgerlicher Kultur des ausgehenden 20. Jahrhunderts.[50] Die Vorliebe naturkundlicher Lokalforscher für lebensgeschichtliche Arbeiten wies jedoch über den üblichen Rahmen bürgerlicher Biographieversessenheit hinaus. Sie war eine bestimmende Eigenheit der floristischen und faunistischen Forschung und zielte auf die Gegenwart. Durch solche wissenschaftsgeschichtlichen Verortungen wurde die Anschlussfähigkeit der Repräsentation »Katalog« an andere lokale Wissensformate

49 Killias: Hemiptera heteroptera, 6.
50 Tanner: Arbeitssame Patrioten, 383.

wie beispielsweise Lokalchroniken und Heimatkunden sichergestellt, was für die naturkundliche Petite Science in Hinblick auf Ressourcengenerierung und Öffentlichkeitsproduktion nicht zu unterschätzen war. Ebenso versprachen diese genealogischen Einleitungen einen Prestigegewinn für den betreffenden Lokalforscher, der mit der Anrufung einer namhaften Ahnengalerie die eigene Person und Forschung aufwerten konnte.

Indem die Lokalforscher häufig auf vorgängige Forscher und deren Werke Bezug nahmen, trugen sie zudem zur Festigung ihres Wissensmilieus bei. Die Anrufung gemeinsamer Vorfahren konsolidiert ein Milieu und trägt zur Herstellung eines sozialen Feldes bei, wie Pierre Bourdieu betont:

> »Nicht zufällig ist eines der sichersten Indizien für das Bestehen eines Feldes – neben den im Werk selbst vorhandenen Spuren eines objektiven (und manchmal sogar bewussten) Bezugs auf andere Werke der Vergangenheit oder Gegenwart [...] – das Auftreten einer ganzen Zunft von Konservatoren: Lebenskonservatoren – die Biographen – und Werkskonservatoren«.[51]

Mehr aber noch als dem zeitgeistigen Interesse für Geschichtliches sowie den Strategien der sozialen Selbstversicherung ist diese Versessenheit auf Lebensspuren älterer Forscher und Überlieferungswege historischer Herbarien und Sammlungen der spezifischen Epistemik der Lokalkatalogisierung geschuldet. Im genuin sammelnden Wissen der Bestandserfassung bildeten Biographieforschung und Sammlungsgeschichte gleichsam das Medium, das die Referenzbeziehungen älterer Inskriptionen zu neueren Forschungen absichern und, gemäß Bruno Latour, deren Wahrheit garantieren sollte:

> »Unterbricht man sie [die Kette der Referenzbeziehungen, T.S.] an irgend einem Punkt, so ist auch der Transport, die Produktion, die Konstruktion, gewissermaßen die Leitfähigkeit des Wahren unterbrochen. Die Referenz ist eine Eigenschaft der Kette in ihrer Gesamtheit [...]. Die Wahrheit zirkuliert in ihr wie die Elektrizität entlang eines Drahtes, und zwar so lange, wie er nicht zerschnitten wird.«[52]

Unbesehen der strategischen und epistemischen Bedeutung, die der Bezugnahme auf ältere Katalogisierungsprojekte zukam, umfasste dieses Geschichtsfaible auch eine affektive Komponente. Verschiedentlich wird in Ausführungen zur kulturellen Logik des Sammelns hervorgehoben, dass die Lebensgeschichten der Sammlungsobjekte dem Sammler eine »magische Enzyklopädie«[53] bedeuten und auf die sammelnde Person eine unergründliche Anziehungskraft ausüben würden. Wie Untersuchungen in den Feldern der Museumsanalyse und der Sammlungsgeschichte aufzeigen

51 Bourdieu: Über einige Eigenschaften von Feldern, 110.
52 Latour: Zirkulierende Referenz, 35.
53 Benjamin: Ich packe meine Bibliothek aus, 389.

konnten, wird diese Objektfaszination zusätzlich verstärkt durch Bedeutungsänderungen der Objekte: Gerade überholte Dinge und Objekte mit Reliktstatus erfahren tendenziell größere wissenschaftliche Aufmerksamkeit.[54] An den Quellenverzeichnissen der Lokalkataloge zeigt sich deutlich der affektive Charakter, mit dem die Autoren den geschichtsträchtigen Objekten ihrer Vorgänger begegneten. Obwohl sie den wissenschaftlichen Wert älterer lokaler Sammlungen oftmals unverblümt als gering einschätzen, erwiesen sie diesen historischen Sammlungen dennoch Reverenz, indem sie diese in den Belegkorpus aufnahmen. Als beispielsweise der Solothurner Botaniker Hermann Lüscher für die *Aargauische Naturforschende Gesellschaft* 1918 eine kantonale Flora publizierte, führte er unter den Quellenmaterialien auch das Herbar von Joseph Friedolin Wieland auf, welches wiederum bereits die Pflanzensammlung eines E. Zschokke in sich aufnahm. Wirklich von Nutzen schien dieses jedoch für Lüschers Unterfangen nicht gewesen zu sein. So wertete Lüscher die Sammlungspraxis seiner botanischen Vorgänger relativ ernüchtert:

> »Dieses Herbar war leider nicht in bester Ordnung. […] [A]uch ist fraglich, ob in allen Fällen die Pflanzen jeweilen wirklich von den Standorten der betreffenden dabei liegenden Etiketten stammen. Von den vielen frühern und spätern Botanikern haben überhaupt leider nicht alle mit der wünschenswerten Genauigkeit u. nötigen kritischen Schärfe gearbeitet.«[55]

Dass den Objekten, ihren Lebensgeschichten und Verlaufsbahnen dennoch stets große Aufmerksamkeit gewidmet wurde, ist also einerseits dem Bemühen um lokalhistorische Anschlussfähigkeit im obigen Sinne geschuldet und lässt sich andererseits am Interesse für Objektbiographien festmachen, das der Logik des Sammelns eingeschrieben ist.

Diese Versessenheit auf lückenlose Nachverfolgung älterer Dinge und ihrer Inskriptionen war jedoch weit mehr als nur ein liebhaberischer Spleen der Sammler. Sie liegt auch in der Erkenntnisstruktur der Naturgeschichte begründet, die stets historisch ausgerichtet ist: Die Naturgeschichte als globales Projekt, alle Dinge dieser Welt zu ordnen und klar zu benennen, ist ihrem eigentlichen Wesen nach zur historischen Reflexivität verdammt: Nur durch sorgfältige historische Dokumentation und entsprechendes Bewusstsein kann sichergestellt werden, dass das gleiche Naturding quer durch Raum und Zeit stets identisch bestimmt und bezeichnet wird.[56] Die

54 Vgl. Heesen: Objekte der Wissenschaft, 223 f.; König: Stacheldraht, 58; Zedelmaier: Buch, 38.

55 Lüscher: Flora des Kantons Aargau, XI.

56 Vgl. zum historischen Charakter der naturgeschichtlichen Wissenspraxis Bowker: The game of the name; Bowker: Biodiversity; Edlinger: Zeitbilder, 58; Klemun: Der »historische Erfahrungsraum«, 69; Kohler: All Creatures, 233.

Geschichte von Taxonomie und Nomenklatur ist geprägt von einer Vielzahl an Versuchen, diese drohenden Verdoppelungen oder Überschreibungen bereits bezeichneter Naturdinge durch zentrale Dokumentation und weltweit verbindliche Standardisierung institutionell zu regeln. Es stellte diese Aufgabe nicht unbedingt die Hauptsorge der »petite science« dar; die Bändigung der taxonomischen Unübersichtlichkeit wurde vornehmlich unter der Federführung damaliger Leuchtturminstitutionen wie dem *British Museum of Natural History* oder den *Royal Botanic Gardens* in Angriff genommen. Nichtsdestotrotz waren auch die Autoren lokaler Floren- und Faunenverzeichnisse mit der Problematik einer mangelhaft standardisierten und äußerst dynamischem Systematik und Nomenklatur konfrontiert. Dies beispielsweise, wenn sie für ihre Zusammenstellungen auf ältere Lokalkataloge zurückgreifen mussten, denen veraltete Nomenklaturen zugrunde lagen.

Für einen Lokalforscher in einer Schweizer Kleinstadt war es nicht immer einfach, sich einen Überblick über Synonyme (den unterschiedlichen Namen für die je gleiche Art) und deren Autoren zu verschaffen. Selbst wenn er die betreffenden Bestimmungsbücher in seinem Besitz hatte, war die Suche mit beträchtlichem Aufwand verbunden, wie ein Schreiben des Bündner Schneckenforschers Johann Georg Amstein an Eduard Killias aus dem Jahre 1886 erahnen lässt. In diesem Brief zeichnet Amstein seine detektivische Arbeit nomenklatorischer Spurensicherung nach:

> »Schon in einem früheren Brief hatte H. Suter eine *Helix adelozona* aus Bünden nachgefragt. […] Dieselbe sei wohl unterschieden von *zonata, foetens, rhaetica,* gehöre jedoch in diese Gruppe, sei grösser wie die *rhaetica* und schön hellbraun durchscheinend. Wiederholt habe nun mein gesammtes litt. Material, [unles.], Rossmaessler, Hartmann, Stabile, [unles.] Kobelt, Locard etc. dann auch meine Exzerpte durchgesehen und nichts von dieser *adelozona* gefunden. Schliesslich finde in einem Beutestück von Catalog, das ich, hauptsächlich der Synonyme wegen, zusammentrage, die Bemerkung: *Helix adelozona Parr. syn. rhaetica* leider ohne den Autor dieser Synonymie anzumerken.«[57]

Die Dynamik und das Standardisierungsbemühen von Nomenklatur und Systematik werden in Kapitel 4 dieser Arbeit ausführlicher behandelt. Für den vorliegenden Zusammenhang von Bedeutung ist der Umstand, dass die Autoren zu den unablässigen Neuerungsvorschlägen in diesen Feldern Position beziehen und Rechenschaft ablegen mussten über die verwendeten Regelwerke, die sie ihren Zusammenstellungen zugrunde gelegt hatten.

57 StAGR, Nachlass Johann Georg Amstein, B490/1, Kopialbuch Korrespondenz mit Killias, Eintrag vom 18.11.1886.

Die Anschlussfähigkeit zeitgenössischer Floren- und Faunenkataloge galt es also hinsichtlich früheren Forschern, ihren Sammlungen sowie den aktuell gültigen Regelwerken von Systematik und Nomenklatur herzustellen. Weitaus am wichtigsten war jedoch die Bezugnahme auf die letzte Inskriptionsstufe – auf ältere bereits gedruckt vorliegende Verzeichnisse der gleichen Region. Floren- und Faunenverzeichnisse bezogen sich nicht bloß in rhetorischer Absicht auf ältere Listenwerke, vielmehr integrierten sie oftmals in großem Umfang Inhalte ihrer Vorgängerwerke. Diese Eigenheit war mitbedingt durch die mediale Grundstruktur des Kataloges: Jack Goody führt die Wirkmächtigkeit der Liste nicht zuletzt auf ihre Rekombinations- und Kompilationsfähigkeit zurück.[58]

Das Kompilationsprinzip kam in den Bestandeserfassungen in extensiver Weise zur Anwendung: Oft bestanden neue Kataloge zu beachtlichen Teilen aus Daten, die aus älteren Katalogen[59] mehr oder weniger unbesehen übernommen wurden. Durch diese Anschlussoperation gewann man zwar wie oben beschrieben lokalgeschichtliches Ansehen, zugleich aber wurde die wissenschaftliche Glaubwürdigkeit des Projekts prekär. Dies veranschaulicht beispielsweise eine Polemik, die sich in der Einleitung von Ernst Kelhofers 1920 veröffentlichter *Flora des Kantons Schaffhausen* nachlesen lässt. Der Botaniker rechnet darin in ziemlich unzimperlicher Art und Weise mit einem vorgängigen Schaffhauser Florenverzeichnis ab, jenem des Gymnasialprofessors Friedrich Merklein. Dieses erschien 1861 als Beilage zum Jahresprogramm des Gymnasiums Schaffhausen und bildete über lange Jahre die Richtschnur floristischer Forschung im Kanton. Noch 1887 erwähnte es Jakob Meister in seiner *Flora von Schaffhausen* anerkennend als Referenzwerk. Nach einem Vergleich des Merklein'schen Katalogs mit dem älteren, aber bloß handschriftlich vorliegenden Verzeichnis des Schaffhauser Apothekers Johannes Schalch kommt Kelhofer zu einem für den Pädagogen unrühmlichen Schluss:

> »Über ganze Seiten hin stimmt das Merklein'sche Verzeichnis Zeile für Zeile mit dem Schalch'schen Manuskript überein. Die Abschrift ist bis auf die Reihenfolge der Standortsangaben, die Häufigkeitsbewertungen, bis auf Dialektnamen und in Klammern beigefügte Bemerkungen genau. […] Nun führt allerdings Merklein recht häufig Schalch als Gewährsmann auf. Allein auch wenn eine Zählung ergeben sollte, dass dies in allen wichtigen Fällen geschehen ist, so bleibt trotzdem die Tatsache bestehen, dass Merkleins Arbeit in der Hauptsache in nichts weiter als darin bestanden hat, das Schalch'sche Verzeichnis auf anderes Papier übertragen

58 Goody: The Domestication of the Savage Mind, 89 f.

59 In geringerer Zahl wurden auch Daten wie Vorkommen und Fundortangaben aus zeitgenössischen Fachzeitschriften übernommen.

Abb. 2.6: Verfasser eines lokalfloristischen Verzeichnisses Schaffhausens: der Apotheker Johannes Schalch (1796-1874).

Abb. 2.7: Des Plagiats an Schalch bezichtigt:
der Schaffhauser Gymnasiallehrer und Florist Friedrich Merklein (1815-1881).

Abb. 2.8: Bemühte sich um Erkenntnisse der Petite Science für akademische Arbeiten: Hans Schinz (1858-1941), Botanikprofessor an der Universität Zürich.

und in durchaus unstatthafter Weise unter eigenem Namen dem Druck übergeben zu haben.«[60]

Gerade aufgrund ihrer Kompilierbarkeit waren die aufgelisteten Daten eines Verzeichnisses, die mitunter ein ganzes Lebenswerk darstellen, ein relativ einfach zu entwendendes Gut.[61] Dies erklärt auch das mitunter vorhandene Misstrauen, das Lokalforscher dazu bewegte, Bitten um Einblick in ihre Sammlungen und Manuskripte abschlägig zu beantworten – selbst wenn es sich bei den Bittstellern um angesehene Universitätsprofessoren handelte. Letzteres war gang und gäbe: So wandte sich beispielsweise der Zürcher Botanikprofessor Hans Schinz, Doktorvater des oben erwähnten Kelhofers, im Namen seiner Schüler regelmäßig an Lokalsammler und ersuchte diese, seinen Doktoranden ihre Sammlung zur Verfügung zu stellen.[62]

Dieses Vorgehen barg einiges Konfliktpotential: Selbst wenn die Daten der Freizeitforscher von den Akademikern korrekt ausgewiesen wurden, so bestand doch die Gefahr, dass sich die Gewährsleute nach Erscheinen der universitären Publikationen um die Früchte ihrer Anstrengungen betrogen sahen. So geschah es im Falle des Eduard Benz. Wie viele andere Lokalforscher fragte Schinz den im Zürcher Oberland forschenden Sekundarlehrer 1899 an, ob er dem Doktoranden Gustav Hegi nicht Einblick in sein Herbar gewähren würde. Benz wies die Bitte zurück und begründete seine Ablehnung mit eigenen Publikationsabsichten:

»Da ich selbst gelegentlich eine kl. Arbeit über die bot. Schätze des Oberlandes publiziren möchte, so gebe ich meine Beobachtungen, die ich mit Mühe im Lauf von 35 Jahren gesammelt, nicht gerne preis, höchstens zu Gunsten einer noch zu erscheinenden kant. Flora. [...] Muss Ihr Gesuch ablehnen, in der Hoffnung, Sie werden dies ganz begreiflich finden.«[63]

Als Hegi im Jahr 1900 schließlich seine Doktorarbeit *Das obere Tösstal und die angrenzenden Gebiete* einreichte, wähnte sich Benz trotzdem »beraubt«,

60 Kelhofer: Flora Schaffhausens, 3 f.

61 Ein prominenter und lange nachhallender Fall, der beinahe zur Spaltung der *Schweizerischen Entomologischen Gesellschaft* (SEG) geführt hätte, war der angebliche Daten-Diebstahl, den der Lenzburger Entomologe Jakob Wullschlegel an seinem Berner Kollegen Franz Benteli begangen haben soll: Benteli arbeitete im Auftrag der SEG an einem Verzeichnis der schweizerischen Noctuiden und spannte sich hierzu mit Wullschlegel zusammen. Benteli stellte Wullschlegel sein fortgeschrittenes Manuskript zu, das dieser zu seinem eigenen Werk umschrieb und veröffentlichte, ohne Ersteren als Mitautor zu nennen. In der Folge verstritt sich Benteli mit der SEG-Führung und trat im Streit aus (vgl. Rätzer: Necrolog für Notar Franz Benteli, 207).

62 Vgl. beispielsweise die Anfrage Hans Schinz' an den Lehrer S. Knecht aus Bichelsee bei Dussnang, seinem Doktoranden Gustav Hegi Einblick in sein Herbar zu gewähren, in: BGUZ, Nachlass Hans Schinz, Kopialbuch 34, Eintrag vom 14.11.1899, 57.

63 BGUZ, Nachlass Schinz, Kopialbuch 37, Eintrag vom 3.7.1901, 97 f.

und Schinz sah sich genötigt, über einen Mittelsmann zwischen dem Sekundarlehrer und seinem Doktoranden zu schlichten.[64] Erst 1922 setzte dann Benz auch sein eigenes Publikationsvorhaben um und veröffentlichte als Resultat seiner lebenslangen Forschungen *Die Pflanzenwelt unseres Oberlandes*.

Solche harten Plagiats- oder Diebstahlvorwürfe waren aber eher Ausnahmefälle. Häufiger dagegen war die schlichte Infragestellung des wissenschaftlichen Wertes solcher Werke, die einen hohen Anteil älterer Daten aufwiesen. So charakterisierte beispielsweise der Churer Kantonsschullehrer Christian Brügger 1886 die Werke seiner wissenschaftlichen Nemesis August Gremli abwertend als bloße »Compilationen«.[65] Kompilatorisch verfahrende Autoren waren sich dieser Schwachstelle bewusst. So sah sich der Schwyzer Botaniker Joseph Rhiner 1870 im Vorwort seines Florenwerks bemüßigt, auf das Misstrauen hinzuweisen, das unter Botanikern solchen Verzeichnissen gegenüber bisweilen vorherrsche und das »nicht selten in falschen Bestimmungen und flüchtigen Behauptungen wirklich gegründet«[66] sei.

Im Bemühen, die Glaubwürdigkeit der publizierten Kataloge zu stützen, wurden üblicherweise im Eingangsteil die verschiedenen Datenlieferanten aus Vergangenheit und Gegenwart namentlich aufgeführt[67] und deren bürgerliche Personae – als Garanten wissenschaftlicher Redlichkeit – durch Nennung von Wohnort, Beruf und akademischem Grad in Stellung gebracht (vgl. Abbildung 2.9). Innerhalb des Verzeichnisses wurden zudem die einzelnen Artnachweise mit Namenskürzeln der Finder versehen und so stabilisiert.

Verschiedentlich versuchten die Autoren von Floren- und Faunenwerken, sich mit methodologischer Selbstreflexion gegen Vorbehalte hinsichtlich der Glaubwürdigkeit abzusichern. Ein Beispiel einer solchen Abwägung liefert der Berufsoffizier Karl Vorbrodt in seinem 1911 erschienenen Lepidopterenkatalog *Schmetterlinge der Schweiz*. Vorbrodt ließ während seiner Erhebungsarbeiten einen Aufruf in der entomologischen Gemeinschaft zirkulieren, in dem er die schweizerischen Schmetterlingssammler aufforderte, ihm entsprechende Daten zuzuschicken. Sein Aufruf war recht erfolgreich, und so enthielt der schließlich publizierte Katalog Angaben von insgesamt 58 zusätzlichen Sammlern. Ohne diese kollegialen Beiträge hätte Vorbrodt sein

64 Vgl. ebd., 97.

65 Brügger: Mittheilungen über neue und kritische Pflanzenformen, 62.

66 Rhiner: Prodrom, VI.

67 Diese Nennung erfolgte natürlich ebenso als Einhaltung impliziter moralischer Gebote der Gabenökonomie und suchte derart den vertrauensvollen Austausch von Daten unter Lokalforschern klar von plagiatorischen Praktiken abzugrenzen. Besagte Beglaubigungsgeste gemahnt aber auch an die von Steven Shapin beschriebenen Usancen der frühneuzeitlichen britischen Gentlemen Scientists, die ihren Widerhall so bis in Wissenschaftspraktiken der bürgerlichen Moderne hinein zu finden scheinen (vgl. Shapin: A Social History of Truth).

Werk nicht verwirklichen können, zugleich stellten diese fremden Daten die Achillesferse seiner Glaubwürdigkeit dar, was auch Vorbrodt bewusst war:

> »Eine Hauptschwierigkeit bei einem derartigen Unternehmen, das auf die Benutzung so vieler fremder Beobachtungen angewiesen ist, besteht in deren zweifelhafter Zuverlässigkeit. Ich sehe ganz ab von den sonderbaren Käuzen, die aus Eigennutz oder Eitelkeit wissentlich falsche Angaben machen; aber auch die im besten Glauben abgegebenen Versicherungen bedürfen in jedem einzelnen Falle einer sorgfältigen Prüfung. [...] Das Studium zahlreicher Sammlungen, eine unendliche Korrespondenz, sowie viele Vergleichssendungen trugen zur Lösung der strittigen Fragen bei.«[68]

Vorbrodt benennt hier die wichtigsten Vorgehensweisen, mit denen er die Glaubwürdigkeit seines Kataloges zu stützen versuchte. In letzter Instanz konnten die Daten und Dinge, deren Referenzbeziehung der Katalog sicherzustellen hatte, auf zwei Arten beglaubigt werden: durch den eigenen Blick des Autors sowie durch den von ihm veranlassten Blick einer anerkannten Autorität im Rahmen einer »Revision«.[69] Der herausragende Stellenwert von eigenhändig oder besser eigenäugig gewonnenen Angaben fand sich im häufig verwendeten Finderkürzel »!« symbolisiert, das die vom Autor selbst gemachten Beobachtungen deutlich von jenen der Zuträger abhob. Dieses eigene Sehen, die sogenannte »Autopsie«, galt als herausragende epistemische Tugend[70] und wurde von ihren Verfechtern entschieden gegen die bloßen »Compilationen« in Stellung gebracht. Als (selten gänzlich eingelöster) Anspruch, Daten erst nach eigener Anschauung und Überprüfung zu verwenden, erstreckte sich das Gebot der Autopsie sowohl auf historisches wie aktuelles Material: Ein antiquarisches Herbar wie ein jüngst gemeldeter Fund einer bestimmten Schmetterlingsart mussten gleichermaßen mit eigenen Augen betrachtet werden, bevor sie als aufnahmewürdig in ein Katalogprojekt erachtet wurden. Ließ sich jedoch ein Naturding beim Aufsuchen des publizierten Standorts nicht auffinden oder war ein Lokalforscher auf Nachfrage nicht in der Lage, bestimmte Angaben mit Spezimen seiner Sammlung zu belegen, so ergab sich ein akutes Glaubwürdigkeitsproblem.

Obige Ausführungen näherten sich den lokalen Katalogen als Repräsentationen, die zwischen vielfältigen sozialen und medialen Dimensionen vermitteln sollen. Dabei zeigte sich, dass zuerst einmal die Herstellung einer historischen Anschlussfähigkeit angestrebt wurde. Die in allen Floren- und Faunenwerken üblichen Bezugnahmen auf früher an gleicher Stelle forschende Persönlichkeiten kann als Eigenheit der zeitgenössischen bürger-

68 Vorbrodt und Müller-Rutz: Die Schmetterlinge der Schweiz, XIII.

69 Die Praxis der Revision und ihre Bedeutung für das Funktionieren des naturkundlichen Wissensmilieus werden in Kapitel 3 näher dargestellt.

70 Vgl. zum Begriff der Autopsie Bleichmar: The geography of observation.

— XII —

Berichtigungen und Nachträge.

Seite 5. *Trollius europæus L.* Findet sich weiter östlich erst wieder bei Jonen (Aargau) und am Albis bei Zürich.
» 9. *Corydalis ochroleuca D. C.* Wächst wirklich bei Bern, wurde aber ausgesäet.
» 12. *Hesperis matronalis L.* Die Angabe: »Waldhof bei Trimbach« bezieht sich offenbar auf die im benachbarten Ifenthalergraben wachsende *Lunaria rediviva L.*
» 74. *Oxlaya grandiflora Hoffm.* Hinter Mariastein setze »(G. Bernoulli)« statt J. Bernoulli.
» 81. *Valeriana sambucifolia Mik.* Statt weiter östlich? setze »weiter westlich?«
» 175. *Veratrum album L.* Weiter östlich sicher erst wieder am Albis bei Zürich.

Das Zeichen * ist nachzutragen bei: *Clematis Viticella, Delphinium orientale, Actæa racemosa, Pæonia officinalis, Papaver hortense, Diclytra spectabilis, Matthiola annua, Arabis albida* und *Tilia americana*; dagegen zu streichen bei: *Helleborus niger, Papaver somniferum, Tilia platyphyllos, Soja japonica* und *Prunus cerasifera.*

Verzeichnis der Abkürzungen.

A. = Alioth, Sigm., Dr., in Arlesheim. †
B. = Binz, Aug., Dr., in Basel.
C. B. = Bauhin, Caspar, in Basel. †
J. B. = — Johann, in Montbéliard. †
O. B. = Buser, Othmar, in St. Gallen.
R. B. = — Robert, in Genf.

— XIII —

Ch. = Christ, H., Dr., in Basel.
D. = Ducommun, J. C., in Bern. †
F. = Fischer-Siegwart, H., in Zofingen.
F.-J. = Friche-Joset, Fr., in Altkirch. †
R. F. = Frikart, Karl, Rektor in Zofingen. †
Fr. = Fries, Dr., Vater, in Sissach. †
H. = Hagenbach, Flora von Basel etc. †
Heg. = Hegetschweiler, Joh., Dr., in Zürich. †
J. = Jäggi, Jak., Professor, in Zürich. †
K. = Kirschleger, Flore d'Alsace etc. †
L. = Lang, Fr., Dr., Professor in Solothurn.
Frl. L. = — S., Fräulein, in Solothurn.
! = Lüscher, Hermann, von Zofingen, in Bern.
M. = Mühlberg, Aargauer Flora.
Mor. = Moritzi, Alex., Professor, in Chur. †
Mos. = Moser, Otto, Lehrer, in Wiedlisbach (Bern).
P. = Pfähler, Wilh., Apotheker, in Solothurn. †
Rh. = Rhiner, Jos., Philolog, in Schwyz. †
Sch. = Schneider, Flora von Basel. †
Sd. = Siegfried, Hans, in Bülach.
St. = Studer, Peter, Gärtner, in Solothurn. †
E. S. = Suter, Ernst, Cand. med., in Basel.
Th. = Thurmann, Jul., Professor, in Pruntrut. †
W. = Wieland, Jos. Fridol., Arzt, in Schöftland. †
Z. = Zschokke, E., Dr., in Stein, Aargau. †
* = die wichtigsten ausländischen Zierpflanzen.

Die Zahlen hinter den Standorten bezeichnen die Blütezeit, bei den Gefässkryptogamen die Sporenreife, z. B.: A. 3—M. 4, — E. 5 = Anfang März bis Mitte April, bis Ende Mai.

Abb. 2.9: Verzeichnis der verstorbenen und lebenden DatenlieferantInnen für Hermann Lüschers *Flora des Kantons Solothurn* (1898).

lichen Kultur interpretiert werden, die sich durch großes Interesse für Lokalgeschichte und die Biographie »bedeutender Männer« auszeichnete. Neben dieser Einbettung in zeitgenössische Geschichtsversessenheit hatte der historische Rückbezug aber auch sehr handfeste Aspekte, die auf die unmittelbare Gegenwart der Lokalforscher zielte: Da das Milieu der Petite Science nur schwach institutionalisiert war, kam der historisierenden Selbstbezüglichkeit in Form von Biographieforschung eine nicht zu unterschätzende Rolle für die Herstellung oder Festigung eines sozialen Feldes zu. Mehr noch als die sozialen und kulturellen Funktionen der Historisierung sind aber epistemische Eigenheiten der Naturgeschichte als Ursache dieser Selbstverortungspraxis auszumachen. Im Sinne Latours dient die von ihren Autoren stets bemühte Anschlussfähigkeit der Listen ganz grundsätzlich der Sicherung der Referenzbeziehungen zwischen den verschiedenen Schritten von wissenschaftlichen Naturbearbeitungen, die erst in ihrer lückenlosen Aneinanderreihung nachvollziehbare Aussagen über »die Welt« ermöglichen. Überhaupt zeichnet sich die Wissenschaft der Naturgeschichte in ihrem Bemühen, Pflanzen und Tiere einheitlich zu benennen und zu ordnen, durch ein grundsätzliches historisches Bewusstsein aus. Zu diesem ist sie gewissermaßen verurteilt, will sie denn vermeiden, dass die identischen

Naturobjekte an verschiedenen Orten und zu anderen Zeiten mit abweichenden Namen und Zuordnungen versehen werden. Die Absicherung der Referenzbeziehungen zwischen Dingen, Listen, Ordnungssystemen und den publizierten Katalogen war im Falle der Floren- und Faunenkataloge in besonderem Maße notwendig, da diese meist ausgeprägt kompilatorisch verfuhren. Mittels verschiedener Praktiken wurde versucht, diese Referenzbeziehungen glaubwürdig zu machen, so mit der namentlichen Nennung der Datenlieferanten, der Autopsie sowie der Revision.

Anschlussfähigkeit von Dingen und Daten: Lust und Logik des Inventars

Die referentielle Leitfähigkeit und folglich die wissenschaftliche Nachvollziehbarkeit der floristischen und faunistischen Lokalverzeichnisse umfassten jedoch nicht bloß eine historische Dimension. Es stand und fiel die Glaubwürdigkeit von Floren und Faunen auch mit der dinglichen Organisation der einzelnen Sammlungen, die einem Verzeichnis zugrunde lagen. Im vorangegangenen Kapitel wurde bereits umrissen, wie die korrekte Dinghandhabe einerseits über den Eingang der Objekte in die wissenschaftliche Zirkulationssphäre und andererseits über die Anerkennung des Lokalforschers durch die wissenschaftliche Gemeinschaft entschied. Die Ordentlichkeit der Dinge war eine herausragende Erkenntnistugend der sammelnden Naturkunde. Dazu zählte auch die Übersichtlichkeit der Ding-Inskriptionen, die im Folgenden genauer dargestellt werden soll. Im Zentrum stehen also weniger die Naturobjekte denn eine Vielfalt damit verbundener Papierobjekte.

Bei der Betrachtung des ontologischen und epistemischen Status der Sammlungsdinge wurde bereits beschrieben, wie den Naturdingen eine Vielzahl von Einschreibungen entsprießt. Diese sogenannten Inskriptionen zeichnen sich gemäß Bruno Latour dadurch aus, dass sie die widerspenstigen Dinge des Realen verflachen: Dreidimensionale, lebendige Pflanzen und Tiere werden zu zweidimensionalen, zeichenhaften Einschreibungen wie Etiketten oder Sammlungsinventare eingeflacht. Die Wichtigkeit der korrekten Konservierung und Etikettierung der Dinge wurde bereits im vorangegangenen Kapitel ausgebreitet; nachfolgend sollen vor allem die letzten Stufen dieser Einschreibungskaskade interessieren. In diesen Stufen wird bereits eingeflachtes Material nochmals komprimiert. In Form von Flachware, papierenen Objekten, arrangierten die Lokalforscher die ganze zu katalogisierende Pflanzen- oder Tierwelt ihrer Region als »synoptisches Tableau«[71] auf ihrem Schreibtisch.

71 Latour: Zirkulierende Referenz, 50.

Die mediale Grundstruktur eines Floren- oder Faunenkatalogs ist jene der Liste. Diese schlussendlich publizierte Liste hat als Ausgangsmaterial andere Listen ephemerer Natur, sogenannte Spezimenlisten. Diese »paper museums of specimens«,[72] wie sie der Wissenschaftshistoriker James Delbourgo anschaulich bezeichnete, konnten verschiedenste Funktionen übernehmen: Sie rechneten die Beute einer Exkursion auf, sie inventarisierten eine Postsendung von Sammlungsobjekten oder teilten dem Listenautor spezifische Artvorkommen eines bestimmten Untersuchungsgebietes mit. Die Wissenschaftshistorikerin Valentina Pugliano sieht diese Auflistungen durch eine vergleichbare Bedeutung charakterisiert: Sie funktionierten als »portable storage tool«,[73] und als solches dokumentierten oder ersetzten sie Materialflüsse. Dieser Funktion entsprechend handelt es sich bei den Spezimenlisten laut Pugliano um bloß temporäre Archive, die nach ihrem jeweiligen Gebrauch eigentlich hätten weggeworfen werden können. Wie sie aber am Beispiel des botanischen Briefwechsels frühneuzeitlicher Gelehrter in Oberitalien aufzeigt, haben diese provisorischen Aufschreibungen häufig bis heute überlebt und machen so oft den größten Teil des überlieferten Quellenmaterials aus.[74]

Dieser Befund kann auch auf die naturkundlichen Lokalforscher des ausgehenden 19. Jahrhunderts übertragen werden: Überlieferte Forschernachlässe bestehen nicht selten zu wesentlichen Teilen aus Bündeln an Sudelblättern und Notizzetteln, auf denen Spezimenlisten notiert sind. Trotz ihrer provisorischen Gestalt wurden nämlich diese Zettel von den Sammlern selten entsorgt. Sie bewahrten diese auf, da sie noch Jahre später als Quittung für die Sendung, den Erhalt und die Rückgabe von Objekten oder als Beleg für Autorenangaben und synonyme Speziesnamen dienen konnten.

Verschiedene AutorInnen weisen auf die große Nähe der wissenschaftlichen Textgattung der Spezimenliste zu Aufschreibepraktiken der Geschäftswelt hin; Valentina Pugliano beispielsweise sieht ihren Ursprung im Naturalienhandel frühneuzeitlicher Apotheker. Die Kulturwissenschaftlerin Anke te Heesen wies in einer Fallstudie zur Sibirien-Exkursion des deutschen Botanikers Daniel Gottlieb Messerschmidt gar nach, dass sich dieser Forscher einer doppelten Buchhaltung bediente, um den Überblick über die erbeuteten Fundstücke zu bewahren.[75]

Die Anwendung solch elaborierter Buchhaltungstechniken stellte wohl eher eine Ausnahme dar, doch an die Grobstruktur des Rechnungsbuches lehnten sich die meisten ordentlichen Sammler an (vgl. Abbildung 2.10). In

72 Delbourgo: Listing people, 737.
73 Pugliano: Artisanal writing, 719.
74 Ebd., 719 und 723.
75 Vgl. Heesen: Accounting for the natural world.

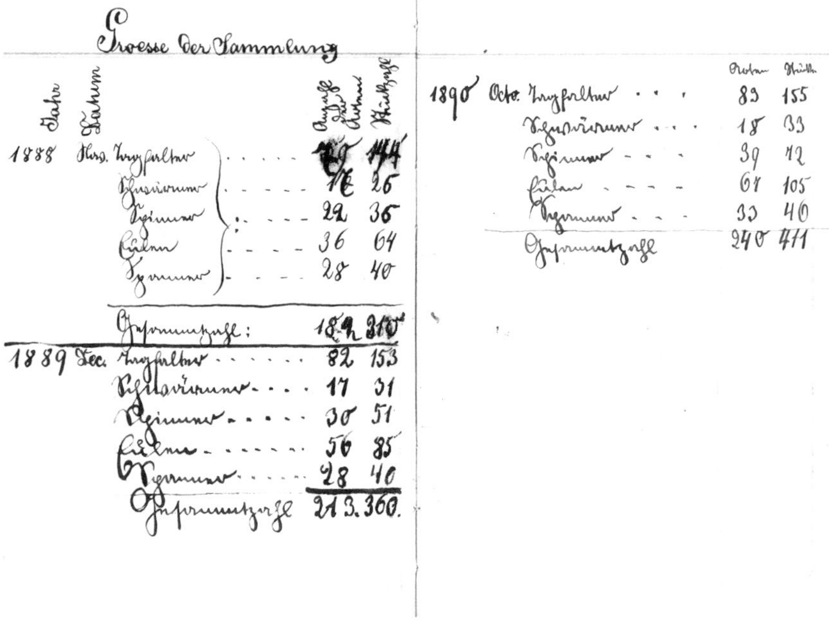

Abb. 2.10: Bilanzierung des Objektzuwachses durch den jugendlichen Schmetterlingssammler Emanuel Bodman in den Jahren 1888-1890.

diesen Büchern wurden gewissermaßen die Notizzettel der Spezimenlisten kompiliert und die Objektflüsse in die Sammlung nachgezeichnet. Ein eindrückliches Beispiel für die akribische Ordentlichkeit der Sammlungsbuchführung bieten die Nachlassmaterialien des Churer Rechtsanwalts und Entomologen Johann Luzius Caflisch (1847-1899). Caflisch trat unter anderem als Nachlassbearbeiter der Killias'schen Insektenverzeichnisse in Erscheinung und war selbst ein passionierter Lepideptorologe, der sich mit stattlichen finanziellen Aufwendungen eine große Schmetterlingssammlung aufbaute. Diese umfasste über 1400 Spezies in rund 5500 Exemplaren und wurde nach seinem Tode vom Kanton Graubünden aufgekauft.

Seine Sammlung dokumentierte der Rechtsanwalt mit einem Inventarbuch. Zur übersichtlichen Darstellung seiner Bestände bediente sich Caflisch eines Systems vorgedruckter Listen: Am linken Rand der Seite war ein vertikaler Streifen aufgeklebt – eine systematische Anordnung aller europäischen Schmetterlingsarten, horizontal über den oberen Blattrand verlief eine Liste, deren Rubriken wie Geschlecht, Anzahl und andere Spezifikationen sich in senkrechten Kolonnen nach unten entlang aller am Rand aufgezählten Arten erstreckten, so dass Caflisch nur noch mit einzelnen Bleistiftziffern die jeweiligen Posten auszufüllen und zu quantifizieren brauchte.

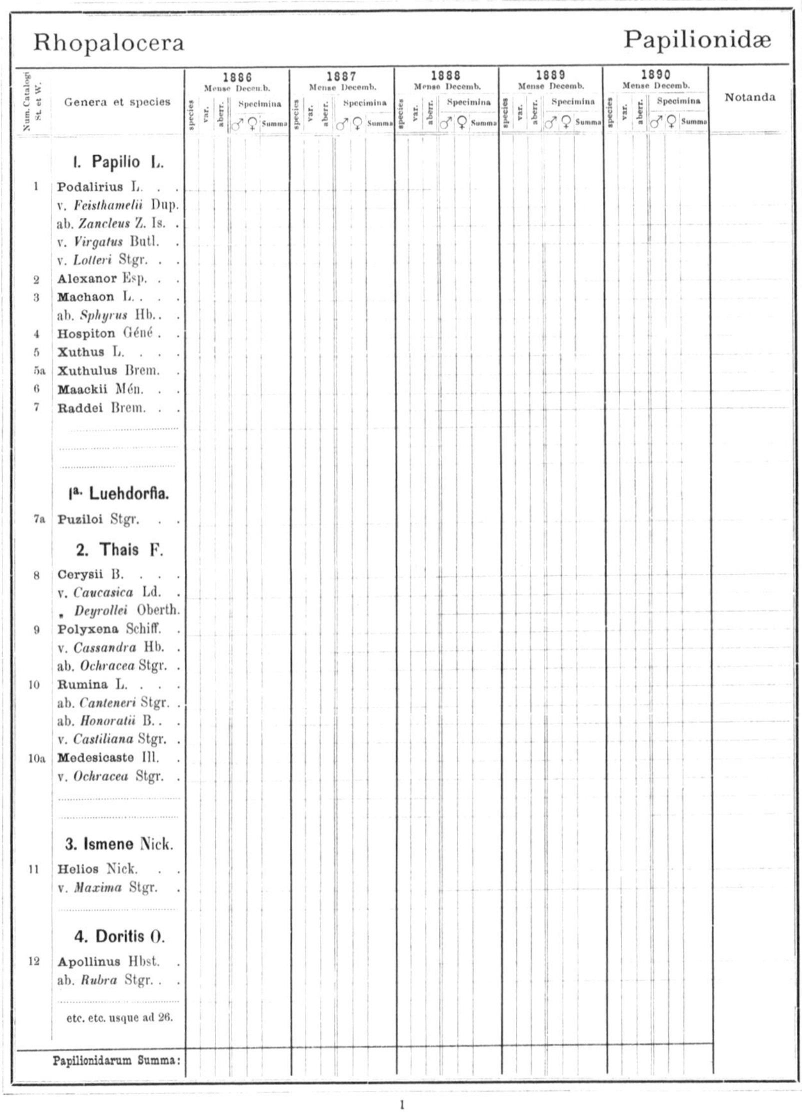
Rhopalocera — Papilionidæ

Num. Catalogi St. et W. | Genera et species | 1886 Mense Decemb. | 1887 Mense Decemb. | 1888 Mense Decemb. | 1889 Mense Decemb. | 1890 Mense Decemb. | Notanda

(for each year: species | var. | aberr. | Specimina ♂ ♀ Summa)

I. Papilio L.

1 Podalirius L.
v. *Feisthamelii* Dup.
ab. *Zancleus* Z. Is.
v. *Virgatus* Butl.
v. *Lotteri* Stgr.
2 Alexanor Esp.
3 Machaon L.
ab. *Sphyrus* Hb.
4 Hospiton Géné
5 Xuthus L.
5a Xuthulus Brem.
6 Maackii Mén.
7 Raddei Brem.

I^a. Luehdorfia.

7a Puziloi Stgr.

2. Thais F.

8 Cerysii B.
v. *Caucasica* Ld.
„ *Deyrollei* Oberth.
9 Polyxena Schiff.
v. *Cassandra* Hb.
ab. *Ochracea* Stgr.
10 Rumina L.
ab. *Canteneri* Stgr.
ab. *Honoratii* B.
v. *Castiliana* Stgr.
10a Medesicaste Ill.
v. *Ochracea* Stgr.

3. Ismene Nick.

11 Helios Nick.
v. *Maxima* Stgr.

4. Doritis O.

12 Apollinus Hbst.
ab. *Rubra* Stgr.

etc. etc. usque ad 26.

Papilionidarum Summa:

1

Abb. 2.11: Vorgedrucktes Verzeichnis zur jährlichen Inventarisierung von Schmetterlingssammlungen. Vermarktet vom Churer Rechtsanwalt Johann L. Caflisch (1886).

Dieses Listensystem war ein Caflisch'sches Eigengewächs. Er ließ dieses von einer Druckerei herstellen und bot es 1886 in einem Rundschreiben auch Sammlerkollegen zum Kauf an (vgl. Abbildung 2.11). Der leidenschaftliche Sammler Caflisch führte in seiner Affiche unterschiedliche Verkaufsargumente ins Feld: Ein solches Inventar erhöhe neben dem »Affektionswert« vor allem den wissenschaftlichen, aber ebenso den pekuniären Wert einer Sammlung, gedenke sie der Besitzer einst zu verkaufen. Caflischs Werbetext führt dann weiter den Sinn und Zweck seines Produktes aus und offenbart die buchhalterische Essenz des Sammelns:

> »Dieser Sammlungskatalog soll nichts anderes sein, als ein genaues Inventar jeder Schmetterlingssammlung, welches jeweilen auf die Zeit des Jahreswechsels, wo der Sammler seine Schätze neu zu ordnen und zu überblicken pflegt, in bequemer Weise ergänzt werden kann. [...] Die vorliegende Herausgabe eines gedruckten Schema's soll dem Besitzer der Sammlung die Hauptarbeit – das Schreiben der Namen und die ganze Einrichtung des Katalogs – abnehmen, dasselbe ermöglicht dem Sammler, jederzeit den Stand seiner Sammlung genau zu kennen, von Jahr zu Jahr den Zuwachs in praktischer Weise hinzuzufügen und die Fortschritte seiner Arbeit, sowie das, was ihm noch zur Vollständigkeit fehlt, zu überblicken.«[76]

Gleichsam als Vermächtnis seiner Sammeltätigkeit, so scheint es zumindest aus dem historischen Rückblick, fasste Caflisch zwei Jahre vor seinem Tod die Summen und Totale seiner jährlichen Sammlungs-Inventarisierungen auf einem einzelnen, säuberlich gestalteten Blatt zusammen (vgl. Abbildung 2.12). Versehen mit dem Stempel »J. L. Caflisch, Chur, Schweiz, 1. Mrz. 97, Rechtsanwalt«, verströmt diese Schlussabrechnung eine Aura des Testamentarischen. In der kondensierten Zusammenfassung hebt Caflisch als Resultat seines Sammlerlebens zwei Ziffern hervor; die Anzahl der vorhandenen Arten sowie die Gesamtsumme an Spezimen.

Diese additive Logik[77] der Sammlungs-Buchhaltung übertrug sich auch auf die lokalen Floren- und Faunenverzeichnisse. Auch diese wurden mitunter in Form von Gewinnrechnungen präsentiert. Es erstaunt nicht, dass gerade Caflisch dieser Darstellungsweise sehr zugetan war. Wie eingangs des Kapitels erwähnt, publizierte Eduard Killias 1880 als Beitrag zu seinem geplanten *Verzeichnisse der Insectenfauna Graubündens* ein Verzeichnis der kantonal vorkommenden Schmetterlinge. 1886 folgte sein erster *Nachtrag zum Verzeichnis der Bündner Lepidopteren*, der seine erste Schmetterlingsliste um zwischenzeitlich neu entdeckte Arten und Fundorte ergänzte. Nach Killias' Tode im Jahre 1891 veröffentlichte nun Caflisch 1895 auf der Basis nachgelassener Verzeichnisse Killias' sowie angereichert um eigene Beobachtungen einen zweiten Nachtrag zum Bündner Lepidopterenkatalog. Caflisch

76 StAGR, Nachlass Eduard Killias, B 260, Flugblatt von Caflisch »An meine entomologischen Collegen«, September 1886.

77 Die Historikerin Anna Joss verweist darauf, dass die Rolle des Quantitativen in der Erforschung wissenschaftlicher Sammelpraxis noch zu wenig beleuchtet wurde (vgl. Joss: Anhäufen, 51-52).

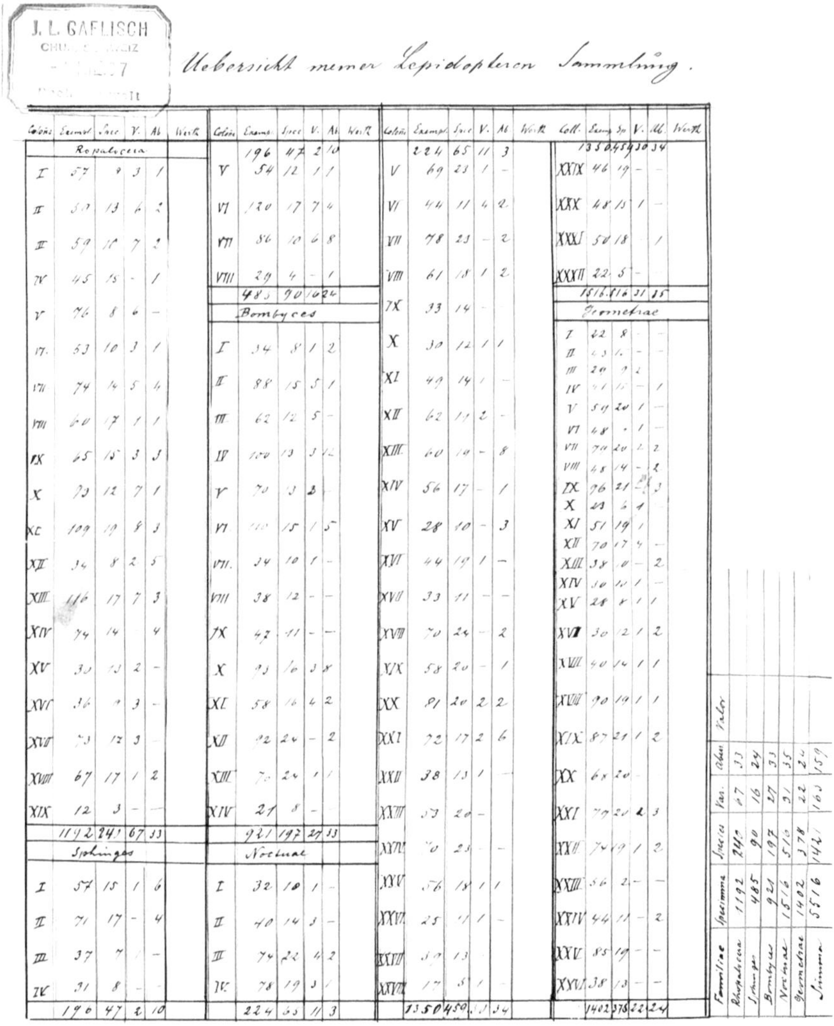
J. L. CAFLISCH

Uebersicht meiner Lepidopteren Sammlung.

Familiae	Specimina	Species	Var.	Aber.	Valor
Rhopalocera	1192	240	67	33	
Sphinges	485	90	16	24	
Bombyces	921	197	27	33	
Noctuae	1516	516	31	35	
Geometrae	1402	378	22	24	
Summa	5516	1421	163	159	

Abb. 2.12: Gesamtinventar der Schmetterlingssammlung von Johann L. Caflisch (1897).

schließt das Vorwort dieses Kataloges mit einer Tabelle, wie sie sich vergleichbar schon in Killias' erstem Verzeichnis fand.[78] In dieser addiert Caflisch für die zwei Taxa »Arten« und »Varietäten u. Abberationen« jeweils die Summen-Totale zusammen, die in den Katalogen beziehungsweise Nach-

78 Vgl. Killias: Verzeichniss der Bündner Lepidopteren, 217.

trägen von 1880, 1886 und 1895 angegeben wurden. Der nüchterne Buchhalter Caflisch schien sich jedoch nur für zwei Summen zu interessieren: für die Gesamtsumme an Spezies, die sein jüngster Katalog aufführt, sowie den Zuwachs dieser Ziffer im Vergleich zu Killias' erstem Verzeichnis. Die Arithmetik der Wachstumsraten schien für den Sammler Caflisch der Maßstab wissenschaftlichen Fortschritts. Analog verfuhr fünf Jahre später auch Luzi Bazzigher, als er nach Caflischs Tod einen dritten Nachtrag zu Killias' Schmetterlingsverzeichnis veröffentlichte (vgl. Abbildung 2.13).

Was bei Caflisch als trockene Erfolgsrechnung daherkam, schlug bei anderen Autoren zuweilen in eine kompetitive Rhetorik regionalen Naturreichtums um; die vorkommenden Artenzahlen wurden zur Messlatte eines lokalpatriotischen Wettstreits. Die Lust am Vergleich und die Freude an der großen Zahl wird einmal mehr durch die mediale Struktur der Liste nahegelegt, ist selbige doch gemäß William Gass die vorzügliche rhetorische Form, um Gefühle der Reichhaltigkeit und des Überflusses hervorzurufen.[79] Ein Beispiel, wie der aufsummierte Artenreichtum zur regionalen Selbstdarstellung verwendet wurde, liefert Joseph Rhiners *Prodrom der Waldstätter Gefässpflanzen* (1870). Rhiner reihte unterfüttert mit handfesten Zahlen die kleinen Kantone der Zentralschweiz mit unverhohlenem Stolz gleichwertig neben stattliche Flächenkantone der Eidgenossenschaft:

> »Was den Reichthum des Neuen betrifft, möchte das Vorliegende mit Befriedigung zu seinen Nachbarfloren gereiht werden. Denn durchströmt auch die Waldstätten nicht die Gluth des Rhonethals, ist in ihnen kein italienischer Himmel mit den eisigen Regionen des ewigen Schnees gepaart, so stehen sie mit ihren 1395 [...] von den 2272 schweizerischen Species doch nur fünf Kantonen nach, nämlich Wallis mit 1802, der Waadt mit 1726, Bern mit 1642, Graubünden mit 1598 und Tessin mit 1554 Gefässpflanzen.«[80]

Diese kompetitive Auffassung der Lokalkataloge implizierte stet die Möglichkeit, durch erhöhte Wissensanstrengungen in der Rangliste aufzusteigen. Als Hermann Lüscher 1898 seine *Flora des Kantons Solothurn* veröffentlichte, vermeldete er seinen Naturforscherkollegen mit stiller Genugtuung, dass ihr Kanton im Vergleich zum früheren Forschungsstand nun zwei Positionen gutgemacht hätte: »Damals (1869 und 1897) nahm Solothurn unter den Kantonen den 17., heute nimmt es mit 1167 oder (mit den sichern Bastarden) 1201 Arten den 15. Rang ein«.[81]

79 Gass, zit. bei Schuster: Making a list, 11.

80 Rhiner: Prodrom, IX f. Der Einfluss naturkundlicher Befunde auf die Wahrnehmung bestimmter Regionen der Schweiz wie Wallis, Tessin und Graubünden und die spezielle Rolle der biogeographischen Diversität wird im Kapitel 6.4 nachgezeichnet.

81 Lüscher: Flora des Kantons Solothurn, VI.

Rekapitulation der bisher im Kanton gefundenen Species.

Abtheilung	Neuer Zuwachs seit 1895		Arten		Varietäten und Aberrationen	
Macrolepidopteren:						
Tagfalter	2		159		60	
Schwärmer	—		53		18	
Spinner	5		131		28	
Eulen	15		360		40	
Spanner	11		301		38	
		33		1004		184
Microlepidopteren:						
Pyralidinen	6		141		17	
Wickler	12		202		14	
Motten	17		349		6	
Mycropteryginen	—		4		—	
Pterophorinen	—		22		—	
Alucitinen	—		2		—	
		35		720		37
		68		**1724**		**221**
Bestand 1895				1666		211
Zuwachs seither				58		10

Abb. 2.13: Lokalfaunistik als Gewinnrechnung: Tabelle aus Luzi Bazzighers Nachtrag zum Bündner Lepidopterenverzeichnis von Eduard Killias (1900).

Kehren wir nach diesem lokalpatriotischen Wettmessen wieder zurück zu den einzelnen Sammlungen und ihrer Inwertsetzung durch Inventare. Dass Sammlungen als Werte aufgefasst wurden, zeigt sich auch in der besonderen Aufmachung der Sammlungsschriftstücke: Objekte der letzten Inskriptionsstufen wie die definitiven Etiketten und die Schlussverzeichnisse waren in auffälliger Weise ästhetisiert. Diese Dokumente ragen durch kalligraphische Beschriftungen, saubere Linien, farbige Tinte sowie ornamentalische Verzierungen aus den Haufen der Spezimenlisten heraus. Anke te Heesens Feststellung einer »Materialzärtlichkeit«,[82] welche die materielle Kultur der Sammlungsinskriptionen kennzeichne, findet sich auch in Caflischs Werbeschreiben für sein Inventarisierungssystem bestätigt:

82 Heesen: Beschriftungsszenen, 111.

> »Der Catalog soll, was typographische und sonstige Ausstattung anlangt, Alles bieten, was ihn zu einem höchst präsentablen Appendix der Sammlung zu machen geeignet ist. Namentlich wurde auf gutes Schreibpapier und eleganten Einband mit Golddruck Bedacht genommen, so dass das Buch sich auf jedem Putztisch sehen lassen darf.«[83]

Diese Akribie und Schönheit, mit der Inskriptionen gestaltet wurden, sind nicht überraschend. Inventarisierung und Verzierung waren Ausdruck individueller Wertschätzung der eigenen Sammlung, in die man große Teile Lebenszeit und beachtliche Geldsummen investiert hatte. Ebenso liegt auf der Hand, dass die ansehnliche Gestaltung der Inventarbücher der grundsätzlichen Glaubwürdigkeit einer Sammlung zuträglich war. Allein: Bloß mit gewissenhafter Aufrechnung und Schönschrift war die epistemische Anschlussfähigkeit eines schließlich aus solchen Sammlungsinventaren herausdestillierten Lokalverzeichnisses noch nicht gewährleistet. Das Gebot referentieller Leitfähigkeit verlangte eine Offenheit der Papier-Sammlungs-Dinge gegenüber der steten Dynamik von Neufunden sowie taxonomischen und nomenklatorischen Reformen. Sammeln von Natur, selbst jener eines klar umgrenzten Gebietes, eröffnet einen tendenziell unendlichen Horizont,[84] was in einem gewissen Widerspruch zur Verfestigung der Sammlung in säuberlichen Ding-Inskriptionen steht.

Stabilisierung des Dynamischen: Leerstellen, Ergänzungen und Karteien

Dem Umstand unablässig eintreffender Neufunde sowie der steten Dynamik von Nomenklatur und Systematik begegneten die Autoren lokaler Floren- und Faunenkataloge mit verschiedenen Techniken der Leerstelle. Johann Luzis Caflisch beispielsweise fügte in seinen vorgedruckten Inventarisierungstabellen jeweils nach der Aufzählung einer Gattung eine Leerzeile an, die für »etwaige Nachträge« vorgesehen war, also beispielsweise für neu beschriebene Arten besagter Gattung. Diese Technik lässt sich bis auf Linné zurückführen, der in seinen Notizheften pro taxonomische Einheit stets eine Leerstelle freihielt.[85]

Auch im Druck erschienene Floren- und Faunenverzeichnisse versuchten, durch eingeplante Lücken der steten Dynamik des Sammelns, Ordnens und Benennens von Naturdingen gerecht zu werden. Schlägt man ein Verzeich-

83 StAGR, Nachlass Eduard Killias, B 260, Flugblatt von Caflisch »An meine entomologischen Collegen«, September 1886.
84 Vgl. Allen: On parallel lines, 362.
85 Vgl. Müller-Wille und Charmantier: Lists as research technologies, 749.

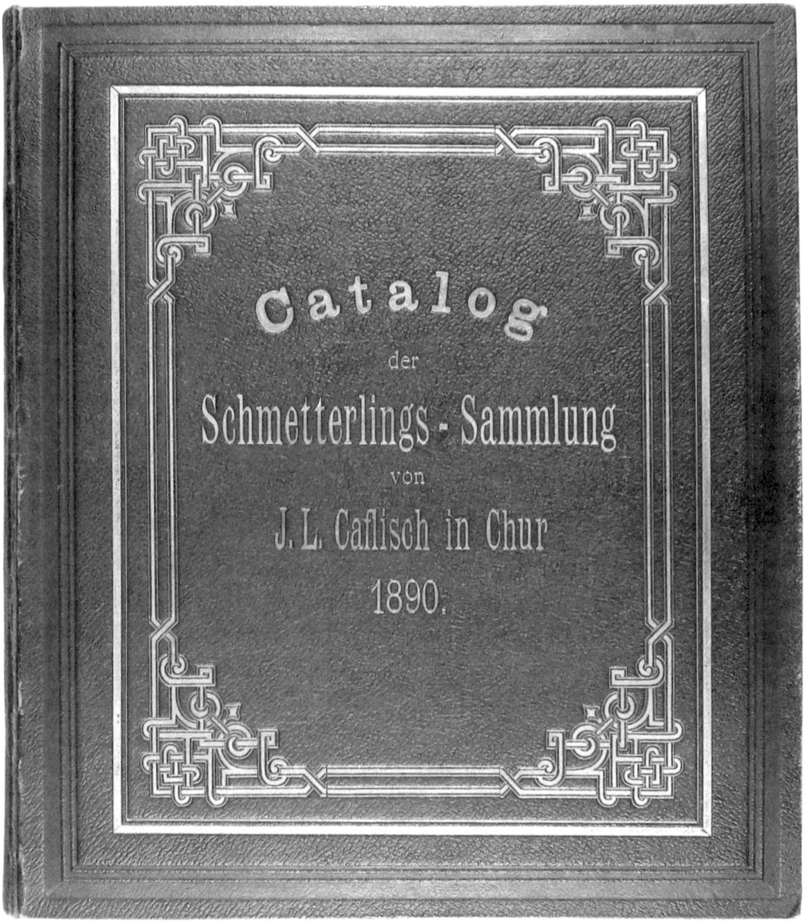

Abb. 2.14: Sammlungskatalog »System Caflisch« mit goldgeprägtem Einband (1890).

nis auf, so ist oftmals nur die linke Seite bedruckt, während die rechte als Blankoseite die Notizen des Nutzers aufnehmen kann. Auguste Puton, der Autor eines 1886 erschienenen europäischen Schnabelkerfenkataloges, preist diese Einrichtung von Blankoseiten mit folgenden Worten an: »Cette édition comporte [...] un tirage sur une seule colonne, dont on a pu apprécier l'utilité, soit pour éviter la confection des étiquettes de collection, soit pour sérvir de registre de notes pour les localités, habitats, changements de synonymies, adjonctions d'espèces nouvelles, etc.«[86] Diese im Buchdruckjargon als »durchschossenes Exemplar« bezeichnete Bindungsart hatte den Vorteil,

86 Puton: Catalogue des hémiptères, 4.

dass allfällige Änderungen bequem notiert werden konnten. Gleichzeit wies diese spezielle Bindung einen Nachteil auf: Durch die Verdoppelung der Buchseiten wurden die Kataloge rasch sehr schwer und unhandlich und eigneten sich nicht mehr für die Bestimmungsarbeit im Feld.

Mit diesem Problem sahen sich auch Hans Schinz, der bereits erwähnte Zürcher Botanikprofessor, und sein Forscherkollege Robert Keller, Gymnasiallehrer in Winterthur, konfrontiert. Während der Vorarbeiten für ihre 1900 erschienene *Flora der Schweiz* war auch der Seitenumfang des geplanten Werkes ein wichtiges Thema. Beiden war klar, dass das Volumen des Manuskripts nicht zu üppig ausfallen sollte. Die angestrebte Reduktion des Umfangs diente einem ausdrücklichen Ziel; mit ihrem Verzeichnis wollten sie August Gremlis äußerst populäre *Excursionsflora für die Schweiz*[87] verdrängen, das seit Jahrzehnten vorherrschende Bestimmungswerk der Schweizer Floristik. »Je handlicher die Flora wird«, so schärfte Schinz seinem Kollegen die strategische Vorgabe ein, »um so eher wird sie geeignet sein, den Gremli zu ersetzen und von der Bildfläche verschwinden zu machen.«[88] Unbesehen dieser Bemühungen erachteten sie das schließlich gedruckte Werk dennoch als unhandlich und verwendeten etliche Anstrengung darauf, die 1905 erschienene Zweitauflage schlanker ausfallen zu lassen. In diesem Zusammenhang starteten sie im August 1903 sogar eine Kundenbefragung, in der sie in einem Rundschreiben die geplanten Änderungen bekanntgaben und die potentielle Leserschaft aufriefen, dazu Stellung zu nehmen.[89] Die Zweitauflage erschien dann wie in dieser Verlautbarung angekündigt in zwei separaten Bänden, in denen sie auf die durchschossene Bindung mit Leerseiten verzichteten, wobei weniger häufige Arten in den zweiten Band verbannt wurden.

Falls vorhanden, wurden die Möglichkeiten der handschriftlichen Ergänzung der leer belassenen Seiten rege genutzt. Betrachtet man beispielsweise Killias' nachgelassenes Handexemplar von Putons Schnabelkerfenverzeichnis, so zeigt sich ein vollgekritzeltes Buch, das der Churer Naturforscher durch diverse Einträge auf seine eigenen Bedürfnisse zugeschnitten hat (vgl. Abbildung 2.15). In der oberen Ecke der leeren Seite verzeichnete er im Sinne einer Registerfunktion die jeweils auf der entsprechenden Seite behandelte Familie. Alle aufgeführten Gattungen, von denen er Exemplare in seiner Sammlung besaß, unterstrich er mit schwarzem Farbstift, die entsprechenden Spezies kreuzte er mit der gleichen Farbe an. Bei allen derart markierten Spezies notierte er zudem durch ein rotes »H« für »Helvetica«

87 Die beherrschende Stellung von Gremlis *Excursionsflora für die Schweiz* und deren Auswirkung auf die kognitive und dingliche Sammlungsorganisation der Lokalforscher werden in Kapitel 4.1 eingehender beleuchtet.

88 BGUZ, Nachlass Schinz, Kopialbuch 33, Brief vom 18.3.1897.

89 Vgl. Naturmuseum Luzern, Ordner »Bis 1907«, Rundschreiben Schinz' vom 10.8.1903.

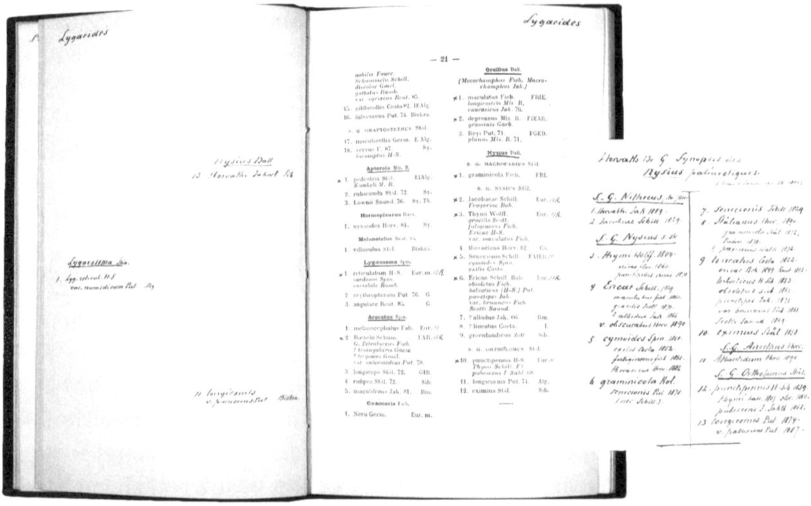

Abb. 2.15: Eduard Killias' mannigfaltig ergänztes Handexemplar von A. Putons *Catalogue des Hémiptères* (1886).

oder blaues »R« für »Raetica«, ob besagte Art in der Schweiz oder in Graubünden heimisch sei. Bei den Gattungseinträgen des Buches vermerkte er zudem auf den Leerseiten neue Arten und entsprechende bibliographische Angaben, manchmal gar ganze taxonomische Revisionen besagter Gattungen. So klebte er beispielsweise neben der Gattung *Nysius* ein Exzerpt einer Gattungsrevision ein, die in der *Revue d'Entomologie* publiziert worden war. Vergleichbares findet sich in Luzi Bazzighers nachgelassenem Handexemplar des *Catalog der Lepidopteren des Europäischen Faunengebiets* von Otto Staudinger. Bazzigher war ein Entomologenkollege Caflischs und Killias'. Nach Caflischs Tod übernahm er als Dritter im Bunde die Fortsetzung des Killias'schen Katalogisierungsunterfangens der bündnerischen Insektenfauna. Auch Bazzigher ergänzte Staudingers Faunenkatalog um neue Arten und um Bündner Fundorte. Zusätzlich stellte er zudem durch die handschriftliche Nummerierung der abgedruckten Gattungen eine Verbindung zwischen dem Buch und den entsprechenden Kästen seiner Schmetterlingssammlung her.

Die Handexemplare floristischer und faunistischer Standardwerke wurden also um idiosynkratische Ordnungssysteme angereichert, so dass sich im Katalog verschiedene Ordnungen überlagerten. Die Beschreibung der Floren- und Faunenwerke als geschichtete Listen ist hier wortwörtlich zu nehmen: Im Forschungsalltag ergänzten die Sammler ihre Exemplare mit Notizen, Nummerierungen und eingeklebten Exzerpten. Durch diese Zurichtungen wurde ein gedruckter Katalog zum individualisierten Werkzeug, zu einem »scientific apparatus that directs naturalists' interactions with specimens«.[90]

Diese Arbeitsnotizen in den persönlichen Handexemplaren waren nach dem Tod ihrer Verfasser nicht verloren. Oftmals wurden sie zu weiteren Inskriptionsschichten im generationenübergreifenden Projekt der lokalen Bestandeserfassung und flossen in Floren- und Faunenwerke ihrer Nachfolger ein. Im Quellenverzeichnis seiner *Flora des Kantons Schaffhausen* (1920) führt Ernst Kelhofer beispielsweise drei Handexemplare von Friedrich Merkleins *Verzeichnis der Gefässpflanzen, welche in der Umgebung von Schaffhausen vorkommen* (1861) und von Jakob Meisters *Flora von Schaffhausen* (1887) auf, die von ihren Besitzern um eigene Fundangaben ergänzt wurden. So erwähnt beispielsweise der achte Eintrag seines Quellenverzeichnisses: »† Keller, G., sen., Handschriftliche Anmerkungen in seinem Handexemplar von Merkleins Verzeichnis und Meisters Flora. Im Besitz von Herrn Pfarrer G. Keller in Heiden und von ihm dem Verfasser zur Verfügung gestellt.«[91]

Vermochten also diese ergänzten Leerseiten der Dynamik floristischer und faunistischer Forschungen Herr zu werden? Nur bedingt: Aufgrund ihrer Verhaftung in der Grundstruktur der Liste – das heißt linearer Serien – stellten die vollgekritzelten Floren- und Faunenkataloge relativ schwerfällige Technologien dar, da der Raum am Anfang und am Ende der Liste sowie zwischen den einzelnen Einträgen nicht beliebig neu angeordnet oder erweitert werden konnte.[92] Dem Ziel einer übersichtlichen Anordnung von Dingen und Inskriptionen wurden sie nur teilweise gerecht.

Im Laufe ihrer Geschichte etablierten sich in der sammelnd-klassifizierenden Wissenschaft der Naturgeschichte noch weitere Aufschreibe- und Ordnungstechniken, die die Dynamik der Dinge und der taxonomischen Systeme in den Griff bekommen sollten. Dies geschah, indem man die räumlichen Dimensionen der linearen Liste ausweitete. Mit Papier lässt sich weit mehr bewerkstelligen als mit einer klassischen Liste. Dieses Medium bot den Naturforschern verschiedenste Möglichkeiten, dingliche Ordnungssysteme zu bilden. Anke te Heesen beschreibt deren Bandbreite wie folgt:

> »It applied to the entire practice, as it were, of inscription, of employing paper and the physical organization it permitted, by way of pages, folding, binding, interleaving, and sequential placement. Scholarly and economic bookkeeping extends well beyond the two-dimensionality of the paper page to involve spatial as well as written order.«[93]

90 Scharf: Identification keys, 77.
91 Kelhofer: Die Flora des Kantons Schaffhausen, 259.
92 Müller-Wille und Charmantier: Lists as research technologies, 748.
93 Heesen: Accounting for the natural world, 246 f.

Abb. 2.16: Mappe mit Arbeitsmaterialien für ein Verzeichnis der Bündner Zweiflügler. Aus dem Nachlass des Churer Arztes Eduard Killias (1879).

Erste Gehversuche mit einer flexibleren, räumlichen Organisation von katalogisierten Papierinskriptionen gab es seit der Frühen Neuzeit, beispielsweise mit den ersten Vertretern von Zettelkästen.[94] Lange Zeit noch blieben

94 Vgl. zur Geschichte verschiedener Verzettelungssysteme und Exzerpiertechniken z. B. Krajewski: Zettelwirtschaft, und Zedelmaier: Buch, Exzerpt, Zettelschrank sowie grundsätzlich zur epistemischen Dimesion der Erweiterung der zweidimensionalen Liste hin zur Dreidimensionalität der Kartei Koch: Graphé, 171-173.

Abb. 2.17: Blick in Killias' Dipterenmanuskripte: Exzerptsammlungen zur Ordnung der Zweiflügler, dem taxonomischen Rang der Familie entsprechend gebündelt.

aber die listenförmige Registratur und das Buch die grundlegenden medialen Organisationsweisen von neuzeitlicher Verwaltung, Wirtschaft und Wissenschaft. Erst um die Wende zum 20. Jahrhundert wurde dieses »ancien régime des gestes du classement«[95] durch die Karteikarte und die Akte abgelöst. Vorreiter der Einführung normierter Karteikarten und Zettelkästen waren die Büros,[96] innerhalb des naturgeschichtlichen Sammlungswesens nahmen Museen eine Pionierrolle ein.[97] Für den hier interessierenden Untersuchungszeitraum war die Verwendung normierter Zettelkästen durch die Autoren lokaler Floren- und Faunenwerke noch nicht verbreitet. Häufiger finden sich in den Nachlässen vielmehr jene in Kartonkisten und Umschlägen angehäuften Blätterstapel, in denen Ina Dietzsch und Sabine Imeri die Vorstufe von ausgearbeiteten Zettelkästen erkennen, die den »Übergang

95 Gardey: Ecrire, calculer, classer, 151.
96 Vgl. Meynen: Büroformate.
97 So berichtet beispielsweise Isaak Bloch, der Kurator des 1901 wiedereröffneten naturhistorischen Sammlung der Stadt Solothurn, dass im Zuge der Reorganisation des Ausstellungshauses auch die bisherigen Bestandeskataloge durch neuartige Zettelkataloge ersetzt worden seien (Bloch: Zehn Jahre, 34).

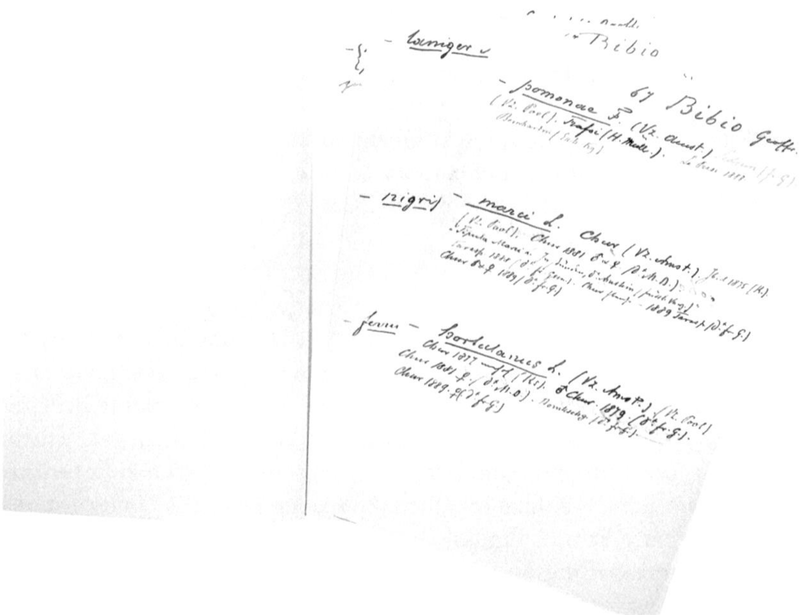

Abb. 2.18: Die Exzerptzettel Kilias' entsprechen jeweils dem taxonomischen Rang der Gattung und listen Einträge zu einzelnen Spezies dieses Genus auf.

von der Ansammlung zur Sammlung« noch nicht geschafft hätten.[98] Die Lokalforscher standen an einem Wendepunkt zwischen älteren Aufschreibetechniken wie der Registraturliste und neueren Wissensverwaltungssystemen wie dem Karteikasten.

Als Eduard Killias in den 1870er-Jahren an einem Verzeichnis der in Graubünden vorkommenden Fliegen und Mücken arbeitete, schuf er sich für die Verwaltung seiner umfangreichen Exzerptensammlung sowie seiner Datenbestände einen cleveren Inskriptionsapparat (vgl. Abbildungen 2.16 bis 2.18). Er bastelte sich aus Mappen, Couverts und Zetteln ein räumliches System der Wissensorganisation, das bereits große Nähe zum modernen Zettelkasten aufwies. In seiner räumlichen Anordnung widerspiegelte Killias' Ordnungsarrangement die biologische Systematik: Eine große Kartonmappe entsprach dem Taxa der *Ordnung* und umfasste kleinere Mappen oder Couverts als Gegenstücke zu einzelnen *Familien*. Innerhalb einer Familienmappe gab es pro *Gattung* jeweils ein separates Blatt, auf welchem die Notizeinträge zu den einzelnen *Spezies* aufgelistet waren.

98 Dietzsch und Imeri: Zettels Alltag, 110.

Diese übersichtliche Art der Wissensaufbereitung wandte Killias auch auf andere Ordnungen der Bündner Insektenfauna an. Über Killias' Tod hinaus gewährleistete sein System die Ordnung der Dinge und erleichterte auch die Arbeit seiner Nachlassbearbeiter. Dass der Vereinskollege Johann Luzius Caflisch das Killias'sche Großprojekt umstandslos abschließen und die noch fehlenden Teilverzeichnisse publizieren konnte, verdankte sich auch der mustergültigen Ordentlichkeit, in der der Kurarzt seine Materialien hinterlassen hatte.

Nicht alle waren mit Ordnungssinn dermaßen gesegnet wie Killias: Einen schroffen Gegensatz zu seinen wohlgeordneten Dokumenten mussten die Nachlassmaterialien des bereits erwähnten Bündner Gymnasiallehrers Christian Brügger gebildet haben. Über lange Zeit seines Lebens plante Brügger die Veröffentlichung einer *Flora Rhaetica*. Deren Verwirklichung kam jedoch nie zustande, was ihm Spott und Häme seitens seiner Forscherkollegen zutrug. Nachdem Eduard Killias im Jahre 1888 seine *Flora des Unterengadins* veröffentlicht hatte, schrieb ihm Johann Georg Amstein einen Gratulationsbrief und äußerte bei dieser Gelegenheit zugleich auch seine Zweifel am Fortgang des Brügger'schen Florenprojekts:

> »Ich wünschte Sie würden sich nun in gleicher Weise an die Bearbeitung eines anderen Theils von Bünden machen, damit wir endlich zu einer rhätischen Flora gelangen könnten; bis wir etwas von H. Prof. Brügger erhalten könnte schliesslich eine neue Gletscherperiode eintreten und die Sache überflüssig machen«.[99]

Unbesehen des Hohns seiner Kollegen war Brügger durchaus mit dem Projekt beschäftigt; in seinem Nachlass finden sich beispielsweise Abschriften der Herbarbestände befreundeter Botaniker aus verschiedenen Kantonsteilen. Aus dem Jahre 1885 sind Desideratenlisten (Listen gesuchter Arten) für verschiedene Regionen des Kantons überliefert. Die Liste *Desiderata der Flora v. Poschiavo u. Brusio* zum Beispiel umfasst über 700 Arteinträge, die Brügger mit folgender Einschätzung übertitelt: »Verzeichnis der spez. u. subspez. deren Vorkommen im Poschiavinothal wahrscheinlich, aber noch nicht festgestellt ist«.[100]

Im Unterfangen, eine kantonale Flora zu erschaffen, legte der Gymnasialprofessor also einen unbestreitbaren Hang zur Spekulation an den Tag, eine Eigenschaft, die auch andere seiner Forschungen auszeichnete.[101] Das Katalogisierungsprojekt schien Brügger jedoch vor allem hinsichtlich der Siche-

99 StAGR, Nachlass Johann Georg Amstein, B490/1, Kopialbuch Korrespondenz mit Killias, Brief vom 3.8.1888, 166.

100 Vgl. StAGR, Nachlass Christian G. Brügger, B 564/1 (2. Teil), Brügger Christian Gregor, Botanik.

101 Vgl. die Ausführungen zu Brüggers Forschungen über Pflanzen-Hybriden in Kapitel 4.

rung von Anschlussfähigkeiten über den Kopf zu wachsen; der Lokalforscher verzettelte sich im wahrsten Sinne des Wortes. Das Unvermögen, die großen Mengen von Objekten und Inskriptionen der Bündner Flora sauber und nachvollziehbar miteinander zu verknüpfen, beschädigte die Glaubwürdigkeit seines Katalogisierungsprojektes nachhaltig. Im Gegensatz zu den Killias'schen Materialien verhinderte dieses Manko die posthume Übertragung der Brügger'schen Inskriptionsschichten auf andere Listenwerke: Nach dem Tod des glücklosen Florenautors konkurrierten die beiden Zürcher Botanikprofessoren Hans Schinz und Carl Schröter um die Sicherung seines Nachlasses, den sie als Rohmaterial für ihrerseits geplante Florenwerke Graubündens zu verwenden trachteten. Nach einer Sichtung der lückenhaften und mitunter ungenauen Hinterlassenschaften musste Schröter jedoch eine ernüchterte Bilanz ziehen: »Herbar-Manuscripte Brügger sind eine schwere Enttäuschung. Für die ›Flora rhaetica‹ schaut sozusagen nichts dabei heraus.« Schröter bezog sein Urteil nicht nur darauf, dass man die Nachlassmaterialien nicht für eine zukünftige Flora verwenden konnte. Es färbte vielmehr ab auf die grundsätzliche Einschätzung von Brüggers langjähriger Forschungsarbeit, die in den Augen Schröters vernichtend ausfiel: »Es ist geradezu tragisch, dass aus Mangel aus Ordnungssinn das halbe Lebenswerk eines tüchtigen hochbegabten Mannes […] werthlos geworden ist.«[102]

Geschichtete Listen: Fazit

Lokale Verzeichnisse von Flora und Fauna, so zeigten die vorangegangenen Ausführungen zu ihrer medialen Funktionsweise, sind gleichsam »geschichtete Listen«. Es handelt sich bei diesem Wissensformat um Repräsentationen, die zwischen verschiedenen Dimensionen materieller, zeitlicher, räumlicher und sozialer Natur vermitteln müssen. Damit die Lokalkataloge glaubwürdig funktionieren, müssen sie die Anschlussfähigkeit dieser Dimensionen untereinander sicherstellen. Den Ausgangspunkt der diesbezüglichen medientheoretischen Reflexionen bildeten Ausführungen zur historischen Anbindung der Kataloge an vorgängige Listenprojekte. Als Ursachen dieser Aufmerksamkeit für Geschichte älterer Katalogprojekte und die Lebensläufe früherer Forscher wurden Lokalstolz und sozialer Zusammenhalt des Wissensmilieus, das unerlässliche Geschichtsbewusstsein der Naturhistorie als sammelnd-ordnender Wissenschaft sowie die Logik der Kompilation beleuchtet.

102 StAGR, Naturforschende Gesellschaft Graubünden, B 2010/6, Briefe Schröters vom 6.1.1901 und 14.1.1901.

Damit Floren- und Faunenkataloge als glaubwürdige Schnittstellen zwischen Menschen, Dingen und Taxonomien vermitteln konnten, war die Ordentlichkeit der Inventarisierung unabdingbar. Ihr kam die Rolle zu, durch eine nachvollziehbare Organisation stabile Referenzbeziehungen zwischen den verschiedensten Inskriptionsstufen sicherzustellen. Der Arbeitsprozess der Lokalkatalogisierung stellte sich als Verdichtungsprozess dar, in dem Spezimenlisten – vergängliche Notizzettel mit listenförmigen Datenreihen – zu einer Gesamtschau zusammengeführt werden. Schlussendliches Ziel ist das Erstellen eines kompakten Inventars, das die Dinge ordnet und aufrechnet. Die inventarisierende Wissensverwaltung in der Naturgeschichte weist also eine gewisse Nähe zu Aufschreibetechniken der Geschäftswelt auf. So liegt es nahe, dass sich die buchhalterische Logik des Sammelns auch in den publizierten Floren- und Faunenverzeichnissen niederschlug. Dies führte dazu, dass Nachträge von Floren- und Faunenwerken mitunter als eigentliche Gewinnrechnungen daherkamen und Autoren den Wert ihrer Publikationen an der Anzahl neu aufgelisteter Arten bemaßen.

Die stete Dynamik von Sammlungzuwachs und taxonomischen Neuerungen stand zuweilen im Widerspruch zur Herstellung starrer, linearer Listen. Dieser Beweglichkeit begegneten die Katalogisierungsunterfangen mit Techniken der Leerstelle: Ausgesparte Lücken und blanke Seiten sollten helfen, spätere Informationen der unverrückbaren Liste des Inventars hinzuzufügen. Durch handschriftliche Notizen, eingeklebte Ergänzungen und persönliche Nummerierungssysteme wurden gedruckte Verzeichnisse zu individuellen Werkzeugen der sammelnden Forscher. Nach deren Tod legten sich ihre handschriftlichen Ergänzungen als neue Inskriptionsschichten über bestehende Inventare und flossen später oftmals in neue Listenkompilationen ein.

Um die Dynamik einer systematischen Sammlung zu bändigen, waren dreidimensionale Ordnungsarrangements weit besser geeignet als bloße Listen. Am Beispiel des Killias'schen Mappensystems wurde aufgezeigt, wie solche flexiblen und zugleich übersichtlichen Tableaus die Anschlussfähigkeit der vielfältigen Inskriptionen eines Katalogisierungsprojektes sicherstellten und deren Verwendung sogar über den Tod ihres Produzenten hinaus ermöglichten.

2.3 Lokalkataloge als Forschungsprogramm

Lückenhafte Listen: Vervollständigungsappelle und zukünftige Datenauswertung

Lokalforscher hatten unablässig mit Zetteln, Listen und Katalogen zu hantieren: Diese Papierdinge und ihre eben beschriebenen medialen Eigenheiten prägten den Forschungsalltag der Sammler, der Floristen und Faunisten, in jeder Hinsicht. Im Folgenden wollen wir uns nun von diesen Materialien lösen und nach den handfesten Praktiken den wissenschaftlichen Gehalt der Bestandeserfassungen genauer ins Auge fassen. Unter dieser Perspektive begegnen wir einmal mehr dem charakteristischen Selbstbild der Petite Science, die sich als bescheidene Hilfswissenschaft inszenierte. Dieses Wissenschaftsverständnis war nicht gänzlich unangebracht, wiesen doch die meisten der Floren- und Faunenwerke durch die ihnen zugrunde liegende Arbeitsweise der Lokalforscher wesentliche Mängel auf. Mehr noch als allfällige Schwachstellen war es jedoch der Gestus des Vorläufigen, der die Selbsteinschätzung der Katalogautoren auszeichnete. Die meisten verschoben eine allfällige wissenschaftliche Weiterverarbeitung ihrer Verzeichnisse in eine hypothetische Zukunft. Nur wenige Lokalforscher bemühten sich persönlich darum, das eingesammelte Datenmaterial unter weiter gehenden Forschungsperspektiven wie beispielsweise der Biogeographie zu analysieren. Dieses grundsätzliche Ungenügen der Lokalkataloge wurde jedoch von den Lokalforschern nicht als Hinderungsgrund aufgefasst. Ganz im Gegenteil erachteten sie Lücken und Unvollständigkeiten eher als Ansporn für weitere Untersuchungen. So wurden die Floren- und Faunenverzeichnisse durch ihr Vermögen, der Forschung eine Richtung vorzugeben und ihre Ergebnisse zu koordinieren, zu den wichtigsten Stützen der gemeinschaftlich verfahrenden Lokalforschung.

Das wissenschaftliche Selbstverständnis der Lokalforscher, wir haben es im ersten Kapitel bereits gehört, war keineswegs ein heroisches. Mit gewählt demütigen Worten leitete beispielsweise der Berufsoffizier Karl Vorbrodt seinen Faunenkatalog *Die Schmetterlinge der Schweiz* (1911) ein und rückte dessen bescheidenen Gehalt folgendermaßen zurecht:

> »Der Verfasser, als blosser Laie, dem die Mittel und Kenntnisse für eine derartige Unternehmung abgehen, der lediglich nach mühevoller Tagesarbeit sich zur Erholung mit der Wissenschaft von unseren Faltern abgeben kann – musste seine Weisheit in der Beschränkung auf das Erreichbare suchen. Liebe zur Sache hat ihm die Hand geführt«.[103]

Wie in den vorangegangenen Ausführungen schon dargelegt, zeichnete sich der Wissenschaftsmodus der Petite Science durch eine Rhetorik der Selbstbescheidenheit aus. Diese Zurückhaltung äußerste sich unter anderem im Selbstbild des dienenden Zuträgers, der selbstlos Material für zukünftige wissenschaftliche Forschung bereitstellt. Es wurde diese Rhetorik einerseits als Schutzstrategie interpretiert, andererseits aber entsprach sie auch einer realistischen Einsicht in die eigene Stellung und die eigenen Möglichkeiten: Da die Katalogisierungsunterfangen meist von Einzelkämpfern durchge-

103 Vorbrodt und Müller-Rutz: Die Schmetterlinge der Schweiz, 6.

führt wurden, im besten Falle unterstützt durch ein kleines Netzwerk befreundeter Forscher, mussten sie zwangsläufig unvollständig bleiben. Diese Lückenhaftigkeit betraf sowohl selten vorkommende Arten wie abgelegene Gebiete des katalogisierten Territoriums. Dass Bestandeserfassungen solche Lücken aufwiesen, erstaunt nicht weiter, führt man sich erst einmal die Ausmaße und die topographische Vielgestaltigkeit eines Kantons wie Graubünden oder gar der ganzen Schweiz vor Augen.

Wie das Amen in der Kirche gehörte also das Eingeständnis der Unvollständigkeit zur festen Liturgie der Katalogvorworte: »Überall«, so mahnte Bernhard Wartmann die Leserschaft seiner *Übersicht über die Gefässpflanzen der Kantone St. Gallen und Appenzell* (1881), »gibt es noch etwas zu finden; unser Wissen ist noch in jeder Hinsicht Stückwerk.«[104] Besagte Wissenslücken waren jedoch nicht nur den geringen zeitlichen und personellen Ressourcen geschuldet. Sie waren ebenso Ausdruck einer bestimmten Logik der sammelnden Lokalforschung, die in einem gewissen Spannungsverhältnis zur Idee der flächendeckenden Katalogisierung eines Gebietes standen. Théopile Durand und Henri Pittier, Autoren des 1882 erschienenen *Catalogue de la Flore Vaudoise*, benannten zwei Ursachen, wieso sich ihr Katalog nicht detaillierter über die Verteilung und Häufigkeit einzelner Pflanzenarten im Kantonsgebiet äußern könne. Die entsprechende Datenlage sei ungenügend, da es die Waadtländer Botaniker einerseits vorzögen, auf ausgetrampelten Pfaden die Flora ihrer Heimat zu erkunden – jedes Jahr würden Heerscharen von Botanikern die immer gleichen Täler und Gipfel aufsuchen, während andere Gebiete sträflich vernachlässigt würden. Schwerer wiegt aber wohl der andere Vorwurf, den die Autoren gegen ihre Kollegen erhoben. Diese seien, so Durand und Pittier, gänzlich auf seltene Pflanzenarten fixiert und so würden deren Sammlungen und Verzeichnisse kein wirklichkeitsgetreues Abbild der regionalen Flora wiedergeben:

> »De tout temps, les botanistes vaudois ont eu bien plus en vue dans leurs recherches, les espèces rares qui ne sont cependant que des accidents de la flore, que les espèces communes qui forment le fond du tapis végétal du toute contrée. Dans la plupart des collections que nous avons consultées, ainsi que dans la presque totalité des manuscrits qui nous ont été confiés, le rôle est renversé. On trouve, en effet, force renseignements, nécessairement en grande partie répétés, sur les espèces peu fréquentes, tandis que les espèces vulgaires n'apparaissent qu'incidemment.«[105]

104 Wartmann: Kritische Übersicht, 13.
105 Durand und Pittier: Catalogue de la Flore Vaudoise, 3.

Vergleichbare Klagen über die mangelhafte Vertretung des Durchschnittlichen äußerten auch andere zeitgenössische Katalogautoren.[106] Das Problem war den mitunter entgegengesetzten Logiken des Sammelns geschuldet, in erster Linie dem Widerspruch zwischen Belegsammlung und Liebhabersammlung.[107] Während der erste Sammlungsmodus Objekte vor allem als Beweis für das Vorkommen an einem bestimmten Ort betrachtete, war das Objekt für den zweiten Sammlungstyp oftmals Selbstzweck – einmal auf seiner Liste abgehakt, war eine Art für den Liebhaber nicht mehr von unbedingtem Interesse. Die Aufmerksamkeit des Liebhabers richtete sich stattdessen auf das Rare und Unbekannte, was den Zielen einer umfassenden Bestandeserhebung zuwiderlaufen konnte[108] – aber nicht zwangsläufig musste. Mit ihrer Fokussierung auf Besonderheiten standen die Freizeitforscher jedoch keineswegs alleine da, dem Reiz des Raren erlagen mitunter auch professionelle Forscher wie beispielsweise der erwähnte Zürcher Botaniker Hans Schinz auf einer Expedition im damaligen Deutsch-Südwestafrika.[109]

Angesichts der selektiven Wahrnehmung der lokalen Natur sahen sich die Katalogautoren vor ein Dilemma gestellt, trugen sie doch mit ihren Häufigkeits- und Standortangaben zusätzlich dazu bei, die Aufmerksamkeit der botanischen Zunft zu kanalisieren. Diese Wirkung war eng verbunden mit der medialen Struktur der Liste: Eine Liste, so führt der Kulturwissenschaftler Valdimar Hafstein aus, befördere stets eine Inwertsetzung der aufgelisteten Objekte. Durch die Auflistung würden diese aus ihrer unmittelbaren Umgebung herausgelöst und in Bezug auf die neben ihnen ebenfalls angeführten Objekte rekontextualisiert. Erst diese Gegenüberstellung zu anderen Listendingen versehe das einzelne Objekt mit bestimmten Wertvorstellungen.[110] Diese wertsetzende Funktion der Liste kam den publizierten Lokalverzeichnissen augenscheinlich zu. In ihren persönlichen Sammelaktivitäten ließen sich die Freizeitforscher stark von Standardwerken ihrer Region leiten und bemaßen den Wert ihrer Funde ebenso wie die Plausibilität vorgenommener Bestimmungen gemäß den Angaben in diesen Referenzpublikationen. Dies zeigt sich deutlich im Briefwechsel zwischen dem Stüsslinger Primarlehrer Hermann Bangerter, einen blumenkundlichen

106 Vgl. Lüscher: Flora des Kantons Solothurn, 3 f. Zur intensiveren Begehung einzelner Landschaftsabschnitte durch die Faunisten und Floristen vgl. auch die Ausführungen in Kapitel 6.2.

107 Vgl. zur Typologie unterschiedlicher Sammlungen und den ihnen zugrunde liegenden Logiken die Ausführungen in Kapitel 1.2.

108 Vgl. Kohler: All Creatures, 249.

109 Zu den entsprechenden Sammlungsstrategien Schinz' auf seiner Expedition in Namibia vgl. Nyffeler: Einblicke, 126.

110 Hafstein: Intangible heritage, 93 und 108.

Novizen, und dem botanisch äußerst bewanderten Langendorfer Arzt Rudolf Probst. In den Briefen an seinen Mentor bezog sich Bangerter immer wieder auf Häufigkeitsangaben zweier floristischer Standardwerke der Nordwestschweiz, auf August Binz' *Flora von Basel* und auf Hermann Lüschers *Flora des Kantons Solothurn*: »Die eine bestimmte ich als Ophrys aranifera, jedoch mit schlechtem Gewissen. Sie kommt in Stüsslingen auf dem ›Hundacker‹ sehr häufig vor und ist doch nach Dr. A. Binz als selten bezeichnet.«[111]

Die ungleich verteilte Aufmerksamkeit der Lokalforscher hatte zur Folge, dass sowohl Standorts- wie Häufigkeitsangaben zu einzelnen Arten in der Regel ziemlich grobgerastert ausfielen und die Fundorte hauptsächlich die individuellen Bewegungshorizonte der am Verzeichnis beteiligten Helfer widerspiegelten. Biogeographische Verallgemeinerungen von Artvorkommen waren eher die Ausnahme denn die Regel. Noch arger sah es bezüglich der Häufigkeitsangaben aus, da eine solche Erhebung ungemein arbeitsintensiv gewesen wäre. Die Häufigkeits- und Verbreitungsangaben in Joseph Rhiners *Gefässpflanzen der Urkantone* (1893) illustrieren den üblichen Genauigkeitsgrad der vorgenommenen Quantifizierungen. Rhiner erläutert diesen folgendermaßen: »! nach wichtigern Fundorten bedeutet in grosser Zahl, !! in Masse. Mit dem Worte ›häufig‹ weise ich mehr auf die Menge der Stellen, mit ›reichlich‹ mehr auf die Zahl der Individuen, ›stellenweise‹ ersetzt eine zu weitläufige Detaillierung.«[112] Die lückenhafte Datenlage erklärt auch, wieso die lokalen Bestandeserfassungen aus dem Kreise der Petite Science ausschließlich mit dem Medium der Liste vorliebnahmen und auf andere Repräsentationsformen wie Kartierungen fast gänzlich verzichteten. In einer wissenschaftlichen Karte wäre der verschiedentlich angemahnte »Stückwerk«-Charakter der Lokalkataloge allzu deutlich hervorgestochen.

Vor dem Hintergrund der genannten Beschränkungen erfuhren die klassischen Katalogprojekte denn verschiedentlich auch Kritik aus dem Kreise der Petite Science. Als »trockene Verzeichnis[se] der aufgefundenen Arten [...] ohne Berücksichtigung des eine bestimmte Fauna bedingenden Milieus« tat beispielsweise Isaak Bloch, Gymnasiallehrer und Kurator der naturhistorischen Abteilung des *Museums der Stadt Solothurn*, 1911 einschlägige Katalogisierungen ab.[113] Mit der erwähnten »Berücksichtigung des bedingenden Milieus« favorisierte Bloch Erhebungen, die über bloße Inventarisierungen hinaus auch biogeographische und ökologische Forschungsfragen berück-

111 Naturmuseum Solothurn, Nachlass Dr. Rud. Probst, Korrespondenzen, Doppelband 3/4 (1708/1709), Brief Bangerters an Probst vom 11.5.1915.
112 Rhiner: Die Gefässpflanzen der Urkantone, 11.
113 Bloch: Zehn Jahre, 145.

sichtigen. Etliche Katalogautoren richteten den Vorwurf der Beschränktheit gleich an die eigene Adresse und werteten ihre Kataloge als bloße Vorarbeiten für solche elaborierteren Forschungen ab. Auch der bereits erwähnte Karl Vorbrodt, Verfasser von *Die Schmetterlinge der Schweiz*, sah sich bloß als Erfüllungsgehilfe eines kommenden, lepideptorologischen Messias:

> »[Heinrich Freys] Hoffnung, dass nach einem Menschenalter ein befähigterer Forscher etwas Vollendeteres und Besseres werde bieten können, ist bis jetzt unerfüllt geblieben. Der Verfasser dieser Arbeit ist weit von der Anmassung entfernt, dieser Meister sein zu wollen. Er hat die Feder zur Hand genommen, um das seit vielen Jahren und durch hunderte von fleissigen Sammlern aufgebrachte Material, einheitlich zusammengefasst, einem weitern Leserkreis zugänglicher zu machen und sodann um für den noch zu gewärtigenden Meister Bausteine für ein neuzeitliches Lepidopterenwerk zusammen zu tragen.«[114]

Diese Zukunftsgerichtetheit erklärt sich nicht ausschließlich durch die milieuspezifische Rhetorik der Bescheidenheit. Sie wurde auch bestärkt durch eine epistemische Eigenheit der Liste. Listen sind nämlich nicht bloße Inventare mit retrospektivem Charakter, sondern können auch als Programme für zukünftige Aktionen gelesen werden.[115] Für den Floren- und Faunenautor Eduard Killias war klar, worin diese zukünftigen Aktionen zu bestehen hätten: Ihm schwebte bei allen seinen Katalogisierungsprojekten eine weitergehende Bearbeitung der Listen hinsichtlich biogeographischer Forschungsfragen vor.[116] So formulierte er im ersten Teilband seines ehrgeizigen Faunenprojekts zur Bündner Insektenwelt das zukünftige biogeographische Forschungsprogramm, das auf diesem Verzeichnis aufbauen solle:

> »Die interessanteste Arbeit in Betreff einer einheimischen Insecten-Fauna müsste wohl die sein, parallel mit einer Betrachtung der floristischen Verhältnisse auch die eigenthümlichen Lineamente der entomologischen nach horizontaler und vertikaler Verbreitung und in ihrer Anlehnung an benachbarte Gebiete zur Darstellung zu bringen.«[117]

Um dies zu bewerkstelligen, kamen Killias' gebündelte Zettel zum Zug. Mit dem Ziel, die horizontale und vertikale Verbreitung, also das Vorkommen

114 Vorbrodt und Müller-Rutz: Die Schmetterlinge der Schweiz, V.

115 Vgl. Goody: The Domestication of the Savage Mind, 80 und Keller: The »New World of Science«.

116 Die Disziplin der Biogeographie wird gemeinhin auf Alexander von Humboldts *Ideen zu einer Geographie der Pflanzen* (1805) zurückgeführt und untersucht das Wechselspiel zwischen Klima, Bodenbeschaffenheit und spezifischen Artvorkommen in jeweiligen Regionen der Erdoberfläche. Ausführlicher zur Geschichte der Biogeographie und deren Aufnahme in die Wissenspraktiken der Petite Science vgl. die Kapitel 5.2 und 6.1.

117 Killias: Hemiptera, 4.

innerhalb des Kantonsgebietes und das Vorkommen abhängig von der Meereshöhe, sichtbar zu machen, ordnete Killias seine Spezieszettel neu an. So landeten je nach Fragestellung – beispielsweise ausschließliches Vorkommen in den Südtälern oder nur im Tiefland aufzufinden – Spezies aus unterschiedlichsten Familien nun gemeinsam im selben Bündel und bildeten die Basis für neue Listen. Die Zettel entfalteten ihr Potential als epistemische Dinge und machten Eigenschaften sichtbar, die »ohne diese Umordnung bedeutungslos und damit auch unsichtbar geblieben wären«.[118] In einer neuen Liste zusammengeführt, bilden die Einträge die vagen Umrisse einer kommenden Erkenntnis ab, wie Bruno Latour über das im Entstehen begriffene Erkenntnisding schreibt:

> »Zum Zeitpunkt seines Auftauchens kann man es nur dadurch beschreiben, dass man eine Liste seiner Aktivitäten und Eigenschaften erstellt. Es hat keine andere Form als diese Liste. Beweis dafür ist, dass man den Gegenstand jeweils umdefiniert, wenn man diese Liste um einen Eintrag erweitert; man gibt ihm jedesmal eine neue Gestalt.«[119]

Mit der richtigen Fragestellung und der entsprechenden Handhabe verwandelte Killias seine Inventarzettel in eigentliche »research tools«,[120] und so enthielten bereits die ersten Teilbände seiner Bündner Insektenfauna einige biogeographische Zusammenstellungen. Zur Beantwortung der Fragen nach der vertikalen Verteilung der Spezies, also dem Zusammenhang zwischen Artvorkommen und Höhenlage, entwarf Killias ein topographisches Schema, mit dem er das Kantonsgebiet Graubündens in drei Höhenkategorien aufteilte: »E« für »Ebene, »M« für »montane Region« und »A« für »alpine Region«.[121] Jeder dieser Kategorien wies er in einer Tabelle die Anzahl der dort vorkommenden Spezies zu. Da seine Datenbasis für dieses Unterfangen jedoch zu lückenhaft war, musste Killias zuweilen auf Angaben von Lokalkatalogen anderer Regionen zurückgreifen.[122] Dieses Schema der Höhen-Artanzahl-Tabelle übernahm Killias für alle folgenden Teilbände seines Insektenverzeichnisses (vgl. Abbildung 2.19). Der Erkenntnisgewinn blieb aber bescheiden. In seinem Teilband zu den Schmetterlingen konnte er beispielsweise aufzeigen, dass mit zunehmender Höhe die Anzahl von Spezies-Varietäten und Aberrationen ansteige. Mehr aber als die vorsichtige Bemerkung, dass diese Beobachtung für das taxonomische Art-Konzept »gewiss von naheliegender Wichtigkeit und Interesse«[123] sei, schaute bei dieser Zusammenstellung nicht heraus.

118 Rheinberger: Epistemologica, 66.
119 Latour, zit. bei Rheinberger: Experimentalsysteme, 25.
120 Vgl. Krauthausen: Vom Nutzen, 16.
121 Vgl. Killias: Hemiptera, 21.
122 Vgl. ebd., 52.
123 Killias: Verzeichniss der Bündner Lepidopteren, 220.

E = Ebene (520 m. bis ca. 800 m. s./m). M = Montane Region (900 m bis 1600 s./m.). A = Alpenregion (über 1600 m. s./m). Rubrik A* betrifft die eigentlichen alpinen Arten.

Tab. 5

Uebersicht der Familien		Niederung				Montane Region					Alpine Region					Total der im Gebiete beobacht. Species
Seite		*E-A*	*E-M*	*E*	Total	*E-A*	*E-M*	*M*	*M-A*	Total	*E-A*	*M-A*	*A*	*A**	Total	
1–41	Fam. I–II. Cicindelidae, Carabidae	77	55	55	*187*	77	55	5	18	*155*	77	18	45	(31)	*140*	267
41–49	Fam. III–VI. Haliplidae, Dyticidae, Gyrinidae, Hydrophilidae	14	4	24	*42*	14	4	3	1	*22*	14	1	16	(7)	*31*	66
49–51	Fam. VII–IX. Sphaeridiidae, Dryopidae, Heteroceridae	10	—	11	*21*	10	—	—	1	*11*	10	1	1	(—)	*12*	25
51–85	Fam. X. Staphylinidae	94	46	88	*228*	94	46	14	17	*171*	94	17	96	(44)	*207*	370
85–110	Fam. XI–XXXII. Pselaphidae, Histeridae	47	46	120	*213*	47	46	13	2	*108*	47	2	31	(6)	*80*	276
110–125	Fam. XXXIII–XXXIV. Platyceridae, Scarabaeidae	24	42	31	*97*	24	42	2	3	*71*	24	3	5	(2)	*32*	110
125–128	Fam. XXXV. Buprestidae	5	8	16	*29*	5	8	1	—	*14*	5	—	—	(—)	*5*	30
128	Fam. XXXVI. Eucnemidae	—	1	1	*2*	—	1	—	—	*1*	—	—	—	(—)	—	2
128–137	Fam. XXXVII. Elateridae	22	28	15	*65*	22	28	—	2	*52*	22	2	11	(6)	*35*	77
137–138	Fam. XXXVIII. Dascillidae	3	—	2	*5*	3	—	—	—	*3*	3	—	2	(2)	*5*	8
138–149	Fam. XXXIX. Cantharidae	24	23	14	*61*	24	23	3	10	*60*	24	10	13	(7)	*47*	93
149–151	Fam. XL. Cleridae	1	6	5	*12*	1	6	—	—	*7*	1	—	1	(1)	*2*	13
151–156	Fam. XLI–XLIII bis. Bruchidae, Byrrhidae, Bostrychidae, Cisidae	4	8	17	*29*	4	8	4	2	*18*	4	2	6	(6)	*12*	43
156–159	Fam. XLIV. Tenebrionidae	—	5	10	*15*	—	5	2	2	*9*	—	2	—	(—)	*2*	20
159–163	Fam. XLV–XLVII bis. Alleculidae, Lagriidae, Melandryidae, Anthicidae	2	10	7	*19*	2	10	1	1	*14*	2	1	1	(1)	*4*	23
163–170	XLVII–LIII. Pyrochroidae, Mordellidae, Rhipiphoridae, Meloïdae, Oedemeridae, Pythidae	11	17	16	*44*	11	17	2	3	*33*	11	3	2	(2)	*16*	53
170–202	Fam. LIV. Curcullionidae	31	81	75	*187*	31	81	34	19	*165*	31	19	25	(25)	*75*	285
202–206	Fam. LV–LVII. Apionidae, Rhynchitidae, Attelabidae	3	19	14	*36*	3	19	2	1	*25*	3	1	—	(—)	*4*	42
206–213	Fam. LVIII–LXIII. Anthribidae, Mylabridae, Hylesinidae, Scolitidae, Tomicidae, Platypidae	3	17	20	*40*	3	17	4	—	*24*	3	—	2	(2)	*5*	51
213–234	Fam. LXIX. Cerambycidae	26	45	37	*108*	26	45	7	2	*80*	26	2	3	(3)	*31*	127
234–268	Fam. LXX. Chrysomelidae	54	60	54	*168*	54	60	25	15	*154*	54	15	15	(15)	*84*	239
268–275	Fam. LXXI. Coccinellidae	12	17	12	*41*	12	17	1	1	*31*	12	1	2	(2)	*15*	46
	Total	467	538	644	*1649*	467	538	123	100	*1228*	467	100	277	(162)	*844*	2266

Abb. 2.19: Höhenverteilung der in Graubünden vorkommenden Käfer. Tabelle aus dem Coleopterenverzeichnis von Eduard Killias und Johann L. Caflisch (1894).

Ähnlich stand es um die zweiten Forschungsfrage, die Killias mit seiner Inventarisierung zu beantworten versuchte; der Untersuchung auffälliger Verteilungsmuster der Arten innerhalb des Kantonsgebietes. Für gewisse Arten ergaben nämlich die Standortdaten eigentümliche Befunde. So beschränkte sich deren Vorkommen auf einige wenige, klar umgrenzbare Gebiete oder endete jäh an unsichtbaren Grenzen. Killias versuchte diesem Phänomen durch Visualisierung auf den Grund zu rücken und erstellte zu einigen dieser außergewöhnlichen Muster gar Verbreitungskarten, was für Lokalfaunen eine bemerkenswerte Ausnahme darstellte.[124] Doch auch hier musste Killias es bei der bloßen Beschreibung des Phänomens belassen: »Die tieferen Ursachen dieser merkwürdigen faunogeographischen Erscheinungen zu erforschen ist bisher noch nicht genügend gelungen.«[125]

124 Allgemein zur Rolle von Karten in der Pflanzengeographie des 19. Jahrhunderts vgl. Güttler: Das Kosmoskop.

125 Killias: Lepidopteren 2. Nachtrag, IV. Killias' Produktion von Tabellen und Karten zu diesen Forschungsfragen kann im Sinne Bruno Latours als logischer Schritt in der Aneinanderreihung von Inskriptionen betrachtet werden, als Bemühen, »besser

Vereinigt durch die Liste: Kataloge als Medium kollektiver Forschung

Was ordnen Listen? Sie reihen Naturdinge auf und verzeichnen Inskriptionen. Aber ebenso ordnen sie Menschen und deren Handlungen. Wie gezeigt wurde, sind Floren- und Faunenverzeichnisse als schnittstellenartige Repräsentationen zu denken, die zwischen unterschiedlichsten Dimensionen vermitteln müssen. Um die Referenzbeziehungen zwischen diesen Dimensionen glaubwürdig zu machen, muss die Anschlussfähigkeit der Kataloge in diverse Richtungen gewährleistet werden; an vorgängige Akteure und ältere Repräsentationen, an Belegobjekte sowie vielfältige Inskriptionen. Doch auch mit Blick auf ihre zeitgenössischen Wissensmilieus sind die Kataloge Schnittstellen. Das Wissensformat Lokalverzeichnis ist dasjenige Medium, in dem sich der kollektive Charakter der Petite Science am deutlichsten offenbart.[126] Wurden die Projekte auch meist von einer Einzelperson vorangetrieben, so war am Zustandekommen von Katalogen doch stets eine Vielzahl von gegenwärtigen Akteuren beteiligt. Der Gemeinschaftscharakter eines biologischen Verzeichnisses kam in einer eigenen Liste zum Ausdruck, die diesem stets als Prolog vorangestellt war: der Aufzählung der am Katalog beteiligten Helfer und Helferinnen[127] (vgl. Abbildung 2.9). Eine Funktion dieser Sammelhelfer-Liste wurde schon erwähnt: Unter dem Vorzeichen glaubwürdiger Zeugenschaft sollte die Nennung der Namen die epistemische Anschlussfähigkeit der einzelnen Daten und Objekte sicherstellen. Weiter spielte die öffentliche Nennung der Datenlieferanten eine wichtige Rolle für die Gabenökonomie innerhalb der Petite Science. Eine ausgeprägte Kultur des Schenkens formte den Zusammenhalt des nur lose institutionalisierten Forschermilieus. Die Auflistung war somit immer auch

kombinierbare geometrische Formen von den Mustern [abzuleiten]« (Latour: Drawing things together, 281). Eine andere Lesart ist aber ebenso naheliegend: Gerade an den Grenzen seines Wissens griff Killias mit Karte und Tabelle zu bestimmten »little tools of knowledge« (Becker und Clark: Introduction, 6), denen aufgrund ihrer Rhetorik, Figuralität und Gestik eine persuasive Macht zukam, die den Betrachter einnehmen sollte (Clark: Academic charisma, 363). Es gilt für diese biogeographischen Gehversuche im Medium der Anschaulichkeit das Gleiche, was Ina Dietzsch zum ausbleibenden Erkenntnisgewinn durch Einsatz von Tabellierung und Kartierung in der frühen Volkskunde festhielt: »Eher handelte es sich wohl um einen rhetorischen Einsatz abstrakter Ästhetik« (Dietzsch: Zwischen Mathematik und Poesie, 34).

126 Vgl. allgemein zur Beobachtung als ältester Form einer kollektiven Empirie Daston und Lunbeck: Introduction. Observation observed.

127 Gegen die Jahrhundertwende hin tauchten in den Helferlisten der Floren- und Faunenverzeichnisse nun vereinzelt auch Frauen auf (wobei es sich meistens um »Fräuleins« handelte). Dies war eine frühe Möglichkeit der legitimen Teilhabe von Frauen an der Männerwelt der Petite Science. Zur Rolle der Frauen in diesem Wissensmilieu vgl. die Ausführungen in den Kapiteln 4.2, 6.3 und 7.1.

öffentliche Danksagung für erhaltene Gaben.[128] Und schließlich diente die Auflistung einer Heerschar von Helfern dem Autor eines Lokalverzeichnisses immer auch zur Selbstdarstellung innerhalb seines Wissensmilieus: Er präsentierte sich als »Sammler von Sammlern«,[129] der sich durch geschicktes Netzwerken in den Mittelpunkt vielfältiger Material- und Informationsströme zu stellen und sich somit als kleines »Kalkulationszentrum«[130] zu installieren vermochte.

Verschiedentlich klang in den vorangegangenen Ausführungen an, dass die systematische Erfassung lokaler Artbestände trotz entsprechender Verlautbarungen von Naturforschenden Gesellschaften meist eine Herzensangelegenheit engagierter Einzelforscher blieb. Dass dennoch eindrückliche Gemeinschaftswerke zustande kamen, verdankt sich auch der Funktionsweise des Mediums »Lokalverzeichnis«. In seinen soziologischen Untersuchungen zur Kooperation unterschiedlicher Akteure in komplexen Umgebungen wie Unternehmen oder wissenschaftlichen Projekten stellte Michel Callon die Wichtigkeit sogenannter »writing tools« heraus. Aufgrund ihrer Fähigkeit, Informationen zu sammeln und aufzubereiten, vermitteln diese Aufschreibesysteme zwischen einzelnen Akteuren und dem Kollektiv. Dadurch werde zielgerichtetes Handeln erst möglich.[131]

Die Frage, wie unterschiedliche Akteure gemeinsame Großprojekte zustande bringen, beschäftigte auch die beiden Soziologen Susan Leigh Star und Peter Griesemer. Hierbei kamen sie zu vergleichbaren Schlüssen wie Callon. In einer Fallstudie zum *Berkeley Museum of Vertebrate Zoology*[132] untersuchten sie die biogeographische Kartierung der Wirbeltiere Kaliforniens im ersten Drittel des 20. Jahrhunderts. Dabei handelte es sich um ein wissenschaftliches Kollektivunternehmen, an dem unterschiedlichste Akteursgruppen wie Museums- und Universitätsleitung, eine Mäzenin, Amateurforscher, Naturschützer sowie Trapper und Tierhändler beteiligt waren. Star und Griesemer fokussieren vor allem auf die Frage, wie vor dem Hintergrund der ausgeprägten Heterogenität aller Beteiligter dennoch eine Kooperation zustande kommen konnte. In vergleichbarer Weise wie Callon machten auch sie bestimmte Hilfsmittel aus, die das gemeinschaftliche Handeln unterschiedlicher Akteure koordinierten – die sogenannten *boundary objects*. Die Rolle solcher Überschneidungsobjekte können sowohl konkrete materielle Dinge als auch ideelle Konzepte einnehmen. Es sind zwei spezifische Eigenschaften, die ein Ding zu einem *boundary object* machen:

128 Der Funktionsweise und der Struktur dieser Gabenökonomie innerhalb des naturkundlichen Milieus widmet sich das Kapitel 3.3 ausführlich.

129 Delbourgo: Listing people, 739

130 Vgl. Latour: Science in action, 215-257.

131 Callon: Writing, 191.

132 Vgl. Star und Griesemer: Institutional ecology.

Einerseits muss es die nötige Offenheit und Elastizität aufweisen, damit es von allen heterogenen Akteuren einer Tätigkeitsgemeinschaft gemäß ihren individuellen Interessen benutzt werden kann, ohne dass deren Handlungsspielraum kontraproduktiv eingeschränkt würde. Andererseits muss es ein Mindestmaß an Stabilität besitzen, um alle Glieder der Gemeinschaft zusammenzuhalten und ihre Kooperation gleichrichten zu können. Als konkretes Beispiel für ein solches Überschneidungsobjekt im Rahmen besagter faunistischer Kartierung erwähnten Star und Griesemer das standardisierte Erhebungsformular, das von allen Beteiligten, vom promovierten Zoologen bis zum Fellhändler, benutzt werden musste. Das Formular schrieb die Art der Datennotation vor und homogenisierte die Ergebnisse der unterschiedlich motivierten Sammelgänge, ohne ansonsten die einzelnen Beteiligten an eine zu enge Leine zu nehmen.

Denkt man sich naturkundliche Lokalkataloge als solche *boundary objects*, so springt ins Auge, dass es besonders ihre Listenförmigkeit ist, welche die Verzeichnisse befähigt, die Handlungen des vielschichtigen Milieus der Petite Science aufeinander abzustimmen: »List making«, so halten Susan Leigh Star und Geoffrey C. Bowker im Anschluss an das Konzept der *boundary objects* fest, »is foundational for coordinating activity distributed in time and space.«[133] Die Liste, die im Zentrum der Lokalkataloge steht, ist einerseits stabilisiert durch internationale Normen der biologischen Taxonomie. Als (zumindest temporär stabile) Standardisierung ermöglicht diese Systematik dem einheimischen Lokalsammler, dem auswärtigen Schmetterlingsliebhaber auf Sommerfrische[134] wie dem naturhistorischen Museum in der fernen Metropole gleichermaßen die Benennung und klare räumliche Einordnung gesammelter Naturdinge in ein Ordnungssystem. Andererseits zeichnet sich das Projekt des Listenerstellens durch jene notwendige Offenheit aus, welche die Produktivität gemeinschaftlicher Tätigkeit gewährleistete: Jeder Sammler konnte an jeder beliebigen Stelle der Liste sich betätigen, die ihm zusagte. Er konnte sich auf Vertreter einer bestimmten Familie spezialisieren, auf Leerstellen oder bereits zur Genüge dokumentierte Abschnitte innerhalb der Liste, er konnte über Jahre einen bestimmten Landstrich planmäßig erforschen oder aber bloß zufällige Fundstücke eines Sonntagsspazierganges aufheben – bei Einhaltung der notwendigen Objekt-

133 Bowker und Star: Sorting Things Out, 138.

134 Das Vermögen der Liste, als *boundary object* auch räumlich entfernte Akteure auf ein gemeinschaftliches Ziel auszurichten, zeigt sich am Beispiel der naturkundlich interessierten Touristen deutlich: Nicht selten veröffentlichten diese die »Ausbeute« ihrer Sammel- und Jagdtouren in Form entomologischer oder botanischer Reiseberichte zuerst in ausländischen Fachblättern. Diese Publikationen wurden auch von Schweizer Katalogautoren aufmerksam gelesen, und so flossen diese Angaben aus dem Ausland wieder zurück nach Graubünden oder ins Wallis, wo sie Eingang fanden in die Datenlisten hiesiger Floristen oder Faunisten. Dies war auch bei Eduard Killias der Fall und wird in Kapitel 6.4 näher beleuchtet.

tugenden war es allen dieser unterschiedlichen Inskriptionen stets möglich, sich an die Gesamtliste anzuschließen.

Die Liste hatte also eine wichtige Funktion für die Koordination einzelner Wissensanstrengungen hin auf ein gemeinschaftliches Produkt. Sie war jedoch nicht bloß Gleichrichter, sondern ebenso Motor. Wie der Kulturwissenschaftler J. Mark Schuster am Beispiel der Auflistung von Kulturerbe zeigt, ist eine Liste stets auch Antrieb von Handlungen. »[T]he list is a ›purposeful collection‹ pretending indifference but calling for action.«[135] Schusters Feststellung gilt auch für biologische Verzeichnisse. Wie hat man sich diesen Handlungsaufruf vorzustellen? Zuerst einmal geht von einer Inventarisierung eines bestimmten Bestandes stets die Aufforderung aus, weitere Bestände zu erfassen. Diese Dynamik wurde eingangs dieses Kapitels skizziert: Die Katalogisierung von Flora oder Fauna eines Kantons motivierte die Naturforscher der Nachbarkantone, nachzuziehen. Wichtiger als dieses Moment der Konkurrenz ist aber die innere Logik der Liste. Wie ebenfalls bereits erwähnt, schienen die Listen ihren Autoren stets unvollständig und riefen nach Ergänzung. Die Vorworte der meisten Lokalverzeichnisse betonten die Unvollständigkeit ihrer Auflistung, die benannten Defizite erstrecken sich sowohl auf bestimmte Taxa wie Landstriche. Im Vorwort seines Nachtrags zur Bündner Schmetterlingsfauna verwies auch Luzi Bazzigher auf solche Lücken:

> »Weniger bekannt ist jedenfalls noch die Fauna unserer Kleinschmetterlinge [...]. Die kleinen Thiere werden, wie leicht erklärlich, weniger beobachtet und gesammelt, ist doch hier bisher einzig das Albulagebiet und Engadin gründlicher nach denselben durchforscht [...] doch müsste in manchen Gegenden, besonders im Misox, Puschlav, Oberland und anderwärts noch reiche und seltene Beute zu finden sein.«[136]

Ebenso bezeichnend wie diese Benennung von Lücken war der Satz, den Bazzigher diesen weißen Flecken der Inventarisierung gleich anschließen ließ: »Jüngere Schmetterlingsfreunde mögen sich das merken.« Der Katalogautor machte also den Appellcharakter der (unvollständigen) Liste explizit und formulierte ein mehr oder weniger detailliertes Programm für zukünftige Forschung. Noch deutlicher appellierte August Gremli, der Doyen der schweizerischen Floristik, an die Leser seiner Florenwerke. Den einzelnen Einträgen seiner Verzeichnisse fügte er unmissverständliche Aufrufe an: »Weiter zu prüfen ist ...«, »Auf andere Hybride dieser Gattung ist zu fahnden!«, »Aufzusuchen!«.[137]

135 Schuster: Making a list, 4.
136 Bazzigher: Vierter Nachtrag zum Verzeichniss, 134.
137 Gremli: Neue Beiträge zur Flora (1880), 4, 5 und 24.

Dem Wesen der bloß vorläufigen Vollständigkeit wurde durch das Gefäß des »Nachtrages« Rechnung getragen. Für etliche Lokalkataloge wurden einige Jahre nach ihrem Erscheinen solche Nachträge geliefert, die Auskunft gaben über im Gebiet neu aufgefundene Arten sowie Änderungen in der taxonomischen Einordnung bestimmter Spezies oder offensichtliche Fehler in früheren Ausgaben. Diese Nachträge waren naturgemäß kürzer als die originalen Floren- und Faunenverzeichnisse und wurden wie diese ebenfalls in Fachzeitschriften oder als eigenständige Separatdrucke veröffentlicht.

Da regionale Floren- und Faunenwerke unablässig aktualisiert werden mussten, unternahmen einige Akteure den Versuch, das Update der kantonal verstreuten Inventarisierungstätigkeiten landesweit zu zentralisieren. Mit dieser Absicht verfolgten sie nicht nur selbstlose Ziele: Wer sich an die Schaltstelle der faunistischen und floristischen Objekt- und Informationsflüsse zu setzen vermochte, etablierte sich als Kalkulationszentrum und gewann Macht und Einfluss.

Ziemlich offensichtlich ist dies für den Versuch August Gremlis, sich als selbsternannte »Centralstelle«[138] der schweizerischen Floristik zu installieren. Gremli, Apothekergehilfe und späterer Konservator am Herbar des Privatgelehrten Emile Burnat, veröffentlichte 1867 seine *Excursionsflora für die Schweiz*. Diese verkaufte sich recht erfolgreich. 1870 brachte er mit seinen *Beiträgen zur Flora der Schweiz* einen ersten Nachtrag zu seinem Florenwerk auf den Markt. 1880 lancierte er mit den *Neuen Beiträgen zur Flora der Schweiz* eine eigentliche Reihe, in der in den nächsten zehn Jahren insgesamt fünf Nachträge zu seinem zunehmend populäreren Florenwerk erscheinen sollten. Gremli verfolgte mit dieser Nachtragsserie zwei Zwecke: Einerseits stellte er publizistischen Raum zur Verfügung, in dem Florenautoren und andere Botaniker aus allen Ecken der Schweiz ihre Neufunde dem Publikum mitteilen konnten. Es war diese Frühform partizipativer Wissenschaftspublizistik nicht zuletzt ein wirksames Mittel zur Informationsgewinnung: Gremli erhielt Daten zugesandt, die er in späteren Neuauflagen zur Aktualisierung seiner *Excursionsflora* verwenden konnte.

Andererseits nutzte Gremli die periodisch erscheinenden Nachträge unverhohlen als Plattform in eigener Sache. So äußert er sich beispielsweise im Vorwort der ersten Nummer der *Neuen Beiträge* ausgesprochen abfällig über zwei jüngst erschienene Schweizerfloren. Ohne jede Hemmung nutzte Gremli seine Position zur Abwertung potentieller Konkurrenzprodukte seiner unterdessen bereits in dritter Auflage vorliegenden *Excursionsflora*[139]

138 Leuthardt: Jahresbericht 1901, 10. Ausführlicher zur Deutungsmacht von Gremlis *Excursionsflora* berichtet das Kapitel 4.1.

139 Vgl. Gremli: Neue Beiträge zur Flora (1880), III-VII.

sowie als Kampforgan für seine persönliche Fehde mit dem Bündner Botaniker Christian Brügger.[140]

Anders gelagert waren die floristischen Zentralisierungsbemühungen im Falle Hans Schinz'. Im Jahre 1896 rief der Zürcher Botanikprofessor die *Mitteilungen aus dem Botanischen Museum der Universität Zürich* ins Leben. Auch dieses Periodikum enthielt eine Rubrik namens »Beiträge zur Flora der Schweiz«, in der professionelle wie freizeitliche Forscher ihre Pflanzenfunde einem Fachpublikum mitteilen konnten. Schinz, seit fünf Jahren Direktor des Botanischen Gartens und erst seit einem Jahr Ordinarius für Systematische Botanik, versuchte über die Positionierung als landesweite Datenzentrale, seiner eigenen Stellung sowie seinem Institut mehr Gewicht zu verleihen. Die Serviceleistungen der *Mitteilungen aus dem Botanischen Museum* sollten sein Institut in ein Kalkulationszentrum des losen Milieus der Petite Science verwandeln. Dies nicht ohne Erfolg: Unter der langjährigen Ägide Schinz' wuchs das Institutsherbar rasch an, und eine große Zahl botanischer Nachlässe aus der ganzen Schweiz fanden ihren Weg nach Zürich.[141] In vergleichbarer Weise wie Gremli verwendete Schinz zudem einige Jahre später die *Mitteilungen aus dem Botanischen Museum* als Multiplikator und Nachtragsplattform zur 1905 erschienenen Zweitauflage seiner zusammen mit Robert Keller verfassten *Flora der Schweiz*.[142]

Ein kooperativerer Ansatz zur Zentralisierung der floristischen Tätigkeiten entwuchs der *Schweizerischen Naturforschenden Gesellschaft*. 1889 gründete sich unter deren Dach die *Schweizerische Botanische Gesellschaft* als eigenständige Sektion der Muttergesellschaft. Diese Kommission war stark geprägt durch Hochschulprofessoren, die Petite Science spielte darin höchstens eine Nebenrolle.[143] Eine Haupttätigkeit der Kommission war die jährliche Herausgabe der *Berichte der Botanischen Gesellschaft*. Diese Berichte enthielten eine Rubrik mit dem Titel »Fortschritte der schweizerischen Floristik«. Auch diese Publikumsrubrik sollte gemäß dem Wunsch ihrer Herausgeber eine Plattform für eingesandte Mitteilungen über neue Artenfunde aus der ganzen Schweiz bilden und die Zeitschrift in den Rang des

140 Vgl. zu diesem Streit die Ausführungen in Kapitel 4.
141 Vgl. Endress: Institut für Systematische Botanik, 389.
142 Vgl. Schinz und Keller: Flora der Schweiz, 2. Auflage 1905, X.
143 Ihr gehörten mit Eduard Fischer (Universität Bern) und Carl Schröter (Polytechnikum Zürich) sowie dem Zürcher Hans Schinz und dem Genfer Robert Chodat damalige oder spätere Hochschulprofessoren mit Forschungsschwerpunkt in der Systematik an. Das stark physiologisch ausgerichtete Botanische Institut der Universität Basel fehlte. So ist es nicht erstaunlich, dass in dieser Sektion der Forschungsstandort Basel durch die Petite Science vertreten war, und zwar in Gestalt des Juristen Hermann Christ.

»Centralorgans für die Schweizerische Flora«[144] erheben. Vom anfänglich angedachten Plan, die »Publication einer grösseren, die Phanerogamen und Kryptogamen umfassenden Schweizerflora an die Hand zu nehmen«,[145] rückte man bald ab. Stattdessen verlegte man sich im Kreise der Botanischen Gesellschaft auf die Vorarbeiten für die Herausgabe eines Verzeichnisses der blütenlosen Pflanzen, einer sogenannten Kryptogamenflora. Dazu wurde eine eigene Kommission aus der Taufe gehoben, die seit 1898 in der Schriftenreihe *Beiträge zur Kryptogamenflora der Schweiz* monographische Arbeiten über einzelne Familien oder Gattungen der hiesigen Kryptogamen zu veröffentlichen begann. Trotz Unterstützung durch Bundesgelder kam man über die Herausgabe einzelner Teilbände nie hinaus – die Zusammenführung zu einem umfassenden Kryptogamenkatalog der Schweiz wurde nie realisiert.

In allen drei Fällen waren es unterschiedliche Motive, die die Protagonisten zu ihren Zentralisierungsbemühungen antrieben. Dennoch sind die Fälle insofern vergleichbar, als sie entweder ihrem selbstgestellten Anspruch nicht gerecht wurden oder aber die anfänglich angepeilten nationalen Kataloge als Synthese kollektiver Wissensanstrengungen ausblieben. Um die Jahrhundertwende waren also weder Freizeitforscher der Petite Science noch Universitätsinstitute oder Wissenschaftsdachverbände gänzlich erfolgreich im Bemühen, floristische und faunistische Bestandeserhebungen auf nationaler Ebene zu koordinieren und umzusetzen. Doch auch seitens staatlicher Behörden blieben einschlägige Bemühungen rar. Neben der erfolgreichen Institutionalisierung eines meteorologischen Beobachtungsnetzes sind für das ausgehende 19. Jahrhundert nur wenige vergleichbare Aktivitäten in der landesweiten Erforschung des Tier- und Pflanzenlebens zu verzeichnen. Eine rare Ausnahme bildete die ökonomisch motivierte Katalogisierung der Vogelwelt, die die »Eidgenössische ornithologische Kommission« unter der Leitung des Departements für Handel und Forstwirtschaft 1885 durchführte.[146]

144 Schröter und Fischer: Jahresbericht der schweizerischen botanischen Gesellschaft 1898, 281.

145 Christ und Fischer: Jahresbericht der schweizerischen botanischen Gesellschaft 1893, 134f.

146 Vgl: Blasius und Hayek: II. Bericht, 30. Auf Anregung des internationalen ornithologischen Kongresses in Wien (1884) versandte die Kommission 1885 drei thematische Fragebögen zu Vorkommen, Verbreitung und Zugverhalten der schweizerischen Vögel an Gewährspersonen aus Naturkunde, Land- und Forstwirtschaft. Das eingesandte Datenmaterial wurde von Theophil Studer und Victor Fatio bearbeitet und ab 1889 als *Katalog der Schweizerischen Vögel* veröffentlicht. Die Publikation aller Daten zog sich über insgesamt 19 Lieferungen bis ins Jahr 1956 hin.

Lokalkataloge als Forschungsprogramm: Fazit

Die Autoren von Floren- und Faunenverzeichnissen waren sich über deren wissenschaftliche Unzulänglichkeit im Klaren: Bestände von Pflanzen und Tieren einer bestimmten Region konnten meist nur stückwerkartig erfasst werden, was in den Vorworten der Kataloge stets eingeräumt wurde. Verantwortlich für die Lückenhaftigkeit waren einerseits pragmatische Gründe, in erster Linie beschränkte Zeit und Arbeitskraft. Andererseits waren aber auch spezifischere Ursachen auszumachen. So führten soziale Dynamiken unter Floristen und Faunisten dazu, dass diese meist die immer gleichen Ausschnitte eines Gebietes aufsuchten. Zudem war der Blick der Feldforscher durch die Sammlungslogik des Raren eingeengt; seltene und noch unentdeckte Spezies reizten sie weit mehr als der Versuch, das flächendeckende Vorkommen von Allerweltarten abzubilden.

Eine übliche Reaktion auf diese Einschränkungen bestand darin, dass die Katalogautoren ihre Werke als bloßen Datenrohstoff für zukünftige Forschungen darstellten. Nur vereinzelt versuchten sie, eine solche Forschung auf der Basis der Inventare gleich selber vorzunehmen. Diese Analysen der floristischen oder faunistischen Daten wurde hauptsächlich unter biogeographischen Gesichtspunkten vorgenommen, wie dies am Beispiel Eduard Killias' aufgezeigt wurde. Killias strebte an, auf der Grundlage seiner Bestandeserfassungen Muster der geographischen und höhenmäßigen Verteilung von Insektenarten herauszuarbeiten, und nahm in dieser Absicht eine Neuanordnung seiner Listen und Zettel vor. Ergebnis seiner Bemühungen waren grobe, tabellarische Anordnungen. Mit diesen biogeographisch inspirierten Tabellen deutete Killias zwar ansatzweise das Potential der Listen als Forschungswerkzeug an, erschöpfte dieses aber in keiner Weise. Hierin war er kein Einzelfall: Die von Floren- und Faunenautoren oftmals geäußerte Hoffnung, dass die Daten zukünftig einmal Verwendung finden könnten, blieb meist frommer Wunsch. Wenn solche früheren Bestandeserfassungen heute wieder die Aufmerksamkeit von Wissenschaftlern auf sich zu ziehen vermögen, so tun sie das kaum als Datengrundlage für weiter gehende Theoriebildungen. Vielmehr interessieren sie als historische Kontrastfolien, die Veränderungen von Ökosystemen im Laufe der Zeit sichtbar machen sollen.[147]

147 So nahm beispielsweise eine floristisch-ökologische Studie zur heutigen Flora des Zürcher Oberlandes die erwähnte Doktorarbeit Gustav Hegis über dieses Gebiet als Bezugspunkt (vgl. Spillmann und Holderegger: Die Alpenpflanzen des Tössberglandes). Vergleichbar nutzen aktuelle floristische Studien zur Auswirkung der Klimaerwärmung auf die Florenzusammensetzung alpiner Regionen die älteren Daten lokalfloristisch arbeitender Freizeitbotaniker wie des Davoser Arztes Wilhelm Schibler (vgl. Stöckli et al.: Using historical plant surveys).

Dieser nüchterne Befund soll nicht zur Fehlannahme verleiten, dass die Hervorbringungen der Lokalforschung keinen wissenschaftlichen Wert gehabt hätten – die Lokalfloren und -faunen waren kompatibel mit damaligen Forschungspraktiken der universitären Naturwissenschaften und erfuhren von dieser Seite gebührende Wertschätzung. Ebenso wenig soll mit dem Hinweis auf die seltene Weiterverarbeitung der floristischen und faunistischen Daten der Petite Science eine grundsätzliche Theoriefeindlichkeit unterstellt werden. Fragen theoretischer Natur wurden auch von Lokalforschern intensiv rezipiert und an Vereinsversammlungen und in Briefwechseln mitunter leidenschaftlich diskutiert. Zudem traten einzelne Akteure dieses Wissenschaftsmodus, wie der Basler Jurist Hermann Christ mit seinen Publikationen zur Pflanzengeographie oder der Churer Gymnasialprofessor Christian Brügger mit seinen Forschungen zu Hybridpflanzen, sehr wohl mit eigenen theoretischen Arbeiten hervor. Und auch experimentelle Forschungen wie Aussetzungsversuche gebietsfremder Arten in freier Natur fanden in besagtem Wissenschaftsmilieu regen Widerhall.[148] Die Einsätze an Glaubwürdigkeit, die mit dem Auftritt auf theoretischem Parkett auf dem Spiel standen, waren jedoch ungemein höher und damit auch nicht gänzlich risikoarm. Unbesehen dieser sozialen Hürden lag es aber vor allem an der epistemischen Logik wie auch den persönlichen Präferenzen der sammelnden Faunisten und Floristen, dass sie sich großmehrheitlich auf die Inventarisierung beschränkten und die theoretische Analyse der Daten einer imaginierten »zukünftigen Forschung« vorbehielten.

Die konkreten Inventarisierungsarbeiten an Flora und Fauna wurden meist von Einzelpersonen in Angriff genommen, dennoch handelte es sich bei den schlussendlich publizierten Katalogprojekten um kollektive Hervorbringungen. Eine wichtige Rolle in der Koordination der unterschiedlichen Akteure und ihrer Forschungstätigkeiten kam der Liste zu, die jedem Katalog zugrunde liegt: Es war wesentlich die mediale Struktur der Liste, die die einzelkämpferischen Bemühungen zur Erfassung lokaler Flora und Fauna in ein gemeinschaftliches Forschungsprojekt zusammenführte. Als Medium kollektiver Forschung konnte die Liste funktionieren, da sie ein *boundary object* darstellte. Sie vermittelte zwischen den unterschiedlich motivierten Mitarbeitern und stellte die Gleichrichtung ihrer heterogenen Datenlieferungen sicher.

148 Auch bei diesen sogenannten Akklimatisierungsversuchen galt die gleiche Einschränkung wie für die biogeographische Weiterverarbeitung floristischer oder faunistischer Daten: Sie beschränkten sich vornehmlich auf die Herstellung von meist bescheidenen Zahlenreihen und beließen es hinsichtlich der theoretischen Verortung beobachteter Phänomene bei Andeutungen zu bereits bestehenden Theorien. Ausführlicher dargestellt werden diese Versuche in Kapitel 6.1.

Die listenförmigen Kataloge dienten nicht nur der Koordination einer Vielzahl von Akteuren, sondern wirkten auch als eigentliche Triebfedern der Forschung. Die Logik der Vervollständigung wirkte als Appell an die zeitgenössischen Lokalforscher sowie an jüngere Generationen, die Bestandeserfassungen fortzuführen und Lücken zu füllen. Dem Ideal der Vollständigkeit waren auch die »Nachträge« verpflichtet, die vielen Floren- und Faunenwerken nachgeliefert wurden. Diese sollten über Neufunde und Berichtigungen informieren und die monographischen Lokalkataloge à jour halten.

Da Nachträge eine Schaltstellenfunktion innerhalb der kollektiven Forschung darstellten, waren sie eine machtvolle Ressource. Dies erklärt, wieso um die Jahrhundertwende herum diverse Akteure aus unterschiedlichsten Motiven versuchten, sich als quasioffizielle, schweizweite Nachtragszentrale beispielsweise der Floristik zu installieren. Aufs Ganze besehen war den Zentralisierungsbemühungen floristischer und faunistischer Forschung in der Schweiz um 1900 jedoch nur geringer Erfolg beschieden: Bestandeserfassungen blieben die hauptsächliche Domäne selbstorganisierter Lokalforscher und das wichtigste Forschungsfeld der Petite Science.

Die vorangehend beleuchteten medialen Wirkkräfte der Liste mochten zu einem gewissen Teil erklären, wieso diese Bestandeserfassungsprojekte trotz fehlender Zentralisierung und Institutionalisierung ziemlich effektiv funktionierten. Eine Sichtweise, welche die reibungslose Kooperation ausschließlich durch solche Medieneffekte zu begründen suchte, wäre aber allzu mechanistisch und eindimensional. Was die Petite Science in ihrem Innersten zusammenhielt, das waren Menschen und ihre Beziehungen des Vertrauens und der Freundschaft. Diese Beziehungen entfalteten sich nicht im luftleeren Raum, sondern fanden in Objektzirkulationen, Schenkpraktiken und Tauschverhältnissen ihren dinglichen Ausdruck. Auf die Spuren dieser Objektbahnen und der sich darin abbildenden Sozialbeziehungen begeben wir uns im folgenden Kapitel.

3. Zirkulierende Objekte und soziale Beziehungen

Am 20. Juli 1903 brachen gefährliche Zeiten an für Solothurner Fledermäuse. An diesem Tag versandte Isak Bloch, Bezirksschullehrer und Kustos der naturhistorischen Abteilung des *Museums der Stadt Solothurn*, ein Rundschreiben. Dieses ging an rund 350 Empfänger im ganzen Kantonsgebiet und enthielt einen Aufruf zur Jagd:

> »Um nun die verschiedenen Fledermausarten, die sich im Kanton Solothurn finden, festzustellen und zu sammeln, sind wir auf die Mithilfe auswertiger [sic!] Mitarbeiter angewiesen und gelangen deshalb mit der höfl. Bitte an Sie, allfälliges Fledermausmaterial aus ihrem Bezirk zu sammeln und von jeder Art etwa 3 od. 4 Exemplare an die Adresse von Herrn Dr. L. Greppin, Direktor Rosegg Solothurn zu senden.«[1]

Das Zirkular reihte sich ein in eine Serie vergleichbarer Aufrufe. Mit diesen verfolgte Bloch erfolgreich das Ziel, die noch etwas kargen naturhistorischen Ausstellungsräume des 1901 bezogenen Museumsneubaus vor den Toren der Solothurner Altstadt zu füllen. Bereits 1902 wandten er und sein Forscherkollege Leopold Greppin sich an die einheimische Jägerschaft mit der Bitte um Zusendung von Vögeln. 1904 erhielten alle Forstwarte des Kantons Post des umtriebigen Sammelgespanns Bloch & Greppin, diesmal galten deren Bestrebungen den Greifvogelnestern. 1909 doppelten die beiden nach und versandten nun sogar 650 Aufrufe zur nochmaligen Fledermaussammlung. Das Zirkular landete abermals auf dem Pult von Lehrern, Mitgliedern des Alpenklubs, Forstbeamten sowie von Jägern. Es blieb nicht ohne Wirkung: Bis 1910 wurden von insgesamt 87 Zusendern 189 Exemplare von 13 verschiedenen Fledermausarten zu Greppin in die Klinik Rosegg spediert. Den Spendern winkte kein Gewinn, ihr Aufwand wurde lediglich mit einem vorgedruckten Dankesformular abgegolten. Die Meriten strichen vielmehr Bloch als erfolgreicher Vermehrer des Sammlungsbestands sowie Greppin als Lokalforscher ein, der 1911 in den *Mitteilungen der Naturforschenden Gesellschaft Solothurns* den Aufsatz *Beitrag zur Kenntnis der im Kanton Solothurn vorkommenden Fledermäuse* als Synthese der kollektiven Sammelaktion veröffentlichte. Am Schluss des Aufsatzes wurden alle beteiligten Helfer namentlich aufgelistet und die Bestandeserfassung als gemeinschaftliches Werk ausgewiesen.

1 Naturmuseum Solothurn, Kopialbuch »VI. 1903 – XI. 1907«, 38.

Was brachte einen Dorfschullehrer dazu, in Kirchtürme, Dachstöcke und Höhlen zu steigen, um Direktor Greppin in Solothurn mit Fledermäusen zu versorgen? Welche Kräfte hielten Blochs Unterfangen am Laufen und verliehen ihm Gestalt? In den vorangegangenen Ausführungen wurde aufgezeigt, inwiefern das Medium der Liste gemeinschaftliche Tätigkeiten zu koordinieren vermochte. Das Augenmerk lag dabei stark auf den strukturellen Eigenheiten und medialen Wirkweisen der Liste. Neben diesen Potenzen der Liste schienen deren menschliche Autoren mitunter etwas gar zu verblassen. Im Folgenden sollen nun aber die Menschen und ihre Kooperation stärker in den Fokus rücken. Auch mit Blick auf die Akteure der Lokalforschung und ihre sozialen Beziehungen spielen jedoch Objekte eine wichtige Rolle. Es handelt dieses Kapitel nicht nur von Menschen, sondern ebenso von Dingen, die zwischen ihnen zirkulierten.

Will man die soziale Dimension der damaligen Petite Science genauer untersuchen, so kommt dem heutigen Forscher zugute, dass das Soziale stets Spuren hinterlässt: Es materialisiert sich in Dingen und deren Bewegung. Das Nachzeichnen dieser Dingbewegungen, so der Kulturanthropologe Marshall Sahlins, ermöglicht Aufschluss über die Gestalt sozialer Verhältnisse: »Die Verbindung zwischen Güterströmen und sozialen Beziehungen ist reziprok. Eine spezifische soziale Beziehung mag eine vorgegebene Bewegung der Güter beschränken, aber eine spezifische Transaktion weist – nach demselben Grundsatz – ebenso auf eine besondere soziale Beziehung hin.«[2] Diese kulturanthropologischen Einsichten hinsichtlich der Wechselwirkung von Dingströmen und menschlichen Beziehungen blieben über längere Zeit ohne großen Einfluss auf die Wissenschaftsgeschichte. Erst gegen Ende des vergangenen Jahrhunderts, mit der eindrücklichen Rehabilitierung des Dinglichen in den Kulturwissenschaften, begann sich dies zu ändern. Heute scheint diese Perspektive zur Selbstverständlichkeit geworden zu sein: Als der Historiker Philipp Sarasin und der Literaturwissenschaftler Andreas Kilcher im Jahr 2011 eine Übersicht über kulturwissenschaftliche Verwendungsweisen des Begriffs der »Zirkulation« zusammenstellten, führten sie bezeichnenderweise deren »grundlegend materielle Dimension«[3] an erster Stelle an. Die wichtigsten Modi solcher Dingzirkulationen und ihrer je spezifischen gemeinschaftsbildenden Wirkungen sollen im Folgenden dargestellt werden: Lese- und Tauschzirkel, öffentliche Sammlungsaufrufe, Kauf und Tausch von Dingen sowie die gegenseitige Gabe. Die Aufstellung orientiert sich dabei an einer vom Ethnologen Marshall Sahlins entworfenen Typologie, der zwei grundsätzlich verschiedene Weisen von Gütertransaktionen unterscheidet, nämlich Pooling und

2 Sahlins: Zur Soziologie, 75.
3 Vgl. Sarasin und Kilcher: Editorial Zirkulationen, 8.

Redistribution einerseits und Reziprozität andererseits.[4] Mit dem ersten, Karl Polanyi entliehenen Begriffspaar,[5] meint Sahlins die Zusammenlegung von Gütern einer Gemeinschaft durch eine zentrale Instanz sowie deren anschließende Neuverteilung innerhalb der Gruppe. Unter der zweiten Begrifflichkeit versteht er die gegenseitige Güterbewegung zwischen zwei Parteien. Beginnen wir mit der ersten, der zentralisierten Güterbewegung.

3.1 Kollektive Dingzirkulation

Von der einen Hand zur andern: Lesezirkel

Lesezirkel waren eine verbreitete Form der Dingzirkulation im Milieu der Petite Science und eng an die Vereinsstruktur der kantonalen Naturforschenden Gesellschaften gebunden. Diese Lesezirkel selbst waren keine Erfindung der Naturforscher, sondern nahmen in allgemeinerer Weise seit dem 18. Jahrhundert eine wichtige Rolle in der bürgerlichen Lesekultur ein. Hauptsächliche Motivation, sich an einem Lesezirkel zu beteiligen, war die Kostenersparnis: Das Abonnement gleich mehrerer naturkundlicher Zeitschriften hätte das Budget eines einzelnen Freizeitforschers arg strapaziert. Kostengünstiger war die gemeinschaftliche Anschaffung von Periodika unter dem Dach des Vereins. Jedes Mitglied eines Lesezirkels zahlte einen Beitrag an die gesamten Abonnementskosten und erhielt dadurch Zugang zu einer Vielzahl von Zeitschriften. Der Blick auf ein konkretes Beispiel soll die Funktion eines solchen Zirkels veranschaulichen. Die *Thurgauische Naturforschende Gesellschaft* unterhielt seit ihrer Gründung im Jahr 1854 einen Lesezirkel. Im Jahr 1915 präsentierte sich die Situation wie folgt (vgl. Abbildung 3.1): Die lesefreudigen Mitglieder verteilten sich auf mehrere Unterkreise zu jeweils 10 Mann. Dr. Dannacher war das erste Glied des 3. Lesekreises und erhielt am 17. April die Lesemappe Nr. 85 auf dem Postweg zugesandt. Diese enthielt letztjährige Ausgaben folgender Zeitschriften: *Umschau, Prometheus, Blätter für Gesundheitspflege, Naturwissenschaftliche Wochenschrift, Naturwissenschaften, Verhandlungen der Schweizerischen Naturforschenden Gesellschaft, Deutsche Rundschau, Naturwissenschaftlicher Unterricht, Kosmos, Aus der Natur* sowie *Lotos*. Zur Lektüre standen ihm 14 Tage zu, dann war er angehalten, die Mappe an Kantonschemiker Schmid weiterzuleiten: »Obligatorischer Versandtag für die Mappe ist der Samstag, selbst wenn dieselbe verspätet erhalten wurde!«, mahnte das beiliegende Versandformular, auf welchem die Empfänger der Reihe nach aufgelistet

4 Sahlins: Zur Soziologie, 77.
5 Vgl. Elwert: Gabe, 168-196.

waren und Erhalt und Weitersendung zu quittieren hatten.[6] Der Reihe nach wanderte die Mappe pünktlich von einem Mitglied des 3. Lesekreises zum nächsten, bis sie im August beim letzten Empfänger angelangte. Dieser retournierte sie anschließend an den Kurator des Vereins, welcher sie wiederum dem nächsten Unterkreis zukommen ließ. Die inhaltliche Ausrichtung der Thurgauer Lesemappen entsprach derjenigen anderer Naturforschender Gesellschaften; so führten beispielsweise die Baselbieter in ihrer bescheideneren Mappe im Jahre 1903 ebenfalls den *Prometheus* und die *Umschau* im Programm, daneben die *Gaea* sowie mit den *Verhandlungen*, den *Denkschriften* und den *Eclogae geologicae Helvetiae* die beiden Periodika der *Schweizerischen Naturforschenden Gesellschaft* sowie die Zeitschrift der *Schweizerischen Geologischen Gesellschaft*. Neben Vereinszeitschriften legte man den Schwerpunkt also vor allem auf populärwissenschaftliche Hefte.[7] Deren Anspruch, ein möglichst umfassendes thematisches Spektrum abzudecken, kam in sprechenden Untertiteln wie »Zeitschrift zur Verbreitung naturwissenschaftlicher und geographischer Kenntnisse sowie der Fortschritte auf dem Gebiete der gesammten Naturwissenschaften« zum Ausdruck. Die generalistische Ausrichtung entsprach dem Selbstverständnis der Naturforschenden Gesellschaften und war auch Richtschnur für die Aufnahme eines Titels in die Sammelmappe. So begründete Franz Leuthardt, Präsident der Baselbieter Naturforscher, in einem Brief 1907 seinen abschlägigen Entscheid über die Aufnahme eines Titels in die Lesemappe mit einem diesbezüglichen Defizit: »Die wirklich vorzügliche Zeitschrift ist für die Leser unserer Gesellschaft etwas zu speziell wissenschaftlich gehalten.«[8] Dies heißt nicht, dass sich unter den Zeitschriften einer Mappe manchmal nicht auch spezialisierte Titel gefunden hätten; die Zusammenstellung widerspiegelte durchaus Vorlieben prägender Vereinsmitglieder. Dass sich beispielsweise in der Lesemappe der Baselbieter Naturforscher eine geologische Fachzeitschrift fand, war zu großen Teilen den erdwissenschaftlichen und paläontologischen Interessen ihres Präsidenten geschuldet; jenes Präsidenten Leuthardt notabene, der mit dem Argument der zu starken Spezialisierung eine andere Zeitschrift für den Zirkel zurückgewiesen hatte.

Grundsätzlich lag also der Schwerpunkt der Lesemappen auf allgemeiner ausgerichteten Blättern. Spezialisierte Fachzeitschriften beispielsweise der Botanik oder der Entomologie dagegen wurden eher auf informelle Weise zwischen befreundeten Forscherkollegen ausgetauscht und bildeten eine

6 Naturmuseum Thurgau, Schachtel 6000.A (Wissenschaftler – Persönlichkeiten), Mappe »Brunner Hans, Biographie«, Formular »III. Lesekreis Naturforschende Gesellschaft des Kantons Thurgau«.

7 Zur populärwissenschaftlichen Publizistik im deutschsprachigen Raum des 19. und 20. Jahrhunderts vgl. Brecht und Orland: Einleitung; Daum: Wissenschaftspopularisierung; Schwarz: Bilden.

8 StABL, Nachlass Franz Leuthardt, PA 6102, Tagebuch, Bd. 3, 15.

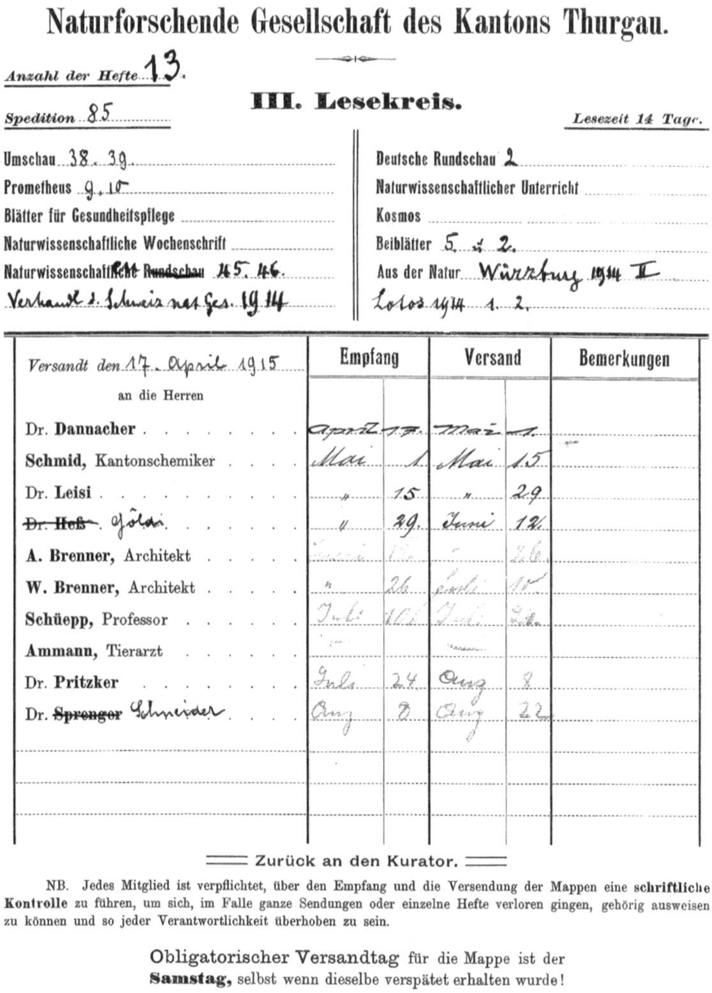

Naturforschende Gesellschaft des Kantons Thurgau.

Anzahl der Hefte 13.

Spedition 85

III. Lesekreis.

Lesezeit 14 Tage.

Umschau 38. 39.	Deutsche Rundschau 2
Prometheus 9. 10	Naturwissenschaftlicher Unterricht
Blätter für Gesundheitspflege	Kosmos
Naturwissenschaftliche Wochenschrift	Beiblätter 5 u. 2.
Naturwissenschaftliche ~~Rundschau~~ 45. 46.	Aus der Natur Würzburg 1914 II
Verhandl. d. Schweiz. nat. Ges. 1914	Lotos 1914 1. 2.

Versandt den 17. April 1915 an die Herren	Empfang		Versand		Bemerkungen
Dr. **Dannacher**	~~April~~	~~17.~~	~~Mai~~	~~1.~~	
Schmid, Kantonschemiker	Mai	1.	Mai	15.	
Dr. **Leisi**	"	15.	"	29.	
~~Dr. Heß~~ Göldi	"	29.	Juni	12.	
A. Brenner, Architekt	Juni	12.	"	26.	
W. Brenner, Architekt	"	26.	Juli	10.	
Schüepp, Professor	Juli	10.	Juli	24.	
Ammann, Tierarzt	–		–		
Dr. **Pritzker**	Juli	24.	Aug.	8.	
Dr. ~~Sprenger~~ Schneider	Aug.	8.	Aug.	22.	

Zurück an den Kurator.

NB. Jedes Mitglied ist verpflichtet, über den Empfang und die Versendung der Mappen eine **schriftliche Kontrolle** zu führen, um sich, im Falle ganze Sendungen oder einzelne Hefte verloren gingen, gehörig ausweisen zu können und so jeder Verantwortlichkeit überhoben zu sein.

Obligatorischer Versandtag für die Mappe ist der **Samstag,** selbst wenn dieselbe verspätet erhalten wurde!

Abb. 3.1: Ausleihformular des Leserzirkels der *Thurgauischen Naturforschenden Gesellschaft* (1915).

Spielart des reziproken Verhältnisses der Gabe. Das Zusammenlegen finanzieller Mittel zur Vergrößerung der Kaufkraft des Einzelnen und die strikt geregelte Weise der Verteilung in der Gruppe dagegen gehören eindeutig zu den hier interessierenden Praktiken von Pooling und Distribution.

Was bedeutet es, wenn ein Bündel wissenschaftlicher Hefte auf eine solche Rundreise durch das Kantonsgebiet geschickt wird? Die Lesekreise ermöglichten nicht bloß preisgünstiges Lesevergnügen. Wie die Historikerin Monika Dommann betont, symbolisierten die wandernden Wissenspakete den Thurgauer Naturforschern auch ihre Zugehörigkeit zu einer nationalen und internationalen Wissenschaftsgemeinschaft.[9] Zudem wurde durch die Zirkulation der Zeitschriften Gemeinschaft unter den Vereinsmitgliedern hergestellt: Einerseits durch den bloßen Akt des regelmäßigen Zusendens eines Pakets an seine Lesekollegen, andererseits durch den sich aus der geteilten Lektüre ergebenden gemeinschaftlichen Wissens- und Diskussionshorizont.

Einer für alle, alle für einen: Tauschkreise

Eine weitere Form naturkundlicher Güterzusammenlegung waren die Tauschkreise. Ihre Grundidee ist jener der Lesezirkel eng verwandt: Auch bei den Tauschkreisen ging es in erster Linie darum, durch Vergemeinschaftung von Ressourcen die Reichweiten des Einzelforschers zu potenzieren. Es handelt sich um ein klassisches Beispiel für jene Form wissenschaftlicher Kollaboration, welche Jane Maienschein als Prinzip der »helping hands« umschrieben hat, und das schlicht bedeutet: Viele Hände sind besser als eine einzelne.[10] Gerade für sammelnde Wissenschaften drängte sich das dem Tauschkreis zugrunde liegende Zusammenlegungsprinzip nahezu auf. Im ausgehenden 19. Jahrhundert existierten vor allem in den Disziplinen der Botanik und der Entomologie unzählige Tauschkreise in ganz Mitteleuropa, für die Botanik bedeutsam waren beispielsweise jene mit Sitz in Strasbourg, Mulhouse, Orléans, Rochelaise, Nürnberg, Berlin, Thüringen, Schlesien, Wien oder Uppsala.[11]

Die Funktionsweise eines solchen Verbunds soll am Beispiel der *Société Vogéso-Rhénane* kurz illustriert werden. Diese wurde 1863 von Mitgliedern der *Société Philomatique*, einem elsässischen Naturforscherverein, in Mulhouse ins Leben gerufen. 1870 trat der Churer Gymnasialprofessor Christian

9 Dommann: Belehren, 66.
10 Maienschein: Why collaborate, 167 und 173.
11 Vgl. die entsprechenden Angaben bei Burdet: Les collections botaniques, 16-19.

Brügger mit der Société in Kontakt.[12] Da Brügger neben seiner Lehrerstelle in diesem Jahr auch das Amt als Kurator der naturhistorischen Sammlung im *Bündnerischen Museum für Wissenschaft und Kunst* in Chur angetreten hatte, suchte er über die Mitgliedschaft im Tauschverein eine Möglichkeit, effizient an große Mengen Herbarmaterial zu gelangen. Zu diesem Zeitpunkt zählte die Société rund 50 Mitglieder, die sich über ganz Europa verteilten, neben den Elsässern führten die Mitgliederlisten Botaniker aus dem restlichen Frankreich, aus der Schweiz, Deutschland, Belgien und Schweden auf.[13] In 14 Artikeln halten die Statuten der Gesellschaft die Pflichten und Rechte ihrer Mitglieder fest. Jährlich mussten die Mitglieder bis zum 15. Dezember insgesamt 6 verschiedene Arten einsenden, und zwar jeweils in so vielen Exemplaren, wie die Gesellschaft Mitglieder zählte, sowie als »Bezahlung« des Administrationsaufwandes zwei zusätzliche Exemplare für zwei Elsässer Naturforschervereine. Die Anforderungen an die Einsendungen waren klar festgelegt: Sowohl Ubiquisten (Allerweltsblumen) als auch bereits in früheren Jahren eingesandte Pflanzen waren unerwünscht. Ebenso machten die Statuten klare Vorgaben bezüglich der Etikettierung sowie der Maße und Papierqualität der zu verwendenden Herbarbogen. Bei Nichtbefolgen dieser Regeln drohte der Vorstand mit Retournierung der Sendung sowie Vereinsausschluss. Nach erfolgter Einsendung ordnete der Vorstand die Eingänge und stellte aus diesen die jährliche Auswahl zusammen, die er im kommenden Frühling an alle beteiligten Gesellschafter verschickte. Diesen Lieferungen war jeweils ein Katalog beigelegt, der die Tauschgenossen detailliert über Inhalt und Umfang der letztjährigen Zusendungen jedes einzelnen Gesellschafters in Kenntnis setzte.

Für den einzelnen der insgesamt 50 Gesellschafter bedeutete die Teilnahme an der Pflanzen-Redistribution eine bequeme Vermehrung seiner Sammlung: Durch die jährliche Zahlung eines Mitgliederbeitrages von 5 Francs sowie der Einsendung von 6 Art-Lieferungen zu je 50 Exemplaren erhielt er mit der Rückverteilung eine Sendung von rund 300 Arten zugeschickt.[14]

Wieso Brügger sich dem Elsässer Tauschverein anschloss, geht aus den Quellen nicht klar hervor. Er hätte sich auch nach Neuchâtel wenden könnten, wo ab 1870 die *Société Helvétique pour l'Echange des Plantes* vergleichbare Dienste leistete.[15] Der helvetische Tauschverein umfasste bereits im dritten

12 Vgl. StAGR, Nachlass Christian G. Brügger, B 1165/10 (2. Teil), Briefe Beckers vom 10.4.1870, 29.4.1873, 1.3.1874.

13 Vgl. Deluzarche: La Société Vogéso-Rhénane.

14 Zahlen konnten nur für den Zeitraum zwischen der Gründung 1863 und 1870 eruiert werden; die komplette Lieferung für diese Periode umfasste 2616 Spezies (Vgl. Burdet: Les collections, 7).

15 Die *Société Helvétique pour l'Echange des Plantes* wurde vom Botanikprofessor Paul Morthier, vom Lehrer Fritz Tripet und anderen Mitgliedern der einige Jahre zuvor

Vereinsjahr 50 Botaniker aus ganz Europa: Neben 15 Schweizern zählte die Mitgliederliste 11 Franzosen, 8 Italiener, 6 Deutsche, 5 Österreicher, 3 Spanier, 2 Belgier und 1 Ungaren.[16] Die Ausstrahlung in die Deutschschweiz blieb bescheiden; von anfänglich 4 Gesellschaftern aus diesem Landesteil – darunter bekannte Namen wie Jakob Jäggi, Eduard Killias oder Hans Siegfried – waren nach drei Jahren drei bereits wieder abgesprungen. Insgesamt erhielt ein Gesellschafter im Vereinsjahr 1872 für seine Zusendung von 5-10 Arten eine Gesamtzahl von 353 Arten zurückgeschickt.[17] Die Aktivitäten der Gesellschaft brechen nach 1886 ab, wohl aufgrund des Todes ihres Präsidenten Paul Morthier.

Wissen aufrufen: Fragebögen und Sammelappelle

Eine weitere Zirkulationsweise, in der wissenschaftliche Güter zentral zusammengelegt wurden, stellten die Daten- und Objektsammlungen durch Fragebögen und Sammelaufrufe dar. Diese waren von grundlegender Wichtigkeit für die naturkundliche Petite Science sowie für andere sammelnde Wissenschaften. In den Ausführungen zu den lokalen Floren- und Faunenkatalogen im vorangegangenen Kapitel wurde bereits auf deren Appellcharakter verwiesen: In den Vorworten solcher Verzeichnisse finden sich häufig implizite oder ausdrückliche Aufrufe an die Leserschaft, sich an der Sammlung einschlägigen Materials zu beteiligen. Verschiedentlich wurden Anläufe unternommen, über solche bloßen Anregungen hinaus die gemeinschaftliche Erhebung von Daten und Objekten in organisierte Bahnen zu lenken. Urheber dieser Institutionalisierungsversuche waren wie erwähnt nur in einigen wenigen Fällen staatliche Behörden. Meist gingen die entsprechenden Initiativen von einzelnen Katalogautoren und kantonalen Vereinen oder Museen aus. In dieser Hinsicht ist denn auch das Eingangsbeispiel der Solothurner Fledermaussammlung repräsentativ, sowohl was den Umfang als auch die daran beteiligten Akteure anbelangt.

Eine nähere Betrachtung solcher Fragebogenprojekte soll die Eigenheiten der kollektiven Forschung in der Petite Science herausarbeiten. Die folgenden Ausführungen zur Struktur und Funktionsweise solcher gemeinschaft-

gegründeten Neuenburger Botanischen Gesellschaft initiiert. Zwischen 1870 und 1886 führte sie 17 Mal eine jährliche Tauschrunde durch. Aufschluss über Funktionsweise, Mitglieder und getauschtes Material liefern die gedruckten jährlichen Tauschverzeichnisse *Société Helvétique pour l'échange des plantes. Helvetischer Verein für den Austausch von Pflanzen*, vorliegend in den Jahrgängen 1871-1887.

16 Vgl. das Mitgliederverzeichnis im 3. Tauschverzeichnis der *Société Helvétique pour l'Echange des Plantes* (1873), 2 f.

17 Vgl. ebd., 4-16.

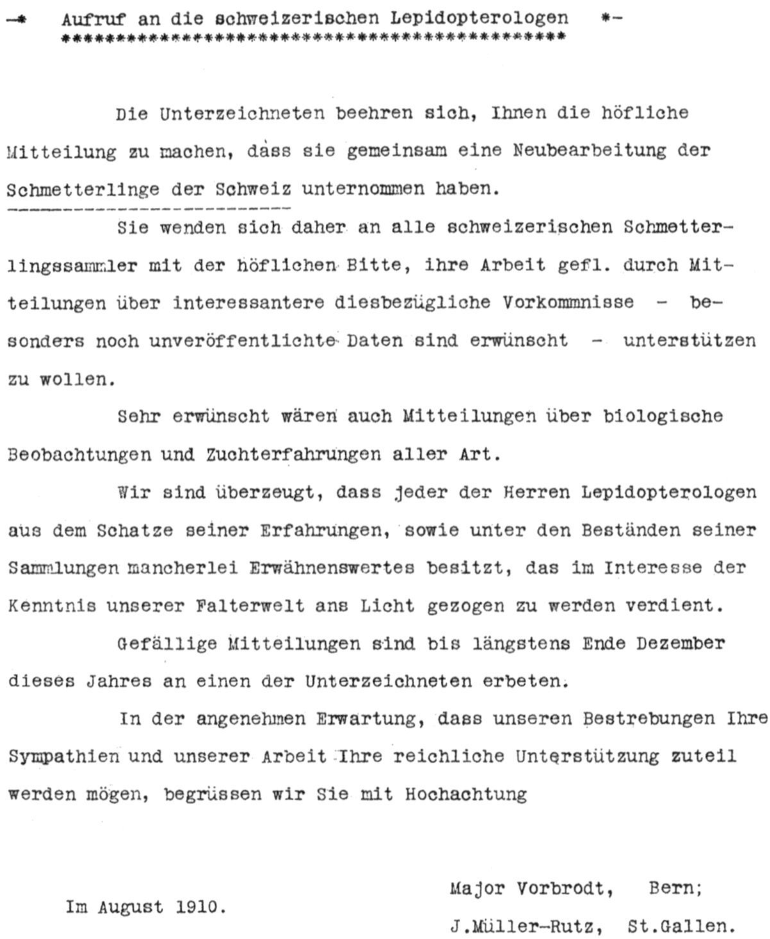

Aufruf an die schweizerischen Lepidopterologen

Die Unterzeichneten beehren sich, Ihnen die höfliche Mitteilung zu machen, dass sie gemeinsam eine Neubearbeitung der Schmetterlinge der Schweiz unternommen haben.

Sie wenden sich daher an alle schweizerischen Schmetterlingssammler mit der höflichen Bitte, ihre Arbeit gefl. durch Mitteilungen über interessantere diesbezügliche Vorkommnisse – besonders noch unveröffentlichte Daten sind erwünscht – unterstützen zu wollen.

Sehr erwünscht wären auch Mitteilungen über biologische Beobachtungen und Zuchterfahrungen aller Art.

Wir sind überzeugt, dass jeder der Herren Lepidopterologen aus dem Schatze seiner Erfahrungen, sowie unter den Beständen seiner Sammlungen mancherlei Erwähnenswertes besitzt, das im Interesse der Kenntnis unserer Falterwelt ans Licht gezogen zu werden verdient.

Gefällige Mitteilungen sind bis längstens Ende Dezember dieses Jahres an einen der Unterzeichneten erbeten.

In der angenehmen Erwartung, dass unseren Bestrebungen Ihre Sympathien und unserer Arbeit Ihre reichliche Unterstützung zuteil werden mögen, begrüssen wir Sie mit Hochachtung

Im August 1910.

Major Vorbrodt, Bern;
J.Müller-Rutz, St.Gallen.

Abb. 3.2: Aufruf zur Mithilfe am 1911-1914 publizierten Verzeichnis *Schmetterlinge der Schweiz* von Carl Vorbrodt und Johannes Müller-Rutz (1910).

licher Datenerhebungen stützen sich stark auf jüngere wissenschaftsgeschichtliche Arbeiten zur Volkskunde. Wenn auch erkenntnistheoretisch anders gelagert, so wies diese im ausgehenden 19. Jahrhundert entstehende Disziplin als sammelnde Wissenschaft mit hoher Laienbeteiligung dennoch wichtige Berührungspunkte mit naturgeschichtlicher Forschungspraxis auf. Die Bezugnahme auf wissensgeschichtliche Erkenntnisse der volkskundlichen Fachgeschichtsschreibung verspricht daher fruchtbar zu sein.

Am Anfang aller Zirkulation stand das Zirkular – ein vervielfältigtes Rundschreiben, das die möglichen Helfer zur Mitarbeit bewegen sollte. Um die breite Streuung dieses Aufrufs zu gewährleisten, suchten die Initianten oftmals nahestehende Kreise für ihre Ziele zu gewinnen. Unerlässlich waren dazu Mitgliederverzeichnisse geistesverwandter Vereine, die man sich als Freundesdienst unbürokratisch zukommen ließ. Häufig um Kooperation angegangen wurden seitens der naturkundlichen Petite Science die Mitglieder von Kantonalsektionen des *Schweizerischen Alpenclubs* sowie die Jägerschaft. Diese Kreise bildeten je eigene Sozial- und Wissensmilieus, deren Ränder sich aber jeweils stark mit jenen der naturkundlichen Lokalforschung überschnitten. Das von einer Forschungsgruppe um Wolfgang Kaschuba umrissene Konzept des »Wissensmilieus«[18] zielt darauf ab, die räumliche Verortung von Wissenspraktiken hervorzuheben: Inwiefern bringen örtlich bedingte personelle und institutionelle Netzwerke spezifische Wissenspraktiken mit je eigener Ausprägung hervor? Was bedeutete Leopold Greppins Leidenschaft für geflügelte Tiere oder seine Nähe zur Jägerschaft für die Agenda der solothurnischen Naturforschenden Gesellschaft? Welche Rolle spielten Blochs Beruf als Gymnasiallehrer oder seine Kontakte zur kantonalen Sektion des *Schweizerischen Alpenclubs* für die Objektsammlung des naturhistorischen Museums? Durch die allmähliche Verfestigung und Verdichtung besonderer lokaler Ausprägungen entsteht schließlich ein Wissensmilieu, das Kaschuba als »relativ homogenen, intern aber differenzierten Interaktionszusammenhang mit erhöhter Binnenkommunikation«[19] beschreibt. Es liegt auf der Hand, dass die im Rahmen einer Fragebogen-Aktion losgetretenen Materialflüsse durch ein bestehendes lokales Wissensmilieu strukturiert wurden, im Gegenzug dieses aber zugleich mitstrukturierten.

Die Sammelaufrufe sowohl in der Volks- als auch in der Naturkunde entwerfen ein Selbstbild von Wissenschaft als populärem Kollektivunterfangen. So schaltete beispielsweise die neu gegründete *Schweizerische Gesellschaft für Volkskunde* 1896 einen »Aufruf an alle Kreise des Schweizervolkes« in verschiedenen Tageszeitungen.[20] In ausdrücklicher Weise hebt dieser Aufruf auf die Mitwirkung aller sozialen Schichten ab: »Es ist hier dem Volke

18 Vgl. Kaschuba et al.: Volkskundliches Wissen. Vgl. zu diesem Konzept ebenso Davidovic-Walther: Wer wird Gemeindeforscher?

19 Kaschuba et al.: Volkskundliches Wissen, 186.

20 Lenzin: Folklore vivat, 77-80 und Häner: »Es ist hier dem Volke«, 25-28 (auf Seite 12 dort auch Faksimile des Aufrufs).

zum ersten Mal die Gelegenheit geboten, an einem wissenschaftlich hochbedeutenden Werke mitzuarbeiten.« Diese Rhetorik der Partizipation war für die junge Wissenschaft ein wichtiges strategisches Element, um sich gesellschaftlich besser zu verankern. Zugleich bildete die Teilhabe von Laien eine offene Flanke der damaligen Volkskunde: An den Widersprüchen zwischen angestrebter Breitenwirkung und befürchteter Schädigung der wissenschaftlichen Reputation entzündete sich eine polemische Dilettantismus-Debatte. Diese wurde zusätzlich angeheizt durch forschungspragmatische Zwänge einer sammelnden Wissenschaft. Beinahe zerknirscht hielt Eduard Hoffmann-Krayer, zentrale Gründerfigur der Schweizer Volkskunde, 1902 in seiner programmatischen Antrittsvorlesung *Die Volkskunde als Wissenschaft* die enge epistemische Verbandelung mit der Laienpartizipation fest: »Freilich ist ja andererseits keine Wissenschaft mehr auf den Dilettantismus angewiesen, als gerade die Volkskunde, und wir sind weit davon entfernt, seine wertvollen Dienste für diese Wissenschaft zu unterschätzen.«[21] Dilettanten waren den Volksforschern um die Jahrhundertwende unerlässliche Materiallieferanten, doch wie es sich für solche gehört, sollten sich selbige geflissentlich auf die Benützung des intellektuellen Lieferanteneingangs bescheiden – will sagen auf die bloße Materialzuträgerschaft. Die Analyse des Materials hingegen sollte sozusagen im Herrenzimmer stattfinden und einer geistigen Elite vorbehalten bleiben. So sei zwar, wie einige Jahre später der Zürcher Volkskundler Otto Waser meinte, »jeder fähig zu sammeln, nicht aber jeder berufen zur eigentlichen Mitarbeit: zur Bearbeitung und Verarbeitung des Materials bedarf es geschulter Kräfte«.[22] Vera Deissner bezeichnet diese ungleiche Arbeitsteilung in der frühen Volkskunde als »methodische Zweiklassengesellschaft«[23] und die Ermahnung des volkskundlichen Hausherrn Hoffmann-Krayer an die Adresse der Dilettanten, sich ihres »Dienstverhältnisses […] stetsfort bewusst bleiben«[24] zu wollen, scheint diese Interpretation mustergültig zu bestätigen. Wie in den vorangegangenen Kapiteln bereits dargestellt, war diese Abgrenzungsrhetorik in der sich erst als wissenschaftliches Fach etablierenden Volkskunde deutlich ausgeprägter als in der deutschsprachigen Naturforschung. Im Unterschied zur Volkskunde hatte sich in dieser eine – wohlgemerkt weniger strikte – Binnendifferenzierung zwischen inventarisierenden Sammlern und Theorieproduzenten längst schon eingespielt und wurde von allen Beteiligten grundsätzlich akzeptiert.[25] Auch in der naturkundlichen Lokalforschung führte die von Anita Bagus erwähnte »bil-

21 Hoffmann-Krayer: Die Volkskunde als Wissenschaft, 5.

22 Waser: Was ist Volkskunde?, 362.

23 Deissner: Die Volkskunde und ihre Methoden, 151.

24 Hoffmann-Krayer: Die Volkskunde als Wissenschaft, 5.

25 Vgl. zum einschlägigen Wissenschaftsverständnis der Petite Science als bloßer Zuträger für zukünftige wissenschaftliche Forschung die Ausführungen in den Kapiteln 1 und 2.3.

Abb. 3.3: Isaak A. Bloch (1869-1959), Gymnasiallehrer, Museumsleiter und Organisator des Solothurner Fledermausinventars.

Abb. 3.4: Leopold Greppin (1854-1925), Direktor der *Heil- und Pflegeanstalt Rosegg* bei Solothurn und treibende Kraft hinter dem Solothurner Fledermausinventar.

dungsbedingte Hierarchie«[26] zur Aufteilung der Gemeinschaft in eine Elite von Forschungsakteuren, die sich als Vereinsvorstände, Sammlungskuratoren oder Autoren hervortaten, sowie in eine breitere Basis, die sich mit Zuträgerschaft beschied. Im Falle der Solothurner Fledermaus-Sammelaktion zeigten sich diese Gefälle sehr deutlich. Der erste der beiden Initianten, Isaak Bloch, war promovierter Zoologe. In Solothurn wirkte er als Gymnasialprofessor und amtete daneben als Kurator der naturhistorischen Abteilungen des städtischen Museums sowie als Präsident der *Naturforschenden Gesellschaft Solothurn*. Leopold Greppin besaß einen Doktortitel in Humanmedizin und leitete als Direktor die kantonale Irrenanstalt Rosegg bei Solothurn. Er war Mitglied der städtischen *Naturhistorischen Museumskommission* und saß in den Vorständen der *Naturforschenden Gesellschaft Solothurn* sowie der *Schweizerischen Gesellschaft für Vogelkunde*. Diesem leitenden Zweigespann stand eine Gruppe von insgesamt 87 Materiallieferanten gegenüber (vgl. Abbildung 3.7).[27] Die große Mehrheit dieser »Donatoren« besaß keine Universitätsbildung; so die 34 Dorfschullehrer (darunter eine Frau), die 22 Schüler (vorwiegend Gymnasiasten), die sechs Handwerker, die vier Dienstleister sowie ein Kaufmann und ein Landwirt. Acht Lieferanten sind ohne Berufsbezeichnung, aber auch ohne akademischen Titel aufgelistet. Die Minderheit mit Universitätsbildung setzt sich zusammen aus einem Gymnasialprofessor, drei Bezirkslehrern, einem Privatdozenten sowie zwei Ärzten.

Es zeigt sich, dass die Hierarchisierung in breiter angelegten, institutionalisierten Sammlungsaktionen ausgeprägter war als bei lokalfloristischen und -faunistischen Projekten, die stark auf die Arbeit von Einzelautoren aufbauten. Betrachtet man beispielsweise Eduard Killias' Helferlisten, so führen diese eine etwas geringere Zahl von Helfern auf, unter diesen waren aber Akademiker in größerer Zahl vertreten. Die Erklärung liegt auf der Hand: Beim Erstellen solcher Lokalverzeichnisse handelte es sich, wie gezeigt, eher um kompilatorische Projekte. In diesen wurden eigene Forschungsergebnisse zielgerichtet um die Daten anderer anerkannter Forscher ergänzt. Die Mitarbeit von gänzlichen Laien war in diesen spezialisierten Projekten nicht gefragt. Die Solothurner betrieben dagegen »Grundlagenforschung«, für welche sie sich nur auf wenig Vorarbeiten stützen konnten. Für diese grundlegende Datenerhebung waren sie auf Laienbeteiligung angewiesen.

Diese Zweiteilung zwischen Leitung und Helferschar, die sich in der Fledermaus-Sammlung zeigte, ist in den Augen James R. Griesemers geradezu charakteristisch für gemeinschaftlich ausgeführte Forschungsprojekte in der Naturgeschichte. Solche Kollaborationen kennten stets eine Schichtung von Autorität sowie eine Arbeitsteilung zwischen Profis und Helfern im Feld. Es

26 Bagus: Volkskundevereine, 43.
27 Vgl. Greppin: Beitrag zur Kenntnis, 62.

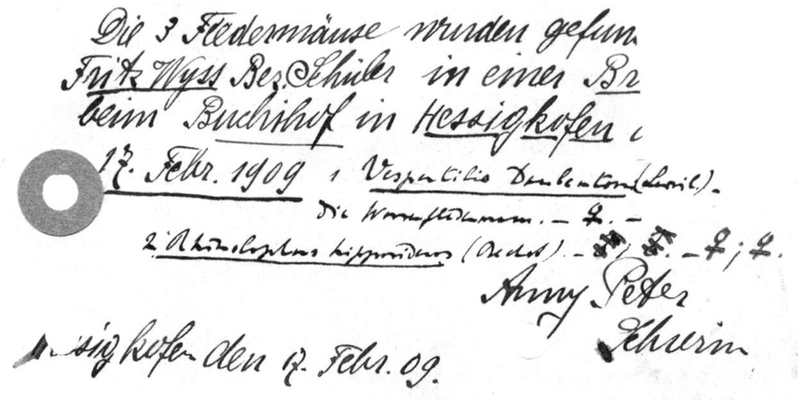

Abb. 3.5: Etikette mit Fundangaben zur Fledermaussendung der Lehrerin Anny Peter aus Hessigkofen an Leopold Greppin (1909).

sei diese Heterogenität keineswegs ein Mangel, sondern vielmehr Grundvoraussetzung für jegliche Wissenschaft, die sich stets nur als Netzwerk vielfältiger Kooperationen adäquat denken lasse.[28] Jane Maienschein versuchte, dieses Gefälle in gemeinschaftlichen Forschungsprojekten konzeptionell zu fassen. Dazu unterschied sie zwei Klassen von Mitarbeitern: Die »primären Mitarbeiter« zeichnen sich laut Maienschein durch ein erhöhtes Maß an Verantwortlichkeit aus, da sie an der Projektausarbeitung beteiligt waren. Diesen stehen die »sekundären Mitarbeiter« gegenüber, die keinerlei Verantwortung für die Projektausgestaltung tragen, dafür aber auch eine geringere Belohnung erwarten dürfen.[29] Im Solothurner Beispiel lag die Projektdefinition klar in den Händen von Greppin und Bloch. Sie stießen den Entschluss zur Sammlungsaktion an, verfassten den Aufruf und bestimmten und vermaßen die eingesendeten Tiere. Als Lohn für diese Verantwortlichkeiten konnten die beiden auch die Ernte einfahren: Greppin veröffentlichte im Vereinsblatt der Solothurner Naturforscher 1911 das entsprechende Fledermausverzeichnis (sowie drei Jahre später einen Nachtrag), den er seiner stattlichen Publikationsliste beifügen konnte. Bloch dagegen konnte mithilfe des kollektiv gesammelten Tiermaterials seinen Ruf als umtriebiger Kurator festigen, der die lokalen Sammlungsbestände effizient auszubauen wusste. Was Carsten Drieschner für »primäre Mitarbeiter« in volkskundlichen Sammelprojekten herausgearbeitet hat, gilt auch für Greppin und Bloch: Durch die Zentrumsfunktion konnten beide ihren Status als »Experten« bekräftigen.[30]

28 Griesemer: Collaboration, 190-192 und 202.
29 Maienschein: Why collaborate, 171.
30 Vgl. Drieschner: Der »plattdeutsche Professor«.

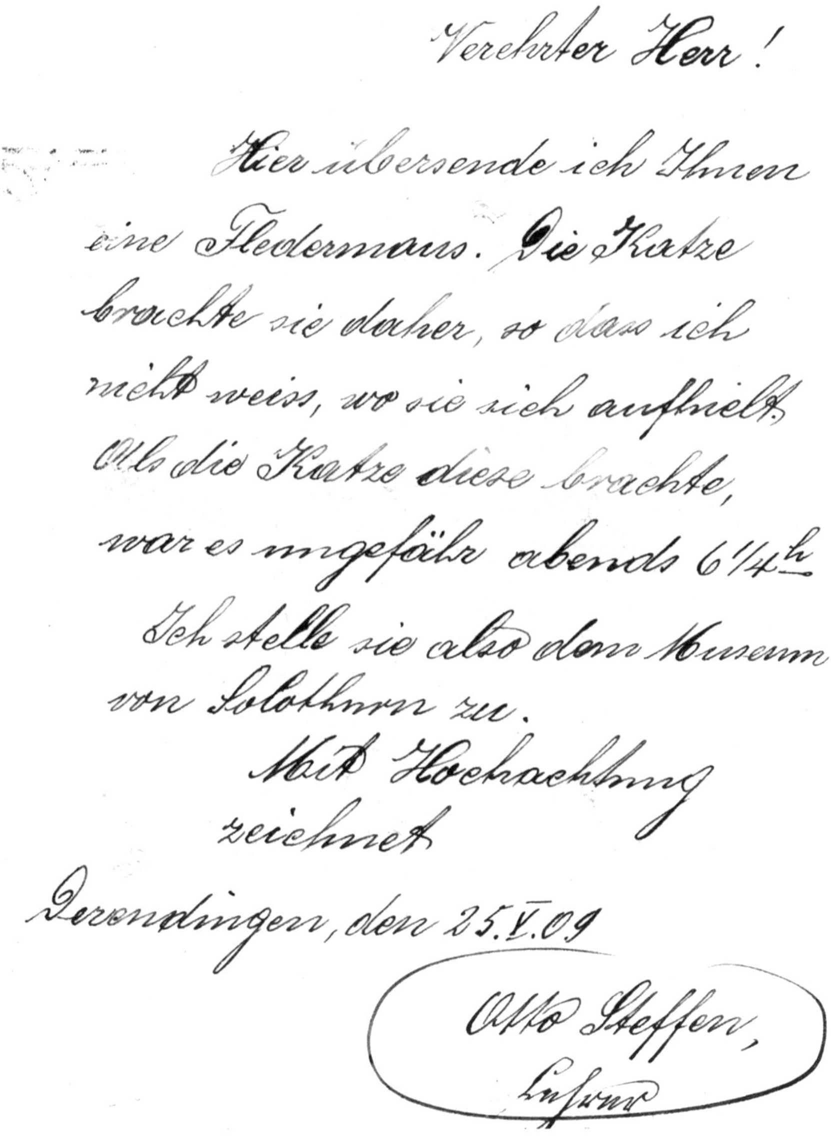

Verehrter Herr!

Hier übersende ich Ihnen eine Fledermaus. Die Katze brachte sie daher, so dass ich nicht weiss, wo sie sich aufhielt. Als die Katze diese brachte, war es ungefähr abends 6 1/4 h.

Ich stelle sie also dem Museum von Solothurn zu.

Mit Hochachtung zeichnet

Derendingen, den 25.V.09

Otto Steffen, Lehrer

Abb. 3.6: »Die Katze brachte sie daher«: Begleitschreiben des Lehrers Otto Steffen aus Derendingen zu seiner Fledermaussendung an Leopold Greppin (1909).

Die Beteiligung der »sekundären Mitarbeiter« beschränkte sich auf das Einsenden von Spezimen, die Nennung von potentiell ergiebigen Standorten sowie die Vermittlung weiterer Helfer. Welche Belohnung konnten diese Helfer im Gegenzug erwarten? Im Gegensatz zu volkskundlichen

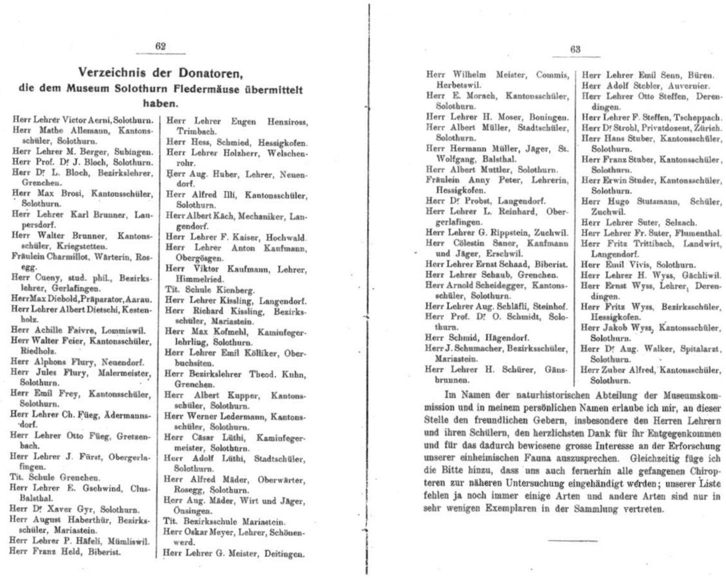

62

Verzeichnis der Donatoren,
die dem Museum Solothurn Fledermäuse übermittelt haben.

Herr Lehrer Victor Aerni, Solothurn.
Herr Mathe Allemann, Kantonsschüler, Solothurn.
Herr Lehrer M. Berger, Subingen.
Herr Prof. Dr J. Bloch, Solothurn.
Herr Dr L. Bloch, Bezirkslehrer, Grenchen.
Herr Max Brosi, Kantonsschüler, Solothurn.
Herr Lehrer Karl Brunner, Laupersdorf.
Herr Walter Brunner, Kantonsschüler, Kriegstetten.
Fräulein Charmillot, Wärterin, Rosegg.
Herr Cueny, stud. phil., Bezirkslehrer, Gerlafingen.
Herr Max Diebold, Präparator, Aarau.
Herr Lehrer Albert Dietschi, Kestenholz.
Herr Achille Faivre, Lommiswil.
Herr Walter Feier, Kantonsschüler, Riedholz.
Herr Alphons Flury, Neuendorf.
Herr Jules Flury, Malermeister, Solothurn.
Herr Emil Frey, Kantonsschüler, Solothurn.
Herr Lehrer Ch. Füeg, Ädermannsdorf.
Herr Lehrer Otto Füeg, Gretzenbach.
Herr Lehrer J. Fürst, Obergerlafingen.
Tit. Schule Grenchen.
Herr Lehrer E. Gschwind, Clus-Balsthal.
Herr Dr Xaver Gyr, Solothurn.
Herr August Haberthür, Bezirksschüler, Mariastein.
Herr Lehrer P. Häfeli, Mümliswil.
Herr Franz Held, Biberist.
Herr Lehrer Eugen Henziross, Trimbach.
Herr Hess, Schmied, Hessigkofen.
Herr Lehrer Holzherr, Welschenrohr.
Herr Aug. Huber, Lehrer, Neuendorf.
Herr Alfred Illi, Kantonsschüler, Solothurn.
Herr Albert Käch, Mechaniker, Langendorf.
Herr Lehrer F. Kaiser, Hochwald.
Herr Lehrer Anton Kaufmann, Obergösgen.
Herr Viktor Kaufmann, Lehrer, Himmelried.
Tit. Schule Kienberg.
Herr Lehrer Kissling, Langendorf.
Herr Richard Kissling, Bezirksschüler, Mariastein.
Herr Max Kofmehl, Kaminfegerlehrling, Solothurn.
Herr Lehrer Emil Kölliker, Oberbuchsiten.
Herr Bezirkslehrer Theod. Kuhn, Grenchen.
Herr Albert Kupper, Kantonsschüler, Solothurn.
Herr Werner Ledermann, Kantonsschüler, Solothurn.
Herr Cäsar Lüthi, Kaminfegermeister, Solothurn.
Herr Adolf Lüthi, Stadtschüler, Solothurn.
Herr Alfred Mäder, Oberwärter, Rosegg, Solothurn.
Herr Aug. Mäder, Wirt und Jäger, Önsingen.
Tit. Bezirksschule Mariastein.
Herr Oskar Meyer, Lehrer, Schönenwerd.
Herr Lehrer G. Meister, Deitingen.

63

Herr Wilhelm Meister, Commis, Herbetswil.
Herr E. Morach, Kantonsschüler, Solothurn.
Herr Lehrer H. Moser, Boningen.
Herr Albert Müller, Stadtschüler, Solothurn.
Herr Hermann Müller, Jäger, St. Wolfgang, Balsthal.
Herr Albert Muttler, Solothurn.
Fräulein Anny Peter, Lehrerin, Hessigkofen.
Herr Dr Probst, Langendorf.
Herr Lehrer L. Reinhard, Obergerlafingen.
Herr Lehrer G. Rippstein, Zuchwil.
Herr Cölestin Saner, Kaufmann und Jäger, Erschwil.
Herr Lehrer Ernst Schaad, Biberist.
Herr Lehrer Schaub, Grenchen.
Herr Arnold Scheidegger, Kantonsschüler, Solothurn.
Herr Lehrer Aug. Schläfli, Steinhof.
Herr Prof. Dr O. Schmidt, Solothurn.
Herr Schmid, Hägendorf.
Herr J. Schumacher, Bezirksschüler, Mariastein.
Herr Lehrer H. Schürer, Gänsbrunnen.
Herr Lehrer Emil Senn, Büren.
Herr Adolf Stebler, Auvernier.
Herr Lehrer Otto Steffen, Derendingen.
Herr Lehrer F. Steffen, Tscheppach.
Herr Dr Strohl, Privatdozent, Zürich.
Herr Hans Stuber, Kantonsschüler, Solothurn.
Herr Franz Stuber, Kantonsschüler, Solothurn.
Herr Erwin Studer, Kantonsschüler, Solothurn.
Herr Hugo Stutzmann, Schüler, Zuchwil.
Herr Lehrer Suter, Selzach.
Herr Lehrer Fr. Suter, Flumenthal.
Herr Fritz Trittibach, Landwirt, Langendorf.
Herr Emil Vivis, Solothurn.
Herr Lehrer H. Wyss, Gächliwil.
Herr Ernst Wyss, Lehrer, Derendingen.
Herr Fritz Wyss, Bezirksschüler, Hessigkofen.
Herr Jakob Wyss, Kantonsschüler, Solothurn.
Herr Dr Aug. Walker, Spitalarzt, Solothurn.
Herr Zuber Alfred, Kantonsschüler, Solothurn.

Im Namen der naturhistorischen Abteilung der Museumskommission und in meinem persönlichen Namen erlaube ich mir, an dieser Stelle den freundlichen Gebern, insbesondere den Herren Lehrern und ihren Schülern, den herzlichsten Dank für ihr Entgegenkommen und für das dadurch bewiesene grosse Interesse an der Erforschung unserer einheimischen Fauna auszusprechen. Gleichzeitig füge ich die Bitte hinzu, dass uns auch fernerhin alle gefangenen Chiropteren zur näheren Untersuchung eingehändigt werden; unserer Liste fehlen ja noch immer einige Arten und andere Arten sind nur in sehr wenigen Exemplaren in der Sammlung vertreten.

Abb. 3.7: Auflistung der an der Bestandeserfassung beteiligten Helferinnen und Helfer in Leopold Greppins *Beitrag zur Kenntnis der im Kanton Solothurn vorkommenden Fledermäuse* (1911).

Sammlungskoordinatoren konnten Bloch und Greppin auf keinerlei Anleitungen zur Durchführung solcher Kollektivprojekte zurückgreifen. Die wichtigste Empfehlung Richard Wossidlos, des volkskundlichen Großmeisters gemeinschaftlicher Datenerhebung, schienen sie jedoch zu beherzigen: »Unbedingt notwendig ist es, alle Beiträge sofort und eingehend zu beantworten.«[31] Bloch und Greppin taten dies in Form eines vorgedruckten Dankformulars zwar nicht gerade eingehend, aber wenigstens umgehend – in den meisten Fällen zumindest. Dass seitens der Donatoren eine klare Erwartungshaltung hinsichtlich rascher Verdankung bestand, zeigte die Reaktion des Kestenholzer Lehrers Albert Dietschi: Im April 1912 schickte er eine Zwergfledermaus an Greppin, im August ließ er nochmals zwei weitere nachfolgen. Als er bis Mitte September von Solothurn weder auf die erste noch auf die zweite Lieferung eine Reaktion bekam, beschwerte er sich förmlich über das Ausbleiben eines Dankesformulars.[32] Lehrer Dietischis Beharren auf einer Verdankung per Formular mag auf den ersten Blick kleinlich erscheinen. Seine düpierte Reaktion liefert aber einen wichtigen Hinweis auf den zentralen Beweggrund der Helfer: die Entlohnung durch

31 Wossidlo: Über die Technik, 4.
32 Vgl. Naturmuseum Solothurn, Kopialbuch »XI. 1907 – III. 1916«, Eintrag vom 21.9.1912, 292 f.

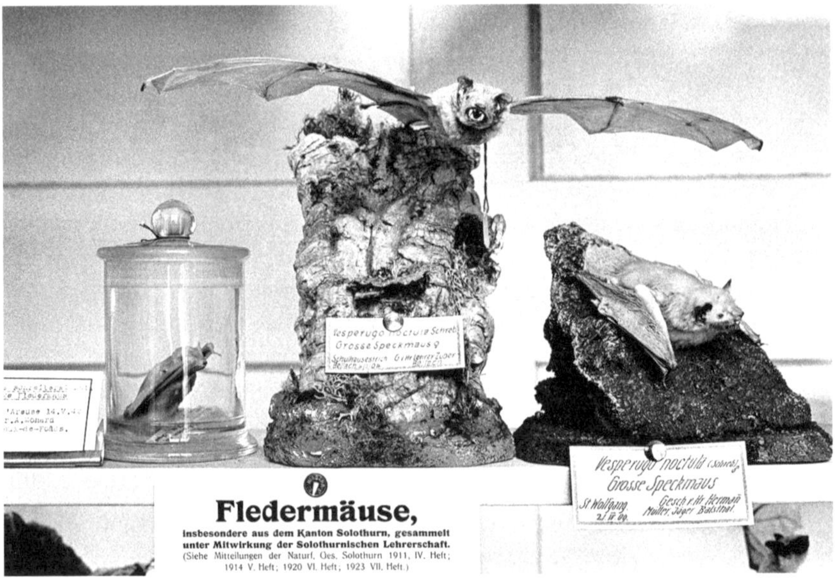

Abb. 3.8: Fledermäuse, die im Zuge von Greppins und Blochs Aufruf dem Solothurner Museum zugesandt und präpariert wurden. Aufnahme von Max Doerfliger (1979).

symbolisches Kapital. Das Dankesschreiben sowie die öffentliche Nennung in Greppins in der Vereinszeitschrift publiziertem Aufsatz vermittelten dem Dorfschullehrer die Teilhabe an der Wissenschaft. Das Sozialmilieu der Fledermaus-Lieferanten ist vergleichbar mit Datenlieferanten der frühen Volkskundler, in beiden Fällen stellten Dorfschullehrer eine Mehrheit.[33] Daher scheint es zulässig, für die Solothurner Sammelhelfer vergleichbare Motivationslagen anzunehmen, wie sie in einschlägigen Untersuchungen für volkskundliche Zulieferer benannt wurden: Aufwertung der geographisch peripheren Lebenssituation, »Provinzflucht«, Erhöhung des Sozialprestiges, Kompensation für fehlende Universitätsbildung sowie Medium sozialen Aufstiegs.[34] Allen diesen Bedürfnissen kam die Gratifikation mit symbolischem Kapital entgegen.

Eine Sammelaktion scheint also keine große Sache zu sein: Die Initianten versenden einen Aufruf, aufgrund bestimmter Interessenlagen findet dieser Gehör beim angesprochenen Publikum, die Helfer machen sich ans Sammeln

33 Zur Rolle der Dorfschullehrer in institutionalisierten volkskundlichen Erhebungen am Beispiel Württembergs vgl. Tschofen: Volks-Kunde? Ebenso Drieschner: Der »plattdeutsche Professor«.

34 Vgl. Bagus: Volkskundevereine, 40 f.; Köstlin: Anmerkungen zu Riehl, 92.

und die Zirkulation kommt in Gang. Bald fließen Daten und Dinge zurück an den Absender und brauchen von diesem bloß zusammengestellt und publiziert zu werden. In der Praxis freilich gestaltet sich die gemeinschaftliche Sammlung etwas umständlicher. Ein erstes Problem war die Distanz zwischen Zentrum und Zulieferern. Diese machte die Glaubwürdigkeit der zugestellten Daten grundsätzlich prekär. Mögliche Antworten auf diese Problematik waren das Vornehmen eines kontrollierenden Augenscheins vor Ort durch die Organisatoren oder die Aufnahme persönlicher Korrespondenz mit dem Zulieferer.[35] Ab einer bestimmten Anzahl von Lieferanten erscheinen solche Verifikationsstrategien jedoch nicht sonderlich praktikabel. Weit häufiger begegnete man den epistemischen Defiziten der gemeinschaftlichen Datenerhebung durch Standardisierung.[36] Diese sollte die Glaubwürdigkeit und referentielle Anschlussfähigkeit der Daten auch über Distanz hinweg sicherstellen.[37] Umgesetzt wurden die Standardisierungsbemühungen meist in Form des Fragebogens oder des Formulars. Wie Anita Bagus für volkskundliche Fragebögen ausführte, funktionierten diese vorgedruckten Blätter gleichsam als Vorgabe einer Ordnung des Wissens. Mit ihren festgelegten Kategorien, Begrifflichkeiten und auszufüllenden Feldern dienten sie den Helfern gleichermaßen als Unterstützung wie als Disziplinierungsmittel. Susan Leigh Star und Peter Griesemer betrachten den Einsatz standardisierter Formulare als eines der gängigsten Mittel, um die wissenschaftliche Zusammenarbeit heterogener Akteure zu koordinieren. Formulare sind somit, um eine im vorangegangenen Kapitel eingeführte Begrifflichkeit von Star und Griesemer nochmals aufzugreifen, ein *boundary object* par excellence.[38] Für naturkundliche Sammelprojekte in der Schweiz waren solche Formulare eher selten. Die Aufrufe begnügten sich meist mit groben Angaben zur gewünschten Art und Weise der Datenaufbereitung. Eine Ausnahme bildet beispielsweise die bereits erwähnte landesweite ornithologische Erhebung, welche unter Leitung des Eidgenössischen Handels- und Landwirtschaftsdepartements durchgeführt wurde. Die großen vorgedruckten Formularbögen dieser Bestandeserfassung zeugen von erheblichem Mitteleinsatz und dezidiertem Willen zur Standardisierung. Im Falle Solothurns, wo (lebendige![39]) Spezimen und nicht bloß Daten einge-

35 Vgl. Keller-Drescher: Auf diese Weise vorbereitet, 20 und Schmitt: Die Heimatbewegung, 367.

36 Vgl. Keller-Drescher: Aus Schwabens Hain und Flur, 99 f.; zur Standardisierung als Kredibilitätsstrategie in den Feldwissenschaften im Allgemeinen vgl. Kohler: All Creatures, 150.

37 Vgl. Bowker und Star: Sorting Things Out, 14.

38 Vgl. Star und Griesemer: Institutional ecology, 407-411. Ausführlicher zum Konzept der *boundary objects* vgl. Kapitel 2.3 in dieser Arbeit.

39 Das Zirkular äußerte sich nicht explizit über eine allfällige Tötung der zu sammelnden Fledermäuse. In seinem Antwortschreiben auf die brieflich geäußerten Bedenken der Lehrerin Anny Peter hinsichtlich ihrer mangelhaften Kenntnisse von Fledermausarten

schickt wurden, war die Glaubwürdigkeit weniger problematisch: Die Bestimmung der Fledermäuse durch Greppin und Bloch war ein Beispiel für jene Schichtung von Autorität im Sinne Griesemers, welche die Glaubwürdigkeit eines Projekts erhöht. Aber auch bei solchen kollektiven Sammelunternehmen, die auf Objektsendungen abzielten, musste eine bestimmte Form von Standardisierung die epistemische Qualität der Zusendungen sicherstellen: »Wichtig wäre für uns«, so instruiert das Solothurner Fledermaus-Zirkular allfällige Sammler, »dass die Spedition der warmen Witterung wegen so rasch als möglich erfolgte und unerlässlich für die Brauchbarkeit in unserer Sammlung sind genaue Angaben über Ort und Zeit der Funde (z.B. gefunden in Wolfwil, Glockenhäuschen des Kirchenturmes am 7. Juli 1903).«[40] Blochs Anweisungen waren Ausdruck der bereits verschiedentlich erwähnten Objekttugenden. Sie machten deutlich, dass die korrekte Dinghandhabe die unumgängliche Voraussetzung für die Teilhabe sowohl der Materiallieferanten wie ihrer Einsendungen am Forschungsprojekt darstellte.

Gemeinschaftliche Zirkulation: Fazit

In der Betrachtung von Zirkulationsweisen im naturforschenden Milieu wurden nun als erste Gruppe drei verschiedene Gütertransaktionen vorgestellt. Diese erfolgten alle in einem Modus, den man in loser Anlehnung an ethnologische Transaktionstheorien als »Pooling« und »Distribution« bezeichnen könnte, also eine zentralisierte Zusammenlegung und Aufteilung von Dingen in der Gemeinschaft. Mochten sich die dargestellten Beispiele der Lesezirkel, der Tauschringe und der Sammlungsaktionen auch in vielen Punkten unterschieden haben, so fällt doch eine Gemeinsamkeit ins Auge:

schreibt Bloch, dass sie am besten einfach alles lebendig einschicke. Dies habe den Vorteil, dass man häufig vorkommende Arten wieder in die Freiheit entlassen könne (Naturmuseum Solothurn, Kopialbuch »XI. 1907 – III. 1916«, Eintrag vom 22.2.1909, 91). Ein weiterer Vorteil war sicherlich auch die bessere »Haltbarkeit« lebendiger Tiere. Dass diese Konservierungsart jedoch zulasten des Tierwohls ging, zeigt ein Vorfall im Sommer 1915, den Bloch an Greppin rapportierte: »Die Fledermaus hat mich längere Zeit stark beunruhigt. Am 15. Juli habe ich dieselbe per Express lebend auf den Schnellzug tragen lassen und Herrn G. um möglichst rasche Antwort gebeten & hiezu extra das Porto beigelegt. Am 21. Juli hatte ich noch keinen Bericht, so dass ich mir nachträglich doch ein Gewissen daraus machte, das Tier lebend geschickt zu haben, da Herr G. leicht abwesend sein konnte aus irgend einem Grunde. Ich bat daher Herrn G. am 21. Juli noch einmal dringend um die Mitteilung, ob er das Objekt erhalten habe. Am 24. Abends kam dann endlich die erlösende Karte« (Naturmuseum Solothurn, Kopialbuch »XI. 1907 – III. 1916«, Eintrag vom 29.7.1915, 466.)

40 Naturmuseum Solothurn, Kopialbuch »VI. 1903 – XI. 1907«, undatierter Eintrag (Juli 1903), 38.

Auf diese oder jene Weise trugen alle zur Herstellung gemeinschaftlicher Identität bei und gewährleisteten somit die Kooperation unterschiedlicher Akteure eines Wissensmilieus.

Die Gemeinschaftsproduktion durch die naturkundlichen Lesezirkel erfolgte vor allem auf ideeller Ebene. Naturforscher eines Lesezirkels erhielten nicht bloß kostengünstigen Zugang zu populärwissenschaftlichen Heften und Fachzeitschriften, sie waren auch verbunden durch das gemeinsame Gefühl der Zugehörigkeit zur Wissenschaft. Zudem ergab sich aus der geteilten Lektüre ein gemeinschaftlicher Wissens- und Diskussionshorizont, der auch den Verein als Kommunikationsraum mitprägte. Daneben wurde Gemeinschaft unter den Mitgliedern des Lesezirkels auch ganz handfest hergestellt, nämlich durch den Erhalt und das regelmäßige Weitersenden der Pakete an die Forscherkollegen.

Auf den ersten Blick weniger ersichtlich ist die Gemeinschaftsbildung, die durch institutionalisierte Tauschzirkel begünstigt wurde. Für die Beteiligten stand an erster Stelle eine pragmatische Nutzenorientierung. Die jährlich beigelegten Namensverzeichnisse aller Gesellschafter ermöglichten jedoch deren Kontaktaufnahme und die Anbahnung intensiverer persönlicher Beziehungen untereinander. Im Hinblick auf soziale Vernetzung wichtiger waren wohl aber die Dynamiken, die im lokalen Umfeld der einzelnen Tauschgesellschafter in Gang gesetzt wurden: Der jährlichen Lieferpflicht von jeweils 50 Exemplaren mehrerer seltenerer Pflanzenarten war nicht allzu leicht nachzukommen – der Gesellschafter musste dazu wiederum auf seine eigenen Netzwerke vor Ort zurückgreifen. Mitglieder in Tauschvereinen waren meist lokale Wissenschaftsgrößen, die bereits beachtliche Sammlungen besaßen. Durch diese Bestände sowie außerordentliche Bestimmungskenntnisse und andere Ressourcen konnten sie eine Vielzahl Lokalbotaniker mit bescheidenerem Wirkkreis als Alliierte an sich binden. Im Gegenzug für ihre Zulieferdienste für die Lokalgrößen enthielten diese Forscher wiederum Zugang zu Material und Wissen, die außerhalb der Reichweiten ihres Einzelforschertums gelegen hätten.

Kollektive Sammelaufrufe schließlich trugen in vielfältiger Weise zur Herstellung von Gemeinschaft bei. In erster Linie über die Stärkung eines Zentrums, das durch den ihm zuströmenden Güter- und Datenfluss gestärkt wurde. Als Folge davon konnte das Zentrum zukünftig mit noch größerem Gewicht und Legitimation seine Helferschar mobilisieren. Da die Sammelaktionen meist durch persönliche Korrespondenz zwischen Zentrum und peripheren Helfern gestützt wurden, etablierten und verfestigten die Zirkulationen zudem Kommunikationswege und trugen so zur Homogenisierung eines Wissensmilieus bei. Das Gefühl, einem gemeinschaftlichen Wissensprojekt anzugehören, wurde zudem durch die Auflistung aller Helfer in den schlussendlich publizierten Forschungsergebnissen auf symbolischer Ebene bekräftigt: Der Dorfschullehrer Dietschi stand im Fledermausverzeichnis neben dem Klinikdirektor Greppin und dem Gymnasialprofessor Bloch abgedruckt.

Allen diesen drei Zirkulationsweisen war gemeinsam, dass sie einer starken formalen Regelung durch Statuten und Formulare sowie einer zentralen Instanz bedurften, die mit diesen Maßnahmen den Güterumlauf in ordentliche Bahnen zu lenken versuchte. Diese Zentralen waren meist deckungsgleich mit Vereinen und Institutionen sowie deren Leitfiguren. Wenn nun im Folgenden Zirkulationsweisen in den Blick treten, die gleichsam tangential – also ohne Umweg über das Zentrum – verlaufen, so nähern wir uns einem sozialen Mechanismus, der für das Funktionieren der Petite Science ebenso wichtig war wie die koordinierten Sammlungsprojekte durch Vereine und Museen: der informellen Kooperation zwischen einzelnen Forschern auf der Basis von Tausch, Handel sowie Freundschaft und Vertrauen. In der von Sahlins übernommenen Typologie handelt es sich hier um Güterzirkulation im Modus der Reziprozität.[41] Diese bildet das Gegenstück zu den oben dargestellten Formen zentralisierter Transaktionen. Sahlins gliedert die Reziprozität in drei idealtypische Ausprägungen, die sich durch ihren Grad an Freiwilligkeit voneinander abgrenzen lassen.[42] Er nennt erstens die generalisierte Reziprozität. Diese entspricht der reinen Gabe, also dem Geschenk ohne Erwartung auf eine Erwiderung. An zweiter Stelle seines Kontinuums steht die ausgeglichene Reziprozität, worunter er Tausch und Handel gleichermaßen zählt.[43] Als Antipode zur generalisierten Reziprozität der Gabe definiert Sahlins drittens die negative Reziprozität, der beispielsweise Raub und Diebstahl entsprechen.

Im Folgenden soll nur die Rolle der ersten beiden Reziprozitätsmodi für das soziale Funktionieren der naturkundlichen Petite Science interessieren, also die Schenkung beziehungsweise der Tausch und Handel von Naturobjekten. Räuberischer Diebstahl hingegen gehörte eher nicht zu den standardmäßigen Transaktionspraktiken der Lokalforscher und Natursammler. Wenn auch gelegentlich Lokalforscher Plagiats- und Diebstahlsvorwürfe

41 Vgl. Sahlins: Zur Soziologie des primitiven Tauschs, 76. Der Begriff der »reciprocity« geht zurück auf den Ethnologen Richard Thurnwald, der diesen in *Bánaro Society* (1916) erstmals gebrauchte. Die einschlägige Konzeption und Terminologie Sahlins wiederum wurde stark durch Karl Polanyis Rezeption von Thurnwald beeinflusst.

42 Sahlins: Zur Soziologie des primitiven Tauschs, 82.

43 Der Ethnosoziologe Georg Elwert nennt zwei Bedingungen, welche die ausgeglichene Reziprozität erfüllen soll: Einerseits eine Bemessungsform, die sich ausschließlich auf Vorstellungen vom *Wert* der getauschten Güter stützt (unabhängig von den am Tausch beteiligten Personen) und andererseits eine (in Bezug auf das vereinbarte Wertäquivalent) *mengenmäßige Entsprechung* der getauschten oder gehandelten Güter (Elwert: Gabe, 170).

Abb. 3.9: Der Engadiner Dorfschullehrer Johann Luzius Krättli (1812-1903) aus Bever besserte als Führer und Pflanzenhändler sein Einkommen auf.

gegeneinander erhoben,[44] so kommt doch diesem Transaktionsmodus eher anekdotischer Charakter zu.

Die Anlehnung an Sahlins Systematik ist auch in den kommenden Darstellungen wiederum eine lose, denn die beobachteten Quellenbeispiele lassen die vermeintlich klare Trennschärfe anthropologischer Typologien verschwimmen: Im überschaubaren Wissensmilieu der Petite Science zeigen sich zwischen interesselosen Gaben, Tauschobjekten und Handelswaren durchaus fließende Übergänge.

3.2 Kauf und Tausch von Naturdingen

Sammler als Gelegenheitshändler

Die erwähnten Sammelaufrufe, die Leopold Greppin und Isaak Bloch ab 1903 an ihre Mitbürger richteten, brachten einen beachtlichen Fluss von Fledermaussendungen in Gang. Bald zählte die Solothurner Museumssammlung 13 heimische Fledermausarten. Einer 14. Art – der *Langfüssigen Fledermaus* – konnte man jedoch auch durch die gemeinschaftlichen Jagdbemühungen Dutzender Lehrer und Schüler nicht habhaft werden. Um diese fehlende Spezies trotzdem neben die anderen Fledermausarten aufs Museumsregal stellen zu können, musste Bloch bei einem Tessiner Händler ein präpariertes Exemplar einkaufen.[45]

Der Kauf war eine wichtige Form der Objektakquisition in der Naturforschung, und zwar ebenso für private Sammler wie für Institutionen. Trotz seiner Wichtigkeit liegen zu kommerziellen Aspekten des naturgeschichtlichen Sammlungswesens bislang noch relativ wenige Untersuchungen vor.[46]

44 Vgl. zu Plagiats- und Diebstahlvorwürfen die Ausführungen in Kapitel 2.2.

45 Vgl. Greppin: Beitrag zur Kenntnis, 61.

46 Ein Appell des Wissenschaftshistorikers Nicholas Jardines fand bisher wenig Gehör. Im Jahr 2001 rief er in einer Standortsbestimmung dazu auf, dass sich eine kulturwissenschaftlich inspirierte Sammlungsgeschichte mehr mit den ökonomischen Aspekten des Sammelns beschäftigen solle (Jardine: Sammlung, 218). Mehr als ein Jahrzehnt später ist die bestehende Forschungsliteratur noch immer sehr überschaubar. Die meisten der einschlägigen Untersuchungen beschäftigen sich mit kommerziellen Aspekten der sogenannten »Kolonialbotanik« (exemplarisch vgl. Schiebinger und Swan: Colonial Botany). Für den deutschsprachigen Raum liegen zu diesem Themenfeld mehrere Untersuchungen zu Händlern vor, die anthropologisches und naturhistorisches Material aus Überseegebieten auf den deutschen Markt brachten, so zum Hamburger Tierhändler und Schausteller Carl Hagenbeck (1844-1913) und zu Johann F. G. Umlauff (1833-1889) (vgl. z. B. Thode-Arora: Die Familie Umlauff und ihre Firmen). Zu kommerziellen Anbietern inländischer Naturobjekte sind für den deutschsprachigen Raum keine nennenswerten Untersuchungen bekannt. Dies im Gegensatz zu den USA, wo Mark V. Barrow im Jahr 2000 eine entsprechende Arbeit vorlegte (Barrow: The specimen dealer).

Wie also präsentierte sich die Situation für Schweizer Naturliebhaber des ausgehenden 19. Jahrhunderts? Wie funktionierte der damalige Handel mit einheimischen Naturobjekten, und welche Rolle spielte die Kommerzialisierung für das Wissensmilieu der Petite Science?

Als Ausgangspunkt der folgenden Ausführungen dienen die oben bereits vorgestellten botanischen Tauschkreise. An diesen zeigt sich deutlich, dass die Übergänge zwischen Handelsbeziehung, Tauschverhältnis und Freundschaftsdienst fließend waren. Wie aufgezeigt, mussten die Mitglieder solcher Zirkel für ihre Tauschgenossenschafter jährlich jeweils große Stückzahlen einer einzelnen Pflanzenart einsenden. So auch Jakob Jäggi (1829-1894), der seit 1870 als botanischer Autodidakt mit abgebrochenem Medizinstudium als Konservator der Pflanzensammlung des Polytechnikums Zürich arbeitete. Zur Äufnung dieses Hochschulherbars nahm er alljährlich an den Tauschaktionen der *Société Helvétique pour l'échange des plantes* teil. 1879 plante er, das Sauergras *Scirpus alpinus* als Beitrag zu liefern. Da der Sommer bereits fortgeschritten war und Jäggi nicht mehr rechtzeitig an die *Scirpus*-Standorte im Engadin gekommen wäre, wandte er sich an den Beverser Primarlehrer Johann Luzius Krättli. Dieser erklärte sich bereit, Jäggi gegen eine Bezahlung von 9 Franken 190 Stück der betreffenden Pflanze zu liefern.[47] Die Bekanntschaft mit dem Engadiner Pflanzenkenner wurde Jäggi durch seinen Vorgänger auf der Kuratorenstelle des Polyherbars vermittelt, den Bündner Kantonsschulprofessor Christian Brügger. Brügger selbst pflegte mit Krättli persönliche Freundschaft, was jedoch auch in ihrem Fall einer gelegentlichen Geschäftsbeziehung nicht im Wege zu stehen schien: Zur Erweiterung des Herbars in der naturhistorischen Abteilung des *Bündnerischen Museums für Wissenschaft und Kunst* in Chur griff Brügger verschiedentlich auf die bezahlten Dienste seines Engadiner Außenpostens zurück.[48]

Krättlis gelegentlicher Pflanzenhandel[49] war nicht untypisch. Wie andere Berufskollegen im Dorf, die beispielsweise in der Hotellerie tätig waren, suchte auch Lehrer Krättli durch Nebentätigkeiten sein Einkommen auf-

47 Vgl. StAGR, Nachlass Christian G. Brügger, B 238, Brief Jäggis vom 19.6.1879.

48 Vgl. StAGR, Nachlass Christian G. Brügger, B 1165/10 (2. Teil), Briefe Krättlis vom 12.12.1884 und 7.3.1885. Es ist anzunehmen, dass Brügger bereits im Zusammenhang mit seinen Lieferverpflichtungen für den Elsässer Tauschzirkel (vgl. Kapitel 3.1) in den frühen 1870er-Jahren seine Geschäftsbeziehungen mit Krättli etablierte, hierüber liegt jedoch kein Quellenmaterial vor. Die Bekanntschaft mit Krättli selbst ist älter und geht auf dessen Mitarbeit am meteorologischen Messnetz Graubündens zurück, das Brügger in den 1850er-Jahren aufgebaut hatte (vgl. Kapitel 2.1).

49 Unter Krättlis Kunden fanden sich auch namhafte Persönlichkeiten wie der berühmte Genfer Alpenpflanzengärtner und Pflanzenschutzpionier Henry Correvon (vgl. zu Correvon Kapitel 7.2); so berichtete er seinem Freund Brügger, dass Correvon zum Frühling 1886 bei ihm *Primula muretiana* und *Soldanella media* bestellt habe (StAGR, Nachlass Christian G. Brügger, B 1165/10 [2. Teil], Brief Krättlis vom 21.10.1885).

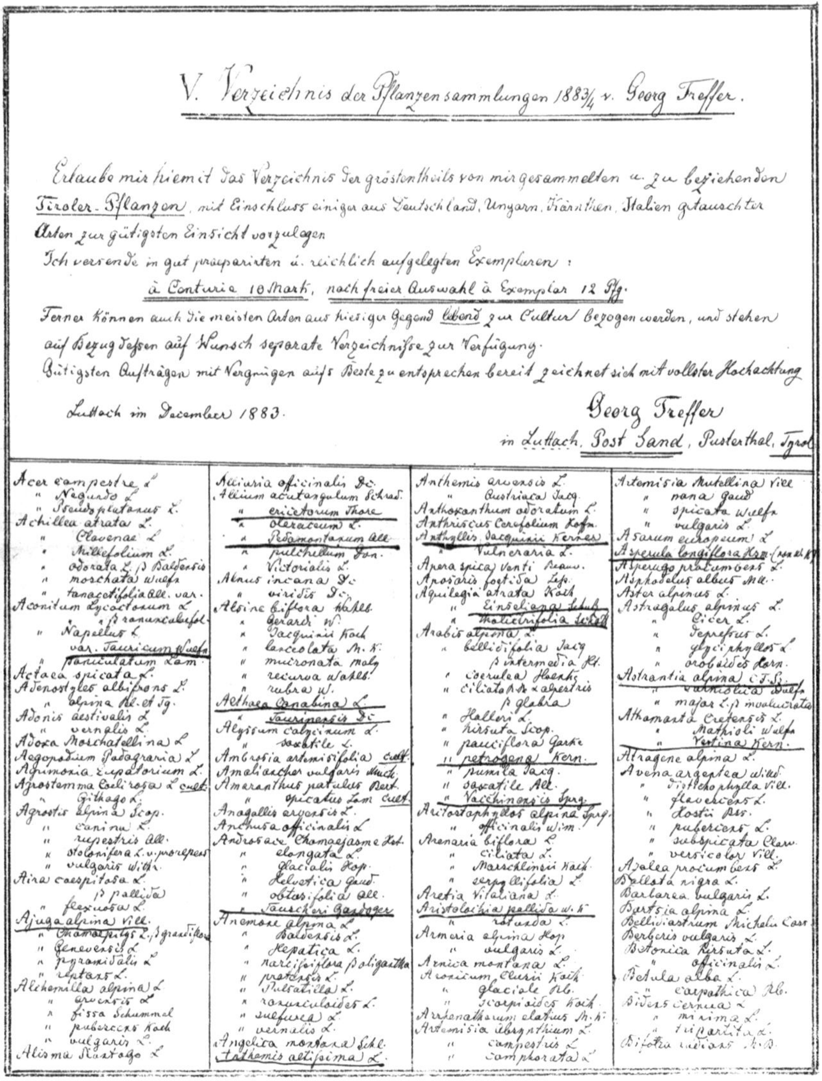

V. Verzeichnis der Pflanzensammlungen 1883/4 v. Georg Treffer.

Erlaube mir hiemit das Verzeichnis der gröstentheils von mir gesammelten u. zu beziehenden Tiroler-Pflanzen, mit Einschluss einiger aus Deutschland, Ungarn, Kärnthen, Italien getauschter Arten zur gütigsten Einsicht vorzulegen.
Ich versende in gut präparirten u. reichlich aufgelegten Exemplaren:
à Centurie 10 Mark, nach freier Auswahl à Exemplar 12 Pfg.
Ferner können auch die meisten Arten aus hiesiger Gegend lebend zur Cultur bezogen werden, und stehen auf Bezug dessen auf Wunsch separate Verzeichnisse zur Verfügung.
Gütigsten Aufträgen mit Vergnügen aufs Beste zu entsprechen bereit zeichnet sich mit vollster Hochachtung

Luttach im December 1883.

Georg Treffer
in Luttach, Post Sand, Pusterthal, Tyrol

Acer campestre L.
" Negundo L.
" Pseudoplatanus L.
Achillea atrata L.
" Clavenae L.
" Millefolium L.
" odorata L. β Baldensis
" moschata Wulf.
" tanacetifolia All. var.
Aconitum Lycoctonum L.
" β ranunculaefol.
" Napellus L.
var. Tauricum Wulf.
" paniculatum Lam.
Actaea spicata L.
Adenostyles albifrons L.
" alpina Bl. et Fg.
Adonis aestivalis L.
" vernalis L.
Adoxa Moschatellina L.
Aegopodium Podagraria L.
Agrimonia Eupatorium L.
Agrostemma Coeli rosa L. cult.
" Githago L.
Agrostis alpina Scop.
" canina L.
" rupestris All.
" stolonifera L. v. prorepens
" vulgaris With.
Aira caespitosa L.
β pallida
" flexuosa L.
Ajuga alpina Vill.
" Chamaepitys L. β grandiflora
" Genevensis L.
" pyramidalis L.
" reptans L.
Alchemilla alpina L.
" arvensis L.
" fissa Schummel
" pubescens Koch
" vulgaris L.
Alisma Plantago L.

Alliaria officinalis Dc.
Allium acutangulum Schrad.
" ericetorum Thore
" oleraceum L.
" Pedemontanum All.
" pulchellum Don.
" Victorialis L.
Alnus incana Dc.
" viridis Dc.
Alsine biflora Wahlb.
" Gerardi W.
" Jacquinii Koch
" lanceolata M. K.
" mucronata L.
" recurva Wahlb.
" rubra W.
Althaea Cannabina L.
" Taurinensis Dc.
Alyssum calycinum L.
" saxatile L.
Ambrosia artemisifolia cult.
Amelanchier vulgaris Moench
Amaranthus patulus Bert.
" spicatus Lam cult.
Anagallis arvensis L.
Anchusa officinalis L.
Androsace Chamaejasme Host.
" elongata L.
" glacialis Hop.
" Helvetica Gaud.
" obtusifolia All.
" Tauscheri Gaudoger (?)
Anemone alpina L.
" Baldensis L.
" Hepatica L.
" narcissiflora β poligantha (?)
" pratensis L.
" Pulsatilla L.
" ranunculoides L.
" sulfurea L.
" vernalis L.
Angelica montana Schl.
Anthemis altissima L.

Anthemis arvensis L.
" Austriaca Jacq.
Anthoxanthum odoratum L.
Anthriscus Cerefolium Hoffm.
Anthyllis Jacquinii Kerner
" Vulneraria L.
Apera spica venti Beauv.
Aposeris foetida Less.
Aquilegia atrata Koch
" Einseliana Schultz
" thalictrifolia Schott
Arabis alpina L.
" bellidifolia Jacq.
β intermedia Rt.
" coerulea Haenke
" ciliata R. Br. α alpestris
β glabra
" Halleri L.
" hirsuta Scop.
" pauciflora Garke
" petrogena Kern.
" pumila Jacq.
" saxatilis All.
" Vochinensis Spr.
Arctostaphylos alpina Spr.
" officinalis Wim.
Arenaria biflora L.
" ciliata L.
" Marschlinsii Koch
" serpyllifolia L.
Aretia Vitaliana L.
Aristolochia pallida W. K.
" rotunda L.
Armeria alpina Hop.
" vulgaris L.
Arnica montana L.
Aronicum Clusii Koch
" glaciale Rb.
" scorpioides Koch
Arrhenatherum elatius M. K.
Artemisia Absynthium L.
" campestris L.
" camphorata L.

Artemisia Mutellina Vill.
" nana Gaud.
" spicata Wulf.
" vulgaris L.
Asarum europaeum L.
Asperula longiflora Kit.
Asperugo procumbens L.
Asphodelus albus Mill.
Aster alpinus L.
Astragalus alpinus L.
" Cicer L.
" depressus L.
" glycyphyllos L.
" oroboides Horn.
Astrantia alpina C. F. S.
" carniolica Wulf.
" major L. β involucrata
Athamanta Cretensis L.
" Mathioli Wulf.
" Vestina Kern.
Atragene alpina L.
Avena argentea Willd.
" distichophylla Vill.
" flavescens L.
" Hostii Bss.
" pubescens L.
" subspicata Clairv.
" versicolor Vill.
Azalea procumbens L.
Ballota nigra L.
Barbarea vulgaris L.
Bartsia alpina L.
Bellidiastrum Michelii Cass.
Berberis vulgaris L.
Betonica hirsuta L.
" officinalis L.
Betula alba L.
" carpathica Rb.
Bidens cernua L.
" minima L.
" tripartita L.
Bifora radians M. B.

Abb. 3.10: Botanische Angebotsliste von Georg Treffer (1847-1902) aus Tirol, Bergführer und Händler von Herbarpflanzen, im Nachlass Christian Brüggers (1883).

zubessern und wirkte zu diesem Zweck als Organist, Posthalter und Zivilstandsbeamter.[50] Auch sein Pflanzenverkauf an Pflanzenkundler des Unterlandes und ausländische Touristen sowie seine Dienste als Führer für botanische Exkursionen sind in diesem Licht zu betrachten, wie eine

50 Vgl. Lardelli: Johann Luzi Krättli, 3 und 5.

Bemerkung Krättlis über einen Kunden namens Churchill nahelegt: »Ich kenne ihn persönlich nicht, habe ihm aber schon mehrmals Pflanzen gesandt. Guter Zahler!«[51]

Noch zielgerichteter versuchte ein weiterer Freizeitbotaniker aus dem Umfeld Christian Brüggers, mit dem Verkauf von Herbarbelegen Geld zu verdienen. Der Zofinger Hans Siegfried entschied sich 1881 als 44-Jähriger, seinen Beruf als Geschäftsmann aufzugeben, um sich stattdessen »mit glühender Leidenschaft« gänzlich auf die Botanik zu verlegen. Dieser Entscheid trug ihm zwar in seinem Nachruf die Charakterisierung als »idealer Naturfreund« ein, doch in finanzieller Hinsicht wirkte sich dieser Karriereschritt nicht gerade förderlich aus; er lebte die kommenden Jahre in »bescheidenen Verhältnissen«,[52] wie es nach seinem Tode beschönigend hieß. Die ökonomisch prekäre Situation bewog Siegfried dazu, in größerem Maßstabe in den Pflanzenhandel einzusteigen. Sein botanisches Spezialgebiet bildete die Gattung der Fingerkräuter (Potentilla), und so war es naheliegend, sich auch im Handel auf diese Pflanzengruppe zu konzentrieren: Zwischen 1889 und 1897 brachte er seine *Exsiccata Potentillarum*, eine Kollektion von Fingerkräuter-Herbarbelegen, auf den Markt. Diese Exsikkaten-Sammlung bestand aus insgesamt acht Lieferungen, die jeweils eine »Centurie«, also einhundert getrocknete Pflanzen, enthielt. Eine einzelne Lieferung verkaufte er zum Preis von 18 bis 40 Franken. Die Centurien bestückte Siegfried einerseits mit Wildpflanzen, die er selber sammelte oder durch Tauschgeschäfte mit anderen Potentilla-Spezialisten auftrieb, und andererseits durch kultivierte Pflanzen, die er in seinem »Potentillarum« in Winterthur und Bülach eigens zum Verkauf anbaute.[53]

Der Verkauf solcher sogenannten Exsikkaten-Reihen war um die Jahrhundertwende der verbreitetste Modus des kommerzialisierten Pflanzensammelns, sowohl Freizeitforscher und Liebhaber wie auch größere Institutionen suchten auf diese Weise ihren Bestand an Herbarbelegen auszubauen. In ihrer Aufmachung sind sich diese Serien stets ähnlich: Der lateinische Titel verweist auf die Ausrichtung entweder – wie das Siegfried'sche Werk – auf eine Gattung oder – wie beispielsweise A. Calliers *Flora silesiaca exsiccata* – ein geographisches Territorium. Eine durchschnittliche Exsikkaten-Serie umfasste meist die Lieferung einiger Centurien, also insgesamt ein paar hundert Exemplare, größere Werke bestanden mitunter aus mehreren tausend Herbarbelegen. Die Serien gingen üblicherweise an Subskribenten, welche die komplette Lieferung über mehrere Jahre hinweg abonniert

51 StAGR, Nachlass Christian G. Brügger, B 1165/10 (2. Teil), Brief Krättlis vom 17.11. 1883.

52 Alle drei Zitate von Schinz: Hans Siegfried, LXXII und LXXIII.

53 Vgl. Schinz: Hans Siegfried. Ebenso die Rezensionen Schröters von Hans Siegfrieds *Exsiccatae Potentillarum spontanearum cultarumque* in Botanisches Centralblatt, Bd. LVIII, 15. Jg. (1894), 293 und Bd. LXX, 18. Jg. (1897), 82.

hatten.[54] Oftmals entwuchsen den spezialisierten Sammlungsbemühungen auch sogenannte Gattungsmonographien. In diesen taxonomischen Neubearbeitungen einer bestimmten Pflanzengruppe wurde auf der Grundlage des vorliegenden Literatur- und Pflanzenmaterials der Versuch unternommen, alle bekannten Spezies dieser Gruppe aufzulisten, deren systematische Beziehung zueinander zu klären sowie allfällige Namenssynonyme auszumerzen. Verschiedentlich war der Verkäufer einer Herbar-Serie auch der Autor einer Monographie zur selben Pflanzengattung. In diesem Fall kam den Exsikkaten-Reihen auch die Funktion von vervielfachten und zirkulierenden Belegen für die in den Monographien aufgestellten Neuordnungen zu.[55]

Trotz der augenscheinlichen Kommerzialisierung zeigt sich auch am Beispiel der Exsikkaten-Serien der fließende Übergang zwischen Handels- und Freundschaftsbeziehung. An ihrem Zustandekommen waren meist Netzwerke beteiligt, die sich auf eine bestimmte Gattung spezialisiert hatten. Innerhalb dieser Spezialistennetzwerke bestanden durchaus Beziehungen, die nicht geschäftlicher Natur waren, sondern von der Reziprozität der Gabe geprägt waren: Man stellte sich Belegexemplare zur Verfügung oder vermittelte sich Kontakte zu weiteren Fachleuten. In vergleichbarer Weise wie die Lokalfloren enthielten auch die taxonomischen Gattungsmonographien eine Auflistung der beteiligten Helfer und Materiallieferanten und trugen so zur Herstellung einer Gemeinschaft bei. Im Gegensatz zu den Florenverzeichnissen wurden diese nicht von lokalen Beziehungsgeflechten, sondern von geteilten Spezialinteressen getragen und waren nicht selten international ausgerichtet. Doch auch wenn die Herausgabe einer Serie in erster Linie durch den Verkaufserlös motiviert war, wie dies bei Siegfrieds Fingerkraut-Exsikkaten der Fall war, so stützte sich deren Vertrieb dennoch auf Netzwerke, die nicht durch warenökonomisches Kalkül bestimmt waren. Der finanziell in Schieflage geratene, jedoch wissenschaftlich und persönlich geschätzte Siegfried konnte bei der Lancierung seines Produktes auf die Unterstützung seiner Botanikerkollegen zählen: In seiner Funktion als Kurator der Churer naturhistorischen Sammlungen kaufte ihm der befreundete Christian Brügger etliche Centurien ab, und ebenso ersuchte Siegfried den lokal bestens verankerten Forscher, sein Produkt bei weiteren Institutionen Graubündens zu bewerben: »Hätten Sie vielleicht die Güte sich bei den Kurvereinen in Davos und Tarasp für die Anschaffung meiner Werke zu

54 Im Privatherbar des vermögenden Waadtländer Privatgelehrten Emile Burnat (1828-1920) befinden sich rund 90 solcher Exsikkaten-Serien, die dieser im Laufe seiner Sammlerkarriere angekauft hatte. Vgl. Burdet: Les collections, 7-12.

55 So veröffentlichte beispielsweise in den 1900er-Jahren der brandenburgische Lehrer Wilhelm Becker (1874-1928) zeitgleich mit seiner Exsikkatenserie *Violae exsiccatae* auch eine Anzahl monographischer Bearbeitungen der Gattung der Veilchen.

verwenden?«[56] Auch Kurator Jakob Jäggi, wie Brügger ebenfalls mit Siegfried befreundet, unterstützte dessen Geschäftstätigkeit mit dem Ankauf seiner Lieferungen durch das Herbar des Zürcher Polytechnikums. Zudem vermittelte er mehrere wohlwollende Besprechungen der Siegfried'schen Exsikkaten-Serien durch seinen Vorgesetzten, den Botanikprofessor Carl Schröter. In der Fachzeitschrift *Botanisches Centralblatt* lobte der prominente Professor die Reihen in höchsten Tönen zum Kauf aus: »Über Ausstattung und Präparation kann nur früher Gesagtes wiederholt werden: sie ist musterhaft.«[57]

Welche Bedeutung hatte diese freundschaftliche Unterstützung der Siegfried'schen Geschäftstätigkeiten? Es ging wohl um mehr als um bloße Gefälligkeiten. Eine Aussage im Nachruf auf den finanziell bedrängten Privatgelehrten, den der eben erwähnte Professor Schröter im Jahre 1903 verfasste, legt verbindlichere Motive nahe. Der Aufkauf scheint eine Form direkter Solidarität mit einem Protagonisten des Wissensmilieus der Petite Science dargestellt zu haben, der über keine sichere ökonomische Stellung verfügte – und dem man keine solche zu verschaffen vermochte: »Heute, da Siegfried in Boden ruht [...], bedauern wir, dass dem überaus tüchtigen und bescheidenen nicht rechtzeitig die Stellung zugewiesen werden konnte, die voll und ganz seinen Neigungen und seinem Können entsprochen hätte, eine Kustodenstelle an einem grösseren bot. Museum.«[58]

Die Verkäufer botanischer Spezimen waren also oftmals Gelegenheitshändler. Betrachtet man die entsprechenden Güterzirkulationen und die dadurch vermittelten sozialen Beziehungen, so stellt man fest, dass freundschaftliche Kontakte fließend in Geschäftsbeziehungen übergingen. Momente der Warenökonomie hielten sich also ungefähr die Waage mit jenen der uninteressierten Gabe. Im Folgenden soll nun aber mit dem professionellen Naturalienhandel eine Form der Güterbewegung dargestellt werden, die eindeutiger kommerziell ausgerichtet war.

Dazu verlassen wir die Botaniker und wenden uns den Entomologen zu. Es ist nämlich augenfällig, dass das Feld der sammelnden Insektenkunde in weit höherem Maße kommerzialisiert war als beispielsweise die Botanik. Über die Gründe hierfür kann nur spekuliert werden. Naheliegend ist jedoch die Annahme, dass auf diesem Gebiet das Sammeln als Selbstzweck – die liebhaberische »Entomophilie« – weit ausgeprägter war als andere Modi des Sammelns, beispielsweise die Belegsammlung.[59]

56 StAGR, Nachlass Christian G. Brügger, B1165/10, (2. Teil), Brief Siegfrieds vom 19.2. 1892.
57 Schröter: [Besprechung von] Siegfried, H., Exsiccatae (1897), 82.
58 Schinz: Hans Siegfried, LXXIV.
59 Vgl. dazu die Typologie verschiedener Sammlungsweisen in Kapitel 1.2.

Insekten-Börse.

Correspondance française.
English correspondence.

Internationales Organ

Corrispondenzia italiana.
Correspondencia española.

der Entomologie. **Offertenblatt** für Objecte der gesammten Naturwissenschaft, zugleich im Dienste aller Sammel-Interessen.

Die Insekten-Börse erscheint am 1. und 15. jeden Monats. **Sämmtliche Postanstalten Deutschlands** und **Oesterreichs** nehmen Abonnements entgegen zum Preise von **90** Pfennig pro Quartal (No. 3135 der Postzeitungsliste.) — Abonnement incl. **directer** Zusendung per Kreuzband innerhalb **Deutschlands** und **Oesterreichs** beträgt **1** Mark, nach den **anderen** Ländern des Weltpostvereins 1 Mark 20 ₰ = 1 Shilling 2 Pence = Frcs. 1.50.

Inserate:
Preis der viergespaltenen Petitzeile oder deren Raum **10** Pfennige. **Kleinere** Insertionsbeträge sind der Kürze halber dem Auftrage beizufügen.

Expedition und Redaction:
Leipzig, Salomonstr. 14.

Gebühren
für **1 Beilage**, durch welche das normale Versandporto nicht überschritten wird, betragen **10.** ℳ.

No. 11. Leipzig, den 1. Juni 1895. **12. Jahrgang.**

Abb. 3.11: Titelseite der Sammlerzeitschrift *Insekten-Börse* (1895).

Kommerzieller Naturalienhandel

In den gleichen Jahren als Christian Brügger mit dem Erwerb der Siegfried'schen Fingerkraut-Centurien die Naturaliensammlung der Kantonshauptstadt vermehrte, gingen etliche seiner Churer Naturforscherkollegen ebenfalls auf Einkaufstour: Eduard Killias, Luzi Bazzigher und Johann Luzius Caflisch, die bereits im Zusammenhang mit den entomologischen Lokalfaunen des Bündnerlands erwähnt wurden, waren alle leidenschaftliche Insektensammler. Ihre entomophilen Wünsche befriedigten sie auch mithilfe kommerzieller Anbieter. Wie hat man sich den damaligen Insektenhandel vorzustellen?

Die geneigten Sammler konnten auf eine ausdifferenzierte Angebotsstruktur zurückgreifen, deren wichtigste Pfeiler einerseits Sammlerzeitschriften und andererseits Großhandlungen darstellten. Eine populäre und exemplarische Sammlerzeitschrift war die *Insekten-Börse* (vgl. Abbildungen 3.11 und 3.12). Sie wurde 1884 anfänglich als bloßes Anzeigenblatt lanciert und erfuhr bald eine Erweiterung um gemeinverständliche entomologische Fachartikel, Buchbesprechungen und Reiseberichte. Die Leserschaft wurde aktiv zur redaktionellen Mitarbeit aufgefordert: »Jeder Entomologe und Entomophile ist eingeladen, diese Spalte zu bereichern. Schon mancher ungelehrte Sammler hat der Wissenschaft durch Mitteilung von Tatsachen

Insekten-Börse.

Internationales Wochenblatt der Entomologie.

Die Insekten-Börse erscheint jeden Donnerstag. **Sämtliche Postanstalten und Buchhandlungen** nehmen Abonnements zum Preise von **Mk. 1,50** pro Quartal entgegen; wo der Postbezug auf Hindernisse stösst, ist die „Insekten-Börse" direkt per Kreuzband durch die Expedition gegen Vergütung des Portos von 40 Pfg. für das Inland und von 70 Pfg. für das Ausland pro Quartal zu beziehen.

Inserate: Preis der 4-gespaltenen Borgiszeile oder deren Raum **10** Pfennige. **Kleinere** Insertionsbeträge sind der Kürze halber dem Auftrage beizufügen.

Expedition und Redaktion: Leipzig, Lange Strasse 14.

Gebühren für **Beilagen,** welche das normale Versandporto nicht überschreiten, betragen **10** ℳ.

Nr. 1. Leipzig, Donnerstag, den 1. Januar 1903. 20. Jahrgang.

Abb. 3.12: Titelseite der Sammlerzeitschrift *Insekten-Börse* (1903).

wichtige Dienste erwiesen.«[60] Der Anzeigenteil, der den größten Teil des Heftumfanges einnahm, enthielt Inserate von privaten Sammlern wie von professionellen Händlern und zeugte von der großen Spezialisierung in der entomophilen Szene (vgl. Abbildung 3.13). Seitenweise fanden sich europäische und exotische Schmetterlinge und Käfer angeboten: als Einzelstücke oder Centurien, mit Nadeln »gespannt« oder – die billigere Variante – »gedütet«, lebende Puppen und Eier für die Zucht, »Krüppel« und Kreuzungen und vieles mehr. Dem Inseratenteil vorangestellt war ein sogenannter Börsenbericht. In diesem informierte die Redaktion über neue Angebote im Handel sowie allgemeine Markttendenzen. Die wöchentliche Erscheinungs-

60 [s.n.]: Zum 1. Januar 1903, 2. Einzelne Sammler leisteten diesem Aufruf rege Folge. Der in Kapitel 1 bereits erwähnte Fabrikdirektor Paul Born aus dem bernischen Herzogenbuchsee beispielsweise griff für seine Veröffentlichungen über Laufkäfer oft auf die *Insekten-Börse* und vergleichbare Sammlerzeitschriften zurück, in den *Mitteilungen der Naturforschenden Gesellschaft in Bern* findet sich dagegen kein einziger Text von ihm, und auch in den *Mitteilungen der Schweizerischen Entomologischen Gesellschaft* sind nur wenige Arbeiten Borns zu verzeichnen (vgl. dazu auch Staub: Paul Born, 138 f.). Es ist anzunehmen, dass die kurzen und populärwissenschaftlichen Textformate in der *Insekten-Börse* gerade liebhaberisch und taxonomisch orientierte Sammler ansprachen, die dort einzelne Neuzugänge ihrer Sammlungen oder Beutestücke von Exkursionen veröffentlichen und keine umfassenden Arbeiten, wie sie für die Zeitschriften der Naturforschenden Gesellschaften üblich waren, vorlegen wollten. Die niederschwellige Publikationspolitik der wöchentlich erscheinenden Zeitschrift diente zudem sicherlich auch der Leserbindung.

Frankfurt a. M., 5. Juli 1913. Nr. 14. XXVII. Jahrgang.

Anzeigen-Blatt

der Entomologischen Zeitschrift Frankfurt am Main.

Max Bartel, Nürnberg

Bank-Konto: Deutsche Bank, Filiale Nürnberg — **Postscheck-Konto:** Nürnberg Nr. 3352

::: Grösstes Lager paläarktischer Macrolepidopteren :::

In meiner überaus reichhaltigen **Liste Nr. 9** werden fast alle paläarktischen Arten, sowie viele nirgends erhältliche Seltenheiten angeboten. Preis dieser Liste Mk. 2.— gegen Voreinsendung; der Betrag wird bei Bestellung auf Lepidopteren vergütet. Billigste Nettopreise bei Ia. Qual., genaueste Determination.

Ankauf interess. paläarkt. Original-Ausbeuten, sowie tadelloser, großer Sammlungen gegen sofortige Cassa. **TAUSCH** erwünscht.

Neuanmeldungen

Nr. 1713. Häuser, Ludw., Straßburg i. E.
„ 868. Schmidt, Hch., Rechnungsrat, Münster i. W.
„ 265. Zirkenbach, Julius, Metzerwiese.

Gestorben:

Hermann Weigel, Hauptlehrer, Grünberg i. Schl., Grünstraße 34a.

Coleopteren und andere Insektenordnungen.

Cetoniden

suche stets für meine Spezialsammlung zu kaufen und bitte um Auswahlsendungen, die auf Wunsch determiniert werden. 197

J. Moser, Berlin W., Bülowstraße 59.

TAUSCH!

Gegen exot. Coleopt. (nur auffallende Arten) gebe ich verschied. Vogeleier in ~~authent. Gelegen~~, als auch div. Insekten ab, und zwar: Porzana bailloni, paroa, Otis tarda, Loc. luscinioides, Mont. saxatilis, Cuc. canorus. Ferner: 20 Stück machaon, 20 polyxena, 6 apollo, 30 mnemosyne, 18 c-album, 20 antiopa, 30 io, 12 janica, 35 euphorbiae, 25 populi, 10 pyri, 30 bucephala, 150 mori. Coleopteren: 100 Anoxia orientalis, 100 P. fullo, 20 Glaresis frivaldszkyi, 20 Cer. cerdo, 20 Dorc. cervae, 20 scopoli, 20 decipiens und viele and. Cerambyciden. Einige Gastr. equi, nasalis u. H. bovis. 1061

F. A. Cerva, Budapest V., Dráva u. 12. I. 21.

Lebende Ameisenlöwen
(Myrmel. formicarius)

Biologische Beobachtung von der Larve bis zum fertigen Insekt äußerst interessant. Zucht sehr leicht. Anweisung wird beigegeben. Versand p. Nachnahme, Dutzendpreis Mk. 1.—, bei 10 Dutzend billiger. Porto extra. 1024

Guth, Karlsruhe i. B., Moltkestraße 6.

Caligula simla-Cocons
(Große Pracht-Saturnide)

à Mk. 1.—, ½ Dtzd. 5fach. Porto etc. 30 Pfg. 1049

Dr. R. Lück & B. Gehlen, Berlin-Steglitz Schloßstraße 31.

Riesenstabheuschrecken

braune Unterflügel Mk. 1.— bis Mk. 1.50, gelbgr. Unterfl. 75 Pfg., Ries.-Hundertfüßler 50 Pfg., gr. schwarze Scorpione 80 Pfg. bis Mk. 1.—, Blattheuschr. 50 Pfg., gr. braune Heuschr. 20 Pfg., Wand. Blatt Mk. 2.50 bis Mk. 4.—, gr. Wespen (Körp. blau, Flügel gelb) 40 Pfg., Holz-Hummeln 20 Pfg., Mantis 60 Pfg., gr. Spinnen mit s. langen Beinen 50 Pfg., Cyph. calepyga (prachtv. Buprestide) 20—60 Pfg. Alles von Key. 30 kl. Bienen und 2 handgr. Waben, Indien. Porto 20 bis 60 Pfg., Voreinsendung oder Nachnahme. 972

Anton Hintermayer, Rieden-Soyen (Bayern).

Bieberkäfer!!

4 Platypsilla castoris à Mk. 18.— offeriert 1027

Karl Fritsche, Taucha i. Sa.

Lepidopteren.

a) Gesuche.

TAUSCH!

Suche je 1 Dtzd. A. caja, A. crataegi, rhamni, grossulariata, ev. auch Tütenfalter oder Puppen und tausche dagegen polyphemus, pyri, fraxini, sibilla, verschiedene Schwärmer u. a. sauber gespannte Falter. Angebote umgehend.

1039 *P. Hille, Sangerhausen.*

Achtung
für Sammler u. Händler!

Für meine **wissenschaftliche** Sammlung palaearctischer Macrolepidopteren suche ich stets zur Bereicherung derselben

Zwitter, Hybriden, Aberrationen aller Gattungen

und sonstige Abnormitäten

zu höchsten Preisen

gegen Baar zu erwerben. Eventuell stehe auch im Tausch mit seltenen tadellos gespannten Arten zur Verfügung. Ansichtssendungen gegen Vergütung sämtlicher Unkosten sieht dankend entgegen

Franz Philipps, Fabrikant,
Mitglied 62. **Cöln a/Rhein.**

b) Angebote.

Soeben aus Brasilien eingetroffen

Puppen

Eacles magnifica . . .	à Stück	Mk.	1.—
	3 „	„	2.75
1053	6 „	„	5.
Attacus betis	à „	„	1.50
Arsenura armida . . .	à „	„	1.25

Ernst A. Böttcher, Berlin C., Brüderstr. 15.

Van. io-Raupen 1014

100 Stück Mk. 1.—, sind sofort abzugeb.

M. Kujau, Hamburg, Grünerdeich 141.

Biete zum Tausche

große Anzahl erwachsene Raupen von V. antiopa evt. Puppen, gegen gespannte Falter und Puppen jeder Art. 1021

Lehrer **Heinrich Bittner, Sedlitz**
Post Kollosoruk, Deutsch-Böhmen.

PUPPEN

Sm. ocellata Dtzd. 80 Pfg., sofort lieferbar, wenn warm gehalten, schlüpfen zu Copulazwecken, Freilandanflug. Eier von Gast. quercifolia Dtzd. 15 Pfg., demnächst lieferbar, nur von gesammelten Freiland-Raupen. Auch Tausch gegen besseres Zuchtmaterial. 1032

Julius Metzger, Bilin 264 (Böhmen).

Abb. 3.13: Kleinanzeigen in der *Entomologischen Zeitschrift* (1913).

Bestellung erh. 28/XII. 90.

Coleopteren-Liste VIII.

Supplement zu Liste VII. Diese wird hiermit nicht annullirt.

Dr. O. Staudinger & A. Bang-Haas.

Blasewitz bei Dresden. October 1889.

Liste VII, 63 Seiten stark, wird Reflectanten auf Wunsch zugesandt.

Die Zahlen bedeuten Preise per 1 Stück in Zehntel-Mark.
10 = 1 Mark. 17 = 1 Fl. Oest., 8 = 1 Franc, 10 = 1 Shilling.
Les prix sont exprimés en 1/10 Mark.

Die Nomenclatur ist dem Cataloge von Dr. v. Heyden, Reitter & Weise (1883), sowie dem Cataloge der Coleopteren von Sibirien, der Turanischen Länder etc. von Dr. v. Heyden (1881) entnommen. Bei den Nord-Amerikanern folgten wir der „List of the Coleoptera“ by Samuel Henshaw (1885), bei den anderen Exoten dem Cataloge von Gemminger & Harold.

Es wird gebeten, die Desideraten-Liste auf ein besonderes Blatt zu schreiben, damit dieselbe gleich als Sendungsliste benutzt werden kann.

On est prié de faire les listes des Désiderata sur des feuilles à part qui serviront comme listes d'envoie.

Desiderata bitten wir in der Reihenfolge dieser Liste aufzuschreiben.
Veuillez écrire les Désiderata d'après l'ordre de cette liste.

Je nach den Bestellungen geben wir möglichst hohen Rabatt.

Auf die Supplemente, Notizen, Abkürzungen, Centurienpreise am Schlusse dieses Verzeichnisses bitten wir zu achten.

Dieses Verzeichniss enthält folgende Abtheilungen:
I. Coleopteren aus dem europäischen Faunengebiete.
II. „ „ „ Süd- u. Centralamerikanischen Faunengebiete.
III. „ „ „ Indo-Malayischen u. Australischen „
IV. „ „ „ Afrikanischen „
V. „ „ „ Nordamerikanischen „
VI. Centurienpreise etc.
VII. Centurienpreise u. Offerte v. Lepidopteren, Conchylien etc.

Das Erscheinen dieser Liste bitten wir befreundeten Coleopterologen mitzutheilen.
Prière de faire circuler cette liste parmi les amateurs.

Abb. 3.14: Die prominenten »Staudingerkataloge«:
Käfer-Preislisten der Firma *Staudinger & Bang-Haas* aus Leipzig (1889).

weise der *Insekten-Börse* macht deutlich, dass es sich beim Insektenhandel um die Jahrhundertwende um einen äußerst vitalen Markt handelte.

Die wichtigsten Börsennachrichten waren jeweils gegen Ende des Jahres zu verzeichnen. Dann nämlich veröffentlichten die großen entomologischen Fachgeschäfte ihre neuen Verkaufslisten, die *Insekten-Börse* berichtete von »sich vor dem Feste häufenden Angeboten«.[61] Dieser Erscheinungstermin hatte einerseits pragmatische Gründe – die das Sommerhalbjahr über gesammelten Insekten waren nun für den Verkauf präpariert und geordnet –,

61 [s.n.]: Zum 1. Januar 1903, 2.

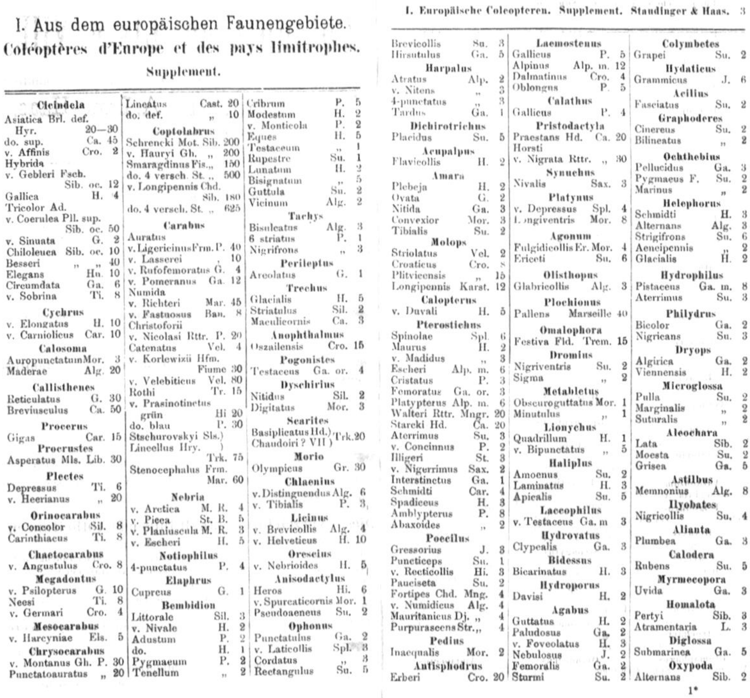

I. Aus dem europäischen Faunengebiete.
Coléoptères d'Europe et des pays limitrophes.
Supplement.

Cicindela
Asiatica Brl. def. Hyr. 20—30
do. sup. Ca. 45
v. Affinis Cro. 2
Hybrida
v. Gebleri Fsch. Sib. oc. 12
Gallica H. 4
Tricolor Ad.
v. Coerulea Pll. sup. Sib. oc. 50
v. Sinuata G. 2
Chiloleuca Sib. oc. 10
Besseri „ „ 40
Elegans Hu. 10
Circumdata Ga. 6
v. Sobrina Ti. 8
Cychrus
v. Elongatus H. 10
v. Carniolicus Car. 10
Calosoma
AuropunctatumMor. 3
Maderae Alg. 20
Callisthenes
Reticulatus G. 30
Breviusculus Ca. 50
Procerus
Gigas Car. 15
Procrustes
Asperatus Mls. Lib. 30
Plectes
Depressus Ti. 6
v. Heerianus „ 20
Orinocarabus
v. Concolor Sil. 8
Carinthiacus Ti. 8
Chaetocarabus
v. Angustulus Cro. 8
Megadontus
v. Psilopterus G. 10
Neesi Ti. 8
v. Germari Cro. 4
Mesocarabus
v. Harcyniae Els. 5
Chrysocarabus
v. Montanus Gh. P. 30
Punctatoauratus „ 20

Lineatus Cast. 20
do. def. „ 10
Coptolabrus
Schrencki Mot. Sib. 200
v. Hauryi Gh. „ 200
Smaragdinus Fis. „ 150
do. 4 versch. St. „ 500
v. Longipennis Chd. Sib. 180
do. 4 versch. St. „ 625
Carabus
Auratus
v. Ligericinus Frm. P. 40
v. Lasserei „ 10
v. Rufofemoratus G. 4
v. Pomeranus Ga. 12
Numida
v. Richteri Mar. 45
v. Fastuosus Ban. 8
Christoforii
v. Nicolasi Rttr. P. 20
Catenatus Vel. 4
v. Korlewizii Hfm. Fiume 30
v. Velebiticus Vel. 80
Rothi Tr. 15
v. Prasinotinctus grün Hi 20
do. blau P. 30
Stschurovskyi Sls.)
Lineellus Hry.) Trk. 75
Stenocephalus Frm. Mar. 60
Nebria
v. Arctica M. R. 4
v. Picea St. B. 5
v. Planiuscula M. R. 3
v. Escheri H. 5
Notiophilus
4-punctatus P. 4
Elaphrus
Cupreus G. 1
Bembidion
Littorale Sil. 3
v. Nivale H. 2
Adustum P. 2
do. H. 1
Pygmaeum P. 2
Tenellum „ 2

Cribrum P. 5
Modestum H. 2
v. Monticola P. 2
Eques H. 5
Testaceum „ 1
Rupestre Su. 1
Lunatum H. 2
Bisignatum „ 5
Guttula Su. 2
Vicinum Alg. 2
Tachys
Bisulcatus Alg. 3
6 striatus P. 1
Nigrifrons „ 3
Perileptus
Areolatus G. 1
Trechus
Glacialis H. 5
Striatulus Sil. 2
Maculicornis Ca. 3
Anophthalmus
Oszailensis Cro. 15
Pogonistes
Testaceus Ga. or. 4
Dyschirius
Nitidus Sil. 2
Digitatus Mor. 3
Scarites
Basiplicatus Hd.) Trk. 20
Chaudoiri ? VII)
Morio
Olympicus Gr. 30
Chlaenius
v. Distinguendus Alg. 6
v. Tibialis P. 3
Licinus
v. Brevicollis Alg. 4
v. Helveticus H. 10
Orescius
v. Nebrioides H. 5
Anisodactylus
Heros Hi. 6
v. Spurcaticornis Mor. 1
Pseudoaeneus Su. 2
Ophonus
Punctatulus Ga. 2
v. Laticollis Spl. 3
Cordatus „ 3
Rectangulus Su. 5

I. Europäische Coleopteren. Supplement. Staudinger & Haas. 3

Brevicollis Su. 3
Hirsutulus Ga. 5
Harpalus
Atratus Alp. 2
v. Nitens „ 3
4-punctatus „ 3
Tardus Ga. 1
Dichirotrichus
Placidus Su. 5
Acupalpus
Flavicollis H. 2
Amara
Plebeja H. 2
Ovata G. 2
Nitida Ga. 3
Convexior Mor. 3
Tibialis Su. 2
Molops
Striolatus Vel. 2
Croaticus Cro. 8
Plitvicensis „ 15
Longipennis Karst. 12
Calopterus
v. Duvali H. 5
Pterostichus
Spinolae Spl. 6
Maurus H. 2
v. Madidus „ 3
Escheri Alp. m. 6
Cristatus P. 3
Femoratus Ga. or. 3
Platypterus Alp. m. 6
Walteri Rttr. Mngr. 20
Starcki Hd. Ca. 20
Aterrimus Su. 3
v. Concinnus P. 2
Illigeri St. 3
v. Nigerrimus Sax. 2
Interstinctus Ga. 1
Schmidti Car. 4
Spadiceus H. 3
Amblypterus P. 8
Abaxoides „ 2
Poecilus
Gressorius J. 3
Puncticeps Su. 1
v. Recticollis Hi. 3
Pauciseta Su. 2
Fortipes Chd. Mng. 4
v. Numidicus Alg. 4
Mauritanicus Dj. „ 4
Purpurascens Str. „ 4
Pedius
Inaequalis Mor. 2
Antisphodrus
Erberi Cro. 20

Laemostenus
Gallicus P. 5
Alpinus Alp. m. 12
Dalmatinus Cro. 4
Oblongus P. 5
Calathus
Gallicus P. 4
Pristodactyla
Praestans Hd. Ca. 20
Horsti
v. Nigrata Rttr. „ 30
Synuchus
Nivalis Sax. 3
Platynus
v. Depressus Spl. 4
Longiventris Mor. 8
Agonum
Fulgidicollis Er. Mor. 4
Ericeti Su. 6
Olisthopus
Glabricollis Alg. 3
Plochionus
Pallens Marseille 40
Omalophora
Festiva Fld. Trem. 15
Dromius
Nigriventris Su. 2
Sigma „ 2
Metabletus
Obscuroguttatus Mor. 1
Minutulus „ 1
Lionychus
Quadrillum H. 1
v. Bipunctatus „ 5
Haliplus
Amoenus Su. 2
Laminatus H. 3
Apicalis Su. 5
Laccophilus
v. Testaceus Ga. m 3
Hydrovatus
Clypealis Ga. 3
Bidessus
Bicarinatus H. 3
Hydroporus
Davisi H. 2
Agabus
Guttatus H. 2
Paludosus Ga. 2
v. Foveolatus H. 3
Nebulosus J. 2
Femoralis Ga. 2
Sturmi Su. 2

Colymbetes
Grapei Su. 2
Hydaticus
Grammicus J. 6
Acilius
Fasciatus Su. 2
Graphoderes
Cinereus Su. 2
Bilineatus „ 2
Ochthebius
Pellucidus Ga. 3
Pygmaeus F. Su. 2
Marinus „ 2
Helophorus
Schmidti H. 3
Alternans Alg. 3
Strigifrons Su. 6
Aeneipennis „ 2
Glacialis H. 2
Hydrophilus
Pistaceus Ga. m. 8
Aterrimus Su. 3
Philydrus
Bicolor Ga. 2
Nigricans Su. 3
Dryops
Algirica Ga. 2
Viennensis H. 2
Microglossa
Pulla Su. 2
Marginalis „ 2
Suturalis „ 2
Aleochara
Lata Sib. 2
Moesta Su. 2
Grisea Ga. 5
Astilbus
Memnonius Alg. 8
Ilyobates
Nigricollis Su. 4
Alianta
Plumbea Ga. 3
Calodera
Rubens Su. 5
Myrmecopora
Uvida Ga. 3
Homalota
Pertyi Sib. 3
Atramentaria L. 3
Diglossa
Submarinea Ga. 5
Oxypoda
Alternans Sib. 2
1*

Abb. 3.15: Von *Staudinger & Bang-Haas* zum Verkauf angebotene Käfer. Die angegebenen Preise entsprechen je 10 Pfennig pro Einheit.

passte sich andererseits aber bestens ein in die bürgerliche Schenkkultur zu Weihnachten. Die Wichtigkeit der klassischen Schenktermine für die Sammlungsvermehrung hob 1914 auch Kurt Floericke in seinem naturkundlichen Praxishandbuch hervor:

> »Doch wird auch der minder bemittelte Liebhaber manches heissbegehrte Stück, dessen anderweitiger Erwerb kaum möglich wäre, auf diesem Wege an sich bringen, es vielleicht zum Weihnachtsabend oder zum Geburtstage in Erfüllung eines lange gehegten Wunsches sich selbst zum Geschenk machen oder sich schenken lassen und gerade über eine solche Festgabe die reinste, schönste und dauerndste Freude empfinden.«[62]

Dieser Aussage stand hingegen die konsumkritische Haltung gegenüber, die in anderen Ratgeberwerken zum Naturaliensammeln zuweilen geäußert wurde. So hob Ernst Bade, der Autor des *Handbuches für Naturaliensammler,*

62 Floericke: Der Sammler, 9 f.

hervor, dass selber erbeutete Stücke für den Sammler einen ungleich höheren Wert besäßen:

> »Nur wer in Flur und Wald, in Feld und Hain, am Strande des Meeres oder in überseeischen Ländern selbst sammelt, sich selbst sein Naturobjekt präpariert, und zusammenstellt, der findet wirkliche Befriedigung in dieser Tätigkeit. Kauf und Tausch sind nicht die Wege eine Sammlung anzulegen und auszubauen, denn in letzteren Fällen betrügt sich jeder Sammler selbst um den hohen Genuss, das Tierleben an der Quelle studiert zu haben. Bei selbstgesammelten Stücken wird jedes Stück zu einem Erlebnis, zu einer Erinnerung, wie ein Tagebuch ist eine solche Sammlung.«[63]

Einer der in der Vorweihnachtszeit erscheinenden Verkaufskataloge erhielt unter den Sammlern stets besondere Beachtung: Die Preis- und Angebotsliste der Firma *Dr. O. Staudinger & A. Bang-Haas* aus Blasewitz bei Dresden (vgl. Abbildungen 3.14 und 3.15). Eine kurze Betrachtung dieses Unternehmens und seiner Marktposition erlaubt genaueren Aufschluss über Funktionsweisen des kommerzialisierten naturhistorischen Sammelwesens sowie seiner Wertgesetze. Seine marktbeherrschende Stellung verdankte dieses Handelshaus nicht zuletzt den herausragenden wissenschaftlichen Arbeiten Otto Staudingers (1830-1900). Der promovierte Zoologe veröffentlichte 1861 zusammen mit Maximilian F. Wocke den *Catalog der Lepidopteren Europa's*. Dieser systematische Katalog, von dem 1871 eine Zweitauflage und 1901 eine Drittauflage erschien (mit Hans Rebel als Mitautor), stieg rasch in den Rang eines Standardwerks der Schmetterlingskunde auf. Früh schon ergänzte Staudinger seine wissenschaftlichen Studien um den Insektenhandel. Seit den 1850er-Jahren unternahm er diverse entomologische Sammelreisen in ganz Europa. Zur Deckung der anfallenden Reisekosten begann er, einen Teil seiner Exkursionsausbeute zu verkaufen. Im Laufe der 1870er-Jahre mauserte sich der anfänglich bescheidene Insektenvertrieb europaweit zur ersten Adresse für entomologische Präparate. Die Marktmacht der Firma verlief über die taxonomische Kompetenz Staudingers: Seine jährlich erscheinenden, nach aktuellsten Erkenntnissen der lepidopterologischen Systematik strukturierten Angebotslisten wurden von den Liebhabern zugleich als Vorlage für die Ordnung ihrer Privatsammlungen verwendet, sie stellen gewissermaßen die jährlich aktualisierte »Volksausgabe« seines Standardwerks dar. Diese Dienstleistung stieß unter den Sammlern auf Anerkennung, wie die lobenden Worte der *Insekten-Börse* zeigen:

63 Bade: Handbuch, 273.

Doubletten Verzeichniss 1893.

Colias Palaeno v. Livonia ♂♀ sup. 1
Lycaena Optilete ♂♀
Argynnis v. Ossianus ♂♀
" Euphrosyne nordische Form dunkel 6 1
Oeneis Jutta ♂
Smerinthus Tremulae ♂ 1
Nola Centonalis 1
Hybocampa Milhauseri
Notodonta Trilophus
" Bicoloria
Agrotis Sobrina
" Candelarum
" Simulans 6 1
Hydroecia Nictitans
Plusia Microgamma 30 1
Anarta Cordigera 10 1
Aedia Funesta e. l. 5 1

Abb. 3.16: Doublettenverzeichnis des Churer Schmetterlingssammlers Johann Luzius Caflisch (1893).

> »Seit langen Jahren sind die Faltersammler daran gewöhnt, […] den Staudingerschen Handlungskatalog als Sammlungsverzeichnis zu betrachten, und es ist dankbar anzuerkennen, dass die Firma diese Verwendung in letzter Zeit dadurch unterstützt hat, dass sie das Format dem Nebenzwecke angepasst hat, dass sie die Übersichtlichkeit erhöht hat, dass sie ein Gattungsregister angefügt hat. […] [D]em Forscher geben sie ein Hilfsmittel zu leichter Orientierung in die Hand, und das sind Dienste, für welche die Wissenschaft dem Inhaber der Firma erheblichen Dank schuldet.«[64]

Durch seine marktbeherrschende Stellung hatte Staudinger auch großen Einfluss auf die entomologische Preispolitik. Vergleichbar den Leitzinsen einer Zentralbank wurden Staudingers Preise gleichsam zur Referenzgröße im europäischen Markt, an ihnen hatten sich private Sammler wie andere Händler zu orientieren, wie die Redaktion der *Insekten-Börse* festhielt: »Die ›Staudingerpreise‹ sind in den Sprachschatz der Entomologen als terminus technicus für den normalen Wert der Insekten übergegangen.«[65] Die von Staudinger diktierten Preise wurden so auch zur Bezugsgröße für Tauschgeschäfte: Wollten zwei Sammler privat miteinander Insekten tauschen, so kalkulierten sie mit dem Kaufbetrag, den die entsprechenden Stücke bei Staudinger gekostet hätten, und rechneten diese beiden fiktiven Summen gegeneinander auf. Durch diese Nutzung der »Staudinger-Preise« als Wertäquivalent konnte der Tausch für beide Seiten transparent ausgestaltet werden. Die von der Firma Staudinger ausgelösten Preisschwankungen hatten dadurch direkten Einfluss auf den Verkehrswert der »Doubletten«, der doppelt vorhandenen Sammlungsstücke, die ein privater Sammler gegen die von ihm begehrten »Desiderata« einzutauschen trachtete. So beeinträchtigte beispielsweise Staudingers Preispolitik ein Tauschgeschäft, das der Churer Johann L. Caflisch 1895 mit dem brandenburgischen Entomologen Paul Hoffmann eingefädelt hatte. Ehemals begehrten Bündner Raritäten, von denen Caflisch etliche besaß, drohte ein Preiszerfall. Dies veranlasste Hoffmann zur Zurückhaltung: »Es ist sehr leicht möglich, dass Staudinger die rhaetica in seinem nächsten Verzeichnis ganz bedeutend herabsetzt. Darum kann ich augenblicklich nicht den vollen Tauschgegenwert dafür liefern, weil mir daraus ein grosser Nachteil erwachsen würde, wie es mir früher wiederholt passiert ist.«[66]

64 [s.n.]: Rundschau, 401.
65 Ebd.
66 Bündner Naturmuseum, Archivschachtel »Caflisch, J.L.«, Brief Hoffmanns vom 15.9.1895.

Privater Tausch und Einkauf

Tausch und Handel waren nicht bloß durch die Referenzfunktion der Marktpreise miteinander verknüpft. So benutzten auch viele Händler den Tausch mit privaten Sammlern als Mittel, um an Ware zu gelangen, die sie anschließend wieder verkauften. Für die Sammler andererseits waren Tauschgeschäfte mit Händlern attraktiv, da diese stets mit einem breiten Angebot aufwarteten. Dies erhöhte die Chance des Sammlers, im Gegenzug für seine Doubletten möglichst viele der ihm noch fehlenden Arten zu erhalten und diese auf seinem Wunschzettel – der sogenannten Desideratenliste – abhaken zu können. Ein Blick in die Tauschkorrespondenz des eben erwähnten Johann L. Caflisch soll dies veranschaulichen: Caflisch tauschte begehrte Bündner Schmetterlinge[67] mit Händlern und Sammlern in Deutschland, Österreich, Tschechien und Rumänien. Die Tauschaktionen gingen immer auf gleiche Weise vor sich:[68] Ein Händler bekundet Interesse an Bündner Insekten. Caflisch stellt aus seinen Doubletten eine Sendung zusammen und schickt diese mit seiner Desideratenliste ab. Der Empfänger verrechnet anhand der Staudinger-Preise oder eigener Preisvorgaben den Wert der Caflisch'schen Ware und schickt diesem in einer Gegensendung das gewünschte Material nach Chur. Da nicht immer alle Lieferungen mit einer genügenden Zahl passender Desiderata vergolten werden konnten, ergab sich zwischen den Tauschpartnern zuweilen ein Schuldverhältnis, das als Übertrag mit der nächsten Tauschsendung wieder ins Lot gebracht werden musste. Der einzige Unterschied, der sich für Caflisch daraus ergab, ob er mit einem Privatsammler oder einem professionellen Händler (oder auch mit institutionalisierten Tauschanstalten von entomologischen Vereinen)[69]

67 Die Gründe für die Wertschätzung der Bündner Lokalfauna unter europäischen Sammlern sind nicht zu eruieren. Neben dem exklusiven Vorkommen einiger regionaler Formen ist auch eine Wechselwirkung mit dem entomologischen Tourismus plausibel. Wie man einschlägigen Reiseberichten und Fundmeldungen in europäischen Fachzeitschriften sowie den Helferlisten lokaler Faunenkataloge entnehmen kann, gehörte der Kanton zu den Topdestinationen für entomologisch interessierte Sommerfrischler vom ganzen Kontinent. So schwärmte der deutsche Sammler Ferdinand Rudow: »Wer sammeln will, muss nach Graubünden und Wallis reisen, dort ist noch das wahre Eldorado in den dichten Wäldern und auf den blumigen Halden« (Rudow: Meine vorjährige Sammelreise, 1). Vgl. zum entomologischen Tourismus auch die Ausführungen in Kapitel 6.4.

68 Vgl. die Tauschkorrespondenzen Caflischs im Bündner Naturmuseum, Archivschachtel »Caflisch, J. L.«.

69 Einen solchen vertrat beispielsweise der oben erwähnte Paul Hoffmann, ein mehrmaliger Tauschpartner Caflischs. Hoffmann stand dem *Internationalen Entomologischen Verein* in Guben vor. Dieser hatte sich in erster Linie auf den Tausch von Insekten spezialisiert: Der Verein brachte die Sammlerzeitschrift *Entomologische Zeitschrift* heraus, daneben organisierte er einen entomologischen Tauschverkehr und führte ebenso ein »Vereinslager«, das Insekten gegen bar verkaufte.

in Tauschverkehr trat, war eine Kommission von rund 10 Prozent des Warenwerts, die Letztere üblicherweise für ihre Dienstleistung in Rechnung stellten.

Meinungsverschiedenheiten und Misstrauen finden sich in den Tausch-Korrespondenzen kaum, was wohl zu einem guten Teil der Transparenz der Tauschwerte zu verdanken war. Dass die Verwendung dieser an Verkaufshäuser angelehnten Normalpreise Konflikte zu vermeiden half, betonten auch naturkundliche Sammelratgeber:

> »Soll aber ein Tauschverkehr beide Teile zufriedenstellen und unliebsame Auseinandersetzungen von vornherein ausschliessen, so muss strengste Rechtlichkeit sein oberster Grundsatz sein. [...] Am besten ist es, man legt allen Tauschgeschäften eine Normalbasis zugrunde, etwa die im Preisverzeichnis eines grossen Händlers angesetzten Geldpreise.«[70]

Neben dieser informellen Regelung ist weiter anzunehmen, dass im gut vernetzten Milieu der Entomophilie eine beträchtliche soziale Kontrolle die Marktteilnehmer davon abhielt, in offen betrügerischer Weise zu handeln.

Dies heißt jedoch nicht, dass es zu keinerlei Formen von Übervorteilung kam. Wie in jedem ungeregelten Markt waren Anbieter versucht, durch Absprachen Preise und Angebote zu beeinflussen. Gerade der fließende Übergang von Gabe, Tausch und Handel, die jeweils verschiedene Ausprägungen an wechselseitigen sozialen Verpflichtungen mit sich brachten, leistete Marktverzerrungen Vorschub. Dies zeigt eine Abmachung, von welcher der rumänische Sammler Aristides von Garadja 1896 in einem Brief an Caflisch berichtet. Garadja gelang es, eine stattliche Zahl des Spanners *Euphitecia gratiosata* zu züchten. Diese schienen sehr begehrt: Im Tausch gegen 120 Exemplare davon erhielt er vom Breslauer Fabrikanten und Schmetterlingssammler Max Wiskott eine »an 5000 Ex. zählende Microlep-Sammlung, welche aus Stücken von Ungarn, Kroatien, Serbien, Bulgarien, Kaukasus besteht u. daher für mich von höchstem Interesse ist«,[71] wie er seinem Churer Sammelkollegen schreibt. Wiskott hatte die seltenen Spanner wohl als attraktives Tauschmaterial erstanden. Daher musste er sich gegen einen Preiszerfall absichern, der seinen neu erstandenen Raritäten gedroht hätte, hätte Garadja weitere Zuchttiere in den Verkauf gebracht. Garadja gab Wiskott die verlangte Garantie ab, keine Exemplare mehr auf den Markt zu werfen. Seine Loyalitäten mit dem Churer Sammelfreund schienen die Marktabsprache mit dem Breslauer Fabrikanten jedoch zu unterlaufen – Caflisch erhielt im Juni 1896 von ihm fünf Spanner zugesandt,

70 Floericke: Der Sammler, 9.
71 Bündner Naturmuseum, Archivschachtel »Caflisch, J.L.«, Brief Garadjas vom 16.6. 1896.

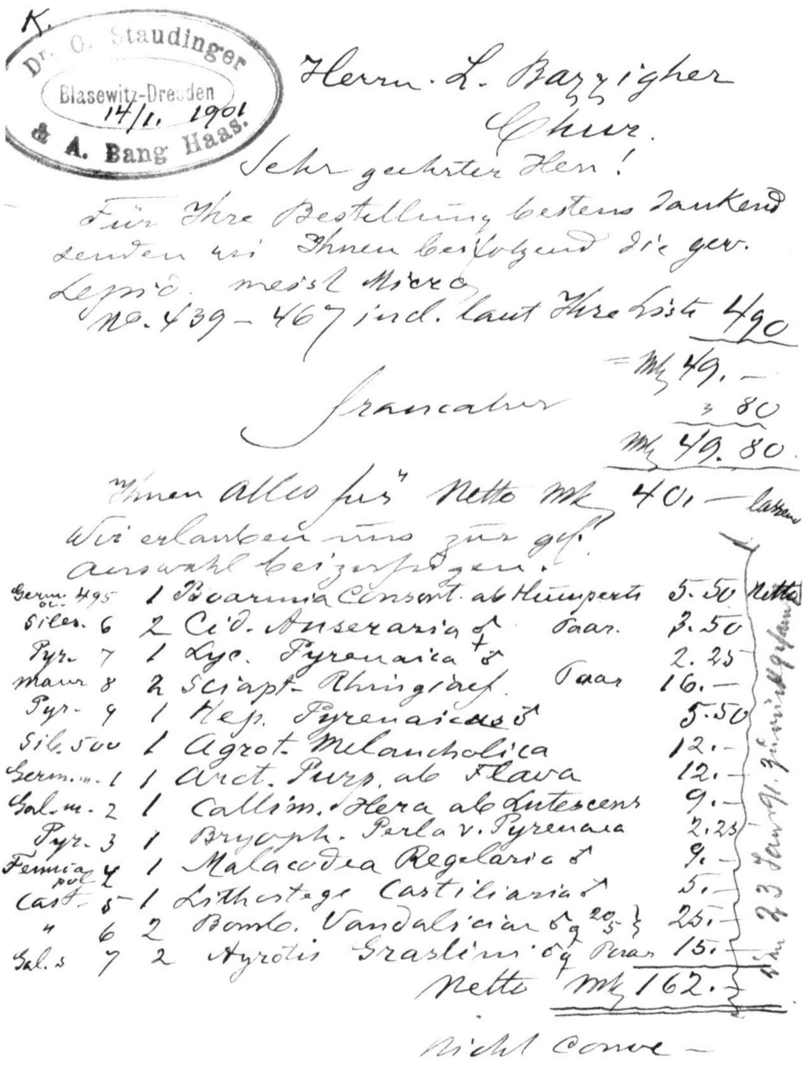

K.
Dr. O. Staudinger & A. Bang Haas
Blasewitz-Dresden
14/1. 1901

Herrn L. Bazzigher
Chur.

Sehr geehrter Herr!
Für Ihre Bestellung bestens dankend senden wir Ihnen beifolgend die gew. Lepid. meist Micro No. 439–467 incl. laut Ihrer Liste 490 = Mk 49.–
Francatur –.80
Mk 49.80.
Ihnen alles für Netto Mk 40.– lassen
Wir erlauben uns zur gef. Auswahl beizufügen.

Germ. oc. 495	1	Boarmia Consort. ab Humperti	5.50 Netto
Siles. 6	2	Cid. Anseraria ♂ Paar	3.50
Pyr. 7	1	Lyc. Pyrenaica ♂	2.25
Maur. 8	2	Sciapt. Rhingiaef. Paar	16.–
Pyr. 9	1	Hesp. Pyrenaicus ♂	5.50
Sil. 500	1	Agrot. Melancholica	12.–
Germ. m. 1	1	Arct. Purp. ab Flava	12.–
Gal. m. 2	1	Callim. Hera ab Lutescens	9.–
Pyr. 3	1	Bryoph. Perla v. Pyrenaica	2.25
Fennia pol. 4	1	Malacodea Regelaria ♂	9.–
Cast. 5	1	Lithostege Castiliaria ♂	5.–
" 6	2	Bomb. Vandalicia ♂♀ 20.5	25.–
Gal. s 7	2	Agrotis Graslini ♂♀ Paar	15.–
		Netto Mk	162.–

am 23 Jan 01. zurückgesandt
nicht conve–

Abb. 3.17: Rechnung für Schmetterlinge, die der Churer Stammkunde Luzi Bazzigher bei *Staudinger & Bang-Haas* bestellte (1901).

zusammen mit folgender Ermahnung Garadjas: »Geben Sie aber bitte keine Stücke weg, weil ich mich Wiskott gegenüber verpflichtet habe keine Gratiosata von jetzt an (Sie mit inbegriffen) bis Oct. 97 an wen es auch sei abzugeben.«[72]

72 Ebd.

Johann L. Caflisch verschaffte sich längst nicht alle Ware durch Tausch. Da sein Vorrat an geeignetem Tauschmaterial begrenzt war, kaufte er von den gleichen Händlern, mit denen er im Tauschverkehr stand, verschiedentlich auch Ware ab. Noch viel häufiger als Johann Luzius Caflisch suchten seine Churer Sammlerkollegen ihre Insekten-Bestände durch Ankauf zu vergrößern. Im Nachlass des Kurarztes Eduard Killias, der im zweiten Kapitel bereits als umtriebiger Autor diverser floristischer und faunistischer Lokalkataloge Graubündens in Erscheinung getreten ist, findet sich ein ganzer Stapel einschlägiger Warenkataloge, darunter die unumgänglichen Kataloge von *Staudinger & Bang-Haas* aus Blasewitz bei Dresden sowie solche von *Edmund Reiter* aus Mödling in Niederösterreich, *Cabinet d'entomologie de M.J. Desbrochers* aus Tours, *Naturhistorisches Institut Linnea* aus Berlin, *O. Boettger* aus Frankfurt, *Naturalienhandlung Alexander Bau* aus Berlin, *Anton Sequens* aus Gospic (Kroatien) sowie *Naturhistorisches Institut Aldrovandeum*, Berlin. Diese Kataloge wurden rege benutzt: Wie die erhaltenen Kaufkorrespondenzen zeigen, tätigte Killias bei besagten Firmen jährlich mindestens fünf Einkäufe in der Größenordnung von jeweils 10 bis 20 Mark.[73] Noch größere Summen als Killias investierte Luzi Bazzigher, der nach dem Tode Caflischs dessen Nachfolge als Nachlassbearbeiter der Killias'schen Katalogmanuskripte übernahm. Bazzigher war ein treuer Kunde der erwähnten Naturalienhandlung *Staudinger & Bang-Haas*, jährlich ergingen aus seinem Churer Studierzimmer ein bis zwei Bestellungen nach Dresden (vgl. Abbildung 3.17). Die fast lückenlos erhaltene Kaufkorrespondenz mit dem Entomologen und Händler Otto Staudinger ermöglicht eine Rekonstruktion des finanziellen Aufwands, den Bazzigher zur Äufnung seiner privaten Schmetterlingssammlung betrieb. Seine erste Bestellung gab er 1877 bei Staudinger auf. Der Dresdener lieferte die gewünschte Ware, bat jedoch den Neukunden um Verständnis für die Zahlungsmodalität: »Bei dieser ersten Sendung erlaube ich mir, Postnachnahme zu nehmen; später sende Ihnen gerne ohne solche.«[74] Ein solches »später« sollte durchaus eintreffen – bis ins Jahr 1905 ging bei *Staudinger & Bang-Haas* jeweils nach Erscheinen ihrer neuen Preislisten im Dezember fast jährlich eine Bestellung Bazzighers ein. Als guter Kunde musste dieser bald nicht mehr per Nachnahme bezahlen, und bei jeder Rechnung wurden ihm großzügige Rabatte gewährt. Im Laufe der Jahre wurden auch die den Sendungen beigefügten Briefe Staudingers an den Churer Sammler ausführlicher und persönlicher.

Die von Bazzigher investierten Summen sind beträchtlich, mindestens 100 Franken betrug der Wert seiner jährlichen Bestellungen. Für das rund 30 Jahre dauernde Kundenverhältnis Bazzighers mit den Dresdener Händ-

73 Vgl. die einschlägigen Korrespondenzen in StAGR, Nachlass Eduard Killias, B 1489, Fasz. 1.

74 StAGR, Nachlass Luzius Bazzigher, B 857, Brief Staudingers vom 19.3.1877.

Abb. 3.18: Inserat Arnold Wullschlegels in der *Entomologischen Zeitschrift* (1905). Der Walliser war damals einer der prominentesten Insektenhändler der Schweiz.

lern lassen sich anhand der überlieferten Rechnungsbelege Gesamtausgaben von rund 2800 Schweizerfranken nachweisen. Diese Summe entsprach damals ungefähr dem Zweifachen des nominalen Jahreslohns eines Metallarbeiters.[75]

Kaufen und Tauschen: Fazit

Was zeigte der Blick auf die Güterbewegungen in Form von Tausch und Handel? Der kommerzielle Austausch von Naturobjekten beschränkte sich nicht auf metropolitane Museen oder Kolonialexpeditionen, sondern war auch im Wissensmilieu der Petite Science eine verbreitete Form der Dingzirkulation. In weit höherem Maße als ihre botanisch interessierten Kollegen deckten sich die entomologischen Sammler aus der Schweiz bei zumeist ausländischen Fachhändlern[76] mit Sammlungsobjekten ein. Beschaut man

75 Vgl. Gruner: Arbeiterschaft, 352. Versucht man, mit einem historischen Geldwertrechner den heutigen Gegenwert dieser Summe zu errechnen, so ergeben sich beispielsweise mit dem Berechnungstool »Swistoval« des Historischen Instituts der Universität Bern Zahlen mit einer Spanbreite zwischen 35.000 und 140.000 Franken (vgl. www.swistoval.hist-web.unibe.ch, abgerufen am 16.10.2013). Der höhere Wert ergibt sich durch eine Berechnung auf der Basis des Historischen Lohnindexes (HLI), ausgehend von den Ausgangsjahren 1880, 1890 und 1900 und anschließend gemittelt. Die tiefere Summe resultiert, wenn der Umrechnung der Konsumentenpreisindex (KPI) zugrunde gelegt wird.

76 In den Quellenbeständen fanden sich keine Drucksachen, welche die Existenz eines größeren entomologischen Fachhändlers in der Schweiz belegen könnten. Aus den handschriftlichen Korrespondenzen hingegen lässt sich rekonstruieren, dass der Insektenhändler und Schmetterlingszüchter Arnold Wullschlegel aus Martigny (vgl. Bayer: In memoriam) zumindest national eine gewisse Ausstrahlung besaß und im Zeitraum zwischen 1890 und 1910 etliche Privatsammler wie den Thurgauer Heinrich Ziegler-Reinacher sowie beispielsweise die naturhistorischen Museen in Solothurn und Liestal mit Objekten belieferte. Vgl. Naturmuseum Thurgau, Schachtel 4050.A (Sammler und Donatoren), Mappe »Ziegler-Reinacher Heinrich, Entomologische Korrespondenz«; Bloch: Zehn Jahre; StABL, Nachlass Franz Leuthardt, PA 6102, Tagebuch, Bd. 2, 164.

sich diese Transaktionsweise auf ihre gemeinschaftsbildende Wirkung, so ist diese – trotz ihrer vermeintlich rein kommerziellen Natur – nicht zu unterschätzen. Aus den langjährigen Geschäftsbeziehungen zwischen Händler und Kunde beispielsweise entstanden mitunter enge Freundschaften oder intensiver fachlicher Austausch. Zudem trugen die geschäftlichen Kontakte und die einschlägigen Plattformen in Sammlerzeitschriften zu einer Vernetzung des weit gefächerten Milieus bei. Durch die Vermittlung von Interessenten und Lieferanten oder die Bekanntmachung von Spezialisierungen bildeten sich Kommunikationskanäle, die auch für Tauschaktionen sowie unentgeltliche Leistungen benutzt wurden. Der Tausch selbst wies dadurch enge Überschneidungen mit dem Handel auf, was über die Referenzfunktion der Handelspreise für Tauschgeschäfte noch bestärkt wurde. In seiner formalisierten Weise unterschied sich denn der Tausch auch nicht wesentlich vom Verkauf und den durch ihn herbeigeführten sozialen Bindungen.

Ebenso häufig und hinsichtlich der Vergemeinschaftung wichtiger als der Verkauf oder der formalisierte Tausch von Naturobjekten waren Transaktionsformen, deren klare Zuordnung zu entweder Tausch-, Handels- oder Freundschaftsbeziehung nicht einfach ausfällt. Die Grenzen zwischen den verschiedenen Austauschformen waren meist fließend, wie das Beispiel der botanischen Gelegenheitshändler aufzeigte. Für finanziell schwächer gestellte Akteure der Petite Science war der semiprofessionelle Naturalienhandel ein willkommener Nebenerwerb. Auf Bestellung lieferten diese Gelegenheitshändler einzelne Pflanzenarten beispielsweise an Botaniker, die Lieferverpflichtungen für eine Tauschgesellschaft zu erfüllen hatten. Einzelne Händler lieferten auch spezialisierte Angebote wie komplette, unter geographischen oder taxonomischen Gesichtspunkten zusammengestellte Kollektionen, sogenannte Exsikkaten-Serien. Ihre Kunden fanden diese Gelegenheitshändler nicht zuletzt unter befreundeten Forschern. Eine Freundschaft schloss sporadische Geschäftsbeziehungen keineswegs aus, ganz im Gegenteil: Der Ankauf von Waren durch Kollegen, die an einem Museen oder Herbar angestellt waren, bedeutete mehr als bloße Materialbeschaffung für die betreffenden Institutionen. Er stellte auch eine Form ökonomischer Solidarität im Wissensmilieu der Petite Science dar.

3.3 Gabenökonomien der Petite Science

Kleine Geschenke erhalten die Gesellschaft: Theorien der Gabe

Innerhalb der breit gefächerten Formen des reziproken Güteraustauschs markierten Verkauf und Tauschhandel den einen Pol. Bei diesen Transaktionen zählte ausschließlich die Wertentsprechung der zwischen zwei Parteien getauschten Güter, was beispielsweise anhand der steten Bezugnahme auf Händler-Preise illustriert wurde. Ebenso wurde aber gezeigt, dass diese Charakterisierung nicht immer klar aufrechtzuerhalten ist; oft spielten auch Beweggründe wie Freundschaft und Solidarität in den vermeintlich formalisierten Austausch hinein. Diese Motivationen allein für sich genommen entsprechen gleichsam dem entgegengesetzten Pol, dem Güteraustausch in Form von sogenannt generalisierter Reziprozität. Darunter fasst man den Austausch von Dingen und Leistungen, bei dem die Rückerstattung einer Gegengabe sowie deren Umfang nur beschränkt durch formale Regeln abgesichert sind. Umgangssprachlich bezeichnen wir solche Transaktionen als »Geschenke«. Gerade im Hinblick auf die Frage, inwiefern Güterbewegungen im Milieu der Petite Science soziale Beziehungen herstellten und festigten, handelt es sich beim Schenken um die wichtigste Gattung aller zu beobachtenden Dingzirkulationen. Ein kurzer theoretischer Exkurs zum Schenken als sozialer Handlung ist daher angebracht.

Geschenke als besondere Gattung von Gütern beschäftigten immer wieder die Kulturanthropologie und die Soziologie. Am prominentesten sticht unter den vielen Theoretisierungen von Geschenk und Gabe der *Essai sur le don* (1923/24) des französischen Sozialwissenschaftlers Marcel Mauss hervor. Mauss zielte mehr als alle anderen Forscher vor ihm auf die gemeinschaftsbildende Funktion von Gaben ab. In seiner Untersuchung von Schenkritualen verschiedener »archaischer« Gemeinschaften rund um den Globus kam er zu dem Schluss, dass sich deren soziales Leben auszeichne als »immerwährendes ›Geben und Nehmen‹: Es wird gleichsam von einem kontinuierlichen, nach allen Richtungen fließenden Strom durchflutet; einem Strom aus Gaben, die obligatorisch und aus Eigennutz, aus dem Streben nach Größe und als Entgelt für Dienste, als Herausforderung oder als Pfand gegeben, empfangen und erwidert werden.«[77] In dieser kurzen Passage ist gewissermaßen die Essenz der Mauss'schen Gabentheorie niedergelegt: Reziprozität – als Dreiheit von Geben, Empfangen und Erwidern – bildet das Rückgrat jeglicher Gemeinschaftlichkeit. Die Gründe, Gaben zirkulieren zu lassen, sind vielfältig und reichen von reiner Selbstlosigkeit bis hin zur offensichtlichen Machtdemonstration. Mögen auch die einzelnen Formen des Gabentauschs noch so unterschiedlich sein, so gleichen sie sich doch darin, dass sie ein soziales Band zwischen Geber und Empfänger schaffen. Sie besitzen, wie dies Jacques Godbout ausdrückt, einen »bonding value«.[78]

Mauss' Essay wurde vorwiegend als Auseinandersetzung mit »archaischen Völkern« gelesen. Dabei hat man geflissentlich übersehen, dass der französische Wissenschaftler mit seiner Untersuchung sehr wohl auch auf euro-

77 Mauss: Die Gabe, 70.
78 Godbout, zit. bei Adloff und Sigmund: Die *gift economy*, 222.

päische Gesellschaften der Zwischenkriegszeit abzielte. Gerade jüngere Kommentatoren Mauss' heben daher hervor, dass der Kerngehalt seiner Gabentheorie auch auf moderne Verhältnisse angewendet werden könne: Reziprozitätsnormen stellen keine Relikte dar, sondern prägen auch in neuzeitlichen Marktgesellschaften die sozialen Beziehungen und Institutionen in erheblichem Umfang.[79] Dies lässt sich auch für das Wissensmilieu der naturkundlichen Lokalforschung um 1900 klar aufzeigen. In vergleichbarer Weise, wie die von Mauss beschriebenen Gabenrituale zwischen melanesischen Clans verschiedene Inseln des weitgestreuten Archipels verbinden, so waren auch die freischwebenden Einzelforscher und Teilgemeinschaften der Petite Science maßgeblich durch reziproke Güterbewegungen miteinander in Beziehung gesetzt. Als Belegmaterial für seine These zog Mauss unter anderem die Feldberichte Bronislaw Malinowskis heran. In diesen ethnologischen Beschreibungen inselübergreifender Tauschrituale im Westpazifik glaubt der französische Soziologe Alain Caillé eine der frühesten sozialwissenschaftlichen Netzwerk-Theorien zu erkennen. Das analytische Potential dieser Sichtweise auf die soziale Wirkung der Gabe beschränke sich aber keineswegs auf archaische Gesellschaften, sondern stelle auch einen Schlüssel zum Verständnis moderner Vergesellschaftungen dar:

> »Ein Netzwerk ist ein Ensemble von Personen, das durch die Pflege der persönlichen Beziehungen, der Freundschaft oder Kameradschaft erlaubt, Vertrauen zu schenken und Treue zu bewahren. Die Vorleistungen und Erwartungen sind gegenüber denjenigen im Netzwerk jedenfalls höher als gegenüber denjenigen, die außerhalb des Netzwerkes stehen. A priori fehlt den Analysen aus der Wissenschafts- und Wirtschaftssoziologie aber die Erkenntnis, dass die verallgemeinerten Bündnisse, aus denen sich Netzwerke zusammensetzen, in modernen wie in archaischen Gesellschaften aus dem Risiko der Gabe und des Vertrauens entstehen.«[80]

Caillé hatte mit diesem im Jahr 2000 erhobenen Einwurf hinsichtlich sozialwissenschaftlicher Ignoranz grundsätzlich recht. Er übersah dabei aber großzügig jene wissenschaftsgeschichtlichen Pionierarbeiten, die bereits Mitte der 1990er-Jahre die Gabenökonomie als zentrale Größe der Kooperation in den Wissenschaften beleuchteten, so die Ausführungen Robert E. Kohlers zu den Austauschnetzwerken von Drosophila-Fliegen in der frühen Genetik oder die Arbeiten Anne Secords zur Rolle der Schenkung naturhistorischer Spezimen in der britischen Amateurbotanik.[81] Der Faden, den diese beiden Autoren auslegten, soll im Folgenden aufgenommen werden.

79 Vgl. Adloff und Mau: Zur Theorie, 10.
80 Caillé: Anthropologie der Gabe, 68.
81 Vgl. Kohler: Lords of the Fly (daraus Kapitel 5: The Drosophila exchange network) und ausführlicher etwas später ders.: Moral economy sowie Secord: Corresponding interests.

Als theoretische Leitplanken dienen dabei Ansätze, wie sie in den vergangenen Jahren von verschiedenen Neo-Maussianern wie Alain Caillé oder Frank Adloff skizziert wurden. Im Gegensatz zu den äußerst einseitigen Lesarten der Natur der Gabe, wie sie beispielsweise Jacques Derrida und Pierre Bourdieu vorlegten,[82] betonen diese Ansätze die Vielschichtigkeit der Gabe. Statt sich in Grabenkämpfen darüber zu verlieren, ob eine Gabe nun reinen Altruismus oder aber geschickt verschleierte Herrschaft darstelle oder ob eine Schenkung aus interesseloser Spontanität oder in blinder Befolgung starrer Regeln erfolge, überwindet beispielsweise Caillé solche Dichotomien mit einem mehrdimensionalen Handlungsmodell der Gabe. Im Schenken seien stets all diese Größen präsent, es lasse sich nie gänzlich auf eine Handlungsebene reduzieren. Schenken bildet vielmehr ein bewegliches Kräftefeld, das von den Polen Verpflichtung versus Spontaneität und Interesse versus Uneigennützigkeit aufgespannt wird: Abhängig von Situation und Kontext ist in der Zirkulation von Gaben das Element des Interesses (das Verlangen nach Macht oder Besitz) oder dasjenige der »*aimance*« (der Uneigennützigkeit, des Spiels, des Vergnügens) stärker ausgeprägt. Ebenso ließen sich Schenktransaktionen beobachten, die eher im Modus starrer Regeln erfolgten, während andere spontan oder gar irrational zustande kämen. Die historische oder ethnologische Interpretation von Schenkakten habe diese daher stets zu singularisieren.

Dr. Probsts Präsente: Zwei Fallbeispiele zur Gabenökonomie

Vor dem Hintergrund dieser theoretischen Überlegungen sollen nun zwei konkrete Gabenbeziehungen aus dem Milieu der Petite Science vorgestellt und diskutiert werden. Es handelt sich in beiden Fällen um Beziehungen des Solothurner Arztes Rudolf Probst (1855-1940) zu anderen Freizeitbotanikern der Region. Probst beschäftigte sich bereits als Gymnasiast mit botanischen Tätigkeiten. Während seines Medizinstudiums in Bern unternahm er gemeinsam mit dem späteren Botanikprofessor Eduard Fischer Exkursionen in der Umgebung der Bundesstadt sowie den Alpen. Nach abgeschlossenem Studium zog Probst Anfang der 1880er-Jahre in den Kanton Schaff-

82 Derridas philosophische Auseinandersetzung mit der Gabe (*Falschgeld*, 1993) mündet – vergleichbar mit seinen Ausführungen zur Freundschaft – in der Aporie der eigentlichen Unmöglichkeit der reinen Gabe. Bourdieu hingegen (»Die Ökonomie der symbolischen Güter«, in: *Praktische Vernunft*, 1998) legt das Gewicht seiner Ausführungen fast ausschließlich auf Momente von Herrschaft und Unterwerfung, die sich im Tausch von symbolischen Gütern, d. h. von Gaben, manifestieren. Freigebigkeit und Selbstlosigkeit im Zusammenhang mit Gaben sind in seinen Augen bloße (Selbst-)Täuschung.

hausen, wo er in Schleitheim eine Arztpraxis eröffnete. In seiner Freizeit widmete er sich weiterhin der Botanik. 1900 zog er zurück nach Solothurn. Rasch fand Probst dort wieder Anschluss an das naturforschende Milieu. Bereits 1904 publizierte er in den *Mitteilungen der Naturforschenden Gesellschaft Solothurn* seinen *Beitrag zur Flora von Solothurn und Umgebung*. In diesem Nachtrag zu Hermann Lüschers solothurnischer Kantonalflora aus dem Jahre 1898 stellte er neu gefundene Arten zusammen, die von seinem Vorgänger noch nicht verzeichnet wurden, und berichtigte falsche Angaben. Weitere Fortsetzungen dieser Nachträge veröffentlichte Probst in den Jahren 1911 und 1936. Um dem Anspruch gerecht zu werden, sich mittels der Publikation von Nachträgen als Kalkulationszentrum und Schaltzentrale der regionalen Bestandserfassung zu installieren,[83] war der botanisch bewanderte Arzt auf Mithelfer angewiesen. Im Nachtrag zur Solothurner Flora finden sich zwei Namen abgedruckt, die auch im Korrespondenz-Nachlass Probsts eine wichtige Rolle spielen; Auguste Charpié und Hermann Bangerter. Deren Rollen als Helfer und Korrespondenten Probsts sollen nun eingehender erörtert werden.

Auguste Charpié (1855-1918) lebte in Malleray im Berner Jura, wo er eine Kurzwarenhandlung betrieb.[84] In brieflichen Kontakt mit Probst trat er zum ersten Mal im Jahre 1906, nachdem er diesen auf einer botanischen Exkursion kennengelernt hatte. Bald entspann sich zwischen den zwei Floristen ein reger Briefwechsel, vor allem im Sommerhalbjahr schrieben sie sich mehrmals monatlich. Fast alle Briefe Charpiés beginnen mit einer Danksagung für Pflanzensendungen, die Rudolf Probst praktisch mit jedem seiner Schreiben mitschickte: »Votre bel envoi de plantes m'a fait non pas ›eine kleine‹ mais ›eine grosse Winterfreude‹. Je ne puis assez vous en remercier.«[85]

83 Vgl. zur milieuinternen Bedeutung von »Nachträgen« Kapitel 2.3. Die dort postulierte Machtposition des Nachtrags bzw. seines Autors zeigte sich auch im Falle von Rudolf Probst und seines Konflikts mit Hermann Lüscher. Letzterer verfasste 1898 mit Unterstützung der *Naturforschenden Gesellschaft Solothurn* die *Flora des Kantons Solothurn*. Als es einige Jahre später darum ging, einen Nachtrag zu diesem Werk zu verfassen, wurde Lüscher (aus nicht rekonstruierbaren Gründen) jedoch übergangen, und es fiel Probst die Aufgabe und Ehre zu, den »offiziellen« Nachtrag zu verantworten. Dieser wurde 1904 in den *Mitteilungen der Naturforschenden Gesellschaft Solothurn* abgedruckt und trug ihm eine wortwörtliche Kriegserklärung Lüschers sowie die Androhung eines Gerichtsprozesses ein, da er entgegen Lüschers ausdrücklichem Verbot auch von diesem stammende Daten verwendet haben soll. Der verbitterte Lüscher veröffentlichte seinerseits im Eigenverlag einen eigenen Nachtrag, der view Tage vor Probsts Nachtrag erschienen sein soll, wie Lüscher später ausdrücklich betonte (vgl. Lüschers einschlägige Korrespondenzen in Naturmuseum Solothurn, Nachlass Dr. Rud. Probst, Korrespondenzen, Doppelband [1716/1717] sowie Lüscher: 2. Nachtrag, 3 f.).

84 Vgl. Schinz: Auguste Charpié.

85 Naturmuseum Solothurn, Nachlass Dr. Rud. Probst, Korrespondenzen, Doppelband (1710/1711), Brief Charpiés vom 17.12.1908.

Abb. 3.19: Gravitationszentrum botanischer Materialflüsse:
der Langendorfer Arzt und Floristiker Rudolf Probst (1855-1940),
Aufnahme aus dem Jahr 1895.

Oft suchten die beiden Lokalfloristen in gemeinsamen Exkursionen wiederkehrend die gleichen Standorte auf, vor allem auf den Jurahöhen. Ihre Korrespondenz handelt denn vorwiegend von Pflanzen, die sie zu zweit oder alleine an den einschlägigen Stellen gefunden hatten und die ihre Aufmerksamkeit auf sich gezogen hatten. Diese wurden anschließend von einem der beiden zuhause präpariert und einer taxonomischen Analyse unterworfen. Stets wurden zwei Belege hergestellt, um das Doppel sodann an den Exkursionspartner schicken zu können. Am vorliegenden Exemplar sollte dieser die gemachte Bestimmung nachvollziehen oder widerlegen können. Beide Forscher waren so verbunden durch die Zwillings-Spezimen jener Pflanze, über die sie sich zusammen bereits auf den gemeinsamen Exkursionen gebeugt hatten, und so benutzte Charpié in seinen Artdiskussionen stets das kollektive Possessivpronomen: »Notre fumaria n'est pas F. vaillantié. Il a les fl. comme F. offic. mais d'un blanc rosé et les fr. globuleux comme F. vail. Ce doit être – le doute ne me paraît pas possible – F. wirtgenii!«[86]

Neben dem jeweils zustehenden Anteil der gemeinsam erbeuteten Pflanzen sandten sich die beiden auch Belege zu, von denen sie wussten, dass sie im Herbar des Kollegen noch fehlten. Aber nicht bloß Herbarbelege und frische Pflanzen wanderten als Gabe zwischen Langendorf und Malleray hin und her; ebenso schenkten sich die beiden botanische Bestimmungsbücher und Aufsätze oder – »c'est un vrai Eldorado«[87] – teilten sich Fundorte begehrter Pflanzen mit. Obwohl die beiden hinsichtlich botanischer Kenntnisse auf vergleichbarer Augenhöhe miteinander korrespondierten, zeichnete sich in den Gabenströmen dennoch ein gewisses Ungleichgewicht ab. Probst machte Geschenke, die Charpié nicht vollumfänglich erwidern konnte. So lud der Arzt den Kaufmann mehrmals zu gemeinsamen Exkursionen mit ihm bekannten akademischen Botanikern ein. Eine Ehre, die Charpié auch einschüchterte: »Je prendrais avec plaisir part à l'excursion Jules-Bienne mais tout ce monde savant me fait peur.«[88] Zudem verfügte der national und international bestens vernetzte Probst über ein weit umfangreicheres Privatherbar und folglich über eine größere Menge von Beleg-Doubletten, als Charpié solche in den Gabentausch einzubringen vermochte. Dieses Unvermögen, mit Probsts Gaben quantitativ wie qualitativ mithalten zu können, brachte den Forscherkollegen ebenfalls in Verlegenheit: »J'en ai presque honte et n'aurais pas osé vous en demander un si grand nombre si vous ne m'aviez dit que c'était ›um damit aufzuräumen‹. […] Je suis tout confus de n'avoir rien à vous offrir en échange de toutes vos plantes.«[89]

86 Ebd., Brief Charpiés vom 8.8.1907.
87 Ebd., Brief Charpiés vom 12.10.1910.
88 Ebd., Brief Charpiés vom 24.7.1911.
89 Ebd., Brief Charpiés vom 11.12.1911.

Abb. 3.20: Ausschnitt aus einem Brief Auguste Charpiés an Rudolf Probst, mit Beilage der von ihm entdeckten Lokalvarietät *Polygala depressum var. Sorvillana* (1911).

Noch weit deutlicher zum Vorschein kommt dieses Ungleichgewicht in den Gaben-Transaktionen Rudolf Probsts in seinen Korrespondenzen mit Hermann Bangerter (1890-1977). Dieser trat im Frühling 1915 als Bittsteller an den ihm persönlich nicht bekannten Probst heran:

»Sehr geehrter Herr Dr. Probst! Ein Unbekannter ersucht Sie um Aufschluss! Der Unterzeichnete H. Bangerter, Lehrer in Stüsslingen, treibt auch ein wenig Botanik unter Anleitung seines Freundes Lehrer Jäggi in Kienberg, & der, wie er mir mitteilte, Sie oft um Rat betr. Pflanzen gebeten hat. Da dieser nun im Grenzbesetzungsdienst sich befindet und ich im Bestimmen der Pflanzen noch nicht sicher bin, möchte ich Sie höfl.

ersuchen, beigelegte drei Pflanzen zu bestimmen, wofür ich Ihnen sehr dankbar sein werde.«[90]

Die drei Orchideen, die der 25-jährige Dorfschullehrer Probst zusandte, schienen Probsts Interesse geweckt zu haben. Er schrieb rasch zurück und erklärte sich bereit, auch weitere Pflanzenfunde Bangerters bestimmen zu wollen. Bangerter bedankte sich und benannte in seinem Antwortbrief auch gleich die Stellung, die er im wechselseitigen Austausch einzunehmen gedachte: »Es freut mich sehr wieder einen Lehrmeister gefunden zu haben. Ich werde mir erlauben, Sie auch fernerhin um Rat zu fragen.«[91] Probst freilich stellte seine Dienste nicht ganz ohne Gegenleistung in Aussicht, schon im ersten Brief bat er Bangerter um die Zusendung bestimmter Pflanzen aus seinem Wohnort. Obwohl dieser keinerlei formale Verpflichtung eingegangen war, nahm er den Zulieferdienst für den Langendorfer Arzt sehr ernst. Bereits im dritten Brief sah er sich bemüßigt, die ausbleibenden Pflanzenlieferungen zu rechtfertigen: »Endlich wieder etwas! Ich musste meine Tätigkeit hier unterbrechen, da ich drei Wochen im Bucheggberg (Tscheppach) in den Ferien weilte. Deshalb war es mir nicht möglich, die Pflanzen zu suchen, die Sie zu haben wünschten. Ich bitte um Entschuldigung.«[92] Gleichsam als Abschluss einer kurzen Initiationsphase sprach Probst noch im gleichen Sommer eine Einladung nach Langendorf aus. Der »Schüler« Bangerter bedankte sich für diese Ehrerweisung nochmals mit ehrerbietigen Worten: »[Ich] möchte Sie schon jetzt gebeten haben, mir Ihr Herbarium zu zeigen. Ich möchte einmal ein Vorbild sehen.«[93]

In den folgenden Jahren lieferte Bangerter ohne Unterlass Pflanzen an Probst, die dem Nachwuchsfloristiker von der botanischen Kapazität zuverlässig bestimmt wurden. Bangerter lieferte Probst nicht nur Spezimen, sondern ebenso Listen mit vorkommenden Arten sowie detaillierten Standortangaben. Als Außenposten der Probst'schen kantonalfloristischen Erhebungen griff der Dorfschullehrer verschiedentlich auf das lokale Wissen der Einheimischen zurück, um neue Standorte ausfindig zu machen. So beispielsweise am 26. Juni 1915, als er einen möglichen Fundort des Rosmarin-Seidelbasts an die »Zentrale« in Langendorf weiterleitete: »Ein Bauer in der Nähe des Flüeli behauptet, es sei dort noch ein ›Stock‹ von Daphne cneorum. Ich werde mir das Stöcklein zeigen lassen.«[94] Im nächsten Jahr ließ sich Bangerter dann die Pflanze zeigen, und aus dem bäuerlichen Landschaftswissen wurde ein lokalfloristischer Datensatz. Beim blumenkundigen Mediziner in

90 Naturmuseum Solothurn, Nachlass Dr. Rud. Probst, Korrespondenzen, Doppelband 3/4 (1708/1709), Brief Bangerters vom 11.5.1915.
91 Ebd., Brief Bangerters vom 16.5.1915.
92 Ebd., Brief Bangerters vom 26.5.1915.
93 Ebd., Brief Bangerters vom 12.7.1915.
94 Ebd.; Brief Bangerters vom 26.5.1915.

Abb. 3.21: Bittgeschenk: Orchideen, die Hermann Bangerter seinem ersten Brief an Rudolf Probst beigelegt hatte und von diesem in sein Herbar integriert wurden (1915).

Langendorf traf so ein steter Fluss an Objekten und Informationen aus dem über 50 Kilometer entfernten, äußersten Nordwestzipfel des vielgliedrigen Kantonsgebietes ein. Durch seine Gabentransaktionen vermochte Probst als Initiator der solothurnischen Lokalfloristik ein feinverästeltes Informationsnetz aufzubauen, das selbst lokales Wissen abgelegener Gebiete zu mobilisieren vermochte.

Die Zirkulationsrichtung von Pflanzensendungen war zwischen Bangerter und Probst eine einseitigere Angelegenheit, als dies zwischen Charpié und Probst der Fall war. Im Gegenzug für seine zuverlässigen Lieferungen nach Langendorf erhielt Bangerter aber von Probst verschiedentlich Fachliteratur geschenkt. Die brieflichen Unterweisungen Probsts ließen zudem seine botanische Bestimmungskompetenz rasch anwachsen, was ihn dazu ermutigte, nach und nach auch mit weiteren angesehenen Botanikern in Kontakt zu treten. Rund zehn Jahre nach der ersten, schüchternen Kontaktaufnahme mit Probst hatte sich der Dorfschullehrer bereits seinen Platz unter den Rosen-Spezialisten der Schweiz erarbeitet. So korrespondierte er Mitte der 1920er-Jahre beispielsweise regelmäßig mit Hermann Christ aus Basel sowie Robert Keller aus Winterthur, beide spezialisiert auf die Gattung der Rosen sowie Verfasser damaliger Standardwerke der schweizerischen Floristik. Über die Jahre wurde Bangerter auch zu einem der wichtigsten Mitarbeiter an den Probst'schen Nachträgen zur Kantonalflora. In den *Fortschritten der Floristik im Kanton Solothurn* (1936), Probsts dritter Nachtragspublikation, rangierte Bangerter schließlich unter den drei wichtigsten Datenlieferanten des botanisch bewanderten Arztes. Auch die Qualität der Freundschaftsdienste hatte unterdessen neue Dimensionen angenommen. 1924 versuchte Rudolf Probst, seinem Schützling eine Lehrerstelle in einer anderen Gemeinde zu verschaffen. Dieser Anlauf scheiterte aufgrund parteipolitischer Verstrickungen, doch Bangerter sah sich seinem Mentor gegenüber dennoch zu einer Schuldbekundung veranlasst: »Ich bin Ihnen für alles zu grossem Dank verpflichtet und bin gerne bereit, Ihnen durch Abnahme irgend einer Arbeit einen Gegendienst zu leisten. Über die Angelegenheit selber wollen wir Gras & wenn möglich Dornen wachsen lassen, damit niemand mehr dran rühre.«[95]

An den beiden skizzierten Beispielen zeigt sich der von Alain Caillé betonte mehrdimensionale Charakter des Gabentauschs deutlich. Die gegenseitigen Gaben zwischen Probst und seinen Kollegen erfolgten sowohl spontan als auch formalisierter, beispielsweise durch den Abgleich von Desideratenlisten oder durch ausdrückliche Bestellung bestimmter Spezimen beim Korrespondenzpartner. Ebenso lassen sich die zu beobachtenden Motivlagen

95 Naturmuseum Solothurn, Nachlass Dr. Rud. Probst, Korrespondenzen, Doppelband 3/4 (1708/1709), Brief Bangerters vom 4.11.1924.

der dargestellten Schenkbeziehungen auf einer Skala zwischen berechnendem Interesse und reiner Uneigennützigkeit unterschiedlich positionieren. Aller Großzügigkeit und dem freundschaftlichen Ton des Briefwechsels zum Trotz sind die Hierarchien stets klar: Probst als »Häuptling« der Kantonalfloristik bildet das Gravitationszentrum der Gabenströme zwischen den verstreuten Eilanden. Dies zeigt sich deutlich bei der Kontaktaufnahme Bangerters mit Probst. Sowohl sozial als auch auf dem wissenschaftlichen Feld der Floristik tiefer gestellt als der blumenkundige Mediziner, musste der Dorfschullehrer bei diesem um die Eröffnung einer gegenseitigen Gabenbeziehung werben. In der Terminologie Marcel Mauss' entsprechen die drei Orchideen, die Bangerter seinem ersten Schreiben mitlieferte (darunter das seltene *Blasse Knabenkraut*), einem »Bittgeschenk«:[96] Um die umworbene Autoritätsperson zur Aufnahme des Gabentauschs zu bewegen, so Mauss, versuche man diese mit kostbaren Geschenken gleichsam zu verführen. Diese Vorgehensweise war in naturgeschichtlichen Netzwerken nicht unüblich.[97] Bangerters Orchideen schienen sich als Bittgeschenke zu bewähren, und Probst stieg in den Briefwechsel mit dem Bittsteller ein. Seine Entscheidung zahlte sich aus, erwuchs ihm doch in Gestalt des jungen Dorfschullehrers einer seiner treuesten Mitarbeiter in einer peripheren Region des Kantons.

Unbesehen der Hierarchiegefälle und der Ungleichgewichte in den Gabenströmen sowie der durchaus vorhandenen Zweckbestimmtheit von Probsts Handeln waren die Verbindungen zu seinen Außenposten keineswegs bloß instrumenteller Natur. Es handelte sich vielmehr um von Großzügigkeit und Vertrauen geprägte Freundschaftsbeziehungen, welche die Basis für langjährige Loyalitäten und reibungslos funktionierende Netzwerke darstellten.

Auch wenn viele der reichhaltigen Gaben zwischen Probst und seinen Freunden Ausdruck spontaner Zuneigung waren, so folgten die Botaniker in ihrem Tun dennoch den Vorgaben einer im Milieu der Naturforscher herrschenden moralischen Ökonomie – Freigebigkeit hatte normativen Charakter. Dieser fand in der häufig verwendeten Dankesfloskel der »Liberalität« gar sprachlichen Ausdruck: In Vorworten von Lokalverzeichnissen und anderen Publikationen wurde verschiedentlich die »liberalste« Zurverfügungstellung von Forschungsmaterial lobend erwähnt.[98] So wurde dieses Verhalten einerseits als individuelle Großzügigkeit namentlich bedankt, zugleich aber implizit auch als gemeinschaftliche Norm bekräftigt. Die

96 Mauss: Die Gabe, 66.

97 Diese Praxis, durch Zusendung seltener Spezimen sozial höhergestellte Botaniker als Korrespondenzpartner zu gewinnen, wird von Anne Secord auch für britische Amateurbotaniker aus dem Handwerkermilieu um die Mitte des 19. Jahrhunderts beschrieben. Vgl. Secord: Corresponding interests, 393.

98 Vgl. z. B. Killias: Die Flora des Unterengadins, IX.

starken sozialen Bindungen, die durch Gabenzirkulationen hergestellt wurden, bildeten wichtige Stützen der Petite Science. Sie vermittelten zwischen Einzelforschern, Vereinen, Museen, Schulen und Universitätsinstituten und vermochten – metaphorisch nochmals eine Anleihe bei Marcel Mauss' Ausführungen zu den Gabenritualen des Westpazifik machend – diese einzelnen »Inseln« jeweils zu neuen Archipelen zu verbinden. Beispiele solcher temporären Archipel-Bildungen waren beispielsweise Forschungen von spezialisierten Netzwerken, die sich auf bestimmte Tier- oder Pflanzengattungen fokussiert hatten, die Erhebung lokalfloristischer oder -faunistischer Bestandesinventare sowie der Aufbau von Museumssammlungen. Die Bedeutung solcher Ad-hoc-Assoziationen aus der Sicht von Institutionen wird im fünften Kapitel ausführlicher dargelegt. Im Folgenden sollen jedoch nochmals einige Arten von Gaben und deren Transaktionen beleuchtet werden, die vor allem interindividuelle Beziehungen innerhalb des Naturforschermilieus herstellten und aufrechterhielten.[99]

Weitere Formen der Gaben: Verpackungen

In den beiden Fallbeispielen Charpiés und Bangerters wurden bereits verschiedene Arten von Gaben (und Leihgaben) erwähnt: Am häufigsten waren Schenkungen von Spezimen oder von Listen mit Angaben über Artvorkommen oder Standorte. Diese Zusendung von Naturobjekten per Postpaket nahm auch in ganz pragmatischer Hinsicht großen Raum in den Praktiken der Petite Science ein: Die Beschädigung von Spezimen durch den Postversand war ein reales Problem. In Fachzeitschriften wurde die sachgerechte Versendung regelmäßig thematisiert,[100] wider besseres Wissen scheiterte diese aber oft an Nachlässigkeit oder aus Mangel an zweckmäßigem Verpackungsmaterial. Letzteres war oftmals eine Leihgabe, die quasi als unbeabsichtigter Nebeneffekt des Gabentauschs die Korrespondenten miteinander verband. Daher war die Bitte, die der Schaffhauser Arzt Wilhelm Stierlin an den Empfänger seiner Geschenksendung richtete, sehr typisch: »Da meine letzte Sendung auf der Reise schwer gelitten hat, so schicke ich diese in

99 Gerhard Schmied sieht in der Prominenz des Mauss'schen Ansatzes und dessen »Fixierung auf das Kollektive« die Ursache dafür, dass die soziologische Schenk-Theorie gerade die für moderne Gesellschaften viel zentraleren interindividuellen Gabenbeziehungen lange vernachlässigt habe (vgl. Schmied: Schenken, 23). Für das vorliegende Untersuchungsfeld ergibt diese klare Entgegensetzung zweier Schenkweisen keinen Sinn; die Formen kollektiver und interindividueller Gaben sind – wie in diesem Kapitel aufgezeigt – eng aufeinander bezogen.

100 Vgl. beispielsweise F.:»Wie soll man Insekten verpacken und versenden?«, in: Insekten-Börse (1903), 227 f.

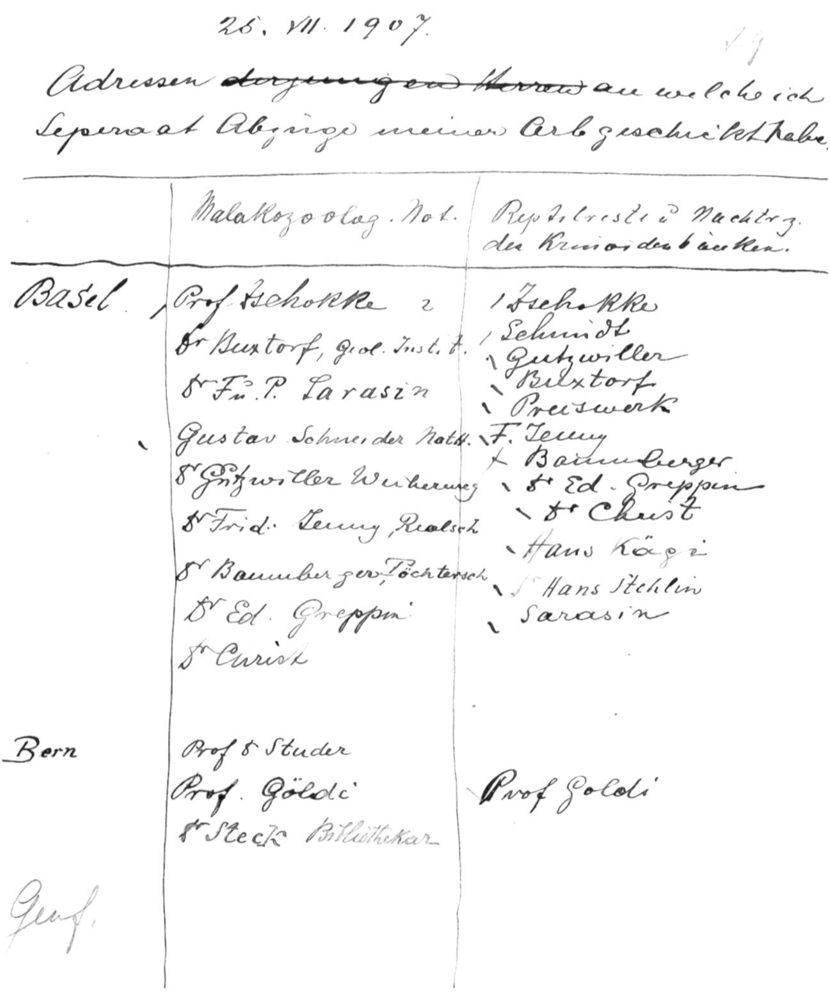

26. VII. 1907.

Adressen ~~derjenigen Herren~~ an welche ich Seperaat Abzüge meiner Arb geschickt habe.

	Malakozoolog. Not.	Reptilreste u. Nachtrg. der [illegible]
Basel	Prof Zschokke 2	1 Zschokke
	Dr Buxtorf, geol. Inst. f.	1 Schmidt
	Dr Fr. P. Sarasin	Gutzwiller
	Gustav Schneider Natth.	Buxtorf
	Dr Gutzwiller Weiherweg	Preiswerk
	Dr Frid. Jenny, Realsch.	F. Jenny
	Dr Baumberger, Töchtersch.	Baumberger
	Dr Ed. Greppin	Dr Ed. Greppin
	Dr Christ	Dr Christ
		Hans Kägi
		Dr Hans Stehlin
		Sarasin
Bern	Prof Dr Studer	
	Prof. Göldi	Prof Göldi
	Dr Steck Bibliothekar	
Genf.		

Abb. 3.22: Franz Leuthardts Auflistung der von ihm mit einem Sonderdruck beschenkten Naturforscherkollegen (1907).

Doppelschachtel; da ich aber diese beiden Schachteln, die äussere & die innere, sehr nötig habe zu anderen Sendungen, so bitte ich Sie sehr, mir dieselben so bald als möglich wieder zurückzuschicken.«[101] Da dies jedoch oft vergessen ging oder die Verpackungen versehentlich dem falschen Tausch-

101 Naturmuseum Thurgau, Schachtel 3100.R (Konservatoren): Mappe »Zimmermann Heinrich, Korrespondenz«, Brief Stierlins von 11.1.1888.

partner zurückgesandt wurden, waren diesbezügliche Ermahnungen und Entschuldigungen regelmäßig Gegenstand naturkundlicher Korrespondenz.

Sonderdrucke

Etwas weniger häufig als Spezimen machte man sich wissenschaftliche Literatur zum Geschenk oder zur Leihgabe. Aus dieser Geschenkgattung besonders hervorzuheben sind die Separata, die Sonderdrucke einzelner Aufsätze aus wissenschaftlichen Zeitschriften. Die Zeitschriften der Kantonalsektionen der *Schweizerischen Naturforschenden Gesellschaft* stellten für die Protagonisten der Petite Science die bei weitem wichtigsten Plattformen zur Publikation von Forschungsergebnissen dar, mit einigem Abstand gefolgt von Jahresberichten von Mittelschulen, Festschriften, Regionalblättern sowie spezialisierten Fachzeitschriften.[102] Der Autor erhielt vom Verlag stets einige Dutzend Separatabzüge seines Aufsatzes zugestellt, die er anschließend in seinem Beziehungsnetz zirkulieren ließ. Die Volkskundlerin Zuzanna Papierz bezeichnet die Versendung von Sonderdrucken als »wissenschaftliches Ritual«, das mehrere Funktionen erfülle: die Aufnahme und Pflege von Beziehungen, die Selbstrepräsentation als Wissenschaftler sowie die Sicherung der Rezeption.[103] Tagebucheinträge des Liestaler Bezirksschullehrers und Museumskurators Franz Leuthardt (1861-1934) zeigen die Wichtigkeit der Sonderdruck-Schenkungen. Leuthardt führte über jede seiner Separata-Versandaktionen genauestens Buch (vgl. Abbildung 3.22).[104] Seine Auflistungen der jeweils 30 bis 40 Empfänger ermöglichen eine Rekonstruktion jener Netzwerke, deren Aufmerksamkeit und Gewogenheit sich Leuthardt durch die Textgaben sichern wollte. Was fällt einem beim Betrachten dieser Liste auf? Augenscheinlich ist die Diskrepanz zwischen den lokalen naturkundlichen Kontakten, die Leuthardt alltäglich pflegte, und den vorwiegend auswärtigen Empfängern seiner Separata. Dies lässt sich einerseits dadurch erklären, dass er die Schrift seinen engsten Liestaler Kollegen jeweils überreicht hatte, ohne sie auf der Liste aufzuführen. Es ist jedoch ebenso plausibel, dass der Baselbieter Leuthardt sowohl als Privatperson wie auch als kantonaler Museumskurator und Naturforscherpräsident die Separata gezielt eingesetzt hatte, um vor allem die Beziehungen zur nahe gelegenen Universitätsstadt mit ihrem renommierten Naturmuseum zu pflegen und zu vertiefen: Auf seinen Empfängerlisten nehmen baselstädtische Naturforscher rund ein Drittel ein, während sich der Rest auf die übrige Schweiz, das Ausland sowie auf seinen Wohnkanton verteilt.

102 Zu den publizistischen Ressourcen der Petite Science vgl. die Ausführungen in Kapitel 5.4.
103 Papierz: Die Sonderdrucksammlung, 160 und 162-164.
104 Vgl. auch StABL, Nachlass Franz Leuthardt, PA 6102, Tagebuch, Bd. I, II und III, ebenso Tagebuch, Bd. 3, 79-81.

Die Listen lesen sich wie ein Who's who der baselstädtischen Naturwissenschaften und widerspiegeln neben den geologisch-paläontologischen Forschungsvorlieben Leuthardts auch seine Kontakte sowohl zum *Naturhistorischen Museum* als auch zur Universität.[105] In vergleichbarer Weise wie die in der Vorweihnachtszeit erscheinenden Verkaufskataloge der entomologischen Händler passte sich auch die Praxis der Sonderdruckzusendung dem bürgerlichen Brauchkalender an. In den Korrespondenzen lässt sich eine Häufung solcher Sendungen gegen Jahresende ausmachen. So verschickte Franz Leuthardt beispielsweise am 30. und 31. Dezember 1908 an sieben Fachkollegen zwei von ihm verfasste kurze Publikationen und ergänzte diese Sendung um persönliche Neujahrsgrüße.[106]

Danksagung

Franz Leuthardt vermerkte in seinem Tagebuch nicht bloß seine Textgaben, sondern ebenso seine Verdankungen jener Separata, die wiederum er von Kollegen zugeschickt bekommen hatte. Gewissermaßen als mindeste Gegengabe war die Danksagung äußerst wichtig. Sie ist zentraler Bestandteil des Regelsystems, das den Schenkakt in verbindlicher Weise rahmt.[107] So stellt denn Leuthardt mit der Dokumentation seiner Dankesschreiben keine Ausnahme dar. In der Korrespondenz mit Probst beginnt Charpié seine Briefe stets mit einer allgemeinen Verdankung der vorangegangenen Sendung seines Korrespondenzpartners, auf die eine detaillierte Besprechung der einzelnen Gaben folgt. Diese Auflistung der erhaltenen Gaben – die Zeitgenossen sprachen von der »Anzeige des Empfangs« – erfüllte zwei Funktionen: Einerseits war sie Befolgung jener Schenkregel, die vom Beschenkten »Ausdruck der Bewunderung oder wenigstens der Würdigung«[108] einfordert. Andererseits funktionierte sie als Gedächtnisstütze. Sie war Quittung für Leihgaben und wurde noch Jahre nach einer erfolgten Lieferung konsultiert, um Klarheit über vermisste Dinge oder in Frage stehende Transaktionen zu gewinnen. Das Vergessen der Danksagung war ein grober

105 Auf den Verzeichnissen aus den Jahren 1904 und 1907 sind regelmäßig aufgeführt der Geologiedozent August Buxtorf, der Zoologieprofessor Friedrich Zschokke, die beiden Geologen und Naturkundelehrer Fridolin Jenny und Ernst Baumberger, der Geologe Andreas Gutzwiller-Gonzenbach, der Direktor der Chemischen Fabrik Geigy in Grenzach und ehrenamtliche Mitarbeiter an der Paläontologischen Sammlung des *Naturhistorischen Museums* Eduard Greppin, der Privatgelehrte und Vorsteher des *Naturhistorischen Museums* Fritz Sarasin, dessen Vetter und Forscherkollege Paul Sarasin sowie Hans Georg Stehlin, Leiter der Paläontologischen Sammlung des *Naturhistorischen Museums* (vgl. ebd.).

106 StABL, Nachlass Franz Leuthardt, PA 6102, Tagebuch, Bd. 4, Einträge vom 30. und 31.12.1908.

107 Vgl. Schmied: Schenken, 137-155.

108 Ebd. 144.

Verstoß gegen das implizite Regelsystem des Schenkaktes und konnte ernstere Verstimmung unter den Korrespondenten auslösen. So sah sich beispielsweise Hans Siegfried 1886 genötigt, in äußerst devotem Ton bei seinem Kollegen und Mentor Christian Brügger für eine solche Unterlassungssünde um Vergebung zu bitten:

> »Werther Herr u. Freund! [Ich] muss [...] Sie höflich um Entschuldigung bitten, wenn meine diversen Postkarten Sie beleidigt haben, indem das gewiss nicht meine Absicht gewesen ist. Hinsichtlich des mir freundlichst zugedachten Schulprogramms, übersah ich wies scheint Ihnen den Empfang anzuzeigen, was ich nachträglich, unter bester Verdankung erledigen und Sie um gütige Entschuldigung ersuche.«[109]

Dass die Danksagung für Gaben auch in kollektiven Unterfangen wie beispielsweise lokalfloristischen Bestandserfassungen eine unumgängliche Verpflichtung darstellte, wurde bereits verschiedentlich erwähnt: Materiallieferanten erhielten vorgedruckte Dankesformulare und wurden in den Vorworten der entsprechenden Publikationen in Helferlisten namentlich aufgeführt. Danksagung war die häufigste jener Gaben und Gegengaben, die nicht dinglicher Natur waren, sondern ausschließlich als Symbole fungierten.[110] Die Bedeutung dieser Gruppe von Geschenken stand den zirkulierenden Objekten in nichts nach. Es stellt sich daher die Frage nach weiteren Formen solcher immaterieller Gaben im Milieu der Petite Science.

Widmung von Speziesnamen

Eine bedeutende Art, Anerkennung mit einer symbolischen Gabe auszudrücken, war die Benennung einer neu beschriebenen Spezies nach einem Forscherkollegen. In der auf Linné zurückgehenden binären Nomenklatur werden Arten mit einem Doppelnamen bezeichnet, also beispielsweise »*Rosa*

109 StAGR, Nachlass Christian G. Brügger, 564/1 (3. Teil), Brief Siegfrieds vom 15.12.1886.

110 Selbstverständlich haben auch dingliche Gaben einen ausgeprägten Symbolcharakter. Laut Alain Caillé postuliere auch Mauss eine Koextensivität von Gabe und Symbol: »Eine Gabe ist all das, was durch eine symbolische Dimension die nützliche und funktionelle Dimension von Gütern und Dienstleistungen übersteigt« (Caillé: Die Gabe 46). Dieses Changieren zwischen Dinglichkeit und Zeichenhaftigkeit zeigt sich auch an der engen Verbindung zwischen schenkender Person und Gabe. Man muss dazu nicht die Mauss'sche (Fehl-)Interpretation (vgl. Godelier: Das Rätsel der Gabe, 27-29) der Maori-Konzeption des »hau« bemühen, das die vom Geber auf das Trägermedium des Schenkobjekts strömende magische Energie bezeichnen soll. Auch ohne Magie waren Gaben eng mit der Person des Donators verbunden, beispielsweise durch ihre Funktion als »Gedächtnisstütze« (vgl. Köstlin: Souvenir), wie in einem Schreiben des Liestaler Naturforschers Franz Leuthardt ersichtlich wird: »M.L. Zur freundl. Erinnerung an die fröhlich verlebten Stunden in W. sende ich dir die versprochenen Petrofakten« (StABL, Nachlass Leuthard PA 6102, Tagebuch, Bd. 1, 15).

Killiasii Godet«. Das erste Namensglied umfasst alle Angehörigen der Gattung der Rosen, das zweite – das sogenannte Epitheton – bezeichnet dann innerhalb dieser Gattung die jeweilige Art. In diesem Fall handelt es sich beim Epitheton um eine Ehrerweisung an den Bündner Naturforscher Eduard Killias. Geschenkt bekam Killias dieses Ehrenzeichen vom Neuenburger Botaniker Charles-Henri Godet, der als sogenannter »Autor« besagter Spezies diese als Erster wissenschaftlich beschrieb. Damit kam Godet das Anrecht zu, dieser Pflanzenart einen selbstgewählten Namen zu verleihen. Killias war ein weitherum geschätzter Forscher, was sich in der Vielzahl der ihm zugedachten Namensgebungen ausdrückte. Gleichsam als Trophäen eines ruhmreichen Lebens werden diese in seinem Nekrolog nochmals der Öffentlichkeit präsentiert; der Verfasser des Nachrufs listet in einem »Verzeichnis der Herrn Dr. Ed. Killias sel. zu Ehren benannten Pflanzen aus Graubünden« insgesamt elf Pflanzen- und zwei Insektenarten auf, die das Epitheton »Killiasii« in ihrem Namen führen.[111] In der symbolischen Gabe der Namensgebung widerspiegeln sich regionale Netzwerke und individuelle Loyalitäten, aber ebenso wissenschaftliche oder politische Positionsbezüge.[112]

Sammlungsrevisionen und Leihgaben

Eine weitere verbreitete Gattung immateriell-symbolischer Gaben stellte die Praxis der »Revision« dar: Ein Forscher schickte einem Spezialisten seine Sammlung oder Teile davon zu, damit dieser die vorgenommenen Artbestimmungen überprüfte. Mit den schriftlich vermerkten Korrekturen wanderten die begutachteten Objekte danach wieder an ihren Besitzer zurück, der Revisor verlangte für diese Dienste üblicherweise keine Gegenleistung.[113] Neben der Schenkung von Zeit, welche diese Bestimmungen in Anspruch nahmen, kam der ausgeprägt symbolische Charakter dieser Gabe noch auf andere Weise zum Tragen: Es lässt sich in dieser Gabenart eine eigentümliche Verwicklung von Dingen und Menschen beobachten. Mit jeder Revision wurde ein Stück weit das Ansehen des jeweiligen Spezialisten auf die Objekte übertragen. Diese Übertragung, materialisiert in den oft mit roter Tinte angefügten Korrekturen, steigerte den Wert einer Samm-

111 Vgl. Lorenz: Dr. Eduard Killias, XXXI-XXXIII.

112 Diese Bedeutungsdimensionen der botanischen Namensgebungen werden in Kapitel 4 am Beispiel des Bündner Naturforschers Christian G. Brügger eingehender dargestellt.

113 Eine Ausnahme bildete hier die Institution des *Botanischen Museums* der Universität Zürich unter ihrem Leiter Hans Schinz, die in ihrem Periodikum regelmäßig ihre Revisionsdienste für Freizeitbotaniker bewarb. Schinz, als Leiter des Universitätsherbars ein ambitionierter Spezimen-Akquisiteur, verlangte für diese Dienstleistung jedoch jeweils die Abgabe einer entsprechenden Doublette pro bestimmte Pflanze. Vgl. Mitteilungen aus dem Botanischen Museum der Universität Zürich, XCIV (1902), 19f.

lung, da sie an Glaubwürdigkeit hinzugewann. Dieses Geschenk einer Revision wurde von den Empfängern denn auch gerne »hergezeigt« und im Austausch mit Forscherkollegen wiederholt erwähnt.

Die Rolle anerkannter Revisoren war auf einen kleinen Kreis herausragender Gestalten beschränkt. Zusammen bildeten diese meist auf bestimmte Gattungen spezialisierten Autoritäten eigenständige Netzwerke. Diese standen quer zu anderen Vergemeinschaftungen und kantonalen wie nationalen Organisationen und ließen sich auch zwischen den Hochschulen und dem Milieu der Petite Science nicht klar verorten. Dies lässt sich am Beispiel des informellen Rosen-Netzwerkes der schweizerischen Botanik aufzeigen: Eine in der Schweiz des ausgehenden 19. Jahrhunderts gepflückte Rose, die ihrem Finder Mühe bei der Bestimmung bereitete, landete mit ausnehmend hoher Wahrscheinlichkeit auf dem Pult entweder von Charles-Henri Godet, Hermann Christ, Robert Keller oder aber François Crépin. Godet bestritt sein Einkommen als Privatgelehrter und Bibliothekar in Neuchâtel, Christ war Advokat und Notar in Basel, Keller unterrichtete Naturgeschichte am Gymnasium Winterthur, und Crépin leitete den Botanischen Garten in Brüssel, in welcher Funktion er oft auch die Schweizer Alpen bereiste und Kontakte zu hiesigen Botanikern knüpfte. Auch bei unseren Forschern, die in den vorangegangenen Ausführungen auftraten, war dies der Fall: Rosen von Eduard Killias wurden von Godet und Christ revidiert, Christian Brügger ließ seine Exemplare von Godet und Crépin begutachten, Auguste Charpié verließ sich auf das Urteil von Keller, während Hermann Bangerter auf die Kompetenz sowohl von Christ als auch von Keller zählen konnte.

Die Grenze zwischen universitärer Naturforschung und der Petite Science wurde mit der Praxis der Revision in beide Richtungen überschritten, auch Hochschulprofessoren griffen für ihre Arbeiten durchaus auf die Bestimmungsfertigkeiten von nichtakademischen Taxonomen zurück.[114] Durch ihren mit jeder Revision anwachsenden Bekanntheitsgrad etablierten sich die entsprechenden Spezialisten zu eigentlichen Gravitationszentren der naturkundlichen Objektströme. Dies führte dazu, dass immer mehr Material auf ihren Tischen landete – Arbeitsüberlastung und lange Wartezeiten waren die Folge. Auguste Charpié beispielsweise beklagte sich im Oktober 1908 bei seinem Kollegen Probst über den Verbleib seiner Kreuzblumen, die er dem Genfer Botanikprofessor Robert Chodat zur Revision zugestellt hatte:

> »Figurez-vous que le Dr Chodat ne m'a pas encore retourné mes Polygales (une cinquantaine d'exempl.) que je lui avais envoyés au mois de décembre 1907 [...]. Le mois dernier, il m'a écrit pour me prier de patienter

114 Vgl. Schinz und Keller: Flora der Schweiz (1. Aufl. 1900), IV.

Abb. 3.23: Hermann Christ (1833-1933), Jurist aus Basel und vielgefragter Spezialist für die Taxonomie der Rosen, Nadelhölzer und Farne.

encore un peu, me promettant qu'il s'en occuperait dans le courant de ce mois-ci. Et j'attends toujours. Mr. Chodat avait à la date de sa lettre ›plus de 50 envois d'herbiers de tout pays qui attendaient d'être déterminés‹!«[115]

Chodat konnte sein Versprechen nicht halten, und Charpié berichtete seinem Brieffreund Probst noch über mehrere Monate von seinen Leiden mit dem säumigen Revisor: Im November stellte er fest, Chodat habe sein Wort gebrochen, im Dezember vermerkte er im Postskriptum lakonisch »Toujours sans nouvelles de mes Polygalas«, und im Januar schließlich hielt er entnervt fest, dass Chodat nun seine Geduld entschieden strapaziere.[116]

Im Hinblick auf die Frage, welche soziale Bindekraft die Wissens- und Objektzirkulation der Revision entfalten konnte, kommt den Klagen Charpiés eine über das Anekdotische hinausreichende Bedeutung zu: Auch Leihgaben spielten (mitunter unfreiwillig) eine wichtige Rolle in der Herstellung zwischenmenschlicher Beziehungen im naturforschenden Milieu. Abgesehen von den räumlichen und zeitlichen Ressourcen, welche die Organisation dieser zirkulierenden Objekte im Forscheralltag in Anspruch nahmen, riefen die im Schrank und Pult auf Bearbeitung wartenden Leihgaben stets deren Besitzer in Erinnerung und reproduzierten im Studierzimmer des Forschers ein materielles Abbild seines Beziehungsgeflechts.

Zusätzlich verwickelt wurden diese auf Dingen beruhenden Beziehungen durch die verbreitete Praxis, geliehen erhaltene Spezimen an befreundete Forscher weiterzureichen. Oft führte dies dazu, dass sich die Herkunft einzelner Objekte nicht mehr nachvollziehen ließ. Ein eindrückliches Beispiel für eine solche verästelte Ding-Mensch-Verbindung über Raum und Zeit hinweg liefert ein Schreiben des Solothurner Museumskurators Isaak Bloch an seinen ehrenamtlichen Mitarbeiter, den Berner Landpfarrer August Rätzer. Gleichsam als Beschwörung ruheloser Geister versucht Bloch, die verschlungenen Wege eines vermissten Sammlungsbestandes nachzuvollziehen:

»Ich bekomme jüngst von Herrn v. Schulthess Rechberg Zürich eine Mitteilung, dass vor Jahren Herr Prof. Lang sel. ersterem eine Anzahl Insecten aus Sumatra zur Bestimmung übergeben habe & die s.Z. dem Museum wieder zugestellt worden seien. Die Hemipteren sandte Herr v. Schulthess an Herr E[unleserlich] nach Genf der ihm die Bestimmung versprochen hatte. Nach den Auseinandersetzungen des Herr v. Schulthess theilte Herr Frey-Gessner letzterem vor kurzem mit die Hemipteren wären durch ihn an das Museum gesandt worden. Dass nun von dieser Sumatrafauna etwelches Material hier ist hat seine Richtigkeit. Herr

115 Naturmuseum Solothurn, Nachlass Dr. Rud. Probst. Korrespondenzen, Doppelband (1710/1711), Brief Charpiés vom 30.10.1908.

116 Ebd., Briefe Charpiés vom 18.11.1908, vom 17.12.1908 sowie vom 13.1.1909.

Frey-Gessner hat uns jedoch hierüber nie etwas mitgeteilt (die Hemipteren betrachtete ich als Geschenk) & ich muss annehmen es könnte die fragliche Schachtel in der diese Hemipteren aufbewahrt sind auf dem Umwege durch Sie in unseren Besitz gelangt sein. Herr E[unleserlich] der inzwischen nach Buenos Aires übergesiedelt ist wünscht nun in einem Briefe an Herr v. Schulthess wegen diesen Hemipteren entlastet zu werden. Er schreibt von einer Liste seiner Bestimmungen die mir nie zugekommen ist. Wenn Ihnen nun aus dem Briefwechsel den Sie mit Herr Frey-Gessner gepflogen irgend etwas Beweisstück sein sollte was auf diese armen Hemipteren die seit mehr als 2 1/2 Jahren nicht zur Ruhe kommen können Bezug hat, so würden Sie mich durch kurzes Inkenntnissetzen sehr erfreuen.«[117]

Vermittlung von Zugängen

Akteure der Naturforschung waren über solche Leihgaben miteinander verbunden – über Dinge, die begutachtet, kommentiert und vor allem zurückgeschickt werden sollten. Doch auch über diese materiellen Banden hinaus setzte die Praxis der Revision verschiedene Forscher miteinander in Beziehung. Welcher Art waren diese Verbindungen? Die arbeitsintensive Begutachtung war eine Gabe von Zeit und Aufmerksamkeit, die der Revisor dem Sammlungsbesitzer schenkte und die diesen verpflichtete. Nicht nur Begutachter und Sammler waren durch die Praxis der Revision einander verbunden: Die gemeinsame Diskussion von Urteilen solcher Autoritäten stellte ebenfalls zwischen Sammlerkollegen ein soziales Band her, da sich befreundete Forscher meist an die je gleichen Revisoren wandten. Diese gemeinsame Bezugnahme auf die gleichen Leute führt zu einem letzten Aspekt im weiten Feld symbolischer Gaben, nämlich der Vermittlung von Zugängen zu wissenden Personen und Dingen des Wissens.

Betrachten wir zuerst den Zugang zu Personen: Neben den direkten Bestimmungs- und Revisionsarbeiten war vor allem auch die Einführung in bestimmte Wissensmilieus eine verbreitete Gabe. Weiter oben wurde bereits das Beispiel Probsts erwähnt, der seinen Kollegen Auguste Charpié durch Einladungen an gemeinsame Exkursionen mit namhaften Botanikern in seine Netzwerke einführte. In dieser Gabenbeziehung zeigen sich Machtgefälle zwischen den Akteuren sehr deutlich. Meist ist es derjenige Forscher mit dem größeren wissenschaftlichen Renommee, der seinem Schützling die entsprechenden Zugänge auftut. Durch bestimmte Eigenschaften wie Spezialwissen oder persönliche Kontakte kommen jedoch auch die derart

117 Naturmuseum Solothurn, Kopialbuch »XI. 1901 – VI 1903«, Eintrag vom 24.10.1902, 300.

Protegierten selbst wieder in die Rolle von Gatekeepern, wie das Beispiel des diesbezüglichen Gabenverkehrs zwischen Christian Brügger und Hans Siegfried zeigt. Die Rollenverteilung zwischen diesen beiden oben bereits erwähnten Forschern war klar: Brügger als ehemaliger Konservator des Herbars des Polytechnikums Zürich und späterer Museumskurator und Gymnasialprofessor in Chur verfügte über ein ungemein größeres Gewicht, sein Beziehungsnetz war weiter gespannt und seine wissenschaftliche Reputation größer als jene des freischaffenden Botanikers und Gelegenheitsblumenhändlers Siegfried. Da für Siegfried die direkte Kontaktaufnahme mit ausländischen Universitätsprofessoren eine Hürde darstellte, wandte er sich, als er einige Distel-Kreuzungen vom Fachmanne begutachten lassen wollte, an Brügger: »2 andere [...] Cirsien-Hybride hätte ich gerne von Nägeli bestimmen lassen aber ich geniere mich diesem grossen Manne zu schreiben. Wüssten Sie vielleicht jemand in München, der diese 2 Prachtkerle Herr Nägeli unterbreiten würde?«[118]

Zugleich verwendete sich Siegfried bei Brügger für die Kollegen seines eigenen Netzwerks. Er nahm also Vermittlungsdienste nicht nur in Anspruch, sondern konnte auch selber solche zur Gabe machen. Siegfried jedoch vermittelte keine Zugänge zu Wissensträgern, sondern zu Material – dies war die zweite Art von Vermittlungsdiensten. 1884 beispielsweise überzeugte er Brügger, dem Innsbrucker Realschulprofessor Albert Zimmeter eigenes Herbarmaterial für dessen Arbeit an einer Potentilla-Monographie zu überlassen. Zwei Jahre später drängte er Brügger, einem weiteren Kollegen von ihm Herbarbelege auszuleihen – nach einem ersten abschlägigen Entscheid des Gymnasialprofessors:

> »Letzter Tage erhielt ich einen Brief von Herr Hans Steiniger in Reichraming der so sehr bedauert, die interessanten Pedicularides Ihres reichen Herbars nicht für seine Monographie benutzen zu können. [...] Erweisen Sie an Steininger doch den grossen Liebesdienst ihm Ihre Schätze anzuvertrauen, ich bitte Sie recht herzlich dafür.«[119]

Welche soziale Bedeutung kam diesen Vermittlungen zu? Deutlicher als bei anderen Gabenarten handelte es sich hierbei um eine Machtbeziehung. Zugänge ermöglichen oder untersagen vermochten in erster Linie solche Akteure, die eine wichtige Stellung innerhalb eines Wissensmilieus einnahmen oder die Verfügungsgewalt über bestimmte Objektbestände besaßen. Kurz: Akteure in Machtpositionen. So gilt denn die Regel, welche die Ethnologin Marilyn Strathern für die Gabenökonomie im Allgemeinen aufstellte, auch für den speziellen Fall der sammelnden Naturforschung und ihre Reziprozitätsweisen: »[T]hose who dominate are those who determine

118 StAGR, Nachlass Christian G. Brügger, B 1165/10 (2. Teil), Brief Siegfrieds vom 3.1.1884.
119 StAGR, Nachlass Christian G. Brügger, B 564/1 (3. Teil), Brief Siegfrieds vom 25.6.1886.

the connections and disconnections created by the circulation of objects.«[120] Diese machtvollen Positionen nahmen in den sammelnden Wissenschaften naheliegenderweise die Leiter institutioneller Sammlungen wie Museen und Schul- und Universitätssammlungen ein.[121]

Güterbewegungen und die soziale Kraft der Gabe: Fazit

Im Zentrum dieses Kapitels standen Güterbewegungen. Ausgehend von der These Marshall Sahlins, dass die Zirkulation von Objekten stets soziale Beziehungen abbildet, wurden Güterbewegungen als Ausdruck wichtiger Kooperationspraktiken in naturkundlichen Wissensmilieus gelesen. Das Nachzeichnen solcher Zirkulationsweisen bot Aufschluss über die Art und Weise, wie soziale Beziehungen im Wissensmilieu der Petite Science hergestellt wurden und dessen Funktionieren gewährleisteten. Konzeptionelle Anregungen für eine solche Lesart der Güterströme fanden sich in erster Linie in ethnologischen Theorien der Gabe. Die Begrifflichkeiten Marshall Sahlins lieferten auch das strukturierende Gerüst, das dem Kapitel unterlegt wurde: Die Anlehnung an seine Zweiteilung zwischen zentralisierenden und reziproken Güterbewegungen ermöglichte, die vielfältigen Formen von Objektströmen aufzuschlüsseln und klar darzustellen.

Als wichtigste Beispiele für den ersten Modus zentralisierender und vergemeinschaftender Güterzusammenlegung wurden Lesezirkel, Tauschkreise und Sammelaufrufe vorgestellt. Alle diese Güterbewegungen glichen sich dadurch, dass sie meist an eine zentrale – oft institutionelle – Instanz gebunden waren. Gemeinschaftlichkeit unter den Einzelforschern stellten sie eher auf einer symbolischen Ebene her, sie stärkten in erster Linie die milieuinternen Kommunikationskanäle hin auf das Zentrum.

Eine weit wichtigere Rolle für das Anbahnen und die Verstetigung sozialer Kontakte zwischen zwei Einzelforschern spielten dagegen die reziproken Güterbewegungen, die zweite Gruppe in Sahlins Typologie. Deren Wichtigkeit für das Funktionieren der außeruniversitären Naturforschung kann nicht hoch genug eingeschätzt werden. Zwar fiel das soziale Moment für die stark formalisierten Austauschverhältnisse wie Tausch und kommerzieller Handel schwächer aus als bei der generalisierten Reziprozität der Gabe, als verbreitete Praxis der Objektanhäufung kam diesen beiden Transaktionsformen dennoch einige Bedeutung für die freizeitliche Naturforschung zu.

120 Strathern: The Gender of the Gift (1988), zit. nach Secord: Corresponding interests, 404.

121 Auf welche Weise diese herausragenden Figuren innerhalb der lokalen Wissensmilieus ihre Gatekeeperfunktion als Mittel einsetzten, um Ressourcen für eigene Zwecke zu mobilisieren, wird im 5. Kapitel eingehender dargestellt.

Zudem ließen sich Gabe, Tausch und Handel auch nie in der von Sahlins skizzierten Schärfe voneinander abgrenzen: Im Alltag der Lokalforscher ging geregelter Tausch und Handel oft fließend in interesselose Freundschaftsdienste über, und den Austauschverhältnissen fehlte die idealtypische Klarheit.

Trotz solcher Definitionsschwierigkeiten zeigte sich deutlich, dass die Gaben die wichtigsten Güterbewegungen für das Naturforschermilieu darstellen. Seien es materielle Gaben wie Spezimen, Datenlisten oder Sonderdrucke, seien es eher symbolische Geschenke wie Verdankungen, Namensgebungen, Revisionen oder Vermittlungsdienste – es war wesentlich der sozialen Bindekraft dieser Geschenke zu verdanken, dass die Zusammenarbeit in der nur lose institutionalisierten Gemeinschaft der Petite Science meist reibungslos klappte. Naturwissenschaftliche Gaben bahnten Kontakte an und vertieften Beziehungen, sie schufen feste Kommunikationskanäle, sie motivierten zur Mitarbeit und bekräftigten durch ihre Wiederholung die moralökonomische Norm, den Forscherkollegen Daten und Objekte auf »liberale« Weise zur Verfügung zu stellen. Die freizügigen Geschenke stärkten Vertrauen und Loyalität und verkörperten, was sich jeglicher Zweckbestimmung entzog und trotzdem das Rückgrat der Petite Science bildete: die Freundschaft.

4. Ordnung Macht Zugehörigkeit

Großzügigkeit, Vertrauen und Freundschaft, so schloss das letzte Kapitel, seien tragende Stützen der Petite Science gewesen. Einige Zeilen jedoch, die sich im *Jahresbericht der Naturforschenden Gesellschaft Graubünden* von 1886 finden, wollen nicht ganz zu diesem Befund einer durch und durch harmonischen Wissenschaftsgemeinde passen. In besagter Ausgabe bedachte der Churer Gymnasialprofessor Christian Brügger den prominenten Feldbotaniker August Gremli sowie dessen Kollegen mit Anwürfen, die sich nicht gerade durch einen sonderlich freundschaftlichen Ton auszeichneten: »Damit ist also bewiesen, dass die HH. Buser & Gremli nicht einmal im Stande sind, ›eine simple scandica‹ zu unterscheiden – wohl aber die Arbeiten älterer erfahrener Forscher zu verdächtigen und zu verdrehen, wo nicht zu ignorieren, um desto besser im Trüben fischen zu können.«[1] Auch die Replik des Angegriffenen, die dieser im Folgejahr in seinem Hausblatt zu Druck brachte, fiel in vergleichbar harschem Ton aus: »Worauf beruhen diese Anschuldigungen? Auf bloßen Übertreibungen, Verdrehungen, ja lügenhaften Behauptungen, wie ich sogleich zeigen werde.«[2] Diesen Vorwürfen schob Gremli zwar ein kurzes Lob für seinen Kontrahenten nach, das jedoch bloß den rhetorischen Auftakt zu einer vernichtenden Gesamtcharakterisierung des verfeindeten Forscherkollegen bilden sollte:

> »Übrigens will ich nicht bestreiten, das Br[ügger] manchen neuen Bastart gefunden hat […]; endlich zugestehen, dass ihm ein unermüdlicher Fleiss nicht abgesprochen werden kann […]. Dagegen finden wir bei ihm überall Hybridomanie, Citatenwuth, wobei selbst Werke ohne wissenschaftlichen Gehalt herangezogen werden, Mihi-Jägerei, Manie durch neue Namen glänzen zu wollen, wenn auch auf Kosten Anderer, Selbstüberhebung, Selbstberäucherung […], unnöthig langes Geschwätz […], Unbeholfenheit im Beschreiben etc.«[3]

Wie ist nun dieser gehässige Streit zu verorten? In den vorangegangenen Kapiteln kamen verschiedene Praktiken zur Sprache, die das wissenschaftliche und soziale Funktionieren der Petite Science gewährleisteten. Zwar bildeten die kantonalen Naturforschenden Gesellschaften sowie botanische

1 Brügger: Mittheilungen über neue und kritische Pflanzenformen, 66.

2 Gremli: Brügger's Bastarte, 38 [Titel sic!, vermutlich ein Wortspiel in Bezug auf Brüggers Artenproduktion, T.S.].

3 Ebd., 49 [mihi = lat. für »mir«, T.S.].

oder entomologische Fachgesellschaften wichtige Kommunikationsplattformen dieses Wissensmilieus, die eigentliche Forschungstätigkeit war jedoch kaum institutionalisiert und wurde meist von Einzelpersonen und informellen Netzwerken getragen. Daher war die strikte Befolgung bestimmter Normen für den reibungslosen Betrieb dieses Wissenschaftsmodus unerlässlich: Erstens bildete die korrekte Handhabe der Naturdinge (bezüglich Konservierung, Etikettierung usw.) die Voraussetzung für die Teilhabe der Objekte wie der Sammler an der wissenschaftlichen Zirkulation. Zweitens waren die vielfältigen Ordnungen der Listen (in Gestalt der Floren- und Faunenkataloge) zu respektieren und deren gegenseitige Anschlussfähigkeit sicherzustellen. Nur so vermochten die medialen Kräfte der Liste ihre Wirkung zu entfalten und die gemeinschaftlichen Aktivitäten der Naturforscher über zeitliche und räumliche Distanzen hinweg zu koordinieren. Drittens waren die Freizeitforscher umfassenden moralökonomischen Normen der Reziprozität verpflichtet: Gerechte Austauschverhältnisse, »liberale« Zurverfügungstellung von Forschungsmaterialen und freigebige Schenkpraktiken waren Ausdruck freundschaftlicher Vertrauensverhältnisse, die fehlende Institutionalisierung wettmachten und das zwischenmenschliche wie forschungspraktische Funktionieren des Wissensmilieus garantierten.

Wieso nun also der Bezug auf die Polemik zwischen Brügger und Gremli? An diesem Fallbeispiel soll die Wichtigkeit der eben aufgezählten Bedingungen der Kooperation nochmals aufgezeigt werden. Das Beispiel berichtet jedoch nicht nur von den unausgesprochenen wie auch laut eingeforderten Grundlagen der gemeinschaftlichen Wissensproduktion – sowie von groben Verstößen gegen diese Regeln –, sondern erlaubt auch Einsicht in soziale Bedingtheiten des Wissenschaftsmodus der Petite Science: in Macht, Loyalität und Glaubwürdigkeit.

4.1. Brügger versus Gremli: Ein Wissenschaftsstreit

Christian G. Brügger und August Gremli: Die Protagonisten

Beginnen wir das Fallbeispiel mit einem Portrait der beiden Hauptpersonen. Wer waren die Protagonisten dieses botanischen Kleinkriegs, der sich über etliche Jahre erstreckte, diverse weitere Botaniker involvierte und der vor allem Brüggers Nachruhm über dessen Ableben hinaus in nachteiliger Weise prägen sollte?

Auf der einen Seite stand Christian Gregor Brügger, wichtigster Akteur unseres Fallbeispiels und auch in den vorangegangenen Kapiteln verschiedentlich schon angesprochen – vor allem als fleißiger Chronist und Inventarisator Bündner Naturphänomene. Christian Brügger wurde 1833 in

Abb. 4.1: Christian Gregor Brügger (1833-1899), Aufnahme ohne Jahresangabe.

Abb. 4.2: August Gremli (1833-1899), Aufnahme ohne Jahresangabe.

Churwalden in eine angesehene Oberschichtsfamilie geboren.[4] Nach dem Gymnasium begann er ein Medizinstudium in München. Dort entwickelte er aber, wie sein Nekrolog zu berichten weiß, ein immer größeres Interesse für die Botanik und wechselte daher ins Studium der Naturwissenschaften. Nach dem Doktorat in Innsbruck holte ihn Oswald Heer, Professor für Naturgeschichte, in Jahr 1859 an das damals noch junge Polytechnikum in Zürich. Dort wirkte Brügger während gut zehn Jahren als Konservator der Botanischen Sammlung. 1870 zog es Brügger von der Limmatstadt zurück in seinen Heimatkanton, wo er an der Kantonsschule in Chur eine Stelle als Gymnasialprofessor für Naturgeschichte und Geographie antrat. Mit seiner Anstellung als Naturgeschichtsprofessor war auch die Leitung der kantonalen naturhistorischen Sammlungen verbunden. Brügger war äußerst umtriebig: Neben seinem Lehrerberuf und der Museumstätigkeit war der lebenslange Junggeselle aktiv im Gemischtenchor sowie in einem Flötenorchester und amtete als Aktuar der Bündner Sektion des *Schweizerischen Alpenclubs*. Er leitete den Aufbau eines meteorologischen Messnetzes auf Kantonsgebiet, organisierte ein Fledermausinventar Graubündens und führte unzählige individuelle Forschungsprojekte durch. Im Rahmen der kantonalen Naturforschenden Gesellschaft hielt Brügger Dutzende Vorträge und veröffentlichte zudem rund 50 Aufsätze zu historischen, meteorologischen, balneologischen, botanischen und zoologischen Themen.

Doch auch Brüggers Gegenspieler war kein Leichtgewicht. August Gremli war in den 1880er-Jahren der Doyen der schweizerischen Feldbotanik. Gremli wurde 1833, im gleichen Jahr wie Brügger, im thurgauischen Kreuzlingen als Sohn eines Bezirksarztes geboren.[5] Nach diversen abgebrochenen Studien, unter anderem in Medizin, absolvierte Gremli eine Ausbildung zum Apotheker und arbeitete anschließend in den Kantonen Aargau, Appenzell und Schaffhausen auch in diesem Beruf. In seiner Freizeit widmete er sich mit zunehmender Intensität botanischen Studien. Ab 1874, also einige Jahre nach Brüggers Rückkehr nach Chur, erhielt Gremli eine Anstellung beim reichen Privatgelehrten und Amateurbotaniker Emil Burnat. Auf dessen Landgut bei Vevey hatte er eine vergleichbare Aufgabe, wie sie Brügger zuvor am Zürcher Polytechnikum innegehabt hatte: Als Konservator musste er die riesige private Pflanzensammlung Burnats in Ordnung halten.

Gremli schien ein großes Geschick im Bestimmen und Klassifizieren von Pflanzen zu haben. Diese Fertigkeiten stellte er auch in jenem Buch unter Beweis, das sein Ansehen im botanischen Milieu begründete – der 1867 veröffentlichten *Excursionsflora für die Schweiz*. Diese Veröffentlichung sollte bald zu einem Standardwerk für die schweizerische Feldbotanik werden. Bis

4 Zur Biographie Brüggers vgl. Schröter: Prof. Christian G. Brügger; Lorenz: Prof. Dr. Chr. Brügger.

5 Zur Biographie Gremlis vgl. Cavillier: Auguste Gremli; Leutenegger: August Gremli.

1901 erschien das Buch in gesamt 9 Auflagen. Ab 1880 publizierte Gremli zudem die Heftserie *Neue Beiträge zur Flora der Schweiz*. Diese diente in erster Linie als Nachtrag zu seiner Flora,[6] bildete als eigentliches Kampfblatt aber bald auch die wichtigste Plattform seiner Polemiken gegen Brügger.

Was brachte die beiden Botaniker gegeneinander auf? Und wo soll man den Beginn der Auseinandersetzung zwischen Brügger und Gremli ansetzen? Die eingangs zitierten Beschimpfungen von 1886/1887 markierten bereits die heißeste Phase des Konflikts. Dieser hatte jedoch eine längere Vorgeschichte. Gremli selbst datierte in einer seiner Polemiken das Geburtsjahr ihrer Feindschaft zurück bis in die 1860er-Jahre und lieferte daselbst auch eine Erklärung für Brüggers Feindseligkeit:

> »Br[ügger] hat, wie mir Heer in einem Briefe vom 27. Sept. 1865 mittheilte, gleichzeitig mit mir die Bearbeitung der Schweizerflora unternommen. Ich kam ihm zuvor! Dies konnte er nicht verschmerzen! Ja man erzählt mir, dass er jeden seiner Schüler, der auf botan. Excursionen meine Excursionsflora mit sich führe, unbarmherzig fortjage!!«[7]

War also der ganze Konflikt bloß eine Folge von Eifersucht und Ehrgeiz? Diese unschönen Gefühle mögen durchaus eine Rolle gespielt haben, auch wenn die Quellen sich darüber ausschweigen. Dem Streit wäre dann aber keine weitere Bedeutung beizumessen und er würde als wissenshistorisches Fallbeispiel kaum etwas hergeben.

In eine vergleichbare Sackgasse locken auch Hinweise auf Persönlichkeitszüge der beiden Kontrahenten, die sich in ihren Nachrufen finden. Ihre Nekrologe porträtieren die beiden Männer als nicht eben umgängliche Zeitgenossen. Brügger wird als notorischer Einzelgänger beschrieben, er wird charakterisiert als »unzugänglich«[8] sowie »von Natur aus sehr empfindlich und misstrauisch«.[9] Zudem soll »eine gute Dosis Ehrgeiz«[10] die Grundausstattung seiner Persönlichkeit vervollständigt haben. Ganz ähnlich tönt es bei Gremli. In seinem Nachruf, der ihn auch als »Sonderling«[11] umschreibt, wird darauf hingewiesen, dass es um die Konfliktfähigkeit Gremlis nicht zum Besten gestanden und er bei »Meinungsverschiedenheit nicht selten eine verletzende Gereiztheit«[12] an den Tag gelegt habe. Weiter wird Gremli »Verschlossenheit« attestiert sowie ein Einzelgängertum, das sich mit jenem Brüggers durchaus messen konnte: »Stundenlang konnte er mit Menschen

6 Zur wissenschaftlichen Textgattung der Nachträge vgl. die Ausführungen in Kapitel 2.3.
7 Gremli: Brügger's Bastarte, 49.
8 Schröter: Prof. Christian G. Brügger, XXII.
9 Bener-Lorenz: Prof. Dr. Christian G. Brügger, 81.
10 Schröter: Prof. Christian G. Brügger, XXII.
11 Cavillier: Auguste Gremli, XLII.
12 Leutenegger: August Gremli, 240.

zusammensein, ohne sich am Gespräch zu beteiligen. [...] Seit Jahren hatte er nur noch für die Pflanzen Sinn; alles andere war ihm gleichgültig.«[13]

Was läge also näher, als den Konflikt Brügger versus Gremli als Marotte zweier schwieriger Charaktere abzutun? Ein solch psychologisierender Ansatz stellt jedoch einen Holzweg dar, wie im Folgenden aufgezeigt werden soll: Eifersucht und Kauzigkeit sind als alleinige Erklärungsmomente für die Heftigkeit des ausgebrochenen Botanikerstreits nicht ergiebig. Vielmehr soll das Fallbeispiel als Ausnahmesituation interpretiert werden, in welcher die dem normalen Funktionieren der Petite Science zu Grunde gelegten sozialen und epistemischen Normen in Frage gestellt und dabei explizit gemacht wurden. Ausgehend von dieser Annahme lässt sich auch der Ursprung des eskalierenden Konfliktes klar festmachen. Dieser nahm im Jahre 1880 seinen Lauf – als Gymnasialprofessor Christian Brügger seinen Aufsatz *Beobachtungen über wildwachsende Pflanzenbastarde der Schweizer- und Nachbarfloren* im *Jahresbericht der Naturforschenden Gesellschaft Graubündens* veröffentlichte. Dieser Artikel stellte gewissermaßen einen Spezialkatalog dar: Er bestand hauptsächlich aus einer Liste, in der Brügger Hunderte von ihm angeblich aufgefundene Pflanzenkreuzungen auflistete und beschrieb.

Ebenfalls 1880 veröffentlichte August Gremli die erste Nummer seiner *Neuen Beiträge zur Flora der Schweiz*. Obwohl noch vor Brüggers Bastardtext erschienen, finden sich auch hier bereits erste Seitenhiebe auf die vom Churer Gymnasialprofessor früher an anderer Stelle behaupteten Pflanzenfunde und -diagnosen. Christian Brügger jedenfalls schien bereits diese kurzen Anmerkungen als Fehdehandschuh aufzufassen: Wie seine Briefe an Freunde der damaligen Zeit zeigen, formte sich Brügger in diesen Jahren Gremli zu seiner eigentlichen Nemesis. In paranoid anmutender Weise erkundigte er sich verschiedentlich bei seinen Korrespondenten über allfällige Kontakte mit Gremli und schien jedem von dessen Schritten übergroße Beachtung zu schenken. Unbesehen dieses sich anbahnenden Streits doppelte Brügger 1882 nach. Wiederum in seinem Bündner Vereinsblatt veröffentlichte er unter dem Titel *Aufzählung neuer Pflanzenbastarde* nochmals eine Liste mit rund 50 Bastard-Arten. Zusammen mit den 354 bereits publizierten Hybriden beanspruchte Brügger nun die stattliche Zahl von 403 angeblich nachgewiesenen Pflanzenkreuzungen.

Nach diesem geballten publizistischen Auftritt Brüggers ließ es Gremli nun nicht mehr bei einigen kritischen Anmerkungen gleichsam zwischen den Zeilen bewenden: Er ging zum offenen Angriff über. 1883 veröffentlichte er in seiner Heftreihe den Aufsatz *Zweifelhafte Bastarde*, in dem er sowohl die Forschungsbefunde als auch die Person Brüggers frontal attackierte. Der vielbeschäftigte Brügger ließ einige Jahre verstreichen, bis er

13 Ebd., 241.

öffentlich auf Gremlis Angriffe antwortete. Erst 1886 platzierte er eine weitere Auflistung hybrider und anderer kritischer Pflanzenarten im Jahresbericht der Bündner Naturforscher und nutzte diesen Aufsatz zum Gegenangriff. Er parierte Gremli mit gleicher Klinge und zerpflückte dessen Forschungen in polemischer Weise. Gremli wiederum ließ diese Anschuldigungen nicht auf sich sitzen und gestaltete die 1887er-Ausgabe seiner *Neuen Beiträge* gleichsam als Anti-Brügger-Sondernummer: Die beiden Hauptbeiträge aus der Feder Gremlis sowie seines Mitstreiters Robert Buser waren ganz dem Ziel verschrieben, Brügger und seine Bastardforschung zu demontieren. Nach diesem Höhepunkt schien die Kampfeslust auf beiden Seiten abzuflauen, und die Kontrahenten verzichteten weitgehend auf weitere öffentliche Angriffe.[14]

Umstrittene Beobachtungen: Brüggers Publikation und Gremlis Kritik

Was stand nun in Brüggers ab 1880 veröffentlichten *Beobachtungen über wildwachsende Pflanzenbastarde*, und was verlieh diesen Beiträgen eine solche Sprengkraft, dass sich an ihnen ein Wissenschaftsstreit entzünden konnte? Brügger präsentierte in seinem Aufsatz Ergebnisse seiner jahrelangen feldbotanischen Forschungen. Auf seinen Exkursionen machte er verschiedentlich die Beobachtung, dass sich an Standorten, an denen Populationen zweier verschiedener Pflanzenarten der gleichen Gattung zusammenstoßen, oftmals Kreuzungen der beiden »Stammarten« auffinden lassen. Diesem Phänomen der Pflanzenkreuzungen, in der damaligen Terminologie als »Bastarde« bezeichnet, war seine Broschüre gewidmet.

Grundsätzlich war zum Zeitpunkt der Veröffentlichung von Brüggers Traktat die Existenz von Kreuzungen zwischen verschiedenen Pflanzen*arten* in der deutschsprachigen Botanik unbestritten. Brüggers Forschungsstand in den Jahren seines Konfliktes mit Gremli war vor allem geprägt durch jüngere Publikationen Charles Darwins und – bezogen auf das Pflanzenreich – durch die Arbeiten des in München lehrenden Botanikprofessors Carl Wilhelm Nägeli sowie dem kurz nach Brüggers ersten Bastardver-

14 Einzig im Vorwort zur 6. Auflage von Gremlis Excursionsflora von 1889 findet sich in einer Fußnote nochmals ein Seitenhieb auf den Bündner Lieblingsfeind: »Die von Chr. Brügger in Chur aufgestellten Bastarde habe ich, insofern sie nicht von anderer Seite Bestätigung erfahren – was bis jetzt selten genug geschehen ist – selbstverständlich weggelassen. Wie leichtfertig, ja *schwindelhaft* Brügger Bastarde fabricirt, erhellt zur Genüge aus dem in meinen Neuen Beiträgen Gesagten.« (Gremli: Excursionsflora 1889, IV). Wortgleich wird dies noch in der 7. Auflage von Gremlis Excursionsflora von 1893 wiederholt.

zeichnis erschienenen Grundlagenwerk *Die Pflanzen-Mischlinge* (1881) von Wilhelm Olbers Focke. Auf diese Autoren nahm Brügger in seinen Schriften wie Korrespondenzen regelmäßig Bezug. Mit Nägeli war Brügger zudem aus Studienzeiten persönlich bekannt und schien mit diesem auch in späteren Jahren verbunden, wenn auch in einer eigentümlichen Hassliebe. Mochte also auch ihre Beziehung nicht ungetrübt sein, so war Brügger doch ein aufmerksamer Leser der Neuerscheinungen Nägelis und schien auch sporadisch mit diesem zu korrespondieren. In diversen Aufsätzen widerlegte Nägeli in den 1860er-Jahren die bereits schon von Darwin bestrittene, sich aber hartnäckig haltende Behauptung, nur unterschiedliche *Varietäten einer gleichen Art* könnten miteinander Kreuzungen bilden, die fortpflanzungsfähig seien. Nägeli war überzeugt, dass auch aus der Kreuzung *verschiedener Arten* fruchtbare Hybriden hervorgehen können – was er in späteren Jahren mit großangelegten Zuchtversuchen dann auch empirisch zu belegen vermochte. Es war also keine wissenschaftliche Revolution, die Brügger 1880 mit seinem Aufsatz angestoßen hätte und die Heftigkeit seiner Ablehnung durch Gremli erklären könnte. Brügger stellte die botanische Normalwissenschaft auf andere Weise in Frage als durch einen Paradigmenwechsel im Sinne Thomas Kuhns.[15]

Betrachten wir nun den Aufsatz des Churer Schulmeisters etwas genauer. Die Abhandlung war in zwei Teile gegliedert, einen kürzeren Einleitungstext und eine ansehnliche Auflistung. Die Auflistung, die umfangsmäßig den Hauptteil ausmacht, verzeichnet alle von Brügger bislang in freier Natur beobachteten Pflanzenbastarde. Über 300 solche Hybriden führt Brügger namentlich auf, allesamt durchnummeriert und mit einem mehr oder weniger ausführlichen Begleittext versehen. Da das Verzeichnis wohlgemerkt keine Abbildungen enthielt, waren diese Texte das einzige Plausibilisierungsmittel für die von Brügger behaupteten Hybridarten. Es lohnt sich also ein genauerer Blick auf diese Texte. Auch wenn taxonomische Forschung sich wesensmäßig stets durch ein gewisses Maß an Eingebung und implizitem Wissen auszeichnet und verschiedentlich auch in die Nähe einer (Handwerks-)Kunst gerückt wurde,[16] so frappieren Brüggers Ausführungen doch in verschiedener Hinsicht durch ihren betont intuitiven Charakter. Seine Hybridenbeobachtungen in freier Natur vermittelt er der Leserschaft als eigentliche Erleuchtungsmomente:

> »Obige Beschreibung stützt sich im Wesentlichen auf die an Ort und Stelle beim ersten Anblick der lebenden Pflanze an ihrem natürlichen Standorte aufgezeichneten Notizen, als ich am 26. Juni in der Alpmulde von Ober-Latschüel an der Küpfen-Fluh westlich über Davos-Platz […]

15 Vgl. Kuhn: The Structure of Scientific Revolutions.
16 Vgl. Stevens: Species, 303; Kohler: All Creatures, 237-239.

unter den zu Tausenden blühenden Schaaren der beiden Stammarten zum ersten Male eine Gruppe der neuen Zwischenform erblickte und sofort erkannte. [...]. Hier nun an einer Stelle, [...] wo die zwei sonst durch den Standort streng geschiedenen Arten miteinander in nähere Berührung kommen, hier winkt auf einmal eine kleine Gruppe der neuen Form, die in ihrem ganzen Habitus wie in den einzelnen Charakteren den deutlichen Stempel eines durch Kreuzung entstandenen Mischlings an sich trägt.«[17]

Im Anschluss an solche Fundberichte beschrieb Brügger jeweils das Aussehen der in Frage stehenden Hybridpflanzen. Hier wird der Ton sachlicher, da Brügger sich auf ein etabliertes Verfahren stützte – die Phytographie in der Tradition Carl von Linnés. Als Standardverfahren der sprachlichen Beschreibung einer Pflanze sollte diese gewährleisten, dass Botaniker auf der ganzen Welt eine ihnen neu vorgelegte Spezies, der gleichen Logik folgend, mit den gleichen Schlüsselbegriffen charakterisieren sowie mit einem Namen versehen würden. Bereits Mitte des 19. Jahrhunderts geriet dieses Ideal jedoch unter Beschuss, da die phytographische Praxis allen Standardisierungsbemühungen zum Trotz immer eine Nähe zur Intuition aufweist und nur schwer zu objektivieren ist.[18] Dass Brügger zudem zur Charakterisierung der von ihm aufgestellten Pflanzenhybriden verschiedentlich auch auf Eigenschaften wie Geruch und Farbe zurückgriff, die sprachlich noch schwieriger zu vermitteln waren als die äußere Gestalt der Pflanze, machte die Sache nicht einfacher. Um der zeitgeistigen Skepsis gegen diese von subjektiver Deutung und Eingebung durchwirkte Repräsentationsweise (Daston und Galison bezeichnen solche Objektivitätsvorstellungen als »Naturwahrheit«)[19] zu begegnen, suchte Brügger bei seinen Bastard-Beschreibungen auch Zuflucht in Objektivierungsstrategien des Zählens und Messens. Er vermaß charakteristische Teile der Hybridpflanzen, berechnete aus diesen Messreihen Durchschnittswerte und verglich diese mit den entsprechenden Maßen der beiden Stammarten (vgl. Abbildung 4.3). Diese biometrische Plausibilisierung,[20] mit der Brügger von ihm behauptete Hybridarten mit Millimeterangaben zu untermauern suchte, bot dem in der Biologie des ausgehenden 19. Jahrhunderts vorherrschenden »quantitative spirit«[21] weniger Angriffsfläche. Der Beschreibungstext einer Hybridpflanze präsentierte sich in der Brügger'schen Schrift also typischerweise wie im folgenden Beispiel, in dem er die Kreuzung *Saxifraga moschata* × *seguieri* charakterisiert:

17 Brügger: Mittheilungen über neue und kritische Pflanzenformen, 80.
18 Daston: Scientific objectivity with and without words, 270-274.
19 Daston und Galison: Objektivität, 63-116.
20 Zur Konjunktur und zum Niedergang biometrischer Methoden in der Biologie des späten 19. Jahrhunderts vgl. Kohler: Landscapes and Labscapes, 63-75.
21 Kohler: Landscapes and Labscapes, 101.

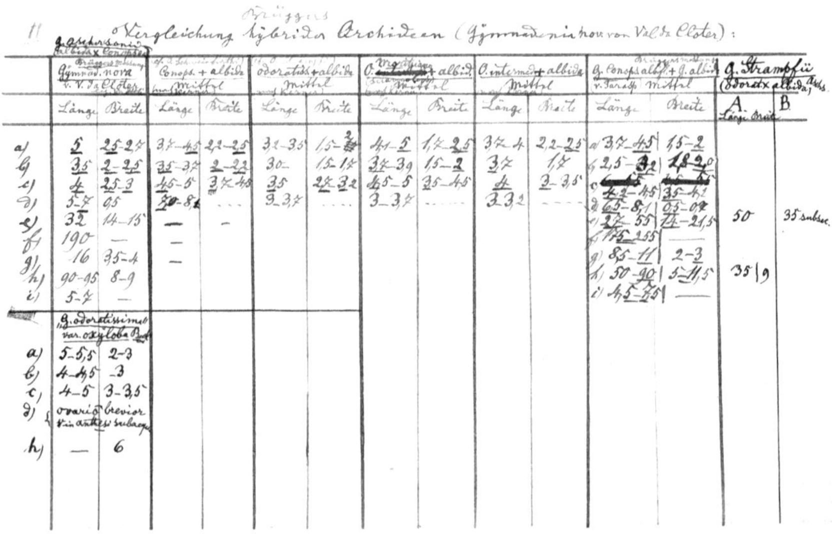

Abb. 4.3: Messreihen, mit denen Christian Brügger behauptete Orchideenhybride zu quantifizieren versuchte.

»Vom Aussehen einer kleinen S. Seguieri, aber von dieser durch schmälere kürzere Rosettenblätter (worunter einzelne an d. Spitze 3-zähnige), breitere Blumenblätter (ungefähr so breit und etwas länger als Kelchzipfel) und weniger dichte Bekleidung, von S. moschata aber durch kleinere (4-5 mm. breite) gelbe Blüthen, kürzere (10 bis 15 mm. hohe) festere, blattlose od. 1blättrige, 1blüthige Stengel, breitere (ungetheilte und etwas spatelförmige) Blätter, dichtere kleinere Rasen von dem frischen Grün der S. Seguieri – zu unterschieden, Blätter bis 7 mm. lang, abgestorbene deutlich 3-5nervig.«[22]

Allen Bemühungen um Standardisierung und Quantifizierung zum Trotz blieb der Objektivitätsstatus dieser mit Worten und Zahlen hantierenden Pflanzenbeschreibungen prekär. Die morphologischen Unterschiede der Hybriden zu ihren Stammarten konnten selbst von versierten Pflanzenkennern oft bloß intuitiv erfahren werden, die erkannten Unterschiede sprachlich zu vermitteln fiel jedoch schwer. In zeitgenössischen Debatten jedoch galt gerade die *Mitteilbarkeit* von Wissen als wesentliche Voraussetzung wissenschaftlicher Objektivität.[23] War also dieser erkenntnistheoretische Makel die Ursache für die Anfechtungen, die Brüggers Bastard-Verzeichnis erfahren musste? Wohl kaum, zumindest erklären diese nicht die vehemente Ablehnung seitens Gremlis. Dieser arbeitete nämlich ebenfalls häufig

22 Brügger: Beobachtungen über wildwachsende Pflanzenbastarde, 88.

23 Daston: Scientific objectivity with and without words, 266.

über sogenannt »kritische« Pflanzenarten und -gattungen, in denen sich keine klaren klassifikatorischen Grenzen ziehen ließen und wo systematische Zuordnungen stets umstritten waren. Gremli teilte zudem mit Brügger die Annahme von Arthybriden und listete in seiner Excursionsflora ebenfalls eine stattliche Zahl solcher auf. Gremli stand als Taxonom also erkenntnistheoretisch auf vergleichbar schwankendem Grund wie sein Gegner Brügger. Gremli hätte daher den sprichwörtlichen Steinewerfer im Glashaus der botanischen Systematik des späten 19. Jahrhunderts abgegeben, hätte er das Werk seines Bündner Kollegen mit dem Argument verworfen, der beschreibenden Taxonomie kritischer Arten mangele es *a priori* an Objektivität.

Gremlis Vorwürfe zielten vielmehr auf angebliche Verstöße Brüggers gegen jene epistemischen und sozialen Normen, die in den vorangegangenen Kapiteln als Voraussetzung für die wissenschaftliche Kooperation dargestellt wurden. Um diese Grundvoraussetzungen noch einmal zu illustrieren (und zugleich auch um den Tonfall des Streites zu vergegenwärtigen), sollen die einzelnen Anschuldigungen eingehender dargestellt werden.

An erster Stelle rangierten Vorwürfe bezüglich mangelhafter Inskription der Dinge, also der korrekten Umwandlung von Naturobjekten in Präparate sowie in Worte und Daten. Das beginnt mit dem grundsätzlichen Vorwurf Gremlis, dass Brügger für einige seiner behaupteten Bastard-Arten erst gar keine Herbarbelege vorlegen könne und sich stattdessen bloß auf »werthvolle Notizen« seiner Gewährsleute stütze: »Fatal, Hr. Brügger, sehr fatal! Ich fürchte nur, man wird einmal später noch gar viele andere dergleichen Lücken in Ihrem Herbar antreffen!«[24]

Doch auch wenn Pflanzenmaterial vorhanden sei, seien die von Brügger daraus abgeleiteten Erkenntnisse durch seinen Mangel an Bestimmungskompetenz grundsätzlich fragwürdig, wie Gremli am Beispiel der Brombeeren behauptet: »Was endlich die Rubus betrifft, so glaube ich, wird selbst Br. zugeben, dass ich ihm in der Kenntnis dieses genus überlegen bin. Im herb. helv. fand ich die gemeinsten Arten dieser Gattung von Br. mit neuen Namen belegt.«[25] Selbst aber wenn Material vorliegen würde und dieses richtig bestimmt wäre, vermöchten Brüggers eigentliche Analysen nicht zu überzeugen. Die sogenannte »Diagnose« der Bastarde, also die sprachliche Beschreibung ihres Aussehens sowie die Diskussion dieser Eigenschaften in Bezug auf mögliche Stammeltern, kreidet Gremli als ungenügend an: »Nur eine sehr geringe Zahl unter diesen nahezu 300 Hybriden ist beschrieben; manche der vorhandenen Beschreibungen auch trotz ihrer oft mit Perioden gespickten Weitschweifigkeit ungenügend.«[26] All diese Vorwürfe unsauberer

24 Gremli: Brügger's Bastarte, 43.
25 Ebd., 39.
26 Gremli: Zweifelhafte Bastarte, 27 f.

Arbeitsweise und lückenhafter Belegketten zielten darauf ab, die epistemische Anschlussfähigkeit der Brügger'schen Forschungsresultate in Frage zu stellen: Jeder seriöse Botaniker sollte Abstand von den Bastardforschungen des Gymnasialprofessors nehmen.

Doch Gremli begnügte sich nicht mit diesen Anschuldigungen. Mit dem Vorwurf, Brügger habe ebenso gegen die Moralökonomie der Floristen verstoßen, zielte er darauf ab, auch die soziale Zugehörigkeit Brüggers zum botanischen Wissensmilieu zu untergraben. So wirft Gremli seinem Gegenspieler vor, die Prioritätsrechte (das Recht des Entdeckers auf die Erstbenennung einer neuen Pflanze) anderer Botaniker missachtet und überhaupt das Regelwerk der botanischen Namensgebung in betrügerischer Absicht zu seinen Gunsten ausgelegt zu haben. Dies schlicht, um anderen Kollegen – namentlich Gremli – zu schaden: »Und sonderbar! Br. hat also erst jetzt gefunden, dass sein Hegetschweileri den ältern Namen Moritzi's zu führen hat? War ihm früher das Buch Moritzis unbekannt? Gewiss nicht! Aber die Gelegenheit mir ein Bein zu stellen war zu günstig, als dass Br. der Versuchung hätte widerstehen können.«[27] In die gleiche Kategorie moralisch fragwürdigen Verhaltens fällt auch Gremlis Vorwurf, der Bündner Bastardforscher habe die Kollegen seines lokalen Wissensmilieus mit falschen Literaturangaben und Zitationsweisen an der Nase herumgeführt, um eine angeblich internationale Ausstrahlung seiner Forschungen vorzutäuschen: »Das ist mehr als Reclame, das ist einfach Schwindel! Br. wird eben calculirt haben: Bah! die Leute da hinten (und viele Andere) werden (und können) diese Citate nicht verificiren, wohl aber beim Lesen dieser Hinweise denken: das muss ein grosser Mann sein.«[28]

Diese von Gremli vorgebrachten Argumente verdeutlichen die in Kreisen der Petite Science geteilten Kriterien der Wissenschaftlichkeit, die in den vorangegangenen Kapiteln bereits herausgearbeitet wurden: Für den gemeinschaftlich forschenden Wissenschaftsmodus ist es unerlässlich, Dinge sorgfältig zu inskribieren und unter Einhaltung moralischer Vorgaben zirkulieren zu lassen. Dem hätte Christian Brügger keineswegs widersprochen. Auch er anerkannte diese normativen Praktiken als Grundlagen der Wissenschaftlichkeit an. Dies zeigt sich darin, dass er sich im Kampf mit Gremli praktisch der wortgleichen Anschuldigungen bediente, die sein Kontrahent gegen ihn ins Felde führte: Auch Brügger versuchte Gremli unter Verweis auf fehlende oder mangelhafte Pflanzenbeschreibungen, ungenügende Bestimmungskompetenz, Verstöße gegen Prioritätsansprüche sowie undurchsichtige und betrügerische Publikationspraktiken zu demontieren.[29]

27 Gremli: Brügger's Bastarte, 41.
28 Ebd., 34.
29 Vgl. Brügger: Mittheilungen über neue und kritische Pflanzenformen, 61 f., 66 und 85.

Beide Kontrahenten beriefen sich also auf identische Normen und stritten vielmehr darum, wer diese auch wirklich befolge. Jeder für sich verfolgte das Ziel, den anderen vom Feld der Wissenschaft auszuschließen. Dazu zogen sie eine Grenze zwischen sich und dem Gegner, sie betrieben also sogenannte *boundary work*. Diesen Begriff entwickelte der Soziologe Thomas F. Gieryn in seinen Untersuchungen zu sozialen Mechanismen, welche die Anerkennung bestimmter Wissensbestände als eben »wissenschaftlich« begünstigen. Was jeweils als »wissenschaftlich« eingeschätzt werde, sei das Resultat von solchen Grenzziehungsprozessen. Eine basale Art, wie diese Grenzziehung in umstrittenen Fällen vollzogen werde, sei die »expulsion« – als Versuch, den Gegner aus der Wissenschaft zu verbannen: »Neither side wishes to challenge or attenuate the epistemic authority of science itself, but rather to deny privileges of the spaces to others who – in their pragmatic and contingent judgement – do not belong there.«[30]

Was bedeutet das für die Erklärung des Wissenschaftsstreits? Die Tatsache, dass sich beide Gegner des gleichen Arsenals bedienten, verdeutlicht nochmals die Wichtigkeit bestimmter Wissenspraktiken für das normale Funktionieren des Wissensmilieus der Petite Science: Die sorgfältige und nachvollziehbare Inskription der Naturobjekte sowie moralische Verhaltensnormen des Vertrauens und der Großzügigkeit waren unabdingbar für gemeinschaftliche Forschung auf der Grundlage informeller Netzwerke. Mehr als eine Bestätigung dieser anerkannten Kriterien der Wissenschaftlichkeit liefern die von Brügger und Gremli ins Feld geführten Argumente aber nicht, auch wenn sie wichtige Munition für ihre gegenseitigen Angriffe darstellten. Der Schlüssel zum tieferen Verständnis unseres Fallbeispiels liegt anderswo.

Babylonische Bastarde: Brügger als Häretiker der botanischen Nomenklatur

Aufmerksamen Lesern wird nicht entgangen sein, dass neben korrekter Einschreibung und Befolgung der Austauschgebote das dritte Kriterium der Wissenschaftlichkeit in der bisherigen Auslegeordnung der Argumente bloß gestreift wurde; nämlich die Respektierung der Ordnungen der Liste. Sammelnde Naturforscher können nur zusammenarbeiten, wenn sie herrschende nomenklatorische Regelungen und taxonomische Systematiken anerkennen und diese in ihren eigenen Forschungen umsetzen. Diese Spur soll nun eingehender untersucht werden. Sie wird uns schließlich – um es schon vorwegzunehmen – zum eigentlichen Kern des Konflikts führen.

30 Gieryn: Cultural Boundaries of Science, 16.

1880 veröffentlichte Brügger sein erstes Verzeichnis von Hybridpflanzen. Diese mehr als 300 Nummern zählende Auflistung sollte zwei strittige Grundüberzeugungen untermauern, die der Gymnasialprofessor im Vorwort seines Katalogs darlegte und die seinen Bastardforschungen als Richtschnur dienten. Erstens verfocht Brügger die Meinung, dass im Hinblick auf die aktuellen Fragen nach der evolutionären Entstehung von Arten der Arten-Kreuzung eine größere Rolle zukomme als bislang angenommen: »Die Überzeugung, dass die Natur – gerade so gut wie die moderne Gärtnerei – sich der Bastardbildung, als eines keineswegs ungewöhnlichen Weges, zur Hervorbringung neuer Formen im Pflanzenreiche bediene, wird und muss sich immer mehr Bahn brechen«.[31] Zu dieser These ließ sich Brügger ausdrücklich von Charles Darwin inspirieren. Er verfolgte jedoch eine eigenwillige Lesart des Darwin'schen Konzepts der Artentstehung. Zwar widmete Darwin ein ganzes Kapitel seines *On the Origin of Species* (1859) den Hybriden, diese Darstellung bildete jedoch eher einen argumentativen Nebenschauplatz: Darwin verfolgte mit seinem Exkurs zur Bastardisierung in erster Linie das Ziel, die grundsätzliche Wesensgleichheit von Varietät und Spezies aufzuzeigen[32] – für seine Konzeption der auf natürlicher Zuchtwahl basierenden Artentstehung spielte jedoch die Hybridisierung keine prominente Rolle. Brügger war also kein orthodoxer Darwinist. Er begegnete dessen Thesen zur natürlichen Auslese wohlwollend kritisch, vertrat aber hinsichtlich der Artentstehung eigenständige Ideen, beispielsweise eben die Wichtigkeit der Arthybridisierung. Weit mehr als von den Theoriedetails Darwins war Brügger vom konstruktivistischen Furor seines britischen Kollegen angetan. Mit Verve vertrat er dessen revolutionäre Neuauffassung der biologischen Spezies: Was die Naturforschung als »Art« festzumachen versuche, sei nichts weiter als ein momentaner Ausschnitt auf einer zeitlichen Verlaufslinie der Evolution. Grenzlinien zwischen den Arten seien im steten Fluss und nicht scharf zu ziehen. Vor dieser Grundannahme sowie angesichts der Erkenntnis, dass Hybridpflanzen Samen produzieren und in ihrem Aussehen über mehrere Generationen hinweg konstant bleiben können, zieht der Bündner Evolutionstheoretiker einen klaren Schluss: Man müsse sich »allmählig daran gewöhnen […], in diesen Bastarden nachgerade im Entstehen begriffene, werdende oder bereits gewordene Arten zu erblicken«.[33]

Bastarde waren für Brügger also im Entstehen begriffene neue Arten. Dieser Überzeugung verlieh er durch seinen zweiten Positionsbezug zusätzlich

31 Brügger: Beobachtungen über wildwachsende Pflanzenbastarde, 47.

32 So bilanziert Darwin das achte Kapitel, welches das Phänomen der Hybridität beleuchtet, wie folgt: »Finally, then, the facts briefly given in this chapter do not seem to me opposed to, but even rather to support the view, that there is no fundamental dinstinction between species and varieties« (Darwin: On the Origin of Species, 278).

33 Brügger: Beobachtungen über wildwachsende Pflanzenbastarde, 48.

Nachdruck: Wenn man es bei Kreuzungsprodukten mit eigenständigen Arten zu tun habe, so verdienten diese auch einen eigenen Namen. Üblicherweise wurden Pflanzenkreuzungen durch den mit einem Kreuzzeichen verbundenen Doppelnamen bezeichnet. Die Kreuzung von *Echtem Nelkenwurz* und *Bachnelkenwurz* führt also die Bezeichnung *Geum urbanum* × *Geum rivale*, in der die beiden Stammeltern die Grundlage der Benennung bilden. Da solche Doppelnamen ziemlich sperrig sind, werden in freier Natur häufig vorkommende Kreuzungen jedoch mit einem schlankeren Kurznamen versehen. Die verbreitet anzutreffende Kreuzung der beiden genannten Nelkenwurz-Arten führt so den Kurznamen *Geum intermedia*. Weil Brügger nun aber fest davon überzeugt war, dass allen Kreuzungsprodukten die Bedeutung eigenständiger Arten zukommen soll, postulierte er folgerichtig die *durchgängige* Benennung von Hybriden mit ebensolchen Kurznamen.[34] Brügger hat mit dieser offensiven Bezeichnungspraxis, die in Widerspruch zur Vorgehensweise anderer Zeitgenossen stand,[35] seine dynamische Artkonzeption gleichsam zivilstandesamtlich besiegelt: Die konsequente Verwendung der Kurznamen schmälerte die Bedeutung der elterlichen Stammarten und betonte stattdessen die evolutionäre Mündigkeit ihrer Zöglinge, die laut ihrem Fürsprecher Brügger »schon heute oder morgen das volle Bürgerrecht [...] beanspruchen können«.[36]

Diese Auffassung hatte nun einen Nebeneffekt, der dem ehrgeizigen Brügger sicherlich nicht unwillkommen war. In der Botanik gilt derjenige Forscher, der eine neu entdeckte Pflanzenart als Erster beschreibt, als deren »Autor« und darf diese mit einem selbstgewählten Namen benennen. Als Verweis auf den Erstentdecker trägt die Pflanzenart fortan dessen sogenanntes Autorenkürzel und erinnert so an dessen sogenannte »Priorität«. Da Brügger Kreuzungsprodukten das »volle Bürgerrecht« verleihen wollte – sie eben als eigenständige Arten betrachtete – und zudem viele der von ihm aufgelisteten Bastarde Neuentdeckungen waren, kam seinen Bastardbeschreibungen gemäß dieser Logik der Stellenwert von prioritären Artbeschreibungen zu. Folglich schmückte sein Autorenkürzel »Brgg.« die meisten der von ihm verliehenen Kurznamen, wie beispielsweise das *Sempervivum rhaeticum Brgg*. Brügger war durch sein Werk zum Autor Hunderter neuer Pflanzenarten geworden. Es waren nun aber genau der Status und die

34 Ebd., 51f.

35 Vgl. z.B. die entsprechende Zurückhaltung des St. Galler Kantonsschullehrers Bernhard Wartmann in seiner *Kritischen Übersicht über die Gefässpflanzen der Kantone St. Gallen und Appenzell* (1881): »Sichere Bastarde, die vernünftigerweise nur mit den Namen ihrer Stammeltern zu bezeichnen sind, wurden in unser Verzeichnis ebenfalls aufgenommen, ohne sie jedoch bei den betreffenden Gattungen mit fortlaufenden Nummern zu versehen« (Wartmann: Kritische Übersicht, 9).

36 Brügger: Aufzählung neuer Pflanzenbastarde, 95.

Namen dieser hybriden Neubürger sowie Brüggers liberale Einbürgerungspraxis, die den entschiedenen Widerspruch Gremlis auslösten.

Ein Großteil der von Brügger neu aufgestellten Hybride stammte aus dem Bündnerland, was sich auch in der Namensgebung widerspiegelte. Wie erwähnt, darf der Autor eine neu entdeckte Pflanze mit einem selbstgewählten Namen benennen. Präziser gesagt, darf er nur das zweite Glied der binomialen Artbezeichnung, das sogenannte Art-Epitheton, festlegen (das erste Glied dagegen verweist auf die Gattungszugehörigkeit einer Art und ist daher bereits gegeben). Betrachtet man Brüggers Namensschöpfungen, so stechen die vielen Epitheta mit Lokalbezug ins Auge wie *Oxytropis rhaetica Brgg.*, *Potentilla engadinensis Brgg.* oder *Crepis curiensis Brgg.* Was bedeuteten Brügger diese Bündner Namen? Erstens entsprachen sie seinen darwinistischen Grundüberzeugungen, die lokalspezifischen Umwelteinflüssen große Bedeutung beimaßen und diese folglich auch in die Namensgebung einfließen ließen. Zweitens kamen den Namen vielfältige identitätspolitische Rollen zu. So waren sie einerseits wichtig für die Selbstversicherung und das Traditionsbewusstsein eines lokalen Wissensmilieus. Brügger benannte nämlich seine in Graubünden neu entdeckten Pflanzen-»Arten« nicht bloß nach geographischen Gesichtspunkten, sondern ebenso nach bekannten Bündner Naturforschern vergangener Zeiten. Brüggers *Carduus Poolii* zum Beispiel erinnerte an den Bündner Naturforscher Lucius Pool (1754-1828) und hatte eine vergleichbare Funktion wie die geschichtlichen Rückblicke auf frühere Inventarisierungsprojekte, die sich in fast allen zeitgenössischen Floren- und Faunenverzeichnissen auffinden ließen: Sie sollten die lange Tradition und Kontinuität der wissenschaftlichen Forschung in besagtem Landstrich bezeugen.[37]

Neben solchem wissenschaftsgeschichtlichen Lokalpatriotismus waren Brüggers Pflanzennamen ebenso Ausdruck wissenschaftlicher Positionsbezüge und politischer Referenzen: Mit der Aufstellung der *Aster Garibaldi* beispielsweise brachte er seine Solidarität für den italienischen Unabhängigkeitskampf zum Ausdruck, während seine *Sempervivum Theobaldi* ein Zeichen der Verbundenheit mit Gottfried Theobald (1810-1869) darstellte, einem aus Deutschland geflüchteten 1848er-Liberalen, der im Bündnerland als Lehrer und Naturforscher heimisch wurde. Im insgesamt dreimal verliehenen Epitheton *Hegetschweileri* offenbaren sich politische wie auch wissenschaftliche Sympathien gleichermaßen: Der Zürcher Johannes Hegetschweiler (1789-1839) kämpfte und starb als Politiker für die liberale Sache und vertrat als Botaniker ein dynamisches Spezieskonzept, das sich mit Brüggers Betonung fließender Artgrenzen deckte. Hämisch kommentierte denn

37 Vgl. zur Rolle des Geschichtsbewusstseins in lokaler Floristik und Faunistik die Ausführungen in Kapitel 2.2.

auch Gremli diese Geistesverwandtschaft: »[Brügger] beruft sich auf Hegetschw., der schon von ›Übergängen‹ zwischen diesen beiden Arten gesprochen habe. Heg. sah aber bekanntlich überall ›Übergänge‹!«[38]

Neben der Betonung der Lokaleinflüsse und der Identitätspolitik erfüllten Brüggers Namensgebungen eine dritte wichtige Funktion: Sie dienten als symbolische Gaben.[39] Brügger widmete nämlich nicht bloß seinem heimatlichen Territorium und berühmten Persönlichkeiten eigene Pflanzennamen. Ebenso bedachte er seine Lehrerkollegen, Vereinsgenossen, Sammelhelfer und Botanikerfreunde mit der Ehre eines eigenen Namens. Nicht zuletzt durch die großzügigen Gaben seiner Namensschöpfungen festigte Brügger sein Netz von Verbündeten, auf deren Rückhalt er dann beispielsweise im Konflikt mit Gremli zählen konnte.[40] Diese Versicherung von Loyalität beruhte auf Gegenseitigkeit, und auch Brügger wurde von seinen lokalen Kollegen mit Benennungen geehrt. So taufte Eduard Killias, langjähriger Präsident der *Naturforschenden Gesellschaft Graubünden*, in seiner *Flora des Unterengadins* einen Rosenhybrid nach seinem Vereinskollegen; die *R. Brüggeri Kill.*[41] Diese Lokalflora erschien 1888, also erst nach den vehementen Angriffen Gremlis auf Brügger. So liegt es nahe, Killias' Namensgebung als Solidaritätszeichen für den angegriffenen Brügger zu deuten: für Brügger als Freund, als Vereinsmitglied und als Bündner.

Aus der Sicht August Gremlis standen die Hunderte von Namen, die sein Bündner Gegenspieler großzügig an Land und Leute verteilte, keineswegs für Freigebigkeit. Er sah in diesem Verhalten etwas ganz anderes, nämlich selbstsüchtige »Mihi-Jägerei, Manie durch neue Namen glänzen zu wollen, wenn auch auf Kosten Anderer, Selbstüberhebung«.[42] Auch Robert Buser, Konservator am Genfer Herbar und im Konflikt treuer Mitstreiter an der Seite Gremlis, unterstellte Brüggers Taufeifer egoistische Motive:

> »Das Bastardstudium ist in neuerer Zeit sehr in Aufschwung gekommen. Seitdem sich so ein billiger Weg öffnet, seinen Namen auf die kommenden Geschlechter zu übertragen, hat sich die Aufsuchung zu einem förmlichen Modeartikel, zu einem Sport sondergleichen entwickelt. Sport ist die ganze Br.'sche Bastardliste, in der das Bestreben zu durchsichtig ist, zu einer möglichst hohen Ziffer emporzuklimmen und wo das Überschreiten des 4. Hunderts mit Jubel angekündigt wird. Ich kenne Sammler, die,

38 Gremli: Zweifelhafte Bastarte, 26.

39 Vgl. dazu auch die Ausführungen in Kapitel 3.3.

40 Von den Bekannten Brüggers, die während des Konflikts mit Gremli auf Seiten Brüggers Partei ergriffen – wovon später im Kapitel noch eingehender die Rede sein wird –, erhielten Hans Siegfried, Johann Krättli sowie Jakob Jäggi von diesem einen oder mehrere eigene Namen gewidmet.

41 Vgl. Killias: Die Flora des Unterengadins, 58.

42 Gremli: Brügger's Bastarte, 49 [mihi = lat. für »mir«, T.S.].

wo immer sie 2 Arten einer Gattung zusammen antreffen, nervös werden. Andere werden es schon, wenn ein Bastard publicirt wird, den sie möglicherweise auch hätten finden können. Es ist dies alles die reinste Hybridomanie.«[43]

Busers Vorwurf bezüglich der Publikationskonkurrenz ist nicht ganz von der Hand zu weisen: Mitunter erinnerte der Tonfall, in dem Brügger und seine Korrespondenten Bastardfunde und deren Erstpublikation verhandelten, durchaus an einen Wettstreit. Jakob Jäggi beispielsweise, der Konservator des Polyherbars, unterrichtete seinen Freund Brügger am 22. Januar 1878 folgendermaßen über Publikationen eines österreichischen Konkurrenten, die erhoffte Prioritätsrechte zunichtemachen könnten: »Letzter Tage habe ich in dem Repertorium der bot. Litteratur […] gelesen, Kerner habe in den jüngsten Jahrgängen der öster. botan. Zeitung 4 Androsace-Bastarde publicirt. Hat etwa der Spitzbub auch den unsrigen schon abgethan?«[44]

Mit dem Vorwurf der ungezügelten Publikationsgier zielten Gremli und Buser also auf die moralische Integrität Brüggers. Doch ließ sich daraus ein noch viel grundsätzlicherer Vorwurf ableiten – nämlich die *Unwissenschaftlichkeit* von Brüggers Tun. Durch das Abstempeln seiner Hybridforschung als rekordsüchtiger Sport sollte Brügger gänzlich aus dem Feld legitimer Wissensproduktion verdrängt werden. Dieses Ziel war nicht unrealistisch: Wie im Folgenden aufgezeigt werden soll, hatte sich Brügger mit seinen Überzeugungen nämlich selber bereits hart an den Rand der botanischen Wissenschaftsgemeinschaft begeben. Es war gerade diese selbstgewählte Außenseiterposition des Churer Gymnasialprofessors, die Gremli am meisten erzürnte. In seinen Augen hatte sich Brügger mit seiner unkonventionellen Artkonzeption und Benennungspraxis eines schwerwiegenden Vergehens schuldig gemacht – des Verstoßes zwar nicht gegen die göttliche, aber gegen die nomenklatorische und systematische Ordnung der Natur. Kurz: Brügger schien ihm ein Ketzer der Klassifikation.

Was beunruhigte Gremli an Brüggers leichtfertiger Ausrufung neuer Pflanzenarten? Seine Erregung war Ausdruck eines drängenden Problems der beschreibenden Naturwissenschaften im ausgehenden 19. Jahrhundert. Im Zuge der Globalisierung wuchs weltweit die Anzahl der Zentren naturhistorischer Wissensproduktion. Die immer dichteren Verkehrs- und Kommunikationsnetze ließen die naturhistorischen Objektströme rund um den Erdball anwachsen, und der koloniale Wettstreit befeuerte diese weltweite Dingzirkulation zusätzlich. Rund um den Globus waren also an Universitäten, Museen, Kolonialhandelsgeschäften und im privaten Rahmen immer mehr Menschen damit beschäftigt, Naturdinge aus aller Welt zu studieren,

43 Buser: Die Brügger'schen Weidenbastarde, 84 f.
44 StAGR, Nachlass Christian G. Brügger, B 238, Brief Jäggis vom 22.1.1878.

einzuordnen und mit einem Namen zu versehen. Parallel dazu wuchs weltweit die Anzahl wissenschaftlicher Fachzeitschriften,[45] sodass es für die Forschenden zunehmend schwieriger wurde, nur schon in einem Spezialgebiet die Übersicht über alle neu publizierten Arten und Namen zu behalten.

Das grobe Regelwerk zur Benennung von Pflanzen, das Carl von Linné Mitte des 18. Jahrhunderts in seinem Werk *Species Plantarum* (1753) als Standard etabliert hatte und welches über lange Jahre seine Funktion erfüllte, war der beschleunigten und globalisierten Wissenschaft des 19. Jahrhunderts nicht mehr angemessen. Die Situation war unhaltbar: Es drohte die Gefahr, dass die identischen Naturdinge gleich doppelt oder dreifach mit je unterschiedlichen Namen belegt wurden – in Unkenntnis entsprechender Forschungsresultate anderswo auf der Welt. Solche »Synonyme«, also verschiedene Namen für die gleiche Spezies, erschwerten die Verständigung unter den Naturforschern in so grundsätzlicher Weise, dass eine Lösung des Problems immer dringlicher wurde.[46] Bereits Mitte des 19. Jahrhunderts wurden in den führenden Wissenschaftsnationen erste Schritte getan, um den drohenden Bezeichnungswirrwarr zu stoppen. In Großbritannien publizierte beispielsweise die *British Association for the Advancement of Science* 1843 ein Regelwerk zur Vereinheitlichung der naturkundlichen Nomenklatur und Systematik, den sogenannten *Strickland Code*.[47] Durch die weltweite Ausstrahlung dieser Leuchtturminstitutionen kam solchen nationalstaatlichen Regelungen durchaus die Vorläuferrolle für spätere internationale Regulierung zu. Im Jahre 1867 war es dann so weit: In Paris kam es auf dem vierten *Congrès International de Botanique*[48] erstmals zu dem Versuch, nomenklatorische Regelungen auf globaler Ebene festzulegen und deren Weiterentwicklung zu institutionalisieren. Der Kongress stimmte einem Entwurf für ein entsprechendes Regelwerk zu, den der Genfer Botaniker Alphonse de Candolle der Versammlung vorgelegt hatte. Dieses »Loi de Candolle« wurde in diversen Sprachen vervielfältigt und galt fortan als Richtschnur für Fragen botanischer Nomenklatur.[49]

Wirkliche Einhelligkeit war durch die Candolle'schen Bemühungen jedoch noch nicht hergestellt. Der Botaniker Dan H. Nicolson bezeichnet denn die Jahrzehnte nach dem Pariser Kongress auch als »schismatische Periode« der botanischen Nomenklatur. Weiterhin konkurrierte eine Viel-

45 Vgl. Bowker: The game of the name, 78; Kupper: Verschollen in den Alpen.

46 Zum grundsätzlichem Problem taxonomischer Synonyme sowie dem »Geschichtsbewusstsein« der Taxonomie vgl. Bowker: The game of the name; Bowker: Biodiversity; Jardine und Spary: The natures of cultural history, 6; Klemun: Der »Historische Erfahrungsraum« von Naturgeschichte, 69; Kohler: All Creatures, 233.

47 Vgl. Nicolson: A history of botanical nomenclature, 34.

48 Der erste Kongress fand 1864 in Brüssel statt, damals noch unter der Bezeichung »Congrès International d'Horticulture«.

49 Vgl. Alphonse de Candolle: Loi de la nomenclature botanique adopté par le Congrès International de Botanique. Genf und Basel: H. Georg, 1867.

zahl von botanischen Wissenszentren mit eigenen, sich widersprechenden Regelungsvorschlägen: den *Kew Rules*, den *Madison Rules* oder den *Berlin Rules*.[50] Einen eigentlichen Wendepunkt stellte erst der Wiener *Internationale Botanische Kongress* von 1905 dar. Die dort beschlossene grundlegende Überarbeitung der Pariser Regelung von 1867 vermochte zwar die Schismen noch nicht ganz zu überwinden. Der Wiener Code und seine kontinuierliche Weiterentwicklung im Rahmen des *Internationalen Botanischen Kongresses* bildeten jedoch den Ausgangspunkt für die heute noch gültigen Nomenklaturregeln der Pflanzenwissenschaft. All diese verschiedenen Regelwerke wollten nicht bloß die Namensgebung der Pflanzenwelt vereinheitlichen. Vor allem sollten sie auch verhindern, dass identische Pflanzen mit unterschiedlichen Namen belegt werden. Um solche Synonyme zu bannen, regelte bereits das Pariser Nomenklaturgesetz die Anerkennung von Prioritätsansprüchen (die gültige Erstbeschreibung einer Pflanze) sowie die Art und Weise, wie solche Prioritäten der Fachwelt mitgeteilt werden sollten.

Kehren wir von diesen Fachkongressen in den europäischen Metropolen zurück ins Bündnerland. Christian Brügger zeigte sich von diesen internationalen Bemühungen, die Herstellung von Synonymen zu unterbinden, nicht sonderlich beeindruckt. Beispielsweise hielt de Candolle 1867 unmissverständlich fest, welche Mitteilungsformen neuer Pflanzennamen nicht als Publikationen zu betrachten seien: »Une communication des noms nouveaux dans une séance publique, des noms mis dans des collections ou des jardins ouverts au public, ne constituent pas une publication.«[51] Brügger jedoch schien sich um die Vorgaben seines Genfer Kollegen zu foutieren. Um seine Prioritätsansprüche für bereits länger zurückliegende, aber erst im Verzeichnis von 1880 abgedruckte Hybrid-Neuentdeckungen abzusichern, nahm er für sich Publikationsweisen in Anspruch, die den Candolle'schen Gesetzen Wort für Wort widersprechen:

> »[Ü]ber manche der unten aufgezählten Bastarde habe ich schon früher […] in zahlreichen öffentl. Sitzungen unserer Gesellschaft […] berichtet, und überdies viele (namentlich seit 1860 gesammelte) Exemplare in öffentlichen Sammlungen und Gärten Jedermann zugänglich gemacht, was wohl auch als eine Art Publication angesehen werden darf und wird.«[52]

Mit seinem 1880 erschienenen Bastardverzeichnis beschritt Brügger zwar durchaus den rechtmäßigen Weg einer Publikation: Der *Jahresbericht der Naturforschenden Gesellschaft Graubündens* erfüllte als gedruckte, öffentlich verteilte Zeitschrift de Candolles Kriterien hinlänglich. Trotzdem fanden

50 Vgl. Nicolson: A history of botanical nomenclature.
51 De Candolle: Lois de la nomenclature botanique, 25.
52 Brügger: Beobachtungen über wildwachsende Pflanzenbastarde, 54.

die Brügger'schen Neuentdeckungen nicht unbehindert Zugang ins globale Kollektivgedächtnis der Pflanzennomenklatur – die Reichweite des bündnerischen Jahresberichtes war schlicht zu gering. So sah sich Brügger mitunter gezwungen, die Anerkennung seiner behaupteten Prioritäten durch brieflichen Verkehr zu erkämpfen, wie er 1886 seinen Vereinskollegen berichtete:

> »Meine Originalpflanze [...] wurde vom Monographen der Gattung 1882 eingesehen und bestätigt (Haussk. Monogr. Epilob. S. 174 cit.), trotzdem aber mit einem neuen Namen versehen (E. amphibolum Haussk. l.c. S. 177) [...] Als ich ihn hierauf aufmerksam machte, schrieb mir derselbe (d. 30. IX. 1884) wörtlich: ›Es hat mir sehr leid gethan, dass dieses Versehen passirt ist. Ihr Aufsatz in den Graub. Verhandl. ist mir unbekannt geblieben, da er von Dalla Torre nicht citirt wird‹«.[53]

Der aus Thüringen stammende Haussknecht war kein Einzelfall – die Zahl der ausländischen Botaniker, die sich in den Jahresberichten der Bündner Naturforscher über neu entdeckte Arten kundig machten, war wohl sehr überschaubar. So wurde Brügger denn auch bereits in früheren Jahren von seinem am Zürcher Polytechnikum tätigen Kollegen Jakob Jäggi ermahnt, eine gezieltere Strategie für die Publikation neuer Arten zu verfolgen und sich nicht ausschließlich auf graue und populäre Literatur zu stützen: »Es ist von dir immer unverzeihlich gewesen, dass du in bot. Fachschriften so wenig publicirt hast. Die ›Indices seminum horti Turicensis‹ sowie Publikationen in ›Schweiz. Meteorolog. Beobachtungen‹, im ›Berlepsch‹ etc. dringen nie in die große botanische Welt.«[54] Für Forscher, deren Ausstrahlung eher lokaler oder höchstens nationaler Natur war, stellte die globale Bekanntmachung von Neuentdeckungen ein grundsätzliches Problem dar. Dennoch wären ambitionierteren Lokalforschern in Form international rezipierter Fachzeitschriften durchaus Wege offen gestanden – Brügger wählte jedoch bewusst eine andere Vorgehensweise. Die Gründe dafür sind unklar: Angesichts damals zunehmender Regulierungs- und Zentralisierungstendenzen der botanischen Nomenklatur kann Brüggers Vorliebe für Periodika mit regionaler Reichweite (sowie seine demonstrative Missachtung einschlägiger Gesetze) als trotzige Behauptung lokalwissenschaftlicher Autonomie interpretiert werden. Zusätzlich verstärkt wurde seine Publikationspraxis wohl auch durch Brüggers »darwinistische« Wissenschaftskonzeption, die der Beobachtung vor Ort einen erkenntnistheoretisch herausragenden Stellenwert einräumte – und woraus Brügger dann in lokalpatriotischer Konsequenz auch das Primat der Publikation vor Ort abzuleiten schien.

53 Brügger: Mittheilungen über neue und kritische Pflanzenformen, 57 f.
54 StAGR, Nachlass Christian G. Brügger, B 238, Brief Jäggis vom 6. 3. 1878.

Dass die Einhaltung der zunehmend verworrenen nomenklatorischen Regeln dem durchschnittlichen Pflanzenliebhaber nicht leichtfiel, wurde auch von der damaligen Elite der Systematiker anerkannt. Viele der aktuellen botanischen Publikationen seien »absolument inintelligibles pour le commun des botanistes«, so hielt der renommierte Taxonom John Briquet im Vorwort des Tagungsbandes zum *Internationalen Botanischen Kongress* von 1905 fest.[55] Diese Einsicht führte jedoch keineswegs zu einem Plädoyer für eine größere Fehlertoleranz. Vielmehr lautete die Schlussfolgerung namhafter Botaniker, dass sich gerade Laien und Generalisten der Benennung kritischer Pflanzenarten (beispielsweise von Bastarden) gefälligst zu enthalten hätten. Auch August Gremli vertrat diese Meinung und mahnte zu Abstinenz: »Non novis nominibus sed novis observationibus opus est.«[56]

Botaniker wie Brügger hingegen, die unbekümmert Neuentdeckungen veröffentlichten, machten sich in den Augen Gremlis gleich mehrfach schuldig. Ihr Vergehen bestand nicht bloß darin, dass sie mit der leichtfertig in Kauf genommenen Produktion von Synonymen das sowieso schon beschwerliche Geschäft der Systematik noch zusätzlich komplizierten. Vielmehr erfrechten sich solche Häretiker auch, gegen vorgegebene Ordnungen zu verstoßen und sich nicht mit dem ihnen vorbestimmten Platz im Ordnungsgefüge zu bescheiden. Wie ein strenger Kirchenvater mahnt denn Gremli seinen Kontrahenten: »Die botanische Nomenclatur hat ihre bestimmten, allgemein angenommenen Gesetze, die von einem einzelnen nicht nach Gutdünken umgestoßen werden können.«[57]

Diese Anklänge an ein religiöses Vokabular sind nicht zufällig: Sowohl Geoffrey C. Bowker als auch Harriet Ritvo machen an Beispielen aus Großbritannien darauf aufmerksam, dass die im 19. Jahrhundert geführten Debatten um biologische Nomenklatur und Systematik sich häufig eines theologischen Wortschatzes bedienten: Regelverstöße seien als das »Böse« bezeichnet worden und deren Verursacher als »Sünder«.[58] Auch unter deutschsprachigen Taxonomen fand diese britische Sündenrhetorik Anklang. Im Jahre 1903 druckte die Sammlerzeitschrift *Insekten-Börse* ein ironisches Spottgedicht einer englischen Entomologenzeitschrift ab, mit welchem diese ihrem Ärger über die massenhafte Aufstellung angeblich neuer Arten Luft verschaffte – ein Problem, das die Insektenkundler gleichermaßen umtrieb wie ihre botanischen Kollegen:

55 Briquet: Règles internationales, 6.

56 Gremli: Zweifelhafte Bastarde, 28 [= lat.: »Nötig sind nicht neue Namen, sondern neue Beobachtungen«, T. S.].

57 Ebd., 29.

58 Ritvo: Varieties of taxonomic experience, 85; Bowker: The game of the name, 78.

»O gentle reader, drop a tear
For one beneath this stone;
In life he named 7000 bugs, to science, all unknown.

But now, alack! he is condemned
In a place I dare not name;
With his own books, through endless years,
To identify the same.« (*A. Victim*)[59]

Trotz des unverkennbar ironischen Tons war das Gedicht in seiner Grundaussage unmissverständlich: Sogenannte »Artenfabrikanten«[60] wünschte man in die Hölle und schloss sie aus dem Kreise legitimer Wissensproduktion aus. Wie lässt sich diese strenge Verdammung abweichender Taufpraktiken erklären? Die Abwehr regelwidriger Benennungsweisen diente zuerst einmal der Verteidigung einer gemeinsamen Sprache. Die binäre Nomenklatur in der Tradition Carl von Linnés erlaubte eine Verständigung über Naturdinge über die Grenzen wissenschaftlicher Disziplinen und wirtschaftlicher Tätigkeitsfelder hinweg. Gärtner, Samenzüchter, Förster, Sammlungskuratoren, Taxonomen oder Physiologen; alle bedienten sich der gleichen lateinischen Doppelnamen, um eine bestimmte Pflanzen- oder Tierart zu bezeichnen. Mit Peter Galison gesprochen, kam diesen Binomen also die Rolle eines »pidgin«[61] zu: Zwar besaßen in jedem dieser lokalen Wissenskontexte die in Frage stehenden Pflanzen je spezifische Bedeutungen, die sich von Kontext zu Kontext mitunter gar widersprechen konnten. Aufgrund der gemeinsamen Benennung der Pflanzen war es den einzelnen Kontexten aber dennoch möglich, punktuell miteinander in Austausch zu treten und zusammenzuarbeiten. In den Augen der nomenklatorischen Orthodoxie drohte durch die maßlose Neuschöpfung von Binomen (und allfälligen Synonymen) eine Überladung dieser Lingua Franca, was die Kommunikation innerhalb sowie zwischen den unterschiedlichen naturbezogenen Teilkulturen zunehmend erschwerte. Angesicht des oft bemühten religiösen Vokabulars war es denn nicht überraschend, dass sich unter Zeitgenossen die Metapher der babylonischen Sprachverwirrungen großer Beliebtheit erfreute, um den nomenklatorischen Ist-Zustand zu umschreiben. Ironischerweise beklagte selbst Christian Brügger 1885 in einem Brief an eine Botanikerkollegin, dass eine neu erschienene Gattungsmonographie statt der angestrebten Ordnung vielmehr »babylonische Verhältnisse«[62] geschaffen habe.

59 [s.n.]: Entomologische Mitteilungen (Insekten-Börse 1903, Nr. 10), 77.
60 Ebd.
61 Galison: Trading zone, 148-154.
62 StAGR, Nachlass Christian G. Brügger, B 1165/10 (2. Teil), Brief Brüggers vom 10.6. 1885.

Brügger im Abseits: Infragestellung von Ordnungskategorien und verwehrte Teilhabe

Die Gereiztheit der orthodoxen Ordnungspatriarchen war aber nicht einzig darauf zurückzuführen, dass eine Verwässerung der globalen Verkehrssprache die Verständigung zwischen Pflanzenkundigen behinderte. Ihre Beunruhigung war vielmehr verursacht durch eine tiefer liegende Erschütterung grundlegender Ordnungskategorien. Die öffentlichen Bannflüche gegen Häretiker waren Stellvertreterkämpfe und galten eigentlich einem anderen Gegner. Sie zielten auf jenen epistemischen Abgrund, mit dem sich die beschreibende Biologie im späteren 19. Jahrhundert konfrontiert sah und der ihr Tun und Treiben entschieden in Frage stellte: die Krise des Spezies-Konzeptes.

Die Heftigkeit der Angriffe auf Brügger und andere Nonkonformisten erklärt sich durch diese fundamentale Krise der biologischen Erkenntniskategorie »Art«. Wie im Folgenden gezeigt werden soll, stellt die abweichlerische Hinterfragung gemeinsamer Ordnungskategorien immer auch die Gemeinschaft in Frage, die mit diesen Kategorien hantiert. Dies wiederum veranlasst die in Frage gestellte Gemeinschaft dazu, die Zugehörigkeit der Abweichler zu ihrer Gemeinschaft zu überprüfen. Wie soziologische Untersuchungen nahelegen, gehören Ordnungskategorien und Zugehörigkeit zur Gemeinschaft untrennbar zusammen, und wenn also grundlegende Kategorien ins Wanken kommen, so werden auch Fragen der Zugehörigkeit mit größerer Vehemenz verhandelt.

Will man über Kategorien reden, so macht es Sinn, sich zuerst über Ordnung zu verständigen. Was bedeutet es, Ordnung herzustellen und Dinge nach einer solchen zu ordnen? Die Frage nach der Bedeutung und Funktionsweise von Ordnungsmodi war ein zentrales Anliegen der Sozial- und Kulturwissenschaften der Moderne, welche in selbstreflexiver Weise auf die Charakterisierung ebendieser Moderne abzielten.[63] Im Verlaufe des 20. Jahrhunderts waren im Chor dieser Theorien immer deutlicher die »konstruktivistischen« Stimmen zu vernehmen. Diese betonten, dass alle Ordnungssysteme Eigenschaften von Dingen nicht etwa bloß abbilden, sondern vielmehr selber hervorbringen. Klassifikation ist in dieser Auffassung nie nur neutrale kognitive Arbeit am Faktischen, sondern immer auch eine Tätigkeit, die an der Erschaffung der sozialen Welt mitbeteiligt ist.

Was bedeutet dieser postulierte Zusammenhang von Klassifikation und sozialer Ordnung für die biologische Taxonomie des ausgehenden 19. Jahrhunderts mit ihren augenscheinlich blankliegenden Nerven? Ergiebige Hinweise zu diesem Kernproblem unseres Fallbeispiels finden sich in der infor-

63 Law: Organizing Modernity, 7.

mationssoziologischen Abhandlung *Sorting Things Out. Classification and its Consequences* (1999) von Susan Leigh Star und Geoffrey C. Bowker. Die Originalität dieser Theorieskizze liegt in der fruchtbaren Verknüpfung von Stars bereits früher entwickeltem Konzept des *boundary object* mit dem bildungssoziologischen Ansatz der *community of practice* von Jean Lave und Étienne Wenger. Mit diesen beiden Autoren teilen Star und Bowker die Überzeugung, dass Kategorien von großer Wichtigkeit für das Funktionieren einer *community of practice* seien, einer heuristischen sozialen Größe, die sie folgendermaßen definieren: »It is, put simply, a set of relations among people doing things together. The activities with their stuff, their routines, and exceptions are what constitute the community structure.«[64] Für solche Tätigkeitsgemeinschaften sind Kategorien vor allem in Hinblick auf die Integration neuer Mitglieder wichtig. Lave und Wenger bezeichnen den anfänglichen Status eines Gemeinschaftsneulings als »legitimate peripheral participation«. Aus dieser Randposition verläuft nun schrittweise der Weg ins Zentrum gänzlicher Zugehörigkeit – und zu den wichtigsten Schritten auf diesem Weg zähle die zunehmende Vertrautheit mit den zentralen Kategorien und Objekten der Gemeinschaft, also beispielsweise mit Judowürfen, Schraubensorten oder eben Pflanzenarten. Mit wachsender Zugehörigkeit des Neulings würden ihm die Kategorien immer vertrauter, bis diese von ihm schließlich »eingebürgert« (engl.: *naturalized*) und nicht mehr als bewusste Setzungen wahrgenommen würden.[65] In einer ideal funktionierenden *community of practice* würden also deren Mitglieder, ihre Arbeitsobjekte sowie die verwendeten Kategorien passgenau übereinstimmen. Die Realität freilich präsentiert sich als eine andere: Im alltäglichen Handeln sind die Mitglieder jeder Tätigkeitsgemeinschaft oft damit konfrontiert, dass ihre spezifischen Tätigkeiten nicht gänzlich mit den bereitgestellten Kategorien in Übereinstimmung gebracht werden können.[66] Dies geht einerseits auf die Widerspenstigkeit der echten Welt zurück, die sich idealen Kategorien immer entzieht, und rührt andererseits auch daher, dass in dieser realen Welt sowohl Dinge, Kategorien wie Menschen gleichzeitig verschiedenen *communities of practice* angehören und dort je kontingenten Bedeutungen unterliegen. Um nun einerseits das legitime Funktionieren innerhalb der eigenen Gemeinschaft und andererseits die Verständigung über den engen Kreis der eigenen Gemeinschaft hinaus weiterhin zu gewährleisten, ruft das Kontingenzproblem nach einer Lösung. Dem Problem sei nicht dadurch beizukommen, dass man die kategorialen Selbstverständnisse einer bestimmten Gemeinschaft allen anderen Kontexten aufdränge, also Stan-

64 Bowker und Star: Sorting Things Out, 294.

65 Ebd., 294.

66 Zur ontologischen Kluft zwischen lokalen, kontingenten Dingensembles und abstrakten Klassifizierungssystemen sowie deren Überwindung durch performative, verkörperlichte Praktiken vgl. Roth: Making classifications (at) work.

dards erzwingen wolle. Standards seien für Ordnungsunterfangen mit vielen beteiligten Gemeinschaften meist zu starr: »[…] standards do not remain standards for very long, and that one person's standard is another's confusion and mess.«[67] Dies zeigte sich auch an den oben beschriebenen Prozessen der globalen Standardisierung der botanischen Nomenklatur: Diese stießen nicht auf ungeteilte Gegenliebe und deren breite Anerkennung dauerte lange Zeit. Tragender als Standards sind in den Augen Bowkers und Stars dagegen die in vorangegangenen Kapiteln bereits erwähnten *boundary objects*; flexible Dinge materieller oder konzeptioneller Natur, die zwischen unterschiedlichen Tätigkeitsgemeinschaften und ihren spezialisierten Kategorien vermitteln.[68] Diese Vermittlerobjekte erlauben die gemeinsame Bezugnahme auf die Welt und ihre Dinge, ohne dass sich die Werkzeuge, Sprachen und Praktiken der einzelnen Tätigkeitsgemeinschaften einander ganz angleichen müssen.[69] In den vorangegangenen Ausführungen zu den Kooperationspraktiken der Lokalfaunistik und -floristik wurde bereits aufgezeigt, wie beispielsweise die *Liste* als ebensolches Vermittlerobjekt unterschiedliche Akteure und ihre inventarisierenden Tätigkeiten zusammenhält. Diese Fähigkeit der Liste beruht letztlich auf ihrem Grundelement; dem einzelnen Spezies-Eintrag. Nicht nur lokale Bestandeserfassungen stützten sich auf diese festen Bausteine der einzelnen, klar unterscheidbaren und benennbaren Arten – das Konzept der »Spezies« war das wohl wichtigste *boundary object* der neuzeitlichen Tier- und Pflanzenkunde überhaupt.

Wie der Wissenschaftshistoriker Gordon McOuat an der britischen Biologiegeschichte des 19. Jahrhunderts aufzeigt, kam der Idee der Spezies jene Funktion zu, die Susan Leigh Star und Geoffrey C. Bowker als »working arrangement«[70] beschreiben: Um die stabilisierende und vermittelnde Funktion besagten Konzeptes nicht zu gefährden, hätten sich wichtige Institutionen stets gehütet, dieses verbindlich zu definieren. Nur auf der Grundlage einer konzeptionellen Offenheit habe das Spezies-Konzept als *boundary object* funktionieren können, mit dem die verschiedensten Akteure ihren Bedürfnissen entsprechend hantierten.[71] Gegen Ende des Jahrhunderts war dieses vorsichtige Umschiffen definitorischer Festlegungen keine Option mehr. Immer deutlicher klafften die taxonomischen Idealtypen und ihre vermeintlichen Entsprechungen in der Natur (sowie in den Sammlungen) auseinander, es herrschte große Unklarheit über die Festlegung einzelner

67 Bowker und Star: Sorting Things Out, 293.
68 Vgl. für eine Darstellung des *boundary object*-Konzeptes von Susan Leigh Star und Peter Griesemer Kapitel 2.3.
69 Bowker und Star: Sorting Things Out, 297.
70 Ebd.
71 Vgl. McOuat: The politics of »natural kinds«.

»Spezies«.[72] Innerhalb der vorgeblich gleichen Spezies offenbarten sich den Taxonomen in den rasch anwachsenden Objektreihen der Museen und Universitätssammlungen immer mehr kleine und kleinste Unterschiede. Auf diesen Befund konnten sie mit zwei gänzlich entgegengesetzten Klassifikationsweisen reagieren: Gehörten sie eher zu den im Englischen als »splitters« bezeichneten Systematikern, so tendierten sie dazu, noch die unbedeutendsten Unterschiede zwischen den Einzelstücken herauszustreichen und die Exemplare mit entsprechenden Abweichungen als neue, eigenständige Art zu postulieren.[73] Es handelte sich bei diesen »splitters« um jene »Artproduzenten«, die das oben zitierte Gedicht in die Hölle verdammte. Die Mehrzahl der Taxonomen des ausgehenden 19. Jahrhunderts neigte jedoch in die gegenteilige Richtung: Als sogenannte »lumpers« maßen sie diesen kleinen Unterschieden innerhalb einer Spezimenreihe keine übergroße Bedeutung zu und fassten diese leicht voneinander abweichenden Exemplare alle unter dem breiten Dach einer gleichen Art zusammen. Dennoch stellte sich auch den »lumpers« das Problem, wie man deutliche Unterschiede innerhalb der gleichen Art, beispielsweise zwischen Exemplaren verschiedener geographischer Herkunft, taxonomisch berücksichtigen kann, ohne gleich eine neue Art aufzustellen. Die Lösung fand man in der Erfindung der »Subspezies«. Seit Mitte des 19. Jahrhunderts fand diese neue taxonomische Rangstufe zunehmend Anwendung in der Ornithologie, der Entomologie sowie der Botanik. Auf empirisch solide Grundlage wurde dieses Konzept aber erst um die Jahrhundertwende gestellt, im Zuge großangelegter Feldforschungen und Sammlungsvermessungen.[74] Die Kategorie der Subspezies trug den Beobachtungen kleiner phänotypischer Abweichungen Rechnung, ohne die Stabilität des Artbegriffs zu untergraben.

Es gab jedoch ein Problem, auf das weder die »splitters« noch die »lumpers« eine Antwort hatten: Im letzten Drittel des Jahrhunderts war man sich zusehends unsicher, ob das Konzept der »Art« überhaupt eine Entsprechung in der wirklichen Natur hat oder ob es sich dabei bloß um ein Fantasiegebilde der Wissenschaft handelt. Diese Verunsicherung hatte die Naturwissenschaft zu wesentlichen Teilen Charles Darwin zu verdanken, der nach zehnjährigem Studium von Rankenfußkrebsen genau diese Behauptung aufstellte: dass nämlich die Natur keine klaren Speziesgrenzen kenne, sondern vielmehr fließende Übergänge und Variationen, was nach einer Ablösung des klassischen Konzeptes diskreter Arten verlange. Oder, wie er es 1859 in seinem epochemachenden *On the Origin of Species* selber formulierte: »No one can draw any clear distinction between individual differences and slight varieties; or between more plainly marked varieties and

72 Vgl. Stevens: Species, 302.
73 Vgl. Kohler: All Creatures, 242.
74 Vgl. Kohler: All Creatures, 255.

sub-species, and species.«[75] »Arten« sind in dieser Denkweise nichts weiter als eine Momentaufnahme auf einer evolutionären Zeitachse, mithin also nichts Festes und klar Abgrenzbares, sondern in fortwährendem Wandel begriffene Lebensformen. Das Konzept der »Art« hat daher auch keine Entsprechung in der biologischen Realität, sondern ist nichts weiter als ein menschliches Behelfskonstrukt, das den kollektiven Umgang mit Dingen der lebendigen Welt erleichtern kann.

Diese Position, die den sogenannt diskreten (das heißt durch klare Übergänge abgegrenzten) Arten ihren Realitätsstatus abspricht und sie vielmehr als bloßes Hilfskonzept versteht, wird in der herkömmlichen Biologiegeschichte gemeinhin als »nominalistisch« umschrieben.[76] Ihr gegenübergestellt wird die »essentialistische« Spezieskonzeption, welche Arten als die real existierende Basiskategorie der Natur auffasst. Auch wenn diese dichotome Erzählung heute verschiedentlich als irreführend abgetan wird,[77] so steht zumindest außer Frage, dass durch Darwin und seine Dekonstruktion des Artkonzeptes die Naturgeschichte in ihrem Selbstverständnis als Ordnungswissenschaft des Naturreiches grundlegend erschüttert wurde. Die Infragestellung der Möglichkeit klarer Ordnung sei gerade für Freizeitforscher einem eigentlichen Schock gleichgekommen, wie die Evolutionsbiologin Carol Kaesuk Yoon in ihrer Untersuchung *Naming Nature* festhält.[78]

Es waren mehrere Ebenen, in denen diese Verunsicherung zum Ausdruck kam. Die Darwin'sche Konfusion brachte sowohl epistemische als auch moralische Gewissheiten durcheinander. Da Darwin mit den diskreten »Spezies« dem ehemals festen Gerüst der sammelnd-beschreibenden Naturforschung – der taxonomischen Ordnungshierarchie – seine wichtigste Stütze entriss, geriet einerseits dieses Wissensgebäude ins Schwanken. Dieses epistemische Schwindelgefühl war den Akteuren der Petite Science Anlass zu steter Klage: »Familie, Gattung, Art, Varietät und Abberation! Welches Durcheinander von Begriffen und Auffassungen herrscht hier«, so lamentierte der Freizeitentomologe Karl Vorbrodt aus Lyss im Vorwort seines Schmetterlingskataloges, »nirgends finden wir festen Boden; im einen Werk tritt diese, im zweiten eine andere und im dritten eine weitere Ansicht zutage.«[79]

Das Fehlen einer Richtschnur wurde andererseits auch in moralisch-politischer Hinsicht als bedenklich eingestuft. Wie Harriet Ritvo an historischen Fallbeispielen aus der britischen Biologie aufzeigt, war der biologischen Taxonomie im 19. Jahrhundert häufig die implizite Annahme unterlegt, dass sich in Klassifikationsregeln der Natur die Ordnung der Gesellschaft spiegeln würde. Kommt nun der Natursystematik der Kompass abhanden,

75 Darwin: On the Origin of Species, 469.
76 Vgl. Mayr: Die Entwicklung der biologischen Gedankenwelt, 206-216.
77 Vgl. Stevens: Species, 304 f.; Wilkins: Species, ix.
78 Yoon: Naming Nature, 61.
79 Vorbrodt: Die Schmetterlinge der Schweiz, IX.

so tangiert die entstehende Unordnung auch die Gesellschaft; es droht Chaos und Unmoral. Von einer bestimmten Form der Unordnung sei das konservative viktorianische Establishment besonders in Bann gezogen worden: den Hybriden. Ritvo interpretiert diese Faszination durch die vorherrschende, aber zunehmend herausgeforderte Ideologie der Grenzziehung in Wissenschaft wie Gesellschaft: »Perhaps it was the strength of this counterfactual assertion that accounted for the persistent Victorian fascination with hybrids of all kinds, which emphasized the existence of boundaries between groups at the same time that they obliterated them.«[80]

Solche Widerspiegelungen zeitgenössischer Degenerationsdiskurse in der biologischen Systematik waren auch deutschsprachigen Naturwissenschaftlern keineswegs fremd. Wenn sich beispielsweise der Botaniker Theodor Wolf im Jahre 1908 über das Kreuzungsverhalten einer bestimmten Untergattung von Fingerkräutern auslässt, so bedient er sich dabei nicht nur einer botanischen Fachsprache, sondern macht mit seinem Vokabular ebenso Anleihen bei zeitgenössischen Degenerationsängsten. Als Unordnung wahrgenommene Vorkommnisse bei den Fingerkräutern verweisen so auf Unsittlichkeiten, die Wolf in der Gesellschaft auszumachen scheint:

> »In diesen Gruppen herrscht ein höchst lockeres, ungeordnetes Geschlechtsleben, kaum eine Spezies hält sich rein, Bastarde nach allen Richtungen häufen sich in bedenklicher und verwirrender Weise. Innerhalb der Arten einer und derselben Gruppe geht es freilich am schlimmsten her […]; aber das Skandal bleibt nicht im nächsten Verwandtenkreis, es greift nur zu häufig auf andere Gruppen über und es entstehen meist schon von der Natur mit Unfruchtbarkeit gestrafte Spottgeburten.«[81]

Kehren wir wieder zurück nach Chur: Hier wirkte mit Brügger ein liberaler Botaniker, dem vor solchen Grenzüberschreitung keineswegs graute. Vielmehr war er in großzügiger Weise bereit, die unheimlichen Mischwesen, die sich in einer undefinierten Grenzzone bewegten, mit dem »vollen Bürgerrecht« auszustatten. Brüggers Einbürgerungspraxis kollidierte also mit den herkömmlichen Verfahren der Kategorien-Naturalisierung in seiner *community of practice*: Auch wenn Brügger das Konzept der Art nicht ausdrücklich in Frage stellte, so untergrub er mit seiner Forschungs- und Publikationspraxis dennoch die Gewissheiten klarer Artgrenzen im Pflanzenreich. Sehr schön zeigt sich dies an seiner Untersuchung verschiedener Gänsekresse-Arten. In seinen Ausführungen zum Hybrid von *Arabis hirsuta*

80 Ritvo: Varieties of taxonomic experience, 89. Vgl. ausführlicher zum Zusammenhang von Taxonomie und gesellschaftlicher Ordnung auch Ritvo: The Platypus and the Mermaid.

81 Wolff: Monographie der Gattung Potentilla, 28.

und *Arabis alpestris* beispielsweise entwirft Brügger das Bild von stufenlos ineinanderfließenden Spezies:

> »Es gibt bei Chur Stellen, wo diese und ähnliche Zwischenformen, worunter auch solche, die sich theils der einen, theils der anderen Stammart mehr nähern, bei weitem vorherrschend geworden, die reinen Typen der letzteren dagegen spärlich oder kaum mehr vertreten sind, so dass hier A. intermedia bereits die Rolle einer selbstständigen Art zu spielen scheint. Wer diese nun als blosse Übergänge von A. hirsuta zu A. alpestris taxiren wollte, müsste dies folgerichtig auch mit A. ambigua, A. sabauda, A. rhaetica und A. subnivalis thun, welche, wie ich oben gezeigt zu haben glaube, eben solche »Uebergänge« von A. hirsuta und A. alpestris zu A. bellidifolia, von letzterer zu A. pumila und von dieser zu A. caerulea darstellen, so dass also nun eine ununterbrochene Reihenfolge von in der freien Natur vorkommenden »Uebergängen« die A. hirsuta mit A. coerula verbindet«.[82]

Diese Ansicht findet ihre Entsprechung in unveröffentlichten Skizzen Brüggers (vgl. Abbildung 4.4). In diesen Bastardisierungsschemata wird alles mit allem gekreuzt und die Annahme einer festen Artgrenze durch Brüggers wilde Genealogien in Frage gestellt – trotz gegenteiliger Beteuerung des Bastard-Advokats, eigentlich bloß neuen Arten zu ihrem Recht verhelfen zu wollen.

Es war diese unbekümmerte Subvertierung der sowieso schon erschütterten Grundkategorie »Art«, mit der sich Brügger ins Abseits begab und sich zur Zielscheibe von Gremlis Attacken machte. Die legitime Teilhabe an einer Tätigkeitsgemeinschaft wird von Susan Leigh Star und Geoffrey Bowker als steter Prozess beschrieben, in dem bestehende Kategorien sowie Neuzugänge von Dingen und Menschen aufeinander abgestimmt werden müssen. Dieser Prozess besteht also aus zwei unterschiedlichen Beziehungsformen, bei denen jeweils das Gleichgewicht hergestellt werden muss: Einerseits zwischen Personen und deren Teilhabe an der Gemeinschaft, andererseits zwischen Objekten und deren »Einbürgerung« in bestehende Ordnungskategorien. Beide Beziehungsverhältnisse hängen gemäß Star und Bowker eng zusammen.[83] Wenn sich ein Objekt nicht in die üblichen Kategorien einpassen lässt oder ein Mitglied der Gemeinschaft den ausgetretenen Pfad der anerkannten Kategorien verlässt, so hat das immer auch Rückwirkungen auf die legitime Teilhabe sowohl des Dings als auch des Menschen an der entsprechenden *community of practice*. Das deviante Gemeinschaftsglied und das abweichende Ding gleichermaßen werden in die Sphäre der Illegitimität verstoßen und aus der Tätigkeitsgemeinschaft verbannt. Dies war bei Christian Brügger und seinen allgegenwärtigen Hybridpflanzen der Fall. Vor dem

82 Brügger: Aufzählung neuer Pflanzenbastarde, 94.
83 Vgl. Bowker und Star: Sorting Things Out, 300.

Hintergrund der epistemischen wie moralischen Verunsicherung, die Darwins Kritik des Artkonzeptes ausgelöst hatte, benahm sich Brügger geradezu herausfordernd: Seine Infragestellung fester Speziesgrenzen und somit die Unterhöhlung des zentralen *boundary object* der Naturgeschichte führten den Gymnasialprofessor fast zwangsläufig ins Abseits.

Gremlis Excursionsflora *als verdinglichte Ordnungsmacht*

Es waren jedoch nicht bloß die epistemisch und moralisch hohen Einsätze, die mit dem Spezieskonzept auf dem Spiel standen und für die entsprechende Gereiztheit unter den Naturforschern sorgten. Brüggers fröhliche Wissenschaft der Hybridisierung sowie seine ausufernde Produktion neuer Arten und Synonyme berührten ebenso materiell-praktische Gesichtspunkte der taxonomischen Ordnung und der »Art« als ihrer Hauptstütze. Das Ordnen der Welt geschieht nie bloß im Kopf. Wie Geoffrey C. Bowker und Susan Leigh Star betonen, finden ideelle Klassifizierungssysteme immer auch Niederschlag in der materiellen Welt. Grundkategorien von Ordnungssystemen verdinglichen sich in sogenannter »boundary infrastructure«,[84] beispielsweise in DIN-normiertem Schreibpapier, in Ordnern oder in Briefcouverts. In gleicher Weise, wie die Kategorien dazu tendieren, im alltäglichen Gebrauch einer Tätigkeitsgemeinschaft »naturalisiert« zu werden, entzieht sich diese Ordnungsinfrastruktur normalerweise der bewussten Wahrnehmung. Sichtbar wird sie erst, wenn sie nicht mehr reibungslos funktioniert. Solche Störungen sind in den Augen Stars und Bowkers ein Glücksfall, zumindest in heuristischer Hinsicht. Indem der Normalzustand auf den Kopf gestellt werde, erhalte der Kulturwissenschaftler Einblick in »the depths of interdependence of technical networks and standards, on the one hand, and the real work of politics and knowledge production on the other«.[85] Diese Verwobenheit von Techniken, Politiken und Wissen verleihen einer Ordnungsinfrastruktur großes Beharrungsvermögen: Verdinglichte Klassifikationssysteme sind träge, und ihre Veränderung oder gar Abschaffung ist stets mit erheblichem Ressourcenaufwand verbunden. Diese Trägheit zeigte sich auch im Störungsfall Brügger. Seine über 300 Hybridarten, die er der botanischen Community vorlegte, standen in vielerlei Hinsicht quer zu infrastrukturell vorgegebenen Ordnungsrastern. Brügger verärgerte seine Mitbotaniker damit, dass er es wagte, mit der »Spezies« deren konzeptionelles *boundary object* in Frage zu stellen. Für vergleichbaren Ärger unter den Pflanzensammlern sorgte aber ebenso die Tatsache, dass sich seine Bastarde

84 Ebd., 286.
85 Ebd., 34.

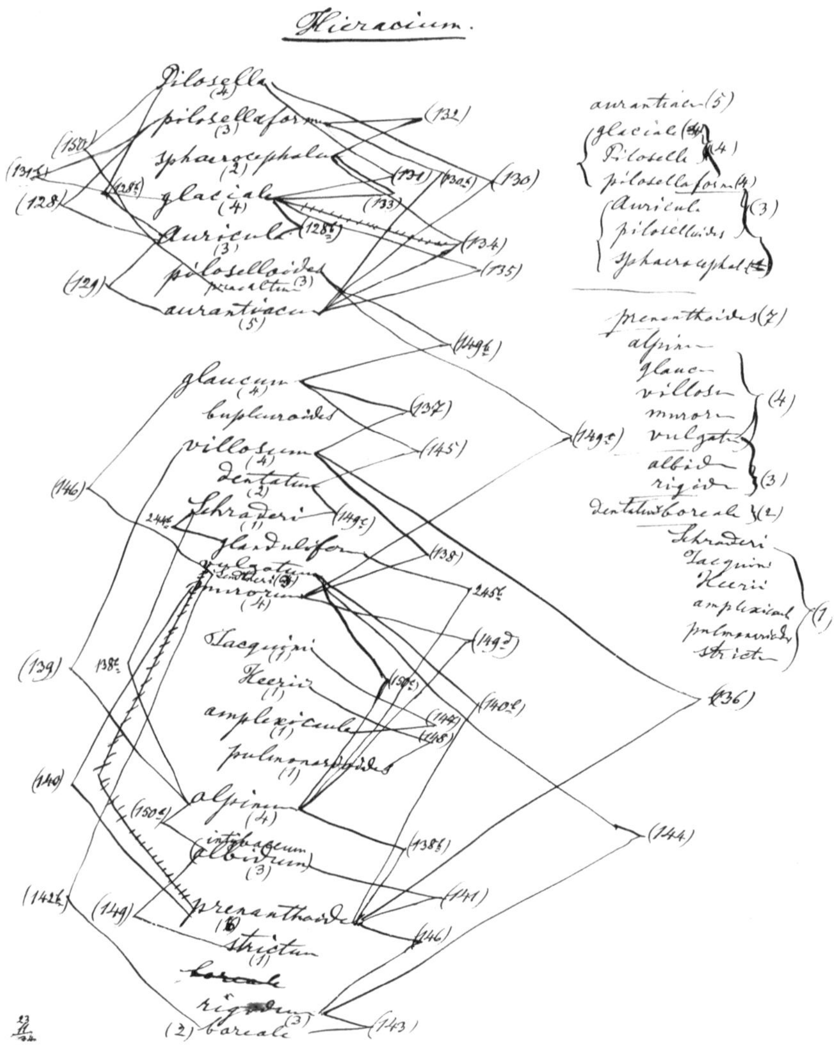

Abb. 4.4: Schema mit den von Christian Brügger angeblich aufgefundenen Habichtskräuter-Hybriden.

nicht in den dinglichen Referenzrahmen, die Boundary Infrastructure, einpassen ließen. Als Gralshüter der botanischen Ordnung schwang sich abermals August Gremli zur Stimme dieser Empörung auf.

Gremli bildete eine unumgängliche Ordnungsmacht der schweizerischen Feldbotanik. Sein wichtigstes Machtmittel war seine *Excursionsflora für die Schweiz,* 1867 erstmals veröffentlicht und bis 1901 insgesamt in neun Auflagen erschienen. Zusätzlich zu diesem Bestimmungsbuch brachte Gremli auch die Heftreihen *Beiträge zur Flora der Schweiz* (ab 1870) sowie *Neue Beiträge zur Flora der Schweiz* (ab 1880) auf den Markt. Diese Hefte waren als Nachträge zu seiner Flora ausgelegt und informierten das Fachpublikum über neu entdeckte Pflanzen auf Landesgebiet sowie über taxonomische Neuigkeiten. Zudem verstärkten diese Hefte – die wie bereits erwähnt auch die publizistische Plattform für die Gremli'schen Angriffe auf Brügger abgaben – die Referenzfunktion der Exkursionsflora. Diese Referenzfunktion des Gremli'schen Florenwerks steht stellvertretend für das Trägheitsmoment der botanischen Systematik und ihrer Boundary Infrastructure: Wie Star und Bowker darlegen, sei Infrastruktur immer tief in andere Strukturen, Technologien und soziale Arrangements eingebettet und versinken gleichsam in diesen.[86] Es soll nun kurz beleuchtet werden, wie diese Einbettung der Gremli'schen Ordnungsinfrastruktur in andere Strukturen aussah.

Gremlis *Excursionsflora* war ein Bestseller. Bis 1885 verkauften sich von den ersten vier Auflagen insgesamt 6000 Exemplare, mit der fünften Auflage stieg diese Zahl bis im Jahr 1889 auf 10.000 und erreichte mit der sechsten Auflage schließlich 12.000 Exemplare, die bis 1893 abgesetzt wurden.[87] 1885 sowie 1898 erschienen zudem ins Französische übersetzte Ausgaben seines Werks. Auch wurde sein Buch rege im Schulunterricht verwendet, was seine Reichweite zusätzlich multiplizierte. Überdies fand die in Gremlis nationalem Referenzwerk propagierte Ordnung ihren Niederschlag in diversen Kantonal- und Lokalfloren. So war die in der *Excursionsflora der Schweiz* verwendete Systematik auch den Florenverzeichnissen von Basel, Waadt, Thurgau, Schaffhausen, Zug und der Urkantone, Diessenhofen und Zofingen zugrunde gelegt, was ihre Bekanntheit und Geltung weiter erhöhte.[88] Nicht umsonst sprach denn auch ein späterer Kommentator von »30 Jahren der Herrschaft«[89] der Gremli'schen Exkursionsflora.

Durch diese Verbreitung und Multiplizierung erhielt Gremli große Definitionsmacht über die Anerkennung von als neu behaupteten Arten. In seinem Florenwerk waren die Arten innerhalb einer Pflanzengattung durchnummeriert und die Bastarde am Schluss der Gattung aufgeführt, ohne aber eine eigene Nummer zu erhalten. Wären nun im Sinne Brüggers Bastarde

86 Ebd., 35.

87 Diese Angaben stützen sich auf Aussagen Gremlis in den Vorworten seiner *Excursionsflora* in den Auflagen von 1885, 1889 und 1893.

88 Auf Gremli stützten sich ganz oder teilweise Schneider: *Taschenbuch der Flora von Basel* (1880); Durand und Pittier: *Catalogue de la Flore Vaudoise* (1882); Brunner: *Verzeichnis der wildwachsenden Phanerogamen und Gefässkryptogamen des thurgauischen Bezirks Diessenhofen* (1883); Boltshauser: *Beitrag zu einer Flora des Kantons Thurgau* (1884); Lüscher: *Verzeichnis der Gefässpflanzen von Zofingen* (1886); Meister: *Flora von Schaffhausen* (1887); Nägeli und Wehrli: *Beitrag zu einer Flora des Kantons Thurgau* (1890); Rhiner: *Die Gefässpflanzen der Urkantone und von Zug* (1893).

89 Leutenegger: August Gremli, 237.

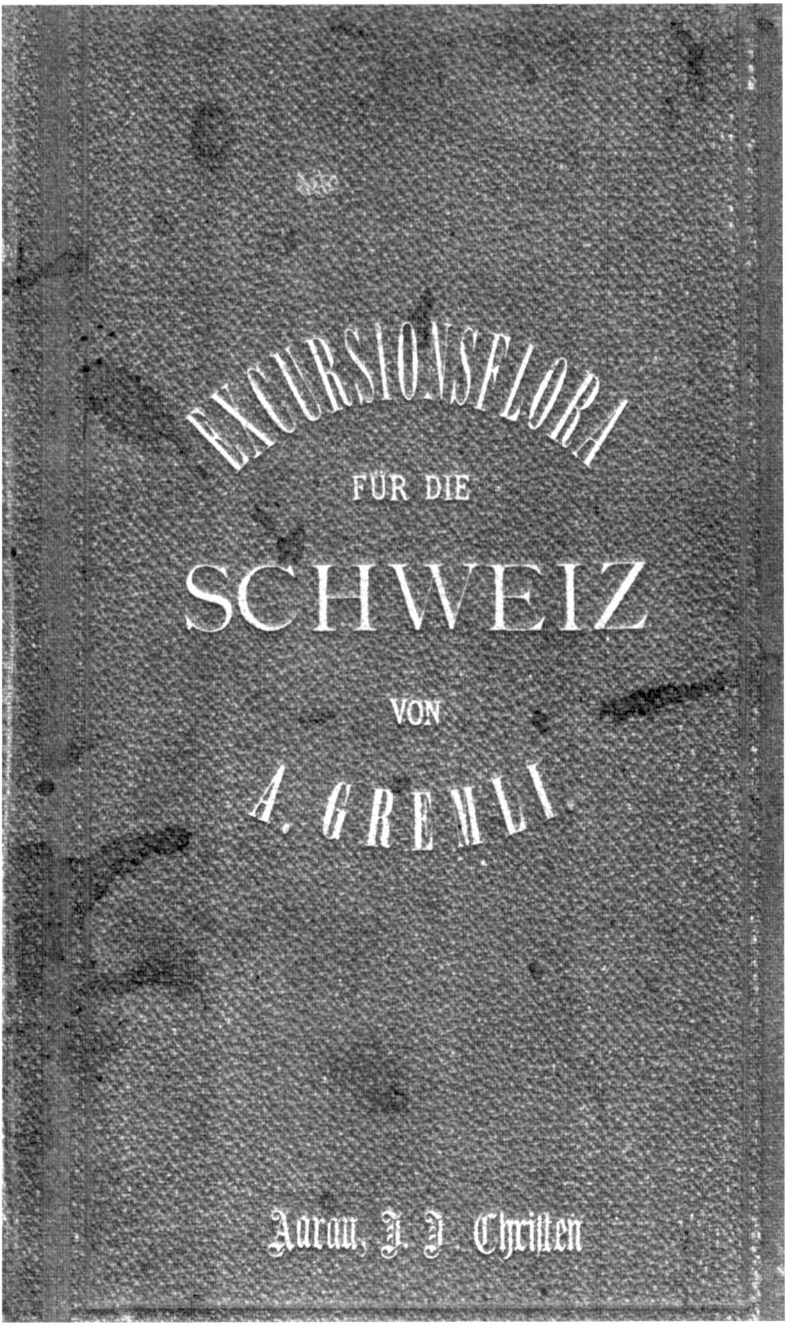

Abb. 4.5: Botanische Ordnungsmacht: August Gremlis
Excursionsflora für die Schweiz, (1878, 3. Aufl.).

als eigenständige Arten anerkannt worden, so hätten sich diese zwischen die bestehenden Arten hineingedrängt und die fortlaufend nummerierte Speziesliste Gremlis durcheinandergebracht. Veränderungen an seinen Artlisten nahm Gremli jedoch von Auflage zu Auflage nur in sehr zurückhaltender Weise vor. Er war sich bewusst, dass mit seiner Ordnungsmacht auch Verantwortung einherging, worauf er mit Verweis auf die Referenzfunktion für weitere Florenwerke sowie die großen Verkaufszahlen ausdrücklich hinwies. Seine Leserschaft hätte es nicht gutgeheißen, wenn ihre früher erworbenen Gremli-Ausgaben mit jeder Neuauflage Makulatur geworden wären.

Gremlis Ordnungsinfrastruktur war jedoch nicht nur in andere Bücher eingebettet. Sie war ebenso eingelassen in die Hände und Köpfe Tausender Blumenkundler der Schweiz: Die Trägheit der botanischen Boundary Infrastructure Gremli'scher Prägung verdankte sich auch verkörperlichten Wissenstechniken der Bestimmung und auswendig gelernter Benennung. Durch weitverbreitete Bestimmungsbücher wie den »Gremli« und dessen Handhabung wurden ganze Generationen geprägt. Wollten neu erscheinende Bestimmungsbücher veraltete, aber populäre Klassifikationssysteme durch zeitgemäßere ersetzen, die dem aktuellen Forschungsstand besser entsprachen, waren sie oft mit einem Veto der Körpertechniken botanischen Wissens konfrontiert. In diesem Fall verweigerten konservative Fraktionen eines Wissensmilieus den erneuerten Standards die Anerkennung, wie ein Redaktor einer entomologischen Fachzeitschrift anmerkte: »Die Laien schimpfen auf die Gelehrten, dass sie überhaupt Namensänderungen vornehmen, und sicher beeinträchtigen selbst die notwendigsten Änderungen die Verbreitung der Liebhaberei.«[90] Auf diesen klassifikatorischen Eigensinn reagierten einige taxonomische Meinungsführer mit Disziplinierungsversuchen, während andere diese Trägheit wider besseres Wissen akzeptierten. Eine solche Abwägung taxonomischer Generationenkonflikte nimmt beispielsweise der Berufsmilitär Karl Vorbrodt im Vorwort seines Werks *Schmetterlinge der Schweiz* (1911) vor:

> »Was die Frage der Systematik anlangt, so wäre ohne weiteres gegeben, dass der systematischen Reihenfolge der Staudingerkatalog zugrunde zu legen gewesen wäre. Dieser erscheint jedoch durch neuere Arbeiten in mancher Hinsicht überholt, und es müssten, um für die heranwachsende Generation zu schaffen, vielmehr die neuesten Arbeiten, wie solche im Seitz'schen Schmetterlingswerk publiziert sind, benützt werden. Will man aber auch den ältern Sammlern etwas Verständliches bieten, so untersagt sich das von selbst.«[91]

90 Grote: Über Nomenklaturregeln, 173.

91 Vorbrodt: Die Schmetterlinge der Schweiz, VIII. Vergleichbar verteidigte auch Jakob Seiler den nomenklatorischen Konservativismus seines entomologischen Lokalkatalogs: Es widerstrebe ihm, »in einer neuen, den Sammelkollegen noch wenig verständlichen Sprache zu reden« (Seiler: Verzeichnis der Bombyciden von Liestal, 54).

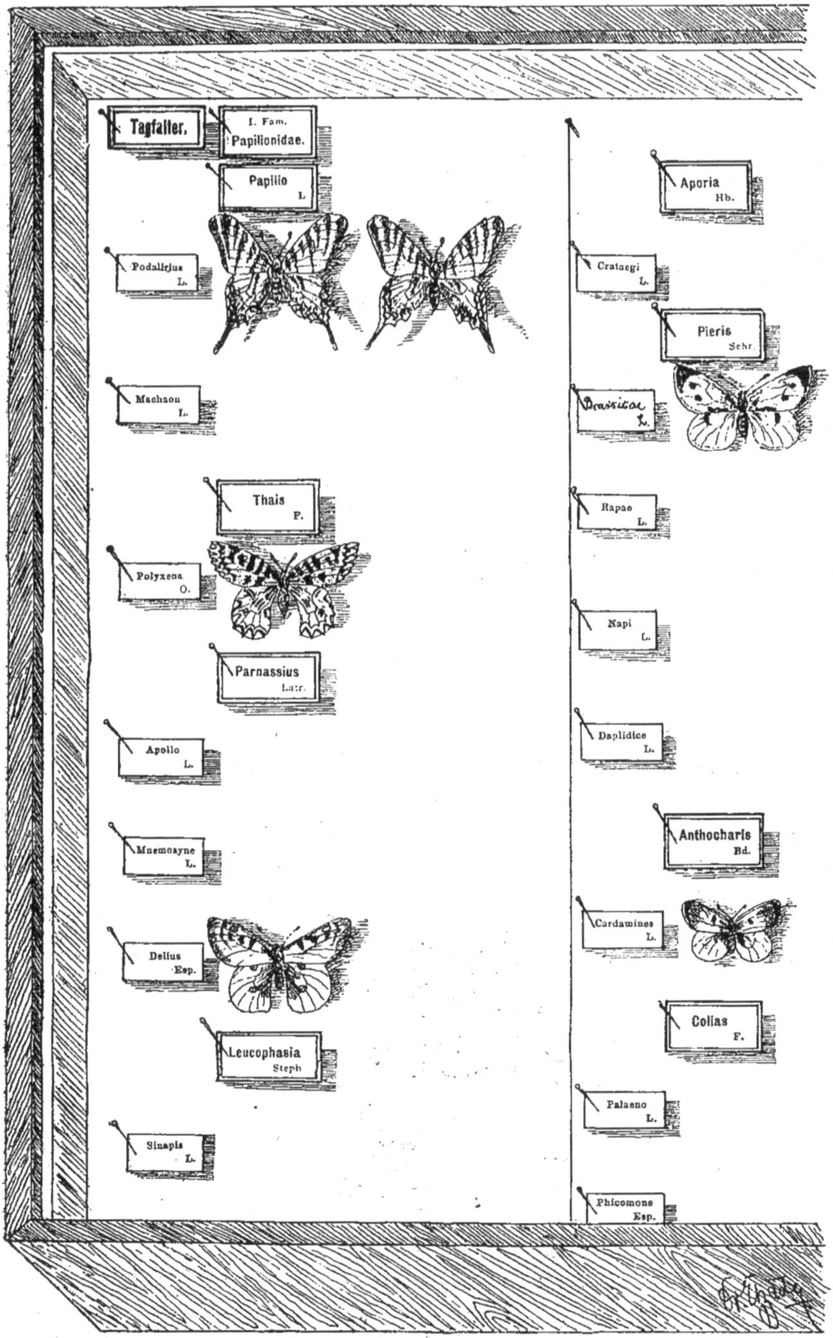

Abb. 4.6: Sammlung als Materialisierung taxonomischer Ordnung:
Illustration aus Ernst Bades *Naturwissenschaftliche Sammlungen* (1899).

Die von Gremli geprägte Boundary Infrastructure bezog das Beharrungsvermögen also aus der großen Auflagenzahl der *Excursionsflora*, deren Referenzfunktion für andere Florenwerke sowie ihrer Verkörperlichung in generationenspezifischen Wissenstechniken. Brüggers Bastarde kollidierten aber auch auf andere Weise mit den Vorgaben materialisierter Standards: Seine Hybriden ließen sich im wortwörtlichen Sinne in keine Schublade stecken.

Ruft man sich die im ersten Kapitel beleuchteten Dingpraktiken sammelnder Wissenschaften vor Augen, so ist klar, dass gerade auch der Materialität der Sammlungsanordnung große Wichtigkeit für die infrastrukturelle Trägheit von Ordnungssystemen zukommt. Etiketten und Sammelbehälter müssen sauber beschriftet und Inventarlisten ordentlich niedergeschrieben werden. Spezimen müssen innerhalb von Aufbewahrungsbehältnissen systematisch angeordnet und befestigt werden. Diese Behältnisse wiederum müssen in Regalen und Kästen der gültigen Ordnungslogik entsprechend einsortiert werden. Die Lust der Sammler, jede postulierte Neuerung im Feld der Systematik gleich an der eigenen Sammlungsanordnung, den Etiketten und Inventaren nachzuvollziehen, hält sich daher in engen Grenzen. So antizipierte 1903 der Redaktor einer entomologischen Sammlerzeitschrift in seiner Besprechung einer taxonomischen Neubearbeitung der Schmetterlingsfamilie der Schwärmer bereits den Ärger, den diese Neuordnungen in seiner sammelnden Leserschaft ausgelöst haben mochte:

> »Naturgemäss finden sich in dem Werke auch mancherlei andere, namentlich dem entomophilen Publikum recht unangenehm fühlbare Neuerungen in der Nomenklatur der Gattungen und Arten, [...] vermöge deren vielerlei Umänderungen der Bestimmungszettel in den Sammlungen und eine Umrangierung der Objekte sich als nötig erweisen wird.«[92]

Aufgrund solcher Vorbehalte gegenüber Neuerungen erkennt der Zoologe Karl Edlinger in Sammlungen denn stets ein »stabilisierendes Element, das dem allzu grossen Eifer mancher Systematiker und Taxonomen Zügel anlegt«.[93] Dies galt ebenso für die Privatherbare der schweizerischen Feldbotaniker. Auch deren Besitzer waren über Christian Brüggers inflationäre Speziesproduktion alles andere als begeistert, hätte deren Anerkennung doch eine Neubegutachtung vieler Spezimen sowie neue Beschriftungen und Einordnungen nach sich gezogen. So verweigerten die meisten Freizeitfloristen Brügger die Gefolgschaft und hielten sich stattdessen an das Wort und die Schrift Gremlis. Der Churer Gymnasialprofessor hingegen musste sich geschlagen geben; einzig eine Schar loyaler Gefolgsleute hielt ihm über die zusehends offensichtlichere Niederlage hinweg die Treue.

92 Stichel: Besprechung von »A Revision [...]«, 253.
93 Edlinger: Zeitbilder, 59.

Das System Gremli bildete also eine Boundary Infrastructure, gegen deren Trägheit Brügger mit seinem Hybriddenken vergeblich anrannte. Sein dekonstruktivistischer Impuls schlug vielmehr auf ihn selbst zurück und beschädigte sein Ansehen als Wissenschaftler nachhaltig. So bilanzierte Gremlis Kampfgefährte Robert Buser das Brügger'sche Werk in vernichtender Weise: »Von einem blossen Abdruck bis zur Bestätigung ist ein weiter Schritt! Kann man mit der Wahrheit ungenierter umgehen? Für wessen Augen ist dieser grobe Sand bestimmt?«[94]

Auf dem Spiel stand also letztlich Brüggers Glaubwürdigkeit. Diese soziale Größe »Glaubwürdigkeit« prägte den Konflikt Brügger – Gremli in vielerlei Hinsicht, und sie hätte sich ebenfalls als denkbare Interpretationslinie des Botanikerstreits angeboten. Zugunsten wissensgeschichtlicher Erklärungsansätze, welche die epistemologischen und sozialen Bedingtheiten wissenschaftlichen Handelns als zusammengehörig zu denken versuchen, musste in den vorangegangenen Ausführungen der Deutungsrahmen »Glaubwürdigkeit« hinter jenen der »Klassifikation« zurücktreten. Im Folgenden soll nun der Erklärungsansatz der Glaubwürdigkeit ergänzend noch eingebracht werden, um genaueren Einblick in die gruppendynamischen Aspekte unseres Botanikerstreits zu gewinnen: Wer durfte was sagen? Wer glaubte wem? Und wer hielt wem die Treue?

4.2 Soziale Stellung und Positionen zur Polemik

Zutrittskontrolle: Glaubwürdigkeit und Grundlagenforschung

Es wurde in den vorherigen Ausführungen bereits verschiedentlich dargelegt, dass sich die systematische Naturkunde im ausgehenden 19. Jahrhundert im Zustand großer Verunsicherung befand. Ehemals feste Grundannahmen wie die Existenz diskreter Arten wurden durch Darwin erschüttert, und über wichtige Phänomene wie beispielsweise die Vererbung herrschte noch keinerlei Konsens. Die Wissenschaften des Lebens schlingerten durch die unruhigen Gewässer einer »vorparadigmatischen Phase.[95]

Vor diesem Hintergrund könnte man Brügger mit seiner Bastard-Liste auch als den falschen Mann am falschen Ort interpretieren. Der zu allem Übel auch noch das falsche Buch mitgebracht hatte. Zwar war die Forschung an sogenannt kritischen Arten – und dazu gehörten auch Hybridarten – ein legitimes Betätigungsfeld, es war aber nicht unwesentlich, wer diese Forschungen betrieb. Ausdruck solcher Legitimationsaushandlungen war das häufig bemühte Negativbild der unbedarften »Dilettanten [...], welche sich

94 Buser: Die Brügger'schen Weidenbastarde, 86.
95 Kuhn: The Structure of Scientific Revolutions, 10-22.

berufen fühlen, systematische Arbeiten, Neubeschreibungen usw. zu publizieren«.[96]

Dieser Topos diente der Aufrechterhaltung von abgegrenzten Bezirken der Autorität, was für die gesamte Glaubwürdigkeit der biologischen Taxonomie sehr erheblich war: Wie der Wissenschaftshistoriker Robert E. Kohler betont, steht und fällt das Ansehen einer bestimmten Forschungsrichtung mit der Reputation der Wissenschaftler, die sich darin betätigen. Dies gelte in besonderem Maße für neue Wissenszweige oder solche, die über kein verbindlich geteiltes Forschungsregelwerk verfügten. Drängten viele Akteure aus niedrigerer sozialer oder innerwissenschaftlicher Stellung in ein bestimmtes Forschungsfeld, so nehme dessen Ruf unweigerlich Schaden.[97] In ihrem ureigenen Interesse müssen also Vertreter einer Forschungsrichtung über den Zugang zu ihrem Feld wachen, und so waren es wohl auch diese strengen Zutrittskontrollen zur taxonomischen Grundlagenforschung, an welchem Brügger mit seinem Werk scheiterte.

Heißt das, es mangelte Brügger an sozialem Ansehen? War unser Bastard-Autor auch ein gesellschaftlicher Außenseiter? Wohl kaum. Um Kohlers Aussage zu präzisieren, ist ein Rückgriff auf Bourdieu'sches Begriffswerkzeug nötig. Brügger war alles andere als ein gesellschaftlicher Niemand; als kleinstädtischer Gymnasiallehrer, Museumskurator, Vereinsaktuar und regelmäßiger Vortragsredner war Brügger reichlich mit sozialem wie symbolischem Kapital ausgestattet. Auch die hauptsächlich regionale Verankerung dieser Kapitalien war kein Problem per se. Die Jahresversammlungen der *Schweizerischen Naturforschenden Gesellschaft* bildeten gerade für Vertreter einer lokal ausgerichteten Petite Science eine Bühne, die durchaus auch eine landesweite Wahrnehmung und Anerkennung ermöglichen konnte.[98]

Es war nicht sein mangelndes soziales Ansehen, welches Brügger im Weg stand, sondern vielmehr seine bescheidene innerwissenschaftliche Stellung. Auf dem wissenschaftlichen Feld der naturhistorischen Systematik war nämlich sein beachtliches Sozialkapital nicht direkt verwertbar. Es ließ sich, mit Bourdieu gesprochen, nicht in »wissenschaftliche Autorität« konvertieren. Diese besondere Form des Sozialkapitals zählt einzig innerhalb des autonomen Feldes der Wissenschaft. Es wird angehäuft durch kollektiv

96 Stichel: Besprechung von »A Revision […]«, 253.

97 Kohler: Landscapes and Labscapes, 61.

98 Eine besondere Rolle kam dabei diesen Jahresversammlungen zu, die man im eigenen Kanton beherbergen durfte. Als sich die SNG 1874 in Chur versammelte, beteiligte sich Brügger mit einem floristischen Beitrag am Tagungsband, den die Bündner Kantonalsektion als Erinnerungsstück für alle Teilnehmer herausgegeben hatte. Brügger präsentierte sich mit seinem Text der versammelten schweizerischen Naturforschergemeinschaft als Kopf der botanischen Forschung Graubündens. Vgl.: Brügger: Flora Curiensis.

anerkannte Leistungen und befähigt dessen Eigentümer, in wissenschaftlichen Belangen legitimerweise zu handeln und zu reden.[99]

Brügger betrieb durchaus eigene wissenschaftliche Forschung und häufte auch stellenweise wissenschaftliches Kapital an. In seinen Forschungstätigkeiten unterließ es Brügger jedoch, sich auf ein bestimmtes Gebiet zu spezialisieren. Wie für einen Vertreter der damaligen Petite Science keineswegs unüblich, verstand sich Brügger vielmehr als Generalist – er forschte über Wetter und Klimageschichte, über frühere Badekultur und Bergwerkswesen sowie über Säugetiere, Insekten und Pflanzen gleichermaßen. In einer Zeit, in der sich akademische Forscher, aber auch Brüggers Kollegen im Milieu der außeruniversitären Botanik, zunehmend nur noch auf bestimmte Familien oder Gattungen des Pflanzenreiches fokussierten, musste die Allerweltsforschung des Gymnasialprofessors immer mehr anachronistisch erscheinen. Seine breiten Forschungsinteressen schmälerten deutlich die Glaubwürdigkeit seiner Resultate, gerade im heiklen Terrain der botanischen Systematik. In diesem Sinne äußerte sich auch Brüggers Freund Jakob Jäggi, der Brüggers Generalismus als Schwachstelle seiner innerbotanischen Glaubwürdigkeit ausmachte: »Wenn ein Monograph sich jahrelang nur mit 1 Familie beschäftigt, wie Haussknecht, Christ, Nägeli etc., so ist sich durchaus nicht zu verwundern, wenn ein solcher in seiner Familie etwas weiter kommt als einer, der wie du, in sämmtlichen Familien zugleich arbeitet.«[100]

Mit den »Monographen« benannte Jäggi die botanischen Spezialisten, denen in umstrittenen Fragen der Systematik mehr Glaubwürdigkeit zukam. In spezialisierten Werken, sogenannten Monographien einer bestimmten Familie oder Gattung, versuchten diese Spezialisten, in unübersichtlich gewordenen Verwandtschaftsverhältnissen neue Ordnung zu schaffen. Sie gruppierten alte Verwandtschaften um, setzten neue Hierarchien und räumten unter Namenssynonymen auf. In der erfahrungsgestützten Wissenschaft der botanischen Taxonomie bezogen sie ihre wissenschaftliche Autorität durch massenhafte Sichtung einschlägigen Materials. Es wurde bereits in den vorgängigen Ausführungen darauf hingewiesen, dass die Schreibpulte der Monographen besondere Knotenpunkte in den Wissens- und Objektströmen der Naturkunde darstellen: Auf die unzähligen Sammlungen, die über diese Tische wanderten und von kenntnisreichen Augen der Monographen revidiert wurden, färbte die Glaubwürdigkeit dieser Autoritätspersonen gleichsam ab. Monographen entsprachen also jenen Figuren, die der Wissenschaftshistoriker Steven Shapin in seiner *Social History of Truth* (1994) als »truth-tellers« umschreibt und deren außerordentliche Position sich aus angehäuftem Vertrauen speise: »Different members of a community

99 Vgl. Bourdieu: La spécificité du champ scientifique, 92 und 95.
100 StAGR, Nachlass Christian G. Brügger, B 238, Brief Jäggis vom 21.11.1881.

hold knowledge that individuals may need to draw upon in order to perform practical actions: to maneuver in the material world, to confirm the status of their knowledge, to make new knowledge, even to be sceptical about existing items of knowledge.«[101]

Im Konflikt, den Brügger und Gremli um die Korrektheit bestimmter Hybride führten, anerkannten beide die besondere Position der Monographen. Beide bezogen sich in ihren Streitschriften auf einzelne Monographen, um das eigene Urteil zu stützen oder dasjenige des Widersachers zu hinterfragen.[102] Unter diesen angerufenen Autoritätspersonen rangierten durchaus Vertreter der botanischen Petite Science, beispielsweise der Basler Rechtsgelehrte und Freizeitbotaniker Hermann Christ. Zugleich zeichnete sich aber damals bereits ab, dass sich der Ort der legitimen Wahrheitsproduktion von den Pulten der außeruniversitären Monographen zunehmend wegbewegte. Dies galt in besonderer Weise für Fragen über Hybridpflanzen und deren Verwandtschafts- und Vererbungseigenschaften. Der Ort wahren Wissens verlagerte sich immer mehr an die botanischen Universitätsgärten, wo in großem Maßstab durchgeführte Kreuzungsversuche stabilere Erkenntnis liefern sollten als das intuitive Erfahrungswissen der außeruniversitären Monographen.[103]

Die heftige Ablehnung Brüggers durch Gremli sowie weite Teile der botanischen Wissenschaftsgemeinschaft kann also auch als Zutrittsverweigerung interpretiert werden: Um sich legitimerweise in taxonomischer Grundlagenforschung zu betätigen, benötigte man außerordentliche wissenschaftliche Kompetenz. Diese Kapitalform konzentrierte sich auf dem Gebiet der Systematik auf einige wenige Autoritätspersonen: die Revisoren und Monographen. Durch hochgradige Spezialisierung und langjährige Erfahrung erarbeiteten sich diese ein hohes Maß an Glaubwürdigkeit, auch wenn ihre Arbeit letztlich auf epistemisch unsicherem Grund fußte. Gerade vor diesem Hintergrund fehlender Objektivierung und ausgeprägter Intuition waren sie gezwungen, scharf über die Teilnahme an ihrem Forschungszweig zu wachen, wollten sie einem Wertzerfall ihres wissenschaftlichen Kapitals vorbeugen. Der breit aufgestellte Feldbotaniker Brügger hatte daher innerhalb der Taxonomie einen schwierigen Stand. Dies galt umso mehr für das heikle Forschungsgebiet der sogenannt kritischen Arten. Brüggers Prestige innerhalb der Bündner Petite Science nützte ihm auf dem autonomen Feld einer konkreten Einzelwissenschaft nur wenig. Sogar trotz seiner früheren Tätigkeit als Konservator des Herbars des Eidgenössischen Polytechnikums

101 Shapin: A Social History of Truth, 7.

102 Vgl. Gremli: Brügger's Bastarte, 37; Brügger: Mittheilungen über neue und kritische Pflanzenformen, 58, 61 und 68.

103 Vgl. dazu auch die Ausführungen zu Christian Brüggers Polemik gegen die Labor- und Gartenforschung in Kapitel 6.1.

war seine wissenschaftliche Autorität im Feld der systematischen Botanik zu gering, um als legitimer Akteur breite Anerkennung zu finden.

Diese Grenze der Geltung markiert auch die Konturen der Petite Science als eines bedingt autonomen Unterfeldes, das quer zu den internationalen wissenschaftlichen Disziplinen stand. Als lokales Wissensmilieu kannte dieses spezifische Formen der Herstellung von Ehre und Glaubwürdigkeit. Einem Protagonisten eines solchen Lokalmilieus war es daher zwar unbenommen, mit prominenten Vertretern spezialisierter Disziplinen auf Augenhöhe zu verkehren oder gar selbst eine solche Position – beispielsweise als Revisor, Monograph oder Kurator – einzunehmen, wenn er sich denn durch entsprechende Leistungen dafür empfohlen hatte. Zugleich aber war es einem Lokalwissenschaftler nur in Ausnahmefällen möglich, im heimischen Wissensmilieu erworbene Verdienste direkt in Autorität auf dem Feld spezialisierter wissenschaftlicher Disziplinen umzuwandeln.[104] Wie schon verschiedentlich erwähnt, war die naturhistorische Petite Science in erster Linie eine sammelnde Wissenschaft mit starkem Lokalbezug. Die Meriten, die durch das arbeitsintensive Anlegen von Objektsammlungen oder das Verfassen von Floren- und Faunenkatalogen zustande kamen, zählten aber beispielsweise im Feld der reinen Systematik wenig, auch wenn ein guter Sammler durchaus profunde systematische Kenntnisse haben musste. Es existierten also zwei wissenschaftliche Felder, zwischen denen Brügger nicht problemlos hin- und herspazieren konnte. Jedes hatte seine eigene Form und Reichweite der Glaubwürdigkeitsproduktion sowie der Figur des *truthtellers*.

Loyalitäten in Stresstest: Positionsbezüge in Brüggers Umfeld

Die epistemische Differenz zwischen lokal inventarisierender Petite Science und Systematik als internationaler Wissenschaftsdisziplin widerspiegelte sich auch in den Loyalitäten, auf die Brügger in seinem Konflikt mit Gremli zählen konnte. Bekannte aus seinem Umfeld reagierten recht unterschiedlich auf den eskalierenden Streit, in den sich der Churer mit großer Kampfes-

104 Eine solche Ausnahme stellten Entdeckungen dar, die in besonderer Weise wissenschaftliche Autorität generieren (vgl. Bourdieu: La spécificité du champ scientifique, 98). So war es Vertretern eines lokalen Wissensmilieus beispielsweise über die Entdeckung und Ausbeutung bedeutender paläontologischer und archäologischer Fundstätten oft möglich, Anerkennung auch unter disziplinären Grundlagenforschern zu gewinnen. Ein Beispiel dafür liefert der in Kapitel 3 erwähnte Liestaler Bezirksschullehrer Franz Leuthardt (1861-1934), der sich durch die Entdeckung und Ausgrabung mehrerer paläontologischer und archäologischer Fundstellen in der Nordwestschweiz ein beachtliches wissenschaftliches Ansehen erarbeitete. Vgl. Heinis: Dr. phil. Franz Leuthardt, 459 f.

lust hineinstürzte. Diese unterschiedlichen Verhaltensweisen waren jedoch nicht in erster Linie dem individuellen Charakter der Bekannten geschuldet, sondern – in Bourdieu'schem Sinne – deren jeweiliger Position innerhalb eines spezifischen wissenschaftlichen Feldes.

Den einen Pol bildeten zwei Bekannte Brüggers, die sich durch bedingungslose Loyalität mit dem Gymnasialprofessor auszeichneten: der Beverser Primarlehrer Johann Luzius Krättli und die Maienfelder Privatière Maria Gugelberg von Moos. Wie lässt sich die Ergebenheit der beiden erklären? Beide nahmen innerhalb des lokalen Naturforschermilieus eher randständige Positionen ein und verfügten nur über sehr bescheidenes wissenschaftliches Kapital. Ihr Kontakt zu Brügger war daher für das wissenschaftliche Selbstverständnis der zwei Außenseiter existentiell: Er verschaffte ihnen Zugang zu Ressourcen und Personen und leistete ihren einsamen Forschungen Anerkennung. Im Gegenzug für diese Dienste hoben die beiden Brügger in den Rang ihres persönlichen *truth-teller*, dem sie sich zu großer Loyalität verpflichtet fühlten, wie im Folgenden gezeigt werden soll.

Forschen in der Peripherie: Johan Luzius Krättli

Johann Luzius Krättli (1812-1903) stand mit Brügger seit den 1850er-Jahren in wissenschaftlichem und persönlichem Kontakt. Der in Bever wohnende Naturforscher war in zweifacher Hinsicht peripher: Als Primarlehrer rangierte er im Milieu der lokalen Naturforscher zwischen Anwälten, Kurärzten und Gymnasialprofessoren sozial eher auf den unteren Rängen, zudem ging mit seinem Oberengadiner Wohnort auch eine räumliche Distanz von Chur als kulturellem Zentrum einher. Krättli betätigte sich vor allem als Sammler und kommerzieller Materiallieferant. Er belieferte auch Brüggers Museum regelmäßig mit Pflanzen- und Tierfunden.[105] Mehrmals unternahmen die beiden Duzfreunde im Sommer gemeinsame Exkursionen in die Engadiner Bergwelt. Krättli unterstützte in den 1880er-Jahren auf verschiedene Weise Brüggers Hybridforschungen, auch wenn er sich selbst die Bestimmung von Hybriden ausdrücklich nicht zutraute. Er beschied sich stattdessen mit seiner Rolle als Materiallieferant, wofür sich Brügger unter anderem mit der Zusendung seiner neuesten Aufsätze sowie der Benennung mehrerer Hybridarten nach Krättli revanchierte: eine Schafgarben-, eine Weiden- sowie eine Primelart erhielten das Epitheton *Kraettliana* verliehen. Trotz seiner inhaltlichen Zurückhaltung nahm Krättli regen Anteil an Brüggers Streit mit Gremli und ergriff unmissverständlich Partei: »Mit meiner Achillea wirst Gr. zuviel Aerger verursachen; gehst überhaupt diesem & H. Buser fest zu Leibe. [...] So geschieht dir grosses Unrecht – musst

105 Vgl. dazu die Ausführungen in Kapitel 3.2.

Abb. 4.7: Johann Luzi Krättli (1812-1903) im Arvenwald
auf Muottas da Schlarigna, Celerina. Aufnahme ohne Jahresangabe.

mir das und noch mehr Anderes, was ich nicht verstehe, wills Gotts, nächsten Sommer erklären.«[106]

Nur einmal wurde Krättlis Loyalität zu Brügger durch einen Interessenkonflikt auf die Probe gestellt. Krättli genoss unter den Botanikern des Unterlandes den Ruf als hervorragender Kenner der Engadiner Berg- und vor allem Pflanzenwelt. In den Sommern 1881 und 1882 nahm nun ein delikater Kunde Krättlis bewährte Dienste als ortskundiger Führer in Anspruch: Robert Buser, späterer Kampfgefährte August Gremlis. Der dienstbare Krättli zeigte Buser sein Herbar und präsentierte angebliche Hybride, die von Brüggers Hand beschriftet waren. Zudem führte er den Gast aus Genf auf dessen Wunsch bereitwillig an vorgebliche Fundstellen Brügger'scher Hybride, wo sich diese aber nicht auffinden ließen. Diesen Herbarbelegen und den inexistenten Standorten räumte Buser in seiner 1887 bei Gremli veröffentlichten Polemik gegen Brügger großen Raum ein. Krättli belieferte so die Gegner seines Freundes unbeabsichtigt mit Munition. Auf eine entsprechende Nachfrage Brüggers über die Natur seiner Beziehung zu Buser versicherte Krättli jedoch dem langjährigen Freund: »Wegen Buser fürchte Nichts, er ist mir eben auch gar nicht ›heimelig‹.«[107]

Allein unter Männern: Maria Gugelberg von Moos

Die Situation von Maria Barbara Flandrina Gugelberg von Moos (1836-1918) war anders gelagert. Im Gegensatz zu Krättli entstammte sie einer traditionellen Bündner Oberschichtsfamilie und wohnte standesgemäß auf dem Schloss Salenegg in Maienfels.[108] Wie Brügger blieb sie ihr Leben lang unverheiratet. Nach dem Tod ihrer Schwester zog sie deren Kinder groß, ging aber ansonsten keinen beruflichen Verpflichtungen nach. Erst in fortgeschrittenem Alter begann sie sich vertiefter ihren botanischen Interessen zu widmen. Lange Jahre betrieb sie diese Tätigkeit jedoch ganz auf sich alleine gestellt. Es fehlte ihr als Frau ein legitimer Raum, ihr Wissen mit anderen, d.h. Männern, zu teilen. Die *Schweizerische Naturforschende Gesellschaft* war um 1880 herum noch eine gänzliche Männerbastion,[109] und auch die Bündner Kantonalsektion zählte zu diesem Zeitpunkt unter ihren Mitgliedern noch keine einzige Frau. Zwar hätte Frauen seit dem Jahr 1866 ein Studium an der Universität Zürich offengestanden, für die gläubige Patrizierin war das damals revolutionäre Frauenstudium jedoch keine Option.

106 StAGR, Nachlass Christian G. Brügger, B 1165/10 (2. Teil), Brief Krättlis vom 22.11.1886.
107 Ebd., Brief Krättlis vom 25.1.1888.
108 Zur Biographie Gugelberg von Moos' vgl. Braun-Blanquet: Maria Barbara Flandrina Gugelberg von Moos; Creese: Ladies in the Laboratory, 183.
109 Vgl. beispielsweise zur Geschlechtersituation in der *Thurgauischen Naturforschenden Gesellschaft* Speich: Wissenschaft fernab vom Elfenbeinturm, 17.

Abb. 4.8: Herbarbeleg Krättlis von *Pedicularis tuberosa*. Ohne Jahresangabe.

Sie wollte bloß botanische Fachfragen diskutieren, eine explizite Auflehnung gegen die vorherrschende Geschlechterordnung stand ihr nicht im Sinn, wie sie Brügger in einem Brief einmal versicherte: »Alle emanzipirten Frauenzimmer sind mir ein Greuel!«[110]

Auch eigenständige Exkursionen konnten Gugelberg von Moos keinen Ersatz für die verwehrte Teilnahme an der Wissenschaft bieten, sittliche wie geschlechternormierende Vorbehalte standen ihrer botanischen Wanderlust im Wege, wie sie wiederholt beklagte: »Ich beneide diejenigen, die stark und ungebunden genug sind um überall hinwandern zu können!«[111] Um dieses Manko auszugleichen, beauftragte sie verschiedentlich Bergführer, sie mit Pflanzenmaterial aus den höheren Bergregionen zu beliefern. Gugelberg ließ sich von den widrigen Umständen nicht entmutigen. Vielmehr war sie entschlossen, wie sie später in einem Brief an Brügger festhielt, »die fast unüberwindlichen Schwierigkeiten, die sich dem Forschungstrieb eines alten Fräuleins entgegenstellten, zu übersteigen«.[112] Nach einigen Jahren einsamen Botanikstudiums beschloss sie, ihr Wissen durch Austausch zu erweitern, und nahm im Sommer 1883 Briefkontakt mit Brügger auf. Wie in solchen Eröffnungsbriefen üblich, war der Ton Gugelbergs äußerst demütig:

> »Ich weiss sehr wohl wie natürlich es ist, wenn ein Fachmann, der als Autorität anerkannt ist, die, ohne alle u. jede Unterstützung gemachten Versuche einer Dilettantin mit Misstrauen od. Geringschätzung ansieht, aber wie gesagt, meine Hoffnung geht dahin, dass Sie sich im Interesse der Sache herbeilassen möchten, meine ganz anspruchslosen Versuche unterstützen zu wollen.«[113]

Bei ihren »anspruchslosen Versuchen« handelte es sich um Pflanzenillustrationen. Von diesen hatte Gugelberg in den vergangenen Jahren rund 500 Stück angefertigt. Eine Auswahl davon legte sie nun Brügger mit der ausdrücklichen Bitte vor, die Sachen »ein wenig durchsehen u. corrig. zu wollen«.[114] Die Maienfelderin wählte damit ein geradezu geschlechtertypisches Betätigungsfeld. Wie die Wissenschaftshistorikerin Barbara T. Gates festhält, bildete die Illustration einen jener Bereiche der Naturgeschichtsforschung, in denen auch die Betätigung durch Frauen akzeptiert wurde.[115] Zeichnen und Malen von Pflanzen waren zudem Teil der anerkannten Palette von weiblichen Freizeitaktivitäten in gehobenen Schichten[116] und daher prädestinierte Felder für die Wissenschaftsaktivitäten Gugelbergs. Ihre

110 StAGR, Nachlass Christian G. Brügger, B 238, Brief Gugelbergs vom 5.6.1885.
111 Ebd., Brief Gugelbergs vom 26.1.1884.
112 Ebd., Brief Gugelbergs vom 3.7.1883.
113 Ebd.
114 Ebd.
115 Gates: Kindred Nature, 67.
116 Keeney: The Botanizers, 43.

Abb. 4.9: Maria Flandrina Barbara Gugelberg von Moos (1836-1918), Aufnahme ohne Jahresangabe.

Illustrationen stießen auf großes Interesse Brüggers. Er unterstützte ihre Tätigkeiten durch die Ausleihe von Pflanzenmaterial sowie farbig illustrierten Pflanzenbüchern. Trotzdem gestaltete sich der Kontakt zwischen den beiden alles andere als einfach. Die Kombination aus Brüggers erratischer Persönlichkeit mit Fräulein Gugelbergs Schwanken zwischen Eigenständigkeit und Angepasstheit sorgte gelegentlich für Missverständnisse, die in langen Briefwechseln ausgeräumt werden mussten. Zudem kam hinzu, dass die zwei Pflanzenliebhaber in ähnlich fortgeschrittenem Alter und beide noch ledig waren, was ihre Beziehung wohl auch nicht nur erleichterte. Nichtsdestotrotz spielte sich die Zusammenarbeit zwischen Brügger und Gugelberg schließlich ein. Brügger anerkannte Gugelberg als Fachfrau und schien einiges auf ihren Rat zu geben.

Zu Brüggers Konflikt mit Gremli nahm Gugelberg nie ausdrücklich Stellung. Die botanisch bewanderte Privatgelehrte bezog aber insofern Position, als sie ihre zeichnerischen Fähigkeiten in den Dienst Brüggers und seiner Hybridforschung stellte (vgl. Abbildung 4.10).[117] Dieser verwendete die Gugelberg'schen Illustrationen ausgewählter Arten beispielsweise dazu, seine Fundstücke anhand der Abbildungen durch Fachleute im Ausland begutachten zu lassen. Anders als im Falle Krättlis war es nicht die Überwindung sozialer oder geographischer Isolation, die Maria Gugelberg mit ihrem Kontakt zu Brügger anstrebte. Der Gymnasialprofessor führte sie vielmehr aus der geschlechterbedingten wissenschaftlichen Einsamkeit. Gugelberg dankte ihm dieses Entgegenkommen durch Illustrationsdienste und Materiallieferungen. Auch als der Stern von Brüggers wissenschaftlicher Reputation im Sinkflug begriffen war, hielt sie ihm unverbrüchliche Treue. Über die Jahre emanzipierte sich Gugelberg allmählich vom Gymnasialprofessor und trat immer sichtbarer als eigenständige Forscherin in Erscheinung. Sie tat sich vor allem in der Moosforschung hervor und wies etliche für Graubünden neue Moosarten nach. Die Maienfelderin korrespondierte in diesen Angelegenheiten mit Zürcher Hochschulprofessoren,[118] publizierte in den Zeitschriften der Bündner und Zürcher Naturforscher und wurde schließlich 1902 als erste Frau zum korrespondierenden Mitglied der Naturforschenden Gesellschaft ihres Heimatkantons ernannt.

In je eigener Weise waren also Maria Gugelberg von Moos und Johann Luzius Krättli Außenseiter im wissenschaftlichen Feld der Petite Science. Beiden ermöglichte Brügger durch seine Vermittlungsdienste jedoch Zugehörigkeit und Anerkennung. Dies rechneten sie ihrerseits dem zunehmend umstrittenen Forscher mit kollegialer Treue an – ohne jedoch eine eigene Meinung zu den inhaltlichen Streitpunkten der Bastardpolemik zu äußern.

Selbstbewusstsein des autodidaktischen Spezialisten: Hans Siegfried

Im Gegensatz zu Maria Gugelberg und Johann Krättli hielt sich ein weiterer Bekannter Brüggers mit seiner Meinung zu strittigen wissenschaftlichen Sachverhalten nicht zurück. »Es ist nun wirklich interessant«, so ließ sich Hans Siegfried in einem Brief an Brügger vernehmen, »mit welcher Hart-

117 StAGR, Nachlass Christian G. Brügger, B 238, Brief Gugelbergs vom 21.4.1884.
118 Vgl. BGUZ, Korrespondenz Hans Schinz, Kopialbuch 36, Eintrag vom 20.1.1901, 178.

Abb. 4.10: Kolorierte Zeichnung Gugelbergs von *Geum rhaeticum* Brgg., eines von Brügger aufgestellten Nelkenwurz-Hybrids.

näckigkeit G[remli] seine *P. aurulenta* als eine gute Art durchdrängen will, wiemal diese Pot. sicher nichts anderes ist als ein Bastard der beiden Potentillen *opaca* und *verna.*«[119] Der in vorgängigen Kapiteln bereits erwähnte ehemalige Kaufmann und autodidaktische Botaniker Hans Siegfried (1837-

119 StAGR, Nachlass Christian G. Brügger, B 1165/10 (2. Teil), Brief Siegfrieds vom 29.12. 1883.

1903) sprach aus der Warte eines Spezialisten.[120] Zusammen mit Gleichgesinnten widmete sich Siegfried eingehend der Erforschung der Pflanzengattung der Potentillen (Fingerkräuter). Er gehörte als »Monograph« zu jener taxonomischen Elite der Petite Science, die durch Spezialisierung beträchtliches wissenschaftliches Kapital anhäufen konnte und Autorität besaß, die eigene Meinung auch in heiklen Fragen zu äußern. Zu seinen Korrespondenzpartnern zählte Siegfried neben dem Innsbrucker Realschulprofessor Albert Zimmeter (1848-1897) auch Christian Brügger. Auch wenn sich Brügger bekanntlich nicht auf eine Gattung spezialisiert hatte, so erfreute er sich bei den beiden Fingerkraut-Experten doch großer Wertschätzung: Mit der Auflistung einer großer Anzahl angeblicher Potentillen-Bastarde in seinem Verzeichnis kam der Churer ihren systematischen Ansichten sehr entgegen – auch Zimmeter und Siegfried glaubten eine Vielzahl neuer und hybrider Potentillen-Arten ausgemacht zu haben. Durch die Vermittlung Siegfrieds kam es dann auch zu Materiallieferungen Brüggers nach Innsbruck, wo Zimmeter eine Monographie der Potentillen am Schreiben war. Diese erschien 1884 und führte etliche von Brüggers Hybridarten auf. Im Vorwort dankte Zimmeter für die Materiallieferungen seines Kollegen und verwies ausdrücklich auf die Anfeindungen, die Brügger erfahren musste.[121]

Hans Siegfried war klar, dass sein enger Kontakt mit Brügger einer Parteinahme im eskalierenden Botanikerstreit gleichkam. Nach Erscheinen der ersten Kampfschrift Gremlis schrieb er an seinen Churer Forscherkollegen: »G[remli] benimmt sich mir gegenüber äußerst rücksichtslos und hat in seinen neuen Beiträgen von meinen ihm genannten Fundortangaben gar keine Notiz genommen. [...] Gremli wie auch Buser sind mir nicht günstig gestimmt & dies gewiss nur weil sie eben wissen, dass ich mit Ihnen verkehre.«[122] Siegfried ließ sich durch Gremlis kalte Schulter nicht beirren, sondern gab sich vielmehr kampfeslustig. Ausdruck davon war auch sein gewählt offensiver Umgang mit eigenen Bildungsdefiziten: »[So] werde [ich] dann andere Mittel ergreifen, um dem Gr[emli] zu zeigen, dass ich's mir verbitte sein Spielball sein zu wollen, trotz nicht akademischer Bildung, welchen Ausdruck viele so gerne zu Ehren ziehen.«[123] Pathetisch beschwor der Privatgelehrte stattdessen die »Trinacria« – seinen Dreierbund mit Zimmeter und Brügger, und lobte Letzteren als dessen »Ehrenmitglied«.[124]

Dieser selbstbewusste Dreibund widerstand den Anfeindungen Gremlis, dem Urteil späterer Botaniker vermochte er jedoch nicht unbeschädigt standzuhalten. Als der Dresdener Privatgelehrte Theodor Wolf 1908 seine *Mono-*

120 Zu Siegfried vgl. auch die Ausführungen in Kapitel 3.2.
121 Zimmeter: Die europäischen Arten der Gattung Potentilla, 3.
122 StAGR, Nachlass Christian G. Brügger, B 1165/10 (2. Teil), Brief Siegfrieds vom 29.12.1883.
123 Ebd., Brief Siegfrieds vom 29.2.1884.
124 Ebd., Brief Siegfrieds vom 29.12.1883.

graphie der Gattung Potentilla vorlegte, kam er auch auf Zimmeters Werk zu sprechen. Sein Urteil fiel vernichtend aus: Zimmeter habe mit dieser Schrift die Anzahl der Potentillenarten in ungebührlicher Weise von ehemals 80 auf 256 verdreifacht und so für »vollständige Verwirrung«[125] gesorgt. Diese Kritik schließt sich an die weiter oben dargelegten Argumente Gremlis gegen Brügger an – nämlich die Infragestellung einer gemeinsamen Fachsprache sowie eines geteilten Ordnungsrahmens. Harte Worte verlor Wolf vor allem über die anderen Mitglieder der Siegfried'schen *Triple Entente*. Zimmeter selbst sei ein bedauernswerter Fehlgeleiteter und habe seine »Speziesmacherei« nicht aus unlauteren Beweggründen betrieben, so urteilte Wolf, »aber nicht bei allen seinen Mitarbeitern und Nachfolgern wagte ich ein stets rein wissenschaftliches, uninteressiertes Streben anzunehmen. So mancher kaum mittelmässige Botaniker glaubte sich dazu befähigt und berechtigt, in der Gattung Potentilla – einer der schwierigsten, die es gibt – ein paar neue Spezies aufzustellen«.[126] Kaum überraschend, rangierten unter diesen »kaum mittelmässigen Botanikern« Siegfried und Brügger an prominenter Stelle. Der Erste habe sich durch Zersplittern der Spezies hervorgetan, während der Zweite mit seiner massenhaften Publikation fragwürdiger Bastarde den »grössten Mihilisten unserer Zeit« zugerechnet werden könne.[127]

Hans Siegfrieds Stellungnahme im Konflikt zwischen Brügger und Gremli entsprach seiner Position im Feld der Petite Science: Als einschlägiger Spezialist genoss er durchaus auch Ansehen unter akademischen Wissenschaftlern, was ihm entsprechendes Gewicht verlieh. In seinen eigenen Potentillen-Forschungen teilte er Brüggers Vorlieben für angebliche Bastarde. Seine Parteinahme für den Churer Gymnasialprofessor ließ sich daher nicht bloß auf Loyalitäten gegenüber einem unentbehrlichen Förderer zurückführen, sondern diente letztlich auch der Verteidigung eigener Forschungsresultate sowie der eigenen Stellung im wissenschaftlichen Feld.

Neutralität der akademischen Institution: Jakob Jäggi

Eine dritte und letzte Position im Streit zwischen Brügger und Gremli verkörperte Jakob Jäggi (1829-1894). Der Kurator des Herbars des Eidgenössischen Polytechnikums in Zürich repräsentierte das wissenschaftliche Feld der akademischen Botanik. Wie sich in Jäggis Stellungsnahme zum Konflikt zeigte, galten in diesem Feld andere Loyalitätsverpflichtungen als in der Petite Science. Im Gegensatz zu Siegfried entsprach Jäggis Positionierung eher einer kritisch distanzierten Solidarität denn bedingungsloser Bündnistreue.

125 Wolf: Monographie der Gattung Potentilla, 11.
126 Ebd., 11.
127 Ebd., 11f.

Zum Zeitpunkt, als der Botanikerstreit sich zuspitzte, waren Jäggi und Brügger schon seit Jahren miteinander freundschaftlich bekannt. Jäggi rückte 1870 als Nachfolger Brüggers auf die Kuratorenstelle des Polyherbars nach, als dieser zurück ins Bündnerland zog und dort seine Lehrerstelle antrat. Beide teilten auch gemeinsame Freundschaften, wie beispielsweise zum Potentillen-Spezialisten Hans Siegfried.[128] Und wie schon erwähnt, machten sie auch gemeinsam »Jagd« auf neue Pflanzenarten – darunter auch Bastarde – und litten zusammen, wenn sie die Prioritätsrechte »ihrer« Pflanze durch Publikationen anderer Forscher in Gefahr sahen. Grundsätzlich pflegten Jäggi und Brügger also ein freundschaftliches Verhältnis. Im Allgemeinen schätzte auch der Zürcher Herbarvorsteher die Forschungen seines Churer Kollegen ausdrücklich und hieß ebenso dessen Seitenhiebe gegen Gremli gut: »Lieber Freund […] Was deine neueren Arbeiten betrifft, so freut es natürlich alle Deine Freunde und so auch mich, dass du einmal recht vom Leder ziehst! Deine Arbeiten sind immer u. überall genau u. von Eifer redlichsten Strebens nach Wahrheit durchdrungen!«[129]

Nichtsdestotrotz war Jäggi mit zunehmender Eskalation des Konflikts zwischen Brügger und Gremli sehr darauf bedacht, sich von seinem Kollegen nicht vereinnahmen zu lassen. Sein Beharren auf einer neutralen Position widerspiegelt seine Position im wissenschaftlichen Feld der Universitätswissenschaft. Jäggi verwaltete mit dem Polyherbar eine maßgebliche Boundary Infrastructure der systematischen Botanik der Schweiz. Diese institutionelle Stellung verpflichtete ihn dazu, mit allen Parteien gleichermaßen wissenschaftlichen Austausch pflegen zu können, was exponierte Stellungsnahmen in Konfliktlagen untersagte. Jäggi scheint zudem die Korrektheit in Person gewesen zu sein. So erwähnt der Nekrolog des Konservators seine »Pedanterie«, lobt diese aber ausdrücklich als wissenschaftliche Tugend: »Selten konnte man es Jäggi recht machen beim Versorgen eines benutzten Fascikels; da war noch dieses oder jenes zu rücken, oder die Schnüre waren nicht genau nach Vorschrift gebunden.«[130] Aus Jäggi sprach gleichsam das Gewissen der Wissenschaft, das Brügger zur Einhaltung gängiger Wissenschaftsstandards mahnte. Solche Korrektheit schien Jäggi seinem Freund nicht immer zuzutrauen, und so fühlte er sich verschiedentlich bemüßigt, diese dem Churer in Erinnerung zu rufen. Als Brügger einen seiner früheren Belege aus dem Polyherbar von Jäggi zur Ausleihe verlangte, schärfte ihm der jetzige Amtsinhaber folgende Verhaltensregeln ein:

> »Sämtliches, was nicht in deinem blauen kl. Fascikel enthalten ist, muss intact wieder zurückkommen mit allem Geschriebenen ohne Ausnahme; auch soll an den Etiketten nichts geändert werden. Hast du Bemerkungen

128 Schröter: Professor J. Jäggi † (1. Teil), a1.
129 StAGR, Nachlass Christian G. Brügger, B 238, Brief Jäggis vom 1.8.1882.
130 Schröter: Professor J. Jäggi † (1. Teil), a1.

zu machen so kannst du sie beifügen, aber auf gesonderte Zeddel (mit deinem Namen versehen) ohne an den schon dabei liegenden Etiketten, auch wenn sie von dir herstammen, irgend Etwas zu verändern!! (weder durchzustreichen; noch beizufügen; noch weniger etwa eine Etikette zu entfernen & durch eine neue zu ersetzen!)«[131]

Dass ein ehemaliger Konservator von seinem befreundeten Amtsnachfolger ausdrücklich dazu angehalten werden muss, Archivalien nachträglich nicht zu verändern, sagt einiges über Brüggers eigensinnige Auslegung von Prioritäts- und Publikationsregeln aus. Überhaupt schien Brügger seinen ehemaligen Arbeitsort ein Stück weit noch immer als Privateigentum zu betrachten. So war er jedes Mal aufgebracht, wenn er von Jäggi erfahren hatte, dass ihm unliebsame Botaniker Einsicht in »seine« Belege des Polyherbars genommen hatten. Leicht verärgert setzte Jäggi dann seinem Freund auseinander, dass im Hochschulbetrieb Sammlungen öffentlich zugänglich seien und mithin andere Regeln gelten würden als im Milieu der Petite Science, wo Ausleihen auf der Basis persönlicher Freundschaft erfolgten und folglich nach eigenem Gutdünken bewilligt oder verwehrt werden könnten. Dass Jäggi Abstand zu Brüggers Privatfehde zu wahren suchte, zeigte sich in seiner regelmäßigen Weigerung, sich von diesem zu einer verbindlicher Bestimmung kritischer Pflanzenarten drängen zu lassen oder solche gar publizieren zu wollen:

»Es würde mir z.B. nie einfallen, ein Hybrid Epilobium, das ich nicht in Natur, d.h. in Loco gesehen habe, herausbringen zu wollen! Das sende man an Haussknecht etc. etc. Wenn du mir also Sachen zum Ansehen senden willst, so bin ich immer bereit, sie durchzusehen u. was ich sicher erkenne, zu benennen. Alles andere kehrt zurück, wie es gekommen, d.h. ohne meine Zugabe. Pasta! [sic]«[132]

Noch deutlicher offenbarte sich Jäggis professionelle Distanzierung von seinem streitlustigen Freund in der Tatsache, dass der Hochschulkonservator es sich aller Vorbehalte seines Freundes zum Trotz nicht nehmen ließ, mit dessen Gegenspieler weiterhin wissenschaftlich zu verkehren. So meldete Jäggi von ihm neu gefundene Pflanzenarten an Gremli und nahm dessen *Excursionsflora* sowie seine *Neuen Beiträge zur Flora der Schweiz* als populäre Publikationsplattformen in Anspruch.[133]

Den Höhepunkt von Jäggis Absetzbewegung markierte aber der Aufsatz *Scirpus Scheuchzeri Brügger*, den er 1883 in einer deutschen Fachzeitschrift veröffentlichte.[134] In diesem Text sezierte der gewissenhafte Konservator

131 StAGR, Nachlass Christian G. Brügger, B 564/1 (1. Teil), Brief Jäggis vom 26.4.1885.
132 StAGR, Nachlass Christian G. Brügger, B 238, Brief Jäggis vom 9.2.1883.
133 Ebd., Brief Jäggis vom 14.11.1881.
134 Vgl. Jäggi: Scirpus Scheuchzeri Brügger.

einen der von Brügger zuvor publizierten Bastarde nach allen Regeln der Kunst und tat ihn als »Irrtum« ab. Kaum überraschend, reagierte der öffentlich bloßgestellte Brügger nicht sonderlich erfreut über Jäggis Kritik und kündigte diesem die Freundschaft. Etwas zu blauäugig mimte Jäggi in seiner Antwort den Überraschten: »Herrn Prof. Brügger in Chur. Nein, das hätte ich wirklich nie gedacht, dass Brügger aus einer geringfügigen Sache einen schrecklichen Casus belli machen würde.«[135] Brüggers Vertrauen in Jäggi war nachhaltig gestört. Misstrauisch erkundigte er sich ein halbes Jahr später gar beim gemeinsamen Freund Siegfried, ob dieser Näheres über das Verhältnis Jäggis zu Gremli wisse.[136] Erst im Laufe des nächsten Jahres schien sich das Verhältnis der beiden Freunde wieder einzurenken.

Jakob Jäggis abwiegelndes Verhalten im Streit zwischen Gremli und Brügger ist Ausdruck seiner Stellung im Feld der akademischen Botanik. Mittels verschiedener Strategien suchte er seine Eigenständigkeit zu behaupten. Er verweigerte von Brügger eingeforderte Urteile und verwies auf die Expertise einschlägiger Spezialisten. Mit seiner öffentlich vorgebrachten Kritik an einzelnen Pflanzenbeschreibungen Brüggers brachte er sein akademisches Wissenschaftsideal zum Ausdruck: Jenes einer reinen Wissenschaft, in der nicht freundschaftliche Loyalitäten oder lokale Seilschaften ausschlaggebend sein sollen, sondern einzig die Kraft des besseren Arguments.

4.3 Ordnungsmacht und Zugehörigkeit: Epilog und Fazit

Das traurige Ende zweier Kontrahenten: Epilog

Werfen wir zum Schluss noch einen Blick auf den weiteren Werdegang der beiden Kontrahenten Brügger und Gremli in den Jahren nach dem hier beleuchteten Fallbeispiel. Ab Ende der 1880er-Jahre flaute ihre öffentliche Polemik ab, vielleicht ging den beiden Streithähnen schlicht die Energie aus. Es scheint nämlich ein solch gehässig ausgetragener Streit der Gesundheit nicht gerade zuträglich zu sein, wie man den Nekrologen der beiden entnehmen kann. Die zwei Gegenspieler teilten nicht nur dasselbe Geburtsjahr, sie wurden 1899 auch im gleichen Jahr von der Erde abberufen. Die Lebensabende der beiden werden als einsam und traurig beschrieben. Eine Gedenkschrift für Gremli berichtet Folgendes über den ehemaligen Doyen der Schweizer Feldbotanik, der sich zusehends aus der Öffentlichkeit zurückgezogen habe:

135 StAGR, Nachlass Christian G. Brügger, B 238, Brief Jäggis vom 10.7.1883.
136 StAGR, Nachlass Christian G. Brügger, B 1165/10 (2. Teil), Brief Siegfrieds vom 29.2.1884.

»In den letzten Jahren seines Lebens war Gremli häufig unpässlich. Im Übermass rauchend, litt er unter der Wirkung des Nikotins. Dazu kam noch, dass er im Kampf mit Schlaflosigkeit schon früher zu Schlafmitteln gegriffen und deren Dosis beständig vermehrt hatte. Im Januar 1899 zog es ihn, anscheinend unvermittelt, in seine alte Heimat zurück [...]. In Egelshofen und Kreuzlingen wussten nur wenige von Gremlis Rückkehr aus Vevey, und diese wenigen wollten nicht recht glauben, dass der anspruchslose Sonderling von der Alpstrasse im Reich der Wissenschaften einen bemerkenswerten Rang einnehme.«[137]

Auch sein wissenschaftliches Vermächtnis sollte Gremlis Tod nicht lange überleben. Bereits noch zu seinen Lebzeiten wurde an seinem Thron gesägt. Wie schon erwähnt arbeiteten der Zürcher Universitätsprofessor Hans Schinz und sein Kollege Robert Keller Ende der 1890er-Jahre gezielt darauf hin, »den Gremli zu ersetzen und von der Bildfläche verschwinden zu machen«.[138] Ihr erklärtes Ziel hatten sie bald erreicht: Ein Jahr nach Gremlis Tod brachten Schinz und Keller 1900 ihre *Flora der Schweiz* auf den Markt. Diese stieß Gremlis *Excursionsflora* rasch vom Thron. Ein Kommentator hielt 1924 rückblickend fest, dass vor der Jahrhundertwende »der Name Gremli allen höheren Schulen der Schweiz vertraut; der studierenden Jugend von heute sagt er schon nichts mehr.«[139] Das Werk von Schinz und Keller wurde nun seinerseits über mehrere Jahrzehnte zum maßgeblichen Standardwerk der schweizerischen Floristik. Verstärkt wurde die Vormachtstellung der Schinz/Keller'schen Flora nicht zuletzt durch ihre Popularisierung in der *Schul- und Exkursionsflora der Schweiz* von August Binz, welche zwischen 1920 und 1990 in insgesamt 19 Auflagen und 107.000 Stück erschien.[140]

Gremlis Widersacher Christian Brügger war bis zu seinem Lebensende 1899 in Chur als Gymnasiallehrer und Kurator tätig. Zunehmend hatte er sich aber von allen anderen öffentlichen Aktivitäten zurückgezogen. Sein letztes Jahrzehnt klingt ebenfalls nicht nach dem, was man sich unter einem zufriedenen Ruhestand vorstellt. Wir lesen in seinem Nachruf:

137 Leutenegger: August Gremli, 240 f.

138 BGUZ, Korrespondenz Hans Schinz, Kopialbuch 33, Schreiben Schinz' vom 18.3.1897. Vgl. zu diesem Verdrängungskampf Schinz' gegen Gremli auch Kapitel 2.2.

139 Leutenegger: August Gremli, 237.

140 »Der Schinz« erschien zwar insgesamt nur in 4 Auflagen bis 1923, vergleichbar wie zuvor »der Gremli« vergrößerte er durch seine Referenzfunktion für andere Florenwerke seine Reichweite ungemein. So verstand sich August Binz' 1920 erstmals veröffentlichte *Schul- und Exkursionsflora der Schweiz* ausdrücklich als schultaugliche Version der »vorzügliche[n] Flora von Schinz und Keller«, welch Letztere »für streng wissenschaftliche Zwecke unter allen Umständen zu verwenden« sei. (Binz: Schul- und Exkursionsflora der Schweiz, VII). In diesem Sinne übernahm Binz auch die von Schinz und Keller in ihrem Standardwerk festgelegte Nomenklatur (ebd., VIII) und vermittelte diese Generationen von Schweizer Schülern und Studierenden.

»Diese Irrtümer [seine Bastardforschungen; T.S.] haben seinem wissenschaftlichen Ruhm geschadet und ihm selbst viel schweres Herzeleid bereitet, denn er besass eine gute Dosis Ehrgeiz. Die heftigen Angriffe, denen er deshalb ausgesetzt war, haben ihn verbittert und noch unzugänglicher gemacht, als er es ohnehin war. [...] die wachsende, krankhaft gewordene Verbitterung und Gereiztheit seiner letzten Lebensjahre [machten; T.S.] ihm ein ruhiges, stetiges Arbeiten zur Unmöglichkeit [...].«[141]

Auch wenn sich schon zu Brüggers Lebzeiten immer deutlicher abzeichnete, dass viele Resultate seiner Bastardforschung einer Überprüfung nicht standhalten, zögerten doch viele Botanikerkollegen, diese Mängel öffentlich kundzutun. Spätestens aber nach seinem Tod legte man die vornehme Zurückhaltung ab. Bereits in Brüggers Nekrolog in den *Verhandlungen der Schweizerischen Naturforschenden Gesellschaft* bezeichnete der Zürcher Botanikprofessor Carl Schröter die Bastardwerke als »Scharte« im Lebenswerk des Bündners und tadelte, dass »hier unser sonst so gewissenhafter Gelehrte[r] nicht immer mit der nötigen Sorgfalt vorging und eine grosse Zahl von Bastarden auf ganz ungenügendes Material hin publiziert hat«.[142] Auch andernorts erschienen in den folgenden Jahren einzelne Publikationen, die Brüggers behauptete Hybridarten zu einem großen Teil demontierten.[143]

Selbst nach seinem Tod am 16. Oktober 1899 vermochte Brügger die Welt der Botanik noch ein letztes Mal in Erregung zu versetzen. Da Brügger keine Familie hatte, landete sein botanischer Nachlass bei einem Antiquar, der diesen verhökerte. Größtes Interesse an diesen Notizen hätte Carl Schröter, Botanikprofessor am Zürcher Polytechnikum, gehabt. Er wollte Brüggers Materialien für die Publikation einer Bündner Flora verwenden. Mit Schrecken musste Schröter ein Jahr nach Brüggers Tod erfahren, dass die Sachen im Katalog des Antiquariats Geering angeboten und bereits verkauft worden seien. Er bestürmte den Antiquar, ihm den Namen des Käufers zu nennen. Als er den Namen schließlich erfuhr, kam dies dem Alptraum eines jeden Sammlers gleich: Die Notizen hatte sich Hans Schinz, Botanikprofessor an der Universität Zürich, unter den Nagel gerissen. Das Verhältnis der beiden charismatischen Professoren war geprägt von ausgesprochener Rivalität. Nachdem Schröters Mitarbeiter Heinrich Brockmann-Jerosch die Sachen bei Schinz dann trotzdem in Augenschein nehmen durfte, hatte der Poly-Professor allen Grund zur Beruhigung: Der Brügger-Nachlass war aus botanischer Sicht wertlos. Nach längerer Arbeit mit den Hinterlassenschaften Brüggers bilanzierte Brockmann-Jerosch, dass Brüggers Publikationen über Pflanzenbastarde »besser gänzlich unterblieben wären«, und begründete

141 Schröter: Prof. Christian G. Brügger, XXII f.
142 Ebd., XXII.
143 Vgl. Kükenthal: Die Carexbastarde des Brügger'schen Herbars; Wolf: Monographie der Gattung Potentilla, 12.

dies, wie bereits erwähnt, auch mit dem miserablen Zustand der Brügger'schen Nachlassmaterialien.[144]

Noch weit über sein Ableben hinaus wirkten sich Brüggers Bastardforschungen nachteilig auf seinen Nachruhm aus. Als die Bündner Kantonalsektion 1938 die Jahresversammlung der *Schweizerischen Naturforschenden Gesellschaft* ausrichtete, präsentierte sie der Versammlung die Festschrift *Ehrentafel Bündnerischer Naturforscher*. Im Kurzporträt Christian Brüggers avancierte dieser mit seinen strittigen Forschungen zum tragischen Helden der Bündner Naturforschung: »Die von Brügger aufgestellten neuen Formen und Bastarde, auf die man sehr gespannt war, hat man in seinem nachgelassenen Herbarienmaterial grösstenteils nicht gefunden. So endete leider ein vielversprechendes und vielseitig unternehmendes Leben in Verdüsterung und Abgeschlossenheit.«[145]

Brüggers umstrittene Bastarde: Fazit

Im Zentrum dieses Kapitels stand der Konflikt, den die beiden außerakademischen Botaniker Christian Brügger und August Gremli im Laufe der 1880er-Jahre öffentlich ausgetragen haben. Welche Einsichten bot der detaillierte Blick auf diesen wissenschaftlichen Streit? Das ausgebreitete Fallbeispiel bot einerseits Einblick in die Verhandlung von Kriterien der Wissenschaftlichkeit, die das Selbstverständnis der Petite Science ausmachten. Dass sich sowohl Gremli wie Brügger gleichermaßen auf die Wichtigkeit sauberer Ding-Inskription sowie die Befolgung von moralökonomischen Geboten beriefen, bestätigte nochmals die breite Anerkennung dieser Praktiken, die in den vorangegangenen Kapiteln bereits beleuchtet wurden. Andererseits verdeutlichte der Botanikerstreit die große Bedeutung, die der Respektierung von nomenklatorischen und taxonomischen Ordnungen für das Funktionieren des naturkundlichen Milieus zukam. Brügger beschäftigte sich mit Bastarden, Hybridobjekten zwischen bestehenden Kategorien. Er anerkannte diese als eigenständige Arten und besiegelte diese Überzeugung mit einer eigenwilligen Benennungspraxis. Hierin lag die Heftigkeit der Auseinandersetzung begründet: Diese Regelwidrigkeiten stellten die Möglichkeit der Verständigung unter Naturforschern und somit deren Zusammenarbeit grundsätzlich in Frage. Auf Verstöße gegen nomenklatorische

144 Brockmann-Jerosch: Die Flora des Puschlav, VI f. Vgl. zur nachhaltigen Beschädigung von Brüggers Glaubwürdigkeit durch den mangelhaften Zustand seiner Hinterlassenschaften auch die Ausführungen in Kapitel 1.2.

145 Richard la Nicca, zit. bei Bener-Lorenz: Prof. Dr. Christian Brügger, 81.

Gesetze reagierte die naturhistorische Wissenschaftsgemeinde mit inquisitorischem Eifer – nicht nur im Falle Brüggers.[146]

Da in Streitereien über Namensgebung und Systematik religiös angehauchte Bilder schnell zur Hand waren, lag gegen den Churer Naturkundelehrer gleichsam der Vorwurf des Ketzertums in der Luft. Es hätte gerade diese Auszeichnung durchaus als Ausgangspunkt für eine anders gelagerte Interpretation des Botanikerstreits genommen werden können: Brügger weist auf den ersten Blick Berührungspunkte mit einer Figur auf, die Pierre Bourdieu in seiner Wissenschaftstheorie als »Häretiker« beschreibt. In dieser Theorie skizziert Bourdieu die Wissenschaft als soziales Feld, in dem die einzelnen Wissenschaftler miteinander keine harmonische »wissenschaftliche Gemeinschaft« bilden, sondern vielmehr zueinander in einem harten Konkurrenzkampf um Autorität und Anerkennung stehen. Dieser Wettkampf um soziales Kapital offenbare sich besonders deutlich in Streitigkeiten um Prioritätsrechte.[147] Da Entdeckungen besonders großes Distinktionspotential besässen und viel Anerkennung brächten, seien sie folglich auch außerordentlich umstritten. Dass Brügger und Gremli sich auch wegen ungeklärter Prioritätsansprüche in den Haaren lagen, scheint diese Lesart ihres Konflikts zu stützen. Aber die soziologische Feldtheorie führt in unserem Fallbeispiel auf eine falsche Fährte: In der Begrifflichkeit Bourdieus hätte der Bastardforscher Brügger mit seiner grundsätzlichen Infragestellung von Benennungspraktiken und Artkonzeptionen eine heterodoxe »Strategie der Subversion« verfolgt.[148] Dieser Strategie bedienen sich Aufsteiger, die im Feld der Wissenschaften ihren Platz erst noch erobern müssen: Ziel solch riskanter Angriffe ist es, die Vertreter der Orthodoxie, das heißt die im Feld längst etablierten Konkurrenten, zurückzudrängen und handstreichartig große Mengen soziales Kapital zu erbeuten. Brüggers Ketzertum war jedoch kaum als Aufstiegsstrategie gedacht. Er war zum Zeitpunkt seiner ersten Bastard-Publikation ein 47-jähriger Gymnasialprofessor, Kurator des kantonalen naturhistorischen Museums und fest verankert im lokalen und natio-

146 Dass Brüggers Ausgrenzung keinen Einzelfall darstellt, zeigt das Beispiel des deutschen Botanikers Otto Kuntze (1843-1907). Dieser Privatgelehrte publizierte zwischen 1891 und 1898 seine dreibändige *Revisio Generum Plantarum*, in welcher er eine weitreichende Überarbeitung der bestehenden botanischen Nomenklatur propagierte. Als Folge dieser und weiterer nonkonformistischer Arbeiten wurde Kuntze zur eigentlichen Persona non grata der internationalen Fachwelt und in Dutzenden von Aufsätzen weltweit mit harscher Kritik eingedeckt. Fast im Alleingang versuchte der »outsider« (Nicolson) Kuntze 1900 auf dem *Internationalen Botanischen Kongress* in Paris, seine Ansichten gegen die versammelte globale Scientific Community zu verteidigen. Er fand kein Gehör und kämpfte als verbitterter Einzelgänger bis zu seinem Lebensende 1907 gegen alle Beschlüsse der *Internationalen Botanischen Kongresse*. Vgl. dazu Zanoni: Otto Kuntze und Nicolson: A history of botanical nomenclature.

147 Bourdieu: La spécificité du champ scientifique, 98.

148 Ebd., 104.

nalen Milieu der Petite Science. Sprich: Brügger war eine angesehene Persönlichkeit und hatte es kaum nötig, sich mit einer ketzerischen Positionierung für einen allfälligen Aufstieg in Stellung zu bringen. Ebenso wenig wie ein Bourdieu'scher Emporkömmling auf der Jagd nach Sozialkapital war Brügger wissenschaftlicher Revolutionär: Seine Schrift war auch keine Kampfansage an wissenschaftliche Paradigmen in Sinne Thomas Kuhns. Wie gezeigt wurde, stellte Brüggers Annahme von Arthybriden keine grundlegenden Thesen der zeitgenössischen Normalwissenschaft in Frage. Die Existenz solcher Kreuzungen wurde auch von führenden deutschsprachigen Botanikern bejaht. Brüggers Bastardwerk und Gremlis heiliger Zorn lassen sich also weder in den Begrifflichkeiten des Wettstreits noch in denen der wissenschaftlichen (Konter-)Revolution treffend fassen.

Trotzdem findet sich bei Bourdieu ein Hinweis auf eine ergiebigere Fährte. In seiner Auseinandersetzung mit dem Kuhn'schen Paradigma-Konzept wirft er diesem Idealismus vor: Kuhn versuche, wissenschaftlichen Fortschritt nur aus der immanenten Logik der Wissenschaft heraus zu erklären. Eine stimmige Wissenschaftstheorie müsse aber den Widerspruch zwischen interner und externer Erklärung, das heißt zwischen Epistemologie und sozialen Bedingungen, überwinden; beide seien gleichermaßen an der Entstehung bestimmter wissenschaftlicher Problemlagen beteiligt. Diesen Anspruch löst Bourdieu selbst nicht durchgängig ein. Wissenschaftliche Schwerpunktsetzungen betrachtet er vornehmlich als Ausdruck innerwissenschaftlicher Hierarchiekämpfe und reduziert damit unterschiedliche Wissensgehalte letztlich auf soziale Konkurrenz. So nimmt er Gedankengebilden jegliche Sperrigkeit der Eigenlogik, die sich stets in spezifischen Praktiken und Materialisierungen niederschlägt. Er verfolgt also letztlich ebenfalls einen Idealismus, wenn auch einen soziologistischen. Das Postulat Bourdieus, epistemische wie soziale Bedingtheiten des Wissens und seiner Akteure zusammenzudenken, verliert dadurch aber nicht an Gültigkeit. Gerade für die jüngere Wissensgeschichte ist der Anspruch, Wissen in dieser Doppelung zu denken, zentral. So zeichnet sich laut Philipp Sarasin der wissensgeschichtliche Zugang ebendadurch aus, dass er Wissensakteure nicht bloß über ihre soziale Stellung, sondern ebenso »über das von ihnen produzierte und gehandhabte Wissen und ihre Verstrickung in Diskurse« analysiert.[149]

Im vorliegenden Fallbeispiel wurde dies mit dem informationssoziologischen Konzept der »Klassifikation« umzusetzen versucht. Leitgedanke war Geoffrey C. Bowkers und Susan Leigh Stars Prämisse, dass die Zugehörigkeit von Akteuren zu einer Tätigkeitsgemeinschaft einerseits und die Passfähigkeit von Dingen in Kategorien andererseits stets miteinander zusammen-

149 Sarasin: Was ist Wissensgeschichte?, 169.

hängen. Christian Brüggers Bastard-Liste und die heftigen Angriffe August Gremlis auf seine Person wurden so als krisenhafte Aushandlung von Zugehörigkeit interpretiert. Gerade umstrittenen Klassifikationen kommt in den Augen Bowkers und Stars besonderer Erkenntniswert zu, da solche Abweichungen eine Indikatorfunktion erfüllen: Sie bieten Aufschluss über Ordnungsstrukturen, die im reibungslosen Funktionieren normalerweise unsichtbar bleiben.[150] Brüggers Hybridpflanzen waren solche Abweichler. Zu Hunderten drängten sie zwischen Kategorien. Von ihrem Entdecker mit neuem Namen und vollem Bürgerrecht ausgestattet, drohten sie althergebrachte Ordnungen durcheinanderzubringen. Am meisten musste aber der ungehemmte Paarungstrieb beunruhigen, den Brügger beobachtet haben wollte: Seine Spezies vermischten sich munter mit beliebigen anderen Arten, ohne sich an die bislang gültigen Grenzen des taxonomischen Anstands zu halten.

So rief Brügger nicht nur nomenklatorische Sittenwächter auf den Plan. Sein Vergehen wog nämlich weit schwerer als ein Verstoß gegen Gesetze der Namensgebung. Mit seinen ketzerischen Auffassungen stellte er mehr in Frage als bloß die fachsprachliche Verständigung zwischen Botanikern – Brügger rührte an das grundsätzliche Selbstverständnis der damaligen Naturkunde. Seine unbekümmerte Artenmischung zielte genau auf deren wunden Punkt: die grundsätzliche Verunsicherung über den Realitätsstatus der »Spezies«. Im Gefolge der Darwin'schen Thesen verlor besagte taxonomische Rangstufe ihre vormals festen Konturen und damit die sammelnden Naturforscher ihr wichtigstes *boundary object*. Auch wenn Brügger die Existenz von Arten nicht eigentlich in Abrede stellte, so hieb er mit seinen großzügig behaupteten Grenzüberschreitungen doch in eine ähnliche Kerbe. Das Verständnis der ob ihres Verlustes verunsicherten (und zuweilen gar gereizten) botanischen *community of practice* für solche Grenzwissenschaften hielt sich in engen Grenzen: Da Brügger Dinge auf den Tisch legte, welche die etablierten Kategorien der Gemeinschaft unterhöhlten, musste zwangsläufig die Frage nach Brüggers Gemeinschaftszugehörigkeit aufkommen.

Zum Richter über diese Frage schwang sich August Gremli auf. Der Autor der *Excursionsflora für die Schweiz*, des damals populärsten Bestimmungswerks der Schweiz, fühlte er sich dazu legitimiert, als Stimme der botanischen Ordnungsmacht zu sprechen. Gralshüter Gremli verkörperte als anerkannter Referenzautor der Systematik den konservativen Pol, der die gefährdete Ordnung des Pflanzenreiches vor den Subversionen Brüggers bewahren wollte. Sein Gewicht bezog er vor allem aus der infrastrukturellen Vervielfältigung und Verfestigung seines Ordnungsentwurfs in anderen Bestimmungsbüchern, im Schulunterricht, in den Körpertechnologien der Sammler sowie in den dinglichen Sammlungsanordnungen.

150 Bowker und Star: Sorting Things Out, 311.

Einen dritten Interpretationsansatz lieferte der letzte Teil des Kapitels. Im Zentrum standen die Fragen der sozialen Stellung verschiedener in den Konflikt involvierter Akteure sowie die Aushandlung von Glaubwürdigkeit. Um die Glaubwürdigkeit Brüggers stand es nicht zum Besten: Als Universalforscher verfügte er über zu geringes wissenschaftliches Kapital, um sich legitimerweise in der taxonomischen Grundlagenforschung betätigen zu können. Um als Autoritätsperson auf diesem Gebiet breite Anerkennung zu finden, war eine Spezialisierung unerlässlich. Diese herausragende Position als *truth-tellers* (Steven Shapin) war den Monographen, ausgewiesenen Spezialisten für eine bestimmte Familie oder Gattung, vorenthalten. Unter diesen Monographen rangierten durchaus auch Vertreter der außeruniversitären Petite Science. Deren spezialisiertes Wirken war aber im Gegensatz zu anderen Vertretern dieses Wissenschaftsmodus stark überregional oder international ausgerichtet. Die ausgeprägt lokale Autorität jedoch, die sich Brügger durch Sammeln und Koordinieren im Bündner Naturforschermilieu erarbeitet hatte, war im spezifischen Feld einer wissenschaftlichen Disziplin (in diesem Fall der systematischen Botanik) nicht direkt verwertbar. Unterschiede zwischen der stark lokal orientierten Petite Science, einer disziplinär ausgerichteten Spezialforschung sowie des akademischen Wissenschaftsbetriebs offenbarten sich auch in den Positionsbezügen von Brüggers Kolleginnen und Kollegen zu dessen Streit mit Gremli. Maria Gugelberg von Moos und Johann Krättli waren beide auf ihre Weise Randfiguren innerhalb des Bündner Naturforschermilieus. Brügger öffnete ihnen durch seine Vermittlungstätigkeit Zugänge zum Zentrum dieses Wissensmilieus, was die beiden dem Gymnasialprofessor mit Loyalität vergalten. Beide enthielten sich aber einer ausdrücklichen Stellungnahme zu den inhaltlichen Streitpunkten, die Gremli gegen Brügger anführte.

Hans Siegfrieds Positionierung leitete sich dagegen aus seiner eigenen Forschungstätigkeit ab. Er zählte zu einem verschworenen Kreis von Fingerkrautspezialisten und vertrat hinsichtlich der Hybridbildung vergleichbare Ideen wie Brügger. Der Privatgelehrte Siegfried traute sich ein eigenes inhaltliches Urteil zu, lehnte sich aber wohl auch aufgrund seiner fehlenden Hochschulbildung eng an seine beiden studierten Bündnispartner, die Gymnasialprofessoren Zimmeter und Brügger, an. Gegenseitige Materiallieferungen und publizistische Unterstützung verstärkten dieses befreundete Forschungsnetzwerk zusätzlich. Siegfried nahm aus der Warte kollegialer Solidarität Stellung und verteidigte mit seiner Allianz zu Brügger gleichzeitig auch seine eigenen Forschungsresultate.

Jakob Jäggis Parteinahme schließlich beziehungsweise seine Verweigerung einer ebensolchen stand stellvertretend für die Logik einer öffentlich-akademischen Institution. Angesichts der obsessiven Privatfehde Brüggers war der Konservator des Hochschulherbars auf seine eigene Unabhängigkeit bedacht. Jäggi ließ sich seinen wissenschaftlichen Umgang nicht durch persönliche Loyalitäten diktieren und hielt auch auf dem Höhepunkt des Konflikts die Kommunikation mit Brüggers Nemesis Gremli aufrecht. Mit seiner öffentlich abgedruckten Kritik an einer Brügger'schen These brachte er deutlich zum Ausdruck, dass er nicht gewillt war, persönliche Freundschaft und wissenschaftliche Wahrheitssuche gegeneinander auszuspielen. In diesen unterschiedlichen Stellungnahmen von Brüggers Bekannten kamen also weniger individuelle Persönlichkeitseigenschaften zum Ausdruck als vielmehr spezifische Positionen innerhalb unterschiedlicher wissenschaftlicher Felder.

5. Institutionen und Akteure der Petite Science

Lokale, außeruniversitäre Naturkunde war um 1900 vorwiegend eine sammelnde Wissenschaft. Es liegt daher auf der Hand, dass in den vorausgegangenen Kapiteln die Rekonstruktion dieses Wissenschaftsmodus ihren Ausgangspunkt in den Sammlungsdingen hatte. Den Auftakt machte die Darstellung von konkreten Dingpraktiken wie Konservieren, Beschriften und Einordnen. Die korrekte Dinghandhabe erwies sich als Eintrittsgeld für Objekte wie Menschen gleichermaßen: Nur sauber und regelgerecht bearbeitete Spezimen bekamen Einlass in die wissenschaftlichen Zirkulationssphären, und nur entsprechend korrekt arbeitende Sammler fanden Aufnahme im Kreis der anerkannten Naturforscher.

Das zweite Kapitel beleuchtete, wie diese Dinge zu Papier gebracht wurden. Die Inventarisierung gesammelter lokaler Naturdinge in Floren- und Faunenkatalogen wurde als grundlegendes Wissensformat der Petite Science dargestellt. Noch deutlicher als die Ausführungen zu den Dingpraktiken veranschaulichte diese Skizze medialer Aspekte, wie Kooperation und Zugehörigkeit der Wissensakteure wesentlich über Objekte vermittelt wurden. So war es in erster Linie die den Lokalkatalogen zugrunde liegende mediale Struktur der Liste, die als *boundary object* der gemeinschaftlichen Forschungstätigkeit Gestalt verlieh.

Auch in den weiteren Ausführungen waren die menschlichen Akteure immer mitgedacht, wenn von den Dingen die Rede war. So haben wir gesehen, dass die Zirkulation der Dinge das wohl wichtigste Beziehungsmedium im Milieu der Petite Science bildete. War es nun Handel, Tausch oder freundschaftliches Geschenk – der Austausch von Spezimen, Werkzeugen oder Ratschlägen schuf und stärkte Bindungen zwischen den einzelnen Lokalforschern und hielt deren informelle Forschungsnetzwerke zusammen.

Gleichsam zwischen den Naturdingen schienen auch im vorherigen Kapitel menschliche Akteure auf, sozusagen Seite an Seite mit Vertretern aus dem Pflanzenreich. Am Fallbeispiel einer Polemik um den Status von Pflanzenhybriden wurde aufgezeigt, welche Wichtigkeit das Befolgen von Benennungs- und Ordnungsregeln für die Zugehörigkeit des Einzelnen zu einer *community of practice* sowie für das gemeinschaftliche Funktionieren der Naturforschung hatten.

Menschliche Akteure traten in den vorangegangenen Ausführungen also bereits verschiedentlich in Erscheinung, auch wenn sie stets als zusammengehörig mit materiellen, medialen und kognitiven Objekten gedacht und beschrieben wurden. Erst der Ausklang des letzten Kapitels setzte etwas andere Akzente: In Anlehnung an Überlegungen zu Macht und Glaubwürdigkeit im Feld der Wissenschaft rückten die Akteure der Petite Science nun auch als sozial verfasste Subjekte ins Zentrum, deren wissenschaftliche Tätigkeit nicht bloß auf Dinge und Ordnungssysteme zurückzuführen ist, sondern ebenso durch ihre gesellschaftliche Herkunft, ihre innerwissenschaftliche Stellung oder ihren Beruf mitgeprägt ist. Eine solche Sichtweise auf die Akteure der naturkundlichen Wissensmilieus verfolgt auch das folgende Kapitel. Stärker als zuvor sollen diese Akteure nun ins Rampenlicht gerückt und an ihren wichtigsten Wirkungsorten beleuchtet werden.

5.1 Akteure an institutionellen Schnittstellen

Manager der Lokalforschung: die naturkundlichen Zentrumsakteure

In den bisherigen Ausführungen wurde bereits auf eine Handvoll von Akteuren der Petite Science im ausgehenden 19. Jahrhundert näher eingegangen. Bei diesen handelte es sich fast ausschließlich um bildungsbürgerliche Männer, die unterschiedlichste Berufe wie Gymnasialprofessor, Arzt, Jurist, Apotheker, Primarlehrer oder Pfarrer ausübten.[1] Im Zusammenhang mit den wissenschaftlichen Aktivitäten dieser Männer rückten zudem auch verschiedene Institutionen in unser Blickfeld. Ihre Tätigkeiten entfalteten die Lokalforscher nicht nur auf der grünen Wiese und am heimischen Schreibtisch, sondern auch in Vereinen, Museen oder Schulen.

Im Folgenden soll ein bestimmter Akteurstypus in den Mittelpunkt der Betrachtungen gerückt werden, der als geradezu paradigmatischer Vertreter des Wissensmilieus der Petite Science gelten kann und durch seine Schnittstellenfunktion zugleich einen Einblick in die vielfältige institutionelle Einbettung der naturkundlichen Lokalforschung ermöglicht. Diese Figur soll nachfolgend »Zentrumsakteur« genannt werden. Zentrumsakteure lassen sich für jedes lokale Wissensmilieu ausmachen. In ihrer idealtypischen Ausformung[2] vereinigten sie folgende Eigenschaften in sich: Erstens nahmen

1 Diese Berufsverteilung ist durchaus repräsentativ für das naturforschende Milieu im ausgehenden 19. Jahrhundert. Vgl. als Beispiel für die Berufsverteilung die entsprechende Mitgliederstatistik der *Thurgauischen Naturforschenden Gesellschaft* in Frömelt: Statistische Angaben, 176-179. Gemäß dieser Statistik stellten Lehrer aller Stufen mit rund einem Drittel über lange Zeit den Großteil der Mitglieder. Weitere Berufsgruppen, die zahlenmäßig ins Gewicht fielen, waren Mediziner und Pharmazeuten, Naturwissenschaftler sowie Ingenieure und Architekten.

2 Zur Zusammenstellung kollektivbiographischer Gruppen und ihrer Untersuchung gemäß Levke Harders und Veronika Lipphardt vgl. die methodologischen Anmerkungen in der Einleitung der vorliegenden Arbeit.

sie Schnittstellenpositionen zwischen wichtigen Institutionen der naturkundlichen Lokalforschung ein. Oft kennzeichnete eine ausgeprägte Ämterkumulation die Zentrumsakteure, die somit die wichtigsten Schlüsselpositionen der Naturforschung einer Kleinstadt besetzten. Nicht selten übten sie in Personalunion die Ämter des Naturkundelehrers am Gymnasium, des Museumskurators sowie des Präsidenten der kantonalen Naturforschenden Gesellschaft aus. Zweitens prägten die Zentrumsakteure naturkundliche Aktivitäten einer Kleinstadt oder eines ganzen Kantons durch ihre Schnittstellenfunktion, aber auch durch ihr außerordentliches Engagement sowie ihr Charisma oftmals über mehrere Jahrzehnte. Ihr Name stand so beinahe synonym für die Naturforschung vor Ort, und sie verliehen der »Wissenschaft« ein eigentliches Gesicht. Es ist also kaum nur den literarischen Konventionen des Nachrufs geschuldet, wenn im Nekrolog des Liestaler Bezirksschullehrers Franz Leuthardt seine überragende Stellung in höchsten Tönen gelobt wird:

> »Im ganzen Kanton kannte man die hohe Gestalt Leuthardts, denn überall holte man bei ihm Rat in naturgeschichtlichen Dingen. […] Wenn die Freude an der Natur und das Interesse für die Naturforschung im Kanton Baselland in weitere Kreise gedrungen ist, so ist das fast ganz sein Verdienst.«[3]

Vielmehr sollen die folgenden Ausführungen darlegen, wie die Zentrumsakteure eben durch ihre Schnittstellenposition eine derartige Ausstrahlung entwickeln konnten, die sie nicht nur rhetorisch, sondern auch faktisch zu den tragenden Säulen der Naturforschung wie überhaupt des kulturellen Lebens in ländlichen Kleinstädten machte.

Der Fokus auf die vielfältig vernetzten Zentrumsakteure soll jedoch nicht nur den prototypischen Vertretern naturkundlicher Wissensmilieus Gestalt verleihen, sondern ebenso das institutionelle Gewebe rekonstruieren, das die Aktivitäten der lokalen Naturforscher zusammenhielt. Auch wenn dieses Geflecht aus der Perspektive der Zentrumsakteure nachgezeichnet wird, so bedeutet seine Rekonstruktion doch nicht die Verengung des Blicks auf einige herausragende Überfiguren: In je bestimmten Bereichen dieses institutionellen Netzwerks betätigten sich mit ihren persönlichen Vorlieben und Fähigkeiten auch unscheinbarere Akteure der Petite Science. Diese waren in ihrer gesellschaftlichen Ausstrahlung nicht mit den Zentrumsakteuren vergleichbar, für die lokale naturkundliche Wissensproduktion jedoch nicht minder charakteristisch. Auch diese Nebenrollen werden an entsprechender Stelle gebührend ins Licht gerückt.

3 Heinis: Dr. phil. Franz Leuthardt, 461.

Fünf Forscher: Beispielhafte Biographien naturkundlicher Zentrumsakteure

Es soll nun dieser etwas schematischen Charakterisierung der Zentrumsakteure Leben eingehaucht werden. Dazu werfen wir einen Blick auf die Biographien von fünf Männern aus fünf verschiedenen Deutschschweizer Klein- und Mittelstädten, die alle typische Zentrumsakteure der naturkundlichen Lokalforschung zwischen 1870 und 1940 waren. Da für jedes der von mir näher betrachteten kleinstädtischen Wissensmilieus eine solche Figur ausgemacht werden konnte, sind mit dieser Fünferbande auch alle diese Städte vertreten: In Chur wirkte *Christian Brügger* (1833-1899) als Zentrumsakteur,[4] in Frauenfeld war es *Heinrich Wegelin* (1853-1940), in Liestal füllte *Franz Leuthardt* (1861-1934) diese Position aus, in Luzern bildete *Hans Bachmann* (1866-1940) den unumgänglichen Knotenpunkt naturkundlicher Forschung, und in Solothurn nahm *Isaak Adolf Bloch* (1869-1959) diese Funktion wahr.

Betrachtet man die Jahrgänge dieser Naturforscher, so fällt einzig Christian Brügger etwas aus der Reihe. Er ist der Einzige der Untersuchungsgruppe, dessen Geburt noch deutlich in die erste Hälfte des 19. Jahrhunderts fällt. Hinsichtlich der konkreten Forschungstätigkeit war dieser Generationenunterschied zu den vier anderen Zentrumsakteuren jedoch nicht von sehr großer Bedeutung.[5] Die lokale Naturgeschichtsforschung des ganzen 19. Jahrhunderts zeichnete sich bezüglich ihres epistemischen Bezugsrahmens durch eine beachtliche *longue durée* aus, und so waren die Forschungen der fünf Männer einem vergleichbaren Denkstil verpflichtet: Alle betrieben eine Wissenschaft, die Naturdinge sammelte, klassifizierte, inventarisierte und beschrieb und deren thematischer wie räumlicher Wirkungskreis durch das Lokale definiert wurde.

Auch hinsichtlich ihrer fachlichen Ausbildung gleichen sich die Männer unserer Untersuchungsgruppe stark. Alle fünf absolvierten ein naturkundliches Studium. Christian Brügger, der sich in den 1850er-Jahren nach abgebrochenem Medizinstudium in München und später in Innsbruck auf das Botanikstudium verlegte, war dabei der Einzige, der seine akademische

4 Chur ist das einzige Beispiel dieser Reihe, wo sich zwei Männer gleichzeitig die Rolle des Zentrumsakteurs teilten – neben Brügger bildete von den 1850er- bis in die 1890er-Jahre der Arzt Eduard Killias (1829-1891) »die Seele und de[n] getreue[n] Eckart der Bündner Naturforschung«, wie es ein Nachruf ausdrückte (Bener-Lorenz: Dr. med. Eduard Killias, 76). Killias war langjähriger Präsident der *Naturforschenden Gesellschaft Graubündens* und tat sich als Autor diverser lokalfaunistischer und -floristischer Verzeichnisse hervor (vgl. dazu die Ausführungen in Kapitel 2).

5 Einzig die epistemische Wende vom Lokalen hin zur »Heimat«, die in Kapitel 7 dieser Untersuchung eingehender beschrieben wird, hatte Brügger nicht mehr als aktiver Naturforscher miterlebt, was ihn in inhaltlicher Hinsicht von den vier anderen hier portraitierten Forschern unterscheidet.

Abb. 5.1: Heinrich Wegelin (1853-1940), Zentrumsakteur in Frauenfeld. Aufnahme ohne Jahresangabe.

Bildung im Ausland erwarb. Heinrich Wegelin belegte von 1877 bis 1881 naturkundliche Kurse am Polytechnikum in Zürich, ebenfalls dort sowie an der Universität Zürich studierte Isaak Bloch von 1890 bis 1895. Franz Leuthardt war ab 1880 an der Universität Basel immatrikuliert, und zehn Jahre später schrieb sich auch Hans Bachmann an derselben Hochschule ein. Brügger war nicht bloß der Einzige mit Auslandstudium, er war auch der Einzige, der mit Botanik ein spezialisiertes naturkundliches Studium belegte – alle anderen durchliefen, wohl auch im Hinblick auf ein anzustrebendes Lehramt, breitgefächerte naturwissenschaftliche Curricula, die Geologie, Botanik, Zoologie bis hin zu Anthropologie umfassten. Eine klarere Ausrichtung auf eine bestimmte Disziplin erfolgte erst mit der Dissertation. Eine solche verfassten alle außer Wegelin. Brügger erlangte seine Doktorwürde 1860 mit der Arbeit *Zur Flora Tirols*. Leuthardt promovierte 1888 bei Ludwig Rütimeyer über die *Reduktion der Fingerzahl bei Ungulaten*.[6] Bachmann erwarb 1895 mit einer Untersuchung über den *Einfluss der äusseren Bedingung auf die Sporenbildung von Thamnidium elegans*[7] bei Georg Klebs seinen Doktortitel, und im gleichen Jahr reichte Isaak Bloch seine Dissertation *Embryonale Entwicklung der Kieferreibplatte einer Süsswasserschnecke* bei Arnold Lang ein.

Zwei der späteren Zentrumsakteure arbeiteten nach dem Studium noch einige Jahre an einer Hochschule. Brügger wurde 1859 als Konservator an das Herbarium des neu gegründeten Polytechnikums in Zürich berufen und blieb auf dieser Anstellung, bis ihm 1870 eine Lehrerstelle in Chur angeboten wurde. Ähnlich war es bei Leuthardt. Er unterrichtete zwischen 1884 und 1889 als Assistent am Lehrstuhl seines Doktorvaters und wechselte danach ebenfalls ins Lehramt.

Alle fünf Zentrumsakteure wurden nach ihrer Hochschulzeit schließlich Naturgeschichtslehrer an der höheren Schule ihres Wirkungsortes. Dies entsprach in Chur, Frauenfeld, Solothurn und Luzern dem Gymnasium respektive der »Kantonsschule«. Einzig Franz Leuthardts Wohnkanton Basel-Landschaft leistete sich damals noch kein eigenes Gymnasium,[8] und so unterrichtete dieser Naturforscher an der 1836 gegründeten Bezirksschule Liestal.

Durch ihre Anstellung als Naturkundelehrer waren alle fünf Zentrumsakteure auch mehr oder weniger ausdrücklich verpflichtet, im Nebenamt das lokale Naturgeschichtsmuseum zu verwalten. Diese Institution war im ausgehenden 19. Jahrhundert in allen untersuchten Kleinstädten noch stark mit den Kantonsschulen verflochten, auch wenn sich eine Professionalisierung und Loslösung der Museen von den Schulen abzuzeichnen begann. Da die Museen ideell oder organisatorisch wiederum eng mit den kantonalen Naturforschenden Gesellschaften verflochten waren, war es zudem naheliegend, dass der Lehrer-Kurator ebenfalls eine wichtige Position im Vorstand dieser Vereine einnahm. Dies war durchwegs der Fall: Brügger amtete 1873 bis 1885 als Vize-Präsident der *Naturforschenden Gesellschaft Graubündens*. Wegelin präsidierte von 1904 bis 1906 und dann vom 1917 bis 1925 die Thurgauer Sektion. Leuthardt war Gründer und lebenslanger Prä-

6 Der taxonomische Sammelbegriff der *Ungulaten* ist gleichbedeutend mit Huftieren.
7 *Thamnidium elegans* ist eine Schimmelpilzart.
8 Vgl. Leuenberger: Bildung, 146.

Abb. 5.2: Franz Leuthardt (1861-1934), Zentrumsakteur in Liestal. Aufnahme ohne Jahresangabe.

sident der Baselbieter Naturforscher und stand dem Verein zwischen 1900 und 1934 vor. Bachmann leitete als deren Präsident von 1909 bis 1915 die Geschicke der Luzerner Naturforschenden Gesellschaft, derweil Bloch zwischen 1909 und 1917 der Solothurner Sektion vorstand.

So fügten sich also erstens die Stelle als Naturgeschichtslehrer, zweitens die Kuratorentätigkeit und drittens das Ehrenamt als Vereinsvorstand zur funktionalen Dreifaltigkeit der Zentrumsakteure zusammen. Welche Bedeutung hatten die Institutionen Schule, Museum und Verein für die Schnittstellenfunktion dieser milieuprägenden Gestalten?

Öffentlichkeit und Ressourcen als strategische Mittel

Zwei theoretische Begrifflichkeiten sollen helfen, die Bedeutung von Schule, Museum und Verein für die Figur des Zentrumsakteurs sowie die Lokalforschung im Allgemeinen zu beleuchten. Erstens ist dies die Begrifflichkeit der »gestuften Öffentlichkeiten der Wissenschaft«.[9] Die WissenschaftshistorikerInnen Sybilla Nikolow und Arne Schirrmacher stellen dieses Konzept dem von ihnen kritisierten Modell der »Wissenschaftspopularisierung« entgegen. Anders als dies der Begriff der »Popularisierung« suggeriere, sei die Beziehung zwischen Wissenschaft und Öffentlichkeit keine eindimensionale Angelegenheit, in der komplexes wissenschaftliches Wissen vereinfacht und dann an ein einheitliches Publikum vermittelt werde.[10] Vielmehr bestünden zwischen Wissenschaften und je verschiedenen Teilöffentlichkeiten spezifische Kommunikationsprozesse, die eine öffentliche Wissenschaft überhaupt erst mit herstellten. Nikolow und Schirrmacher entwerfen modellhaft eine Stufenfolge des Öffentlichkeitsbezugs der Wissenschaft, die sich von der Fachwissenschaft über die Fachöffentlichkeit hin zur interessierten Öffentlichkeit bis schließlich zur breiten Öffentlichkeit erstreckt. Dies mag etwas schematisch klingen, wird mit Blick auf die Fallbeispiele aber anschaulicher. Aus der Warte des Zentrumsakteurs Christian Brügger ergeben sich beispielsweise folgende Öffentlichkeitsbezüge: Im Zusammenhang mit seinen botanischen Spezialforschungen pflegte er Austausch mit der Fachwissenschaft in Gestalt akademischer Botaniker an Zürcher Hochschulen sowie anderen, auch ausländischen Spezialisten. Mit seinen Vorträgen vor der Bündner Sektion der Naturforschenden Gesellschaft sowie seinen Artikeln im Jahresbericht dieses Vereins wandte er sich an eine Fachöffentlichkeit. Diese bestand aus Kollegen, die – vielleicht in einer anderen Disziplin – ebenfalls systematisch forschten oder zumindest taxonomische und evolutionsbiologische Auseinandersetzungen interessiert mitverfolgten. Seine naturkundlichen Beiträge für Festschriften, Schulprogramme oder lokale Zeitschriften richteten sich dagegen an die interessierte Öffentlichkeit seines Heimatkantons, die gelegentlich auch naturwissenschaftliche Ausstellungen besuchte oder Fachbücher las, ohne sich aber vertiefter

9 Vgl. Nikolow und Schirrmacher: Das Verhältnis von Wissenschaft und Öffentlichkeit.
10 Zur Kritik an einer solchen »diffusionistischen« Konzeption von Wissenschaftspopularisierung vgl. auch Cooter und Pumfrey: Separate spheres; Whitley: Knowledge producers; Brecht und Orland: Einleitung; Daum: Wissenschaftspopularisierung; Schwarz: Bilden, sowie die entsprechenden Ausführungen in der Einleitung dieser Arbeit.

Abb. 5.3: Hans Bachmann (1866-1940), Zentrumsakteur in Luzern. Aufnahme ohne Jahresangabe.

mit diesem Gebiet auseinanderzusetzen. Seine Lehrertätigkeit dagegen zielte eher auf eine breite Öffentlichkeit von Schülern, für die Naturgeschichte schlicht ein obligatorisches Fach ihres Lehrplans darstellte, das sie interessieren mochte – oder auch nicht.

In dieser Sichtweise eines gestuften Öffentlichkeitsbezugs werden die verschiedenen Institutionen der lokalen Naturforschung gewissermaßen zu unterschiedlichen Bühnen, auf denen die Zentrumsakteure zu einem je spezifischen Publikum sprechen. Dies erlaubt es, das wissenschaftliche Handeln dieser Akteure in seiner Vielschichtigkeit zu erfassen, wie Nikolow und Schirrmacher betonen:

> »Auf diese Weise kann verdeutlicht werden, wie auch Wissenschaftler in einzelnen öffentlichen Räumen mit unterschiedlichen Zielrichtungen agieren und wie auf der anderen Seiten verschiedene Formen von Öffentlichkeit auf ungleichen Ebenen mit den Wissenschaften in Kontakt treten können.«[11]

Die verschiedenen Institutionen der lokalen Naturforschung sind für die Zentrumsakteure also einerseits öffentliche Bühnen. Sie sind jedoch mehr als das. Ein zweiter Leitbegriff, der die Funktion der verschiedenen Institutionen für die Schnittstellenfiguren umreißen helfen soll, liefert der Wissenschaftshistoriker Mitchell G. Ash. Im Hinblick auf die Frage, wie wissenschaftlicher Wandel zustande kommt, entwarf Ash das Bild von Wissenschaftslandschaften, die sich als »Ressourcenkonstellationen oder Ressourcenensembles«[12] beschreiben ließen. Gleichermaßen wie die Wissenschaften fasst er auch Politik als solche Ensembles auf und hebt hervor, dass die Ressourcenensembles zwischen diesen beiden Systemen »im Prinzip gegenseitig mobilisierbar«[13] seien. Worin liegt nun die Nützlichkeit der Ash'schen Begrifflichkeiten? Es ist weniger die von ihm hervorgehobene Offenheit zwischen den Systemen der Wissenschaft und der Politik, die seinen Ansatz interessant machen: Die institutionelle Politik war für die naturkundliche Lokalforschung zwar nicht unbedeutend, für die hier untersuchten Forschungspraktiken aber auch nicht von zentraler Wichtigkeit. Ergiebiger ist es, im Sinne von Ash die uns interessierenden Wissensmilieus als Ressourcenensembles aufzufassen. Der Ressourcenbegriff, den der Wissenschaftshistoriker seinem Ansatz zugrunde legt, ist – wie Ash selber vorausschickt – ein äußerst weiter. So könnten Ressourcen »kongnitiv-konzeptioneller, apparativ-institutioneller, finanzieller oder auch rhetorischer Art«[14] sein, an anderer Stelle ergänzt Ash diese Aufzählung noch um personelle Ressourcen[15] sowie um Instrumente und Artefakte.[16] Trotz dieser großen Offenheit sei sein Ressourcenbegriff nur vermeintlich konturlos: Was in welcher Weise jeweils zur Ressource werde, hängt laut Ash vom konkreten

11 Nikolow und Schirrmacher: Das Verhältnis von Wissenschaft und Öffentlichkeit, 30.
12 Ash: Wissenschaftswandlungen, 25.
13 Ebd., 26.
14 Ebd., 25.
15 Ash: Wissenschaft und Politik, 89.
16 Ash: Räume des Wissens, 240.

Abb. 5.4: Isaak Bloch (1869-1959), Zentrumsakteur in Solothurn.
Aufnahme ohne Jahresangabe.

Kontext ab. Solche Kontexte, in denen die Zentrumsakteure zwischen den verschiedenen Institutionen der Naturforschung vermitteln und gegenseitig Ressourcen mobilisieren, sich also als Dirigenten des Ressourcenensembles der Petite Science betätigen, sollen nun eingehender dargestellt werden.

5.2. Lokale Naturmuseen

Naturhistorische Museen bildeten den wohl wichtigsten Knotenpunkt im institutionellen Geflecht der Petite Science. Dies erklärt sich dadurch, dass Museen als »Orte multipler Bedeutung«[17] die unterschiedlichsten Sinngehalte umfassten. Sie waren gleichermaßen Ort der Forschung, der Erinnerung und Identität, der Bildung sowie des gemeinnützigen Engagements. Aufgrund dieser Bedeutungsoffenheit war das Museum auch jene Institution, in der die Teilhabe unterschiedlicher Teilöffentlichkeiten sehr ausgeprägt war.

Wie erwähnt, wirkten alle fünf der hier dargestellten Zentrumsakteure auch als Kuratoren der naturhistorischen Museen ihrer Heimatstädtchen. Es sollen nun zuerst die Entstehung und Entwicklung dieser fünf Lokalmuseen in Chur, Frauenfeld, Liestal, Luzern und Solothurn grob nachgezeichnet werden.[18] In einem zweiten Schritt soll die konzeptionelle Ausrichtung dieser Häuser im Hinblick auf zeitgenössische Tendenzen des naturhistorischen Museumswesens kontextualisiert werden. Drittens wird schließlich aufgezeigt, wie diese Institutionen den Zentrumsakteuren sowie weiteren Protagonisten als Bühne und Ressource dienten.

Geschichte kleinstädtischer Naturmuseen in der Schweiz

Der Gründungszeitraum der meisten Museen unserer Untersuchungsgruppe liegt im frühen 19. Jahrhundert, und auch bezüglich des Entstehungszusammenhanges gleichen sich die einzelnen Häuser. Zwei von ihnen haben ihren Ursprung in Privatsammlungen. In Solothurn war es der Naturgeschichtslehrer Franz Joseph Hugi, der 1824 seine eigene Sammlung der Stadt vermachte und sich im Gegenzug von ihr als Konservator einstellen ließ. Ähnlich war es im Baselland, wo Benedikt Banga, der Landschreiber des damals jungen Kantons, ab 1836 auf eigene Faust begann, ein Naturalien-Kabinett sowie eine Münzsammlung zusammenzustellen.

Andere Museen entstanden aus den naturhistorischen Sammlungen der höheren Schulen. Die Wurzeln des Luzerner Museums gingen wesentlich auf das in den 1820er-Jahren gegründete Naturalienkabinett der Höheren Lehranstalt zurück, zur gleichen Zeit und im gleichen Kontext wurde auch

17 Vgl. Jardine: Sammlung, 203.

18 Als Basis für die folgenden Ausführungen dienten neben den zitierten Archivquellen Nussberger: Bericht über die Entstehung und Einweihung (zu Chur); Keller: Geschichtlicher Überblick, Lang: Beiträge, sowie Bloch: Zehn Jahre im neuen Museum (alle zu Solothurn); Aregger: Natur-Museum Luzern (zu Luzern); Wegelin: Das thurgauische Museum, und Kauz: Den Thurgau ausstellen (beide zu Frauenfeld) sowie Hagmann: Die angesägte Antilope (zu Liestal).

die Naturaliensammlung gegründet, die den Grundstock des späteren naturhistorischen Museums in Chur bilden sollte. Einzig Frauenfeld hinkte mit seinen Museumstätigkeiten den anderen Kleinstädten etwas hinterher. Erst 1860 wurde im Thurgauer Hauptort auf Veranlassung der neu gegründeten Naturforschenden Gesellschaft damit begonnen, eine Museumssammlung anzulegen.

Über das ganze 19. Jahrhundert war die Entwicklung dieser Sammlungen noch von etlichen Brüchen und Unsicherheiten geprägt, vor allem die räumliche Unterbringung stellte ein stetes Problem dar. Durch die enge personelle und institutionelle Verflechtung von Museum und Gymnasium lag es nahe, dass die Naturalienkabinette in den Schulgebäuden aufbewahrt und präsentiert wurden. Dies war in Frauenfeld und in Luzern der Fall. In beiden Städtchen erhielten die Naturaliensammlungen in den Schulhaus-Neubauten der Kantonsschulen eigene Museumsräumlichkeiten zugeteilt, so 1865 an der Promenadenstrasse in Frauenfeld und 1893 am Hirschengraben in Luzern. Als die betreffenden Schulhäuser einige Jahrzehnte später umgebaut wurden, mussten in beiden Orten die Museen wieder weichen, und die Sammlungen wurden magaziniert. Dieses Schicksal ereilte die Thurgauer Sammlung 1911, die Luzerner Museumsobjekte verschwanden 1936 in Schachteln. Es waren dies aber bloß vorübergehende Krisen, die aus dem Rückblick betrachtet vielmehr die endgültigen Schritte hin zur Professionalisierung der Museen bedeuteten. Im Laufe des 20. Jahrhunderts lösten sich die Museen aus dem direkten Einflussbereich der Schulen und Naturvereine und wurden zu eigenständigen kantonalen oder seltener städtischen Institutionen.[19] Die Thurgauer Natursammlung konnte 1924 ein neues Gebäude beziehen, nachdem die Museumsbestände von der Schulsammlung getrennt worden waren. Träger dieses neuen *Thurgauischen Museums*, das neben einer naturhistorischen auch eine historische Abteilung umfasste, waren zuerst weiterhin Vereine, 1958 wurde das Museum jedoch vom Kanton übernommen. In Luzern fand die endgültige Trennung der (immer noch magazinierten) kantonalen Museumssammlung von den Beständen der Kantonsschule erst 1966 statt, seinen definitiven Standort konnte das Museum schließlich 1978 beziehen.

Für die Sammlungen vorteilhafter präsentierte sich die Lage in Solothurn, Graubünden und im Baselland; an diesen Orten wurde ihnen schon relativ

19 Diese institutionelle Verselbstständigung hatte verschiedene Ursachen. Dies waren einerseits die gestiegenen Anforderungen, die mit den immer größeren Objektbeständen sowie den Erfordernissen zeitgemäßer Objektpräsentation einhergingen. Andererseits war die zunehmende Professionalisierung der kleinen Museen auch auf den Bedeutungsverlust der Naturvereine für die naturwissenschaftliche Bildung zurückzuführen, die laut Daniel Speich Anfang des 20. Jahrhunderts weitgehend Staatszweck geworden sei (vgl. Speich: Wissenschaft fernab vom Elfenbeinturm, 28 f.).

früh eine feste Unterkunft zugewiesen. Die Ambassadorenstadt brachte ihr von Franz Joseph Hugi erworbenes Naturalienkabinett ab 1833 im Gebäude des Alten Waisenhauses an der Aare unter, wo dieses über viele Jahrzehnte blieb. 1902 eröffnete Solothurn vor seinen Stadttoren einen prunkvollen Museumsneubau, in dem auch die naturhistorische Sammlung eine Abteilung zur Verfügung gestellt bekam. Unter den fünf Zentrumsakteuren war also Isaak Bloch hinsichtlich seiner Kuratorentätigkeit der privilegierteste, da er nach dem Umzug ins *Museum der Stadt Solothurn* in einem modernen Museumsgebäude wirken konnte.

In Chur lobbyierte ab den 1860er-Jahren ein Komitee erfolgreich für die Einrichtung eines *Bündnerischen Museums für Wissenschaft und Kunst*, in dem auch die naturhistorischen Bestände der Kantonsschule der Öffentlichkeit präsentiert werden sollten. 1876 kaufte zu diesem Zweck der Kanton Graubünden das Buolsche Haus in Chur, worin neben Altertümern und Kunstobjekten bis 1919 auch die Naturaliensammlung untergebracht war. Der Baselbieter Landschreiber Benedikt Banga konnte seine Sammlungsobjekte ab 1852 in einem neu errichteten Anbau des Regierungsgebäudes präsentieren, in dem auch die Kantonsbibliothek ihre Räumlichkeiten bezogen hatte. In diesem Bau verblieb die kantonale Museumssammlung bis in die 1970er-Jahre.

Auch dort, wo die Sammlungen früh eigene Häuser beziehen konnten, gab es enge Überschneidungen mit der Institution Schule. Dies war im Wesentlichen auf das überall vorgeschriebene Doppelmandat[20] von Naturkundelehrer und Sammlungsverwalter zurückzuführen. So wurden beispielsweise auch in Chur die Objektschenkungen und Sammlungszugänge ans Bündner Museum in den Jahresprogrammen der Kantonsschule abgedruckt, wie dies für die Schulsammlungen in Frauenfeld oder Luzern der Fall war. Ein anderes Beispiel sind die völkerkundlichen Sammlungsbestände der Stadt Solothurn. Da für diese Bestände im alten Museum nicht ausreichend Präsentationsfläche zur Verfügung stand, wurden sie bis zum Bezug des Museumsneubaus 1902 im Schulhaus eingelagert. Nicht nur räumlich, auch in organisatorischer Hinsicht war die institutionelle Zuständigkeit für diese lokalen Museen noch nicht klar ausdifferenziert. Eine Vielzahl von Akteuren war am Betrieb dieser Häuser beteiligt. So war es keineswegs unüblich,

20 Das Museumsmandat der Naturkundelehrer war üblicherweise in deren Anstellungsvertrag als Teil des Pflichtenheftes aufgeführt, das Reglement des kantonalen naturhistorischen Museums von Luzern von 1895 hält unter § 8 fest: »Konservator des Museums ist der jeweilige Professor für Naturgeschichte« (zit. nach Aregger: Natur-Museum Luzern, 49). Die Entschädigung für die Museumsarbeit erfolgte entweder über eine Anrechnung des entsprechenden Stundenaufwands als Teil des Pflichtpensums oder aber als separate Entschädigung beispielsweise der Stadt oder des Kantons. Bei allen Akteuren ist jedoch davon auszugehen, dass die Museumsarbeit durch die vorgesehene Entlohnung nur ansatzweise entschädigt war und zu wesentlichen Teilen als unbezahlte Arbeit erledigt wurde.

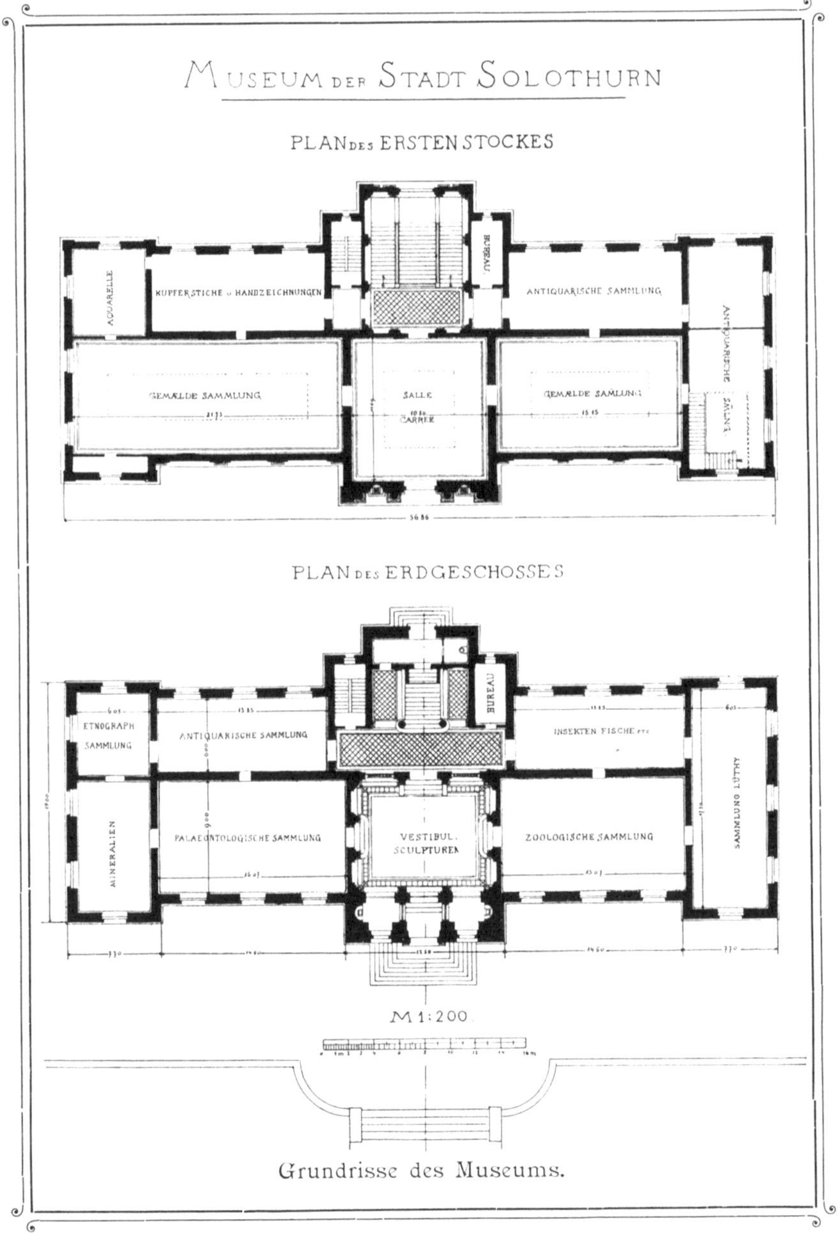

Abb. 5.5: Grundrisse des 1902 eröffneten, mehrspartigen *Museums der Stadt Solothurn*.

dass sich die praktischen und finanziellen Verantwortlichkeiten für unterschiedliche Bereiche wie Erwerb und Unterhalt der Liegenschaft, Arbeit des Kurators und des Hauswarts, Öffentlichkeitsarbeit, jährliche Anschaffung neuer Objekte oder unvorhergesehene Notkäufe besonderer Objekte auf ein halbes Dutzend Interessengruppen verteilte: auf den Kanton oder die Stadt, die Schule, ein Museumskomitee, verschiedene Kunst-, Geschichts- und Naturforschervereine sowie wohltätige Gesellschaften.

Der noch geringe Professionalisierungsgrad kleinstädtischer Naturmuseen zeigte sich auch in weiteren Punkten. So war der seit der liberalen Aufbruchszeit postulierte Öffentlichkeitscharakter der Museen erst halbherzig umgesetzt. Noch in den 1870er-Jahren beschränkten sich beispielsweise in Luzern oder Liestal deren Öffnungszeiten auf gerade mal zweimal zwei Stunden pro Woche. Zudem stand auch die verbreitete Unterbringung der Sammlungen in Schulhäusern deren öffentlicher Zugänglichkeit entgegen.

Dennoch stieß die hier präsentierte Generation von Zentrumsakteuren einen merkbaren Professionalisierungsschub der kleinstädtischen Museen an. Mit dem Amtsantritt von Leuthardt in Liestal (1890), von Bachmann in Luzern (1892) und Bloch in Solothurn (1898) gingen wesentliche organisatorische Neuerungen einher: Museumsreglemente wurden entweder den neuen Erfordernissen angepasst oder überhaupt erst geschrieben, und Aufsichtskommissionen wurden neu bestellt. Falls nicht bereits früher vollzogen, markierte diese junge Kuratorengeneration auch mit der Umbenennung des veralteten »Naturalienkabinetts« in »Naturhistorisches Museum« ein neues professionelles Selbstbewusstsein und eine konsequente Ausrichtung auf die Öffentlichkeit, so geschehen beispielsweise 1894 in Luzern.

Auch bezüglich der Sammlungsorganisation setzte diese junge Generation neue Maßstäbe, und im Vergleich zu ihren Vorgängern um die Jahrhundertmitte wirkte ihr Vorgehen um einiges professioneller. Bei ihrem Amtsantritt bemängelten sowohl Franz Leuthardt, Isaak Bloch wie Hans Bachmann mehr oder weniger unverhohlen den Zustand, in dem sie die Sammlung hatten übernehmen müssen. Es herrschte Unordnung, die Systematik und Nomenklatur der Objekte war veraltet, Objektinventare und Eingangsbücher fehlten, und viele Objekte litten unter unsachgemäßer Lagerung.[21] Ausgesprochen

21 Geradezu sinnbildlich für das konservatorische Versagen der älteren Generation ist ein Beitrag von Blochs Vorgänger Franz Lang über die Geschichte der Solothurner Sammlung, der 1902 in der Festschrift zum Museumsneubau abgedruckt wurde. Als der Text erschien, war Lang bereits verstorben, und Bloch ließ es sich nicht nehmen, dessen Ausführungen zu den einzelnen Prunkstücken der Sammlung mit einschlägigen Fußnoten beispielsweise folgenden Inhalts zu ergänzen: »Die entomologische Sammlung von Meyer-Dür war durch die Ungunst der Verhältnisse im alten Naturalienkabinet (Feuchtigkeit der Aare etc.) so hart mitgenommen, dass diese Abteilung sozusagen vollständig neu gegründet werden musste« (Lang: Beiträge, 228). Für die Liestaler Sammlung galt dasselbe. So merkte ein aktueller Sammlungsbearbeiter an, dass die wenigen

Abb. 5.6: Blick ins Foyer des *Museums der Stadt Solothurn*.
Aufnahme von Max Doerfliger, kurz vor Auflösung des Museums (1979).

beispielhaft verkörperte Blochs Amtsübernahme den Bruch mit dem bisherigen Ordnungsregime. Im Frühling 1900 erstattete er dem Solothurner Gemeinderat folgenden Bericht:

»Sämtliche Objekte bedürfen einer gründlichen Reinigung, insbesondere alle Tiere, Gesteine, Mineralien. Für die Vögel und Säugetierer, Amphibien und Reptilien sind ausserdem zu einer einheitlichen Durchführung

heute noch in der Sammlung erhaltenen Objekte aus dem 19. Jahrhundert dies einzig dem Umstand zu verdanken hätten, dass sie erst nach Amtsantritt Leuthardts ins Museum gelangt seien (vgl. Akeret: Das Herbar im Museum.BL, 84).

> viele alte Gestelle durch neue zu ersetzen oder zu reparieren. Für die ganze Sammlung muss eine Neuetiquettierung durchgeführt werden, da die bisherigen Etiquetten teils veraltet, teil durch die vielen Jahre fast unleserlich geworden sind; ebenso sind die Schachteln, in denen Gesteine und Mineralien aufgehoben sind und durch den Zahn der Zeit gleichfalls unbrauchbar geworden sind, durch neue zu ersetzen. Die Herbarien bedürfen einer gründlichen Durchsicht und einer teilweisen Auffrischung. Die Alkoholpräparate, die in gänzlich veralteten Gläsern liegen, in denen eine Verdunstung des Alkohols stattfindet, müssen in neue Präparatengläser mit eingeschliffenen Glasdeckeln gebracht werden. Die Konservierungsflüssigkeit ist ausserdem durch neue zu ersetzen. – Eine grosse Reihe der wertvollsten Objekte, besonders von Petrofakten, sind wissenschaftlich genau zu bestimmen und zu ordnen durch Spezialisten. Ebenso werden für die Neueinordnung der Insektensammlungen, Muscheln etc. Spezialisten beigezogen werden müssen.«[22]

All diese Arbeiten ging Bloch rasch an, wobei er – wie weiter unten ausgeführt werden soll – auch auf die Unterstützung anderer Vertreter seines Wissensmilieus zählen konnte. Im Zuge von Blochs gründlicher Neuorganisation der Objektverwaltung kamen auch zeitgemäße Medien zum Einsatz: Er führte einen durchnummerierten Eingangskatalog ein und erstellte zu den einzelnen Teilsammlungen Zettelkataloge.[23] Auch moderne Hilfsmittel aus der Arbeitswelt des Büros fanden Eingang in die Museumsverwaltung: »Als unerlässliche Bureauutensilien wurden Kopierbücher, Briefordner und Aktensammler angelegt.«[24]

Allen diesen Professionalisierungsbemühungen zum Trotz kam die Museumsverwaltung für die Zentrumsakteure einer Sisyphusarbeit gleich. Solange den Museen keine vollzeitlich beschäftigten Mitarbeiter zur Verfügung standen, war ihr Gestaltungsraum sehr eingeschränkt und die gewissenhafte Erfüllung entweder der Lehrer- oder aber der Kuratorenpflichten fraglich. So weist denn Isaak Bloch in der Festschrift zur Eröffnung des neuen Museums 1902 ausdrücklich darauf hin, dass er für die Einrichtung der neuen Räumlichkeiten auf die Unterstützung seines in Grenchen wohnenden Bruders Leopold habe zurückgreifen müssen, da es »dem Verfasser […] neben seinem Amte als Kantonsschullehrer nicht möglich war, die äusserst umfangreichen Arbeiten, die eine volle Stellung in Anspruch

22 Bloch: Zehn Jahre im neuen Museum, 17.

23 Auch Blochs Kollege am Liestaler Museum, Franz Leuthardt, verwandte große Arbeit auf die Neukatalogisierung aller Teilbestände. Dabei stützte er sich auf globalisierte Standards, die Reptilien katalogisierte er beispielsweise nach dem Katalog des renommierten *British Museum* in London (vgl. StABL, Nachlass Franz Leuthardt, PA 6102, Tagebuch, Bd. 2, Eintrag vom 9.7.1906).

24 Bloch: Zehn Jahre im neuen Museum, 34.

nehmen, zu leiten«.[25] Die Hilfsanstellung seines Bruders war jedoch zeitlich beschränkt, und noch im selben Jahr wandte sich Bloch an den Solothurner Gemeinderat und beantragte, da »nun die Leitung der ganzen naturhistorischen Abteilung – als Nebenberuf betrieben – von mir als grosse, kaum zu bewältigende Bürde empfunden wurde«,[26] eine feste Kuratorenstelle zu schaffen. Sein Ansinnen fand jedoch kein Gehör, und der Gemeinderat war nicht bereit, eine solche Stelle zu finanzieren.

Fokussierung aufs Lokale: Inhalte und konzeptionelle Entwicklungen

So viel zu den institutionellen Rahmenbedingungen der kleinstädtischen Naturmuseen. Wie aber hatte man sich das Innere eines solchen Hauses vorzustellen? Welche Inhalte erwarteten die geneigten Besucher? Grundsätzlich haben im ausgehenden 19. Jahrhundert auch die kleineren und mittleren Museen der Schweiz die wichtigsten Entwicklungen des naturhistorischen Museumswesens im deutschsprachigen Raum nachvollzogen. Diese wurden von metropolitanen Ausstellungshäusern wie dem Berliner *Museum für Naturkunde* vorgespurt und schließlich auch in Solothurn, Liestal oder Frauenfeld umgesetzt; jedoch stets mit einigen Jahrzehnten Rückstand und häufig nur ansatzweise. Einer gänzlichen Umsetzung moderner museumsreformerischer Anliegen standen sowohl die beschränkten finanziellen und personellen Mittel, die knappen Platzverhältnisse sowie sich noch lange haltende Unterschiede in der Museumskonzeption entgegen. Es sollen nun die wichtigsten Neuerungen im deutschsprachigen Naturmuseumswesen des ausgehenden 19. Jahrhunderts dargestellt[27] und überblicksmäßig skizziert werden, in welcher Weise diese Ansätze in den hier dargestellten Schweizer Museen zur Anwendung kamen.

25 Bloch: Nachwort, 242.

26 Bloch: Zehn Jahre im neuen Museum, 18.

27 Zum naturhistorischen Museumswesen im Deutschland des 19. Jahrhunderts wurden im vergangenen Jahrzehnt von Susanne Köstering (2003: Natur zum Anschauen) sowie von Carsten Kretschmann (2006: Räume öffnen sich) fundierte Untersuchungen vorgelegt. Diese zeichnen sich dadurch aus, nicht bloß eine Institutionengeschichte zu schreiben, sondern stärker auf die sich wandelnden musealen Präsentationskonzepte sowie ihre epistemischen und ideologischen Voraussetzungen abzuzielen. Ein vergleichbares Übersichtswerk für die naturkundliche Museumslandschaft der Schweiz des 19. Jahrhunderts liegt nicht vor, substantielle Ausführungen finden sich jedoch in kürzeren Einzeldarstellungen wie Daniel Kauz' Portrait des Thurgauer Naturmuseums (2004: Den Thurgau ausstellen, den Thurgau sammeln), in Daniel Hagmanns Geschichte des Basellandschaftlichen Kantonsmuseums (2008: Die angesägte Antilope) sowie in Christian Simons Studie zum *Naturhistorischen Museum* Basel (2009: Natur-Geschichte).

Den wohl größten inhaltlichen Rückstand auf modernere Institutionen verzeichneten etliche der hier dargestellten Museen hinsichtlich der Klarheit ihres Sammlungsauftrages. Es handelte sich bei vielen der kleinstädtischen Naturmuseen um museale Gemischtwarenläden, die einerseits klassische naturhistorische Objektgruppen wie Mineralien, Fossilien und zoologische, botanische sowie anthropologische Präparate sammelten und dabei keinen Unterschied zwischen exotischen und einheimischen Naturdingen machten. Andererseits zählten etliche kleinstädtische Naturmuseen auch archäologische oder ethnographische Objekte noch immer zu ihren Beständen, obwohl in großen europäischen Leitinstitutionen wie dem 1793 gegründeten *Muséum d'histoire naturelle* in Paris schon seit dem ausgehenden 18. Jahrhundert den ethnographischen Objekten die Zugehörigkeit zur Naturgeschichte abgesprochen wurde.[28] Diese Entflechtungstendenz entfaltete in der Schweiz nur zaghaft ihre Wirkung, und auch an großen Institutionen wie dem *Naturhistorischen Museum* in Basel wurde die institutionelle und räumliche Nähe zwischen Naturgeschichte und Völkerkunde noch weit ins 20. Jahrhundert hinein gepflegt.[29] Dies war jedoch nicht bloß Ausdruck einer »veralteten« Naturgeschichte, die noch immer im Geiste der Kuriositätenkabinette betrieben wurde, sondern lag auch an der erst allmählich sich ausbildenden disziplinären Grenzziehung zwischen Anthropologie, Volkskunde, Völkerkunde, Geographie und Archäologie.[30]

So entsprach es also durchaus üblicher Praxis, dass der promovierte Zoologe Franz Leuthardt in seinem Liestaler Museum mit größter Selbstverständlichkeit auch archäologische Objekte anhäufte und sich sogar anschickte, die entsprechende Sammlung mit eigenen Ausgrabungen zu vermehren. Noch ausgeprägter war der disziplinäre Spagat im neu gebauten Solothurner Museum (vgl. Abbildung 5.5). Dort konnte zwar Isaak Bloch, Kurator der naturhistorischen Abteilung und von Haus aus Zoologe, die Verantwortlichkeit für die geologisch-mineralogische Abteilung 1904 an einen Hilfs-

28 Vgl. Regazzoni: Objekte ohne Wissenschaft.

29 In Basel existierte ab 1892 eine in das *Naturhistorische Museum* integrierte, aber institutionell eigenständige »Völkerkundliche Sammlung«. 1916/17 erfolgte die Auslagerung in ein eigenes Gebäude, das aber direkt an das naturhistorische Mutterhaus angebaut war. Die beiden Institutionen blieben auch dadurch aufeinander bezogen, dass weiterhin gemeinsame Expeditionen durchgeführt wurden, die gleichermaßen naturkundliche wie ethnographische Forschungsziele verfolgten (vgl. Simon: Natur-Geschichte, 114f.).

30 So ist es nicht erstaunlich, dass beispielsweise Fritz Sarasin, vermögender Privatgelehrter, Forschungsreisender und von 1899 bis 1919 Direktor des *Naturhistorischen Museums* Basel sich gleichermaßen in anthropologischen, ethnologischen und zoologischen Forschungen betätigte und diese verschiedenen Felder mit der Begrifflichkeit der »Ergologie« auch konzeptionell als Einheit zu denken versuchte (vgl. zur Ergologie Reubi: La lacune, 85f.; zu Fritz Sarasin vgl. Schär: Tropenliebe und Simon: Reisen, Sammeln und Forschen).

angestellten abtreten, nachdem er sich wiederholt über Arbeitsüberlastung beklagt hatte. Dennoch oblag ihm mit dem »Völkerkundlichen Saal«, dessen Einrichtung sich nach diversen einschlägigen Schenkungen aufdrängte und der 1902 als Teil der naturhistorischen Abteilung eröffnet wurde, noch immer die Verantwortung für fachfremde Objekte.[31] So präsentierte er beispielsweise in einem »Kongofreistaat-Schrank« über 400 zentralafrikanische Objekte, die die Besucher »über die Bräuche und Sitten dieses Landes und seiner Bewohner belehren«[32] sollten. Für diese angestrebte völkerkundliche Belehrung musste sich der Zoologe Bloch mitunter selbst belehren lassen. So wandte er sich 1906 mit Rückfragen betreffend geschenkter afrikanischer Ethnographica an den Donator, um von ihm verlässliche Angaben über diese Objekte in Erfahrung zu bringen:

> »Dürfte ich Sie noch um folgende Auskunft bitten?
> 1) No. 11, 12, 13 hatten keine Etiketten. Ich habe sie als Halsketten Herero bezeichnet. Stimmt das?
> 2) Die Lanze (13 a) war gebogen, doch wohl nur der Verpackung wegen?
> 3) Ist es eine Hererolanze?
> 4) Die 3 Lanzen (40, 41, 42) sind doch Somalilanzen?
> 5) Die Hörner kann ich mit der mir zur Verfügung stehenden Literatur nicht mit Sicherheit bestimmen.«[33]

Vergleichbare Bestimmungsprobleme ergaben sich auch für botanische und zoologische Objekte exotischer Herkunft, auch wenn in diesen Disziplinen ein dichteres Netz von Sammlern mit entsprechenden Bestimmungskompetenzen bestand, auf das die Zentrumsakteure zurückgreifen konnten. Für die sich professionalisierende Generation von Kuratoren war dieser Zustand jedoch unbefriedigend, und immer deutlicher zeichnete sich eine Neuorientierung ab. Über deren Ausrichtung ließ sich Isaak Bloch 1913 in einem Brief an Hans Spörry verlauten. In einem Schreiben bezweifelte der Zürcher Kaufmann und Asiatica-Sammler die Echtheit einiger in Solothurn präsentierter Objekte aus Japan. Bloch verteidigte sich in seinem Antwortschrei-

31 Noch in der Projektierungsphase des neuen Solothurner Museums hatte man keinen eigenen Ethnographiesaal vorgesehen. Durch Schenkungen wuchs der Bestand an ethnographischen Objekten sehr rasch an, was sich mit der Eröffnung des vielbeachteten Museumsneubaus noch verstärkte: Allein zwischen 1901 und 1911 gingen nochmals 1049 Objekte als Schenkung ans Museum (vgl. Bloch: Zehn Jahre im neuen Museum, 99). Über eine kleinere völkerkundliche Sammlung verfügte auch das thurgauische Museum unter Heinrich Wegelin. 1928 umfasste sein Bestand an Ethnographica Hunderte Objekte aus allen Kontinenten, die ab den 1880er-Jahren von Thurgauerinnen und Thurgauern aus aller Welt nach Frauenfeld spediert wurden (Vgl. Wegelin: Aus dem thurgauischen Museum, Völkerkundliche Abteilung).

32 Bloch: Zehn Jahre im neuen Museum, 100.

33 Naturmuseum Solothurn, Kopialbuch »VI 1903 – XI. 1907«, undatierter Eintrag (Jan. 1906), 382.

ben an Spörry mit dem Verweis auf die beschränkten Mittel, die einer kleinstädtischen Museumsinstitution zur Verfügung stünden:

> »Nun ist zu bedenken, dass es schon möglich ist, dass die Herren Donatoren, die selbst nicht Ethnographen vom Fach, sondern Kaufleute, Techniker etc. sind, in guten Treuen manches Stück erworben haben, das einer Fachmännischen Prüfung auf ›Ächtheit‹ nicht Stand halten kann. Es ist ferner zu bedenken, dass der Vorsteher eines kleinstädtischen Museums so viele und namentlich heterogene Sammlungen zu verwalten hat, dass es geradezu unmöglich ist, dass er in allen Zweigen sich als kompetent erklären könnte.«[34]

Spörry bot den Solothurnern Objekte zum Kauf, über deren Echtheit – so versicherte er dem Kurator – keine Zweifel bestünden. Bloch jedoch lehnte mit dem Verweis auf eine Entwicklung ab, die das Sammlungswesen kleinstädtischer Naturmuseen ab dem ausgehenden 19. Jahrhundert immer stärker prägte: »Unsere Mittel verwenden wir fast ausschließlich zur Pflege des Lokalen. Das sind die Gebiete in denen wir etwas leisten & mit anderen Instituten konkurrieren können.«[35] Blochs postulierte Beschränkung auf den lokalen Naturraum entsprach einerseits – als inhaltliche Fokussierung des Sammelauftrags und Ausrichtung an den vorhandenen Mitteln und Kompetenzen – den Erfordernissen der Professionalisierung, war andererseits aber auch Ausdruck einer epistemischen (und ideologischen) Neuorientierung naturkundlichen Sammelns, die sich im deutschsprachigen Raum ab den 1890er-Jahren abzeichnete: der Ausrichtung auf die »Heimat«.[36] Diese Neuausrichtung auf die heimatliche Natur widerspiegelte sich nicht nur in der Auswahl der gesammelten Objekte,[37] sondern ebenso in deren Präsentationsweise. Die Präsentationskonzepte naturkundlicher Museen

34 Naturmuseum Solothurn, Kopialbuch »XI. 1907 – III. 1916«, Eintrag vom 25.9.1913, 348 f.

35 Ebd.

36 Vgl. dazu für Deutschland Köstering: Natur zum Anschauen, 116-130 und 148-150; Kretschmann: Räume öffnen sich, 268-273; für die Schweiz siehe Kauz: Den Thurgau ausstellen, 88 und 99 f. sowie Hagmann: Die angesägte Antilope, 105.

37 Interessanterweise bedeutete diese Neuausrichtung auf die »Heimat« nicht automatisch, dass sich die institutionellen und disziplinären Zuständigkeiten für bestimmte Objektgruppen nun endgültig geklärt hätten. Im Lokalmuseum standen sich kulturanthropologische und naturkundliche Objekte noch lange Jahrzehnte gegenüber: Der Völkerkundliche Saal in Solothurn hatte bis zur Auflösung des *Museums der Stadt Solothurn* im Jahr 1978 Bestand. Dieses Mehrspartenhaus wurde nun als »Museum alter Schule, [als] Mischung aus ernsthafter Informationsstätte und skurrilem Raritätenkabinett« (Kunstverein Solothurn: Museum, o.S.) als unzeitgemäß abgetan. In Liestal regte Franz Leuthardt sogar erst 1930 erstmals eine kulturanthropologisch inspirierte Objektsammlung an – nun zeitgemäß als »Heimatsammlung« betitelt und ausgerichtet auf regionale volkskundliche Sachkultur. Der Fokus auf die »Heimat« bildete also ebenfalls eine epistemische Voraussetzung für die Integration mensch-

unterlagen im ausgehenden 19. Jahrhundert einem großen Wandel. Diese Entwicklungen und ihre Rezeption durch die kleinstädtischen Naturmuseen der Schweiz sollen im Folgenden kurz umrissen werden.

Der größte Umbruch im Hinblick darauf, wie die naturhistorischen Museen ihre Schätze dem Publikum präsentierten, war weniger inhaltlicher denn organisatorischer und pädagogischer Natur. Noch bis spät ins 19. Jahrhundert herrschte eine Präsentationsweise vor, die keine Unterscheidung zwischen Schausammlung, Forschungs- und Lehrsammlung sowie Depot kannte. Die Kuratoren stapelten ihre kompletten Sammlungsbestände in die Ausstellungsräume – wenn es denn der vorhandene Platz nur irgendwie ermöglichte. Die Lagerung von Objekten in unzugänglichen Magazinen betrachtete man höchstens als vorübergehende Notlösung (beispielsweise im Falle umfangreicher Objektschenkungen), der man üblicherweise mit dem Aufstellen eines weiteren Kastens im Flur oder dem Anbringen eines zusätzlichen Wandregals zu begegnen versuchte. Dies galt für große Naturmuseen ebenso wie für kleinstädtische Institutionen.

1881 kam es am *British Museum for Natural History* in London jedoch erstmals zur Trennung zwischen Schausammlung und Forschungssammlung: Eine Auswahl von Objekten wurde dem Publikum in den Ausstellungsräumen übersichtlich präsentiert, während ein größerer Teil des Bestandes in separaten Räumlichkeiten kompakt gelagert wurde, wo er nur den angestellten Forschern zugänglich war. Anwendung im deutschsprachigen Raum fand diese Idee erstmals 1889 im neu eröffneten *Museum für Naturkunde* in Berlin.[38] Dieses neuartige Raumkonzept war nicht nur Ausdruck einer sich professionalisierenden naturkundlichen Forschung an den Museen, sondern verfolgte auch sozialreformerische Absichten. Durch die anschaulichere Präsentationsweise der Naturobjekte hofften die Trennungsbefürworter, die Museen einem breiteren Publikum erschließen zu können.

Aus verschiedenen Gründen setzte sich die räumliche Trennung von Schausammlung und Depotsammlung an den kleinstädtischen Naturmuseen der Schweiz bis weit in die Nachkriegszeit nicht durch.[39] Neben fehlenden Mitteln waren es wohl vor allem zwei Gründe, die dem neuen Raumkonzept im Wege standen. Erstens waren dies moralische Verpflichtungen gegenüber

licher Kulturobjekte in einen naturkundlichen Ausstellungsrahmen. Ausführlicher über die Wende vom Lokalen hin zur Heimat vgl. Kapitel 7.

38 Köstering: Natur zum Anschauen, 46-53.

39 Eine Ausnahme bildete die Unterbringung der Herbarbestände, die einerseits lichtgeschützt aufbewahrt werden mussten und andererseits sowieso kaum zu den musealen Hauptattraktionen und Publikumslieblingen gezählt haben dürften. So lagerte beispielsweise die naturhistorische Abteilung des neuen Solothurner Museums ihre Herbarbestände im Keller des Neubaus ein, wo sie als Forschungssammlung für die kleine Zahl spezialisierter Akteure der Petite Science zugänglich waren (Bloch: Zehn Jahre im neuen Museum, 108).

den Donatoren. Die Objektschenkungen lokaler Bürger – nicht zuletzt auch solcher, die im Ausland tätig waren und die Museen ihres Heimatortes mit exotischen Wasserbüffelköpfen oder Zauberstäben bedachten – waren für die Äufnung der Sammlungen von großer Bedeutung. Da solche Objektspenden immer auch der Selbstdarstellung der Donatoren dienten,[40] waren viele Schenkungen ausdrücklich an Auflagen gebunden. Diese bestanden meist darin, dass sie nur als Ganzes und mit Namen des Spenders versehen der Öffentlichkeit präsentiert werden dürfen.[41] Den Kuratoren wäre es also nicht einfach gefallen, große Teile solcher Prestigeschenkungen lokaler Persönlichkeiten einfach im Depot verschwinden zu lassen – auch wenn sie diesen Schritt mit neuesten musealen Trends hätten begründen können.

Daneben gab es einen weiteren Grund dafür, dass die Trennung in Schau- und Depotsammlung in den kleinstädtischen Museen etliche Jahre auf sich warten ließ. Er lag in den wissenschaftlichen Praktiken sowohl der Lehrer-Kuratoren wie auch vieler regelmäßiger Museumsbesucher und ehrenamtlicher Mitarbeiter: Sie alle betrieben in erster Linie systematische Naturforschung. Diese Akteure besaßen meist auch eigene Sammlungen und interessierten sich vor allem für die korrekte Bestimmung und taxonomische Zuordnung ihrer Sammlungsobjekte. Das Museum war für sie eine systematische Referenzsammlung: Diese wurde aufgesucht, um das dort vorhandene Material mit den eigenen Objekten zu vergleichen, um unsichere Bestimmungen zu diskutieren oder auch um Lücken des Museumsbestandes zu füllen. Eine einschneidende Verringerung der präsentierten Objekte, wie dies die Einrichtung einer Schausammlung zur Folge gehabt hätte, hätte also gegen die Interessen der wichtigsten Nutzergruppen der naturhistorischen Lokalmuseen verstoßen. Neue Präsentationskonzepte konnten sich daher erst vollständig durchsetzen, als die Vorlieben einer breiten Öffentlichkeit mehr gewichtet wurden als die Sonderinteressen der naturkundlichen Petite Science.[42]

40 Vgl. dazu auch Kretschmann: Räume öffnen sich, 157-164.

41 So verlangte beispielsweise Ernst Pfähler, dass seine 1900 dem Solothurner Museum vermachte Sammlung mexikanischer Lanzen, Pfeile, Münzen, Mineralien und Instrumente nur »als zusammengehörig« ausgestellt werden dürfe. Auf die Bitte des Kurators Isaak Bloch sowie dessen Anmerkung hin, man wolle die Objekte vielmehr »nach wissenschaftlichem Gesichtspunkte hin« präsentieren, erlaubte er schließlich doch noch die Aufteilung der einzelnen Objekte auf die entsprechenden Sammlungsabteilungen (vgl. Naturmuseum Solothurn, Kopialbuch »XI. 1901 – VI 1903«, Brief Blochs vom 19.11.1901 sowie Bloch: Zehn Jahre im neuen Museum, 101).

42 Dies war erst ungefähr zwischen 1950 und 1970 der Fall, als erstens diese lokalen Wissensmilieus als legitime Verwalter der »Heimatnatur« an Bedeutung verloren, zweitens – damit zusammenhängend – der Staat die alleinige Verantwortung für die Museumsinstitutionen übernahm und diese professionell führen ließ und drittens im Zuge bildungsreformerischer Bestrebungen der 1960er- und 1970er-Jahre der Öffentlichkeitsauftrag von Museen neu diskutiert wurde.

Abb. 5.7: Fledermäuse in der naturhistorischen Abteilung des *Museums der Stadt Solothurn*. Aufnahme von Max Doerfliger (1979).

Abb. 5.8: Biologische Präparate in der naturhistorischen Abteilung des *Museums der Stadt Solothurn*. Aufnahme von Max Doerfliger (1979).

Zumindest ansatzweise konnten sich neue Wege der Objektpräsentation aber durchaus schon früher durchsetzen. Punktuellen Anpassungen an zeitgemäße Präsentationsweisen waren auch die Kuratoren nicht grundsätzlich abgeneigt. Vielmehr war ihnen sehr wohl bewusst, dass sie nur mit solchen ein breiteres Publikum anzusprechen vermochten, wie beispielsweise der Frauenfelder Kurator Heinrich Wegelin um 1910 herum ausführte:

> »In einem Museum, in dem Platzmangel herrscht, müssen die Objekte möglichst nahe aneinander gestellt werden, wobei es kaum möglich ist, Tiergruppen zu ordnen, dass das Auge eine Freude daran haben kann, der Anblick eines mit ausgestopften Tieren vollgepfropften Sammelkastens ist auch nicht geeignet anzuregen zu eingehenderer Betrachtung der einzelnen Individuen und bietet Beschauer kaum mehr als ein Tierbilder-

Abb. 5.9: Vitrinen als gängige Präsentationsmöbel in der naturhistorischen Abteilung des *Museums der Stadt Solothurn*. Aufnahme von Max Doerfliger (1979).

buch, das er sich zu Hause ansehen kann. […] Eine nach Arten geordnete Sammlung von Insekten wird beim Laien weit weniger Interesse beanspruchen können, als eine Zusammenstellung der nützlichen und der schädlichen Insekten seines Wohngebietes und eine Kollektion von Fischen aus den einheimischen Gewässern wird mehr Beachtung finden als ein Fischschrank bei dessen Beschickung der Lehrplan des Lehrers der Zoologie wegleitend war.«[43]

Die musealen Neuerungen, die Wegelin hier ansprach, also die »Tiergruppen« oder die »Fische aus einheimischen Gewässer«, entsprangen nicht bloß

43 Wegelin, zit. bei Kauz: Den Thurgau sammeln, 108-110.

Abb. 5.10: »Knapp bemessene Verhältnisse«: Blick in die naturhistorische Abteilung des *Thurgauischen Museums* in Frauenfeld. Aufnahme aus dem Jahr 1963.

didaktischen Absichten. Sie waren ebenso Ausdruck von Paradigmenwechseln, welche die naturkundliche Forschung des ausgehenden 19. Jahrhundert kennzeichneten.

Susanne Köstering benennt in ihrer historischen Untersuchung der Ausstellungspraktiken in zoologischen Museen des deutschen Kaiserreichs vier verschiedene Leitkonzepte, die den jeweiligen Präsentationsweisen zugrunde gelegt waren und sich im Laufe der Zeit abgelöst hatten: die Taxonomie, die Tiergeographie, die Biologie sowie die Ökologie. Die Taxonomie, also die Anordnung gemäß systematischen Klassifikationen, war die älteste. Sie ging zurück auf die Blütezeit der modernen Naturgeschichte im 18. Jahrhundert und erwies sich, wie oben erwähnt, in den kleinstädtischen Naturmuseen der Schweiz als die langlebigste. Diese Beständigkeit der systematischen Objektpräsentation widerspiegelte sich auch in der großen Konstanz der musealen Möblierung bis spät in die Nachkriegszeit: Auf Fotografien von Museumsinnenräumen finden sich noch in den 1970er-Jahren die unverwüstlichen Schubladenkorpusse, Schaukästen und Vitrinen (vgl. Abbildungen 5.9 bis 5.11). Diese Möblierungstypen eigneten sich bestens, eine große Objektzahl in seriellen Tableaus sowohl zu lagern wie zu präsentieren, und waren charakteristisch für die damaligen kleinstädtischen Museen systematischer Ausrichtung. Erst im ausgehenden 19. Jahrhundert erfuhr diese taxonomische Präsentationsweise leichte Anpassungen. Einmal mehr

Abb. 5.11: Objektpräsentation und -lagerung in der naturhistorischen Abteilung des *Thurgauischen Museums* in Frauenfeld. Aufnahme aus dem Jahr 1963.

hatte Darwin seine Finger im Spiel beziehungsweise darwinistisch inspirierte Zoologen wie Karl August Möbius, der ab 1888 als Kurator des neuen *Museums für Naturkunde* in Berlin waltete. Mit einer Ergänzung der systematischen Objektreihen um didaktische Medien wie Karten, Illustrationen, Präparate und Modelle zielten seine Reformen darauf ab, den Besuchern einen im wahrsten Sinne des Wortes tieferen Einblick in die Vielfalt und Funktionsweise der Lebewesen zu vermitteln.[44] Köstering beschreibt diese Anpassung der systematischen Präsentation ab den 1880er-Jahren als »Paradigmenwechsel von einer deskriptiven Darstellung des taxonomischen Systems zu einem vergleichend-analytischen Blick auf die Körper«.[45]

Solche Neuerungen fanden durchaus Niederschlag auch in unseren kleinstädtischen Naturmuseen. Isaak Bloch beispielsweise bereicherte die »Abteilung Wirbellose« der Solothurner Sammlung um ein Modell einer Amöbe in 700-facher Vergrößerung, das er beim renommierten Prager Naturalienhändler Frič eingekauft hatte, und verkündete im Museumsprogramm von 1911 die Notwendigkeit, unbedingt weitere Modelle von anderen Urtierchen anzuschaffen.[46]

44 Vgl. Kretschmann: Räume öffnen sich, 79 f.; Köstering: Natur zum Anschauen, 86 f.
45 Köstering: Natur zum Anschauen, 87.
46 Bloch: Zehn Jahre im neuen Museum, 38.

Eine bedeutendere Neuerung hinsichtlich der Objektpräsentation stellte die Tiergeographie dar. Diese Forschungsperspektive ging unter anderem zurück auf den britischen Zoologen Alfred Russell Wallace. In seiner 1876 erschienenen Untersuchung *The Geographical Distribution of Animals* versuchte er aus evolutionistischer Perspektive eine Antwort auf die Frage zu finden, wie die verschiedenen Tierarten über den Globus verteilt seien und ob sich diese Verteilung systematisch gliedern lasse. Wallace listete alle damals bekannten zoologischen Familien und Gattungen auf, notierte deren geographischen Vorkommen und begann, diese Daten zu gruppieren. Als Ergebnis seines Ordnungsunterfangens definierte Wallace schließlich sechs sogenannte »zoologische Regionen«, die sich durch das Vorkommen oder eben Fehlen bestimmter charakteristischer Tiere auszeichnen und sich von anderen Regionen klar abgrenzen lassen. Die von Wallace festgelegten Einheiten wie die Paläarktische, die Südamerikanische, die Australische Region und so fort sind bis heute Teil eines populären Naturwissens. Dies nicht zuletzt, da dieser Gliederungsversuch sich in der räumlichen Organisation von Zoos und Naturmuseen materialisierte – das Afrika-Haus, der Australien-Saal und so weiter – und so eine große Bekanntheit erlangte. Der Einfluss des tiergeographischen Denkens auf die Erneuerung der musealen Präsentationsweisen war beachtlich. In sogenannten Tiergruppen stellte man nun eine Auswahl charakteristischer Vertreter einer Region zusammen. Die präparierten Tiere wurden vor gemalten Hintergrundbildern und modellierten Landschaften in sogenannten »Dioramen« richtiggehend inszeniert und boten den Betrachtenden ganz andere emotionale Erlebnisse und Interpretationsangebote als die vormals nüchtern aufgereihten Präparate des systematischen Ordnungsprinzips.[47]

Es war wiederum Isaak Bloch, der in seiner naturhistorischen Abteilung im neuen *Museum der Stadt Solothurn* verhältnismäßig früh die Präsentationsform der Tiergruppe einführte. Im Sommer 1904 besuchte eine Gruppe wohlhabender solothurnischer Naturfreunde Norwegen und Spitzbergen. Im hohen Norden erbeuteten sie eine beachtliche Menge tierischer Erinnerungsstücke, die sie anschließend dem heimischen Museum vermachten: Einen Eisbär, zwei Polarfüchse, zwei Seehunde, einen Vielfraß sowie diverse Kleinsäuger und Vögel. Der neue Eisbär bildete das unbestrittene Prunkstück der naturhistorischen Abteilung. Bloch ließ ihn von einem Zürcher Präparator so herrichten, dass er »sich auf einer Eisblockimitation zu im-

47 Diese Inszenierung wurde in Wallace' Buch bereits vorweggenommen: Illustrationen wie beispielsweise die »Scene in West Africa« breiteten vor den Augen des Betrachters ebenfalls mit charakteristischen Tieren angereicherte Landschaftstableaus aus. Durch die seinen Typologien so verliehene Anschaulichkeit prägte das Wallace'sche Denken populäre Vorstellungsbilder einer globalen Natur in nachhaltiger Weise (vgl. Wallace: The Geographical Distribution, Plate V, o. S.).

ponierender Höhe erhebt«.[48] Eigentlich wollte Bloch nun seinen neuen Publikumsmagneten prominent in der Raummitte des zoologischen Saales aufstellen. Aus Gründen des Platzmangels musste er von dieser Variante abrücken, obwohl sie in seinen Augen »in ästhetischer Beziehung den Vorrang verdient hätte«. Stattdessen wurden die nordischen Tiere in einer Fensternische zusammengerückt, »ein gesondertes Bild von tiergeographischer Bedeutung darstellend«.[49] In Bezug auf die inhaltliche Konzeption und Präsentationsweise galt also auch für Solothurn (und alle anderen kleinstädtischen Naturmuseen), was der Historiker Daniel Kauz für das Frauenfelder naturhistorische Museum unter der Leitung Heinrich Wegelins bilanzierte:

> »Denn stets galt es im Rahmen der gegebenen, knapp bemessenen Verhältnisse zu agieren. Zudem musste man den divergierenden Anforderungen gerecht werden: Kriterien wissenschaftlicher Systematik und Vollständigkeit, ästhetische Gesichtspunkte, der allgemeine Bildungsauftrag und die unterschiedlichen konservatorischen Erfordernisse für die Objekte schränkten den Handlungsspielraum ein.«[50]

Die von Susanne Köstering benannten Paradigmen der Biologie und der Ökologie, die Ende des 19. Jahrhunderts die Tiergeographie ablösten, wirkten sich auf die Darstellungsweise nicht mehr allzu revolutionär aus. Die biologischen und ökologischen Präsentationskonzepte waren vielmehr Weiterentwicklungen der nun etablierten Tiergruppen, legten jedoch laut Köstering das Augenmerk noch stärker auf »konkretes, handlungsorientiertes und vielfältiges Leben«:[51] Einerseits wurden die Präparate als interagierende Wesen inszeniert, wobei Familienszenen mit Eltern und Jungtieren sowie der Überlebenskampf zwischen Fressfeinden zu den beliebtesten Motiven gehörten. Andererseits kam in den ökologischen Inszenierungen der Größe »Heimat« eine prominente Rolle zu, indem lokale Tier- und Pflanzenarten in ihrem Zusammenspiel, ihrer Anpassung und Feindschaft als organische Ganzheit dargestellt wurden. Wie Susanne Köstering in diesem Zusammenhang bemerkt, bot gerade diese heimatliche Ausrichtung biologisch-ökologischer Inszenierungen auch neue Möglichkeiten einer symbolischen Besitznahme des Naturraums, der eine Stadt und ihre Bewohner umgibt. Als neuartige Synonyme für »Heimat« hätten um die Jahrhundertwende unspektakuläre Tiere allmählich wieder eine höhere Wertschätzung erfahren. Die museale Inszenierung von Feldhamstern, Wasserstelzen oder Bibern interpretiert denn Köstering vor allem als Kompensationsangebot: »Hochindustrialisierung und Urbanisierung machten aus diesen Tieren

48 Bloch: Zehn Jahre im neuen Museum, 84.
49 Ebd., 82 f.
50 Kauz: Den Thurgau ausstellen, 108.
51 Köstering: Natur zum Anschauen, 114.

attraktive Museumsstücke. Im Museum konnten die Besucher sich ihnen scheinbar wieder nähern und damit symbolisch ihre Entfremdung von der Natur überwinden.«[52]

Auch wenn diese Lesart für die Zeit um 1900 eher auf Berlin oder Leipzig als auf Solothurn oder Frauenfeld zutreffen mag, so hielten in diesen Jahren auch in Isaak Blochs naturhistorischer Abteilung erstmals biologisch inspirierte Tiergruppen Einzug. Wie bereits in vorgängigen Ausführungen erwähnt, wusste Blochs Naturforscherkollege Leopold Greppin von seiner kantonalen Sonderbewilligung zum Abschuss von Vögeln reichlich Gebrauch zu machen. Besonders oft krachte seine Büchse auf dem Juramassiv des Weissensteins, und 1910 konnte er das Museum mit einer eigens zusammengestellten »Weissensteingruppe« beschenken, die über 60 dort vorkommende Exemplare vereinigte. Mit seiner Vogelgruppe brachte der Psychiatriedirektor Greppin den Museumsbesuchern nicht nur zeitgenössische lokalökologische Konzepte näher, sondern holte gleichsam auch die vor den Stadtmauern liegenden Jurahöhen ins Haus. Die »Weissensteingruppe« fügte sich so bestens in die kulturelle Inwertsetzung dieses Mittelgebirges, wie sie beispielsweise auch vom 1898 gegründeten *Schweizerischen Juraverein* vorangetrieben wurde.

Dieser Exkurs umriss die Situation kleinstädtischer Naturmuseen im ausgehenden 19. Jahrhundert. Auf institutioneller Ebene prägten folgende Rahmenbedingungen das damalige Museumsschaffen: eine sich erst allmählich zu lösen beginnende räumliche, organisatorische und personelle Bindung der Museen an Vereine und Schulen, ein nur beschränkt umgesetzter Öffentlichkeitscharakter sowie eine erst zaghaft einsetzende Professionalisierung der Verwaltung und Sammlungsbetreuung, was vor allem auf die sehr beschränkten personellen und finanziellen Mittel zurückzuführen war. Die inhaltlich-konzeptionelle Ausrichtung der kleinstädtischen Häuser zeichnete sich erstens aus durch eine noch sehr unscharfe Sammlungsstrategie, in der naturhistorische Gegenstände aus nah und fern ebenso angehäuft wurden wie Objekte aus der Archäologie und Ethnologie. Erst ab der Jahrhundertwende richtete man den Fokus immer gezielter auf Naturdinge der näheren Umgebung, die als »Heimat« eine neue Wertigkeit erfuhr. Zweitens kannten die meisten der kleinen Institutionen keine konsequente Trennung zwischen Schau-, Forschungs- und Depotsammlung. Drittens zeichnete sich die Objektpräsentation in den kleinstädtischen Institutionen durch eine bemerkenswerte Langlebigkeit des systematisch-taxonomischen Ordnungsprinzips aus. Dies widerspiegelte sich auch in der Möblierung: Die klassischen Vitrinen und Kästen wurden nur in Einzelfällen ergänzt um

52 Ebd., 119.

tiergeographisch oder biologisch inspirierte Darstellungsmittel wie Tiergruppen oder Modelle.

Was bedeutete die Verantwortung über das lokale Naturmuseum für die Zentrumsakteure? Es ist klar, dass die nebenamtliche Führung dieser Institution zu einer großen Doppelbelastung führte. Entsprechende Klagen finden sich in biographischen Selbstzeugnissen der meisten der hier vorgestellten Schnittstellenfiguren. Dennoch stellte diese Aufgabe nicht bloß eine Bürde dar. Gerade die vielfältigen institutionellen Verflechtungen sowie die erst zaghafte Professionalisierung räumten den Zentrumsakteuren bei entsprechendem strategischen Geschick auch eine große Machtfülle ein: Wie nun gezeigt werden soll, vermochten diese das Museum als öffentliche Bühne wie als reichhaltige Ressource durchaus für eigene Zwecke zu nutzen.

Bühne und Gravitationszentrum: Museen im Dienst der Zentrumsakteure

Das Museum war einer der wichtigsten Orte der öffentlichen Selbstdarstellung der naturkundlichen Zentrumsakteure. Dies lag einerseits an der oben angesprochenen Präsentationsweise. Die vornehmlich systematisch konzipierten Dauerausstellungen waren keineswegs selbsterklärend und nicht in erster Linie für den eigenständigen Besuch durch ein Laienpublikum ausgerichtet. Zu sehen gab es nur die mit Etiketten beschrifteten Objekte, erklärende Tafeln und andere didaktische Medien waren die Ausnahme, einzig gedruckte Führer durch die Sammlungsbestände lagen in einigen Museen vor. Wie der Historiker Daniel Hagmann betont, kam diese herkömmliche Sammlungspräsentation daher nicht ohne persönliche Führung aus: »Es gab viel zu sehen, aber noch vielmehr zu erklären. […] Nur Dank der führenden Hand eines Lehrers wurde Natur live erlebbar – drinnen wie draussen.«[53] Durch diese Rolle als Führer, die Generationen von Schülern und naturinteressierten Bürgern zwischen den Vitrinen hindurchschleusten, wurden die Zentrumsakteure zum eigentlichen Gesicht dieser kleinstädtischen Institution. Verstärkt wurde diese öffentliche Rolle der Kuratoren zudem durch ihre meist via Lokalpresse getätigte Öffentlichkeitsarbeit, in der sie für Objektschenkungen dankten, über Neuerwerbungen berichteten oder die Bevölkerung zur Mithilfe an spezifischen Sammlungsprojekten aufriefen.

Bekanntheit erlangten die Lehrer-Kuratoren jedoch nicht nur in einer lokalen, breiteren Öffentlichkeit. Das Museum diente ihnen auch als Bühne, um sich einem spezialisierten Publikum zu präsentieren: der Fachöffent-

53 Hagmann: Die angesägte Antilope, 90 f.

lichkeit aus Naturvereinen oder Fachlehrerschaft. Ein gut ausgestattetes Museum war eine Visitenkarte der kantonalen Naturforschervereine, und umgekehrt stellte das Fehlen eines solchen beispielsweise ein großes Hemmnis dar, die nationale Jahresversammlung der *Schweizerischen Naturforschenden Gesellschaft* im eigenen Städtchen beherbergen zu wollen.[54] Nachdem 1902 das prunkvolle Mehrspartenhaus in Solothurn seine Pforten geöffnet hatte, empfing Isaak Bloch in seiner naturhistorischen Abteilung unter anderen die Naturforschenden Gesellschaften von Bern, Baselland und Aargau, die *Schweizerische Entomologische Gesellschaft*, eine Abordnung des *Internationalen Zoologenkongresses*, der 1904 in Bern abgehalten wurde, sowie den *Verein Schweizerischer Gymnasiallehrer*. Das Museum war ihm also eine Bühne, auf der er sich spezialisierten Teilöffentlichkeiten zeigen und an seinem einschlägigen Netzwerk knüpfen konnte.

Inwiefern dienten die Museen den Zentrumsakteuren als Ressource im Sinne Mitchell G. Ashs? Durch die noch geringe Professionalisierung kam den Naturkundelehrern, die im Nebenamt das Museum verwalteten, ein großer Gestaltungsspielraum zu. Gemäß persönlichen Vorlieben konnten sie der Sammlungsstrategie des Hauses den eigenen Stempel aufdrücken, beispielsweise durch eine entsprechende Ausrichtung der vom Museum getätigten Anschaffungen. Dies zeigt sich deutlich am Beispiel Franz Leuthardts. Dieser hatte zwar 1888 zu einem zoologischen Thema promoviert, begann sich im Laufe der Jahre aber immer mehr für geologische und paläontologische Fragestellungen zu interessieren. Die erdwissenschaftlichen Präferenzen des Kurators hinterließen durchaus ihre Spuren im Bestand des basellandschaftlichen Kantonsmuseums sowie im abonnierten Zeitschriftenbestand der Naturforschenden Gesellschaft Baselland: Die fürs Museum angeschafften Handbücher waren vornehmlich paläontologisch-mineralogischer Ausrichtung,[55] und auch unter den Zeitschriften des vereinsinternen Lesezirkels waren solche Periodika prominent vertreten.[56]

Bei Leuthardt war die Überschneidung persönlicher Interessenlagen mit der Museumspraxis dermaßen stark ausgeprägt, dass sich selbst die räumliche Trennung zwischen dem Museum und seinem Wohnhaus aufzulösen begann. Da es im Museum keine Forschungsräumlichkeiten gab, verlegte der Bezirksschullehrer die entsprechenden Tätigkeiten kurzerhand nach Hause und so wurden Objekte, zu denen er gerade arbeitete, in seinem privaten Studierzimmer unter die Lupe genommen.[57] Es ist daher nicht erstaunlich, dass nach Leuthardts Tod etliche Museumsobjekte in seinem Pri-

54 Vgl. Kauz: Den Thurgau ausstellen, 104 f.
55 Vgl. StABL, Nachlass Franz Leuthardt, PA 6102, Tagebuch, Bd. 1, 96.
56 Vgl.: Leuthardt: Jahresbericht 1901, 13.
57 Mehr zur räumlichen Objektorganisation Leuthardts vgl. Kapitel 7.

vathaus zurückblieben und von seinen Hinterbliebenen unwissentlich verschenkt wurden.[58]

Solch feudalistischer Zugriff des Kurators auf die Bestände hatte in den sich allmählich professionalisierenden Häusern immer weniger Platz. Dennoch stellte die Verfügungsgewalt über die Objekte eine der wichtigsten Ressourcen der naturkundlichen Zentrumsakteure dar. Daran änderte auch die Tatsache nichts, dass das Ausleihprozedere für Museumsobjekte zunehmend reglementiert wurde, wie der Antwort des Solothurner Kurators Isaak Bloch auf das Ausleihgesuch des Bezirkslehrers Käser aus Balsthal zu entnehmen ist:

> »Wenn irgend ein Gegenstand, der dem Museum angehört hinausgegeben werden soll, so bedarf es gemäss den sehr rigorosen Bestimmungen unseres Reglementes eines Kommissionsbeschlusses. Um nun in dieser Kommission Ihr Gesuch begründen zu können, ersuche ich Sie höfl. mir oder besser meinem Bruder mitzuteilen, zu welchem Zwecke Sie die Molassepetrofakten bedürfen.«[59]

Der Solothurner Museumskommission gehörten zum Zeitpunkt dieser Anfrage neben Isaak Bloch als Kurator acht weitere Männer an.[60] Mit den meisten von ihnen war Bloch durch gegenseitige Interessen verbunden, so durch die Kantonsschule als Arbeitsort, durch die Mitgliedschaft bei der *Naturforschenden Gesellschaft Solothurn* oder der Solothurnischen *Töpfergesellschaft*, durch gemeinsame Forschungsunterfangen oder durch Schenkungen ans Museum, die von Bloch wiederum prominent ausgestellt wurden. Es ist also naheliegend, dass Bloch seinen Willen in diesem Gremium üblicherweise durchzusetzen vermochte und unbesehen aller Reglementierung noch immer nach eigenem Ermessen über die Bestände verfügen konnte.[61] Bloch war also Herr über die Solothurner Museumsbestände, und

58 Vgl. Hagmann: Die angesägte Antilope, 22. Die hier zu beobachtende Verwischung zwischen privatem und öffentlichem Eigentum war eher typisch für das Museumswesen des frühen 19. Jahrhunderts und stellte zu dieser Zeit ein Auslaufmodell dar (vgl. Hamm: Goethes Sammlungen auspacken, 105-107).

59 Naturmuseum Solothurn, Kopialbuch »VI. 1903 – XI. 1907«, Brief Blochs vom 26.9. 1904.

60 Vgl. Bloch: Zehn Jahre im neuen Museum, 15f.

61 In den Quellen finden sich keine Hinweise darauf, dass Bloch diese Machtposition missbraucht hätte. Im Gegensatz dazu handhabte beispielsweise Professor Hans Schinz am Herbar der Universität Zürich seine vergleichbare Entscheidungsmacht nicht immer ganz transparent: Einigen Bittstellern der Petite Science kam Schinz, teilweise nach Einholen von Referenzen und Bürgschaften, nach und lieh ihnen das gewünschte Herbarmaterial. Anderen, die vermutlich keine entsprechenden Empfehlungen vorzuweisen hatten oder deren Forschungen und Sammeltätigkeiten für Schinz nicht von Interesse waren, verwehrte er die Objektausleihe mit Verweis auf die entsprechenden Reglemente. So lieh er beispielsweise – auf die Bürgschaft des Seminarlehrers Schwere hin – dem Aargauer Orchideenforscher Gottfried Keller sämtliche (!)

durch diese Position konnte er sich gewissermaßen als Gravitationszentrum der naturhistorischen Objektströme seiner Region etablieren. Durch dieses Gewicht der Dinge vermochte Bloch etliche freischwebende Akteure der Petite Science in den Wirkungskreis seiner Institution zu ziehen. Die Institution wurde so für den Kurator zu einer Ressource: Er konnte über sie zusätzliches Arbeitspotential für das Haus sowie für eigene Forschungsprojekte gewinnen und die Sammlungsbestände stetig vergrößern.

Ein kurzes Fallbeispiel[62] soll diese Ressourcenfunktion von Sammlungsbeständen und der Museumsinstitution illustrieren: Wie bereits erwähnt, befand sich die naturhistorische Sammlung der Stadt Solothurn Ende der 1890er-Jahre, vor ihrem Umzug ins neu errichtete Museumsgebäude, in einem denkbar schlechten Erhaltungszustand. Die Räume des an der Aare gelegenen Naturalienkabinetts waren zu feucht und setzten den Objekten schwer zu. Dies galt auch für die Insektensammlungen, die fast vollständig verschimmelt waren. Der frisch angetretene Kurator Bloch stand vor einem Problem: »Nun haben wir 180 leere Caches in der Dimension von 40 × 40 cm und beinahe kein Material um sie zu füllen.«[63] Doch anscheinend wurden die Stoßgebete des säkularen Naturkundelehrers erhört; in Gestalt des bereits erwähnten Landpfarrers August Rätzer erwuchs ihm unerwartete Hilfe.[64] Augst Rätzer (1845-1907) amtete als Pfarrer im bernischen Büren an der Aare. Seit seiner Jugendzeit war er entomologisch interessiert und hatte sich durch seine Sammeltätigkeiten sowie seine Bestimmungskompetenzen den Ruf als »eine[r] der besten Kenner der schweizerischen Schmetterlings- und Käferfauna«[65] erarbeitet. Rätzer hörte nun vom schlechten Zustand der Solothurner Sammlung und anerbot Bloch im Frühling 1900 handfeste Hilfe: »Ihre 180 Varia Insektenkästen haben mir eine schlaflose Nacht und ein Kopfzerbrechen [bereitet], da ich immerzu Mittel und Wege für deren Füllung nachdachte – nicht ganz resultatlos!«[66] »Nicht ganz resultatlos« war fast schon falsche Bescheidenheit: Rätzer vermachte in der Folge den Solothurnern rund 6000 Objekte aus seiner eigenen Käfersammlung

Orchideen des Zürcher Herbars, jedoch höchst unwillig: »Wir werden übrigens Herrn Dr. Keller mitteilen müssen, dass wir nur für diesmal eine ganze Familie ausleihen, wir können uns unmöglich auf diese Weise entblössen.« In einem Brief an einen Lehrer Brunner dagegen behauptet Schinz etwas später strikt: »Es darf nicht vergessen werden, dass aus dem Museum kein Material ausgeliehen werden darf« (vgl. BGUZ, Nachlass Hans Schinz, Kopialbuch 34, Eintrag vom 6.1.1900, 180 und Kopialbuch 35, Eintrag vom 24.11.1900, 461 f.).

62 Vgl. detaillierter zum gleichen Fallbeispiel auch Scheidegger: Der Lauf der Dinge.

63 Naturmuseum Solothurn, Kopialbuch »Ab 1900«, Brief Blochs vom 8.1.1901, 86.

64 Vgl. zu August Rätzer auch die Ausführungen in Kapitel 1.2.

65 Bloch: Zehn Jahre im neuen Museum, 145.

66 Naturmuseum Solothurn, Briefordner »Korrespondenzen 1899-1901«, Brief August Rätzers vom 16.11.1900.

und überzeugte auch den ebenfalls schon erwähnten Paul Born, Fabrikant und Käfersammler aus Herzogenbuchsee, es ihm gleichzutun. Selbstironisch kommentierte Rätzer seine erfolgreiche Objektakquise: »Sie sehen, ich habe es bei Betteln zu einer gewissen Routine gebracht aber das gehört nun mal zu dem Sammlungsgeschäft.«[67] Zugleich empfahl er Bloch, möglichst rasch eine strategische Einladung zu tätigen, und betonte äußerst pragmatisch den Nutzen, das Museum als Bühne für eine Fachöffentlichkeit zu bespielen:

> »Endlich dürfte es sich empfehlen, die nächste entomolog. (Schweizer.) Jahresversammlung nach Solothurn zu dirigieren u. bei der Gelegenheit auch eine Anzahl von [unleserlich] für Ihr Museum zu erwärmen. Wenn Herr Meyer-Darcis in Wohlen, ein Besitzer kolossaler Sammlungen u. nebenbei Millionär, sich gewinnen lässt, so dürfte sich Ihre Benjaminsammlung eines prächtigen Wachstums erfreuen.«[68]

Bloch konnte also aufatmen: Rechtzeitig nur Eröffnung des prunkvollen Museumsneubaus 1902 vermehrte August Rätzer dessen ausgedünnten Bestand zielstrebig um begehrte Objekte, so dass der Kurator der lokalen Öffentlichkeit wieder eine ansehnliche Sammlung präsentieren konnte. Ebenso wertvoll[69] wie die Neuzugänge waren aber die Kontakte, die der Pfarrer dem erst seit kurzem auf dem Kuratorenposten tätigen Bloch vermittelte. Aus diesen ersten Kontakten entstanden verbindliche Beziehungen zwischen dem Museum und verschiedenen Privatsammlern, auf die Bloch bei entomologischen Fragen in den kommenden Jahren verschiedentlich zurückgreifen sollte.[70] Rätzers Unterstützung ging noch weiter: So verwendete er unzählige Stunden seiner Freizeit für die Bestimmung weiterer entomologischer Neuzugänge für die Solothurner Sammlung und besorgte zuhause in seiner eigenen Wohnung auch die mühevolle Einordnung der Spezimen in die Kästen. Ebenso stand er dem unerfahrenen Kurator Bloch mit Ratschlägen zu handwerklichen Aspekten der Insektenpräparation und Schädlingsbekämpfung zur Seite und teilte mit ihm auch sein Fachwissen

67 Ebd.

68 Ebd.

69 Die durch Rätzer eingefädelten Objektschenkungen waren teilweise von erheblichem Geldwert. So erhielt das Museum Anfang 1901 durch Rätzers Vermittlung von Wilhelm Roos aus Bern eine riesige Schmetterlingssammlung geschenkt, deren Wert der Kurator auf »mehrere Tausend Franken« angibt und von der er betont, dass es sich dabei um »eine der bedeutendsten Schenkungen« handle, die das Museum je erhalten habe (vgl. Bloch: Zehn Jahre im neuen Museum, 52).

70 So erhielt beispielsweise das Museum 1907 von Ubald von Roll eine große Anzahl Käfer aus Sumatra, die Paul Born nach entsprechender Anfrage von Bloch unentgeltlich bestimmte. Born vermittelte dem Museum zudem diverse entomologische Spezialisten aus Deutschland, die Bestimmungsarbeiten übernahmen (vgl. Bloch: Zehn Jahre im neuen Museum, 50).

über geeignete kommerzielle Bezugsquellen für Torfplatten, Nadeln und weiteres konservatorisches Bedarfsmaterial.

Umschwärmte Häuser: Museen als Erweiterung privater Sammlungen

Für all seine Arbeiten und Zuwendungen für die naturhistorische Abteilung des *Museums der Stadt Solothurn* verzichtete August Rätzer ausdrücklich auf eine Bezahlung. Dennoch entsprach der Berner nicht dem klassischen Typus eines lokalen Mäzens, er war nicht in erster Linie auf die Pflege seines persönlichen Ansehens in der Kleinstadt bedacht. Vielmehr verstand der insektenkundige Pfarrer seinen Einsatz als unentgeltlichen »Freundschafts- und Wissenschaftsdienst«.[71] Bloß für Gotteslohn war Rätzer dennoch nicht tätig: Wenn Isaak Bloch von seinem ehrenamtlichen Helfer wertvolle Ressourcen wie Spezimen, Arbeitskraft, Fachkompetenz und Kontakte mobilisieren konnte, so bot diesem das Museum im Gegenzug ebenfalls einiges. Die Zusammenarbeit Rätzers mit dem Museum baute auf einer Gabenökonomie auf, wie sie für die Kooperation im Milieu der Petite Science typisch war.[72] Gleiches galt auch für die anderen Entomophilen, die sich auf Rätzers Anregung hin der kargen Solothurner Insektensammlung angenommen hatten.

Welche Gegenleistungen konnten Rätzer und seine Sammlerfreunde für ihre Dienste erwarten? Oder, anders gefragt: In welcher Weise wussten sie das Museum als Ressource für ihre eigenen Zwecke zu nutzen? Wie viele andere Sammler war Rätzer ein freischwebender Forscher – ohne enge institutionelle Anbindung. Zwar war er wie auch sein Kollege Paul Born langjähriges Mitglied der *Schweizerischen Entomologischen Gesellschaft*. Diese bot ihm als spezialisierte Fachgesellschaft eine Plattform zur Vernetzung sowie zur Veröffentlichung eigener Forschungsarbeiten. Von dieser Publikationsmöglichkeit machte Rätzer jedoch in knapp 30 Jahren gerade fünf Mal Gebrauch. Blochs Museum bot dem Sammler Rätzer jedoch etwas, was ihn weit mehr reizte: Eine halboffizielle Einbindung in eine wissenschaftliche Sammlungsinstitution sowie den entsprechenden Zugang zu deren Beständen. Auch wenn Rätzer die erste Lieferung entomologischen Materials für das Solothurner Museum gleich selber herbeischaffte, so konnte er doch davon ausgehen, dass er aufgrund seiner Zuwendungen später privilegierten Zugang zu allfälligen weiteren Neueingängen sowie den bereits vorhandenen Sammlungen haben würde. Die Museen als naturkundliche

71 Bloch: Zehn Jahre im neuen Museum, 147.
72 Vgl. dazu die Ausführungen in Kapitel 3.3.

Gravitationszentren zogen also nicht nur Dinge an sich, sondern ebenso die freischwebenden Sammler.[73] Im Einzugsbereich dieser Institutionen konnten diese ungleich mehr und spannenderes Material (zumindest leihweise) in die Hände bekommen, als dies im beschränkten Rahmen privaten Sammelns je möglich gewesen wäre. Neben attraktivem Anschauungsmaterial aus dem In- und Ausland stellte auch die in den Museen vorhandene Bestimmungsliteratur eine Ressource dar, die die Freizeitsammler anlockte. Diese Zugänge zu Material waren eine wichtige Motivation für die Mitarbeit freischwebender Forscher und wohl entscheidender als die Sichtbarkeit, die das Museum ihnen als Bühne für öffentliche Selbstdarstellung geboten hätte. Im Gegensatz zu Bloch bedeutete Rätzer die Öffentlichkeitswirkung seiner Museumstätigkeit wenig. So blieb der Pfarrer schließlich gar dem von ihm eingefädelten Besuch des neuen Solothurner Museums durch die *Schweizerische Entomologische Gesellschaft* fern.

Ebenfalls unter dem Gesichtspunkt des Materialzugangs sind die Möglichkeiten für gelegentliche Handelsgeschäfte zu betrachten, die sich dem freiwilligen Mitarbeiter boten. Auch wenn Rätzer all seine Arbeiten für das Museum unentgeltlich verrichtete, so heißt das nicht, dass gar kein Geld im Spiel gewesen wäre: Wie bereits in den Ausführungen zu den Dingzirkulationen im Milieu der Petite Science aufgezeigt, existierten unter naturkundlichen Sammlern oftmals keine klaren Grenzen zwischen freundschaftlichen Objektschenkungen und kommerziellem Handel. Dies war auch beim insektenkundigen Pfarrer der Fall, der übrigens auch mit Naturmuseen anderer Städte vergleichbare Beziehungen pflegte wie mit jenem Solothurns. Nachdem Rätzer 1887 beispielsweise das *Naturhistorische Museum* in Bern mit 100 Kästen paläarktischer Schmetterlinge beschenkt hatte, empfand es diese Institution kurz darauf als »Ehrenpflicht [...], seine schöne Hemipterensammlung kaufweise zu erwerben«.[74] Gleiches geschah in Solothurn. Als Empfänger von 6000 Käfern aus Rätzers Privatsammlung sah sich Isaak Bloch in einer gewissen Bringschuld. Er ging auf Sponsorensuche und trieb bei der *Töpfergesellschaft Solothurn* 200 Franken auf, mit denen er 1902 dem Pfarrer eine weitere kleinere Sammlung exotischer Käfer abkaufen konnte. Wie Bloch gegenüber dem Sammler Paul Born verlauten ließ, war dieser Kauf jedoch eher seinem Pflichtgefühl denn der Qualität der Sammlung geschuldet, die größtenteils aus ungeordneten und unbestimmten Tieren bestand: »Wären wir nicht verpflichtet gewesen vis à vis Herr Pf. R. so würden

73 Die Beziehung zwischen Museum und entomologischem Milieu war mitunter auch institutionell geregelt; so war die Mitarbeit am *Naturhistorischen Museum* ihrer Stadt ausdrückliches Ziel der Berner Entomologen, die sich 1858 im *Entomologischen Verein Bern* zusammenschlossen (vgl. Huber: Die Ringe des Apollo, 13-15 und 158 f.).

74 Bloch: Zehn Jahre im neuen Museum, 147.

wir ein solches Schmerzenskind nicht erworben haben.«[75] Es ist nicht davon auszugehen, dass sich Rätzer mit diesem Handel auf Kosten der Museen ungebührlich bereicherte. Aber er vermochte für ihn reizlos gewordene Sammlungsbestände in flüssige Mittel umzuwandeln, die er dann wieder in neue Liebhabereien investieren konnte.

Die letzten Dinge: Museen und private Sammlungsnachlässe

Weit wichtiger als solche kleineren Liebhaberdeals war aber den um die Museen kreisenden Sammlern ein finales Geschäft: die Übernahme ihrer Sammlung nach ihrem Tod. In den meisten Fällen regelten die Privatsammler Erbfragen vor ihrem Ableben und bedachten dabei meist jene Institution, mit der sie zu Lebzeiten den engsten Kontakt pflegten. Im Hinblick auf die endgültige Übergabe wurden oft auch die Sammlungsobjekte ein letztes Mal umgeordnet, wie der Schmetterlingssammler Johann Müller-Rutz im Sommer 1926 dem Frauenfelder Konservator Heinrich Wegelin berichtete: »Ich möchte nämlich, da es […] dem Abschluss entgegengeht (ich stehe im 74.), geordnet hinterlassen.«[76] Aus der Sicht der Sammler können diese Nachlassschenkungen als Teil einer vorausschauenden Sammlungsstrategie betrachtet werden, die über ihr eigenes Ableben hinausreichte. Erstens konnten sie auf die fachgerechte Lagerung ihrer Objekte in den Museumsbeständen zählen. Der physische Erhalt der in langjähriger Arbeit angelegten Sammlung war so zumindest mittelfristig gesichert. Zweitens winkte den testamentarischen Schenkern eine posthume Öffentlichkeit. Häufig wiesen die Kuratoren mit einer kurzen Mitteilung in der Lokalzeitung auf die entsprechende Schenkung hin. Auch standen für Gönner die Chancen nicht schlecht, mit einem ausführlichen Nekrolog im Jahresbericht des Museums oder der Kantonalsektion der Naturforscher geehrt zu werden. Nicht zuletzt sollte die Schenkung an eine öffentliche Institution der eigenen Sammeltätigkeit retrospektiv wie vorausblickend auch einen höheren Sinn verleihen. Eine solche Sinnstiftung stellte beispielsweise die verschiedentlich geäußerte Hoffnung dar, dass die geschenkte Privatsammlung als Teil des Museumsbestands auch in Zukunft wissenschaftliche Verwendung finden möge. Den gleichen Zweck verfolgte die Darstellung der Schenkung als (Erinnerungs-) Dienst an der Heimat, wie dies beispielsweise 1928 vom Sohn des verstor-

75 Naturmuseum Solothurn, Kopialbuch »XI. 1901 – VI 1903«, Brief Isaak Blochs vom 25.10.1902.

76 Naturmuseum Kanton Thurgau, Frauenfeld, Schachtel 4050.A (Sammler und Donatoren), Mappe »Johannes Müller-Rutz, Biographie«, Brief Müller-Rutz' vom 20.6.1927.

benen Schmetterlingssammlers August Eugster dem Frauenfelder Kurator Heinrich Wegelin vermittelt wurde:

> »Bei seinem Rücktritt vom Pfarramt in Birmensdorf hat er gefunden, dass seine Sammlung in den Canton Thurgau, also in das Museum nach Frauenfeld, gehöre, weil vom Thurgau in Dussnang der Grundstock dazu gelegt worden sei u. weil er von der Thurgauischen Naturforschenden Gesellschaft dazu die meisten Anregungen […] empfangen hat.«[77]

Wie die vorausschauenden Sammler griffen auch deren Hinterbliebenen auf das Museum als professionelle Sammlungsinstanz zurück. Dabei verfolgten sie unterschiedliche Interessen. Einige wollten durch die Würde der Musealisierung die Erinnerung an den Verstorbenen hochhalten, wie etwa die Witwe Josephine Rusack-Schobinger, die 1921 dem Luzerner Konservatoren Hans Bachmann mit folgenden Worten einen botanischen Nachlass anbot:

> »Anbei übermache ich dem Natur H. Museum etwas für mich sehr Werthvolles, es ist die Jahre lange Arbeit eines geliebten Toten, meines eb. verstorbenen Mannes Herr Dr. Med. Schobinger selg., die Arbeit die er zwischen seiner Praxis mit Liebe und Freude that. Ich habe sie so lange bei mir behalten weil es mir leid that, mich davon zu trennen, aber sicher ist sie bei Ihnen besser verwerthet als bei mir im Schrank zu liegen, ich denke, dass selbe noch manchem Naturfreund der sie durchblättert Freude machen wird.«[78]

Andere Witwen waren dagegen auf den finanziellen Gegenwert der Sammlung ihres verstorbenen Mannes angewiesen und versuchten, diese den Museumsverwaltern zum Kauf anzubieten oder zumindest deren Wert einschätzen zu lassen. Herausragende Sammlungen hatten großen pekuniären Wert. Deren Besitzer vermachten diese nicht immer dem lokalen Naturmuseum, sondern leiteten häufig bereits noch zu Lebzeiten den späteren Aufkauf der Sammlung durch ein großes – und entsprechend finanzkräftiges – Museum ein. Als Pfarrer Rätzer im Jahr 1907 verstarb, hatte das Solothurner Museum das Nachsehen: »(W)ie es zu Lebzeiten sein Wunsch gewesen«[79] sei, wurde seine 11.000 Arten umfassende Käfersammlung vom *Naturhistorischen Museum* Bern aufgekauft. Vor allem bei außerordentlichen Kollektionen vermochten es kleinere Lokalmuseen nicht immer, den Nachlass dieser Sammler in der Region zu behalten: So verkaufte 1943 etwa der Thurgauer Gewerbeschullehrer Johann Müller-Rutz seine herausragende Kollektion von Kleinschmetterlingen kurz vor seinem Tod an das

77 Naturmuseum Kanton Thurgau, Schachtel 4050.A (Sammler und Donatoren), Mappe »Eugster«, Brief A. Eugsters vom 25.3.1928.

78 Naturmuseum Luzern, Ordner »Notizen zu gelieferten Objekten bis 1924/Briefe bis 1924«, Brief Josephine Rusack-Schobingers vom 5.12.1921.

79 Bloch: Zehn Jahre im neuen Museum, 147.

Naturhistorische Museum in Basel. Solchen Verkäufen kam zweifellos auch die Bedeutung einer Vorsorgeregelung für Angehörige zu.

Eine letzte Gruppe von Angehörigen wollte die von ihren verstorbenen Familienmitgliedern hinterlassenen Sammlungen schlicht und einfach loswerden, da sie deren Bedeutung nicht zu schätzen wussten oder keinen Platz zur Verfügung hatten. So erging es beispielsweise Ernst Pfenninger aus Luzern, der die Hinterlassenschaften seines Vaters nicht gerade in Ehren zu halten schien und sich im Sommer 1913 diesbezüglich an den Konservator Hans Bachmann wendete:

> »Von meinem Vater her besitze ich eine Sammlung von Steinen, Kristallen und Versteinerungen, welche sämtliche aus dem Gotthard-Tunnel stammen. Da ich nächsten Dienstag umziehen muss und die Kollektion nicht in die neue Wohnung nehmen mag, möchte ich meine längst gehegte Absicht, die Sammlung der Kantonsschule zu schenken, gerne zur Ausführung bringen.«[80]

Die naturkundlichen Zentrumsakteure führten also auch einen Kampf gegen die drohende Vernichtung von privaten Sammlungsbeständen durch uninteressierte Angehörige. Weit härter war jedoch der Konkurrenzkampf, den sich die verschiedenen Sammlungsinstitutionen untereinander um die verschiedenen Privatnachlässe lieferten. Kleinstädtische naturhistorische Museen standen dabei im Wettstreit mit größeren Häusern sowie mit universitären Sammlungen. So verfolgte beispielsweise der Zürcher Botanikprofessor Hans Schinz, den wir bereits in Kapitel 4 als Ankäufer der Nachlassmaterialien Christian Brüggers kennengelernt hatten, eine offensive Materialbeschaffungspolitik. Dies kam nicht von ungefähr. Als Schinz 1895 an der Universität Zürich seine Professur für Systematische Botanik antrat, stand er einer Sammlungsinstitution vor, die fast keine eigenen Bestände besaß: Wenige Jahre zuvor war das früher von beiden Zürcher Hochschulen gemeinsam geführte Herbar vom Polytechnikum als alleinige Besitzerin übernommen worden. Hans Schinz befand sich also in einer vergleichbaren Lage wie Isaak Bloch und war wie dieser zur Äufnung seiner Bestände auch auf Materiallieferungen von Privatsammlern angewiesen. Ein gängiger Weg hierfür war das Einwerben von Nachlässen. Schinz betrieb diese Werbung in seiner Institutszeitschrift mit den gängigen Argumenten der Konservierung und öffentlichen Benutzung:

> »Noch immer gibt es aber nah und fern Pflanzensammlungen in Privatbesitz, die unbenutzt daliegen, zwar sorgsam gehütet als Zeichen ehrlich- und wohlgemeinter Pietät und als Erinnerungszeichen rastloser Tätigkeit des dahingeschiedenen Besitzers; sie gehen aber alle samt und sonders

80 Naturmuseum Luzern, Ordner »Korrespondenz Prof. Bachmann. Bis 1920«, Brief Ernst Pfenningers vom 8.8.1913.

dem Zerfall entgegen, und im Hinblick auf dieses nicht zu vermeidende Schicksal wagen wir es neuerdings, zu bitten, uns derartige Sammlungen zuzuwenden. Hier im Museum sind sie für alle Zukunft gerettet und können nach jahrelanger Ruhe und Vergessenheit neuerdings belebend und belehrend wirken.«[81]

Trotz der Konkurrenz durch große Institutionen standen die Kuratoren der lokalen Naturmuseen in diesem Wettstreit um Nachlässe keineswegs auf verlorenem Posten. Ihre Vorteile waren die engen persönlichen Kontakte zu den einzelnen Privatsammlern sowie die feste Einbettung ihres Museums in lokale Sozialstrukturen und Identitätspolitiken. Dennoch ergaben sich Schenkungen nicht von alleine. Vielmehr setzten diese eine langjährige, sorgfältige Pflege der (Gaben-)Beziehungen zwischen dem Museumskurator und den dem Haus verbundenen Privatsammlern voraus. Gleichsam als letzte Gabe kam den Nekrologen eine wichtige Rolle in diesen Beziehungen zu. Auch der Solothurner Kurator Isaak Bloch widmete nach dem Tode August Rätzers seinem ehrenamtlichen Mitarbeiter und Materiallieferanten einen ausführlichen Nachruf. Hierzu holte er bei der Ehefrau des Pfarrers sowie im *Naturhistorischen Museum* Bern biographische Informationen über den Verstorbenen ein. Andere Kuratoren taten es Bloch gleich. In den Korrespondenzen Heinrich Wegelins finden sich verschiedentlich Hinweise darauf, dass der Frauenfelder Museumsleiter Sammler und deren Nachkommen um biographische Informationen oder ein fotografisches Portraitbild anging.

Was hielt Naturkundler dazu an, solche Nachforschungen zu betreiben? Wie im zweiten Kapitel am Beispiel der Florenkataloge bereits ausgeführt, entspringt die Historisierung älterer Objekt- und Datenbestände gleichsam der Logik aller sammelnden Wissenschaften. Eine Wissenschaft, die wesentlich auf dem Anlegen von Sammlungen beruht, muss sich (sowohl aus epistemischen wie aus identitären) Gründen zwangsläufig für die Geschichte der einzelnen Sammlungsobjekte interessieren: Wer hat diese wo und unter welchen Bedingungen zusammengetragen? Aus diesem Blickwinkel sind auch Nekrologe als Teil einer solchen Sammlungshistorisierung zu verstehen.

Jenseits dieser wissenschaftlichen Logik kam den Nekrologen aber durchaus auch eine strategische Bedeutung im Hinblick auf die Objektbeschaffung zu. In den Werkverzeichnissen von Zentrumsakteuren wie Heinrich Wegelin oder Isaak Bloch finden sich etliche Nachrufe aufgelistet, die sie gewichtigen Donatoren von Sammlungen gewidmet hatten. Gleiches galt beispielsweise auch für die Zürcher Botanikprofessoren Hans Schinz und Carl Schröter, die als Vorsteher universitärer Sammlungen und Institute

81 Schinz: Botanisches Museum, in: Mitteilungen aus dem Botanischen Museum der Universität Zürich, LXXXVII (1920), 14-26, hier: 16. Dieser Text erschien praktisch wortgleich erstmals 1902 im Jahresbericht des *Botanischen Museums* und wurde dort in Folge jedes Jahr aufs Neue abgedruckt.

ebenfalls eine Art von Zentrumsakteuren darstellten. Auch in ihren Schriftenverzeichnissen finden sich verschiedene Nekrologe, die sie für Sammler aus dem Milieu der Petite Science verfasst hatten.[82]

Mit solchen Würdigungen von Verstorbenen sendeten die Kuratoren ein klares Signal an deren noch lebende Sammlerkollegen. Auch diese konnten bei entsprechender Großzügigkeit mit einer Ehrung durch das Museum rechnen. Zudem verstärkte die Historisierung der Museumsbestände, welche durch die Nachrufe befördert wurde, deren symbolisches Gravitationsfeld: Mit einer Schenkung konnte man sich quasi selbst in eine dingliche Ahnengalerie einreihen, was zukünftige Gaben noch attraktiver erscheinen ließ.

Eindrücklich zeigt sich diese Verquickung von Sammlungshistorisierung und Nachlasseinwerbung am Beispiel des Baselbieter Botanikers Fritz Heinis (1883-1970). Der promovierte Realschullehrer veröffentlichte 1923 im *Tätigkeitsbericht der Naturforschenden Gesellschaft Baselland* seinen ersten sammlungsgeschichtlichen Aufsatz. Einige Jahre zuvor war ihm das Herbar des Posamenters Theodor Völlmin (1840-1915) geschenkt worden, und in seinem Beitrag *Theodor Völlmin, ein Gelterkinder Botaniker* portraitierte Heinis die Person und die Sammlung dieses pflanzenkundigen Seidenbandwebers aus dem Oberbaselbiet. Diesem Portrait ließ er später weitere fachhistorische Artikel folgen, allesamt in den Tätigkeitsberichten der kantonalen Naturforscher: Die wiederum sammlungsgeschichtlichen *Beiträge zur Floristik des Kantons Baselland: Ein altes Baselbieter Herbar* (1940), die biographische Skizze *Franz Eduard Fries (1811-1879). Ein Erforscher des Baselbietes* (1947) sowie die Übersichtsdarstellung *Geschichte der botanischen Forschung im Baselbiet 1900-1949* (1949). Ab 1940 arbeitete Heinis zudem unter Walter Schmassmann, Franz Leuthardts Nachfolger, als freiwilliger Mitarbeiter am Kantonsmuseum Baselland. Dort war er mit der Überprüfung der Herbarbestände beschäftigt. Für das Museum war Heinis Engagement ein doppelter Glücksfall. Einerseits brachte er die Sammlungsordnung auf den neuesten Stand, andererseits motivierte seine botanische Kompetenz sowie seine fachgeschichtlichen Interessen diverse Donatoren zu Objektschenkungen. Zumindest war dies die Sichtweise von Kurator Schmassmann:

82 Carl Schröter verfasste unter anderem Nachrufe auf Christian Brügger, Bernhard Wartmann, Pater Karl Hager und Hermann Christ, während Hans Schinz beispielsweise der nichtakademischen Forscher Hans Siegfried, Auguste Charpié, Wilhelm Werndli und Hermann Fischer-Sigwart gedachte (vgl. entsprechende Werkverzeichnisse in Rübel: Carl Schröter, sowie in Peyer: Hans Schinz). Schröter hat sich zudem verschiedentlich durch fachgeschichtliche Aufsätze hervorgetan, in denen er auch die Rolle nichtakademischer Botaniker zu würdigen wusste (vgl. z.B. die tabellarische »Gedenktafel« mit biographischen Infos zu Zürcher Botanikern und nichtakademischen »Botanophilen« in Schröter: Vierhundert Jahre Botanik in Zürich).

»Wenn ich all diese Herbarien erwähnt habe, so deswegen, weil es das Verdienst von Dr. Fritz Heinis ist, dass sie der Sammlung unseres Kantonsmuseums zugekommen sind. Sein bedeutender Name als Kenner unserer Flora gab den Besitzern dieser Sammlungen das begründete Vertrauen, dass die von ihnen angelegten oder gehüteten Dokumente unserer Pflanzenwelt in sachgemässer Art für weitere daran interessierte Kreise bearbeitet würden.«[83]

Es war jedoch nicht bloß die Kunde von Heinis kompetentem Wirken, welche eine ganze Reihe von Baselbieter Herbarbesitzern zu einer Schenkung ans Museum veranlasste. Der Realschullehrer wusste auch entsprechende Kontakte sorgfältig zu pflegen. Nicht von ungefähr war Heinis Autor von insgesamt 16 Nekrologen, die er verschiedenen Lokalforschern und Sammlerkollegen gewidmet hatte. Verschiedentlich ging Heinis die Materialbeschaffung noch zielgerichteter an. Als er erfuhr, dass lokalfloristische Manuskripte des Sissacher Arztes und Botanikers Eduard Fries (1811-1879) sich im Besitze von Professor Schinz' *Botanischem Museum* der Universität Zürich befanden, bemühte er sich um deren Rückführung ins Kantonsmuseum Baselland. Wie der Konservator Schmassmann später ausführte, konnte Heinis dabei auch auf einen Teilbestand des Liestaler Museums als Verhandlungsmasse zurückgreifen:

»Etwas erleichtert wurde die Vermittlung dadurch, dass wir dem Botanischen Museum in Zürich seltene Farne aus Brasilien anbieten konnten, die in der Schweiz noch in keinem Herbar vorhanden waren und die unserem Kantonsmuseum von einem in Brasilien lebenden Bürger namens Zeller in mehreren Exemplaren vor langer Zeit zugesandt worden waren.«[84]

Mitgift: Austausch mit großstädtischen Museen und Hochschulen

Brasilianische Farne gegen Sissacher Manuskripte: Dieses Tauschgeschäft des Baselbieter Lokalforschers mit dem Zürcher Universitätsprofessor verweist auf eine weitere Ressourcenfunktion kleinstädtischer Naturmuseen. Deren Sammlungen stellten für die Zentrumsakteure eine Art wissenschaftliche Mitgift oder Bittgeschenk dar, die sie gezielt einbrachten, wenn sie um die Gunst großstädtischer Museen und Universitätsinstitute werben wollten. Auf diese Gunst waren die Vorsteher der kleinen Häuser häufig angewiesen, wenn sie beispielsweise Bestimmungskompetenzen oder konservatorischen Fachverstand dieser großen Institutionen in Anspruch

83 Schmassmann: Aus dem Leben von Dr. phil. Fritz Heinis, 17 f.
84 Ebd., 16.

nehmen wollten. Daneben ist anzunehmen, dass Zentrumsakteure mit solchen Avancen auch schlicht auf die Anerkennung durch prominente Wissenschaftspersönlichkeiten abzielten. Eine solche Interpretation ist im Falle Franz Leuthardts sicherlich plausibel. Bereits in vorangegangenen Ausführungen wurde aufgezeigt, wie der Liestaler Bezirksschullehrer und Museumsverwalter in den planmäßig durchgeführten Versandaktionen seiner Sonderdrucke die Elite der baselstädtischen Naturforschung in besonderem Maße berücksichtigte.[85] Gleiches galt für Naturdinge, die in Leuthardts Einflussbereich angesammelt wurden. Als wäre es nie zur Unabhängigkeit des Landkantons gekommen, floss auch im ausgehenden 19. Jahrhundert noch immer ein reger Strom naturhistorischer Objekte von der Landschaft in die Stadt. So gab Leuthardt, kraft seines Amtes quasi der Direktor der (damals noch nicht existierenden) Kantonsarchäologie, die Einwilligung, dass die 1907 im basellandschaftlichen Aesch entdeckten Dolmengräber von den Basler Privatgelehrten Fritz und Paul Sarasin ausgegraben und die Funde nach getaner Arbeit »dem prähistorischen Kabinett des Basler Naturhistorischen Museums einverleibt«[86] wurden. Immer wieder bedachte Leuthardt das städtische Museum, dem er seit seiner Studienzeit bei Ludwig Rütimeyer persönlich verbunden war,[87] auch selber mit wertvollen geologischen Stücken aus seiner Sammlung.[88]

Auch wenn die naturkundlichen Zentrumsakteure mittels solcher Gaben erfolgreich Gegengaben und Hilfsdienste von bedeutenden Institutionen einwerben konnten, so waren diese Avancen den Objektbeständen der kleinstädtischen Museen nicht nur zuträglich: Mit der Zeit blieben immer mehr und immer wertvollere Objekte im Gravitationsfeld der Schwergewichte hängen. Ein Beispiel aus Solothurn soll dies illustrieren: Als Kurator Isaak Bloch nach seinem Amtsantritt 1898 damit begann, die Museumsbestände einer Revision zu unterziehen, bemerkte er rasch das Fehlen wichtiger Prunkstücke der Solothurner Sammlung. Fünf der berühmten versteinerten Solothurner Schildkröten blieben unauffindbar. Bloch kontaktierte

85 Vgl. zu Leuthardts Separata-Versand die Ausführungen in Kapitel 3.3.

86 Leuthardt: Jahrsbericht [1908] der Naturschutzkommission von Basel-Stadt und Basel-Land, 141.

87 Als Leuthardt unter Ludwig Rütimeyer studierte und promovierte, wies das naturgeschichtliche Institut der Universität Basel noch eine enge Verbindung zum naturhistorischen Museum auf: Rütimeyer war zwischen 1883 und 1895 in Personalunion Naturgeschichtsprofessor, Institutsvorsteher und Museumsdirektor, und auch die universitäre Lehre und Forschung fanden im Museumsgebäude an der Augustinergasse statt (vgl. Simon: Natur-Geschichte).

88 Vgl. Hagmann: Die angesägte Antilope, 20. Hagmann erwähnt, dass diese Schenkpraxis der Baselbieter Kuratoren an das Basler Museum auch unter Leuthardts Nachfolger Schmassmann gang und gäbe war und erst in den 1960er-Jahren eingestellt wurde.

die Tochter seines verstorbenen Amtsvorgängers Franz Lang (1821-1899) und durchforstete dessen Korrespondenzen. Bald wurde er fündig: Die Schildkröten fanden sich im *Naturhistorischen Museum* Basel. Wie gelangten die Fossilien dorthin? In den späten 1850er-Jahren lud Franz Lang seinen ehemaligen Studienfreund Ludwig Rütimeyer ans Solothurner Museum, um ihm die dortige Schildkrötenversteinerungen zu präsentieren.[89] Rütimeyer, der unterdessen als Naturgeschichtsprofessor an der Universität Basel lehrte, studierte die Teile ausgiebig. Auf der Grundlage der besagten Solothurner Belege publizierte er einige Jahre später die Untersuchung *Die fossilen Schildkröten von Solothurn* (1873). Korrekterweise hätte Rütimeyer diesem Titel einen Zusatz anfügen müssen: »... von Solothurn *in Basel*«. Im Zuge seiner Forschungen wanderten die Schildkröten vom Jurasüdfuß ans Rheinknie und fanden im dortigen *Naturhistorischen Museum* eine neue Heimat. Dort blieben sie über viele Jahre, bis sie schließlich vom detektivischen Solothurner Kurator aufgespürt wurden. Sogleich trat Bloch mit den Baslern in Verhandlungen und erreichte nach zweieinhalb Jahren sein Ziel: »(D)ank der guten Beziehungen, die zwischen den Museen Basel und Solothurn immer bestanden haben«,[90] sowie gegen Abtretung entsprechender Gipsabgüsse der Schildkröten willigten die Basler in die Rückführung der Originale nach Solothurn ein.

Die Ausstrahlung der eigenen Sammlung war für die kleinstädtischen Zentrumsakteure also eine Ressource, mit der sie auch um die Gunst renommierter Institutionen und deren Vertreter warben. Umgekehrt jedoch waren berühmte Hochschulwissenschaftler oder Museumsvorsteher ebenfalls auf das Wohlwollen der lokalwissenschaftlichen Charakterköpfe wie Leuthardt, Wegelin oder Bloch angewiesen. Für die naturhistorische Elite in Gestalt von Schinz, Schröter, Standfuss, der Sarasins und Konsorten stellten diese kleinstädtischen Zentrumsakteure selbst eine Ressource dar. Einerseits standespolitisch, da die lokal verankerten und ausgefächerten Wissensmilieus eine Art Vorfeldorganisation der universitären Naturgeschichtsfächer darstellten, die das gesellschaftliche Gewicht dieser Hochschuldisziplinen entsprechend stärkten.[91] Die Petite Science bildete zudem für die

89 Vgl. Lang: Beiträge zur Gründung, 235.

90 Bloch: Zehn Jahre im neuen Museum, 117.

91 Dies geschah vorwiegend auf ideeller Ebene. Im Gegensatz zu den USA war in der Schweiz wissenschaftliches Mäzenatentum in Form privat finanzierter universitärer Institutionen, Projekte oder Expeditionen eher eine Ausnahme, so beispielsweise das vom Zürcher Bankierssohn Eduard Rübel in den 1910er-Jahren ins Leben gerufene *Geobotanische Institut Rübel* (vgl. Landoldt: Die Entwicklung der Botanik, 368-370). Ein unbedeutenderes Beispiel bildete die finanzielle Unterstützung, die der Breslauer Fabrikant Max Wiskott und die einer milanesischen Grafenfamilie entstammenden Gebrüder Emilio und Gianfranco Turati dem Konservator der entomologischen Sammlung des Zürcher Polytechnikums, Max Standfuss, für die Drucklegung eines Buches

Hochschulwissenschaft ein nicht zu unterschätzendes Rekrutierungsfeld für engagierte und praxiserfahrene Nachwuchskräfte. Andererseits zahlte sich für Vertreter großer Institutionen der Kontakt zu lokalwissenschaftlichen Forschern auch aus ganz praktischen Gründen aus: Sie gelangten an attraktives Material und konnten solches – ihren spezifischen Wünschen entsprechend – auch gezielt bei den ihnen bekannten Zentrumsakteuren bestellen. Diese bildeten die Knotenpunkte in einem fein verästelten Netz von lokalen Kontaktpersonen, die sie bedarfsgerecht an die großen Institutionen vermittelten. Akteure der Hochschulwissenschaft hatten so Zugriff auf jede gewünschte Tier- oder Pflanzengattung des Landes oder jedes ins Auge gefasste Bergtal, ohne selber jemanden vor Ort entsenden zu müssen. Häufig griffen zudem Hochschulangehörige auf die ortskundigen Lokalforscher zurück, um sich von ihnen auf Exkursionen führen zu lassen. So nahm beispielsweise Jakob Jäggi, der Kurator des Polyherbars, bei einer Exkursion ins Schaffhausische die Dienste des pflanzenkundigen Apothekers August Gremli in Anspruch:

> »Im Sommer 1875 beabsichtigte ich, eine Excursion mit den Studenten nach den interessanten Gegenden von Wilchingen u. Osterfingen zu machen u. da ich die Gegend noch gar nicht kannte u. Gremli gerade in der Nähe von Unterhallau war, da erbat ich ihn mir auf einen Sonntag als Führer u. er kam bereitwilligst auf die Station Unerhallau Wilchingen u. führte uns durch die sehr interessante Gegend, die uns eine Menge der seltensten Pflanzen bot.«[92]

Wie vorgängig bereits ausgeführt, wandte sich der in Zürich wirkende Jakob Jäggi auch für die Beschaffung von Pflanzen aus abgelegenen Gebieten an befreundete Kontaktpersonen vor Ort, die ihm die gewünschten Pflanzen oder mögliche Lieferanten vermittelten.[93] Die derartige Rekrutierung von Akteuren der Petite Science durch Hochschulwissenschaftler war keine Ausnahme. In vergleichbarer Weise nahm später auch der Zürcher Botanikprofessor Hans Schinz sowohl für eigene wie für Studentenexkursionen die Führerdienste lokaler Forscher in Anspruch und bestellte bei diesen Pflanzenmaterial aus ihrer Wohngegend, so beispielsweise im Sommer 1901 beim Buchhalter Jost Schwingruber in Lugano sowie bei dem Apotheker Ernst Streuli in Uznach.[94]

zukommen ließen. Standfuss konnte sein Werk *Neue und alte Agrotiden der europäischen Fauna* (1888) dank dieser Mäzene mit Tafeln illustrieren, was er den Gönnern mit der Benennung neu entdeckter Falter nach ihnen dankte (vgl. Standfuss: Alte und neue Agrotiden, 219).

92 StAGR, Nachlass Christian G. Brügger, B 238, Brief Jäggis vom 14.11.1881.

93 Vgl. dazu die Ausführungen zu naturkundlichen Gelegenheitshändlern in Kapitel 3.2.

94 BGUZ, Nachlass Hans Schinz, Kopialbuch 37, Brief Schinz' vom 9.6.1901, 8 sowie Brief Schinz' vom 31.7.1901, 191.

Doch nicht bloß für Materiallieferungen griffen Hochschulprofessoren regelmäßig auf die Hilfe von Lokalforschern zurück. Auch deren eigene Privatsammlungen stellten eine Ressource dar, die für akademische Forschungsprojekte in Anspruch genommen wurde. So wandte sich beispielsweise Hans Schinz 1899 an den Primarlehrer Simon Knecht im thurgauischen Bichelsee und bat ihn darum, seinem Doktoranden Gustav Hegi Einblick in sein Herbar zu gewähren.[95] Vom Sekundarlehrer Gubler aus Andelfingen erwünschte Schinz die Zusendung einer Karte, auf welcher dieser Pflanzenstandorte seiner Gemeinde eingetragen hatte.[96] Zudem setzte Professor Schinz immer wieder auf die außerordentlichen Bestimmungskompetenzen, die sich einzelne Akteure der Petite Science in spezialisierten Gebieten erarbeitet hatten. In knapp einem Jahr bat er mindestens vier verschiedene Freizeitforscher um deren einschlägige Hilfe: den Basler Juristen Hermann Christ für Pinienzapfen, den Sekundarlehrer Jakob Weber in Männedorf für Moose, den Bülacher Privatgelehrten Hans Siegfried für Fingerkräuter sowie den Berner Apotheker Bernhard Studer für Pilze.[97] Auf die Kompetenzen von Christ, Weber, Siegfried und so fort griff Schinz verschiedentlich zurück. Auch von anderen Professoren und kleinstädtischen Zentrumsakteuren wurden diese Männer regelmäßig in Bestimmungsfragen angeschrieben. Sie gehörten innerhalb des Wissensmilieus der Petite Science zum herausragenden Zirkel der Spezialisten, Revisoren und Gattungsmonographen, die in ihren Spezialgebieten über eine große Autorität verfügten und daher auf Augenhöhe mit Universitätsprofessoren verkehren konnten.[98]

Vertreter der Hochschulen und Lokalforscher waren also gleichermaßen aufeinander angewiesen. Trotz großer Anziehungskraft ihrer eigenen Institution mussten auch die Universitätsprofessoren aktiv um die Gunst der Petite Science und ihrer Zentrumsakteure werben. Häufig erfolgte diese Beziehungspflege ebenfalls über Schenkungen. So bedachten beispielsweise die Zürcher Botanikprofessoren Carl Schröter und Hans Schinz regelmäßig lokale Museen, Schulen sowie treue Spezimenlieferanten mit überschüssigem Material aus ihren botanischen Hochschulsammlungen.[99]

Folgten die Beziehungen der Hochschulwissenschaftler zu den kleinstädtischen Zentrumsakteuren also einzig einer nüchternen Nutzenlogik? Eine solche Lesart würde diesem Austausch nicht gerecht: Weder die gegenseitigen

95 BGUZ, Nachlass Hans Schinz, Kopialbuch 34, Brief Schinz' vom 14.1.1899, 57.

96 BGUZ, Nachlass Hans Schinz, Kopialbuch 37, Brief Schinz' vom 6.11.1901, 436.

97 BGUZ, Nachlass Hans Schinz, Kopialbuch 34, Brief Schinz' vom 14.11.1899, 56; Kopialbuch 35, Brief Schinz' vom 1.10.1900, 237; ebd.: Brief Schinz' vom 22.10.1900; 309, ebd.: Brief Schinz' vom 27.10.1900, 331.

98 Vgl. zur Praxis der Revision sowie der Rolle taxonomischer Spezialisten die Ausführungen in den Kapiteln 3.3 und 4.2

99 Vgl. Aregger: Natur-Museum Luzern, 51 und Schinz: Botanischer Garten (1900).

Abb. 5.12: Bestens vernetzt mit der naturkundlichen Basis wie Elite: der Zentrumsakteur Heinrich Wegelin (1853-1940), Kantonsschullehrer in Frauenfeld.

Materialzuwendungen noch die professoralen Nekrologe als posthume Ehrungen ihrer Kollegen der Petite Science waren ausschließlich instrumenteller Natur. Die Akteure der Hochschulen und der kleinstädtischen Wissensmilieus kannten sich oftmals bereits aus gemeinsamen Studienzeiten – sei es als Kommilitonen oder aber als Lehrer und Schüler – und pflegten diese Kontakte auch in den folgenden Jahren. Der Frauenfelder Heinrich Wegelin beispielsweise war von seinem Studium her mit den nachmaligen Zürcher Hochschulprofessoren Albert Heim, Johann Jakob Früh und Carl Schröter freundschaftlich verbunden. Auf diese Kontakte griff er später als Kurator wie als Vereinspräsident verschiedentlich zurück. Wie eng die freundschaftlichen Beziehungen beispielsweise Schröters zu Wegelin waren, verdeutlicht auch eine Anekdote im Zusammenhang mit dem Ehrendoktorat, das dem Thurgauer Naturforscher 1926 von der ETH Zürich verliehen wurde. Wegelins Nekrolog beschreibt diesen Freudentag folgendermaßen:

> »Die Mitteilung des Beschlusses erfolgte als Überraschung am dreiundsiebzigsten Geburtstag des Gefeierten […]. Die Kinder waren aus der Ferne nach Hause gekommen, ohne dass der Vater den besondern Grund ahnte. Da [trat] im Laufe des Vormittags Professor Schröter, der alte Freund, […] bei ihm ein. Schröter hielt als Abgesandter der Hochschule eine kurze Rede und überreichte das von Rektor Rohn unterzeichnete Diplom.«[100]

Betrachtet man die Beziehungen der Zentrumsakteure sowie freischwebender Lokalforscher zum universitären Milieu, so springt die herausragende Rolle der zwei Zürcher Hochschulen deutlich ins Auge. Am Polytechnikum (der späteren ETH) sowie an der Universität der Limmatstadt wirkten um die Jahrhundertwende Professoren, die weit ausgeprägter als ihre Kollegen an anderen Schweizer Hochschulen enge Bande mit der Petite Science pflegten. Es waren dies in erster Linie die Botaniker *Carl Schröter* (1855-1939) und *Hans Schinz* (1858-1941), der Entomologe *Max Standfuss* (1854-1917), der Geologe *Albert Heim* (1849-1937) sowie in etwas geringerem Maße der Zoologe *Arnold Lang* (1855-1914). Mit allen diesen Zürcher Lehrstuhlinhabern standen die hier portraitierten naturhistorischen Lokalgrößen aus Chur, Frauenfeld, Liestal, Luzern und Solothurn verschiedentlich im wissenschaftlichen Austausch.

Worin lag die Ursache für diese Offenheit der Zürcher Universitätslandschaft gegenüber den Brüggers, Wegelins und Blochs? In die Studienzeit zurückreichende persönliche Bekanntschaften erklären diesen Austausch nur zu einem Teil, zumal viele der Zürcher Professoren auch regen Kontakt mit anderen Freizeitforschern pflegten, die nie eine Universität besucht

100 Leisi: Dr. h. c. Heinrich Wegelin, 165.

hatten. Weit wichtiger war die wissenschaftliche Praxis der betreffenden Professoren. Alle fünf waren Vorsteher von Hochschulsammlungen,[101] was wohl der wichtigste Grund für ihre enge Vernetzung mit den kleinstädtischen Kuratoren sowie anderen Lokalforschern und -sammlern darstellte. Weiter spielten auch die stark feldwissenschaftlich ausgerichtete Forschung und Lehre[102] sowie die systematisch-taxonomischen Erkenntnisinteressen etlicher dieser Zürcher Professoren eine wichtige Rolle für ihre Kompatibilität mit der Petite Science. Diese Ausrichtung stand im Gegensatz beispielsweise zu den naturhistorischen Lehrstühlen an der Universität Basel, die stark physiologisch orientiert waren und ausgeprägter Laborforschung betrieben.[103]

Museum als Bühne und Ressource: Fazit

In den vorangegangenen Ausführungen stand eine Institution im Rampenlicht: die kleinstädtischen Naturmuseen. Welche Funktionen nahmen diese Häuser im institutionellen Geflecht lokaler Naturforschung ein? Es konnte gezeigt werden, dass die Museen aus der Perspektive der Zentrumsakteure in zweifacher Hinsicht eine wichtige Funktion erfüllten. Einerseits stellten die Museen ihre wichtigste Bühne dar, um mit unterschiedlichsten Teilöffentlichkeiten der Wissenschaft in Kontakt zu treten. Andererseits dienten das Museum und seine Bestände den naturhistorischen Schnittstellenfiguren als besondere Ressource: Durch die Ausstrahlung der Institution konnten die Kuratoren freiwillige Helfer an sich binden, die das Museum mit Materiallieferungen, Fachwissen und Arbeitskraft unterstützten. Im Sinne einer ausgeglichenen Gabenökonomie profitierten im Gegenzug aber auch die ehrenamtlichen Helfer und Donatoren von ihrem Engagement. Sie genossen privilegierten Zugang zu den Museumsbeständen und konnten gelegentlich von kleineren Tausch- und Handelsgeschäften mit den Museen profitieren. Am deutlichsten zeigte sich der gegenseitige Nutzen, den beide Parteien aus diesem Austausch zogen, an Beispiel der Nachlassschenkun-

101 Schröter war Vorsteher des Herbars des Polytechnikums (vgl. Landolt: Die Entwicklung der Botanik), Schinz leitete den Botanischen Garten und das Botanische Museum der Universität (vgl. Endress: Institut für Systematische Botanik), Standfuss stand dem Entomologischen Museum des Polytechnikums vor (vgl. Sauter: Die entomologischen Sammlungen), Lang war Direktor des Zoologischen Museums der Universität (vgl. Guyer: Vom Naturalienkabinett), und Albert Heim hatte die gleiche Funktion für die Geologische Sammlung des Polytechnikums (vgl. Westermann: Forschungsalltag).

102 Andrea Westermann spricht von einer eigentlichen Zürcher »Exkursionsschule«, die sich damals unter Schröter und Heim an der ETH gebildet habe (Westermann: Im Feld, 162).

103 Zur damaligen Botanik an der Universität Basel vgl. Zoller: Zur Entwicklung des Fachbereiches Botanik; zur dortigen Zoologie vgl. Simon: Naturwissenschaften in Basel.

gen. Die Privatsammler konnten auf die sichere, öffentliche Verwahrung ihres Lebenswerks sowie den Nachruhm in Gestalt eines Nekrologs zählen, während die Sammlungsvorsteher das Gewicht und die Anziehungskraft ihrer Bestände anwachsen sahen.

Die Zentrumsakteure wussten die Bestände der von ihnen verwalteten Museen nicht nur als Ressource einzusetzen, um freischwebende Forscher der Petite Science an ihr Haus zu binden. Sie nutzten die Anziehungskraft ihrer Sammlungen auch, um die Gunst universitärer Wissenschaftler zu gewinnen. Als Knotenpunkte in den feinverästelten Netzen der lokalen Wissensmilieus konnten die Zentrumsakteure den großstädtischen Professoren jedoch weit mehr bieten als nur den Zugriff auf kleinstädtische Museumsbestände: Sie vermittelten ihnen gewünschte Spezimenlieferungen, ortskundige Führungsdienste oder Bestimmungskompetenzen. Auf solche Dienste waren vor allem die sammelnd-taxonomisch forschenden Universitätsprofessoren angewiesen, und so galt auch hier das Gebot der Reziprozität. Zwar nahmen Hochschulprofessoren oft vieles (nicht zuletzt attraktive Sammlungsstücke der kleinen Museen), gaben aber in Form von Nekrologen und Objektschenkungen ebenso auch zurück. Dabei waren die Beziehungen zwischen einzelnen Hochschulprofessoren und verschiedenen Akteuren der Petite Science selten bloß instrumentell, sondern gründeten häufig auf freundschaftlicher Bande.

Mit den Lokalmuseen geboten die Zentrumsakteure also über eine Ressource, die gewissermaßen aus sich heraus zusätzliche Ressourcen wie Arbeitskraft, Netzwerke, Materialien oder Aufmerksamkeit generierte. So wurde die integrierende Rolle, die die Zentrumsakteure in ihrem lokalen Wissensmilieu spielten, durch die Museumstätigkeit stetig verstärkt.

5.3 Schulen

Die naturkundlichen Zentrumsakteure verdankten ihre lokale Prominenz nicht bloß der Museumstätigkeit. Bekanntlich war die Museumsarbeit für alle fünf der hier portraitierten Schnittstellenfiguren ein bloßes Nebenamt zur Hauptanstellung als Naturkundelehrer an der Mittelschule ihres Wohnortes. Christian Brügger war von 1870 bis 1899 Professor für Naturgeschichte und Geographie an der Bündner Kantonsschule in Chur, die gleichen Fächer unterrichtete von 1890 bis 1920 Heinrich Wegelin an der Thurgauischen Kantonsschule in Frauenfeld. Franz Leuthardt wirkte von 1889 bis 1932 als Mathematik- und Naturkundelehrer an der Bezirksschule Liestal, Hans Bachmann amtete von 1892 bis 1936 als Professor für Naturgeschichte an der Höheren Lehranstalt in Luzern, und Isaak Bloch schließlich hatte zwischen 1898 und 1938 die gleiche Stelle an der Kantonsschule Solothurn inne.

Wie die Museen waren auch die Schulen Ressourcen und öffentliche Plattformen für die naturkundlichen Zentrumsakteure. Bevor jedoch diese Funktionen beleuchtet werden, soll ein kurzer Blick auf die Stellung und Ausgestaltung des Naturkundeunterrichts im Schweizer Schulwesen des 19. Jahrhunderts den institutionellen Rahmen nachzeichnen, in dem unsere hier dargestellten Naturkundelehrer tätig waren.

Geschichte des Naturkundeunterrichts in der Schweiz

Darstellungen zur Schweizer Schulgeschichte des 19. Jahrhunderts benennen folgende Charakteristika, die besagtes Feld auszeichnen: Erstens ist die Geschichte von Bildung und Erziehung in der Schweiz jenes Jahrhunderts davon geprägt, dass sie weder eine ausschließlich schweizerische Geschichte darstellt, die völlig unbeeinflusst von Entwicklungen in den Nachbarländern verlaufen wäre, noch dass sich die pädagogischen Neuerungen und Debatten der Nachbarstaaten direkt auf die helvetischen Verhältnisse übertragen ließen.[104] Zweitens ist die hiesige Bildungsgeschichte stark föderalistisch beschaffen. Auch wenn im Verlaufe des 19. Jahrhunderts zunehmend nationale Verbände, Parteien und Medien Einfluss auf die Diskussion um schulische Themen zu nehmen versuchten, so genossen die einzelnen Kantone noch immer eine große Unabhängigkeit bezüglich der Ausgestaltung ihres jeweiligen Schulwesens.[105] Eng mit diesem Sachverhalt verbunden ist drittens ein verworrener Verlauf der Konfliktlinien in pädagogischen Streitfragen. Diese folgten keinem einfachen Muster, sondern verliefen zwischen liberalen und konservativen Kräften, zwischen ländlichen Gebieten und den Städten, den Sprachregionen sowie den Konfessionen. Abwechselnd standen sich je nach Konflikt anders zusammengesetzte Lager gegenüber.[106] Trotz dieser weltanschaulichen und föderalen Fragmentierungen folgten die einzelnen kantonalen Schulsysteme mehr oder weniger der gleichen Entwicklungstendenz: Die größten und umfassendsten Reformen erfolgten in der liberalen Aufbruchszeit ab 1830. In der Regenerationszeit wurde der Grundstein für ein obligatorisches und kostenfreies Volksschulwesen mit professioneller Lehrerausbildung gelegt, das in den nächsten Jahrzehnten ausgebaut und bis Ende des Jahrhunderts konsolidiert wurde.

Was bedeuteten diese übergeordneten Entwicklungen des Schulwesens für den naturkundlichen Unterricht? Zusammen mit anderen Fächern wie Geo-

104 Grunder: Einleitung, 9f.
105 Vgl. Criblez, Hofstetter, Magnin: Einleitung, 19.
106 Vgl. ebd., 20.

graphie oder Geschichte fand sich die Naturkunde zu Beginn des 19. Jahrhunderts noch nicht auf den obligaten Lehrplänen der öffentlichen Volksschulen. Erste Anläufe, diese Fächer neu in die Bildungspläne aufzunehmen, gab es zwar bereits in den kurzen Jahren der Helvetischen Republik (1798-1803). Entsprechende pädagogische Experimente fanden jedoch keine Gegenliebe in der Öffentlichkeit und wurden alle bald wieder abgebrochen.[107] Dieser Rückschlag war nur von kurzer Dauer: Im Zuge des Ausbaus des Volksschulwesens in der Regeneration kamen Naturkunde, Geschichte oder Geographie erneut auf die Lehrpläne, und bereits um 1850 »figuriert dieser Kernbestand an Fächern als allgemeines Bildungsgut in den kantonalen Lehrplänen [...]«,[108] wie die Bildungshistorikerin Martina Späni festhält. Interessant ist in diesem Zusammenhang, dass auch die vereinzelten Rückschläge der liberalen Bewegungen in diversen Kantonen die Etablierung des Naturkundeunterrichts nicht zu beeinträchtigen vermochten: Als 1839 in Zürich und 1841 in Luzern konservative Kräfte wieder die Überhand gewannen, machten auch sie die einschlägigen Reformen des Bildungswesens nicht rückgängig, und die Naturkunde behauptete fortan ihren festen Platz im Curriculum der Volksschule.[109] Dennoch wurden liberale Zeitungen und Lehrerverbände auch in den kommenden Jahren nicht müde, eine noch stärkere Aufwertung des Naturkundeunterrichts einzufordern und die schlechte Ausbildung der Volksschullehrer auf diesem Gebiete anzuklagen.[110]

Welchen Stellenwert hatte die naturkundliche Bildung an den Mittelschulen? Die Mittelschulen, an denen unsere Zentrumsakteure unterrichteten, waren allesamt Produkte des 19. Jahrhunderts. Zwar existierte in Luzern seit 1574 ein Jesuitenkolleg, und auch in Chur bemühte sich seit dem späten 17. Jahrhundert ein (konfessionell neutrales) *Collegium Philosophicum* um höhere Bildung seiner Jugend,[111] mit modernen Mittelschulen waren diese Einrichtungen jedoch nicht zu vergleichen. Gleiches galt für den »naturkundlichen« Unterricht, der an diesen Institutionen gelehrt wurde – auch dieser hatte nichts mit dem Fach »Naturgeschichte« zu tun, das im fortgeschrittenen 19. Jahrhundert zum standardmäßigen Lehrplan der Mittelschulen gehörte: Ab Mitte des 17. Jahrhunderts unterwiesen beispielsweise die Jesuitenpatres in Luzern ihre Zöglinge in »Physica« oder »Philosophia Naturalis«. Diese Fächer verstanden sich nicht als Naturbeschreibung auf empirischer Grundlage, sondern vermittelten eine aristotelisch inspirierte Naturphilosophie.[112]

107 Vgl. Späni: Die Entkonfessionalisierung, 301 und Brun-Hool: Die Naturwissenschaften im 19. und 20. Jahrhundert, 410.
108 Späni: Umstrittene Fächer, 17.
109 Vgl. Hardegger: Wer die Schule hat, 43 f. und Galliker: Die Höhere Lehranstalt, 348.
110 Andresen: Verklemmt, 212 und 215; Galliker: Die Höhere Lehranstalt, 345.
111 Bazzigher: Geschichte der Kantonsschule, 2.
112 Brun-Hool: Die Naturwissenschaften zur Zeit des Jesuitenkollegs, 180 f.

Der Grundstein für Mittelschulen im modernen Sinne wurde im Bündnerland 1804 gelegt, an der Höheren Lehranstalt Luzern in den 1820er-Jahren. Typische Gründungen der liberalen Aufbruchszeit waren die Kantonsschule Solothurn (1833) sowie die Bezirksschule Liestal (1836). Der ebenfalls liberale Kanton Thurgau folgte etwas später und rief 1853 im Hauptort Frauenfeld die Thurgauische Kantonsschule ins Leben. In den früh gegründeten Mittelschulen etablierte sich das Fach Naturgeschichte erst zögerlich. Sowohl in Luzern als auch in Chur war das Fach noch um 1820 nicht Teil des regulären Unterrichts, und in beiden Orten anerboten sich damals gebildete Ärzte, die Schüler unentgeltlich in einigen Lektionen Naturgeschichte zu unterweisen.[113] Erst mit liberalen Schulreformen der 1830er-Jahre fand das Fach in den beiden Mittelschulen Eingang in die Lehrpläne und es wurden auch erstmals Lehrer speziell für den Unterricht in Naturgeschichte angestellt.[114] In der Regenerationszeit und in den Jahren nach der Bundesstaatsgründung 1848 trieben Liberale (und in geringerem Maße auch Konservative) neben den Gymnasien zusätzlich den Ausbau von Realschulen voran, um die Verwaltung und die rasch wachsende Industrie mit fähigen Arbeitskräften zu versorgen. Ein Schwerpunkt dieser Realausbildung lag auf den naturkundlichen Fächern, so dass die Eröffnung solcher Realabteilungen an den Kantonsschulen auch an den gymnasialen Abteilungen eine Aufwertung der Naturgeschichte nach sich zog. Dies schlug sich in einer Erhöhung der Anzahl naturkundlicher Unterrichtsstunden nieder.

Im ausgehenden 19. Jahrhundert präsentierte sich für unsere hier portraitierten Naturkundelehrer die Lage folgendermaßen:[115] Die Kantonsschulen, an denen sie unterrichteten, waren mehrspartig organisiert und umfassten eine Gymnasial-, eine Real- sowie vereinzelt auch eine Seminarabteilung. Die Schüler – praktisch ausschließlich Knaben – traten üblicherweise im Alter von 12 Jahren in eine Kantonsschule ein. Dort absolvierten sie als Gymnasiasten eine rund 7-jährige Ausbildung. Besuchten die Knaben hingegen die Realabteilung, so fiel mit durchschnittlich etwa 6 Jahren ihre Mittelschulzeit meist etwas kürzer aus. Die Schülerzahl der hier in Frage stehenden Kantonsschulen bewegte sich zwischen 250 bis 350 Schülern, wobei ein weit größerer Teil auf die Realabteilung entfiel denn auf die

113 Kottmann: Die Zeit der Restauration, 306; Bazzigher: Geschichte der Kantonsschule, 21.

114 Galliker: Die Höhere Lehranstalt, 336; Bazzigher: Geschichte der Kantonsschule, 28-30.

115 Die folgenden Ausführungen stützen sich auf die Jahresberichte der Kantonsschulen von Chur (Programm der Bündnerischen Kantonsschule, 1879), von Solothurn (Jahres-Bericht über die Kantonsschule von Solothurn, 1893), von Luzern (Jahresbericht über die Höhere Lehranstalt zu Luzern, 1899) und Frauenfeld (Programm der Thurgauischen Kantonsschule, 1900). Die Bezirksschule Liestal, an der es bloß drei Jahre bis zum Abschluss dauerte, wurde aufgrund ihrer strukturellen Verschiedenheit in dieser Übersichtsdarstellung nicht berücksichtigt.

Abb. 5.13: Der Liestaler Naturkundelehrer Franz Leuthardt mit seiner Bezirksschulklasse. Aufnahme ohne Jahresangabe.

zahlenmäßig kleineren Gymnasialabteilungen. Die Realabteilung selbst wurde in den fortgeschrittenen Jahrgängen üblicherweise unterteilt in eine Handelsklasse und eine technische Klasse. Bezüglich des Naturgeschichtsunterrichts waren die technischen Realklassen und die Gymnasiasten ungefähr gleichgestellt. Während rund 5 der gesamthaft 7 Schuljahre standen zwei bis drei Wochenstunden Naturgeschichte auf ihrem Unterrichtsplan, so dass diese Mittelschüler bis zum Ende ihrer Schulzeit etwas über zehn Wochenstunden in diesem Fach gelehrt wurden.

Welche Inhalte wurden den Schülern im Fach »Naturgeschichte« vermittelt? Obwohl sich die Lehrpläne an den hier dargestellten Schulen in ihrem Aufbau ziemlich unterscheiden, weisen sie doch thematische Gemeinsamkeiten auf. Der Unterricht war betont systematischer Ausrichtung. Semester für Semester wurden die einzelnen Naturreiche abgearbeitet – Botanik, Zoologie, Mineralogie, Geologie, menschliche Anatomie. Ins Auge sticht zudem das große Gewicht, das der Botanik in allen Lehrplänen zukam. Als exemplarisches Beispiel mag der Lehrplan gelten, nach welchem Hans Bachmann in den 1890er-Jahren die Luzerner Gymnasiasten in die Naturgeschichte einweihte: In der fünften Klasse standen drei Wochenstunden auf dem Programm, in denen folgende Themen behandelt wurden: Zoologie der wirbellosen Tiere nach dem Lehrbuch von Woldrich, Morphologie und Anatomie der Pflanzen nach dem Leitfaden von Kraepelin, Pflanzenbestimmen nach Gremlis Exkursionsflora, Anlegen eines Herbars sowie

Entwerfen von Blütendiagrammen. In den drei wöchentlichen Naturkundelektionen der sechsten Klasse behandelte Bachmann die Somatologie des Menschen nach dem Lehrbuch von Woldrich und las mit seinen Schülern in Sondereggers *Vorposten der Gesundheitspflege*. Danach widmete sich der Unterricht der Pflanzenphysiologie, der Systematik der blütenlosen Pflanzen, dem Entwerfen von Blütendiagrammen sowie der Fortführung des Herbars. Die Siebtklässler wurden in zwei Wochenstunden nach dem Lehrbuch von Brauns in Mineralogie und nach dem Lehrbuch von Fraas in Geologie unterwiesen und unternahmen mit ihrem Lehrer zwei naturkundliche Exkursionen. Der naturgeschichtliche Unterricht wurde in der achten Klasse mit zwei Wochenlektionen beendet, welche die Zoologie der Wirbeltiere, die Entwicklung des Hühnchens sowie die Systematik der Blütenpflanzen thematisierten.

Anschauungsunterricht als pädagogisches Ideal

Wie man verschiedenen Andeutungen in ihren Nekrologen entnehmen kann, boten die hier portraitierten Naturkundelehrer nicht durchwegs didaktische Höhenflüge. Ihr Unterricht war vorwiegend frontal und behandelte nach Vorgabe entsprechender Lehrbücher große Stoffmengen. In den Nachrufen wird dies schönfärberisch als »Lehrzimmerunterricht […] auf systematischer Grundlage« beschrieben, der »vielleicht etwas nüchtern« dahergekommen sei, aber in hehrer Weise »nur echte, solide und aufrichtige Darstellung des naturgeschichtlichen Stoffes« verfolgt habe.[116] Betrachtet man zeitgenössische didaktisch-pädagogische Schriften, so mag dieser Befund einer trockenen Unterrichtspraxis erstaunen: In den einschlägigen Debatten hatte die »Anschauung« fast schon einen religiösen Beiklang und wurde von Pädagogen unablässig eingefordert. So führte beispielsweise der Bündner Lehrerverein 1884 eine Umfrage unter allen kommunalen Schulkonferenzen des Kantons durch, um Folgendes in Erfahrung zu bringen: »Was geschieht an den Schulen Ihres Kreises, um den naturgeschichtlichen Unterricht auf die Anschauung von Naturgegenständen zu gründen?«[117] Diese Erhebung war Ausdruck der didaktischen Überzeugung, dass »wie die Naturforschung […] auch der naturkundliche Unterricht sich immer an die Betrachtung des Naturkörpers, unter Vermeidung alles überschwänglichen Wortkrams«[118] zu halten habe. Die Resultate der Umfrage waren

116 Stuber: Isaak Adolf Bloch, 386; Leisi: Dr. h. c. Heinrich Wegelin, 164; Wolff: Hans Bachmann, 405.
117 [s. n.]: Die Umfragen, 50.
118 Davatz: Über Erstellung von Naturaliensammlungen, 20.

ernüchternd. Aus Schuls verlautete es lakonisch: »Wir haben ein gutes Naturalienkabinett. Wenn wir naturkundliches Anschauungsmaterial haben wollen, begeben wir uns in den Viehstall.«[119] Ähnlich tönte es aus den meisten anderen Gemeinden: Der naturkundliche Anschauungsunterricht stützte sich vorwiegend auf das Mitbringen tot aufgefundener oder erlegter Wildtiere ins Klassenzimmer. Eigentliche naturkundliche Sammlungen waren in den Bündner Dorfschulen kaum vorhanden, vereinzelt sprangen die Lehrer mit ihren privaten Herbarien in die Lücke. Dieser Missstand veranlasste die organisierte Bündner Lehrerschaft zum Handeln. In Vorwegnahme der unbefriedigenden Umfrageresultate wurde der Lehrer Florian Davatz 1884 beauftragt, seine Kollegen an der Jahresversammlung des kantonalen Lehrervereins über das Anlegen einer naturkundlichen Sammlung zu unterweisen.[120] In den Folgejahren richtete der Bündner Lehrerverein in seiner Zeitschrift eine feste Rubrik ein, in der er über die Fortschritte vorbildlicher Schulgemeinden auf dem Gebiet des naturkundlichen Sammlungswesens berichtete. Unbesehen solcher Initiativen ist davon auszugehen, dass der naturkundliche Unterricht in der Volks- wie in der Mittelschule noch lange vom trockenen Repetierunterricht geprägt war. Wie die Pädagogin Astrid Kaiser ausführt, klafften pädagogische Ideale und die Unterrichtsrealität im 19. Jahrhundert noch oftmals auseinander.[121] Der Bildungshistoriker Jürgen Oelkers erklärt dieses Nachhinken der konkreten Unterrichtspraxis damit, dass es sich bei der unablässig eingeforderten »Anschauung« um einen schwammigen und widersprüchlichen Begriff handelte, dem vorwiegend rhetorisch-strategische Funktionen zukamen. Der Begriff diente weniger als Leitfaden konkreter Unterrichtspraxis denn zur eigenen Abgrenzung von »alten« Unterrichtsverfahren. Die Beschwörung der »Anschauung« war somit »primär kritischer Appell, den Unterricht zu verändern und die pädagogischen Institutionen zu reformieren«.[122]

Praktische Tätigkeiten im naturkundlichen Unterricht, der von der späteren Reformpädagogik herausgehobene Arbeitsunterricht, waren also bei den hier präsentierten Zentrumsakteuren noch nicht die Regel,[123] was teilweise auch auf das Fehlen entsprechender Unterrichtsräume zurückzuführen war. Ausnahmen bildeten einige Exkursionen, die Übungen im Pflanzenbestimmen sowie das Anlegen eines Herbars. Dennoch zeichnete sich bereits

119 [s.n.]: Die Umfragen, 50.
120 Vgl. Florian Davatz: Über die Erstellung von Naturaliensammlungen.
121 Vgl. Kaiser: Neue Einführung, 32.
122 Oelkers: Reformpädagogik, 47.
123 Dass im Unterricht Hans Bachmanns an der Höheren Lehranstalt Luzern biologische Experimente bereits Anfang des 20. Jahrhunderts großen Raum einnahmen (vgl. Schmid: Professor Bachmann als Lehrer, X), stellt eher eine solche Ausnahme dar, welche die Regel bestätigt.

innerhalb der Untersuchungsgruppe der hier portraitierten Mittelschullehrer ein Umschwung ab. Während seiner Tätigkeit an der Churer Kantonsschule von den 1870er- bis in die 1890er-Jahre pflegte Christian Brügger noch einen ausgeprägt frontalen Unterricht. Dabei verfolgte er hauptsächlich systematisch-morphologische Lernziele und plagte seine Gymnasiasten – so sein Nekrolog – damit, dass er sich im Unterricht »zu tief in seine Liebhabereien«[124] eingelassen habe. Dagegen finden sich bei Heinrich Wegelin, Hans Bachmann und Franz Leuthardt, den Kollegen seiner Nachfolgegeneration, die ihre Stellen um 1890 herum antraten, bereits deutliche Hinwendungen zu reformpädagogischen Unterrichtskonzepten. In Vorträgen oder Zeitungsartikeln plädierten diese Lehrer für einen Naturkundeunterricht, der nicht bloß trockene Morphologie lehre, sondern den Schülern die lebendige Natur der heimischen Nahräume vermittle. Diesem Ziel diene der Einsatz neuer didaktischer Mittel wie die Exkursion und der Schulgarten.[125]

Unbesehen didaktischer Defizite war der Naturkundeunterricht jedoch auch bei Christian Brügger sowie anderen Zentrumsakteuren keineswegs nur eine staubtrockene Angelegenheit. Im Anschluss an Florian Davatz' Appell an die versammelte Bündner Lehrerschaft, eigene naturkundliche Schulsammlungen anzulegen, meldete sich 1884 auch Brügger zu Wort. Der Churer Naturkundeprofessor wollte dem Publikum seine Auffassung des naturkundlichen Anschauungsunterrichts nicht vorenthalten:

> »Ganz besondern Nachdruck möchte ich auf das Vorweisen auch lebender Tiere (z.B. von Fledermäusen, die man fliegen lässt, um den Kindern die abergläubische Furcht zu vertreiben etc.) in der Schule legen, wie ich es selbst in meiner Abteilung der Kantonsschule niemals unterlasse.«[126]

Um lebendige Fledermäuse war Brügger in diesen Jahren nicht verlegen: Wie Isaak Bloch gut zwei Jahrzehnte später in Solothurn führte auch Brügger in seinem Wohnkanton eine Bestandeserhebung der heimischen Fledermausarten durch.

Spannung kam im naturkundlichen Unterricht also eher als Nebenprodukt auf. Nämlich dann, wenn die Lehrer als Zentrumsakteure die Schule als Ressource für ihre Forschungstätigkeiten nutzten. Dann konnte es eben sein, dass Fledermäuse im Schulzimmer herumflogen, eine tote Schlange auf dem Lehrerpult präsentiert wurde oder die Schüler mit Jagdaufträgen in den Wald geschickt wurden. Es sollen im Folgenden also weniger pädagogische Diskussionen und didaktische Konzepte des Naturgeschichtsunter-

124 Schröter: Prof. Christian G. Brügger, VIII.
125 Vgl. eingehender zu diesen reformpädagogisch inspirierten Unterrichtsformen die Ausführungen in Kapitel 7.2.
126 Davatz: Über die Erstellung von Naturaliensammlungen, 31.

richts interessieren, sondern vielmehr die Art und Weise, in welcher die naturkundlichen Zentrumsakteure die Schule als weitere Ressourcenquelle zu nutzen wussten.

Schüler als Hilfskräfte und geförderte Nachwuchswissenschaftler

In erster Linie diente die Schule den naturkundlichen Schnittstellenakteuren als Arbeitskräftereservoir. Sowohl Schüler wie Lehrerkollegen wurden auf verschiedene Weise in die Forschungen und Arbeiten der Zentrumsfiguren einbezogen. Betrachten wir zuerst die Seite der Schülerschaft. Die Zöglinge unserer Naturkundelehrer wurden einerseits für unspezifische Hilfsdienste eingespannt. Isaak Blochs Schüler hatten Etiketten für das Solothurner Museum zu beschriften oder eine ihnen angewiesene Pflanze einzusammeln.[127] Franz Leuthardt beauftragte Knaben mit naturkundlichen Botengängen,[128] und Hans Bachmann ließ beim Umzug des naturhistorischen Museums ins neue Kantonsschulgebäude seine Klasse für den Objekttransport antreten.[129] Wichtiger waren aber die Schüler als eigentliche Hilfsforscher. Wie in den vorangegangenen Kapiteln verschiedentlich aufgezeigt, betrieben die Akteure der Petite Science mit ihren Lokalsammlungen und faunistischen und floristischen Erfassungen vorwiegend eine sammelnde Wissenschaft, die ihrem Wesen nach ein kollektives Unterfangen darstellte.[130] An umfangreicheren Erhebungsprojekten beteiligten sich üblicherweise unzählige Helfer – so oft auch die Schüler unserer Zentrumsakteure.

Für seine bereits erwähnten Fledermaus-Bestandeserfassungen zwischen 1903 und 1911 mobilisierte Isaak Bloch neben etlichen anderen Helfergruppen auch 22 Gymnasiasten.[131] Die Mitarbeit von Schülern wurde von den beiden Initiatoren der Untersuchung für unproblematisch gehalten, solange sie sich auf die bloße Lieferung von »Material« – also lebenden oder toten Fledermäusen – beschränkte, das anschließend von Bloch und seinem Kollegen Leopold Greppin bestimmt werden konnte. Eine Rolle als eigenständige Beobachter und glaubwürdige Datenlieferanten wurde den Knaben jedoch nicht zugestanden, wie eine Diskussion Blochs und Greppins über die

127 Bloch: Zehn Jahre im neuen Museum, 21; Naturmuseum Solothurn, Kopialbuch »XI. 1907 – III. 1916«, Brief Blochs vom 3.7.1913.

128 StABL, Nachlass Franz Leuthardt, PA 6102, Tagebuch, Bd. 2, Eintrag vom 30.11.1905.

129 Vgl. Aregger: Natur-Museum Luzern, 48.

130 Vgl. zum kollektiven Charakter naturkundlicher Lokalforschung die Ausführungen in den Kapiteln 2.3 und 3.1.

131 Ausführlicher zur Durchführung der Solothurner Fledermaus-Inventarisierung vgl. Einleitung zum Kapitel 3 sowie 3.1.

Erforschung der Nidlenloch-Höhle im Weissenstein zeigt. Im Winter 1909 berichtete Bloch seinem Forscherkollegen über den Vorschlag Robert Schöpfers, Jurist und späterer Erziehungsdirektor, man möge doch einen Trupp Schüler in die Höhle schicken, um die dortigen Fledermausbestände zu erforschen. Bloch war keineswegs begeistert von diesem Vorschlag und teilte seine Bedenken Greppin mit: »Da nun eine Expedition in diese Erosionsspalte doch nicht ganz ohne Gefahr ist, so möchte ich die Verantwortung nicht gerne übernehmen, womit Sie sicher mit mir übereinstimmen.«[132] Greppin teilte die Skepsis seines Kollegen und ergänzte Blochs moralisch-juristische Gefahrenabwägung um epistemische Vorbehalte: »Ich bin ganz Ihrer Meinung, dass wir für die Beobachtung und Sammlung von in Colonie lebenden Fledermäusen keine Kantonsschüler verwenden dürfen; abgesehen von der grossen Verantwortung die wir uns dabei aufladen ist doch der wissenschaftliche Wert solcher Beobachtungen ein problematischer.«[133] Besagte Gegebenheit illustriert nicht nur die den Knaben abgesprochene Glaubwürdigkeit, sondern ebenso das Ausmaß, in welchem die unmündigen Hilfsforscher für die privaten Forschungsunterfangen ihrer Lehrer in Beschlag genommen wurden – oder in diesem Fall dann eben doch nicht.

Gleiches tat zwei Jahrzehnte vor Bloch auch Christian Brügger, als dieser das Vorkommen der »Flattertiere« Graubündens erforschte: Auch er listete in seinem 1884 publizierten Aufsatz *Die Chiropteren Graubündens* unter den verdankten Helfern 44 Kantonsschüler auf. Des Weiteren ließ Brügger seine Schüler in den Sommerferien regelmäßig Listen mit Pflanzenarten erstellen, die sie im weitläufigen Kantonsgebiet aufgefunden hatten (vgl. Abbildung 5.14).[134] Brügger archivierte diese Schüler-Pflanzenlisten, inwiefern deren Angaben in seine eigenen wissenschaftlichen Arbeiten einflossen, lässt sich nicht rekonstruieren. Doch bereits der Ruch einer solchen Praxis brachte Brügger bald einigen Ärger ein. Im Zuge seines Konflikts mit August Gremli drehten ihm seine Gegner aus der Rekrutierung von Schülern einen Strick: Sarkastisch äußerte Gremlis Verbündeter Buser »gewaltigen Respect vor diesen rätischen ›Studenten‹«[135] – und zielte damit in erster Linie auf deren Professor, dessen wissenschaftliche Glaubwürdigkeit er untergraben wollte. Auch hier zeigt sich deutlich, dass der Mitarbeit von Schülern als Hilfswissenschaftler klare Grenzen gesetzt waren: Deren Rolle hatte sich auf

132 Naturmuseum Solothurn, Kopialbuch »XI. 1907 – III. 1916«, Brief Blochs vom 4.2. 1909.

133 Naturmuseum Solothurn, Briefordner »Korrespondenzen 1. Jan. 1903-31. Dez. 1910«, Brief Greppins vom 23.2.1909.

134 Solche Listen finden sich in Brüggers Nachlass archiviert: StAGR, Nachlass Christian G. Brügger, B 238. Vgl. zu diesen von Schülern verfassten Listen und ihren Mängeln auch Brockmann-Jerosch: Die Flora des Puschlav, VII.

135 Buser: Die Brügger'schen Weidenbastarde, 51.

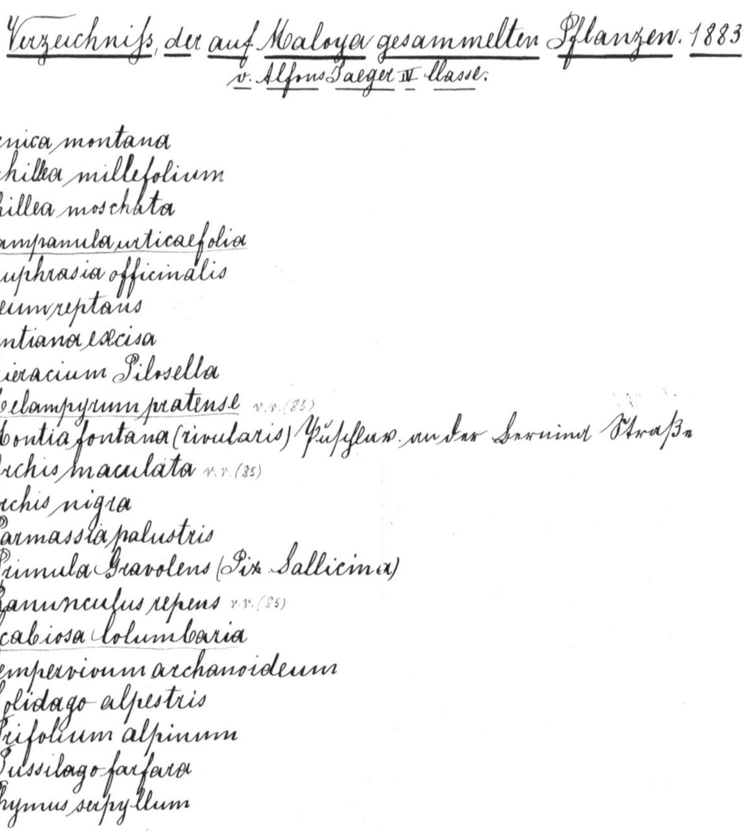
Verzeichniss der auf Maloya gesammelten Pflanzen. 1883
v. Alfons Jaeger IV. Classe.

1. Arnica montana
2. Achillea millefolium
3. Achillea moschata
4. Campanula urticaefolia
5. Euphrasia officinalis
6. Geum reptans
7. Gentiana excisa
8. Hieracium Pilosella
9. Melampyrum pratense v.v. (85)
10. Montia fontana (rivularis) [illegible] an der [illegible] Straße
11. Orchis maculata v.v. (85)
12. Orchis nigra
13. Parnassia palustris
14. Primula Graveolens (Piz Sallicina)
15. Ranunculus repens v.v. (85)
16. Scabiosa columbaria
17. Sempervivum archanoideum
18. Solidago alpestris
19. Trifolium alpinum
20. Tussilago farfara
21. Thymus serpyllum

Abb. 5.14: Pflanzenverzeichnis, erstellt vom Kantonsschüler Alfons Jaeger im Auftrag seines Lehrers Christian Brügger (1883).

die bloße Lieferung von Material zu beschränken. Schülerische Beobachtungsdaten ohne Belege hingegen durften nicht verwendet werden, wollte man die Glaubwürdigkeit einer Bestandeserfassung nicht gefährden.[136]

Andere Zentrumsakteure gingen umsichtiger vor. Aus der Schar ihrer Schüler ließen sie einigen interessierten Jünglingen besondere Förderung

136 Mit dem gleichen Argument zweifelte auch Hermann Lüscher einige Angaben seines vormaligen Freundes und jetzigen Feindes Rudolf Probst an, die dieser in seinem *Beitrag zur Flora von Solothurn* (1904) publiziert hatte: »Die Standortsangaben von *Rubus* (Kantonsschüler-Ausbeute und Bestimmungen, sic!) und *Rosa* im ›Beitrag‹ von Dr. Probst […] verdienen gar kein Zutrauen!« (Lüscher: Zweiter Nachtrag, Teil 1, 3).

zukommen, so dass diese mit der Zeit zu befähigten und zuverlässigen Mitarbeitern heranwuchsen. Besonders ausgeprägt betrieb der St. Galler Bernhard Wartmann (1830-1902), ein Freund Christian Brüggers, eine solche Förderpolitik. Wartmann war ebenfalls ein typischer Zentrumsakteur seiner Heimatstadt St. Gallen: Er wirkte als Naturwissenschaftslehrer an der Kantonsschule, er war langjähriger Präsident der *St. Gallischen Naturwissenschaftlichen Gesellschaft* und amtete zudem als Direktor des naturhistorischen Museums seiner Stadt. Wartmann arbeitete bereits seit längerem an einer Flora St. Gallens. Auf einige noch wenig erforschte Landstriche des Kantonsgebietes wie die Churfirsten oder die Grauen Hörner setzte er zu Beginn der 1870er-Jahre seine drei Schüler Gottlieb Feurer, Julius Müller und Gottwalt Ambühl an, um daselbst Pflanzenmaterial einzusammeln.[137] Wartmann erhielt von diesen seine gewünschten Pflanzen. Im Gegenzug schienen die Jünglinge in ihrem späteren Werdegang durchaus auch von der Förderung durch ihren Naturkundelehrer zu profitieren: Ambühl wurde Kantonschemiker und löste nach Wartmanns Ableben diesen als Präsident der *St. Gallischen Naturwissenschaftlichen Gesellschaft* ab. Feurer und Müller praktizierten einige Jahre darauf als Ärzte, wobei Feurer weiterhin Botanik betrieb und Müller sich der Käferforschung zuwandte. Auch sie beide blieben Wartmanns Museum sowie der Naturwissenschaftlichen Gesellschaft verbunden.[138]

Um die Arbeiten an seinem Florenwerk zügiger voranzubringen, sah sich Wartmann in den gleichen Jahren, als er seine drei Gymnasiasten auf die Churfirsten schickte, auch nach einem ihm ebenbürtigen Helfer um. Diesen fand er in Gestalt seines ehemaligen Schülers Theodor Schlatter (1847-1918).[139] Mit diesem, Apotheker, Bildungsrat und Freizeitbotaniker, verband ihn bald eine persönliche Freundschaft. Über zehn Jahre arbeiteten der Naturkundeprofessor und sein früherer Schüler an ihrer Flora, bis sie das Werk 1881 schließlich gemeinsam herausgeben konnten.

Dass zwischen dem Naturkundelehrer und einzelnen Schülern auch nach Abschluss der Schulzeit anhaltende Beziehungen bestanden, war kein Einzelfall. So pflegten etliche Schüler Hans Bachmanns auch noch Jahre nach ihrer Schulzeit den Kontakt zu ihrem ehemaligen Mentor. So beispielsweise der Luzerner Spitaldirektor Gustav Schmid, der in seinem Nekrolog nicht müde wurde zu betonen, wie sehr »der Lehrer und der Freund bei Professor Bachmann ineinander übergingen«.[140]

137 Vgl. Wartmann und Schlatter: Kritische Übersicht über die Gefässpflanzen, 11.
138 Vgl. Rehsteiner: Dr. Gottwalt Ambühl; Bürgin und Barandun: Naturmuseum St. Gallen, 20; Heikertinger: Dr. A. Julius Müller.
139 Vgl. Wartmann und Schlatter: Kritische Übersicht über die Gefässpflanzen, 7.
140 Schmid: Professor Bachmann als Lehrer und Freund, XIX.

Diese Kontakte waren für Bachmann sicherlich menschlich bereichernd, aber auch in seiner Funktion als Museumskonservator nicht ganz uninteressant. Viele der Absolventen bedachten sein naturhistorisches Museum mit Objektsendungen aus dem In- und Ausland. So sandte ihm beispielsweise der ehemalige Schüler Hans Brodbeck, der nun bei der Gotthardbahn arbeitete, Gesteine aus dem Tessin zu, und auch vom vormaligen Schüler Lustenberger erhielt Bachmann Mineralien aus dem gleichen Landesteil zugestellt, die jener in seinen Ferien gesammelt hatte.[141] Ihre eigenen Schüler und Ehemaligen waren den naturkundlichen Zentrumsakteuren somit nicht nur Hilfskräfte für Bestandeserfassungen. Auch in der (hauptsächlich aus pragmatischen Zwängen verfolgten) Museumsstrategie der partizipativen Objektanschaffung nahmen sie eine wichtige Stellung ein. Dies nicht zuletzt, da sie oftmals nach abgeschlossener Mittelschule den Heimatkanton verließen und so das Einzugsgebiet der Lokalmuseen für mögliche Museumsstücke beträchtlich vergrößerten.

Treue Mitstreiter: Beschenken und Belehren der Dorfschullehrer

Die Zentrumsakteure wussten nicht nur ihre Schüler für ihre Aktivitäten einzuspannen, sondern nahmen auch ihre Lehrerkollegen der eigenen Schule sowie des weiteren Kantonsgebietes in die Pflicht. In seiner naturhistorischen Abteilung im neuen *Museum der Stadt Solothurn* konnte Isaak Bloch von 1904 bis 1908 auf die Mithilfe des Seminaristen und Primarlehrers Arnold Kaufmann zählen, der in späteren Jahren ebenfalls eine Professur an der Solothurner Kantonsschule erlangte.[142] In den Zeiten erst zaghafter Professionalisierung des Museumswesens und noch weitgehend fehlenden Festanstellungen war eine solche Mitarbeit von Ehrenamtlichen selbst in großstädtischen Museen unumgänglich und daher weit verbreitet. Solche Helfer rekrutierten die Naturmuseen vornehmlich unter der Lehrerschaft.[143]

Wie in den Ausführungen zur gemeinschaftlichen Forschung im Milieu der Petite Science bereits aufgezeigt, leisteten die Lehrer aber vor allem sehr wichtige Hilfe bei den floristischen und faunistischen Bestandeserfassungen.[144] Für den Erfolg der Solothurner Fledermausfauna oder der Solothurner Flora, die der Kantonsschullehrer Isaak Bloch oder der Mediziner Rudolf Probst beide zu Beginn des Jahrhunderts durchführten, war es nicht unwe-

141 Naturmuseum Luzern, Ordner »Bis 1907«, Brief Brodbecks vom 30.5.1907 sowie Ordner »Bis 1920«, Brief Lustenbergers vom 18.7.1917.

142 Naturmuseums Solothurn, Kopialbuch »XI. 1907 – III. 1916«, Arbeitszeugnis in Brief Blochs vom 18.4.1908.

143 Vgl. Simon: Natur-Geschichte, 109; Kretschmann: Räume öffnen sich, 99.

144 Vgl. dazu die Ausführungen in den Kapiteln 3.1 und 3.3.

sentlich, dass die Promotoren etliche Volksschullehrer für ihr Projekt zu gewinnen vermochten. Durch die Teilnahme einiger Dutzend Dorfschullehrer war zumindest eine grobmaschige Abdeckung des Kantonsgebietes bereits gewährleistet, für das Ausfüllen allfälliger Lücken im Erfassungsnetz konnte man zudem die Beziehungsnetze der Volksschullehrer gezielt aktivieren.

Die Dorfschullehrer nützten den naturkundlichen Zentrumsakteuren dabei nicht bloß als Material- und Datenlieferanten. Sie dienten ihnen auch als willkommene Multiplikatoren, die auf lokaler Ebene selbst wiederum zu Förderern des von ihnen unterstützten Forschungsunterfangens wurden und beispielsweise ihre Schüler dafür einspannten. So erhielt Isaak Bloch am 26. Februar 1909 folgenden Brief zusammen mit drei Fledermäusen aus abgelegenem Kantonsgebiet zugeschickt:

> »Im Auftrage unserer Lehrer schicken wir Ihnen einige Exemplare von Fledermäusen, die wir in einer Höhle in der Nähe von Mariastein gefunden haben. [...] In der Hoffnung, dass unsere Sendung gut bei Ihnen ankommt, zeichnen mit Hochachtung die Schüler d. zweiten Klasse d. Bezirksschule Mariastein: Aug. Haberthür, Rich. Kissling, J. Schumacher«.[145]

Durch ihre Korrespondenten in Gestalt der Dorf- und Bezirksschullehrer verfügten die Zentrumsakteure über ein hierarchisch aufgebautes und geographisch fein verästeltes Netz an Zulieferern, das sich vom Kantonshauptort bis in die äußersten Randlagen erstreckte. Auf die Unterstützung ihrer provinziellen Außenposten griffen die kleinstädtischen Naturkundelehrer manchmal auch zurück, wenn sie für ein bestimmtes Anliegen einen einheimischen »Führer« mit Lokalkenntnissen brauchten. Dabei handelte es sich nicht bloß um Kenntnisse der lokalen Landschaften und Naturvorkommen, sondern ebenso hiesiger Mentalitäten. Mit großer Erleichterung berichtet Isaak Bloch seinem Kollegen Greppin von den Vermittlungsdiensten, mit denen ein einheimischer Lehrer einen Objektankauf in der Provinz erleichterte:

> »Zu meinem grossen Vergnügen kann ich Ihnen den gestern erfolgten Ankauf des Steinadlers (um 100 Franken) mitteilen. Hätte der Bezirkslehrer Käser v. Balsthal [...] nicht die Liebenswürdigkeit gehabt uns seine Begleitung anzubieten, so würden wir wohl kaum so billig weggekommen sein. Was mich namentlich freut ist der Umstand, dass der Handel ohne zu feilschen sich abschliessen liess.«[146]

145 Naturmuseum Solothurn, Briefordner »Korrespondenzen 1. Jan. 1903-31. Dez. 1910«, Brief vom 26. Februar 1909.

146 Naturmuseum Solothurn, Kopialbuch »XI. 1901 – VI 1903«, Brief Blochs vom 20.4.1902.

Ein solches Netz entstand selbstverständlich nicht von alleine, sondern musste sorgfältig geknüpft und gepflegt werden. Wie diese Beziehungspflege auf individueller Ebene vonstattenging – durch Beschenken und Belehren der Mitarbeiter –, wurde bereits weiter oben ausgeführt.[147] Eine vergleichbare Gabenökonomie verfolgten die Zentrumsakteure aber auch auf kollektiver Ebene des Berufsstandes. Die Belehrung war ebenfalls ein wichtiges Mittel, um Beziehungen zur Volksschullehrerschaft zu vertiefen. So hielten die Kantonsschulprofessoren Referate an kantonalen Lehrerversammlungen, sie boten ihren Volksschulkollegen Führungen durch ihr Museum, oder sie unterrichteten diese in naturkundlichen Fortbildungskursen. Wie bereits das Museumsamt verstärkten auch solche Auftritte vor der Lehrerschaft die Öffentlichkeitswirkung der Zentrumsakteure und festigten damit deren zentrale Position in den Netzwerken der Petite Science.

Neben der Belehrung durften die Dorfschullehrer aber auch mit ganz handfesten Gaben seitens der Zentrumsakteure rechnen. Einige Beispiele aus Solothurn sollen dies im Folgenden illustrieren. Im Rahmen der Neueinrichtung der naturhistorischen Sammlung musste Isaak Bloch unzählige Objekte ausscheiden, die seinen konservatorischen Ansprüchen nicht mehr genügten, so auch unzählige ausgestopfte Vögel. In einem Rundschreiben bot er dieses Ausschussmaterial im Juli 1909 den Volksschulen des Kantons an. Das Angebot schien auf reges Interesse der Schulen zu stoßen; wie er einem verspäteten Bittsteller schreibt, waren die rund 350 Vogelpräparate schon nach wenigen Tagen restlos alle abgeholt worden.[148] Knapp die Hälfte der Vögel landete in den Stadtschulen Solothurns, während die anderen ihren Weg nach Selzach, Derendingen, Biberist, Breitenbach, Niederwil und Hessigkofen fanden.[149]

Ebenso verfuhr das Solothurner Museum mit geschenkten Objekten, die man nicht in die eigene Sammlung aufnehmen wollte. So geschehen im Herbst 1902, als das Museum in den zweifelhaften Genuss einer Schenkung durch Frau Dr. Hungerbühler kam. Leopold Bloch, Isaaks Bruder und sein damaliger Mitarbeiter, antwortete der Donatorin folgendermaßen:

> »Ferner befand sich bei der Sendung: der Rumpfteil zweier Krabben. Wir besitzen schon ganze Exemplare dieser Species […] und finden auch für die Steckmuschelschalenfragmente leider keine Verwendung. Solche Steckmuscheln besitzen wir in unserer noch nicht aufgestellten conchyliol. Sammlung in ganzen unzerbrochenen Exemplaren. Soll ich diese Gegen-

147 Vgl. die Ausführungen zur Schenkökonomie zwischen Sammlungskoordinatoren und den Zuträgern in Kapitel 3.3.

148 Naturmuseum Solothurn, Kopialbuch »XI. 1907 – III. 1916«, Briefe Blochs vom 23.7.1909 und 21.9.1909.

149 Bloch: Zehn Jahre im neuen Museum, 26.

stände beseitigen oder dieselben falls mein Bruder sie für die Kantonsschule auch nicht verwenden könnte Ihnen wieder zurückschicken«?[150]

Die Spenderin willigte daraufhin ein, dass die Stücke der Kantonsschule vermacht würden. Solche Objektabtretungen seitens der kleinstädtischen Museen an provinzielle Bildungseinrichtungen wie Bezirksschulen, Seminarien oder Heime waren nicht immer bloß milde Gaben der Zentrumsakteure, sondern wurden beispielsweise im Kanton Luzern von den Bildungsbehörden verschiedentlich offiziell angeordnet.[151]

Auch wenn die naturhistorische Sammlung der Stadt Solothurn eigentlich eine eigenständige Institution darstellte, so existierten – abgesehen vom Doppelmandat des Naturkundeprofessors – doch enge Banden zur Kantonsschule und deren Räumlichkeiten, zumindest vor dem Bezug des neuen Museumsgebäudes. Aufgrund Platzmangels im alten Naturalienkabinett musste Blochs Vorläufer eine große Schenkung von Objekten aus Sumatra im Schulhaus aufstellen. Das gleiche Schicksal teilte eine Sammlung alpiner Gipfelgesteine, welche von der solothurnischen Sektion des *Schweizerischen Alpenclubs* dem Museum vermacht wurden.[152] Bei den Sammlungen der Kantons- und Dorfschulen handelte es sich so gewissermaßen um Nebenkammern eines Gefäßsystems naturhistorischer Objektflüsse. Die Kantonsmuseen bildeten die Hauptkammer – und die Zentrumsakteure deren Schrittmacher.

Sozialprestige und Beheimatung: Motive der forschenden Dorfschullehrer

Diese Objektschenkungen an die Schulsammlungen waren jedoch kaum der ausschlaggebende Grund dafür, dass sich Volksschullehrer in stattlicher Zahl an den Forschungsinitiativen naturkundlicher Zentrumsakteure beteiligten oder auf deren Anregung hin gar selbst kleinere Forschungen durchzuführen begannen. Vielmehr waren ihre Beweggründe eher sozialpsychologischer Natur. Diese Motivationslage soll nun kurz beleuchtet werden.

Ein wichtiger Grund für die Beteiligung der Volksschullehrer an Forschungsprojekten lag in der Möglichkeit, Sozialprestige zu erwerben. In besonderem Maße galt dies für die Volksschullehrer. Diese gehörten zwar in ländlichen Kantonen des ausgehenden 19. Jahrhunderts unbestritten »zur schmalen bildungsbürgerlichen Elite«,[153] wie der Historiker Daniel Hagmann

150 Naturmuseum Solothurn, Kopialbuch »XI. 1901 – VI 1903«, Brief Leopold Blochs vom 6.11.1902.

151 Vgl. Aregger: Natur-Museum Luzern, 51.

152 Vgl. die Fußnoten Blochs in Lang: Beiträge zur Gründung, 229 und 240.

153 Hagmann: Die angesägte Antilope, 68.

ihre gesellschaftliche Lage umreißt. Vom »richtigen« Bildungsbürgertum trennte sie jedoch stets der Makel fehlender akademischer Weihen. Dass ihrer naturkundlichen Tätigkeit daher auch die Rolle einer »Kompensation für verweigerte Universitätsausbildung«[154] zukam, wie dies der Volkskundler Jörn Christiansen für die deutsche Heimatkunde-Bewegung festhielt, ist sehr plausibel. Was Anita Bagus ebenfalls über die Rolle der Volksschullehrer in der frühen volkskundlichen Forschung in Deutschland bilanzierte, lässt sich gut auch auf die naturkundlichen Aktivitäten der Schweizer Volksschullehrer übertragen: Die Mitarbeit an floristischen oder faunistischen Bestandeserfassungen bedeutete den Lehrern die »Teilhabe an der wissenschaftlichen Welt«[155] und wertete sowohl ihren individuellen Status wie jenen des ganzen Berufsstandes auf.

Verschiedene Autoren umschreiben die wissenschaftliche oder wissenschaftspopularisierende Tätigkeit der Volksschullehrer als soziales Aufstiegsmedium.[156] Dies stimmt in Bezug auf die hier interessierende Naturforschung nur im übertragenen Sinne. Aufstieg durch Beteiligung an Forschung war eher symbolischer Natur, in den Quellen finden sich keine Belege dafür, dass botanisch oder zoologisch tätigen Volksschullehrern faktische Karriereschritte beispielsweise in das höhere Schulwesen gelungen wären. Oder, wie es der Wissenschaftshistoriker Morris Berman ausdrückt: »Ornithology may not have increased one's income; but it could not help but improve one's self-image and social standing.«[157] Dies im Gegensatz zu den naturkundlichen Zentrumsakteuren, bei denen es sich bekanntlich meist um promovierte Kantonsschullehrer handelte. Wie weiter unten ausgeführt wird, hielten sich diese mit ihrer wissenschaftlichen Tätigkeit (in beschränktem Maße) die Möglichkeit offen, auch nach etlichen Jahren der Lehrertätigkeit noch an eine Hochschule oder eine andere Forschungseinrichtungen zu gelangen und so auf der Karriereleiter einen weiteren Schritt nach oben zu tätigen.

Soziale Profilierung war jedoch keineswegs der einzige Grund für die wissenschaftliche Tätigkeit der Volksschullehrer. Die naturkundliche Lokalforschung war auch attraktiv, weil sie den oftmals aus anderen Kantonsteilen oder Kantonen zugezogenen Dorfschullehrern in ihrer neuen Arbeits- und Wohngemeinde eine Form von Beheimatung ermöglichte. Auf solche Identifikationsmöglichkeiten weist abermals eine wissenschaftsgeschichtliche Studie zur Volkskunde hin. So hebt Sabine Imeri hervor, dass mit der Verräumlichung von Wissen, wie dies in der volkskundlichen Heimatforschung der Fall war, immer auch Beheimatungsangebote für die For-

154 Christiansen, zit. bei Köstlin: Anmerkungen zu Riehl, 92.
155 Bagus: Volkskundevereine in Deutschland, 41.
156 Vgl. z.B. Köstlin: Anmerkungen zu Riehl, 92 oder Köstering: Transformatoren des Wissens, 38.
157 Berman: »Hegemony« and the amateur tradition, 42.

schenden einhergegangen seien.[158] Dies war ebenso der Fall für die floristische und faunistische Lokalforschung. Durch die intensive Begehung und Beobachtung der Wälder und Fluren ihrer Wohngemeinden konnten sich auch neu zugezogene Dorfschullehrer ihre Umwelt rasch aneignen. Weiter, so Imeri, sei die wissenschaftliche Betätigung auch der geistigen Verfassung der Dorfschullehrer zuträglich gewesen.[159] Vor dem Hintergrund des eher schwach ausgeprägten Geisteslebens in vielen Landflecken des ausgehenden 19. Jahrhunderts bedeutete die Freizeitforschung den zugezogenen Lehrern und Pfarrern ein willkommenes Mittel, um dörflicher Langeweile und Vereinsamung zu entgehen.[160]

Eine derartige Herstellung von Heimat durch eigene, ortsbezogene Forschung hatte jedoch für die Volksschullehrer nicht nur eine biographisch-lebensweltliche Bedeutung. Sie besaß auch eine (standes-)politische Dimension: Durch kulturelle Praktiken und Artefakte wie Exkursionen, Lokalfloren oder Heimatkunden stellten die Lehrer ab dem letzten Drittel des 19. Jahrhunderts die »Heimat« im modernen Verständnis erst her und erklärten sich dann zu deren befähigten Kennern. So schufen sie ein diskursives Feld, in dem sie die Deutungshoheit besaßen. Aus dieser Monopolstellung wusste die Lehrerschaft zumindest im ländlichen Raum der Schweiz über lange Jahrzehnte reichlich symbolisches Kapital zu schöpfen. Ausführlicher beleuchtet wird diese Strategie der Produktion, Popularisierung und Protektion der Heimat in Kapitel 7.

Ein letzter Beweggrund für die wissenschaftlichen Hilfsarbeiten und eigenständigen Forschungen der Dorfschullehrer soll neben den oben angeführten Motiven nicht vergessen gehen. Dass ein Lehrer über lange Jahre die Blumenwiesen seines Wohnortes absuchte, Niederschläge und Temperaturen aufzeichnete oder die Ankunfts- und Wegflugdaten von Zugvögeln notierte, lässt sich nicht bloß instrumentell als Mittel sozialen Aufstiegs oder als Standesstrategie erklären. Auch wenn es eigentlich naheliegt, so soll es an dieser Stelle doch nochmals ausgesprochen werden: Freizeitliche Naturforschung war ihren Protagonisten immer auch eine Quelle von Freude und Befriedigung – ganz ohne jeden Zweck.[161]

158 Imeri: Sozialkitt, 102.
159 Ebd., 102.
160 Nicht immer war die Forschung bloß eine Notlösung, um in abgelegenen Randgebieten nicht dem Stumpfsinn anheimzufallen. Beim insektenkundigen Pfarrer August Rätzer (vgl. zu Rätzer auch die Ausführungen in Kapitel 1.2 und 5.2) schien es sich geradezu gegenteilig zu verhalten, wie Isaak Bloch in dessen Nekrolog suggerierte: »Zu intensiveren Beschäftigungen mit seinen Lieblingen kam er, als er nach abgelegtem Staatsexamen die Pfarrei Gadmen bezog. Die Angaben von Meyer-Dür und Frey-Gessner über den Reichtum an seltenen Käfern und Schmetterlingen in diesem abgelegenen Gebirgstale mögen mitbestimmend für die Wahl dieser ›Vorpostenpfarrei‹ gewesen sein« (Bloch: Zehn Jahre im neuen Museum, 145).
161 Vgl. dazu Köstering: Transformatoren des Wissens, 38.

Forschung am Gymnasium: Lehrerkollegium als Wissenschaftsöffentlichkeit

Etwas anders präsentierte sich die Lage für Mittelschullehrer, die alle auf ein Hochschulstudium zurückblicken konnten. Forschung war für diese meist promovierten Lehrpersonen, die üblicherweise als »Professoren« angesprochen wurden, keine bloße Freizeitbeschäftigung. Die Kantonsschullehrer pflegten ein Selbstverständnis als forschende Wissenschaftler und wurden darin auch von ihren Schulen bestärkt.

Ausdruck dieser Haltung waren beispielsweise die sogenannten »Programmbeilagen« der Mittelschulen. Diese wissenschaftlichen Beilagen wurden zusammen mit den jährlich erscheinenden Schulprogrammen, die Auskunft über Lehr- und Stundenpläne, eingeschriebene Schüler und das Lehrpersonal der einzelnen Mittelschulen erteilten, den Eltern sowie den Behörden überreicht. Jeweils ein Lehrer bestritt mit einem thematischen Beitrag von 10 bis 40 Seiten Umfang eine einzelne Programmbeilage. Verschiedentlich streiften die Aufsätze bildungspolitische, pädagogische und erzieherische Belange, meist aber handelte es sich um reine Grundlagenforschungen aus den Gebieten der Sprach- und Literaturwissenschaft, Philosophie, Geschichte, Mathematik oder Naturwissenschaften.[162] Christian Brügger beispielsweise machte regen Gebrauch von der Publikationsmöglichkeit, die ihm die Beilage zum *Programm der Bündnerischen Kantonsschule* bot. In gesamthaft sechs Jahrgangheften veröffentlichte er zwischen 1876 und 1888 seine *Beiträge zur Naturchronik der Schweiz, insbesondere der rhätischen Alpen*.

In gleicher Weise wie die Programmbeilagen dienten auch Festschriften der Schulen, die zur Einweihung neuer Schulgebäude oder anlässlich von Jubiläen herausgegeben wurden, den forschenden Mittelschullehrern als Publikationsplattform. Diese enthielten häufig wissenschaftsgeschichtliche Beiträge oder Biographien heimischer Naturforscher (wobei es sich – wenig erstaunlich – meist um Lehrer handelte) und dienten somit der Bekräftigung des Selbstbildes der Schulmeister als Wissenschaftler. So publizierte Hans Bachmann über Franz Joseph Kaufmann (1825-1892), seinen Vorgänger an der Höheren Lehranstalt Luzern und international angesehenen Paläogeographen.[163] Isaak Bloch würdigte in mehreren Artikeln den Botaniker

162 Eine Titelübersicht der Beiträge aller Programmbeilagen der Mittelschulen der Schweiz zwischen 1855 bis 1889 findet sich bei Gustav Büeler: Verzeichnis der Programm-Beilagen der schweizerischen Mittelschulen (1890).

163 Vgl. Bachmann: Dr. Franz Joseph Kaufmann. Es kann durchaus sein, dass Bachmann sich mit der Auseinandersetzung mit seinem Vorgänger auch eine Messlatte für zukünftige persönliche Leistungen aufhängte – und diese nicht zu tief: Der Paläogeograph Kaufmann war zu seinem Tode ein international geachteter Wissenschaftler und verhalf mit seinen »epochenmachende[n] Entdeckungen« dem »Lehrstuhl für Natur-

Alexander Moritzi (1806-1850), der in den 1840er-Jahren an der Kantonsschule Solothurn unterrichte und von ihm als Pionier der biologischen Evolutionstheorie ausgelobt wurde.[164]

In welcher Weise vermochten nun die Zentrumsakteure ihre Kantonsschule und ihre dortigen Lehrerkollegen als Ressource zu mobilisieren? Eine Vorstellung davon gibt das Vorgehen Hans Bachmanns, nachdem dieser 1892 als gerade mal 26-Jähriger zum Naturkundeprofessor an die Luzerner Kantonsschule berufen wurde. In eindrücklicher Weise schaffte es der umtriebige Doktor der Naturwissenschaften in den folgenden Jahren, sein Kollegium für die Sache der naturkundlichen Lokalforschung einzuspannen. Am Ausgangspunkt dieser Mission stand der ernüchternde Befund, mit dem sich Bachmann 1897 an die Luzerner Bildungselite wandte und dabei neben den Medizinern auch seine Lehrerkollegen ins Gebet nahm:

> »Aber dennoch muss ich mein aufrichtiges Bedauern aussprechen, dass man in Luzern den naturwissenschaftlichen Bestrebungen so wenig Interesse entgegenbringt. [...] Ist denn dem Lehrer unserer niedern, wie höhern Schulen die Zeit so knapp bemessen, dass er unseren Bestrebungen gänzlich fern bleiben muss?«[165]

Bachmann wusste dieses Desinteresse wirksam anzugehen. Mittels zweier Gefäße gelang es ihm bald, Teile der Lehrer und der Ärzteschaft verbindlich für seine Bestrebungen zu gewinnen: Einerseits mit dem 1897 neu ins Leben gerufenen Vereinsblatt *Mitteilungen der Naturforschenden Gesellschaft zu Luzern* und andererseits mit dem interdisziplinären Projekt zur naturwissenschaftlichen Erforschung des Vierwaldstättersees. Institutioneller Dreh- und Angelpunkt beider Unterfangen war die *Naturforschende Gesellschaft zu Luzern*.

Bereits in den ersten Jahrgängen der von Bachmann angestoßenen und lange Jahre als Redaktor betreuten *Mitteilungen* finden sich etliche Beiträge seiner Kollegen der Höheren Lehranstalt. Einen Beitrag über Alchemie vom Chemielehrer Emil Ribeaud, Naturchroniken sowie Literaturbesprechungen aus der Feder des Mathematiklehrers Joseph Leopold Brandstetter, Wetteraufzeichnungen und Wassermessungen des Physiklehrers Xaver Arnet sowie ebenfalls Wasseruntersuchungen, die der Mathematiklehrer Bernhard Amberg beisteuerte.

Für Bachmanns Plan, bei seinen Luzerner Mitbürgern wieder gebührendes Interesse für die Naturforschung zu wecken, spielten die neue Zeitschrift

geschichte [der Höheren Lehranstalt, T.S.] zu europäischem Ruhm«, wie ein späterer Luzerner Biograph nicht ohne Stolz angemerkte (Brun-Hool: Die Naturwissenschaften im 19. und 20. Jahrhundert, 414).

164 Vgl. z.B. Bloch: Biographische Notizen über Alexander Moritzi.

165 Bachmann: Bericht über das Vereinsjahr 1895/96, 9.

und die darin publizierenden Lehrer keine unwesentliche Rolle. Als er seine volksbildnerische Absicht kundtat, lag die lokale Naturforschung zwar nicht darnieder, sie hatte aber schon bessere Tage gesehen. Vereinsversammlungen wurden nicht selten von bloß einer Handvoll Mitgliedern besucht.[166] Der junge Professor war jedoch fest entschlossen, den Naturwissenschaften – und somit auch sich – ein größeres Publikum zu schaffen. Die von ihm sowohl als Autoren wie als Leser der Zeitschrift anvisierten Lehrer dienten Bachmann als eigentlicher Kristallisationspunkt zur Schaffung einer naturwissenschaftlich interessierten Öffentlichkeit in Luzern. War dieser Kern erst einmal gebildet und nahm das Unterfangen seinen festen Lauf, so konnte eine breitere Ausstrahlung nicht ausbleiben. Bachmanns Plan, über die Herausgabe einer Zeitschrift und die Einbindung der lokalen Intelligenzija in die Redaktionsarbeit eine Öffentlichkeitswirkung zu entfalten, ging auf. Dies legt auch die Entwicklung der Mitgliederzahlen der Naturforschenden Gesellschaft nahe: Als der Naturkundeprofessor das Heft 1897 ins Leben rief, zählte die *Naturforschende Gesellschaft zu Luzern* gerade mal 70 Mitglieder. Bereits 1910 hatte sich diese Zahl knapp verdoppelt, und 1939, als das letzte von Bachmann redaktionell betreute Heft erschien, konnte das Vereinsblatt 325 Mitglieder auflisten.

Auch in sein zweites Unterfangen wusste Bachmann erfolgreich mehrere Lehrerkollegen einzubinden. 1895 beschlossen die Luzerner Naturforscher gemeinsam mit der Limnologischen Kommission der *Schweizerischen Naturforschenden Gesellschaft*, eine großangelegte Untersuchung des Vierwaldstättersees durchzuführen. Das mehrjährige Forschungsprojekt war interdisziplinär angelegt und sollte physikalische, chemische, zoologische und botanische Untersuchungen des Urschweizer Gewässers umfassen. Initiator und treibende Kraft dieses Forschungsunterfanges war Bachmann. Die Resultate der Forschungen wurden in den *Mitteilungen der Naturforschenden Gesellschaft zu Luzern* veröffentlicht und lieferten so zu großen Teilen auch gleich den Inhalt für die ersten Jahrgänge der neu gegründeten Vereinszeitschrift. Unter den engeren Mitarbeitern des Projektes finden sich auch zwei Lehrerkollegen Bachmanns: Einerseits der Physiklehrer Xaver Arnet, der schon vor Bachmanns Ankunft in Luzern Gewässerforschung betrieben und das Vierwaldstättersee-Projekt vorgespurt hatte. Nachdem dieser bald erkranken sollte, bearbeitete Bachmann erfolgreich einen Lehrerkollegen, den Mathematiklehrer Bernhard Amberg, in Arnets Fußstapfen zu treten und dessen physikalische Seeuntersuchungen fortzuführen.

Die Mitarbeit der beiden Lehrerkollegen Bachmanns war anderer Natur als die wissenschaftlichen Hilfsdienste, welche beispielsweise die Bündner oder Solothurner Primarlehrer für naturkundliche Bestandeserfassungen

166 Bachmann: Bericht über das Vereinsjahr 1895/96, 5.

leisteten. Arnet und Amberg beteiligten sich als ebenbürtige Forscher am Vierwaldstättersee-Projekt. Die beiden Kantonsschulprofessoren führten die Forschungen zu ihrem je spezifischen Teilprojekt eigenständig durch, organisierten das nötige Ausrüstungsmaterial und koordinierten jeweils auch einen eigenen Mitarbeiterstab, der sich wiederum aus Dorfschullehrern sowie lokalen Verwaltungsbeamten zusammensetzte. Sowohl die Arbeiten Arnets wie Ambergs wurden beide mit einer umfangreichen Publikation in der Vereinszeitschrift abgeschlossen.

Hans Bachmann wusste also auch seine Professorenkollegen der Kantonsschule als Ressource zu mobilisieren: Sie halfen ihm bei der Schaffung einer naturwissenschaftlich interessierten Teilöffentlichkeit und konnten von ihm als eigenständige Mitarbeiter für die Seeuntersuchung gewonnen werden. Gerade das Forschungsprojekt zum Vierwaldstättersee ist jedoch nicht bloß hinsichtlich Baumanns Motivationsfähigkeiten interessant. Ein genauerer Blick auf dieses Projekt lohnt sich auch aus anderer Perspektive; es erlaubt Aufschluss über die naturkundliche Lokalforschung als Medium sozialen Aufstiegs.

Zu Höherem berufen: Forschung als Karrierestrategie der Zentrumsakteure

Weiter oben wurde für die wissenschaftliche Betätigung der Volksschullehrer festgehalten, dass diese zwar mit einer Hebung des sozialen Ansehens einherging, üblicherweise jedoch keinen beruflichen Aufstieg nach sich zog. Im Falle der promovierten Kantonsschullehrer war die Sache etwas anders gelagert: Die Profilierung im Feld der Petite Science ermöglichte ihnen, sich auch noch nach längerer Schultätigkeit Wege in höhere Berufsfelder offenzuhalten.

So geschehen auch an den Gestaden des Vierwaldstättersees: Das angestoßene Forschungsprojekt entsprach zwar sicherlich den persönlichen Interessen des frisch promovierten Botanikers Bachmann, es diente dem jungen Kantonsschullehrer aber ebenso als Vehikel für weiter reichende berufliche Ambitionen. Wie erwähnt, handelte es sich beim Projekt um eine Kooperation zwischen der Limnologischen Kommission der SNG und der *Naturforschenden Gesellschaft zu Luzern*. Während Bachmann vor Ort die konkreten Forschungsarbeiten, die Öffentlichkeitsarbeit sowie die Mittelbeschaffung vorantrieb, oblag die wissenschaftliche Gesamtleitung einem alten Vertrauten: dem Basler Friedrich Zschokke, mit dem er aus seiner Studienzeit bekannt war. Der Zoologieprofessor waltete auch als Präsident der Limnologischen Kommission der SNG und beteiligte sich mit einem eigenen Teilprojekt an der Seeforschung, dessen Originalpublikation in der Vereinszeitschrift der Luzerner Naturforscher erfolgte. Zudem setzte Zschokke mehrere seiner fortgeschrittenen Studenten auf einzelne Themengebiete an, woraus ebenfalls ein Beitrag für die *Mitteilungen der Naturforschenden Gesellschaft zu Luzern* hervorging. Die Aktivitäten dieser Basler Studenten wiederum wurden aus Mitteln finanziert, die vorwiegend unter lokalen Luzerner Spendern eingeworben wurden.

Für Bachmann war die personelle und institutionelle Konstellation des Forschungsvorhabens von großem Nutzen: Sie ermöglichte ihm, engen wissenschaftlichen Kontakt zu seinem universitären Lehrer Zschokke aufrechtzuerhalten und den Faden zur Akademie nicht abreißen zu lassen. Zudem öffnete die Mitarbeit in der von seinem Doktorvater präsidierten Limnologischen Kommission der SNG sowie zusätzlich in der Botanischen Kommission der SNG die Türen zur Elite der Schweizer Naturforscher.[167] Die Mitarbeit in diesen Kommissionen stattete den jungen Kantonsschullehrer mit einer gewissen Sichtbarkeit aus und ermöglichte ihm auch Kontakte zum Zentralpräsidium der SNG.

Die Möglichkeiten, welche diese Förderungen durch seinen Doktorvater boten, wusste Bachmann erfolgreich zu nutzen. Zielgerichtet trieb er seine Spezialisierung auf die hydrobiologische Forschung voran, und rasch erstreckte sich sein Beziehungsnetz auch ins europäische Ausland. Diese Kontakte führten ihn auch bald schon auf seine ersten Forschungsreisen außerhalb der Schweiz. 1900 verbrachte der Luzerner Gymnasialprofessor einen Forschungsaufenthalt am renommierten Zoologischen Institut in Neapel, in den folgenden Jahren folgten weitere Exkursionen nach Schottland, Grönland und Finnland. Regelmäßig publizierte Bachmann zudem seine Forschungen in botanischen und biologischen Fachzeitschriften des In- und Auslandes.

Angesichts der Zielstrebigkeit des jungen Bachmann, der innerhalb weniger Jahre den Aufstieg vom ärmlichen Hauslehrer zum Kantonsschulprofessor bewältigte, erscheint es nur konsequent, dass er sich 1903 auf einen Botaniklehrstuhl am Zürcher Polytechnikum bewarb. Der Luzerner kam in die engere Auswahl, schließlich wurde ihm aber der Lausanner Gymnasiallehrer und Privatdozent Paul Jaccard vorgezogen.[168] Bachmann ließ sich durch diesen Rückschlag nicht entmutigen. Unbeirrt arbeitete er weiter auf seine wissenschaftliche Karriere hin: Unter dem Patronat der Hydrologischen Kommission der SNG (der ehemaligen Limnologischen Kommission) organisierte Bachmann 1911 eine zweiwöchige Sommerschule. Für die Durchführung dieses hydrobiologischen »Demonstrations- und Exkursionskurses« griff er wiederum auf sein Basler Netzwerk zurück – unter der Liste der

167 Der junge Bachmann saß seit Beginn der Vierwaldstättersee-Forschungen in besagter Kommission, zuerst informell ohne eigentlichen Sitz, dann ab 1901 als gewähltes Mitglied (vgl. Burckhardt und Düggeli: Hans Bachmann, 7).

168 Wolff: Hans Bachmann, 405.

Referenten fanden sich mehrere Hydrobiologen aus Zschokkes zoologischem Institut sowie der Basler Geologiedozent August Buxtorf. Ebenso verstand es Bachmann auch hier, seinen Arbeitgeber für sein wissenschaftliches Vorhaben einzunehmen: Die Höhere Lehranstalt Luzern stellte dem Naturkundeprofessor ihre Schulräumlichkeiten zur Verfügung.[169]

Der Kurs, der auch von etlichen Teilnehmerinnen und Teilnehmern aus dem Ausland besucht wurde, stieß auf ein so großes Echo, dass er zwei Jahre später nochmals durchgeführt werden sollte (vgl. Abbildung 5.15). Beflügelt von diesem Erfolg versuchte Bachmann nun nochmals einen Karriereschritt. Bereits im nächsten Jahr reichte er beim Bund einen Projektantrag für die Gründung einer eidgenössischen Station für Fischerei und Gewässerkunde am Vierwaldstättersee ein (vgl. Abbildung 5.16).[170] Dass sich Bachmann mit diesem detaillierten Antrag, der sogar schon Baupläne enthielt, implizit als Direktor einer solchen zu schaffenden Forschungsstation empfohlen hatte, versteht sich von selbst. Erneut war dem aufstrebenden Bachmann jedoch kein Glück beschieden. Der Antrag fand beim Bund kein Gehör. Bald jedoch ermöglichten private Mäzene Bachmann die Umsetzung seines Traums – wenn auch in weit bescheidenerem Maße als ursprünglich angestrebt. Die Stiftung des Ehepaars Schwyzer-Vogel finanzierte Bachmann (beziehungsweise der *Naturforschenden Gesellschaft zu Luzern*) 1916 den Bau eines kleinen *Hydrobiologischen Laboratoriums* in Kastanienbaum (Kt. Luzern), zudem steuerten weitere Gönner mehrere Boote bei. So konnte schließlich der umtriebige Kantonsschullehrer die Teilnehmer seiner zukünftigen Hydrobiologie-Kurse sowie Gastforscher aus dem In- und Ausland in einem veritablen Labor empfangen (vgl. Abbildung 5.17). Dieses Laboratorium wurde 1938 durch einen größeren Neubau ersetzt und auch nach Bachmanns Tod von der kantonalen Naturforschenden Gesellschaft weiterbetrieben. Allmählich erlahmten jedoch die Forschungsaktivitäten, so dass die NGLU das Laboratorium 1960 schließlich der Eidgenossenschaft vermachte.[171]

Der gescheiterte Anlauf, ein staatliches Forschungsinstitut zu gründen, schien der letzte von Bachmanns versuchten Karriereschritten gewesen zu sein. Die Motivation des umtriebigen Naturforschers war keineswegs erlahmt, aber zunehmend verlegte Bachmann seine Aktivitäten in den Rahmen der *Naturforschenden Gesellschaft zu Luzern*, der er ab 1909 als Präsident vorstand. Auch in dieser Funktion zeigte sich Bachmann als unermüdlicher Schaffer. So fand er neben seinem Lehrerberuf, dem Museumsamt und dem

169 Vgl. Zschokke: Bericht der hydrologischen Kommission für das Jahr 1910/1911.

170 Vgl. Bachmann: Projekt für eine eidgenössische Station; Wolff: Hans Bachmann, 407.

171 Vgl. [s.n.]: Reglement über das Hydrobiologische Laboratorium in Kastanienbaum; Perret: Beitrag zur Geschichte der Gewässerforschung. Das Laboratorium existiert bis heute und ist als Kompetenzzentrum der Eawag (Eidgenössische Anstalt für Wasserversorgung, Abwasserreinigung und Gewässerschutz) angeschlossen, einer Forschungsanstalt des ETH-Bereichs.

Abb. 5.15: Mit der Durchführung gut besuchter hydrobiologischer Kurse wollte Hans Bachmann die Notwendigkeit eines einschlägigen Forschungsinstituts aufzeigen und schuf zugleich seinem Anliegen ein Publikum (1913).

weiterhin laufenden Vierwaldstättersee-Projekt noch genügend Energien, um 1905 auf Rigi-Scheidegg einen Alpengarten ins Leben zu rufen und diesen dann über lange Jahre als Kurator zu beaufsichtigen. 1915 wechselte er sein kantonales Präsidium zugunsten des prestigeträchtigeren Präsidiums der Hydrobiologischen Kommission der SNG ein und betätigte sich in dieser Funktion auch in den kommenden Jahrzehnten als Promotor diverser Gewässerforschungsprojekte. 1924 schließlich wurde ihm gewissermaßen als Krönung seiner vielfältigen Unternehmungen von der ETH Zürich ein Ehrendoktortitel verliehen. Auch wenn also die Karrierestrategie des Kantonsschulprofessors Bachmann zumindest aus beruflicher Perspektive nur teilweise aufging, so vermochte er durch seine ungezählten Forschungsprojekte, Unternehmungen und Ämter doch ein beachtliches symbolisches Kapital anzuhäufen.

Mit seinen prononcierten Forschungsanstrengungen und Karrierebemühungen war Bachmann keine gänzliche Ausnahme. So schaffte beispielsweise der Naturkundelehrer Ulrich Grubenmann (1850-1924), Heinrich Wegelins Vorgänger an der Kantonsschule Frauenfeld und Präsident der *Thurgauischen Naturforschenden Gesellschaft*, 1893 den Sprung an die Hochschule.

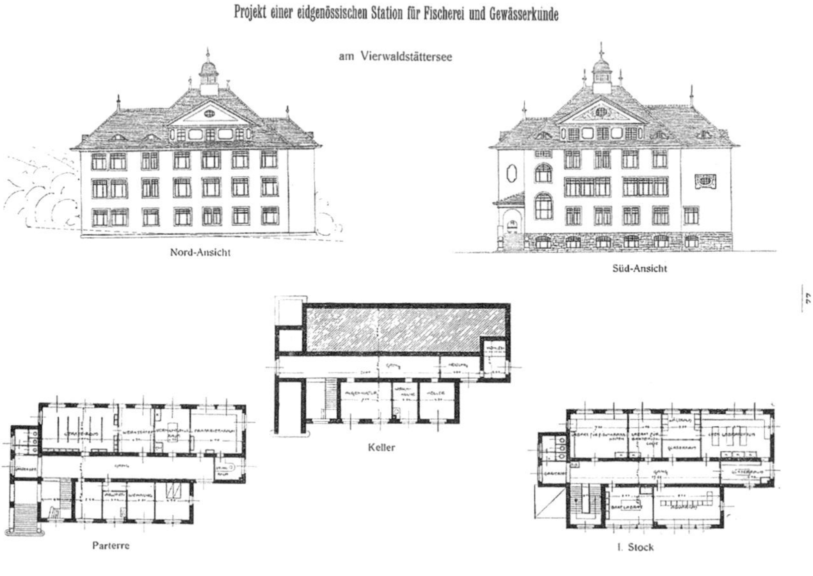

Abb. 5.16: Große Pläne: das von Hans Bachmann 1912 beim Bund eingereichte Projekt für eine *Eidgenössische Station für Fischerei und Gewässerkunde* in Horw (Kt. Luzern). Das Projekt versandete während des Ersten Weltkriegs.

Bereits seit einigen Jahren in Frauenfeld als Mittelschullehrer angestellt, schrieb er nebenbei eine Doktorarbeit und promovierte 1886. Schließlich wurde er 1893 als Professor für Mineralogie und Petrographie an die beiden Zürcher Hochschulen gewählt.[172]

Etwas häufiger gelang Mittelschullehrern ein Aufstieg auf der wissenschaftlichen Karriereleiter durch eine Anstellung als Verwalter einer Hochschul- oder größeren Museumssammlung.[173] Diese Konservatorentätigkeiten wurden jedoch meist nur als Nebenamt zum Lehrerberuf ausgeübt.[174] Einen solchen Werdegang finden wir beispielsweise bei August Binz (1870-

172 Vgl. Bürgi und Speich: Lokale Naturen, 30.

173 So beispielsweise im Fall Emil Frey-Gessners (1826-1917). Der seit seiner Jugend insektenbegeisterte Aargauer arbeitete erst als technischer Leiter einer Spinnerei, studierte dann 1865-1866 Naturwissenschaften am Zürcher Polytechnikum und war anschließend 6 Jahre als Bezirksschullehrer tätig, bevor er 1872 zum Konservator der entomologischen Sammlungen ans naturhistorische Museum in Genf berufen wurde (vgl. Steck: Dr. Emil Frey-Gessner).

174 In einigen Beispielen erfolgte der Wechsel ins vollzeitliche Museums(ehren)amt erst in fortgeschrittenem Alter und nach dem Rücktritt vom Schuldienst. Dies war der Fall beispielsweise beim Konservatorenamt, das der Industrieschullehrer Louis Favrat (1827-1893) am botanischen Museum in Lausanne ausübte (vgl. Wilczek: Louis Favrat, 232), oder bei der Leitungstätigkeit, die der Realschullehrer Ernst Baumberger (1866-1935)

Abb. 5.17: Kleine Gewässerkunde: Eine Schenkung ermöglichte den Luzerner Naturforschern 1916 den Bau eines bescheidenen hydrobiologischen Labors in Kastanienbaum (Kt. Luzern).

1963) aus Basel, den wir im zweiten Kapitel dieser Arbeit bereits als Autor der weit verbreiteten *Schul- und Exkursionsflora der Schweiz* (1920) kennenlernten. Ab 1896 unterrichtete der promovierte Botaniker Basler Realschüler in Naturgeschichte. Einige Jahre nach seinem Amtsantritt veröffentlichte er die *Flora von Basel und Umgebung* (1901). Mit diesem Werk und seinen profunden Pflanzenkenntnissen empfahl sich Binz für Höheres, und im Jahre 1913 wurde er zum Kustos der Basler Universitätsherbarien ernannt.

Dennoch begann sich um die Jahrhundertwende die Durchlässigkeit zwischen Gymnasiallehrerberuf und akademischer Anstellung zusehends zu verringern. Zumindest die Aussicht auf eine ordentliche Hochschulprofessur war für einen Kantonsschullehrer zunehmend unrealistisch. Bachmann stellte mit seinen gescheiterten Universitätsambitionen denn auch eher eine Ausnahmeerscheinung dar, und sein Forschungsprofil war nur bedingt repräsentativ für die wissenschaftliche Betätigung naturkundlicher Zentrumsakteure. Mit seiner konsequenten inhaltlichen Spezialisierung, seinen Auslandsaufenthalten und internationalen Publikationen, der fortgesetzten Zusammenarbeit mit einem universitären Institut sowie seiner Mitglied-

an der geologischen Abteilung des *Naturhistorischen Museums* Basel innehatte (vgl. Rutsch: Ernst Baumberger, 399).

schaft in einer SNG-Kommission hob er sich klar ab von seinen Kollegen Brügger, Wegelin, Leuthardt und Bloch. Diese entfalteten ihre Aktivitäten hauptsächlich im Rahmen ihrer Kantonalsektion der SNG, ihrer Kantonsschule sowie als Museumskuratoren. In ihren Forschungen beschränkten sie sich auf Objektsammlung, Bestandeserfassung und Taxonomie. Dies im Gegensatz zu Bachmann, der im Sinne seines Lehrers und Freundes Zschokke eine große Offenheit gegenüber physiologischer Forschung und entsprechenden Labormethoden an den Tag legte. Wie weiter oben aufgezeigt, bedeutete dies keineswegs, dass die Aktivitäten der anderen hier portraitierten Zentrumsakteure nicht anschlussfähig an die zeitgenössische Hochschulwissenschaft gewesen wären. Bekanntlich pflegten die meisten von ihnen enge Bande zu den Zürcher Hochschulen. Deren prominente Lehrstuhlinhaber wie Carl Schröter oder Hans Schinz betrieben stark feldwissenschaftlich orientierte Naturforschung, mit der die taxonomischen und inventarisierenden Arbeiten der forschenden Kantonsschullehrer durchaus kompatibel waren. Aus Entdeckungen abgeleitetes wissenschaftliches Kapital im Sinne Bourdieus war in diesen Forschungsgebieten jedoch kaum zu gewinnen, anders als in der relativ jungen Wissenschaft der Hydrobiologie, wo Bachmann große Aufmerksamkeit auf sich zu ziehen vermochte.

Als größtes Manko hinsichtlich akademischer Ambitionen erwies sich aber sicherlich das ausgeprägte Generalistentum, das die meisten der hier dargestellten Zentrumsakteure pflegten. So zeugt beispielsweise Heinrich Wegelins Nekrolog von den äußerst vielseitigen Interessen, die er zeit seines Lebens als Naturforscher pflegte:

> »In der Botanik vertiefte er sich in Pilze und Moose, in einheimische und ausländische Blütenpflanzen, besonders auch in die Gartenblumen; in der Zoologie arbeitete er über Mollusken und Egel, über Bienen, Schmetterlinge und Käfer und auch über Säugetiere; in der Mineralogie zogen ihn die Findlinge an, in der Geologie Moränen und Molasse.«[175]

Diese Nachrufe mochten in wärmstem Ton das breite Wissen der Verstorbenen loben und gar vage Seitenhiebe gegen die akademische Spezialisierung enthalten. Zugleich schwang in diesen Worten der meist jüngeren Forscherkollegen stets auch die Botschaft mit, dass es sich bei dieser »alten Schule der Naturforscher«[176] mehr denn je um eine anachronistische Erscheinung handelte. Dies klingt beispielsweise in Franz Leuthards Nekrolog von 1934 an: »Mit ihm ist auch einer der Vertreter jener Naturforscher verschwunden, die noch nicht ganz im engen und engsten Spezialstudium aufgingen, sondern sich noch den Blick auf das Ganze freizuhalten vermochten.«[177]

175 Leisi: Dr. h. c. Heinrich Wegelin, 161.
176 Schröter: Prof. Christian G. Brügger, IX f.
177 Heinis: Dr. phil. Franz Leuthardt, 461.

Schulen als Schaltstellen und Karrierestufen: Fazit

Neben den von ihnen kuratierten Lokalmuseen waren die Schulen also die wichtigsten Ressourcen für die naturkundlichen Zentrumsakteure. Brügger, Bachmann, Bloch und Konsorten wussten sowohl Schüler wie Lehrerkollegen für ihre Arbeiten einzuspannen. In erster Linie dienten diese als Objektlieferanten und Hilfswissenschaftler in Bestandeserfassungen. Beide Gruppen profitierten im Gegenzug ebenfalls von dieser Rekrutierung: Den Schülern winkte die Beteiligung an spannenden Unternehmungen sowie in Einzelfällen eine langjährige, persönliche Förderung in der Naturforschung. Für die Volksschullehrer war es die prestigeträchtige Teilhabe an der Wissenschaft, die sie zur Mitarbeit an den Projekten ihrer Kantonsschulkollegen bewegte. So suchten sie fehlende Universitätsbildung zu kompensieren und gesellschaftliches Ansehen zu gewinnen. Zudem bot die naturkundliche Lokalforschung den oftmals aus anderen Ecken des Landes zugezogenen Lehrpersonen eine willkommene Möglichkeit, sich in ihrer neuen Wohngemeinde aktiv zu beheimaten und der dörflichen Geistesöde eine sinnstiftende Tätigkeit abzuringen.

Den Mittelschullehrern dagegen bedeutete die wissenschaftliche Tätigkeit mehr als bloßes Freizeitvergnügen. Die meist promovierten Pädagogen pflegten ein Selbstverständnis als Wissenschaftler und waren auch nach Antritt ihres Lehreramts darauf bedacht, weiterhin mit eigenen Forschungstätigkeiten an die Öffentlichkeit zu treten, beispielsweise durch die Publikation kleinerer Beiträge in den schuleigenen Programm-Beilagen. Am Beispiel des Luzerner Kantonsschulprofessors Hans Bachmann wurde aufgezeigt, wie er dieses Selbstverständnis des Lehrer-Wissenschaftlers gezielt als Ressource für eigene Ziele einzusetzen wusste. Er verpflichtete Lehrerkollegen der Höheren Lehranstalt als Autoren für die neu gegründete Vereinszeitschrift der Luzerner Naturforscher und übertrug ihnen die Verantwortung für Teilprojekte innerhalb des von ihm angestoßenen Forschungsprojekts zum Vierwaldstättersee. In diesem Zusammenhang wurde auch aufgezeigt, dass ein Mittelschullehrer durch fortgesetzte Forschungstätigkeit mehr gewinnen konnte als nur Sozialprestige. Als Luzerner Gymnasialprofessor vermochte sich Bachmann mittels seiner lokalen Unternehmungen vor fachwissenschaftlichen Teilöffentlichkeiten der Schweiz zu profilieren und sich so gleichsam für spätere Stellenbewerbungen zu empfehlen. Unbesehen seiner zielstrebigen Aufstiegsstrategien blieb Bachmann ein weiterer beruflicher Aufstieg schlussendlich verwehrt, die Durchlässigkeit zwischen Mittellehreramt und Hochschulanstellung begann sich allmählich zu schließen – selbst für den hochgradig spezialisierten Hydrobiologen aus Luzern.

5.4 Naturforschervereine, bürgerliche Netzwerke und Behörden

Das dritte wichtige Standbein für die Aktivitäten der naturkundlichen Zentrumsakteure bildeten die kantonalen Naturforschenden Gesellschaften. Wie eingangs des Kapitels erwähnt, amteten bis auf eine Ausnahme alle der hier portraitierten Schnittstellenfiguren für eine kürzere oder längere Zeit als Präsidenten des Naturforschervereins ihres Wohnkantons.[178] Wenn auch im Folgenden die Vereine ins Zentrum gerückt werden, so soll doch keine Vereinsgeschichte der Naturforscher geschrieben werden. Solche sozialgeschichtlichen und wissenschaftshistorischen Untersuchungen zu kantonalen Naturforschenden Gesellschaften liegen, wenn auch in äußerst überschaubarer Zahl, bereits vor.[179] Die besagten Vereine sollen vielmehr ausschließlich in ihrer Funktion als Ressource und öffentliche Bühne für die lokale Naturforschung und deren Protagonisten dargestellt werden. Eine kurze historische Überschau zum naturkundlichen Vereinswesen der Schweiz soll aber auch diesem Teilkapitel vorangestellt werden und die nachfolgenden Ausführungen verorten.

Geschichte und Bedeutung der kantonalen Naturforschenden Gesellschaften

In der zweiten Hälfte des 18. Jahrhunderts kam es in der Schweiz – wie allerorten im deutschsprachigen Raum – zu einer regelrechten Gründungswelle gelehrter Gesellschaften. Aufgeklärte Bürger schlossen sich zu Lesezirkeln, gemeinnützigen Gesellschaften oder naturwissenschaftlichen Sozietäten zusammen, um im gemeinschaftlichen Rahmen ihren Wissenshorizont zu erweitern. Diese Wissensvermittlung ging Hand in Hand mit der Einübung in republikanische Tugenden wie beispielsweise der Debatten- und Diskussionskultur, so dass im geschützten Rahmen dieser Vereine zaghaft eine bürgerliche Öffentlichkeit heranwachsen konnte. Von den über hundert gelehrten Gesellschaften, die ab 1750 in den protestantischen Städten

178 Die Ausnahme bildet Christian Brügger, der zwar nie Präsident der Bündner Naturforscher war, jedoch ebenfalls lange Jahre als Vizepräsident im Vorstand der Naturforschenden Gesellschaft Graubündens tätig war.

179 Aus diesen Untersuchungen besonders hervorgehoben zu werden verdient die Jubiläumsschrift *Lokale Naturen* (2004), die von der Thurgauischen Naturforschenden Gesellschaft anlässlich ihres 150-jährigen Bestehens in Auftrag gegeben und von den Historikern Michael Bürgi und Daniel Speich verantwortet wurde. Dieser Sammelband vereinigt in mustergültiger Weise sowohl sozialgeschichtliche wie wissenschaftsgeschichtliche Perspektiven auf einen ländlichen Naturforscherverein der Schweiz.

des schweizerischen Mittellandes entstanden, lösten sich zwar die meisten in den unruhigen Jahren der Helvetik (1798-1803) wieder auf.[180] Der Rückschritt bezüglich politischer und gesellschaftlicher Freiheiten, der mit der Restaurationszeit ab 1815 einherging, befeuerte jedoch im republikanisch gesinnten Bürgertum erneut den Willen zur Vereinsgründung; wie Pilze sprossen neue Gelehrtengesellschaften im Regenwetter der Restauration. Dies galt auch für die naturforschenden Gesellschaften. Die Schweiz verzeichnete zwischen 1815 und 1832 insgesamt acht Neugründungen kantonaler naturforschender Gesellschaften, so viele wie in keiner anderen Periode zuvor oder danach.[181] Zudem gelang im Jahre 1815 nach zuvor mehrmals gescheiterten Anläufen schließlich auch die Gründung eines nationalen Dachverbandes der bis dahin nur kantonal (oder städtisch) organisierten Naturforscher, der *Schweizerischen Naturforschenden Gesellschaft*.[182]

Auch zwei der fünf hier interessierenden Kantonalsektionen wurden in der Restaurationszeit gegründet: Die *Naturforschende Gesellschaft Solothurn* wurde 1823 ins Leben gerufen, und die *Naturforschende Gesellschaft Graubünden* folgte 1825.[183] Kurz nach der Gründung des schweizerischen Bundesstaates erfolgte 1854 die Gründung der *Thurgauischen Naturforschenden Gesellschaft*, und ein Jahr darauf nahm die *Naturforschende Gesellschaft zu Luzern* ihre Tätigkeit auf.[184] Das Schlusslicht unserer Untersuchungsgruppe bildeten die Baselbieter Naturforscher. Hervorgegangen aus dem 1886 gegründeten Liestaler Lokalverein »Natura«, konstituierten sie sich erst im Jahre 1900 als *Naturforschende Gesellschaft Baselland*.[185]

Welche Ziele verfolgten die im Verein zusammengeschlossenen Naturforscher? Drei Punkte zitiert Daniel Speich, die 1856 vom Thurgauer Vereinsmitbegründer Friedrich Mann aufgeführt wurden und die mehr oder weniger wortgleich für alle vergleichbaren Gesellschaften gültig waren: erstens die »Weckung und Belebung des wissenschaftlichen Sinnes im Allgemeinen«, zweitens die »Erforschung der *cantonalen* Verhältnisse« und drittens »naturwissenschaftlich *pädagogische* Zwecke«.[186]

Betrachten wir kurz diese drei Punkte, und beginnen wir dazu mit dem zweiten, der Erforschung des eigenen Kantonsgebietes. Speich betont, dass

180 Vgl. Kupper und Schär: »Eine einfache und anspruchslose Organisation«.
181 Vgl. die entsprechende Statistik bei Speich: Wissenschaft fernab vom Elfenbeinturm, 14.
182 Vgl. zur Geschichte der SNG: Kupper und Schär: »Eine einfache und anspruchslose Organisation«.
183 Zu Solothurn vgl. Keller: Geschichtlicher Überblick; zu Graubünden vgl. Lorenz: Zur Geschichte der Naturforschenden Gesellschaft Graubündens.
184 Zu Thurgau vgl. Bürgi und Speich: Lokale Naturen; zu Luzern vgl. Suidter: Geschichte der Naturforschenden Gesellschaft in Luzern.
185 Leuthardt: Jahresbericht 1900, 3.
186 Speich: Wissenschaft fernab vom Elfenbeinturm, 14.

dieser Vereinszweck aus der Not eine Tugend machte: Die Fokussierung der Forschungsbemühungen auf das eigene Kantonsgebiet sei angesichts der peripheren Lage dieser »Wissenschaft fernab des Elfenbeinturms« eine Strategie gewesen, die eigenen Unzulänglichkeiten positiv in ein spezifisches Wissenschaftsverständnis zu wenden:

> »Gewissermassen notgedrungen entwickelte der Verein ein differenziertes Selbstverständnis, das sich deutlich vom Wissenschaftsbetrieb der Hochschule abhebt. Fern von den Pfründen staatlich sanktionierter Forschungstätigkeit gewann die Bereitschaft zum selbstlosen Dienst an der Wissenschaft an Bedeutung. In gleichem Masse wurde auch der lokale Bezug der Forschungsarbeiten wichtig. Man war gern fernab des Elfenbeinturms tätig, dessen Eigendynamik die wissenschaftliche Arbeit leicht aus allen lebensweltlichen Bezügen löst.«[187]

Dieses Eigenbild der Selbstbescheidung, das bereits in vorangegangenen Kapiteln näher beleuchtet wurde, bezog sich nicht nur auf die räumliche Einschränkung der eigenen Forschungstätigkeit. Die kantonalen Naturforscher verstanden ihre Sammlungs- und Inventarisierungstätigkeiten meist als bloße Materialzusammenstellung und als »Vorarbeit« für allfällige zukünftige Forschung. Demütig beschrieb man seine Forschungen als »Beitrag«, der noch vorhandene Lücken im Wissen um das Lokale zu füllen helfen sollte.[188]

Viel mehr als eine ritualisierte Rhetorik, die in Präambeln und feierlichen Reden immer wieder aufs neue bemüht wurde, bedeutete die Verwirklichung lokalforschender Vorhaben den Vereinen jedoch nicht. Anders als verschiedentlich dargestellt, war die Koordination der Forschung und Sammlung nicht wirklich eine zentrale Vereinsangelegenheit.[189] Auch wenn der Verein den institutionellen Rahmen bot, so beruhte die konkrete Umsetzung beispielsweise einer Kantonalflora auf dem Engagement von Einzelkämpfern und den von ihnen geschaffenen Helfernetzen. Diese Netze waren informelle Geflechte der Freundschaft und Gabe. Sie konnten nicht auf verpflichtende Loyalitäten aufbauen, die sich durch eine Vereinsmitgliedschaft ergeben hätten – auch wenn sich unter den Helfern und Materiallieferanten oft viele Vereinsmitglieder fanden. Es erfolgte also kaum ein formeller Vereinsbeschluss zu einem konkreten Forschungsvorhaben, der dann

187 Ebd., 11.

188 Vgl. die entsprechenden Ausführungen zum Wissenschaftsverständnis der Lokalforscher in den Kapiteln 1 und 2.3.

189 Eine solche Interpretation findet sich z. B. bei Speich: Wissenschaft fernab vom Elfenbeinturm, 23 f. Die von Speich angeführten meteorologischen Aufzeichnungen durch ein aus Vereinsmitgliedern bestehendes Helfernetz bildete jedoch eher eine Ausnahme im Vergleich zu den unzähligen einzelkämpferischen floristischen und faunistischen Bestandeserhebungen, die im Milieu der Petite Science durchgeführt wurden.

ein Aufgebot der Vereinsmitglieder nach sich gezogen hätte. Insofern ist die Rolle der Vereine in der konkreten Lokalforschung eine eher bescheidene.

Die Bedeutung des institutionellen Rahmens lag vielmehr darin, dass er die *ideellen* und *kommunikativen* Bedingungen schuf, welche die konkrete Umsetzung von (auch einzelkämpferischen) Forschungsvorhaben beförderten. Die Wichtigkeit dieser von Friedrich Mann ebenfalls als Vereinszweck der Thurgauer Naturforscher angeführten »Belebung des wissenschaftlichen Sinnes im Allgemeinen« ist nicht zu unterschätzen. Daniel Speich erkennt in der »Schaffung eines sozialen Umfeldes für wissenschaftliche Tätigkeiten«[190] denn auch das wesentliche Verdienst von Naturforschergesellschaften in Landkantonen ohne eigenes Hochschulwesen.

Auch im Fallbeispiel Hans Bachmanns wurde ersichtlich, dass der junge ambitionierte Naturkundeprofessor nach seinem Amtsantritt in Luzern große Energien darauf verwendete, vor aller Forschungstätigkeit erst einmal ein wissenschaftsinteressiertes Umfeld zu schaffen.[191] Kurz: Die Entfaltung lokalwissenschaftlicher Aktivitäten steht und fällt mit dem Vorhandensein spezifischer Öffentlichkeiten der Wissenschaft und weniger mit bloßen Vereinsstrukturen.

Auch der dritte von den Naturforschergesellschaften regelmäßig angeführte Vereinszweck, der »naturwissenschaftlich pädagogische Zweck« Friedrich Manns, lässt sich als Teil dieser Öffentlichkeit der Wissenschaft betrachten: Die von den Baselbieter Naturforschern 1900 in ihren Statuten beschlossene »gegenseitige Belehrung […] reproduzierender Art«[192] ist nichts anderes als Wissenschaftspopularisierung. Stützt man diese Sichtweise auf ein adäquates Verständnis von »Popularisierung«, so ermöglicht dies auch einen neuen Blick auf den Verein als Wissenschaftsöffentlichkeit. Unter Popularisierung versteht man heute in Anlehnung an Richard Whitley und andere Autoren üblicherweise nicht mehr den bloßen Transfer von (vereinfachtem) Wissen an ein passives Publikum.[193] Diesem Einbahnverständnis werden Modelle entgegengesetzt, die Popularisierung als Kommunikation und interaktiven Prozess verstehen, in dessen Verlauf Wissen transformiert und das »Publikum« erst hergestellt wird. Versteht man Popularisierung als solchen »mehrdeutigen Kommunikationszusammenhang«,[194] so komme dem Vereinswesen eine zentrale Rolle zu, wie Matthias Daum hervorhebt. Für

190 Speich: Wissenschaft fernab vom Elfenbeinturm, 12.
191 Bachmann verfolgte dieses Ziel auch noch in späteren Jahren, als er maßgeblich an der Gründung der Volkshochschule Luzern beteiligt war (Wolff: Hans Bachmann, 408).
192 [s.n.]: Jahresbericht 1900, 3.
193 Vgl. z.B. Whitley: Knowledge producers and knowledge acquirers; Cooter und Pumfrey: Separate spheres and public places.
194 Daum: Wissenschaftspopularisierung im 19. Jahrhundert, 85.

dieses Wechselspiel von »Präsentation, Transformation und Rezeption von Wissen«[195] hätten im 19. Jahrhundert gerade die Vereine eine ideale Plattform geboten. Inspiriert vom Sozialkonstruktivismus der britischen Wissenschaftsgeschichte, richtete auch Constantin Goschler sein Augenmerk auf den Verein als besonderen Kommunikationsraum der Wissenschaft. Er sieht den Verein vor allem als Ort der Selbstverständigung und Grenzziehung:

> »Wissenschaftliche Vereine lassen sich zum einen als Institutionen betrachten, in denen in einem örtlichen Kontext Wissenschaft betrieben, vermittelt, zum Teil aber auch erst definiert wird. Zudem werden dort gleichermassen wissenschaftliche und nichtwissenschaftliche Öffentlichkeiten konstruiert bzw. vermittelt.«[196]

Im gestuften Öffentlichkeitsbezug der Wissenschaften im Sinne von Nikolow und Schirrmacher nimmt der Verein also eine wichtige Rolle ein. Er ist zentraler Ort der Verständigung über »Wissenschaft« und »Öffentlichkeit«. Wenn beispielsweise der Kantonschemiker Dr. Schumacher seinen Luzerner Vereinskollegen im Winter 1897 in einem Demonstrationsvortrag »mikroskopische Präparate aus den Leichen der Mörder Gatti und Keller«[197] vorführte, so ging es dabei nicht bloß um einfache Vermittlung von Wissen. Vielmehr verhandelten Schumacher und sein Publikum an diesen Überresten prominenter Verbrecher[198] das (Wahrheits-)Potential der Naturwissenschaften und deren Stellenwert in Staat und Gesellschaft. Zugleich konstituierten sich der Referent und die Anwesenden entlang dieser Themenbereiche als je verschiedene Öffentlichkeiten – als Staatsdiener, als Experten, als Wissenschaftler, als rechtstreue Bürger und als Laien.

Selbstverständlich war der Verein mehr als nur Forum für eine Öffentlichkeit der Wissenschaft. Bloß als solches hätte eine kantonale Naturforschende Gesellschaft kaum Hunderte von Mitgliedern über lange Jahre an sich zu binden vermocht. Vielmehr waren Vereine immer auch Orte, in denen das Zusammensein als Selbstzweck gepflegt wurde. So umschreibt Constantin Goschler in Anlehnung an Ulrike Felt wissenschaftliche Vereine als »Hybridräume«, die nicht ausschließlich im Zeichen der *scientia* gestanden hätten, sondern ebenso in jenem der *socialitas*:

195 Ebd., 85.
196 Goschler: Wissenschaftliche »Vereinsmenschen«, 32.
197 Heinemann: Bericht über das Vereinsjahr 1896/7, 4.
198 Es handelte sich wohl um den Leichnam des »Mordbrenners« Johann Keller (1867-1893) sowie jenen des »Lustmörders« Ferdinando Gatti (1867-1892), deren kriminelle Taten in Luzern für großes Aufsehen sorgten und die beide auf dem Schafott hingerichtet wurden (vgl. Meier: Löschwisch, 27-32).

> »[W]issenschaftliche Vereine [stellten] eine Öffentlichkeit eigener Art dar […], in denen sich ›wissenschaftliche Öffentlichkeit‹ und ›allgemeine Öffentlichkeit‹ intensiv durchdrangen. Darauf beruhte die doppelte Funktion wissenschaftlicher Vereine als Säule eines bürgerlichen Kulturmilieus einerseits und Träger kultureller Autorität von Wissenschaft andererseits.«[199]

Ein wichtiges Element dieser bürgerlichen Kultur war die Pflege der Geselligkeit.[200] Dieser Aspekt kam auch in ernsthaften wissenschaftlichen Vereinen keineswegs zu kurz. Ja er fiel mitunter gar ziemlich feuchtfröhlich aus, wie entsprechende Anmerkungen in Vereinsprotokollen und Briefwechseln nahelegen.[201] Gastwirtschaften waren – neben der seriöseren Alternative der Schulhäuser – die üblichen Sitzungsorte der Naturforschervereine. Die Liestaler Naturforscher beispielsweise trafen sich im Vereinsjahr 1900 für ihre ordentlichen Sitzungen jeweils am Samstagabend in der Brauerei Brodbeck und hatten daselbst in einem Hinterzimmer auch eine kleine Vereinsbibliothek sowie das Vereinsarchiv untergebracht.[202]

Ebenfalls bedeutender Teil der bürgerlichen Vereinsgeselligkeit war eine ausgeprägte Festkultur. Feierlichkeiten wie Jubiläen wurden mit großem Aufwand und ebensolcher Festfreude begangen – mit eigens geschriebenen Theater- und Liedaufführungen, ironisch formulierten Speisekarten und launisch gestalteten Einladungskarten.[203]

Ein letztes zentrales Element der ungezwungenen Soziabilität im Verein bildeten die Exkursionen. Die gemeinsamen Wanderungen unter freiem Himmel ermöglichten den bürgerlichen Männern einen temporären Ausbruch aus gesellschaftlichen Zwängen und familiärer Enge. So dienten die naturkundlichen Pirschgänge nicht nur dem Aufsuchen interessanter geologischer Verwerfungen oder seltener Brutvögel, sondern ebenso ausgelassenem Zusammensein sowie zelebrierten Männerfreundschaften.[204]

199 Goschler: Wissenschaftliche »Vereinsmenschen«, 34.

200 Vgl. z. B. Hettling: Bürgerlichkeit.

201 Zur Vereinswissenschaft als fröhliche Kneipenhinterzimmer-Wissenschaft vgl. auch Heimpel: Geschichtsvereine, 55 f. Die Quellen selbst liefern jedoch – wenig erstaunlich – über knappe Andeutungen hinaus keine Beschreibungen, wie sich der gesellige Teil des Abends nach dem ordentlichen Vortragsprogramm abgespielt haben mag. Vgl. zu dieser Quellenproblematik auch Dommann: Belehren und geistig verkehren, 69.

202 Leuthardt: Jahresbericht 1900, 4; Leuthardt: Jahresbericht 1901, 13 sowie Tätigkeitsbericht NGBL 2 (1904), 119.

203 Zur Festkultur (natur-)wissenschaftlicher Vereine vgl. auch Speich: Wissenschaft fernab vom Elfenbeinturm, 22 f. sowie Imeri: Heimatforschen, 129.

204 Ausführlicher zur Exkursion als gesellschaftlicher Freiraum und zur Landschaft als Bühne freudiger Ausgelassenheit der bürgerlichen Männer vgl. Kapitel 6.3.

Vereine als Resonanzraum: Vorträge und Zeitschriften

Richten wir nun nach diesen allgemeineren Ausführungen den Blick auf die konkrete Rolle, die die Institution Verein für die hier interessierenden Zentrumsakteure sowie ihre Forscherkollegen spielten. Es war in erster Linie der oben beschriebene Öffentlichkeitscharakter der Vereine, der diesen Protagonisten als Ressource diente: Sie nutzten den Verein als Resonanzraum. Ein wichtiges Mittel hierfür war der öffentliche Vortrag an den Vereinsabenden.

Die Historikerin Monika Dommann unterscheidet vier verschiedene Vortragstypen, die in den Naturforschervereinen üblich gewesen seien: die Präsentation lokaler Forschungsresultate, literaturgestützte Übersichtsreferate in belehrender Absicht, Ergebnisse der fachfremden Freizeitforschungen einzelner Vereinsmitglieder sowie Vorträge auswärtiger Gäste.[205] All diesen verschiedenen Arten von Referaten war jedoch gemein, dass sie häufig als Demonstrationsvorträge ausgestaltet waren. Der Referent beschränkte sich nicht auf das Wort, sondern unterstützte seine Rede mit dem Vorzeigen von Objekten. Wie die Volkskundlerin Sabine Imeri herausstreicht, sei dem gemeinsamen Betrachten von Objekten eine wichtige Rolle für die Vermittlung zwischen gebildeten Laien und Experten zugekommen. Gerade die Anschauungsrunden von unbekannten Dingen aus neuen Wissensgebieten hätten gewissermaßen eine epistemische Gemeinschaft begründet: »Sie dienten der Einübung eines ›wissenschaftlichen Blicks‹ und damit der Befestigung einer gemeinsamen Weltsicht durch Schulung der Wahrnehmungsformen«.[206]

Dazu ein kurzes Beispiel aus Solothurn, das diese Deutung Imeris stützen soll: Im Dezember 1908 referierte der Zürcher Botaniker Martin Rikli vor den Solothurner Naturforschern über seine Reise nach Grönland. Diese hatte er im Sommer des gleichen Jahres zusammen mit dem uns wohlbekannten Luzerner Hans Bachmann unternommen. Rikli unterstützte seinen Vortrag mit der Projektion von Bildern und lieferte zum Finale noch eine Darbietung, die für Aufsehen wie Heiterkeit gleichermaßen gesorgt haben musste: »Am Schlusse hat sich Herr Dr. Rikli noch in das Grönländerkostüm geworfen & das hat uns so gut gefallen«,[207] wie Isaak Bloch einem abwesenden Kollegen brieflich mitteilte. Es ist nicht abwegig anzunehmen, dass das künftige Grönlandbild der anwesenden Solothurner Naturkundelehrer, Ärzte, Rechtsanwälte und Kaufmänner wesentlich durch die Performance des Zürcher Pflanzengeographen Rikli mitgeprägt wurde.

205 Dommann: Belehren und geistig verkehren, 69.
206 Imeri: Heimatforschen, 123.
207 Naturmuseum Solothurn, Kopialbuch »XI. 1907 – III. 1916«, Brief Blochs vom 1.12. 1908.

Eine weitere Bedeutungsebene des Vorzeigens von Dingen benennt zudem Monika Dommann. Ganz im Sinne der oben referierten Popularisierungsmodelle umschreibt sie die Herstellung eines gemeinsamen epistemischen Horizonts als interaktiven Kommunikationsprozess, in dem man sich auch über die Wahrheit von Wissen verständigte:

> »[D]ie Präsentation von Objekten sowie die Anwesenheit bzw. das Zusammenkommen von Referenten und Publikum war zentral im belehrenden Vortrag des 19. Jahrhunderts. Alle Anwesenden traten in Interaktion, das Publikum nahm aktiv teil, konnte das gezeigte sinnlich wahrnehmen und bezeugte die wissenschaftliche Inszenierung. Hierin zeigten sich Spuren der frühen Wissensvalidierung, wie sie im 17. Jahrhundert praktiziert worden war. Es handelte sich dabei um Praktiken, die auf der Präsenz und Zeugenschaft eines legitimierten Publikums basierten.«[208]

Dommann verweist mit diesen Ausführungen zur Zeugenschaft auf eine zentrale Funktion, die der Verein als Resonanzraum zu erfüllen hatte: Er musste die Glaubwürdigkeit der Forschungsergebnisse seiner Mitglieder sichern. Das Vorführen von Dingen war also stets auch eine Authentisierungsstrategie.[209] Dieser Strategie bediente sich beispielsweise der später stark umstrittene Churer Kantonsschulprofessor Christian Brügger im Zusammenhang mit seiner Forschung zu Pflanzenhybriden ausgiebig.[210] Regelmäßig präsentierte er den versammelten Bündner Naturforschern (Be-)Funde, die er und seine Mitstreiter in der Pflanzenwelt tätigten. So ermunterte ihn auch sein Freund Jakob Jäggi, Ergebnisse der gemeinsamen Forschung im Kreis der Vereinsmitglieder vorzuzeigen: »[T]heile Dir mit, dass ich mit allem einverstanden bin. Lass aber die Sachen nur herumgehen, damit die Herren sie auch sehen.«[211]

Brügger wusste die Vereinsversammlungen als ihm gewogene Probeöffentlichkeit zu nutzen, bevor er schließlich seine Forschungen im Vereinsblatt publizierte und so an eine größere Öffentlichkeit trat. Als er sich anschickte, seine Verzeichnisse von Hybridpflanzen zu veröffentlichen, häuften sich die entsprechenden Demonstrationen, auf die er sich dann im Vorwort seiner Veröffentlichung auch ausdrücklich bezog:

> »Auch über manche der unten aufgezählten Bastarde habe ich schon früher a. a. O. Mittheilungen gemacht, namentlich aber in zahlreichen öffentl. Sitzungen unserer Gesellschaft: so am 27. Nov. 1872, 8. Jan. und 5. März 1873, 7. Jan. 1874, 20. Jan. und 31. März 1875, 26. Jan. und 19. April 1876, 24. Jan. 1877, 23. Jan. und 3. April 1878, 15. Jan. und 31. Mai 1879,

208 Dommann: Belehren und geistig verkehren, 71.

209 Vgl. dazu auch Dietzsch: Zwischen Mathematik und Poesie, 25.

210 Vgl. zu Christian Brüggers Forschungen über Pflanzenhybride Kapitel 4.

211 StAGR, Nachlass Chr. G. Brügger, B 238, Karte Jakob Jäggis vom 22.1.1878.

21. Jan. und 10. Novemb. 1880 – anlässlich von Besprechungen und Demonstrationen botanischer Gegenstände – berichtet«.[212]

Brüggers Vereinskollegen wurden so unfreiwillig in eine Allianz der Beglaubigung eingebunden. Eine Solidarhaftung, die sich angesichts der baldigen vehementen Kritik an Brüggers Forschungsresultaten als nicht ungefährlich erweisen sollte – vor allem für die Redaktion der *Jahresberichte der Naturforschenden Gesellschaft Graubündens*, in denen Brügger seine angeblichen Bastardfunde der Öffentlichkeit kundtat.

Brüggers Publikationen verweisen auf ein weiteres Medium des Öffentlichkeitscharakters der Naturforschervereine: die Vereinszeitschriften. Sie waren wohl das wichtigste Mittel, um innerhalb eines lokalen Wissensmilieus ein produktives Forschungsklima zu schaffen. Daniel Speich stellt gar die plausible These auf, dass die Existenz einer Vereinszeitschrift der ausschlaggebende Grund dafür war, dass jemand überhaupt die Mühen jahrelanger Lokalforschung auf sich genommen habe.[213] Auch wenn die Akteure in den schriftlichen Quellen über persönliche Beweggründe nur selten Worte verlieren, so ist doch anzunehmen, dass die Aussicht auf eine Publikation den stillen Schaffern als Motivationsspritze gedient haben mochte.

Dies legt auch das Beispiel aus Luzern nahe: Als sich der ambitionierte Nachwuchslehrer Hans Bachmann ans Werk machte, in Luzern ein funktionierendes naturkundliches Wissensmilieu in Schwung zu bringen, wusste er wohl um die förderliche Wirkung einer Zeitschrift. Es war kaum ein Zufall, dass einer seiner ersten Schritte der Gründung eines Vereinsperiodikums galt. Ein solches besaßen die Luzerner Naturforscher bis dahin noch nicht. Mit dem neuen Vereinsblatt setzte der Naturkundeprofessor eine eindrückliche Schaffenslust in Gang, und rasch »schwoll denn das Rinnsaal der Publikationen auf naturwissenschaftlichem Gebiet zur Flut an«,[214] wie ein späterer Chronist zu berichten wusste.

Die Vereinszeitschriften hatten eine Resonanzfunktion, die über jene des Vortrags weit hinausging. Dort publizierte Forschungen waren nicht bloß jener Handvoll Mitglieder zugänglich, die die Vereinsversammlung besuchten. Sie wurden an alle eingeschriebenen Vereinsmitglieder verschickt und lagen in Bibliotheken aus. Doch die Reichweite der Vereinsblätter endete nicht an den Kantonsgrenzen: Die Naturforschervereine pflegten untereinander einen umfassenden Zeitschriftentausch, sowohl innerhalb der Schweiz als auch auf internationaler Ebene. So durfte sich der Autor eines Artikels im Bündner oder Luzerner Vereinsblättchen die Hoffnung machen, dass seine Forschungen auch außerhalb seines regionalen Wirkungskreises wahrgenommen wurden.

212 Brügger: Beobachtungen über wildwachsende Pflanzenbastarde, 54.
213 Speich: Wissenschaft fernab vom Elfenbeinturm, 9.
214 Brun-Hool: Die Naturwissenschaften, 415.

Es ist nicht erstaunlich, dass eine solch wichtige Ressource, wie sie die Vereinszeitschrift darstellte, auch Begehrlichkeiten weckte und Konkurrenzkämpfe entfachte.[215] Durch kollegiale Begutachtungssysteme und Ausstandregeln[216] suchten die Vereinsredaktionen jedoch die wissenschaftliche Integrität ihrer Periodika zu wahren.

Die beiden wichtigsten medialen Gefäße des Vereins – Vortrag und Zeitschrift – erfreuten sich ob der damit einhergehenden Resonanz großer Beliebtheit. Sie bildeten als gleichermaßen ideelle wie infrastrukturelle Ressource eine wichtige Grundlage für die wissenschaftliche Tätigkeit im Verein, auch jener unscheinbarer Mitglieder.

Vereine als Bühnen der Selbstdarstellung und Orte der Geselligkeit

Die Öffentlichkeitswirkung, die das naturkundliche Vereinswesen bot, war jedoch nicht bloß zur Bekanntmachung der Früchte stiller Forschung attraktiv. Das gesellige Vereinsleben diente auch der Selbstdarstellung sowie der Pflege von sozialen Beziehungen. Dies galt sowohl für unauffällige Mitglieder als auch für die umtriebigen Zentrumsakteure.

Vor allem für diejenigen Vereinsmitglieder, die in abgelegenen Landgemeinden wohnten und wirkten, stellte der Besuch von Vereinsabenden im Kantonshauptort eine willkommene Abwechslung zum mitunter eintönigen Dorfleben dar. Wie es die Volkskundlerin Anita Bagus im Zusammenhang mit deutschen Volkskundevereinen ausdrückt, bedeuteten für die Schulmeister, Ärzte und Pfarrer vom Dorfe die regelmäßigen Reisen zu den

215 So witterte beispielsweise 1919 der Basler Realschullehrer und Museumsmitarbeiter Ernst Baumberger eine »Intrigue« seitens des ebenfalls aus Basel stammenden Geologiedozenten Buxtorf. Baumberger befürchtete, dass Buxtorf die Veröffentlichung eines Aufsatzes von ihm in den *Mitteilungen der Naturforschenden Gesellschaft Solothurn* zu verhindern trachte (vgl. Naturmuseum Solothurn, Nachlass Dr. Rud. Probst, Korrespondenzen, Doppelband 3/4 [1708/1709], Brief Baumbergers vom 15.6.1919). Hintergrund dieser Verdächtigungen war die durchaus reale Konkurrenzsituation, in der sich die beiden Geologen befanden: Der promovierte Realschullehrer Baumberger betreute nebenamtlich die geologische Sammlung des *Naturhistorischen Museums* Basel, der frisch habilitierte Buxtorf wirkte als außerordentlicher Professor an der dortigen Universität. Die Forschungsgebiete der beiden überschnitten sich verschiedentlich, und beide aspirierten wohl auf weitere akademische Karriereschritte, wobei Buxtorf seinen Konkurrenten bald deutlich hinter sich lassen sollte, als er 1921 an den neu geschaffenen Lehrstuhl für Geologie der Universität Basel gewählt wurde (vgl. Vonderschmitt: August Buxtorf).

216 Vgl. z.B. die Angaben zur Redaktionskommission der Baselbieter Naturforscher in Leuthardt: Jahresbericht 1901, 12.

Vereinstreffen und das dortige Zusammentreffen mit ihresgleichen gar eine Art temporäre »Provinzflucht«.[217]

Wenn sie denn die Treffen überhaupt besuchen konnten: Die erst rudimentäre Verkehrserschließung ländlicher Gegenden erschwerte oder verunmöglichte häufig die regelmäßige Teilnahme von Vereinsmitgliedern, die in abgelegenen Gebieten wohnten. Die basellandschaftlichen Naturforscher beschlossen 1901 auf entsprechende Klagen hin, einen Teil ihrer Vereinssitzungen vom Samstagabend auf den Nachmittag zu verschieben.[218]

Die Einbindung der peripheren Mitglieder geschah auch in die entgegengesetzte Richtung: durch Vereinsausflüge aufs Land. Im April 1909 unternahm beispielsweise ein knappes Dutzend Mitglieder der *Naturforschenden Gesellschaft Baselland* einen Ausflug ins Oberbaselbiet. Im Bauerndorf Buus statteten sie dem Pfarrer Wilhelm Bührer einen Besuch ab. Bührer war seit dem Gründungsjahr der Gesellschaft Mitglied und vor allem auch fleißiger Autor in deren *Tätigkeitsberichten*. Seit 1900 publizierte er Jahr für Jahr im Vereinsblatt die Resultate seiner lokalmeteorologischen Aufzeichnungen, die er in seinem Wohnort durchführte. Am Vormittag in Buus angekommen, besichtigten Naturforscher seine Wetterstation. Danach hielt Bührer einen Vortrag, bevor man sich schließlich ins Gasthaus begab und bei einem »Mittagessen mit zweierlei Fleisch« die gewonnenen Eindrücke sich setzen ließ.[219] Der Ausflug war einerseits eine sichtbare Anerkennung der einsamen Forschungsanstrengungen des Landpfarrers. Der Besuch durch eine Abordnung eines wissenschaftlichen Vereins wertete seine Person und sein Tun auf, auch vor seinen Mitbürgern. Zugleich waren solche Ausflüge in die Peripherie auch ein Mittel, die Ränder des Kantonsgebietes stärker ins Vereinsleben einzubinden.[220]

Sehen und gesehen werden: Dies machte gleichermaßen auch für die naturkundlichen Zentrumsakteure die Attraktivität des Vereinsengagements aus. Bloß beschränkte sich bei ihnen dieser soziale Zugewinn nicht auf den Rahmen der Kantonalsektion. Was dem Landpfarrer die Vereinsabende, waren dem kantonalen Vereinspräsidenten die Jahresversammlungen der *Schweizerischen Naturforschenden Gesellschaft*.

Diese an abwechselnden Tagungsorten abgehaltenen Treffen der Dachgesellschaft boten den kleinstädtischen Kantonsschullehrern einen vergleichbaren Tapetenwechsel. Dort trat alles auf, was Rang und Namen hatte in der damaligen naturwissenschaftlichen *scientific community* der Schweiz, und

217 Bagus: Volkskundevereine in Deutschland, 41.
218 Vgl. Leuthardt: Jahresbericht 1901, 8 f.
219 Vgl. StABL, Nachlass Franz Leuthardt, PA 6102, Tagebuch, Bd. 4, Brief Leuthardts ohne Datumsangabe (April 1909).
220 Vgl. zur Funktion solcher Vereinsausflüge in die Provinz auch Imeri: Heimatforschen in der Metropole, 126.

Abb. 5.18: Netzwerken bei Pfahlbauten: Franz Leuthardt (r.) auf archäologischer Exkursion bei Wetzikon, Kt. Zürich, im Rahmen der Jahresversammlung der SNG in Zürich (1917). Weiter auf dem Bild (v.r.n.l.): Hippolyte Müller; Gründer des *Musée dauphinois* in Grenoble; Otto Schlaginhaufen, Direktor des *Anthropologischen Instituts* der Universität Zürich; David Viollier, Vizedirektor des *Schweizerischen Landesmuseums* in Zürich; Adolf Naef, Zoologe und Paläontologe aus Zürich.

die kleinstädtischen Zentrumsakteure konnten wieder einmal die Luft der universitären Wissenschaft schnuppern, die ihnen aus Studentenzeiten bekannt war. Sie nutzten diese Jahresversammlungen einerseits als Plattformen der Vernetzung beruflicher wie fachwissenschaftlicher Art. Franz Leuthardt, der Präsident der Baselbieter Naturforscher sowie Vorsteher des Liestaler Museums, reiste regelmäßig zu den nationalen Jahresversammlungen, wo er Kontakte zu anderen Museumsdirektoren sowie zu paläontologisch tätigen Naturforschern knüpfte.[221] Leuthardt nutzte die Versammlungen aber auch schlicht zur Pflege persönlicher Freundschaften. Im Briefwechsel mit seinem Naturforscherkollegen Hermann Fischer-Sigwart aus Zofingen findet sich regelmäßig wiederkehrend der Hinweis auf die nahende Jahresversammlung der SNG sowie die Beteuerung, dass man sich dort anzutreffen hoffe.[222] Das jährliche Stelldichein der Naturforscher er-

221 Vgl. StABL, Nachlass Franz Leuthardt, PA 6102, Tagebuch, Bd. 3, Brief Leuthardts vom 1.8.1907.

222 Vgl. StABL, Nachlass Franz Leuthardt, PA 6102, Tagebuch, Bd. 2, Brief Leuthardts vom 6.7.1906 sowie Tagebuch, Bd. 4, Brief Leuthardts vom 30.12.1908.

laubte es den Mittelschullehrern und Museumskuratoren zudem, Kontakte aus Studienzeiten weiter zu pflegen. Auch wenn sie – anders als beispielsweise Brügger und Bachmann – keine aktive Forschungszusammenarbeit mit universitären Wissenschaftlern mehr betrieben, so konnten sie auf diese Weise dennoch Kanäle zur Hochschulwelt offenhalten.

Diese Netzwerkpflege geschah keineswegs nur in karrierestrategischer Absicht. So kamen die engen Beziehungen, die der Kantonalpräsident Heinrich Wegelin mit seinen ehemaligen Studienkollegen und jetzigen Hochschulprofessoren Albert Heim, Johann Jakob Früh und Carl Schröter aufrechterhielt, der gesamten *Thurgauischen Naturforschenden Gesellschaft* zugute: Regelmäßig vermochte Wegelin seine prominenten Freunde als Referenten nach Frauenfeld zu locken.[223] Diese Gastauftritte namhafter Wissenschaftler in der Ostschweizer Kleinstadt erhöhten wiederum die Attraktivität des von Wegelin präsidierten Vereins, was sich in wachsenden Mitgliederzahlen niederschlug.

Den ambitionierteren Zentrumsakteuren waren die Jahresversammlungen der SNG auch eine willkommene Bühne der Selbstpräsentation. Ein Vortrag im Rahmen einer dieser nationalen Zusammenkünfte garantierte den kleinstädtischen Gymnasialprofessoren die Aufmerksamkeit der versammelten Schweizer Naturwissenschaftselite. Alle fünf der hier betrachteten Zentrumsakteure hielten solche Referate. Diese beschränkten sich aber meist auf kürzere »Mitteilungen« in den Sitzungen der Botanischen, Zoologischen oder Geologischen Kommission. Die Plenarvorträge hingegen wurden üblicherweise von den Größen der heimischen Hochschulwissenschaft bestritten, und die entsprechenden Rednerlisten lesen sich wie ein *Who's who* der damaligen Naturforschung: Schröter, Lang, Heim, Zschokke, Forel, Sarasin, Schlaginhaufen und so fort. Vor dem Hintergrund der obigen Ausführungen zu Hans Bachmanns Karriereorientierung mag es nicht erstaunen, dass der Luzerner der Einzige der Fünfergruppe war, der es auf das Plenarpodium einer SNG-Jahresversammlung schaffte. Sowohl 1905 als auch 1924, jeweils als die Jahresversammlung in Luzern abgehalten wurde, durfte er vor den versammelten Schweizer Naturforschern referieren. Beim zweiten Mal amtete Bachmann gar als »Jahrespräsident« der Tagung und hielt das Eröffnungsreferat. Diese Würde stellte gewissermaßen die Krönung der Wissenschaftskarriere eines kleinstädtischen Zentrumsakteurs dar – abgesehen vielleicht von einem Doktortitel »honoris causa«. Und wie um sein Naturforscherglück zu vervollständigen, erhielt Bachmann an besagter Jahresversammlung 1924 von der ETH Zürich auch gleich noch ein solches Ehrendoktorat verliehen.

223 Vgl. Leisi: Dr. h. c. Heinrich Wegelin, 163.

Netzwerke bürgerlicher Vereinsöffentlichkeit

Die Öffentlichkeit, die der Verein bot, war also den einfachen Mitgliedern wie den Zentrumsakteuren der Naturforschergesellschaften eine wichtige Ressource. Wie das Museum und die Schule war der Verein zudem auch ein Instrument, das über sich selbst hinaus zusätzliche Ressourcen zu generieren vermochte. Dieses Vermögen ist darauf zurückzuführen, dass die naturforschenden Gesellschaften einen »Hybridraum«[224] darstellten, in dem sich »wissenschaftliche Öffentlichkeit« und »allgemeine Öffentlichkeit« gegenseitig durchdrangen.

Wie hat man sich diese Durchdringung vorzustellen? Es war üblich, dass naturwissenschaftliche Vortragsabende auch von lokalen Gästen besucht wurden, die nicht dem Verein angehörten. Aber auch die Vereinsmitglieder selbst gingen oft fremd: Ein normales Mitglied eines kantonalen Naturforschervereins um 1900 – ein Arzt, Lehrer, Apotheker oder Rechtsanwalt – beschränkte seine Vereinstätigkeit kaum bloß auf die Naturforschung. Er war ebenfalls als Mitglied der Alpenclubsektion, des Männerchors, einer Partei sowie einer Berufsorganisation eingeschrieben.[225] Durch solche Doppel- und Mehrfachmitgliedschaften überschnitten sich die verschiedenen Teilbereiche des bürgerlichen Milieus einer Stadt und konnten über persönliche Beziehungen gegenseitig füreinander mobilisiert werden.

Es kann und soll im Folgenden nicht darum gehen, Gestalt und Ausmaß dieser Netzwerke in kleinstädtischen bürgerlichen Milieus detailliert nachzuzeichnen.[226] Vielmehr sollen anhand exemplarischer Beispiele die wichtigsten Transmissionsriemen freigelegt werden, welche die Zentrumsakteure zur Mobilisierung von personellen, ideellen und handfesten Ressourcen zu nutzen wussten.

Für die Naturforscher eine der wichtigsten Überschneidungszonen des bürgerlichen Vereinswesens bildete jene mit den Sektionen des *Schweizerischen Alpenclubs*. Mit dem 1863 gegründeten Bergsteigerverein waren die Naturforscher verbunden durch eine ähnliche Sozialstruktur der Mitglieder, vor allem aber über gemeinsame inhaltliche Interessen wie die naturverbundene Freizeitgestaltung. Zudem bildete zumindest in den ersten Jahrzehnten ihres Bestehens die wissenschaftliche Erforschung der Alpennatur einen wichtigen Teil des Selbstverständnisses alpinistischer Vereine.[227]

224 Felt: »Öffentliche« Wissenschaft, 50.

225 Constantin Goschler spricht in diesem Zusammenhang von »Multivereinsmenschen« (Goschler: Wissenschaftliche »Vereinsmenschen«, 50).

226 Zur historischen Netzwerkanalyse vgl. Lipp: Struktur, Interaktion, räumliche Muster.

227 So beinhaltet noch 1913 die SAC-Festschrift zum 50-jährigen Vereinsjubiläum ein eigenes Kapitel zu den alpinistischen »Conquêtes dans la domaine de la science«. Vgl. Dübi: Les cinquante premières années, 254-280.

Dieses Selbstverständnis fand sich auch in einer spezifischen alpinistischen Emblematik visualisiert:[228] Unter den zu ikonischen Ensembles arrangierten Bergsteigergeräten, die einschlägige Buchvignetten und Exlibris schmückten, war neben Pickel und Seil noch bis ins frühe 20. Jahrhundert oftmals auch die symbolträchtige Botanisierbüchse[229] abgebildet (vgl. Abbildung 5.19). Forschende Bergsteiger waren jedoch mehr Wunsch denn Realität: Fast ebenso emblematisch wie diese den wissenschaftlichen Geist des Alpinismus beschwörenden Gerätekompositionen war nämlich auch die wiederkehrende Klage, dass für einen Großteil der Bergsteiger die »Wissenschaft bei Bergtouren gewöhnlich in zweite, dritte oder gar keine Linie gerückt«[230] sei.

Nichtsdestotrotz funktionierte die Zusammenarbeit der Alpinisten mit den Naturforschervereinen bestens. Von den fünf hier dargestellten Zentrumsakteuren war zwar nur Christian Brügger in der Vereinsarbeit des Alpenclubs aktiv und regelmäßiger Berggänger. Er war langjähriger Aktuar der SAC-Sektion Rätia und beteiligte sich beispielsweise 1883 mit einer Lieferung seltener Bündner Alpenblumen am offiziellen Auftritt des SAC an der Landesausstellung in Zürich.[231]

Doch auch die Zentrumsakteure des Unterlandes pflegten Kontakte zum Alpinistenmilieu und wussten dieses für ihre Forschungsunterfangen zu nutzen. Als der Solothurner Naturforscherpräsident Isaak Bloch 1909 einen öffentlichen Aufruf zur Mithilfe an seiner Fledermauserhebung möglichst breit im Kantonsgebiet zu versenden beabsichtigte, ermöglichten ihm Vereinskollegen den Zugang zu den Adresskarteien sowohl der Solothurner Jägerschaft als auch der SAC-Sektion Weissenstein.[232] Ganz ähnlich in Liestal, als der dortige Präsident Franz Leuthardt ebenfalls eine Massensendung für ein umweltschutzpolitisches Anliegen zu tätigen hatte. Zu seiner Erleichterung bot ihm sein Basler Kollege und Naturschutzmitstreiter Fritz Sarasin an, einen Teil dieser Rundschreiben durch den Sekretär der Basler Alpenclubs versenden zu lassen.[233]

Auch Hans Bachmann pflegte rege Beziehungen zu Mitgliedern der lokalen SAC-Sektion und ging selber auf Bergtouren. Verschiedentlich organisierte sein Verein gemeinsame Vortragsabende mit den geistesverwandten Alpinisten, zudem bedachten die Bergsteiger seine Museumssammlung

228 Vgl. Tschofen: Berg, Kultur, Moderne, 50-61.

229 Vgl. zum Symbolgehalt dieses wissenschaftlichen Geräts die Ausführungen in Kapitel 1.3.

230 Lorenz: Dr. Eduard Killias, IX.

231 Vgl. StAGR, Privatnachlass Chr. Brügger, B 564/1 (3. Teil), Brief Christian Brüggers vom 19.3.1883.

232 Naturmuseum Solothurn, Kopialbuch »XI. 1907 – III. 1916«, Brief Isaak Blochs vom 13.2.1909.

233 StABL, Nachlass Franz Leuthardt, PA 6102, Tagebuch, Bd. 3, Brief Franz Leuthardts vom 10. Juni 1907, 49.

Abb. 5.19: Botanisierbüchse als Element der alpinistischen Emblematik.
Vignette in SAC-Jubiläumsband von 1913.

immer wieder mit Objekten, die sie von Gipfelausflügen heimbrachten, und vereinzelt gar mit umfangreichen mineralogischen Nachlassschenkungen.

Neben den Bergsteigern gab es eine Handvoll weiterer naturbegeisterter Vereine, deren Wirkungsfelder und Mitgliederschaften sich in ähnlicher Weise mit jenen der Naturforscher überschnitten, wenn auch in geringerem Ausmaß, so die Jägerschaft und die Kur- und Verschönerungsvereine. Engere Verbindungen bestanden nach der Jahrhundertwende auch zu den Heimat- und Naturschutzvereinen. Die Überschneidung mit den Naturschützern ist nicht weiter überraschend, gingen diese doch sowohl auf nationaler wie kantonaler Ebene aus dem Naturforschermilieu hervor.[234]

Zusätzliches Gewicht erhielten die Vereinsnetzwerke der Naturforscher durch die engen Verflechtungen mit den politischen Führungsschichten ihres Kantons.[235] Als der Bezirksschullehrer Franz Leuthardt die Basellandschaftlichen Naturforscher präsidierte, stand ihm über viele Jahre der freisinnige Regierungsrat und Erziehungsdirektor Gustav Bay als Vorstandskollege zur Seite. Ebenso wusste auch Hans Bachmann ein Regierungsmitglied in den vordersten Reihen seines Vereins. 1899 wurde sein Lehrerkollege Bernhard Amberg, den Bachmann bekanntlich einige Jahre zuvor für sein Vierwaldstättersee-Projekt hatte einspannen können, in den Luzerner Stadtrat gewählt und wirkte fortan als städtischer Finanzdirektor. Solche vereinsmäßigen Beziehungen zu Exekutivmitgliedern ihres Kantons oder ihrer Stadt stellten für die naturkundlichen Zentrumsakteure eine äußerst nützliche Ressource dar.

Trotz dieser engen Verbandelungen spielte ausdrückliche Parteipolitik für die naturkundlichen Netzwerke eher eine untergeordnete Rolle, zumindest in den Jahren um 1900. Vielmehr pflegte man eine Rhetorik der parteipolitischen Neutralität. Dies war auf dem Höhepunkt des Kulturkampfes zwischen Liberalen und Katholisch-Konservativen in den 1830er- und 1840er-Jahren keineswegs der Fall. Zumindest in der kollektiven Erinnerung des Vereins scheinen denn diese konfliktgeladenen Jahre auch noch länger präsent gewesen zu sein. So klingt es wie ein Nachhall vergangener Zeiten, wenn Hans Bachmann als junger Luzerner Naturgeschichtsprofessor noch im Jahre 1897 die bescheidenen Naturvereinsaktivitäten in seiner Heimatstadt auch mit weltanschaulichen Gräben erklärt und den idealistischen Appell anführt, diese durch die wissenschaftliche Gemeinschaft überwinden zu wollen:

234 Mehr zum Wechselspiel zwischen der lokalen Naturforschung und der Entstehung kantonaler Naturschutzorganisationen vgl. Kapitel 6.2.

235 Vgl. Speich: Wissenschaft fernab vom Elfenbeinturm, 32.

Abb. 5.20: Baselbieter Naturforscher auf dem Brienzer Rothorn.
Hinten in der Mitte, mit Stock, Vereinspräsident Franz Leuthardt (1912).

»Heute am Schluss eines Jahrhunderts, das so gerne sich als Zeit der Naturwissenschaft ausgibt, heute stehen die Verhältnisse unserer Gesellschaft nicht viel besser. [...] Fort mit Kleinlichkeiten, fort mit politischem Hader und persönlichen Rücksichten, wenn es sich darum handelt, die Natur verstehen zu lernen«.[236]

236 Bachmann: Vorwort (1897), 4.

Ihren Neutralitätsbekundungen entsprechend bewegten sich die naturkundlichen Zentrumsakteure in ihrer politischen Ausrichtung üblicherweise im lokal vorherrschenden Mainstream,[237] mal ausgeprägter und mal weniger. Von den fünf Männern der hier interessierenden Untersuchungsgruppe ließen sich nur zwei mehr oder weniger explizit zu (partei)politischen Fragen vernehmen. Der Bündner Christian Brügger war bekanntlich eine Generation älter als die vier anderen hier dargestellten Zentrumsakteure. Als 1833 Geborener war sein Weltbild noch deutlich geprägt vom Liberalismus alter Schule.[238] Er publizierte in liberalen Blättern wie dem *Freien Rätier* und dem *Liberalen Alpenboten* und benannte eine von ihm erstmals beschriebene Aster nach dem italienischen Unabhängigkeitskämpfer Garibaldi.[239] Eine solche Gesinnung schien auch an Brüggers Arbeitsplatz vorherrschend zu sein: Zu seinen Lehrerkollegen zählte er den deutschen 1848er-Exilanten Gottfried Ludwig Theobald und auch die im Programm der Bündnerischen Kantonsschule abgedruckten Nekrologe verstorbener Schulmeister liefern Hinweise auf die liberale Hegemonie unter der dortigen Lehrerschaft.[240]

Auch Isaak Bloch sympathisierte einige Jahrzehnte später offen mit dem Freisinn. Für den aus einer jüdischen Tuchhändlerfamilie aus Lengnau und später Zürich stammenden Bloch stellte die damals dominierende politische Partei der Schweiz auch ein Aufstiegs- und Integrationsmedium dar: Bloch war schweizweit einer der ersten Juden, die eine Stelle als Kantonsschullehrer erhielten. Die Historikerin Karin Huser äußert die plausible Vermutung, dass sowohl Blochs Bekenntnis zum Freisinn wie auch dessen eingeschlagene Militärkarriere maßgeblich zu seiner Wahl zum Kantonsschullehrer beigetragen hätten.[241]

Parteipolitik mochte also punktuell für die Karrieren und Netzwerke der Zentrumsakteure eine Rolle spielen. Meist hielten es die Naturforscher jedoch mit dem Schönenwerdner Primarlehrer Hermann Bangerter, der 1924

237 Dies lässt sich auch im Hinblick auf ihre Konfession feststellen, auch diese entsprach bei den meisten der lokal vorherrschenden Richtung: Der Luzerner Bachmann war katholischer Konfession, der Thurgauer Wegelin und der Baselbieter Leuthardt entstammten protestantischen Familien. Ausnahmen bildeten der jüdische Bloch im katholischen Solothurn und der aus einem traditionsreichen katholischen Geschlecht im protestantischen Plessur stammende Brügger.

238 Zur Politisierung und Entpolitisierung verschiedener Generationen populärer Naturforscher vgl. auch Daum: Wissenschaftspopularisierung, 191.

239 Vgl. zur Spiegelung politischer Einstellungen in Brüggers botanischer Nomenklatur und Theorie die Ausführungen in Kapitel 4.1.

240 Vgl. beispielsweise den Nekrolog für den Französischlehrer Ludwig Heinrich Kratzer im *Programm der Bündnerischen Kantonsschule* für 1878-79 (1879, 5), in dem Kratzers Engagement für den liberalen *Alpenboten* lobend hervorgehoben wurde.

241 Huser: Vieh- und Textilhändler an der Aare, 386 und 390. Laut Huser trat Bloch in Solothurn nie der Jüdischen Kultusgemeinde bei. Er habe sein Judentum nicht »öffentlich zur Schau getragen«, sondern sich vielmehr von dem Glauben seiner Eltern abgewandt und ein ausgeprägt naturwissenschaftlich-säkulares Weltbild gepflegt (ebd., 386 f.).

Abb. 5.21: Werbeplakat für einen geologischen Vortrag Franz Leuthardts, organisiert von einem lokalen Verschönerungsverein.

seinem Forscherkollegen Rudolf Probst über eine vermutete politische Klüngelei bei einer Lehrerwahl Folgendes schrieb: »Besten Dank für Ihren Brief. Bei der Wahl des von Arx durch den Reg.-Rat steckt aber auch ein bisschen Politik dahinter. Es geht doch auf die Wahlen hin. Damit will ich zur Botanik übergehen, denn diese ist schöner als Politik.«[242]

Naturforscher als Staatsdiener: Gutachtertätigkeiten

Unverfänglicher, aber wohl auch bedeutender als parteipolitische Seilschaften waren andere Kanäle, durch die die Zentrumsakteure mit den Führungsgremien ihrer Kantone verbunden waren. Regelmäßig stellten die Naturforscher ihre Expertise in den Dienst des Staates, indem sie Gutachten erstellten und als Berater wirkten. Naturforschende Gesellschaften waren also auch in

242 Naturmuseum Solothurn, Nachlass Dr. Rud. Probst, Korrespondenzen, Doppelband 3/4 (1708/1709), Brief Hermann Bangerters vom 12.11.1924.

dieser Hinsicht die »Hybridräume«: In ihnen überschnitt sich eine wissenschaftliche Öffentlichkeit sehr eng mit staatlichen Organen. Vor allem in der Frühzeit der Naturforschervereine waren der Dienst an Staat und Gesellschaft ein prominent formulierter Vereinszweck.[243] Diese utilitaristische Zwecksetzung verlor im Laufe des 19. Jahrhunderts an Bedeutung, blieb aber ein fester Wert im Selbstverständnis der Vereine. Ihre Entsprechung fand diese Auffassung auch in der personellen Zusammensetzung der Vereinsvorstände. Häufig gehörten den Vorständen namhafte Vertreter aus der Kantonsverwaltung an. Während der Präsidentschaften unserer Zentrumsakteure saßen im Vorstand der Thurgauer Naturforscher der Kantonschemiker und ein Forstadjunkt, bei den Solothurnern und Luzernern ebenfalls der Kantonschemiker sowie jeweils ein Kreisförster und in Graubünden der Kantonsingenieur. Die Naturforschenden Gesellschaften dienten sich so den Behörden als Think-Tank für Fragen der Umwelt, Ernährung, Gesundheit, Landwirtschaft, Verkehr und anderes an. Sie übernahmen Aufgaben, welche die vorhandenen Verwaltungen gar nicht hätten bewältigen können beziehungsweise für welche damals noch gar keine zuständigen Verwaltungseinheiten existierten. Aus den privatrechtlichen Vereinen wurden so Gebilde mit »parastaatlicher« Funktion.[244] Es liegt auf der Hand, dass diese Funktion der Vereine mit einer spürbaren Aufwertung ihres öffentlichen Ansehens einherging. Daher war es gerade für die Zentrumsakteure attraktiv, solche Expertenpositionen wahrzunehmen. Neben sozialem Kapital winkte aber auch ganz handfeste Entlohnung: Die Gutachten waren meist bezahlt und bedeuteten den Schulmeistern ein willkommenes Nebeneinkommen. Zudem stellten die dadurch entstandenen oder gefestigten Kontakte zu Regierung und Verwaltung ein Beziehungskapital dar, welches dem Lehrer, Museumskurator und Vereinspräsidenten später wieder dienlich sein konnte.

Eine äußerst rege Gutachtertätigkeit entfaltete der Liestaler Bezirksschullehrer Franz Leuthardt. Seine Tagebucheinträge ermöglichen einen guten Einblick in den Umfang seiner Beratungsaktivitäten. Vor allem seine geologischen Forschungsinteressen machten ihn zu einem gefragten Mann: Allein zwischen 1904 und 1905 erstellte er fünf Gutachten über Quellerschließungen für den Regierungsrat Baselland sowie für die Gemeinden Arlesheim, Rickenbach, Anwil und Zunzgen.[245] Im gleichen Zeitraum nahm das Obergericht Baselland Leuthardt zweimal als Forensiker in Anspruch und bat ihn um Expertisen zu Fällen von Fischsterben in der Birs, als deren Verursacher einmal eine Seifenfabrik und ein anderes Mal eine Brennerei

243 Vgl. Speich: Wissenschaft fernab vom Elfenbeinturm, 15.
244 Vgl. ebd., 34.
245 Vgl. StABL, Nachlass Franz Leuthardt, PA 6102, Tagebuch, Bd. 1.

verdächtigt wurde.[246] Einige Jahre später verfasste Leuthardt im Auftrag des Regierungsrates eine Stellungnahme zur verlangten Einführung von Abschussprämien für »Raubvögel«. Für sein – ablehnendes – Argumentarium zuhanden des Regierungsrates holte Leuthardt zudem die Expertise weiterer Akteure der Petite Science ein, so beim Zofinger Apotheker und Ornithologen Hermann Fischer-Sigwart.[247]

Geologische Expertisen und Umweltverträglichkeitsprüfungen waren typische Beispiele für den Beibezug von Lokalforschern seitens der Behörden, forensische Untersuchungen kamen gelegentlich vor. Weitere Beispiele für die Gutachtertätigkeit unserer Zentrumsakteure sind die Schädlingsbekämpfung,[248] Maßnahmen gegen Umweltverschmutzung[249] sowie Auftragsstudien im Dienste der Tourismusindustrie.[250]

Über punktuelle Beratertätigkeiten hinaus hatten die meisten Zentrumsakteure auch einen Sitz in verschiedenen kommunalen oder kantonalen Kommissionen zu Bildung, Gesundheit, Umwelt oder Wirtschaft. In diesen Gremien brachten sie ihre Expertise sowohl als Lehrer wie als Naturwissenschaftler ein und verfestigten nebenbei ihr Beziehungsgeflecht zu den Behörden. Heinrich Wegelin beispielsweise war tätig in der Gesundheitskommission der Stadt Frauenfeld. Hans Bachmann stellte als Mitglied der interkantonalen Konkordatskommission der Fischerei im Vierwaldstättersee seine hydrobiologischen Kenntnisse in den Dienst der Allgemeinheit und leitete als langjähriger Präsident auch die kantonale Kommission für Maße und Gewichte. Franz Leuthardt saß gemeinsam mit dem zuständigen Regierungsrat im basellandschaftlichen Erziehungsrat und betreute die kantonale Gewerbeschule. Und in Solothurn wirkte Isaak Bloch in der kantonalen Bibliothekskommission, Seite an Seite mit mehreren Regierungsräten und Vertretern der Stadtbehörden.

246 Vgl. ebd.

247 Vgl. StABL, Nachlass Franz Leuthardt, PA 6102, Tagebuch, Bd. 3, Eintrag vom 24.8.1908, 269.

248 So wurde Christian Brügger 1875 von der Bündner Gemeinde Fläsch im Kampf gegen eine Invasion von Wanderheuschrecken beigezogen (vgl. Lorenz: Professor Dr. Chr. Brügger, XXII), und Heinrich Wegelin tat sich 1921 mit einer nachhaltigen Bekämpfungsstrategie der Frauenfelder Schnakenplage hervor (Leisi: Dr. h. c. Heinrich Wegelin, 164).

249 Als Hydrobiologe gehörte Hans Bachmann 1917 einer Expertenkommission an, die Maßnahmen zur Revitalisierung des verschmutzten Rotsees bei Luzern vorschlagen sollte (Wolff: Hans Bachmann, 411).

250 Christian Brügger verfasste bezahlte Auftragsstudien für die Gemeinden St. Moritz, Bormio, Churwalden. Diese wissenschaftlich verbrämten Werbebroschüren, die auf der Basis meteorologischer Messdaten die Vorzüge der jeweiligen Orte herausstrichen, sollten in erster Linie den dortigen Tourismus ankurbeln helfen (vgl. dazu auch Hupfer: Wetter in Tabellen).

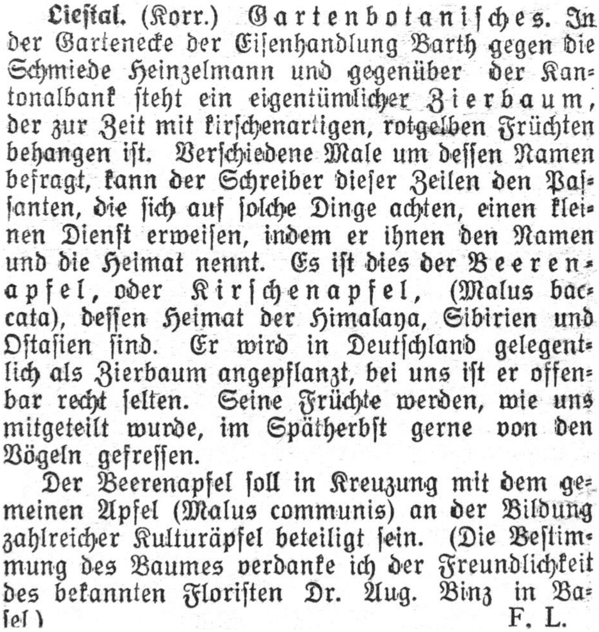

Liestal. (Korr.) **Gartenbotanisches.** In der Gartenecke der Eisenhandlung Barth gegen die Schmiede Heinzelmann und gegenüber der Kantonalbank steht ein eigentümlicher Zierbaum, der zur Zeit mit kirschenartigen, rotgelben Früchten behangen ist. Verschiedene Male um dessen Namen befragt, kann der Schreiber dieser Zeilen den Passanten, die sich auf solche Dinge achten, einen kleinen Dienst erweisen, indem er ihnen den Namen und die Heimat nennt. Es ist dies der Beerenapfel, oder Kirschenapfel, (Malus baccata), dessen Heimat der Himalaya, Sibirien und Ostasien sind. Er wird in Deutschland gelegentlich als Zierbaum angepflanzt, bei uns ist er offenbar recht selten. Seine Früchte werden, wie uns mitgeteilt wurde, im Spätherbst gerne von den Vögeln gefressen.

Der Beerenapfel soll in Kreuzung mit dem gemeinen Apfel (Malus communis) an der Bildung zahlreicher Kulturäpfel beteiligt sein. (Die Bestimmung des Baumes verdanke ich der Freundlichkeit des bekannten Floristen Dr. Aug. Binz in Basel.) F. L.

Abb. 5.22: »Gartenbotanisches«: Zeitungsartikel Franz Leuthardts in der *Basellandschaftlichen Zeitung* (1932).

Im ganzen Land bekannt: Medienöffentlichkeit der Zentrumsakteure

Ein effizienter Zentrumsakteur wusste seine Netze jedoch noch weiter zu spannen als in geistesverwandte Vereine, Parteimilieus sowie die Verwaltung und politische Führungsriege seines Kantons. Mit regelmäßigen Beiträgen in der regionalen Tagespresse suchte er auch an ein breites Publikum zu gelangen. Ein Blick auf das Zeitungsschaffen der Naturforscher zeigt eine inhaltlich und formal breite Palette an Texten. Viele Beiträge waren Werbung in eigener Sache. Sie informierten über Neuanschaffungen und Schenkungen für das lokale Museum oder berichteten über Vereinsaktivitäten. Daneben finden sich Reiseberichte, Naturbetrachtungen (selten gar Naturpoesie), popularisierende Wissensvermittlung zu naturwissenschaftlichen Themen sowie Stellungnahmen zu politischeren Themen wie Bildungsfragen oder Umweltschutzbelangen. Auch für öffentliche Aufrufe zum Vereinsbeitritt, für Objektschenkungen oder zur Mithilfe an Forschungsprojekten war die Zeitung eine wichtige Plattform.

Unter den fleißigsten Zeitungsautoren unserer Zentrumsakteure rangierte wohl der Liestaler Bezirksschullehrer Franz Leuthardt. Leider findet sich

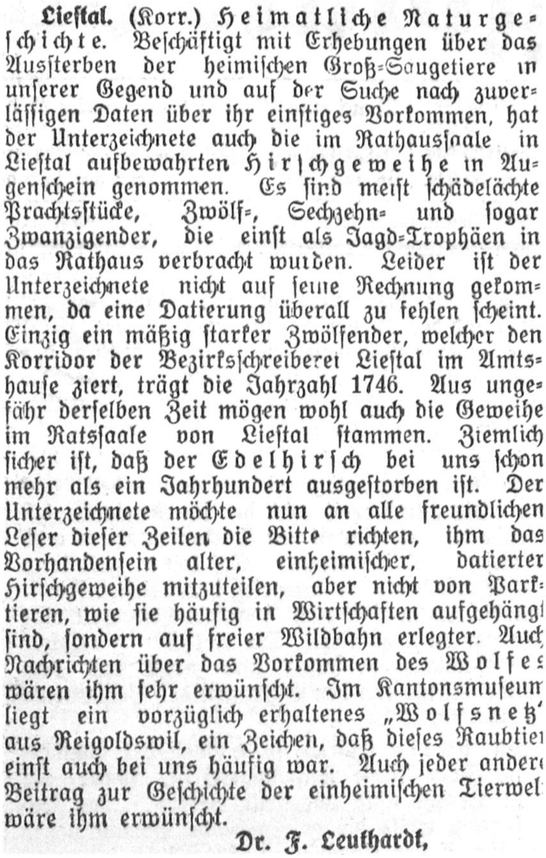
Liestal. (Korr.) Heimatliche Naturgeschichte. Beschäftigt mit Erhebungen über das Aussterben der heimischen Groß-Saugetiere in unserer Gegend und auf der Suche nach zuverlässigen Daten über ihr einstiges Vorkommen, hat der Unterzeichnete auch die im Rathaussaale in Liestal aufbewahrten Hirschgeweihe in Augenschein genommen. Es sind meist schädelächte Prachtsstücke, Zwölf-, Sechzehn- und sogar Zwanzigender, die einst als Jagd-Trophäen in das Rathaus verbracht wurden. Leider ist der Unterzeichnete nicht auf seine Rechnung gekommen, da eine Datierung überall zu fehlen scheint. Einzig ein mäßig starker Zwölfender, welcher den Korridor der Bezirksschreiberei Liestal im Amtshause ziert, trägt die Jahrzahl 1746. Aus ungefähr derselben Zeit mögen wohl auch die Geweihe im Ratssaale von Liestal stammen. Ziemlich sicher ist, daß der Edelhirsch bei uns schon mehr als ein Jahrhundert ausgestorben ist. Der Unterzeichnete möchte nun an alle freundlichen Leser dieser Zeilen die Bitte richten, ihm das Vorhandensein alter, einheimischer, datierter Hirschgeweihe mitzuteilen, aber nicht von Parktieren, wie sie häufig in Wirtschaften aufgehängt sind, sondern auf freier Wildbahn erlegter. Auch Nachrichten über das Vorkommen des Wolfes wären ihm sehr erwünscht. Im Kantonsmuseum liegt ein vorzüglich erhaltenes „Wolfsnetz" aus Reigoldswil, ein Zeichen, daß dieses Raubtier einst auch bei uns häufig war. Auch jeder andere Beitrag zur Geschichte der einheimischen Tierwelt wäre ihm erwünscht.

Dr. F. Leuthardt.

Abb. 5.23: »Heimatliche Naturgeschichte«: Zeitungsartikel Franz Leuthardts in der *Basellandschaftlichen Zeitung* (1932).

keine komplette Aufstellung seiner Zeitungsbeiträge überliefert. Einige Hinweise auf die Intensität seiner Schreibtätigkeiten liefern jedoch Notizhefte seines Nachlasses, in denen Leuthardt seine eigenen Zeitungsartikel archivierte.[251] Allein im ersten Halbjahr 1926 veröffentlichte er in der *Basellandschaftlichen Zeitung* folgende sechs Beiträge: *Grund und Boden von Baselland und seine Entstehung* (3-teilig), *Neue urgeschichtliche Funde aus Baselland*, *Über Erdschlipfe und Felsstürze im Basler Jura*, *Museum Bally-Prior in Schönenwerd*, *Prähistorisches aus Baselland* sowie eine Vorschau auf die Jahresversammlung der *Schweizerischen Naturforschenden Gesellschaft*

251 Vgl. StABL, Nachlass Franz Leuthardt, blaues Notizheft »Zeitungskorrespondenzen 1926«.

in Fribourg. Es war denn auch in erster Linie dieser wissenschaftsjournalistische Einsatz Leuthardts – und nicht an erster Stelle seine Lehrer- oder Vereinstätigkeit –, der ihn in den Augen eines Laudators als eigentlichen Volksbildner ausgezeichnet hatte: »So wurde er nicht nur der Lehrer an der Bezirksschule oder eines verhältnismässig kleinen Kreises im Rahmen der Naturforschenden Gesellschaft, sondern ein Lehrer des ganzen Volkes.«[252]

Vergleichbare Medienaktivitäten entfalteten auch Heinrich Wegelin in der *Thurgauer Zeitung*[253] und Hans Bachmann in Luzern. Nur am Rande sei hier vermerkt, dass Bachmanns Publikationspraxis auch unter der Perspektive des politischen Positionsbezugs recht aufschlussreich ist. Schrieb er in seiner Funktion als Vereinspräsident und Museumskurator, bemühte sich der Luzerner Zentrumsakteur offensichtlich um politische Neutralität. So pflegte er verschiedentlich die exakt gleichen Artikel jeweils zweimal abdrucken zu lassen: einmal für das katholisch-konservative Publikum im *Vaterland*, einmal für die liberale Leserschaft im Luzerner *Tagblatt*.[254]

Aufgrund ihrer regelmäßigen Präsenz in der Presseöffentlichkeit könnte man die naturkundlichen Zentrumsakteure auch fast als Vorreiter der heute weitverbreiteten »medialen Expertenfiguren«[255] bezeichnen. Ihre lokale Bekanntheit verdankten Franz Leuthardt, Hans Bachmann und Konsorten in erster Linie ihren prestigeträchtigen Ämtern. Wie erwähnt, gingen diese mit häufigen öffentlichen Auftritten einher: Schulunterricht, Führungen durchs Museum oder Referate vor den Naturforschern. Erst die regelmäßigen Zeitungsauftritte jedoch machten aus den Kantonsschullehrern, Vereinspräsidenten und Museumskuratoren das, was sie auf dem Höhepunkt ihrer Karrieren schließlich waren: öffentliche Figuren, deren Stimme in allen Belangen der »Natur« einiges Gewicht und ebensolchen Unterhaltungswert hatte.

252 Rolle: Gesellschaftschronik 1930-1932, 7.

253 Wegelins Nekrolog enthält auch ein Verzeichnis seiner Schriften. Diesem ist jedoch eine Einschränkung vorangestellt, die einen Hinweis auf den Umfang der Wegelin'schen Zeitungstätigkeit liefert: »[I]nsbesondere mussten wir von vornherein darauf verzichten, die zahlreichen kleinern Aufsätze in der ›Thurgauer Zeitung‹ zu erwähnen« (Leisi: Dr. h. c. Heinrich Wegelin, 166).

254 So beispielsweise 1898 die Artikel »Die wissenschaftliche Untersuchung des Vierwaldstättersees« sowie »Naturhistorisches Museum in Luzern«. Vgl. Wolff: Hans Bachmann, 409.

255 Vgl. Huber: Öffentliche Experten, 94.

Vielfältig vernetzt: Bachmanns Vierwaldstättersee-Projekt als Fallbeispiel

Um dieses von den naturkundlichen Zentrumsakteuren orchestrierte Zusammenspiel von bürgerlicher Öffentlichkeit, Regierung, Verwaltung und Medien zu veranschaulichen, soll das bereits erwähnte Fallbeispiel der Luzerner Vierwaldstättersee-Untersuchung nochmals aufgegriffen werden.[256] Bekanntlich legte der junge Kantonsschullehrer Hans Bachmann damit die nachhaltigen Grundlagen für sein lokales (und nationales) Renommee als Gewässerforscher. Das Forschungsprojekt sprengte den üblichen Rahmen einer Lokalforschung aus dem Milieu der Petite Science: Es umfasste mehrere Teilprojekte verschiedener Wissenschaftsdisziplinen wie Limnogeologie, Chemie, Zoologie und Botanik und integrierte etliche Hochschulwissenschaftler sowie eine Heerschar nichtakademischer Helfer. Die fertigen Resultate schließlich füllten mehrere dicke Bände der Jahresberichte der Luzerner Naturforscher.[257] Vor allem aber kostete das Projekt Geld: Ein eigenes Schiff sowie diverse Mess- und Analysegeräte mussten angeschafft werden, einzelne Wissenschaftler wurden für ihre Untersuchungen sowie die abgelieferten Aufsätze bezahlt, und auch der Druck der umfangreichen Forschungsergebnisse schlug teuer zu Buche.

Bachmann erwies sich als begnadeter Netzwerker. Er schaffte es geschickt, nicht nur Lehrer und Wissenschaftler einzubinden, sondern das Seeprojekt auch in der weiteren Stadtöffentlichkeit zu verankern. Je nach Publikum zog Bachmann dabei andere Register und lobte sein Projekt unter wissenschaftlichen, utilitaristischen oder touristischen Aspekten. Die Klammer, mit der er die verschiedenen Interessen zusammenzufassen vermochte, war der ausgesprochene Lokalbezug des Projektes. Rhetorisch geschickt unterlegte er sein Forschungsvorhaben mit einem lokalpatriotischen Wir-Gefühl: »Durch vereinte Kräfte wird, so hoffen wir, ein Werk zustande kommen, auf das Luzern stolz sein darf.«[258]

256 Die folgenden Ausführungen basieren, wo nicht anders vermerkt, auf den *Jahresberichten zur wissenschaftlichen Untersuchung des Vierwaldstättersees*, abgedruckt in den *Mitteilungen der Naturforschenden Gesellschaft zu Luzern* der Jahre 1897, 1898 und 1900.

257 So erschienen an größeren Beiträgen in den *Mitteilungen der Naturforschenden Gesellschaft zu Luzern* in Heft Nr. 2 (1898): X. Arnet: *Die Durchsichtigkeit des Wassers* (à 94 Seiten); in Heft Nr. 3 (1900): G. Surbeck: *Die Molluskenfauna des Vierwaldstättersees* (à 128 Seiten), G. Burckhardt: *Quantitative Studien über das Zooplankton des Vierwaldstättersees* (à 305 Seiten); in Heft Nr. 4 (1904): B. Amberg: *Optische und thermische Untersuchungen* (à 142 Seiten); in Heft Nr. 5 (1905): W. Nufer: *Die Fische des Vierwaldstättersees und ihre Parasiten* (à 232 Seiten); in Heft Nr. 6 (1911): H. Bachmann: *Das Phytoplankton des Vierwaldstättersees* (à 213 Seiten). Der Gesamtumfang aller publizierten Forschungsberichte bewegte sich also bei gut 1500 Seiten.

258 Bachmann: Jahresbericht 1898, 107.

Nachdem Bachmann die oben beschriebene Schaffung der wissenschaftlichen Infrastruktur (Gründung einer Zeitschrift, Verpflichtung von Lehrerkollegen für Teilprojekte und so fort) in die Wege geleitet hatte, galt es, nun auch die Finanzierung des Projektes zu sichern. Beim Aufbau eines Unterstützungsnetzes leisteten Bachmanns Lehrer- und Vereinskollegen wichtige Vermittlerdienste. Physiklehrer Xaver Arnet und der damals noch amtierende Naturforscherpräsident Otto Suidter vermittelten ihm Kontakte zur *Donnerstagsgesellschaft*, einer Vortragsgesellschaft des liberalen Luzerner Bürgertums.[259] Vor versammelter Runde konnte Bachmann 1895 dort über sein Projekt referieren und auch zu Spenden aufrufen. Sein Referat *Der See und seine Geheimnisse* wurde anschließend auch im *Luzerner Tagblatt* abgedruckt und der breiteren Öffentlichkeit bekanntgemacht.

Bachmanns Vorstandskollege Otto Suidter ließ weitere Kontakte spielen, um dem Forschungsprojekt zu Finanzmitteln zu verhelfen. Als langjähriges liberales Mitglied des Kantons- und Stadtparlaments, des Bezirksgerichts sowie vieler anderer Gremien war der ausgebildete Apotheker bestens vernetzt mit maßgeblichen Kreisen des Kantons. Zudem konnte er mit seinem Schwiegersohn einen prominenten Wirtschaftsvertreter als Vorsteher der sogenannten »Finanzkommission« des Seeprojektes gewinnen: Friedrich Wüest, den Direktor der Gotthardbahn.[260] Diese Kommission wirkte als Patronatskomitee im Hintergrund und verfolgte den Zweck, Spenden für das wissenschaftliche Großunterfangen einzuwerben. Die Mitgliederliste der Finanzkommission liest sich wie ein Stelldichein der Luzerner Eliten: Neben dem Gottharddirektor Wüest saßen in dem erlesenen Gremium Regierungsrat Walther, Baudirektor Stirnimann, Dampfschiffverwalter Schmid, Rigibahndirektor Fellmann, Dr. Zimmerli-Glaser, Direktor des Hotels »Beau rivage«, Pilatusbahndirektor Winkler, Oskar Hauser, Hoteldirektor des »Schweizerhof«, Bankdirektor Blankart sowie Dr. Stierlin-Hauser, Hotelier auf der Rigi-Scheidegg.[261] Die angeführten Schifffahrts- und Bahnunternehmer unterstützten das Seeprojekt außerdem mit Gratistransporten von Forschern und Material. Auch war es für Bachmanns Projekt wohl kaum von Nachteil, dass sein ebenfalls am Seeprojekt beteiligter Lehrerkollege Bernhard Amberg 1899 in die Luzerner Stadtregierung gewählt wurde. So erfuhr das Projekt großzügige und unentgeltliche Unterstützung auch seitens der städtischen

259 Auch in Solothurn wusste sich Isaak Bloch auf einen vergleichbaren Verein zu stützen, die *Töpfergesellschaft*. Vor dieser Vortragsgesellschaft des liberalen Solothurner Bürgertums referierte Bloch in seinen jungen Solothurner Jahren zweimal und griff auch auf deren Netzwerke zurück, um Geld für Neuerwerbungen seines Museums aufzutreiben. So beteiligte sich die *Töpfergesellschaft* beispielweise mit 200 Franken am Ankauf der Käfersammlung Pfarrer Rätzers (vgl. Bloch: Zehn Jahre im neuen Museum, 49).

260 Vgl. zu Suidters Vernetzungen in die lokale Elite sowie seiner Vermittlungstätigkeit Bachmann: Apotheker Otto Suidter-Langenstein, XV.

261 Vgl. Bachmann: Die Untersuchung des Vierwaldstättersees, 210.

Abb. 5.24: Virtuoser Netzwerker: Hans Bachmann verstand es, verschiedenste Kreise der Wissenschaft und lokalen Öffentlichkeit in sein Seeforschungsprojekt einzubinden. Aufnahme ohne Jahresangabe.

Behörden: Der Eichmeister, die Baudirektion sowie das Elektrizitätswerk standen dem Kantonsschulprofessor mit Gefälligkeiten helfend zur Seite.

Mit Unterstützung seiner Vereins- und Lehrerkollegen vermochte Bachmann also üppige private Geldmittel und staatliche Ressourcen für das Vierwaldstättersee-Projekt zu mobilisieren. Wie oben beschrieben, diente das Forschungsprojekt in erster Linie sicherlich Bachmanns Profilierung als Gewässerbiologe. Unbesehen entgegenlautender Beteuerungen war hingegen der Nutzen, den die Studien über Plankton, Fischparasiten und Wassertemperaturen für Staat, Wirtschaft und Gesellschaft hatten, wohl eher ein bescheidener – gehörte doch beispielsweise die Fischerei im beginnenden 20. Jahrhundert kaum mehr zu den zentralen Erwerbszweigen Luzerns. Dennoch musste Bachmann mit seiner Fokussierung auf den identitätsprägenden See einen Nerv getroffen haben, sonst hätte er kaum so viel Unterstützung erfahren. Die Luzerner Elite versprach sich von den einheimischen und auswärtigen Wissenschaftlern, die mit ihren Netzen, Sonden und Leinen die Geheimnisse des Urschweizer Gewässers zu ergründen trachteten, wohl eher einen symbolischen Mehrwert: die Aufwertung des wichtigsten heimatlichen »Naturdenkmals« qua Forschung. Gerade die rege Anteilnahme der Tourismusindustrie am Projekt verweist jedoch darauf, dass man sich aus diesen Forschungsarbeiten am und im symbolträchtigen Nass wohl durchaus auch monetären Mehrwert erhoffte.[262]

Vereine als Netzwerke: Fazit

Die kantonalen Naturforschenden Gesellschaften bildeten neben dem Museum und der Schule das dritte Standbein der Petite Science. Deren Bedeutung ergab sich weniger aus der konkreten Durchführung von Forschungsprojekten, oblagen solche doch meist der Initiative einzelner Vereinsmitglieder. Entscheidend war vielmehr, dass die Vereine das entsprechende kommunikative und soziale Umfeld für solche Einzelaktionen zu schaffen vermochten. Ein Verein beförderte wissenschaftliche Aktivitäten einerseits als Resonanzraum, der den Forschungstätigkeiten der einzelnen Mitglieder die erforderliche Öffentlichkeit verschaffte, und andererseits als Vernetzungsinstrument, das die zur Forschung erforderlichen Ressourcen bereitstellte.

Vorträge waren das gängigste Medium der Vereinswissenschaft und ihres Öffentlichkeitsbezugs. An diesen Vorträgen wurde nie bloß Wissen vermittelt. Fasst man Wissenschaftspopularisierung als interaktiven und kommunikativen Prozess auf, so zeigt sich, dass Referate immer auch der gemeinsamen Aushandlung über Gestalt und Geltung von »Wissenschaft« dienten. Ebenso spielten die Vorträge eine wichtige Rolle in der Beglaubigung von wissenschaftlichen Ergebnissen. Indem man Objekte und Resultate der eigenen Forschungen den Vereinskollegen präsentierte, kam diesen die Rolle einer epistemischen Zeugenschaft zu. Als Resonanzraum noch weit bedeutender als die Vorträge waren die vereinseigenen Zeitschriften. Sie hatten eine größere Reichweite als mündliche Vorträge, und es ist plausibel, das Vorhandensein solcher Publikationsmöglichkeiten als Hauptantrieb für viele lokale Forschungsprojekte zu betrachten.

Sowohl unter dem Blickwinkel von Teilöffentlichkeiten als auch unter jenem der Ressourcenensembles untersagt es sich jedoch, die Naturforschervereine als isolierte Gebilde betrachten zu wollen. Vielmehr waren die Natur-

262 Im Fallbeispiel Luzerns beschränkte sich die Zusammenarbeit zwischen Lokalforschung und Fremdenindustrie nicht auf das Vierwaldstätterseeprojekt: Als die Luzerner Naturforschende Gesellschaft 1902 ein Projekt zur Errichtung eines Alpengartens anschob, konnte sie auf etablierte Kontakte aus der »Finanzkommission« des Seeprojektes zurückgreifen: Mit Winkler, Direktor der Pilatusbahn, und Stierlin-Hauser, Hotelier auf der Rigi-Scheidegg, gehörten zwei ehemalige Mitglieder der »Finanzkommission« zu den frühen Förderern des Projektes. Beide suchten den geplanten Garten (und die erhofften Besucherströme) mit großzügigen Versprechungen auf ihren Hausberg zu locken, Stierlin-Hausers Angebot erhielt schließlich den Zuschlag.

forschenden Gesellschaften »Hybridräume« (Felt), in denen sich wissenschaftliche und bürgerliche Teilöffentlichkeiten gegenseitig durchdrangen. An der Untersuchungsgruppe unserer Zentrumsakteure konnte aufgezeigt werden, über welche Transmissionsriemen sich das Milieu der Petite Science mit anderen Teilöffentlichkeiten und Institutionen zu verbinden und deren Ressourcen für eigene Zwecke zu mobilisieren vermochte.

Über Mehrfachmitgliedschaften der einzelnen Vereinsmitglieder entstanden innerhalb der bürgerlichen Vereinslandschaft Netzwerke, die unterschiedliche Sektoren der bürgerlichen Öffentlichkeit miteinander verbanden. Dabei wiesen die Sektionen des *Schweizerischen Alpenclubs* die größten Überschneidungsflächen mit dem Milieu der naturkundlichen Lokalforschung auf. Nach der Jahrhundertwende übernahmen zunehmend Natur- und Heimatschutz die Rolle des natürlichen Bündnispartners der Petite Science.

Parteipolitische Netzwerke hingegen spielten für die Öffentlichkeitswirkung und Ressourcengenerierung der Zentrumsakteure eine geringere Rolle. Vielmehr waren die Präsidenten der Naturforschervereine darauf bedacht, sich politisch nicht zu exponieren, und suchten stattdessen die Anlehnung an den Mainstream, üblicherweise liberal-freisinniger Prägung. Wichtiger als Parteinetzwerke waren stattdessen unverfänglichere Kulturorganisationen des liberalen Bürgertums, wie beispielsweise Vortragsgesellschaften. Diese wurden von den Zentrumsakteuren genutzt als Plattformen für Selbstdarstellung, inhaltliche Arbeit wie für die Einwerbung von Mitteln.

Bedeutender für die Einbettung der Zentrumsakteure in lokale Elitennetzwerke war jedoch ihre Gutachter- und Beisitzertätigkeit für kommunale und kantonale Gremien. Auf der Grundlage ihrer naturwissenschaftlichen Expertise zu Fragen der öffentlichen Gesundheit, der Wasserversorgung, der Umweltverschmutzung und so fort wurde den Zentrumsakteuren eine parastaatliche Autorität zugewiesen: Sie übernahmen Aufgaben des Staates, für die damals oft noch gar keine institutionellen Gefäße existierten. Abgesehen vom Autoritätszuwachs und einem zuträglichen Nebeneinkommen waren diese Tätigkeiten für die Zentrumsakteure vor allem aus einem Grund attraktiv: Sie ermöglichten das Knüpfen von wertvollen Kontakten zu Verwaltung und Exekutive. Diese stellten für den Zentrumsakteur ein wichtiges Beziehungskapital dar, auf das er in seiner Rolle als Vereinspräsident als auch als Lehrer und Kurator zurückgreifen konnte. Die Vernetzung der lokalen Naturforschung beschränkte sich nicht auf einschlägige Vereine, elitäre bürgerliche Zirkel und politische Führungsgremien. Um auch die breitere Öffentlichkeit für Ziele der Naturforschung einzunehmen und gegebenenfalls auch in diesen Kreisen Ressourcen mobilisieren zu können, entfalteten die meisten Zentrumsakteure eine ausgeprägte Medienaktivität. Sie belieferten Lokalzeitungen regelmäßig mit populärwissenschaftlichen Artikeln sowie Nachrichten zur Museums-, Forschungs- und Vereinstätigkeit und verstanden es so, sich als mediale Expertenfiguren zu etablieren.

5.5 Institutionen und Akteure: Rückblick

Drei Institutionen standen im Mittelpunkt dieses Kapitels: die naturkundlichen Lokalmuseen, die Mittelschulen sowie die kantonalen Naturforschenden Gesellschaften. Ziel der Ausführungen war es jedoch nicht, eine Geschichte der betreffenden Institutionen zu schreiben. Das Interesse galt vielmehr der Bedeutung, die diese Körperschaften für die konkreten Wissenspraktiken in den naturkundlichen Wissensmilieus besaßen: Wie unterstützten und strukturierten sie die Sammlungs- und Forschungsvorhaben der Petite Science?

Das Hauptaugenmerk richtete sich dabei auf die Figur des naturkundlichen Zentrumsakteurs. An der Schnittstelle besagter drei Institutionen agierend und in Personalunion überall in Leitungsfunktion tätig, verfügte diese Figur über eine beachtliche Machtfülle. Ein solcher Akteur, der als Naturgeschichtslehrer an der Kantonsschule unterrichtete, das kleinstädtische Naturmuseum kuratierte und als Präsident die Geschicke des kantonalen Naturforschervereins leitete, ließ sich für jedes hier untersuchte lokale Wissensmilieu ausmachen: Christian Brügger prägte in dieser Funktion die Naturforschung in Chur, Heinrich Wegelin jene von Frauenfeld, in Liestal kam diese Rolle Franz Leuthardt zu, in Luzern betätigte sich Hans Bachmann als Zentrumsakteur, und in Solothurn schließlich entsprach Isaak Bloch exakt dieser Figur.

Es stellt sich die naheliegende Frage, ob es sich bei diesem Augenmerk auf herausragende Gestalten nicht um eine unzulässige Einschränkung handelte. Fielen so nicht unauffälligere Akteure unter den Tisch, die ebenso wichtige Beiträge zur lokalen Wissensproduktion geliefert hatten? Der Fokussierung auf die Zentrumsakteure, um diesen Einwand zu entkräften, kam in diesem Kapitel zuerst einmal eine heuristische Bedeutung zu. Durch die hier aus der Warte des Zentrumsakteurs nachgezeichneten institutionellen Eckpunkte Museum, Schule und Verein wurde gleichsam das Feld eines lokalen Wissensmilieus abgesteckt. Dieses gab im Wesentlichen auch die Aktivitätsradien, Betätigungsgebiete und Möglichkeitsräume der unscheinbareren Akteure vor und ist daher von allgemeinerem Interesse.

Die Zentrumsakteure waren jedoch weit mehr als bloß heuristische Gestalten, mittels deren sich Gestalt und Größe naturkundlicher Wissensmilieus trefflich nachzeichnen und vermessen lassen. Vielmehr prägten Brügger und Konsorten die Tätigkeiten der jeweiligen Wissensmilieus maßgeblich und verliehen den naturhistorischen Disziplinen im lokalen Kontext gleichsam ein Gesicht. Sie waren prominente Persönlichkeiten mit großer Ausstrahlung.

Im Unterfangen, sich eine solche gesellschaftliche Position zu erarbeiten, spielten zwei Größen eine wichtige Rolle: der ausdifferenzierte Öffentlichkeitsbezug des Zentrumsakteurs sowie seine Fähigkeit, Ressourcen zu mobilisieren. Einerseits dienten ihm die Institutionen Museum, Schule und Verein als Bühnen, auf denen er seine wissenschaftlichen Interessen unterschiedlichen Teilöffentlichkeiten kommunizieren konnte. Die Zugänge zu diesen Teilöffentlichkeiten – seien dies nun freischwebende Liebhabersammler, fachwissenschaftliche Vereinigungen, Stadtverwaltungen oder lokale Wohltätigkeitsgesellschaften – waren andererseits gleichbedeutend mit der Möglichkeit, deren je spezifische Ressourcen für eigene wissenschaftliche Zwecke mobilisieren zu können. Da zudem die Verwaltungsstrukturen von Museum, Schule und Verein damals noch kaum professionalisiert waren, konnten die Zentrumsakteure über diese Institutionen verfügen wie über private Königreiche. Indem die Zentrumsakteure deren Räumlichkeiten, Objekte und Personal für ihre eigenen Zwecke einzuspannen wussten, verwandelten sie auch diese von ihnen verwalteten Institutionen zu eigentlichen Ressourcen. Wie gezeigt wurde, organisierten die Lehrer-Kuratoren-Vereinspräsidenten auf diese Weise unbezahlte Hilfskräfte, Bestimmungskompetenzen, Kontakte zum Sammlermilieu, Gabenmaterial für Interaktionen mit großen Museums- und Universitätssammlungen und vieles mehr. Vielfältiger Öffentlichkeitsbezug sowie zielgerichtete Mobilisierung von Ressourcenensembles – diese zwei Größen vermögen zu erklären, wie die Zentrumsakteure auch in ländlichen Kleinstädten ohne eigene Hochschulstrukturen alles aufbringen konnten, was eine Wissenschaft zum Funktionieren braucht: ein Publikum, Diskussionsgefäße, Publikationsplattformen, Sammlungen, Räumlichkeiten, Arbeitskräfte und Geldmittel.

Jenseits ihrer Rolle für den Aufbau und die Vernetzung lokaler Wissensmilieus waren die Zentrumsakteure aber auch interessant als sozialer Typus. Geschickt bedienten sie sich ihrer Schnittstellenposition zwischen Museum, Kantonsschule und Verein, um ihre soziale Stellung innerhalb ihrer Kleinstadt (und darüber hinaus) zu festigen und nach Möglichkeit zu heben. Die Petite Science diente ihren herausragenden Protagonisten auch als Aufstiegsmedium. An den Protagonisten der Untersuchungsgruppe zeigt sich dies deutlich. Bis auf Christian Brügger, dessen Vater als Landschreiber amtete und einer alteingesessenen Churwaldner Patrizierfamilie angehörte, entstammten alle anderen Zentrumsakteure Arbeiter- oder Mittelstandsfamilien. Der Vater Heinrich Wegelins war Glaser, jener von Franz Leuthardt Maurer und Kleinbauer, und Hans Bachmanns Vater verdiente sein Auskommen als Dorfschullehrer und Kleinbauer. Etwas anders gelagert war der Fall bei Isaak Bloch. Dessen Eltern stammten ursprünglich aus dem Aargauer »Judendorf« Lengnau und erhielten 1875 das Bürgerrecht der Stadt Zürich. Isaaks Vater Meier Bloch arbeitete als Kaufmann im Tuchgeschäft seines Schwiegervaters an der Zürcher Bahnhofstrasse und war Besitzer eines Hauses im Zürcher Seefeld.[263] Blochs Karriereweg stellte somit weniger im Hinblick auf seine soziale Herkunft denn in Bezug auf seine konfessionelle Zugehörigkeit eine Aufstiegsgeschichte dar – war doch die Stellung der jüdischen Bevölkerung in der damaligen Schweiz sehr marginal.[264] Zentrales Aufstiegsmedium für die späteren Zentrumsakteure war die formale Bildung, sprich ein Universitätsabschluss. Bei den aus ärmlichen Verhältnissen kommenden Protagonisten Wegelin und Bachmann verlief dieser Weg nicht geradlinig. Beide mussten erst als Primarlehrer unterrichten, bevor sie ein Universitätsstudium in Angriff nehmen konnten. Wegelin verzichtete denn auch auf eine Promotion, was ebenfalls den finanziellen Verhältnissen seiner Familie geschuldet gewesen sein könnte.

Schlussendlich erlangten aber alle unserer Zentrumsakteure eine prestigeträchtige Stelle als Naturkundelehrer an einer Kantons- oder Bezirksschule. Wenn diese Stelle auch mit beträchtlichem Sozialkapital verbunden war, so war damit rein aus der Perspektive der beruflichen Karriere dennoch das Ende der Fahnenstange erreicht. Eine Rückkehr an die Hochschulen und folglich ein Aufstieg innerhalb des wissenschaftlichen Feldes blieb ihnen ab der Jahrhundertwende in der Regel verwehrt, mochten sie auch – wie dies Bachmann vorführte – dieses Ziel mit beträchtlicher Energie verfolgen. In der Regel standen einem solchen Aufstieg gleichermaßen die zunehmende Professionalisierung der Hochschulen als auch das ausgesprochene Generalistentum entgegen, das die Forschungstätigkeit der typischen Zentrumsakteure auszeichnete. Innerhalb des beruflichen Rahmens führte der Weg nach oben höchstens noch ins Rektorenamt ihrer Schule, ein Weg, den Franz Leuthardt eingeschlagen hatte.

Das soziale Kapital, das mit ihrer beruflichen Stellung einherging, war jedoch nur das eine. Von ebensolcher Bedeutung war auch ein anderer Aspekt: das symbolische Kapital, das die Zentrumsakteure durch geschickte Nutzung der von ihnen verwalteten Institutionen einzufahren vermochten. Ihre öffentliche Selbstdarstellung in Schule, Museum und Verein, ihre Medienaktivitäten, ihre Kontakte zu Hochschulprofessoren und nationalen Wissenschaftsorganisationen, ihre Beratertätigkeit für Staat und Verwaltung und ihre Ehrendoktorate zahlten sich aus: Die Zentrumsakteure genossen hohes Ansehen und waren prominente öffentliche Figuren. So wurde beispielsweise der jüdische Tuchhändlersohn Isaak Bloch bei seinem Ableben gewürdigt als »eine Persönlichkeit, die im kulturellen Leben von Stadt

263 Vgl. StAZH, W I 58, 7, II. Teil, 3.1/1.

264 So wurde im Jahre 1893, als Isaak Bloch Doktorand an der Universität Zürich war, eine Volksinitiative für die Einführung des Schächtverbots (als erste Volksinitiative der Schweiz überhaupt!) von 60 Prozent der Stimmbürger angenommen. Der Abstimmungskampf wie auch das Abstimmungsresultat waren regional klar antisemitisch gefärbt (vgl. Mesmer: Das Schächtverbot von 1893).

und Kanton Solothurn eine maßgebende Rolle spielte«.[265] Über ihre Rolle als Zentrumsakteure gelangten also der säkularisierte Jude Bloch wie auch Leuthardt, Wegelin und Bachmann, Söhne von Kleinbauern, Glasern und Dorfschullehrern, in soziale Stellungen, die über die üblichen Aufstiegspotentiale des formalen Bildungsweges hinausreichten.

Auf ihrem Aufstieg in die kantonale und kleinstädtische Elite legten die Zentrumsakteure durchaus unternehmerisches Handeln an den Tag. Zu dem Zweck, ihre Handlungsfelder auszuweiten, suchten sie strategische Allianzen mit Behörden, Mäzenen oder der (Tourismus-)Industrie. Und auch hinsichtlich finanzieller Interessen waren sie keineswegs unbedarft: Ihre Medienaktivitäten, Vortragstätigkeiten und vor allem ihre Gutachtertätigkeit bedeuteten den Kantonsschullehrern immer auch ein Nebeneinkommen, das zusätzlich zum bereits beachtlichen Lohn eines Mittelschullehrers[266] zuweilen recht stattlich ausfallen konnte. Kurz, die umtriebigen Zentrumsakteure gehörten augenscheinlich zu jener Gruppe des Bürgertums, die Albert Tanner in Anlehnung an Rainer M. Lepsius und Jean-Pierre Chaline als »bourgeoisie des talents«[267] umschreibt: Akademiker, die in den sich ausweitenden Sektoren von Bildung, Verwaltung und Dienstleistung ihr Auskommen fanden und sich durch ein unternehmerisches Denken auszeichneten – unabhängig davon, ob sie in einer Festanstellung oder freiberuflich arbeiteten.

Gut sichtbar verewigten die Zentrumsakteure ihren sozialen Aufstieg, ihre begüterte Lage und ihre symbolische Stellung auch in Stein und Mörtel: Praktisch alle ließen sich standesgemäße »Professorenvillen« errichten. Von diesen Villen überlebten in den betreffenden Kleinstädten einige bis auf den heutigen Tag und bezeugen auf ihre Weise die damalige Ausstrahlung der naturkundlichen Zentrumsakteure. Diesen Villen, die Ort der Forschung, des Familienlebens sowie des Naturgenusses gleichermaßen waren, widmet sich das übernächste Kapitel. Doch vor der Besichtigung dieser Häuser steht noch ein Spaziergang durch Wald und Wiesen an: Das folgende Kapitel behandelt die lokale Landschaft und ihre Herstellung und Erforschung durch die Petite Science.

265 Stuber: Isaak Adolf Bloch, 385.

266 So verdiente Isaak A. Bloch als relativ frisch angestellter Kantonsschullehrer in Solothurn im Jahre 1900 ein steuerbares Einkommen von 25.000 Franken (vgl. Huser: Vieh- und Textilhändler, 137).

267 Vgl. Tanner: Arbeitssame Patrioten, 27 und 106-118.

6. Landschaft zwischen Erkenntnis und Erlebnis

Im August 1906 unternahm der blumenbegeisterte Kurzwarenhändler Auguste Charpié aus Malleray im Berner Jura eine Exkursion auf den Obergrenchenberg. Auf seinem botanischen Pirschgang durch den Schwelligraben stieß er auf zwei andere Männer, die ebenfalls der dortigen Flora nachstellten: den Langendörfer Arzt Rudolf Probst in Begleitung des Privatgelehrten Hermann Lüscher. Bei den beiden Herren handelte es sich um Schwergewichte der lokalen Floristik. Lüscher veröffentlichte 1898 die *Flora des Kantons Solothurn*, zu der Probst 1904 mit seinem *Beitrag zur Flora von Solothurn* den offiziellen Nachtrag beisteuerte.

Charpié und Probst mussten sich auf Anhieb verstanden haben. Kurz nach diesem Treffen in freier Natur nahmen sie Briefkontakt auf, und in der Folge entspann sich zwischen den beiden eine Botanikerfreundschaft, die erst durch Charpiés Tod 1918 beendet wurde. Sie pflegten eine rege wissenschaftliche Korrespondenz, beschenkten sich mit gefundenen Raritäten und besprachen auftretende Bestimmungsprobleme.[1] Vor allem aber begaben sie sich ein bis zweimal jährlich zusammen auf Exkursion. Diese führte sie regelmäßig an immer wieder die gleichen Orte des Jurabogens, meist auf die Hasenmatt in der Weissensteinkette oder auf Charpiés botanischen Hausberg, den Montoz. Ihre gemeinsame Bezugnahme auf beiden wohlvertraute Standorte, deren botanische Eigenheiten sowie die dort gefundenen Pflanzen bildeten ein wichtiges Band ihrer Freundschaft. Die Juralandschaft, wie Charpié in seinem ersten Brief an Probst umriss, bedeutete beiden Lokalforschern Raum für botanische Wissenschaft wie für Naturgenuss gleichermaßen: »J'ai eu beaucoup de plaisir, moi aussi, à recontrer le M. Lüscher & vous, deux hommes éprit comme moi de notre belle nature et en particulier de nos montagnes et de leur flore si intéressante.«[2]

Diese zwei Bedeutungsebenen, welche die Naturnahräume für die Petite Science besaß, sollen im folgenden Kapitel ausgemessen werden: Lokale

1 Zum wissenschaftlichen Austausch zwischen Probst und Charpié und zur Rolle, die botanische Geschenke in dieser Beziehung einnahmen, vgl. die Ausführungen in Kapitel 3.3.

2 Naturmuseum Solothurn. Nachlass Dr. Rud. Probst, Korrespondenzen, Doppelband (1710/1711), Brief Charpiés vom 13.8.1906.

Landschaft bildete einerseits die räumliche Basis spezifischer wissenschaftlicher Erkenntnis und andererseits den Rahmen eines fröhlichen Freizeitvergnügens.

6.1 Landschaft als Ort der Erkenntnis

Mit Darwins Augen: Zum Stellenwert lokaler Besonderheiten

In den vorangegangenen Kapiteln wurde verschiedentlich aufgezeigt, dass sich die Akteure der Petite Science in ihrer Forschungstätigkeit oft eine Beschränkung auf das Lokale auferlegten. Ob in der Festlegung des Untersuchungsgebietes einer Bestandeserfassung, in den statuarisch festgehaltenen Zwecken der Naturforschervereine oder in den Sammlungsvorgaben der kleinstädtischen Naturmuseen: Die Grenzen lokaler Naturräume markierten stets den Wirkbereich, für den sich die Forscher als zuständig erachteten.

Diese Beschränkung des Forschungshorizonts auf das Lokale hatte in erster Linie ganz praktische Gründe. Auf der Grundlage knapper Mittel entsprach sie schlicht dem Rahmen des Möglichen. Für den Museumskurator im Nebenamt bedeutete sie eine Entlastung von exotischen und schwer bestimmbaren Objektbeständen. Für die Freizeitfloristen stellten die Grenzen des Kantonsgebietes die Ziellinie ihrer Forschungsanstrengungen dar, die realistischerweise noch zu erreichen war.

Zudem beinhaltete die Ausrichtung auf das Lokale auch ein soziales Moment. Das Vorhaben, den eigenen Kanton, den landschaftsprägenden See oder den stadtnahen Hausberg zu erforschen, bot einer Vielzahl weiterer Beteiligter lebensweltliche Anknüpfungspunkte. Diese konnten ganz unterschiedlich sein und sich von handfesten Interessen bis hin zu schwärmerischem Idealismus erstrecken. Wieso auch immer die Öffentlichkeit sich angesprochen fühlen mochte: Diese Aufmerksamkeit ermöglichte den Lokalforschern, Mittel für ihre Forschungen zu mobilisieren und unter Berufsgruppen, Vereinen, wohltätigen Gesellschaften, Medien oder Behörden Verbündete zu gewinnen.

Vor allem aber war die Fokussierung auf das Lokale schließlich auch eine Strategie, sich neben der Hochschulwissenschaft zu behaupten. Freiwillig wiesen sich die Lokalforscher einen überschaubaren Raum fernab der wissenschaftlichen Zentren zu, über den sie dann aber aufgrund erfahrungsgesättigter Detailkenntnisse erfolgreich Deutungsmacht beanspruchen konnten.

In ihrer mehrheitlichen Ausrichtung war die Petite Science also eine ausgesprochene Lokalforschung: Sie widmete sich in erster Linie der Inventarisierung und Sammlung lokaler Naturdinge. Diese Charakterisierung der

Abb. 6.1: Franz Leuthardt und Kollegen auf Exkursion im Bölchengebiet. Aufnahme ohne Jahresangabe.

Petite Science in ihrer lokalwissenschaftlichen Ausrichtung klingt nun etwas gar statisch, als sei es einzig darum gegangen, ein klar umgrenztes Gebiet möglichst vollständig abzugrasen und die gefundenen Dinge zusammenzutragen. Jedoch war dies nicht die ausschließliche Ausrichtung der Forschung: Vielen Lokalforschern bedeutete der Naturnahraum mehr als bloß ein zu inventarisierender Objektbestand. Die Landschaften, die sie auf ihren Exkursionen und Sammelstreifzügen durchwanderten, waren für sie auch Denkräume, Räume für Gedankenversuche und mehr oder weniger ausgesprochene Theoriebildung. In den Augen vieler Lokalforscher waren Landschaften keine starren Anordnungen, sondern dynamische Dingensembles, die sich bei aufmerksamer Betrachtung als eigentliche Wissensräume erschließen ließen.

Dieser Ansicht war auch Auguste Charpié, der blumeninteressierte Kurzwarenhändler aus Malleray. Im August 1912 unternahm er eine Exkursion in die nahe gelegenen Jurahöhen. Er wanderte vom Montoz, seinem Hausberg, Richtung Bettlach. Mit seinen Schritten ostwärts entlang der Jurakette änderten sich auch die Formen der von ihm beobachteten Glockenblumen, wie er seinem Botanikerkollegen Probst brieflich mitteilte:

> »Le 26 courant, j'ai longé le Montoz d'ici aux Brüggliburgflühe. Sur le Montoz de Sorvilier on trouve déjà la grande campanule de montagne, mais à boutons dressés tandis qu'à partir de la Wandfluh, ils sont défléchis (C. Scheuchzeri). Entre ces localités on trouve des formes de passage. Avez-vous trouvé sur le Jura soleurois la forme a feuilles *unilaterales*?«[3]

Charpiés Augenmerk auf Unterschiede in Wuchs, Form und Farbe, die gleiche Pflanzenarten an verschiedenen Orten der Juraketten entwickeln, zieht sich wie ein roter Faden durch seine botanische Korrespondenz mit Rudolf Probst. Woher diese Aufmerksamkeit für lokal geprägte Charakteristika? Charpié war keineswegs ein »Speziesproduzent«, der als Autor angeblich neuer (Unter-)Arten oder Varietäten seinen eigenen Namen in der botanischen Nomenklatur verewigen wollte.[4] Im ganzen Briefwechsel mit Probst äußert er nur einmal die zaghafte Absicht, eine von ihm bei Sorvilier gefundene Varietät einer Kreuzblumen-Art publizieren zu wollen, als *Polygala depressa Var. Sorvillana*.[5]

Besagter Briefwechsel liefert auch Aufschluss über die Gründe für Charpiés Liebe fürs lokale Detail. Im August 1909 bestätigte der Kurzwarenhändler den Erhalt einer erhellenden Buchsendung des Arztes: »Bien reçu Dodel-Port.«[6] Beim besagten Buch, das Charpié von Probst zur Ansicht erhielt, handelte es sich um *Illustrirtes Pflanzenleben* (1880) des Zürcher Botanikers Arnold Dodel-Port. Dieser wirkte von 1883 bis 1903 als Professor für Botanik an der Universität Zürich. Er korrespondierte mit Charles Darwin und Ernst Haeckel und war einer der wichtigsten Popularisatoren der darwin-

3 Naturmuseum Solothurn. Nachlass Dr. Rud. Probst, Korrespondenzen, Doppelband (1710/1711), Brief Charpiés vom 31.8.1912.

4 Vgl. zur Entdeckung, Beschreibung und Benennung neuer Arten die Ausführungen in Kapitel 4.1.

5 Naturmuseum Solothurn. Nachlass Dr. Rud. Probst, Korrespondenzen, Doppelband (1710/1711), Brief Charpiés vom 11.12.1911.

6 Ebd., Brief Charpiés vom 9.8.1909.

schen Evolutionstheorie in der Schweiz. In seinem populären *Illustrirten Pflanzenleben* behandelte Dodel-Port Aspekte des Pflanzenlebens wie sexuelle Fortpflanzung, Bewegung oder fleischfressende Ernährung unter darwinistischen Gesichtspunkten.

Dass Charpié und Probst ihre jurassischen Pflanzenfunde unter dem Blickwinkel von Auslese und Anpassung betrachteten, kommt nicht von ungefähr: Im ausgehenden 19. Jahrhundert waren darwinsche Denkansätze vielen Forschungsvorhaben der Petite Science zumindest implizit unterlegt. Die außeruniversitären Naturforscher befanden sich dabei in bester Gesellschaft: Auch an den Schweizer Hochschulen war die darwinsche Evolutionsbiologie ab den späten 1870er-Jahren zum vorherrschenden Mainstream geworden. So vermeldete Dodel-Port 1880 seinem britischen Spiritus Rector, an den Zürcher Universitäten würden sich unterdessen alle Naturforscher als Darwinisten bezeichnen, abgesehen vom älteren und konservativen Oswald Heer.[7] Nachdem Heer 1882 emeritiert worden war, erfuhr die allgemeine Hinwendung zur Evolutionstheorie darwinscher Prägung nochmals einen deutlichen Schub: Die meisten der jüngeren Botaniker und Zoologen, die im Laufe der 1880er-Jahre auf Lehrstühle an der Universität und am Polytechnikum gewählt wurden, waren ausdrückliche Verfechter dieses Theoriegebäudes. Bei dieser jungen Generation handelte es sich um exakt jene Professoren, die bezüglich ihrer engen Kooperation mit dem Milieu der Petite Science bereits mehrmals erwähnt wurden, wie der Botaniker Carl Schröter und der Zoologe Arnold Lang. Verschiedentlich nahmen diese beiden Professoren wohlmeinend Bezug auf Darwin und machten sich ausgehend von ihren Überzeugungen vor allem auch auf die Suche nach einschlägigen helvetischen Pionieren: Nach dem Tode Oswald Heers wollte Carl Schröter in diesem »einen der zahlreichen Vorläufer Darwins«[8] erkennen und ließ sich in diesem Vorhaben auch nicht von etlichen gegenteiligen Verlautbarungen seines Lehrstuhlvorgängers beirren.[9] In ähnlicher Weise stilisierte Arnold Lang den Bündner Botaniker Alexander Moritzi in einer Denkschrift als einen »schweizerische[n] Vorläufer Darwins«.[10] An dieser Schrift Langs war auch einer seiner ehemaligen Schüler beteiligt: Der Solothurner Kantonsschullehrer Isaak Bloch, der in den vorangegangenen Kapiteln bereits verschiedentlich als umtriebiger naturkundlicher Zentrumsakteur in Erscheinung getreten ist und auch mit Probst und Charpié in Kontakt stand. Bloch war unter den hier portraitierten Akteuren der Petite Science wohl einer der prononciertesten Darwinisten.[11] Er legte seinen jüdi-

7 Vgl. den entsprechenden Hinweis bei Leu: Der Paläobotaniker Oswald Heer, 12.
8 Schröter: Oswald Heer, 349.
9 Vgl. Leu: Der Paläobotaniker Oswald Heer, 12.
10 Vgl. Lang: Alexander Moritzi. Ein schweizerischer Vorläufer Darwins.
11 Neben der Mitarbeit an Langs Gedenkschrift betätigte sich Bloch auch in weiteren Schriften als Propagandist für evolutionstheoretische Standpunkte, so veröffentlichte

schen Glauben ab und hielt, wie in seinem Nachruf zu lesen ist, seinem Universitätslehrer Lang »zeitlebens [...] in weltanschaulichen Belangen« die Treue.[12] Blochs Darwin-Enthusiasmus war keineswegs untypisch. Wie Sabine Andresen in einem Beitrag zur Darwinrezeption in Schweizer Naturkundelehrmitteln schreibt, stellten fortschrittlich eingestellte Lehrer und ihre Verbände die entschlossensten Lobbyisten für die Verankerung Darwins in den Lehrplänen dar und verteidigten in ihren Zeitschriften stets auch Dodel-Port gegen Anfeindungen von Evolutionsskeptikern.[13]

Es sollen im Folgenden aber nicht die einzelnen Positionsbezüge für (oder in wenigen Fällen auch wider) die darwinsche Evolutionstheorie interessieren. Im Mittelpunkt der Betrachtung sollen stattdessen zwei andere Aspekte stehen. Einerseits soll die strategische Bezugnahme auf darwinsche Sichtweisen vorgestellt werden, mit der einzelne Vertreter der Petite Science die wachsende Dominanz der universitären Laborbotanik zurückzuweisen versuchten. Andererseits sollen, anknüpfend an Charpiés Feldbeobachtungen über sich verändernde Glockenblumen im West-Ost-Verlauf des Jurabogens, konkrete Forschungspraktiken der Petite Science beleuchtet werden, die mehr oder weniger ausdrücklich von Vorstellungen der Anpassung und Auslese beeinflusst waren.

Wider das Labor: Lokalität als Legitimation der Feldforschung

Für einen Befürworter evolutionistischer Adaptionstheorien war es nicht unwesentlich, *wo* ein bestimmtes biologisches Phänomen beobachtet wurde. Der Berufung auf die Lokalität von wissenschaftlichen Erkenntnissen – ihrer Einbettung in lokale Landschaften – kam im letzten Drittel des 19. Jahrhunderts aber nicht nur eine erkenntnistheoretische, sondern auch eine strategische Funktion zu. Diese bestand darin, das Erkenntnispotential der Feldwissenschaft gegen die behauptete methodische Überlegenheit des Labors zu verteidigen. Wie am Beispiel Christian Brüggers aufgezeigt werden soll, handelte es sich bei diesem Loblied des erfahrungsgesättigten Landschaftswissens

er 1909 im Jahresbericht des *Vereins schweizerischer Gymnasiallehrer* den Text *Das Jubeljahr der Descendenztheorie* (vgl. Stuber: Isaak Adolf Bloch, 388), und in einer biographischen Skizze über Pfarrer Rätzer ließ er es sich 1911 nicht nehmen, auf die befürwortende Haltung des Geistlichen zur Evolutionstheorie hinzuweisen: »[E]igenes Studium hat ihn auf den Boden der Descendenztheorie geführt« (Bloch: Zehn Jahre im neuen Museum, 148).

12 So schreibt Karin Huser, die *Israelitische Kultusgemeinde Solothurn* habe Bloch nach dessen Ankunft in Solothurn erfolglos zu einem Beitritt ermuntert. Dieser habe sich jedoch von der jüdischen Religion abgewandt und sich »ausgesprochen naturwissenschaftlich-säkular« gegeben (Huser: Vieh- und Textilhändler, 314 und 387).

13 Andresen: Verklemmt, 200.

letztlich darum, die Autonomie der Petite Science gegenüber universitären Forschungspraktiken zu behaupten und die Lokalforschung zu legitimieren. Der Churer Kantonsschulprofessor, den wir bereits im vierten Kapitel als streitbaren Hybridpflanzenforscher und vehementen Gegenspieler August Gremlis kennenlernten, war bekanntlich ein Lokalforscher durch und durch. Ob als Botaniker, der etliche »neuentdeckte« Pflanzen mit regional gefärbten Namen taufte, als Historiker, der Persönlichkeiten und Ereignisse aus der rhätischen Vergangenheit portraitierte, oder als Alpinist, den es jeden Sommer auf die Bündner Berggipfel zog – in jeder Hinsicht bildete das Lokale den Rahmen seiner Erkenntnissuche.

Wie für alle Floristen war die lokale Landschaft für Brügger auch ein besonderer Ort der Wahrheit. Die Korrektheit seiner Standortangaben von bestimmten Pflanzenarten bildete die tragende Säule seiner Glaubwürdigkeit. Von anderen Wissenschaftlern konnten diese Angaben zu einem späteren Zeitpunkt überprüft werden, und die in den Florenwerken bezeichneten Orte in der Landschaft wurden so zum Prüfstand der Glaubwürdigkeit. Dies tat beispielsweise der mit Brüggers Widersacher Gremli verbündete Robert Buser. Er machte sich 1881 im Albulatal auf die Suche nach einem von Brügger dort angeblich gefundenen Pflanzenmischling:

> »[I]ch sah aber nichts als massenhaft M. vespertinum und keine Spur einer irgendwie, noch so schwach, rötlich gefärbten Form. In den umliegenden Wiesen, die damals noch nicht geheut waren, in den Hecken dem Weg entlang, auf der ganzen Strecke bis zum Alvaneuer Bad habe ich vergebens nach einem M. diurnum ausgespäht […]. Ich denke, die Äcker liegen noch dort und es wird einem Dritten leicht sein, meine Beobachtungen zu controlliren.«[14]

Brügger mochte diese Anzweiflung wohl kaltlassen. Die Autopsie im Feld, die Untersuchung mit eigenen Augen, stellte für ihn mehr dar als eine bloße Überprüfung auf Korrektheit. Wenn er eine Landschaft und ihre Pflanzenstandorte in Augenschein nahm, so bedeutete ihm dies vielmehr ein Moment tieferer Erkenntnis. Indem er sich auf die lokale Landschaft in allen ihren Eigenheiten einließ, sprangen Brügger gewissermaßen die Erkenntnisse zu beziehungsweise »winkten« den aufmerksamen Forscher herbei:

> »Obige Beschreibung stützt sich im Wesentlichen auf die an Ort und Stelle beim ersten Anblick der lebenden Pflanze an ihrem natürlichen Standorte aufgezeichneten Notizen, als ich am 26. Juni in der Alpmulde von Ober-Latschüel an der Küpfen-Fluh westlich über Davos-Platz (in der Meereshöhe von ca. 2400 m. auf glimmerreichen sandigen Lehm-

14 Buser: Die Brügger'schen Weiden-Bastarde, 54.

boden, gneisähnliches ›Casannagestein‹ Theob.) unter den zu Tausenden blühenden Schaaren der beiden Stammarten zum ersten Male eine Gruppe der neuen Zwischenform erblickte und sofort erkannte. [...] Hier nun an einer Stelle, wo sich die letztere auch auf den am Fusse der Felsabstürze ausbreitenden steinigen Waideterassen niedergelassen hat [...], also gerade auf der Grenzlinie zwischen Weide und Felsen (›Tschuggen‹), wo die zwei sonst durch den Standort streng geschiedenen Arten miteinander in nähere Berührung kommen, hier winkt auf einmal eine kleine Gruppe der neuen Form, die in ihrem ganzen Habitus wie in den einzelnen Charakteren den deutlichen Stempel eines durch Kreuzung entstandenen Mischlings an sich trägt.«[15]

Ganz ähnlich berichtete auch Brüggers Freund Jakob Jäggi von einer Exkursion im Albulagebiet als apotheotischem Moment der Erkenntnis: »Im Verlauf dieses Sammelns stiess ich einmal auf einen Rasen, der mein Auge frappierte, wie mit elektrischem Schlage: Herrgott [...].«[16] Wie sind solche Geistesblitze zu deuten? Die leuchtenden Erkenntnisse Brüggers und Jäggis waren geerdet in der Bündner Bergwelt. In ihrem wissenschaftlichen Denken kam dieser Landschaft – oder ganz allgemein bestimmten Landschaften und ihren Eigenheiten – die Rolle als *truth spot* zu. Mit dieser Begrifflichkeit bezeichnet der Wissenschaftssoziologe Thomas Gieryn Orte, denen in der sozialen Konstruktion wissenschaftlicher Wahrheit eine besondere Funktion zukommt. Gieryn knüpft dabei an wissenschaftshistorische Vorarbeiten an, welche die Rolle spezifischer Örtlichkeiten in der Herausbildung wissenschaftlicher Erkenntnis beleuchteten. Diese Rolle ist nicht unbedeutend: Damit bestimmte Aussagen über die Welt von der Gesellschaft als wahres, wissenschaftliches Wissen anerkannt werden, ist nicht nur zentral, *wer* diese Aussagen macht. Ebenso fällt ins Gewicht, *wo* diese Aussagen zustande kommen. Gewisse Orte, so Gieryn, seien nun in dieser Herstellung anerkannter wissenschaftlicher Wahrheiten privilegierter als andere. Erstens, da sie mit bestimmten (natürlichen wie menschengemachten) Objekten ausgestattet seien, und zweitens, da kulturelle Deutungen ihnen besondere Bedeutung verleihen würden.

Gieryn nennt zwei Beispiele solcher herausragender *truth spots*: das Feld und das Labor. Für die deutschsprachige Botanik nach Mitte des 19. Jahrhunderts – um auf unser Fallbeispiel zurückzukommen – war der zweite Ort klar deutungsmächtiger. Was das für die damaligen Feldbotaniker bedeutete, bringt der Biologiehistoriker Robert E. Kohler auf den Punkt: »They lived in a world of laboratories.«[17] Das Labor habe geradezu als Antithese zum Feld gegolten. Daten seien nicht mehr als glaubwürdig anerkannt worden, weil

15 Mittheilungen über neue und kritische Pflanzenformen, 80.
16 StAGR, Nachlass Chr. G. Brügger, B 238, Brief Jäggis vom 20.10.1877.
17 Kohler: Landscapes and Labscapes, 4.

sie im Feld erhoben worden sind. Ganz im Gegenteil, so führt Kohler weiter aus, habe die Glaubwürdigkeit des Labors vielmehr auf dem Ideal der »Ortslosigkeit« aufgebaut und versucht, die räumliche Dimension der Erkenntnis auszumerzen. Die epistemische Bedeutung von Lokalität verlor dadurch drastisch an Ansehen.

Brügger war jedoch nicht der Mann, der sich durch solche Großwetterlagen beirren ließ. Auf selbstbewusste Weise suchte er auch im letzten Drittel des 19. Jahrhunderts den Vorrang lokal gesättigter Erfahrungswissenschaft gegen die Laborempirie zu verteidigen und so sein eigenes Tun gegen wissenschaftliche Großtrends zu behaupten. Mit seiner »Verachtung des Stubenbotanikers«,[18] die ihm sein Nachruf zuschrieb, war Brügger jedoch nicht allein. Der Churer Kantonsschullehrer, der in München Naturwissenschaft studiert hatte, war stark beeinflusst von jener Generation von deutschen Botanikern, die früh schon Darwins Ideen aufnahmen und auch dessen umstrittene Standpunkte zur natürlichen Selektion konsequent verfochten. Ihre Sichtweise war, so erklärt der Biologiehistoriker Eugene Cittadino, gewissermaßen eine Gegenreaktion auf damals in Deutschland vorherrschende Paradigmen der universitären Botanik: Um die Mitte des 19. Jahrhunderts setzte ein eigentlicher Professionalisierungsschub der Pflanzenwissenschaften ein. Tonangebende Botaniker distanzierten sich entschieden von ihren naturphilosophisch denkenden Vorgängern und huldigten einem strikten Empirizismus. Wollte die Botanik Anspruch auf Wissenschaftlichkeit erheben, so durfte sie gemäß dieser Sichtweise ausschließlich als induktive Laborwissenschaft betrieben werden. Zwischen 1850 und 1870 galten die Anwendung physiologischer Labortechnik sowie mikroskopische Studien als privilegierte Wege der Erkenntnis. Ab den späten 1870er-Jahren setzte jedoch unter einer jungen Generation von Botanikern allmählich eine Abkehr vom alleinseligmachenden Laborparadigma ein. Diese Botaniker waren einerseits bestens geschult in den Methoden der physiologischen Laborforschung. Anderseits aber bildeten die darwinschen Denkansätze einen selbstverständlichen Teil ihrer akademischen Sozialisierung. So war es naheliegend, dass von diesen jungen Physiologen nun auch Phänomene der Adaption wieder vermehrt in den Blickwinkel genommen wurden, nachdem solche Fragen während dreier Jahrzehnte als teleologische Spekulation im Geiste veralteter Naturphilosophie abgetan worden waren. Wie Eugene Cittadino ausführt, waren sich diese Forscher nicht nur über ihre gemeinsamen 1830er-Jahrgänge sowie eine liberale Grundhaltung verbunden, sondern vor allem auch durch ihre ausgeprägt feldwissenschaftliche Ausrichtung.[19] All dies trifft auch auf Brügger zu: Er kam 1833 zur Welt, äußerte

18 Schröter: Prof. Christian G. Brügger, XIX.
19 Vgl. Cittadino: Nature as the Laboratory, 46.

sich verschiedentlich für die liberale Sache und betrieb seine Wissenschaft unter dem freien Himmel des Bündnerlandes.

Andere deutsche Botaniker hingegen standen Darwin weitaus skeptischer gegenüber. Vor allem unter jenen Verfechtern einer empirizistischen, antispekulativen Laborbotanik stießen Darwins Erklärungen der natürlichen Selektion auf Ablehnung. Cittadino erklärt deren Zurückweisung damit, dass es für diese laborsozialisierten Forscher schlicht nicht vorstellbar gewesen sei, dass durch Zufall und Unordnung ein geordneter Naturzustand entstehen könne.[20]

Eine prominente Stimme im Chor dieser Skeptiker war der in München lehrende Botaniker Carl Wilhelm Nägeli (1817-1891). Nägeli stammte aus der Schweiz und unterrichtete als junger Wissenschaftler auch kurz an der Universität und der ETH Zürich. 1857 siedelte er nach München über und etablierte sich dort als weltweit anerkannter Pflanzenwissenschaftler. Diesen Nägeli, der ihm aus Münchner Studienjahren persönlich bekannt war, wählte sich Brügger nun als Feindbild in seinem methodologischen Kreuzzug für die Feldwissenschaft. Brügger tat dies jedoch nicht in erster Linie wegen Nägelis Kritik an der darwinschen Selektionstheorie.[21] Auch der Churer war keineswegs ein orthodoxer Darwinist und ging in etlichen Detailfragen nicht mit dem Briten einig. Nägeli gab vielmehr als konsequenter Laborwissenschaftler eine perfekte Zielscheibe für Brüggers Anti-Labor-Polemiken ab. Der Mitbegründer der Zeitschrift *Wissenschaftliche Botanik* stattete sein neues Münchner Institut mit modernsten Laboratorien und Gewächshäusern aus. Er war Mitverfasser eines Lehrbuches über Mikroskopie und suchte die Pflanzenphysiologie um Erkenntnisse aus Chemie und Physik zu erweitern und ihre Forschungsresultate mittels mathematischer Methoden in Zahlen zu fassen.

Zu allem Überdruss beschäftigte sich Nägeli auch noch mit Brüggers ureigenem Forschungsgebiet, den Pflanzenhybriden. Dabei ging er aber entschieden anders vor als der wanderlustige Graubündner Kantonsschullehrer: In seinen Gewächshäusern zog der Münchner Tausende Exemplare der gleichen Pflanzenarten auf, um ihr Kreuzungsverhalten studieren zu können. Von diesen großen Versuchsreihen mit Alpenpflanzen ließ sich Brügger jedoch keineswegs beeindrucken, wie er in einem Brief an eine Kollegin selbstbewusst kundtat. Der »unnatürlichen gekünstelten Garten-Existenz«[22] der aufgereihten Versuchspflanzen sprach er jeglichen epistemischen Wert ab. Brügger setzte den Laboruntersuchungen vielmehr eine ganzheitliche Forschung im Feld entgegen:

20 Vgl. ebd., 46.

21 Ausführlich zu Nägelis von Darwin abweichenden Positionen vgl. Junker: Der Darwinismus-Streit in der deutschen Botanik, 197-233.

22 StAGR, Nachlass Chr. G. Brügger, B 238, Brief Brüggers vom 10.6.1885.

> »Die Pflanzenart […] will in ihrem Gesamtauftreten in dem grossartigen, tausendfältig ineinandergreifenden Organismus der Natur, in ihrem Gesamtverhalten zu den unendlich mannigfach und mächtig auf sie wirkenden Faktoren und den dadurch bedingten Verhältnissen der Aussenwelt, kurz in ihrer gesamten lebendigen Erscheinung als lebender, abhängiger Mikrokosmos im lebendigen Reiche der Natur aufgefasst und begriffen sein«.[23]

Der konsequente Laborwissenschaftler Nägeli hingegen vertrat in den Augen Brüggers genau den entgegengesetzten Standpunkt. Bereits als er als junger Student in München dessen Bekanntschaft gemacht habe, hätte sein Landsmann »in so auffallender Weise fast alles, was ich & andere über die besonderen Eigenthümlichkeiten der Alpen-Natur, des Alpen-Klimas und seiner Einflüsse auf Pflanzen-Thier-Menschenwelt glaubten oder wussten«,[24] bekämpft. So lag es auf der Hand, dass Brügger in den Münchner Versuchsreihen einen fundamentalen Denkfehler erkennen musste. Als ob Nägeli noch nie von Darwin oder Hermann Müller gehört hätte, so merkte Brügger kritisch an, seien in dessen Versuch die bestäubenden Insekten ganz vergessen gegangen. Für naturgetreue Versuchsbedingungen hätte man aber auch diese »aus den Alpen […] in den Botanischen Garten nach München«[25] versetzen müssen.

Brügger empfand Nägelis Labor- und Gartenbotanik jedoch nicht nur als Angriff auf eine in den Alpen tätige ganzheitliche Feldwissenschaft, sondern auch als grundsätzliche Infragestellung des Alpenraumes als Hort von Authentizität. So malte er 1885 in einem Brief an eine Kollegin das ironische Bild einer durchtechnisierten Zukunft, in der die Alpen und ihre lokalen Vorzüge durch Technik überflüssig gemacht würden:

> »Man wird also künftig hie die Pflanzengeographie der Alpen […] besser im Garten studieren als in der Wildnis des Hochgebirges und die praktische Verwerthung in Bezug auf die Fabrikation von ›Alpkäse‹ selbst am Meeresufer steht schon in verlockend naher Aussicht. […] Bald werden wohl auch ›Garten-Alpen-Sanatorien‹ mit Dependances in allen Tiefländern Europas nach den neuen Nägeli-Peter'schen Prinzipien gegründet werden, wobei […] mit Eismaschinen, Luftpumpen und elektrischer Beleuchtung alle die abgedroschenen Vorzüge der Alpenluft & des Höhenklimas & der gesammten wilden Alpennatur […] vollständig nachgeahmt, ja ›künstlich viel deutlicher‹ & ›vollkommener‹ zum Ausdruck gebracht werden.«[26]

23 Schröter: Prof. Christian G. Brügger, XVIII.
24 StAGR, Nachlass Chr. G. Brügger, B 238, Brief Brüggers vom 10.6.1885.
25 Ebd., Brief Brüggers vom 10.6.1885.
26 Ebd., Brief Brüggers vom 10.6.1885.

Brügger suchte mit seinen Brandreden gegen das Labor die Autonomie der Feldforschung zu verteidigen und den herausragenden epistemischen Wert der persönlich erwanderten Landschaft als *truth spot* zu behaupten.[27] Vor dem Hintergrund darwinscher Ideen und basierend auf jahrzehntelangem Erfahrungswissen über die hiesigen Landschaftsverhältnisse, beanspruchte Brügger eine wissenschaftliche Deutungshoheit über alle lokalen Naturphänomene. Dies tat er mit solcher Vehemenz, dass sein Gegner Buser sich bemüßigt fühlte, diese Besitzansprüche entschieden zurückzuweisen: »Nur das eine möchte ich Hrn. Brügger bitten, […] nicht sofort über jeden herzufallen, der, nicht auf seine Fahne schwörend, eine rätische Pflanze anzurühren wagt: Herr Brügger ist wahrlich noch nicht der Generalpächter für Bünden.«[28]

Brüggers Donquichotterien gegen das Labor waren jedoch ein Auslaufmodell. Bereits die nachfolgende Generation der naturkundlichen Zentrumsakteure der Schweiz, allesamt geboren in den 1860er-Jahren, hatte sich mit der wachsenden Bedeutung der Laborforschung problemlos arrangiert – ohne diese gegen darwinsche Theorien auszuspielen. Isaak Bloch und Hans Bachmann beispielsweise waren aus ihren Studienzeiten mit experimentellen Labormethoden bestens vertraut. Auch wenn sie diese in ihren späteren Lokalforschungen kaum oder selten zur Anwendung brachten, so erachteten sie diese doch als unerlässliche Werkzeuge wissenschaftlicher Erkenntnis. Dies zeigte sich beispielsweise im Plenarvortrag, mit dem der Kantonsschulprofessor Hans Bachmann 1905 die Jahresversammlung der *Schweizerischen Naturforschenden Gesellschaft* in Luzern eröffnete. Der hydrobiologisch bewanderte Kantonsschullehrer referierte über den Artbegriff.[29] Dabei ließ Bachmann zwar durchaus auch Felderfahrungen einfließen, beispielsweise über Unterschiede gewisser Planktonarten, die er zwischen dem Vierwaldstätter-, dem Ägeri- und dem Zugersee festgestellt hatte. Doch mit einschlägigen Stichworten machte er klar, wo für ihn der Schlüssel zum Verständnis der Arten und ihrer Veränderlichkeit liegt: Mit großer Selbstverständlichkeit berichtete er vom Quetelet-Galtonschen Gesetz, von Variationspolygonen und Hyperbinomialkurven, von physiologischen Vererbungsexperimenten sowie von Mendel, de Vries und Correns.

Bachmann war in dieser Hinsicht durchaus repräsentativ: Um die Jahrhundertwende fand sich im Milieu der Petite Science keine ernstzunehmende Stimme mehr, die laut vernehmlich gegen die Laborwissenschaftler

27 Zur rhetorischen Funktion der Berufung auf eigene – heroisch unter Gefahren erwanderte und erkletterte – Felderfahrung im Alpenraum vgl. auch Hevly: The heroic science of glacier motion.

28 Buser: Die Brügger'schen Weidenbastarde, 92.

29 Vgl. Bachmann: Der Speziesbegriff.

ins Feld zog.[30] Im hinlänglich erprobten Gestus der Selbstbescheidung überließ sie das Rampenlicht diesen aufsteigenden Stars. Das heißt jedoch nicht, dass unter den Lokalforschern um 1900 Darwins Stern bereits im Sinken begriffen war. Ganz im Gegenteil: Auch als die feldorientierte Lokalforschung zunehmend mit der Nebenbühne des Wissenschaftsbetriebs vorliebnehmen musste, spielte der Brite weithin eine wichtige Rolle in ihrem Ensemble. Unter welchen Vorzeichen dies geschah und wie solche evolutionistisch inspirierten Forschungspraktiken konkret aussahen, soll nun eingehender dargestellt werden.

Landschaft als Labor: Die Wiederentdeckung der Feldforschung um 1880

Nicht nur Christian Brügger warf ein interessiertes Auge auf lokale Landschaften und ihre Spezifika. Einen vergleichbaren Blick auf das Lokale pflegten auch seine Naturforscherkollegen der nachrückenden Generation. In ihrer Erforschung der lokalen Naturumgebung beschränkten sich die Akteure der Petite Science, wie bereits im Zusammenhang mit Charpiés Augenmerk auf Formenveränderungen der Glockenblumen angetönt, nicht auf eine statische Bestandesaufnahme. Ihr Interesse galt ebenso dynamischen Naturerscheinungen: Sie suchten nach außergewöhnlichen Verbreitungsmustern, setzten Lebewesen in neuen Umgebungen aus und hielten Ausschau nach eingewanderten Arten. Durch solche evolutionistisch angehauchte Feldforschungspraktiken machten sie die lokale Landschaft zu einem Werkzeug der Erkenntnis. Landschaft wurde zum herausragenden »epistemischen Ort« der außeruniversitären Naturforscher. Sie bildete gleichermaßen die Erhebungs- wie Aussageeinheit ihres Tuns und verlieh den Formen ihrer Wissensproduktion einen festen Rahmen.[31]

Bevor wir nun diese epistemischen Landschaftspraktiken der Lokalforscher näher umreißen wollen, soll kurz deren Verhältnis zu Entwicklungen der universitären Naturwissenschaften nachgezeichnet werden. Diese landschaftsbezogenen Forschungspraktiken waren nämlich, wie bei den vorangegangenen Ausführungen zu Christian Brügger schon angesprochen, keine eigenständige Erfindung der Petite Science. Vielmehr stellten sie den autonomen Nachvollzug einer Entwicklung dar, die verschiedene Teildisziplinen

30 Implizit wurden die labororientierten Forschungsrichtungen in Nekrologen und ähnlichen Texten der Lokalforscher noch einige Jahrzehnte lang der Fachidiotie bezichtigt, als Angelegenheit pedantischer Kleingeister, die sich im »engen und engsten Spezialstudium« verlieren, statt »sich noch den Blick auf das Ganze freizuhalten« (Heinis: Dr. phil. Franz Leuthardt, 461).

31 Vgl. Welz: Epistemische Orte, 9.

der universitären Biologie des ausgehenden 19. Jahrhunderts erfasst hatte: die Wiederentdeckung der Feldforschung in freier Natur.

Diese Entwicklung lässt sich unter dem Schlagwort der »Landschaft als Labor« trefflich zusammenfassen. Besagte Landschaft-als-Labor-Metapher besitzt bereits eine längere Geschichte. Sie geht zurück auf Horace Bénédict de Saussure, einen Pionier der wissenschaftlichen Alpenforschung, der im ausgehenden 18. Jahrhundert das Hochgebirge als das »Laboratorium der Natur« auffasste.[32] In der jüngeren Wissenschaftsgeschichte wurde nun diese Metapher neuerdings aufgegriffen, um Eigenschaften der naturwissenschaftlichen Feldforschung um die Wende zum 20. Jahrhundert zu umreißen. In seiner Studie über die Anfangsjahre der Pflanzenökologie in den USA charakterisiert Robert E. Kohler diese als Wissenschaft, die im Zwischenraum von *Landscapes and Labscapes* (2002) verortet gewesen sei. In vergleichbarer Weise bezeichnete Philipp Felsch in seiner Untersuchung physiologischer Feldstudien im späten 19. Jahrhundert die Alpen als *Laborlandschaften* (2007). In seiner Darstellung *Nature as the laboratory* (1990) skizziert Eugene Cittadino die historisch-epistemologischen Ursachen dieses Dranges nach draußen, der sich für diverse damalige naturwissenschaftliche Disziplinen feststellen lässt. Cittadino tut dies, wie bereits erwähnt, am Beispiel der deutschen Pflanzenphysiologie. Mit Darwin im Hinterkopf drängte eine junge Generation von laborsoziologisierten Botanikern um 1880 hinaus in die Landschaft und setzte, um eine Begrifflichkeit Philipp Felschs anzuführen, zu einer eigentlichen »Laborflucht« an.[33]

Auch einige Schweizer Hochschulbotaniker machten sich im ausgehenden 19. Jahrhundert die Landschaft zum Labor. So etwa der Zürcher ETH-Professor Carl Schröter, der in der zweiten Hälfte der 1890er-Jahre weltweit eine Pionierrolle in der Begründung des neuen Forschungszweiges der Pflanzensoziologie einnahm[34] und den 1914 eröffneten Schweizerischen Nationalpark ausdrücklich als »Naturlaboratorium«[35] titulierte. Die Schröter'sche Schule der Pflanzensoziologie verfolgte ein ökologisches Forschungsprogramm. Sie interessierte sich dafür, wie verschiedene Pflanzenarten innerhalb einer sogenannten Pflanzengesellschaft untereinander und mit ihrer Umwelt interagieren. Zu diesem Zweck wurden vereinzelt Methoden der Laborempirie in die grüne Landschaft überführt, vor allem solche der Quanti-

32 Zit. nach Felsch: Laborlandschaften, 7.

33 Felsch gebraucht diesen Begriff im Zusammenhang mit der Humanphysiologie, für die sich – ohne direkten Einfluss darwinscher Theorien – in den 1880er-Jahren eine vergleichbare Aufwertung der Freiluftstudien beobachten lässt (Felsch: Laborlandschaften, 66-68).

34 Vgl. zu Schröters Rolle in der Konstituierung der Pflanzensoziologie Furrer: Vegetationsforschung, 44; Cittadino: Nature as the Laboratory, 146-149; Landolt: Die Entwicklung der Botanik, 362 f. sowie Kupper: Wildnis schaffen, 185-224.

35 Zit. nach Kupper: Wildnis schaffen, 203.

fizierung: Wägen, (Ver-)Messen und statistische Auswertung.[36] Anders als in der deutschen Botanik bedeutete diese Bewegung hinaus ins Feld jedoch keinen Bruch mit vorgängigen Forschungsparadigmen, zumindest was den Forschungsstandort Zürich mit seiner starken Ausstrahlung auf die Petite Science anbelangte. Mit Oswald Heer und seinem Nachfolger Carl Schröter und später auch mit Hans Schinz verfügte die feldwissenschaftlich ausgerichtete Botanik auf dem Platz Zürich stets über äußerst prominente Aushängeschilder. Taxonomische oder pflanzengeographische Forschungen – und die damit verbundenen Feldpraktiken – vermochten so ihre Stellung neben den physiologisch ausgerichteten Lehrstühlen bis ins 20. Jahrhundert unangefochten zu behaupten.[37] Die Landschaft wurde nie vom Labor verdrängt. Die junge Pflanzensoziologie Schröters stellte in diesem Sinne keinen paradigmatischen Bruch dar, sondern eher eine Fortsetzung floristisch-systematischer Forschungstraditionen,[38] angereichert um neue Methoden der Quantifizierung. Unbesehen ihrer unterschiedlichen Ausrichtungen hatten die darwinistisch inspirierte Pflanzenphysiologie wie auch die Schröter'sche Pflanzenökologie dennoch einen vergleichbaren Effekt: Ihre neuartigen Forschungen in und an der Landschaft bewirkten eine epistemische Aufwertung des Lokalen und seiner Spezifik.

Diese neue Wertschätzung, welche die lokale Landschaft in den evolutionistischen Forschungsprogrammen der akademischen Biologie genoss, färbte auch auf die außeruniversitäre Naturforschung ab. Deren Bezugnahme auf evolutionäre Prozesse und ihr unartikuliertes, vages Interesse an Phänomenen der Adaption bedeuteten der Petite Science um 1900 nun aber nicht mehr Munition im Kampf gegen das Labor. Darwin diente nicht mehr der Legitimierung, sondern höchstens noch der Nobilitierung lokaler Wissenschaft. Wie die Lokalforscher ihre floristischen und faunistischen Praktiken um evolutionistische Forschungsfragen anreicherten, soll nun beschrieben werden.

36 Vgl. beispielsweise Brockmann: Flora des Puschlav, 243 f. Vgl. zur Epistemik der Pflanzensoziologie auch Gyr und Scheidegger: Heinrich Brockmann-Jerosch, 214-217 sowie zu quantifizierenden Methoden in der Pflanzenökologie Kohler: Landscapes and Labscapes, 63-75 und 98-115.

37 Ihre Stellung im wissenschaftlichen Feld behaupteten sowohl Heer wie Schröter auch über ihre große Öffentlichkeitswirkung. Diese erreichten sie nicht zuletzt durch eine geschickte Verknüpfung ihrer botanischen Forschungen mit dem symbolisch aufgeladenen Alpenraum. Beide wussten diese strategische Allianz mit dem Gebirge auch in publikumswirksame Veröffentlichungen umzusetzen. Sowohl Heers populärwissenschaftliche *Urwelt der Schweiz* (1865), mit seinem berühmten Bild des eiszeitlich vergletscherten Zürichs, als auch die touristengerecht dreisprachig gehaltene *Taschenflora des Alpenwanderers* (1889; insgesamt 29 Auflagen bis 1963) des SAC-Ehrenmitglieds Schröter waren große Verkaufserfolge.

38 Vgl. zur Kontinuität des klassifikatorisch-systematischen Denkens auch in der Ökologie Kohler: Plants and pigeonholes.

Evolutionistisch inspirierte Forschungspraktiken der Petite Science

Alle der im Folgenden vorgestellten Forschungspraktiken der Petite Science waren – mehr oder weniger ausdrücklich – von Vorstellungen der Anpassung und Auslese beeinflusst. Die weniger explizite Bezugnahme war dabei weit häufiger: Nur selten begründeten die Lokalforscher ihre einschlägigen Landschaftspraktiken mit dem ausdrücklichen Verweis auf eine darwinsche Forschungsprogrammatik. Auch an weiter gehenden theoretischen Erörterungen zu Adaption und Selektion versuchten sich die Freizeitwissenschaftler kaum. Man tat, was zu tun war, und man tat dies mit der Wortlosigkeit des Selbstverständlichen. Die einschlägigen Fachdiskurse bildeten eher die Hintergrundmusik, zu der sich die Akteure der Petite Science durch die Landschaft bewegten und an ihr spezifische Untersuchungen und Manipulationen vornahmen. Am verbreitetsten unter diesen landschaftsbezogenen Erkenntnispraktiken waren biogeographische Analysen, Akklimatisierungsversuche sowie die Adventivforschung. Beschauen wir uns diese nun etwas eingehender.

»Eigentümliche Lineamente der Verbreitung«: Biogeographie

Die biogeographischen Forschungen der Petite Science waren zwischen Landschaft und Studierzimmer angesiedelt. Sie spielten sich, wie anhand der einschlägigen Forschungen des Churer Kurarztes Eduard Killias bereits aufgezeigt,[39] hauptsächlich auf Papierlandschaften ab: Mit dem Ziel, zugrundeliegende Gesetzmäßigkeiten des Lebens zu erkennen, versetzte Killias die starren Datenreihen seiner biologischen Bestandsinventare erneut in Bewegung. Er gruppierte die von ihm und seinen Helfern gefundenen Insektenarten zu neuen Einheiten. Er ordnete die Arten nach Höhenmetern oder nach geographischer Verbreitung und suchte nach Grenzen und Regelmäßigkeiten, die er aus seinen Zahlenreihen herauslesen zu können glaubte. Die richtige Befragung seiner Zahlen sollte das Geheimnis der räumlichen Verteilung der Lebensformen offenbaren. In seinem Unterfangen war Killias inspiriert von einer einschlägigen Vorarbeit, dem *Pflanzenleben der Schweiz* (1879) von Hermann Christ. Dieser, hauptberuflich in Basel als Jurist tätig, schuf mit seiner Untersuchung ein vielbeachtetes Standardwerk der schweizerischen Pflanzengeographie. Er popularisierte dabei die Vorstellung einer vielgestaltigen Schweiz, deren Pflanzenreichtum sich aus ihrer Lage zwischen den großen Florenreichen Europas ergebe. Christ beschrieb die Schweiz als Schnittstelle von mediterranen, nordischen, östlichen und westlichen Florengebieten, die gleichsam die ganze Pflanzenwelt

39 Zur biogeographischen Analyse faunistischer Daten durch Killias vgl. auch die Ausführungen in Kapitel 2.3.

Europas *en miniature* abbilde. An einem Ort, an dem so viele Gebiete zusammenfallen, gibt es für den Biogeographen viel zu tun: Dinge müssen nach Ursprungsort geschieden, Einwanderungsrouten rekonstruiert und Grenzen nachgezeichnet werden. Dieser Arbeit verschrieb sich auch Eduard Killias, als er sich anschickte, seine Bündner Insektenfunde nach unterschiedlichen geographischen Gesichtspunkten zu ordnen. Besonders fesselten ihn Grenzverletzungen, also Naturdinge, die an Orten aufzufinden waren, wo sie eigentlich nicht hingehörten. Gleichermaßen nahmen ihn unerklärliche Verbreitungsmuster in Bann, abrupt endende Grenzen von Speziesnachweisen oder scharf abgegrenzte Verbreitungsinseln sogenannter endemischer Arten. Die Faszination für solche außergewöhnlichen räumlichen Muster teilte Killias mit vielen anderen Autoren von Faunen- und Florenverzeichnissen. So auch mit seinem Forscherkollegen Johann Georg Amstein, der an einem Katalog der Bündner Weichtiere arbeitete. Das rätselhafte Vorkommen gebietsfremder Arten in hiesigen Gefilden übte auch auf diesen eine unwiderstehliche Anziehung aus. Als Killias ihm den Fund einer nordischen Grasschneckenart im Wallis berichtete, schrieb ihm der erstaunte Amstein zurück: »Also förmlich eine Nordamerikanerin als schweizerische Alpenbewohnerin dachte ich!«[40] Von gar so weit her mussten die Einwanderinnen nicht stammen, um Amsteins Interesse zu wecken. Einige Monate vor der vermeintlichen Amerikanerin ließ ihm eine italienischstämmige Jahresaufenthalterin im Oberengadin ebenfalls keine Ruhe, wie seinem Brief an Killias zu entnehmen ist:

> »Paludina fasciata Müll. im Champferer See bleibt immer eine Merkwürdigkeit. Mir kommt zwar ein ursprünglicher Transport aus dem Comer See immer noch als das Wahrscheinlichste vor, doch ist ihre Acclimatisation und ihr durch H. Dr. Imhof constatirtes gutes Gedeihen in dem alpinen Seebecken merkwürdig genug«.[41]

Fröhliche Freisetzungswissenschaft: Akklimatisierungsversuche

Angesichts der ausgeprägten Neigungen der Lokalforscher für biogeographische Phänomene der Einwanderung und Anpassung erstaunt es nicht, dass sie auch selber aktiv wurden und bewusst in die räumlichen Verteilungen von Arten eingriffen. Das Aussetzen gebietsfremder Arten in der eigenen Umgebung erfreute sich unter den Akteuren der Petite Science großer Beliebtheit und bildete eine zweite Gruppe darwinistisch inspirierter Forschungspraktiken in freier Natur. Auch Johann Georg Amstein und Eduard

40 StAGR, Nachlass J. G. Amstein, B490/1, Kopialbuch Korrespondenz mit Killias, Brief Amsteins vom 8.9.1888.

41 Ebd., Brief Amsteins vom 7.2.1888.

Killias unternahmen solche Aussetzungsexperimente, die als Akklimatisierungs- oder Kolonisationsversuche bezeichnet wurden. Im Frühling 1882 erhielt Amstein von Killias lebende Teichmuscheln aus dem Hallwilersee zugeschickt.[42] Sogleich setzte er diese in Bächen und Bewässerungskanälen seines bündnerischen Wohnortes Zizers aus. Bereits im Vorjahr hatte er dort die gleichen Tiere freigesetzt, es schien ihnen jedoch der neue Wohnort nicht zuträglich gewesen zu sein, wie Amstein an Killias rapportierte: Obwohl er das betreffende Gebiet zwei Tage lang genauestens abgesucht habe, habe er keine einzige der vorjährigen Muscheln mehr auffinden können. Auch in den kommenden Jahren unternahmen die beiden Bündner Naturforscher nochmals Freisetzungsversuche. Allzu viel Zeit und vor allem wissenschaftliche Akribie schienen sie jedoch nicht in diese Unternehmungen zu investieren, was wohl auch mit dem ausbleibenden Erfolg der Ansiedlung der Muscheln aus dem Unterland zusammenhing.

In ähnlicher Weise lies sich auch Isaak Bloch über seine Freisetzungsversuche vernehmen, als er 1906 vom Zürcher Arzt Wilhelm Roth über das mögliche Vorkommen einer italienischen Sumpfdeckelschneckenart im Zürichsee befragt wurde. Bloch berichtete, er habe während seiner Zürcher Studentenzeit Anfang der 1890er-Jahre in einem Brunnen an der Ecke Seefeld- und Feldeggstrasse einige der besagten Schnecken als Lebendvorrat an Versuchstieren gehalten. Er habe von diesen Schnecken auch eine Handvoll in einer Seebucht am Zürichhorn ausgesetzt und ein Jahr später erfolglos nach Überlebenden gesucht. Dann sei er an die Kantonsschule nach Solothurn gewechselt und habe die Sache vergessen.[43]

Es scheinen die Akklimatisierungsversuche der Lokalforscher häufig nicht mehr als wissenschaftlich inspirierte Spielereien gewesen zu sein. Vereinzelt gab es aber Ausnahmen, und die Forschungen wurden etwas detaillierter durchgeführt. Der Baselbieter Naturforscher Franz Leuthardt beispielsweise setzte im Sommer 1900 im »Lehmweier« bei Liestal je 50 Exemplare von drei verschiedenen Wasserschneckenarten aus, die er aus dem Rhein-Neckar-Gebiet mitgebracht hatte. Im Folgejahr blieben alle Neusiedler unauffindbar, doch drei Jahre später konnte der Bezirksschullehrer zumindest wieder einige Exemplare der ausgesetzten Spitzschlammschnecken entdecken. Bald schien deren Bestand richtiggehend zu explodieren, und bereits

42 Ebd., Brief Amsteins vom 3.4.1882.

43 Naturmuseum Solothurn, Kopialbuch »VI. 1903 – XI. 1907«, Brief Blochs vom 9.2.1906. Roth entdeckte besagte Schneckenart 1902 am gegenüberliegenden Ufer des Zürichhorns. Er schien in der Folge intensiv deren Herkunft nachgeforscht zu haben, bis er 1906 von Isaak Bloch die Bestätigung erhielt, diese 1893 im Zürichsee ausgesetzt zu haben. Darauf hin publizierte Roth gleichen Jahres in den *Blättern für Aquarien- und Terrarienkunde* den Artikel »Über die Herkunft und das Alter der Zürichsee-Paludina« (vgl. W. R[oth]: Die Zürichseeschnecke).

a b

a b c d

1. Tachea sylvatica Drop. a) Tiefenform, b) Bergform.
2. Limnaea stagnalis L. a) Stammform aus den Sümpfen von Virnheim a. d. Bergstrasse (Rheinhessen); b, c, d) ihre Nachkommen vom Jahre 1903 1905 und 1906. Lehmweiher bei Liestal.
(Alle Figuren etwas verkleinert.)

Abb. 6.2: Fotografische Dokumentation von Freisetzungsversuchen Franz Leuthardts mit deutschen Spitzschlammschnecken im »Lehmweiher« bei Liestal (1907).

im Jahr darauf hatten die Schnecken die Ränder der Wasseroberfläche vollständig bedeckt. Über mehrere Jahre beobachtete nun Leuthardt die ins Baselbiet verfrachtete Schneckenpopulation. Er untersuchte die Gehäuseformen und maß deren Größe. Welche Resultate diese Untersuchungen zeitigen sollten, war für ihn keine Frage: »Es war daher zum Vornherein zu erwarten, dass die importierten Tiere an ihrem neuen Wohnorte irgendwelche Veränderungen ihres Gehäusebaues zeigten. Schon im dritten Jahre erwiesen sich die Tiere kleiner als ihre Vorfahren«.[44] 1907 veröffentlichte Leuthardt seine Beobachtungen in einem Kurzaufsatz in den *Tätigkeitsberichten der Naturforschenden Gesellschaft Baselland*. Darin beschrieb er die von ihm beobachteten Anpassungen der Schneckenhäuser und dokumentierte diese mittels eines Fotovergleichs (vgl. Abbildung 6.2) sowie einer knappen Zahlenreihe.

44 Leuthardt: Malakozoologische Notizen, 78.

Hinsichtlich der theoretischen Fundierung, der praktischen Durchführung sowie der schlussendlichen Ergebnisse war dieser Versuch Leuthardts exemplarisch für Akklimatisierungsexperimente der Lokalforscher: Sie beschränkten sich meist auf die bloße Beschreibung der beobachteten Adaptionsphänomene, die sie mit (meist eher spärlichen) Messdaten, einigen Fotos oder einer Tabelle zu belegen versuchten.[45] Was die Ursachen dieser Anpassungen anbelangte, mussten sich die Forscher mit Vermutungen begnügen – eine Analyse der ursächlichen physiologischen Prozesse konnten sie mit ihrem Kenntnisstand und ihren technischen Mitteln nicht vornehmen.

Besonders beliebt waren Freisetzungsversuche bei botanisch interessierten Lokalforschern. Dafür mochten mehrere Gründe verantwortlich sein. Pflanzen beziehungsweise ihre Samen oder Stecklinge waren relativ einfach auszutauschen und aufzubewahren, und sie bewegten sich – einmal ausgesetzt – nicht davon. Die meisten der Feldbotaniker waren zudem leidenschaftliche Gärtner. Dies war auch bei Auguste Charpié und Rudolf Probst der Fall: Beide pflegten einen eigenen Garten und zogen darin auch wildwachsende Pflanzen auf, die sie von ihren Streifzügen durch die Juralandschaft mitbrachten. Auch bei dieser Binnen-Akklimatisierung richteten die Blumenfreunde ihr Augenmerk darauf, wie sich die Wildpflanzen an ihre neue Umgebung anpassten.

Die Affinität dieser beiden Feldbotaniker zur Gärtnerei war sehr typisch. Darauf verweist auch der britische Biologiehistoriker David Allen. Er sieht die Wissenschaft der Naturhistorie dadurch gekennzeichnet, dass sie sich im Laufe ihrer Geschichte immer wieder in das Gravitationsfeld anderer kultureller Bedeutungsfelder habe ziehen lassen. Sehr deutlich zeige sich dies gerade bei der Feldbotanik und ihrer Beziehung zur Gärtnerei, die Grenze zwischen diesen beiden Tätigkeitsgebieten sei »particulary ill-defined and porous«.[46]

Bei einigen Botanikern bildeten ihre Gärten und die lokalen Naturlandschaften gewissermaßen kommunizierende Gefäße: Sie brachten Wildpflanzen in ihre Gärten und setzten Gartenpflanzen in freier Wildbahn aus. Der Zofinger Apotheker Hermann Fischer-Sigwart, ein produktiver Lokalforscher und Kurator des naturhistorischen Museums seines Städtchens, unternahm diverse solche Pflanzenfreisetzungen. Er richtete dabei sein Augenmerk unter anderem auf ursprünglich vorkommende europäische Arten, die durch Landschaftsveränderungen verschwunden waren. Diese versuchte er in der Umgebung Zofingens wieder (oder neu) anzusiedeln und dokumentierte seine Bemühungen in zwei Aufsätzen, die vom Umfang und von

45 Zur rhetorischen Funktion von Tabellen und Datenreihen für die inventarisierende Lokalforschung vgl. die Ausführungen in Kapitel 2.3.

46 Allen: Tastes and crazes, 400.

ihrem theoretischen Gehalt her vergleichbar mit den Schneckenforschungen seines Baselbieter Freundes Leuthardt waren.[47] Fischer-Sigwarts Freisetzungen nahmen mitunter beachtliche Ausmaße an. Von Wassernusspflanzen, die er aus dem deutschen Wiesbaden vermittelt erhielt, setzte er gut 120 Exemplare in insgesamt 17 Gewässern im Wiggertal und im Oberaargau aus. Im Laufe seines Forscherlebens hinterließ der Apotheker nicht nur ein beachtliches schriftliches Werk, sondern ebenso auch pflanzliche Spuren in der Landschaft. In seinem Nachruf heißt es zu seinen ausgeprägten Akklimatisierungstätigkeiten: »Wir verdanken ihm ferner die Ansiedlung fremder Pflanzen um Zofingen; ich nenne von solchen nur Hydrocharis morsus ranae, Acorus Calamus, Trapa natans, Stratiotes aloides, Calla palustris, exotische Seerosen usw.«[48]

Die einschlägigen Hinweise in den Quellen legen nahe, dass solche Pflanzenfreisetzungen noch bis ins frühe 20. Jahrhundert ziemlich populär blieben. Dabei waren wohl längst nicht alle Akklimatisierungen wissenschaftlich verbrämt. Wie ein Garten sowohl Ort der Forschung als auch des ästhetischen Genusses sein kann, so waren auch die Freisetzungsversuche dieser Pflanzenfreunde mehrdeutig: Im botanischen Milieu war der spielerisch-zwecklose Charakter der Aussetzungsversuche oft noch viel ausgeprägter als oben bei den Weichtierforschern bereits angesprochen. Blumenfreunde setzten Pflanzen oft aus reiner Freude aus, die höchstens mit einem ziemlich vagen wissenschaftlichen Interesse gepaart war. Im Sinne David Allens waren diese botanischen Praktiken also auch motiviert durch außerwissenschaftliche Sinnzusammenhänge wie beispielsweise die bürgerliche Landschaftsästhetik. Entwickelt und verfeinert in Kunst und Architektur, wurden diese ästhetischen Konzepte um die Mitte des 19. Jahrhunderts durch die allerorten gegründeten Verschönerungsvereine in die »reale« Landschaft zurückgetragen: Neben dem Bau von Wegen, Aussichtstürmen und Ruhebänken diente auch die Anpflanzung ausgewählter Gewächse dem Zweck, die Schönheit einer Landschaft mittels gezielter Eingriffe zu steigern.[49]

Mussten solche Praktiken, so fragt sich der heutige Beobachter, nicht auf vehemente Kritik stoßen? Dem war kaum so: Ökologisch motivierte Vorbehalte gegen Freisetzungen von Tieren und Pflanzen wurden noch um die Jahrhundertwende praktisch keine geäußert. Das entsprechende gedankliche Rüstwerkzeug dazu war schlicht noch nicht vorhanden. Es begann sich in diesen Jahren eben erst zu formieren und entfaltete noch höchst zaghafte Wirkung. Dennoch erachteten die Lokalforscher diese anthropogenen Ein-

47 Vgl. Fischer-Sigwart: Trapa natans L. bei Zofingen; ders.: Stratiotes aloides L. bei Zofingen (Haldenweiher).

48 Schinz: Dr. Hermann Fischer-Sigwart, 7.

49 Vgl. Fährmann: Der Göttinger Verschönerungsverein, 424.

flüsse auf die Zusammensetzung von Flora und Fauna mitunter durchaus als problematisch, wenn auch aus ganz anderen Gründen als jenen des Naturschutzes.

Die verbreitete Freisetzung von Tieren und Pflanzen zog nämlich Probleme epistemischer Natur nach sich: Sie unterminierte die Glaubwürdigkeit und die Stabilität der Standortangaben, welche gewissermaßen die Stützpfeiler der inventarisierenden Lokalforschung darstellten. Als beispielsweise Franz Leuthardt im Frühling 1905 in einem Vorort der Stadt Basel eine Kolonie einer Schneckenart entdeckte, deren Zuhause üblicherweise in der subalpinen Region liegt, war er verunsichert. Hat es ein anderer Naturforscher ihm gleichgetan und aus wissenschaftlichem Interesse diese Weichtiere im Unterbaselbiet ausgesetzt? Um dieses biogeographische Phänomen in sinnvoller Weise überhaupt weiter erforschen zu können, musste er sich erst Klarheit über einen möglichen menschlichen Einfluss verschaffen. So hörte er sich in der Gemeinschaft der hiesigen Lokalforscher um: »Trotzdem ich mich sehr bemühte Nachricht von einem solchen Experimente zu erhalten, konnte ich nichts derartiges ermitteln.«[50]

Auch Auguste Charpié und Rudolf Probst waren auf ihren Streifzügen durch den Jura mit menschengemachten Standorten konfrontiert. Als Charpié in einem Torfmoor bei Tavannes auf *Sarracenia purpurea* stieß, war ihm bewusst, dass diese Fleischfresserin ursprünglich aus Nordamerika stammt: Ein gewisser Herr Cornu, ein Chemiker aus dem Waadtland, brachte diese Pflanze Ende des 19. Jahrhunderts von einer Amerikareise mit und setzte sie im Jura aus.[51] Aus den floristischen Arbeiten seines Kollegen Hermann Lüscher war Charpié der Standort dieses Neophyten eigentlich bekannt, doch Cornu schien offensichtlich auch andernorts gepflanzt zu haben: »Est-ce la station de Lüscher? Je n'en suis pas certain: Mr. Cornu a semé la plante à plus d'un endroit.«[52] Deutlich weniger entspannt reagierte ihr Kollege Lüscher auf solche Freisetzungen von Pflanzen. Ausländische Pflanzen mochten noch angehen, da über ihre anthropogene Herkunft kein Zweifel bestand. Das Ausbringen einheimischer Gewächse an neuen Orten jedoch schien dem Lokalfloristiker Lüscher ein Sakrileg: »Da in der Schweiz die ›Mode‹ auftaucht, wildwachsende Pflanzen auszusäen oder zu versetzen (sogar auch in Gärten!) und dann die betr. Pflanzen als Neuentdeckungen aufgetischt und sogar publiziert werden, muss gegen diesen Unfug energisch protestiert werden.«[53] Lüschers Ärger war Ausdruck einer Verunsicherung; die Freisetzungsversuche brachten das Koordinatensystem seiner

50 Leuthardt: Malakozoologische Notizen, 74.
51 Parisod: Genetic variability, 279.
52 Naturmuseum Solothurn. Nachlass Dr. Rud. Probst, Korrespondenzen, Doppelband (1710/1711), Brief Charpiés vom 15.5.1909.
53 Lüscher: Zweiter Nachtrag, 4.

Abb. 6.3: Erforschte die Flora auf Jurawiesen wie auf Müllhalden:
der Langendörfer Arzt Rudolf Probst (1855-1940).

wohldurchforschten Landschaft durcheinander. Sie führten zum Wertzerfall der harten Währung der Standortangaben, des wissenschaftlichen Kapitals, das er sich in jahrelanger Feldforschung erarbeitet hatte. Vergleichbare Hinweise auf Verärgerung über Freisetzungen finden sich auch andernorts erwähnt, diese waren jedoch meist anekdotischen Charakters.[54] Die meisten Lokalbotaniker hatten jedoch keine Probleme mit dieser Praxis und den aus ihr hervorgehenden Neubürgern der hiesigen Flora. Einen ausgesprochen unverkrampften Umgang mit pflanzlichen Neuzuzügern pflegte Rudolf Probst. Er machte sie gar zu seinen eigentlichen Lieblingskindern und widmete ihnen einen Großteil seiner Forschungsbemühungen. Diese Liebe zum Exotischen bildete die dritte der evolutionistisch inspirierten Feldforschungspraktiken, die hier vorgestellt werden sollen.

»Eine australische Niederlassung in Derendingen«: Adventivfloristik

Auch wenn um die Jahrhundertwende unzählige Blumenfreunde Pflanzen an neuen Standorten ausgesetzt haben mochten, so war deren Auswirkung auf die helvetische Flora geradezu unbedeutend im Vergleich zu einem anderen Einflussfaktor: der globalen Zirkulation von Menschen und Gütern. In den Jahren, als Dr. Probst und sein Freund Charpié den Jura durchwanderten, waren die an dessen Südfuß angesiedelten Industriebetriebe eng mit der Weltwirtschaft verflochten. Der Eisenbahnverkehr brachte Mittelmeergetreide in die Malzfabrik und die Hafermühle Solothurn oder australische Wolle in die Kammgarnspinnerei Derendingen. Solche Materialien fielen beim Verladen auf den Boden oder wurden nach ihrer Verwendung hinter den Fabriken zu Abfallhalden aufgetürmt. Diese Rohstoffe waren nie ganz rein. Es hafteten ihnen stets auch Pflanzensamen ihrer Herkunftsgebiete an, die auf diesem Wege gleichsam als blinde Passagiere ins schweizerische Mittelland transportiert wurden. So dauerte es nicht lange, bis in Sichtweite der Jurahöhen die ersten australischen Gräser oder mediterranen Kleepflanzen aus dem Boden sprossen. Auf diese Neophyten wurde Probst nun aufmerksam: Bereits in seinem *Beitrag zur Flora von Solothurn* (1904), dem Nachtrag zu Hermann Lüschers *Flora des Kantons Solothurn* (1898), listete der blumenkundige Arzt etliche eingeschleppte Pflanzen auf. Damals verwies Probst diese sogenannten Adventivpflanzen noch in einen gesonderten Anhang. Doch bereits zehn Jahre später widmete er ihnen mit seiner *Adventiv- und Ruderalflora von Solothurn* bereits eine eigenständige Unter-

54 So beispielsweise der Hinweis im Nachruf auf den Churer Kantonsschulprofessor Christian Brügger: »Brügger bekam in […] Richter J. Loretz, dessen Liebhaberei es war, Pflanzen an fremde Orte zu versetzen, die ihm für deren besseres Fortkommen geeignet schienen, in Chur einen koboldischen Gegenspieler. Wehe dem Schüler, der […] ein von Loretz an einen Brügger unbekannten Standort verpflanztes unschuldiges Blümlein brachte! (Lorenz: Prof. Dr. Christian Brügger, 82).

Abb. 6.4: Fundort etlicher Adventivpflanzen:
Die Kammgarnspinnerei in Derendingen (1914).

suchung. Dieser sollten im Laufe seines Forscherlebens 5 weitere einschlägige Publikationen folgen. Bald schon genoss Probst einen internationalen Ruf als Spezialist der Adventivbotanik. Er verkehrte in dieser Angelegenheit regelmäßig mit dem Zürcher Botanikprofessor Albert Thellung (dieser war auch Schöpfer der heute noch verwendeten Begrifflichkeit der »Neophyten«) und pflegte weltweite Korrespondenz mit namhaften Kapazitäten dieses Forschungsgebiets.

Vor dem Hintergrund dieser neuen Leidenschaft erfuhr Probsts Forschungsterrain eine Ausweitung: Neben die Jurahöhen traten nun die Industrielandschaften des Mittellandes: Probst wanderte zwischen Spinnereien, Malzfabriken, Hühnerfarmen und Mühlen, er erkletterte Abraumhalden, Mülldeponien und Komposthaufen, streifte an Bahngeleisen entlang und durchforstete Baustellen und gründgedüngte Landwirtschaftsflächen. Die »Solothurner« Flora, die der Mediziner in dieser menschengemachten Landschaft aufsammelte, war eine ausgesprochen internationale:

> »Auf dieser fruchtbaren Kompostdecke, einem Eldorado für den Botaniker, gesellt sich eine uns eigentümlich anmutende Mischung australischer, ursprünglich europäischer, speziell mediterraner, ja sogar vereinzelt amerikanischer, afrikanischer und indischer Arten. [...] so dass man füglich von einer australischen Niederlassung in Derendingen sprechen kann.«[55]

55 Probst: Die Adventiv- und Ruderalflora Solothurns, 4.

In den gut 25 Jahren seiner Solothurner Adventivforschungen wies Rudolf Probst viele hundert eingewanderte Arten nach. Wie bereits für die biogeographischen Forschungspraktiken aufgezeigt, war es auch bei der Adventivfloristik vor allem der Fokus auf das Außergewöhnliche, das ihren spezifischen Reiz ausmachte. Auch hier dominierte zudem ein rein beschreibender Zugang: Die Adventivfloristik, wie sie von Probst und seinen Zeitgenossen betrieben wurde, beschränkte sich vorwiegend auf die inventarisierende Erfassung der Neophyten. Fragen nach ihrer biologischen Einpassung in die neue Umgebung, also beispielsweise danach, ob sie überhaupt Blüten und Früchte entwickeln können und ob es zu weiteren Ausbreitungen kommt, wurden nur am Rande berührt.

Aus heutiger Sicht frappiert, dass die damaligen Botaniker sowohl der bewussten Freisetzung wie der ungewollten Einschleppung neuer Arten noch relativ neutral gegenüberstanden, ja im Falle Probsts diese sogar eher als spannende Bereicherung der hiesigen Flora empfanden. Diese Wahrnehmung steht in deutlichem Kontrast zu gegenwärtigen ökologischen Diskursen. In Zeitschriftenbeiträgen und Sensibilisierungskampagnen werden neu eingewanderte Arten in militaristischer Rhetorik als »Invasoren« betitelt und ausschließlich als schädliche Störenfriede eines harmonischen helvetischen Naturzustandes dargestellt.[56]

In der Probst'schen Auffassung dagegen klang noch ein klassisch-liberales Naturverständnis nach. Natur wurde als offenes System verstanden, das in fortschreitendem Wandel begriffen war. Wussten sich Neuankömmlinge erfolgreich anzupassen, so fanden sie ihren berechtigten Platz in der Pflanzenwelt, während andere Gewächse mit den sich ändernden Lebensbedingungen nicht Schritt halten konnten und untergingen. Probsts Offenheit gegenüber dem Neuen bedeutete nun aber keineswegs, dass er die Augen vor dem massiven Artenrückgang verschloss, der um die Jahrhundertwende zu verzeichnen war. Er stand dem Verschwinden ehemals verbreiteter Pflanzenspezies keineswegs gleichgültig gegenüber, sondern betätigte sich vielmehr als Vorreiter der im frühen 20. Jahrhundert neu entstehenden Naturschutzbewegung. In dieser Mehrdeutigkeit markierte Probsts Position einen historischen Wendepunkt, an dem die »liberale« Naturauffassung zunehmend von einem heimatlich-national aufgeladenen Naturbegriff abgelöst wurde. Geradezu lehrbuchmäßig charakterisiert diese Wende eine Gegenüberstellung, die der Zürcher Botanikprofessor Hans Schinz im Jahre 1900 für die Schweizer Pflanzenwelt vornahm. In einem Promotionsgutachten bezeichnete er Adventivpflanzen als die »Vagabunden unserer Flora« und

56 Vgl. zu den gegenwärtigen Diskursen um Neophyten bspw. Eser: Projektionsfeld fremde Arten. Korrekterweise muss hier angemerkt werden, dass auch der leidenschaftliche Adventivforscher Probst die Neobioten hin und wieder als »Eindringlinge« bezeichnete, ihnen damit jedoch keine Schädlichkeit oder Gefährlichkeit unterstellte, wie das heute meist der Fall ist (vgl. Probst: Fortschritte in der Floristik, 14).

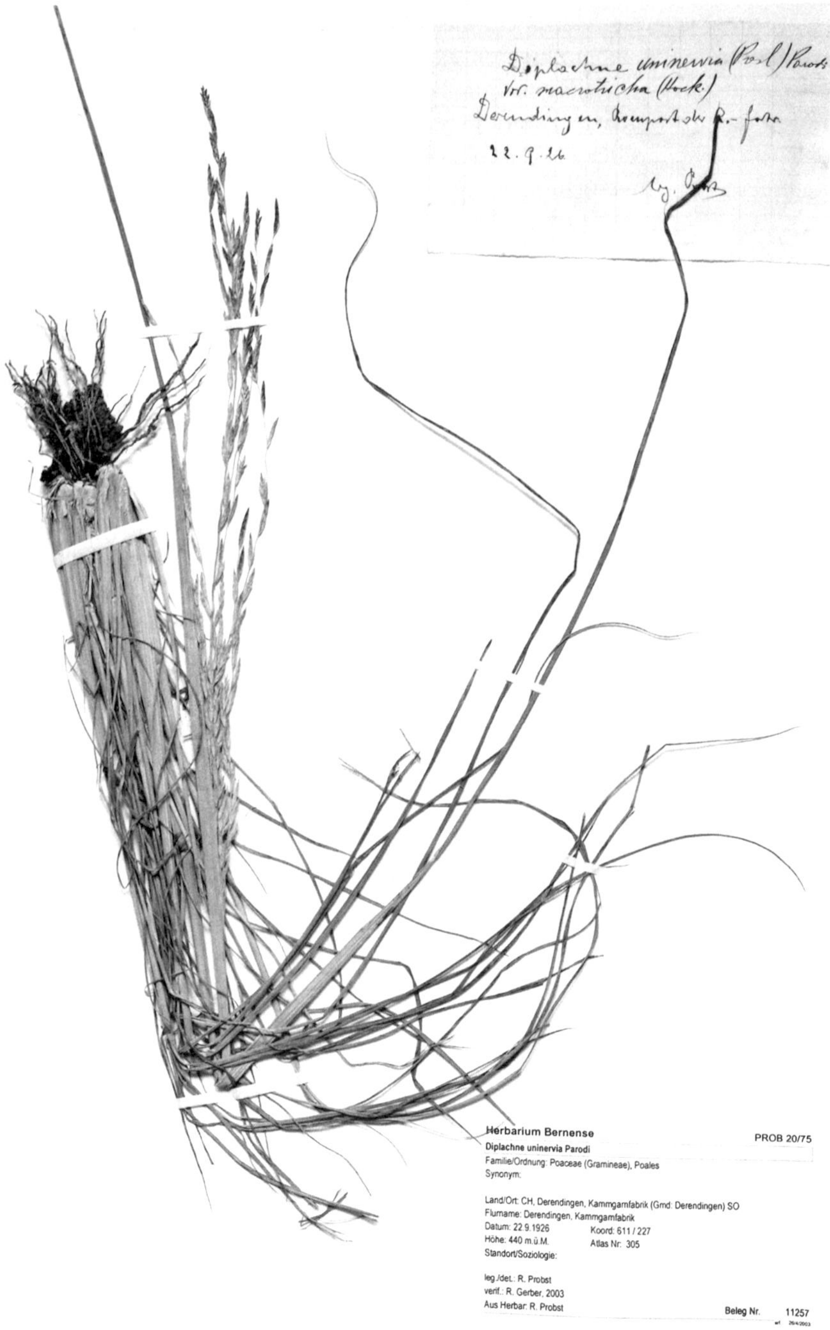

Abb. 6.5: Das amerikanische Gras *Diplachne uninerva,*
von Probst bei der Kammgarnfabrik Derendingen eingesammelt (1926).

setzte diese vaterlandslosen Gewächse klar ab von den »Zierpflanzen unserer Bauerngärten, einem Elemente in unserer Flora, dem in jüngster Zeit in erfreulicher Weise wieder erhöhte Beachtung geschenkt wird«.[57] In welcher Weise und zu welchem Zweck gerade auch die Akteure der Petite Science eine solche heimatliche Naturkonzeption (mit-)formierten, wird im letzten Kapitel dieser Untersuchung eingehender dargestellt.

Landschaft als epistemischer Ort: Fazit

Die naturkundliche Petite Science wurde in erster Linie als Lokalforschung betrieben. Als solche begnügte sie sich im ausgehenden 19. Jahrhundert jedoch keineswegs mehr mit der Bestandesaufnahme einer als statisch aufgefassten Natur. Vor dem Hintergrund der darwinschen Evolutionstheorie erhielten Spezifika lokaler Naturerscheinungen neue Bedeutung und genossen als Ausdruck dynamischer Phänomene wie der Auslese und der Anpassung große Aufmerksamkeit. Diese evolutionistische Sicht auf lokale Spezifika überschnitt sich mit einer weiteren Entwicklung, die sich ab den 1880er-Jahren in diversen Disziplinen der universitären Naturwissenschaften vollzog: der (nicht ausschließlich darwinistisch inspirierten) Wiederentdeckung der Landschaft als Erkenntnisort. Somit waren die feldbasierten Forschungs- und Versuchsanordnungen der Petite Science mit ihrem starken Fokus auf Phänomene lokaler Adaption und Selektion – Charpiés west-östliche Glockenblumen, Leuthardts deutsche Schneckenkolonie und Probsts solothurnische Exoten – auch vor dem Hintergrund dieser grundsätzlichen Konjunktur naturwissenschaftlicher Freiluftforschung ab den 1880er-Jahren zu betrachten.

Dennoch gingen die Lokalforscher grundsätzlich ihren eigenen Weg: Eine direkte Übernahme dieser neuen universitären Forschungszweige durch Freizeitwissenschaftler oder auch die institutionalisierte Mitarbeit von Amateuren beispielsweise an pflanzenökologischen Projekten von Hochschulbotanikern, wie dies P. D. Lowe für Großbritannien und Robert E. Kohler für die USA beschrieben haben,[58] lässt sich für die Schweiz um 1900 kaum feststellen. Vielmehr betrieben die naturkundlichen Lokalforscher eine Adaptionsforschung, die sie sozusagen ihren eigenen Bedürfnissen angepasst hatten. Sie bewegten sich im etablierten Rahmen der Naturgeschichte in ihrer *longue durée*, frischten jedoch diese sammelnde, inventarisierende und taxonomische Naturkunde um Dynamiken des Evolutionären auf. Darwin erweiterte also gewissermaßen ihren Denkrahmen, diese Anleihen blieben

57 BGUZ, Nachlass Hans Schinz, Kopialbuch 35, Brief Schinz' vom 19.11.1900, 435.
58 Lowe: Amateurs and professionals; Kohler: Landscapes and Labscapes, 77-87.

aber oft vage und unausgesprochen. Diese verjüngte Naturgeschichte der Petite Science bildete kein ausformuliertes Forschungsprogramm. Vielmehr stellte sie eine spielerische, unverkrampfte Aneignung akademischer Diskurse dar, die sich in den neuartigen Versuchsanordnungen einer fröhlichen Feldwissenschaft niederschlug.

Die Erweiterung der Naturforschung um Konzepte der Anpassung und Auslese bedeutete den Lokalforschern jedoch mehr als nur eine willkommene Abwechslung im forschungspraktischen Repertoire. Sie besaß ebenso eine strategische Dimension. Mit ihrem eigenständigen Nachvollzug der wissenschaftlichen Nobilitierung des Lokalen versuchten die Akteure der Petite Science auch ihr eigenes Tun aufzuwerten. Christian Brüggers Geiselnahme Darwins in seinem Furor gegen das Labor blieb dabei eine Ausnahme und stellte gewissermaßen eine Kinderkrankheit der ersten Generation darwinistischer Botaniker dar, die sich vom Labordogma der materialistischen Pflanzenphysiologen emanzipieren musste. Doch auch die jüngere Generation naturkundlicher Zentrumsakteure der Schweiz, mit der Laborwissenschaft längst versöhnt, suchte um die Jahrhundertwende unübersehbar die Nähe zu Darwin. Gleichsam im Windschatten der evolutionistischen Biologie hofften sie, ihre sammelnde und inventarisierende Wissenschaft lokaler Naturphänomene auch im stärker werdenden Gegenwind der Laborforschung zu behaupten. Zwar wurden die meisten Lokalforscher nach 1900 von den wissenschaftlichen Entwicklungen der Evolutions- und Vererbungslehre allmählich abgehängt. Indem sie ihre Untersuchungen lokaler Verhältnisse aber weiterhin in den Erkenntnishorizont von Anpassung (und neuerdings Vererbung) stellten, suchten sie gewissermaßen die Anschlussfähigkeit ihrer außeruniversitären Wissenschaft an moderne akademische Forschung zu behaupten. Dies war jedoch nicht mehr als eine Übergangslösung. In den Jahren um die Jahrhundertwende nahmen bald schon neue Diskursbestände Gestalt an, die der Lokalforschung fortan als nobler Berechtigungsgrund hinlänglich genügen sollten: die Vorstellung von Natur als ganzheitlichem und vor allem schutzbedürftigem Organismus sowie die Wahrnehmung dieser lokalen Ökosysteme als »Heimat«. Betrachten wir nun zuerst den ersten dieser beiden Punkte, die Entdeckung der Naturgefährdung.

6.2 Lokalforschung und Entstehung des Naturschutzes

Lieblingsorte und ausgetretene Pfade

Das Augenmerk, das die Lokalforscher im ausgehenden 19. Jahrhundert auf Dynamiken und Veränderungen örtlich spezifischer Naturphänomene richteten, galt nicht bloß den langen Zeitspannen evolutionärer Anpassung. Auch in ihrer Gegenwart konnten sie einschneidende Veränderungen in der Tier- und Pflanzenwelt beobachten. Dabei handelte es sich um Veränderungen, die sich direkt vor ihren Augen und mit großer Geschwindigkeit abspielten. Dem war auch im Solothurner Jura so. Als Rudolf Probst 1904 seinen ersten Nachtrag zur wenige Jahre zuvor erschienenen *Flora des Kantons Solothurn* (1898) veröffentlichte, musste er mit Bedauern auf eine aktuelle Entwicklungstendenz hinweisen: »Leider haben viele dieser Lokalitäten viel von ihrer ursprünglichen Pflanzendecke verloren.«[59]

Naturkundliche Lokalforscher waren in den Jahrzehnten um die Jahrhundertwende aufmerksame Kronzeugen, sorgfältige Chronisten und pionierhafte Kritiker der sich verschärfenden Umweltzerstörung und des damit einhergehenden Artensterbens.

Verantwortlich für diese gesteigerte Aufmerksamkeit waren zwei Gründe. Erstens ergab sich die Sensibilität für zurückgehende oder verschwundene Tier- und Pflanzenarten aus der Logik des Inventars. Ziel der Lokalfloristen und -faunisten war es bekanntlich, das Vorkommen und die Standorte heimischer Pflanzen und Tiere zu erfassen und vollständig aufzulisten. Aus ihrer medialen Eigenlogik heraus bot sich die Liste geradezu an für den Vergleich; die aufgelisteten Resultate aktueller Erhebungen konnten jenen von früheren Erhebungen gegenübergestellt werden. Lange Zeit besaß dieser Vergleich mit älteren Bestandeserfassungen die Form der Gewinnrechnung, und stets hoben die Autoren solcher Lokalkataloge mit einigem Stolz die Zahl der neu nachgewiesenen Arten hervor.[60] Gegen Ende des Jahrhunderts begann sich dies merklich zu ändern: Der Abgleich mit früheren Listen ergab nun neben vereinzelten Neuzugängen vermehrt auch Lücken im Inventarbestand. Tiere und Pflanzen, die früher im lokalen Einzugsgebiet noch verbreitet waren, ließen sich nun plötzlich nicht mehr nachweisen.

Zweitens begünstigten die epistemischen Eigenschaften, die der Landschaft in feldforschenden Wissenschaften zukommt, die Aufmerksamkeit für Umweltveränderungen. Die Landschaft als Feld der Lokalforscher bedeutete diesen nicht bloß einen neutralen Raum der Forschung, sondern war selbst Gegenstand ihrer wissenschaftlichen Bestrebungen. Anders als im Labor stellten auch die Besonderheit und Veränderlichkeit der Landschaft

59 Probst: Beitrag zur Flora von Solothurn, 5.
60 Vgl. zur Logik des Inventars und dessen Auslegung als Gewinnrechnung Kapitel 2.2.

keine zu eliminierenden Störfaktoren dar, sondern gehörten vielmehr zu den Erkenntniszielen.[61] Über ihren epistemischen Stellenwert hinaus waren die Lokalforscher auch noch in anderer Weise eng mit der Landschaft verbunden, worauf die Wissenschaftshistoriker Henrika Kuklick und Robert E. Kohler hinweisen: In allen Feldforschungen entfalten Örtlichkeiten immer auch affektive Wirkungen auf die Forscher, die sich lange und intensiv mit diesen beschäftigen.[62]

Auch Auguste Charpié und Rudolf Probst pflegten eine innige Beziehung zu ausgewählten Landstrichen. Die Jurakette des Weissensteingebiets bildete gewissermaßen ihre Lieblingslandschaft, und aus dieser ragte die Hasenmatt beim solothurnischen Selzach besonders hervor. Über viele Jahre bildete diese Juraweide das Ziel gemeinsam oder einzeln unternommener Exkursionen. Probsts Nekrolog berichtet, dass er noch drei Wochen vor seinem Tod im Alter von 85 Jahren das Vorhaben geäußert habe, »noch einmal eine Exkursion auf die Hasenmatt zu unternehmen: ›er müsse dort noch etwas suchen und feststellen‹«.[63] Vom ersten Sprießen im Frühling bis zum Verdorren des letzten Grüns im Spätherst suchten Charpié und Probst die Hasenmatt regelmäßig auf. Kam man zu spät und war das Objekt der Begierde bereits verblüht, so vertröstete man sich aufs kommende Jahr: »Rosa Rubella de la Wandfluh m'interesse beaucoup. Vous me la montrerez, s'il vous plaît, l'été prochain?«[64] War es hingegen noch nicht am Blühen, so stieg man bald wieder auf die Weide hoch: »J'ai l'intention de retourner encore après-demain après-midi à la Hasenmatt pour voir si notre Aconitum ne serait peut-être décidé à fleurir et vérifier la racine.«[65]

Diese landschaftlichen Fixpunkte waren wichtige Orte der Freundschaftspflege im Milieu der Petite Science. Neben ihrem botanischen Gabentausch stellten die fast jährlich unternommenen gemeinsamen Pilgerfahrten auf die vertraute Hasenmatt wohl die wichtigsten Momente in der Freundschaft zwischen Charpié und Probst dar.[66]

Daneben bildete das geteilte Interesse an gleichen Naturörtlichkeiten auch den losen Rahmen für zeitlich befristete Forschungskooperationen. Als Rudolf Probst 1904 den im Südosten Solothurns liegenden Burgäschisee als Gegenstand einer floristischen Publikation ins Auge fasste, nahm er Kontakt mit dem Basler Geologen Ernst Baumberger auf. Dieser war in der

61 Vgl. Kohler: Landscapes and Labscapes, 6 f.
62 Vgl. Kuklick und Kohler: Introduction, 3.
63 Bloch: Dr. Rudolf Probst und seine Beziehungen, 1.
64 Naturmuseum Solothurn. Nachlass Dr. Rud. Probst, Korrespondenzen, Doppelband (1710/1711), Brief Charpiés vom 18.11.1908.
65 Ebd., Brief Charpiés vom 25.9.1907.
66 Auch in den Beziehungen anderer Lokalforscher spielte die zweisame Begehung der stets gleichen Naturorte eine vergleichbare Rolle, so verabredeten sich der Liestaler Franz Leuthardt und sein Zofinger Freund Hermann Fischer-Sigwart verschiedentlich zu gemeinsamen Exkursionen durchs Wauwiler Moos.

Nähe des Sees aufgewachsen und untersuchte bereits seit seiner Jugendzeit in den 1880er-Jahren dessen Pflanzenwelt. Über mehrere Jahre tauschten nun die beiden Lokalforscher Fundorte und Pflanzenlisten aus und veröffentlichten 1911 als Resultat ihrer gemeinsamen Bemühungen zusammen den Aufsatz *Die Moorflora der Umgebung des Burgäschisees* (1911).

Die subjektiven Landschaften der Lokalforscher waren durch diese Anziehungskraft der Lieblingsorte also ein Stück weit »verinselt«. Meist besuchten sie die ihnen wohlbekannten Ecken und bewegten sich, wie die Waadtländer Botaniker Théophile Durand und Henri Pittier bemäkelten, vornehmlich auf ausgetretenen Pfaden: »[L]e botaniste vaudois aime les sentiers battus. Chaque année le voit porter ses pas vers la même vallée, sur le même sommet.«[67] Wie sehr gewisse Naturörtlichkeiten von ausgetretenen Pfaden im wortwörtlichen Sinne durchzogen waren, veranschaulicht ein Brief Hans Schinz' an einen Kollegen. Darin berichtet der Zürcher Botanikprofessor über einen Ausflug in ein Riedgebiet in der Linthebene, den er im Sommer 1901 unternahm:

> »In Uznach erkundigte ich mich dann in einem Gasthaus […] möglichst unauffällig beim Wirtstöchterchen nach Gladiolen. Dem war indessen meine verböhlete graue Büchse bereits aufgefallen. Es entfernte sich und kam zurück mit der Nachricht, dass der Herr Vetter, d.h. der Apotheker gesagt habe, die hätte der Schullehrer schon eingeheimst. […] Nun giengs im Sturmschritt nach der Gladiolusstelle und von dort zum Sagittariasstandort. Von Sagittarias war leider keine Spur zu sehen, die Leute hatten kurz vordem das Gras geschnitten. […] Der ausgetretene Pfad durch das Röhricht […] war offenbar von Ihnen ausgetreten worden.«[68]

Dieser von Schinz beschriebene Rummel in den Feuchtgebieten der Linthebene war äußerst charakteristisch für die feldwissenschaftliche Naturforschung. Begaben sich Naturkundler in die Landschaft hinaus, so gehörte ihnen das Feld nicht ausschließlich allein. Sie teilten die Landschaft einerseits mit Bauern, Waldarbeitern oder Hirten, was sich auch auf ihre wissenschaftliche Selbstwahrnehmung und inhaltliche Ausrichtung auswirkte.[69] Andererseits trafen die Lokalforscher auf ihren Streifzügen durch die Landschaft immer auch auf andere Naturliebhaber, die ebenfalls ihren Sammelleidenschaften nachgingen. Zumindest in der subjektiven Wahrnehmung

67 Durand und Pittier: Catalogue de la Flore Vaudoise, 3.

68 BGUZ, Nachlass Hans Schinz, Kopialbuch 36, undatierter Brief Schinz' (Juli 1901), 172.

69 Kuklick und Kohler vertreten die Ansicht, dass dieser soziale Austausch im Feld – im Vergleich mit den in klar abgegrenzten Räumen arbeitenden Laborwissenschaftlern – auch zu einer spezifischen wissenschaftlichen Identität der Feldwissenschaftler geführt hätte (Kuklick und Kohler: Introduction, 3-6). Für die inhaltlichen Auswirkungen dieser zwischenmenschlichen Feld-Interaktionen (im Sinne einer naturkundlichen Hinwendung zur Volkskunde) vgl. die Ausführungen im nachfolgenden Kapitel 7.

verdichtete sich im ausgehenden 19. Jahrhundert bei einigen Akteuren der Petite Science das Gefühl, sich in freier Natur gegenseitig auf den Füßen herumzustehen. Dies galt in besonderer Weise für den symbolisch sensiblen Alpenraum,[70] doch auch für das schweizerische Mittelland wurden die gleichen Klagen laut. So gab der Zofinger Naturforscher Hermann Fischer-Sigwart 1889 in einem Beitrag für die Zeitschrift der einige Jahre zuvor in Genf gegründeten *Association pour la protection des plantes* zu bedenken, dass die Flora gewisser Landstriche gerade durch die weit verbreitete Blumenliebe großen Schaden genommen habe.[71] Diese Popularität des Botanisierens, nicht zuletzt durch dessen prominente Stellung im schulischen Naturkundeunterricht, forderte ihren Tribut. So vermeldete ein Korrespondent Christian Brüggers 1883 zu einem ehemaligen Standort des Blassen Knabenkrauts: »O[rchis] pallens ist an jener Stelle durch Schlegel'sche Stadtschüler gänzlich ausgerottet worden.«[72]

Auguste Charpié und Rudolf Probst waren sich ebenfalls bewusst, dass ihr botanisches Lokalwissen um den Solothurner Jura dortigen Pflanzen schaden könnte. Die Bekanntmachung der genauen Standorte seltener Pflanzen gab diese gewissermaßen zum Abschuss frei: Trotz des Bewusstseins um ihre Seltenheit konnten viele Sammler dem Reiz einer Rarität nicht widerstehen. Als Charpié im August 1907 auf der Hasenmatt eine für den Jura seltene Art von Eisenhut entdeckte, legte er seinem Botanikerkollegen Probst die Geheimhaltung des Standorts nahe – ohne auch nur eine Sekunde zu zögern, würden sich ansonsten Botaniker von überall her wie Raubtiere auf die raren Pflanzen stürzen.[73]

Aus der Einsicht heraus, dass für seltene Pflanzenarten die Bekanntgabe ihrer genauen Lokalität gewissermaßen dem Gnadenstoß gleichgekommen wäre, verzichteten im ausgehenden Jahrhundert immer mehr Lokalfloristen auf detaillierte Angaben in ihren Florenverzeichnissen. So auch Jakob Meister, der 1887 im Vorwort seiner *Flora von Schaffhausen* auf diese bewusste Auslassung aufmerksam machte: »Für seltene und nur noch in einer be-

70 Zum Diskurs der »Vermassung« des Alpenraums vgl. beispielsweise Haas: Die Zurichtung der Alpen, sowie Scheidegger: Mythos Edelweiss, 28-37. Dieser populäre Diskurs fand auch in Karikaturen und satirischen Texten verbreitet Ausdruck. Wie Wolfgang Hackl herausstreicht, stellte diese mediale Konjunktur der »vermassten« Alpen jedoch keineswegs ein Abbild der wirklichen Situation dar (Hackl: Eingeborene im Paradies, 97 f.). So weist denn auch der Alpenforscher Werner Bätzing darauf hin, dass die Anzahl der touristischen Alpenbesucher in der »Entdeckungsphase« (1780-1880) wie auch in der »Belle-Epoque-Phase« (1880-1914) im Vergleich zu den 1950er-Jahren noch eher bescheiden war (Bätzing: Die Alpen, 143-146).

71 Fischer-Sigwart: Beiträge zur Ausbreitung der Pflanzenschutzidee, 11.

72 Brügger: Mittheilungen über neue und kritische Pflanzenformen, 164.

73 Naturmuseum Solothurn. Nachlass Dr. Rud. Probst, Korrespondenzen, Doppelband (1710/1711), Brief Charpiés vom 31.8.1907.

schränkten Anzahl von Individuen vorhandene Pflanzen wird der Kenner aus leicht begreiflichen Gründen eine Standortsangabe ganz vermissen oder doch sehr allgemein gehalten finden.«[74]

Unter den Pflanzenliebhabern wuchs also die Einsicht, dass sie mitverantwortlich für das Verschwinden gewisser Pflanzenvorkommen waren. Als aber unter dem Eindruck eines verbreiteten Artenrückgangs die ersten Stimmen laut wurden, die einen gesetzlichen Schutz der Pflanzenwelt forderten, reagierten dennoch viele Floristiker zurückhaltend, was ihre eigene Zunft anbelangte. So machte der Genfer Arzt Henri Goudet im Jahre 1883 in seiner Gründungsrede der oben bereits erwähnten *Association pour la protection des plantes* geltend, dass es nicht angehen könne, dass Verbote die Tätigkeit der Lokalforscher über Gebühr einschränkten: »Personne ne songe évidemment à entraver les amateurs de collections et encore moins les savants qui ont pour but l'étude et l'avancement de la science.«[75] Ihre besondere Nutzungsberechtigung der Naturlandschaft leiteten die Akteure der Petite Science aus der Wissenschaftlichkeit ihres Tuns ab. Um ihr Selbstverständnis als legitime Naturnutzer zu stärken, setzten die Naturforscher ihre Tätigkeiten scharf ab von jenen anderer Nutzergruppen. Als Kontrastfolie dienten Blumenliebhaber, denen eine hehre Motivation abgesprochen wurde – beliebte Feindbilder waren genussheischende Damen, zügellose Kinder und Jugendliche, dumpfe Bauern sowie geldgierige Blumenhändler.[76]

Archipele der Aufmerksamkeit

Bestimmte Punkte in der Landschaft übten also eine große Anziehungskraft auf Lokalforscher und andere Naturliebhaber aus. Einmal abgesehen von der (realen oder eingebildeten) Schädigung dortiger Pflanzenbestände durch maßlose Blumenliebe hatte die regelmäßige Begehung dieser Orte aber auch ganz andere Folgen: Lokalfloristiker und Sammler waren mit ausgewählten Ecken ihrer Landschaft in einem sehr hohen Maße vertraut.

74 Meister: Flora von Schaffhausen, IV.

75 Goudet: Discours d'ouverture, 4.

76 Die exklusive Inanspruchnahme des Naturraumes durch eine bestimmte Gruppe stellte ein typisches Phänomen der bürgerlichen Naturaneignung im deutschsprachigen Raum dar. Das eindrücklichste Beispiel für eine solche symbolische Appropriation liefern die bürgerlichen Alpinisten des ausgehenden 19. Jahrhunderts. Indem sich diese als Beschützer der unberührten und reinen Alpennatur gegen die wahrgenommenen Bedrohungen durch Touristen, Blumenhändler und so fort aufschwangen, installierten sie sich als einzig legitime Nutzergruppe und markierten den Alpenraum als ihr Hoheitsgebiet (vgl. mit Fokus auf den alpinistischen Blumenschutzdiskurs Scheidegger: L'état policier; sowie allgemeiner Tschofen: Tourismus als Alpenkultur, und Haas: Die Zurichtung der Alpen).

Abb. 6.6: Franz Leuthardt (rechts) zusammen mit Hermann Fischer-Sigwart (Mitte) und einem weiteren Kollegen im Wauwiler Moos. Aufnahme ohne Jahresangabe.

Bekanntlich besaß für die Wissenschaft der Naturgeschichte die exakte Beobachtung den Rang einer herausragenden epistemischen Tugend. So dienten denn seit Jahrhunderten die Lupe und später auch das Mikroskop als Sinnbild dieser Disziplin,[77] und auch in populären naturkundlichen Anleitungsschriften wurde die Beobachtung als wichtiges Kriterium der Wissenschaftlichkeit beschworen.[78] Eine ausgeprägte Beobachtungsgabe war gleichermaßen gefragt zuhause am Schreibtisch, beim Bestimmen der mitgebrachten Naturdinge, wie auch draußen im Feld. Hier soll nur der zweite Aspekt, die Feldbeobachtung, interessieren.

Weiter oben wurde bereits angesprochen, wie die eingefleischten Feldwissenschaftler Christian Brügger und sein Kollege Jakob Jäggi das Auffinden von Pflanzen in der freien Natur als eigentümliche Erleuchtungsmomente beschrieben hatten. Dies waren keine Einzelfälle. Auch in zeitgenössischen

77 Vgl. Bleichmar: The geography of observation, 374f.

78 So erinnert beispielsweise Leopold Eger seine Leser in der Anleitungsschrift *Der Naturalien-Sammler* (1882) daran, dass dem Beobachten der Vorrang vor dem bloßen Besitz von Sammlungsdingen gebühre: »Also nicht hastiges, möglichst massenhaftes Aufspeichern dieser Körper ist die Aufgabe des Sammlers, sondern sorgfältige *Beobachtung* und eingehendes Studium derselben« (Eger: Der Naturalien-Sammler, 5).

Anleitungsbüchern zum Naturaliensammeln wurde das entsprechende Wissen der Sammler als esoterische Wahrnehmungskunst dargestellt. Der Rezensent des *Handbuchs der paläarctischen Grossschmetterlinge* lobte denn die Vielzahl an »Geheimnissen«, die sein Autor Max Standfuss gerade dem insektensammelnden Novizen vermittle:

> »Es ist ja in der That erstaunlich, wie sich Feld und Wald mit Schmetterlingen und Raupen belebt, wenn wir das Vergnügen haben, an der Seite eines erfahrenen Schmetterlingsmannes spaziren oder gar excursiren zu gehen; versteckte Geschöpfe, an denen wir in unserer Ahnungslosigkeit seelenblind vorübergegangen waren, tauchen [...] allüberall auf. Der Verfasser ist ein solcher Hellseher und er versucht, uns, soweit das durch das geschriebene Wort möglich ist, in diese Kunst einzuführen.«[79]

Naturkundliche Beobachtungsgabe war also auch eine Kunst der kleinräumigen Landschaftswahrnehmung. Nicht unbedingt ein Geheimnis also, aber ein Erfahrungswissen in Sinne Loraine Dastons: Ein verkörperlichtes und an Gegenstände und Techniken gebundenes implizites Wissen, das – darauf weist auch der obige Rezensent ausdrücklich hin – nur schwer sprachlich vermittelt werden konnte.[80]

Auch wenn dieses implizite Landschaftswissen kaum ausgesprochen wurde, so lässt es sich anhand einiger Spuren doch erahnen. Dazu nehmen wir wieder die Fährte Auguste Charpiés auf seinen Streifzügen durch den Solothurner Jura auf. Die ausgewählten Landschaftsinseln, die der Kurzwarenhändler und sein Freund Probst regelmäßig aufsuchten, bildeten für die beiden Blumenfreunde Archipele gesteigerter Aufmerksamkeit. Sie kannten dort beinahe jeden Grashalm. Wie man den schriftlichen Fundstellenbeschreibungen Charpiés entnehmen kann, überzogen die Blumensammler ihre wohlvertrauten Orte mit einem dichten Koordinatennetz, das sich aus Landschaftselementen wie Wegen, Felsen, Quellen, aber auch bereits bekannten Standorten anderer Pflanzen zusammensetzte: »J'ai trouvé les premiers à l'est de la partie découverte de l'Ob.berg dans l'endroit où le sentier s'enfonce dans le bois – au même endroit crepis praemorsa – à 20-30 pas au nord du sentier.«[81]

Die Lokalforscher, die sich durch solche genauesten Kenntnisse einzelner Landstriche auszeichneten, registrierten wachen Auges die sich häufenden menschlichen Eingriffe in die Landschaft. Sensibilisiert durch die oben erwähnte Logik des Inventars, blieben ihnen auch die vermehrten Abgänge

79 Ris: Dr. M. Standfuss. Handbuch der paläarctischen Grossschmetterlinge, 314 f.
80 Vgl. Daston: Introduction. Observation observed, 3; Diess.: Scientific objectivity with and without word, 264-269.
81 Naturmuseum Solothurn. Nachlass Dr. Rud. Probst, Korrespondenzen, Doppelband (1710/1711), Brief Charpiés vom 8.8.1907.

Abb. 6.7: Torfabbau bei St. Moritz.
Aufnahme des Zürcher Geologen Leo Wehrli (1922).

einzelner Tier- und Pflanzenarten nicht verborgen. Der Zusammenhang zwischen beobachteten Landschaftseingriffen und dem feststellbaren Artenrückgang war für die Lokalfloristen und -faunisten offensichtlich. So auch für Rudolf Probst. Als er 1904 in seinem *Beitrag zur Flora von Solothurn* die Leser – wie oben schon zitiert – auf den Rückgang früher verbreiteter Pflanzenarten aufmerksam machte, beließ er es nicht bei vagen Worten des Bedauerns. Er führte vielmehr einen detaillierten Katalog von betroffenen Standorten an und benannte auch die Ursachen für deren Verschwinden:

> »[S]ei es infolge Bodenverbesserung (Hochmoor von Lommiswil, welches östlich vom Dorf fast ganz in fruchtbares Kulturland umgewandelt ist […], Brüggmoos bei Langendorf, Inselweiher bei Riedholz), sodann durch Reduktion der Torfmoose (Wengi, Mühledorf mit Sagina nodosa, Bolken) oder fast vollständige Abtorfung (Bellach), Aufforstung (Egelmoos bei Leuzigen […], Sümpfe im Subingerwald), ferner durch Verkleinerung der Sumpfflächen (Engeweiher, Spitalweiher, Gummen bei Niederwil, Bibern, Koppingen […], Moos bei Deitingen, bei Wangen).«[82]

82 Probst: Beitrag zur Flora von Solothurn, 5.

Im Schatten der Alpen: mittelländische Naturschutzpioniere

Rudolf Probst befand sich mit dieser Wahrnehmung in bester Gesellschaft: Auch in anderen floristischen und faunistischen Lokalkatalogen des ausgehenden 19. Jahrhunderts wurden die negativen Auswirkungen von Rodungen, Trockenlegungen, Straßenbau, Intensivierung der Landwirtschaft und so fort benannt und ausdrücklich in Zusammenhang mit dem Artensterben gebracht.[83] So ist es nicht weiter erstaunlich, dass die meisten Naturschützer der ersten Stunde aus dem Kreise der Lokalforscher hervorgingen. Der blumenkundige Mediziner aus dem Solothurner Jura spielte dabei eine eigentliche Pionierrolle: Zusammen mit einigen Gesinnungsgenossen rief er bereits 1905 die *Solothurnische Naturschutzkommission* ins Leben. Dieses Solothurner Naturschutzgremium entstand somit bereits ein Jahr früher als die landesweite *Naturschutzkommission* der *Schweizerischen Naturforschenden Gesellschaft* (SNG). Deren Entstehungsjahr 1906 wird gemeinhin als Gründungsdatum des modernen Naturschutzes in der Schweiz angeführt.

Im Milieu des blumenbegeisterten Bürgertums kam es zwar schon 20 Jahre zuvor zu ersten Gehversuchen in Sachen Naturschutz. 1883 gründeten einige Männer aus dem Umfeld der Genfer Sektion des *Schweizerischen Alpenclubs* die bereits erwähnte *Association pour la protection des plantes*.[84] Deren Vereinszweck war es in erster Linie, die durch Tourismus und Blumenhandel als bedroht erachteten Alpenblumen zu schützen. Dieses Ziel versuchte die Genfer Schutzvereinigung vor allem über Sensibilisierungskampagnen mittels Plakaten und anderer Öffentlichkeitsarbeit zu erreichen. Die *Association* unterschied sich jedoch in ihren Zielen und Naturkonzepten wesentlich vom modernen Naturschutz des frühen 20. Jahrhunderts. Gemäß der Typologie des Schweizer Umweltschutzhistorikers Stefan Bachmann entsprach die *Association* eher den »liberalen Schutzvereinen«, die in der zweiten Hälfte des 19. Jahrhunderts verbreitet waren.[85] Die *Association* argumentierte hauptsächlich ästhetisch – Blumen wurden vorwiegend als »Schmuck«[86] der Alpennatur geschätzt – und setzte ganz auf die Freiwilligkeit aller verlangten Schutzmaßnahmen. Da sie ihre Forderungen weder auf wissen-

83 Sehr eindrücklich beispielsweise bei Killias: Hemiptera heteroptera (1879), 5f.; Rhiner: Die Gefässpflanzen der Urkantone (1893), 13; Binz: Flora von Basel (1901), IV.

84 Zur Association vgl. Vonèche: Henry Correvon, histoire d'une vocation; Scheidegger: Mythos Edelweiss, 31-33.

85 Bachmann: Zwischen Patriotismus und Wissenschaft, 24.

86 So begründete das Vorstandsmitglied Henri Goudet in seiner Grundsatzrede die Schutzwürdigkeit der Pflanzen damit, dass diese »ornent notre contrée, décorent nos montagnes et contribuent à donner à leur paysage son charactère propre« (Goudet: Discours d'ouverture, 3)

schaftliche Argumente abstützte noch ausdrückliche Positionen zu politischen und wirtschaftlichen Entwicklungen ihrer Gegenwart einnahm, blieb die Wirkung der *Association* äußerst bescheiden. Ihr kam, wie Bachmann bilanziert, vorwiegend eine kompensatorische Bedeutung zu – indem sie eine Versöhnung von Natur und kapitalistischer Entwicklung auf der Ebene des Privaten anstrebte.[87] Die *Association pour la protection des plantes* war ein Kind des 19. Jahrhunderts und löste sich folgerichtig 1907, ein Jahr nach der Gründung der *Schweizerischen Naturschutzkommission* der SNG, auf.

Der Naturschutz hingegen, wie ihn Probst und seine Solothurner Mitstreiter verstanden, bedeutete eine grundlegende Neuerung. Er kam dem bereits sehr nahe, was man auch heute noch unter diesem Begriff versteht. Dabei war der hiesige Naturschutz kein Schweizer Eigengewächs. Wie der Umweltschutzhistoriker Patrick Kupper in seiner transnationalen Geschichte der schweizerischen Nationalparkidee aufzeigte, entlehnte die frühe Schweizer Naturschutzbewegung ihre begrifflichen und konzeptionellen Werkzeuge vor allem von einschlägigen Milieus aus Deutschland und den USA.[88] Ohne detaillierter auf diese transnationalen Diskursströme einzugehen, lässt sich der schweizerische Naturschutz moderner Prägung vereinfacht als Zusammengehen mehrerer ideologischer Stränge darstellen.[89] Er speiste sich erstens aus der allgemeinen Wissenschaftsbegeisterung des 19. Jahrhunderts. Ihren argumentativen Standpunkt errichteten die modernen Naturschützer auf dem festen Boden der Wissenschaft, und nicht zufällig gingen die Bemühungen um eine Institutionalisierung des Naturschutzes aus dem Kreise der SNG hervor. Zweitens knüpften die Naturschützer an die verbreitete Naturschwärmerei des Bürgertums an. Als Bühne moderner Freizeittätigkeiten wie Wandern oder Bergsteigen erfreute sich der Naturraum im ausgehenden 19. Jahrhundert einer nie gekannten Wertschätzung. Die Natur wurde zum Sinnbild für Reinheit und Unberührtheit verklärt und erfuhr eine mythische Überhöhung. Sie diente als Kontrastfolie gegen die Anmutungen der industriellen Moderne und nahm als solche eine wichtige Bedeutung in der bürgerlichen Ideologie ein. Zuoberst auf der Werteskala bürgerlicher Naturbegeisterung rangierten die Alpen, die gleichsam als Inbegriff der Naturschönheit galten. Drittens war die Naturschutzbewegung Ausdruck einer generellen Wende zum Konservativismus, welche die Schweiz ab der zweiten Hälfte der 1880er-Jahre kennzeichnete. Als Reaktion auf soziale und politische Erschütterungen der vorangegangenen Jahre verabschiedeten sich weite Teile des Bürgertums von den Verheißungen des

87 Bachmann: Zwischen Patriotismus und Wissenschaft, 34.

88 Vgl. Kupper: Wildnis schaffen, 42-52. Zur Geschichte des Naturschutzes in Deutschland um 1900 vgl. Friedemann Schmoll: Erinnerungen an die Natur.

89 Vgl. dazu Kupper: Wildnis schaffen, 40 f. und Bachmann: Zwischen Patriotismus und Wissenschaft, 319-328.

Liberalismus und suchten Halt in der betonten Hinwendung zum Nationalen. Im Zentrum dieses neuen Nationalbewusstseins stand das ideologische Konstrukt – die »imagologische Bastelei«[90] – einer ländlich-alpinen Schweiz. Der bürgerliche Zeitgeist sah diese urhelvetische Landidylle jedoch durch die rücksichtslos fortschreitende Moderne bedroht: »Es geht ein Zug der Zerstörung durch unser grosses, nun zur Neige gehendes Jahrhundert«, so diagnostizierte 1896 der Basler Germanist Eduard Hoffmann-Krayer und suchte seine Mitbürger mit diesem Weckruf zur Mitgliedschaft in der eben gegründeten *Schweizerischen Gesellschaft für Volkskunde* zu bewegen. Nachdem 1905 mit dem *Schweizerischen Heimatschutz* die Gründung eines weiteren Schutzvereins erfolgt war, war somit der geistige Boden schon hinlänglich bereitet für die Einrichtung einer *Kommission für die Erhaltung von Naturdenkmälern und prähistorischen Stätten* (oder kurz: *Naturschutzkommission*) im Rahmen der SNG. Vergleichbar mit der Volkskunde und dem Heimatschutz war auch die Gründungsakte der Naturschutzkommission geprägt vom zeittypischen Duktus des Schützens und Rettens: Diese habe den »Auftrag[ ] zu schützen, was geschützt werden kann, und zu retten, was gerettet werden kann«.[91]

Die Idee zur Gründung einer solchen Kommission innerhalb der *Schweizerischen Naturforschenden Gesellschaft* ging auf einen Vorschlag des Basler Naturforschers Paul Sarasin zurück. Dieser stand dann ab 1906 dem neu gegründeten Gremium vor und sollte in den folgenden Jahren zu einer zentralen Gestalt der schweizerischen sowie der globalen Naturschutzbewegung werden. Die *Schweizerische Naturschutzkommission* (SNK), wie sie sich bald nannte, betrachtete sich als »rein wissenschaftliche Kommission« und verstand es als patriotische Aufgabe, sich dem Bundesrat als »begutachtendes Organ« anzudienen.[92] Es mangelte ihr aber auch nicht an selbstauferlegten Aufgaben: Neben den Schutzbemühungen für ausgewählte »Naturdenkmäler«[93] standen die Ausarbeitung von Entwürfen für kantonale Pflanzenschutzgesetze[94] sowie die Schaffung einer nationalen

90 Vgl. Marchal: Das »Schweizeralpenland«, 431-433.

91 Sarasin: Bericht der Kommission für den Erhalt [...] 1906/07, 94.

92 Ebd., 87.

93 Vgl. ebd., 83-85. Der Begriff des »Naturdenkmals« war ein zentrales Konzept des frühen Naturschutzes in ganz Europa und ging zurück auf den deutschen Naturschutzvordenker Hugo Conwentz (1855-1922). Conwentz strebte mit diesem Konzept das gezielte Bewahren von kleinflächigen, ursprünglichen Einzelelementen der Natur an (Kupper: Wildnis schaffen, 48 f.; Schmoll: Erinnnerungen an die Natur, 113-178).

94 Vgl. Sarasin: Bericht der Kommission für die Erhaltung [...] 1907/08, 89-111. Interessanterweise äußerte der Autor dieses Gesetzesvorschlages, der Basler Jurist und Botaniker Hermann Christ, die gleichen Vorbehalte gegen eine Einschränkung der als legitim erachteten botanischen Sammeltätigkeit wie seine »Vorgänger« der *Association pour la protection des plantes*: »Leitende Gesichtspunkte einer gesetzlichen Verord-

Natur-»Reservation«[95] zuoberst auf dem Programm des jungen Gremiums. Bald überragte das letzte dieser Ziele die anderen bei weitem: Die Einrichtung eines Schweizerischen Nationalparks sollte einen Großteil der Kommissionsenergie, vor allem aber auch der öffentlichen Wahrnehmung in Beschlag nehmen. Dies kam nicht von ungefähr: Mit seiner Lage im symbolträchtigen Alpenraum und seiner räumlichen Konzeption als Territorium, das von schädlichen Einflüssen abgegrenzt wird, um einen Ursprungszustand zu erhalten, traf das Nationalparkprojekt den Nerv seiner Zeit. Es eignete sich gleichermaßen als Projektionsfläche für die städtische (Alpen-) Naturbegeisterung als auch für modernitätskritische und isolationistische Sehnsüchte der bürgerlichen Schützen-und-Retten-Fraktion.

Diese Symbolkraft des Alpenraumes schlug jedoch nicht nur die Öffentlichkeit der 1910er-Jahre in ihren Bann, sondern auch die Geschichtsschreibung späterer Jahrzehnte. In Darstellungen zur Geschichte des Naturschutzgedankens in der Schweiz gingen Probst und andere Naturschutzpioniere des Mittellandes fast ein wenig vergessen. Sie standen gewissermaßen im Schatten der Alpen und der Findlinge,[96] aber auch der klingenden Namen der Nationalparkinitianten Sarasin, Schröter und Konsorten.[97]

In der raschen Verankerung der Naturschutzidee in der Öffentlichkeit spielten jedoch auch die Lokalforscher des Unterlandes eine nicht zu unterschätzende Rolle. Bereits in seinen ersten Sitzungen forderte die SNK die Kantonalsektionen der *Schweizerischen Naturforschenden Gesellschaft* auf, kantonale Naturschutzkommissionen ins Leben zu rufen. Neben der allgemeinen Propaganda für die Sache des Naturschutzes hatte der Dachverband vor allem eine Aufgabe für seine kantonalen Ableger vorgesehen: Sie sollten die auf Kantonsgebiet vorhandenen Naturdenkmäler inventarisieren. Diese Aufforderung fiel auf fruchtbaren Boden, da die Inventarisierung für die Lokalforscher ein wohlvertrautes Wissensformat darstellte: Man versandte

nung, wie der vorliegenden, sind einesteils möglichst ausgiebiger Schutz der einheimischen Flora vor Beraubung, andrerseits Fernhaltung solcher Massregeln, welche den berechtigten Genuss der Flora allzu sehr beschränken […] würden« (Christ, zit. bei Sarasin: a.a.O., 90).

95 Vgl. Sarasin: Bericht der Kommission für die Erhaltung […] 1907/08, 111-124. Mit Reservationen waren großräumige Schutzgebiete im Sinne des späteren Nationalparks gemeint. Detailliert zum Begriff der »Reservation« vgl. Kupper: Wildnis schaffen, 77-81.

96 Den eigentlichen Anstoß zur Gründung der Naturschutzkommission gaben die »üblen Erfahrungen«, welche die SNG im Zusammenhang mit ihren Bemühungen um den Schutz des pittoresken Findlings *Pierre de Marmettes* in Monthey (Kt. Wallis) machen mussten (vgl. Sarasin: Bericht der Kommission für die Erhaltung […] 1906/07, 83).

97 Eine Ausnahme bildet Verena Rothenbühlers Aufsatz zur Geschichte der Thurgauer Naturschutzkommission im 2004 erschienenen Jubiläumsband der *Thurgauischen Naturforschenden Gesellschaft* (vgl. Rothenbühler: Naturschutz auf dem Dienstweg).

Zirkulare an Informanten und stellte die zurückgesandten Listen zu bereinigten Lokalkatalogen der Naturschutzdenkmale zusammen.[98]

Auch in ideeller und konzeptioneller Hinsicht brauchte es an der Basis der kantonalen Naturschutzkommissionen kaum Überzeugungsarbeit seitens des Dachverbandes, wie das Beispiel der Solothurner Naturschutzpioniere um Probst zeigt. In diesem Milieu der Lokalfloristen und -faunisten war die Notwendigkeit von Naturschutzmaßnahmen längst zur festen Überzeugung herangereift, als im Frühling 1905 der Solothurner Kreisförster Robert Glutz-Graff einen Vortrag über »Naturdenkmäler, ihre Gefährdung und Erhaltung« hielt. Mit diesem Referat gab er seinen Kollegen nur noch das Werkzeug an die Hand, um die immer dringlicher wahrgenommenen Landschaftsveränderungen und Artenrückgänge auch begrifflich fassen und in entsprechende Handlungen umsetzen zu können.[99] Schon kurz nach Glutz-Graffs Referat beschlossen die Solothurner Naturforscher, eine Kommission einzurichten, die sich eingehender mit Fragen des Naturdenkmalschutzes auseinandersetzen sollte. An ihre Spitze wählte die Kommission Rudolf Probst, der diese schließlich über lange Jahre präsidierte. Als 1906 dann die SNK zur Gründung kantonaler Naturschutzkommissionen aufrief, existierten die entsprechenden Strukturen in Solothurn bereits seit über einem Jahr.

Vor dem Hintergrund ihrer detaillierten Landschaftskenntnisse mussten Kommissionspräsident Probst und seine Kollegen denn auch nicht lange überlegen, welche Naturdenkmäler ihres Kantonsgebietes sie als besonders schützenswert erachteten: An prominenter Stelle der entsprechenden Aufzählung rangierte die Gegend um den Burgäschisee, welche der Mediziner zwei Jahre zuvor genauer zu untersuchen begonnen hatte. Konkrete Schritte zum Schutz dieses kleinen Mittellandsees und seiner Moorlandschaft erfolgten dann jedoch nur zögerlich.[100] Trotzdem sollte der Burgäschisee die kommenden Jahre ein fester Traktandenpunkt der solothurnischen Naturschutzkommission bilden. Dabei dienten auch die Resultate der lokalwissenschaftlichen Forschung als Argumente im Kampf um die Unterschutzstel-

98 Vereinzelt wurden solche Verzeichnisse auch publiziert. So veröffentlichte beispielsweise Fritz Heinis 1926 im *Tätigkeitsbericht der Naturforschenden Gesellschaft Baselland* ein »Verzeichnis der botanischen Naturdenkmäler im Kanton Baselland«.

99 Die frühen Jahren der solothurnischen Naturschutzkommission bestätigen Patrick Kuppers Einschätzung, dass das »Naturdenkmal« den zentralen Leitbegriff der frühen Naturschutzbewegung in der Schweiz und Europas darstellte (vgl. Kupper: Wildnis schaffen, 49). Andere Konzepte wie »Ökologie« sucht man in den Berichten der Solothurner Naturschützer dieser Jahre noch vergeblich.

100 Noch 1914 schrieb Probst im Jahresbericht der Kommission, die Bemühungen um die Unterschutzstellung des »Burgmooses« befänden sich noch immer im »Stadium der Vorbereitung«. Entschuldigend schob er nach, dass durchaus keine Dringlichkeit bestünde, da »es mit der Finanzierung des Entwässerungsprojekts der Gebiete um den Aeschisee auch nicht vorwärts geht« (Probst: Bericht über die Tätigkeit […] 1911-1914, 234 f.).

lung des Gewässers. Als Probst und sein Kollege Baumberger im Jahr 1911 die oben erwähnte Arbeit zum Burgäschisee in den Druck brachten, äußerte der Basler Co-Autor weniger wissenschaftliche denn naturschützerische Hoffnungen: »Ich hoffe, dass wir beide damit den Erfolg haben, dass sich die Leute für die Gegend und dann auch für den Reservationsgedanken erwärmen.«[101] Im Jahr 1917 schließlich waren die Bemühungen Probsts und seiner Mitstreiter endlich von Erfolg gekrönt: Der Solothurner Regierungsrat erließ eine kantonale Pflanzenschutzverordnung, worin auch das Moorgebiet beim Burgäschisee als »ornithologisch-botanisches Reservat« ausgewiesen wurde.[102]

Auch Probsts Botanikerkollege Auguste Charpié teilte dessen Überzeugung, dass die Unterschutzstellung bestimmter Landstriche notwendig sei. Auf seinen botanischen Streifzügen durch den Jura musste der Kurzwarenhändler immer wieder schmerzlich feststellen, dass diese oder jene Pflanze endgültig verschwunden war. So ließ er sich rasch vom Engagement des Langendörfer Arztes anstecken. Nicht ohne Stolz berichtete Charpié im Jahre 1912 nach Langendorf, dass nun auch die Jurassier in der Sache des Naturschutzes mitziehen würden: »Voici en attendant, une nouvelle qui vous fera plaisir. Un comité dont je fais partie s'est constitué dans le Jura pour assurer la conservation des plantes de nos tourbières. Une réserve sera créée à Bellelay dans ce but.«[103]

Dass Probst und Charpié sich auf die Erhaltung von Feuchtgebieten und Mooren fokussierten, war typisch für die frühen Naturschutzbemühungen im Mittelland. Auch andere kantonale Naturschutzkommissionen dieser Zeit, beispielsweise jene im Thurgau, widmeten ihre Energie hauptsächlich diesen besonders gefährdeten Lebensräumen.[104] Und ebenso typisch war, dass diese Bemühungen während der beiden Weltkriege und der Wirtschaftskrise der Zwischenkriegszeit große Rückschläge erleiden mussten. Ernüchtert vermeldete Charpié im Herbst 1915 seinem Freund und Mentor, dass allen Schutzbemühungen zum Trotz die Trockenlegungsarbeiten um Bellelay nun beginnen würden.[105] Probst selber blieb nur durch seinen Tod im Jahre 1940 erspart, die Senkung des Wasserspiegels im »Schongebiet« des Burgäschisees mitansehen zu müssen, die während des Zweiten Weltkrieges durchgeführt wurde.[106] In den ersten Jahrzehnten ihres Bestehens

101 Naturmuseum Solothurn. Nachlass Dr. Rud. Probst, Korrespondenzen, Doppelband 3/4 (1708/1709), Brief Baumbergers vom 29.1.1911.

102 Mollet: Bericht der solothurnischen Naturschutzkommission 1931-1935, XIV.

103 Naturmuseum Solothurn. Nachlass Dr. Rud. Probst, Korrespondenzen, Doppelband (1710/1711), Brief Charpiés vom 28.2.1912.

104 Vgl. Rothenbühler: Naturschutz auf dem Dienstweg.

105 Naturmuseum Solothurn. Nachlass Dr. Rud. Probst, Korrespondenzen, Doppelband (1710/1711), Brief Charpiés vom 27.9.1915.

106 Vgl. Zeh: Wie geht es dem Burgäschisee heute?, 3.

war die Naturschutzlobby noch zu schwach, als dass sie die Unterordnung von Naturschutzvorgaben unter die Ziele der Kriegswirtschaft hätte verhindern können. So wurden zur Torfgewinnung und zur Schaffung zusätzlicher Landwirtschaftsflächen bis in die Nachkriegszeit unzählige Moore abgetragen, Gewässerspiegel abgesenkt und Sümpfe trockengelegt.[107]

Auch andernorts betätigten sich uns wohlbekannte Akteure der Petite Science an vorderster Front in der neuen Bewegung des Naturschutzes. Alle naturkundlichen Zentrumsakteure der jüngeren Generation, die in Kapitel 5 vorgestellt wurden, waren aktiv in den Naturschutzkommissionen ihrer Kantone: Isaak Bloch nahm Einsitz in der von Probst präsidierten solothurnischen Naturschutzkommission, Franz Leuthardt stand der entsprechenden Kommission in den beiden Basel vor, Hans Bachmann jener in Luzern, und Heinrich Wegelin war Gründungsmitglied der Naturschutzkommission des Thurgaus. Auch in der *Schweizerischen Naturschutzkommission* als Dachverband saßen – neben renommierten Akademikern und Privatgelehrten – einige Vertreter der Petite Science, die bereits verschiedentlich Erwähnung fanden, so der Basler Jurist und Pflanzenkenner Hermann Christ und der Zofinger Apotheker und Naturkundler Hermann Fischer-Sigwart. Entscheidend für die rasche Ausbreitung des jungen Naturschutzgedankens in der Schweiz war jedoch zweifellos seine erfolgreiche regionale Verankerung durch die Kantonalsektionen der SNK. So streicht auch die Historikerin Verena Rothenbühler heraus, dass diese »kantonalen Naturschutzfilialen« die Schutzpolitik der einzelnen Kantone bis weit in die Nachkriegszeit hinein geprägt hätten.[108]

Landschaftswissen, Inventar und Naturschutz: Fazit

Die rasche Breitenwirkung, die der frühe Naturschutz in der Schweiz entfalten sollte, war wesentlich ein Verdienst der Petite Science: Treibende Kraft in den Kantonalsektionen der 1906 gegründeten *Schweizerischen Naturschutzkommission* waren floristisch und faunistisch ausgerichtete Lokalforscher. Deren Offenheit gegenüber dem modernen Naturschutzgedanken stand in enger Verbindung mit ihren wissenschaftlichen Landschaftspraktiken der Lokalkatalogisierung. Aufgrund ihrer genauen Kenntnisse der Landschaftsveränderungen und ihres inventarisierenden Blicks auf die schwindende Artenvielfalt brauchten sie von der Notwendigkeit des Naturschutzes nicht erst noch überzeugt werden. Sie waren zu der entsprechenden Einsicht ge-

107 Vgl. Rothenbühler: Naturschutz auf dem Dienstweg, 118 f.
108 Vgl. ebd., 117.

langt, bereits Jahre bevor sich der moderne Naturschutz-Diskurs zu formieren begonnen hatte. Noch aber fehlten ihnen im wahrsten Sinne die Worte. Erst der entstehende Naturschutzdiskurs (und die daraus hervorgehenden Begrifflichkeiten und institutionellen Gefäße) ermöglichte den Lokalforschern, ihr unbestimmtes Unbehagen in konkrete Handlungen zu übersetzen. Und das taten sie rasch und mit großem Elan. Dazu trug auch bei, dass die Naturschutztätigkeiten auf wohlbekannten Wissenspraktiken der Lokalkatalogisierung aufbauten. Man erstellte Inventare und mobilisierte die bewährten Helfernetzwerke aus Dorfschullehrern, Pfarrern und so fort, die bereits für kantonale Bestandeserfassungen geknüpft worden sind.[109]

Diese zentrale Rolle, welche die Akteure der Petite Science – und ihr spezifisches Natur- und Landschaftswissen – für die Etablierung des Umweltschutzgedankens in der Schweiz spielten, blieb in der historischen Forschung bis heute etwas unterbeleuchtet. Der symbolträchtige Alpenraum überschattete die unspektakulären Naturschutzbemühungen um Moore und Magerwiesen des Mittellandes. Eine Erweiterung der Perspektive vom Alpenraum ins Mittelland bedeutet jedoch nicht nur eine räumliche Verschiebung, sondern nimmt auch eine andere Gewichtung der ideellen Beweggründe des frühen Naturschutzes vor: Dieser war nicht ausschließlich eine ideologische Reaktion des modernitätsskeptischen Bürgertums, sondern wurde an seiner Basis ebenso getragen von nüchterner und empirisch belegter Einsicht in massive Umwelteingriffe dieser Jahre.[110] Diese beiden Motivationen, also die ideologische Alpenbegeisterung und die Registrierung des Artenrückgangs, standen keineswegs im Widerspruch zueinander. Vielmehr amalga-

109 So konnte die solothurnische Naturschutzkommission auf mehrere bestehende Netzwerke zurückgreifen: Einerseits die Helfernetze, die der Kommissionspräsident Rudolf Probst für seine kantonalfloristischen Forschungen aufbaute, und andererseits die Helfernetze, welche die Kommissionsmitglieder Isaak Bloch und Leopold Greppin für ihre Fledermausverzeichnisse etabliert hatten (vgl. dazu die Ausführungen in Kapitel 3). Diese Netze erstreckten sich bis in die kleinsten Dörfer. Sie unterstützten die im Kantonshauptort tagende Kommission bei der Inventarisierung von Naturdenkmälern und meldeten akute Gefährdungen lokaler Naturdenkmäler nach Solothurn.

110 Diese Sichtweise rückt gewissermaßen die konstruktivistische Relativierung zurecht, die beispielsweise Stefan Bachmann in seinem Grundlagenwerk zur schweizerischen Naturschutzbewegung vornimmt. Bachmann warnt dort vor einem historischen Fehlschluss: Das Aufkommen der Umweltschutzdiskurse um 1900 erlaube keinen Rückschluss auf die realen Naturzerstörungen jener Zeit. Vielmehr hätten zeittypische Wahrnehmungen angeblicher Naturbedrohungen oft mehr »mit bestehenden Normen, sozialen Beziehungen, materiellen Bedingungen und ideologischen Werten und Mythen zu tun als mit der Natur selbst« (Bachmann: Zwischen Patriotismus und Wissenschaft, 13). Dies stimmt sicherlich für den Alpenraum, dessen damalige Gefährdungswahrnehmung unübersehbar von Reinheits- und Überfremdungsfantasien geprägt war, gilt jedoch nur bedingt für Naturräume des Mittellandes und des Juras. Für diese gut erforschten Räume bildeten die Inventare der Lokalforscher nicht bloß imaginierte Bedrohungen ab, sondern verzeichneten durchaus reale Veränderungen.

mierten naturkundliche Lokalforscher des Mittellandes unter der Klammer der »Heimat« beide Bedeutungsebenen zu einem produktiven und nachhaltigen Dispositiv. Diese Heimatproduktion wird im siebten Kapitel am Beispiel von Franz Leuthardts Schulhauslandschaft in Liestal beleuchtet.

6.3 Landschaftsgänge: Auf Exkursion

Die auserwählten Landstriche in den Jurahöhen stellten für Auguste Charpié und Rudolf Probst Orte naturkundlicher Erkenntnis dar. Ihre Erkenntnisziele gingen über die bloße Inventarisierung hinaus. Beeinflusst von einem (nur vage ausformulierten) Denken in evolutionären Kategorien suchten sie die lokal beobachteten Naturphänomene auch unter dem Blinkwinkel von Anpassung und Auslese zu verstehen. Zudem entwickelten sie aus ihren detaillierten Landschaftskenntnissen ein Bewusstsein für Landschaftsveränderungen und Artenrückgänge, was sie zu frühen Anwälten des Naturschutzes werden ließ.

Die Juralandschaft bedeutete den beiden Botanikern jedoch mehr als bloß ein epistemischer Ort, sie war auch eine affektive Angelegenheit: »J'aime toujours plus et mieux notre belle nature«, schrieb Charpié im Sommer 1907 seinem Langendörfer Kollegen, »et chaque découverte nouvelle est comme un lien de plus qui m'attache à notre Jura.«[111] Das folgende Teilkapitel beleuchtet genau solche Bedeutungen, die der Landschaft für die Akteure der Petite Science ebenfalls zukamen: Landschaft als Raum für emotionalen Naturgenuss, für Freizeittätigkeit sowie für bestimmte Formen der Geselligkeit im Milieu der Petite Science.

Handlungs- und Vorstellungsraum: Zum Landschaftsbegriff

Bereits in den vorangegangenen Ausführungen zur Epistemik der Forschung in freier Natur sowie zum Naturschutzgedanken bildete der Begriff der »Landschaft« den räumlichen Bezugsrahmen. Auf eine eingehendere Definition des Begrifflichkeit wurde in diesen Zusammenhängen jedoch verzichtet. Dies soll jetzt nachgeholt werden: Bevor die Konturen der naturkundlichen Freizeitlandschaften umrissen werden, soll kurz dargestellt werden, welcher Landschaftsbegriff dem folgenden Unterkapitel zugrunde gelegt ist. War in den vorangegangenen Darstellungen von »Landschaft« die Rede, so war in

111 Naturmuseum Solothurn. Nachlass Dr. Rud. Probst, Korrespondenzen, Doppelband (1710/1711), Brief Charpiés vom 26.8.1907.

erster Linie eine kleinräumige, überschaubare Gegend mit besonderen Charakteristika gemeint. Diese Auffassung von Landschaft bewegte sich in der Nähe des Alltagsverständnisses und knüpfte zugleich an Bedeutungsstränge an, die dem Begriff in den Disziplinen der Geographie, Sozialgeschichte und – hier relevant – der Naturgeschichte zukommen.[112]

Um nun die Bedeutung der Landschaft zu erfassen, die ihr zusätzlich zu ihrer Funktion als Erkenntnisobjekt zukam, drängt sich jedoch ein differenzierterer Landschaftsbegriff auf: Auguste Charpiés blumig beschriebene »Bindung« an den Jura, die durch Exkursionen und Pflanzenfunde immer stärker würde, verlangt nach einem Verständnis von Landschaft, das Landschaftsaktivitäten und -wahrnehmungen einen wichtigen Platz einräumt. Ein solches Verständnis bietet der erweiterte Landschaftsbegriff, der in den vergangenen Jahren durch den Austausch zwischen Landschaftstheorien unterschiedlicher Disziplinen an Kontur gewonnen hat.[113] Die Vertreter des neuen Landschaftsbegriffes brechen mit älteren Forschungstraditionen philosophischer oder kunst- und literaturwissenschaftlicher Ausrichtung, die Landschaft vorwiegend als ästhetische Kategorie behandelten.[114] Vielmehr nimmt die neuere Konzeption von Landschaft eine Anregung aus deren älteren Begriffsgeschichte auf. Lange bevor Landschaft vorwiegend als ästhetische Kategorie verstanden wurde, besaß der Begriff mit der vom althochdeutschen »scapjan« abgeleiteten Endung »*-schaft*« auch die Bedeutung von »Bearbeiten und Gestalten von Land«.[115] Diesen Faden spinnen die Vertreter eines erweiterten Landschaftsbegriffs gewissermaßen weiter. Unter Landschaft verstehen sie etwas, das sowohl natur- und kulturbedingt sei, das zugleich eine materielle Basis habe als auch ideell und praktisch geformt sei.[116] Der kulturelle Vorstellungsmodus »Landschaft«, so beispielsweise der Volkskundler Manfred Seifert, werde durch das Wechselspiel zwischen

112 Vgl. Fischer: Landschaft als Kulturwissenschaftliche Kategorie, 22 und 26.

113 Exemplarisch: Fackler et al.: Dresdner Manifest zur Landschaftstheorie (2012).

114 Die Auffassung von »Landschaft« als primär ästhetisches Phänomen war eng angelehnt an die etymologischen Wandlungen des Begriffes: War »Landschaft« ursprünglich ein territorial-topographischer Begriff, so wandelte sich ihr Begriffsgehalt parallel zur Entwicklung der Landschaftsmalerei und der Landschaftsgartenarchitektur immer stärker in Richtung Ästhetik (Fischer: Landschaft als Kulturwissenschaftliche Kategorie, 22-26). Etliche aktuelle Autoren vertreten den Standpunkt, dass dieses vornehmlich ästhetische Verständnis von Landschaft auch weiterhin den Fixpunkt der kulturwissenschaftlichen Auseinandersetzung mit diesem Phänomen bilden sollte, so z. B. L. Fischer: Landschaft – überall und nirgends; Kirchhoff und Trepl: Landschaft, Wildnis, Ökosystem. Eine Abwendung von einem ausschließlich ästhetisch fundierten Landschaftsbegriff propagieren dagegen beispielsweise N. Fischer: Landschaft als kulturwissenschaftliche Kategorie oder Seifert: Ethnologisch-kulturwissenschaftliche Perspektiven.

115 Haber: Vorstellungen über Landschaft, 78; Kühne: Landschaftstheorie, 39 f.

116 So Denis Cosgrove, zit. bei Fischer: Landschaft als kulturwissenschaftliche Kategorie, 19. Ebenso Fackler et al.: Dresdner Manifest zur Landschaftstheorie, § 2, 17.

realen physisch-topographischen Gegebenheiten und den darauf bezogenen sozialen und kulturellen Austauschprozessen hervorgebracht.[117] Wie man sich diese Austauschprozesse genauer vorzustellen hat, die in Wechselwirkung mit der gegebenen Erdoberfläche nun »Landschaft« herstellen, führen die EthnologInnen Ernst Halbmayer und Elke Mader aus. Sie unterscheiden zwei Gruppen solcher Interaktionen: einerseits den »Prozess der kulturellen Wahrnehmung und sozio-kulturellen Sinnstiftung eines physischen Raumes« und andererseits die »sozio-ökonomische Prägung der physischen Umwelt im Sinne einer Kulturlandschaft«.[118] Was bedeutet diese theoretische Unterscheidung für räumlich handelnde Akteure und ihre Beziehung zur Landschaft? Mit dem Fokus auf die erste Gruppe – also Wahrnehmung und Sinnstiftung – lässt sich Landschaft vor allem in ihrer Funktion als *Vorstellungsraum* der Akteure erfassen, während die zweite Gruppe – die Prägung der konkreten physischen Umwelt – eher die Eigenschaften von Landschaft als *Handlungsraum* der Akteure in den Vordergrund rückt. Unabhängig davon, ob man Landschaft nun als Vorstellungs- oder Handlungsraum betrachtet: Für beide Raummodi gilt stets, dass sie sowohl kulturbedingt als auch subjektiv geformt sind.[119]

Ausgehend von diesem Landschaftsverständnis sollen im Folgenden die Bande nachgezeichnet werden, die Charpié und andere Lokalforscher mit ihren bevorzugten Sammelterritorien und Exkursionsgebieten knüpften. Über deren landschaftsbezogene Handlungen und Vorstellungen soll beleuchtet werden, welche Funktionen das Draußensein für die Petite Science – jenseits rein wissenschaftlicher Erkenntnis – auch noch erfüllte.

Dürftige Spuren: Zur Quellenlage der Exkursionspraxis

Die Exkursion war die gängigste Weise, in der Lokalforscher ihre Landschaften als Handlungs- und Vorstellungsraum erschlossen. Um diese Räume und ihre Bedeutungen für die Akteure der Petite Science zu durchmessen, beziehen sich die folgenden Ausführungen hauptsächlich auf diese Praxis: Die Exkursion bildet gewissermaßen das Wegenetz durch das vielgestaltige Gelände, das die Landschaft als sozialer und kultureller Raum der Lokalwissenschaft darstellt.

Trotz der großen Bedeutung der Exkursionen hinterließen diese nicht allzu viel Spuren in den Quellen. Es verhält sich mit diesen Streifzügen in freier

117 Seifert: Ethnologisch-kulturwissenschaftliche Perspektiven, 69 und 71.

118 Ernst Halbmayer und Elke Mader, zit. bei Seifert: Ethnologisch-kulturwissenschaftliche Perspektiven, 69.

119 Vgl. Fackler et al.: Dresdner Manifest zur Landschaftstheorie, § 2, 17.

Natur ähnlich wie mit anderen geselligen Aspekten des Naturforschermilieus – beispielsweise den winterlichen Vereinsabenden in den Kneipensälen –, für die Monika Dommann ebenfalls eine dürftige Quellenlage anmerkte.[120] Zwar werden die wissenschaftlichen Belange solcher Exkursionen in den Korrespondenzen zwischen Naturforschern oft ausführlich behandelt und Fundstück um Fundstück detailliert besprochen. In Bezug darauf, was man in den gemeinsamen Stunden oder Tagen in freier Natur, in Gaststätten und Herbergen jenseits naturkundlicher Entdeckungen sonst noch erlebte und fühlte, belassen es die Briefe jedoch meist bei bloßen Andeutungen. Da aber ähnlich lautende Andeutungen sich mit großer Regelmäßigkeit immer wieder in Briefe und andere Texte eingestreut finden, erlauben die Quellen doch gewisse Rückschlüsse auf die sozialen Aspekte der Exkursionen. Diese Andeutungen können zudem ergänzt werden durch zwei Textgattungen, in denen die Exkursionspraxis ausdrücklicher zur Sprache kommt. Einerseits handelt es sich dabei um naturkundliche Anleitungsschriften,[121] in denen neben vielem anderen auch die korrekte Durchführung einer Exkursion detailliert beschrieben wurde. Diese Schriften waren bekanntlich stark mit der Rechtfertigung des eigenen Tuns beschäftigt. So atmeten die Anleitungsbücher meist den Geist eines »Seriositätsimperativs«, wie dies beispielsweise Kurt Floerickes Warnung vor zu viel Geselligkeit illustriert:

> »Ausflüge mit einem oder zwei gleichgesinnten Freunden bedeuten doppelten Gewinn und dreifachen Genuss [...]. Bei Ausflügen in grösserer Gesellschaft, unter der sich immer einige Bequeme oder Gleichgültige befinden werden, kommt dagegen in der Regel nicht viel heraus, da Sinne und Gedanken in der Regel zuviel Ablenkung erfahren.«[122]

Wie aus den Quellen hervorgeht, schien sich unter den Lokalforschern die Angst vor zu viel Ablenkung in Grenzen zu halten; sie waren durchaus auch in größeren Gruppen unterwegs. Den Anleitungsschriften kommt also aufgrund ihres normativen Charakters nur beschränkter Aussagewert über das tatsächliche Verhalten auf Exkursionen zu. Vor dem Hintergrund ihres Rechtfertigungscharakters sind diese Schriften dennoch interessant, erlauben sie doch Einblicke in Selbstbilder sowie Wissenschaftskonzeptionen der freizeitlichen Forscher.

Weitere Hinweise auf die Bedeutung und die Praxis der Exkursion finden sich in der Textgattung der Exkursionsberichte. Solche Berichte wurden üblicherweise in spezialisierten Fachzeitschriften abgedruckt und waren schwerpunktmäßig auf die wissenschaftliche Diskussion der auf den Exkursionen gemachten Funde ausgerichtet. Über den engeren fachwissenschaftlichen

120 Vgl. Dommann: Verkehren und geistig belehren, 69.
121 Vgl. zu dieser populärwissenschaftlichen Textgattung die Ausführungen in Kapitel 1.2.
122 Floericke: Der Sammler, 5.

Horizont hinaus streiften diese Berichte aber beispielsweise mit reisepraktischen Hinweisen, mit Exkursionsanekdoten oder Auslassungen über Land und Leute oft auch weitere Themenfelder. Sie bilden so einen weiteren Baustein zur historischen Rekonstruktion der Landschaftspraxis Exkursion. Diese Anmerkungen zur Quellenlage sollen hier genügen, machen wir uns nun auf nach draußen.

Landschaft als Freiraum

Im Herbst 1907 berichtet Auguste Charpié seinem Freund Probst von einer Exkursion auf die Hasenmatt, die er in zwei Tagen unternehmen wolle und die wohl die letzte dieses Jahres sein werde. Angesichts des nahenden Winterhalbjahres, so gesteht der Jurassier, fühle er sich jetzt schon von der »nostalgie de la montagne« ergriffen.[123] Dieses wehmütige Beschwören der geliebten sommerlichen Landschaft bildete einen wiederkehrenden Topos in den Briefen der Naturliebhaber. Am stärksten war dieser Drang, wenn das Draußen unerreichbar war, wie im Winter oder bei längerer Krankheit. So ließ sich im März 1907 der Liestaler Naturforscher Franz Leuthardt freudig vernehmen: »Endlich nach langem Winter scheint bei uns der Frühling ins Land ziehen zu wollen und mit ihm die Zeit, wo man wieder hinaus kann.«[124] Noch viel eindringlicher sehnte sich der chronisch kranke Josef Roos nach der Landschaft. 1899 klagte der naturinteressierte Luzerner Mundartdichter einem Kollegen: »Meine seit mehr als 12 Jahren gelähmten Dilettantenbeine tragen mich leider nicht mehr hinaus in Berg und Tal zu meinen geliebten Kindern Floras. Und ich habe in meiner Umgebung niemanden, der sie mir hereinbrächte in meine Schmerzenszelle.«[125] Roos' Trauer über das verlorene Paradies gesunder Tage mag ein drastisches Beispiel darstellen, doch auch Charpiés Nostalgie und Leuthardts Frühlingsfreude verweisen auf die grundlegende Bedeutung, welche die Landschaft für die Akteure der Petite Science besaß: Sie war ihr Sehnsuchtsort. Als ersehnter Vorstellungsraum nahm die Landschaft im Gefühlshaushalt der Lokalforscher eine wichtigere Rolle ein als beispielsweise die vereinsinternen Vortragsabende.

Welches sind die Gründe für diese besondere, enge Bindung an die Landschaft? Neben wissenschaftlichen Interessen befriedigten die Exkursionen

123 Naturmuseum Solothurn. Nachlass Dr. Rud. Probst, Korrespondenzen, Doppelband (1710/1711), Brief Charpiés vom 25.9.1907.

124 Vgl. StABL, Nachlass Franz Leuthardt, PA 6102, Tagebuch, Bd. 3, Eintrag vom 8.3.1907, 193f.

125 Naturmuseum Luzern, Ordner »Bis 1907«, Brief Roos' vom 16.1.1899.

auch das Bedürfnis nach ästhetischem Naturgenuss. Zusätzlich, und weit wichtiger, ermöglichte das Draußensein den bürgerlichen Männern bestimmte Verhaltensweisen, die in ihrem sonstigen Leben kaum Platz gefunden hätten. Die Exkursionen bedeuteten einen temporären Ausstieg aus den Zwängen des Alltags, die Landschaft wurde ihnen zum Freiraum. Eine solche Interpretation legen zumindest die Andeutungen in den Briefwechseln der Naturforscher nahe. So tauschten Charpié und Probst in ihren Briefen neben botanischen Urteilen immer auch kurze Reminiszenzen an gemeinsame Freilufterlebnisse aus – an Überraschungen durch schlechtes Wetter, Irrwege bei Dunkelheit oder die Freudenmomente unerwarteter Pflanzenfunde. Meist beschränken sich die beiden hierzu aber auf einen halben Satz oder eine bloße Andeutung. Weit ausführlicher berichtet der Genfer Mediziner Charles Fauconnet in seinen *Excursions botaniques dans le Bas-Valais* (1872) über die fröhlichen Begleiterscheinungen wissenschaftlicher Exkursionen. Sein Exkursionsbericht gibt geradezu lehrbuchmäßig alle jene Facetten wieder, die in einschlägigen Texten regelmäßig wiederkehren und die Exkursion als Freiraum kennzeichnen: Fauconnet macht Andeutungen über abendlichen Alkoholgenuss in der Herberge, rapportiert einen kameradschaftlichen Wettlauf um eine gleichzeitig erspähte Pflanze und dabei in Mitleidenschaft gezogene Kleidung und Haut, gibt auf Felsblöcken improvisierte *Aeneis*-Parodien wieder, erwähnt genüsslich eine Windböe, die zur allgemeinen Erheiterung den neuen Hut seines Kollegen in den Abgrund wehte, er gibt zum Besten, wie man diesem Unglücklichen anschließend einen roten Schal um den Kopf wickelte, so dass Kinder beim Anblick dieses »Türken« mit Angstschreien davongerannt seien, und berichtet über die gemeinsame Schadenfreude, einen konkurrierenden Botaniker mit begehrten Fundstücken übertrumpft zu haben. Solche Anekdoten über Neckereien, Albernheiten, Missgeschicke, Gerangel und Wagnisse finden sich in verschiedensten Quellen angedeutet und dürfen als charakteristisch für die Exkursionspraxis betrachtet werden. Es scheint, dass der Sammeleifer diese Ausgelassenheit noch zusätzlich befeuerte. Viele Naturforscher pflegten in ihren privaten Korrespondenzen eine unverhohlene Jagdrhetorik: Tiere und Pflanzen waren ihnen »Beute«, die »eingeheimst« zu haben man den Kollegen stolz berichtete.[126] Warnte die naturkundliche Anleitungsliteratur bereits den im Studierzimmer über seine Schätze gebeugten Sammler vor Zügellosigkeit, so erschien den Anleitungsautoren die Gefahr des Kontrollverlustes beim eigentlichen Sammelakt draußen in freier Natur noch ungemein größer:

126 StAGR, Nachlass J.G.Amstein, B490/1, Kopialbuch Korrespondenz mit Killias, Brief Amsteins vom 10.4.1887.

»Aber auch für sich selber, für seine eigene Gesundheit soll er dabei Sorge tragen, was man im Eifer des Fangens [...] gelegentlich einmal vergisst. Beim Sammeln von Pflanzen an steilen Felsen, in Sümpfen, am Steilufer tiefer Flüsse oder Seen kann die Unbesonnenheit oder Verwegenheit selbst das Leben gefährden.«[127]

In Gefahr waren aber wohl weniger Leib und Leben als vielmehr bürgerliche Tugenden der Selbstbeherrschung. Stellten Lokalforscher wendigen Tieren oder schwer erreichbaren Pflanzen nach, so wurde es wild und schmutzig, wie abermals der Sammelratgeber ins Bewusstsein rief:

»Bei der schwierigen Jagd [...] kann man wohl allerhand Verletzungen für Haut und Kleider holen, aber nur durch die Zweige und Stacheln der Gesträuche, die scharfen Kanten und Ecken der Steine, auf die man bei der unerlässlichen Schnelligkeit der hitzigen Jagd nicht achten kann.«[128]

Es waren genau diese Ausgelassenheit und mitunter ungezügelte Wildheit, welche die Landschaft als spezifischen Freiraum ausmachte. In der Naturlandschaft konnten die bürgerlichen Naturforscher einem Teil ihrer Persönlichkeit freien Lauf lassen, den sie ansonsten in einem engen Korsett ihrer sozialen Rolle einschnüren mussten: den Gefühlen.[129] Diese Ventilfunktion erfüllte die Naturlandschaft gemäß dem schwedischen Kulturanthropologen Orvar Löfgren ganz allgemein für bürgerliche Männer des ausgehenden 19. Jahrhunderts. Die freie Natur stellte gewissermaßen einen »Spielraum« innerhalb eines disziplinierten Gefühlshaushalts dar, hier konnte man ohne Sanktionen den eigenen Gefühlen freien Lauf lassen.[130] Bei den wilden Jagden wie auch bei den sentimentalen Sehnsüchten der Natursammler handelte es sich also nicht bloß um individuelle Ausbrüche, vielmehr entsprachen diese einer kulturellen Vorgabe. Jüngere Forschungen zur Geschichte der Emotionen bezeichnen solche in bestimmten Milieus allgemein geteilte Gefühlspraktiken als »emotionalen Stil«. Die Volkskundlerin Carmen Weith definiert diesen folgendermaßen:

»Die Angehörigen eines Stils gleichen sich in ihren Bewertungen, ob sie nun ähnliche emotionale Erfahrungen suchen, diese ähnlich erleben oder ausdrücken. Der Stil kann Handlungsspielräume eröffnen oder schliessen;

127 Eger: Der Naturalien-Sammler, 7.
128 Ebd., 82.
129 Dieser Rückschluss von körperlichen Aktivitäten auf das Gefühlsleben mag auf den ersten Blick als unstatthafter Sprung erscheinen. Für die historische Emotionsforschung stellt sich jedoch das quellentheoretische Problem, dass Emotionen meist nur in vermittelter Form – beispielsweise über körperliche Artikulationen – archivalische Spuren hinterlassen. Vgl. zum erkenntnistheoretischen Zusammenhang von Leiblichkeit und Emotion beispielsweise Spieker: Innenansichten.
130 Löfgren: Natur, Tiere und Moral, 131.

Abb. 6.8: Auf Insektenjagd. Illustration aus Kurt Floerickes Anleitungsschrift *Der Sammler* (1914).

seine Regeln drücken sich sowohl auf diskursiver Ebene als auch in körperlichen Praktiken aus.«[131]

Gemäß diesem Verständnis steht allen Handelnden ein Repertoire an unterschiedlichen Stilen zur Verfügung, und die jeweils mögliche Wahl, in welchem Stil Gefühle geäußert werden, ist nicht nur abhängig von sozialen

131 Weith: Alb-Glück, 26.

Situationen, sondern auch stark von räumlichen Gegebenheiten beeinflusst. Der Historiker Benno Gammerl bezeichnet solche von räumlichen Settings abhängigen Gefühlsvorgaben als »spatially defined emotional style«.[132] Die Ausgelassenheit, die die Naturforscher in freier Natur kultivierten, ist ein typisches Beispiel für einen solchen räumlich definierten Gefühlsstil; diese hatte ihren klar zugeschriebenen Raum. Ein schönes Bild dieser emotionalen Topographie zeichnet der Nekrolog für den Naturforscher Franz Leuthardt:

> »Er war ein begeisterter und begeisternder Freund der Natur. Aber dann war jeweilen des Wanderns, Suchens und Schauens genug! Der Doktor wurde bei den gefundenen Schätzen im Rucksack versorgt, und Franz, der gemütliche trat in Aktion. Fröhliche Episoden gehen noch immer unter den Teilnehmern um.«[133]

Diese »Platzanweisung« prägte nicht nur die Landschaftsvorstellungen der Lokalforscher, sondern die gesamte Gefühlsökonomie der Naturgeschichte, die sich ebenfalls entlang dieses räumlichen Musters organisierte. Auch für die akademische Naturkunde galt, dass in der Feldforschung draußen in der Landschaft gewisse Verhaltensweisen erlaubt (oder sogar erwartet) waren, die im alltäglichen Wissenschaftsbetrieb nur bedingt Anklang gefunden hätten. Der ETH-Professor Oswald Heer (1809-1883) beispielsweise pflegte auf Exkursion mit seinen Studenten zu singen und verfasste eigens eine Broschüre mit selbstgedichteten Pflanzenliedern,[134] und einschlägige Fotografien und biographische Hinweise legen nahe,[135] dass auch sein Nachfolger Carl Schröter auf Exkursionen kein Kind von Traurigkeit war (vgl. auch Abbildung 6.9).

Hinsichtlich ihrer Außenwahrnehmung war diese lockere Seite der Feldwissenschaft jedoch eine zwiespältige Angelegenheit. Zwar ging die fröhliche Wanderlust Heers und Schröters konform mit dem damaligen Zeitgeist, und wie bereits erwähnt bildete gerade dessen Alpenbegeisterung eine Grundlage für die große Popularität, die diese Forscher über die engeren Kreise der Fachwissenschaft hinaus zu entfalten vermochten. Der in der Feldforschung ausgeprägte Körpereinsatz, die wilden Jagden und kühnen Kletterpartien eröffneten zudem den Wissenschaftlern eine weitere Mög-

132 Gammerl: Emotional styles, 164.

133 Rolle: Rektor Dr. phil. Franz Leuthardt, 206.

134 Vgl. Landoldt: Die Entwicklung der Botanik, 361.

135 So erwähnte Marie Brockmann-Jerosch, ehemalige Studentin und spätere Mitarbeiterin Schröters, in einer biographischen Skizze folgende Anekdote: »Der Refrain der Parodie eines alten Studentenliedes, die hie und da gesungen wurde, hiess: ›Und beim Heim da gibt's Wasser, und beim Schröter da gibt's Wein‹« (Brockmann-Jerosch: Albert Heim, 167).

Abb. 6.9: Der Zürcher Botanikprofessor Carl Schröter (mit Hut) auf Exkursion mit Studierenden. Aufnahme ohne Jahresangabe.

lichkeit der öffentlichen Selbstdarstellung: jene als heroische Gestalt.[136] Wirkliche Heroen brachten zwar die Juraweiden und die Buchenmischwälder des Mittellandes kaum hervor. Die Rolle als wissenschaftlicher Held war den Teilnehmern hochalpiner Exkursionen oder schweizerischer Auslandsexpeditionen vorenthalten.[137] Die Landschaften der bürgerlichen Freizeitforscher dagegen boten höchstens wohltemperiertes Abenteuer oder eben »Unannehmlichkeiten mancher Art«, wie sie ein naturkundlicher Ratgeber aufzählt: »Mückenstiche darf der Sammler nicht fürchten, Witterungsunbilden dürfen ihn nicht schrecken, Fusswanderungen darf er sich nicht verdriessen lassen.«[138] Aber auch wenn das Heldenpotential der Landschaften des Mittellandes eher bescheiden ausfiel, so darf die Bedeutung dieser Klettereien, Rutschpartien, Sprünge und Stürze auf 500 Meter über dem Meer nicht unterschätzt werden. Für den körperlichen und psychischen Selbstbezug der bürgerlichen Naturforscher spielten diese durchaus eine wichtige Rolle.

136 Vgl. zum Heroismus in der (Feld-)Wissenschaft sowie seiner situativen Verwendung in wissenschaftlicher Selbstinszenierung Hevly: The heroic science of glacier motion; Oreskes: Objectivity or heroism.

137 Zu den Männlichkeitsritualen im schweizerischen Alpinismus beispielsweise vgl. Wirz: Gipfelstürmerinnen, 146-148; zu Männlichkeitsinszenierungen in Rahmen schweizerischer Auslandsexpeditionen vgl. Purtschert: Jenseits des Réduits, 213 sowie Pfäffli: Diplomatie statt Heldentum, 220.

138 Bade: Der Naturalien-Sammler, 273.

Naturverbundenheit und Abenteuerlust erfreuten sich allgemeiner Wertschätzung und vermochten die Öffentlichkeit für die Feldwissenschaftler einzunehmen, erwiesen sich aber zugleich als Achillesferse bezüglich ihrer innerwissenschaftlichen Wahrnehmung. Da sich ihre Landschaftspraktiken, einschließlich der frivolen Seiten, zu einem gewissen Grad mit anderen Naturaktivitäten wie Wandern, Bergsteigen oder Jagen überschnitten, wies die wissenschaftliche Identität der feldwissenschaftlich ausgerichteten Naturforschung eine gewisse Unschärfe auf.[139]

Männliche Seilschaften: Exkursionen und Ausschluss der Frauen

Als Raum der ungezwungenen Emotionalität war die Naturlandschaft also ein wichtiger Freiraum für die Naturforscher. Dieser freizeitliche Raum der Freiheit war jedoch noch um die Jahrhundertwende fast ausschließlich bürgerlichen Männern vorbehalten. Im Gegensatz zu den bürgerlichen Frauen, deren Handlungsradius vorwiegend auf den häuslichen Bereich ausgerichtet war, standen den männlichen Angehörigen dieser Klasse unterschiedlich konzeptionierte Rückzugsorte zur Verfügung: an erster Stelle die Familie, die als Hort der Gefühle verklärt und als Gegensatz zur kühlen Arbeitswelt konzeptioniert wurde.[140] Hatte der Mann aber genug von Kinderlärm oder traulichen Gesprächen mit der Gattin und drängte es ihn, »aus der Enge des Familienlebens auszubrechen«,[141] so konnte er sich in vielfältige außerhäusliche Freizeitaktivitäten stürzen. Diese Form der Freizeitgestaltung und die damit einhergehende Schaffung von Orten geschlechtsspezifischer Geselligkeit war lange ein Privileg der bürgerlichen Männer.[142] Erst im ausgehenden 19. Jahrhundert öffneten sich zunehmend auch Arbeitern und bürgerlichen Frauen solche Räume. Geschlechterunterschiede wurden also auch über Freizeitpraktiken hergestellt, und diese differenzierende Funktion der Freizeit widerspiegelte sich in ihrer räumlichen Organisation.[143]

Diese geschlechtlich bestimmten Zugangsmöglichkeiten zur Natur als (Freizeit-)Raum hatten naheliegenderweise Auswirkungen auf den Wissenschaftsmodus der Petite Science. Im 19. Jahrhundert verunmöglichten es gesellschaftliche Konzepte von Ehrbarkeit und Schicklichkeit einer bürgerlichen Frau, weit vom eigenen Haus entfernt alleine durch die Landschaft zu

139 Vgl. Kohler: Landscapes and Labscapes, 7; Alberti: Amateurs and professionals, 123 f.
140 Vgl. Frevert: Bürgerliche Familie und Geschlechterrollen.
141 Lamprecht: Die soziale Ordnung der Freizeit, 111.
142 Vgl. Tanner: Freizeitgestaltung, 116; Lamprecht: Die soziale Ordnung der Freizeit, 102.
143 Vgl. Kaplan: Freizeit – Arbeit; Schumacher: Freizeit, Vergnügen und Räume.

Abb. 6.10: Franz Leuthardt und Begleiterinnen im Baselbieter Jura. Aufnahme ohne Jahresangabe.

wandern.[144] Wollte eine Frau dennoch eine Naturaliensammlung anlegen oder Forschung betreiben, blieben ihr zwei Möglichkeiten. Sie konnte sich Material von draußen nach Hause bringen lassen oder sich in Begleitung ihres Ehemannes oder ihrer Bekannten selber ins Feld begeben. Auf beide Möglichkeiten griff beispielsweise die bereits vorgestellte Maienfelder Botanikern Maria Gugelberg von Moos (1836-1918) zurück.[145] In Briefwechseln mit ihrem botanischen Kollegen Christian Brügger beklagte sie verschiedentlich, dass sie nicht »ungebunden« genug sei, um »überall hinwandern zu können«.[146] In die Landschaft hinaus kam Gugelberg nur in Begleitung weiterer Personen, was aber ihre Reichweite erheblich einschränkte. So berichtet sie Brügger, dass sie zwar einmal auch auf dem Bernina und dem Maloja gewesen sei, jedoch »nur in Gesellschaft solcher, die von Botanik nichts wissen wollten u. deshalb sehr gebunden. Konnte also nur das mitnehmen, was ich gerade am Wege fand«.[147] Von ihrem Hausberg Falknis, den zu besteigen sie »trotz der grossen Sehnsucht dazu den Muth [...] nicht finden konnte«,[148] ließ sie sich von einem Bergführer Pflanzen herunterbringen.

Ähnlich im Solothurn der Jahrhundertwende. Hier machte sich »Frau Direktor Dr. Greppin«, ihr Vorname findet sich nirgends in den Quellen

144 Vgl. für Keeney: The Botanizers, 75-77; Allen: Tastes and crazes, 397-400.
145 Vgl. zu Maria Gugelberg von Moos auch die Ausführungen in Kapitel 4.2.
146 StAGR, Privatnachlass Chr. Brügger, B 238, Brief Gugelbergs vom 26.1.1884.
147 Ebd., Brief Gugelbergs vom 11.12.1883.
148 Ebd., Brief Gugelbergs vom 24.8.1885.

erwähnt, vornehmlich in Begleitung ihres ebenfalls naturforschenden Ehemannes Leopold auf die Suche nach einheimischen Schnecken und Muscheln.[149] Aber nicht nur in räumlicher Hinsicht bestimmte ihr Gatte den Bewegungsspielraum der Molluskenforscherin Greppin mit. Nach einigen Jahren Sammeltätigkeit schenkte Frau Greppin der naturhistorischen Abteilung des *Museums der Stadt Solothurn* eine Kollektion solothurnischer Schnecken- und Muschelschalen. Als der Kurator Isaak Bloch diese Schenkung nun in einer Museumsschrift zu besprechen gedachte, holte er die Zustimmung dafür jedoch nicht bei ihr ein, sondern beim »Herrn Direktor«:

> »Ich möchte Sie nun anfragen oder eigentlich vielmehr Ihre w. Frau Gemahlin, ob sie damit einverstanden wären, dass in diesem Bericht die wertvolle Lokalsammlung ›Conchylien‹ eine detaillierte Anführung mit Zeit- und Ortsangaben erfahre. [...] Noch schöner wäre es, wenn Frau Dr. Greppin selbst sich dieser Arbeit unterziehen wollte, wenn ich Ihnen diese Zumutung stellen darf. Oder halten Sie eine Veröffentlichung noch für verfrüht? [...] Ich bitte Sie sehr um Ihre ganz freie Meinungsäusserung.«[150]

Bereits gegen Ende des 19. Jahrhunderts begannen sich diese Einschränkungen allmählich zu lockern, und naturinteressierte Frauen konnten sich mehr Raum nehmen. Ab 1885 unternahm beispielsweise Sophie Lang, die Tochter des damaligen Solothurner naturkundlichen Zentrumsakteurs Franz Lang (1821-1899)[151], regelmäßig botanische Exkursionen in die Umgebung der Stadt und auf den Weissenstein. Wie die Quellen nahelegen, war die Primarlehrerin dabei alleine unterwegs oder aber botanisierte in Begleitung ihrer Freundin Emma Munzinger aus Olten. Munzinger wurde von Sophie Lang in die Pflanzenkunde eingeführt und unternahm bald schon auf eigene Faust Exkursionen im Umland ihrer Heimatstadt.[152]

Gugelberg wie Lang sind typische Naturkundlerinnen der ersten Stunde (in gänzlich anderer Weise galt dies natürlich auch für Frau Greppin)[153]:

149 So zumindest gemäß der Darstellung in Bloch: Zehn Jahre im neuen Museum, 39.

150 Naturmuseum Solothurn, Kopialbuch »VI. 1903 – XI. 1907«, Brief Blochs vom 15.4. 1910. Leopold Greppin schien seine Zustimmung gegeben zu haben; in der Juiläumsschrift *Zehn Jahre im neuen Museum* (1911) publizierte Bloch ein achtseitiges Verzeichnis der Greppin'schen Muschelsammlung, die beachtliche 203 Arten umfasste.

151 Franz Lang, der Vorgänger Isaak Blochs, war ein charakteristischer naturkundlicher Zentrumsakteur: Er unterrichtete als Naturkundeprofessor an der Kantonsschule Solothurn, er präsidierte die kantonale naturforschende Gesellschaft und war Kurator des naturhistorischen Museums der Stadt.

152 Vgl. Naturmuseum Solothurn, Nachlass Dr. Rud. Probst, Korrespondenzen, Doppelband (1714/1715), Brief Langs vom 29.2.1904.

153 In ihrer Namenlosigkeit und Unsichtbarkeit als selber sprechende und handelnde Frau war auch »Frau Direktor Dr. Greppin« typisch. Ihre »Unsichtbarkeit« ist nicht bloß Folge ausbleibender spezifischer Forschungen, wie das Desmond suggeriert (Des-

Abb. 6.11: Das Ehepaar Ida und Isaak Bloch-Wolf (r.) und ein unbekannter Begleiter in Exkursionsmontur. Aufnahme ohne Jahresangabe.

Beide waren ledig und auch in wirtschaftlicher Hinsicht unabhängig. Gugelberg stammte aus sehr wohlhabenden Verhältnissen, und Lang verfügte als Primarlehrerin über ein eigenes Einkommen. Wie auch andere Pionierinnen der Naturforschung, beispielsweise die ebenfalls unverheiratete Thurgauer Bankierstochter Olga Mötteli (1886-1944), die 1940 als erste Frau in der Schweiz Kuratorin eines naturhistorischen Museums wurde, nahmen sie trotz ihrer unbestrittenen Kompetenzen innerhalb des Vereinslebens der kantonalen Naturforscher eher Außenseiterpositionen ein beziehungsweise waren wie Lang gar nie eingeschriebenes Mitglied.[154] So trat Gugelberg kein

mond: Redefining the X axis, 18 f.). Dass von ihr keine Briefe oder sonstige Egodokumente archivalisch überliefert sind, ist durchaus auch ein Abbild innerehelicher Machtverhältnisse, die sie schon zu Lebzeiten in der eigenen Meinungsäußerung einschränkten. Ob diese »stille Mitarbeit der Ehefrau« (Tanner: Arbeitssame Patrioten, 213) an Greppins öffentlicher Selbstdarstellung als Naturforscher bloß ein Unterdrückungsmoment darstellte oder die beiden eher als »creative couple« (Desmond: Redefining the X axis, 19) innerhalb vorgegebener Rollenrepertoires gemeinsam ihre Interessen auslebten, sei dahingestellt.

154 Dies obwohl Lang durch ihren Briefwechsel mit Rudolf Probst Einfluss auf die Vereinsbelange nahm und – auch als Nachlassverwalterin ihres ebenfalls botanisierenden Vaters – wesentliche Initiatorin für die Erarbeitung eines Nachtrags zur *Flora des Kantons Solothurn* von 1898 war, den Probst 1904 als *Beitrag zur Flora von Solothurn* veröffentlichte.

Abb. 6.12: Franz Leuthardt (3. v. l.) im Kreise von Naturforschervereinskollegen, bei der Buschbergkapelle in Wittnau (Kt. Aargau). Aufnahme ohne Jahresangabe.

einziges Mal mit Vorträgen vor die Vereinsöffentlichkeit, und auch Mötteli, die trotz ihrer Kuratorinnenfunktion nie im Vorstand der *Thurgauischen Naturforschenden Gesellschaft* Einsitz nahm, beschränkte sich in ihrer ganzen Karriere auf einen einzigen Vereinsvortrag.

Durch Hindernisse gesellschaftlicher Art war die »freie« Natur einer einzelnen Frau also nicht ohne weiteres zugänglich. Dies war jedoch nicht der einzige Grund, wieso Frauen nur sehr zögerlich ihren Platz im Milieu der Lokalforschung fanden. Zwar verwehrte keine der kantonalen Naturforschersektionen des 19. Jahrhunderts Frauen ausdrücklich die Mitgliedschaft. Dennoch gab es informelle Ausschlussmechanismen, die mitunter wohl auch bewusst angewandt wurden. Gerade in diesen aktiven Formen der informellen Exklusion der Frauen kam den Freiluftpraktiken der Lokalforschung eine wichtige Rolle zu – neben anderen Formen männlicher Geselligkeit wie dem gemeinsamen Kneipenbesuch nach Vereinsanlässen.

Gegen die wissenschaftliche Betätigung von Frauen wurden seit dem 18. Jahrhundert moralische wie »wissenschaftliche« Argumente ins Feld geführt.[155] Im letzten Drittel des 19. Jahrhundert, als an Schweizer Universi-

155 Vgl. Schiebinger: Nature's Body.

Abb. 6.13: Franz Leuthardt (vorne Mitte) und Kollegen beim Umtrunk. Aufnahme ohne Jahresangabe.

täten die ersten Frauen zum Studium zugelassen wurden, kamen diese Argumentationsweisen ins Wanken. Etliche Männer, die durch diese Gleichberechtigung ihre Vormachtstellung in Gefahr wähnten, griffen nun zu aktiveren Mitteln des Ausschlusses. Wie die Historikerin Silvia Oberhänsli aufzeigte, funktionierte diese männerbündlerische Abwehr gegenüber Frauen unter anderem über Verhaltensweisen wie Imponiergehabe, Aggression, Trinkrituale oder Anzüglichkeiten.[156] Solches Gehabe fand auch auf den Exkursionen der Lokalforscher einen idealen Nährboden. Wie verschiedene angelsächsische Untersuchungen nahelegen, begünstigten die auf den naturkundlichen Feld-Zügen kultivierten Verhaltensweisen der Ausgelassenheit, der Körperlichkeit und des Wettstreits solche Ausschlusspraktiken gegenüber Frauen, wie sie von Oberhänsli beschrieben wurden.[157]

Die Einübung der naturkundlichen Exkursion als Hort der Virilität setzte im Lebenslauf eines Naturforschers schon früh ein, oft bereits in der Schule. An der Grabesrede für seinen ehemaligen Lehrer und späteren Freund Hans Bachmann schwärmte der Luzerner Gustav Schmid 1943 von den Exkursio-

156 Oberhänsli: Beleidigen, belästigen, austricksen und ausgrenzen.
157 Vgl. beispielsweise Desmond: Redefining the X axis, 17; Hevly: The heroic science of glacier motion, 84.

nen seiner Schulzeit. Er beschrieb diese als eigentliche Schmiede der Männlichkeit. So habe Bachmann »für den abendlichen Durst« seiner Zöglinge Verständnis aufgebracht und auch deren Galanterien freudig unterstützt:

> »Er hat mir noch vor kurzem seinen Stolz ausgedrückt, den er auf seine 18jährigen Schüler hatte, als wir bei einer abendlichen Feuerwehrübung in Celerina beim nachfolgenden Fest die Dorfschönen von Celerina abspenstig machten und sie selbst zum Tanz führten.«[158]

Gemeinsam im Feld: Integration durch Exkursionen

Gerade mit Blick auf die universitäre Naturforschung verbietet sich jedoch eine zu einseitige Darstellung der Exkursionen als bloßer Ausschlussmechanismus. Vielmehr war die Bedeutung der Exkursionen innerhalb des Hochschullebens ambivalent, wie Henrika Kuklick und Robert Kohler in einer wissenschaftshistorischen Studie aufzeigen. Einerseits boten Exkursionen zwar durchaus eine Bühne für männlichen Heroismus, andererseits stellten sie aber speziell für Forscherinnen einen Freiraum innerhalb der noch stark männlich geprägten Akademie dar.[159] Dieser Befund aus den USA lässt sich auch auf die Schweiz übertragen. Kaum zufällig waren es gerade die stark feldwissenschaftlich ausgerichteten ETH-Professoren Albert Heim (Geologie) und Carl Schröter (Botanik), die ungeachtet der öffentlichen Kritik schon früh Frauen als Mitarbeiterinnen anstellten.[160] So beispielsweise die Geobotanikerin Marie Brockmann-Jerosch (1877-1952), die bei Heim promovierte und später auch an verschiedenen Publikationen Schröters prominent mitarbeitete.[161]

Marie Brockmann-Jerosch schrieb auch den biographischen Nachruf auf ihren Doktorvater Heim. In dieser Schrift räumte sie den berühmten Heim'schen Feldexkursionen ein eigenes Kapitel ein und lobte dort neben fachdidaktischen Vorzügen auch die gesellige Komponente dieser Feldaufenthalte. Abends sei man in einer Alphütte oder Kneipe beisammengesessen, und »dann kam die Fröhlichkeit zu ihrem Recht«: Heim habe die Studenten mit seinen Künsten als Stimmenimitator erheitert, man habe »Älplerspiele«

158 Schmid: Professor Bachmann als Lehrer, XIV.

159 Kuklick und Kohler: Introduction; 12 f.

160 Bei Albert Heim mochten auch biografische Erfahrungen seiner Gattin die fortschrittliche Anstellungs- und Förderpolitik mitbeeinflusst haben. Bei dieser handelte es sich um die Ärztin Marie Heim-Vögtlin, die sich 1868 als erste Schweizerin an der Universität Zürich immatrikulierte und einen landesweiten Skandal auslöste. Zur geschlechterpolitischen Vorreiterrolle Schröters und Heims vgl. Müller: Erste Schritte am Poly, 10.

161 Vgl. Rübel: Marie Brockmann-Jerosch; Holderegger, Thiel-Egenter und Parisod: Marie Brockmann-Jerosch.

gemacht und sich an den Wirtshaustischen akrobatisch betätigt.[162] Wenn Brockmann-Jerosch bilanzierte, dass »man […] die Wichtigkeit dieser Feldarbeit kaum überschätzen«[163] könne, so meinte sie in erster Linie deren didaktische Bedeutung. Doch galt dies mindestens so sehr für die sozialen Effekte der Exkursionen. Wie die Historikerin Andrea Westermann hervorhebt, kam diesen heiteren Ausflugserlebnissen eine wichtige Rolle in der Sozialisierung als Forscher (und Forscherin) und somit in der akademischen Reproduktion zu.[164]

Die Exkursion war also auch ein Medium der Vergemeinschaftung. Als solches spielte sie nicht nur für die inneruniversitäre Reproduktion eine wichtige Rolle, sondern ebenso für das Zusammenspiel der akademischen Forschung mit dem Milieu der Petite Science. Die gemeinsame Naturbegeisterung und gleiche Freizeitgestaltung bildeten die Grundlage für den Austausch der beiden Wissenschaftsmodi. Großstädtische Professoren wie kleinstädtische Freizeitforscher teilten landschaftsbezogene Werte und Praktiken, sie kannten sich aus Alpenclubs und pflegten an gleichen Orten Ferien zu machen.[165] Noch vor geteilten wissenschaftlichen Interessen bildete also die aktive, aneignende Naturbegeisterung des Bürgertums den gemeinsamen Nenner, der die Schranken zwischen den beiden Milieus zu überwinden half. Auf gemeinsamen Exkursionen geschah diese Überwindung ganz praktisch: Man schwitzte, schnaufte und stolperte zusammen, man teilte denselben Proviant und die gleiche Unterkunft und freute sich miteinander über seltene Entdeckungen.

Der blumenkundige Arzt Rudolf Probst beispielsweise unternahm verschiedentlich gemeinsame Exkursionen mit Hochschulprofessoren wie dem Zürcher Hans Schinz und dem Berner Eduard Fischer. Auf diesen Spaziergängen vertiefte er seine Kontakte zu den akademischen Größen, die ihm teils aus Studienzeiten, teils durch die gemeinsame Mitgliedschaft in der *Schweizerischen Botanischen Gesellschaft* bereits bekannt waren. Verschiedentlich ermunterte er auch seine Botanikerkollegen wie Augste Charpié zur Teilnahme an diesen milieuübergreifenden Landschaftsgängen. Auch wenn dieser gewisse Berührungsängste bekundete – »tout ce monde savant me fait peur«, bekannte er ihm vor einer solchen Exkursion[166] –, so wurde die gemeinsam durchwanderte Landschaft doch zum Feld der Inklusion; der Kurzwarenhändler wurde wandernd ein Mitglied der wissenschaftlichen

162 Vgl. Brockmann-Jerosch, Heim und Heim: Albert Heim, 167 f.

163 Ebd., 168.

164 Westermann: Im Feld, 164.

165 Zur Wichtigkeit der gemeinsamen Teilnahme am »vacation complex« für die gegenseitige Vertrautheit zwischen Akademikern und Freizeitwissenschaftlern vgl. Kohler: All Creatures, 92.

166 Naturmuseum Solothurn, Nachlass Dr. Rud. Probst, Korrespondenzen, Doppelband (1710/1711), Brief Charpiés vom 24.7.1911.

Gemeinschaft. Auf einer solchen Exkursion ging der Austausch zwischen Freizeitwissenschaftlern und Hochschulprofessoren naturgemäß weit niedrigschwelliger vonstatten als beispielsweise an einer Jahrestagung der *Schweizerischen Naturforschenden Gesellschaft*. Obwohl dort, wie allgemein im bürgerlichen Vereinswesen, stets ein gut eidgenössischer Egalitarismus beschworen wurde, schienen solche Veranstaltungen mit ihren prominent bestückten Rednerlisten und protokollarischen Usancen Hierarchiegefälle doch eher zu bestärken denn aufzulösen.

Landschaft als Handlungsraum: Fazit

Im Sinne des eingangs dargestellten Landschaftsbegriffes interpretierten die vorangegangenen Ausführungen Landschaft als *Vorstellungsraum* der Naturforscher. Als gesellschaftlicher Freiraum war die Naturlandschaft den bürgerlichen Männern ein wichtiger Sehnsuchtsraum. Diese Freiheit in der freien Natur war aber eine exklusive: Frauen blieb sie mehrheitlich verwehrt. Einsame Streifzüge durch die Landschaft waren Naturforscherinnen aufgrund gesellschaftlicher Konventionen kaum möglich, und auch gemeinsam mit Männergesellschaften unternommene Exkursionen boten kaum Abhilfe. Im Gegenteil: Gerade die fröhliche Geselligkeit dieser Männerrunden und die dort gepflegte Ausgelassenheit konnte für Forscherinnen oft in das Gegenteil umschlagen. Die im Feld kultivierten Praktiken des Wettstreits, der Körperlichkeit, des Trinkens und so fort konnten gegen die Frauen in Stellung gebracht werden und wirkten so als informelle Ausschlusspraktiken. Als Raum, an dem über Zugehörigkeit mitentschieden wurde, war also die Naturforscherlandschaft auch ein *sozialer Handlungsraum*. Als solcher war er jedoch nicht ausschließlich Bühne sozialen Ausschlusses: So boten die Feldwissenschaften mit ihrer ausgeprägten Exkursionskultur den Frauen auch spezifische Freiräume innerhalb der männlich geprägten Hochschulen um 1900, und ebenso bildeten gemeinsame Exkursionen eine wichtige Ebene des Austauschs zwischen Akteuren der Petite Science und den Hochschulwissenschaftlern.

6.4. Naturforscher als Landschaftsproduzenten

Erschließung und Ausrüstung: Herstellung der Freizeitlandschaft

Waren Naturforscher draußen unterwegs, so hinterließen sie Spuren in der Landschaft. Diese beschränkten sich nicht auf einige gepflückte Pflanzen und aufgesammelte Schnecken. Durch ihre Tätigkeiten prägten die Akteure der Petite Science die Landschaft in viel weitreichenderer Hinsicht. Davon zeugen auch Auguste Charpiés Briefe an Rudolf Probst; diese berichten von Übernachtungen auf Berggasthöfen im Weissensteingebiet, von jüngst gebauten Wanderwegen auf den Chasseral sowie vom neuen Grenchenberg-Eisenbahntunnel, der ehemals abgelegene Florengebiete bequem erschloss.

Im vorgängig erwähnten kulturwissenschaftlichen Verständnis von Landschaft als Handlungsraum ist immer auch die Gestaltung der konkreten physischen Umwelt durch diese Handlungen mitgemeint. Diese Prägung der Umwelt im Sinne einer Kulturlandschaft geschah einerseits durch menschliche Arbeit. Im 19. Jahrhundert trat neben diese land- und forstwirtschaftlich sowie industriell zugerichtete »Produktionslandschaft« eine weitere menschengemachte Landschaftsgattung: die »Freizeitlandschaft«.[167] Selbstverständlich dienten die neu erstellten Eisenbahnverbindungen im Solothurner Jura nicht ausschließlich dem besseren Fortkommen einiger Freizeitbotaniker. Dennoch war die Naturforschung als Teil naturbezogener Freizeitaktivitäten des Bürgertums ein Faktor, der zusammen mit vielen anderen die Erschließung der Landschaft und ihre materielle und technische Zurichtung als »Freizeitlandschaft« vorantrieb. Wie diese freizeitliche Landschaftsprägung durch die Naturforscher vonstattenging, soll im Folgenden beleuchtet werden.

Die Entwicklung der Freizeit im 19. Jahrhundert war gemäß den Soziologen Markus Lamprecht und Hanspeter Stamm gekennzeichnet durch Expansion, Differenzierung und (Teil-)Autonomie.[168] Gleiches lässt sich auch für die eng mit der Ausformung der modernen Freizeitkultur verbundenen Mobilitätskultur festhalten: Um die Jahrhundertwende nahmen die jährlichen Wegstrecken pro Einwohner zu,[169] das Verkehrsangebot vervielfältigte sich durch spezialisierte Verkehrsträger wie Bergbahnen oder Ausflugsschiffe, und nicht zuletzt folgte der Ausbau von Verkehrsinfrastruktur punktuell auch der Eigenlogik der Freizeitbedürfnisse.

167 Vgl. Löfgren: Natur, Tiere und Moral, 125 f.

168 Lamprecht und Stamm: Die soziale Ordnung der Freizeit, 96.

169 Der Soziologe Manuel Eisner gibt für die Schweiz folgende Durchschnittszahlen für die jährlich auf der Straße oder per Bahn zurückgelegte Wegstrecke pro Einwohner an: um 1895: 280 Jahreskilometer; um 1920: 820 Jahreskilometer (Eisner: Mobilitätskultur in der Schweiz, 11).

Der bei weitem wichtigste Mobilitätsträger jener Jahre war die Eisenbahn. Wie bereits in Kapitel 2 in den Ausführungen zur Territorialität der Lokalkatalogisierung aufgezeigt, hatte der Ausbau des Eisenbahnnetzes direkte Auswirkung auf den Forschungsradius der Lokalfloristen. Vormals abgelegene und folglich schlecht erforschte Gebiete waren durch die Verkehrserschließung einfacher zu erreichen und wurden nun neuerdings in Lokalkatalogen berücksichtigt. Auch Rudolf Probsts botanische Forschungslandschaft sollte sich im Gleichtakt mit dem solothurnischen Eisenbahnnetz ausdehnen, wie er 1904 im Vorwort seines *Beitrag zur Flora von Solothurn* ankündigte: »Zu wenig abgesucht ist noch […] das Tal von Balsthal nach Gänsbrunnen, welch' […] Gebiet ich mir […] noch nach Fertigstellung der Durchtunnelung des Weissensteins aufgespart habe.«[170] Probst war zudem auch beruflich eng mit der Eisenbahn verbunden. Er wirkte als Baustellenarzt auf der Südrampe der *Solothurn-Münster-Bahn* (SMB) und steuerte auch dem offiziellen Führer der 1909 eröffneten Bahnlinie einen botanischen Beitrag bei: *Die Flora im Gebiete der SMB*. Probsts Interesse an der Eisenbahn war jedoch kein persönliches Steckenpferd, er teilte dieses mit seinen Naturforscherkollegen. Im Vortragsprogramm der *Naturforschenden Gesellschaft Solothurn* rangierten Referate über Eisenbahnbauten und Verkehrsfragen an prominenter Stelle[171] und ebenso widerspiegelten Vereinsausflüge das ausgeprägte Interesse an Verkehrsinfrastrukturbauten. So besuchten die Solothurner Naturforscher im Sommer 1904 die elektrische *Burgdorf-Thun-Bahn* und besichtigten im Winter des gleichen Jahres die Baustelle am Weissensteintunnel.

Probsts Blumenkunde für Bahnreisende, die er im Streckenführer der *Solothurn-Münster-Bahn* veröffentlichte, kann als Hinweis gelesen werden, dass dieser neue Eisenbahnabschnitt nicht ausschließlich auf den Güterverkehr ausgerichtet war. Solche Verkehrserschließungen dienten auch der Freizeitmobilität und begünstigten eine neue Reiseform, die sich auch bei Charpié und Probst großer Beliebtheit erfreute: die »schienennetzgebundenen Tagesausflüge«.[172] In Verbindung mit Fußwanderungen ermöglichten solche Ausflüge eine markante Ausweitung des Radius, der innerhalb eines Tages oder eines Wochenendes zu bewältigen war. Diese Freizeitreisen verlangten auch ein neuartiges Landschaftswissen: Wenn Charpié und Probst die Täler und Höhen der Jurakette durchstreiften, mussten sie nicht nur Kenntnis des Geländes und der einschlägigen botanischen Bestimmungs-

170 Probst: Beitrag zur Flora von Solothurn, 4.

171 In der Vortragssaison 1899/1900 wurden an Vorträgen und Mitteilungen zu Eisenbahn und Verkehrswesen dargeboten: 3 (u.a. Eisenbahnprojekte und die Stadt Solothurn; Simplontunnel), 1900/01: 1 (Sibirische Eisenbahn), 1902/03: 1 (Bagdadbahn), 1903/04: 1, 1905/06: 1 (Weissensteintunnel), 1906/07: 1 (Bau der Solothurn-Münster-Bahn).

172 Imeri: Heimatforschen in der Metropole, 126.

Abb. 6.14: Schaulustige auf der Baustelle beim Südportal des Weissensteintunnels. Ansichtskarte (1905).

werke haben, sondern sich auch über erhältliche Landkarten, bestehende Wegenetze, passende Zugverbindungen sowie vorhandene Gaststätten und Herbergen ins Bild setzen. Neben einzelnen Unternehmern waren es vor allem spezifische Vereine, die im ausgehenden 19. Jahrhundert jene Infrastrukturen für freizeitliche Naturaktivitäten bereitstellten. Diese Infrastruktur wurde nicht nur in den Pionierregionen der Alpen aus dem (oder in den) Boden gestampft. Auch in den Mittelgebirgen Süddeutschlands schlossen sich naturbegeisterte Bürger zu diesem Zweck in Vereinen zusammen. So wurde 1884 der *Württembergische Schwarzwaldverein* gegründet, 1888 folgte der *Schwäbische Albverein*[173] und 1902 der *Pfälzerwaldverein*.[174] 1898 erfolgte mit dem *Schweizerischen Juraverein* eine vergleichbare Vereinsgründung in einem eidgenössischen Mittelgebirge.

Die Landschaftseingriffe dieser Regionalvereine gingen über jene der Verschönerungsvereine alter Schule hinaus. Man beschränkte sich nicht auf das Anpflanzen schmucker Bäume oder das Errichten von Denkmälern und Aussichtsbänken. Vielmehr bemühte man sich, komplette Infrastrukturen anzubieten, welche den naturbegeisterten Bürgern die aktive Aneignung ihrer Nahumwelt ermöglichte. Wie Celia Applegate für das Beispiel des Pfälzerwaldes aufzeigte, verlief die lokalistische Aneignung der »Heimat«

173 Zu diesen beiden Vereinen vgl. Confino: The Nation as a Local Metaphor, 111.
174 Vgl. Applegate: Zwischen Heimat und Nation, 82-84.

stark über ihre touristische Erschließung.[175] Auch der *Schweizerische Juraverein*, der neben Einzelpersonen auch Transportunternehmen, Restaurants und Hotels als Mitglieder zählte, schrieb sich die Förderung der touristischen Mobilität und des Tourismus auf seine Fahnen. In seinen Statuten nennt er als Vereinszweck, »die Verkehrsinteressen des schweizerischen Juras zu fördern und zu heben und den Besuch desselben Einheimischen und Fremden angenehm zu machen«.[176] Zu diesem Zweck gab der Juraverein eigene Kartenwerke und Wanderbücher heraus, er legte Wanderwege an und schilderte diese aus.[177]

Auf ihren botanischen Streifzügen bewegten sich also Rudolf Probst und Auguste Charpié, aber auch auswärtige Naturforscher,[178] durch einen Jura, der von Eisenbahnlinien erschlossen und von Wanderinfrastruktur durchzogen war und in eine eigentliche Freizeitkulturlandschaft verwandelt worden war. Mit Blick auf diese Zurichtung der Landschaft – der schwedische Kulturanthropologe Orvar Löfgren spricht auch von der Domestizierung der Natur zur »Konsumtionslandschaft«[179] – erscheint es auch alles andere als plausibel, die bürgerliche Naturbegeisterung jener Jahre als rückwärtsgewandte Fortschrittsskepsis zu interpretieren. Vielmehr handelte es sich bei der freizeitlichen Naturaneignung um ein mustergültiges Phänomen der Moderne, indem mittels technischer und medialer Eingriffe eine Natur gemäß eigenen Bedürfnissen geschaffen wurde.[180]

Die bloße Bereitstellung touristischer Infrastrukturen schuf jedoch noch keine Freizeitlandschaften. Erst die Praktiken einer neuer Gruppe von Landschaftsnutzern – im Wesentlichen ihre temporäre »Besiedlung« der Natur – verliehen diesen Räumen ihr Gepräge als Freizeitlandschaft. In dieser Landnahme spielten um die Jahrhundertwende vor allem zwei Arten der-Fortbewegung eine wichtige Rolle, die Fußwanderung und das Velofah-

175 Vgl. Applegate: Zwischen Heimat und Nation, 79.

176 Schweizerischer Juraverein, Statuten vom 24.11.1901, § 1, zit. nach Lutz: Schweizerischer Juraverein.

177 Zwischen 1905 und 1937 erstellte der Juraverein einen durchgehenden Wanderweg vom Aarau bis zum Neuenburgersee und entfaltete eine beachtliche Publikationstätigkeit: 1902 veröffentlichte er den *Führer durch den Jura* (Auflage: 31.000), 1909 folgte die erste *Jura-Karte* (Aufl.: 40.000) und 1910 die *Wanderungen im Jura* (Aufl.: 20.000) (vgl. Fischer: 50 Jahre Schweizerischer Juraverein, 1-4).

178 So liest man bei Charles Huber, dass die jeweils an Ausfahrt stattfindenden Tagesausflüge der *Entomologischen Gesellschaft Bern* in den Jahren zwischen 1880 und 1920 fast immer in den Berner oder Neuenburger Jura führten (vgl. Huber: Die Ringe des Apollo, 147-149 und 155.

179 Löfgren: Natur, Tiere und Moral, 128.

180 Vgl. auch Confino: The Nation as a Local Metaphor, 113; Applegate: Zwischen Heimat und Nation, 95.

Nr. 10. Liestal, 20. Juli 1895.

Kurzeitung & Fremdenliste

für den

Beide Basel Solothurn

„JURA“

Berner Jura Frickthal

Journal et LISTE des ETRANGERS

Langenbruck

Journal et LISTE des ETRANGERS

Organ zur Hebung des Fremden-Verkehrs im Gebiete von Baselland und -Stadt, des Solothurner- und Berner-Jura und Frickthal.

Erscheint vom April bis Oktober, in der Haupt-Saison wöchentlich.

Preis für Einzel-Abonnement Fr. 3.—. Einzelne Nummer 20 Cts. Inserate per Petitzeile oder deren Raum 20 Cts. (Bei der Post bestellt per Jahr Fr. 3.30)

3. Jahrgang. Expedition, Druck und Verlag von Gebrüder Lüdin in Liestal. 3. Jahrgang.

Geologisches aus dem Jura.

(Von Dr. F. L.)

Die Schichten des braunen Jura, aus denen die Mehrzahl unserer heimatlichen Hügel und Berge aufgebaut ist, schliessen die Reste einer äusserst reichen Tierwelt ein, und doch bleibt wohl die Zahl der Tierarten, die wir aus jenen Schichten kennen, sehr weit zurück hinter der Artenzahl der Lebewesen, welche in jener unermesslich weit hinter uns liegenden Zeit wirklich gelebt haben. Nur die harten Bestandteile der Organismen, wie Schalen und Knochengebilde, trotzten der Verwesung und andern zerstörenden Einflüssen; in zu festem Stein erhärtetem Schlamm begraben, haben sie ungeheure Zeiträume überdauert. Alle Tierarten, deren Körper keine Hartbestandteile aufwies, sind natürlich verschwunden, ohne die geringste Spur von ihrer Existenz zu hinterlassen.

So ist es nun leicht erklärlich, dass die Grosszahl der in den Juraschichten eingeschlossenen Versteinerungen den Weichtieren (Schnecken, Muscheln und Tintenfischen) zukommt. Die Schalen dieser Tiere bilden, wie man sich bei einem Ausflug in den ersten besten Steinbruch leicht überzeugen kann, oft ganze Gesteinsbänke. Sehr sparsam vertreten sind in unserm braunen Jura Reste von *Wirbeltieren.* Während der schwarze Jura (Lias), zwar nicht bei uns aber im schwäbischen Jura, reichliche Reste von Fischen und Reptilien aufweist, gehören solche im braunen Jura zu den grössten Seltenheiten. Interessant ist deshalb die Auffindung eines wohlerhaltenen Rückenwirbels, der unzweifelhaft einem Reptil von bedeutender Körpergrösse angehört haben muss. Der Querdurchmesser des *Wirbelkörpers* beträgt 65, der Längendurchmesser 50, die Gesamthöhe ca. 150 mm, kommt also an Grösse einem Ochsenwirbel gleich und übertrifft einen Krokodilwirbel bedeutend. So leicht nun auch das Fundstück an seinen hoch gestellten Querfortsätzen, deren Verwachsungslinien mit dem Wirbelkörper noch leicht zu sehen sind, als Reptilwirbel zu erkennen ist, so schwer ist es natürlich, etwas über das Aussehen seines früheren Trägers zu sagen. Da mir vorderhand jedes Vergleichsmaterial fehlt, so weiss ich nicht einmal ob derselbe einer schon beschriebenen oder einer neuen Art angehört. Sicher ist, dass er weder dem Ichthyosaurus, noch dem Plesiosaurus — zwei grosse Meereidechsen, die im schwarzen Jura Württembergs häufig vorkommen — angehörte. Letztere haben nämlich, abgesehen von der geringern Grösse, sanduhrartig ausgehöhlte Wirbelkörper, während letzterer bei unserem Fundstücke vorn und hinten eben ist. Auch wage ich nicht zu entscheiden, ob der einstige Träger des interessanten Fundstückes ein Land- oder Wasserbewohner war. Dass mindestens festes Land sich in nicht allzuweiter Entfernung fand, beweisen einige Holzstücke, die vor Jahren in derselben Facies entdeckt wurden. Der Wirbel stammt unzweifelhaft aus den sogenannten Cornbrash-Schichten, d. h. der obersten Abteilung des braunen Juras. Er fand sich letzten Herbst in einem verwitterten Steinblocke, der unterhalb der Kastelenfluh an der Strasse zwischen Arboldswil und Ziefen aus einer Wiese ausgegraben wurde und zweifelsohne nicht weit her stammt, da dieses Gestein ganz in der Nähe „anstehend“ getroffen wird. Unser Fundstück bildet eine interessante Vermehrung der Fauna jener längst vergangenen Zeiten, in welchen das Jurameer unser Land überflutete, das heute unsere Hügel und Berge zusammensetzt.

Abb. 6.15: Fremdenverkehr und Naturforschung als Verbündete: Kurzeitung für den Jura mit einem populärwissenschaftlichen Artikel Franz Leuthardts (1895).

ren.[181] Diese beiden Praktiken gingen mit einer eigenen Sachkultur spezialisierter Ausrüstungsgegenstände einher, die gewissermaßen die mobile Infrastruktur der Freizeitlandschaften bildeten.

Grundsätzlich hätten sich Fortbewegung und Bewegung im Laufe des 19. Jahrhunderts »zunehmend zu einem bedeutenden Teil der Freizeitkultur«[182] entwickelt, wie der Wirtschaftshistoriker Christian Kleinschmidt betont. Diese Entwicklung sei eng mit der Kommerzialisierung der Freizeit verbunden gewesen und Bewegungskonsum sei zunehmend zum Güterkonsum geworden. Eine entstehende Freizeitindustrie antwortete auf sich differenzierende Freizeittätigkeiten mit einem immer breiteren Angebot an spezifischen »Freizeitgütern«,[183] so dass beispielsweise die Naturforscher um die Jahrhundertwende bereits eine breite Palette an Sportgeräten, Kleidung und Ausrüstung sich anschaffen konnten. Zusätzlich zum Wissen um spezifisch naturkundliche Sammelausrüstung verlangte die Landschaftspraxis der Freizeitforscher also auch ein neues Materialwissen über feldtaugliche Mäntel, Schuhe, Hüte, Rucksäcke und Proviantbeutel.[184] Dieses Wissen um die richtige Ausrüstung für Naturstreifzüge wurde denn auch in amateurwissenschaftlichen Anleitungsschriften und Fachblättern regelmäßig thematisiert. Die *Entomologische Zeitschrift* beispielsweise berichtete *Über die Ausrüstung des Schmetterlingssammlers in den Alpen* und unterwies ihre Leser detailliert über Beschaffenheit und Größe der idealen Kleider und Gerätschaften. Diese Beschreibung von 1909 gibt eine anschauliche Vorstellung davon, in welcher Aufmachung die Naturforscher im frühen 20. Jahrhundert in der Landschaft unterwegs waren:

> »Lodene Kleider, Pumphose mit Wadenstutzen, nicht zu schwere und genagelte Schuhe sind unbedingt erforderlich […]. Eine Pumphose lässt dem Knie Bewegungsfreiheit und spannt nicht. Der Lodenhut sollte in-

181 In den Quellen der Naturforscher taucht das Velo nur sporadisch auf. Eine Ausnahme stellte jedoch der Zürcher Botanikprofessor Hans Schinz dar, der oft mit seinem Rad unterwegs war und ein regelrechter Veloenthusiast gewesen zu sein scheint. Schinz war auch aktives Mitglied des *Touring Club Schweiz* und wandte sich als solches verschiedentlich in velopolitischen Anliegen an die Kantonsregierung. Ausdrücklich Erwähnung als Hilfsmittel der Lokalforschung findet das Velo in Christian Franks Anleitungsschrift *Praktisches Handbüchlein für den Heimatforscher* (1903): »Das Rad im Dienste der Heimatkunde ist nicht zu unterschätzen; man spart Zeit und kann die Ausrüstung in der Rahmentasche oder auf dem Gepäckträger unterbringen« (Frank: Praktisches Handbüchlein, 16).

182 Kleinschmidt: Konsumgesellschaft, 54.

183 Lamprecht und Stamm: Die soziale Ordnung der Freizeit, 105 f.

184 Um ein gänzlich neues Materialwissen handelte es sich jedoch nicht: Die Naturfreizeit-Ausstattungsindustrie knüpfte punktuell an ältere Sachkulturen wie beispielsweise das militärische Ausrüstungshandwerk an, das sich bereits lange auf die Herstellung tragbarer Objekte für den Feldgebrauch spezialisiert hatte (vgl. Bernasconi: L'objet portatif).

Abb. 6.16: »Bewegungskonsum als Güterkonsum«:
Inserat für ein Freizeitkleidungs-Fachgeschäft an der Zürcher Bahnhofstrasse (1912).

nen ein 1 — 2 cm breites Gummiband, ein sogenanntes Sturmband angenäht haben, um die Hände bei Wind frei zu erhalten. Ein wasserdichter grösserer Rucksack mit möglichst viel Innentaschen ist unentbehrlich, ebenso ein auf ein kleines Volumen zusammenfaltbarer leichter und wasserdichter Battistregenmantel.«[185]

Zweckdienliche Schuhe und Rücksäcke bewährten sich jedoch nicht nur draußen im Feld. Jenseits ihres praktischen Nutzens dienten die einschlägigen Ausrüstungsstücke auch der mentalen Landschaftsaneignung. Wie der oben erwähnte Moderatgeber für die Schmetterlingsjagd hervorhebt, war bereits das häusliche Hantieren mit den einschlägigen Ausrüstungsstücken Teil des Naturerlebnisses: »Wes ehrlichen Naturfreundes Herz schlägt nicht höher, wenn er vor Antritt einer Alpenfahrt die hierzu nötigen Sachen zusammenstellt, verpackt und in Vorahnung all der Herrlichkeiten schwelgt, denen er in kurzer Zeit gegenüberstehen wird?«[186] Die Landschaft als Vorstellungsraum wurde durch solche Ausrüstungsverliebtheit mitgeprägt, Lodenmantel und Wanderschuhe funktionierten für die Naturforscher gewissermaßen als Medien der praktischen wie geistigen Naturaneignung.

Darüber hinaus war die einschlägige Ausrüstung auch ein stoffgewordenes Statement, das eine bestimmte Gesinnung zur Schau trug. Es waren um die Jahrhundertwende längst nicht mehr der Strohhut, der Schmetterlings-

185 Hoffmann: Über die Ausrüstung, 27.
186 Ebd., 27.

kescher und die Botanisierbüchse, die als Erkennungszeichen der Naturliebhaber dienten. Wie schon gezeigt, waren diese Embleme der Naturforschung längst abgesunken in die Welt der Kinderspielwaren und der Karikatur.[187] Vielmehr demonstrierten die schlichten, derben Stoffe, die Pumphosen, der Rucksack und die Wanderschuhe die Zugehörigkeit zum erweiterten Milieu bürgerlicher Naturbegeisterung, das Naturforscher, Wanderer, Bergsteiger oder Jäger gleichermaßen umfasste. Die bereits erwähnte Verwandtschaft zwischen diesen freizeitlichen Landschaftspraktiken wurde derart auch durch Kleidung sichtbar gemacht. Was bedeutete es für die Forscher der Petite Science, sich in diese Freizeituniform des naturverbundenen Bürgerblocks zu werfen?

Die betont schlichte Exkursionskluft war Ausdruck eines Gleichheitsideals, das im Naturforschermilieu hochgehalten wurde. Wenn sich ein Universitätsprofessor und ein kleinstädtischer Händler oder Dorfschullehrer gemeinsam auf Exkursion begaben, so erleichterte die Gleichheit ihrer Kleidung die bei dieser Gelegenheit zelebrierte (männliche) Gemeinschaftsbildung.[188] Zugleich aber war diese Freizeittracht auch ein Mittel der Distinktion. Mit dem Lodengewand und den Pumphosen vermochten sich die bürgerlichen Naturliebhaber auch draußen im Feld von arbeitenden Bauern oder spazierenden Arbeitern abzuheben.

Besagte Kleidung bekräftigte zudem die um 1900 noch immer feste Verankerung der (außeruniversitären wie akademischen) naturhistorischen Forschung im weitverzweigten Geflecht naturbezogener Aktivitäten. Diese Einbettung schlug sich in ihrer breiten gesellschaftlichen Anerkennung nieder, war für die innerwissenschaftliche Wahrnehmung jedoch nicht nur von Vorteil. Während andere naturwissenschaftliche Disziplinen im symbolträchtigen weißen Kittel eine Standestracht besaßen, die sie unverkennbar als Wissenschaftler auszeichnete, fehlte den naturkundlichen Feldwissenschaftlern ein solch unzweideutiges Erkennungsmerkmal. Sie bewegten sich Jägern und »Touristen« (das heißt Wanderern und Bergsteigern) vergleichbar durch die Landschaft und waren auch wie diese gekleidet. Die unklare wissenschaftliche Identität der Feldforschung ließ sich so auch an ihrem Äußeren festmachen.[189]

187 Vgl. dazu die Ausführungen in Kapitel 1.3.

188 Auch hier gilt, dass diese Freiluft-Gemeinschaftsbildung sich einzig auf Männer beschränkte; für Frauen hingegen funktionierte dieser Dresscode unbesehen seines betont egalitären Charakters ebenfalls als Ausschlussmechanismus, da ihnen das Tragen praktischer Hosenkleidung lange gesellschaftlich erschwert wurde. Dieser Ausschluss über Kleidung kam sehr stark im Alpinismus zum Tragen (vgl. Wirz: Gipfelstürmerinnen, 298-310), die vestimentäre Beschränkung kennzeichnete jedoch ganz allgemein die weibliche Bewegung in der Naturlandschaft (Allen: Tastes and crazes, 397-400; Keeney: The Botanizers, 19).

189 Kohler: Landscapes and Labscapes, 7-10; Kuklick und Kohler: Introduction, 10 f.

Naturkundliche Pilgerreisen: Sammeltourismus und Exkursionsberichte

Die Naturforscher tauschten nicht nur Ratschläge zur zweckmäßigen Kleidung und Ausrüstung aus. Mit ihren Kollegen teilten sie auch breites touristisches Know-how und reisepraktisches Wissen. Versteht man Landschaft mit dem britischen Kunsthistoriker Simon Schama als »Text«,[190] so haben am Text der Freizeitlandschaft die Naturforscher sehr rege mitgeschrieben: Sie beteiligten sich aktiv an der Einübung touristischer Praktiken und der Wahrnehmung bestimmter Regionen der Schweiz als Ferienlandschaft.

Naheliegenderweise betraf dies zuerst einmal Naturforscher, die selber in Tourismusregionen wohnten. Unter den in Laufe dieser Arbeit bereits erwähnten Lokalforschern aus Graubünden beispielsweise standen im letzten Drittel des 19. Jahrhunderts auffallend viele in mehr oder weniger enger Verbindung mit dem »Fremdenverkehr«. Dieser war einerseits eine wichtige Einkommensquelle. So arbeitete Eduard Killias, den wir bereits als fleißigen Autor von biologischen Lokalverzeichnissen kennenlernten, jeweils in den Sommermonaten als Kurarzt in Tarasp. In dieser Funktion verfasste er etliche Werbebroschüren für den Bädertourismus und zeichnete auch für den Werbeauftritt der Bündner Heilquellen an der Weltausstellung in Wien und an der Landesausstellung in Zürich verantwortlich. Auch der Kantonsschulprofessor Christian Brügger verfasste solche wissenschaftlich angehauchten Werbematerialien[191] und trug ein botanisches Teilkapitel zu Berlepschs bekanntem *Neuestes Reisehandbuch für die Schweiz* (1864) bei. Der Beverser Dorfschullehrer Johann Luzius Krättli wiederum verdingte sich über die Sommermonate als Führer für botanische Exkursionen und betrieb als Nebenerwerb Handel mit begehrten Engadiner Pflanzenbelegen.

Die Verflechtung mit dem Tourismus prägte auch die wissenschaftlichen Praktiken dieser Bündner Naturforscher, was sich bei Killias deutlich zeigte. Befanden sich unter seinen Kurgästen ausländische Wissenschaftler, so überzeugte er sie, dem *Jahresbericht der Naturforschenden Gesellschaft Graubündens* einen Artikel mit Lokalbezug beizusteuern. Das Beziehungsgeflecht, das der ansässige Naturforscher mit naturinteressierten Feriengästen knüpfte, erweiterte zudem die Material- und Datenströme für seine lokalfaunistischen Arbeiten. So gingen in seine Bündner Insektenverzeichnisse auch Fundmeldungen ein, die von ausländischen Sammlern zuerst in deutschen Fachblättern veröffentlicht wurden und anschließend wieder den Weg ins Bündnerland fanden.[192] Ebenso erweiterte Killias durch den Tauschverkehr

190 Zit. nach Weith: Alb-Freuden, 93.

191 Vgl. die entsprechenden Ausführungen in Kapitel 5.4.

192 So finden sich im Literaturverzeichnis von Killias' Schmetterlingsverzeichnis mehrere lepideptorologische Arbeiten über das Engadin aufgelistet, die in ausländischen Fachblättern publiziert wurden, so im *Bericht des naturhistorischen Vereins in Augsburg*, in

mit jährlich wiederkehrenden Touristen seine Sammlung um rhätische Insekten, die gewissermaßen eine Zwischenstation in Mailand oder Stettin eingelegt hatten.

Die erwähnten entomologischen Pilgerreisen ins Engadin und deren Dokumentation in Fachzeitschriften deuteten es bereits an: Auch die Naturforscher des Unterlandes formten die Landschaften der (alpinen) Tourismusregionen mit. Dies geschah über ihre konkrete Sammeltätigkeit vor Ort, aber ebenso sehr über eine einschlägige Textproduktion. Im privaten Briefverkehr tauschten sich Sammlerfreunde detailliert über zu empfehlende Hotels, deren Ausstattung und Preise, über ergiebige Sammelgebiete und naturkundlich vorteilhafte Reisezeiten sowie vorhandene Wege und Bergbahnen aus.[193] Touristisches Wissen vermittelten aber vor allem auch die Exkursionsberichte, die in naturkundlichen Fachzeitschriften regelmäßig veröffentlicht wurden. In solchen Berichten im Stil von *Meine Exkursionen im Sommer 1880*, *Mein Aufenthalt im Wallis* oder *Sammelnotiz* rapportierten Sammler ihre Funde, die sie auf (meist mehrtägigen) Exkursionen gemacht hatten. Die Exkursionsberichte waren jedoch eine vielschichtige Textgattung und enthielten weit mehr als Fundmeldungen und deren wissenschaftliche Diskussion; sie waren Reisebericht, Reiseführer, Ratgeber und Landschaftsbeschreibung in einem. In dieser Hinsicht waren die naturkundlichen Exkursionsberichte ebenfalls Bausteine in der Konstruktion von Freizeit- und Urlaubslandschaften. Ein Blick in zwei solche Berichte soll dies illustrieren, einerseits in die bereits erwähnten *Excursions botaniques dans le Bas-Valais* (1872) und andererseits in *Eine Exkursion in den alpinen Süden der Schweiz* (1881). Der erste, botanisch ausgerichtete Bericht wurde vom Genfer Mediziner Charles Fauconnet verfasst und erschien sowohl als Serie im *Journal de Genève* wie auch als Einzeldruck. Der zweite Bericht stammt aus der Feder des insektenkundigen Pfarrers August Rätzer aus Büren an der Aare, den wir bereits als engagierten Unterstützer des naturhistorischen Museums Solothurn kennenlernten. Er wurde in den *Mitteilungen der Schweizerischen Entomologischen Gesellschaft* abgedruckt.

Beide Exkursionsberichte behandeln mehr oder weniger ausführlich auch touristische Aspekte der erforschten Landschaften. Besonders detailliert tut dies Fauconnet. Ausführlich beschreibt er die gewählten Unterkünfte und deren Besitzer. So lobt er die Pension des Herrn Clerc aus Martigny, der ein Faible für Botaniker besitze und wo die Forscher stets »bon feu, bon souper

der *Stettiner Entomologischen Zeitung*, im *Jahrbuch des Nassauischen Vereins für Naturkunde*, in der *Wiener Entomologischen Zeitschrift* und im *The Entomologists Annual* (vgl. Killias: Verzeichnis der Bündner Lepidopteren, 2-6).

193 Vgl. beispielsweise Naturmuseum Thurgau, Schachtel 4050.A (Sammler und Donatoren), Mappe »v. Bodman Emanuel, Freiherr: Entomologische Korrespondenz«, Brief Vorbrodts vom 17.4.1926.

Abb. 6.17: Preda als Mekka: Entomologisches Motiv auf Ansichtskarte (ca. 1910).

et bon lit« erwarten dürften, oder er streicht die Vorzüge der Pension Beeguer in Sierre heraus, die durch sonnige Lage besteche und ausdrücklich empfohlen werden könne. Detailliert bespricht er auch die Verkehrsmittel der Region. Er äußert sich anerkennend über das Genfersee-Dampfschiff *Simplon* und dessen geheizten Salon, weniger gut weg kam jedoch die Bahngesellschaft *Ouest-Suisse*, in deren unkomfortablen Wagons Fauconnet und seine Kollegen ihre Heimatstadt »à moitié gelés« erreicht hätten.[194] Auch Rätzer unterweist seine Leser in reisepraktischer Hinsicht. Bereits die Wahl des Exkursionsgebietes am Südfuß des Simplons begründet der Pfarrer mit touristischen Überlegungen, erlaube es doch die dortige Verkehrsinfrastruktur, das Gebiet »mit aller Bequemlichkeit der Kulturmittel zu durchlaufen«. Hotelempfehlungen dürfen ebenfalls nicht fehlen, und so rät Rätzer seinem Publikum, in »dem allen Wünschen gerecht werdenden Gasthaus ›zur Post‹ entomologisch Quartier« zu nehmen.[195]

In erster Linie empfahlen Exkursionsberichte jedoch nicht Hotels, sondern erfolgversprechende Sammelgebiete. Fauconnet verrät seinen Lesern beispielsweise eine Stelle in der Nähe Martignys, wo *Gagea saxatilis*, »une des plus rares plantes de la Suisse«,[196] wachse. Solche Hinweise hatten Auswir-

194 Fauconnet: Excursions botaniques, 8, 45, 8 und 13.
195 Rätzer: Eine Exkursion in den alpinen Süden, 167 und 174.
196 Fauconnet: Excursions botaniques, 9.

kungen auf die Landschaft. Sie kanalisierten die Bahnen der Naturliebhaber und lenkten deren Aufmerksamkeit auf bestimmte Örtlichkeiten, die bald eine unwiderstehliche Anziehungskraft entwickelten. So geschah es auch im Bündnerland: In den 1870er-Jahren veröffentlichten die namhaften Entomologen Heinrich Frey und Philipp Christoph Zeller, die beide auch mit dem Tarasper Kurarzt Killias in Kontakt standen, mehrere lokalfaunistische Exkursionsberichte aus dem Albulagebiet.[197] Bald lockten die von ihnen vermeldeten Raritätenfunde scharenweise Entomophile aus ganz Europa auf besagte Passhöhe, die in diesem Sammlermekka ihre Sommerferien verbringen wollten.[198] Da in gewissen Sommern die halbe deutschsprachige Entomologenszene ihre Ferien in Bergün und Preda zubrachte, lag es im ausgehenden 19. Jahrhundert auch nahe, gleich vor Ort alljährlich eine entomologische Konferenz durchzuführen.[199] Diese liebhaberische Schwarmbildung an angesagten Orten stieß nicht nur auf Begeisterung. So mokierte sich beispielsweise Fritz Hoffmann in seinem Sammelratgeber über die Einfallslosigkeit des entomologischen Jetsets: »Es ist jedoch ein Irrtum zu glauben, nur in diesen Orten wäre etwas Richtiges zu fangen […], die meisten Sammler jedoch bevorzugen das ›Sichere‹ und das Renommé, und ziehen dorthin, wo schon Hunderte vor ihnen sammelten.«[200] Diese Klagen, die bekanntlich in gleicher Weise auch für einschlägige Orte des Unterlandes erhoben wurden, verkannten jedoch die soziale Bedeutung solcher Hotspots für das Milieu der Petite Science. Es ging diesen naturkundlichen Pilgern nicht bloß um seltene Fundstücke, sondern auch ums Sehen-und-gesehen-Werden. So bildete beispielsweise Preda am Albula einen wichtigen Punkt im gesellschaftlichen Universum des insektenvernarrten Schriftstellers Emanuel von Bodman (1874-1946) aus dem Thurgau. Regelmäßig verbrachte er

197 Vgl. Frey: Die Lepidopteren des Albula-Passes (1877); Zeller: Bemerkungen über einige Graubündner Lepidopteren (1872); Beiträge zur Lepidopteren-Fauna am Ober-Albula (1877 und 1878).

198 So schreibt Robert Stierlin 1913 in den *Mitteilungen der Schweizerischen Entomologischen Gesellschaft* über die Popularität des Albulagebietes und seine Folgen auf die dortige Schmetterlingspopulation Folgendes: »Seit den Tagen Zellers und Heinrich Freys, die in ihren Schriften auf den Reichtum jener Gegenden hingewiesen haben, pilgert alljährlich eine Menge von Entomologen, namentlich deutscher Zunge, nach Bergün und auf den Albulapass. Sie fahnden dort […] namentlich nach Parnassius delius, Melitaea asteria, Arctia flavia und quenselii. Das letztere Tier […] ist auf der Albula entschieden seltener geworden« (Stierlin: Schutz einer Reihe, 115). Stierlins Aufsatz vermittelt einen anschaulichen Eindruck der Jagdpraktiken und der Hotspots der damaligen Lepideptorologen. Stierlin diskutiert auch die Nützlichkeit von szeneinternen Appellen für selbstauferlegte Mäßigung der Schmetterlingsjäger und zeigt sich – auch mit Blick auf die vielen Touristen – skeptisch: »[D]as Gros aber wird sich um den Appell den Teufel scheren, vor allem die Ausländer, die für unsere Heimatgefühle keinen Sinn und kein Verständnis haben« (ebd., 118).

199 Vgl. Bischof: Beitrag zur Kenntnis der Schmetterlingsfauna, 67.

200 Hoffmann: Über die Ausrüstung, 27.

Abb. 6.18: Inserat in der *Entomologischen Zeitschrift* (1914).

in diesem Weiler seine Sammelferien und knüpfte dort Freundschaft mit dem bekannten Schweizer Schmetterlingskundler Karl Vorbrodt oder dem sächsischen Schmetterlingssammler Max Körbitz.[201]

Mentale Erschließung der Landschaft: Mythos des alpinen Südens

Exkursionsberichte beteiligten sich aktiv an der Herstellung touristischer Landschaften. Die Auswirkungen dieser naturkundlichen Reiseprosa waren sehr greifbar. Sie äußerten sich in Sammlerschwärmen, die über ausgewählte Gegenden herfielen und einzelne Bergdörfer einen Sommer lang in angesagte Treffpunkte internationaler Naturforscherkreise verwandelten. Doch das Landschaftswissen der Exkursionsberichte entfaltete auch auf mentaler Ebene raumbildendende Effekte.[202] Die Berichte schrieben mit am kulturellen Text ausgesuchter Landschaften und formten diese als besondere Vorstellungsräume.

Ein nochmaliger Blick auf die Exkursionsberichte Fauconnets und Rätzers soll dies veranschaulichen. Ihre Berichte sind nicht nur exemplarisch, was das konkrete Reisewissen anbelangt, sondern auch hinsichtlich ihrer imagologischen Urbarmachung alpiner Landstriche. Was war die Stoßrichtung dieser mentalen Kultivierung von Naturlandschaften? Wie viele andere Naturforscher der Städte des Unterlandes beteiligten sich auch Fauconnet und Rätzer an der Herstellung des Mythos vom alpinen Süden. Dieser Mythos

201 Vgl. Naturmuseum Thurgau Schachtel 4050.A (Sammler und Donatoren), Mappe »v. Bodman Emanuel, Freiherr: Entomologische Korrespondenz«; Brief Vorbrodts vom 18.8.1924 und Brief Körbitzs vom 14.11.1931.

202 Für diesen Begriff am Beispiel der Volkskunde vgl. Keller-Drescher, Forner und Bürkert: Aspekte der Herstellung regionaler Nähe, 125.

ist bis in die Gegenwart lebendig: Es gehört heute zum populären Wissensbestand naturinteressierter Schweizer, dass Flora und Fauna gewisser Alpengegenden mediterrane Züge aufweisen. Dieses Bild wird in Wanderführern und Naturdokumentationen perpetuiert, und selbst den »einzigartigen frischen und würzigen Geschmack« des herkunftsgeschützten Walliser Raclette führen gegenwärtige Werbetexter auf die »reichhaltige Flora« und das »mediterrane Klima« des Wallis zurück.[203] Diese beiden Topoi der hohen Biodiversität sowie eines besonderen Regionalklimas haben durchaus Entsprechungen in der Realität. Die populären Bilder eines mediterranen Alpenraumes jedoch haben nur bedingt mit klimatischen und biogeographischen Gegebenheiten zu tun. Vielmehr wurde im ausgehenden 19. Jahrhundert das entsprechende naturkundliche Wissen umgeformt und zum Baustein für das ideologische Großbauwerk des Alpenmythos zurechtgeschliffen. Die »Mediterranität« wurde Teil der kulturellen Bedeutungsaufladung des Alpenraumes, genauso wie die »Ursprünglichkeit« oder die »Reinheit«. Wurde eingangs des Kapitels die Landschaft als Sehnsuchtsort für die bürgerlichen Freizeitnaturforscher bezeichnet, so galt dies also in besonderem Maße für das Wallis, das Bündnerland und das Tessin. In naturkundlichen Fachzeitschriften wurden diese Kantone bejubelt als »das wahre Eldorado« oder als »gesegnete« Landstriche mit »göttlichen« Seen.[204] In dieser Überhöhung zu szientifischen Sehnsuchtsorten wurde im späten 19. Jahrhundert der Grundstein gelegt für die bis heute abrufbaren Vorstellungsbilder »mediterraner« Alpentäler.

Charles Fauconnet lobte in seinen *Excursions botaniques dans le Bas-Valais* die Dreifaltigkeit von Wallis, Graubünden und Tessin einerseits aus botanischer Warte. Diese drei Kantone besässen »la plus riche collection des ces plantes rares que le botaniste aime à récolter, et qui font la gloire de la Flore suisse«.[205] Doch auch als Mediziner schien er angetan vom Wallis und seiner milden Witterung. So betonte er, dass das windgeschützte, sonnige Klima von Sierre Kranken äußerst zuträglich sei und dieser Ort als Winterquartier sogar die klassischen Destinationen wie Madeira, Kairo oder den französischen Midi übertreffe.[206] Auch wenn Fauconnet die Messlatte hoch anlegte und selbst den Vergleich mit Kairo nicht scheute, so war seine Darstellung des Wallis als mediterrane Sonnenstube doch eine relativ nüchterne Angelegenheit. Ganz anders bei August Rätzer, der in *Eine Exkursion*

203 Vgl. http://www.valais.ch/de/erlebnisse/walliser-raclette-aop/raclette-degustation-im-freien (abgerufen am 3.11.2014).

204 Rudow: Meine vorjährige Sammelreise, 1; [s.n.]: Bericht über die 31. Versammlung der schweizerischen entomologischen Gesellschaft, 46; Frey: Die Lepidopteren der Schweiz, V.

205 Fauconnet: Excursions botaniques, 6.

206 Ebd., 44f.

in den alpinen Süden inhaltlich zwar in die gleiche Richtung zielt, sich aber eines ganz anderen Tons bedient:

»›Nach Süden‹ – welcher Zauber liegt in diesem Wort für den Nordländer! Aller Wohllaut der Sprache, alle Weichheit der Empfindung, alle Romantik der Phantasie verbindet sich damit. […] [S]ie alle empfinden ihn, den magischen Zug: der einsame Gebirgspfarrer im stillen Alpenthal […]; der Gelehrte in seiner Bibliothek vergraben, der Künstler im zerfahrenen Residenzgewühl, es überkommt sie wie eine Offenbarung, der Genius eines Humboldt und Goethe will sie wieder zu Menschen machen, zu gesunden, zu grossen, idealen Menschen im Lande, ›wo still die Myrthe und hoch der Lorbeer steht‹. […] Der Naturforscher, ja was sage ich, der Entomologe wird in diesem allgemeinen Wanderzuge nach Süden nicht zurückbleiben wollen«.[207]

Mit diesen Anklängen an die Italiensehnsucht der Weimarer Klassik demonstriert Rätzer mehr als seine Vertrautheit mit dem bürgerlichen Literaturkanon seiner Zeit. Der insektenkundige Pfarrer gab dem Sehnsuchtsort Süden nämlich eine neue Wendung, wie er mit einem Literaturverweis auf den Basler Pflanzenkundler Hermann Christ deutlich machte: Rätzers Bild des alpinen Südens war inspiriert von dessen äußerst populärem Werk *Das Pflanzenleben der Schweiz*. In diesem pflanzengeographischen Portrait skizzierte Christ die Schweiz als Raum, in dem das mediterrane und das nordasiatisch-europäische Florenreich aufeinanderstoßen. Gleichsam als Puffer zwischen diesen Großreichen behaupte sich auf dem Rücken des Alpenkamms eine eigenständige alpine Flora, die in mannigfaltiger Wechselwirkung mit der nördlichen und südlichen Pflanzenwelt stehe. Die Schweiz erhalte durch dieses Wechselspiel ihr besonderes Gepräge, das sich durch Vielfalt und scharfe Kontraste auszeichne. Um dieses Gepräge zu beschreiben, vermengte Hermann Christ in seinem Portrait pflanzengeographische Ausführungen mit poetischen Landschaftsschilderungen, er ließ also gewissermaßen Alexander von Humboldt und Goethe zugleich sprechen. Dies zeigt sich deutlich in jener Stelle, in der Christ die Vegetationsgrenze am Südfuß des Simplons (also bereits auf italienischem Gebiet) beschreibt und die auch Rätzer in seinem Exkursionsbericht zitierte:

»Im höchsten Grade herrlich ist die Überraschung im Val Vedro, wo ein Schritt: die Öffnung der ungeheuern Schlucht bei Iselle gegen Varzo, den Wanderer aus der Wildnis der Hochalpen in die reichste Südlandschaft versetzt. […] Denn nichts ist finsterer, kälter, drohender, als die von Wasserstürzen überall sprühenden Klippen und Schlünde bis Iselle, und nichts gleicht mehr einer idealen Landschaft Titianischen Styles in weitem

207 Rätzer: Eine Exkursion in den alpinen Süden, 165 f.

amphitheatralen Schwung der Linien, in der Masse und Fülle des Kastanienwaldes, in den hundert bunten Dörflein, die verstohlen daraus hervorglänzen, in der Pracht der Pflanzen und den edlen Farbentönen der Ferne –bei Iselle ist […] der Wendepunkt zweier Reiche.«[208]

Mit solchen Schilderungen formten Fauconnet und Rätzer die Wahrnehmung des alpinen Südens in den Städten des Unterlandes. Zusammen mit anderen Naturforschern des ausgehenden 19. Jahrhunderts stilisierten sie das Wallis, Tessin und Graubünden zu mediterranen Paradiesen auf eidgenössischer Erde, zu den Sonnenstuben der Schweiz. Dabei verknüpften sie literarische Sehnsuchtsorte und nationale Alpenmythen mit meteorologischen oder biogeographischen Wissensbeständen. Dieses Vorstellungsbild wurde über touristische Wissensformate verbreitet und prägt als populäres (Natur-)Landschaftswissen die Wahrnehmung dieser Regionen bis auf den heutigen Tag.

Landschaftsproduktion durch Naturforscher: Fazit

Was bereits für die infrastrukturelle Ausstattung und die verkehrstechnische Erschließung der Freizeitlandschaften festgehalten wurde, gilt auch für die mentale Landschaftsprägung: Der Alpenraum als touristische Pionierregion ging vor, und bald darauf zog das Unterland nach. In den Jahren um 1900, als sich beispielsweise der *Schweizerische Juraverein* anschickte, das Mittelgebirge für Ausflügler und Touristen besser zugänglich zu machen, begann sich die ideelle Überhöhung ausgewählter Landschaften immer mehr auf das Eigene und auf das Nahe zu richten. Sehnsuchtslandschaften fanden die Naturliebhaber des Mittellandes und des Juras nun nicht mehr ausschließlich in den Alpen, sondern ebenso in ihrer unmittelbaren Umgebung. Dieses nahe Arkadien trug den Namen »Heimat«.

Auch in der Sprache der naturkundlichen Lokalforschung schlug sich die Modeerscheinung »Heimat« nieder. Als Rudolf Probst 1904 seinen *Beitrag zur Flora von Solothurn* veröffentlichte, wollte er dies als Ansporn zur weiteren Erforschung der »heimatlichen Flora« verstanden wissen.[209] Auch nördlich des Juras klang es ganz ähnlich: Der Liestaler Zentrumsakteur Franz Leuthardt stilisierte in jenen Jahren die lokale Naturforschung zu »wahrer Heimatkunde« und lobte lokalwissenschaftliche Forschung als Beitrag »zur Ehre unserer engern Heimat: Baselland«.[210] Überhaupt benannte

208 Christ: Das Pflanzenleben der Schweiz, zit. nach Rätzer: Eine Exkursion in den alpinen Süden, 188.

209 Probst: Beitrag zur Flora von Solothurn, 7.

210 StABL, Nachlass Franz Leuthardt, PA 6102, Manuskript »Einiges über die großen Laufkäfer«; Leuthardt: Jahresbericht 1901 [der NGBL], 14.

und formte »Heimat« den Erkenntnisrahmen der 1900 neu gegründeten Baselbieter Naturforscher. Dies spiegelte sich auch in ihrem Forschungsprogramm, das Präsident Franz Leuthardt seinen Vereinskollegen vorlegte und das schlicht lautete: Erforschung der »heimischen Flora«, der »einheimischen Fauna« sowie des »heimatlichen Bodens«.[211]

Selbstverständlich war Heimat keine neue Erfindung, sie lag dem Bürgertum bereits lange vor der Jahrhundertwende am Herzen. Bei der »Heimat« des 19. Jahrhunderts handelte es sich aber vornehmlich um einen idealisierten, emotionalisierten und ästhetisierten Vorstellungsraum,[212] den der Volkskundler Hermann Bausinger treffend als »freischwebende Landschaft«[213] charakterisiert. Dieser ideelle Kompensationsraum habe um 1900 herum jedoch eine grundlegende Neuausrichtung erfahren, wie Bausinger und andere Theoretiker des Heimatbegriffs betonen: Immer stärker sei »Heimat« an konkreten Landschaften festgemacht und mit »Verwurzelung« gleichgesetzt worden. Durch diese Territorialisierung habe sich der Begriff zum Vehikel nationaler Identität und zum reaktionären Kontrastprogramm »gegen die Stadt [...], gegen die Zivilisation und Industrie« gewandelt.[214]

Wie jüngere Untersuchungen verdeutlichten, standen diese vielfältigen Gegenprogramme jedoch keineswegs in einem fundamentalen Widerspruch zur Moderne. Vielmehr sind sie als genuine Phänomene jener Epoche zu betrachten. Die konservativen Reformbemühungen, die von diesen Kritikern angeschoben wurden, bedienten sich zeitgemäßer Technologien und Medien und erprobten neue Konzepte der alltäglichen Lebensführung. Wie bereits für die bürgerliche Naturbegeisterung und die Zurichtung von Freizeitlandschaften aufgezeigt, waren auch die modernitätskritischen Bewegungen, die sich um den Begriff der Heimat formierten, grundlegend moderne Erscheinungen.[215]

Die Bedeutung dieser modernen Erscheinung »Heimat« für die einzelnen Menschen der Jahrhundertwende erhellt sich aber kaum über genaue Rekonstruktionen ihrer Wortgeschichte und semantischen Verschiebungen. In Anlehnung an die Volkskundlerin Beate Binder soll die »Heimat« der

211 Leuthardt: Jahresbericht 1901 [der NGBL], 10 f.

212 Vgl. Seifert: Das Projekt »Heimat«, 13.

213 Bausinger: Heimat und Identität, 13.

214 Ebd., 13; vergleichbar auch Fischer: Landschaft als kulturwissenschaftliche Kategorie, 26.

215 So zeigt beispielsweise Susanne Köstering auf, dass die Heimatdefinition des Leipziger *Naturkundlichen Heimatmuseums* zu Beginn des 20. Jahrhunderts wesentlich auf verkehrstechnischen Infrastrukturen aufbaute: Heimat erstreckte sich in einem Radius von 25 Kilometern um die Stadt Leipzig und umfasste somit jene Gebiete des Umlandes, die mit den öffentlichen Verkehrsmitteln gut zu erreichen waren (Köstering: Transformatoren des Wissens, 23). Zur grundsätzlichen Modernität von »Heimat« vgl. auch Confino: The Nation as a Local Metaphor, 113; Applegate: Zwischen Heimat und Nation, 95; Békési: Heimat in der Metropole, 55-57; Köstlin: Heimat denken, 27.

Naturforscher vielmehr über »Praxen der Beheimatung«[216] erfasst werden. Einen vergleichbaren Perspektivenwechsel forderte bereits zuvor auch der Volkskundler Kaspar Maase ein. Von kulturwissenschaftlichem Interesse an heimatlichen Nahwelten sei vor allem, wie deren Aneignung praktiziert werde – sprich, wie »Heimat« von Akteuren kompetent genutzt werde, um spezifische Bedürfnisse zu erfüllen.[217] Diese Konzeption von Heimat als Praxis ermöglicht es gemäß Maase, den Heimatbezug von Akteuren vorab in seiner »erlebnisästhetische[n] Dimension«[218] zu erfassen.

Einige Aspekte dieser Erlebnisästhetik wurden in diesem Teilkapitel nachgezeichnet. Durch ihre Aktivitäten schufen die Naturforscher eine Freizeitlandschaft mit. Sie nutzten Verkehrsmittel und Wegenetze, rüsteten und kleideten sich für eine temporäre Landnahme und prägten mit der Vermittlung touristischen Wissens die Landschaft als freizeitlichen Handlungsraum. Diese Gestaltung der physischen Landschaft hatte ihre Entsprechung auf mentaler Ebene, die Praktiken der Exkursion (und der Exkursionsberichte) schrieben mit an der Landschaft als Vorstellungsraum. Als solcher war die Landschaft Freiraum, Sehnsuchtsraum und gegen die Jahrhundertwende immer mehr »heimatlicher« Raum. »Heimat« baute also auf der »Freizeitlandschaft« auf. Sie war gewissermaßen die Fortsetzung und konsequente Steigerung jener modernen Zurichtung der Landschaft durch freizeitliche Nutzungsweisen, Verkehrsmittel und Medien.

Die erlebnisästhetische Dimension des Heimatbezugs der Lokalforscher erschöpfte sich jedoch nicht in der Nutzung und Zurichtung von nahräumlichen Landschaften. Heimat als Handlungs- und Vorstellungsraum verwirklichten die Akteure der Petite Science auch in einer alltäglich gelebten Raumpraxis, in einer bewussten Beziehung zu den Dingen ihrer Umgebung und der Erschaffung kleiner Welten nach eigenen Bedürfnissen. Auf einen Spaziergang durch eine solche heimatliche Lebenswelt möchte das nächste Kapitel einladen.

216 Binder: Beheimatung statt Heimat, 190.

217 Vgl. Maase: Nahwelten zwischen »Heimat« und »Kulisse«, 55 und 63. Vergleichbar argumentiert auch Jonas Frykman: »It seems as if belonging to place has been taken as a matter of ideology by ethnologists rather than of practice, as if being judged by what it stands for instead of what is used for« (Frykman: Between history and material culture. On european regionalism and the potentials of poetic analysis, zit. nach Weith: Alb-Glück, 97).

218 Maase: Nahwelten zwischen »Heimat« und »Kulisse«, 58.

7. Petite Science als Heimwissenschaft und Heimatmaschine

Baulärm hallte durchs lauschige »Holderstöckli«. Auf der ehemals unverbauten Anhöhe des Burghügels vor dem Liestaler Stadttor wuchsen im frühen 20. Jahrhundert etliche Gebäude aus dem Boden. Bereits 1890 baute der Lehrer Wilhelm Reber ein Einfamilienhaus. Schräg gegenüber errichtete der Kanton 1906 ein neues Schulhaus für die Knabenbezirksschule, das im zeitgemäßen Heimatstil gestaltet war. Im Herbst 1907 bezog der Bezirksschullehrer Franz Leuthardt zusammen mit Frau und Kindern Rebers Haus. Dort wohnte die Lehrerfamilie einige Jahre, bevor Leuthardt schließlich 1911 auf dem noch unverbauten Nachbargrundstück, das ebenfalls direkt ans Schulhaus grenzte, sein eigenes Heim errichten ließ.[1] Im Erdgeschoss dieses stattlichen Heimatstil-Hauses kam Leuthardts Studierzimmer zu liegen. Saß der Präsident der Baselbieter Naturforscher und Kurator des kantonalen Naturmuseums dort an seinem Schreibtisch und schaute zum Fenster hinaus, so erspähte er durch das Gebüsch seines üppigen Gartens hindurch die Frontseite der Bezirksschule, an der er sein Leben lang Naturkunde unterrichtete. Ließ er seinen Blick nach rechts wandern, konnte er am südlichen Ende des Schulgeländes den Schulteich und den Alpengarten ausmachen, die er zusammen mit seinen Schülern angelegt hatte.

In diesem räumlichen Ensemble an der Liestaler Burgstrasse verdinglichte sich gewissermaßen der Lebensstil Leuthardts sowie seiner Lokalforscherkollegen des frühen 20. Jahrhunderts.[2] Es kam in dieser bewussten Schaffung kleiner, überschaubarer (Kunst-)Welten eine Haltung zum Ausdruck, die den Charakter der Petite Science bis weit in die Nachkriegszeit prägte: Lokalforschung als behütete Heimwissenschaft und lokalverbundene

1 Angaben der Baujahre gemäß Rebsamen, Birkner und Mosimann: Liestal, 443.

2 Die folgende Analyse hätte ebenso auch für Frauenfeld durchgeführt werden können, wo der naturkundliche Zentrumsakteur Heinrich Wegelin in einem vergleichbaren Raumsetting lebte: Er ließ sich 1892 die *Villa Erica* im Schweizerhaus-Stil erbauen. Um das Haus legte er wie Leuthardt einen großen Garten an, »ein wahrer botanischer Garten«, wie sein Nekrolog berichtet. Neben seinem Haus kam ebenfalls »sein« Schulhaus zu stehen, die 1909-1911 errichtete neue Kantonsschule, auf deren Gelände Wegelin gleichfalls ein Alpinum anlegte (vgl. Rebsamen: Frauenfeld, 124 und 136; Leisi: Dr. h. c. Heinrich Wegelin, 163; Schläfli: Heinrich Wegelin, 11).

Heimatwissenschaft, die von ihren Akteuren als eigentliche Lebenskunst des Überschaubaren kultiviert wurde. In einer virtuellen Begehung des Holderstöcklis am Liestaler Burghügel sollen im Folgenden Räume und Schauplätze dieser »heimatlichen« Lebensführung besichtigt und deren Einbettung in zeitgenössische Wissensbestände sowie ihre Funktionen für die bürgerlichen Naturforschermänner beleuchtet werden.

7.1 Forschung im trauten Heim: Heimwissenschaft

Studierzimmer: Zur historischen Verortung eines Raumtypus

Franz Leuthardt, seine zweite Frau Anna und ihre Kinder konnten ihr neu errichtetes Eigenheim 1911 beziehen. Der Architekt Wilhelm Brodtbeck erbaute der Familie ein ansehnliches, dreigeschossiges Heimatstil-Haus mit sieben Zimmern (vgl. Abbildung 7.1). Im Erdgeschoss, wo sich auch die Küche und das Wohnzimmer befanden, kam gleich neben dem Hauseingang Leuthardts Studierzimmer zu liegen. Dieser Raum maß ungefähr 18 Quadratmeter, und die großzügige, gegen Süden ausgerichtete Fensterfront sorgte für angenehme Helligkeit. In die Fensternische eingepasst war ein großes Schreibpult, die weitere Ausstattung des Zimmers bestand aus einem Tisch, einem Sofa sowie diversen Schränken, Regalen und Sammlungsmöbeln mit Vitrine und ausziehbaren Schubladen (vgl. Abbildungen 7.2 und 7.3).

Dieses Zimmer war ein zentraler Ort in Leuthardts Leben. Um die Bedeutung dieses Zimmers zu ergründen, soll zuerst das Studierzimmer als historischer Raumtypus verortet werden. Dazu soll ein Faden aufgenommen werden, der im Nekrolog des naturkundlichen Zentrumsakteurs ausgelegt wurde. In diesem Nachruf wird Leuthardts Haus an der Burgstrasse als sein »Tuskulum im ›Holderstöckli‹« beschrieben, wo er sich stundenlang in seine »Studierstube vergraben« habe.[3] Diese Reminiszenzen an einen römischen Landsitz sind nicht abwegig, reichen doch die Anfänge des Raumtypus Studierzimmer zurück in die Renaissance. Die Ausbreitung des *Studios* war eng verbunden mit einer einschneidenden Veränderung des akademischen Alltags um 1500, als die herumziehenden, klosterähnlichen Gelehrtengemeinschaften des Mittelalters begannen, sesshaft zu werden. Ihre Magister lebten nun vermehrt in ehelicher Gemeinschaft, gründeten Hausstände und verlegten ihre Lehr- und Forschungstätigkeit in ihre eigenen vier Wände.[4] Damit die Gelehrten inmitten des familiären Lebens

3 Rolle: Rektor Dr. phil. Franz Leuthardt, 199 und 205.
4 Vgl. Algazi: »Geistesabwesenheit«, 329-331; Füssel: Die zwei Körper des Professors, 216 f.

Abb. 7.1: Wohnhaus der Familie Leuthardt an der Burgstrasse in Liestal, erbaut 1911. Fenster unten links: Leuthardts Studierzimmer. Aufnahme ohne Jahresangabe.

erfolgreich Wissenschaft betreiben konnten, hatte der Raumtypus des Studierzimmers spezifische Anforderungen zu erfüllen: Verschiedene Denker der Renaissance beschrieben, wie sie sich in ihrer Kammer durch dicke Türen und Fenster oder durch isolierende Vorhänge sowohl vom Treiben des häuslichen Alltags wie auch vom störenden Lärm aus der Nachbarschaft

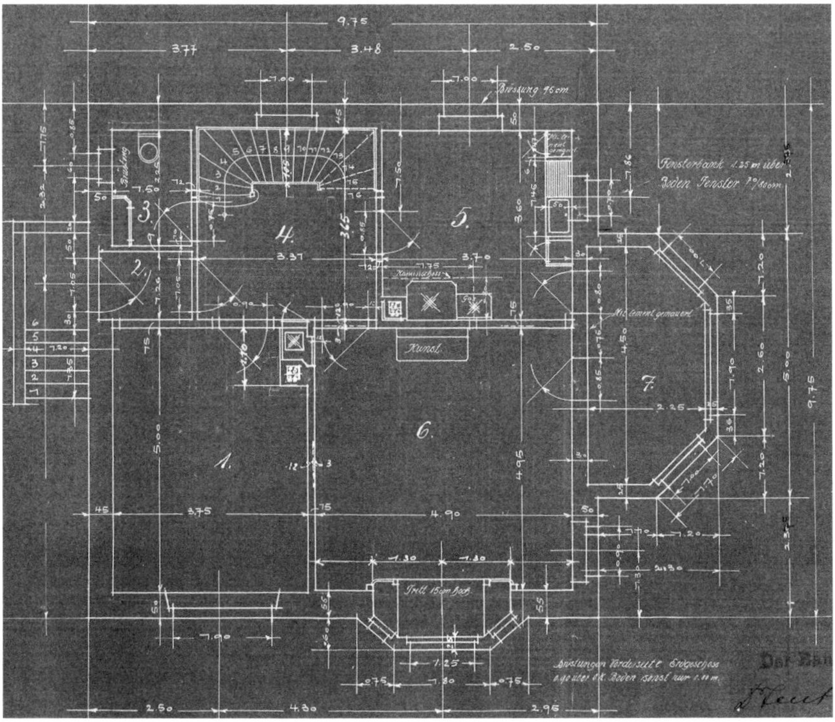

Abb. 7.2: Grundriss des Leuthardt'schen Eigenheims. Leuthardts Studierzimmer: Zimmer Nr. 1 (unten links), zwischen Hauseingang und dem Wohnzimmer.

abzuschirmen trachteten. Ganz in diesem Sinne bezeichnete Erasmus von Rotterdam in seinem *Dialogus Ciceronianus* (1528) das Studierzimmer denn auch als »cogitationis secretum« (Zufluchtsstätte der Gedanken) und als sein »sacrum« (heiliger Ort).[5] Diese Raumsituation prägte den akademischen Wissenschaftsbetrieb über lange Zeit. Erst im Laufe des 19. Jahrhunderts, als die jungen Nationalstaaten mit der Errichtung repräsentativer Universitätsgebäude begannen, verlagerte sich die Arbeit der Gelehrten zunehmend in den öffentlichen Raum dieser Ausbildungsstätten.[6]

In historischer Perspektive haftete also der Heimwissenschaft im 20. Jahrhundert, wie sie Leuthardt in seinem Studierzimmer an der Burgstrasse betrieb, etwas Anachronistisches an. Zugleich aber war sein Refugium sehr zeitgemäß. Gewissermaßen ein wissenschaftlicher Hobbyraum, war sein Studierzimmer auch Ausdruck einer modernen bürgerlichen Wohn- und Freizeitkultur. Mit der Bedeutungsveränderung der bürgerlichen Familie,

5 Zit. nach Algazi: »Geistesabwesenheit«, 332.
6 Vgl. Friese und Wagner: Der Raum des Gelehrten, 26 f.

Abb. 7.3: Blick in das Studierzimmer Franz Leuthardts an der Burgstrasse in Liestal. Aufnahme ohne Jahresangabe.

die sich in den Worten des Historikers Albert Tanner von einer wirtschaftlichen Einheit in eine »Reproduktions-, Erziehungs- und Freizeitgemeinschaft« wandelte, gewann das einzelne Familienmitglied im Laufe des 19. Jahrhunderts nämlich zusätzliche Spielräume, sein Leben zu gestalten. Im familiären Zusammenleben habe sich dies laut Tanner etwa in der »räumlichen Abtrennung von individuellen Sphären« ausgedrückt,[7] worunter beispielsweise die Einrichtung eines Freizeit-Studierzimmers zu zählen ist.

Zusätzlich befördert wurde diese räumliche Ausdifferenzierung des bürgerlichen Wohnhauses durch Repräsentationsbedürfnisse ihrer Bewohner. Im Laufe des 19. Jahrhunderts entstanden in den Häusern des (Bildungs-) Bürgertums neue, spezialisierte Raumtypen wie das Herrenzimmer und das Esszimmer. Mit demonstrativem Wohnkomfort strich man deren exklusive Zweckbestimmung sichtbar heraus.[8] In seiner Studie zur Geschichte des bürgerlich-mittelständischen Wohnens in der Schweiz des 19. Jahrhunderts bezeichnet Claude Enderle solche Räume mit Sonderfunktionen als »periphere Raumtypen« und stellte diesen die Raumtypen der »Kernzone des Wohnens« gegenüber, die Wohnzimmer, Küche und Schlafzimmer

7 Tanner: Arbeitssame Patrioten, 168 f.
8 Hausen: »… eine Ulme für das schwankende Efeu«, 106 f.

umfassen.[9] Die Schreibstube ist laut Enderle ein typischer Vertreter solcher peripherer Raumtypen, und auch hinsichtlich seiner Ausstattung mit Teppich und Sofa ist Leuthardts Studierzimmer charakteristisch für diese Raumgattung repräsentativer Natur.[10]

»Wissenschaft« darstellen: Selbstinszenierung im Studierzimmer

Als zusätzliches, privaten Freizeitfreuden gewidmetes Zimmer war Leuthardts Studierstube also ein repräsentativer Raum. Dessen Repräsentationscharakter zielte jedoch nicht so sehr darauf ab, allfälligen Besuchern den sozialen Aufstieg des ehemaligen Bauernsohnes zum wohlhabenden »Rektor Dr. phil.« vor Augen zu führen – oder nicht nur.[11] Vielmehr diente das Studierzimmer Leuthardt und anderen Akteuren der Petite Science als Mittel zur Selbststilisierung als »Wissenschaftler«.

Bereits in den vorderen Kapiteln wurde darauf verwiesen, dass die gesellschaftliche Anerkennung bestimmter Aussagen als »glaubwürdig« und »wissenschaftlich« wesentlich von zwei Bedingungen abhängt: Einerseits davon, von *wem* diese Aussagen gemacht werden, und andererseits, *an welchem Ort* sie zustande kommen und mitgeteilt werden. Diese Wichtigkeit des Raumes für die wissenschaftliche Glaubwürdigkeitsproduktion bringt Thomas F. Gieryn mit seiner Begrifflichkeit des »truth spot« auf den Punkt.[12] Damit bezeichnet der Wissenschaftssoziologe konkrete physische Orte, die

9 Enderle: Bürgerliches Wohnen, 71. Enderle belegt, dass weniger als 40 Prozent aller Wohnungen – üblicherweise nur größere Wohneinheiten, die im Mittel 7 Zimmer zählen – periphere Raumtypen aufweisen. Das großzügige Wohnhaus des Bezirksschullehrers Leuthardt fällt eindeutig unter diese Kategorie.

10 Enderle: Bürgerliches Wohnen, 77 f. Mit den leichten Baumwollvorhängen, den Zimmerpflanzen und der bestickten Tischdecke präsentiert sich Leuthardts Zimmer als sehr zeitgemäß und von wohnreformerischen Ideen beeinflusst (vgl. Crettaz-Stürzel: Heimatstil, 167 f.).

11 Das großzügige Wohnhaus Leuthardts mit weitläufigem Garten hatte durchaus repräsentativen Charakter, und auch mit der standesgemäßen Wohnlage demonstrierte der promovierte Bezirksschulrektor augenfällig seinen Status: Auf dem Holderstöckli wohnte er in der Nachbarschaft zu reichen Zimmermeistern, Landräten und Bankdirektoren, die sich dort herrschaftliche Anwesen errichten ließen (vgl. Rebsamen, Birkner und Mosimann: Liestal, 449). Vergleichbar wohnten auch andere naturkundliche Zentrumsakteure, die ihre Zugehörigkeit zur »bourgeoisie des talents« (Tanner: Arbeitssame Patrioten, 27) mit entsprechenden Wohnhäusern zur Schau stellten: Heinrich Wegelin ließ sich 1892 an der Neuhauserstrasse in Frauenfeld die *Villa Erica* im Schweizerhausstil errichten (Rebsamen: Frauenfeld, 136), und Hans Bachmann logierte in einem spätklassizistischen Wohnhaus an der Brambergstrasse in Luzern, einer gehobenen Wohnlage der mittelständischen Beamtenschicht (Wyss und Rüesch: Luzern, 448 und 419).

12 Vgl. Gieryn: City as truth-spot.

eine herausgehobene Stellung in der Herstellung von Glaubwürdigkeit besitzen. Das Labor und das Feld seien typische Beispiele solcher *truth spots*: Behauptungen, die von diesen Örtlichkeiten ausgegangen seien, hätten in der Geschichte der Wissenschaften stets ein besonderes Ansehen genossen.

Welche Eigenschaften braucht gemäß Gieryn ein Ort, um als *truth spot* funktionieren zu können? Erstens muss ihm diese Bedeutung zugeschrieben werden, was durch kulturell geprägte Erzählmuster geschieht. Ein Beispiel dafür sind die wissenschaftlichen Heldensagas, die von epischen Entdeckungen und Rivalitäten im Feld und im Labor berichten. Zweitens müssen an *truth spots* bestimmte Objekte angehäuft werden, sowohl menschengemachte wie natürliche.

Das Studierzimmer wurde von den Lokalforschern nun genau als solcher *truth spot* dargestellt. Was bewegte sie zu dieser Repräsentationsstrategie? Zwar hatten die Lokalforscher über ihre gründlichen Felderfahrungen bereits einen Fuß in einem anerkannten *truth spot*, doch schien dies aufgrund der Mehrdeutigkeit des Feldes und der unklaren wissenschaftlichen Identität der Feldwissenschaften[13] nicht zu genügen. Mit der bewussten Inszenierung ihrer heimischen Studierzimmer versuchten die Lokalforscher daher, deren räumliche Verwandtschaft mit anderen, anerkannten *truth spots* der (universitären) Wissenschaft herauszustreichen. Um ihre Zimmer als Orte der Wahrheitsproduktion in Szene zu setzen, hielten sie sich eng ans oben skizzierte Drehbuch für einen erfolgreichen *truth spot*: Sie häuften dort einerseits spezifische Objekte an und erzählten andererseits auf bestimmte Art und Weise über diese Räume und die dort stattfindenden Tätigkeiten. Diese Dingensembles und Erzählstrukturen der Studierstube sollen nun eingehender beleuchtet werden.

Möbel und Einrichtungsgegenstände werden zu einem bestimmten Zweck hergestellt und üblicherweise auch dementsprechend genutzt. Für einen distanzierten Betrachter sind Möbel aber weit mehr, wie der Volkskundler Helge Gerndt festhält. Löse man Möbel und andere Haushaltsobjekte aus ihrem rein instrumentellen Nutzungszusammenhang, so könnten sie als Indikator für überindividuelle Sinnzusammenhänge und kulturelle Gesetzlichkeiten gelesen werden.[14] Dies ist möglich, da Möbel bereits in ihrer alltäglichen Nutzung als Zeichen funktionieren und eine kommunikative Wirkung besitzen. Für das Büro als repräsentativen Raum gilt dies laut dem Soziologen Robert Schmidt in besonderem Maße. Der Möblierung und der Raumausstattung käme in ihrer dinglichen Zeichenhaftigkeit eine zentrale

13 Vgl. die entsprechenden Ausführungen in Kapitel 6.2 und 6.3. Dorinda Outram verweist darauf, dass mit Blick auf den ambivalenten Status der feldwissenschaftlichen Praxis bereits Georges Cuvier den Innenraum als privilegierten Ort der naturhistorischen Erkenntnisproduktion herausgehoben habe (vgl. Outram: New spaces, 261-264).

14 Gerndt: Kultur als Forschungsfeld, 131.

Rolle in der Selbstdarstellung des Bürobesitzers zu: »Sie bilden rhetorisch-materielle Konfigurationen, in denen die sinnlichen (sicht-, fühl- und tastbaren) Eigenschaften von Artefakten und Materialien diese Selbstpräsentationen unterstützen und mit Überzeugungskraft ausstatten.«[15] Dass die Ausstattung der Studierzimmer eine Wirkung entfaltet und folglich wohlbedacht ausgewählt werden sollte, war bereits den Gelehrten der Frühen Neuzeit bewusst. So weist der Historiker Marian Füssel darauf hin, dass zeitgenössische Anstandsliteratur sich auch mit der standesgemäßen Einrichtung von Gelehrtenzimmern befasst habe.[16] Ein Conduiten-Ratgeber von 1715 beispielsweise habe Akademikern eingeschärft, ihre halböffentlichen und daher repräsentativen Studierstuben ihrer Fakultät entsprechend auszustatten: Ein Pfarrer solle darauf verzichten, die Wände mit lasziven Gemälden und Waffen zu schmücken, und ebenso wenig zieme es sich für einen Rechtsgelehrten, umgeben von Jäger- und Gärtnerrequisiten dem Studium der Jurisprudenz nachzugehen. Was Füssel für die institutionelle Stabilität der frühneuzeitlichen Universität festhält, kann auch auf die Petite Science des ausgehenden 19. Jahrhunderts übertragen werden: Diese beruhte nicht in erster Linie auf Titeln und Gebäuden, sondern in der spezifischen sozialen Identität ihrer Mitglieder. Diese wiederum wird durch habitualisierte Zeichen hergestellt und gefestigt, und unter diesen Zeichen nahm das Studierzimmer als Repräsentationsraum eine wichtige Rolle ein.

Wie muss man sich nun ein typisches Studierzimmer eines Lokalforschers um 1900 vorstellen? Und in welcher Weise schlug sich dessen Repräsentationscharakter in der Raumausstattung nieder? Wenn auch die Lokalforscher die Wände ihrer Studierzimmer eher selten mit Waffen behängten, so war in diesen Räumen doch eine Vielzahl an emblematischen Objekten auszumachen. Auf der Aufnahme von Franz Leuthardts Studierzimmer (vgl. Abbildung 7.3) erkennt man eine ganze Reihe von Gegenständen, die das Zimmer deutlich als Raum der »Wissenschaft« ausweisen, so in erster Linie die musealen Sammlungsmöbel wie Vitrine und Schubladenkorpus,[17] die Büchergestelle mit den Zeitschriftenreihen und den Kartons für Sonderdrucke, der Schreibtisch mit seinen vielen Schubladen sowie rechts von diesem die geometrischen Zeichenwerkzeuge, die meteorologischen Messgeräte und das verpackte Mikroskop. Von geradezu ikonischem Charakter – und daher wohl kaum zufällig auf der Fotografie mitabgebildet – ist auch der menschliche Schädel auf dem Schreibtisch. Dieser spielte in der abendländi-

15 Schmidt: Die Verheißungen eines sauberen Kragens, 132.

16 Vgl. Füssel: Die zwei Körper des Professors, 216.

17 In der Typologie wissenschaftlicher Schrankgattungen nach Michels und Heesen gehören diese Möbel sowohl zur Kategorie der Zeige-, der Ordnungs- wie auch jener der Repräsentationsmöbel (vgl. Heesen und Michels: Der Schrank als wissenschaftlicher Apparat, 11).

Abb. 7.4: *Hieronymus im Gehäus* (1514).
Kupferstich von Albrecht Dürer, Staatliche Kunstsammlung Dresden.

schen Kunst eine prominente Rolle in Darstellungen des Gelehrtentums und ist beispielsweise in Albrecht Dürers *Hieronymus im Gehäuse* (1514) gut sichtbar im Studierzimmer des antiken Kirchenlehrers aufgestellt (vgl. Abbildung 7.4). Auch wenn das Wissenschaftsbild, das von Leuthardts Büroobjekten dargestellt wird, uneindeutig und zeitlich unklar verortet ist – es schwankt (wie die Petite Science selbst) zwischen frühneuzeitlicher

Kabinettwissenschaft, Museumswesen des 19. Jahrhunderts und neuerer Laborwissenschaft –, so rücken besagte Dinge diesen Raum doch in die Nähe eines *truth spot*. Daneben finden sich in Leuthardts Studierstube jedoch auch Objekte, die man eher in einem bürgerlichen Herrenzimmer als in seriösen Räumen der Wissenschaftlichkeit erwarten würde, wie Geweihe von Wildtieren, eine Tischskulptur in Steinbockform oder eine Topfpflanze. Diese Objekte können den zeittypischen Dekorelementen der damaligen bürgerlichen Wohnkultur zugerechnet werden, unter denen sich Naturmotive großer Beliebtheit erfreuten.[18] Ebenso kann diese Objektgruppe aber auch als Referenz an die feldwissenschaftliche Ausrichtung der Petite Science und deren bereits erwähnte Überschneidung mit anderen Naturaktivitäten wie Bergsteigen, Wandern und Jagen gelesen werden. Nippes oder verdinglichte Naturaktivität – diese beiden Bedeutungsebenen der Geweihe standen keineswegs in einem Widerspruch zueinander: In vergleichbarer Weise, wie sich die bürgerlichen Naturliebhaber mit ihrer Uniform aus Lodenmantel, Pumphosen und Wadenstutzen zu erkennen gaben, demonstrierten auch wissenschaftlich angehauchte Naturnippes wie Geweihe, Schädel oder ein Schmetterlingskasten die zeitgeistige Zugehörigkeit zum weiten Feld aktiver Naturbegeisterung.[19]

Dass »feldwissenschaftliche« Objekte ihren festen Platz in der Ikonographie des Studierzimmers einnahmen, belegen auch andere Abbildungen, beispielsweise eine Vignette aus der Anleitungsschrift *Der Sammler* (1914) von Kurt Floericke (vgl. Abbildung 7.5). Die Illustration zeigt ein idealisiertes Studierzimmer. Einerseits ist dieses ausgestattet mit einem Mikroskop, dem Sinnbild der modernen Laborbiologie, andererseits prangen aber mit Hut, Rucksack und Kescher unübersehbar auch symbolhafte Ausrüstungsgegenstände der feldwissenschaftlichen Naturforschung an der Wand des Zimmers. Wie der Alpinismus mit dem ikonischen Dingensemble aus Bergstock, Pickel, Rucksack und Hut seine »in den Status des Heraldischen beförderten Ausrüstungsstücke«[20] besaß, so kannte solche auch die feldwissenschaftliche Naturforschung: beispielsweise den Kescher, die Botanisierbüchse und die Lupe. Beide Emblematiken teilten sich gewisse Objekte und führten somit ein weiteres Mal die enge Überschneidung naturbezogener

18 Vgl. Enderle: Bürgerliches Wohnen, 89. Zum Natur-Dekor als Ausdruck eines bestimmten »spirit of the age« vgl. für Großbritannien Allen: Tastes and crazes.

19 Dieser Einrichtungstrend stieß nicht nur auf ungeteilte Begeisterung. So enervierte sich der Autor einer naturkundlichen Anleitungsschrift über diese in seinen Augen geschmacklose Erscheinung: »Im allgemeinen herrscht unter den Naturfreunden heute eine weitverbreitete Sucht nach Geweihen und Gehörnen. Es ist gewissermaßen eine Modesache geworden, in Herrenzimmern nicht nur zahllose Geweihe und Gehörne zu finden, sondern das Handwerk hat der Verbreitung dieser Sammelwut noch Vorschub geleistet« (Bade: Handbuch für Naturaliensammler, 453 f.).

20 Tschofen: Berg Kultur Moderne, 156. Vgl. zu diesem Dingensemble auch die Abbildung 5.8.

Abb. 7.5: Selbstdarstellung der Petite Science in einer naturkundlichen Anleitungsschrift (1914).

Landschaftspraktiken vor Augen. In ihrem Changieren zwischen Buch-, Feld- und Laborwissenschaft ist diese abgebildete Idealszene eines Studierzimmers äußerst bezeichnend für die räumlich-bildhaften Repräsentationsstrategien der Petite Science: Entsprechend ihrem Wissenschaftsverständnis schwankte auch die Selbstinszenierung der Lokalforschung.

Dieses Uneindeutigkeit drückte sich auch in Praktiken des fotografischen Portraits aus. In Leuthardts Nachlass finden sich etliche Außenaufnahmen, auf denen Leuthardt und Freunde in Aktion auf freiem Feld abgelichtet sind (vgl. die Abbildungen in Kapitel 6.3). Neben diesen Schnappschüssen finden sich jedoch auch inszenierte Portraitaufnahmen, und diese sind vorwiegend im Innenraum des Studierzimmers angesiedelt. Wieso wurde dieser Raum zur bewussten bildlichen Darstellung bevorzugt? Es war möglicherweise die Ambivalenz des naturlandschaftlichen Feldes, das sowohl seriöses Forschungsfeld als auch fröhlichen Freiraum darstellte, welche die Lokalforscher dazu bewegte, sich auf repräsentativen Darstellungen vornehmlich in Innenräumen abbilden zu lassen. Wie die Kunsthistorikerin Daniela Bleichmar für das Beispiel der spanischen Kolonialbotanik aufzeigt, war eine vergleichbare Bildpraxis bereits früher auszumachen. So ließen sich laut Bleichmar im 18. Jahrhundert gestandene Feldbotaniker auf Portraitgemälden üblicherweise in Innenräumen abbilden, was einer klaren Aussage über die epistemische Überlegenheit des Studierzimmers gleichgekommen sei: »The production of scientific facts is thus constructed as a process privileging the intellectual and physical tasks of observing and classifying over the manual labor of procuring the specimens themselves, and the indoor cabinet over the outdoor field.«[21]

Leuthardt lehnte sich nicht bloß mit der Studierzimmerkulisse an ältere Traditionen des Gelehrtenportraits an, sondern auch mit der Wahl klassischer Posen und Requisiten. So zeigt ihn eine erste Aufnahme (vgl. Abbildung

21 Bleichmar: The geography of observation, 386.

Abb. 7.6: Franz Leuthardt am Schreibtisch seines Studierzimmers.
Aufnahme ohne Jahresangabe.

7.6) am Schreibtisch, auf seinem Schoß hält er symbolträchtige Wissenschaftsobjekte; einen Bildatlanten[22] und – gewissermaßen stellvertretend für die Lupe[23] – eine Lesebrille. Eine andere Aufnahme bildet den Bezirksschullehrer als mit Griffel bewaffneten Paläogeologen bei der Untersuchung einer Versteinerung ab (vgl. Abbildung 5.2). Eine für das Wissenschaftsverständnis der Petite Science aufschlussreiche Portraitaufnahme findet sich schließlich in Leuthardts Nekrologen abgebildet. Auf dieser Fotografie sitzt der Naturforscher umgeben von blühenden Sträuchern an seinem Gartentisch (vgl. Abbildung 7.7). Dieser Tisch im Grünen ist mit wissenschaftlichem Gerät und einem Bildatlas ausstaffiert und wird so als Ort seriöser Wissenschaft inszeniert – gewissermaßen die bildgewordene Versöhnung zwischen feldwissenschaftlicher Naturschwärmerei und dem *truth spot* Studierzimmer.

Das Studierzimmer bedeutete den Freizeitforschern also mehr als nur ein Arbeitsraum. Es war ein Vehikel der wissenschaftlichen Selbstdarstellung. Dies zeigt sich auch deutlich in der Art und Weise, wie man über diesen Raum redete. Als 1958 der Basler Augenarzt und Schmetterlingsforscher Eugen Wehrli starb, bedauerte der Abdankungsredner nicht bloß den Verlust eines Kollegen, sondern ebenso die Auflösung von dessen heimwissenschaftlicher Wirkstätte: »Schade, dass solche Gelehrtenklausen, quasi geweihte Stätten, nicht erhalten bleiben können: Halb war's eine Bibliothek mit hochragenden Regalen und Kästen, halb Laboratorium mit Apparaturen.«[24]

Der Wunsch nach Selbstmusealisierung der eigenen Wissenschaftszunft war ein fester Topos im Wissensmilieu der Petite Science. So schlug 1903 ein Redaktor der Sammlerzeitschrift *Insekten-Börse* vor, eine entomologische Studierstube aus älteren Tagen in einem Museum auszustellen, und das Fachblatt *Deutsche Entomologische National-Bibliothek* forderte 1910 seine Leserschaft auf, altertümliches entomologisches Gerät zwecks späterer Musealisierung einzusenden.[25] Was der Volkskundler Bernhard Tschofen für vergleichbare Musealisierungsbestrebungen der Alpinisten folgerte, hat auch für die Petite Science seine Gültigkeit – die Sakralisierung von Augenarzt Wehrlis »geweihter Stätte« und den darin befindlichen Gerätschaften diente der Festigung sozialer Identität durch Geschichtsbewusstsein: »Auch in der

22 Zur Bedeutung von Bildatlanten für das wissenschaftliche Selbstverständnis vgl. Daston und Galison: Objektivität, 21-25.

23 Zur symbolischen Dimension der Lupe vgl. beispielsweise Bleichmar: The geography of observation, 374f.

24 Vgl. Naturmuseum Thurgau, Schachtel 4050.M (Sammler und Donatoren), Mappe »Wehrli Eugen, Dr.«, Broschüre »[Abdankungsfeier] Karl Eugen Wehrli«, ohne bibliograph. Angaben, 8.

25 Vgl. [s.n.]: Rundschau, in: Insekten-Börse, Vol. 20 (1903), Nr. 22, 169-171, hier 169; [s.n.]: Bitte!, in: Deutsche Entomologische Nationalbibliothek, Vol. 1 (1910), Nr. 1, Kasten in nichtpaginiertem Anzeigenteil.

Schaffung gültiger Requisiten lässt sich der Versuch erkennen, Tradition zu schaffen.«[26]

Diese Funktion erfüllten jedoch nicht nur Hinterlassenschaften verstorbener Forscher. Bereits zu Lebzeiten der Heimwissenschaftler waren deren Studierzimmer stets auch auf die Anschauung durch fremde Betrachter ausgerichtet. Sprich: Um repräsentieren zu können, wurden die Studierzimmer wortwörtlich präsentiert. Die Nähe dieser Raumgattung zur Institution des Museums ist nicht zu übersehen. Diese Doppeldeutigkeit des Studierzimmers als Ort geistigen Schaffens sowie der (Re-)Präsentation ist gleichsam in der Geschichte besagten Raumtypus angelegt, worauf auch etymologische Spuren hinweisen. So bezeichnete noch im frühen 16. Jahrhundert Erasmus von Rotterdam in den erwähnten Ciceronischen Dialogen das Studio auch als *museum*.[27] In diesen Studios der Renaissance, in denen humanistische Gelehrte antike Gegenstände, Naturobjekte und wissenschaftliche Instrumente horteten und als »Insignien sozialer Zugehörigkeit«[28] präsentierten, erkennt Krzysztof Pomian denn auch einen wichtigen Entstehungszusammenhang des modernen Museums.

Diese quasimuseale Inszenierung des Studierzimmers hatte auch um die Wende zum 20. Jahrhundert noch immer eine wichtige Bedeutung. Als soziales Zeichen diente sie der gezielten wissenschaftlichen Selbstdarstellung sowohl akademischer wie außeruniversitärer Forscher. So beispielsweise für den Zürcher Botaniker Hans Schinz. 1887 kehrte der ehrgeizige Nachwuchswissenschaftler von einer fast dreijährigen deutschen Kolonialexpedition nach Namibia in seine Heimatstadt zurück. Um sich für die angestrebte Universitätskarriere gut zu positionieren, suchte Schinz bewusst die Öffentlichkeit. Wie ein frühneuzeitlicher Gelehrter empfing er das interessierte städtische Bürgertum in seiner Privatwohnung im Zürcher Seefeld. Dort hatte er ein »Sammlungszimmer« eingerichtet, in dem seine in Südwestafrika gesammelten Naturalien und ethnographischen Objekte öffentlich zu besichtigen waren. Die sorgfältig inszenierte Objektpräsentation – »prächtige Teppiche aus den Fellen von Leopard, Gold- und Bastardschakal, Otter, Tigerkatze«[29] hätten die Wände geziert, wie ein Jounalist der *Neuen Zürcher Zeitung* bewundernd festhielt – diente nicht zuletzt der Repräsentation Schinz'. Er stilisierte sich als ernstzunehmender Anwärter auf eine Zürcher Professur, und seine 1892 erfolgte Berufung an die Universität scheint dieser Strategie Recht gegeben zu haben.

26 Tschofen: Berg Kultur Moderne, 156.
27 Vgl. Algazi: »Geistesabwesenheit«, 331.
28 Pomian: Der Ursprung des Museums, 63.
29 C.S.: Die südafrikanische Sammlung von Dr. Hans Schinz (NZZ vom 4.5.1887, Nr. 123), zit. nach Henrichsen und Krüger: »Kreuz- und Querzüge in Afrika«, 127. Dort auch weitere Ausführungen zum Schinz'schen Sammlungszimmer.

Abb. 7.7: Fotografie aus dem Nekrolog Franz Leuthardts in den *Verhandlungen der Schweizerischen Naturforschenden Gesellschaft* (1935).

Noch weit ausgeprägter war das Bedürfnis, sich über die öffentlich hergezeigte Studierstube als »Wissenschaftler« zu inszenieren, in außeruniversitären Wissensmilieus. So in der naturkundlichen Petite Science und mehr noch in Forschungsrichtungen, denen die Anerkennung als akademische Disziplin versagt blieb, wie beispielsweise der »Heimatkunde« um 1900.

Dazu ein Beispiel aus dem süddeutschen Raum. 1901 beabsichtigte der frisch gegründete Verein *Heimat* im allgäuischen Kaufbeuren, die junge Wissensformation der Heimatkunde mittels einer öffentlichen Ausstellung zu popularisieren. Diese »Ausstellung für Volkskunst und Heimatkunde« zeigte neben Trachtensammlungen und Ähnlichem auch mehrere *Period Rooms* wie eine »Bauernstube« und ein »Prälatenzimmer mit Studiertisch«. Justnebenan musealisierten sich die Heimatkundler gleich selbst, und zwar – kaum überraschend – durch ein inszeniertes Studio:

> »Am Westende des Saales hat sich Herr Kurat Frank ein Studierzimmer eingerichtet, das viel des Sehenswerten bietet. [...] Der Glasschrank ist überschrieben: ›Des Heimatforschers Handwerkszeug‹. Hier ist durch die Münchener Firma Rodenstock an trefflichen Instrumenten alles zusammengestellt, wessen die wissenschaftliche Heimatkunde bedarf; Nivellierapparate, Kompasse, Lupen, Mikroskope, Höhenbarometer, Landmasse. Nebenan hat Anwander München die Bekleidung des Touristen für die Heimatforschung malerisch gruppiert. Auf den langen Tischen liegen Funde«.[30]

A room of man's own: Studierzimmer als Klause des Naturforschers

Das Studierzimmer diente der Zuschaustellung von Wissenschaftlichkeit. Darüber hinaus nahm dieses Zimmer eine wichtige Position im räumlich-zwischenmenschlichen Beziehungsgeflecht des bürgerlichen Haushalts ein. Vergleichbar wie die Naturlandschaft stellte auch die Studierstube einen wichtigen Freiraum für die bürgerlichen Naturforschermänner dar, ein Refugium innerhalb der eigenen vier Wände. Auch hier können Verbindungslinien zur Frühzeit des Studierzimmers gezogen werden: Gewissermaßen wurde die von Erasmus beschworene Funktion des Studios, dem ruhebedürftigen Denker eine geheiligte »Zufluchtsstätte« zu bieten, in das moderne bürgerliche Familienleben übertragen. Der Historiker Gadi Algazi beschreibt anschaulich, wie die frühneuzeitlichen Gelehrten, die sich zum Zwecke ungestörten Studiums innerhalb ihres Haushalts ein »Gehäuse« eingerichtet hätten, richtiggehend mit diesem verschmolzen seien. Die Abschottung wurde so zum verkörperlichten Habitus.[31] Vergleichbares lässt sich – vor veränderter Rolle der Familie – auch für die freizeitlichen Naturforscher um 1900 feststellen. Ihnen diente das Gehäuse des Studierzimmers ebenfalls als Rückzugsraum. Dieser Raum fand seine Entsprechung in

30 Frank: Die Ausstellung für Volkskunst, 81 f.
31 Algazi: »Geistesabwesenheit«, 337.

Abb. 7.8: Naturforscher am Familientisch: Isaak Bloch mit Gattin Ida und Kindern Werner, Willy und Elisabeth (ca. 1917).

Verhaltensweisen, die Heimwissenschaftler pflegten, um sich die eigene Familie zeitweise vom Leib zu halten.

Dies mag zuerst erstaunlich klingen. Wie nämlich eine Vielzahl sozial- und kulturgeschichtlicher Studien zur bürgerlichen Familie aufgezeigt hat, erfuhr diese seit dem ausgehenden 18. Jahrhundert eine wesentliche Um- und Aufwertung.[32] Mit der zunehmenden Verlagerung männlicher Erwerbsarbeit in außerhäusliche Räumlichkeiten begann die Verklärung des Sozialraums Familie zum emotionalen Schongebiet. Die Familie, die nun keinen Produktionszusammenhang mehr darstellte, wurde zur Privatsache erklärt. Sie wurde stilisiert als Ort der Geborgenheit und der Gefühle, den man (beziehungsweise frau) bewusst von den öffentlichen Sphären des Geschäfts und der Politik freihielt. Während der bürgerliche Mann im Geschäft oder in der Politik Leistungswillen und Konkurrenzdenken an den Tag legen musste, konnte er sich im Rahmen der »Freizeitgemeinschaft« Familie ganz auf die Rolle des liebenden Vaters und des einfühlsamen Ehemannes verlegen.

Diese Sichtweise bildet jedoch nur eine Seite der Medaille ab. Die Bedeutungsveränderung der Familie ging nicht nur mit einer Überhöhung der familiären Gemeinschaft einher, sondern bot ebenso den einzelnen Familien-

32 Vgl. beispielsweise Tanner: Arbeitssame Patrioten, 159-168; Frevert: Bürgerliche Familie.

mitgliedern neuartige Freiräume zur individuellen Verwirklichung. Diese Freiräume verdinglichten sich auch in der Architektur des bürgerlichen Wohnhauses, in welchem vermehrt Räume zur alleinigen Nutzung durch den Ehemann, seine Gattin oder die Kinder ausgeschieden wurden.[33] Dem bürgerlichen Mann bedeutete das Studierzimmer also einen heiligen Rückzugsraum innerhalb seiner Familie, und der Schreibtisch – als möbelgewordenes Sinnbild individueller Privatsphäre[34] – bildete gleichsam dessen Altar. Diese Wortwahl ist durchaus angebracht: Oft stilisierten die Heimwissenschaftler ihren Rückzug ins Studierzimmer als eigentliches Hochamt für die Wissenschaft, das sie mit der Beschwörung eines asketischen Leistungsethos sowie heroischer Selbstaufopferung liturgisch untermalten. So ließ sich beispielsweise der Churer Zentrumsakteur Christian Brügger im Frühling 1885 mit folgender Schilderung aus seiner Studierklause vernehmen:

> »Dazwischen langten letzter Tage von Davos & Unter-Engadin Sendungen lebender Pflanzen […] ein, die eben noch frisch untersucht & präpariert werden mussten, abgesehen von den Correspondenzen. Somit kam ich am Sonntag nicht einmal zu einem Spaziergang – es ist schändlich bei dieser freundlichen Jahreszeit, den freiwilligen Gefangenen im Studierzimmer zu spielen, aber es muss sein, es ist bitterer Ernst u. kein Spiel.«[35]

Auch die oben schon zitierte Abdankungsrede des insektenkundigen Basler Augenarztes Wehrli zelebrierte das Studierzimmer als Stätte unermüdlichen Forschungsfleißes. Dabei bediente sie sich eines klassischen Erzählmusters wissenschaftlicher Heldenepen – der einsamen Arbeit des Forschers bis tief in die Nachtstunden:[36] »Wer früher gegen Mitternacht beim Bohny-Haus am Claragraben vorüberging, der konnte fast regelmässig im Studierzimmer […] Licht bemerken: Der Doktor sass immer noch hinter seinen Lieblingsstudien im Bereich der Schmetterlingskunde«.[37]

Wollte Franz Leuthardt der Enge der eigenen Familie temporär entfliehen, standen ihm noch andere Wege offen, als sich im Studierzimmer einzuschließen. Als bürgerlicher Mann konnte er unter einer reichen Palette außerhäuslicher Freizeitaktivitäten wählen und seine Abende bei Spiel, Trunk

33 Vgl. Tanner: Arbeitssame Patrioten, 169.

34 Zum Schreibtisch als intimer Tabuzone vgl. Brandes und Erhoff: Die süsse Rache der Empirie, 370 f.

35 StAGR, Privatnachlass Chr. Brügger, B 238, Brief Brüggers vom 10.6.1885.

36 Vgl. zum Topos der Nachtstunden für die Konstruktion des wissenschaftlichen Heroismus Oreskes: Objectivity or heroism?, 110.

37 Vgl. Naturmuseum Thurgau, Schachtel 4050.A (Sammler und Donatoren), Mappe Wehrli Eugen, Dr., Broschüre »[Abdankungsfeier] Karl Eugen Wehrli«, ohne bibliograph. Angaben, 7.

und Geplauder in Räumen männlicher Geselligkeit wie Wirtschaften und Vereinslokalen verbringen. Wie der Historiker Albert Tanner festhielt, war es durchaus üblich, dass bürgerliche Männer zwei oder mehr Abende pro Woche außerhalb des familiären Rahmens verbrachten.[38] Es waren jedoch nicht nur inner- und außerhäusliche Freizeitaktivitäten, die die bürgerlichen Gatten und Väter zeitweise von ihren Familien entfernten. Ebenso führten die gestiegenen Anforderungen der sich professionalisierenden Arbeitswelt und der damit verbundene Zeitmangel zu einer gewissen Entfremdung von Ehefrau und Kind, aller Familienideologie zum Trotz.[39] Innerhalb der Familie hätten die Männer zunehmend eine »Gastrolle«[40] eingenommen, so die pointierte Beschreibung der Historikerin Ute Frevert.

Ein Blick in Franz Leuthardts Tagebuch vom August 1902 belegt diese »Gastrolle« eindrücklich. Eine typische Woche im Leben des vielbeschäftigten Liestaler Zentrumsakteurs war geprägt von einem dichten Programm aus Freizeitforschung, Berufswelt, Vereinsleben und Männerfreundschaften, das ihn seiner Familie regelmäßig entzogen haben muss. Dreh- und Angelpunkt dieser individuellen Freiräume war sein Studierzimmer:

> *Samstag 16. Aug.*
> *Museumsarbeit: Einreihen der bei Gelegenheit des Schw[eizerischen] Forstfestes zur Dekoration im Engelsaal geliehenen Vögel.*
> *Priv.: Ordnen von Fossilien aus den Varians und Macrocephalusschichten v. Eitthal b. Zegl[ingen].*
> *Nachm[ittag]. Lehrmitteldepot. Ordnen der Bibliothek des Kant[onalen] Gew[erbe] Vereins.*
> *8 1/2 Uhr Sitzung des Vorstandes der Nat[urforschenden] Ges[ellschaft] Baselland. […]*
>
> *Sonntag, 17. August*
> *Vorm[ittag] Petrof[akten] ordnen*
> *Nachm[ittag] u[nd] Ab[end] Bes[uch] Wanner, Schäublin*
>
> *Montag 18. August*
> *Beginn der Schule. Abends Gew[erbliche] Fortbildungsschule. 5 h Sitzung der engern Lesebuchkommission. Da Herr Schulinspektor A. nicht anwesend ist wird die Sitzung nicht abgehalten.*
>
> *Dienstag 19. August*
> *Schule*

38 Tanner: Freizeitgestaltung, 116.

39 Vgl. Hausen: »… eine Ulme für das schwankende Efeu«, 114; Tanner: Freizeitgestaltung, 122.

40 Frevert: Bürgerliche Familie, 97.

3 Uhr Messen des Quellwassers am [unles.] Schleifenberg (F. N[unles.], Besitzer) zur Install[ation] einer Wasserversorgung der Häuser an der Arisdörfer Strasse.

Mittwoch 20. August
Vorm[ittag] Museumsarbeit. Best[immen] u[nd] Ettiquett[ieren] der Schausammlung [unles.] Nachm[ittag] Häusl[iche] Arbeiten. Besuch [unles.] H. Kägi aus Basel. Machte mit Letzterem einen Besuch bei Herrn Seiler [unles.] zur Besichtigung der Lepidop[teren] Samml[ung]. Nachh[er] kleine Exkursion nach der St[unles.]. Insekten sehr spärlich (2 Stk von V. atalanta) Direktor Frey in Kaiseraugst angefragt ob er dem Gew[erbe] Verein als Führer in Augst begleiten wolle.

Donnerstag 21. August
[unles.]. Abends Gew[erbliche] Fortb[ildungs] Schule. Vorher Besprechung mit Herrn Inspektor [unles.] und Herrn [unles.] betreff 5. Lesebuch. [...]

Freitag 22. August
Nachmittag nach der Schule Hausarbeiten. Räumen des Studierzimmers.

Samstag 23. August
Nachmitt[ag] Sitzung der Lesebuchkommission. [...] Ab[ends] Keg[eln] Unterh[altung] im Oriskasino mit H[errn] Schulinsp[ektor] A. [unles.]

Sonntag 24. August
Exkursion der Gewerbl. Fortbildungsschule und des Gewerbevereins Liestal nach den Kraftwerken Rheinfelden und den Theaterruinen von Augusta Rauricum.[41]

Am 16. August, einem Samstagvormittag, ordnete Franz Leuthardt seine Versteinerungen und wies diese Arbeit ausdrücklich als »privat« aus. Dieser Vermerk erklärt sich dadurch, dass Leuthardt in seinem Studierzimmer sowohl eigene Freizeitforschung als auch bezahlte Schul- und Museumsarbeit betrieb. Das naturhistorische Kantonsmuseum war in beengten Verhältnissen im Regierungsgebäude untergebracht und besaß keine eigenen Arbeitszimmer. Wollte der nebenamtliche Kurator Leuthardt einzelne Museumsobjekte eingehender bearbeiten, so trug er sie zu sich nach Hause aufs Holderstöckli. Sein privates Wohnhaus an der Burgstrasse wurde über die Jahre zu einem eigentlichen Nebenlager der kantonalen Sammlung.[42] Diese Raum- und Arbeitssituation war jedoch keine Besonderheit der Naturforscher, sie war vielmehr typisch für das bürgerliche Wohnen im 19. Jahrhundert. Mochte auch das Ideal des eigenen Heims als behüteter Familienraum be-

41 StABL, Nachlass Franz Leuthardt, PA 6102, Notizbuch »Pro Memoria« (Ergänzungen in eckigen Klammern: T. S.).
42 Vgl. Hagmann: Die angesägte Antilope, 22.

schworen werden, so ließen sich im Alltag des bürgerlichen Mannes Freizeit und Arbeitszeit oft nicht klar auseinanderhalten. Dies galt sowohl in zeitlicher wie in räumlicher Hinsicht.[43]

Leuthardts Studierzimmer war somit nicht bloß ein Refugium, in das er sich mit seinen geliebten Objekten zurückzog. Ebenso stellte dieses Zimmer ein Einfallstor dar, durch das seine freizeitlichen wie beruflichen Naturforschungen in den Raum des Familiären eindrangen und ausschwärmten. Seine Wissenschaft verließ das Büro und nahm im wahrsten Sinne des Wortes den Raum des Leuthardt'schen Einfamilienhauses ein. In welcher Weise die Familien der Freizeitforscher mehr oder weniger freiwillig in die Aktivitäten ihrer Gatten und Väter einbezogen wurden, soll im Folgenden ebenfalls am Beispiel von Leuthardts Heim aufgezeigt werden.

Naturhaushalt: Freizeitwissenschaft und familiäre Sphäre

»Lieber Freund. Ich erwarte dich nächsten Donnerstag ca. 1/2 12 Uhr zum Mittagessen. Nachher Exkursion nach Neuewelt. Mit freundlichem Gruss von Haus zu Haus Dein F. Leuthardt.«[44]

Diese Postkarte ließ Franz Leuthardt im Herbst 1908 seinem Zofinger Naturforscherkollegen Hermann Fischer-Sigwart zukommen. Auch wenn der Bezirkslehrer seine Frau nicht direkt erwähnt, benennt diese Notiz doch eine der wichtigsten Aufgaben, die Anna Leuthardt im Liestaler Naturforscherhaushalt zukam: Sie hatte Gastgeberin zu spielen. In den ausschließlichen Freiräumen der Feldexkursion und des Studierzimmers suchten die Naturforschermänner, unter sich zu bleiben. Luden sie aber Kollegen nach Hause ein und verlagerte sich die Geselligkeit in die privaten Esszimmer, so waren sie auf ihre Frauen angewiesen. Bereits seit den Zeiten der frühneuzeitlichen Gelehrtenhaushalte gehörte die Bewältigung gesellschaftlicher Pflichten zu den klassischen Aufgabenbereichen der Wissenschaftlergattinnen.[45] Es ist denn auch exakt diese Rolle, in der Frauen in der männlich geprägten Petite Science überhaupt erwähnt wurden, und zwar in erster Linie in den Nachrufen auf verstorbene Naturforscher. In vielen Nekrologen findet sich, nachdem in aller Ausführlichkeit den Werken und Taten des Gestorbenen gehuldigt wurde, gegen den Schluss hin auch eine Würdigung der Gattin, die sich im Falle des Luzerner Zentrumsakteurs Hans Bachmann wie folgt anhörte:

43 Vgl. Frevert: Bürgerliche Familie, 96; Tanner: Freizeitgestaltung, 113; Enderle: Bürgerliches Wohnen, 141.

44 StABL, Nachlass Franz Leuthardt, PA 6102, Tagebuch, Bd. 4, Eintrag vom 5.10.1908.

45 Füssel: Die zwei Körper des Professors, 213.

> »Wenn wir an diese unübersehbare Arbeitslast erinnern, so dürfen wir seine Gemahlin nicht vergessen, die sie ihm hat tragen helfen, an Frau Ida geb. Berchtold. Es ist ganz ausgeschlossen, hier aufzuzählen, in wie mancher Weise die geistig äusserst regsame Frau dem nun Verstorbenen in all seinen Arbeiten zur Hand gehen durfte. Noch wertvoller aber war die wohlige Stimmung, die sie in seinem Heim [...] mitschuf. Keiner der ungezählten Gäste [...] ihres Hauses wird die sympathische Frau vergessen.«[46]

Auch wenn Ida Bachmann in diesen Zeilen schließlich auf ihre perfekte Gastgeberinnenrolle reduziert wird, so lässt der Nachruf dennoch durchblicken, dass die Luzernerin in weit vielfältigerer Weise an der Forschungstätigkeit ihres Mannes beteiligt war. Solche »stille Mitarbeit der Ehefrau an der beruflichen Tätigkeit des Ehemannes«[47] war laut Albert Tanner gerade im Bildungsbürgertum keine Seltenheit und traf wohl ebenso auf die Freizeitforschung zu. Wenn auch die vorliegende Untersuchung kaum »creative couples«,[48] also ausdrücklich gemeinschaftlich forschende Ehepaare, ausmachen konnte, so kam den Naturforscherfrauen doch eine bedeutendere Rolle zu, als die Nekrologe ihrer Gatten auf den ersten Blick erahnen lassen.[49] Hält man sich ihre unscheinbare Unterstützungstätigkeit vor Augen, relativiert sich die vermeintliche »Unsichtbarkeit« der Frauen in der Wissenschaft. Unsichtbar bleiben diese in erster Linie bei einer Betrachtungsweise, die vor allem Publikationen und Vereinsaktivitäten ins Auge fasst. Um die Rolle der Frauen zu erhellen, wäre es jedoch unerlässlich, einen Blick hinter die Kulissen zu werfen und das heimische Alltagsleben der Wissenschaftlerfamilien in die Betrachtung einzubeziehen.[50] So weit die hehren Vorsätze einer jüngeren, kulturwissenschaftlich ausgerichteten Wissenschaftsgeschichte. Solche Forschung steht aber vor dem Problem, dass diese spezifisch weiblichen Beiträge an die Wissenschaftshaushalte fast keine archivalischen Spuren hinterließen. Es kann sein, dass Anna Leuthardt als »domestic channel« die Arbeiten ihres Gatten weiterverbreitete,[51] es mag zutreffen, dass sie naturkundliches Wissen an ihre eigenen Kinder vermittelte,[52] und vielleicht hat sie auch selber Naturobjekte gesammelt und gezeichnet[53] – wir wissen es nicht. In Franz Leuthardts Nachlassmaterialien finden sich kaum Hin-

46 Burckhardt und Düggeli: Hans Bachmann, 8.

47 Tanner: Arbeitssame Patrioten, 213.

48 Vgl. Desmond: Redefining the X axis, 19.

49 Eine Ausnahme stellten der mit Isaak Bloch befreundete Solothurner Psychiatriedirektor Leopold Greppin und seine Gattin dar, die gemeinsam Solothurner Mollusken sammelten, bestimmten und publizierten. Vgl. dazu die Ausführungen in Kapitel 6.3.

50 Vgl. Füssel: Die zwei Körper des Professors, 213.

51 Vgl. Desmond: Redefining the X axis, 19;

52 Vgl. Drouin und Bensaude-Vincent: Nature for the people, 417.

53 Vgl. Gates: Kindred Nature, 67.

Abb. 7.9: Naturfreunde: Franz Leuthardt (l.) mit seinem Freund und Mentor Hermann Fischer-Sigwart. Aufnahme von 1905.

weise auf seine Frau und ihre Tätigkeiten. Vergleichbar zeigt sich die Lage bei anderen Naturforschern. In ihren Korrespondenzen werden Familienangelegenheiten höchstens gestreift, und auch dies meist nur in Ausnahmefällen wie dem Tod oder schwerer Krankheit von Angehörigen. Nur selten finden sich kurze Erwähnungen wie jene, dass man auf einer Sammeltour von der Tochter begleitet worden sei oder dass man die eigenen Kinder derart für die Botanik begeistert habe, dass sich diese »auf Tod und Leben« dem Pflanzenpressen hingegeben hätten.[54]

Meist wurden die Familienmitglieder aber noch auf ganz andere Weise in die Forschungsaktivitäten ihrer Gatten und Väter involviert. Wenn oben angedeutet wurde, dass die Freizeitforschung das Studierzimmer verließ und sich im trauten Heim breitmachte, so ist das wörtlich zu nehmen: In ihrer Sammelleidenschaft funktionierten Akteure der Petite Science ihre Wohnhäuser zu eigentlichen Privatmuseen um, und ihre Angehörigen hatten mitunter inmitten eines naturkundlichen Dinguniversums zu leben. Um den Sitz der Freizeitforschung innerhalb der Familie zu bestimmen, lohnt sich daher ein kurzer Blick auf ihre innerhäuslichen Objektpraktiken.

Ohne Unterlass häufte Franz Leuthardt Sachen an. Als er im Herbst 1907 mit seiner Familie neben dem Bezirksschulhaus ein Einfamilienhaus zur Miete beziehen konnte, war ihm das keineswegs nur Grund zur Freude. Vor allem der Umzug seines Studierzimmers bereitete dem Naturkundler Sorgen, wie er seinem Kollegen Fischer-Sigwart anvertraute: »Wenn nur das verdammte Ausziehen nicht wäre. Mein Zimmer sieht jetzt schon aus wie ein Warenlager in Kriegszeiten, da ich schon angefangen habe, meine Siebensachen einzupacken.«[55] Ein halbes Jahr nach dem Umzug schien sich die Lage nur allmählich zu normalisieren, wie Leuthardt einem anderen Kollegen aus seinem neuen Heim vermeldete: »Ich bin [...] nun seither mit der Ein- und Neuordnung meiner Sammlung beschäftigt. Das Umziehen einer Sammlung mit ihren umgekippten Schubladen und Schachteln und verwechselten Etiquetten gehört jedenfalls zu den höchsten Lebensgenüssen eines Naturfreundes!?«[56]

Seine schwer zu bändigenden Schätze schlugen jedoch nicht nur Leuthardt in ihren Bann, allmählich nahmen sie das ganze Haus in Beschlag. Einige Jahre später, die Lehrerfamilie wohnte nun bereits in ihrem Eigenheim, erstellte Franz Leuthardt Inventarlisten seines naturkundlichen Hab und Gutes. Die Listen waren übertitelt mit »Pro Memoria« und verzeichneten den Inhalt der verschiedenen Materialdepots, die Leuthardt im ganzen Haus angelegt hatte:

54 Vgl. Naturmuseum Solothurn, Nachlass Dr. Rud. Probst, Korrespondenzen, Doppelband (1710/1711), Brief Charpiés vom 7.10.1907 und Doppelband 3/4 (1708/1709), Brief Bächtolds vom 2.8.1905.

55 StABL, Nachlass Franz Leuthardt, PA 6102, Tagebuch, Bd. 3, Eintrag vom Herbst 1907 (ohne Datum), 7.

56 StABL, Nachlass Franz Leuthardt, PA 6102, Tagebuch, Bd. 3, Eintrag vom 8. März 1908 (steht fälschlicherweise »1907«).

Vorgedruckte Zettel für Zettelkatalog: Schreibtisch Schubfach 5 (unten links)
Clichés in Zigarrenkiste mit [unles.] im Schopfzimmerchen auf dem grossen Kasten.
Artefakte von Les Ey[unles.] gef. in der Villa »Lucie« in Liestal im Mineralienkasten. Besondere Schachtel mit Aufschrift E.K. 1111.
Steuerzettel im gelben Umschlag mit Aufschrift auf d. kleinen Regal. Schreibtisch
Artefakte v. [unles.] in Schrank No 2. Jetzt in zwei Sammelschachteln No 167 und 168 auf dem grossen Glaskasten im »Schöpfli«
Schweizerbild Höhle Knochenrute ges. von Fr. Häusler. im Sammelkasten No. 168 (4) auf dem grossen Glaskasten im »Schöpfli«
Molluskensammlung, die von Prof. P. Godet in Neuchâtel im Glaskästchen oben in Pappschachtel
Cycas revoluta Fruchtzapfen trocken im kleinen Glaskästchen oberer Schaft (in Pappschachtel)
Homo Heidelbergensis und H. mousteriensis [unles.] Kartonschachtel auf dem obern Schaft des Glaskästchen im Studierzimmer. Dieselben wurden mir von Th. Dill geschenkt.
Diapositive im Glaskasten in Kartonschachtel. Ob. Schaft
Postkarten Ansichten unbeschrieben Schreibtisch Schublade 5 (unterste links)
Postkarten Ansichten beschrieben. Schreibtisch unterste Schublade links.
Blätter für Zettelkatalog Schreibtisch. Unt. Schublade links.
Gew. Fortbildungsschule Liestal Akten. Grossmutters Zimmer
Lehrpläne für Basellandschaftl. Schulen. Primar- und Mittelschulen im Herbarkasten in Grossmutters Zimmer.
Kataloge über Palaeontologie Geol. Mineralogie in Mappe Herbariumkasten in Grossmutters Zimmer
Kataloge über Sammelutensilien Zoologie Palaeontologie. Herbariumskasten in Grossmutters Zimmer.
Alte Holzschnitte Zoolog. Paleontologie (Frl. Baliner) im Herbariumkasten Grossmutters Zimmer.[57]

Es war also nicht bloß das Ruhebedürfnis der sich im Studierzimmer verschanzenden Heimwissenschaftler, das in der bildungsbürgerlichen Familie einen steten Konfliktherd darstellte.[58] Franz Leuthardts innerhäusliche Materialdepots legen nahe, dass auch die ausufernde Dingsphäre des Vaters mit dem Alltagsleben der eigenen Familie kollidieren konnte. Seine Sammlungsdinge markierten einen vom Haushalt klar geschiedenen Bereich, sie sind ein typisches Beispiel für das »Geschlecht« von Dingen, auf das die feministische Sachkulturforschung seit den 1980er- und 1990er-Jahren

57 Vgl. StABL, Nachlass Franz Leuthardt, PA 6102, Notizbuch »Pro Memoria«, 182-186.
58 Vgl. Hausen: »... eine Ulme für das schwankende Efeu«, 106.

aufmerksam machte. So hebt die Volkskundlerin Andrea Hauser hervor, dass Sachen stets »auch Verhandlungsfeld für die Selbstdefinition der Geschlechter und damit Konfliktfelder«[59] seien. Als geradezu klassische »Besetzung des Raumes durch geschlechtlich konnotierte Dinge«[60] mochte auch die innerhäusliche Dingexpansion Leuthardts ein solches Konfliktfeld dargestellt haben. Aber wie oben für die stille Mitarbeit der Gattin bereits angemerkt, finden sich auch für solche Konflikte kaum archivalische Spuren. Erahnen lassen sich die Spannungen zwischen den Dingwelten der Ehepartner nur aus vereinzelten Hinweisen. Ein solcher findet sich beispielsweise in einem naturkundlichen Sammelratgeber aus dem Jahre 1882, der den Sammler vor den Gefahren des häuslichen Alltags warnte: »Gegen das Eindringen von Dampf aus der etwa angrenzenden Küche ist das Zimmer sorgsam zu schützen.«[61] Auch in Anekdoten der Petite Science, die beispielsweise in Nachrufen zum Besten gegeben wurden, scheinen mögliche Konfliktfelder zwischen den Familienangehörigen und den Sammlungsdingen des Ehemanns und Vaters auf – aus der Distanz der Jahre nun ins Lustige gewendet. In einer biographischen Skizze über den Frauenfelder Zentrumsakteur Heinrich Wegelin wird etwa berichtet, wie sich seine Tochter Dora einmal versehentlich auf Insektenkästen gehockt habe, die der Vater auf einem Stuhl vergessen hatte, und auch eine beinahe klassisch zu nennende Erzählung über ein entflohenes Haustier, mit einer tunesischen Sandviper in der Hauptrolle, durfte bei diesen naturkundlichen Anekdoten nicht fehlen: »Diese setzte einmal das ganze Haus in Aufregung, als sie ihrem Käfig entfloh und sich unter den Bücherhaufen des Studierzimmers versteckte.«[62]

Ein weiterer Bereich, in dem sich die Objektsphären der Freizeitwissenschaft und des Haushalts überschnitten, war die dingliche Verpackung der Privatsammlung. Franz Leuthardt bewahrte seine Objekte in unterschiedlichsten Behältnissen wie Zigarrenkisten und Kartonschachteln auf, und auch Heinrich Wegelins Nachruf berichtet von der Vorliebe des leidenschaftlichen Sammlers für »Kästen und Kistchen (von der Zündholz- und Pillenschachtel über das Zigarrenkistchen bis zu den grösseren Gebinden)«.[63] Mit dieser Umwandlung alltäglicher Warenverpackungen in naturkundliche Sammelbehältnisse kam es auch zu einer geschlechtlichen Neukonnotation der Emballage: Gehörte das Ding zuvor in die ausschließlich

59 Hauser: Erb-Sachen, 29.
60 Mentges: Einleitung, 8
61 Eger: Der Naturalien-Sammler, 78.
62 Schläfli: Heinrich Wegelin, 12.
63 Schläfli: Heinrich Wegelin, 12.

weibliche Sphäre des häuslichen Konsums,[64] wandelt es sich nun zu einem Objekt der männlichen Heimwissenschaft. Auf diese Weise trugen die Natursammler im Laufe ihres Lebens unbeabsichtigt immer auch eine Sammlung zweiter Ordnung zusammen. Landen solche Privatsammlungen schließlich in einen Museum, so zeugen diese nichtintendierten (An-)Sammlungen von Pralinenschachteln, Zigarrenkistchen und anderen Objekten der Konsumkultur noch Jahrzehnte später von ihrem heimwissenschaftlichen Entstehungszusammenhang. Dabei unterlaufen sie auch, wie Silke Bellanger anmerkt, »die Vorstellung, in Depots moderner Museen selektierte und spezifische Sammlungsobjekte einer jeweiligen Museumssparte […] zu finden«.[65]

Auf zwei ganz unterschiedliche Arten nahmen also die männlichen Freizeitwissenschaftler den Raum des Familiären ein. Ihre Raumaneignung bewegte sich zwischen den beiden Polen des Einschlusses im Studierzimmer einerseits und der raumnehmenden Dingausbreitung andererseits. Mit beiden Praktiken drückten sie dem Haushalt ihren Stempel auf und prägten das Alltagsleben der ganzen Familie. Heimliches Herzstück dieses Alltags, um nochmals an die Liestaler Burgstrasse zurückzukehren, bildete in Leuthardts Haus der Schreibtisch mit Blick auf den Garten. Dieses Möbel steht sinnbildlich für das Bemühen, mittels eines bewussten Umgangs mit Dingen und Nahräumen eine Lebenswelt zu erschaffen, die geprägt ist von Ordnung und Übersichtlichkeit. Beschauen wir uns nun besagtes Einrichtungsstück nochmals genauer.

Lebenskunst des Überschaubaren: Kontemplation mittels Sammlung und Garten

Im gleichen Notizbuch, in dem Franz Leuthardt seine innerhäuslichen Materialdepots verzeichnete, listete er auch den Inhalt seiner 10 Schreibtischschubladen auf:

> *Pro memoria*
> *Inhalt der Schubladen im Schreibtisch*
>
> *1. Schublade oben links: Notizbücher, Fahrtenplan, Marken*
> *2. Karten, nicht geologisch*

64 Zum Warenkonsum als alleinigem Zuständigkeitsbereich der bürgerlichen Frau vgl. Bude: Des Haushalts »schönster Schmuck«, 413; Hausen: »… eine Ulme für das schwankende Efeu«, 104.

65 Bellanger: Verpackte Sammlungen, 106.

3. Bildersammlung: Botanik, zool. Palaentologie Praehist. allgem. Geologie, Papier
4. Ältere Akten, Rechnungen
5. Photographien, Pap. f. Zettelkasten

Rechte Seite
1. [durchgestrichen, unles.]
2. Entomolog. Werkzeuge
3. Papier
4. Etiquetten
5. Verschiedenes[66]

Mit diesen Listen bediente sich der Liestaler Bezirksschullehrer einer traditionellen Ordnungstechnik des Wissenschaftsalltags. Wie verschiedene wissenschaftshistorische Untersuchungen aufzeigten, beschränkte sich die Anwendung des Mediums »Liste« nie ausschließlich auf den rein wissenschaftlichen Kern sammelnder Disziplinen. Gelehrte zeigten immer schon eine eigentümliche Neigung, auch ihr tägliches Leben und ihre privaten Dingwelten mittels akribischer Listen zu organisieren.[67] So hat beispielsweise Carl von Linné in seinen Notizbüchern persönliche Kontakte und potentielle Patrons ebenso aufgelistet wie neu erworbene Bücher und deren Position im Büchergestell.[68] Vor dem Hintergrund, dass die Liste das grundlegende Medium sammelnder, inventarisierender und klassifizierender Wissenschaften darstellt, mag diese alltägliche Affinität zur Liste nicht erstaunen. Ihr ist das Versprechen der Ordnung eingeschrieben, ein Versprechen, das sich in Leuthardts Schreibtisch und seiner papierenen Verdoppelung im Notizbuch verdinglichte. Dieser Tisch war somit mehr als ein ordnungsvolles Aufbewahrungsmöbel: Mit dem Soziologen Robert Schmidt können seine Schreibfläche und seine säuberlich angeordneten Schubladen gewissermaßen als totemistisches Tableau interpretiert werden. Im Artefakt Schreibtisch erkennt Schmidt, in Anlehnung an Durkheim, einen magischen Weltgenerator: »In dieser totemistischen Funktion fungieren Artefakte als Klassifizierungsinstrumente; sie dienen der Orientierung und dem Aufbau einer sinnvollen, geordneten Welt. Geradlinige, rechtwinklige Formen […] sind in dieser Hinsicht also nicht nur funktional, sondern auch bedeutungsvoll«.[69]

66 Vgl. StABL, Nachlass Franz Leuthardt, PA 6102, Notizbuch »Pro Memoria«, 189 f.
67 So beispielsweise Pugliano: Artisanal writing, 721-723 (über den italienischen Professor der Naturphilosophie Ulisse Aldrovandi, 1522-1605); Steinecke: Schlözers Schreibarbeit (über den Historiker August Ludwig Schlözer, 1735-1809); Haibl et al.: Die Leidenschaft des Sammlers (über den Volkskunstsammler Oskar Spiegelhalder, 1864-1925).
68 Müller-Wille und Charmantier: Lists as research technologies, 745.
69 Schmidt: Die Verheißungen eines sauberen Kragens, 147.

Der Schreibtisch im Studierzimmer an der Burgstrasse, umgeben von seinen Sammlungsschränken und dem Blick hinaus in den Garten, war gewissermaßen der Führerstand von Leuthardts kleiner Welt – von hier aus lenkte er das Unterfangen, sein eigenes überschaubares Universum zu erschaffen. Versetzt man sich an diesen Schreibtisch und nimmt Leuthardts Blickwinkel ein, so erscheint die Petite Science als Orientierungswissen. Sie stellte den Versuch dar, ein umfassendes Weltwissen zu behaupten und den verlaufenden Umrissen der modernen Welt die Konturen eines übersichtlichen Ganzen abzutrotzen. Äußerst treffend findet sich dieser zähe Wille zum ganzheitlichen Wissen im Nekrolog des Thurgauer Naturforschers Heinrich Wegelin beschrieben:

> »Vor allem war sein wissenschaftliches Interesse auf den Heimatkanton gerichtet. Ihn nach jeder Richtung zu durchforschen, war sein Lebensziel […]. Sein nächstes Ziel war, möglichst alles kennenzulernen, was ihm im täglichen Leben an Naturgegenständen vor Augen kam. Wenn ihm ein Tier, eine Pflanze, ein Stein, auf die er stiess, noch unbekannt war, so zwang er sich, den Fund zu bestimmen und nach Feststellung des Namens möglichst viel darüber zu erfahren. Dank dieser Selbstzucht brachte er es mit der Zeit dahin, dass er ohne Zaudern sozusagen alle Vögel, Insekten, Pflanzen oder Mineralien, die man ihm brachte, zu benennen wusste.«[70]

Es war dieser Wille zum Wissen, im Nachruf treffend auch als »Selbstzucht« Wegelins umschrieben, der die Lokalforschung um 1900 als eigentliche Lebenskunst auszeichnete. Diese stellte den Versuch dar, Zeit und Raum einer expandierenden und sich beschleunigenden Moderne auf das humane Kleinformat des Heimischen zu reduzieren und in dessen umfassender Kenntnis Halt zu finden.[71] Zwei Schauplätze dieser Lebensführung im Zeichen des Überschaubaren sollen nun kurz ausgeleuchtet werden: die Sammlung und der Hausgarten.

70 Leisi: Dr. h. c. Heinrich Wegelin, 161 f.

71 Ausdrückliche Ablehnung des Modernen findet sich in den Archivquellen und Publikationen der Petite Science kaum erwähnt. Wie man den Vortragsprogrammen der kantonalen Naturforschenden Gesellschaften entnehmen kann, wurde in diesem Wissensmilieu, zumindest was technisch-wissenschaftliche Errungenschaften anbelangt, auch noch im beginnenden 20. Jahrhundert ein grundsätzlicher Fortschrittsoptimismus gepflegt. Zugleich sticht in der persönlichen Korrespondenz dieser Naturforscher die augenfällige Abwesenheit der »großen Welt« mit ihren sozialen und politischen Konflikten ins Auge.

»Nur die alten Eichen rauschen
Immer noch dasselbe Lied
Sonst ist alles anders worden
Seit ich aus der Heimat schied.«

Diese Zeilen, die erste Strophe des Männerchor-Klassikers »Heimkehr« von Johannes Gelbke, notierte Franz Leuthardt im Dezember 1931 in sein Tagebuch.[72] Kurz zuvor hatte er sein siebzigstes Lebensjahr erreicht, und die Liedzeilen bildeten das Leitmotiv für nostalgische Jugenderinnerungen, die der alternde Naturforscher in seinem Journal festhielt. In den nächsten Jahren verschlechterte sich sein Gesundheitszustand stetig, wovon ein Tagebucheintrag aus dem Jahr 1934 zeugt: »Das biologische Tagebuch wird immer ärmer. Alterbeschwerden aller Art (ich bin bald 73 Jahre alt) verleiden mir die Naturbeobachtung, die mir sonst so liebe gewesen. Nun – wie Gott will! […] Ich selbst kann wegen nervöser Schwäche in den Beinen kaum mehr Sammelgänge ausführen.«[73] Sein Nekrolog weiß jedoch zu berichten, dass Leuthardt trotz erzwungenem Stubenarrest nicht langweilig geworden sei – die Beschäftigung mit seiner Sammlung habe ihm das Alleinsein »versüsst«.[74] Leuthardt machte sich die Erinnerungsfunktion von Sammlungsstücken zunutze, wie sie beispielsweise auch vom populären Genfer Gärtner Henry Correvon als Heilmittel gegen geistige Altersgebresten empfohlen wurde:

> »Somit entstand mein Herbar, das mir ebenso teuer ist wegen der vielen herrlichen Erinnerungen an die unzähligen Wanderungen durch alle Gebirge unseres Weltteils, am meisten durch die Alpen, von Nizza bis Venedig, als wegen dem ›Heu‹, das dort begraben ist. An solchen Erinnerungen zehrt man gerne, wenn das Alter uns beschleicht mit seiner Einsamkeit und Langeweile.«[75]

Welches »Heu« hatte Correvon in seinem Herbar begraben? Der Genfer spielte damit auf eine polemische Bemerkung des deutschen Botanikers Matthias Jacob Schleiden an. In seinen *Grundzügen der wissenschaftlichen Botanik* (1850) zog dieser gegen die systematische Botanik alter Schule vom Leder und tat den »kläglichen Notbehelf« der getrockneten Herbarpflanzen als »Heu« ab.[76] Interessanterweise erfreute sich Schleidens Bonmot gerade unter den angefeindeten Pflanzensammlern großer Beliebtheit, bei denen es über die folgenden Jahrzehnte zur selbstironischen Umschreibung des

72 StABL, Nachlass Franz Leuthardt, PA 6102, Biologisches Tagebuch, Bd. II, 149.
73 Ebd., 257.
74 Rolle: Rektor Dr. phil. Franz Leuthardt, 200.
75 Correvon: Alpenblumen, 94.
76 Schleiden: Grundzüge der wissenschaftlichen Botanik, 146.

eigenen Tuns regen Anklang fand.[77] Diesem Heu konnten die Akteure der Petite Science auch darum etwas abgewinnen, da es für sie nicht bloß einen wissenschaftlichen Beleg darstellte, sondern ebenso ein individuelles Erinnerungsmedium. Unter allen metaphorischen Bezeichnungen für das Herbar rangierte denn auch jene der Sammlung als »Tagebuch«[78] ungeschlagen an erster Stelle, weit vor der saloppen »Heu«-Metapher. In – wortwörtlich blumiger – Sprache beschwört beispielsweise der Genfer Freizeitbotaniker Charles Fauconnet die Erinnerungen, die das Betrachten eigener Herbarbelege wecken würden:

> »On revoit les localités où elles furent cueillis, les amis en compagnie, desquels on se trouvait, on se rappelle les discussions, les causeries à bâtons rompus, les joies, les désappointements, les alternatives de pluie et de soleil, toutes les péripéties qui faisaient le charme de l'excursion.«[79]

In dieser Beschreibung klingt ein Topos an, der bereits verschiedentlich erwähnt wurde: Die sommerliche Landschaft als Sehnsuchtsort der Naturforscher. Bevorzugt beugte man sich denn auch an »stillen, langen Winterabenden«[80] über die Sammlung, um in Erinnerungen zu schwelgen. Diese Gegenüberstellung von einsamer, winterlicher Studierstube und fröhlichen Sommerausflügen widerspiegelte zudem einen grundlegenden, existenziellen Dualismus: jenen vom Frühling und Herbst des Lebens. So finden sich vergleichbare Klagen wie jene Leuthardts, dass ihm seine schlechte Gesundheit Naturspaziergänge verwehre, verbreitet in den Korrespondenzen älterer Naturforscher. In dieser schweren Lage bot die Sammlung als Erinnerungsstütze willkommenen Trost. So schrieb auch der Schwyzer Botaniker Joseph Rhiner, gezeichnet von Atemproblemen, Sehschwäche und »gewaltsamer Nervosität«, wie er in seinen Herbarbelegen »Zerstreuung am Leidenslager« finde.[81] In den gleichen Zeilen wandte sich Rhiner aber schon an »frischere« Wanderer, die als Nachfolger seinen Weg weiterführen sollen. Sprich: Beim Betrachten seiner Pflanzensammlung frönte er nicht nur den Erinnerungen an bessere Tage, sondern hatte bereits auch sein Ableben vor Augen. Als Stätte erinnerungsbehafteter, aber toter Naturdinge bedeu-

77 Vgl. beispielsweise das Protokoll der *Thurgauischen Naturforschenden Gesellschaft* vom 4.6.1860, zit. bei Speich: Wissenschaft fernab vom Elfenbeinturm, 23.

78 So beispielsweise bei Bade: Handbuch für Naturaliensammler, 273; Floericke: Der Sammler, 5f.

79 Fauconnet: Excursions botaniques, 32.

80 Floericke: Der Sammler, 11f. Vergleichbar auch Henry Correvon über eine getrocknete Alpenpflanze als Erinnerungsstütze: »[D]ans les jours sombres de l'hiver elle nous transporte dans l'atmosphère calme et lumineuse de l'Alpe neigeuse« (Correvon: Edelweiss, 12f.).

81 Rhiner: Prodrom, IX.

tete die Sammlung älteren und kranken Forschern also stets auch ein Memento mori.[82]

Als Erinnerungsstütze und Sinnbild für Werden und Vergehen stellte die Sammlung auch ein Werkzeug der bewussten Lebensführung dar. In diesem Sinne waren Herbarbelege gewissermaßen die Blätter, die die Welt bedeuten: verdinglichte Abbildungen des menschlichen Daseins. In Franz Leuthardts Leben gab es neben der Sammlung noch einen weiteren Schauplatz der Selbstvergewisserung und existenziellen Bewusstwerdung. Auch dieser stellte im übertragenen Sinne die ganze Welt im Kleinen, einen *macrocosmos in microcosmo*, dar: sein Garten.

Ungefähr zur gleichen Zeit, als Leuthardt seine Kindheitserinnerungen zu Papier brachte und mit sentimentalen Heimatklängen untermalte, verfasste der Liestaler Naturforscher in seinem Tagebuch die Skizze *Über die Kleintierwelt in der Umgebung unserer Wohnungen und Gärten*. Diese hebt an mit der Feststellung eines Mankos: »Es ist mir aufgefallen, wie wenig Kenntnis geschweige denn Verständnis die Leute für die kleine Tierwelt haben, mit der sie fast täglich, meist ungewollt in Berührung treten.«[83] Mit seinem Plädoyer für die alltägliche Achtsamkeit reihte sich der Bezirksschullehrer ein in eine ältere naturkundliche Tradition des Lobes des Nahen und Unscheinbaren. Eine solche Hinwendung predigte beispielsweise schon 1860 Jakob Steiger von Büron in seiner *Flora des Kantons Luzern*: »Man muss zuerst jene Gewächse untersuchen und erkennen, welche sich in der nächsten Umgebung finden. Jedes Dorf, jeder Hof, jede Matte ist ein botanischer Garten«.[84]

Dies war mehr als bloße Rhetorik: Im Milieu der Petite Science fanden sich immer wieder Männer, die ihren Forschungsradius kaum über ihren Wohnsitz ausweiteten und gewissermaßen eine Feldwissenschaft im Eigenheim betrieben. Eine solche Forschungspraxis verfolgte beispielsweise der Liestaler Postbeamte Otto Seiler, der mit Leuthardt entomologischen Austausch pflegte. Über viele Jahre hinweg betrieb Seiler ausschließlich aus seiner am Rand des Städtchen gelegenen Wohnung heraus Schmetterlingsfang, indem er die Tiere mit künstlichem Licht anlockte. Treffend charakterisierte Leuthardt das Ergebnis dieser Heimwissenschaft als »›lokalste‹ aller Lokalsammlun-

82 Dass eine Sammlung auch als Mahnmal des Todes fungieren kann, zeigt sich in weiteren Facetten der einschlägigen Metaphorik. So bezeichnete man (Pflanzen-)Sammlungen nicht bloß als »Heu« oder als »Tagebücher«, sondern ebenso als »Totenhof voll trockener Leichname« (Correvon: Alpenblumen, 94) oder als »champ de bataille« (Fauconnet: Excursions botaniques, 32).

83 StABL, Nachlass Franz Leuthardt, PA 6102, Biologisches Tagebuch, Bd. II, Eintrag vom 13.12.1930, 71f.

84 Steiger von Büron: Die Flora des Kantons Luzern, 57.

gen«.[85] Im Zeichen der »Heimat«-Konjunktur um 1900 erfuhr diese Aufmerksamkeit für das Nahe und Kleine eine eigentliche Nobilitierung, was sich beispielsweise auch in Lehrplänen der Volksschulen niederschlug. Dies soll im zweiten Teil dieses Kapitels eingehender dargestellt werden.

Seinen Vorsatz, das Nahe und Unscheinbare bewusst wahrzunehmen, setzte Franz Leuthardt in erster Linie mit der geflissentlichen Beobachtung seines eigenen Gartens um. Jahr für Jahr dokumentierte er in seinen Tagebüchern das Wachsen und Welken, meteorologische Ereignisse und saisonale Erscheinungen der Tier- und Pflanzenwelt. Unter dem Titel »Entomologische Notizen« hielt er darin im Mai 1890 fest: »Das Jahr 1890 ist in Bezug auf das Erscheinen der Insekten ein ziemlich abnormes zu nennen. [...] Blattläuse v. Genus Aphis treten in einer fast nie gesehenen Häufigkeit auf. Setzten sowohl den Obstbäumen, besonders aber den Johannisbeerpflanzen zu.«[86] Diese Tagebucheinträge ergänzte er verschiedentlich um Fotografien von Gartenpflanzen, von Jahr zu Jahr identisch und nur durch die Angabe der entsprechenden Jahreszahl voneinander zu unterscheiden (vgl. Abbildung 7.9). Wie die Werden und Vergehen symbolisierende Sammlung stellte auch Leuthardts Garten einen Ort der Besinnung dar.[87]

In vergleichbarer Weise suchte auch Leuthardts Freund Hermann Fischer-Sigwart aus Zofingen Halt und Sicherheit in der allumfassenden Dokumentation seiner unmittelbaren Umwelt. Er führte ebenfalls akribische Naturtagebücher, und sein Nekrolog ernannte ihn dieser »Registratur« wegen posthum gar zum »Zivilstandsbeamte[n] der Tier und Pflanzenwelt Zofingens«.[88] Fischer-Sigwart beschränkte sich aber nicht darauf, seine Nahumgebung im Medium des Tagebuchs festzuhalten. Noch ausgeprägter als

85 Leuthardt: Beiträge zur Lepidopterenfauna von Liestal, 126. Die Nutzung der häuslichen Umgebung als Forschungsfeld findet sich 1899 auch im Nekrolog des Berner Advokaten und Freizeitentomologen Franz Benteli beschrieben: »Ein Vorgärtchen seines Hauses, wo keinem andern etwas zu suchen eingefallen wäre, lieferte ihm eine große Zahl *Harpalus atratus*, nicht wenige *Phosphaenus hemipterus*; ein paar Johannisbeersträucher darin, gegen Hausordnung abgeklopft, viele *Bruchus* (*Ptinus*) *rufipes* und noch in den Tagen seines Leidens eine letzte Excursion auf dem Estrich eine Anzahl *Pogonocherus bidentatus*!« (Rätzer: Necrolog für Notar Franz Benteli, 210).

86 StABL, Nachlass Franz Leuthardt, PA 6102, Notizbuch »Pro Memoria«, Eintrag »Entomologische Notizen«, unpaginierte Seite.

87 Mit den jährlich sich wiederholenden Tagebucheinträgen und Gartenfotografien formte der Heimwissenschaftler seine Grünanlage gewissermaßen zum Sinnbild für den Kreislauf des Lebens. Wenn man so will, behauptete sich in der überschaubaren Welt des Leuthardt'schen Familiengartens ein zyklisches Zeitempfinden, und der Garten auf dem »Holderstöckli« koppelte sich von seiner geradlinig vorwärtsstrebenden modernen Gegenwart ab. Die Gattung der Naturtagebücher wäre eingehender zu untersuchen, grundsätzlich lässt sich aber festhalten, dass sie sich vor allem in dieser zyklischen Darstellungsweise vom linearen biographischen Entwicklungs- und Bildungsnarrativ des klassischen bürgerlichen Tagebuches abhebt.

88 Schinz: Dr. Hermann Fischer-Sigwart, 7.

Abb. 7.10: Gartenfotografien aus dem »Biologischen Tagebuch« Franz Leuthardts (1932).

Abb. 7.11: Hermann Fischer-Sigwart in seinem Gartenparadies
in den Rebbergen bei Zofingen (1908).

Leuthardt pflegte der Zofinger Apotheker die bewusste Wahrnehmung und Gestaltung des häuslichen Nahraumes als kontemplative Garten(lebens-)kunst. Fischer-Sigwart entschied sich in fortgeschrittenem Alter für eine Lebensweise, die eher an einen Mönch denn an einen Standesbeamten denken lässt: 1903, im Alter von 61, verkaufte er seine Apotheke und bezog ein Waldhaus in den Rebbergen außerhalb des Städtchens, von ihm selbst als »Eremitage« bezeichnet (vgl. Abbildungen 7.11 und 7.12). Um dieses Landhaus herum begann Fischer-Sigwart sein privates Gartenparadies anzulegen und führte daselbst in Eintracht mit Tieren und Pflanzen ein Leben in geradezu franziskanischer Manier:

> »Dieser Haldenweiher wurde nun zu Hermann Fischers Schosskind; hier setzte er seine Beobachtungen fort, gleichzeitig nach und nach den Weiher zu einem Miniaturpark umgestaltend. Die Uferböschungen wurden mit den schon erwähnten Sumpf- und Wasserpflanzen [...] bepflanzt; die Wasserfläche bedeckten die Rosetten der Wassernuss und der Wasseraloe (Stratiotes), dazwischen reckten sich die Blütenstengel weisser, gelber, roter Seerosen, und im Wasser spielte sich das denkbar mannigfaltigste Tierleben ab. Das Unken- und Krötengeschlecht feierte, von Fischer gehegt und geschützt, geradezu Orgien, unbelästigt von den vom ›Chrottenvater‹ eingesetzten Wasserschildkröten und Goldfischen.«[89]

Heimwissenschaft: Fazit

Die vorangegangenen Ausführungen umschrieben die Petite Science als Heimwissenschaft. Zentraler Ort der Wissenschaft im Schoße der bürgerlichen Familie bildete das Studierzimmer. Bei diesem Zimmer handelte es sich um eine Raumgattung, die anachronistisch und modern zugleich war. Einerseits stand das Studierzimmer in der Tradition frühneuzeitlicher Gelehrtenstudios und stellte im Zeitalter des modernen Universitätsbetriebs eher ein Relikt dar. Andererseits war es Ausdruck moderner bürgerlicher Familienverhältnisse, die dem einzelnen Familienmitglied größere Freiräume zugestanden, was sich auch in der räumlichen Organisation des Wohnens niederschlug.

Gerade für die außeruniversitären Lokalforscher besaß das Studierzimmer eine wichtige repräsentative Funktion: Es stellte demonstrativ die »Wissenschaftlichkeit« des eigenen Tuns zur Schau. In Nekrologen, Abbildungen und in Selbstportraits kam diesem Raumtypus eine wichtige Rolle in der (Selbst-)Inszenierung der Freizeitwissenschaft zu. Seine identitäre Bedeutung zeigte sich zudem in verschiedenen Vorstößen seitens der Petite

89 Ebd., 8.

Abb. 7.12: Hermann Fischer-Sigwarts Waldhaus bei Zofingen (1908).

Science, die Studierzimmer verstorbener oder noch lebender Forscher zu musealisieren. Die Repräsentationsstrategien schwankten dabei zwischen Studio-, Feld- und Laborwissenschaft und widerspiegelten die mitunter unklare wissenschaftliche Identität der naturkundlichen Lokalforschung.

Abgesehen von solchen standespolitischen Funktionen bedeutete das Studierzimmer dem einzelnen Forscher einen Rückzugsraum innerhalb der eigenen Familie. Trotz der bürgerlichen Familienideologie waren viele damalige Väter von beruflichen und freizeitlichen Tätigkeiten so stark absorbiert, dass sie sich im Kreise von Frau und Kindern oft auf eine bloße Gastrolle beschränkten. Das Studierzimmer war so gewissermaßen das Sinnbild des vielbeschäftigten Familienvaters, der sich durch die Flucht in Aktivität nicht zuletzt auch der Enge des bürgerlichen Familienlebens zu entziehen versuchte.

Der Sitz der Hobbywissenschaft innerhalb der Familie war jedoch nicht ausschließlich durch Rückzug gekennzeichnet, sondern auch durch vielfältige Überschneidungen. Die Ehefrauen der Lokalforscher waren in erster Linie als Gastgeberinnen in die wissenschaftliche Tätigkeit ihrer Männer involviert. Wie sie darüber hinaus die Forschungstätigkeiten ihrer Gatten unterstützt hatten, lässt sich aus den vorhandenen Quellen kaum rekonstruieren, da allfällige Hilfstätigkeiten ihrer Frauen den Naturforschermännern kaum dokumentationswürdig schienen. Einen Hinweis auf mögliche Berührungen und gelegentliche Zusammenstöße der männlichen Sphäre der freizeitlichen Wissenschaft mit der weiblichen Sphäre der Familie und des Haushalts liefert höchstens die materielle Kultur der Naturforschung. Mit ihrem steten Bedarf an Aufbewahrungsbehältnissen eigneten sich die sammelnden Naturforscher Warenverpackungen von Haushaltsgütern an und verwandelten diese in Dinge der Wissenschaft. Die sammelnden Väter häuften zudem unablässig Dinge an, was zum Ausufern ihrer Objektbestände in die familiäre Dingsphäre sowie zu gelegentlichen Kollisionen mit Haushaltstätigkeiten oder Kinderspiel führte.

Ihre Heimwissenschaft bedeutete den Lokalforschern jedoch mehr als bloß ein Steckenpferd, das einen zeitweiligen Rückzug von den Umtrieben der Familie erlaubte. Der Blick in Leuthardts Studierzimmer und in Fischer-Sigwarts Gartenparadies im Wiggertal zeigte, wie sich Naturforscher um 1900 kleine, überschaubare Welten schufen. Schauplätze dieser Welterschaffung waren die nostalgische Betrachtung der Sammlungsobjekte, die als Erinnerungsstützen frühere Jahre ins Gedächtnis riefen und im Herbst des Lebens auch als Memento mori funktionierten. Eine vergleichbare Funktion erfüllte auch die bewusste Wahrnehmung der Nahumgebung, wie sie viele Lokalforscher im Medium des Naturtagebuchs pflegten. Auch diese kultivierten Beobachtungen des Unscheinbaren dienten der Entschleunigung und der Besinnung auf die Vergänglichkeit irdischen Lebens. Als Orte, die solchen Lebenshaltungen besonders entsprachen, erfreuten sich Gartenlandschaften großer Beliebtheit unter den Lokalforschern. Die Gärten wurden von ihren Besitzern stilisiert als persönliche Paradiese und Rückzugsräume und schienen wie abgekoppelt von den Zeitläuften der modernen Gegenwart. Die naturkundliche Heimwissenschaft hatte also auch den Charakter einer Kontemplation des Kleinen und nahm als solche die Rolle einer modernen Lebenskunst ein.

Wie ist diese heimwissenschaftliche Lebenskunst des Rückzugs ins Überschaubare historisch einzuordnen? Hinweise liefert Leuthardts Einfamilienhaus an der Burgstrasse 27. Mit seinem vielgestaltigen, geschwungenen Dach, seinen Erkern und Loggien, den vielen Fenstern mit grünen Läden und der pflanzenumrankten Fassade gab sich das 1911 erbaute Haus als charakteristischer Vertreter des zeitgeistigen *Heimatstils* zu erkennen, jener Baukunst, »die dem modernen Menschen Heim und Heimat herstellen wollte«.[90] Der Heimatstil war, wie die Denkmalpflegerin Elisabeth Crettaz-Stürzel aufzeigt, weit mehr als nur ein Architekturstil: Mit seiner Fixierung auf Licht und Luft sowie seinen Gestaltungsidealen der Wahrheit, Einfachheit und Ehrlichkeit verkörperte diese Baukunst die architektonische Umsetzung lebensreformerischer Postulate.[91] So war auch Leuthardts und Fischer-Sigwarts Gartenliebe weder ausschließlich naturwissenschaftlichen Interessen geschuldet, noch stellte sie eine rein persönliche Vorliebe der beiden dar. Die individuelle Versöhnung mit der Natur, die sie in ihren vorstädtischen Eigenheim-Gartenparadiesen zelebrierten,[92] war vielmehr Ausdruck einer lebensreformerisch inspirierten Alltagsgestaltung, wie sie weite Teile des Bürgertums um 1900 erprobten.[93] In der Zurichtung des modernen Alltags um 1900 gingen die Naturforscher jedoch andere Wege als die Geisteswissenschaftler, Architekten, Journalisten und Künstler, deren Lebensentwürfe üblicherweise geschichtswissenschaftliche Darstellungen der Reformbewegung prägen. Die Lokalforscher setzten, wie im nächsten Teilkapitel erläutert wird, eigene Akzente: Eher Alpenbegeisterung statt Abstinenz, Ökologie statt Eurythmie und Volkserziehung statt Vegetarismus.

All diese Facetten amalgamierten in der Losung »Heimat«, und getreu dieser Maxime formten die Naturkundler ihre Lebenswelt zu einer eigentlichen Heimat-Welt. Bei dieser Heimatproduktion handelte es sich nicht bloß um eine individuelle Lebenskunst, sondern um eine milieuspezifische, kollektive Antwort auf die Herausforderungen des ausgehenden 19. Jahrhunderts und somit um ein genuines Phänomen der Hochmoderne.[94] Gewisser-

90 Crettaz-Stürzel: Heimatstil, 14. Der Heimatstil erfreute sich nach dem 1908 vom Schweizerischen Heimatschutz initiierten Architekturwettbewerb »Einfache schweizerische Wohnhäuser« auch bei mittelständischen Eigenheimen großer Beliebtheit und war der prägende Baustil jener Jahre.

91 Vgl. Crettaz-Stürzel: Heimatstil, 15, 83, 161-163.

92 Zur Bedeutung der Natur und des Gartens (bzw. der Gartenstadt-Idee) für die Lebensreform vgl. Crettaz-Stürzel: Heimatstil, 84, 163, 220 f. und Kurz: Die Disziplinierung der Stadt, 115-127.

93 Allg. zur Lebensreform in Deutschland vgl. Kerbs und Reulecke: Handbuch der deutschen Reformbewegungen; Buchholz et al. (Hg.): Die Lebensreform. Zur Lebensreform in der Schweiz vgl. die entsprechenden Ausführungen bei Crettaz-Stürzel: Heimatstil und bei Kurz: Die Disziplinierung der Stadt.

94 Vgl. Herbert: Europe in high modernity.

maßen als naturhistorische Fraktion der Lebensreform stellten die Lokalforscher – an vorderster Front die Lehrer unter ihnen – mit dem Konzept »Heimat« ein stimmiges Repertoire an Deutungsmustern und Handlungsweisen für die Selbstverortung in der modernen Gegenwart bereit. Leuthardt und seine Kollegen spurten so einen Lebensstil vor, der sich als äußerst nachhaltig erweisen und sich in ländlich-kleinstädtischen Mittelschichten bis weit ins 20. Jahrhundert hinein behaupten sollte.

Um die wichtigsten Leitvorstellungen dieses »heimatlichen« Lebens- und Denkstils der Naturkundler zu ergründen, werfen wir nun im letzten Teilkapitel einen Blick über den Gartenzaun des Leuthardt'schen Hauses hinaus, auf das gegenüberliegende Bezirksschulhaus und seine Gartenanlagen.

7.2 Lokalforschung als Heimatmaschine

Das Heimatensemble auf dem Burghügel

In den Räumen des alten Bezirksschulhauses an der Amtshausgasse im Liestaler Altstädtchen wurde es zunehmend eng. 1898 fassten die Baselbieter Kantonsbehörden den Entschluss, ein neues, großzügigeres Gebäude außerhalb des Städtchens zu errichten. Zu diesem Zweck erwarben sie Land auf dem Holderstöckli oberhalb des Stadttores. 1905 begannen die Bauarbeiten nach den Plänen des Hochbauinspektors Ferdinand Bohny. Wie viele andere Schulhausbauten jener Jahre war auch das von Bohny errichtete Gebäude im zeittypischen Heimatstil gehalten und verströmte mit seinem Krüppelwalmdach und dem Natursteinsockel eine Stimmung ländlicher Behaglichkeit. Ein Jahr später konnte Franz Leuthardt zusammen mit 4 weiteren Lehrerkollegen und 156 Knaben das neue Schulhaus beziehen. Leuthardt scheint sehr zufrieden mit den neuen Räumlichkeiten gewesen zu sein und machte sich auch gleich daran, die Schulhausumgebung seinen Naturforscherwünschen gemäß zu gestalten, wie er seinem Freund Fischer-Sigwart im Herbst 1907 rapportierte: »Wir sind nun in unser neues Schulhaus eingezogen. Ich habe jetzt einen eigenen Lehrsaal für Naturwissenschaften und ein Sammlungszimmer. In den Anlagen um die Schule haben wir ein Alpinum angelegt und zwei große Aquaria in denen sich schon etwas rechtes halten lässt.«[95]

Gegenüber von Leuthardts Studierzimmer kamen also ein Heimatstil-Schulhaus sowie ein Schulgarten mit Alpinum und Teichen zu liegen (vgl.

95 StABL, Nachlass Franz Leuthardt, PA 6102, Tagebuch, Bd. 3, Eintrag ohne Datum (Herbst 1907), 134 f.

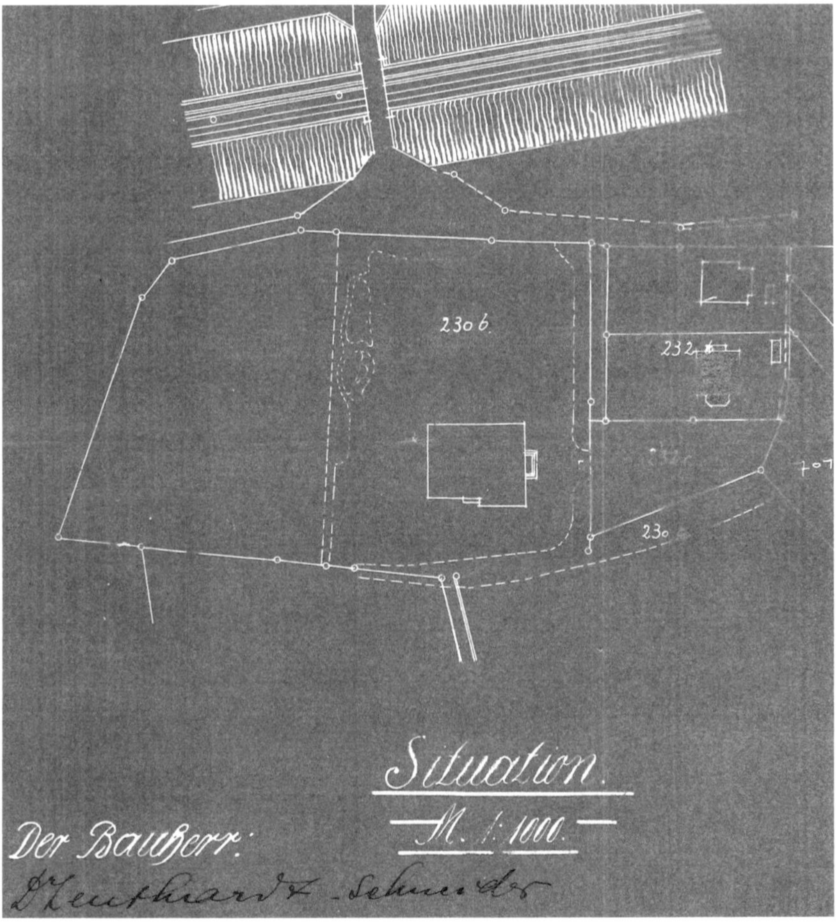

Abb. 7.13: Situationsplan des Holderstöckli in Liestal: Leuthardts Wohnhaus (auf Parzelle 232), links davon das Bezirksschulhaus. Links oben auf dem Schulgelände sind gestrichelt das Alpinum und die Teiche angedeutet (1911).

Abbildung 7.13). Dieses architektonische Ensemble soll im Folgenden aufgeschlüsselt und als sinnbildliche Verräumlichung jener Transformation gelesen werden, die die Petite Science um 1900 erfuhr: des Wandels von einer naturhistorischen Lokalwissenschaft zu einer Heimatwissenschaft.

Die Schulhauslandschaft ist das modellhafte Abbild des »Heimatdispositivs«, das sich in der Schweiz im ausgehenden 19. Jahrhundert formierte. Im Sinne Michel Foucaults kann dieses Dispositiv als strategische Reaktion auf die Krisensituation jener Jahrzehnte betrachtet werden – als Antwort auf die kulturellen, sozialen und ökologischen Herausforderungen, mit denen sich eine moderne Industrie- und Handelsnation konfrontiert sah. Der Foucault'schen Definition eines Dispositivs entsprechend,[96] verknüpften sich im Heimatdispositiv unterschiedlichste Elemente zu einem wirkungsvollen Ganzen: Heimatstilarchitektur, Kulissendörfer an Landesausstellungen, der Nationalpark, Alpengärten, Vereinsgründungen wie Heimatschutz und Naturschutzbund, junge Wissenschaftszweige wie Ökologie und Volkskunde, pädagogische Reformprogramme, erneuerte museale Sammlungskonzepte oder Pflanzenschutzgesetze. Geschickt positionierte sich die naturkundliche Petite Science im Zentrum dieses Geflechts und sicherte sich so ihre strategische Einflusssphäre auch im beginnenden 20. Jahrhundert.

Das Heimatdispositiv realisierte sich nicht zuletzt auch in räumlichen Ensembles, und in weit größeren Maßstäben als auf dem Liestaler Holderstöckli. Dennoch erlauben die drei zentralen Elemente der dortigen Schulhauslandschaft, das Alpinum, der Schulteich und das Heimatstil-Schulhaus, wichtige Pfeiler des (naturkundlichen) Heimatdispositivs freizulegen. Als verdinglichte Stellvertreter unterschiedlicher Wissensbestände, die in ihrem Zusammenspiel »Heimat« hervorbrachten, sollen diese drei Elemente nun eingehender betrachtet werden.

Der Alpensteingarten: Ideologische Fundamente der Heimat

Im Schulgarten auf dem Liestaler Burghügel wuchs und gedieh kein Salat, sondern Heimat. Schon bald nach Bezug des neuen Schulhauses errichtete Bezirkslehrer Leuthardt am Rand des Schulgeländes zusammen mit seinen Schülern ein Alpinum, einen mit Alpenpflanzen bestückten Steingarten. Wieso musste es ein Alpengarten sein? Wäre für ein Schulhaus im Baselbiet nicht eher ein Juragarten naheliegend gewesen?

Die Gründe für diese Wahl waren wohl mehr zeitgeistig-ideologischer denn wissenschaftlicher Natur. Allem Regionalismus zum Trotz, der mit der Heimatkonjunktur einherging, bildeten die Alpen auch im Unterland ein unverzichtbares Bauteil in der Herstellung einer national grundierten »Heimat«.[97] Wie unzählige Untersuchungen aufgezeigt haben, überragen die

96 In einer oft zitierten Definition umschreibt Foucault ein Dispositiv als »entschieden heterogenes Ensemble, das Diskurse, Institutionen, architekturale Einrichtungen, reglementierende Entscheidungen, Gesetze, administrative Maßnahmen, wissenschaftliche Aussagen, philosophische, moralische oder philanthropische Lehrsätze [...] umfasst« (Foucault: Ein Spiel um die Psychoanalyse, 119 f.).

97 In ihrer Analyse der Bildwelten Albert Ankers verweist die Kunsthistorikerin Annette Donnier-Troehler auf die Existenz zweier unterschiedlicher Landschaftskonzeptionen – der »Alpen« und des »Mittellandes« –, die in ihrem Wechselspiel die nationale Selbstwahrnehmung der Schweiz prägen: »Tout porte dès lors à croire qu'il existe deux représentations de l'espace national concurrentes, ou moins complémentaires: les pay-

Abb. 7.14: Ansichtskarte des *Village Suisse*
an der Schweizerischen Landesausstellung in Genf (1896).

Alpen alle anderen Landschaften der Schweiz, und dies keineswegs nur in topographischer Hinsicht. Seit dem 18. Jahrhundert bildete die Alpenlandschaft das zentrale Wahrnehmungsraster für das Fremd- und Selbstbild der Schweiz. Die ästhetisierte und idealisierte Gesteinsauffaltung sowie die darauf lebenden Pflanzen, Tiere und Menschen lieferten den Rohstoff für die Konstruktion eines nachhaltigen schweizerischen Nationalmythos.

Eine Möglichkeit, diese Mythenbildungen konzeptionell zu fassen, zeigte der Historiker Guy Marchal auf. Mit dem Konzept der »imagologischen Bastelei«, das sich Theoriebeständen der vergleichenden Literaturwissenschaft und der Ethnologie bedient, sucht Marchal sich den Bildwelten der Selbstpräsentation der schweizerischen Gesellschaft zu nähern. Sein semiotisch ausgerichtetes Konzept vermag zu erklären, wieso im Jahr 1907 ein begrünter Steinhaufen neben einem Heimatstil-Schulhaus im Tafeljura eben mehr als einen bloßen Steinhaufen darstellte:

> »Das Zeichen trifft zu, nicht weil es ähnlich oder realistisch wäre, sondern weil es einer Idee, einem Wert oder einem Vorurteil entspricht. […] Das imagologische Zeichensystem folgt also einer zeit- und kulturbedingten

sages mythiques des Alpes hérité du romantisme du XVIIIe siècle, et un paysage intime, moins spectaculaire mais plus ›moyen‹, incarné par excellence par le Plateau suisse« (Donnier-Troehler: Images de la Suisse, zit. bei Crettaz-Stürzel: Heimatstil, 57).

semiotischen Grammatik; es ist programmiert, codiert und durch die Rezipienten, die Gesellschaft, mehr oder weniger unmittelbar decodierbar.«[98]

Um zu ergründen, in welcher Weise Leuthardt und seine Lehrerkollegen den Steinhaufen als bedeutungsvolles Zeichen decodiert haben könnten, verlassen wir die Nordwestschweiz und unternehmen eine kurze Zeitreise nach Genf, an die Schweizerische Landesausstellung von 1896. Am Westufer der Arve, gegenüber dem Ausstellungsbereich des Bau- und Ingenieurwesens, lag der heimliche Mittelpunkt der damaligen Landesausstellung: das *Village Suisse* (vgl. Abbildung 7.14). In erster Linie als pittoreske Stallungen für das Vieh der Landwirtschaftsausstellung vorgesehen, entwickelte sich das Village zum wahren Publikumsmagneten, zum eigentlichen »clou« der Ausstellung, wie ein Besucher aus Appenzell vermerkte.[99] Sein Architekt, der Neuenburger Paul Bouvier, schien damit den Nerv seiner Zeit getroffen zu haben. In gut föderalistischer Manier stellte Bouvier nach architektonischen Vorbildern aus der ganzen Eidgenossenschaft ein idealisiertes »Schweizerdorf« zusammen.[100] Zu diesem Zweck wurden einige Häuser an ihren ursprünglichen Standorten in Einzelteile zerlegt und in der Rhonestadt wieder aufgebaut, andere Gebäude waren reines Kulissenwerk aus Gips, Pappe und Holz. Das Gravitationszentrum, das dieses heterogene Ensemble aus 78 Gebäuden, von der Auberge Neuchâteloise über den Walliser Speicher bis zum Bürgerhaus aus Murten, zusammenhielt und eben als *Schweizerdorf* auszeichnete, war eine 40 Meter hohe, künstliche Alpenlandschaft aus Papiermaché samt elektrisch betriebenem Wasserfall (vgl. Abbildung 7.15). Unmittelbar vor den Toren des *Village Suisse*, ideologische Nachbarschaft räumlich markierend, kam der Pavillon des *Schweizerischen Alpenclubs* zu liegen. Umgeben war das rustikale Ausstellungsgebäude der Bergsteiger, nicht wirklich überraschend, von einem Alpinum (vgl. Abbildung 7.16). Das *Village Suisse* von 1896 ist das unbestrittene Wahrzeichen der neokonservativen Wende der Schweiz des Fin de Siècle. Es war aber durchaus auch zukunftsgerichtet: Hier wurden die Weichen für das nationale Selbstbild der kommenden Jahrzehnte gestellt. Als Geburtsstunde des architektonischen Heimatstils[101] und gewissermaßen als Mutter aller Alpenschweiz-Basteleien diente das Schweizerdorf als Blaupause für vergleichbare Nationalinszenierungen der kommenden Jahrzehnte.

In ihrer Machart legen das Kulissendorf, das Papiermachégebirge und der Steingarten zudem nahe, Guy Marchals Begriff der »Bastelei« durchaus

98 Marchal: Das »Schweizeralpenland«, 432.

99 F.H.: Die schweizerische Landesausstellung in Genf. In: Appenzeller Kalender 176 (1897), unpaginierte Seite.

100 Vgl. Crettaz-Stürzel: Heimatstil, 61-63.

101 Vgl. ebd., 65.

Abb. 7.15: Alpine Szenerie vor künstlicher Bergkulisse im *Village Suisse* an der Schweizerischen Landesausstellung in Genf (1896).

wortwörtlich zu verstehen – als bewusstes und mehr oder weniger gut gemachtes Zusammenfügen von dinglich-räumlichen Elementen.[102] Um diese mit Gottfried Keller als »Tapetenvaterland«[103] zu umschreibenden Kunstwelten des Nationalen wie Landesausstellungen, Alpengartenlandschaften oder Museumsbauten theoretisch zu fassen, bietet sich das vom Kunsthistoriker Tom Holert geprägte Konzept des *Imagineering* an. Holert übernahm diesen Terminus technicus aus der Produktionssphäre der Disney-Themenparks. Er umschreibt ihn als heuristisches Werkzeug, das zwei wesentliche Eigenschaften moderner Bildwelten in den Fokus rücke: Erstens, dass Bilder bewusst gemachte technische Produkte darstellten und zweitens, dass der Bildproduktion stets ein ideologisches Moment eingeschrieben sei und Bilder folglich an »Praktiken der Willens- und Wissensbildung« beteiligt seien.[104]

102 So analysieren die Ethnologen Bernard Crettaz und Juliette Michaelis-Germanier das nationalidentitäre Raumsetting der Genfer Landesausstellung von 1896 ausdrücklich unter der Perspektive der »bricolage«, die über das Verfahren der Miniaturisierung eigentliche Welterklärungssysteme hervorbringe (vgl. Crettaz und Michaelis-Germanier: Une Suisse miniature, 64-74).
103 Keller: Das verlorene Lachen, zit. bei Marchal: Das »Schweizeralpenland«, 478.
104 Holert: Bildfähigkeiten, 18.

Abb. 7.16: Pavillon des *Schweizerischen Alpenclubs* an der Schweizerischen Landesausstellung in Genf, mit Alpinum von Jules Allemand und Henry Correvon (1896).

Eingebettet in ein absichtsvolles *Imagineering*, waren also die aufwändigen Basteleien der Genfer Landesausstellung darauf angelegt, von den Betrachtern in einer bestimmten Weise decodiert zu werden, und dies lässt sich mit gutem Grund auch für den Steinhaufen neben dem Bezirksschulhaus in Liestal behaupten. Leuthardts Schulgärtchen war mehr als eine Anhäufung von Steinen. In seinem Alpinum überlagerten sich vielmehr unterschiedliche Diskurse, die dem Liestaler Heimatensemble ihr Gepräge verliehen. Als Nullpunkt einer Stratigraphie dieser Diskurse dient abermals das Genfer *Village Suisse* beziehungsweise das benachbarte SAC-Alpinum und dessen Miterbauer, Henry Correvon.

Wie das *Village Suisse*[105] war auch das Alpinum weder eine absolute Neuheit noch eine genuin schweizerische Erfindung.[106] Bereits im ausgehenden 18. Jahrhundert begannen Adlige in verschiedenen europäischen Ländern, ihre Landschaftsparks mit Felsengärten und rekonstruierten Schweizerchalets um pittoreske »Schweizer Szenerien« zu bereichern. Vor allem in Großbritannien stellten die *Swiss Gardens* eine ausgesprochene Modeerschei-

105 Vergleichbare architektonische Nationalinszenierungen waren Ende der 1880er-Jahre und Anfang der 1890er-Jahre auch an den Welt- und Landwirtschaftsausstellungen in Turin, Amsterdam, London, Paris, Wien, Antwerpen und Budapest zu bestaunen (vgl. Crettaz-Stürzel: Heimatstil, 62 f.).

106 Zur Geschichte der Alpinen (Alpen-Steingärten) vgl. Bucher: Von Gärten in den Alpen.

Abb. 7.17: Miniaturalpinum aus Tuffstein. Illustration in *Der gelehrte Spielkamerad* von Hermann Wagner (1891).

nung dar, aber auch in Deutschland erfreuten sich diese großer Beliebtheit (vgl. Abbildung 7.17). So war es denn mit Theodor Froebel auch ein deutscher Gärtner, der in den 1830er-Jahren in Zürich das erste öffentliche Alpinum in der Schweiz anlegte. Er gestaltete einen Teil des botanischen Universitätsgartens auf der ehemaligen Schanzenanlage *Zur Katz* als Alpenlandschaft im Kleinformat. Obwohl als Botanischer Garten der Universität angelegt, verkörperte dieser Steingarten mehr als bloß wissenschaftliches Interesse an der Alpenflora, das durch den Gartenleiter und Botanikprofessor Oswald Heer programmatisch vorgespurt war. Das intellektuelle Milieu des liberalen Zürich der 1830er-Jahre, mit dem Froebel auch familiär verbunden war,[107]

107 Froebel war verheiratet mit Bertha Amalia Hegetschweiler, der Tochter des Botanikers und liberalen Regierungsrates Johannes Hegetschweiler (vgl. zu Hegetschweiler auch Kapitel 4.1).

decodierte die künstlichen Berge noch in ganz anderer Weise, wie die Landschaftshistorikerin Annemarie Bucher nahelegt:

> »Doch es ging nicht nur um die Botanik, sondern auch um symbolische Dimensionen. Im Zuge des aufflammenden Nationalbewusstseins und der romantischen Verklärung der Hochgebirgswelt wurden diese nachgebauten alpinen Szenerien zu Bausteinen eines Mythos.«[108]

Im Unterschied zu älteren »Schweizergärten« war die Froebel'sche Anlage in botanischer Hinsicht ein wirkliches Alpinum, das mit authentischen Alpenpflanzen bestückt war. Dies stellte gärtnerisch eine ziemliche Herausforderung dar, da die Pflanzen erst mühsam an die Lebensbedingungen des Unterlandes akklimatisiert werden mussten und das dazu notwendige Know-how noch kaum vorhanden war. Bei Froebel erlernte auch ein junger Gärtner aus der Westschweiz das Akklimatisierungshandwerk: Henry Correvon (1854-1939).[109] Zurück in der Romandie, eröffnete dieser 1879 in Genf eine eigene Alpenpflanzengärtnerei. Bald genoss Correvon einen hervorragenden Ruf als Alpenpflanzenspezialist, der bis nach Großbritannien reichte.

Correvon war nicht bloß Gärtner, sondern auch ein geschickter und umtriebiger Selbstpromotor: Er war aktiver Bergsteiger sowie jahrelanger Präsident der Genfer SAC-Sektion und nutzte die alpinistischen Kanäle fleißig für seine publizistischen und kommerziellen Tätigkeiten. Wie schon erwähnt, rief er zudem 1885 in Genf zusammen mit einigen Bergsteigerkollegen die *Association pour la protection des plantes* ins Leben.[110] Dieser Verein war ein Pionier des schweizerischen Naturschutzwesens. Getragen von patriotischer Alpenbegeisterung und ästhetischer Naturschwärmerei suchten Correvon und seine Mitstreiter, durch Öffentlichkeitsarbeit auf Alpentouristen einzuwirken und diese für ein rücksichtsvolleres Verhalten gegenüber der Alpenflora zu sensibilisieren. Denn die europaweite Leidenschaft für die Alpenlandschaft und ihren Blumenschmuck blieb nicht ohne Folgen – Zeitgenossen berichten von einem florierenden Handel mit alpinen Wildpflanzen, den Einheimische und professionelle Händler mit Touristen und Gärtnereien des In- und Auslandes betrieben haben sollen.[111]

108 Bucher: Von Gärten in den Alpen, 13.

109 Zu Correvon vgl. Vonèche: Henry Correvon; Jaquet: Henry Correvon; Jaquet: Le jardin alpin.

110 Vgl. Scheidegger: Mythos Edelweiss, 31-33 sowie die Ausführungen in Kapitel 6.2.

111 Dass Correvon mit seinem internationalen Blumenhandel sowie seiner publizistischen Alpenblumenverherrlichung diese für die Flora schädliche Leidenschaft selber befeuerte, steht auf einem anderen Blatt – er sah sich jedoch von kritischen Zeitgenossen regelmäßig mit dem Vorwurf konfrontiert, dass seine Association nicht mehr als eine PR-Aktion darstelle, die vornehmlich den Kauf seiner akklimatisierten Alpenpflanzen befördern solle (vgl. Scheidegger: Mythos Edelweiss, 33).

JARDIN BOTANIQUE ALPIN DE LA LINNÆA

à Bourg-St-Pierre en Valais

Abb. 7.18: Henry Correvons Alpengarten *La Linnaea* bei Bourg-St-Pierre. Abbildung in *Bulletin de l'association pour la protection des plantes* (1890).

So ist es nicht weiter erstaunlich, dass der umtriebige Henry Correvon vom Landschaftsarchitekten Jules Allemand mit ins Boot geholt wurde, als dieser mit dem Bau des SAC-Alpinums für die Genfer Landesausstellung beauftragt wurde. Correvon war bestens vernetzt mit den Alpinisten und anerkannte Kapazität, was Alpenpflanzen anbelangte. Vor allem aber umwehte ihn ein Hauch authentischer Alpenluft. Weniger aufgrund seiner eigenen Alpinerfahrungen denn wegen seiner gärtnerischen Aktivitäten im Gebirge: Der Genfer war der Gründer von *La Linnaea,* des ersten Alpengartens in der Schweiz, den er ab 1889 in der Walliser Gemeinde Bourg-Saint-Pierre einzurichten begann (vgl. Abbildung 7.18).

Die ab dem ausgehenden 19. Jahrhundert boomenden Alpengärten stellten sozusagen einen Rücklauf der Alpenbegeisterung des Unterlandes dar. Nun wurden auch in alpiner Umgebung Gärten angelegt, in denen man die hochgeschätzten Alpenpflanzen heranzog. In der zeitgenössischen Wahrnehmung stellten Alpengärten also gewissermaßen einen Garten inmitten der selbst zum riesigen »Garten« hochstilisierten Alpenlandschaft dar. Sie waren sozusagen ein alpines Hochkonzentrat.

Auch die naturkundlichen Lokalforscher in den alpennahen Gebieten wurden von diesem Boom ergriffen. So setzte der Luzerner Zentrumsakteur Hans Bachmann alle Hebel in Bewegung, um auch in der Zentralschweiz einen solchen Garten zu errichten. 1905 war es schließlich so weit, und die *Naturforschende Gesellschaft Luzern* konnte auf Rigi-Scheidegg ihren eigenen Alpengarten in Betrieb nehmen.[112]

Der Steinhaufen in Liestal war also nicht bloß ein Abkömmling der Genfer Ausstellungsarchitektur, sondern strebte ebenso seinen größeren Geschwistern im Gebirge nach. Mit dieser Horizonterweiterung um die Alpengärten in Bourg-Saint-Pierre und Rigi-Scheidegg rückt auch eine weitere Bedeutungsdimension des Alpinums auf dem Liestaler Holderstöckli in den Blick: dessen Wissenschaftlichkeit. Weit mehr als frühere Anlagen waren Alpengärten als Orte der Forschung konzipiert. Correvon erhielt einen Großteil seines Startkapitals für *La Linneae* vom Oxforder Evolutionsbiologen George Romanes, der botanische Adaptions- und Kreuzungsversuche in alpiner Umgebung durchführen wollte. 1915 übergab Correvon den Garten dem Botanischen Institut der Universität Genf.[113] Dass auch Bachmann, selber promivierter Botaniker, die Forschung als Hauptzweck des Alpengartens auf Rigi-Scheidegg erachtete, braucht kaum betont zu werden. Zu diesem Ziel regte er auch eine Zusammenarbeit mit einem wohlbekannten Zürcher an, dem Botanikprofessor Carl Schröter. Dieser mit der Petite Science vielfältig vernetzte Kenner der Alpenflora entwarf ein eigenes For-

112 Vgl. Theiler: Professor Bachmann, XXXVII-XXXIX.
113 Vgl. Correvon: Alpenblumen, 110 und 114.

schungsprogramm für den Alpengarten der Luzerner Naturforscher und verlieh diesem als Hauptredner an der Eröffnungsfeier auch akademische Weihen.[114]

Abgesehen von Akklimatisierungsversuchen mit Mitbringseln aus den Sommerferien[115] dürfte Franz Leuthardt im Alpinum der Bezirksschule kaum eigentliche Forschung betrieben haben. Dennoch darf man annehmen, dass er dieses durchaus als wissenschaftliche (oder zumindest didaktische) Anlage auffasste; erwähnte er es doch gegenüber seinem Freund in einem Atemzug mit den naturkundlichen Unterrichtsräumen des neuen Schulhauses.

Mit den Alpenpflanzen, die als Mitbringsel aus den Sommerferien ihren Weg ins Liestaler Alpinum fanden, ist eine weitere Bedeutungsebene der Alpengartenmode benannt: Diese stand in enger Beziehung zum Alpentourismus. An Correvons Gartengründung waren beispielsweise etliche alpenbegeisterte Briten beteiligt. Auch der Garten der Luzerner Naturforscher verdankte sich wesentlich der Tatsache, dass ihr Präsident Bachmann beste Kontakte zu verschiedenen Tourismusunternehmern der Region pflegte.[116] Das Land, auf dem der Garten zu liegen kam, stellte der Besitzer von Rigi-Scheidegg, der Hotelier Robert Stierlin-Hauser, kostenlos zur Verfügung, und mit garantierten Freifahrten unterstützten auch die Rigibahnen das Vorhaben. Die Hoteliers und Bergbahnen betrachteten die Gärten als touristische Attraktion und versprachen sich eine Steigerung der Besucherzahlen. Nach der Jahrhundertwende begannen Tourismusunternehmer zunehmend auch in Eigenregie Alpengärten anzulegen.[117] Heimgekehrt aus den Bergferien, zogen die Alpenliebhaber des Unterlandes wiederum in ihren Steingärtchen Pflanzen, die sie als botanische Souvenirs mitbrachten. Vergleichbar mit den Herbarien konservierten auch die Alpinen als lebende Sammlungen Urlaubserinnerungen.

Ihre Einbettung in touristische Praktiken lud die Alpengartenlandschaften zwangsläufig mit Bedeutungen auf, die über deren wissenschaftlichen Anspruch hinauswiesen. Mochten die Alpengärten auch als hehre Stätten der botanischen Forschung konzipiert gewesen sein, so standen sie doch stets im Schatten patriotisch überhöhter Alpenbilder. In einer Beschreibung des Alpengartens *La Linnaea* schildert Correvon dessen Anlage offenherzig als landschaftsarchitektonische Bricolage am Nationalmythos der Alpenschweiz:

114 Vgl. Theiler: Professor Bachmann, XXXIX.

115 Vgl. StABL, Nachlass Franz Leuthardt, PA 6102, Tagebuch, Bd. 3, Eintrag vom 30.7. 1908, 253.

116 Vgl. dazu die Ausführungen in Kapitel 5.4.

117 Vgl. Vonèche: Jardins alpins, 16.

»An diesem Orte nun lasse man seiner Phantasie freies Spiel. Felsblöcke werden aufgeschichtet, Hügel aufgeschüttet, Tälchen gegraben, Fusswege angelegt und wilde Pflanzen angebaut nach Belieben. [...] Wo es angeht, schlägt man ein malerisches Brücklein über den Bach, man zerstreut einige bemooste Felsblöcke im Grasplatz und gibt dem Ganzen den Anschein einer Alpweide [...] man kann dieselben ausschmücken mit kleinen Gebäulichkeiten, Speicher usw. Nur muss alles stets harmonisch zusammenwirken, nichts Fremdartiges darf sich aufdrängen, die ganze Anlage muss einen einfachen, natürlichen Anstrich besitzen.«[118]

Diesen letzten programmatischen Satz Correvons hätte auch Paul Bouvier, der Architekt des Genfer *Village Suisse* von 1896, unterschreiben können. Er hört sich an, als wäre er einem Manifest des Heimatstils entnommen worden, jener neuen Architekturrichtung, die Bouvier in den kommenden Jahren mitgestalten sollte. Als Verteidiger des Einfachen, Harmonischen und Natürlichen – kurz: des »Einheimischen« – betätigte sich der Heimatstil-Architekt Bouvier einige Jahre später auch an vorderster Front, als sich 1905 einige Dutzend Künstler und Künstlerinnen, Architekten, Journalisten und Professoren in Luzern versammelten, um die *Schweizerische Vereinigung für Heimatschutz* ins Leben zu rufen.[119] Als »konservative Reformbewegung«[120] verschrieb sich der Heimatschutz der Erhaltung traditioneller Bauweisen, historischer Ortsbilder, intakter Naturlandschaften sowie der einheimischen Tier- und Pflanzenwelt, die man durch ungezügelte Profitgier und überbordenden Fremdenverkehr bedroht sah.

Mit dem Heimatschutz, dieser »helvetische[n] Ideologiefabrik der Reformkultur«,[121] ist eine letzte Diskursschicht angesprochen, die in den Felskonstruktionen der alpinen Gartenlandschaften sedimentierte: die Idee des Schützens und Rettens. Dem reformerischen Gestaltungswillen, den der Heimatschutz in der Förderung »richtiger« Bauweise an den Tag legte und der ebenso in den Kunstwelten des *Village Suisse*, in Correvons Alpenpark wie auch in Fischer-Sigwarts Gartenparadies und Leuthardts Schulalpinum zum Ausdruck kam, stand nämlich in Form weitverbreiteter Konservierungsideologien gleichsam ein komplementäres Gegenstück gegenüber – »Erhalten und Gestalten«, wie die Historikerin Madleina Bundi dieses Programm stimmig auf den Punkt bringt.[122] So hegten auch viele Erbauer von Alpengärten volkserzieherische Absichten und betrachteten die Anlagen als

118 Correvon: Alpenblumen, 108 f.
119 Zum Heimatschutz in der Schweiz vgl. Bundi: Erhalten und gestalten; Crettaz-Stürzel: Heimatstil, 98-116.
120 Kurz: Die Disziplinierung der Stadt, 108.
121 Crettaz-Stürzel: Heimatstil, 113.
122 »Erhalten und gestalten« ist der Titel von Bundis Publikation zum 100-Jahr-Jubiläum des Schweizerischen Heimatschutzes.

wirkungsvolle Propagandamittel für den jungen Naturschutzgedanken. Bei der Errichtung von *La Linnaea* wurde Henry Correvon tatkräftig von seiner *Association pour la protection des plantes* unterstützt, und Hans Bachmann äußerte über seinen Rigi-Garten die Hoffnung, »dass ein Besucher, der dort ein volles Stündchen unseren Lieblingen gewidmet habe, […] unmöglich später im Freien zum sinnlosen Vernichter der gleichen Pflanzen werden« könne.[123]

Wie Correvons Beispiel zeigt, waren um 1900 die Grenzen zwischen den verschiedenen Organisationen der bürgerlichen Schützen-und-Retten-Phalanx anfänglich durchaus fließend. Als 1905 die *Schweizerische Vereinigung für Heimatschutz* gegründet wurde, lösten Correvon und seine Mitstreiter ihre seit über 20 Jahren bestehende *Association pour la protection des plantes* auf und schlossen sich samt restlichem Vereinsvermögen der neuen Organisation an. In deren Gründungsjahren standen naturschützerische Belange noch weit oben im Vereinsprogramm. Wenige Jahre darauf erwies sich Correvon als glühender Befürworter eines weiteren neugegründeten Vereins, des *Schweizerischen Bundes für Naturschutz* (SBN). Dieser wurde 1909 von der Naturschutzkommission der *Schweizerischen Naturforschenden Gesellschaft* ins Leben gerufen, um den Naturschutzgedanken in einer breiteren Öffentlichkeit zu verankern und um Schutzprojekte wie den geplanten Nationalpark zu finanzieren. Unterdessen war es auch zu einer thematischen Flurbereinigung zwischen Heimatschützern und Naturschützern gekommen: Erstere fokussierten nun hauptsächlich auf Architektur, Ortsbild und Landschaft und entließen die Tiere und Pflanzen aus ihrem Zuständigkeitsbereich. Mit der feierlichen Eröffnung des Nationalparks 1914 verzeichneten die Naturschützer einen ersten öffentlichkeitswirksamen Großerfolg. Correvon betrachtete die Unterengadiner »Reservation« als großmaßstäbliche Fortsetzung seiner Alpengärten und lobte das Projekt als nationale Andachtsstätte im wahrsten Sinne des Wortes in den Himmel:

> »Wir Schweizer dürfen stolz sein, eine solche Reservation zu besitzen […]. Indem wir uns an den Naturschutzbund anschliessen, bekunden wir nicht nur unseren tatkräftigen Patriotismus, sondern auch unsere Dankbarkeit dem Schöpfer gegenüber, der unser liebes Vaterland mit unvergleichlicher Schönheit ausgestattet.«[124]

Correvons Tanz auf mehreren Hochzeiten ist Ausdruck einer Hochkonjunktur einschlägiger Vereinsgründungen um 1900: Fast im Jahresrhythmus wurden neue Vereine ins Leben gerufen, die sich unter dem Banner des Schützens und Rettens einer Vielzahl von Dingen annahmen, die man als

123 Theiler: Professor Bachmann, XXXIX.
124 Correvon: Alpenblumen, 116 f.

bedroht erachtete: der Volkskultur, der Trachten, der Burgen, der Vögel oder des gutschweizerischen Kunsthandwerks.

Auch wenn sich diese verschiedenen Vereine durchaus als gemeinsame Bewegung mit denselben Zielen erachteten[125] und ein vergleichbares Vokabular pflegten, so steckten sie doch ihre Einflusssphären klar ab und suchten sich als eigenständige Organisationen zu profilieren. Vor allem der junge Naturschutz war darauf bedacht, gegenüber dem Heimatschutz Eigenständigkeit zu markieren.[126] Gleichzeitige Mehrfachmitgliedschaften mochten zwar vorkommen, dennoch war Correvon, der sein Herz an etliche neu entstehende Vereine verschenkte, nicht repräsentativ für die Vereinspräferenzen der naturkundlichen Lokalforscher. Unbesehen der vermeintlich gleichen Sprache marschierten die Naturforscher getrennt von den Geisteswissenschaftlern, Journalisten, Künstlern und Architekten, die sich im Heimatschutz zusammentaten. Bevorzugtes Betätigungsfeld der Petite Science war der Naturschutz, der zweite Großverband innerhalb der Schützen-und-Retten-Phalanx.[127] Dies galt auch für Franz Leuthardt. Der Bezirksschullehrer mochte zwar in einem Heimatstil-Haus wohnen, unablässig das Wort »Heimat« im Munde führen und auch gemeinsam mit Heimatschützern in der staatlichen »Natur- und Heimatschutzkommission« seines Kantons beratschlagend zusammensitzen, sein Heimatbegriff war dennoch nicht ganz deckungsgleich mit jenem der Heimatschützer. Er verfolgte, wie seine Naturforscherkollegen in anderen Kantonen, eine eigene Agenda: Leuthardts Herz schlug in erster Linie für den Naturschutz. Als aktiver Naturschützer der ersten Stunde war er Mitbegründer und langjähriger Präsident der Naturschutzkommission beider Basel und umtriebiger Propagandist für den Schutz von Tier- und Pflanzenwelt.

Als erstes Element des räumlichen Heimatensembles beim Burgschulhaus in Liestal stand das Alpinum im Fokus der vorangegangenen Ausführungen.

125 Die Geistesverwandtschaft dieser Gruppierungen zeigte sich nochmals deutlich, als Ende der 1920er-Jahre über die Gründung eines Dachverbandes aller Schützen- und- Retten-Vereine nachgedacht wurde, der folgende Organisationen umfassen sollte: Heimatschutz, Bund Schweizerischer Architekten, Gesellschaft zur Erhaltung historischer Kunstaltertümer, Schweizerische Gesellschaft für Volkskunde, Pro Campagna, Schweizerischer Bund für Naturschutz, Schweizerische Naturschutzkommission, Schweizerisches Landeskomitee für Vogelschutz, Schweizerische Vereinigung zur Erhaltung der Burgen und Ruinen, Schweizerische Vereinigung zur Erhaltung der Trachten, Schweizerischer Werkbund (Vgl. Bundi: Erhalten und Gestalten, 21).

126 Kupper: Wildnis schaffen, 69.

127 Heimatschutz und Naturschutz stellten zahlenmäßig die größten Fraktionen des Schützen-und-Retten-Milieus dar: Der Heimatschutz zählte 1914 rund 6000 Mitglieder (vgl. Crettaz-Stürzel: Heimatschutz, 100), während der Schweizerische Bund für Naturschutz 1912 bereits 20.000 Mitglieder verzeichnete (Brunies: Bericht der Naturschutzkommission 1912/13, 126).

Mehrere Bedeutungsschichten ließen sich in diesem bepflanzten Steinhaufen ausmachen. Erstens korrespondierte der Steingarten mit wissenschaftlichen Alpengärten im Gebirge, die um die Jahrhundertwende von Akteuren der Petite Science errichtet wurden. Das Versetzen von Alpenpflanzen in Gärten des Mittellandes reihte sich zudem ein in die spielerischen Akklimatisierungsversuche, die sich unter den Lokalforschern großer Beliebtheit erfreuten und wie sie auch Leuthardt beispielsweise mit Wasserschnecken betrieb. Zweitens standen die Steingärtchen in enger Verbindung mit der Attraktivität der Alpen als Urlaubslandschaft. Mit botanischen Mitbringseln aus den Ferien holten sich die Naturliebhaber des Unterlandes quasi die Alpen ins Vorgärtchen und erfreuten sich ob der Pflanzen als Erinnerungsstütze. Drittens war das Erbauen künstlicher Alpenlandschaften ein wichtiger Bestandteil des nationalidentitären *Imagineering*. Die Alpenschweiz-Basteleien, wie sie an der Genfer Landesausstellung von 1896 lehrbuchmäßig vorgeführt wurden, prägten auch die Heimatvorstellungen im Tafeljura. Mit dem Steingärtchen als Zeichen für die patriotisch überhöhte Bergwelt erhielt das Baselbieter Heimatensemble Leuthardts also seine feste ideologische Verankerung im zeitgeistigen Nationalmythos.

Von den alpinen Fantasielandschaften des fortschrittsskeptischen Bürgertums um 1900 lässt sich, viertens, eine direkte Linie zu den konservativen Reformbewegungen der Schutzvereine ziehen. Als gefährdeter Hort nationaler Eigenart waren die Alpen die geistige Geburtsstätte dieser Vereine, und so lässt sich auch Leuthardts Steingärtchen als Erkennungszeichen für seine Zugehörigkeit zur Phalanx des Schützens und Rettens lesen. Obwohl die unter dem Banner des Naturschutzes sich sammelnden Lokalforscher mit dem Heimatschutz und vergleichbaren Organisationen ein gemeinsames Vokabular teilten, war das Bündnis mit diesen ein eher loses. Mochten die Akteure der Petite Science auch die Alpenbegeisterung und andere Konstruktionselemente nationalkollektiver Identität ebenfalls in ihr Repertoire aufgenommen haben, so verfolgten sie doch ein Stück weit eigene Wege.[128]

Der Umweltschutzhistoriker Stefan Bachmann charakterisiert denn auch die Naturschützer als wissenschaftsgeleitete Bewegung und stellt sie als solche dem Heimatschutz gegenüber, den er der europaweiten »Strömung des Irrationalismus«[129] zurechnet. Auch wenn diese Schwarz-Weiß-Darstellung

128 In der vorliegenden Untersuchung muss offengelassen werden, ob und wie sich dieser spezifisch naturkundliche Weg nicht bald schon wieder mit jenen der »geisteswissenschaftlichen« Heimatfreunde kreuzte, nämlich mit dem Erstarken völkischer Gesellschaftskonzepte in den 1920er-Jahren. Auch wenn sich in den Schriften der hier untersuchten Zentrumsakteure keine Bezüge auf rassisch-biologistisch unterlegte Volkstumskonzepte ausmachen lassen, so wurde mit dem ökologischen Denkstil und seiner neuen Betrachtung von Eigenem und Fremdem – von dem gleich im Anschluss die Rede sein wird – zumindest eine Anschlussmöglichkeit vorgespurt.

129 Bachmann: Zwischen Wissenschaft und Patriotismus, 56.

die Modernität des Heimatschutzes bezüglich Öffentlichkeitsarbeit oder architektonischer Reformbemühungen verkennt, so stimmt sie doch in zweifacher Hinsicht. Von den im Heimatschutz zusammengeschlossenen Bildungsbürgern unterschieden sich die schutzwilligen Naturforscher nämlich nicht nur in ihren konkreten Zielen: Es trennte sie von den mitunter kulturpessimistischen Heimatschützern erstens ihre sachlichere Einschätzung der eigenen Gegenwart, in der noch immer Anklänge an den liberalen Fortschrittsoptimismus nachhallten,[130] und zweitens beruhten auch ihre Problemanalysen auf gänzlich anderen Erkenntnisgrundlagen. Die epistemische Basis ihrer Zeitdiagnose bestand einerseits aus handfesten empirischen Befunden aus floristischen und faunistischen Bestandeserfassungen, die den Rückgang unzähliger Tier- und Pflanzenarten und dessen ursächlichen Zusammenhänge augenscheinlich belegten. Wie im vorangegangenen Kapitel aufgezeigt, kamen die Naturforscher des Mittellandes auf dieser Grundlage schon früh zu dem Schluss, dass sich Schutzmaßnahmen für Flora und Fauna aufdrängten – der ideologische Rückenwind aus dem patriotisch umwehten Alpengebirge stellte höchstens noch den auslösenden Anschub dar. Andererseits besaßen die Naturforscher mit den zeitgenössischen Begrifflichkeiten der »Biocoenose« und der »Oecologie« auch theoretische Werkzeuge, um intakte Naturentitäten sowie ihre Zerstörung wahrzunehmen und zu beschreiben. Diese beiden Begriffe begleiten uns auf dem nächsten Abschnitt des Spazierganges durch das Liestaler Heimatensemble, der uns nun zu den Teichen führen soll, die Leuthardt mit seinen Schülern neben dem Schulhaus angelegt hatte.

Der Schulteich: Ökologie als Denkrahmen der Heimat

Kurz nach Bezug des Bezirksschulhauses auf dem Burghügel hob Franz Leuthardt unter Mithilfe seiner Schüler im Jahre 1907 neben dem neu errichteten Gebäude einen Teich aus. Für die Belebung der ausgehobenen Grube wandte er sich an einen kompetenten Freund, den bereits erwähnten Zofinger »Krötenvater« Hermann Fischer-Sigwart: »Ich möchte gerne eine Seerose hineinsetzen, glaubst du dass man im Wauwiler Moos solche ausreissen kann? Ich hätte überhaupt für die Bepflanzung und ›Betierung‹ der Aquarien gerne deinen guten Rat!«[131]

130 Dieser anhaltende Fortschrittsoptimismus zeigte sich weniger in den konkreten Forschungen der Lokalforscher als in den Vortragsprogrammen der kantonalen Naturforschervereine. In diesen Referaten nahmen auch um 1900 wohlmeinende Berichte von technischen, medizinisch-pharmazeutischen oder agrarbiologischen Erfindungen und Errungenschaften noch immer eine zentrale Stellung ein.

131 StABL, Nachlass Franz Leuthardt, PA 6102, Tagebuch, Bd. 3, Eintrag ohne Datum (Herbst 1907), 134 f.

Abb. 7.19: Dorfteich. Illustration aus *Der Naturaliensammler* von Hellmuth von Kiesenwetter und Theodor Reibisch (1876).

Mit dem Bau des Teiches folgte der Bezirksschullehrer Leuthardt einer didaktischen Mode seiner Zeit. Diese ging zurück auf den Kieler Pädagogen Friedrich Junge, der 1885 sein vielbeachtetes Werk *Der Dorfteich als Lebensgemeinschaft* veröffentlichte.[132] Junges Buch, das im Untertitel als *Abhandlung über Ziel und Verfahren des naturgeschichtlichen Unterrichts* ausgewiesen wird, verstand sich in erster Linie als Anleitung für Naturkundelehrer und propagierte den biologischen Anschauungsunterricht. Junge gab sich überzeugt, dass Schüler in erster Linie durch eigene Beobachtung mit den

132 Ausführlicher zur Rolle, die Junges *Dorfteich* in der Neuausrichtung des Naturkundeunterrichts und der Verbreitung ökologischen Denkens in Deutschland spielte, vgl. das entsprechende Kapitel in Nyhart: Modern Nature, 161-197. Nyhart erachtet Junges *Dorfteich* als »core around which a cluster of pedagigical reforms precipitated, which by the early twentieth century would transform the teaching of biology« (ebd., 162).

Naturgesetzen vertraut werden sollen. Zur Erreichung dieses Zieles müssten die Schüler jedoch von ihren Lehrern kompetent zur Naturbetrachtung angehalten werden, wozu Junge mit seiner Anleitung Hand bieten wollte. Am Beispiel des Dorfteiches zeigte er auf, wie Lehrer aller Schulstufen einen praxisgestützten Naturkundeunterricht mit Beobachtungen und Versuchen durchführen könnten. Dass er sein Unterrichtsideal am Beispiel des Teiches durchexerzierte, hatte in erster Linie pragmatische Gründe: Er stelle ein typisches Naturobjekt der dörflichen Nahumgebung dar und lasse sich fast überall in Deutschland finden, so begründete der Pädagoge seine Wahl. Junges Buch wurde zu einem pädagogischen Bestseller, der bis 1907 in drei Auflagen auf dem Markt erschien, noch 1985 einen weiteren Nachdruck erlebte und bis auf den heutigen Tag seinen Platz in der Naturkundedidaktik behauptet.

Hinsichtlich der Stellung, die der Weiher innerhalb des Liestaler Heimatensembles einnahm, interessieren an dieser Stelle jedoch weniger die pädagogischen Entwürfe, die Junge um den Dorfteich herum entwickelte. Weit bedeutsamer ist die wissenschaftliche Verortung des Werkes, die der Pädagoge schon im Titel kenntlich machte – Junge stützte seine Ausführungen auf das biologische Konzept der »Lebensgemeinschaften«. Dieses Konzept war ein Kieler Eigengewächs: Entwickelt wurde es am Zoologischen Institut der dortigen Universität vom Biologen Karl August Möbius. Bei diesem besuchte Friedrich Junge Anfang der 1880er-Jahre Lehrerfortbildungskurse und wurde so mit der Begrifflichkeit vertraut gemacht.[133] Mit dem Konzept der Lebensgemeinschaft oder der »Biocoenose« formulierte Möbius im Jahre 1877 eines der frühesten ökologischen Modelle überhaupt. Diese Theoriebildung war gewissermaßen das Nebenprodukt eines fischereiwissenschaftlichen Forschungsauftrags. Im Diente des preußischen Landwirtschaftsministeriums untersuchte Möbius, wieso die Austernproduktion in der Nordsee stetig zurückging.[134] In seiner Veröffentlichung *Die Auster und die Austernwirtschaft* (1877) zeichnete er das Bild der Austernbank als biologischer Lebensgemeinschaft, in der unterschiedliche Organismen nebeneinander existieren und dabei auf vielfältige Weise voneinander sowie von äußeren Bedingungen abhängen. Der Pädagoge Junge definierte das Konzept seines ökologischen Lehrmeisters Möbius folgendermaßen:

> »Eine Lebensgemeinschaft ist eine Gesamtheit von Wesen, die sich nach dem innern Gesetze der Erhaltungsmässigkeit zusammengefunden haben, weil sie unter denselben chemisch-physikalischen Einflüssen existieren und ausserdem vielfach voneinander, jedenfalls von dem Ganzen, abhängig sind, resp. aufeinander und das Ganze wirken.«[135]

133 Vgl. Köstering: Natur zum Anschauen, 129.
134 Vgl. Nyhart: Civic and economic zoology, 609.
135 Junge: Der Dorfteich, 33.

Abb. 7.20 Schüler beim Arbeitseinsatz am Alpinum und Teich des Bezirksschulhauses Liestal. Aufnahme ohne Jahresangabe.

Leuthardts Schulteich war also mehr als bloß ein Tümpel in Dienste der Naturdidaktik. Er war das lehrbuchmäßige Sinnbild für eine ökologische Naturauffassung, die um die Jahrhundertwende das Denken der Petite Science zunehmend zu beeinflussen begann. Wo und wie äußerte sich dieser ökologische Denkstil in den Tätigkeiten der Lokalforscher?

Naheliegenderweise wurde die Begrifflichkeit der Biozönose von den frühen Naturschützern aufgegriffen. Paul Sarasin, der Vordenker der Schweizerischen Naturschutzkommission, gebrauchte den Terminus hin und wieder in seinen Texten, um eine von menschlichen Einflüssen unberührte »natürliche Lebensgenossenschaft« zu beschreiben.[136] Der Einfluss des Biozönose-Konzepts auf die Naturschutzpioniere darf jedoch nicht überschätzt werden. In den Anfangsjahren des organisierten Naturschutzes in der Schweiz erfreute sich nämlich eine andere Begrifflichkeit weit größerer Prominenz: das »Naturdenkmal«, wie es der deutsche Naturschutzpionier Hugo Conwentz definiert hatte.[137] Daneben kursierten weitere Leitbegriffe, die sich oft durch eine große Alltagsnähe auszeichneten und denen jegliche wissenschaftliche Fundierung abging. So beispielsweise die oft bemühte Rede der »Naturschönheiten«, mit welcher sich der frühe Naturschutz – allem

136 Vgl. Sarasin: Bericht der Kommission für die Erhaltung […] 1908/09, 157.
137 Vgl. zu Conwentz' Konzept des »Naturdenkmals« die Ausführungen in Kapitel 6.2.

Bemühen um Wissenschaftlichkeit zum Trotz – auch als ästhetische und empfindsame Angelegenheit zu erkennen gab.

Auch für Franz Leuthardt war Naturschutz durchaus eine emotionale Angelegenheit, wie er 1908 in einem Brief an seinen Freund Fischer-Sigwart durchscheinen lässt: »Damit du siehst, dass ich auch noch in Naturschutz mache, übersende ich dir noch einen kleinen Artikel, den ich in der Täube über die Zerstörungswut von Waldbesitzern und Förstern geschrieben habe.«[138] Leuthardt konnte jedoch auch anders. Wenn er im Austausch mit Behörden die Notwendigkeit von Naturschutzmaßnahmen sachlich begründen musste, bediente er sich durchaus einer Argumentation, in der das wissenschaftliche Konzept der biologischen Lebensgemeinschaft anklang, auch wenn er es nicht ausdrücklich benannte. Im Sommer 1908 wurde er vom basellandschaftlichen Regierungsrat um eine Stellungnahme zur eventuellen Einführung von Abschussprämien für Raubvögel gebeten. Gefordert wurde eine solche Prämie von Vertretern der Landwirtschaft, die beklagten, dass Greifvögel die schädlingsfressenden Singvögel dezimierten und Ernteeinbussen bewirken würden. In seiner ablehnenden Stellungnahme argumentierte Leuthardt nicht explizit mit dem Biozönose-Konzept, verwies jedoch auf natürliche Gleichgewichtszustände, die im Naturzustand zwischen Sing- und Greifvögeln eigentlich bestünden:

> »Allerdings ist dieses Gleichgewicht von den Menschen selbst und vor allem in den letzten Jahrzehnten wesentlich gestört worden. Der immer intensiver werdende land- und forstwirtschaftliche Betrieb vernichtet jede Hecke am Feldwege und überliefert jeden hohlen Baumast dem Feuer, Flussufer und Bachläufe werden gerade gezogen und die Ufergebüsche vernichtet und jedes Stück Oedland in Kultur genommen. Hiedurch wird den insektenfressenden Singvögeln die Nistgelegenheit genommen und der Schutz gegen Überfall entzogen.«[139]

Möbius' Konzept der Lebensgemeinschaft mochte also stellenweise in die Argumentation der frühen Naturschützer eingeflossen sein, weit folgeschwerer war jedoch dessen grundsätzlicher Einfluss auf den raumbezogenen Denkstil der Lokalforscher. Wie im Folgenden gezeigt werden soll, entfaltete das Wissen um die Biozönosen raumbildende Effekte: Es wurde in Stellung gebracht, um das kulturelle Konstrukt der »Heimat« wissenschaftlich zu untermauern, und bewirkte so eine neuartige Wahrnehmung von Naturnahräumen.

Die Möglichkeit, »Heimat« als biologische Lebensgemeinschaft zu denken, wurde durch die Weiterentwicklung des Möbius'schen Konzeptes begüns-

138 Nachlass Franz Leuthardt, PA 6102, Tagebuch, Bd. 4, Eintrag vom 30.12.1908.
139 StABL, Nachlass Franz Leuthardt, PA 6102, Tagebuch, Bd. 3, Eintrag vom 24.8.1908, 269.

tigt. So entwarf sein Schüler Friedrich Dahl zwischen 1894 und 1908 den Begriff des »Biotops«, mit dem er das Lebensgemeinschaftskonzept an bestehende biogeographische Theorien anzuschließen suchte.[140] In Anlehnung an die Tiergeographie beabsichtige Dahl, durch das Herausarbeiten ihrer jeweils »charakteristischen Tiere« einzelne Biozönosen voneinander abzugrenzen. Jeder dieser durch ihre Charaktertiere definierten Lebensgemeinschaften schrieb er einen entsprechenden Lebensraum zu, eben ihr Biotop. Mit seinem Bild des Biotops als Entsprechung von räumlicher und sozialer Einheit akzentuierte Dahl die territoriale Komponente des Lebensgemeinschaftskonzepts.

Diese norddeutschen Theorieelaborate fanden auch im Baselbiet Lebensbedingungen, die ihnen zusagten. Wenn Leuthardt 1902 die »Kenntnis der Natur der engern Heimat«[141] als Programm und Losung der Baselbieter Naturforscher ausgab, so waren die wissenschaftlichen Konzepte der Biozönose und des Biotops mehr oder weniger ausdrücklich mitgedacht. Die Bezugnahme auf Heimat, so betont die Historikerin Susanne Köstering, habe für die Lokalforscher mehr als eine rhetorische Strategie bedeutet. Vielmehr hätten diese die Heimatforschung zu einem eigentlichen Programm erhoben, das »in akademischen Kreisen in dieser Weise nicht existierte, nämlich als Agenda zur ökologischen Konstituierung der sozialen Kategorie ›Heimat‹«.[142]

Die Auswirkungen dieser ökologischen Agenda auf die Wissenspraktiken der Petite Science nach 1900 waren durchzogen. Altbewährte Wissensformate wie die lokalfloristischen und -faunistischen Bestandeserfassungen erhielten zwar das Etikett »Heimat« umgehängt, wurden jedoch wie eh und je durchgeführt. Am unmittelbarsten wirkte sich das neue Paradigma auf die naturkundlichen Museen aus: Um die Jahrhundertwende begann das ökologische Denken das Selbstverständnis, den Sammlungsauftrag und die Präsentationsweisen der kleinstädtischen Museen allmählich zu verändern.[143] Diese Neuausrichtung ging schrittweise vonstatten und war ebenso pragmatischen Gründen der Professionalisierung geschuldet wie den Entwicklungen in den naturhistorischen Leitkonzepten. 1899 wies der Frauenfelder Kantonsschullehrer Heinrich Wegelin die Sammlungen der *Thurgauischen Naturforschenden Gesellschaft* als »Thurgovianum«[144] aus, und 1902 definierte Isaak Bloch, der Kurator der naturhistorischen Sammlung des *Museums der Stadt Solothurn*, die »Pflege der lokalen Eigentümlichkeiten«[145] als

140 Zu Dahls Begrifflichkeit des Biotops vgl. Köstering: Natur zum Anschauen, 124-128 und Nyhart: Modern Nature, 317.
141 Leuthardt: Jahresbericht 1901, 9.
142 Köstering: Natur zum Anschauen, 148.
143 Vgl. dazu auch die Ausführungen in Kapitel 5.2.
144 Zit. nach Kauz: Den Thurgau ausstellen, 102
145 Bloch: Nachwort, 245.

Sammlungsstrategie seines Hauses. Hinsichtlich der Objektpräsentation dominierten aber selbst noch in den modernen Ausstellungsräumen des neu eröffneten Solothurner Museums eher durch Systematik sowie durch Tiergeographie inspirierte Konzepte, auch wenn die zu einer »Weissenstein-Gruppe« zusammengestellten Vogelpräparate vom Solothurner Hausberg bereits den Übergang zu ökologisch inspirierten Präsentationsweisen darstellten.

Eine konsequente Ausrichtung auf Letztere setzte erst etwas später ein. So tat sich Heinrich Wegelin in seinem Frauenfelder Museum ab den frühen 1920er-Jahren durch die Zusammenstellung von ökologischen Tiergruppen hervor.[146] In diesen Gruppen erhielten die Besucher einheimische Tiere in vielfältiger Interaktion – als Familie oder als Fressfeinde – in ihren charakteristischen Biotopen wie Wald, Gewässer oder Gebirge präsentiert und sollten so über biologische Zusammenhänge, vor allem aber über die Heimat belehrt werden.

Ebenso zögerlich wie in der Präsentationsweise schlug sich die ökologisch begründete Neuausrichtung auf die Heimat in der Benennung der Museen nieder: 1921 sprach der Luzerner Kurator Hans Bachmann von der kantonalen Sammlung als »Natur- und Heimatmuseum«,[147] ein Jahr darauf titulierte Heinrich Wegelin die neu eröffnete naturhistorische Sammlung in Frauenfeld als »Heimatmuseum«[148] und setzte sich für das junge Haus zum Ziel, das »Heimatliche im Laufe der Zeit noch mehr hervortreten [zu] lassen«.[149]

Auch Franz Leuthardt schloss sich dieser Entwicklung an und fokussierte, ohne groß Worte darüber zu verlieren, die Sammlungsbemühungen des basellandschaftlichen Kantonsmuseums ab den 1920er-Jahren immer klarer auf heimatliche Naturobjekte.[150] Der Bezirksschullehrer beschränkte sich jedoch nicht darauf, Objekte der heimatlichen *Natur* zu sammeln und auszustellen. Bereits 1896 begann der promovierte Naturwissenschaftler, archäologische und historische Objekte in einer »Altertumssammlung« zur Schau zu stellen, und 1930 wagte schließlich auch Leuthardt den Schritt zum Heimatmuseum. Anders als in Luzern oder Frauenfeld strebte er jedoch nicht ausschließlich eine naturkundliche Heimatsammlung an, sondern ebenso eine volkskundliche, wie er in einem Publikumsaufruf in der *Basellandschaftlichen Zeitung* verkündete (vgl. Abbildung 7.21)

Diese Hinwendung zum einheimischen Menschen und seiner Kultur stellte wohl den bedeutsamsten Umbruch im Wissenschaftsverständnis der naturkundlichen Petite Science dar, die mit der ökologisch unterlegten Hei-

146 Leisi: Dr. h. c. Heinrich Wegelin, 164.
147 Aregger: Natur-Museum, 63.
148 Kauz: Den Thurgau ausstellen, 103.
149 Wegelin: Das thurgauische Museum, 255.
150 Vgl. Hagmann: Die angesägte Antilope, 105.

Baselland.

Kantonsmuseum. (Korr.) Unser Kantonsmuseum hat es sich angelegen sein lassen, wie andere Anstalten ähnlicher Art eine — entsprechend Raum und Mitteln — kleine *Heimatsammlung anzulegen*. Nebst Naturobjekten der engern Umgebung sammelt es auch *Kulturobjekte*, das heißt Gerätschaften und Produkte vergangener Tage, namentlich landwirtschaftlicher Art, die heute außer Gebrauch und in Vergessenheit geraten sind. Früher war der Landmann für seine meisten Bedürfnisse „Selbstversorger", seine Gerätschaften waren primitiver aber mannigfaltiger als heute. Viele sind ganz verschwunden oder führen in irgend einem Winkel ein verstaubtes und vom Holzwurm angefressenes Dasein.

So ist es den Gerätschaften ergangen, die einst mit dem Hanf- und Flachsbau zusammenhingen. Der Hanf ist heute vollständig aus der Liste der Kulturpflanzen verschwunden und den Flachs pflanzt der Landwirt eines einzelnen Gehöftes gelegentlich noch einmal an, um zu dem in der Tiermedizin hoch angesehenen Flachssamen zu kommen. Zahlreiche, charakteristische Geräte waren nötig, um die Hanf- und Flachsfaser in jenes solide Gewebe zu verwandeln, das noch aus Großmutters Zeiten herstammend, noch heute den Stolz einer währschaften Hausfrau bildet. Bald aber verschwundene Zeiten!!

Durch freundliche Geber sind uns in letzter Zeit einige erwünschte Stücke zum Geschenk gemacht worden: Eine „*Hanfbreche*" und drei „*Hecheln*", die alle einst in Liestal in Gebrauch waren. Ihre volkstümlichen Namen stehen zwar heute noch in Gebrauch. Mit der Hanfbreche oder „Rätsche" wurden die durch „Rossen" morsch gemachten Stengel zerbrochen und durch die Hecheln verschiedener Feinheit die Fasern in spinnbare „Reiste" zerschlissen. Der Schreiber dieser Zeilen hat in seiner Jugendzeit noch alle die nötigen Manipulationen mit angesehen oder noch selbst ausgeführt, — vom „Raïten" und Rätschen bis zur *Naturbleiche* der Leinwand, Sommers auf einer gemähten Wiese.

Vielleicht veranlassen diese Zeilen einen freundlichen Leser oder eine freundliche Leserin, uns noch ein Spinnrad oder einen Haspel zu schenken, die zur Zeit auf irgend einem Estrich ein vergessenes Dasein führen.

Aber auch andere alte, interessante außer Gebrauch gesetzte Gerätschaften, wenn nicht allzu voluminöser Natur, sind uns bestens willkommen.

F. L., Konservator.

Abb. 7.21: Heimat als Projekt: Franz Leuthardt bittet die Bevölkerung um Mithilfe beim Aufbau einer »Heimatsammlung«. Artikel in der *Basellandschaftlichen Zeitung* (1930).

matkonjunktur einherging.[151] Zwar mühten sich Kuratoren kleinstädtischer Natursammlungen bereits das ganze 19. Jahrhundert hindurch mehr schlecht als recht mit ethnographischen Objekten ferner »Naturvölker« ab,[152] doch dass sich Naturforscher voller Elan des einheimischen Volkes und seiner Kultur annahmen, war neu. Für einen Lokalforscher um 1900, der »Heimat« durch die Brille der Ökologie als Biotop betrachtete, drängte es sich beinahe auf, Pflanzen, Tiere, Menschen und geographische Charakteristika als Gesamtheit aufzufassen und zu untersuchen. Zumindest in der Schweiz war dieser ökologische Holismus keine Erfindung der Petite Science, sondern wurde ab dem ausgehenden 19. Jahrhundert von akademischen Naturforschern vorgespurt, und zwar wesentlich von der bereits verschiedentlich erwähnten »Zürcher Exkursionsschule«. Auf den mehrtätigen Exkursionen in die Alpen hätten beispielsweise die Studenten des an der ETH unterrichtenden Geologieprofessors Albert Heim »die Bergwelt und ihre Bewohner als eine untrennbare Einheit«[153] kennen und achten gelernt, wie die Botanikerin Marie Brockmann-Jerosch in einem Nachruf berichtet. Brockmann-Jerosch war Schülerin und spätere Mitarbeiterin des Botanikers Carl Schröter, der neben seinen bekannteren botanischen Arbeiten auch großen Anteil an der ethnographischen Wende der naturkundlichen Lokalforschung hatte.

In welcher Weise trug der Botanikprofessor Schröter dazu bei, dass naturkundliche Lokalforscher sich anschickten, bäuerliche Geräte zu sammeln? Schröter beförderte dieses Interesse als Mitbegründer der Pflanzenökologie. Anknüpfend an ältere geobotanische Forschungen, suchte er zu erfassen, wie die Eigenschaften bestimmter Naturräume und deren spezifischer Pflanzenbewuchs zusammenhängen und welche Wechselwirkungen zwischen beiden stattfinden. Im Gegensatz zu anderen, vorwiegend physiologisch ausgerichteten Botanikern interessierte sich Schröter weniger für die Wechselwirkungen der Einzelpflanze mit ihrer Umwelt. Er richtete in Anlehnung an das Biozönose-Konzept von Möbius sein Hauptaugenmerk vielmehr auf sogenannte Pflanzengemeinschaften. Unter solchen Pflanzengemeinschaften verstand er konstante Zusammenschlüsse unterschiedlicher Pflanzenarten, die sich an Örtlichkeiten mit jeweils vergleichbaren Lebensbedingungen auffinden lassen. Schröter fragte nach dem Zusammenwirken dieser Arten, ihrem Austausch mit der Umgebung sowie der zeitlichen Abfolge unterschiedlicher Pflanzengemeinschaften an dem gleichen Flecken Erde. Zudem unternahm er erste Versuche, die Vielgestaltigkeit der weltumspannenden Vegetationsdecke klassifikatorisch und nomenklatorisch zu bändigen.

151 Dass seit ihrer Erfindung ökologische Naturkonzeptionen immer schon den Menschen als Teil der Natur auffassten und in ihre Betrachtungen einschlossen, betont auch Lynn K. Nyhart (vgl. Nyhart: Modern Nature, 6).

152 Vgl. die entsprechenden Ausführungen in Kapitel 5.2.

153 Brockmann-Jerosch: Albert Heim, 172.

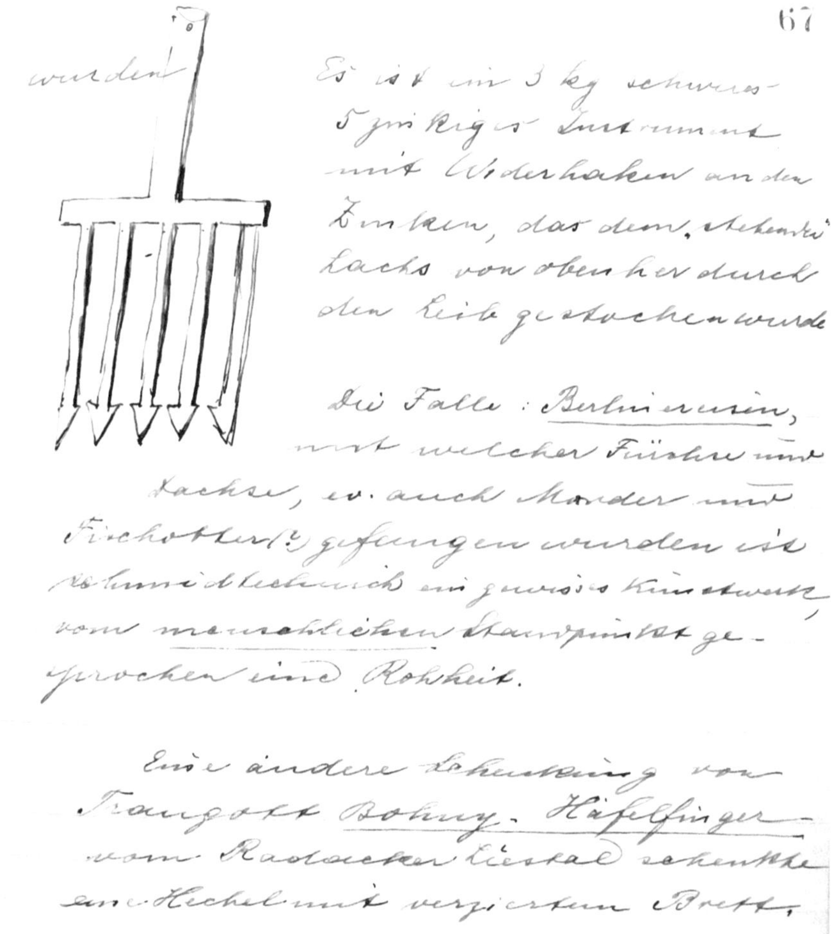
67

wurden

Es ist ein 3 kg schweres 5 zinkiges Instrument mit Widerhaken an den Zinken, das dem „stehenden" Lachs von oben her durch den Leib gestochen wurde

Die Falle: Berlinereisen, mit welcher Füchse und Dachse, ev. auch Marder und Fischotter(?) gefangen wurden ist schmiedtechnisch ein gewisses Kunstwerk, vom menschlichen Standpunkt gesprochen eine Rohheit.

Eine andere Schenkung von Traugott Bohny-Häfelfinger vom Radacker Liestal schenkte eine Hechel mit verziertem Brett,

Abb. 7.22: Skizze Leuthardts zu einer historischen »Lachsgehre«, die als Folge seines volkskundlichen Sammelaufrufs dem Kantonsmuseum geschenkt wurde (1930).

Schröter prägte für seine Forschungsperspektive den Begriff der »Synökologie«. Er verlieh so dem in den 1860er-Jahren von Ernst Haeckel geschaffenen Begriff der »Ökologie« – der sich vorwiegend auf die Beziehungen des Einzelorganismus mit seiner Umwelt fokussierte und von Schröter als »Autökologie« definiert wurde – eine neue Wendung: Im Zentrum der Schröter'schen Pflanzenökologie standen die Pflanzengemeinschaften oder »Assoziationen«, und folgerichtig wurde diese Forschungsrichtung etwas später auch als Pflanzensoziologie bezeichnet.

Im Jahre 1895 untersuchte Carl Schröter das St. Antöniertal im Prättigau. Dass der Botaniker dieses Tal sowohl *in seinen wirtschaftlichen wie pflanzengeographischen Verhältnissen* – so präzisierte der Untertitel – in Augenschein nahm, ist nicht bloß darauf zurückzuführen, dass er an der land- und forstwirtschaftlichen Abteilung des Polytechnikums forschte. Sein Interesse an den wirtschaftlichen Verhältnissen war ebenso dem umfassenden, »soziologischen« Blick des Ökologen geschuldet, der für die monographische Bearbeitung eines Landstrichs alle Faktoren in Rechnung stellen musste. Ein Blick ins Inhaltsverzeichnis zeigt, dass er zu diesen Faktoren nicht nur »Die Vegetation« und »Das Land« zählte, sondern ebenso »Die Leute«. Wie schon im Kapitel zur floristisch-faunistischen Forschungspraxis angesprochen, wurden Land und Leute bereits in früheren Jahrzehnten verschiedentlich in Lokalkatalogen und biogeographischen Portraits kurz erwähnt. Meist waren diese Anmerkungen jedoch entweder im Tonfall einer kameralistischen Landeskunde gehalten, in der ein aufgeklärter Adliger die sittlichen und (land-)wirtschaftlichen Zustände einer Gegend beschreibt,[154] oder sie verzeichneten einem Reisebericht entsprechend die Kuriositäten und historischen Ereignisse eines Landstrichs.[155]

Schröters Exkurs über die Bewohner des St. Antöniertals und deren Lebensweise bewegte sich jedoch auf einem ganz anderen Niveau. Dieser stellte eine 20-seitige volkskundliche Abhandlung dar, in der sich Schröter über die Siedlungs- und Bauweise, über landwirtschaftliche Geräte und volkstümliches Recht ausließ (vgl. Abbildung 7.23). Schröters kompetente Auslassungen machen deutlich, dass er einschlägig belesen war. So nahm er verschiedentlich Bezug auf zeitgenössische Volkskundler wie beispielsweise den Aarauer Hausforscher Jakob Hunziker.

Es war jedoch keine reine Kopfsache, dass sich ein Botaniker für Bauern zu interessieren begann. Die Ausweitung der Vegetationsforschung hin zu volkskundlichen Fragestellungen erklärt sich nicht ausschließlich durch den holistischen Theoriehorizont der Pflanzensoziologen, vor dem eine bestimmte Gegend in den Blick genommen wurde. Es gab auch weit praktischere Gründe. Die qualitativen wie quantitativen Untersuchungsmethoden der Pflanzensoziologie – floristische Bestimmung der vorkommenden

154 So beispielsweise in Eduard Killias' *Flora des Unterengadins* (1888), in welcher sich der gebildete und liberale Arzt im Vorwort verschiedentlich in wertendem Ton über die wirtschaftliche Situation des Unterengadins auslässt: »Gegenwärtig ist die Bestellung der Felder überhaupt keine gleichmässig sorgfältige, und in der landwirthschaftlichen Praxis wäre wohl Manches richtiger anzufassen« (Killias: Die Flora des Unterengadins, LXI).

155 So vermerkte August Rätzer in seinem *Exkursion in den alpinen Süden der Schweiz* (1881) bezüglich der Bauweise von Rossboden beim Simplon, dass »das Bergdörfchen in seinem grauen Steinmantel sich wie fröstelnd zusammendrängt, ein keineswegs anheimelnder Anblick für ein an die ebenso heimelige als malerische Berneroberländer-Bauart gewöhntes Auge« (Rätzer: Eine Exkursion, 173).

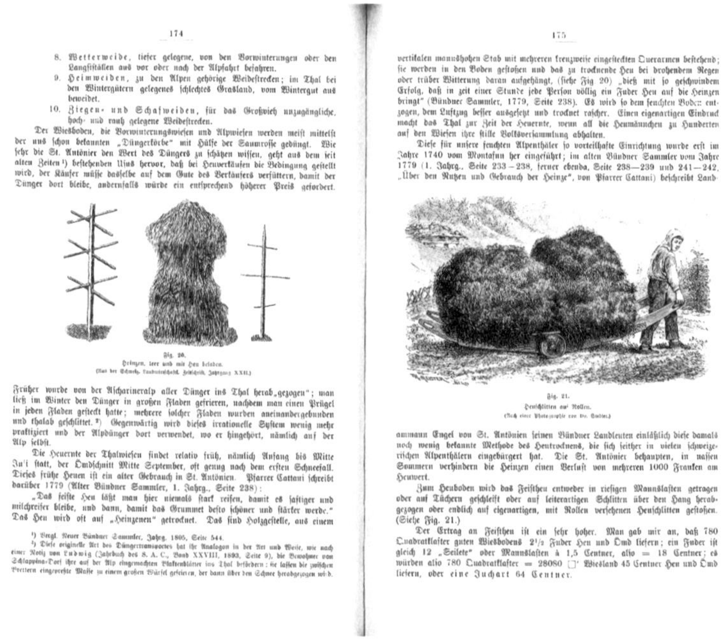
174

8. Wetterweide, tiefer gelegene, von den Vorwinterungen oder den Langsitställen aus vor oder nach der Alpfahrt befahren.
9. Heimweiden, zu den Alpen gehörige Weidestrecken; im Thal bei den Wintergütern gelegenes schlechtes Grasland, vom Wintergut aus beweidet.
10. Ziegen- und Schafweiden, für das Großvieh unzugängliche, hoch- und rauh gelegene Weidestrecken.

Der Wiesboden, die Vorwinterungswiesen und Alpwiesen werden meist mittelst der uns schon bekannten „Düngerkörbe" mit Hülfe der Saumrosse gedüngt. Wie sehr die St. Antönier den Wert des Düngers zu schätzen wissen, geht aus dem seit alten Zeiten [1]) bestehenden Usus hervor, daß bei Heuverkäufen die Bedingung gestellt wird, der Käufer müsse dasselbe auf dem Gute des Verkäufers verfüttern, damit der Dünger dort bleibe, andernfalls würde ein entsprechend höherer Preis gefordert.

Fig. 20.
Heinzen, leer und mit Heu beladen.
(Aus der Schweiz. landwirtschaftl. Zeitschrift, Jahrgang XXII.)

Früher wurde von der Ascharineralp aller Dünger ins Thal herab „gezogen"; man ließ im Winter den Dünger in großen Fladen gefrieren, nachdem man einen Prügel in jeden Fladen gesteckt hatte; mehrere solcher Fladen wurden aneinandergebunden und thalab geschlittet. [2]) Gegenwärtig wird dieses irrationelle System wenig mehr praktiziert und der Alpdünger dort verwendet, wo er hingehört, nämlich auf der Alp selbst.

Die Heuernte der Thalwiesen findet relativ früh, nämlich Anfang bis Mitte Juli statt, der Ömdschnitt Mitte September, oft genug nach dem ersten Schneefall. Dieses frühe Heuen ist ein alter Gebrauch in St. Antönien. Pfarrer Cattani schreibt darüber 1779 (Alter Bündner Sammler, 1. Jahrg., Seite 238):

„Das feiste Heu läßt man hier niemals stark reifen, damit es saftiger und milchreifer bleibe, und dann, damit das Grummet desto schöner und stärker werde." Das Heu wird oft auf „Heinzenen" getrocknet. Das sind Holzgestelle, aus einem

[1]) Vergl. Neuer Bündner Sammler, Jahrg. 1805, Seite 544.
[2]) Diese originelle Art des Düngertransportes hat ihr Analogon in der Art und Weise, wie nach einer Notiz von Ludwig (Jahrbuch des S. A. C., Band XXVIII, 1893, Seite 9), die Bewohner von Schlappina-Dorf ihre auf der Alp eingemachten Blakenblätter ins Thal befördern: sie lassen die zwischen Brettern eingepreßte Masse zu einem großen Würfel gefrieren, der dann über den Schnee herabgezogen wird.

175

vertikalen mannshohen Stab mit mehreren kreuzweise eingesteckten Querarmen bestehend; sie werden in den Boden gestoßen und das zu trocknende Heu bei drohendem Regen oder trüber Witterung daran aufgehängt, (siehe Fig 20) „dieß mit so geschwindem Erfolg, daß in zeit einer Stunde jede Person völlig ein Fuder Heu auf die Heinzen bringt" (Bündner Sammler, 1779, Seite 238). Es wird so dem feuchten Boden entzogen, dem Luftzug besser ausgesetzt und trocknet rascher. Einen eigenartigen Eindruck macht das Thal zur Zeit der Heuernte, wenn all die Heumännchen zu Hunderten auf den Wiesen ihre stille Volksversammlung abhalten.

Diese für unsere feuchten Alpenthäler so vorteilhafte Einrichtung wurde erst im Jahre 1740 vom Montafun her eingeführt; im alten Bündner Sammler vom Jahre 1779 (1. Jahrg., Seite 233–238, ferner ebenda, Seite 238–239 und 241–242, „Über den Nutzen und Gebrauch der Heinze", von Pfarrer Cattani) beschreibt Land-

Fig. 21.
Heuschlitten auf Rollen.
(Nach einer Photographie von Dr. Stebler.)

ammann Engel von St. Antönien seinen Bündner Landleuten einläßlich diese damals noch wenig bekannte Methode des Heutrocknens, die sich seither in vielen schweizerischen Alpenthälern eingebürgert hat. Die St. Antönier behaupten, in nassen Sommern verhindern die Heinzen einen Verlust von mehreren 1000 Franken am Heuwert.

Zum Heuboden wird das Feistheu entweder in riesigen Mannslasten getragen oder auf Tüchern geschleift oder auf leiterartigen Schlitten über den Hang herabgezogen oder endlich auf eigenartigen, mit Rollen versehenen Heuschlitten gestoßen. (Siehe Fig. 21.)

Der Ertrag an Feistheu ist ein sehr hoher. Man gab mir an, daß 780 Quadratklafter guten Wiesbodens 2½ Fuder Heu und Ömd liefern; ein Fuder ist gleich 12 „Seilete" oder Mannslasten à 1,5 Centner, also = 18 Centner; es würden also 780 Quadratklafter = 28080 □' Wiesland 45 Centner Heu und Ömd liefern, oder eine Juchart 64 Centner.

Abb. 7.23: Botanischer Blick auf bäuerliche Kultur:
Illustrationen aus *Das St. Antönierthal im Prättigau* (1895) von Carl Schröter.

Arten, Rasterzählung, Gewichtsmessung von Pflanzenmaterial und so fort – waren äußerst zeitaufwändig.[156] Aus diesem Grund setzten ökologische Studien über ein spezifisches Gebiet, sogenannte Lokalmonographien, längere Feldaufenthalte voraus. Während dieser Forschungsaufenthalte kam es fast zwangsläufig zu Kontakten der städtischen Naturforscher mit Einheimischen, was ethnographische Interessen wecken und die Forscher für kulturelle Besonderheiten des Landstrichs sensibilisieren konnte.

So erging es auch einem Schüler von Professor Schröter: Der Doktorand Heinrich Brockmann-Jerosch verbrachte zwischen 1902 und 1904 drei Sommer im Puschlav, das er für seine Dissertation pflanzensoziologisch untersuchte. Seine Feldaufenthalte im bündnerischen Südtal schienen kein Zuckerschlecken gewesen zu sein. So ließ es sich der Stadtzürcher im Vorwort seiner Doktorarbeit *Die Flora des Puschlav* (1907) nicht nehmen, den Leser über die Entbehrungen während seines Forschungsaufenthaltes ins Bilde zu setzen, beispielsweise über seine Unterkunft in »höchst primitiven, nur wenige Wochen bewohnten Alphütten, deren Bewohner nur Milch und ein

156 Zu den Methoden der Pflanzensoziologie vgl. Brockmann-Jerosch: Die Flora des Puschlav, 237-245; Furrer: Vegetationsforschung; Kohler: Plants and pigeonholes.

hartes, kaltes Lager zu bieten vermögen«.[157] Wie Robert E. Kohler und Henrika Kuklick aus biologiegeschichtlicher Perspektive betonen, zeichne solche unbeabsichtigte zwischenmenschliche Interaktion das Wesen der naturkundlichen Feldforschung aus und begünstige auch Überschreitungen disziplinärer Grenzen:

> »Unlike laboratories, natural sites can never be exclusively scientific domains. They are public spaces, and their borders cannot be rigorously guarded. They are inhabited by very different sorts of people, who are going about very different sorts of business. [...] Thus, cultural translation remains a persistent and pervasive possibility in the field sciences, far more than in the laboratory disciplines.«[158]

Wie es gewissermaßen im ökologischen Forschungsprogramm mit angelegt war, wurde Brockmann-Jerosch zu einem Grenzgänger zwischen den Disziplinen.[159] Bereits während seiner botanischen Feldforschung im Puschlav begann er, Land und Leute ausgiebig zu fotografieren (vgl. Abbildung 7.24). Seine Aufnahmen dokumentieren charakteristische Berufstypen wie Wildheuer, Schnitterinnen und Säumer sowie Häuser und landwirtschaftliche Nutzgebäude. Auch in der schließlich gedruckten *Flora des Puschlav* finden sich Hinweise auf Brockmann-Jeroschs aufkeimende ethnographische Interessen. An einer Stelle dieser pflanzensoziologischen Studie entwirft er eine kurze Skizze zum Bewässerungswesen, den Wasserkorporationen sowie dem Pachtsystem der Puschlaver Alpwirtschaft, und am Schluss der Doktorarbeit führt er in einem Anhang ein alphabetisches »Verzeichnis der von der Puschlaver Bevölkerung gebrauchten Pflanzennamen« auf, das er im Gespräch mit lokalen Gewährspersonen zusammengestellt hatte.[160] Im Laufe der nächsten zwei Jahrzehnte gelangten diese ethnographischen Interessen zur vollen Blüte, und aus dem Pflanzensoziologen Brockmann-Jerosch wurde ein veritabler Volkskundler, der mit Veröffentlichungen wie *Das Zürcher Bauernhaus in seiner Beziehung zur Vegetation* (1927), *Schweizer Volksleben* (1929/31) sowie *Schweizer Bauernhaus* (1933) sehr eigenständige Positionen in die noch junge Disziplin Volkskunde zu transportieren suchte.

Mit seinem Ansatz einer ökologisch-geographischen Humanwissenschaft, den Heinrich Brockmann-Jerosch in den 1920er- und 1930er-Jahren gemeinsam mit seiner Frau Marie vorantrieb, vertrat der Botaniker jedoch keineswegs eine Außenseiterposition. Gerade in den Kreisen der Zürcher

157 Brockmann-Jerosch: Die Flora des Puschlav, IV.
158 Kuklick und Kohler: Introduction, 4.
159 Ausführlich zu Brockmann-Jeroschs Forschungen zwischen den Disziplinen, den epistemischen Konstanten seines Denkens sowie seiner Position in der Volkskunde der Schweiz vgl. Gyr und Scheidegger: Heinrich Brockmann-Jerosch.
160 Vgl. Brockmann-Jerosch: Die Flora des Puschlav, 322-326 und 400-407.

Abb. 7.24: Aufnahme aus einer ethnographischen Bildserie, die der Zürcher Botaniker Heinrich Brockmann-Jerosch während seines Feldaufenthaltes im Puschlav erstellte (1903).

Volkskunde befand er sich damit in bester Gesellschaft: Anders als die Fachgeschichtsschreibung der Volkskunde in der Schweiz mitunter behauptet, war dieses Fach in seinen Anfangsjahren nicht ausschließlich von Philologen und anderen Geisteswissenschaftlern dominiert, sondern zählte auch einen starken naturwissenschaftlichen Flügel, der das »Volk« unter geographischen und anthropologischen Gesichtspunkten zu erkunden gedachte.[161] Das Forscherpaar Brockmann-Jerosch bezeichnete seine holistische Human-Umwelt-Wissenschaft nicht durchgehend als »ökologisch«, doch die Prägung durch ihren akademischen Lehrer Schröter ist unübersehbar. In der modernen Ökologie der Zürcher Schule fand ihr Denken in Zusammenhängen seine epistemische Grundlegung. Ein Denken über die disziplinären Grenzen hinweg, das in den Worten von Heinrich Brockmann-Jeroschs Nekrolog den Naturforscher fast zwangsläufig hin zu den Menschen führen musste:

> »Die Idee des ungeheuren Einflusses von Tier und Mensch auf die Vegetation [...] wurde von Brockmann stark betont und immer wieder aufgezeigt. Aus diesem Gebiet stammen seine Funde und Erkenntnisse über vergessene Nutzpflanzen, über die Nahrung der Urzeit, der Pfahlbauer, der Sammelstufe. Dies führte ihn weiter zum ›Zürcher Bauernhaus in seiner Beziehung zur Vegetation‹. Der Mensch in der Natur wurde immer mehr sein Hauptproblem. Es führte ihn weiter zur Geographie und schliesslich zur Volkskunde.«[162]

Ganz vergleichbar stellt auch der Nachruf Franz Leuthardts die im Laufe seines Forscherlebens anwachsenden volkskundlichen Interessen als folgerichtige Entwicklung dar, die den Bodenkundler hin zur Volkskultur bringen musste: »Die interessanten Ergebnisse der Ausgrabungen bei Arlesheim, seinem Geburts- und Heimatorte, führten Dr. Leuthardt zwangsläufig zur Praehistorie und Archaelogie, dann weiter zur Ethnographie und Folkloristik.«[163]

Leuthardts volkskundliche Tätigkeiten waren bezeichnend für die humanwissenschaftliche Wende à la Petite Science: Im Vergleich zum Zürcher Privatdozenten Brockmann-Jerosch verfuhr der Liestaler Bezirksschullehrer weniger theoriegeleitet. Er mochte wohl ökologische und geoanthropologische Ansätze rezipiert haben, in seiner Museumsarbeit erhielt er aber die Trennung zwischen den Naturgegenständen und den in der »Heimatsammlung« zusammengestellten Kulturgegenständen klar aufrecht.[164] Als

161 Vgl. dazu auch Kuhn: Unterbrochene Tradition, 75.

162 Rübel: Heinrich Brockmann-Jerosch, 4.

163 Rolle: Rektor Dr. phil. Franz Leuthardt, 203.

164 Dies im Gegensatz beispielsweise zu Otto Lehmanns Altonaer Museum, das in ökologischer Perspektive eine »naturhistorisch begründete Volkskunde Schleswig-Holsteins« präsentierte und die naturhistorische und volkskundliche Abteilung nicht

erkenntnisleitende Kategorie wirkte die Ökologie also höchstens im Hintergrund. Vordergründig war es die Vorstellung einer ganzheitlich verstandenen »Heimat«, welche die Lokalforscher zur disziplinären Grenzüberschreitung ermunterte. Zur praktischen Umsetzung sowie zum Selbstverständnis dieser heimatlichen Generalwissenschaft findet sich abermals in einem Nekrolog eines Lokalforschers eine aufschlussreiche Stelle. Im Nachruf des Frauenfelder Zentrumsakteurs Heinrich Wegelin werden dessen historisch-geographische Forschungsinteressen folgendermaßen umschrieben:

> »Dass ein Heimatforscher sich auch für die Geschichte seiner Gegend interessiert, ist selbstverständlich, und Wegelin bewies es namentlich in seiner grossen geographischen Arbeit über den Thurgau. Zwar konnte er sich nie entschliessen, dem Historischen Verein beizutreten; aber er diente der Geschichtsforschung auf seine eigene Art.«[165]

Diese Charakterisierung ist fast schon programmatisch für die humanwissenschaftlichen Nebenbeschäftigungen der naturkundlichen Lokalforscher: Vergleichbar wie in dem im vorangegangenen Teilkapitel beschriebenen Fall des Heimatschutzes teilte man zwar auch mit Volkskundlern oder Lokalhistorikern Themen und Vokabular, dennoch ging man institutionell eigene Wege. Obwohl in der Volkskunde, der Ethnologie oder der Geographie eine naturwissenschaftliche Komponente deutlich ausgeprägter war als beim geisteswissenschaftlich-ästhetisch ausgerichteten Heimatschutz, war die Mitgliedschaft naturkundlicher Lokalforscher auch in volkskundlichen, geographisch-ethnographischen oder historischen Gesellschaften eher die Ausnahme denn die Regel.[166] Sie betrieben historische und volkskundliche Heimatforschung »auf eigene Art« und frönten einem unbekümmerten Dilettantis-

nur unter dem gleichen Dach vereinte, sondern zu einem konzeptionellen Ganzen zusammenführte (vgl. Köstering: Natur zum Anschauen, 107). Als Einheit wurden die beiden Objektgruppen einzig in der Hinsicht behandelt, dass Leuthardt auch bei der volkskundlichen Sachkultur in erster Linie auf bewährte naturhistorische Erkenntnispraktiken des Sammelns, Inventarisierens und Klassifizierens setzte. Leuthardts Vorstellung einer volkskundlichen Sammlung war beeinflusst vom Konzept der »ergologischen Sammlung«, die der Volkskundepionier Eduard Hoffmann-Krayer in der »Abteilung Europa« der völkerkundlichen Sammlung in Basel umzusetzen trachtete. Unter Ergologie verstand dieser eine international vergleichende Sachkulturforschung, die Einzelobjekte als evolutionäres »Glied einer zusammenhängenden Entwicklungsreihe« auffasst und präsentiert (Hoffmann-Krayer: Über die Anlage). Hoffmann-Krayers Konzept der Ergologie wiederum war lose angelehnt an die Basler Privatgelehrten Fritz und Paul Sarasin, die selbiges in *Die Weddas von Ceylon* (1893), der Dokumentation ihrer Ceylon-Expedition, erstmals formulierten (vgl. Reubi: La lacune, 85 und 89).

165 Leisi: Dr. h. c. Wegelin, 164.

166 Von den fünf in Kapitel 5 portraitierten naturkundlichen Zentrumsakteuren (Brügger, Wegelin, Bachmann, Leuthardt, Bloch) war einzig der Solothurner Isaak Bloch Mitglied in einem einschlägigen Verein; dem *Historischen Verein Solothurn*.

mus, der gerade in der sich als ernstzunehmende wissenschaftliche Disziplin etablierenden Volkskunde immer weniger Platz hatte.[167]

Wie muss man sich diese Volks- und Heimatforschungen naturkundlicher Prägung vorstellen? Franz Leuthardts Unterfangen, eine regionale Sammlung volkskundlicher Sachkultur zusammenzustellen, stellte sowohl umfangsmäßig wie thematisch eine Ausnahme dar. Dennoch initiierten auch andere Zentrumsakteure größere Forschungen in diesen Feldern. So motivierte Heinrich Wegelin im Thurgau »mit sanfte[m] Zwang«[168] Gewährsleute aus dem ganzen Kanton dazu, jährlich eine Dorfchronik zu schreiben und ihm zuzustellen. Mit seinem volkskundlichen Korrespondentennetz bediente sich Wegelin kooperativer Erhebungsmethoden, die ihm aus der naturkundlichen Lokalkatalogisierung bereits wohlvertraut waren.[169]

Meist aber waren die humanwissenschaftlichen Arbeiten der Petite Science näher an der Schnittstelle von Natur- und Volkskunde angesiedelt. Unter botanisch interessierten Lokalforschern erfreute sich vor allem die sogenannte »Volksbotanik« großer Beliebtheit. Als Pionierwerk dieser Forschungsrichtung können die *Beiträge zur St. Gallischen Volksbotanik* betrachtet werden, die der naturkundliche Zentrumsakteur Bernhard Wartmann schon 1861 dem ostschweizerischen Publikum vorgelegt hatte. Deren Untertitel – *Verzeichnis der Dialectnamen, der technischen und arzneilichen Volksanwendung meist einheimischer Pflanzen* – formuliert in Grobzügen bereits das volksbotanische Forschungsprogramm, das ab den 1890er-Jahren in zahlreichen Publikationen umgesetzt wurde.[170] Die Volksbotanik interessierte sich für die Bedeutung einzelner Pflanzen im sogenannten »Volksleben«: Sie sammelte und inventarisierte Mundartnamen von Pflanzen,[171] erforschte die Rolle bestimmter Pflanzen in Sagen, Märchen und Aberglauben und porträtierte die »volkstümliche«[172] Verwendung bestimmter Nutz-

167 Vgl. zur Dilettantismusdebatte in der sich professionalisierenden Volkskunde die Ausführungen in Kapitel 3.1.

168 Leisi: Dr. h. c. Wegelin, 164.

169 Vgl. zur kollektiven Forschungsorganisation in zoologischen und botanischen Bestandeserfassungen die Ausführungen in Kapitel 2.3 und 3.1.

170 So August Ulrichs *Beiträge zur bündnerischen Volksbotanik* (1897); J. Eberlis *Beitrag zur Thurgauischen Volksbotanik* (1904); Georg Kummers *Aus der Schaffhauser Volksbotanik* (1924); Eduard Müllers *Beitrag zur Volksbotanik des Kantons St. Gallen* (1925); Georg Kummers *Volkstümliche Pflanzennamen und volksbotanische Mitteilungen aus dem Kanton Schaffhausen* (1928) sowie unzählige einschlägige Artikel im *Schweizerischen Archiv für Volkskunde*.

171 Verzeichnisse mit Mundartnamen von Pflanzen finden sich verschiedentlich auch als Anhang klassischer Florenkataloge abgedruckt. So führten beispielsweise Eduard Killias' *Flora des Unterengadins* (1888) oder Hermann Lüschers *Flora des Kantons Solothurn* (1898) Mundartverzeichnisse auf.

172 »Volk-« steht hier weniger aufgrund seiner politisch problematischen Bedeutung in Anführungszeichen gesetzt als vielmehr aufgrund historisch falscher Annahmen, die diese Begrifflichkeit impliziert: Die um 1900 verbreitete Annahme eines eigenständi-

pflanzen als Heilmittel, Werkstoff, Futtermittel oder Nahrung. Auch Franz Leuthardt widmete sich diesem angesagten Thema. In seinem Nachlass findet sich beispielsweise das Manuskript »Aus der Geschichte unserer Kulturpflanzen«, in dem er archäologische, historische und volkskundliche Aspekte verschiedener Nutzpflanzen beleuchtet.[173]

Ein weiteres Untergebiet der volksbotanischen Forschung stellten die Bauerngärten dar. Diese erfuhren ab den 1890er-Jahren, im Zuge der »Heimat«-Konjunktur und der damit einhergehenden Überhöhung des Bäuerlich-Alpinen zum Nationalsymbol, eine neue Wertschätzung auch unter den Feldbotanikern.[174] In den *Mitteilungen der Thurgauischen Naturforschenden Gesellschaft* publizierte Heinrich Wegelin 1898 den Aufsatz *Die alten Zierpflanzen der thurgauischen Bauerngärten*. Gemäß Wegelin verkörperten diese Pflanzungen gleichsam die blumengewordene Kultur einer Gegend, die Bauerngärten würden »das Wesen des Volkes und des Landes« offenbaren: »Wenn im folgenden versucht wird, ein Bild von der Zierflora der thurgauischen Bauerngärten zu geben, so glaubt der Verfasser damit einen kleinen Beitrag zur Landeskunde unserer engern Heimat zu geben.«[175] In seinem Aufsatz schied Wegelin die Bewohner des Bauerngartens in zwei Gruppen: Von den »Alteingesessenen« wie Flieder, Narzissen oder Tulpen grenzte er jene Zierpflanzen scharf ab, die durch Handelsgärtnereien und Hausierer in Umlauf gebracht worden seien und bloß eine vergängliche »Mode« darstellen würden. Damit ist ein Leitmotiv nicht bloß der Bauerngartenbegeisterung, sondern der heimatlich konnotierten Lokalforschung überhaupt benannt. Anfang der 1920er-Jahre deutschte dieses der Frauenfelder Zentrumsakteur noch weit deutlicher aus: »[J]etzt wird allgemein das Einheimische bevorzugt, das Fremde in den Hintergrund gedrängt.«[176]

Naturkundliche Lokalforschung übernahm somit die ästhetisch-politische Bewertungsmatrix »schlichtes Einheimisches vs. gekünsteltes Ausländisches«, die um die Jahrhundertwende zur gestaltenden – und vom jungen Heimatschutz vehement propagierten – Leitidee beispielsweise in Architek-

gen und vom gelehrten Wissen klar abgegrenzten »volkstümlichen« Wissens, das einzig auf oral überlieferter Erfahrung basiere, ist seit etlichen Jahrzehnten historisch widerlegt (vgl. dazu für das Beispiel der »Volksmedizin« Wolff: Wandel einer Nachbardisziplin).

173 StABL, Nachlass Franz Leuthardt, PA 6102, Handschriftliches Manuskript in Schachtel »Vorträge, frühe Briefe etc.«

174 Verschiedene Arbeiten zu Bauerngärten veröffentlichte beispielsweise der Basler Jurist Hermann Christ, Autor des geobotanischen Standardwerks *Das Pflanzenleben der Schweiz* (1879) und einer der renommiertesten Botaniker im Milieu der Petite Science. So erschienen von Christ *Zur Geschichte des alten Bauerngartens der Basler Landschaft* (1916) sowie *Zur Geschichte des alten Bauerngartens der Schweiz* (1923).

175 Wegelin: Die alten Zierpflanzen, 108.

176 Zit. nach Kauz: Den Thurgau ausstellen, 103.

tur und Gartenbau[177] werden sollte. Auch Leuthardt residierte in seinem Heimatstil-Haus umgeben von einem Garten, der diese Wertschätzung des Einheimischen widerspiegelte. So lobte sein Nachruf, dass der Bezirksschullehrer »in seinem Blumengarten auf jede neueste Modeschönheit gerne verzichtete, dagegen für bodenständige Ware, wie sie der alte Bauerngarten beherbergte […] eine besondere Schwäche hatte«.[178]

Aller Heimattümelei zum Trotz ließen sich die Lokalforscher in ihrem Interesse an der Vielfalt der globalen Natur nicht einengen. Wie schon für die Akklimatisierungsversuche und die Adventivfloristik gezeigt,[179] bewiesen die Naturforscher auch in ihrer Gärtnerei durchaus ein Herz für das »Fremde«: Heinrich Wegelin zog in seinem Frauenfelder Privatgarten Blumen und Schlingpflanzen aus Südfrankreich, Spanien, Algerien und Tunesien,[180] im Garten der Kantonsschule Luzern setzte Hans Bachmann einen Ginkgo-Baum,[181] und es war mit großer Wahrscheinlichkeit ebenfalls Franz Leuthardt, der das Heimatensemble neben dem Liestaler Bezirksschulhaus um einen heute noch lebenden Mammutbaum bereicherte.

Ausgehend vom Schulteich umriss das vorangegangene Teilkapitel die wissenschaftlichen Grundlagen der Liestaler Schulhauslandschaft. Verkörperte das Alpinum eher das politideologische Fundament des Heimatensembles, so ließen sich vom Tümpel Rückschlüsse auf biologische Konzepte ziehen, die den naturkundlichen Heimatvorstellungen Gestalt verliehen. Als lehrbuchmäßiges Beispiel für eine biologische Lebensgemeinschaft, die der deutsche Zoologe Karl August Möbius als »Biozönose« definierte, verwies der Teich auf den jungen Denkansatz der Ökologie. Unter dem Blickwinkel der Ökologie gelangten die Lokalforscher zu einer eigenen Auffassung der zeitgeistigen »Heimat«: Sie dachten diese als Biotop, in dem Pflanzen, Tiere, Menschen und unbelebte Umwelt durch einen inneren Zusammenhang miteinander verbunden sind.

Vor dem Hintergrund einer (meist unausgesprochen) als ökologische Einheit verstandenen Heimat entwickelte die Petite Science eine eigene Agenda naturkundlicher Heimatforschung. Zwar fanden ökologische Begrifflichkeiten in der noch jungen Naturschutzbewegung relativ geringen Nieder-

177 In seinem Standardwerk *Villen und Landhäuser in der Schweiz* (1909) schrieb der Heimatstil-Theoretiker Henry Baudin zur Heimatstil-kompatiblen Bepflanzung eines Gartens Folgendes: »Bäume und andere Pflanzen müssen sich durchaus der Erscheinung des Bauwerks und der Bewohner anpassen; es ist wiedersinnig, Palmen und Agaven neben ein Chalet zu pflanzen. Leute, die Geschmack haben, finden, dass unsere Flora reich genug ist und keines fremden Surrogats bedarf« (zit. nach Crettaz-Stürzel: Heimatstil, 221).

178 Rolle: Rektor Dr. phil. Franz Leuthardt, 203.

179 Vgl. die Ausführungen in Kapitel 6.1.

180 Leisi: Dr. h. c. Heinrich Wegelin, 163.

181 Schmid: Professor Bachmann als Lehrer, XIII.

schlag, doch schoben sie im naturhistorischen Museumswesen eine Neuorganisation von Sammlung und Präsentation an. Die wesentlichste Neuerung, die mit dem Denken in ökologischen Kategorien einherging, war jedoch das erwachende Interesse der Naturkundler für den einheimischen Menschen und seine Kultur. Wegbereiter dieser ethnographischen Wende der Lokalforschung war die Zürcher Pflanzenökologie um Carl Schröter. Berge und Älpler, Bauerngärten und Landvolk wurden als Einheit aufgefasst und erforscht. Mit der neu erwachten Liebe zum Volk, wie sie sich in Leuthardts Sammlung landwirtschaftlicher Objekte oder in Wegelins Bauerngartenforschung zeigte, schlich sich vermehrt auch die Rhetorik des »Einheimischen« und des »Fremden« in die naturkundliche Beschreibung der Heimat ein. Mit dieser Übernahme außerwissenschaftlicher Wertmaßstäbe erwies sich die Petite Science – unbesehen ihrer eigenständigen epistemischen Zugänge – einmal mehr als bestens anpassungsfähig an die ideologische Großwetterlage um 1900. Wie bereits im vorangegangenen Teilkapitel für die botanische Alpenbegeisterung gezeigt, wies auch der ökologische Denkstil fließende Übergänge zu essentialistischen Diskursen von Volk und Nation auf. Die Ökologie skizzierte einen neuartigen Denkrahmen dieser beiden Kategorien, der in den kommenden Jahrzehnten breite Aufmerksamkeit erfahren sollte.

Trotz dieser diskursiven Überlappungen mit anderen Denkfabriken des »Einheimischen« bewahrten aber die als Volkskundler oder Lokalhistoriker dilettierenden Naturforscher ihre institutionelle wie konzeptionelle Eigenständigkeit. Sie schlossen sich kaum einschlägigen Vereinen an und gingen – wie ihre ungebrochene Zuneigung für exotische Gartenpflanzen zeigte – doch eher unverkrampft mit dem »Fremden« um. Damit soll nicht behauptet werden, dass ihr Heimatgerede bloß strategischer Natur gewesen sei, doch folgte ihr Verständnis von Heimat eigenen Erkenntniswegen.

Das Schulhaus: Heimatagentur und Bastion der Petite Science

Zum Schluss unseres Spaziergangs durch das Liestaler Heimatensemble wenden wir uns nun, nach Besichtigung des Alpinums und des Schulteichs, dem dritten und letzten Element dieses bedeutungsgeladenen Raumgefüges auf dem Holderstückli zu: dem Schulhaus. Als Ersatz für das alte Bezirksschulhaus im Altstädtchen wurde das Gebäude in den Jahren 1905-1906 im zeittypischen Heimatstil errichtet (vgl. Abbildung 7.25). Nach dem Alpinum als Verdinglichung der ideologisch-kulturellen Fundierung und dem Teich als Sinnbild für die wissenschaftlich-konzeptionelle Ausrichtung des naturkundlichen Heimatdispositivs steht das Heimatstil-Schulhaus stellvertretend für das Schulwesen, das ab dem ausgehenden 19. Jahrhundert einen wichtigen Multiplikator der Heimatidee darstellte und Nährboden und Stammland einer heimatlich ausgerichteten Naturforschung bildete.

Leuthardt unterrichtete an der Bezirksschule Liestal Knaben im Alter von 12 bis 15 Jahren. Diese traten nach Abschluss der 6. Primarklasse in die 3-jährige Bezirksschule ein, um sich dort auf weiterführende Ausbildungen an Höheren Lehranstalten wie Gymnasium, Realschule oder Seminar vorzubereiten. Neben vielen weiteren Fächern belegten die Knaben auch das von Leuthardt erteilte Fach Naturkunde, wo sie in Naturgeschichte sowie Naturlehre (Physik und Chemie) unterrichtet wurden.[182] Der Umfang der Wochenstunden in Naturgeschichte war eher bescheiden; je nach Klassenstufe sah der Lehrplan eine oder zwei Lektionen vor, in denen die Knaben über die gesamten drei Schuljahre mit der Morphologie und der Systematik der Pflanzen, der Gliederung des Tierreiches, der menschlichen Anatomie sowie der Gesundheitslehre vertraut gemacht werden sollten.[183]

»Heimat« hatte im Lehrplan für die basellandschaftlichen Bezirksschulen von 1902 keinen besonderen Stellenwert. Dies ist nicht weiter erstaunlich: Zu Beginn des 20. Jahrhunderts existierte die »Heimatkunde« noch gar nicht als eigentliches Schulfach, und auch als sie ab den 1920er-Jahren in immer mehr Kantonen zum obligatorischen Schulstoff wurde, war sie ausschließlich für die Lehrpläne der Unterstufe vorgesehen.[184] Jene Bezirksschüler, die 1907 mit ihrem Lehrer Leuthardt zusammen den Teich anlegten und das Alpinum hegten, absolvierten in der Primarschule also noch den klassischen Realienunterricht bestehend aus Geographie, Geschichte und Naturgeschichte, in welchem einzig in der Geographie ein ausdrücklicher Heimatbezug vorgesehen war.[185] Gemäß dem bewährten didaktischen Prinzip der konzentrischen Kreise[186] hatten sich die Baselbieter Viertklässler im Geographieunterricht zuerst mit ihrem Wohnort, dem Gemeindebann und den Nachbardörfern auseinanderzusetzen, bevor sie in der fünften Klasse

182 Zur Geschichte und Ausgestaltung des Naturkundeunterrichts in der Schweiz um 1900 vgl. die Ausführungen in Kapitel 5.3.

183 Vgl. [s. n.]: Lehrplan für den Unterricht an den basellandschaftlichen Bezirksschulen 1902.

184 Die Heimatbegeisterung des ausgehenden 19. Jahrhunderts schlug also nicht unmittelbar auf die Lehrpläne der Volksschule durch. Zur zögerlichen Einführung des eigenständigen Faches »Heimatkunde«, das von der eigenen Gemeinde ausgehend Natur, Geschichte und Geographie als Einheit lehrte vgl. Bütikofer: Zwischen Sachunterricht, 16-19. Diese späte Einführung steht in gewissem Widerspruch zur Beliebtheit, der sich das Wissensformat »Heimatkunde« unter der Lehrerschaft schon seit etlichen Jahrzenten erfreute. So verfassten beispielsweise bereits in den 1860er-Jahren die Baselbieter Lehrer im Hinblick auf die Schweizerische Schulausstellung in Bern sogenannte »Heimatkunden« fast aller Gemeinden des Kantons, in denen sie ihre Kommunen unter geographisch-naturkundlichen, geschichtlichen, sozioökonomischen und sittlich-kulturellen Gesichtspunkten portraitierten (vgl. Strübin: Über Heimatkunde, 111-114).

185 Vgl. [s. n.]: Lehrplan für die Primarschulen des Kantons Basellandschaft 1887.

186 Vgl. Kaiser: Neue Einführung, 31 und 34.

Abb. 7.25: Das 1906 im Heimatstil errichtete Bezirksschulhaus auf dem Holderstöckli in Liestal.

mit ihrem Kanton und in der sechsten schließlich mit der ganzen Schweiz vertraut gemacht wurden.

Dennoch schlug sich »Heimat« wohl auch in der naturkundlichen Unterrichtspraxis Leuthardts nieder, was aus Stellungnahmen anderer Naturkundelehrer seiner Zeit gefolgert werden kann. Hintergrund des Heimatbezuges bildete ein biologisch-ökologisches Verständnis von Naturgeschichte, das von den meisten der um 1860 geborenen Zentrumsakteure geteilt und von diesen während ihrer Studienzeit in den 1880er-Jahren angeeignet wurde. In einem programmatischen Aufsatz umriss 1902 der Luzerner Gymnasialprofessor Hans Bachmann diese biologische Auffassung.[187] Er beschrieb sie als Denken in Zusammenhängen, das jeden einzelnen Naturkörper als Bestandteil eines größeren Ganzen – einer ökologischen Lebensgemeinschaft – auffasse und in erster Linie auf dessen Handlungen als lebendiges Ding fokussiere. Er setzte dieses Verständnis in scharfen Kontrast zum seiner Ansicht nach veralteten Naturkundeunterricht morphologischer und systematischer Prägung, den er polemisch auf Blümchenpressen und das Zählen von Staubgefäßen reduzierte und höchstens für geeignet hielt, Kindern ein Leben lang das Interesse an der Natur auszutreiben. Eine vergleichbare biologische Konzeption der Naturkunde findet sich auch im Lehrplan der basellandschaftlichen Bezirksschulen von 1902, wo als Unter-

187 Vgl. Bachmann: Der naturkundliche Unterricht in der Volksschule (1902).

richtsziel »die Vertrautheit mit den häufigsten vorkommenden Naturkörpern, den Naturerscheinungen und deren Gesetzen, sowie auch ihrer Bedeutung im Haushalte der Natur und ihren Beziehungen zum Menschen«[188] festgelegt wurde. Einigkeit herrschte auch bezüglich der Art und Weise, wie diese Erkenntnisse den Schülern vermittelt werden sollten: Der Unterricht sollte gemäß dem Baselbieter Lehrplan »soweit als möglich auf dem Wege der Anschauung«[189] erfolgen, und ganz vergleichbar tönten auch Bachmanns didaktische Idealvorstellungen: »In erster Linie fordern wir eine reichhaltige Anschauung über einen Gegenstand«.[190]

Das Konzept des Anschauungsunterrichts umgab schon seit Mitte des 19. Jahrhunderts ein besonderer Nimbus,[191] und um 1900 erfuhr dieses im Zuge der reformpädagogischen Bestrebungen eine nochmalige Aufwertung.[192] Dies führte zur Aktualisierung der bereits in früheren Jahrzehnten erhobenen Forderung, dass den Lehrern Sammlungen von Naturobjekten und Präparaten zur Verfügung stehen oder – falls die Schule keine solche bereitstellte – die Pädagogen selber aktiv werden und derartige Sammlungen anlegen sollten.[193] Zudem wurde von reformpädagogischen Methodikern gefordert, die Anschauung um die Selbsttätigkeit der Schüler zu erweitern.[194] Dieser Forderung kam beispielsweise Hans Bachmann nach, indem er im frühen 20. Jahrhundert von Schülern durchzuführende Experimente zu einem wichtigen Teil seines Naturkundeunterrichts machte – was damals an der Höheren Lehranstalt Luzern eine absolute Neuerung darstellte.[195]

Als wichtigste Innovation, sowohl hinsichtlich eines anschaulichen und aktivierenden Naturkundeunterrichts als auch der Schule als Heimatagentur, können wohl aber die Schulexkursionen gelten. Glühende Befürworter die-

188 [s. n.]: Lehrplan für den Unterricht an den basellandschaftlichen Bezirksschulen, 45. Mit großer Wahrscheinlichkeit war Franz Leuthardt an der Ausformulierung dieser Lernziele mitbeteiligt: Er betätigte sich auch verschiedentlich in Kommissionen für die Konzeption neuer Lehrmittel und pflegte zudem einen engen Draht zum Baselbieter Bildungsdirektor Gustav Bay, der zusammen mit ihm im Vorstand der *Naturforschenden Gesellschaft Baselland* saß.

189 [s. n.]: Lehrplan für den Unterricht an den basellandschaftlichen Bezirksschulen, 45.

190 Bachmann: Der naturkundliche Unterricht in der Volksschule (1902), 63.

191 Vgl. zum pädagogischen Konzept der Anschauung die Ausführungen in Kapitel 5.3.

192 Die Reform des Schulunterrichts im Zeichen der Anschaulichkeit war damals ein weltweites Anliegen. Globales Epizentrum der reformpädagogischen Bemühungen um einen (naturkundlichen) Anschauungsunterricht waren Deutschland und die Schweiz. Um 1900 war die weltweite Ausstrahlung der dortigen Vordenker so ausgeprägt, dass beispielweise auch das im ausgehenden 19. Jahrhundert in den USA entstehende reformpädagogische »Nature-Study Movement« wesentliche Anregung aus diesen Ländern bezog (vgl. Kohlstedt: Nature not books).

193 Vgl. Wegelin: Über Exkursionen, 38 f.

194 Bütikofer: Zwischen Sachunterricht, 18 f.

195 Vgl. Schmid: Professor Bachmann als Lehrer, X.

Abb. 7.26: Ausflug der Bezirksschule Liestal auf Rigi-Kulm.
Vorne links Franz Leuthardt (1926).

ser Unterrichtsmethode waren, kaum überraschend, die naturkundlichen Zentrumsakteure. Verschiedentlich traten sie mit Vorträgen vor die organisierte Lehrerschaft, um ihre Kollegen von der Wichtigkeit und Möglichkeit schulisch sinnvoller Exkursionen zu überzeugen. 1899 referierte Hans Bachmann vor der Luzerner Sektion des *Schweizerischen Lehrervereins* zum Thema »Der naturkundliche Unterricht an der Volksschule« und hielt dabei ein Plädoyer für die Exkursion im Naturkundeunterricht.[196] Dies tat er ebenso in einem 1902 in der *Schweizerischen pädagogischen Zeitschrift* veröffentlichten Aufsatz.[197] Im selben Periodikum wurde 1907 auch ein Vortrag abgedruckt, den sein Frauenfelder Kollege Heinrich Wegelin vor der Thurgauer Sektion des *Schweizerischen Lehrervereins* hielt und der die gleiche Stoßrichtung verfolgte.[198]

Es soll an dieser Stelle nicht groß auf die didaktischen Details dieser Pamphlete eingegangen werden. Erwähnt sei einzig, dass sowohl Bachmann wie Wegelin sich in auffälliger Weise darum bemühten, die Exkursion als seriöse Schulstunde darzustellen und vom Verdacht einer willkommenen Auszeit für Lehrer und Schüler freizusprechen.[199] Zudem betonten beide, dass

196 Vgl. Bachmann: Der naturkundliche Unterricht in der Volksschule (1899).

197 Vgl. Bachmann: Der naturkundliche Unterricht in der Volksschule (1902); unbesehen des gleichen Titels ist der Inhalt beider Referate nicht identisch.

198 Vgl. Wegelin: Über Exkursionen.

199 So mahnte Bachmann: »Aber das ist richtig, im Freien muss dann gearbeitet werden. Diese Spaziergänge in den Wald sollen keine Vergnügungsbummel, sondern Arbeits-

umfassende Naturkenntnis unerlässlich sei, um Exkursionen gewinnbringend durchzuführen. Ohne entsprechendes freizeitliches Engagement, so dozierte Heinrich Wegelin seinen Kollegen, klappe dies nicht:

> »Exkursionen fordern vom Lehrer auch ein etwas grösseres Bildungsmass. Er muss seine engere Heimat genau kennen! [...] Wie sich der Lehrer in seine Schule hineinarbeiten, in die Verhältnisse seiner Gemeinde hineinleben muss, so hat er sich in die Natur seiner Heimat hineinzuforschen.«[200]

Wegelin benennt hier nicht nur die ideale Vorbereitung, sondern bringt das eigentliche Wesen der Exkursion auf den Punkt: In ihrem Zentrum steht die »Heimat«. Ein ehemaliger Schüler Hans Bachmanns bezeichnete später dessen Schulexkursionen als »Heimatkunde im allerbesten Sinn«,[201] und auch der Historiker Carsten Kretschmann hebt die »Förderung des Heimatgedankens« als handlungsleitenden Aspekt damaliger Exkursionen hervor.[202]

Die Herstellung von Heimat durch die Exkursion geschah auf mehreren Ebenen.[203] Zuerst einmal war die Exkursion eine Sehschule, in der die Schüler vom Schulmeister zum richtigen Sehen angehalten wurden. Zeitgenössischen Vorstellungen entsprechend fassten Bachmann, Wegelin und Kollegen Natur auch unter ästhetischen Gesichtspunkten auf. Die naturbegeisterten Pädagogen erkannten in ihr »Denkmäler« und »Schönheiten«, deren sachverständige Betrachtung sie ihren Schützlingen zu vermitteln versuchten. Auch Paul Sarasin, der Vordenker der Naturschutzbewegung in der Schweiz, betonte diesen erzieherischen Aspekt von Schulexkursionen und beschwor 1910 die Lehrer, ihre Schüler anzuleiten, »Tiere und Pflanzen mit dem Auge zu betrachten, ohne die Hände zu gebrauchen«.[204]

Ziel der heimatlichen Naturpädagogik war in erster Linie die kindliche Landschaftswahrnehmung. Auf diese Weise spielte die Volksschule beziehungsweise die Unterrichtsmethode der Exkursion eine wichtige Rolle in der Demokratisierung bürgerlicher Landschaftsästhetik – zumindest in den Wunschbildern der Pädagogen. So schwärmt der sonst eher nüchterne Naturforscher Hans Bachmann in seinem Aufsatz von 1902 in den höchsten

tage sein« (Bachmann: Der naturkundliche Unterricht, 1902, 66). Und vergleichbar predigte auch Wegelin: »Man muss den Werktag mitzunehmen wissen auf die Exkursion. Man muss ein gewöhnliches Schulpensum draussen, in Gottes freier Natur, durcharbeiten« (Wegelin: Über Exkursionen, 29).

200 Wegelin: Über Exkursionen, 37 f.

201 Schmid: Professor Bachmann als Lehrer, XIII.

202 Kretschmann: Räume öffnen sich, 258.

203 Die folgenden Ausführungen beziehen sich in erster Linie auf naturkundliche Schulexkursionen. Vieles, was hier skizziert wird, gilt aber auch für öffentliche Vereinsexkursionen mit erwachsenem Publikum.

204 Zit. nach Wetterwald: Naturschutz und Schule, 20.

Abb. 7.27: Lernen, die Heimat zu betrachten:
Lesebuch *Entdeckungsreisen in Stadt und Land* von Hermann Wagner (1909).

Tönen von der ästhetischen Bildung, die er auf seinen Exkursionen zu vermitteln suche: »Eben leuchtet die Sonne durch das tiefdunkle Blätterdach, ein wunderbares Lichtgemälde hervorzaubernd, das wert gewesen wäre, von dem Pinsel eines Zünd verewigt zu werden. All diese Schönheiten soll das Kindesauge schauen.«[205] Noch systematischer ging Bachmanns Landsmann Meyer vor, der im luzernischen Buttisholz als Lehrer unterrichtete. 1909 berichtete er in einem Vortrag, wie er mit seinen Schülern das heimatliche Landschaftsbild zu besprechen pflege:

> »Wir stehen auf einer kleinen Anhöhe neben einem frisch belaubten Buchenwald, durch den ein bemooster Waldweg uns führt. Traute Einsamkeit herrscht. […] Durch des Waldes Laubgitter erblicken wir tief unten den tiefblauen Spiegel des Soppensees […]. Auch die stille Wasserfläche ist nicht ohne Schmuck. Den Abschluss des Landschaftsbildes bilden Pilatus, Schimberg, Vorderfluh, Eiger etc., die den Horizont begrenzen. Ich mache aufmerksam auf die Farbenkontraste von Wald, Wiese, See, Himmel und Berge.«[206]

Sehschule war die Exkursion aber noch im weiteren Sinn. Sie zielte nicht bloß auf ästhetische Landschaftsbetrachtung ab, sondern vermittelte den Schülern die heimische Landschaft, ihre Geographie, Geschichte und Natur als einheitlichen Raum und diente, wie die Volkskundlerin Sabine Imeri es prägnant umschreibt, »der gemeinschaftlichen Einübung eines ›regionalen Blicks‹«.[207] Mit diesem Lernziel korrespondierte einerseits das didaktische Prinzip, auf der Exkursion die unterschiedlichen Realienfächer auf ihre Kosten kommen zu lassen,[208] andererseits war es Ausdruck eines ökologischen Denkens. In der vorhin angesprochenen Landschaftsschilderung Lehrer Meyers aus Buttisholz hatten ihren Auftritt: die Lerche, der Soppensee, die Buchfinken, Meisen und Amseln, das Eichhörnchen, das wohlriechende Veilchen, die einheimischen Bauern, die Ente sowie der Pilatus und weitere Berge. In der angeleiteten Anschauung vermittelte der Schulmeister diese Elemente seinen Sprösslingen als zusammengehörige Teile eines Ganzen. Es lehrte also die Exkursion, wie die Historikerin Susanne Köstering hervorhebt, »Naturräume als ökologische Einheiten [zu] betrachten«.[209]

Die Exkursion war eine besonders wirkungsvolle Heimatagentur, da sie den ästhetisch wie ökologisch umrissenen Heimatraum nicht bloß als geistige Angelegenheit vermittelte, sondern auch erlebbar machte. Gemäß der Einschätzung Köstering zeichneten sich die Exkursionen als neuartige Formen der Wissenspräsentation vor allem durch die interaktive Kommunikation

205 Bachmann: Der naturkundliche Unterricht (1902), 81.
206 Zit. nach Wetterwald: Naturschutz und Schule, 25 f.
207 Imeri: Heimatforschen, 126.
208 Vgl. Wegelin: Über Exkursionen, 30 f.
209 Köstering: Natur zum Anschauen, 269.

zwischen Leiter und Teilnehmern sowie durch die motorische Bewegung – in Anlehnung an die populäre Landschaftspraxis des Wanderns – aus.[210] Die Exkursion war somit ein ganzheitliches Ritual, das die Heimatlandschaft nicht nur als Vorstellungsraum, sondern auch als Handlungsraum erschloss.[211] In der performativen Begehung des Nahraumes wurde Heimat aber nicht bloß erfahren, sondern gewissermaßen in den Köpfen und Körpern der Schüler überhaupt erst hergestellt. Wie man sich dies vorzustellen hat, geht aus den Ausführungen Hans Bachmanns hervor. Vor seinen Lehrerkollegen schilderte er 1902 den Unterricht im »Gottesgarten«[212] der freien Natur als andächtiges Heimatritual:

> »Die Schüler schreiten in Reihen von 4 zu 4, ungezwungen und frei, der Lehrer lässt seinen scharfen, ernsten Blick über seine Herde gleiten, und jeder Schüler kann daraus den unbezwinglichen Willen erkennen, der das Ganze leitet. Am Waldrande angekommen, wird auf einem freien, mit Moos bepolsterten Raume Platz genommen. Die Kinder sitzen in hübschen Gruppen im Halbkreise um den Lehrer. Es wird das Lied: »O Tannenbaum« angestimmt und hundertfach wiederhallen die frischen Kinderstimmen im dunkeln Tannenwald. Und nun entwickelt der Lehrer ein biologisches Bild von der Fichte, so schön und interessant, dass die Kinder nicht müde werden im Hören und Antworten auf die gestellten Fragen.«[213]

Bachmanns natur- und heimatkundlicher Katechismus ist keine Ausnahme; die ritualisierte Heimatfeier auf Exkursion wurde auch von anderen Zeitgenossen des Luzerner Schulmeisters mit beinahe religiöser Inbrunst umschrieben. Marie Brockmann-Jerosch charakterisierte im bereits zitierten Nachruf auf den Zürcher Geologieprofessor Albert Heim dessen geologische Exkursionen als »wahre […] Bergpredigt […], die, getragen von Ehrfurcht für die Herrlichkeit der Alpennatur und von verantwortungsvoller Liebe zur Heimat, zu Geist und Herz der jungen Hörer sprach und ihnen unvergesslich blieb«.[214]

»Natur- und Heimatliebe – mein Unterrichtsziel«, so lautete auch der Titel eines zeitgenössischen naturdidaktischen Büchleins des deutschen Pädagogen Cornel Schmitt.[215] Ein Vorsatz, den Franz Leuthardt ebenfalls ohne

210 Ebd., 269.
211 Vgl. dazu die Ausführungen zum kulturwissenschaftlichen Landschaftsbegriff in Kapitel 6.3.
212 Bachmann: Der naturkundliche Unterricht (1902), 66.
213 Ebd., 81.
214 Brockmann-Jerosch: Albert Heim, 166.
215 Vgl. Schmitt: Natur- und Heimatliebe (1922). Cornel Schmitt war ein äußerst produktiver Autor populärwissenschaftlicher und didaktischer Naturkundebüchlein. Diese vermittelten ökologisch geprägte Naturkenntnisse in reformpädagogisch inspirierter Weise, wie einige Titel seines mehrere Dutzend Schriften umfassenden Werks zeigen: *200 Tier-Versuche für die Hand der Schüler* (1913); *Der biologische Schulgarten* (1917);

Zögern unterschrieben hätte. In seinem Unterricht vermittelte auch er die zeitgeistige Wertschätzung einer quasisakralen Heimatnatur, wie der Nekrolog des Bezirksschullehrers lobend hervorzuheben weiß. So soll es Leuthardt verstanden haben, »seine ihm angeborene tiefe Liebe zur Natur und ihren Geschöpfen auf seine Schüler zu übertragen und sie die Hochachtung vor allem Lebendigen und die tiefe Ehrfurcht auch vor den toten Dingen in der Natur«[216] zu lehren.

Sein Herz verschenkte der ökologisch ausgerichtete Lokalforscher Leuthardt aber nicht ausschließlich an die Natur. Dies wurde bereits im Zusammenhang mit seiner Heimatsammlung gezeigt und rief ebenso sein Nachruf in Erinnerung: »Er liebte aber auch sein Volk und wusste selbst mit dem einfachen Mann zu verkehren und ihn für die Natur zu begeistern.«[217] Für die schulische Heimatkunde stand außer Frage, dass dieses »Volk« ein ländliches war: Der Heimatkundeunterricht des frühen 20. Jahrhunderts blendete städtische Lebensweisen aus und setzte diesen das verklärende Idealbild einer ruralen Idylle entgegen.[218] Neben der Erziehung zum ästhetischen Landschaftsgenuss und zur ökologischen Wahrnehmung des Heimatraums bildete denn auch das absichtsvolle Erleben einer ländlich-bäuerlich geprägten Schweiz ein weiteres Standbein der heimatlichen Naturexkursionen. Auf Exkursionen lebten Bürger ihre »Volkstümlichkeit« vor und pflegten demonstrativen Kontakt mit dem »Volk«. Ein letztes Mal sei aus Albert Heims Nachruf zitiert. Mit seinem bescheidenen Wesen schien der Zürcher Geologieprofessor während seiner Feldarbeiten stets einen guten Draht zur Lokalbevölkerung gehabt zu haben, was ihm der Nachruf prompt als Ausweis gutschweizerischer Gesinnung anrechnete: »Ganz von selbst erhielten die Studenten dabei auch eine Lektion in wahrer Demokratie, wenn sie – oft staunend – das ungezwungene Verhältnis Heims zu [...] seinen Mitbürgern wahrnahmen, und mochten es die einfachsten Bergbauern sein.«[219]

Betrachtet man die Volksschule als Heimatmaschine, so war die Schulexkursion eine ihrer effizientesten Produktionsgänge. Auf der Exkursion wurden Kinder mit Sehweisen vertraut gemacht und lernten, Geographie und Geschichte, Natur und Volk einer Landschaft als einheitlichen Raum der »Heimat« zu betrachten. Die heimatliche Prägung der Kinder war jedoch nicht die einzige Bedeutung, die dem Schulwesen um 1900 in der

Heraus aus der Schulstube! Naturgeschichte im Freien (1924); *Der Naturbeobachter* (1928). Zudem verfasste Schmitt mehrere Bändchen der Reihe »Lebensgemeinschaften der deutschen Heimat«.

216 Heinis: Dr. phil. Franz Leuthardt, 459.

217 Ebd., 461.

218 Bütikofer: Zwischen Sachunterricht, 20; Kaiser: Neue Einführung, 35 und 47.

219 Brockmann-Jerosch: Albert Heim, 163.

Heimatschutz
Naturschutz
Volkskunde

Der Schweizerischen Lehrerschaft gewidmet anläßlich des XXII Lehrertages vom 1.-3. Oktober 1911 vom Basler Organisations Comité

Abb. 7.28: Lehrerschaft im Zeichen des Schützens und Rettens: Festschrift zum 22. Lehrertag von 1911 in Basel.

Heimatproduktion zukam. Eine ebenso wichtige Rolle spielte die Schule als Netzwerk für Heimat-Aktivitäten der Lehrer. Vor allem die nach der Jahrhundertwende entstandenen Vereine im Geiste des Schützens und Rettens wie der *Schweizerische Naturschutzbund*, die *Schweizerische Vereinigung für Heimatschutz* oder die *Schweizerische Gesellschaft für Volkskunde* stellten willkommene Betätigungsfelder für den außer- und innerschulischen Aktivismus der Lehrerschaft dar. Mit der Zeitdiagnose der allgegenwärtigen Bedrohung von Natur, Volkskultur und Heimat ging eine Handlungsaufforderung einher, die unter den Pädagogen rasch Gehör fand.

Vor allem im jungen Naturschutz engagierten sich bald auffällig viele Lehrer.[220] Dies kam nicht von ungefähr, erwies sich doch das Schützen und Retten nicht nur als inventarisierende und intervenierende Tätigkeit, sondern auch in hohem Maße als pädagogisches Unterfangen. Bereits in ihrer Gründungsphase umriss die Naturschutzkommission (SNK) der *Schweizerischen Naturforschenden Gesellschaft* als Teil ihres Aufgabenbereichs, »belehrend und aufklärend beim Publikum zu wirken«.[221] Erreichen wollte man dieses Ziel unter anderem mit Öffentlichkeitsarbeit in der Presse, wie dies auch der Naturschützer Franz Leuthardt mit einschlägigen Artikeln für die *Basellandschaftliche Zeitung* regelmäßig tat und was ihm den Titel »Lehrer des ganzen Volkes«[222] eintrug.

Im Kreise der SNK war man jedoch überzeugt, dass die naturschützerische Volkserziehung sich nicht nur an die erwachsenen Zeitungsleser wenden, sondern weit früher einsetzen sollte. Auch Steivan Brunies war der Ansicht, »dass erst die Gewinnung und Mitarbeit der Jugend eine gedeihliche, auf breiter Grundlage beruhende Ausgestaltung der Naturschutzbestrebung mit sich bringe«.[223] Der Bündner war ein Schüler Carl Schröters, promovierte bei diesem und unterrichtete ab 1908 am Realgymnasium in Basel. Sein Doktorvater wusste Brunies auch für die Sache des Naturschutzes einzuspannen. Er holte den rätoromanisch sprechenden Brunies 1908 in das »Reservationenkomitee« der SNK, das die Schaffung eines Nationalparks vorantreiben sollte.[224] Ein Jahr später erklärte sich der junge Lehrer zudem bereit, für den neu gegründeten *Schweizerischen Naturschutzbund* als Sekretär zu amten. In kürzester Zeit baute Brunies den Naturschutzbund zu einer Massenorganisation auf, die schon im ersten Jahr ihres Bestehens 7000 Mitglieder zählte.

220 Zur Naturschutzaffinität der Lehrerschaft im frühen 20. Jahrhundert vgl. Kyburz-Graber: Umweltbildung, 28-31.
221 Rehsteiner: Protokolle der vorberatenden Kommission, 41.
222 Rolle, zit. nach Heinis: Dr. phil. Franz Leuthardt, 459.
223 Brunies: Bericht der Naturschutzkommission 1912/13, 126.
224 Vgl. Kupper: Wildnis schaffen, 69.

Abb. 7.29: Steivan Brunies (1877-1953),
Sekretär des *Schweizerischen Naturschutzbundes*
und Pionier der Umweltschutzdidaktik.

Bald begann der Realschullehrer auch, sein außerschulisches Engagement zurück an seinen Arbeitsplatz zu tragen. Gemeinsam mit Lehrerkollegen entwarf Brunies im Jahr 1911 ein Programm für den »pädagogischen Naturschutz« und verwandelte die Untere Realschule Basel in ein eigentliches Labor der Umweltschutzerziehung. Er überzeugte sein Kollegium, in einem Schulversuch den Naturschutzgedanken durchgängig in den Unterricht einfließen zu lassen,[225] und fasste die gewonnenen Erkenntnisse 1913 in seiner Schrift *Zur Einführung des Naturschutzes in der Schule* zusammen. Brunies' Initiative schien in der Unteren Realschule auf fruchtbaren Boden gefallen zu sein; etliche seiner Lehrerkollegen wurden ebenfalls zu engagierten Verfechtern des Naturschutzgedankens.[226]

Dass ausgerechnet eine Basler Realschule zum Kristallisationspunkt des frühen Naturschutzes in der Schweiz wurde, war in doppelter Hinsicht kein Zufall: Einerseits stellten die Volksschullehrer die treuesten Kämpfer nicht nur der Naturschutzbewegung, sondern der gesamten Phalanx des Schützens und Rettens überhaupt. Andererseits bildete Basel im frühen 20. Jahrhundert die unbestrittene Kommandozentrale dieser bürgerlichen Schutzvereine. Die Präsidenten der *Schweizerischen Naturschutzkommission*, der *Schweizerischen Vereinigung für Heimatschutz* sowie der *Schweizerischen Gesellschaft für Volkskunde* – Paul Sarasin, Albert Burckhardt-Finsler sowie Eduard Hoffmann-Krayer – stammten allesamt aus besagter Stadt. Besonders augenscheinlich wurde die Rolle Basels und seiner Pädagogen für die Schützen-und-Retten-Ideologie, als 1911 die Stadt am Rheinknie Austragungsort des Schweizerischen Lehrertags wurde. Die angereisten Tagungsbesucher erhielten vom Organisationskomitee die Festschrift *Heimatschutz, Naturschutz, Volkskunde* überreicht, welche die geistige Verwandtschaft dieser drei Felder hervorhob und mit der die Lehrerschaft ihre besondere Zuständigkeit für Belange des heimatlich angehauchten Schützens und Rettens postulierte.[227] Während die Volkskunde sich in den folgenden Jahrzehnten immer mehr als reine Wissenschaft zu verstehen begann und eine gewisse Distanz zum Aktivismus der Schutz-Vereine einnahm, war das in Basel demonstrierte Bündnis zwischen Heimatschutz-

225 Brunies: Bericht der Naturschutzkommission 1912/13, 126.

226 So beispielsweise Emanuel Riggenbach, der mehrere umweltpädagogische Schriften wie *Das biologische Herbarium* (1914) oder *Der junge Naturschützer – eine Anleitung der Jugend zu praktischem Naturschutz* (1918) verfasste.

227 Die Schrift enthielt drei Aufsätze: *Über Heimatschutz in der Schweiz* von Gerhard Börlin, Sekretär und späterer Präsident des Schweizerischen Heimatschutzes; *Naturschutz und Schule* von Xaver Wetterwald, Lehrer an der Unteren Realschule Basel, sowie *Über die Anlage volkskundlicher Museen* von Eduard Hoffmann-Krayer, Präsident der Schweizerischen Gesellschaft für Volkskunde und Leiter der Abteilung Europa an der Völkerkundlichen Sammlung des *Naturhistorischen Museums* Basel. Vgl. Frobenius A.-G. (Hg.): Heimatschutz, Naturschutz, Volkskunde, Basel 1911.

Abb. 7.30: Paul Sarasin (1856-1929),
erster Präsident der *Schweizerischen Naturschutzkommission*
und zentrale Figur des frühen Naturschutzes in der Schweiz.

vereinigung und Naturschutzbund nachhaltiger. Die Schule blieb ein wichtiges Betätigungsfeld dieser beiden Organisationen, so beispielsweise für die 1946 von Heimatschutz und Naturschutz ins Leben gerufene »Schoggitaler«-Spendenaktion.[228]

Nicht nur geographisch lag es nahe, dass das Heimatensemble neben dem Liestaler Bezirksschulhaus durch diese Ideen aus Basel geprägt war. Franz Leuthardt war auf vielfältige Weise mit den dortigen Vordenkern einer heimatlich-konservierenden Naturauffassung verbunden: Als Präsident der Naturschutzkommission beider Basel pflegte er regelmäßigen Kontakt mit Paul Sarasin, dem Vorsteher der Schweizerischen Naturschutzkommission. Mit Sarasin tauschte er sich aber ebenso in seiner Funktion als Kurator aus, war doch das *Naturhistorische Museum* Basel ein wichtiger Referenzpunkt für den Direktor des Liestaler Museums. Daher ist auch naheliegend, dass Leuthardt schon früh mit der volkskundlichen Sammlung vertraut gemacht wurde, die Eduard Hoffmann-Krayer in diesem Haus aufbaute. Gemeinsam mit Leuthardt im Vorstand der kantonalen Naturschutzkommission saß zudem August Binz, der an der Realschule Basel unterrichtete und die Verbindung zu den dortigen Pionieren der Umweltpädagogik herstellte. Mit den engagierten Lehrern dieser Einrichtung teilte der Liestaler Schulmeister mehr als nur didaktische und ökologische Konzeptionen: Sowohl Steivan Brunies, Initiator der dortigen Naturschutzbemühungen, als auch Xaver Wetterwald, Beiträger für die erwähnte Lehrertag-Festschrift, stammten wie Leuthardt selbst aus Bauernfamilien. Wie Leuthardt weitete der promovierte Botaniker Brunies zudem seine Interessen in späteren Jahren auch auf die Volkskultur aus. Er sammelte Volkslieder und setzte sich für den Erhalt des Rätoromanischen ein.

Lokalforschung als Heimatwissenschaft: Fazit

Franz Leuthardt starb im Dezember 1934. Bereits anderthalb Jahre nach seinem Ableben setzten ihm seine Naturforscherkollegen ein Denkmal. Aus einem erratischen Block aus dem Oberbaselbiet errichteten sie eine

228 Heimat- und Naturschutzkreise wehrten sich Mitte der 1940er-Jahre gegen den Plan, den Silsersee im Engadin zur Stromgewinnung zu stauen. Mit dem Versprechen, für den jährlich entgangenen Wasserzins finanziell entschädigt zu werden, ließen sich die betroffenen Engadiner Gemeinden zum Verzicht auf das Bauprojekt bewegen. Um die Mittel für die Entschädigung aufzutreiben, ließen Natur- und Heimatschutz eigens hergestellte Schokoladentaler durch Schulklassen verkaufen. Nachdem die Aktion sehr erfolgreich verlief, wurde sie von den beiden Organisationen verstetigt und besteht bis auf den heutigen Tag (zur Entstehung der Aktion vgl. Figueroa: Wie der Schoggitaler).

Stele, die folgende Inschrift zierte: »Den Erforschern unseres heimatlichen Bodens«.[229] Der Standort des Gedenksteins war alles andere als zufällig und vervollständigte das Heimatensemble auf dem Holderstöckli: Er kam unmittelbar neben dem Liestaler Bezirksschulhaus zu liegen, nur einige Schritte vom Alpinum und dem Teich entfernt, die der Schulmeister fast 30 Jahre zuvor angelegt hatte. So bildete der Findling gewissermaßen den Schlussstein des Leuthardt'schen Lebensentwurfs im Zeichen der Heimatnatur.

Dieses Teilkapitel beleuchtete anhand des Raumsettings auf dem Burghügel in Liestal einen entscheidenden Umbruch der naturkundlichen Lokalforschung nach 1900: ihre »heimatliche« Wende. Als Sinnbilder einer Lebenskunst des Überschaubaren mochten Franz Leuthardts Studierzimmer und sein Gartenparadies ein Stück weit noch Räume individueller Lebensführung darstellen. Anders jedoch sein Heimatensemble neben dem Bezirksschulhaus. Dieses wies verschiedene Berührungspunkte mit konservativen bürgerlichen Strömungen auf, die unter den Bannern der »Heimat« und des »Volkes« die Moderne ihren Vorstellungen gemäß zu prägen versuchten – durch symbolische Territorialisierungen und biologisch-ökologische Essentialismen. Das Heimatensemble auf dem Burghügel war somit eingebettet in eine sich abzeichnende Epochenwende, die mit einer grundlegenden Neubewertung des Verhältnisses von Individuum und national gedachter Gemeinschaft einherging.[230]

Die Zeit um 1900 markiert somit einen Wendepunkt im Wissenschaftsverständnis der Petite Science, was sich am deutlichsten in den Raumbezügen dieses Wissenschaftsmodus widerspiegelt. Seit der Regenerationszeit

229 Der Gedenkstein war auch dem 20 Jahre zuvor verstorbenen Liestaler Lehrer und Naturforscher Karl Strübin gewidmet (vgl. Rolle: Rektor Dr. phil. Franz Leuthardt, 206-209).

230 Um 1900 zeichnete sich immer deutlicher ein Umbruch im politischen Subjektverständnis ab: Das Konzept des selbstverantwortlichen bürgerlichen Individuums wurde durch die Idee verdrängt, der oder die Einzelne sei als biologischer Individualkörper Teil eines übergeordneten Kollektivorganismus. Dieser Wandel wird aus wissenschaftshistorischer Sicht aus zwei Perspektiven betrachtet. Philipp Sarasin beschreibt diese »Verschiebung vom individuellen zum Volkskörper« unter dem Gesichtspunkt sozialdarwinistischer Rassentheorien und deren ausgeprägtem Interesse für Prozesse der Veränderungen wie beispielsweise Degenerationen (vgl. Sarasin: Reizbare Maschinen, 255-259 und 441-451, hier: 443). Lynn Nyhart dagegen gewichtet den Einfluss des ökologischen Konzepts der »Gemeinschaft« auf das politische Denken des ausgehenden 19. Jahrhunderts stärker. Als zentrales Element des ökologischen Gemeinschaftskonzepts erachtet sie folgerichtig das Versprechen einer verräumlichten Stabilität (Nyhart: Modern Nature, 365 f.). Beide Perspektivierungen entsprechen Denkstilen, die in der lokalen Naturforschung nebeneinander gepflegt wurden (vgl. Kapitel 4 und 6.1 und 6.2) – wie diese verschiedenen Sichtweisen im Milieu der Petite Science sich im ersten Drittel des 20. Jahrhunderts weiterentwickelten und zusammengingen, muss hier offengelassen werden.

waren die in den eidgenössischen und kantonalen naturforschenden Gesellschaften organisierten Wissenschaftler eigentliche Motoren des liberalen Fortschrittsoptimismus. Als solche nahmen sie auch eine wichtige Rolle ein in der Zurichtung der Landschaft in einen homogenen Raum der Nation. Der Historiker David Gugerli zeigte auf, in welcher Weise die naturwissenschaftliche Systematisierung des Raumes durch kartographische, hydrometrische oder geologische Großprojekte zur Vereinheitlichung des politischen Handlungsraumes des entstehenden Bundesstaates beitrug.[231] Vor dem Hintergrund der zeitgeistigen Heimatkonjunktur bewirkte die Naturforschung um 1900 dagegen eine gegenläufige oder wohl eher komplementäre Raumproduktion: Sie war beteiligt an der grundlegenden Neubewertung des Raumes und seiner Parzellierung in regional definierte Sinneinheiten, eben in »Heimaten«, die sich zu einem funktional verstandenen Gesamtorganismus der Nation zusammensetzten.

Die Heimatproduktion der Naturforscher war eingebettet in ein weitreichendes Geflecht aus Diskursen, Institutionen und Vereinen – in ein eigentliches »Heimat-Dispositiv« –, wies aber trotz aller geistigen Verwandtschaft zu anderen Heimatagenturen eine spezifisch naturkundliche Prägung auf. Anhand dreier Bestandteile des Heimatensembles auf dem Liestaler Burghügel, dem Alpinum, dem Teich und dem Schulhaus, wurden die wichtigsten Wissensbestände nachgezeichnet, die dieses naturkundliche Heimatverständnis der Petite Science formten.

Der Alpensteingarten verkörperte das ideologische Fundament der Heimatkonstruktionen. Als Gebirge *en miniature* war er Ausdruck der umfangreichen nationalmythologischen Basteleien des ausgehenden 19. Jahrhunderts, in denen Bildwelten einer alpinen beziehungsweise ländlich-bäuerlichen Schweiz breitenwirksam inszeniert wurden. Da der symbolisch aufgeladene Alpenraum als von den Verheerungen der Moderne besonders gefährdet erachtet wurde, bildete dieser auch einen wichtigen ideellen Bezugspunkt der um 1900 entstandenen Vereine der Schützen-und-Retten-Bewegung, wie beispielsweise der *Schweizerischen Vereinigung für Heimatschutz*. Mit der 1906 gegründeten Naturschutzkommission der *Schweizerischen Naturforschenden Gesellschaft* und dem 1909 daraus hervorgegangenen *Schweizerischen Naturschutzbund* wurde der Gedanke des Schützens und Rettens auch im Milieu der Petite Science institutionalisiert. Mit seinem Fokus auf Findlinge, Alpenblumen und den Nationalpark teilte der frühe Naturschutz die patriotisch unterlegte Alpenbegeisterung der bürgerlichen Schutzvereine und wies beispielsweise mit dem Heimatschutz auch hinsichtlich des Vokabulars Überschneidungen auf. Dennoch bewahrten die Naturforscher ihre institutionelle Eigenständigkeit und epistemische Autonomie: Sie organi-

231 Vgl. Gugerli: Die wissenschaftlich-technische Landschaft; ders.: Kartographie und Bundesstaat.

sierten sich fast ausschließlich im Naturschutz und besaßen in Gestalt theoretischer Konzepte wie der Ökologie und der Biozönose eigenständige Analysewerkzeuge.

Diese beiden Begriffe führten uns zum zweiten Element des Heimatensembles, dem Schulteich. Dieser wurde durch Friedrich Junges *Dorfteich* zum Lehrbuchbeispiel für eine ökologische Lebensgemeinschaft. Ökologische Konzepte entfalteten ihre Wirkung weniger auf dem Feld des Naturschutzes als in der grundsätzlichen Wahrnehmungsveränderung von Landschaft und Natur. Mit ihnen ging ein Denken in Zusammenhängen einher, das auch zum Überschreiten disziplinärer Grenzen anregte. Nach dem Vorbild der Zürcher Pflanzenökologen um Carl Schröter begannen in den ersten Jahrzehnten des 20. Jahrhunderts auch Lokalforscher ein ethnographisches Interesse zu entwickeln und einheimische Menschen und ihre Kultur in die Betrachtungen der Heimatnatur einzuschließen.

Als dritter Bestandteil des Heimatensembles verwies das Schulhaus auf die zentrale Rolle des Schulwesens für eine heimatlich ausgerichtete Naturkunde. Bis sich die »Heimatkunde« als Schulfach etablierte, sollten noch etliche Jahre vergehen. In Gestalt der Exkursion, als reformpädagogisch untermalter Auszug aus dem Klassenzimmer hinaus in die Natur, verfügten jedoch die Lehrer bereits um 1900 über das perfekte Medium für die Vermittlung der neuen Heimatkonzeption an Kinder aller Schichten. Die Schule selbst stellte zudem für die heimatlich orientierten Naturforscher-Lehrer ein wichtiges Betätigungsfeld und Netzwerk dar. Die heimatlich konzipierte Natur und vor allem ihre Schutzbedürftigkeit stellte ein Angebot zum gesellschaftlichen Engagement dar, das von der Lehrerschaft dankbar angenommen wurde. Auch wenn die selbsternannte Zuständigkeit für »Heimat«-Belange nicht gerade ein Aufstiegsmedium darstellen mochte, wie dies der Volkskundler Konrad Köstlin für die deutsche Heimatkunde-Bewegung behauptet,[232] so ermöglichte sie es dem einzelnen Lehrer doch, sich innerhalb und außerhalb des Schulhauses zu profilieren.

Die Aussicht auf symbolisches Kapital lockte nicht bloß auf individueller Ebene, sondern bewegte auch die organisierte Lehrerschaft dazu, sich innerhalb und außerhalb des Unterrichts der Heimat anzunehmen. Indem sie sich an vorderster Front an der Produktion der Heimat beteiligten, eigneten sie die Schulmeister Deutungsmacht über diesen modernen Wahrnehmungs- und Handlungsraum an. Wenn auch kaum ausdrücklich angestrebt, so wurde das Heimatmonopol doch zu einer erfolgreichen standespolitischen Strategie, mit der die Lehrerschaft bis weit ins 20. Jahrhundert eine hegemoniale Stellung im Denkstil und in den Lebenswelten des ländlich-kleinstädtischen Kleinbürgertums zu behaupten vermochte.

232 Köstlin: Anmerkungen zu Riehl, 92.

Strategisch vorteilhaft war die Selbstverortung innerhalb des Heimatdispositivs nicht nur für die naturforschenden Schulmeister, sondern für die gesamte Petite Science. Als sich an den Hochschulen nach 1900 der Wandel der Naturforschung hin zu laborbasierten, experimentell-quantifizierenden Disziplinen immer stärker abzeichnete und die natürlichen Verbündeten der Lokalforscher an den Hochschulen wie Professor Schröter oder Professor Heim nach und nach in Pension gingen, bildete »Heimat« für die sammelnd-inventarisierende Vereinswissenschaft ein geschütztes Reservat. Heimat legitimierte auf lokaler Ebene die Weiterführung von Forschungskonzepten einer beschreibenden Naturforschung, die an den Universitäten zunehmend als veraltet galten und allmählich zurückgefahren wurden.[233] Ab der Zwischenkriegszeit mussten die naturkundlichen Lokalforscher in der Schweizer Provinz zunehmend ohne Rückendeckung seitens wohlgesinnter Hochschulprofessoren auskommen. Auf dem ihnen vertrauten Territorium der »Heimat« vermochten sie dies aber bestens und noch über viele Jahrzehnte.

233 Der Historiker Christian Simon warnt davor, das Verhältnis der »alten« morphologisch-deskriptiven und der »neuen« molekular-experimentellen Naturforschung in allzu simplifizierender Weise als dichotomen Gegensatz darzustellen: Diese Grenzziehung selbst sei vielmehr historisch gewachsen und als solche erklärungsbedürftig (Simon: Natur-Geschichte, 32; vergleichbar für den angeblichen Bedeutungsverlust der deskriptiven Amateurbiologie in GB auch Alberti: Amateurs and professionals). Dieser Einwand mag berechtigt sein, aber auch Simon muss konstatieren, dass schlussendlich die »neue Biologie« der 1920er- und 1930er-Jahre einen paradigmatischen Bruch darstellte, der mit der Tradition der Naturgeschichte und den von ihr evozierten Sinngehalten wie Ordnung und Heimat gründlich aufräumte (Ebd.: 22 und 332-334). Geradezu symbolhaft führten die Diskussionen um die Nachfolgeregelung des 1925 pensionierten ETH-Botanikprofessors Carl Schröter das Verfallsdatum der floristisch-systematischen Forschung vor Augen (vgl. hierzu die Ausführungen bei Kupper: Wildnis schaffen, 200 f.). Als Nachfolger für den mit der Petite Science eng vernetzten Hochschulprofessor bewarben sich fünf Botaniker aus seinem engeren Umfeld. Der ETH-Präsident war jedoch ob dieser Auswahl alles andere als glücklich. Er bemängelte, dass in der Schröter-Schule »weitergehende wissenschaftliche Forschung« ausgeblieben sei, und zog daraus den harten Schluss, dass »auf dem Gebiet der Florakenntnis allein neuere wissenschaftliche Forschung kaum aufgebaut werden« könne (zit. nach ebd., 201). Folgerichtig wurde der Lehrstuhl Schröters nicht mehr mit einem Systematiker besetzt, sondern neu auf die Pflanzenpathologie ausgerichtet.

Schluss

Als »Petite Science« umschrieb 1912 der Dorfkrämer Auguste Charpié seine botanischen Forschungstätigkeiten, die ihn auf die Hügel des Jura und die Moore des Mittellandes führten. Seine treffende Selbstcharakterisierung diente der vorliegenden Arbeit als Leitbegriff und wies meinen Erkundungen durch naturkundliche Korrespondenzen, Zettelhaufen und Vereinszeitschriften den Weg. Immer deutlicher traten im Laufe dieser Quellenarbeit die Umrisse eines spezifischen Modus der naturhistorischen Forschung um 1900 hervor, der eigenständige Erkenntnispraktiken verfolgte und sich in relativ autonomen lokalen Wissensmilieus organisierte – und den ich in Anlehnung an Charpié als »Petite Science« analysierte.

Das Attribut des »Kleinen« wurde diesem populären Wissenschaftsbetrieb in vielfacher Weise gerecht. Obwohl sich in den Reihen der Petite Science neben Autodidakten wie Charpié auch studierte Naturwissenschaftler ausmachen ließen, so war diese doch gekennzeichnet von einem klein abgesteckten theoretischen Horizont. Das wissenschaftliche Tun dieser Männer – die Beteiligung von Frauen an der Petite Science stellte noch um die Jahrhundertwende eine große Ausnahme dar – stand im Zeichen einer *longue durée* etablierter naturhistorischer Forschung. Wie bereits ihre Vorgänger zu Beginn des 19. Jahrhunderts betrieben sie vornehmlich eine sammelnde, inventarisierende und beschreibende Naturforschung. Zwar erweiterten die freizeitlichen Botaniker und Zoologen ihre Erkenntnisinteressen punktuell um biogeographische, evolutionistische oder ökologische Fragestellungen. Nur selten jedoch verfolgten sie solche Perspektiven auch konsequent in ihrer Forschungspraxis, und meist ließen sie es bei (gedanken-)spielerischen Versuchen bewenden, sowohl drinnen auf dem Schreibtisch als auch draußen im Feld. Die meisten Protagonisten der Petite Science bewegten sich also in bewährten Bahnen naturhistorischer Erkenntnisproduktion. Die wenigen außeruniversitären Naturforscher dagegen, die sich in die Gefilde des theoretischen Schaffens wagten, betraten abschüssiges Gelände und drohten Absturz zu erleiden, wie ich dies am Beispiel Christian Brüggers und seiner umstrittenen Hybridenforschung aufgezeigt habe.

Die wichtigste Form, in der die freizeitlichen Forscher an der naturhistorischen Wissenschaft mitwirkten, bestand also in ihren empirischen Beiträgen, mochten diese auch, wie Lynn K. Nyhart für das Milieu der deutschen

»civic science« bilanziert, mitunter bescheiden gewesen sein.[1] Ohne ihre wissenschaftlichen Leistungen schmälern zu wollen, kann dieser Befund auch auf die Petite Science übertragen werden. Dieser Einschätzung hätten auch die Akteure des besagten Wissenschaftsmodus kaum widersprochen: Wie ich aufgezeigt habe, zeichnete sich deren wissenschaftliches Selbstverständnis durch eine Rhetorik der Selbstbescheidung aus. Sowohl die einzelnen Forscher als auch die Wissensmilieus als Ganzes bemühten das Bild eines gemeinschaftlichen Werks der Wissenschaft, für das man heute einige kleine Bausteine zusammentrage, auf dass in späterer Zukunft einmal jemand damit arbeiten könne. Eine solche Weiterverwendung ihres empirischen Materials blieb jedoch oft aus, zumindest im von ihnen beabsichtigten Sinne einer monographischen Bearbeitung. Unter anderen Vorzeichen dienen die umfangreichen lokalen Belegsammlungen und Bestandeserfassungen der damaligen Naturkundler aber bis heute der biologischen Forschung: Als historische Momentaufnahmen illustrieren sie, wie sich beispielsweise die Biodiversität oder das Klima im Verlauf des 20. Jahrhunderts verändert haben.

Die Erkenntnisinteressen der Petite Science um 1900 überschnitten sich durchaus mit der botanischen oder zoologischen Forschung, wie sie an bestimmten Hochschulinstituten jener Jahre noch betrieben wurde. Beide wissenschaftlichen Sphären fanden auf der pragmatischen Ebene von Artbestimmung und Systematik zusammen. Die jeweiligen taxonomischen Kompetenzen bildeten somit die fachliche Lingua franca, in welcher der Austausch zwischen Akademie und Petite Science hauptsächlich stattfand. Ein solcher Austausch war keine Ausnahme. Wie ich zeigen konnte, bestanden rege Kontakte zwischen einzelnen Freizeitwissenschaftlern und ihren universitären Kollegen. Es handelte sich dabei jedoch nur selten um eine institutionalisierte Zusammenarbeit im Hinblick auf ein ausformuliertes Forschungsziel. Das skizzierte Fallbeispiel von Hans Bachmanns Kooperation mit dem Zoologischen Institut der Universität Basel im Rahmen seines Vierwaldstättersee-Projekts stellte eine klare Ausnahme dar. Weit häufiger waren gegenseitige Ad-hoc-Hilfeleistungen und Freundschaftsdienste wie Materiallieferungen, Bestimmungen, Vorträge oder Gutachten.

Aus meinen Untersuchungen ging hervor, dass vor allem an den naturwissenschaftlichen Lehrstühlen der beiden Zürcher Hochschulen sehr enge Banden zum Milieu der Petite Science bestanden. Die Persönlichkeiten der Professoren Carl Schröter, Hans Schinz, Max Standfuss, Arnold Lang oder Albert Heim mochten diesen Austausch begünstigt haben, seine eigentliche Ursache lag aber in ihren sammelnd-inventarisierenden Forschungsschwerpunkten. Alle diese Forscher verfügten an ihren Instituten über umfangreiche

1 Nyhart: Civic and economic zoology, 628.

Sammlungen. Dies legte die Kooperation mit außeruniversitären Kollegen nahe, sei es, um gezielt an Materialien zu gelangen, oder, um spezifische Kompetenzen in Anspruch zu nehmen.

Trotz diesen Berührungspunkten mit der Hochschulwissenschaft erwies sich die Petite Science als – zumindest bedingt – eigenständiger Modus der naturhistorischen Forschung. Im Hinblick auf ihre epistemische Teilautonomie muss aber eine Unterscheidung zwischen zwei Forschertypen vorgenommen werden, die sich um Feld der außeruniversitären Naturforschung ausmachen ließen: die taxonomischen Spezialisten sowie die Lokalforscher. Es waren vor allem die Lokalforscher, die der Petite Science das spezifische Gepräge eines eigenständigen Wissenschaftsmodus mit starker Öffentlichkeitswirkung verliehen und die folglich auch im Zentrum meiner Betrachtungen gestanden haben. Die bevorzugten Wissensformate der Lokalforschung waren die floristischen und faunistischen Lokalkataloge sowie die dazugehörigen Belegsammlungen. Diese Formate verliehen den Forschungsbemühungen Gestalt und strukturierten ebenso die daraus hervorgegangenen Publikationen. Auch für die erwähnten Gehversuche in biogeographischen Analysen oder evolutionstheoretisch inspirierten Freisetzungsexperimenten bildete das Lokale den kognitiven Bezugsrahmen. Somit zeichnete sich auch der räumliche Forschungsbezug der Petite Science als kleindimensioniert aus: Das Lokale bildete das epistemische Fundament einer als Lokalforschung funktionierenden Naturwissenschaft und die Klammer, die die oft generalistisch ausgerichteten Forschungsinteressen ihrer Akteure zusammenhielt.

Nicht nur in epistemischer Hinsicht zeichnete der Lokalbezug die Petite Science als relativ eigenständigen Wissenschaftsmodus aus. Noch weit ausgeprägter war deren Teilautonomie bezüglich ihres sozialen Funktionierens. Unbesehen ihrer Verbindung zum akademischen Wissenschaftsbetrieb bildete die Lokalforschung in kleinen und mittelgroßen Städten eigene Wissensmilieus aus, die um die Dreiheit von kantonalem Naturforscherverein, Naturmuseum und Kantonsschule strukturiert waren. In größeren Universitätsstädten war dies nicht vergleichbar der Fall; neben den tonangebenden Universitätsprofessoren und den reich ausgestatteten Hochschulsammlungen vermochte sich die Petite Science nicht in analoger Weise als eigenständiges Wissensmilieu auszuformen. Das tragende Gerüst dieser lokalen Wissensmilieus bildeten die Kantonalsektionen der *Schweizerischen Naturforschenden Gesellschaft*. Ihr Beitrag zum Funktionieren dieser Milieus bestand in der Schaffung eines entsprechenden sozialen Umfelds. Sie waren Orte des Austauschs und der Geselligkeit und verschafften den einzelnen Lokalforschern und ihren Arbeiten eine Öffentlichkeit in Form von Vortragsabenden, Vereinsausflügen oder Artikeln in der Vereinszeitschrift.

Die Lokalforscher waren jedoch nicht ausschließlich durch die formelle Vereinszugehörigkeit miteinander verbunden. Für das alltägliche Funktionieren kleinerer und größerer Lokalforschungsprojekte spielte die Vereinsstruktur sogar oft nur eine zweitrangige Rolle, sieht man von der Bereitstellung eines Publikationsgefäßes ab. Eigentliche Forschungen wurden oft von informellen Netzwerken durchgeführt. Für deren Zusammenhalt erwiesen sich die medialen Wirkkräfte der Lokalkataloge als weit bedeutender. Die Katalogisierung von Tier- und Pflanzenbeständen stellte das prominenteste Wissensformat der Lokalforschung dar. Solche faunistischen und floristischen Bestandeserfassungen bezogen sich stets auf vorgängige Kataloge, ältere Sammlungen und frühere Forscher. Mit dieser historischen Sensibilität rückten sie die lokale, außeruniversitäre Wissenschaftstradition ihres Kantons in den Blick und versorgten, gewissermaßen als Nebeneffekt ihrer epistemischen Logik, die lokalen Wissensmilieus mit identitätsstiftenden Erzählungen. Die medialen Effekte der Lokalkataloge vermochten die gemeinschaftlichen Forschungsanstrengungen der Lokalforscher auch in weit konkreterer Weise aufeinander abzustimmen. Die Liste, die jedem Katalog als Grundstruktur unterlegt ist, funktionierte als Medium der Kooperation. Sie ermöglichte die Teilnahme unterschiedlichster Akteure an einem Sammelprojekt oder einer Bestandeserfassung und gewährleistete die Gleichrichtung von deren heterogenen Vorgehensweisen, Beweggründen und Datenlieferungen.

Neben diesen medialen Kräften waren die Lokalforscher vor allem auch durch Naturdinge und andere Objekte verbunden, die zwischen ihnen zirkulierten. Ob in Gestalt von Tauschgesellschaften, Handel oder Schenkungen – die verschiedenen Objekttransaktionen hatten große Bedeutung für die soziale Strukturierung und den Zusammenhalt der Petite Science. Da Beziehungen wesentlich über den Austausch von Naturobjekten vermittelt waren, kam der korrekten Zurichtung dieser Dinge, also ihrer sauberen Konservierung, regelkonformen Etikettierung und Ordentlichkeit die Bedeutung eines Zugehörigkeitskriteriums zu: Nur tadellose Dinge und ihre ebenso sorgfältigen Besitzer fanden Einlass in die Zirkulationssphäre der Wissenschaft. Unter allen Formen der Dingzirkulationen rangierte die Gabe – sowohl zwischen Personen als auch Institutionen – an erster Stelle. Freundschaftliche Geschenke waren die Verdinglichung einer als »Liberalität« umschriebenen Moralökonomie, die das lokalforschende Milieu festigte und ihre Akteure zu Großzügigkeit und selbstloser Zusammenarbeit motivierte.

Den Zusammenhalt der lokalen Milieus gewährleisteten Medieneffekte und Dingzirkulationen gleichermaßen wie Institutionen und Einzelpersönlichkeiten. Großes Augenmerk richtete ich in meiner Arbeit auf die idealtypische Figur des naturkundlichen Zentrumsakteurs, die sich für alle von mir untersuchten Klein- und Mittelstädte ausmachen ließ. Der Zentrumsakteur verkörperte das institutionelle Rückgrat eines lokalen Wissensmilieus, da er an der Schnittstelle von dessen drei wichtigsten Einrichtungen tätig war. In Personalunion füllten die Zentrumsakteure die Ämter des Naturkundeprofessors am lokalen Gymnasium, des Kurators des dortigen Naturmuseums sowie des Präsidenten des kantonalen Naturforschervereins aus. Sie saßen somit an der zentralen Relaisstation ihres Wissensmilieus und konnten die Ressourcen und Öffentlichkeiten, die ihnen die jeweiligen Institutionen boten, ihren Vorstellungen gemäß nutzen und kombinieren. Die Verfügung über lokale Ressourcen und Teilöffentlichkeiten stellte für die Zentrumsakteure ein wichtiges Mittel im Austausch mit universitären Institutionen oder großstädtischen Museen dar. Durch solche Transaktionen eröffneten oder stärkten sie auch Kommunikationskanäle über das lokale Milieu hinaus und nahmen so eine Vermittlerrolle zwischen einheimischen Forschern und der akademischen Sphäre ein. Den Kontakt zur universitären Forschung pflegten die Zentrumsakteure, die selber Naturwissenschaften studiert hatten und meist promoviert waren, auch im institutionalisierten Rahmen. Vor allem die Jahrestagungen der *Schweizerischen Naturforschenden Gesellschaft* bildeten eine wichtige Plattform, auf der sich die Zentrumsakteure mit Akademikern sowie mit ihresgleichen vernetzen konnten. Zentrumsakteure bewegten sich also auch auf nationalem (und seltener internationalem) Parkett und stellten die Rezeption aktueller wissenschaftlicher Debatten in ihrem lokalen Milieu sicher.

Im von mir untersuchten Zeitraum schafften es zunehmend auch Männer kleinbürgerlicher Herkunft, in die Stellung eines solchen Zentrumsakteurs aufzusteigen. Von den fünf Akteuren, die ich als lose kollektivbiographische Gruppe ins Auge gefasst habe, entstammten die meisten kleinbürgerlichen Familien. Während ihre Väter den Lebensunterhalt als Kleinbauern, Dorflehrer, Handwerker oder Ladenbesitzer bestritten, verfügten die Zentrumsakteure mit ihrem Gymnasiallehrerlohn über ein stattliches Einkommen. Sie wohnten in repräsentativen Häusern und verkehrten mit Klinikdirektoren, Regierungsräten und Eisenbahnunternehmern. Sie hatten den Aufstieg in die kleinstädtische Elite geschafft. Als solche Aufsteiger waren sie typische Vertreter jener *bourgeoisie des talents,* die im Rahmen der Bildungsexpansion des 19. Jahrhunderts an Schaltstellen in der Verwaltung oder der Wirtschaft gelangte. Den Zentrumsakteuren war ein ausgesprochen unternehmerischer Geist eigen, so dass sie sich selten mit ihrer Lehrerstelle allein begnügten. Beispielsweise im Tourismus oder in der Gutachtertätigkeit für Behörden erschlossen sie sich weitere Aktivitätsfelder und Einnahmequellen und erweiterten als willkommener Nebeneffekt auch ihre persönlichen Netzwerke in die lokale Politik und Wirtschaft.

Mochten die Zentrumsakteure auch in die kleinstädtische Elite aufgestiegen sein, so pflegten sie doch einen demonstrativ »volkstümlichen« Habitus, der auf das lokale Wissensmilieu abfärbte. Die »Volksverbundenheit« der Petite Science um 1900 widerspiegelte sich auch in der Mitgliederstruktur der Naturforschervereine – zumindest wenn man damals hegemoniale Vorstellungen des »Volkes« als Bewertungsmaß anlegt: Bekanntlich suchte man Frauen unter den Vereinsmitgliedern noch fast vergeblich, und auch um die Teilhabe von Arbeitern an der Lokalforschung war es nicht besser bestellt. Dennoch war die Rede von der Volkstümlichkeit nicht bloß eine hohle Phrase. Häufige Einsendungen von Naturobjekten durch Bauarbeiter, Fischer oder Bauern sowie Hinweise auf Naturphänomene, die aus dem ganzen Kantonsgebiet im Museum oder dem Gymnasium der Hauptstadt eintrafen, zeugen sehr wohl von der Verankerung dieses Wissenschaftsmodus in der breiteren Bevölkerung. Unter allen MateriallieferantInnenen und Gewährsleuten stachen die Dorfschullehrerinnen und -lehrer hervor. Dies war kein Zufall. Wie ich aufzeigte, war die Lehrerschaft ein wichtiger Adressat der Öffentlichkeitsarbeit der Zentrumsakteure und somit einschlägig sensibilisiert. Sie wurden von diesen auch gezielt für kollektive Sammelaktionen angegangen und im Gegenzug für ihre Unterstützung mit Gaben wie Doubletten oder ausrangiertem Museumsmaterial belohnt. Die wissenschaftlichen Hilfsdienste für kleinstädtische Zentrumsakteure oder andere Forscherpersönlichkeiten war für die einzelnen Lehrerinnen und Lehrer auch eine soziale Bestätigung und befriedigte ebenso ihre standespolitischen Bedürfnisse. Der »Volkstümlichkeit« ihrer wissenschaftlichen Bestrebungen halfen die Zentrumsakteure auch gezielt nach. Sie suchten die Aufmerksamkeit geistesverwandter Vereine wie Sektionen des Alpenclubs oder Verschönerungsvereine und nutzten auch rege die Lokalpresse, um ihre Anliegen in die Öffentlichkeit zu bringen. Diese vielfältigen Öffentlichkeitsbezüge zeichneten die Petite Science als populäre Wissenschaft aus.

Die Öffentlichkeitswirkung der naturkundlichen Lokalforschung reichte jedoch weiter beziehungsweise tiefer als die bloße Wissensvermittlung in Vorträgen oder Zeitungsartikeln. Mit ihrem starken Lokalbezug prägten die Erkenntnispraktiken der Petite Science die gesellschaftliche Wahrnehmung der nahräumlichen Landschaften. Landschaft stellte den wichtigsten epistemischen Ort der feldwissenschaftlich ausgerichteten Naturforschung dar. Auch wenn die Lokalforscher an ihr gelegentlich experimentelle Eingriffe wie beispielsweise die Freisetzung sogenannt gebietsfremder Arten vornahmen, so galt ihr Interesse doch in erster Linie der getreuen Inventarisierung ihrer tierischen und pflanzlichen Bewohner. Wie ich gezeigt habe, stellten die Logik des Inventars sowie die akribischen Standortkenntnisse der Lokalforscher wichtige Faktoren für die Entstehung und rasche Ausbreitung des Naturschutzgedankens im Milieu der Petite Science zu Beginn des 20. Jahrhunderts dar.

Landschaft bedeutete den Lokalforschern jedoch nicht bloß einen Erkenntnisrahmen. Sie bildete auch den Handlungsraum für freizeitliche Naturvergnügungen. Auf ihren Tagesausflügen eigneten sich die Lokalforscher die nähere Landschaft aktiv an (in den Sommerferien zudem auch die weitere). Sie nutzten neue Eisenbahnstrecken, Wanderwege sowie andere touristische Infrastrukturen und beteiligten sich somit an der Herstellung zeitgenössischer Freizeitlandschaften. Die moderne Zurichtung der Landschaft gemäß eigenen Bedürfnissen erstreckte sich auch auf die Landschaft als Vorstellungsraum. Mit ihren touristischen Praktiken und deren medialer Wiedergabe in Form von wissenschaftlichen Reiseberichten und Landschaftsportraits oder entomologischen Urlaubsempfehlungen beeinflussten die Naturforscher zusammen mit anderen naturaffinen Fraktionen des (Klein-)Bürgertums öffentliche Wahrnehmungen der Naturlandschaft und schufen so nachhaltig wirksame Vorstellungsbilder bestimmter Regionen oder Landschaftstypen. Dies war bereits um die Mitte des Jahrhunderts teilweise der Fall, doch um 1900 erfuhr diese landschaftsbezogene Sinnproduktion eine Zuspitzung und spezifische Neuausrichtung: Um die Jahrhundertwende war die naturkundliche Lokalforschung eine treibende Kraft in der Herstellung eines neuartigen Wahrnehmungsraumes – der »Heimat«.

Die heimatliche Wende der freizeitlichen Naturforschung war eingebettet in einen umfassenderen Epochenumbruch, in meiner Arbeit versuchte ich sie jedoch exemplarisch an zwei kleinräumigen Orten festzumachen. Als ersten Ort fasste ich das Heim der Naturforscher ins Auge und tat dies am Beispiel von Franz Leuthardts Wohnhaus auf dem Liestaler Burghügel. Besondere Aufmerksamkeit galt dem Studierzimmer in seiner doppelten Bedeutung: als Raum sowohl des Naturforschers wie des bürgerlichen Mannes. Dem Naturforscher war das Studierzimmer ein wichtiges Mittel der Selbstdarstellung als Wissenschaftler. Es diente als Kulisse der lebensgeschichtlichen und (foto-)grafischen Repräsentation der Freizeitwissenschaftler und war verschiedentlich Objekt von Musealisierungsbestrebungen seitens der Petite Science. Als Ort verdichteter Ordnung und Erinnerung, wie sie in den Sammlungsobjekten verkörpert waren, war das Studierzimmer dem bürgerlichen Naturforschermann auch privilegierter Raum eines Selbstverhältnisses im Zeichen des maßvollen Vergnügens und der aufmerksamen Selbstdokumentation. Dort rechnete er den Zuwachs seiner Sammlungen auf, schwelgte beim Betrachten seiner alten Sammlungsstücke in Jugenderinnerungen und zog eine Art Lebensbilanz.

Neben diese älteren Formen einer bürgerlichen Lebenskunst traten nun um 1900 aber neuartige Praktiken der bewussten Alltagsgestaltung. Hinweise dafür lieferte das Gartenparadies, das Franz Leuthardt um sein 1911 neu erbautes Heimatstil-Haus errichtete und das mit der von ihm betonten Wertschätzung der nahräumlichen Natur einherging. Seine Schaffung überschaubarer Kunstwelten korrespondierte mit Anliegen, die von konservativen Reformbewegungen der Jahrhundertwende propagiert wurden und in der Heimatstilarchitektur handfeste Umsetzung fanden. Mit seiner urbanitätsskeptischen Eigenheimideologie ging der Heimatstil mit einer Überhöhung des Wohnens im ländlich-vorstädtischen Grünen einher. Seine Vordenker stellten dieses der industrialisierten Stadt entgegen, die sich um die Jahrhundertwende nun auch in Liestal, Frauenfeld, Solothurn und anderen industriell geprägten Landstädtchen des Schweizer Mittellandes am Horizont abzuzeichnen begann. Leuthardts Heimatstil-Haus mit dem großzügigen und aufmerksam gehegten Garten war somit mehr als ein Architekturstil oder eine Wohnform: Es war ein Vorposten jener konservativen Reformbewegungen, die unter Anrufung von Natur und Heimat an Alternativmodellen zur liberalen Moderne bastelten.

Diese Bastelei an einer konservativen Moderne, die den erweiterten Rahmen der heimatlichen Wende der naturkundlichen Lokalforschung abgab, fand auf Leuthardts Nachbargrundstück ihre sinnbildliche Verwirklichung: Das Gelände des Heimatstil-Schulhauses auf dem Liestaler Holderstöckli stellte ein verdichtetes Heimatensemble dar. Drei Elemente dieser Schulhauslandschaft, der Alpensteingarten, der Schulteich und das Heimatstil-Schulhaus, stellen einen Schlüssel zum Verständnis der inhaltlichen Neuorientierung um 1900 dar, die die Petite Science im Zeichen des Kleinen und Überschaubaren vollzog. Den Alpensteingarten interpretierte ich als kleineren Bruder im Geiste des *Villlage Suisse* an der Genfer Landesausstellung von 1896. Er war steingewordenes Symbol zeitgeistiger Nationalmythen wie der Alpenbegeisterung und der Stilisierung der bäuerlich-ländlichen Lebenswelt zum Wesensmerkmal der Schweiz. In ihrer anregenden Untersuchung des *Village Suisse* und dessen nationalidentitärer Bricolage aus Pappgebirge und Kulissenhäusern erheben die EthnologInnen Bernard Crettaz und Juliette Michaelis-Germanier die »petitesse« des Genfer Modelldorfes von 1896 gar zum Leitprinzip der modernen Schweiz. In der Leidenschaft für das überschaubare Kleine offenbare sich ein eigentliches politisches Programm, das sie als »›politique Suisse de villagisation‹ et de miniaturisation esthético-sociale«[2] bezeichnen. Crettaz und Michaelis-Germanier führen weiter aus, dass diese Liebe zum Kleinen ihre Entsprechung in einer »obsession de la fragilité du modèle réduit et de la Suisse elle-même«[3] habe. Diese Zwangsvorstellung einer gefährdeten Schweiz führte um die Jahrhundertwende zu einer Gründungswelle von Vereinen im Geiste des »Schützens und Rettens« wie der *Schweizerischen Gesellschaft für Volkskunde* oder dem *Heimatschutz*, in deren Phalanx sich auch die Naturforscher

2 Crettaz und Michaelis-Germanier: Une Suisse miniature, 182.
3 Ebd.

einreihten. Sie organisierten sich ab 1906 um die Naturschutzkommission der *Schweizerischen Naturforschenden Gesellschaft* und ihren kantonalen Ablegern.

Trotz vergleichbarem Vokabular mit den Schwesterorganisationen gingen die Naturkundler auf ihrer Schutzmission eigene Wege – zur Heimatkonzeption der Petite Science führte ein spezifisch naturkundlicher Pfad. Dessen epistemische Grundlage verkörperte der Schulteich, das zweite Element des Heimatensembles beim Liestaler Burgschulhaus. Der Teich wurde durch die reformdidaktischen Schriften Friedrich Junges zur populären Chiffre der ökologischen Naturkonzeption im Sinne Karl August Möbius' und Friedrich Dahls,[4] die um 1900 eine prominente Stellung in der naturkundlichen Lokalforschung einnahm.

Das ökologische Denken fand auf unterschiedlichen Wegen Eingang in die Kreise der Petite Science. Neben der Rezeption des Lebensgemeinschaftskonzepts von Möbius durch Paul Sarasin und andere Vordenker der Schweizerischen Naturschutzkommission spielte auch die Pflanzensoziologie des Zürcher Botanikprofessors Carl Schröter und sein Konzept der Synökologie eine wichtige Rolle. Für die Lokalforschung lag die Bedeutung des ökologischen Denkstils jedoch nicht primär in theoretischen Detaildiskussionen oder in konkreten Auswirkungen auf die Forschungsagenda, auch wenn dies vereinzelt der Fall sein mochte.[5] Seine Wirkung entfaltete das ökologische Denken vielmehr als grundsätzliche Betrachtungsperspektive. Das Lokale, das bereits in den Jahrzehnten zuvor durch biogeographische und evolutionistische Perspektiven nobilitiert wurde, erfuhr mit der Ökologie eine nochmalige Aufwertung. Wenn auch kaum unmittelbar für die lokale Naturforschung, so hatte dies doch weitreichende Folgen. Eine (zaghafte) Änderung erfuhren Präsentationsstrategien naturhistorischer Museen, die sich nun vermehrt als »Heimatmuseen« verstanden. Am deut-

4 Was sich auch in der heute noch gebräuchlichen Bezeichnung eines Teiches als »Biotop« widerspiegelt.

5 Der Luzerner Zentrumsakteur Hans Bachmann stellte eine solche Ausnahme dar und diskutierte beispielsweise taxonomische Schlussfolgerungen seiner Planktonforschungen auch unter ökologischen Gesichtspunkten (vgl. Bachmann: Der Speziesbegriff, 201). Bachmann war auch einer der wenigen Vertreter der Petite Science, die mit vergleichbarer Vehemenz gegen die systematische Naturforschung linnéscher Prägung Front machten, wie Lynn K. Nyhart dies für seine Kollegen der »civic zoology« in Deutschland beschrieben hat (vgl. Nyhart: Modern Nature, 22 f.). Als Pädagoge hielt er der morphologisch ausgerichteten Naturdidaktik vor, durch trockene Beschreibung der in Einzelteile zerlegten Organismen »den Schüler aus der Natur heraus[zuziehen], […] ihn eines Genusses [zu] entfremden« (Bachmann: Der naturkundliche Unterricht 1902, 63). Als Lokalforscher prangerte er in einem Plenarreferat der SNG an, »dass die Linnésche Schule, welche in den biologischen Wissenschaften noch viel länger nachwirkt, als man zugeben will […] ihre grösste Befriedigung in der Verleihung eines neuen Speziesnamen« fühle (Bachmann: Der Speziesbegriff, 199).

lichsten schlug sich der ökologische Holismus jedoch in der ethnographischen Wende der Lokalforscher nieder, die wiederum von Schröter und einigen seiner SchülerInnen vorgespurt wurde. Mit größter Selbstverständlichkeit begannen naturkundliche Lokalforscher in den ersten Jahrzehnten des 20. Jahrhunderts, auch Objektivationen der hiesigen »Volkskultur« zu sammeln und zu dokumentieren. In der Schnittstellendisziplin der »Volksbotanik«, die in der Zwischenkriegszeit eine Blütezeit verzeichnete, war die Synthese der naturkundlichen und volkskundlichen Forschungsinteressen am deutlichsten vollzogen worden, aber auch in der Geographie, der Archäologe und der Hausforschung florierten Forschungen in den diffusen disziplinären Grenzzonen.

Auf der Grundlage eines – meist vagen – ökologischen Denkens entwickelten die naturkundlichen Lokalforscher um 1900 also eine eigenständige Konzeption des Heimatlichen, in der Natur und menschliche Kultur als Ganzes gedacht wurde, wobei Letztere eine Integration in die Ordnungen der Ersteren erfuhr. Vergleichbar wie die Heimatkonzeptionen der Heimatschützer wiesen auch die Deutungsangebote der Naturkundler einen eigenen, konservativ-reformerischen Weg in die Moderne. Dieser Weg ruhte auf dem Fundament der ganzheitlich gedachten Lebensgemeinschaften und Lebensräume. In den Schriften und Korrespondenzen der hier untersuchten naturkundlichen Zentrumsakteure finden sich fast keine Hinweise auf rassentheoretische oder sozialdarwinistische Überzeugungen.[6] Dessen unbesehen erfreuten sich mit dem beginnenden 20. Jahrhundert die Kategorien des »Einheimischen« und des »Fremden« großer Popularität unter den ökologisch inspirierten Lokalforschern. Diese zeigte sich beispielsweise in der neuen Wertschätzung der Bauerngärten, die als Inbegriff des Einheimischen ausdrückliche Sympathie seitens der Lokalforscher erfuhren. Deren Haltung gegenüber dem Fremden (zumindest, wenn es sich um Pflanzen oder Tiere handelte) war jedoch durchaus noch ambivalent. Dies zeigte sich beispielsweise in der Leidenschaft des Naturschützers Rudolf Probst für Neophyten, in der unter Floristen verbreiteten Akklimatisierung ausländischer Pflanzen in freier Natur oder in den exotischen Gartenpflanzen des Zentrumsakteurs Heinrich Wegelin. Trotz dieser Mehrdeutigkeiten schuf der Heimatdiskurs der ökologisch ausgerichteten Lokalforscher im Laufe der Zeit politisch eindeutige Wir-Konstruktionen: Die Idee einer ganzheit-

6 Das heißt nicht, dass sich in einzelnen Vorträgen oder Artikeln in den Jahresberichten der SNG-Sektionen keine sozialdarwinistische oder rassentheoretische Diskurse ausmachen lassen würden. Diese Theoriebestände waren aber sicherlich nicht bestimmend für das Denken und Schreiben der hier portraitierten Zentrumsakteure der naturkundlichen Lokalforschung, auch wenn dieser Befund durch eine eingehendere Untersuchung von Quellenmaterial der 1920er- und 1930er-Jahre noch punktuell korrigiert werden mag.

lichen Heimat-Gemeinschaft suggerierte vermeintliche Klarheit darüber, wer und was zur Heimat gehört – oder eben nicht. Als Zugehörigkeitsmaschine produzierte sie gesellschaftliche Ausschlüsse und festigte Machtgefälle.

Als drittes Element des Heimatensembles fasste ich schließlich das Heimatstilschulhaus der Bezirksschule ins Auge. Das Gebäude stand stellvertretend für das Schulwesen, das in der Vermittlung der heimatlichen Naturkonzeption eine gewichtige Rolle innehatte. Die Lehrerschaft beteiligte sich an vorderster Front an der Naturschutzbewegung und integrierte den Schutzgedanken in den Schulunterricht. Schulexkursionen wurden als eigentliche Heimatrituale ausgestaltet und lehrten die Schüler, ihre Nahumgebung als ökologische Einheit zu betrachten.

Nachdem Franz Leuthardt im Jahr 1934 verstorben war, setzten ihm seine Kollegen ein Denkmal in Gestalt eines erratischen Blockes. Ein passenderes Symbol für den weiteren Werdegang der Petite Science in der Zwischen- und Nachkriegszeit könnte man sich kaum denken: Ihre Allierten und Schirmherren an den Hochschulen traten einer um den anderen in den Ruhestand, und im Zeichen der neuen Leitwissenschaft der Genetik vollzog sich endgültig ein Paradigmenwechsel in der universitären Naturforschung der Schweiz. Mit den neu ausgerichteten Lebenswissenschaften wies die heimatliche Naturforschung kaum mehr Überschneidungen auf. Spätestens jetzt hatte die Petite Science als Verquickung von holistischer Sammlungs- und Inventarisierungswissenschaft, pädagogischer Reformbewegung und Naturschutzaktivismus die vollständige epistemische Autonomie von der akademischen Naturforschung erlangt.

Die Schule, die Naturvereine und die lokalen Naturmuseen bildeten fortan die institutionellen Reservate, in denen die heimatliche Generalwissenschaft sich unbesehen der paradigmatischen Umbrüche in der akademischen Naturforschung auf lange Jahrzehnte zu behaupten vermochte. Heimat wurde zum Hoheitsgebiet der Lehrer und Lehrerinnen sowie anderer kleinbürgerlicher SinnproduzentInnen. Diese Deutungsinstanzen wussten ihr symbolisches Territorium gegen unerwünschte Eindringlinge zu verteidigen und offenbarten dabei den stets auch ausschließenden Charakter, der dem holistischen Heimatkonzept eingeschrieben ist. Ich will dies an einer mir mündlich überlieferten Begebenheit aus den späten 1940er-Jahren kurz aufzeigen. In einem Dorf im Oberbaselbiet interessierte sich damals ein junger Maurer für die lokale Vogelwelt. Zusammen mit Kollegen, ebenfalls Arbeitern, begann er sich autodidaktisch ornithologisches Wissen anzueignen. Seitens der lokalen Lehrerschaft und anderer Alleinpächter der Heimat erfuhr der naturbegeisterte *muratore* – sein Großvater war etliche Jahre zuvor als Bauarbeiter aus Italien in die Schweiz eingewandert – jedoch nicht etwa Unterstützung, sondern harsche Zurückweisung. »Numme und erscht no« (also: *bloß* Arbeiter *und zudem auch noch* »Tschingg«[7]), lautete die knappe Formel, mit der sie den bildungshungrigen Außenseiter abwerteten und von ihrem hoheitlichen Deutungsgebiet fernhalten wollten. Im Laufe der Zeit vermochte der Oberbaselbieter *artisan ornithologist* diese Widerstände zwar zu überwinden und erfuhr einige Jahrzehnte später als Naturkenner und eigensinnige Dorfpersönlichkeit breite Anerkennung. Trotz dieser schließlichen Wertschätzung schienen die Verletzungen seiner jungen Jahre nie ganz verheilt gewesen zu sein: In seinen lebensgeschichtlichen Erzählungen nahm die diskriminierende Formel des »numme und erscht no« bis kurz vor seinem Tod einen prominenten Platz ein.

Auch abgesehen von diesem bezeichnenden Fallbeispiel wäre eine Untersuchung darüber, wie die Natur- und Kulturforschung in ihrer heimatlichen Orientierung zwischen 1930 und 1970 auf lokaler Ebene gelebt wurde und welche Forschungspraktiken, Wissensformate und Vermittlungsweisen, aber auch Vergesellschaftungs- und Identitätsangebote damit einhergingen, aufschlussreich. Der heimatliche Wissensmodus hielt seine Stellung bis ungefähr um 1970, als diese an zwei zentralen Fronten zu erodieren begann: im Museumsbereich und im Schulwesen. In allen Städten meiner Untersuchungsgruppe wurde das lokale naturhistorische Museum zwischen 1970 und 1980 gänzlich reorganisiert.[8] Wo solche noch vorhanden waren, wurden die volks- und völkerkundlichen, archäologischen oder historischen Sammlungen von den naturhistorischen Beständen abgetrennt. Meist ging die Neuausrichtung auch mit dem Bezug neuer Gebäude einher, und ebenso wurden neue Dauerausstellungen konzipiert, die einen visuellen, narrativen und didaktischen Bruch mit den althergebrachten Präsentationsweisen vollzogen.[9]

7 Abwertende Dialektbezeichnung für »Italiener(in)«.

8 In *Frauenfeld* wurde das 1958 geschlossene naturhistorische Museum im gleichen Gebäude 1972 mit einer gänzlich neu konzipierten Dauerausstellung wiedereröffnet (vgl. Kauz: Den Thurgau ausstellen, 112). Das naturhistorische Museum in *Luzern* wurde 1970 magaziniert und öffnete wieder 1978 in einem Neubau seine Tore als »Natur-Museum Luzern« (vgl. Aregger: Natur-Museum Luzern, 101, 106-109). In *Solothurn* löste man das Mehrspartenhaus »Museum der Stadt Solothurn« 1978 auf und eröffnete dessen naturhistorische Abteilung 1980 neu als »Naturmuseum Solothurn« in einem anderen Gebäude. In *Chur* bezog das naturhistorische Museum 1981 einen Neubau. In *Liestal* schließlich wurde 1979 das mehrspartige Kantonsmuseum im Regierungsgebäude geschlossen und 1984 im umgebauten alten Zeughaus als weiterhin mehrspartiges Ausstellungshaus wiedereröffnet, nun neu mit thematischen Dauerausstellungen anstelle der alten Schausammlung (vgl. Hagmann: Die angesägte Antilope, 107).

9 Exemplarisch die vom Kunstmaler Jacques Schedler mitkonzipierte neue Dauerausstellung, die 1972 im Naturmuseum Thurgau eröffnete (vgl. Kauz: Den Thurgau ausstellen, 112 f.).

Nicht nur auf musealer Ebene erwies sich die ganzheitliche Betrachtungsweise im Zeichen der »Heimat« als Auslaufmodell. Auch das Unterrichtsfach »Heimatkunde« verspürte nach 1970 heftigen Gegenwind. So tat beispielsweise ein Positionspapier eines basellandschaftlichen Pädagogen im Jahre 1972 die schulische Heimatkunde als »sinnentleert« ab und kritisierte deren »immanente[ ] Prinzipien der Ganzheit, der Anschauung und der Nähe«.[10] Seine Abrechnung geschah auch unter dem Eindruck jener lange überfälligen Geschichtsaufarbeitung, die im nördlichen Nachbarland nun eruptiv eingesetzt hatte und in der wissenschaftlichen Volkskunde den »Abschied vom Volksleben« einläutete:

> »Die Heimatkunde steht in engem Zusammenhang mit der Entwicklung des deutschen Nationalbewusstseins des 19. Jhd. Da wir unsere Bildungstheorien in einem grösseren Ausmaß importiert haben, als wir es hinterher wahrhaben möchten, kommen wir auch um die geschichtliche Bewältigung des ›Importanteils‹ nicht herum. Auch bei uns ist in der Heimatkunde eine Überbetonung aus dem Bereich der ›Natur‹ und des dörflichen Lebenskreises festzustellen. Technik und Groß-Stadt gehören nicht in den heilen Bereich der Heimatkunde.«[11]

Auch nach 1970 war das Vorstellungsbild einer organischen, räumlich begrenzten Heimat nicht ganz verschwunden. Es saß die Angriffe aus und formierte sich – beispielsweise unter Bezugnahme auf Mitte der 1970er-Jahre aufkommende Nachhaltigkeits- und Ökodiskurse – neu. Dass dieses verjüngte Phantasma der »Heimatschweiz« als eines fragilen und kleinräumigen Biotops, das durch den übermäßigen Eintrag von Fremdartigem in seinem natürlichen Gleichgewicht gestört sei, auch heute noch ohne Weiteres aktualisiert werden kann, zeigen aktuelle politische Debatten in aller Anschaulichkeit. Doch dies wäre nochmals eine andere Geschichte.

10 Vgl. StABL, Nachlass Eduard Strübin, PA 6256, 1.01., I, Nr. 10, Manuskript von Achilles Reichert »Von der Heimatkunde zum modernen Sachunterricht« (1972), 2 f.

11 Ebd. 4 f. Reichert nahm in seinem Exposé verschiedentlich Bezug auf Schriften aus dem Umfeld der Tübinger Volkskunde, die um 1970 eine wichtige Vorreiterrolle in der Kritik der volks- und heimatkundlichen Volkstumsideologie und ihrer epistemischen und institutionellen Verflechtungen mit dem Nationalsozialismus einnahm.

Quellen- und Literaturverzeichnis

Archivalische Quellen (Handschriften, Nachlässe)

Botanischer Garten der Universität Zürich (BGUZ)

Korrespondenz Hans Schinz

Kopialbuch 33 (Nov. 1896 bis August 1899)

Kopialbuch 34 (Sept. 1899 bis April 1900)

Kopialbuch 35 (14. April bis 9. Dez. 1900)

Kopialbuch 36 (9. Dez. 1900 bis 3. Juni 1901)

Kopialbuch 37 (4. Juni 1901 bis 20. Nov. 1901)

Bündner Naturmuseum, Chur

Schachtel »Bazzigher Luzi«

Schachtel »Caflisch J. L.«

Schachtel »Gugelberg von Moos Maria Barbara Flandrina«

Schachtel »Killias Eduard«

Naturmuseum Luzern

Ordner »Bis 1907«

Ordner »Bis 1920«

Ordner »Korrespondenz Prof. Bachmann. Bis 1920«

Ordner »Notizen zu gelieferten Objekten bis 1924/Briefe bis 1924«

Naturmuseum Solothurn

Briefordner »Korrespondenzen 1899-1901« [eingehende Korrespondenzen]

Briefordner »Korrespondenzen 1. Jan. 1902-30. Dez. 1902« [eingehende Korrespondenzen]

Briefordner »Korrespondenzen 1. Jan. 1903-31. Dez. 1910« [eingehende Korrespondenzen]

Kopialbuch »Ab 1900« [ausgehende Korrespondenzen Isaak Blochs]

Kopialbuch »XI. 1901 – VI. 1903« [ausgehende Korrespondenzen Isaak Blochs]

Kopialbuch »VI. 1903 – XI. 1907« [ausgehende Korrespondenzen Isaak Blochs]

Kopialbuch »XI. 1907 – III. 1916« [ausgehende Korrespondenzen Isaak Blochs]

Nachlass Dr. Rud. Probst, Korrespondenzen, Doppelband 3/4 (1708/1709), Ba – Be/Be – Bi
Nachlass Dr. Rud. Probst, Korrespondenzen, Doppelband (1710/1711), Bi (Forts.) – Bri (1903-1940)/Bro – Chr. (Anf) (1903-1939).
Nachlass Dr. Rud. Probst, Korrespondenzen, Doppelband (1714/1715), J – K (1905-1939)/Ke – Lo (1886-1939)
Nachlass Dr. Rud. Probst, Korrespondenzen, Doppelband (1716/1717), Lu – Mo (Anf.) (1895-1940)/M (Schluss)–R (1902-1940)

Naturmuseum Thurgau, Frauenfeld

Schachtel 3100.R Konservatoren
Mappe »Wegelin Heinrich. Entomologische Korrespondenz«
Mappe »Zimmermann Heinrich, Korrespondenz«
Schachtel 4050.A, Sammler und Donatoren, Biographien, Korrespondenzen, Notizbücher, Material
Mappe »v. Bodman Emanuel, Freiherr. Entomologisches Material«
Mappe »Eugster, A.«
Mappe »Ziegler-Reinacher Heinrich, Entomologische Korrespondenz«
Schachtel 4050.M, Sammler und Donatoren, Biographien, Korrespondenzen, Notizbücher, Material
Mappe »Müller-Rutz Johannes. Biographie«
Mappe »Wehrli Eugen, Dr.«
Schachtel 6000.A, Wissenschafter – Persönlichkeiten, mit Thurgauer Bezug
Mappe »Brunner Hans. Biographie«

Objekt Nr. 590. Nachlass Emanuel von Bodman.

Staatsarchiv Basel-Landschaft (StABL), Liestal

Nachlass Franz Leuthardt, PA 6102 (Bestand nicht auf Detailebene erschlossen)
Tagebuch, Bd. 1, V. 1904 – XI. 1905
Tagebuch, Bd. 2, XI. 1905 – III. 1907
Tagebuch, Bd. 3, III. 1907 – IX. 1908
Tagebuch, Bd. 4, IX. 1908 – XI. 1909
Biologisches Tagebuch, Bd. II: »Ältere und neuere Beobachtungen aus dem Tier- und Pflanzenreiche, 1928«
Notizbuch »Pro Memoria«
Schachtel »Vorträge, frühe Briefe etc.«
Mappe »Laufkäfer«, Manuskript »Einiges über die grossen Laufkäfer (Carabus-Arten) der Basler Jura«
Manuskript »Aus der Geschichte unserer Kulturpflanzen«
Schachtel »Zeitungsartikel, Drucksachen«
Blaues Notizheft »Zeitungskorrespondenzen 1926«

Nachlass Eduard Strübin, PA 6256
01.01., I, Nr. 10, Manuskript von Achilles Reichert »Von der Heimatkunde zum modernen Sachunterricht« (1972)

Staatsarchiv Graubünden (StAGR), Chur

Nachlass Christian G. Brügger, B 238 (Nachlass)
Nachlass Christian G. Brügger, B 1165/7a (Sbozzo der Beschreibungen, N. Pfl. Bast.)
Nachlass Christian G. Brügger, B 2010/6 (Naturforschende Gesellschaft Graubünden. Aus dem Nachlass v. Prof. Brügger: Herbarium, Ankauf desselben 1900/01)
Nachlass Christian G. Brügger, B 564/1, 1. Teil (Botanik)
Nachlass Christian G. Brügger, B 564/1, 2. Teil (Botanik)
Nachlass Christian G. Brügger, B 564/1, 3. Teil (Botanik)
Nachlass Christian G. Brügger, B 1165/10, 2. Teil (Korrespondenz [Briefe und Karten] an Brügger aus den Jahren 1851 bis 1892)

Nachlass Eduard Killias, B 260 (Aus seinem Nachlass: Entomologisches)
Nachlass Eduard Killias, B 1489 (Aus seinem Nachlass an das Bündner Naturhistorische Museum)
Fasz. 1 (Insektenlisten, Desideraten, Tausch, Kauf etc.)
Fasz. 2 (Briefe u. Karten)

Nachlass Luzi Bazzigher, B 857 (Bazzigher, L.: Korrespondenz betreffend Äufnung der Schmetterlings- und speziell Mikrolepidopterensammlung von Bazzigher)

Nachlass Johann Georg Am Stein, B490/1
»Mittheilungen, Correspondenzen etc. an H. Dr. Killias in Chur« (Kopialbuch Korrespondenz mit Killias)

Naturforschende Gesellschaft Graubünden, B 2010/6 (Aus dem Nachlass v. Prof. Brügger: Herbarium, Ankauf desselben 1900/01)

Staatsarchiv Zürich (StAZH), Zürich

Nachlass Bloch-Prosser, W I 58
W I 58/4, Mappe 7 (Fam. Isaak Bloch-Wolf)
W I 58/7, II. Teil, 3.1/1.

Gedruckte Quellen

Am Stein, Johann Georg: *Die Mollusken Graubündens. Verzeichniss der bisher bekannt gewordenen Arten unter Berücksichtigung ihrer geographischen Verbreitung im Kanton. (Als Beilage zu den Jahrgängen XXVII und XXVIII des Jahresberichtes der Naturforschenden Gesellschaft Graubündens.) 1883-84*, Chur: Buchdruckerei Gebrüder Casanova 1885.

Bachmann, Hans, B[ernhard] Amberg: »Dr. Franz Joseph Kaufmann. Sein Leben und seine Werke«, in: *Festschrift zur Eröffnung des neuen Kantonsschul-Gebäudes in Luzern. Verfasst von Professoren der Höhern Lehranstalt*, Luzern: Räber & Cie. 1893, S. 12-25.

Bachmann, Hans: »Apotheker Otto Suidter-Langenstein«, in: *Mitteilungen der Naturforschenden Gesellschaft Luzern* 4 (1904), S. III-XVI.

–: »Bericht über das Vereinsjahr 1895/96«, in: *Mitteilungen der Naturforschenden Gesellschaft Luzern* 1 (1897), S. 5-18.

–: *Der naturkundliche Unterricht in der Volksschule (Separat-Abdruck aus dem Luzerner Schulblatt)*, Luzern: J. L. Bucher & Sohn 1899.

–: »Der naturkundliche Unterricht in der Volksschule«, in: *Schweizerische pädagogische Zeitschrift* 12 (1902), Nr. 2, S. 57-81 (Inhalt nicht identisch mit obigem Titel, T. S.).

–: »Der Speziesbegriff«, in: *Verhandlungen der Schweizerischen Naturforschenden Gesellschaft* 88 (1905), S. 161-208.

–: »Die Untersuchung des Vierwaldstättersees (Jahresbericht)«, in: *Mitteilungen der Naturforschenden Gesellschaft Luzern* 1 (1897), S. 208-210.

–: »Jahresbericht [zur wissenschaftlichen Untersuchung des Vierwaldstättersees 1896/97]«, in: *Mitteilungen der Naturforschenden Gesellschaft Luzern* 2 (1898), S. 105-107.

–: »Jahresbericht [zur wissenschaftlichen Untersuchung des Vierwaldstättersees 1898-1900]«, in: *Mitteilungen der Naturforschenden Gesellschaft Luzern* 3 (1900), S. XV-XVII.

–: *Projekt für eine eidgenössische Station für Fischerei und Gewässerkunde am Vierwaldstättersee. Eingabe an das eidg. Departement des Innern, Bern, im Auftrage der Naturforschenden Gesellschaft Luzern*, Luzern: Ziegler 1912.

–: »Vorwort«, in: *Mitteilungen der Naturforschenden Gesellschaft Luzern* 1 (1897), S. 3-4.

Bade, E[rnst]: *Handbuch für Naturaliensammler. Eine Praxis der Naturgeschichte*, Berlin: Fritz Pfenningstorff Verlag für Sport und Naturliebhaberei o. J.

Baumberger, Ernst: *Die Felsenheide am Bielersee. Mit 4 Profilen und 2 Landschaftsbildern. Wissenschaftliche Beilage zum Bericht der Töchterschule in Basel pro 1903/04*, Basel: Buchdruckerei J. Frehner 1904.

Bayer: »In memoriam Arnold Wullschlegel«, in: *Entomologische Zeitschrift* 26 (1912), Nr. 36, S. 144.

Bazzigher, Johannes: *Geschichte der Kantonsschule. Festschrift zur Hundertjahr-Feier der bündnerischen Kantonsschule*, Davos-Platz: Buchdruckerei Davos A. G. 1904.

Bazzigher, Luzi: »Vierter Nachtrag zum Verzeichniss der Lepidopteren Graubündens. Siehe Jahresberichte der Bündnerischen Naturforschenden Gesellschaft XXIII, XXIV, XXIX, XXXVII u. XLIII«, in: *Jahresbericht der Naturforschenden Gesellschaft Graubündens* 47 (1905), S. 133-148.

Bener-Lorenz, Gustav: »Dr. med. Eduard Killias«, in: ders. (Hg.), *Ehrentafel Bündnerischer Naturforscher. Herausgegeben von der Naturforschenden Gesellschaft Graubündens zur Jahresversammlung der Schweizerischen Naturforschenden Gesellschaft in Chur 1938*, Chur: Bischofsberger 1938, S. 76-79.

–: »Prof. Dr. Christian Brügger«, in: ders. (Hg.), *Ehrentafel Bündnerischer Naturforscher. Herausgegeben von der Naturforschenden Gesellschaft Graubündens zur Jahresversammlung der Schweizerischen Naturforschenden Gesellschaft in Chur 1938*, Chur: Bischofsberger 1938, S. 80-83.

Binz, August: *Flora von Basel und Umgebung. Rheinebene, Umgebung von Mülhausen und Altkirch, Jura, Schwarzwald und Vogesen. Zum Gebrauche in mittleren und höheren Schulen und auf Exkursionen*, Basel: Verlag von C. F. Lendorff 1901.

Blasius, Rudolf, Gustav von Hayek: »II. Bericht über das permanente internationale ornithologische Comité und ähnliche Einrichtungen in einzelnen Ländern«, in: *Ornis* 2 (1886), S. 1-48.

Bloch, Isaak A.: »Biographische Notizen über Alexander Moritzi«, in: *Mitteilungen der Naturforschenden Gesellschaft Solothurn* 3 (1904-1906), S. 241-356.

–: *Das Jubeljahr der Descendenztheorie 1809-1909. Vortrag 1909*, Solothurn: Buch- und Kunstdruckerei Vogt & Schild 1909.

–: »Nachwort«, in: Denkschriftkommission (Hg.), *Denkschrift zur Eröffnung von Museum und Saalbau der Stadt Solothurn*, Solothurn: Buch- und Kunstdruckerei Union 1902, S. 242-245.

–: *Zehn Jahre im neuen Museum. Separat-Abdruck aus den Mitteilungen der Naturforschenden Gesellschaft Solothurn. Viertes Heft, XVI. Bericht (1907-1911)*, Solothurn: Buchdruckerei Gassmann 1911.

Boltshauser, Heinrich: »Beitrag zu einer Flora des Kantons Thurgau«, in: *Mitteilungen der Thurgauischen Naturforschenden Gesellschaft* 6 (1884), S. 19-43.

Born, Paul: »Einmal etwas Nicht-Carabologisches«, in: *Insekten-Börse* 20 (1903), Nr. 41, S. 323-324.

Braun-Blanquet, Josias: »Maria Barbara Flandrina Gugelberg von Moos«, in: Gustav Bener-Lorenz (Hg.), *Ehrentafel Bündnerischer Naturforscher. Herausgegeben von der Naturforschenden Gesellschaft Graubündens zur Jahresversammlung der Schweizerischen Naturforschenden Gesellschaft in Chur 1938*, Chur: Bischofsberger 1938, S. 88-90.

Briquet, John: *Règles internationales de la nomenclature botanique adoptées par le congrès international de botanique de Vienne 1905*, Jena: Fischer 1906.

Brockmann-Jerosch, Heinrich: *Die Flora des Puschlav (Bezirk Bernina, Kanton Graubünden) und ihre Pflanzengesellschaften*, Leipzig: Verlag von Wilhelm Engelmann 1907.

Brockmann-Jerosch, Marie, Arnold Heim, Helene Heim: *Albert Heim. Leben und Forschung*, Basel 1952.

Brügger, Christian G.: »Aufzählung neuer Pflanzenbastarde der Bündner- und Nachbarfloren«, in: *Jahresbericht der Naturforschenden Gesellschaft Graubündens* XXV (1882), Nr. Vereinsjahr 1880/81, S. 54-112.

–: *Beobachtungen über wildwachsende Pflanzenbastarde der Schweizer- und Nachbarfloren. Separatabdruck aus dem Jahres-Bericht der Naturforsch. Gesellschaft Graubündens, Jahrg. XXIII-XXIV (1878-1880)*, Chur: Buchdruckerei Gebrüder Casanova 1880.

–: »Die Chiropteren Graubündens und der angrenzenden Alpenländer«, in: *Jahresbericht der Naturforschenden Gesellschaft Graubündens* XXVII (1884), S. 26-64.

–: »Flora Curiensis«, in: Gottfried Ludwig Theobald, ders. (Hg.), *Naturgeschichtliche Beiträge zur Kenntniss der Umgebungen von Chur als Erinnerung an die 57. Versammlung der Schweizerischen Naturforschenden Gesellschaft*. Chur: Gebr. Casanova 1874, S. 45-104.

–: »Mittheilungen über neue und kritische Pflanzenformen«, in: *Jahresbericht der Naturforschenden Gesellschaft Graubündens* XXIX (1886), Nr. Vereinsjahr 1884/85, S. 46-178.

Bruhin, Thomas A.: *Flora Einsidlensis. Systematische Aufzählung der in Einsiedeln freiwachsenden und häufiger cultivirten Gefässpflanzen*, Einsiedeln, New York und Cincinnati: Karl und Niklaus Benziger 1864.

Brunies, Steivan: »Bericht der Naturschutzkommission für das Jahr 1912/13«, in: *Verhandlungen der Schweizerischen Naturforschenden Gesellschaft* 96 (1913), S. 121-127.

Brunner, Friedrich: »Verzeichnis der wildwachsenden Phanerogamen und Gefässkryptogamen des thurgauischen Bezirks Diessenhofen, des Randens und des Höhgaus«, in: *Mitteilungen der Thurgauischen Naturforschenden Gesellschaft* 5 (1882), S. 11-61.

Büeler, Gustav: *Verzeichnis der Programm-Beilagen der schweizerischen Mittelschulen*, Frauenfeld: Huber 1890.

Burckhardt, Gottlieb, Max Düggeli: »Hans Bachmann, Dr. phil. und Dr. sc. nat. h. c., 2. April 1866 bis 20. Februar 1940«, in: *Zeitschrift für Hydrologie* IX (1943), S. 1-15.

Buser, Robert: »Die Brügger'schen Weidenbastarde«, in: August Gremli (Hg.), *Neue Beiträge zur Flora der Schweiz. 4. Heft*, Aarau: Verlag Ph. Wirz-Christen 1887, S. 49-92.

Cavillier, François: »Auguste Gremli«, in: *Verhandlungen der Schweizerischen Naturforschenden Gesellschaft* 83 (1900), S. XXXVII-XLIV.

Christ, Hermann, Eduard Fischer: »Jahresbericht der schweizerischen botanischen Gesellschaft«, in: *Verhandlungen der Schweizerischen Naturforschenden Gesellschaft* 76 (1893), S. 134-135.

Correvon, Henry, Philippe Robert: *Alpenblumen*, Bern: Kuhn 1917.

Correvon, Henry: »Edelweiss«, in: *Bulletin de l'association pour la protection des plantes* 3 (1885), S. 12-16.

Cottet, Michel, François Castella: *Guide du botaniste dans le canton de Fribourg (= Bulletin de la Société Fribourgeoise des sciences Naturelles. Compte-Rendu 1887-1890)*, Fribourg: Imprimerie Fragnière frères 1891.

Darwin, Charles: *On the Origin of Species by Means of Natural Selection, Or the Preservation of Favoured Races in the Struggle for Life*, London: Murray 1859.

Davatz, Florian: »Über Erstellung von Naturaliensammlungen zu Schulzwecken: Referat für die Jahresversammlung des Lehrervereins«, in: *Jahresbericht des Bündnerischen Lehrervereins* 2 (1884-1885) (1884), S. 3-31.

Dübi, Henri: *Les cinquantes premières années du Club alpin suisse. Notice historique 1863-1913*, Bern: Club alpin suisse 1913.

Durand, Théophile, Henri Pittier: *Catalogue de la Flore Vaudoise (Extrait du Bulletin de la Société royale de botanique de Belgique, tomes XX-XXI, 1881-1882)*, Lausanne: Librairie Rouge 1882.

Eger, L[eopold]: *Der Naturalien-Sammler. Praktische Anleitung zum Sammeln, Praeparieren, Conserviren organischer und unorganischer Naturkörper*, Wien: Verlag von Georg Paul Faesy 1882.

Etter, Annemarie: »Editorial«, in: *Unipress. Forschung und Wissenschaft an der Universität Bern*, 2001, Nr. 110, S. 4.

F.: »Wie soll man Insekten verpacken und versenden?«, in: *Insekten-Börse* 20 (1903), Nr. 29, S. 227-228.

Fauconnet, Charles: *Excursions botaniques dans le Bas-Valais*, Genf und Basel: H. Georg 1872.

Fischer-Sigwart, Hermann: Beiträge zur Ausbreitung der Pflanzenschutzidee in der Schweiz, in: *Bulletin de l'association pour la protection des plantes*, 1889, Nr. 7, S. 11-16.

–: »Stratiotes aloides L. bei Zofingen«, in: *Vierteljahrsschrift der Naturforschenden Gesellschaft in Zürich* 64 (1919), Nr. 3-4, S. 834-836.

–: »Trapa natans L. bei Zofingen«, in: *Berichte der Schweizerischen Botanischen Gesellschaft* 11 (1901), Nr. 11, S. 15-22.

Fischer, Eduard: *50 Jahre Schweizerischer Juraverein 1898-1948*, Olten: 1948.

Floericke, Kurt: *Der Sammler. Eine gemeinverständliche Anleitung zur Anlage naturwissenschaftlicher Sammlungen*, Stuttgart: Franckh'sche Verlagshandlung 1914.

Frank, Christian: »Die Ausstellung für Volkskunst & Heimatkunde in Kaufbeuren. 15. bis 29. September 1901. Veranstaltet vom Verein ›Heimat‹«, in: *Deutsche Gaue* III (1901), S. 65-89.

–: »Die Erziehung des Volkes zur Mitarbeit«, in: *Deutsche Gaue* V (1903), S. 138-140.

–: »Incipit Lamentatio«, in: *Deutsche Gaue* III (1901), S. 5-13.

–: »Programm und Rückblick auf die ersten fünf Jahre«, in: *Deutsche Gaue* VI (1905), S. 5-16.

–: *Praktisches Handbüchlein für den Heimatforscher I. Ein Nachschlagebüchlein bei Wanderungen und Forschungen. Anleitung zur Terrainforschung*, 1903.

Frey, Heinrich: »Die Lepidopteren des Albulapasses«, in: *Jahresbericht der Naturforschenden Gesellschaft Graubündens* 20 (1877), S. 112-150.

–: *Die Lepidopteren der Schweiz*, Leipzig 1880.

Frobenius A.-G. (Hg.): *Heimatschutz, Naturschutz, Volkskunde. Der Schweizerischen Lehrerschaft gewidmet anlässlich des XXII Lehrertages vom 1.-3. Oktober 1911 vom Basler Organisations Comité*, Basel: Frobenius A.-G. 1911.

Goudet, Henri: »Discours d'ouverture«, in: *Bulletin de l'association pour la protection des plantes* 1 (1883, 3ième tirage: 1886), S. 3-7.

Gremli, August: »Brügger's Bastarte«, in: ders. (Hg.), *Neue Beiträge zur Flora der Schweiz. 4. Heft*, Aarau: Verlag Ph. Wirz-Christen 1887, S. 33-49.

–: *Excursionsflora für die Schweiz. Nach der analytischen Methode bearbeitet*, Aarau: Verlag E. Wirz 7. Aufl. 1893.

– (Hg.): *Neue Beiträge zur Flora der Schweiz. 1. Heft. Neue Folge der »Beiträge zur Flora der Schweiz« 1870*, Aarau: Verlag J. J. Christen 1880.

–: »Zweifelhafte Bastarte«, in: ders. (Hg.), *Neue Beiträge zur Flora der Schweiz. 3. Heft*, Aarau: Verlag J. J. Christen 1883, S. 26-31.

Greppin, Leopold: »Beitrag zur Kenntnis der im Kanton Solothurn vorkommenden Fledermäuse«, in: *Mitteilungen der Naturforschenden Gesellschaft Solothurn* 4 (1911), S. 41-66.

Grote, A. Radcliffe: »Über Nomenklaturregeln«, in: *Insekten-Börse* 20 (1903), Nr. 22, S. 173.

Heikertinger, F.: »Dr. A. Julius Müller«, in: *Koleopterologische Rundschau* 13 (1927), Nr. 2, S. 89.

Heinemann, F[ranz]: »Bericht über das Vereinsjahr 1896/97«, in: *Mitteilungen der Naturforschenden Gesellschaft Luzern* 2 (1898), S. 3-5.

Heinis, Fritz, Franz Leuthardt: »Bibliographie der auf das Gebiet des Kantons Baselland bezüglichen naturwissenschaftlichen Literatur 1900-1911«, in: *Tätigkeitsbericht der Naturforschenden Gesellschaft Baselland* 4 (1907-1911) (1911), S. 118-122.

–: »Dr. phil. Franz Leuthardt«, in: *Verhandlungen der Schweizerischen Naturforschenden Gesellschaft* 116 (1935), S. 457-462.

Hildebrandt, Paul: *Das Spielzeug im Leben des Kindes*, Bern: G. Söhlke 1904.

Hoffmann-Krayer, Eduard: »Über die Anlage volkskundlicher Museen«, in: Frobenius A.-G. (Hg.), *Heimatschutz, Naturschutz, Volkskunde. Der Schweizerischen Lehrerschaft gewidmet anlässlich des XXII. Lehrertages vom 1.-3. Oktober 1911 vom Basler Organisations Comité*, Basel: Frobenius A.-G. 1911, S. 45-55.

–: *Die Volkskunde als Wissenschaft*, Zürich: Verlag Fritz Amberger 1902.

Hoffmann, Fritz: »Über die Ausrüstung des Schmetterlingssammlers in den Alpen«, in: *Entomologische Zeitschrift* XXIII. Jahrgang (1909), Nr. 6, S. 27-29.

Jäggi, Jakob: »Scirpus Scheuchzeri Brügger«, in: *Botanisches Centralblatt* 4 (1883), Nr. 2, S. 251-253.

Junge, Friedrich: *Der Dorfteich als Lebensgemeinschaft nebst einer Abhandlung über Ziel und Verfahren des naturgeschichtlichen Unterrichts*, Kiel: Lipsius & Tischer 1885.

Kelhofer, Ernst: *Die Flora des Kantons Schaffhausen (Teil II zu Ernst Kelhofer's Beiträgen zur Pflanzengeographie des Kantons Schaffhausen)*, Zürich: Botanisches Museum der Universität Zürich 1920.

Keller, Johann Valentin: »Geschichtlicher Überblick über die Entstehung und Tätigkeit der Naturforschenden Gesellschaft Solothurn in der Zeit von 1823-1923. Zur Erinnerung an ihr 100-jähriges Bestehen«, in: *Mitteilungen der Naturforschenden Gesellschaft Solothurn* 7. Heft (1923).

Killias, Eduard, Johann Luzius Caflisch: *Coleopteren. Nach dem Tode des Verfassers auf Grund der nachgelassenen Manuscripte zu Ende geführt von J. L. Caflisch (= Beiträge zu einem Verzeichnisse der Insecten-Fauna Graubündens, IV). Separat-Abdruck aus dem XXXIII., XXXIV., XXXVI. und XXXVII. Jahresbericht der Naturforsch. Gesellschaft Graubünden*, Chur: Buchdruckerei Jos. Casanova 1894.

Killias, Eduard, Johann Luzius Caflisch: *Lepidopteren. II. Nachtrag. Nach dem Tode des Verfassers fortgeführt von J. L. Caflisch (= Beiträge zu einem Verzeichnisse der Insectenfauna Graubündens, V). Separatabdruck aus dem Jahresbericht der Naturf. Gesellsch. Graubünden, Jahrg. 38, 1894/95, Chur 1895.*

Killias, Eduard, Luzi Bazzigher: »Dritter Nachtrag zum Verzeichnis der Bündner Lepidopteren (= Beiträge zu einem Verzeichnisse der Insectenfauna Graubündens, VI)«, in: *Jahresbericht der Naturforschenden Gesellschaft Graubündens* 43 (1900), S. 49-64.

Killias, Eduard: *Die Flora des Unterengadins mit besonderer Berücksichtigung der speciellen Standorte und der allgemeinen Vegetationsverhältnisse. Ein Beitrag zur Kenntniss des Unter-*

engadins (= Beilage zum XXXI. Jahresb. der Naturf. Gesellsch. Graubündens), Chur: Buchdruckerei Gebrüder Casanova 1888.
–: *Hemiptera heteroptera (= Beiträge zu einem Verzeichnisse der Insectenfauna Graubündens, I.) Separatabdruck aus dem Jahres-Bericht der Naturf. Gesellsch. Graubünden's, Jahrg. XXII*, Chur 1879.
–: *Nachtrag zum Verzeichnis der Bündner Lepidopteren (= Beiträge zu einem Verzeichnisse der Insectenfauna Graubündens, II.). Separat-Abdruck aus dem XXIX. Jahresbericht der Naturforschenden Gesellschaft Graubündens*, Chur: Buchdruckerei Gebrüder Casanova 1886.
–: *Verzeichniss der Bündner Lepidopteren (Schmetterlinge) (= Beiträge zu einem Verzeichnisse der Insectenfauna Graubündens, II.) Separatabdruck aus dem Jahres-Bericht der Naturf. Gesellsch. Graubünden's, Jahrg. XXIII-XXIV)*, Chur 1880.
Krünitz, Johann Georg: »Kinder-Spiel«, in: ders., Heinrich Gustav Flörke, Friedrich Jakob Floerke, Johann Wilhelm David Korth (Hg.), *Oeconomische Encyclopädie oder Allgemeines System der Land-, Haus- und Staats-Wirthschaft*, Band 37, Berlin: Joachim Pauli 1786, S. 848-868.
Kükenthal, Georg: »Die Carexbastarde des Brügger'schen Herbars«, in: *Allgemeine botanische Zeitschrift für Systematik, Floristik, Pflanzengeographie* X (1904, Jan./Feb.), Nr. 1/2, S. 1-2.
Lang, Arnold: »Alexander Moritzi. Ein schweizerischer Vorläufer Darwins«, in: *Mitteilungen der Naturforschenden Gesellschaft Solothurn* 3 (1904-1906), S. 227-239.
Lang, Franz: »Beiträge zur Gründung des naturhistorischen Museums in Solothurn«, in: Denkschriftkommission (Hg.), *Denkschrift zur Eröffnung von Museum und Saalbau der Stadt Solothurn*, Solothurn: Buch- und Kunstdruckerei Union 1902, S. 219-241.
Leisi, Ernst: »Dr. h. c. Heinrich Wegelin«, in: *Mitteilungen der Thurgauischen Naturforschenden Gesellschaft* 32 (1940), S. 162-169.
Leutenegger, A[lbert]: »August Gremli«, in: *Mitteilungen der Thurgauischen Naturforschenden Gesellschaft* 25 (1924), S. 237-242.
Leuthardt, Franz: »Beiträge zur Lepidopterenfauna von Liestal«, in: *Tätigkeitsbericht der Naturforschenden Gesellschaft Baselland* 8 (1926-1930) (1930), S. 125-133.
–: »Jahresbericht 1900«, in: *Tätigkeitsbericht der Naturforschenden Gesellschaft Baselland* 1900-1901 (1902), S. 3-6.
–: »Jahresbericht 1901«, in: *Tätigkeitsbericht der Naturforschenden Gesellschaft Baselland* 1 (1900-1901) (1902), S. 7-14
–: »Jahresbericht 1902«, in: *Tätigkeitsbericht der Naturforschenden Gesellschaft Baselland* 2 (1902-1903) (1904), S. 3-9.
–: »Jahresbericht der Naturschutzkommission von Basel-Stadt und Basel-Land«, in: *Verhandlungen der Schweizerischen Naturforschenden Gesellschaft* 91 (1908), S. 140-141.
–: »Malakozoologische Notizen«, in: *Tätigkeitsbericht der Naturforschenden Gesellschaft Baselland* 3 (1904-1906) (1907), S. 73-78.
Lorenz, Paul: »Dr. Eduard Killias. Eine biographische Skizze«, in: *Jahresbericht der Naturforschenden Gesellschaft Graubündens* 35 (1892), S. I-XXVIII.
–: »Professor Dr. Chr. Brügger«, in: *Jahresbericht der Naturforschenden Gesellschaft Graubündens* 43 (1900), S. XI-XXI.

–: »Zur Geschichte der Naturforschenden Gesellschaft Graubündens. Als Erinnerung an das 75jährige Bestehen der Gesellschaft«, in: *Jahresbericht der Naturforschenden Gesellschaft Graubündens* 44 (1901), S. 1-176.

Lüscher, Hermann: *Flora des Kantons Aargau. Mit Berücksichtigung der Standortsverhältnisse und der horizontalen Verbreitung. Ein Beitrag zur Kenntnis der Pflanzengeographie der Schweizer Molasse und des Jura*, Aarau: Verlag Sauerländer 1918.

–: *Flora des Kantons Solothurn. Herausgegeben unter der Mitwirkung der Solothurnischen Naturforschenden Gesellschaft*, Solothurn: Verlag von Petri 1898.

–: »Verzeichnis der Gefässpflanzen von Zofingen und Umgebung und den angrenzenden Teilen der Kantone Bern, Luzern, Solothurn und Baselland«, in: *Mitteilungen der Aargauischen Naturforschenden Gesellschaft* 4 (1886), S. 34-135.

–: »Zweiter Nachtrag zur Flora des Kantons Solothurn«, in: *Allgemeine botanische Zeitschrift für Systematik, Floristik, Pflanzengeographie*, 1910, Nr. 7-9, hier zitiert nach Separatdruck.

Meister, Jakob: *Flora von Schaffhausen*, Schaffhausen: Verlag von Carl Schoch's Buchhandlung 1887 (Beilage zum Jahresbericht des Gymnasiums).

Mollet, Hans: »Bericht der solothurnischen Naturschutzkommission 1931-1935«, in: *Mitteilungen der Naturforschenden Gesellschaft Solothurn* 11, 1934-1935 (1935), S. XIII-XVIII.

Nägeli, Otto, Eugen Wehrli: »Beitrag zu einer Flora des Kantons Thurgau. Verzeichnis der Gefässpflanzen des Bezirkes Frauenfeld, des Hinterthurgaus und des Untersees«, in: *Mitteilungen der Thurgauischen Naturforschenden Gesellschaft* 9 (1890), S. 121-178.

Nussberger, Gustav: »Bericht über die Entstehung und Einweihung des neuen Bündnerischen Naturhistorischen und Nationalparkmuseums«, in: *Jahresbericht der Naturforschenden Gesellschaft Graubündens* 67 (1928/1929), S. IX-XXV.

Peyer, Bernhard: »Hans Schinz 1858-1941«, in: *Verhandlungen der Schweizerischen Naturforschenden Gesellschaft* 121 (1941), S. 407-410.

Probst, Rudolf: *Beitrag zur Flora von Solothurn und Umgebung. Gefässkryptogamen und Phanerogamen. (Separat-Abdruck aus Mitteilungen der Naturforschenden Gesellschaft in Solothurn. Zweites Heft, XIV. Bericht, 1902-1904)*, Solothurn: Buchdruckerei C. Gassmann 1904.

–: »Bericht über die Tätigkeit der solothurnischen Naturschutzkommission«, in: *Mitteilungen der Naturforschenden Gesellschaft Solothurn* 5, 1911-1914 (1914), S. 229-235.

–: *Die Adventiv- und Ruderalflora von Solothurn und Umgebung. (Separatabdruck aus den Mitteilungen der Naturforschenden Gesellschaft Solothurn, 5. Heft, XVII. Bericht 1911-1914)*, Solothurn: Buch- und Verlagsdruckerei Vogt-Schild 1914.

–: *Fortschritte der Floristik im Kanton Solothurn während der letzten 10 Jahre. (Separat-Abdruck aus den Mitteilungen der Naturforschenden Gesellschaft Solothurn. Viertes Heft, XVI. Bericht, 1907-1911)*, Solothurn: Buchdruckerei C. Gassmann 1911.

–: *Fortschritte der Floristik im Kanton Solothurn. Nachtrag unter Mitwirkung von Max Brosi. (Separatabzug aus der Festschrift für die 117. Jahresvers. d. Schweiz. Naturf. Ges. in Solothurn. Heft XI der Mitteilungen der Naturf. Ges. in Solothurn 1936)*, 1936.

–: *Zweiter Beitrag zur Adventiv- und Ruderalflora von Solothurn und Umgebung. (Separat-Abdruck aus den Mitteilungen der Naturforschenden Gesellschaft Solothurn. Sechstes Heft, XVIII. Bericht, 1914-1919)*, Solothurn: Buchdruckerei C. Gassmann 1920.

Puton, Auguste: *Catalogue des hémiptères de la faune paléarctique*, Caen: Delesques 1886.

Rätzer, August: »Eine Exkursion in den Alpinen Süden der Schweiz«, in: *Mitteilungen der Schweizerischen Entomologischen Gesellschaft* 6 (1881), Nr. 4, S. 165-198.

–: »Necrolog für Notar Franz Benteli von Bern«, in: *Mitteilungen der Schweizerischen Entomologischen Gesellschaft* X (1899), Nr. 5, S. 205-210.

Rehsteiner, H[ugo]: »Dr. Gottwalt Ambühl«, in: *Verhandlungen der Schweizerischen Naturforschenden Gesellschaft* 105 (1924), S. 10-12.

–: »Protokolle der vorberatenden Kommission und der beiden allgemeinen Versammlungen«, in: *Verhandlungen der Schweizerischen Naturforschenden Gesellschaft* 89 (1906), S. 35-51.

Reichmuth, Alex: »Direkte Demokratie des Geistes«, in: *Die Weltwoche*, 2014/12. Juni, Nr. 24, S. 33.

Rhiner, Joseph: *Die Gefässpflanzen der Urkantone und von Zug. Separatabdruck aus dem Jahresbericht der St. Gallischen naturwissenschaftlichen Gesellschaft 1891/92*, St. Gallen: Verlag A. & J. Köppel 1893 (2. Aufl.).

–: *Prodrom der Waldstätter Gefässpflanzen*, Schwyz: Verlag J. Bürgler 1870.

Ris, Friedrich: »Dr. M. Standfuss: Handbuch der paläarctischen Grossschmetterlinge für Forscher und Sammler«, in: *Mitteilungen der Schweizerischen Entomologischen Gesellschaft* IX (1896), Nr. 7, S. 313-321.

Rolle, Ernst: »Gesellschaftschronik 1930-1932«, in: *Tätigkeitsbericht der Naturforschenden Gesellschaft Baselland* 9 (1933), S. 3-18.

–: »Rektor Dr. phil. Franz Leuthardt«, in: *Tätigkeitsbericht der Naturforschenden Gesellschaft Baselland* 10 (1936), S. 199-209.

Roth, W.: »Die Zürichseeschnecke. Eine Zuschrift«, in: *Neue Zürcher Zeitung*, 29.8.1961, Abendausgabe, Blatt 11, N. 3149.

Rübel, Eduard: »Carl Schröter 1855-1939«, in: *Verhandlungen der Schweizerischen Naturforschenden Gesellschaft* (1939), S. 308-348.

–: *Heinrich Brockmann-Jerosch, 1879-1939*, Aarau 1939 (Separatabdruck aus: Verhandlungen der Schweizerischen Naturforschenden Gesellschaft 1939).

–: »Marie Brockmann-Jerosch«, in: *Bericht über das Geobotanische Forschungsinstitut Rübel in Zürich* für das Jahr 1952 (1953), S. 12-14.

Rudow, Ferdinand: »Meine vorjährige Sammelreise nach Tirol«, in: *Entomologische Zeitschrift* 13 (1899), Nr. 1, S. 1-2.

Rutsch, Rolf: »Ernst Baumberger«, in: *Verhandlungen der Schweizerischen Naturforschenden Gesellschaft* 117 (1936), S. 393-405.

Sarasin, Paul: »Bericht der Kommission für die Erhaltung von Naturdenkmälern und prähistorischen Stätten für das erste Jahr ihres Bestehens 1906/07«, in: *Verhandlungen der Schweizerischen Naturforschenden Gesellschaft* 90 (1907), S. 83-109.

–: »Bericht der Kommission für die Erhaltung von Naturdenkmälern u. prähistorischen Stätten für das zweite Jahr ihres Bestehens 1907/08«, in: *Verhandlungen der Schweizerischen Naturforschenden Gesellschaft* 91 (1908), S. 88-136.

–: »Bericht der Kommission für die Erhaltung von Naturdenkmälern u. prähistorischen Stätten für das dritte Jahr ihres Bestehens 1908/09«, in: *Verhandlungen der Schweizerischen Naturforschenden Gesellschaft* 92 (1909), S. 106-184.

Schinz, Hans, Robert Keller: *Flora der Schweiz. Zum Gebrauche auf Exkursionen, in Schulen und beim Selbstunterricht.*, Zürich: Verlag von Albert Raustein, 1. Aufl. 1900.

Schinz, Hans, Robert Keller: *Flora der Schweiz. Zum Gebrauche auf Exkursionen, in Schulen und beim Selbstunterricht*, Zürich: Verlag von Albert Raustein, 2. Aufl. 1905.

Schinz, Hans: »Auguste Charpié«, in: *Mitteilungen aus dem Botanischen Museum der Universität Zürich*, 1922, Nr. XCIV (1920/21), S. 16.

–: »Botanischer Garten«, in: *Der botanische Garten und das botanische Museum der Universität Zürich*, 1900, S. 1-7.

–: »Botanisches Museum«, in: *Der botanische Garten und das botanische Museum der Universität Zürich*, 1902, S. 9-30.

–: »Der botanische Garten und das botanische Museum der Universität Zürich in den Jahren 1920 und 1921«, in: *Mitteilungen aus dem Botanischen Museum der Universität Zürich* XCIV (1922), S. 3-30.

–: »Dr. Hermann Fischer-Sigwart, 1842-1925«, in: *Verhandlungen der Schweizerischen Naturforschenden Gesellschaft* 106 (1925), S. 3-11.

–: »Hans Siegfried, 1837-1903«, in: *Verhandlungen der Schweizerischen Naturforschenden Gesellschaft* 86 (1903), S. LXII-LXXV.

Schleiden, Matthias Jacob: *Grundzüge der wissenschaftlichen Botanik, nebst einer methodologischen Einleitung als Anleitung zum Studium der Pflanze*, Leipzig: Engelmann 1850.

Schmid, Gustav: »Professor Bachmann als Lehrer und Freund«, in: *Mitteilungen der Naturforschenden Gesellschaft Luzern* XIV (1943), S. IX-XIX.

Schneider, Ferdinand: *Taschenbuch der Flora von Basel und der angrenzenden Gebiete des Jura, des Schwarzwaldes und der Vogesen. Zum Gebrauche auf botanischen Excursionen bearbeitet*, Basel: H. Georg 1880.

Schröter, Carl, Eduard Fischer: »Jahresbericht der schweizerischen botanischen Gesellschaft«, in: *Verhandlungen der Schweizerischen Naturforschenden Gesellschaft* 81 (1898), S. 280-282.

Schröter, Carl, Gustav Stierlin, Gottfried Heer: *Oswald Heer. Lebensbild eines schweizerischen Naturforschers. O. Heer's Forscherarbeit und dessen Persönlichkeit*, Zürich: Friedrich Schulthess 1887.

Schröter, Carl, Ludwig Schröter: *Taschenflora des Alpenwanderers*, Zürich: Meyer & Zeller 1889.

Schröter, Carl: »[Besprechung von] Siegfried, H., Exsiccatae Potentillarum spontanearum cultarumque«, in: *Botanisches Centralblatt* LXX, XVIII. Jahrgang (1897), Nr. 3, S. 82.

–: *Das St. Antönierthal im Prättigau in seinen wirtschaftlichen und pflanzengeographischen Verhältnissen*, Zürich: Orell Füssli 1895.

–: »Prof. Christian G. Brügger«, in: *Verhandlungen der Schweizerischen Naturforschenden Gesellschaft* 83 (1900), S. VII-XXVIII.

–: »Professor J. Jäggi †«, in: *Neue Zürcher Zeitung*, 30.6. und 2.7.1894, Nr. 179 und 181, S. a1-a2 und d1-d2.

–: »Vierhundert Jahre Botanik in Zürich«, in: *Verhandlungen der Schweizerischen Naturforschenden Gesellschaft* 99 (1917), S. 3-28.

Seiler, Jakob: »Die Geometriden von Liestal und Umgebung«, in: *Tätigkeitsbericht der Naturforschenden Gesellschaft Baselland* 4 (1907-1911) (1911), S. 46-61.

–: »Die Noctuiden der Umgebung von Liestal«, in: *Tätigkeitsbericht der Naturforschenden Gesellschaft Baselland* 2 (1902-1903) (1904), S. 53-75.

–: »Nachtrag zu dem Verzeichnis der Bombyciden und Noctuiden der Umgebung von Liestal«, in: *Tätigkeitsbericht der Naturforschenden Gesellschaft Baselland* 3 (1904-1906) (1907), S. 65-72.

–: »Verzeichnis der Bombyciden von Liestal und Umgebung«, in: *Tätigkeitsbericht der Naturforschenden Gesellschaft Baselland* 1900-1901 (1902), S. 54-67.

[s. n.]: »Bericht über die 31. Versammlung der schweizerischen entomologischen Gesellschaft den 17. Juni 1888 in Bern«, in: *Mitteilungen der Schweizerischen Entomologischen Gesellschaft* 8 (1893), Nr. 2, S. 43-46.

–: »Bitte!«, in: *Deutsche Entomologische Nationalbibliothek*, Vol. 1 (1910), Nr. 1, Kasten in nichtpaginiertem Anzeigenteil.

–: »Die Umfragen«, in: *Jahresbericht des Bündnerischen Lehrervereins* 3 (1885-1886) (1885), S. 45-58.

–: »Entomologische Mitteilungen«, in: *Insekten-Börse* 20 (1903), Nr. 10, S. 76-77.

–: »Lehrplan für den Unterricht an den basellandschaftlichen Bezirksschulen (vom 26. März 1902)«, in: *Jahrbuch des Unterrichtswesens in der Schweiz* 16/1902 (1904), S. 41-47.

–: »Lehrplan für die Primarschulen des Kantons Basellandschaft (Erlass des Regierungsrates vom 20. April 1887)«, in: *Jahrbuch des Unterrichtswesens in der Schweiz* 1/1887 (1889), S. 15-21.

–: »Reglement über das Hydrobiologische Laboratorium in Kastanienbaum«, in: *Mitteilungen der Naturforschenden Gesellschaft Luzern* 7 (1917), S. 429-431.

–: »Rundschau«, in: *Insekten-Börse* 20 (1903), Nr. 51, S. 401-402.

–: »Zum 1. Januar 1903«, in: *Insekten-Börse* 20 (1903), Nr. 1, S. 1-2.

Société Helvétique pour l'échange des plantes. Helvetischer Verein für den Austausch von Pflanzen, Neuchâtel: Attinger 1871-1887.

Standfuß, Max: »Alte und neue Agrotiden der europäischen Fauna«, in: *Correspondenzblatt des Entomologischen Vereins »Iris« zu Dresden* 1, 1884-1888 (1888), S. 211-219.

Steck, Theodor: »Dr. Emil Frey-Gessner«, in: *Verhandlungen der Schweizerischen Naturforschenden Gesellschaft* 100-1, Nr. 1918, S. 99-104.

Steiger von Büron, Jakob Robert: *Die Flora des Kantons Luzern, der Rigi und des Pilatus. Nebst einer Einleitung in die Pflanzenkunde überhaupt, und erläuternden Abbildungen. Bearbeitet für das Volk und seine Lehrer*, Luzern: Verlag Frz. Jos. Schiffmann 1860.

Stichel, Hans: »Besprechung von ›A revision of the lepidopterous family Sphingidae‹«, in: *Insekten-Börse* 20 (1903), Nr. 32, S. 252-253.

Stierlin, Robert: »Schutz einer Reihe seltener schweizerischer Schmetterlingsarten«, in: *Mitteilungen der Schweizerischen Entomologischen Gesellschaft* 12 (1913), Nr. 4, S. 113-119.

Stuber, E[mil]: »Isaak Adolf Bloch«, in: *Verhandlungen der Schweizerischen Naturforschenden Gesellschaft* 139 (1959), S. 385-388.

Suidter, Otto: »Geschichte der Naturforschenden Gesellschaft in Luzern. 2. Teil: 1884 bis 1896«, in: *Mitteilungen der Naturforschenden Gesellschaft Luzern* 2 (1898), S. 7-30.

Theiler, A[lfred]: »Professor Bachmann und die Naturforschende Gesellschaft«, in: *Mitteilungen der Naturforschenden Gesellschaft Luzern* 14 (1943), S. XXXII-XLIII.

Vonderschmitt, L[ouis]: »August Buxtorf«, in: *Verhandlungen der Schweizerischen Naturforschenden Gesellschaft* 149 (1969), S. 263-265.

Vorbrodt, Karl, Johannes Müller-Rutz: *Die Schmetterlinge der Schweiz. 1. Band: Vorwort. Einleitung. Rhopalocera, Sphingidae, Bombycidae, Noctuidae, Cymatophorifae, Brephidae. Bearbeitet von Karl Vorbrodt*, Bern: Verlag K. J. Wyss 1911.

Vorbrodt, Karl: *Die Schmetterlinge der Schweiz. 2. Band*, Bern: Verlag K. J. Wyss 1914.

Wagner, Hermann: *Der gelehrte Spielkamerad oder der kleine Naturforscher, Thierfreund und Sammler. Anleitung für kleine Physiker, Chemiker, Botaniker und Naturfreunde zum Experimentiren, zur Anlage von Pflanzen-, Stein-, Muschel-, Insekten-, Schmetterling-, Vogel-, Briefmarken-Sammlungen etc. sowie zur Pflege der Haustiere und Hausgartens*, Leipzig: Otto Spamer 1891.

Waldner, Rosmarie: »Reden wir von der Artenvielfalt«, in: *Horizonte. Das Schweizer Forschungsmagazin*, 2007/September, Nr. 74, S. 33-33.

Wallace, Alfred Russel: *The Geographical Distribution of Animals. With a Study of the Relations of Living and Extinct Faunas as Elucidating the Past Changes of the Earth's Surface*; Vol. 1; New York: Harper & Brothers 1876.

Wartmann, Bernhard, Theodor Schlatter: *Kritische Übersicht über die Gefässpflanzen der Kantone St. Gallen und Appenzell (Separat-Abdruck aus dem Jahresberichte der St. Gallischen naturwissenschaftlichen Gesellschaft)*, St. Gallen: Zollikofer'sche Buchdruckerei 1881.

Waser, Otto: »Was ist Volkskunde?«, in: *Schweiz* XXII (1918), Nr. 6, S. 361-371.

Wegelin, Heinrich: »Aus dem thurgauischen Museum. Völkerkundliche Abteilung. Bestand im Herbst 1928«, in: *Mitteilungen der Thurgauischen Naturforschenden Gesellschaft* XXVII (1928), S. 158-175.

–: »Das thurgauische Museum«, in: *Mitteilungen der Thurgauischen Naturforschenden Gesellschaft* 25 (1924), S. 251-259.

–: »Die alten Zierpflanzen der thurgauischen Bauerngärten«, in: *Mitteilungen der Thurgauischen Naturforschenden Gesellschaft* 13 (1898), S. 108-116.

–: »Über Exkursionen«, in: *Schweizerische pädagogische Zeitschrift* 17 (1907), S. 28-41.

Wetterwald, Xaver: »Naturschutz und Schule«, in: Frobenius A.-G. (Hg.), *Heimatschutz, Naturschutz, Volkskunde. Der Schweizerischen Lehrerschaft gewidmet anlässlich des XXII Lehrertages vom 1.-3. Oktober 1911 vom Basler Organisations Comité*, Basel: Frobenius A.- G. 1911, S. 13-43.

Wilczek, Ernest: »Louis Favrat«, in: *Verhandlungen der Schweizerischen Naturforschenden Gesellschaft* 76 (1893), S. 231-240.

Wolf, Theodor: *Monographie der Gattung Potentilla*, Stuttgart: E. Schweizerbart'sche Verlagsbuchhandlung 1908.

Wolff, Heinrich: »Hans Bachmann«, in: *Verhandlungen der Schweizerischen Naturforschenden Gesellschaft* 120 (1940), S. 404-412.

Wossidlo, Richard: »Über die Technik des Sammelns volkstümlicher Überlieferungen«, in: *Zeitschrift des Vereins für Volkskunde in Berlin* 16 (1906), S. 1-24.

Zeller, Philipp Christoph: »Beiträge zur Lepidopteren-Fauna der Ober-Albula in Graubünden«, in: *Entomologische Zeitung* 39 (1878), S. 81-165.

–: »Bemerkungen über einige Graubündner Lepidopteren«, in: *Entomologische Zeitung* 33 (1872), S. 27-120.

Zimmeter, Albert: *Die europäischen Arten der Gattung Potentilla. Versuch einer systematischen Gruppierung und Aufzählung*, Steyr: Selbstverlag 1884.

Zschokke, Friedrich: »Bericht der hydrologischen Kommission für das Jahr 1910/1911«, in: *Verhandlungen der Schweizerischen Naturforschenden Gesellschaft* 94 (1911), S. 57-59.

Verwendete Literatur

Ackery, Phil, Kim Goodger, David Lees: »The Bürgermeister's butterfly«, in: *Journal of the History of Collections* 14 (2002), Nr. 2, S. 225-230.

Adloff, Frank, Steffen Mau: »Zur Theorie der Gabe und Reziprozität«, in: dies. (Hg.), *Vom Geben und Nehmen. Zur Soziologie der Reziprozität*, Frankfurt, New York: Campus 2005, S. 9-57.

Adloff, Frank, Steffen Sigmund: »Die *gift economy* moderner Gesellschaften. Zur Soziologie der Philanthropie«, in: Frank Adloff, Steffen Mau (Hg.), *Vom Geben und Nehmen. Zur Soziologie der Reziprozität*, Frankfurt, New York: Campus 2005, S. 211-235.

Akeret, Örni: »Das Herbar im Museum.BL – wechselvolle Geschichte einer regional bedeutenden Sammlung«, in: *Bauhinia* 22 (2010), S. 83-92.

Alberti, Samuel J. M. M.: »Amateurs and professionals in one county. Biology and natural history in late Victorian Yorkshire«, in: *Journal of the History of Biology* 34 (2001), S. 115-147.

–: »Objects and the museum«, in: *Isis* 96 (2005), Nr. 4, S. 559-571.

Algazi, Gadi: »›Geistesabwesenheit‹. Gelehrte zu Hause um 1500«, in: *Historische Anthropologie* 13 (2005), Nr. 3, S. 325-342.

Allen, David E.: »On parallel lines: Natural history and biology from the late Victorian periode«, in: *Archives of Natural History* 25 (1998), S. 361-371.

–: »Tastes and crazes«, in: Nicholas Jardine, Emma C. Spary, Jim Secord (Hg.), *Cultures of Natural History*, Cambridge etc.: Cambridge University Press 1996, S. 394-407.

–: *The Botanists. A History of the Botanical Society of the British Isles Through a Hundred and Fifty Years*, Winchester: St. Paul's Bibliographies 1986.

–: *The Naturalist in Britain. A Social History*, Princeton, N. J.: Princeton University Press 1994 (1976).

–: *The Victorian Fern Craze. A History of Pteridomania*, London: Hutchinson 1969.

Altekamp, Stefan: »Der Archäologe als Dilettant. Traditionen des Amateurhaften in der Deutschen Klassischen Archäologie«, in: ders., Mathias René Hofter, Michael Krumme (Hg.), *Posthumanistische Klassische Archäologie. Historizität und Wissenschaftlichkeit von Interessen und Methoden*, München: Hirmer Verlag 2001, S. 17-37.

Andresen, Sabine: »Verklemmt, verhindert, verwoben und verherrlicht. Biologie und Naturkunde in pädagogischen Diskussionen um 1900 und in Schulbüchern des Lehrmittelverlags des Kantons Zürich«, in: Daniel Tröhler, Jürgen Oelkers (Hg.), *Über die Mittel des Lernens. Kontextuelle Studien zum staatlichen Lehrmittelwesen im Kanton Zürich des 19. Jahrhunderts*, Zürich: Verlag Pestalozzianum 2001, S. 192-224.

Applegate, Celia: *Zwischen Heimat und Nation. Die pfälzische Identität im 19. und 20. Jahrhundert*, Kaiserslautern: Institut für pfälzische Geschichte und Volkskunde 2007.

Aregger, Josef: »Natur-Museum Luzern. Seine Entstehung und Geschichte«, in: *Mitteilungen der Naturforschenden Gesellschaft Luzern* XXVI (1978), S. 1-130.

Ash, Mitchell G.: »Räume des Wissens – was und wo sind sie? Einleitung in das Thema«, in: *Berichte zur Wissenschaftsgeschichte* 23 (2000), S. 235-242.

–: »Wissenschaft und Politik als Ressourcen füreinander«, in: *Geschichte und Gesellschaft* 34 (2008), S. 73-95.

–: »Wissenschaftswandlungen und politische Umbrüche im 20. Jahrhundert – was hatten sie miteinander zu tun?«, in: Rüdiger vom Bruch, Uta Gerhardt, Aleksandra Pawliczek (Hg.), *Kontinuitäten und Diskontinuitäten in der Wissenschaftsgeschichte des 20. Jahrhunderts*, Stuttgart: Steiner 2006, S. 19-3.

Bachmann, Stefan: *Zwischen Patriotismus und Wissenschaft. Die schweizerischen Naturschutzpioniere (1900-1938)*, Zürich: Chronos 1999.

Bagus, Anita: »Volkskundevereine in Deutschland. Zur ausseruniversitären Generierung volkskundlichen Wissens ab 1890«, in: Franziska Schürch, Sabine Eggmann, Marius Risi (Hg.), *Vereintes Wissen. Die Volkskunde und ihre gesellschaftliche Verankerung*, Basel, Münster: SGV/Waxmann 2010, S. 35-44.

–: *Volkskultur in der bildungsbürgerlichen Welt. Zum Institutionalisierungsprozess wissenschaftlicher Volkskunde im wilhelminischen Kaiserreich am Beispiel der Hessischen Vereinigung für Volkskunde*, Gießen: Universitätsbibliothek 2005.

Barrow, Mark V.: *A Passion for Birds. American Ornithology after Audubon*, Princeton, N.J.: Princeton University Press 1998.

–: »The specimen dealer. Entrepreneurial natural history in Amercia's Gilded Age«, in: *Journal of the History of Biology* 33 (2000), S. 493-534.

Basalla, George: »Pop science: The depiction of science in popular culture«, in: Gerald Holton, William A. Blanpied (Hg.), *Science and its Public: The Changing Relationship*, Dordrecht, Boston: D. Reidel 1976, S. 261-278.

Bätzing, Werner: *Die Alpen. Entstehung und Gefährdung einer europäischen Kulturlandschaft*, München: Beck 1991.

Bausinger, Hermann: »Heimat und Identität«, in: ders., Konrad Köstlin (Hg.), *Heimat und Identität. Probleme regionaler Kultur. Volkskunde-Kongress in Kiel 1979*, Neumünster: Karl Wachholtz Verlag 1980, S. 9-24.

Becker, Peter, William Clark: »Introduction«, in: dies. (Hg.), *Little Tools of Knowledge. Historical Essays on Academic and Bureaucratic Practices*, Ann Arbor: University of Michigan Press 2001, S. 1-34.

Békési, Sándor: »Heimat in der Metropole? Zur Urbanität der Heimatschutzbewegung um 1900 am Beispiel Wiens«, in: Manfred Seifert (Hg.), *Zwischen Emotion und Kalkül. »Heimat« als Argument im Prozess der Moderne*, Leipzig: Leipziger Universitätsverlag 2010, S. 55-71.

Bellanger, Silke: »Verpackte Sammlungen oder Ansammlungen der Warenwelt«, in: *traverse*, 2012, Nr. 3, S. 106-116.

Benjamin, Walter: »Ich packe meine Bibliothek aus. Eine Rede über das Sammeln«, in: ders., *Gesammelte Schriften*, Frankfurt/M.: Suhrkamp 1972, S. 388-396.

Berman, Morris: »›Hegemony‹ and the amateur tradition in British science«, in: *Journal of Social History* 8 (1975), S. 30-50.

Bernasconi, Gianenrico: *Objets portatifs au Siècle des lumières*, Paris: Éd. du Comité des Travaux Historiques et Scientifiques 2015.

Binder, Beate: »Beheimatung statt Heimat. Translokale Perspektiven auf Räume der Zugehörigkeit«, in: Manfred Seifert (Hg.), *Zwischen Emotion und Kalkül. »Heimat« als Argument im Prozess der Moderne*, Leipzig: Leipziger Universitätsverlag 2010, S. 189-204.

Bischof, Albin: »Beitrag zur Kenntnis der Schmetterlingsfauna des Albulatals, Kanton Graubünden, Schweiz (Lepidoptera)«, in: *Entomo Helvetica* 2 (2009), S. 61-69.

Bleichmar, Daniela: »The geography of observation: Distance and visibility in eighteenth-century botanical travel«, in: Lorraine Daston, Elizabeth Lunbeck (Hg.), *Histories of Scientific Observation*, Chicago, London: University of Chicago Press 2011, S. 373-395.

Böhme-Kassler, Katrin: *Gemeinschaftsunternehmen Naturforschung. Modifikation und Tradition in der Gesellschaft Naturforschender Freunde zu Berlin. 1773-1906*, Stuttgart: Steiner 2005.

Bourdieu, Pierre: »Die Ökonomie der symbolischen Güter«, in: ders., *Praktische Vernunft. Zur Theorie des Handelns*, Suhrkamp: Frankfurt/M. 1998, S. 161-200.

–: »La spécificité du champ scientifique et les conditions sociales du progrès de la raison«, in: *Sociologie et sociétés* 7 (1975), Nr. 1, S. 91-118.

–: »Über einige Eigenschaften von Feldern«, in: ders., *Soziologische Fragen*, Frankfurt/M.: Suhrkamp 1993.

Bowker, Geoffrey C., Susan Leigh Star: *Sorting Things Out. Classification and its Consequences*, Cambridge (Mass.), London: The MIT Press 1999.

Bowker, Geoffrey C.: »Biodiversity datadiversity«, in: *Social Studies of Science* 30 (2000), Nr. 5, S. 643-683.

–: »The game of the name: Nomenclatural instability in the history of botanical informatics«, in: Mary Ellen Bowden, Trudi Bellardo Hahn, Robert V. Williams (Hg.), *Proceedings of the 1998 Conference on the History and Heritage of Science Information Systems*, Medford, N.J.: Information Today 1999, S. 74-83.

Brandes, Uta, Michael Erlhoff: »Die süße Rache der Empirie«, in: Herbert Lachmayer, Eleonora Louis (Hg.), *Work & Culture. Büro. Inszenierung von Arbeit*, Klagenfurt: Ritter 1998, S. 367-373.

Brecht, Christine, Barbara Orland: »Populäres Wissen. Einleitung«, in: *WerkstattGeschichte* 23 (1999), S. 4-12.

Brun-Hool, Josef: »Die Naturwissenschaften an der Luzerner Kantonsschule im 19. und 20. Jahrhundert«, in: Gottfried Boesch, Anton Kottmann (Hg.), *400 Jahre Höhere Lehranstalt Luzern 1574-1974*, Luzern: Verlag Kantonsschule Luzern 1974, S. 410-427.

–: »Die Naturwissenschaften zur Zeit des Jesuitenkollegs 1573-1773«, in: Gottfried Boesch, Anton Kottmann (Hg.), *400 Jahre Höhere Lehranstalt Luzern 1574-1974*, Luzern: Verlag Kantonsschule Luzern 1974, S. 180-185.

Bucher, Annemarie: »Von Gärten in den Alpen und Alpen in den Gärten«, in: dies., Johannes Stoffler, Fred Truninger, Anne Vonèche (Hg.), *Aux alpes, citoyens!*, Zürich: Institut für Landschaftsarchitektur ETH Zürich 2005, S. 10-17.

Buchholz, Kai, Rita Latocha, Hilke Peckmann, Klaus Wolbert (Hg.), *Die Lebensreform. Entwürfe zur Neugestaltung von Leben und Kunst um 1900*, Darmstadt: Häusser, 2001.

Budde, Gunilla-Friederike: »Des Haushalts ›schönster Schmuck‹. Die Hausfrau als Konsumexpertin des deutschen und englischen Bürgertums im 19. Jahrhundert«, in: Hannes Siegrist, Hartmut Kaelble, Jürgen Kocka (Hg.), *Europäische Konsumgeschichte. Zur Gesellschafts- und Kulturgeschichte des Konsums (18. bis 20. Jahrhundert)*, Frankfurt, New York: Campus 1997, S. 411-440.

Bundi, Madleina: *Erhalten und Gestalten. 100 Jahre Schweizer Heimatschutz*, Baden: hier + jetzt 2005.

Burdet, Hervé M.: *Les collections botaniques Emile Burnat*, Genf: Conservatoire & Jardin Botaniques de la Ville de Genève 2006.

Bürgi, Michael, Daniel Speich (Hg.): *Lokale Naturen. 150 Jahre Thurgauische Naturforschende Gesellschaft. 1854-2004*, Frauenfeld: Thurgauische Naturforschende Gesellschaft 2004.

Bürgi, Michael: »Hinlänglich gebildet und republikanisch gesinnt. Meteorologie im bürgerlichen Verein«, in: ders., Daniel Speich (Hg.), *Lokale Naturen. 150 Jahre Thurgauische Naturforschende Gesellschaft. 1854-2004*, Frauenfeld: Thurgauische Naturforschende Gesellschaft 2004, S. 37-62.

Bürgin, Toni, Jonas Barandun: *Naturmuseum St. Gallen. Gesammelte Natur – gestern, heute, morgen*, St. Gallen: Naturmuseum St. Gallen 2003.

Bütikofer, Anna: »Zwischen Sachunterricht und Gesinnungsbildung – Der heimatliche Unterricht in der Schweiz zwischen 1890 und 1945«, in: Margarete Götz (Hg.), *Zwischen Sachbildung und Gesinnungsbildung. Historische Studien zum heimatkundlichen Unterricht*, Bad Heimbrunn: Verlag Julius Klinkhardt 2003, S. 13-39.

Butterfass, Theodor: »Liebhaberbotaniker deutscher Sprache«, in: *Berichte der Bayerischen Botanischen Gesellschaft* 58 (1987), S. 23-43.

Caillé, Alain: *Anthropologie der Gabe*, Frankfurt/M.: Campus 2008.

Callon, Michel: »Writing and (re)writing devices as tools for managing complexity«, in: John Law, Annemarie Mol (Hg.), *Complexities. Social Studies of Knowledge Practices*, Durham, London: Duke University Press 2002, S. 191-217.

Chadarevian, Soraya de, Nick Hopwood: »Dimensions of modelling«, in: dies. (Hg.), *Models. The Third Dimension of Science*, Standford, CA: Stanford University Press 2004.

Cittadino, Eugene: *Nature as the Laboratory. Darwinian Plant Ecology in the German Empire, 1880-1900*, Cambridge etc.: Cambridge University Press 1990.

Clark, William: *Academic Charisma and the Origins of the Research University*, Chicago, London: University of Chicago Press 2006.

Confino, Alon: *The Nation as a Local Metaphor. Württemberg, Imperial Germany, and National Memory, 1871-1918*, Chapell Hill, London: University of North Carolina Press 1997.

Cooter, Roger, Stephen Pumfrey: »Separate spheres and public places. Reflections on the history of science popularization and science in popular culture«, in: *History of Science* 32 (1994), S. 237-267.

Creese, Mary R. S.: *Ladies in the Laboratory III*, Oxford: Scarecrow Press 2004.

Crettaz-Stürzel, Elisabeth: *Heimatstil. Reformarchitektur in der Schweiz 1896-1914; Bd. 1*, Frauenfeld: Huber 2005.

Crettaz, Bernard, Juliette Michaelis-Germanier: *Une Suisse miniature ou les grandeurs de la petitesse*, Genf: Musée d'ethnographie de Genève 1984.

Criblez, Lucien, Rita Hofstetter, Charles Magnin: »Einleitung«, in: Lucien Criblez, Rita Hofstetter, Carlo Jenzer, Charles Magnin (Hg.), *Eine Schule für die Demokratie. Zur Entwicklung der Volksschule der Schweiz im 19. Jahrhundert*, Bern etc.: Lang 1999, S. 11-35.

Daniel, Ute: *Kompendium Kulturgeschichte. Theorien, Praxis, Schlüsselwörter*, Frankfurt/M.: Suhrkamp 2001.

Daston, Lorraine, Elizabeth Lunbeck: »Introduction. Observation observed«, in: dies. (Hg.), *Histories of Scientific Observation*, Chicago, London: University of Chicago Press 2011, S. 1-9.

Daston, Lorraine, Peter Galison: *Objektivität*, Frankfurt/M.: Suhrkamp 2007.

Daston, Lorraine: »Introduction. Speechless«, in: dies. (Hg.), *Things that Talk. Object Lessons from Art and Science*, New York: Zone Books 2004, S. 9-24.

–: »Scientific objectivity with and without words«, in: Peter Becker, William Clark (Hg.), *Little Tools of Knowledge. Historical Essays on Academic and Bureaucratic Practices*, Ann Arbor: University of Michigan Press 2001, S. 259-284.

–: »The glass flowers«, in: dies. (Hg.), *Things that Talk. Object Lessons from Art and Science*, New York: Zone Books 2004, S. 223-254.

–: »Type specimens and scientific memory«, in: *Critical Inquiry* 31 (2004), Nr. 1, S. 153-182.

Daum, Andreas W.: *Wissenschaftspopularisierung im 19. Jahrhundert. Bürgerliche Kultur, naturwissenschaftliche Bildung und die deutsche Öffentlichkeit, 1848-1914*, München: Oldenbourg 1998.

Davidovic-Walther, Antonia, Gisela Welz: »Wer wird Gemeindeforscher? Ländliche Herkunft als Professionalitätsmerkmal«, in: *Berliner Blätter* 50 (2009), S. 49-67.

Deissner, Vera: *Die Volkskunde und ihre Methoden. Perspektiven auf die Geschichte einer »tastend-schreitenden Wissenschaft« bis 1945*, Mainz: Gesellschaft für Volkskunde in Rheinland-Pfalz 1997.

Delbourgo, James: »Listing people«, in: *Isis* 103 (Dec. 2012), Nr. 4, S. 735-742.

Deluzarche, Françoise: *La Société Vogéso-Rhénane*, URL: http://herbier.unistra.fr/les-herbiers/les-centuries-et-les-societes/la-societe-vogeso-rhenane/

Derrida, Jacques: *Falschgeld*, München: Fink 1993.

Desmond, Adrian: »Redefining the X axis. ›Professionals‹, ›amateurs‹ and the making of mid-Victorian biology – A progress report«, in: *Journal of the History of Biology* 34 (2001), S. 3-50.

Dietzsch, Ina, Sabine Imeri: »Zettels Alltag oder die Geheimnisse des wissenschaftlichen Handwerks«, in: *Jahrbuch für Universitätsgeschichte* 10 (2007), S. 105-122.

Dietzsch, Ina: »Zwischen Mathematik und Poesie. Praxen der Herstellung und Veröffentlichung volkskundlichen Wissens«, in: dies., Wolfgang Kaschuba, Leonore Scholtze-Irrlitz (Hg.), *Horizonte ethnografischen Wissens. Eine Bestandesaufnahme*, Köln, Weimar, Wien: Böhlau 2009, S. 16-39.

Dommann, Monika: »Belehren und geistig verkehren. Wissensentwicklung und Medienentwicklung im 19. und 20. Jahrhundert«, in: Michael Bürgi, Daniel Speich (Hg.), *Lokale Naturen. 150 Jahre Thurgauische Naturforschende Gesellschaft. 1854-2004*, Frauenfeld: Thurgauische Naturforschende Gesellschaft 2004, S. 63-86.

Döring, Detlef, Kurt Nowak (Hg.): *Gelehrte Gesellschaften im mitteldeutschen Raum (1650-1820)*, Stuttgart: Hirzel 2000-2002 (3 Bände).

Dotzler, Bernhard J., Henning Schmidgen: »Einleitung. Zu einer Epistemologie der Zwischenräume«, in: dies. (Hg.), *Parasiten und Sirenen. Zwischenräume als Orte der materiellen Wissensproduktion*, Bielefeld: transcript 2008, S. 7-18.

Drieschner, Carsten: »Der ›plattdeutsche Professor‹ oder: Was ist ein Experte? Das Beispiel Otto Mensing und das ›Schleswig-Holsteinische Wörterbuch‹«, in: *Berliner Blätter* 50 (2009), S. 68-86.

Drouin, Jean Marc, Bernadette Bensaude-Vincent: »Nature for the people«, in: Nicholas Jardine, Emma C. Spary, Jim Secord (Hg.), *Cultures of Natural History*, Cambridge etc.: Cambridge University Press 1996, S. 408-425.

Edlinger, Karl: »Zeitbilder der Naturhistorie. Das Altern des wissenschaftlichen Blicks«, in: *Gegenworte* 25 (2011), S. 58-61.

Eisner, Manuel: »Mobilitätskultur in der Schweiz. Eine soziologisch-historische Perspektive«, in: *disP – The Planning Review* 28 (1992), Nr. 110, S. 11-17.

Elwert, Georg: »Gabe, Reziprozität und Warentausch. Überlegungen zu einigen Ausdrücken und Begriffen«, in: Eberhard Berg, Jutta Lauth, Andreas Wimmer (Hg.), *Ethnologie im Widerstreit. Kontroversen über Macht, Geschäft, Geschlecht in fremden Kulturen*, München: Trickster Verlag 1991, S. 159-177.

Enderle, Claude: *Bürgerliches Wohnen der Mittelschicht von 1850 bis 1920 in Winterthur und Zürich*, Zürich 2005 (Diss.).

Endress, Peter K.: »Institut für Systematische Botanik und Botanischer Garten der Universität Zürich – gestern und heute«, in: *Botanica Helvetica* 100 (1990), Nr. 3, S. 389-395.

Eser, Uta: »Projektionsfeld fremde Arten. Soziale Konstruktionen des Fremden in ökologischen Theorien«, in: Ludwig Fischer (Hg.), *Projektionsfläche Natur. Zum Zusammenhang von Naturbildern und gesellschaftlichen Verhältnissen*, Hamburg: Hamburg University Press 2004, S. 165-192.

Espahangizi, Kijan: »›Immutable Mobiles‹ im Glas. Grenzbetrachtungen zur Zirkulationsgeschichte nicht-inskribierter Objekte«, in: *Nach Feierabend* 7 (2011), S. 105-125.

Fackler, Guido, Norbert Fischer, Stefanie Krebs, Manfred Seifert, Miriam Volmert: »Dresdner Manifest zur Landschaftstheorie«, in: Stefanie Krebs, Manfred Seifert (Hg.), *Landschaft queer Denken. Theorien – Bilder – Formationen*, Leipzig: Leipziger Universitätsverlag 2012, S. 17-19.

Fährmann, Sigrid: »Der Göttinger Verschönerungsverein. Ein Beispiel bürgerlicher Schönheitsauffassungen und ihrer Umsetzung im 19./20. Jahrhundert«, in: Rolf Wilhelm Brednich, Annette Schneider, Ute Werner (Hg.), *Natur – Kultur. Volkskundliche Perspektiven auf Mensch und Umwelt. 32. Kongress der Deutschen Gesellschaft für Volkskunde in Halle vom 27.9. bis 1.10.1999*, Münster etc.: Waxmann 2001, S. 415-425.

Fél, Edit, Tamás Hofer: *Geräte der Átányer Bauern*, Kopenhagen: Kommission der Königlich Dänischen Akademie der Wissenschaften zur Erforschung der Geschichte der Ackerbaugeräte und der Feldstrukturen 1974.

Felsch, Philipp: *Laborlandschaften. Physiologische Alpenreisen im 19. Jahrhundert*, Göttingen: Wallstein Verlag 2007.

Felt, Ulrike: »›Öffentliche‹ Wissenschaft: Zur Beziehung von Naturwissenschaften und Gesellschaft in Wien von der Jahrhundertwende bis zum Ende der Ersten Republik«, in: *Österreichische Zeitschrift für Geschichtswissenschaften* 7 (1996), Nr. 1, S. 45-66.

Fenske, Michaela: »Mikro, Makro, Agency. Historische Ethnografie als kulturanthropologische Praxis«, in: *Zeitschrift für Volkskunde* 102 (2006), S. 151-177.

Figueroa, Florencia: »Wie der Schoggitaler zur Tradition wurde«, in: *Sonntag*, 2014, Nr. 36, S. 18-19.

Finke, Peter: *Citizen Science. Das unterschätzte Wissen der Laien*, München: Oekom Verlag 2014.

Fischer, Ludwig: »Landschaft – überall und nirgends? Nachdenklichkeiten zu ›alten‹ und ›neuen‹ Vorstellungen von Landschaft«, in: Stefanie Krebs, Manfred Seifert (Hg.), *Landschaft quer Denken. Theorien – Bilder – Formationen*, Leipzig: Leipziger Universitätsverlag 2012, S. 23-36.

Fischer, Norbert: »Landschaft als kulturwissenschaftliche Kategorie«, in: *Zeitschrift für Volkskunde* 104 (2008), S. 19-39.

Foucault, Michel: *Die Ordnung der Dinge. Eine Archäologie der Humanwissenschaften*, Frankfurt/M.: Suhrkamp 1990 (1971).

–: »Ein Spiel um die Psychoanalyse«, in: ders., *Dispositive der Macht. Über Sexualität, Wissen und Wahrheit*, Berlin: Merve Verlag 1978, S. 118-175.

Franke, Ulrich: *Dr. Curt Floericke. Naturforscher, Ornithologe, Schriftsteller. Mit der ersten umfassenden Bibliographie seiner Schriften*, Norderstedt: Books on Demand 2009.

Frevert, Ute: »Bürgerliche Familie und Geschlechterrollen: Modell und Wirklichkeit«, in: Lutz Niethammer, Ute Frevert, Hans Medick et al. (Hg.), *Bürgerliche Gesellschaft in Deutschland. Historische Einblicke, Fragen, Perspektiven*, Frankfurt/M.: S. Fischer 1990, S. 90-98.

Friese, Heidrun, Peter Wagner: *Der Raum des Gelehrten*, Berlin: Edition Sigma 1993.

Frömelt, Hubert: »Statistische Angaben zu den TNG-Mitgliedern«, in: Michael Bürgi, Daniel Speich (Hg.), *Lokale Naturen. 150 Jahre Thurgauische Naturforschende Gesellschaft. 1854-2004*, Frauenfeld: Thurgauische Naturforschende Gesellschaft 2004, S. 174-182.

Furrer, Ernst: »Vegetationsforschung in der Schweiz seit 1900. Ein Beitrag zur Landeskunde«, in: *Geographica Helvetica* 17 (1962), Nr. 1, S. 43-57.

Füssel, Marian: »Die zwei Körper des Professors – Zur Geschichte des akademischen Habitus in der Frühen Neuzeit«, in: Horst Carl, Friedrich Lenger (Hg.), *Universalität in der Provinz. Die vormoderne Landesuniversität Gießen zwischen korporativer Autonomie, staatlicher Abhängigkeit und gelehrten Lebenswelten*, Darmstadt: Hessische Historische Kommission 2009, S. 209-231.

Galison, Peter: »Trading zone. Coordinating action and belief«, in: Mario Biagioli (Hg.), *The Science Studies Reader*, New York, London: Routledge 1999, S. 137-160.

Galliker, Hans Jörg: »Die Höhere Lehranstalt in den liberalen dreissiger und konservativen vierziger Jahren des 19. Jahrhunderts«, in: Gottfried Boesch, Anton Kottmann (Hg.), *400 Jahre Höhere Lehranstalt Luzern 1574-1974*, Luzern: Verlag Kantonsschule Luzern 1974, S. 323-365.

Gammerl, Benno: »Emotional styles. Concepts and challenges«, in: *Rethinking History: The Journal of Theory and Practice* 16 (2012), Nr. 2, S. 161-175.

Gardey, Delphine: *Ecrire, calculer, classer. Comment une révolution de papier a transformé les sociétés contemporaines (1800-1940)*, Paris: Editions la découverte 2008.

Gates, Barbara T.: *Kindred Nature. Victorian and Edwardian Women Embrace the Living World*, Chicago, London: University of Chicago Press 1998.

Geimer, Peter: »Über Reste«, in: Anke te Heesen, Petra Lutz (Hg.), *Dingwelten. Das Museum als Erkenntnisort*, Köln Weimar Wien: Böhlau 2005, S. 109-118.

Germann, Urs, Marietta Meier: »Fallgeschichten«, in: *traverse* 13 (2006), Nr. 2, S. 19-23.

Gerndt, Helge: *Kultur als Forschungsfeld. Über volkskundliches Denken und Arbeiten*, München: C.H. Beck 1981.

Gieryn, Thomas F.: »City as truth-spot: Laboratories and field-Sites in urban studies«, in: *Social Studies of Science* 36 (2006), Nr. 1, S. 5-38.

–: *Cultural Boundaries of Science. Credibility on the Line*, Chicago, London: University of Chicago Press 1999.

Glaser, Barney G., Anselm L. Strauss: *Grounded Theory. Strategien qualitativer Forschung*, Bern, Göttingen: H. Huber 1998.

Godelier, Maurice: *Das Rätsel der Gabe. Geld, Geschenke, heilige Objekte*, München: Beck 1999.

Goody, Jack: *The Domestication of the Savage Mind*, Cambridge etc.: Cambridge University Press 1977.

Goschler, Constantin: »Wissenschaftliche ›Vereinsmenschen‹. Wissenschaftliche Vereine in Berlin im Spannungsfeld von Wissenschaft und Öffentlichkeit, 1870-1900«, in: ders. (Hg.), *Wissenschaft und Öffentlichkeit in Berlin, 1870-1930*, Stuttgart: Franz Steiner Verlag 2000, S. 31-63.

Göttsch, Silke: »Archivalische Quellen und die Möglichkeit ihrer Auswertung«, in: dies., Albrecht Lehmann (Hg.), *Methoden der Volkskunde. Positionen, Quellen, Arbeitsweisen der Europäischen Ethnologie*, Berlin: Reimer 2001, S. 15-32.

Grasseni, Cristina: »Ein Unbeschriebener. Der wandernde Naturforscher Charles Waterton«, in: Anke te Heesen, Emma C. Spary (Hg.), *Sammeln als Wissen. Das Sammeln und seine wissenschaftsgeschichtliche Bedeutung*, Göttingen: Wallstein Verlag 2001, S. 115-141.

Griesemer, James R., Elihu M. Gerson: »Collaboration in the Museum of Vertebrate Zoology«, in: *Journal of the History of Biology*.

Grunder, Hans-Ulrich: »Einleitung«, in: Hans Badertscher, Hans-Ulrich Grunder (Hg.), *Geschichte der Erziehung und Schule in der Schweiz im 19. und 20. Jahrhundert; Bd. 1: Leitlinien*, Bern, Stuttgart, Wien: Haupt 1997, S. 9-16.

Gruner, Erich (Hg.): *Arbeiterschaft und Wirtschaft in der Schweiz 1880-1914; Bd. 1: Demographische, wirtschaftliche und soziale Basis und Arbeitsbedingungen*, Zürich: Chronos 1987.

Gugerli, David: »Die wissenschaftlich-technische Landschaft des jungen Bundesstaates«, in: Ruch, Alexander (Hg.), *1848 / 1998-150 Jahre Schweizerischer Bundesstaat. Referate der Veranstaltung vom 5. Nov. 1998*, Zürich: Institut für Geschichte der ETHZ 1999, S. 21-41.

–: »Kartographie und Bundesstaat. Zur Lesbarkeit der Nation im 19. Jahrhundert«, in: Andreas Ernst, Albert Tanner, Matthias Weishaupt (Hg.), *Revolution und Innovation. Die konfliktreiche Entstehung des schweizerischen Bundesstaates von 1848*, Zürich: Chronos 1998, S. 199-215.

Güttler, Nils: *Das Kosmoskop. Karten und ihre Benutzer in der Pflanzengeographie des 19. Jahrhunderts*, Göttingen: Wallstein 2014.

Guyer, Ernst Viktor: »Vom Naturalienkabinett der Naturforschenden Gesellschaft in Zürich zum Zoologischen Museum der Universität«, in: *Vierteljahrsschrift der Naturforschenden Gesellschaft in Zürich* 119 (1974), S. 361-404.

Gyr, Ueli, Tobias Scheidegger: »Heinrich Brockmann-Jerosch. Spurensuche zwischen Botanik, Brauch und Bauernhaus«, in: *Schweizerisches Archiv für Volkskunde* 109 (2013), S. 203-231.

Haas, Hanns: »Die Zurichtung der Alpen. Mensch und Berg im touristischen Zeitalter«, in: Kurt Luger, Franz Rest (Hg.), *Der Alpentourismus. Entwicklungspotenziale im Spannungsfeld von Kultur, Ökonomie und Ökologie*, Innsbruck: Studien-Verlag 2002, S. 51-66.

Haber, Wolfgang: »Vorstellungen über Landschaft«, in: Bernd Busch (Hg.), *Jetzt ist die Landschaft ein Katalog voller Wörter. Beiträge zur Sprache der Ökologie*, Göttingen: Wallstein Verlag 2007, S. 78-85.

Hackl, Wolfgang: *Eingeborene im Paradies. Die literarische Wahrnehmung des alpinen Tourismus im 19. und 20. Jahrhundert*, Tübingen: Max Niemeyer 2004.

Hafstein, Valdimar Tr.: »Intangible heritage as a list. From masterpieces to representation«, in: Laurajane Smith, Natsuko Akagawa (Hg.), *Intangible Heritage*, London, New York: Routledge 2009, S. 93-111.

Hagmann, Daniel: *Die angesägte Antilope: Entstaubte Museumsgeschichten*, Basel: Christoph Merian Verlag 2008.

Hahn, Hans Peter: *Materielle Kultur. Eine Einführung*, Berlin: Reimer 2005.

Haibl, Michaela, Gudrun M. König, Anita Auer, Christina Ludwig (Hg.), *Die Leidenschaft des Sammlers. Oskar Spiegelhalter als Wissenschaftsanimateur*, Villingen-Schwenningen: Verlag der Städtischen Museen Villingen-Schwennigen 2015.

Hamm, Ernst P.: »Goethes Sammlungen auspacken. Das Öffentliche und das Private im naturgeschichtlichen Sammeln«, in: Anke te Heesen, Emma C. Spary (Hg.), *Sammeln als Wissen. Das Sammeln und seine wissenschaftsgeschichtliche Bedeutung*, Göttingen: Wallstein Verlag 2001, S. 85-114.

Häner, Flavio: »›Es ist hier dem Volke zum ersten Mal die Gelegenheit geboten, an einem wissenschaftlich hochbedeutenden Werke mitzuarbeiten.‹ Die SGV zwischen Wissenschaft und Öffentlichkeit (1896-1910)«, in: Franziska Schürch, Sabine Eggmann, Marius Risi (Hg.), *Vereintes Wissen. Die Volkskunde und ihre gesellschaftliche Verankerung*, Basel, Münster: SGV/Waxmann 2010, S. 19-30.

Hardegger, Urs: »›Wer die Schule hat, der hat das Volk.‹ Zum Verhältnis der Zürcher Volksschule zur Religion«, in: Daniel Tröhler, Urs Hardegger (Hg.), *Zukunft bilden. Die Geschichte der modernen Zürcher Volksschule*, Zürich: Verlag Neue Zürcher Zeitung 2008, S. 41-53.

Harders, Levke, Veronika Lipphardt: »Kollektivbiografie in der Wissenschaftsgeschichte als qualitative und problemorientierte Methode«, in: *traverse* 13 (2006), Nr. 2, S. 81-91.

Hausen, Karin: »›… eine Ulme für das schwankende Efeu‹. Ehepaare im deutschen Bildungsbürgertum. Ideale und Wirklichkeiten im späten 18. und 19. Jahrhundert«, in: Ute Frevert (Hg.), *Bürgerinnen und Bürger. Geschlechterverhältnisse im 19. Jahrhundert*, Göttingen: Vandenhoeck & Ruprecht 1988, S. 85-117.

Hauser, Andrea: »Erb-Sachen. Historische Sachkulturforschung als Geschlechterforschung«, in: Gabriele Mentges, Ruth-E. Mohrmann, Cornelia Foerster (Hg.), *Geschlecht und materielle Kultur. Frauen-Sachen, Männer-Sachen, Sach-Kulturen*, Münster etc.: Waxmann 2000, S. 21-48.

Heesen, Anke te, Anette Michels: »Der Schrank als wissenschaftlicher Apparat«, in: dies (Hg.), *auf/zu. Der Schrank in den Wissenschaften*, Berlin: Akademie Verlag 2007, S. 8-15.

Heesen, Anke te, Emma C. Spary: »Sammeln als Wissen«, in: dies. (Hg.), *Sammeln als Wissen. Das Sammeln und seine wissenschaftsgeschichtliche Bedeutung*, Göttingen: Wallstein Verlag 2001, S. 7-21.

Heesen, Anke te, Petra Lutz: »Einleitung. Dingwelten«, in: dies. (Hg.), *Dingwelten. Das Museum als Erkenntnisort*, Köln Weimar Wien: Böhlau 2005, S. 11-23.

Heesen, Anke te: »Accounting for the natural world. Double-entry bookkeeping in the field«, in: Londa Schiebinger, Claudia Swan (Hg.), *Colonial Botany: Science, Commerce, and Politics in the Early Modern World*, Philadelphia: University of Pennsylvania Press 2005, S. 237-251.

–: »Beschriftungsszenen. Über Etiketten und ihre Bedeutung«, in: dies., Bernhard Tschofen, Karlheinz Wiegmann (Hg.), *Wortschatz. Vom Sammeln und Finden der Wörter*, Tübingen: Stadtmuseum Tübingen 2008, S. 107-115.

–: »Objekte der Wissenschaft. Eine wissenschaftshistorische Perspektive auf das Museum«, in: Joachim Baur (Hg.), *Museumsanalyse. Methoden und Konturen eines neuen Forschungsfeldes*, Bielefeld: transcript 2010, S. 213-230.

–: »Vom naturgeschichtlichen Investor zum Staatsdiener. Sammler und Sammlungen der Gesellschaft Naturforschender Freunde zu Berlin um 1800«, in: dies., Emma C. Spary (Hg.), *Sammeln als Wissen. Das Sammeln und seine wissenschaftsgeschichtliche Bedeutung*, Göttingen: Wallstein Verlag 2001, S. 62-84.

Heimpel, Hermann: »Geschichtsvereine einst und jetzt«, in: Hartmut Boockmann, Arnold Esch, Hermann Heimpel et al. (Hg.), *Geschichtswissenschaft und Vereinswesen im 19. Jahrhundert*, Göttingen: Vandenhoeck & Ruprecht 1972, S. 44-73.

Henare, Amiria, Martin Holbraad, Sari Wastell: »Introduction. Thinking through things«, in: dies. (Hg.), *Thinking Through Things. Theorising Artefacts Ethnographically*, London, New York: Routledge 2007, S. 1-31.

Hengartner, Thomas: »Das Historische in und an der Volkskunde – ein Grußwort«, in: Andreas Hartmann, Silke Meyer, Ruth-E. Mohrmann (Hg.), *Historizität. Vom Umgang mit Geschichte*, Münster: Waxmann 2007, S. 13-17.

–: »Zur Ordnung von Raum und Zeit. Volkskundliche Anmerkungen«, in: *Schweizerisches Archiv für Volkskunde* 98 (2002), Nr. 1, S. 27-39.

Henrichsen, Dag, Gesine Krüger: »›Kreuz- und Querzüge in Afrika‹. Darf man alles sammeln?«, in: Gitte Beckmann (Hg.), *»Man muss eben Alles sammeln« Der Zürcher Botaniker und Forschungsreisende Hans Schinz und seine ethnographische Sammlung Südwestafrika*, Zürich: Verlag Neue Zürcher Zeitung 2012, S. 127-135.

Herbert, Ulrich: »Europe in high modernity. Reflections on a theory of the 20th century«, in: *Journal of Modern European History* 5 (2007), S. 5-21.

Hettling, Manfred: »Bürgerlichkeit. Eine ungesellige Geselligkeit«, in: ders., Mario König, Martin Schaffner et al. (Hg.), *Eine kleine Geschichte der Schweiz. Der Bundesstaat und seine Traditionen*, Frankfurt/M.: Suhrkamp 1998, S. 227-264.

Hevly, Bruce: »The heroic science of glacier motion«, in: Henrika Kuklick, Robert E. Kohler (Hg.), *Science in the Field*, Ithaca, New York: Department of Science and Technology Studies Cornell University 1996, S. 66-86.

Holderegger, Rolf, Conny Thiel-Egenter, Christian Parisod: »Marie Brockmann-Jerosch and her influence on Alpine phylogeography«, in: *Alpine Botany* 121 (2011), Nr. 1, S. 5-10.

Holert, Tom: »Bildfähigkeiten. Visuelle Kultur, Repräsentationskritik und Politik der Sichtbarkeit«, in: ders. (Hg.), *Imagineering. Visuelle Kultur und Politik der Sichtbarkeit*, Köln: Oktagon 2000, S. 14-33.

Holländer, Hans: »Der Sammeltrieb und die Logik der Inventare«, in: Natascha Adamowsky, Robert Felfe, Marco Formisano et al. (Hg.), *Affektive Dinge. Objektberührungen in Wissenschaft und Kunst*, Göttingen: Wallstein Verlag 2011.

Huber, Brigitte: *Öffentliche Experten. Über die Medienpräsenz von Fachleuten*, Wiesbaden: Springer Fachmedien 2014.

Huber, Charles: *Die Ringe des Apollo. 150 Jahre entomologischer Verein Bern, 1858-2008*, Bern: Entomologischer Verein Bern 2008.

Hügel, Hans-Otto: »Hinwendung zur Unterhaltung. Die Tageskritik zum Sachbuch im 19. Jahrhundert«, in: Andy Hahnemann, David Oels (Hg.), *Sachbuch und populäres Wissen im 20. Jahrhundert*, Frankfurt/M. etc.: Peter Lang 2008, S. 159-179.

Hupfer, Franziska: »Das Wetter in Tabellen. Christian Gregor Brügger und die Institutionalisierung der Meteorologie«, in: Patrick Kupper, Bernhard C. Schär (Hg.), *Die Naturforschenden. Auf der Suche nach Wissen über die Schweiz und die Welt, 1800-2015*, Baden: hier + jetzt 2015, S. 49-65.

Huser, Karin: *Vieh- und Textilhändler an der Aare. Geschichte der Juden im Kanton Solothurn vom Mittelalter bis heute*, Zürich: Chronos 2007.

Imeri, Sabine: »Heimatforschen in der Metropole oder wie regionales Wissen entsteht. Die Brandenburgia, Gesellschaft für Heimatkunde der Provinz Brandenburg zu Berlin um 1900«, in: *Berliner Blätter* 50 (2009), S. 113-138.

–: »Regionale Verortung als Verwendungsprinzip volkskundlichen Wissens«, in: Gisela Welz, Antonia Davidovic-Walther, Anke S. Weber (Hg.), *Epistemische Orte. Gemeinde und Region als Forschungsformate*, Frankfurt/M.: Institut für Kulturanthropologie und Europäische Ethnologie der Johann Wolfgang Goethe-Universität 2011.

–: »Sozialkitt, Beheimatung und Mitmach-Wissen. Überlegungen zur Verwendbarkeit volkskundlichen Wissens im Kontext der Preußischen Schulreformen 1924/25«, in: Ina Dietzsch, Wolfgang Kaschuba, Leonore Scholtze-Irrlitz (Hg.), *Horizonte ethnografischen Wissens. Eine Bestandesaufnahme*, Köln, Weimar, Wien: Böhlau 2009, S. 87-111.

Ingendahl, Gesa, Lioba Keller-Drescher: »Historische Ethnografie. Das Beispiel Archiv«, in: *Schweizerisches Archiv für Volkskunde* 106 (2010), S. 241-263.

Jahn, Ilse: *Grundzüge der Biologiegeschichte*, Jena: Fischer 1990.

Jaquet, Martine: »Henry Correvon: Un jardinier sur le sommet«, in: Monika Suter (Hg.), *Alpengärten. Jardins alpins*, Zürich: Schweizer Heimatschutz 2007, S. 19-25.

–: »Le jardin alpin ou une certaine Suisse en miniature«, in: Annemarie Bucher, Martine Jaquet (Hg.), *Des floralies aux jardins d'art, un siècle d'expositions de paysagisme en Suisse*, Lausanne: Presses Polytechniques et Universitaires Romandes 2000, S. 25-34.

Jardine, Nicholas, Emma C. Spary, Jim Secord (Hg.): *Cultures of Natural History*, Cambridge etc.: Cambridge University Press 1996.

Jardine, Nicholas, Emma C. Spary: »The natures of cultural history«, in: dies., Jim Secord (Hg.), *Cultures of Natural History*, Cambridge etc.: Cambridge University Press 1996.

Jardine, Nicholas: »Sammlung, Wissenschaft, Kulturgeschichte«, in: Anke te Heesen, Emma C. Spary (Hg.), *Sammeln als Wissen. Das Sammeln und seine wissenschaftsgeschichtliche Bedeutung*, Göttingen: Wallstein Verlag 2001.

Johnson, Kristin: »Type-specimens of birds as sources for the history of ornithology«, in: *Journal of the History of Collections* 17 (2005), Nr. 2, S. 173-188.

Joss, Anna: *Anhäufen, forschen, erhalten. Die Sammlungsgeschichte des Schweizerischen Nationalmuseums 1899 bis 2007*, Baden: Hier und Jetzt 2016.

Junker, Thomas: *Der Darwinismus-Streit in der deutschen Botanik. Evolution, Wissenschaftstheorie und Weltanschauung im 19. Jahrhundert*, Norderstedt: Books on Demand 2011.

Kaiser, Astrid: *Neue Einführung in die Didaktik des Sachunterrichts*, Baltmannsweiler: Schneider Verlag Hohengehren 2006.

Kaplan, Marion: »Freizeit – Arbeit. Geschlechterräume im deutsch-jüdischen Bürgertum 1870-1914«, in: Ute Frevert (Hg.), *Bürgerinnen und Bürger. Geschlechterverhältnisse im 19. Jahrhundert*, Göttingen: Vandenhoeck & Ruprecht 1988, S. 157-174.

Kaschuba, Wolfgang, Jenni Boie, Antonia Davidovic-Walther et al.: »Volkskundliches Wissen und gesellschaftlicher Wissenstransfer: zur Produktion kultureller Wissensformate im 20. Jahrhundert«, in: Michael Simon, Thomas Hengartner, Timo Heimerdinger et al. (Hg.), *Bilder. Bücher. Bites. Zur Medialität des Alltags. 36. Kongress der Deutschen Gesellschaft für Volkskunde in Mainz vom 23. bis 26. September 2007*, Münster etc.: Waxmann 2009, S. 183-199.

Kaschuba, Wolfgang: »Die Europäische Ethnologie und der Raum der Geschichte«, in: *Berliner Blätter*, 1997, Nr. 13/14, S. 5-22.

–: *Einführung in die Europäische Ethnologie*, München: C.H. Beck 2003 (1999).

Kauz, Daniel: »Den Thurgau ausstellen, den Thurgau sammeln. Zur Geschichte des Naturmuseums und seiner Sammlungen«, in: Michael Bürgi, Daniel Speich (Hg.), *Lokale Naturen. 150 Jahre Thurgauische Naturforschende Gesellschaft. 1854-2004*, Frauenfeld: Thurgauische Naturforschende Gesellschaft 2004, S. 87-114.

Keeney, Elizabeth B.: *The Botanizers. Amateur Scientists in Nineteenth-Century America*, Chapel Hill, London: University of North Carolina Press 1992.

Keller-Drescher, Lioba, Eberhard Forner, Karin Bürkert: »Aspekte der Herstellung regionaler Nähe durch volkskundliches Wissen«, in: Gisela Welz, Antonia Davidovic-Walther, Anke S. Weber (Hg.), *Epistemische Orte. Gemeinde und Region als Forschungsformate*, Frankfurt/M.: Institut für Kulturanthropologie und Europäische Ethnologie der Johann Wolfgang Goethe-Universität 2011, S. 125-141.

Keller-Drescher, Lioba: »›Auf diese Weise vorbereitet‹. Praktiken des Wissensmanagements zwischen Landesbeschreibung und Volkskunde«, in: *Berliner Blätter* 50 (2009), S. 15-26.

–: »Aus Schwabens Hain und Flur. Das württembergische Flurnamenarchiv«, in: Anke te Heesen, Bernhard Tschofen, Karlheinz Wiegmann (Hg.), *Wortschatz. Vom Sammeln und Finden der Wörter*, Tübingen: Stadtmuseum Tübingen 2008, S. 97-105.

–: »Die Fragen der Gegenwart und das Material der Vergangenheit – Zur (Re)konstruktion von Wissensordnungen«, in: Andreas Hartmann, Silke Meyer, Ruth-E. Mohrmann (Hg.), *Historizität. Vom Umgang mit Geschichte*, Münster etc.: Waxmann 2007, S. 57-68.

Keller, Peter Michael, Erich Weber: »Solothurn, Kap. 5: Wirtschaft und Gesellschaft im 19. und 20. Jahrhundert«, in: Historisches Lexikon der Schweiz (HLS), Version vom 17.1.2015, URL: http://www.hls-dhs-dss.ch/textes/d/D1174.php

Keller, Vera: »The ›New World of Sciences‹. The Temporality of the research agenda and the unending ambitions of science«, in: *Isis* 103 (Dec. 2012), Nr. 4, S. 727-734.

Kerbs, Diethart, Jürgen Reulecke (Hg.), *Handbuch der deutschen Reformbewegungen. 1880 bis 1933*, Wuppertal: Hammer 1998.

Kienitz, Sabine: »Von Akten, Akteuren und Archiven«, in: *Kieler Blätter zur Volkskunde* 45 (2013), S. 69-82.

Kirchhoff, Thomas, Ludwig Trepl: »Landschaft, Wildnis, Ökosystem: Zur kulturbedingten Vieldeutigkeit ästhetischer, moralischer und theoretischer Naturauffassungen«, in: dies. (Hg.), *Vieldeutige Natur. Landschaft, Wildnis und Ökosystem als kulturgeschichtliche Phänomene*, Bielefeld: transcript 2009, S. 13-66.

Klein, Ursula: »Preface. Spaces of classification«, in: dies. (Hg.), *Spaces of Classification*, Berlin: Max-Planck-Institut für Wissenschaftsgeschichte 2003 (= Preprint Nr. 240).

Kleinschmidt, Christian: *Konsumgesellschaft*, Göttingen: Vandenhoeck & Ruprecht 2008.

Klemun, Marianne: »Der ›Historische Erfahrungsraum‹ von Naturgeschichte und Biologie«, in: Helmut Grössing (Hg.), *Themen der Wissenschaftsgeschichte*, Wien, München: Oldenbourg 1999, S. 50-82.

Knorr-Cetina, Karin: *The Manufacture of Knowledge. An Essay on the Constructivist and Contextual Nature of Science*, Oxford: Pergamon Press 1981.

Koch, Peter: »Graphé. Ihre Entwicklung zur Schrift, zum Kalkül und zur Liste«, in: ders., Sibylle Krämer (Hg.), *Schrift, Medien, Kognition. Über die Exteriorität des Geistes*, Tübingen: Stauffenburg Verlag 1997, S. 43-81.

Kohler, Robert E.: »Finders, keepers. Collecting sciences and collecting practices«, in: *History of Science* 45 (2007), Nr. 3, S. 428-454.

–: *Lords of the Fly. Drosophila Genetics and the Experimental Life*, Chicago, London: University of Chicago Press 1994.

–: »Moral economy, material culture, and community in Drosophila genetics«, in: Mario Biagioli (Hg.), *The Science Studies Reader*, New York, London: Routledge 1999, S. 243-257.

–: »Plants and pigeonholes: Classification as a practice in American ecology«, in: *Historical Studies in the Natural Sciences* 38 (2008), Nr. 1, S. 77-108.

–: *All Creatures. Naturalists, Collectors, and Biodiversity, 1850-1950*, Princeton, Oxford: Princeton University Press 2006.

–: *Landscapes and Labscapes. Exploring the Lab-Field Border in Biology*, Chicago, London: University of Chicago Press 2002.

Kohlstedt, Sally Gregory: »Nature, not books: Scientists and the origin of the nature-study movement in the 1890s«, in: *Isis* 96 (2005), Nr. 3, S. 324-352.

–: »The nineteenth-century amateur tradition. The case of the Boston Society of Natural History«, in: Gerald Holton, William A. Blanpied (Hg.), *Science and its Public: The Changing Relationship*, Dordrecht, Boston: D. Reidel 1976, S. 173-190.

König, Gudrun M.: »Stacheldraht. Die Analyse materielle Kultur und das Prinzip der Dingbedeutsamkeit«, in: *Österreichische Zeitschrift für Geschichtswissenschaften* 15 (2004), Nr. 4, S. 50-72.

–: *Konsumkultur. Inszenierte Warenwelt um 1900*, Wien, Köln, Weimar: Böhlau 2009.

König, Wolfgang: *Geschichte der Konsumgesellschaft*, Stuttgart: Steiner 2000.

–: *Kleine Geschichte der Konsumgesellschaft. Konsum als Lebensform der Moderne*, Stuttgart: Franz Steiner Verlag 2008.

Kopytoff, Igor: »The cultural biography of things. Commoditization as process«, in: Appadurai, Arjun (Hg.), *The Social Life of Things. Commodities in Cultural Perspective*, Cambridge: Cambridge University Press 1986, S. 64-91.

Köstering, Susanne: *Natur zum Anschauen. Das Naturkundemuseum des deutschen Kaiserreiches 1871-1914*, Köln, Weimar, Wien: Böhlau 2003.

–: »Transformatoren des Wissens. Lehrer, Amateurforscher und das Leipziger Naturkundliche Heimatmuseum«, in: *WerkstattGeschichte* 23 (1999), S. 15-38.

Köstlin, Konrad: »Anmerkungen zu Riehl«, in: *Jahrbuch für Volkskunde* 7 (1984), S. 81-95.

–: »Heimat denken. Zeitschichten und Perspektiven«, in: Manfred Seifert (Hg.), *Zwischen Emotion und Kalkül. »Heimat« als Argument im Prozess der Moderne*, Leipzig: Leipziger Universitätsverlag 2010, S. 23-38.

Kottmann, Anton: »Die Zeit der Restauration – Der Einfluss Eduard Pfyffers 1814-1830«, in: Gottfried Boesch, Anton Kottmann (Hg.), *400 Jahre Höhere Lehranstalt Luzern 1574-1974*, Luzern: Verlag Kantonsschule Luzern 1974, S. 295-314.

Krajewski, Markus: *Zettelwirtschaft. Die Geburt der Kartei aus dem Geiste der Bibliothek*, Berlin: Kulturverlag Kadmos 2002.

Krauthausen, Karin: »Vom Nutzen des Notierens. Verfahren des Entwurfs«, in: dies., Omar W. Nasim (Hg.), *Notieren, Skizzieren. Schreiben und Zeichnen als Verfahren des Entwurfs*, Zürich: Diaphanes 2010, S. 7-26.

Kretschmann, Carsten: »Einleitung: Wissenspopularisierung – ein altes, neues Forschungsfeld«, in: ders. (Hg.), *Wissenspopularisierung. Konzepte der Wissensverbreitung im Wandel*, Berlin: Akademie Verlag 2003, S. 7-21.

–: *Räume öffnen sich. Naturhistorische Museen im Deutschland des 19. Jahrhunderts*, Berlin: Akademie Verlag 2006.

Küchler, Susanne: »Was Dinge tun. Eine anthropologische Kritik medialer Dingtheorie«, in: Katharina Ferus, Dietmar Rübel (Hg.), *»Die Tücke des Objekts«. Vom Umgang mit Dingen*, Berlin: Reimer 2009, S. 230-249.

Kuhn, Konrad: »Unterbrochene Tradtion und lange Dauer. Die Zürcher Sektion der SGV 1918-2010«, in: Franziska Schürch, Sabine Eggmann, Marius Risi (Hg.), *Vereintes Wissen. Die Volkskunde und ihre gesellschaftliche Verankerung*, Basel, Münster: SGV/Waxmann 2010, S. 69-94.

Kuhn, Thomas S.: *The Structure of Scientific Revolutions*, Chicago: University of Chicago Press 1970 (1962).

Kühne, Olaf: *Landschaftstheorie und Landschaftspraxis. Eine Einführung aus sozialkonstruktivistischer Perspektive*, Wiesbaden: Springer VS 2013.

Kuklick, Henrika, Robert E. Kohler: »Introduction«, in: dies. (Hg.), *Science in the Field*, Ithaca, New York: Department of Science and Technology Studies Cornell University 1996, S. 1-14.

Kunstverein Solothurn (Hg.): *Museum. Das Museum der Stadt Solothurn 1979 (mit Fotografien von Max Doerfliger und einem Text von Peter Bichsel)*, Solothurn 1979.

Kupper, Patrick, Bernhard C. Schär (Hg.): *Die Naturforschenden. Auf der Suche nach Wissen über die Schweiz und die Welt, 1800-2015*, Baden: hier + jetzt 2015.

Kupper, Patrick, Bernhard C. Schär: »›Eine einfache und anspruchslose Organisation‹. Zur Geschichte der Akademie der Naturwissenschaften Schweiz«, in: dies. (Hg.), *Die Naturforschenden. Auf der Suche nach Wissen über die Schweiz und die Welt, 1800-2015*, Baden: hier + jetzt 2015, S. 279-293.

Kupper, Patrick: »Verschollen in den Alpen. Herbert Haviland Fields bibliografische Reform«, in: ders., Bernhard C. Schär (Hg.), *Die Naturforschenden. Auf der Suche nach Wissen über die Schweiz und die Welt, 1800-2015*, Baden: hier + jetzt 2015, S. 101-117.

–: *Wildnis schaffen. Eine transnationale Geschichte des Schweizerischen Nationalparks*, Bern, Stuttgart, Wien: Haupt 2012.

Kurz, Daniel: *Die Disziplinierung der Stadt. Moderner Städtebau in Zürich 1900 bis 1940*, Zürich: gta 2008.

Kyburz-Graber, Regula, Ulrich Halder, Anton Hügli, Markus Ritter: *Umweltbildung im 20. Jahrhundert. Anfänge, Gegenwartsprobleme, Perspektiven*, Münster etc.: Waxmann 2001.

Lamprecht, Markus, Hanspeter Stamm: *Die soziale Ordnung der Freizeit. Soziale Unterschiede im Freizeitverhalten der Schweizer Wohnbevölkerung*, Zürich: Seismo 1994.

Landolt, Elias: »Die Entwicklung der Botanik an der ETH in Zürich«, in: *Botanica Helvetica* 100 (1990), Nr. 3, S. 353-374.

Lardelli, Dora: *Johann Luzi Krättli. Ein Universalgenie im Bergdorf*, Untervaz: Untervazer Burgenverein 2011 (Online-Nachdruck aus: TURICUM. Schweizer Kultur und Wirtschaft. Heft 4, [1995]).

Larsen, Anne: »Equipment for the field«, in: Nicholas Jardine, Emma C. Spary, Jim Secord (Hg.), *Cultures of Natural History*, Cambridge etc.: Cambridge University Press 1996, S. 358-377.

Latour, Bruno, Steve Woolgar: *Laboratory Life. The Social Construction of Scientific Facts*, Princeton, N.J.: Princeton University Press 1986 (1979).

Latour, Bruno: »Drawing Things Together: Die Macht der unveränderlich mobilen Elemente«, in: Andréa Belliger, David J. Krieger (Hg.), *ANThology. Ein einführendes Handbuch zur Akteur-Netzwerk-Theorie*, Bielefeld: transcript 2006.

–: *Science in Action. How to Follow Scientists and Engineers Through Society*, Cambridge, Mass.: Harvard University Press 2002 (1987).

–: »Zirkulierende Referenz. Bodenstichproben aus dem Amazonas«, in: ders., *Die Hoffnung der Pandora. Untersuchungen zur Wirklichkeit der Wissenschaft*, Frankfurt/M.: Suhrkamp 2000, S. 37-94.

Law, John: *Organizing Modernity*, Oxford, Cambridge: Blackwell 1994.

Lefèvre, Wolfgang: »Changing contexts of classifications. Cuvier's transformation of biological classification«, in: Ursula Klein (Hg.), *Spaces of Classification*, Berlin: Max-Planck-Institut für Wissenschaftsgeschichte 2003, S. 1-12.

Lenzin, Danièle: *»Folklore vivat, crescat, floreat!« Über die Anfänge der wissenschaftlichen Volkskunde in der Schweiz um 1900*, Zürich: Volkskundliches Seminar der Universität Zürich 1996.

Leu, Urs B.: *Der Paläobotaniker Oswald Heer im Briefwechsel mit Charles Darwin und Charles Lyell*, Alpnach Dorf: Koprint 2013.

Leuenberger, Martin: »Bildung, Schule, Erziehung«, in: Ruedi Epple, Daniel Hagmann, Fridolin Kurmann et al. (Hg.), *Nah dran, weit weg. Geschichte des Kantons Basel-Landschaft; Bd. 5: Armut und Reichtum. 19. und 20. Jahrhundert*, Liestal: Verlag des Kantons Basel-Landschaft 2001, S. 139-148.

Lipp, Carola: »Perspektiven der historischen Forschung und Probleme der kulturhistorischen Hermeneutik«, in: Sabine Hess, Johannes Moser, Maria Schwertl (Hg.), *Europäisch-ethnologisches Forschen. Neue Methoden und Konzepte*, Berlin: Reimer 2013, S. 205-245.

–: »Struktur, Interaktion, räumliche Muster. Netzwerkanalyse als analytische Methode und Darstellungsmittel sozialer Komplexität«, in: Silke Göttsch, Christel Köhle-Hezinger (Hg.), *Komplexe Welt. Kulturelle Ordnungssysteme als Orientierung. 33. Kongress der Deutschen Gesellschaft für Volkskunde*, Münster etc. 2003, S. 49-63.

Löfgren, Orvar: »Natur, Tiere und Moral. Zur Entwicklung der bürgerlichen Naturauffassung«, in: Utz Jeggle, Gottfried Korff, Martin Scharfe et al. (Hg.), *Volkskultur in der Moderne. Probleme und Perspektiven empirischer Kulturforschung*, Reinbek bei Hamburg 1986, S. 122-144.

Lowe, P. D.: »Amateurs and professionals. The institutional emergence of British plant ecology«, in: *Journal of the Society for the Bibliography of Natural History* 7 (1976), Nr. 4, S. 517-535.

Lutz, Kiki: »Schweizerischer Juraverein SJ«, in: *Lexikon des Jura*.ch, URL: http://www.diju.ch/d/notices/detail/1000288/juraverein (27.12.2014)

Maase, Kaspar: »Das Archiv als Feld? Überlegungen zu einer historischen Ethnographie«, in: Katharina Eisch, Marion Hamm (Hg.), *Die Poesie des Feldes. Beiträge zur ethnographischen Kulturanalyse*, Tübingen: Tübinger Vereinigung für Volkskunde 2001, S. 255-270.

–: »Nahwelten zwischen ›Heimat‹ und ›Kulisse‹. Anmerkungen zur volkskundlich-kulturwissenschaftlichen Regionalitätsforschung«, in: *Zeitschrift für Volkskunde* 94 (1998), S. 53-70.

Mahr, Dominik: *Citizen Science. Partizipative Wissenschaft im späten 19. und frühen 20. Jahrhundert*, Baden-Baden: Nomos 2014.

Maienschein, Jane: »Why collaborate?«, in: *Journal of the History of Biology* 26 (1993), Nr. 2, S. 167-183.

Marchal, Guy P.: Das »Schweizeralpenland«, in: ders.: *Schweizer Gebrauchsgeschichte. Geschichtsbilder, Mythenbildung und nationale Identität*, Basel: Schwabe 2006, S. 431-444.

Matagne, Patrick: *Aux origines de l'ecologie. Les naturalistes en France de 1800 à 1914*, Paris: Editions du CTHS 1999.

Mauss, Marcel: *Die Gabe. Form und Funktion des Austauschs in archaischen Gesellschaften*, Frankfurt/M.: Suhrkamp 1990.

Mayr, Ernst: *Die Entwicklung der biologischen Gedankenwelt. Vielfalt, Evolution und Vererbung*, Berlin: Springer 2002.

McOuat, Gordon: »The politics of ›natural kinds‹: Practices of classification in the age of reform«, in: Ursula Klein (Hg.), *Spaces of Classification*, Berlin: Max-Planck-Institut für Wissenschaftsgeschichte 2003, S. 97-114.

Medick, Hans: »›Missionare im Ruderboot‹? Ethnologische Erkenntnisweisen als Herausforderung an die Sozialgeschichte«, in: *Geschichte und Gesellschaft* 10 (1984), S. 295-319.

Meier, Pirmin: »Löschwisch – Hauswurz – Mordbrenner«, in: Gebäudeversicherung Luzern (Hg.): *Vom Brandherd zur Brandversicherung. Jubliäumsmagazin*, 2010, S. 7-34.

Meinel, Christoph: »Kugeln und Stäbchen: Vom kulturellen Ursprung chemischer Modelle«, in: *Blick in die Wissenschaft* 18 (2006), S. 10-18.

Mentges, Gabriele: »Einleitung«, in: dies., Ruth-E. Mohrmann, Cornelia Foerster (Hg.), *Geschlecht und materielle Kultur. Frauen-Sachen, Männer-Sachen, Sach-Kulturen*, Münster etc.: Waxmann 2000, S. 3-19.

Mesmer, Beatrix: »Das Schächtverbot von 1893«, in: Aram Mattioli (Hg.): *Antisemitismus in der Schweiz 1848-1960*, Zürich: Orell Füssli 1998, S. 215-239.

Meynen, Gloria: »Büroformate – Von DIN A4 zu Appollo 11«, in: Herbert Lachmayer, Eleonora Louis (Hg.), *Work & Culture. Büro. Inszenierung von Arbeit*, Klagenfurt: Ritter 1998, S. 81-88.

Morrison, Margaret, Mary S. Morgan: »Models as mediating instruments«, in: dies. (Hg.), *Models as Mediators. Perspectives on Natural and Social Sciences*, Cambridge: Cambridge University Press 1999, S. 10-37.

Müller-Wille, Staffan, Isabelle Charmantier: »Lists as research technologies«, in: *Isis* 103 (Dec. 2012), Nr. 4, S. 743-752.

Müller-Wille, Staffan: »Carl von Linnés Herbarschrank. Zur epistemischen Funktion eines Sammlungsmöbels«, in: Anke te Heesen, Emma C. Spary (Hg.), *Sammeln als Wissen. Das Sammeln und seine wissenschaftsgeschichtliche Bedeutung*, Göttingen: Wallstein Verlag 2001, S. 22-38.

Müller, Verena E.: »Erste Schritte am Poly – Die Pionierinnen«, in: *Bulletin / Eidgenössische Technische Hochschule Zürich*, 2005, Nr. 297, S. 7-11.

Nicolson, Dan H.: »A history of botanical nomenclature«, in: *Annals of the Missouri Botanical Garden* 78 (1991), S. 33-56.

Nikolow, Sybilla, Arne Schirrmacher: »Das Verhältnis von Wissenschaft und Öffentlichkeit als Beziehungsgeschichte. Historiographische und systematische Perspektiven«, in: dies. (Hg.), *Wissenschaft und Öffentlichkeit als Ressourcen füreinander. Studien zur Wissenschaftsgeschichte im 20. Jahrhundert*, Frankfurt, New York: Campus 2007, S. 11-36.

Nyffeler, Reto: »Einblicke in die botanische Sammeltätigkeit von Hans Schinz während seiner Reise durch Südwestafrika«, in: Gitte Beckmann (Hg.), *»Man muss eben Alles sammeln«. Der Zürcher Botaniker und Forschungsreisende Hans Schinz und seine ethnographische Sammlung Südwestafrika*, Zürich: Verlag Neue Zürcher Zeitung 2012, S. 119-126.

Nyhart, Lynn K.: »Civic and economic zoology in the nineteenth-century Germany. The ›living communities‹ of Karl Möbius«, in: *Isis* 89 (Dec. 1998), Nr. 4, S. 605-630.

–: *Modern Nature. The Rise of the Biological Perspective*, Chicago: Chicago University Press 2009.

–: »Natural history and the ›new‹ biology«, in: Nicholas Jardine, Emma C. Spary, Jim Secord (Hg.), *Cultures of Natural History*, Cambridge etc.: Cambridge University Press 1996, S. 426-443.

Oberhänsli, Silvia: »Beleidigen, belästigen, austricksen und ausgrenzen. Männerbündische Abwehr gegenüber Frauen«, in: Lynn Blattmann, Irène Meier (Hg.), *Männerbund und Bundesstaat. Über die politische Kultur der Schweiz*, Zürich: Orell Füssli 1998, S. 219-241.

Oelkers, Jürgen: *Reformpädagogik. Eine kritische Dogmengeschichte*, Weinheim, München: Juventa Verlag 1996.

Oels, David: *Wissen und Unterhaltung im Sachbuch. Oder: Warum es keine germanistische Sachbuchforschung gibt und wie eine solche aussehen könnte*, Berlin, Hildesheim 2005 (= Arbeitsblätter für die Sachbuchforschung, Bd. 1).

Oreskes, Naomi: »Objectivity or heroism? On the invisibility of women in science«, in: Henrika Kuklick, Robert E. Kohler (Hg.), *Science in the Field*, Ithaca, New York: Department of Science and Technology Studies Cornell University 1996, S. 87-113.

Outram, Dorinda: »New spaces in natural history«, in: Nicholas Jardine, Emma C. Spary, Jim Secord (Hg.), *Cultures of Natural History*, Cambridge etc.: Cambridge University Press 1996, S. 249-265.

Papierz, Zuzanna: »Die Sonderdrucksammlung: auf den Spuren wissenschaftlicher Kommunikation«, in: Gudrun M. König (Hg.), *Anschauungsmaterial. Fachgeschichte als Sachgeschichte*, Tübingen: Tübinger Vereinigung für Volkskunde 2007, S. 155-167.

Parisod, Christian, Nicole Galland, Charlotte Trippi: »Genetic variability and founder effect in the pitcher plant Sarracenia purpurea (Sarraceniaceae) in populations introduced into Switzerland: from inbreeding to invasion«, in: *Annals of Botany* 95 (2005), Nr. 2, S. 277-286.

Perret, Peter: *Beitrag zur Geschichte der Gewässerforschung in der Schweiz*, URL: http://chy.scnatweb.ch/downloads/GeschichteGewasserforschungCH.pdf (21.8.2014).

Pfäffli, Lea: »Diplomatie statt Heldentum. Robert Haefeli, die Schweizer Polarforschung und der Kalte Krieg«, in: Patrik Kupper, Bernhard Schär (Hg.), *Die Naturforschenden. Auf der Suche nach Wissen über die Schweiz und die Welt, 1800-2015*, Baden: hier + jetzt 2015, S. 211-224.

Phillips, Denise: »Friends of nature: Urban sociability and regional natural history in Dresden, 1800-1850«, in: *Osiris*, 2nd Series, 18 (2003), 43-59.

Pigeot, Jacqueline: »Die explodierte Liste: die Tradition der heterogenen Liste in der alten japanischen Literatur«, in: François Jullien (Hg.), *Die Kunst, Listen zu erstellen*, Berlin: Merve Verlag 2004.

Pomian, Krzysztof: *Der Ursprung des Museums. Vom Sammeln*, Berlin: Wagenbach 1988.

Pugliano, Valentina: »Artisanal writing or natural historical paperwork?«, in: *Isis* 103 (Dec. 2012), Nr. 4, S. 716-727.

Purtschert, Patricia: »Jenseits des Réduits. Die Schweiz und die Berge in Zeiten der Dekolonisierung«, in: *Schweizerische Zeitschrift für Geschichte* 63 (2013), 250-268.

Raichvarg, Daniel, Jean Jacques: *Savants et ignorants: Une histoire de la vulgarisation des sciences*, Paris: Editions du Seuil 1991.

Rebsamen, Hanspeter, Othmar Birkner, Jörg Mosimann: »Liestal«, in: Gesellschaft für schweizerische Kunstgeschichte (Hg.): *Grenchen, Herisau, Lausanne, Liestal*, 1990, S. 385-480 (= INSA Inventar der neueren Schweizer Architektur 1850-1920, Bd. 5).

Rebsamen, Hanspeter: »Frauenfeld«, in: Gesellschaft für schweizerische Kunstgeschichte (Hg.): *Delémont, Frauenfeld, Fribourg, Genève, Glarus*, 1982, S. 71-162 (= INSA Inventar der neueren Schweizer Architektur 1850-1920, Bd. 4).

Reckwitz, Andreas: »Praktiken und Diskurse: Eine sozialtheoretische und methodologische Relation«, in: Herbert Kalthoff, Stefan Hirschauer, Gesa Lindemann (Hg.), *Theoretische Empirie. Die Relevanz qualitativer Forschung*, Frankfurt/M.: Suhrkamp 2008, S. 188-209.

Regazzoni, Lisa: »Objekte ohne Wissenschaft – Exponate ohne Sammlung. Über den Umgang des ›Muséum d'histoire naturelle‹ und des ›Muséum des Antiques‹ mit ethnografischen Artefakten im ausgehenden 18. Jahrhundert«, in: *traverse*, 2012, Nr. 3, S. 53-65.

Reubi, Serge: »La lacune, miroir des pratiques de collections«, in: *traverse*, 2012, Nr. 3, S. 81-89.

Rheinberger, Hans-Jörg: »Epistemologica: Präparate«, in: Anke te Heesen, Petra Lutz (Hg.), *Dingwelten. Das Museum als Erkenntnisort*, Köln Weimar Wien: Böhlau 2005, S. 65-75.

–: *Experimentalsysteme und epistemische Dinge. Eine Geschichte der Proteinsynthese im Reagenzglas*, Göttingen: Wallstein Verlag 2002.

Ritvo, Harriet: *The Platypus and the Mermaid and Other Figments of the Classifying Imagination*, Cambridge, Mass., London: Harvard University Press 1997.

–: »Varieties of taxonomic experience«, in: Ursula Klein (Hg.), *Spaces of Classification*, Berlin: Max-Planck-Institut für Wissenschaftsgeschichte 2003, S. 79-96.

Rosenbauer, Karlheinz A.: *Mikroskopische Präparate. Hersteller und Lieferanten: eine Zusammenstellung aus zwei Jahrhunderten*, Darmstadt: GIT-Verlag 2003.

Roth, Wolff-Michael: »Making classifications (at) work. Ordering practices in science«, in: *Social Studies of Science* 35 (2005), Nr. 4, S. 581-621.

Rothenbühler, Verena: »Naturschutz auf dem Dienstweg. Die Naturschutzkommission der Thurgauischen Naturforschenden Gesellschaft«, in: Michael Bürgi, Daniel Speich (Hg.), *Lokale Naturen. 150 Jahre Thurgauische Naturforschende Gesellschaft. 1854-2004*, Frauenfeld: Thurgauische Naturforschende Gesellschaft 2004, S. 115-139.

Sahlins, Marshall: »Zur Soziologie des primitiven Tauschs«, in: Frank Adloff, Steffen Mau (Hg.), *Vom Geben und Nehmen. Zur Soziologie der Reziprozität*, Frankfurt, New York: Campus 2005, S. 73-91.

Sakurai, Ayako: *Science and Societies in Frankfurt am Main*, London: Pickering & Chatto 2013.

Sarasin, Philipp, Andreas Kilcher: »Zirkulationen. Editorial«, in: *Nach Feierabend* 7 (2011), S. 7-11.

Sarasin, Philipp: »›La Science en Famille‹. Populäre Wissenschaft im 19. Jahrhundert als bürgerliche Kultur – und als Gegenstand einer Sozialgeschichte des Wissens«, in: Ueli Gyr (Hg.), *Soll und Haben. Alltag und Lebensformen bürgerlicher Kultur*, Zürich: Offizin Verlag 1995, S. 97-110.

–: *Reizbare Maschinen. Eine Geschichte des Körpers 1765-1914*, Frankfurt/M.: Suhrkamp 2001.

–: *Stadt der Bürger. Struktureller Wandel und bürgerliche Lebenswelt*, Basel: Helbing & Lichtenhahn 1990.

–: »Was ist Wissensgeschichte?«, in: *Internationales Archiv für Sozialgeschichte der deutschen Literatur* 36 (2011), Nr. 1, S. 159-172.

Sauter, Willi: »Die entomologischen Sammlungen an der ETHZ«, in: *Vierteljahrsschrift der Naturforschenden Gesellschaft in Zürich* 138 (1993), Nr. 3, S. 203-218.

Schär, Bernhard: *Tropenliebe. Schweizer Naturforscher und niederländischer Imperialismus in Südostasien um 1900*, Frankfurt/M.: Campus 2015.

Scharf, Sara T.: »Identification keys, the ›natural method‹, and the development of plant identification manuals«, in: *Journal of the History of Biology* 42 (2009), S. 73-117.

Scheidegger, Tobias: »Der Lauf der Dinge. Materiale Zirkulation zwischen amateurhafter und professioneller Naturgeschichte in der Schweiz um 1900«, in: *Nach Feierabend* 7 (2011), S. 53-73.

–: »Durch Jurawiesen und Müllhalden. Rudolf Probst ›Beiträge‹ zur Solothurner Flora«, in: Patrick Kupper, Bernhard C. (Hg.), *Die Naturforschenden. Auf der Suche nach Wissen über die Schweiz und die Welt, 1800-2015*, Baden: hier + jetzt 2015, S. 119-133.

–: »Handhaben und Teilhaben. Dingpraktiken in der naturhistorischen Amateurwissenschaft. 1870-1930«, in: Karl C. Berger, Margot Schindler, Ingo Schneider (Hg.), *Stofflichkeit in der Kultur. Referate der 26. Österreichischen Volkskundetagung in Eisenstadt 2010*, Wien: Verein für Volkskunde 2015, 205-216.

–: »L'état policier en haut sur la montagne? Débats autour de la protection de l'edelweiss en Suisse, Allemagne et Autriche (1870-1940)«, in: Marlène Albert-Llorca, Raphaële Garreta, Jean-Paul Métailié (Hg.), *Plantes de montagne. Regards et débats sur un patrimoine*, Symposcience 2012, https://halshs.archives-ouvertes.fr/halshs-00995220/document.

–: *Mythos Edelweiss: zur Kulturgeschichte eines alpinen Symbols*, Zürich: Botanischer Garten der Universität Zürich 2008 (online).

Schiebinger, Londa, Claudia Swan (Hg): *Colonial Botany: Science, Commerce, and Politics in the Early Modern World*, Philadelphia: University of Pennsylvania Press 2005.

Schiebinger, Londa: *Nature's Body. Gender in the Making of Modern Science*, Boston: Beacon Press 1993.

Schläfli, August: »Heinrich Wegelin – der Erforscher der Thurgaus«, in: *Thurgauer Jahrbuch* 55 (1980), S. 9-18.

Schmassmann, Walter: »Aus dem Leben von Dr. phil. Fritz Heinis (1883-1970): Die Mitarbeit im Kantonsmuseum«, in: *Tätigkeitsbericht der Naturforschenden Gesellschaft Baselland* 28, 1969-1970 (1972), S. 15-19.

Schmid, Günther: »Geschichte der Botanisierbüchse«, in: *Österreichische Botanische Zeitschrift* 85 (1936), Nr. 2, S. 140-150.

Schmidt, Robert: »Die Verheißungen eines sauberen Kragens. Zur materiellen und symbolischen Ordnung des Büros«, in: ders., *Soziologie der Praktiken. Konzeptionelle Studien und empirische Analysen*, Berlin: Suhrkamp 2012.

Schmied, Gerhard: *Schenken. Über eine Form sozialen Handelns*, Opladen: Leske + Budrich 1996.

Schmitt, Christoph: »Die Heimatbewegung in Mecklenburg unter dem Aspekt der Generierung und Transformation volkskundlichen Wissens«, in: Ernst Münch, Mario Niemann,

Wolfgang E. Wagner (Hg.), *Land – Stadt – Universität. Historische Lebensräume von Ständen, Schichten und Personen*, Hamburg: Verlag Dr. Kovac 2010, S. 353-376.

–: »Helfer und Helden. Rollenverteilung und Rollenkonflikt in der volkskundlichen Wissensproduktion«, in: Reinhard Johler, Christian Marchetti, Bernhard Tschofen et al. (Hg.): *Kultur_Kultur. Denken. Forschen. Darstellen.* 38. Kongress der Deutschen Gesellschaft für Volkskunde in Tübingen. Münster etc.: Waxmann 2013, S. 444-453.

Schmoll, Friedemann: *Erinnerung an die Natur. Die Geschichte des Naturschutzes im deutschen Kaiserreich*, Frankfurt/M.: Campus 2004.

–: »Unentschiedene Disziplinarität. Geschichte und Gegenwart – Überlegungen zur Logik eines wissenschaftstheoretischen Dauerthemas in der Volkskunde«, in: Andreas Hartmann, Silke Meyer, Ruth-E. Mohrmann (Hg.), *Historizität. Vom Umgang mit Geschichte*, Münster etc.: Waxmann 2007, S. 183-197.

Schumacher, Beatrice: »Freizeit, Vergnügen und Räume. Einleitung«, in: Hans-Jörg Gilomen, Beatrice Schumacher, Laurent Tissot (Hg.), *Freizeit und Vergnügen vom 14. bis zum 20. Jahrhundert*, Zürich: Chronos 2005, S. 133-141.

Schuster, J. Mark: *Making a List and Checking it Twice: The List as a Tool of Historic Preservation*, Chicago: The Cultural Policy Center at the University of Chicago 2002 (online).

Schwarz, Angela: »Bilden, überzeugen, unterhalten: Wissenschaftspopularisierung und Wissenskultur im 19. Jahrhundert«, in: Carsten Kretschmann (Hg.), *Wissenspopularisierung. Konzepte der Wissensverbreitung im Wandel*, Berlin: Akademie Verlag 2003, S. 221-234.

–: *Der Schlüssel zur modernen Welt. Wissenschaftspopularisierung in Großbritannien und Deutschland im Übergang zur Moderne, ca. 1870-1914*, Stuttgart: Franz Steiner Verlag 1999.

Secord, Anne: »Artisan botany«, in: Nicholas Jardine, Emma C. Spary, Jim Secord (Hg.), *Cultures of Natural History*, Cambridge etc.: Cambridge University Press 1996, S. 378-393.

–: »Corresponding interests. Artisans and gentlemen in nineteenth-century natural history«, in: *The British Journal for the History of Science* 27 (1994), S. 383-408.

–: Science in the pub. Artisan botanists in early nineteenth-century Lancashire, in: *History of Science* 32 (1994), S. 269-315.

Seifert, Manfred: »Das Projekt ›Heimat‹ – Positionen und Perspektiven. Zur Einführung«, in: ders. (Hg.), *Zwischen Emotion und Kalkül. »Heimat« als Argument im Prozess der Moderne*, Leipzig: Leipziger Universitätsverlag 2010, S. 9-22.

–: »Ethnologisch-kulturwissenschaftliche Perspektiven auf Raum und Landschaft«, in: Stefanie Krebs, Manfred Seifert (Hg.), *Landschaft quer Denken. Theorien – Bilder – Formationen*, Leipzig: Leipziger Universitätsverlag 2012, S. 61-86.

Shapin, Steven: *A Social History of Truth: Civility and Science in Seventeenth-Century England*, Chicago, London: University of Chicago Press 1994.

Sheets-Pyenson, Susan: »Popular science periodicals in Paris and London: The emergence of a low scientific culture, 1820-1875.«, in: *Annals of Science* 42 (1985), Nr. 6, S. 549-572.

Simon, Christian: *Natur-Geschichte. Das Naturhistorische Museum Basel im 19. und 20. Jahrhundert*, Basel: Christoph Merian Verlag 2009.

–: *Naturwissenschaften in Basel im 19. und 20. Jahrhundert. Die Philosophisch-Naturwissenschaftliche Fakultät der Universität*, Basel: Historisches Seminar Basel 2010 (online).

–: *Reisen, Sammeln und Forschen. Die Basler Naturhistoriker Paul und Fritz Sarasin*, Basel: Schwabe 2015.

Simonett, Jürg: »Chur, Kap. 3: Von der Helvetik bis zur Gegenwart«, in: Historisches Lexikon der Schweiz (HLS), Version vom 17.1.2015, URL: http://www.hls-dhs-dss.ch/textes/d/D1581.php.

Solla Price, Derek J.: *Little Science, Big Science. Von der Studierstube zur Großforschung*, Frankfurt/M.: Suhrkamp 1974.

Späni, Martina: »Die Entkonfessionalisierung der Volksschulen in der Schweiz im 19. Jahrhundert«, in: Lucien Criblez, Rita Hofstetter, Carlo Jenzer et al. (Hg.), *Eine Schule für die Demokratie. Zur Entwicklung der Volksschule der Schweiz im 19. Jahrhundert*, Bern etc.: Lang 1999, S. 297-323.

–: »Umstrittene Fächer in der Pädagogik«, in: Hans Badertscher, Hans-Ulrich Grunder (Hg.), *Geschichte der Erziehung und Schule in der Schweiz im 19. und 20. Jahrhundert; Bd. 1: Leitlinien*, Bern, Stuttgart, Wien: Haupt 1997, S. 17-55.

Spary, Emma C.: »Codes der Leidenschaft. Französische Vogelsammlungen als eine Sprache der vornehmen Gesellschaft im 18. Jahrhundert«, in: Anke te Heesen, Emma C. Spary (Hg.), *Sammeln als Wissen. Das Sammeln und seine wissenschaftsgeschichtliche Bedeutung*, Göttingen: Wallstein Verlag 2001, S. 39-61.

Speich, Daniel, David Gugerli: »Wissensgeschichte. Eine Standortbestimmung«, in: *traverse*, 2012, Nr. 1, S. 85-100.

Speich, Daniel: »Wissenschaft fernab vom Elfenbeinturm. Zum Wandel einer ländlichen Naturforschenden Gesellschaft«, in: Michael Bürgi, Daniel Speich (Hg.), *Lokale Naturen. 150 Jahre Thurgauische Naturforschende Gesellschaft. 1854-2004*, Frauenfeld: Thurgauische Naturforschende Gesellschaft 2004, S. 9-36.

Spieker, Ira: »Innenansichten. Zur Konzeptualisierung emotionaler Praxen in der historischen Forschung«, in: *Zeitschrift für Volkskunde* 104 (2008), S. 201-223.

Spillmann, John H., Rolf Holderegger: *Die Alpenpflanzen des Tössberglandes. Einhundert Jahre nach Gustav Hegi*, Bern: Haupt 2008.

Spuhler, Gregor, Beat Gnädinger: »Frauenfeld, Kap. 2: Vom 19. Jahrhundert bis in die Gegenwart«, in: Historisches Lexikon der Schweiz (HLS), Version vom 17.1.2015, URL: http://www.hls-dhs-dss.ch/textes/d/D1898.php.

Star, Susan Leigh, James R. Griesemer: »Institutional ecology, ›translations‹ and boundary objects. Amateurs and professionals in Berkeley's Museum of Vertebrate Zoology, 1907-1939«, in: *Social Studies of Science* 19 (1989), S. 387-420.

Staub, Werner: »Paul Born, der Käferdoktor. 1859-1928«, in: *Jahrbuch des Oberaargaus*, S. 135-140.

Steinecke, Ernst-Christian: *Schlözers Schreibarbeit, oder: Vom Alltag des Aufklärens. Eine Praxisgeschichte Historischen Wissens, ca. 1750-1800*, Zürich: Diss. ETH 2014.

Stevens, Peter F.: »Species. Historical perspectives«, in: Evelyn Fox Keller, Elisabeth A. Lloyd (Hg.), *Keywords in Evolutionary Biology*, Cambridge, Mass., London: Harvard University Press 1992, S. 302-311.

Stöckli, Veronika, Sonja Wipf, Cajsa Nilsson et al.: »Using historical plant surveys to track biodiversity on mountain summits«, in: *Plant Ecology & Diversity* 4 (2011), Nr. 4, S. 415-425.

Strauss, Anselm L.: »Methodologische Grundlagen der Grounded Theory«, in Jörg Strübing, Bernt Schnettler (Hg.): *Methodologie interpretativer Sozialforschung. Klassische Grundlagentexte*, Konstanz: UVK 2004, 429-451.

Strübin, Eduard: »Über Heimatkunde und schweizerische Heimatkunden im 19. Jahrhundert«, in: *Schweizerisches Archiv für Volkskunde* 93 (1997), Nr. 1, S. 107-123.

Szöllösi-Janze, Margit: »Lebens-Geschichte – Wissenschafts-Geschichte«, in: *Berichte zur Wissenschaftsgeschichte* 23 (2000), S. 17-35.

Tanner, Albert: *Arbeitssame Patrioten – wohlanständige Damen. Bürgertum und Bürgerlichkeit in der Schweiz 1830-1914*, Zürich: Orell Füssli 1995.

–: »Freizeitgestaltung und demonstrativer Müssiggang im Bürgertum«, in: Ueli Gyr (Hg.), *Soll und Haben. Alltag und Lebensformen bürgerlicher Kultur*, Zürich: Offizin Verlag 1995.

Thode-Arora, Hilke: »Die Familie Umlauff und ihre Firmen – Ethnographica-Händler in Hamburg«, in: *Mitteilungen aus dem Museum für Völkerkunde Hamburg, Neue Folge* 22 (1992), S. 143-158.

Tretjakow, Sergej: *Biographie des Dings*, Berlin und Hildesheim: Forschungsprojekt »Das populäre deutschsprachige Sachbuch im 20. Jahrhundert« 2007 (1929), (online).

Trüeb, Markus: »Luzern, Kap. 5: Wirtschaft und Gesellschaft von 1800 bis zur Gegenwart«, in: *Historisches Lexikon der Schweiz* (HLS), Version vom 17.1.2015, URL: http://www.hls-dhs-dss.ch/textes/d/D624.php.

Tschofen, Bernhard: *Berg Kultur Moderne. Volkskundliches aus den Alpen*, Wien: Sonderzahl 1999.

–: »Volks-Kunde? Wissenszirkulationen zwischen Kulturforschung und Selbstauslegung«, in: *Nach Feierabend* 7 (2011), S. 37-52.

Uehlinger, Andreas: »Phänologie«, in: *Neujahrsblatt der Naturforschenden Gesellschaft Schaffhausen* 53 (2001).

Vonèche, Anne: »Henry Correvon: Histoire d'une vocation«, in: Annemarie Bucher, Johannes Stoffler, Fred Truninger et al. (Hg.), *Aux alpes, citoyens!*, Zürich: Institut für Landschaftsarchitektur ETH Zürich 2005, S. 18-27.

–: »Jardins alpins et tourisme«, in: Schweizer Heimatschutz (Hg.): *Alpengärten. Jardins alpins*, Zürich: Schweizer Heimatschutz 2007, S. 13-16.

Weinberger, David: *Too Big to Know. Rethinking Knowledge Now That the Facts Aren't the Facts, Experts Are Everywhere, and the Smartest Person in the Room Is the Room*, New York: Basic Books 2011.

Weith, Carmen: *Alb-Glück. Zur Kulturtechnik der Naturerfahrung*, Tübingen: Tübinger Vereinigung für Volkskunde 2014.

Welz, Gisela: »Epistemische Orte: Gemeinde und Region als Forschungsformate. Zur Einführung«, in: dies., Antonia Davidovic-Walther, Anke S. Weber (Hg.), *Epistemische Orte. Gemeinde und Region als Forschungsformate*, Frankfurt/M.: Institut für Kulturanthropologie und Europäische Ethnologie der Johann Wolfgang Goethe-Universität 2011.

Westermann, Andrea: »Forschungsalltag im 19. Jahrhundert. Geologisch-paläontologische Fundstücke sammeln und ordnen«, in: Monika Burri, Andrea Westermann (Hg.), *ETHistory 1855-2005. Sightseeing durch 150 Jahre ETH Zürich*, Baden: hier + jetzt 2005, S. 171-173.

–: »Im Feld. Exkursionen der Abteilung für Naturwissenschaften«, in: ebd., S. 162-164.

Whitley, Richard: »Knowledge producers and knowledge acquirers. Popularisation as a relation between scientific fields and their publics«, in: Terry Shinn, Richard Whitley (Hg.), *Expository Science: Forms and Functions of Popularisation*, Dordrecht, Boston, Lancaster: D. Reidel 1985, S. 3-28.

Wietschorke, Jens: »Historische Ethnographie. Möglichkeiten und Grenzen eines Konzepts«, in: *Zeitschrift für Volkskunde* 106 (2010), S. 197-224.

–: »Historische Forschung in der Europäischen Ethnologie. Ein Diskussionsbeitrag«, in: Reinhard Johler, Bernhard Tschofen, Christian Marchetti et al. (Hg.), *Kultur_Kultur. Denken. Forschen. Darstellen. 38. Kongress der Deutschen Gesellschaft für Volkskunde in Tübingen vom 21. bis 24. September 2011*, Münster etc.: Waxmann 2013, S. 206-212.

Wilkins, John S.: *Species. A History of the Idea*, Berkeley, Los Angeles, London: University of California Press 2009.

Wirz, Tanja: *Gipfelstürmerinnen. Eine Geschlechtergeschichte des Alpinismus in der Schweiz 1840-1940*, Baden: hier + jetzt 2007.

Witzig, Heidi: »Einkaufen in der Stadt Zürich um die Jahrhundertwende«, in: Jakob Tanner, Béatrice Veyrassat, Jon Mathieu et al. (Hg.), *Geschichte der Konsumgesellschaft. Märkte, Kultur und Identität (15.-20. Jahrhundert)*, Zürich: Chronos 1998, S. 133-146.

Wolff, Eberhard: »Wandel einer Nachbardisziplin. Volkskundliche Gesundheitsforschung jenseits der ›Volksmedizin‹«, in: Thomas Lux (Hg.), *Kulturelle Dimensionen von Medizin*, Berlin: Reimer 2003, S. 31-56.

Wolff, Stephan: »Die Anatomie der Dichten Beschreibung. Clifford Geertz als Autor«, in: Joachim Matthes (Hg.), *Zwischen den Kulturen? Die Sozialwissenschaften vor dem Problem des Kulturvergleichs* (= Soziale Welt, Sonderband 8), Göttingen: Schwartz 1992, S. 339-361.

Wunderlin, Dominik: »Liestal, Kap. 3: Liestal seit der Kantonsgründung 1833«, in: *Historisches Lexikon der Schweiz* (HLS), Version vom 17.1.2015, URL: http://www.hls-dhs-dss.ch/textes/d/D1211.php.

Wyss, Beat, Edgar Rüesch: »Luzern«, in: Gesellschaft für schweizerische Kunstgeschichte (Hg.): *Locarno, Le Locle, Lugano, Luzern*, 1991, S. 357-512 (= INSA Inventar der neueren Schweizer Architektur 1850-1920, Bd. 6).

Yoon, Carol Kaesuk: *Naming Nature. The Clash Between Instinct and Science*, New York, London: W. N. Norton & Company 2009.

Zanoni, Thomas A.: »Otto Kunze, Botanist«, in: *Brittonia* 32 (1980), Nr. 4, S. 551-571.

Zedelmaier, Helmut: »Buch, Exzerpt, Zettelschrank, Zettelkasten«, in: Hedwig Pompe, Leander Scholz (Hg.), *Archivprozesse. Die Kommunikation der Aufbewahrung*, Köln: DuMont 2002.

Zeh, Markus: *Wie geht es dem Burgäschisee heute? 30 Jahre Tiefenwasser-Ableitung*, Bern: GSA Amt für Gewässerschutz und Abfallwirtschaft und GBL Gewässer- und Bodenschutzlabor 2007.

Zoller, Heinrich: »Zur Entwicklung des Fachbereiches Botanik an der Universität Basel seit 1890«, in: *Botanica Helvetica* 100 (1990), Nr. 3, S. 337-351.

Abbildungsnachweise

Kapitel 1

Abb. 1.1: Illustration aus Kurt Floericke: Der Sammler, Stuttgart: Franckh'sche Verlagshandlung 1914, S. 186.

Abb. 1.2: Illustration aus Warenkatalog »Utensilien für Naturaliensammler, 1. Teil: Entomologie« der Firma Ernst A. Böttcher, Naturalien- und Lehrmittelanstalt, Berlin (ca. 1910), S. 9.

Abb. 1.3: Illustration aus Hellmuth von Kiesenwetter und Theodor Reibisch: Der Naturaliensammler, Leipzig: Otto Spamer 1876, S. 141 (Erste Abteilung).

Abb. 1.4: Illustration aus Otto Hempel: Das Herbarium, Berlin: Robert Oppenheim 1895, S. 63.

Abb. 1.5: Illustration aus Hellmuth von Kiesenwetter und Theodor Reibisch: Der Naturaliensammler, Leipzig: Otto Spamer 1876, S. 157 (Erste Abteilung).

Abb. 1.6: Illustration aus Moritz Willkomm: Das Herbar, Wien und Leipzig: A. Pichler's Witwe & Sohn 1892, S. 32.

Abb. 1.7: Illustration aus Hellmuth von Kiesenwetter und Theodor Reibisch: Der Naturaliensammler, Leipzig: Otto Spamer 1876, S. 47 (Zweite Abteilung).

Abb. 1.8: Diagramm basierend auf Angaben im Anhang der vorliegenden Arbeit (»Zusammenstellung von deutschsprachigen Titeln naturkundlicher Anleitungsliteratur«).

Abb. 1.9: Buchdeckel von Ernst Bade: Handbuch für Naturaliensammler, Berlin: Fritz Pfenningstorff [o. J.] (ca. 1900).

Abb. 1.10: Buchdeckel von Kurt Floericke: Der Sammler, Stuttgart: Franckh'sche Verlagshandlung 1914.

Abb. 1.11: Umschlagbild von Christian Frank: Praktisches Handbüchlein für den Heimatforscher I (= Sonderheft zu den Deutschen Gauen), Kaufbeuren: C. Frank 1903.

Abb. 1.12: Buchdeckel von [s. n.]: Das Buch der Jugend. Ein Jahrbuch der Unterhaltung und Belehrung für unsere Knaben, Bd. VI, Stuttgart: K. Thienemann [o. J.] (ca. 1890).

Abb. 1.13: Umschlagbild von M. Kohler: Herbarium (= Spiel und Arbeit. Allerhand anziehende Beschäftigung für die Jugend, Bd. 24), Ravensburg: Otto Maier [o. J.].

Abb. 1.14: Umschlagbild von E. K. Filek: Einrichtungen für Schmetterlingszucht (= Spiel und Arbeit. Allerhand anziehende Beschäftigung für die Jugend, Bd. 30), Ravensburg: Otto Maier [o. J.].

Abb. 1.15: Illustration aus Moritz Willkomm: Das Herbar, Wien und Leipzig: A. Pichler's Witwe & Sohn 1892, S. 25.

Abb. 1.16: Illustration aus Kurt Floericke: Der Sammler, Stuttgart: Franckh'sche Verlagshandlung 1914, S. 145.

Abb. 1.17: Buchdeckel von Emil Fischer: Taschenbuch für Pflanzensammler, Zehnte Aufl., Leipzig: Leiner [o. J.].

Abb. 1.18: Illustration aus Hermann Wagner: Der gelehrte Spielkamerad, Leipzig: Otto Spamer 1891, S. 3.

Abb. 1.19: Frontispiz von Hermann Wagner: Entdeckungsreisen in Stadt und Land, Leipzig: Otto Spamer 1909.

Abb. 1.20: Naturmuseum Thurgau, Objekt Nr. 2465, Nachlass Emanuel von Bodman, Fotografie T. Scheidegger.

Abb. 1.21: Umschlag des Warenkataloges »Utensilien für Naturaliensammler, 2. Teil: Dermoplastik [...]« der Firma Ernst A. Böttcher, Naturalien- und Lehrmittelanstalt, Berlin [o. J.] (ca. 1910).

Abb. 1.22: Doppelseite aus ebd., S. 14-15.

Abb. 1.23: Umschlag des Warenkataloges »Entomologische Utensilien für Käfer & Schmetterlingssammler« der Firma Gebr. Scholl, Zürich [o. J.].

Kapitel 2

Abb. 2.1: Bündner Naturmuseum, Schachtel »Killias Eduard«.

Abb. 2.2: Buchdeckel von Hermann Lüscher: Flora des Kantons Solothurn, Solothurn: Petri 1898.

Abb. 2.3: Buchdeckel von August Binz: Flora von Basel und Umgebung, Basel: C. F. Lendorff 1901.

Abb. 2.4: Ebd., S. 14-15.

Abb. 2.5: Ebd., S. 128-129.

Abb. 2.6: Stadtarchiv Schaffhausen, Biografien der Naturforschenden Gesellschaft Schaffhausen, Sign.: D I.2.521*.04/0326 (Schalch, Johannes).

Abb. 2.7: Stadtarchiv Schaffhausen, Biografien der Naturforschenden Gesellschaft Schaffhausen, Sign.: D I.2.521*.04/0328 (Merklein, Friedrich).

Abb. 2.8: Stadtarchiv Schaffhausen, Biografien der Naturforschenden Gesellschaft Schaffhausen, Sign.: D I.2.521*.04/0313 (Schinz, Hans).

Abb. 2.9: Hermann Lüscher: Flora des Kantons Solothurn, Solothurn: Petri 1898, S. XII-XIII.

Abb. 2.10: Archiv Naturmuseum Thurgau, Sign.: 4050.A, Sammler und Donatoren, Biographien, Korrespondenzen, Notizbücher, Material. Mappe »v. Bodman Emanuel, Freiherr: Entomologische Notizbücher«.

Abb. 2.11: Staatsarchiv Graubünden, B 260, Nachlass Ed. Killias.

Abb. 2.12: Bündner Naturmuseum, Schachtel »Caflisch, J. L.«.

Abb. 2.13: Grafik in Luzi Bazzigher: 3. Nachtrag zum Lepidopterenverzeichnis von Eduard Killias. In: Jahresbericht der Naturforschenden Gesellschaft Graubünden, Vol. 43 (1900), S. 63.

Abb. 2.14: Wie Abb. 2.12.

Abb. 2.15: Bündner Naturmuseum, Schachtel »Killias Eduard«.

Abb. 2.16: Ebd., Mappe »Diptera, Killias 1879«.

Abb. 2.17: Ebd.

Abb. 2.18: Ebd.

Abb. 2.19: Grafik aus Eduard Killias und Johann Luzius Caflisch: Beiträge zu einem Verzeichnisse der Insecten-Fauna Graubündens, IV.: Coleopteren, 4. Teil. Beilage zum Jahresbericht der Naturforschenden Gesellschaft Graubündens, Vol. 37 (1894), unpaginierte Tabelle zwischen S. XXIV und XXV.

Kapitel 3

Abb. 3.1: Archiv Naturmuseum Thurgau, Sign.: 6000.A, Wissenschafter – Persönlichkeiten, mit Thurgauer Bezug, Mappe »Engeli Jakob«.

Abb. 3.2: Archiv Naturmuseum Thurgau, Sign.: 4050.M, Sammler und Donatoren, Mappe »Müller-Rutz Johannes, Biographie«.

Abb. 3.3: Staatsarchiv Kanton Zürich, Nachlass Bloch-Prosser, Sign.: StAZH W I 58.4.7.5.

Abb. 3.4: Stadtarchiv Schaffhausen, Biografien der Naturforschenden Gesellschaft Schaffhausen, Sign.: D I.2.521*.04/0536 (Greppin, Leopold).

Abb. 3.5: Naturmuseum Solothurn, Briefordner »Korrespondenzen 1. Jan. 1903-31. Dez. 1910«, Register »G«.

Abb. 3.6: Ebd.

Abb. 3.7: Doppelseite aus Leopold Greppin: Beitrag zur Kenntnis der im Kanton Solothurn vorkommenden Fledermäuse. In: Mitteilungen der Naturforschenden Gesellschaft Solothurn, Vol. 4 (1911), S. 41-66, hier: S. 62-63.

Abb. 3.8: Fotografie von Max Doerfliger, Solothurn, aufgenommen 1979 kurz vor Auflösung des mehrspartigen »Museum der Stadt Solothurn«. Abdruck mit freundlicher Genehmigung des Fotografen.

Abb. 3.9: Kulturarchiv Oberengadin, ohne Signatur.

Abb. 3.10: Staatsarchiv Graubünden, B 564/1 (2. Teil), Brügger Christian G, Botanik.

Abb. 3.11: Titelseite der Zeitschrift »Insekten-Börse«, Vol. 12 (1895), Nr. 11.

Abb. 3.12: Titelseite der Zeitschrift »Insekten-Börse«, Vol. 20 (1903), Nr. 1.

Abb. 3.13: Inseratenseite aus »Entomologische Zeitschrift«, Vol. 27 (1913/14); Anzeigen-Blatt Nr. 14, Download von http://biodiversitylibrary.org/page/31977784#page/447/mode/1up (abgerufen am 10. August 2016).

Abb. 3.14: Preislisten für Coleopteren der Firma Staudinger und Bang-Haas, Leipzig 1889. In: Staatsarchiv Graubünden, B 1489, Nachlass Ed. Killias, Fasz. 1 (Insektenlisten).

Abb. 3.15: Doppelseite aus ebd., S. 2-3.

Abb. 3.16: Bündner Naturmuseum, Schachtel »Caflisch, J. L.«.

Abb. 3.17: Staatsarchiv Graubünden, B 857, Nachlass Bazzigher, L., Korrespondenz betreffend Äufnung der Schmetterlingssammlung.

Abb. 3.18: Inserat aus »Entomologische Zeitschrift«, Vol. 19 (1905-1906), Nr. 2, unpaginierte Inseratenbeilage, Download von http://biodiversitylibrary.org/page/31857180 (abgerufen am 26. August 2016).

Abb. 3.19: Stadtarchiv Schaffhausen, Biografien der Naturforschenden Gesellschaft, Sig.: DI.2.521.04/0312.

Abb. 3.20: Naturmuseum Solothurn, Nachlass Dr. Rud. Probst, Korrespondenzen, Doppelband (1710/1711), Brief Auguste Charpiés vom 11.12.1911.

Abb. 3.21: Herbar Rudolf Probst am Herbar des Instituts für Pflanzenwissenschaften der Universität Bern. Signatur: Prob. 30/161, Beleg Nr. 1582.

Abb. 3.22: Staatsarchiv Basel-Landschaft, Nachlass Franz Leuthardt, PA 6102, Tagebuch, Bd. 3, S. 79.

Abb. 3.23: Stadtarchiv Schaffhausen, Biografien der Naturforschenden Gesellschaft Schaffhausen, Sign.: D I.2.521*.04/0310 (Christ, Hermann).

Kapitel 4

Abb. 4.1: Abbildung aus Gustav Bener-Lorenz: Ehrentafel Bündnerischer Naturforscher, Chur: Bischofsberger 1938, S. 80.

Abb. 4.2: Frontispiz von August Gremli: Exkursionsflora für die Schweiz. Aarau: Emil Wirz, 1901 (9. Auflage).

Abb. 4.3: Staatsarchiv Graubünden, B 564/1 (2. Teil), Brügger Christian Gregor, Botanik.

Abb. 4.4: Staatsarchiv Graubünden, B 1165/7a, Brügger Christian Gregor, Sbozzo der Beschreibungen, N. Pfl. Bast., 1882.

Abb. 4.5: Buchdeckel von August Gremli: Excursionsflora für die Schweiz, Aarau: J. J. Christen 1878 (3. Aufl.).

Abb. 4.6: Illustration aus Ernst Bade: Naturwissenschaftliche Sammlungen, Berlin: Hermann Walther 1899, S. 97.

Abb. 4.7: Kulturarchiv Oberengadin, ohne Signatur (Aufnahme von Angelo Klainguti, Bever).

Abb. 4.8: Kulturarchiv Oberengadin, ohne Signatur (interne ID: 105541).

Abb. 4.9: Bündner Naturmuseum, Schachtel »Gugelberg von Moos Maria Barbara Flandrina«.

Abb. 4.10: Wie Abb. 4.9.

Kapitel 5

Abb. 5.1: Archiv Naturmuseum Thurgau, Sign. 2200 »Museumsgeschichte«.

Abb. 5.2: Staatsarchiv Basel-Landschaft, PA 6102, Nachlass Franz Leuthardt, Schachtel »Fotoalbum, lose Fotos«.

Abb. 5.3: Abbildung aus Heinrich Wolf: Hans Bachmann, 1866-1940, in: Verhandlungen der Schweizerischen Naturforschenden Gesellschaft 120 (1940), S. 404.

Abb. 5.4: Staatsarchiv Kanton Zürich, Nachlass Bloch-Prosser, Sign.: StAZH W I 58.4.7.34.

Abb. 5.5: Illustration aus Denkschriftkommission: Denkschrift zur Eröffnung von Museum und Saalbau der Stadt Solothurn, Solothurn: Union 1902, Tafel II, S. 24.

Abb. 5.6: Fotografie von Max Doerfliger, Solothurn, aufgenommen 1979 kurz vor Auflösung des mehrspartigen »Museum der Stadt Solothurn«. Abdruck mit freundlicher Genehmigung des Fotografen.

Abb. 5.7: Wie Abb. 5.6.

Abb. 5.8: Wie Abb. 5.6.
Abb. 5.9: Wie Abb. 5.6.
Abb. 5.10: Archiv Naturmuseum Thurgau, Sign. 2200 »Museumsgeschichte«.
Abb. 5.11: Wie Abb. 5.10.
Abb. 5.12: Stadtarchiv Schaffhausen, Biografien der Naturforschenden Gesellschaft Schaffhausen, Sign.: D I.2.521*.04/0109 (Wegelin, Heinrich).
Abb. 5.13: Wie Abb. 5.2.
Abb. 5.14: Staatsarchiv Graubünden, B 1165/4, Brügger Chr. G., Pflanzenverzeichnisse von Kantonsschülern.
Abb. 5.15: Eawag (Eidgenössische Anstalt für Wasserversorgung, Abwasserreinigung und Gewässerschutz, Archiv [ohne Signatur]).
Abb. 5.16: Wie Abb. 5.15.
Abb. 5.17: Wie Abb. 5.15.
Abb. 5.18: Wie Abb. 5.2.
Abb. 5.19: Illustration in H. Dübi: Les cinquante premières années du Club Alpin Suisse, Bern: C. A. S. 1913, S. 4.
Abb. 5.20: Wie Abb. 5.2.
Abb. 5.21: Staatsarchiv Basel-Landschaft, PA 6102, Nachlass Franz Leuthardt, Mappe »Zeitungsartikel, Drucksachen«.
Abb. 5.22: Staatsarchiv Basel-Landschaft, PA 6102, Nachlass Franz Leuthardt, Biologisches Tagebuch, Bd. II (1928), S. 229.
Abb. 5.23: Ebd., S. 235.
Abb. 5.24: Wie Abb. 5.15.

Kapitel 6

Abb. 6.1: Staatsarchiv Basel-Landschaft, PA 6102, Nachlass Franz Leuthardt, Schachtel »Ausstellung: Über das Naheliegende, div. Materialien, Fotos etc.«
Abb. 6.2: Abbildung aus Franz Leuthardt: Malakozoologische Notizen. In: Tätigkeitsbericht der Naturforschenden Gesellschaft Baselland, Vol. 3 (1907), S. 73-78, hier: S. 75.
Abb. 6.3: Stadtarchiv Schaffhausen, Biografien der Naturforschenden Gesellschaft Schaffhausen, Sign.: D I.2.521*.04/0312 (Probst, Rudolf).
Abb. 6.4: Postkarte, 1914 (Stempel). Postkartensammlung Zentralbibliothek Solothurn, Sign.: ZBS P 01814, Ordner: Wasseramt 2. Die Inhaber des Urheberrechts konnten nicht eruiert werden; Inhaber werden gebeten, sich beim Verfasser zu melden.
Abb. 6.5: Herbar Rudolf Probst am Herbar des Instituts für Pflanzenwissenschaften der Universität Bern. Signatur: Prob. 30/161, Beleg Nr. 11257.
Abb. 6.6: Wie Abb. 6.1.
Abb. 6.7: ETH-Bibliothek Zürich, Bildarchiv, Fotograf: Leo Wehrli, Dia_247-03375, CC BY-SA 4.0
Abb. 6.8: Illustration aus Kurt Floericke: Der Sammler, Stuttgart: Franckh'sche Verlagshandlung 1914, S. 143.

Abb. 6.9: ETH-Bibliothek Zürich, Bildarchiv, Portr_06509, Public Domain Mark.

Abb. 6.10: Staatsarchiv Basel-Landschaft, PA 6102, Nachlass Franz Leuthardt, Schachtel »Fotoalbum, lose Fotos«.

Abb. 6.11: Staatsarchiv Kanton Zürich, Nachlass Bloch-Prosser, Sign.: StAZH W I 58.4.7.22.

Abb. 6.12: Wie Abb. 6.10.

Abb. 6.13: Wie Abb. 6.10.

Abb. 6.14: Postkarte, Solothurn 1905. Postkartensammlung Zentralbibliothek Solothurn, Sign.: ZBS P 00224, Ordner: Lebern 2. Die Inhaber des Urheberrechts konnten nicht eruiert werden; Inhaber werden gebeten, sich beim Verfasser zu melden.

Abb. 6.15: Staatsarchiv Basel-Landschaft, PA 6102, Nachlass Franz Leuthardt, Mappe »Zeitungsartikel, Drucksachen«.

Abb. 6.16: Inserat aus »Die Schweiz. Illustrierte Halbmonatszeitschrift«, 16. Jg. (1912), Nr. 10, unpaginierter Inseratenteil.

Abb. 6.17: Postkarte, Rathe-Fehlmann, Basel 1910 (Stempel), Privatbesitz T. Scheidegger.

Abb. 6.18: Inseratenseite aus Entomologische Zeitschrift, Vol. 27 (1913/14); Anzeigen-Blatt ohne Nummer, Download von http://biodiversitylibrary.org/page/31977394#page/14/mode/1up (abgerufen am 10. August 2016).

Kapitel 7

Abb. 7.1: Staatsarchiv Basel-Landschaft, PA 6102, Nachlass Franz Leuthardt, Schachtel »Ausstellung: Über das Naheliegende, div. Materialien, Fotos etc.«

Abb. 7.2: Staatsarchiv Basel-Landschaft, Baugesuch F. Leuthardt, Einfamilienhaus an der Burgstrasse 27, 4410 Liestal vom 28.2.1911.

Abb. 7.3: Wie Abb. 7.1.

Abb. 7.4: Dürer, Albrecht: Hieronymus im Gehäus (1514). Staatliche Kunstsammlung Dresden, Kupferstichkabinett, Sign. B 60, URL: http://www.deutschefotothek.de/documents/obj/30105649 (23.1.2015).

Abb. 7.5: Vignette aus Kurt Floericke: Der Sammler, Stuttgart: Franckh'sche Verlagshandlung 1914, S. 1.

Abb. 7.6: Staatsarchiv Basel-Landschaft, PA 6102, Nachlass Franz Leuthardt, Schachtel »Fotoalbum, lose Fotos«.

Abb. 7.7: Abbildung in Fritz Heinis: Dr. phil. Franz Leuthardt. In: Verhandlungen der Schweizerischen Naturforschenden Gesellschaft, Vol. 116 (1935), S. 457-462, hier S. 458.

Abb. 7.8: Staatsarchiv Kanton Zürich, Nachlass Bloch-Prosser, Sign.: StAZH W I 58.4.7.19.2.

Abb. 7.9: Staatsarchiv Basel-Landschaft, PA 6102, Nachlass Franz Leuthardt, Schachtel »Ausstellung: Über das Naheliegende, div. Materialien, Fotos etc.«

Abb. 7.10: Staatsarchiv Basel-Landschaft, PA 6102, Nachlass Franz Leuthardt, Biologisches Tagebuch, Bd. II (1928), S. 193.

Abb. 7.11: Wie Abb. 7.6.

Abb. 7.12: Wie Abb. 7.6.

Abb. 7.13: Wie Abb. 7.2.

Abb. 7.14: ETH-Bibliothek Zürich, Bildarchiv. Fotograf: Unbekannt. Fel_070009-RE, Public Domain Mark.

Abb. 7.15: BGE Bibliothèque de Genève, Centre d'iconographie genevoise, Inventarnummer: VG P 2125.

Abb. 7.16: Ebd., Inventarnummer: VG P 2175.

Abb. 7.17: Illustration in Hermann Wagner: Der gelehrte Spielkamerad, Leipzig: Otto Spamer 1891, S. 65.

Abb. 7.18: Illustration in Bulletin de l'Association pour la Protection des Plantes, No. 8 (1890), S. 8-9.

Abb. 7.19: Illustration aus Hellmuth von Kiesenwetter und Theodor Reibisch: Der Naturaliensammler. Leipzig: Otto Spamer, 1876, S. 31 (Abteilung B).

Abb. 7.20: Wie Abb. 7.1.

Abb. 7.21: Staatsarchiv Basel-Landschaft, PA 6102, Nachlass Franz Leuthardt, Biologisches Tagebuch Bd. 2, 1928, S. 65.

Abb. 7.22: Ebd., S. 67.

Abb. 7.23: Doppelseite aus Carl Schröter: Das St. Antönierthal im Prättigau in seinen wirtschaftlichen und pflanzengeographischen Verhältnissen, Zürich: Orell Füssli 1895, S. 174-175.

Abb. 7.24: Archiv des Instituts für Sozialanthropologie und Empirische Kulturwissenschaft, Populäre Kulturen, Universität Zürich, Archivbestände A. Niederer.

Abb. 7.25: Abbildung aus Hanspeter Rebsamen, Othmar Birkner, Jörg Mosimann: Liestal, in: Grenchen, Herisau, Lausanne, Liestal (= INSA, Inventar der neueren Schweizer Architektur, Bd. 5;), Zürich: Orell Füssli 1990, S. 443.

Abb. 7.26: Wie Abb. 7.6.

Abb. 7.27: Buchdeckel von Hermann Wagner: Entdeckungsreisen in Stadt und Land, Leipzig: Otto Spamer 1909.

Abb. 7.28: Umschlag des Tagungsbandes »Heimatschutz, Naturschutz, Volkskunde« anlässlich des 22. Lehrertages in Basel, Basel: Frobenius 1911.

Abb. 7.29: Stadtarchiv Schaffhausen, Biografien der Naturforschenden Gesellschaft Schaffhausen, Sign.: D I.2.521*.04/0347 (Brunies, Stephan).

Abb. 7.30: Stadtarchiv Schaffhausen, Biografien der Naturforschenden Gesellschaft Schaffhausen, Sign.: D I.2.521*.04/0102 (Sarasin, Paul).

Anhang

Zusammenstellung von deutschsprachigen Titeln naturkundlicher Anleitungsliteratur

Die Zusammenstellung beruht auf Recherchen in Bibliothekskatalogen und antiquarischen Verzeichnissen, bei Publikationen ohne Jahresangabe basiert die chronologische Zuordnung auf den dort jeweils verzeichneten Schätzungen des Erscheinungsjahres. Die Bibliographie berücksichtigt jeweils nur die deutschsprachigen Erstauflagen und ignoriert unveränderte Wiederauflagen. Der Einbezug solcher hätte für die Jahrzehnte um 1900 noch eine deutlichere Häufung der Erscheinungszahlen zur Folge gehabt. Soweit dies aus den Titelangaben ersichtlich war, wurden zudem Titel von Anweisungsschriften, die sich explizit an Mitarbeiter von Museen, Forschungsinstituten, Armee und Kolonialbehörden richteten, ausgeschlossen.

1760

[s. n.]: *Anweisung wie die verschiedenen Seltenheiten der Naturgeschichte zu sammlen, zuzubereiten, zu erhalten und zu verschicken sind: Nebst einer Anweisung, wie die Bäume, die Pflanzen, die Saamen und verschiedene andere Seltenheiten der Naturgeschichte über Meer zu verschicken sind,* Nürnberg: [s. n.] 1761.

1770

Bossart, Johann Jacob: *Kurze Anweisung Naturalien zu samlen,* Barby: [s. n.] 1774.

Kühn, August Christian: *Kurze Anleitung Insecten zu sammlen,* Eisenach: Griesbach 1773.

Roth, Albrecht Wilhelm: *Anweisung für Anfänger zum Nutzen und Vergnügen Pflanzen zu sammlen und nach dem Linneischen System zu bestimmen,* Gotha: Ettinger 1778.

1780

[s. n.]: *Anweisung wie Naturalien zu sammeln, zuzubereiten, zu verpacken und weit zu verschicken sind,* Leipzig: [s. n.] 1788.

1790

Römer, Johann Jacob: *Anleitung, alle Arten natürlicher Cörper, als Säugethiere, Vögel, Amphibien, Fische, Pflanzen u.s.w. zu sammeln und aufzubewahren: Nach Donovan's instructions ... frey bearbeitet*, Zürich: Orell, Gessner, Füssli 1797.

1800

Zinke, Georg Gottfried: *Die Kunst allerhand natürliche Körper zu sammeln, selbige auf eine leichte Art für das Kabinett zuzubereiten und sie vor Zerstörung feindlicher Insekten zu sichern*, Jena: Göpferdt 1802.

1810

Nagel, Johann Friedrich Gottlieb: *Vollständiges Hülfsbuch für junge Schmetterlingssammler. Enthaltend das Wissenswürdigste aus der Naturgeschichte aller deutschen Schmetterlinge, Raupen und Puppen, über die systematische Eintheilung, Behandlung und Aufbewahrung derselben, nebst einem doppelten Namensverzeichnisse*, Helmstädt: Fleckeisen 1818.

1820

Meigen, Johann Wilhelm: *Handbuch für Schmetterlingsliebhaber. Besonders für Anfänger im Sammeln*, Aachen: La Ruelle & Destez 1827.

Thon, Theodor: *Handbuch für Naturaliensammler, oder gründliche Anweisung die Naturkörper aller drei Reiche zu sammeln, im Naturalienkabinett aufzustellen und aufzubewahren. Namentlich Thiere aller Arten, Säugetiere, Vögel, Reptilien, Fische, Conchylien*, frei nach dem Französischen bearb. und vervollst. von Theodor Thon, Ilmenau: Voigt 1827.

1830

[s.n.]: *Der Schmetterlingsjäger und Raupen-, Pupen-, Käfer-, Insekten-, Spinnen-, Mücken- und Pflanzensammler. Eine Anleitung zum Sammeln, Trocknen u. Aufbewahren derselben*, Ulm: Ebner 1837.

Bronn, Heinrich Georg: *Gedrängte Anleitung zum Sammeln, Zubereiten und Verpacken von Tieren, Pflanzen und Mineralien für naturhistorische Museen, bearbeitet für reisende und fernländische Sammler*, Heidelberg: Winter 1838.

Herr, August: *Anleitung die deutschen Schmetterlinge auf eine leichte und sichere Art durch eigene Untersuchung zu bestimmen. Ein Taschenbuch zum Gebrauche auf Excursionen, für Knaben und Jünglinge, welche bei ihrem Schmetterlings-Fange nicht allein Vergnügen, sondern auch wissenschaftliche Bildung beabsichtigen* (1. Teil) – *Anleitung die Raupen der deutschen Schmetterlinge auf eine leichte und sichere Art durch eigene Untersuchung zu bestimmen. Ein Taschenbuch zum Gebrauche auf Excursionen für Schmetterlingssammler und Forstmänner* (2. Teil), Frankfurt/M.: Streng 1833.

Otto, Carl: *Der Schlüssel zur Botanik, oder kurze u. deutliche Anleitg. zum Studium der Gewächskunde: für angehende Mediciner, Pharmaceuten etc. Nebst einer vollst. Anweisung, ein Herbarium anzulegen*, Rudolstadt: Hof-Buchhandlung 1835.

Suckow, Friedrich Wilhelm Ludwig: *Vademecum für Naturaliensammler. Od. vollständ. Unterricht, Säugethiere, Vögel, Amphibien, Fische, Käser, Schmetterlinge, Würmer, Pflanzen, Mineralien, Petrefacte u. zu sammeln, zu conserviren u. zu versenden*, Stuttgart: Neff 1830.

1840

Berge, Friedrich: *Conchylienbuch, oder allgemeine und besondere Naturgeschichte der Muscheln und Schnecken, nebst der Anweisung, sie zu sammeln, zuzubereiten und aufzubewahren*, Stuttgart: Hoffmann 1847.

Berge, Friedrich: *Käferbuch. Allgemeine und specielle Naturgeschichte der Käfer, mit vorzüglicher Rücksicht auf die europäischen Gattungen, nebst der Anweisung, sie zu sammeln, zuzubereiten und aufzubewahren*, Stuttgart: Hoffmann 1844.

Berge, Friedrich: *Taschenbuch für Käfer- und Schmetterlingssammler oder praktische Anweisung, Käfer und Schmetterlinge zu sammeln, zu erziehen, zuzubereiten und aufzubewahren nebst einer namentlichen Aufzählung der europäischen Gattungen in systematischer Ordnung*, Stuttgart: Hoffmann 1847.

Bertholdi, Hermann: *Der Pflanzensammler oder vollständige Anweisung, ein Herbarium anzulegen, nebst einer spezielleren Übersicht von den vorzüglichst anerkannten Pflanzensystemen*, Berlin: Stuhr 1840.

Brehm, Christian Ludwig: *Die Kunst, Vögel als Bälge zu bereiten, auszustopfen, aufzustellen und aufzubewahren nebst einer kurzen Anleitung, Schmetterlinge und Käfer zu fangen, zu präpariren, aufzustellen und aufzubewahren*, Weimar: Voigt 1842.

Held, Alexander: *Demonstrative Naturgeschichte oder Erfahrungen und Belehrungen über das Sammeln, Präparieren, Klassificiren, Aufstellen, Verwahren und Demonstriren der Naturkörper aller drei Reiche*, Stuttgart: Hallberger 1845.

Schenckel, J.: *Der Schmetterlingssammler. Systematische Beschreibung aller deutschen Schmetterlinge, nebst Anleitung zum Fange, zur Zucht und Aufbewahrung derselben*, Mainz: Kunz 1849.

Schmidlin, Eduard: *Anleitung zum Botanisiren und zur Anlegung der Pflanzensammlungen nebst einer leichfasslichen Unterweisung im Untersuchen der Pflanzen und einem praktischen Schlüssel zum Auffinden der Gattungen und Arten, nebst einer leichtfasslichen Unterweisung im Untersuchen der Pflanzen und einem praktischen Schlüssel zum Auffinden der Gattungen und Arten. Für Anfänger in der Botanik und insbesondere für Volksschulen*, Stuttgart: Hoffmann 1846.

Streubel, August Vollrath: *Der Conservator oder praktische Anleitung, Naturalien aller Reiche zu sammeln, zu conserviren und für wissenschaftliche Zwecke, wie auch zum Vergnügen auf-*

zustellen. Ein Hilfsbuch zum Selbstunterricht für Lehrer, Landprediger, Hauslehrer und alle Diejenigen, welche Naturaliensammlungen zweckmäßig, ohne unnöthigen Zeit- und Kosten-Aufwand, anlegen wollen. Nach eigenen Erfahrungen bearbeitet und mit Tabellen zur leichteren Bestimmung der Mineralien und Pflanzen etc. versehen, Berlin: Rubach 1845.

Treitschke, Friedrich: *Hülfsbuch für Schmetterlingssammler. Systematische Stellung, Naturgeschichte, Jagd, künstliche Zucht und Aufbewahrung der Schmetterlinge, Beschreibendes Verzeichnis der meisten deutschen, und kürzere Erwähnung der fremden Arten,* Wien: Wallishausen 1844.

1850

Grässner, Fürchtegott: *Blicke in das Leben und die Entwickelungsgeschichte der Schmetterlinge nebst einem Anhange für angehende Schmetterlingssammler mit ausführlicher Anweisung zur Errichtung und Erhaltung einer reichhaltigen Schmetterlingssammlung, Beschreibung und Abbildung der hierzu nöthigen Instrumente sowie einem zahlreichen Verzeichnis jetzt lebender deutscher Schmetterlingssammler. Zur Unterhaltung und Belehrung für alle Freunde der Schmetterlingswelt mit besonderer Berücksichtigung für Sammler,* Halle: Schmidt 1853.

Reichenbach, Anton B.: *Der Käferfreund. Anleitung die Käfer zu sammeln und zu bestimmen, nebst Aufzählung und Beschreibung der bekanntesten europäischen, vorzüglich deutschen Arten, mit Andeutung ihres Nutzens oder Schadens und der Mittel, die schädlichen zu vertilgen. Ein Handbuch für Freunde der Käferkunde, so wie für Landwirthe und Forstleute insbesondere,* Leipzig: Thomas 1857.

Rudolphi, August: *Der Pflanzensammler. Eine allgemein-fassliche Anleitung für Schule und Haus zur Betrachtung und Kenntniss der am meisten vorkommenden inländischen Pflanzen,* Leipzig: Dürr 1857.

Schilling, Wilhelm: *Hand- und Lehrbuch für angehende Naturforscher und Naturaliensammler, oder gründliche Anleitung, die Naturkörper aller drei Reiche zu sammeln und beobachten,* Weimar: Voigt 1859.

1860

Auerswald, Bernhard: *Anleitung zum rationellen Botanisieren,* Leipzig: Veit 1860.

Martin, Philipp Leopold (Hg.): *Die Praxis der Naturgeschichte. Ein vollständiges Lehrbuch über das Sammeln lebender und todter Naturkörper, deren Beobachtung, Erhaltung und Pflege;* Teil 1, Taxidermie, Weimar: Voigt 1869.

Müller, Emil: *Der deutsche Käferfreund. Kurzgefaßte Naturgeschichte der Käfer nebst Anleitung zum Sammeln und Aufbewahren derselben und Anlegen von Käfersammlungen,* Wien: Benedikt 1865.

Wagner, Hermann: *Der gelehrte Spielkamerad oder der kleine Naturforscher, Thierfreund und Sammler. Anleitung für kleine Physiker, Chemiker, Botaniker und Naturfreunde zum experimentiren etc.,* Leipzig: Spamer 1865.

1870

Borgmann, Hugo: *Anleitung zum Schmetterlingsfang und zur Schmetterlingszucht nebst einem Verzeichniss der Makrolepidopteren der Umgegend Cassels*, Cassel: Hühn 1878.

Eger, L.: *Der Naturalien-Sammler. Praktische Anleitung zum Sammeln, Präparieren, Konservieren organischer und unorganischer Naturkörper*, Wien: Faesy & Frick 1876.

Kiesenwetter, H[ellmuth] von, Theodor Reibisch: *Der Naturaliensammler. Das Anlegen und Aufbewahren von Naturaliensammlungen: Wegweiser für Jung und Alt, für Laien, sowie für wissenschaftlich gebildete Naturfreunde*, Leipzig: Spamer 1876.

Martin, Philipp Leopold (Hg.): *Die Praxis der Naturgeschichte. Ein vollständiges Lehrbuch über das Sammeln lebender und todter Naturkörper, deren Beobachtung, Erhaltung und Pflege im freien und gefangenen Zustande, Konservation, Präparation und Aufstellung in Sammlungen; nach den neuesten Erfahrungen bearbeitet*; Teil 2, Dermoplastik und Museologie, oder das Modelliren der Thiere und das Aufstellen und Erhalten von Naturaliensammlungen, Weimar: Voigt 1870.

Strässle, Franz: *Schmetterlingsbuch. Anleitung zum Sammeln und Aufbewahren der Raupen, Puppen und Schmetterlinge und zur Aufzucht derselben*, Stuttgart: Nitzschke 1877.

1880

Bau, Alexander: *Handbuch für Käfer-Sammler. Beschreibung der in Deutschland, Oestereich-Ungarn und der Schweiz vorkommenden Coleopteren*, Magdeburg: Creutz 1888.

Bau, Alexander: *Handbuch für Schmetterlings-Sammler. Beschreibung und Naturgeschichte aller in Deutschland, Oesterreich-Ungarn und der Schweiz vorkommenden Groß- und der vorzugsweise gesammelten Klein-Schmetterlinge in systematischer und analytischer, zum Selbstbestimmen geeigneter Anordnung*, Magdeburg: Creutz 1886.

Beust, Fritz von: *Schlüssel zum Bestimmen aller in der Schweiz wild wachsenden Blüten-Pflanzen, sowie der für ein Herbarium wichtigen Sporenpflanzen nach Ordxnungen und Familien des natürlichen Systems ausschliesslich für das Anlegen von Herbarien in Schulen zusammengestellt*, Zürich: Meyer & Zeller 1889.

Fischer, Emil: *Taschenbuch für Pflanzensammler*, Leipzig: Leiner [o.J.].

Fleischer, Johann Michael: *Taschenbuch für Raupen- und Schmetterlingssammler*, Leipzig: Leiner 1883.

Harrach, A.: *Der Käfersammler. Praktische Anleitung zum Fangen, Präparieren, Aufbewahren und zur Aufzucht der Käfer etc. nebst ausführlichem Käferkalender*, Weimar: Voigt 1884.

Hinterwaldner, Johann Max: *Wegweiser für Naturaliensammler: eine Anleitung zum Sammeln und Conserviren von Thieren, Pflanzen und Mineralien jeder Art, sowie zur rationellen Anlage und Pflege von Terrarien, Aquarien, Volièren etc.*, Wien: Pichler 1889.

Hoffmann, Julius: *Der Schmetterlingssammler. Beschreibung und Abbildung der vorzüglichsten in Mitteleuropa heimischen Schmetterlinge. Nebst ausführlicher Anleitung, Schmetterlinge zu fangen, aus Raupen zu erziehen und eine Sammlung anzulegen*, Stuttgart: Thienemanns 1881.

Hofmann, Ernst: *Der Käfersammler*, Stuttgart: Hoffmann 1883.

Hofmann, Ernst: *Der Schmetterlingsfreund. Beschreibung der vorzüglichsten mitteleuropäischen Schmetterlinge nebst Anleitung, dieselben zu fangen, deren Puppen und Raupen aufzuziehen und eine Sammlung anzulegen. Für die Jugend verfasst*, Stuttgart: Hoffmann 1883.

Klasting, Otto: *Das Buch der Sammlungen. Praktische Anleitung zum Anlegen, Ordnen und Erhalten aller Arten von Sammlungen, überhaupt zur Unterstützung naturwissenschaftlicher und geschichtswissenschaftlicher Liebhabereien*, Bielefeld: Belhagen 1883.

Lutz, Karl G.: *Der Volksschullehrer als Naturaliensammler. Eine Anleitung zur Herstellung von Naturalien-Sammlungen für den Unterricht in Volks-, Mittel- und Bürgerschulen*, Stuttgart: Hänselmann 1887.

Reinecke, W.: *Excursionsflora des Harzes, nebst einer Einführung in die Terminologie und einer Anleitung zum Sammeln, Bestimmen und Konservieren der Pflanzen*, Quedlinburg: Vieweg 1886.

Schoch, Gustav: *Anleitung zum Anlegen und Ordnen einer Insektensammlung für Anfänger in der Entomologie nebst systematischem Katalog der häufigsten Insekten Deutschlands und der Schweiz*, Pfäffikon: Zwingli 1889.

Speyer, Adolf: *Deutsche Schmetterlingskunde für Anfänger nebst einer Anleitung zum Sammeln*, Leipzig: Oehmike 1887.

Stuttgart: Hoffmann 1883.

Sydow, Paul: *Anleitung zum Sammeln der Kryptogamen*, Stuttgart: Sprosser & Naegele 1885.

Wingelmüller, Karl: *Der Käfer- und Schmetterlings-Sammler. Anleitung zur Herstellung und Handhabung der beim Fange, der Zucht und dem Präparieren von Käfern, Schmetterlingen und Raupen als geeignet bewährten Geräte, sowie zur Anlage und Erhaltung von Insektensammlungen*, Magdeburg: Creutz 1885.

1890

Bade, Ernst: *Naturwissenschaftliche Sammlungen. Das Sammeln, Pflegen und Präparieren von Naturkörpern*, Berlin: Walther 1899.

Dammer, Udo: *Anleitung für Pflanzensammler*, Stuttgart: Enke 1894.

Dammer, Udo: *Handbuch für Pflanzensammler*, Stuttgart: Enke 1891.

Fleischer, H.: *Der Käferfreund. Praktische Anleitung zum Sammeln und Bestimmen der Käfer*, Stuttgart: Nitzschke 1896.

Friderich, C. G.: *Naturgeschichte der deutschen Vögel. Einschließlich der sämtlichen Vogelarten Mittel-Europas. Bearb. nach vielen eigenen Erfahrungen und den besten Quellen für Liebhaber der Zimmer- und Hausvögel, für Ornithologen und Eiersammler, für Jäger und Jagdfreunde sowie zur Belehrung der reifern Jugend*, Stuttgart: Hoffmann 1891.

Geyer, D.: *Unsere Land- und Süsswasser-Mollusken: Einführung in die Molluskenfauna Deutschlands, nebst einem Anhang über das Sammeln der Mollusken*, Stuttgart: Süddeutsches Verlags-Institut 1896.

Hantschel, Franz: *Botanischer Wegweiser im Gebiete des Nordböhmischen Excursions-Clubs. Zum Gebrauche für Touristen und Pflanzensammler*, Leipa: Künstner 1890.

Hempel, Otto: *Das Herbarium. Praktische Anleitung zum Sammeln, Präparieren und Konservieren von Pflanzen für ein Herbarium von wissenschaftlichem Werte,* Berlin: Oppenheim 1895.

Lutz, Karl G.: *Kurze Anleitung zum Sammeln, Bestimmen und Beobachten der Pflanzen sowie zur Einrichtung eines Herbars,* Ravensburg: Maier 1897.

Schram, Wilhelm C.: *Der kleine Schmetterlingssammler. Anleitung, Schmetterlinge zu sammeln, zu töten, zu ordnen, aufzubewahren u. zu versenden, nebst einer Beschreibung d. bemerkenswertesten Schmetterlinge, sowie einer Abh. über d. Seidenraupenzucht,* Leipzig: F. Ohme [o. J.].

Standfuss, Max: *Handbuch für Sammler der europäischen Grossschmetterlinge,* Zürich: M. Standfuss [1891].

Willkomm, Moritz: *Das Herbar. Anleitung zum Einsammeln, Zubereiten und Trocknen der Herbarpflanzen und zur Einrichtung und Erhaltung wissenschaftlicher Pflanzensammlungen,* Wien: Pichler 1892.

1900

Bade, Ernst: *Handbuch für Naturaliensammler. Eine Praxis der Naturgeschichte,* Berlin: Pfenningstorff 1900.

Beck von Mannagetta, Günther: *Hilfsbuch für Pflanzensammler,* Leipzig: W. Engelmann, 1902.

Dahl, Friedrich: *Kurze Anleitung zum wissenschaftlichen Sammeln und zum Conservieren von Thieren,* Jena: Fischer 1904.

Grebel, Alexander: *Anleitung zum Mineralien-Sammeln,* Genf: Grebel, Wendler 1900.

Holtheuer, Bruno: *Wanderbuch für Raupensammler. Eine Anleitung zur Aufsuchung und Zucht der am häufigsten vorkommenden Raupen,* Steglitz-Berlin: Dames, 1908.

Kieckbusch, Ernst und Erich Kähler: *Mit Fangnetz und Sammelschachtel. Ein Wegweiser für junge Schmetterlingssammler unter besonderer Berücksichtigung biologischer Verhältnisse,* Bielefeld: Bethel, 1908.

Kirchroth, Ludwig von: *Die Mumifizierung von Vögeln und kleinen Säugetieren,* Mödling: Selbstverlag 1906.

Kuhnt, P.: *Sammel-Anweisungen für Käfer-Sammler,* Leipzig: [s. n.] 1909.

Lehmann, A.: *Die Schnecken und Muscheln Deutschlands. Eine Anleitung zur Bestimmung und Beobachtung der deutschen Land- und Süßwassermolusken sowie zur Anlegung einer Schnecken- und Muschelsammlung,* Zwickau i. Sa.: Förster & Borries 1904.

Lohrenz, Kuno: *Praktischer Leitfaden für Käfersammler. Eine gründliche Anleitung zum Fangen, Züchten, Überwintern, Präparieren und Sammeln der Käfer, ihrer Eier, Larven und Puppen,* Leipzig: Ernst 1905.

Lohrenz, Kuno: *Praktischer Leitfaden für Schmetterlingssammler. Eine gründliche Anleitungzum Fangen, Züchten, Überwintern, Präparieren und Sammeln der Schmetterlinge, ihrer Eier, Raupen und Puppen sowie zur Instandhaltung der Sammlung,* Leipzig: Ernst 1905.

Mühl, Karl: *Larven und Käfer. Praktische Anleitung zum Sammeln, Züchten und Präparieren sowie zur Anlage entomologisch-biologischer Sammlungen,* Stuttgart: Strecker & Schröder 1909.

Mühl, Karl: *Raupen und Schmetterlinge. Praktische Anleitung zum Sammeln, Züchten und Präparieren, sowie zur Anlage entomologisch-biologischer Sammlungen*, Stuttgart: Strecker & Schröder 1908.

Niepelt, Wilhelm (Hg.): *Der Insekten-Präparator. Praktische Anleitung zur Präparation der Schmetterlinge, Käfer und deren Larven*, Zirlau: [s. n.] [o. J.].

Ortleb A. und G.: *Der Naturaliensammler. Illustrierte Anleitung zum Sammeln, Präparieren und Aufbewahren von Eiern, Käfern, Schmetterlingen, Raupen, Konchylien, Pflanzen, Samen, Hölzern, Mineralien und Petrefakten*, Berlin: Mode 1901.

Selmons, M.: *Handbuch für Naturaliensammler. Praktische Anleitung zum Fangen, Züchten, Konservieren und Präparieren von Naturkörpern, sowie zur Einrichtung von Sammlungen*, Berlin: Böttcher 1907.

Wünsche, Otto: *Anleitung zum Botanisieren und zur Anlegung von Pflanzen-Sammlungen*, Berlin: Parey 1901.

1910

Aulmann, G.: *Allgemeine Übersicht und Anleitung zum Beobachten, Sammeln und Konservieren*, Berlin: Friedländer 1911.

Beyer-Biedenkopf, E.: *Das Herbarium – Eine Anleitung zum Pflanzensammeln für Anfänger*, Berlin, Leipzig: Fischer 1919.

Fleischer, H.: *Unsere bekanntesten Käfer in naturgetreuer, farbiger Wiedergabe nebst Angabe der Zeit und des Orts ihrer Vorkommens und einer Anleitung zum Sammeln und Präparieren derselben*, Stuttgart: Nitschke [o. J.].

Floericke, Kurt: *Der Sammler. Eine gemeinverständliche Anleitung zur Anlage naturwissenschaftlicher Sammlungen*, Stuttgart: Franckh 1914.

Haldy, B.: *Anleitung zum Pflanzensammeln*, Leipzig: Hachmeister & Thal 1911.

Hennings, Richard: *So fertige ich Fang- und Zuchtgeräte und lege eine Schmetterlingssammlung an*, Leipzig: Strauch 1912.

Kerz, Friedrich: *Das Sammeln, Präparieren und Aufstellen der Wirbeltiere. Eine gemeinverständliche Anleitung*, Stuttgart: Strecker & Schröder 1912.

Marshall, F.: *Unsere Schmetterlinge. Anleitung zum Sammeln und Bestimmen unserer wichtigsten Schmetterlingsarten*, Leipzig: Hillger [o. J.].

Migula, W.: *Die Grünalgen. Ein Hilfsbuch für Anfänger bei der Bestimmung der am häufigsten vorkommenden Arten. Mit einer kurzgefassten, illustrierten Anleitung zum Sammeln und Präparieren von Georg Stehli*, Stuttgart: Franckh 1912.

Missbach, Robert: *Der Pflanzensammler: Anleitung zum Sammeln und Zubereiten von Pflanzen sowie zur Einrichtung von Herbarien und anderen botanischen Sammlungen*, Stuttgart: Strecker & Schröder 1910.

Nemos, F.: *Europas bekannteste Schmetterlinge. Beschreibung der wichtigsten Arten und Anleitung zur Kenntnis und zum Sammeln der Schmetterlinge und Raupen*, Berlin: Oestergaard [o. J.].

Riggenbach, Emanuel: *Das biologische Herbarium. Anleitungen und Aufgaben zum Gebrauche in Schulen, im Selbstunterricht und auf Exkursionen*, Basel: Schweizerischer Bund für Naturschutz 1917.

Voigtländer-Tetzner, Walter: *Der Pflanzensammler*, Stuttgart: Union 1916.

1920

Eckstein, Karl: *Die Schmetterlinge. Ihr Bau, ihre Lebensweise und wirtschaftliche Bedeutung nebst Anleitung zur Beobachtung, Aufzucht und zum Sammeln*, Wiesbaden: Pestalozzi 1922.

Floericke, Kurt: *Vogeleier. Ein Leitfaden für Eiersammler*, Stuttgart: Franckh 1924.

Graeser, Max: *Ausstopfen und Konservieren. Handwerkszeuge und Handgriffe beim Ausstopfen von Vögeln und Säugetieren, Konservieren von Schlangen, Muscheln, Fischen, Eiern, Schmetterlingen usw.*, Leipzig: Beyer [o.J.].

Kohler, M.: *Herbarium. Kurzgefasste Anleitung zur Einrichtung eines Herbariums, nebst Anleitung zum Sammeln, Bestimmen und Beobachten der Pflanzen*, Ravensburg: Maier, [o.J.].

Usteri, Alfred: *Die Pflanzen-Sammlung*, Basel: Geering 1926.

1930

Hummel, Emil: *Der Pflanzensammler. Anleitung zur Anlegung eines Herbariums*, Pokrowsk: Zentral-Völker-Verlag, 1931.

Schröder, Gerhard: *Das Sammeln, Konservieren und Aufstellen von Wirbeltieren*, Berlin: Parey 1936.

Stehli: *Pflanzensammeln – aber richtig. Eine Anleitung zum Anlegen von Herbarien und anderen botanischen Nebensammlungen*, Stuttgart: Kosmos 1935.

Stehli, Georg: *Sammeln und Präparieren von Tieren. Eine Anleitung zum Anlegen von zoologischen Sammlungen*, Stuttgart: Kosmos 1936.

1940

Weber, Hans: *Der junge Steinsammler. Anregungen und Richtlinien für den Aufbau einer Steinsammlung*, Berlin, Leipzig: Volk und Wissen 1948.

Weber, Hans, Kurt Werschel: *Mein Herbarium. Ratschläge und Anleitungen zur Anlage einer Pflanzensammlung*, Berlin, Leipzig: Volk und Wissen 1948.

1950

Forster, Walter: *Biologie der Schmetterlinge. Anlage einer Schmetterlingssammlung, Bau und Lebensweise des Schmetterlings und seiner Entwicklungsstadien, Feinde, Parasiten und Krankheiten, Nutzen und Schaden, geographische Verbreitung, Vererbung, Systematik und Nomenklatur, Stammesgeschichte, Naturschutz,* Stuttgart: Franckh 1954.

Nothdurft-Wölper, Charlotte: *Sammeln und Präparieren von Pflanzen und Steinen. Anleitung zur Einrichtung eines Herbariums,* Minden 1958.

1960

Chodoba, Karl F.: *Der Mineraliensammler. Über den Aufbau von Sammlungen und was man dazu wissen sollte,* Thun, München: Ott 1963.

Gleichauf, Robert: *Schmetterlinge sammeln und züchten,* Stuttgart: Ulmer 1968.

Wegner, Horst: *Der Fossiliensammler: Eine Anleitung zum Sammeln, Präparieren und Aufbewahren von Versteinerungen,* Thun: Ott 1965.

1970

Jubelt, Rudolf: *Mineralien. Sammeln, Bestimmen, Vorkommen, Merkmale,* Stuttgart: Enke 1976.

Kipfer, Alex: *Der Micromounter. So sammelt man erfolgreich Kleinmineralien,* Thun: Ott 1972.

Kipfer, Alex: *Ein neues Hobby. Kleinmineralien: Sammeln und Präparieren,* Stuttgart: Kosmos 1974.

Kouřimský, J.: *Mineralien erkennen, bestimmen, sammeln,* Gütersloh: Bertelsmann 1975.

Pape, Hansgeorg: *Der Gesteinssammler. Eine Anleitung zum Sammeln und Erkennen von Gesteinen und zum Aufbau einer Sammlung,* Stuttgart: Franckh & Thun: Ott 1974.

Pape, Hansgeorg: *Der Erzsammler. Eine Anleitung zum Sammeln und Erkennen von Erzen und ihren Mineralien,* Stuttgart: Franckh, Kosmos 1978.

Parenti, Umberto, Erwin Felkel: *Schmetterlinge, ein farbenfrohes Kapitel der Natur. Zum Bewundern, zum Kennenlernen und als Anregung zum Sammeln,* München: Südwest 1970.

Winkler, Hans-Jürgen: *Steine, Mineralien und Kristalle sammeln,* München: Humboldt-Taschenbuchverlag 1976.

Personenregister

Das Register enthält die Namen aller in der Arbeit erwähnten Akteure, sofern diese in Bezug auf das dargestellte Naturforschermilieu der Schweiz um 1900 eine Bedeutung hatten oder es sich um gewichtigere Personen der Zeitgeschichte handelte. Eher zufällig auftretende Personen, die in der Arbeit in rein illustrativer Absicht zitiert oder erwähnt wurden, wurden in der Regel nicht ins Register aufgenommen.

Wo es möglich war, wurden die Einträge des Registers um Lebensdaten, Wohn- und Wirkungsort, Beruf sowie naturkundliche Aktivitäten der betreffenden Personen ergänzt. Dies einerseits, um die Identifikation unbekannterer Akteure zu erleichtern, andererseits aber auch, um zentrale Charakteristika des Milieus der Petite Science in groben Konturen hervortreten zu lassen.

[F.] nach der Seitenangabe bedeutet: Erwähnung in Fussnotenteil der betreffenden Seite. [Abb.] nach der Seitenangabe bedeutet: Abbildung, Fotografie, Portrait. Abkürzungen der erwähnten Schweizer Kantone: AG: Aargau, AR: Appenzell Ausserrhoden, BE: Bern, BL: Basel-Landschaft, FR: Fribourg/Freiburg, GR: Graubünden, LU: Luzern, SG: St. Gallen, SH: Schaffhausen, SO: Solothurn, SZ: Schwyz, TG: Thurgau, TI: Ticino/Tessin, VD: Vaud/Waadt, VS: Valais/Wallis, ZH: Zürich.

Allemand, (Louis-)Jules (1856-1916; Genf; Landschaftsarchitekt, Erbauer div. Alpengärten sowie Alpinen an Landes- und Weltausstellungen in Genf 1896, Paris 1900) 572, 576

Amberg, Bernhard (1843-1915; Luzern; Mathematiklehrer an der Kantonsschule, Stadtrat, Autor mehrerer Naturchroniken, hydrolog. Studien zum Vierwaldstättersee) 400-402, 426, 435 [F.], 436

Ambühl, Gottwalt (1850-1923; St. Gallen; Kantonschemiker, Präsident der St. Gallischen Naturwissensch. Ges.) 392

Amstein, Johann Georg (1819-1892; Zizers GR; Arzt, Entomologe, Malakologe, Autor div. Lokalfaunen, Mitbegr. der Naturf. Ges. Graubünden, Dialektforscher) 147, 153, 178, 461 f.

Arnet, Xaver (1844-1906; Luzern; Kantonsschullehrer für Physik, Präsident der Naturf. Ges. Luzern, Leiter der Meteorolog. Station in Luzern) 400-402, 435 [F.], 436

Bachmann, Hans (1866-1940; Luzern; Kantonsschullehrer für Naturgeschichte, Kurator des naturhist. Museums, Initiant des hydrobiolog. Labors in Kastanienbaum LU, Präsident der Naturf. Ges. Luzern und der hydrobiolog. Komm. der Naturf. Ges. Schweiz), 50, 332, 335, 337 [Abb.], 345, 369 f., 381, 385-393, 399-409 [Abb.: 405-407], 413, 416-437, 441-443, 456, 482 f., 488, 505 f., 532 [F.], 547 f., 576-579, 588, 600, 603-609, 622, 629

Bade, Ernst (deutscher Ratgeberautor, zwischen 1890 und 1930 div. Publikationen zu Naturaliensammeln, Aquarien, Terrarien, Vogelhaltung, Zimmerpflanzen) 9, 91 [Abb.], 94, 96, 114, 118, 231 f., 301 [Abb.]

Banga, Benedikt (1802-1865; Liestal; Zeichenlehrer, liberaler Zeitungsredaktor, Regierungsrat, Gründer der Kantonsbibliothek und des Kantonsmuseums) 340, 342
Bangerter, Hermann (1890-1977; div. Orte in SO und BL; Lehrer, Botaniker, Spezialist für Gattung Rubus) 183 f., 247-252 [Abb.: 249], 258, 428 f.
Bauhin, Caspar (1560-1624; Basel; Prof. für Anatomie, Botaniker, Forschungen zu Systematik und Floristik) 134
Baumberger, Ernst (1866-1935; Basel; Sekundarlehrer, Geologe, Leiter der geolog. und paläontolog. Sammlung des Naturhist. Museums) 147, 255 [F.], 406 [F.], 419 [F.], 475 f., 487
Bay, Gustav (1866-1931; Liestal; Pfarrer, Regierungsrat, Vorstandsmitglied der Naturf. Ges. Baselland) 426, 604 [F.]
Bazzigher, Luzi (1832-1918; Chur; Hauptmann, Entomologe) 169 [Abb.], 173, 191, 227, 237 [Abb.], 238
Benteli, Franz (1824-1899; Bern; Notar, Lepidopterologe, Koleopterologe, Ornithologe) 158 [F.], 559 [F.]
Benz, Eduard (1842-1929; Hinwil ZH; Lehrer, Botaniker, Autor geologisch-floristischer Studie über das Zürcher Oberland) 158 f.
Binz, August (1870-1963; Basel; Realschullehrer, Kustos am Universitätsherbar, Autor der »Flora von Basel«, 1901, sowie der »Schul- und Exkursionsflora der Schweiz«, 1920) 140-149 [Abb.: 143-145], 184, 321, 406 f., 482 [F.], 616
Blankart, Charles (1865-1935; Luzern; Bankdirektor, Verwaltungsrat) 436
Bloch, Isaak Adolf (1869-1959; Solothurn; Kantonsschullehrer für Naturgeschichte, Konservator der städt. naturhist. Sammlungen, Vorstand der Naturf. Ges. Solothurn) 50 f., 62, 75, 81, 99 f., 176 [F.], 184, 199 f., 208-221 [Abb.: 210], 260 f., 332-335, 339 [Abb.], 342-375, 381, 389-396, 399, 416, 424, 428, 431, 436 [F.], 440-443, 449 f., 456, 462, 488, 502, 503 [Abb.], 543 [Abb.], 587, 597 [F.]
Bloch, Leopold (1872-1942; Grenchen SO; Bruder des Isaak, Zoologe, Lehrer) 346 f., 395 f.
Bodman, Emanuel von (1874-1946; Gottlieben TG; aus badischer Adelsfamilie, Schriftsteller und Lyriker, Entomologe, Schmetterlingssammler) 63 [F.], 121 [Abb.], 164 [Abb.], 520 f.
Bohny, Ferdinand (gest. 1945; Liestal; Architekt, kant. Hochbauinspektor, Obmann des kant. Burgenkomitees von BL) 566
Born, Paul (1859-1928; Herzogenbuchsee BE; Fabrikdirektor, Koleopterologe mit großer Sammlung, Spezialist für Laufkäfer) 84-86, 99, 228 [F.], 365-367
Bouvier, Paul (1857-1940; Neuchâtel; Maler, Architekt von Ausstellungsbauten, u.a. »Village Suisse« an Genfer Landesausstellung 1896, Mitgründer Schweiz. Heimatschutz) 570, 578
Brandstetter, Josef Leopold (1831-1924; Luzern; Arzt, Lehrer an Kantonsschule, Autor von Naturchroniken sowie von lokalhistorischen und -floristischen Studien) 400
Brockmann-Jerosch, Heinrich (1879-1939; Zürich; Pflanzensoziologe, Lehrer, PD an Univ. Zürich, Leiter des Geobot. Forschungsinstituts Rübel, zunehmend Hinwendung zu humangeograph. und volkskundl. Forschungen) 322 f., 593-596 [Abb.: 596]
Brockmann-Jerosch, Marie (1877-1952; Zürich; Botanikerin und Geologin, Publikationen zu Pflanzengeographie und Alpenflora, z.T. zus. mit ihrem Mann Heinrich) 498 [F.], 506 f., 590, 594-596, 609
Brodtbeck, Wilhelm Eduard (1873-1957; Liestal; Architekt, prägende Bauten der Moderne in Region Basel, Mitglied des Heimatschutzes Basel) 528
Brügger, Christian Gregor (1833-1899; Churwalden GR; Kantonsschullehrer, Initiator lokaler meteorolog. Messungen, Konservator der kant. naturhist. Sammlung, div. Aufsätze zu regionaler Flora, Fauna etc.) 44, 50-56, 78 f., 87 f., 136 f., 159, 178 f., 193, 196, 204 f., 222-227, 256-258, 262, 265-328 [Abb.: 267, 275, 297], 332-337, 370, 372 [F.], 381, 388, 391 [Abb.], 399, 410 [F.], 417 f., 424, 428 f., 431 [F.], 441, 450-457, 468 [F.], 501, 517, 544, 621
Bruhin, Thomas (1835-1895; Einsiedeln SZ, US-Wisconsin u.a.; Pfarrer, Botaniker) 138 [F.]
Brunies, Steivan (1877-1953; Basel; Gymnasiallehrer, Sekretär des neu gegr. Schweiz.

Bundes für Naturschutz, Mitgründer des Schweiz. Nationalparks, Naturschutzpädagoge) 612-616 [Abb.: 613]
Bührer, Wilhelm (1862-1927; Buus BL und Wintersingen BL; Pfarrer, betrieb an seinen Wohnorten über 30 Jahre lang meteorolog. Messungen) 420
Burckhardt-Finsler, Albert (1854-1911; Basel; ao. Prof. für Schweizergeschichte an Univ. Basel, Konservator der hist. Sammlung der Univ., erster Obmann des Schweiz. Heimatschutzes) 614
Burnat, Emil (1828-1920; Nant-sur-Vevey VD; Ingenieur, danach botanischer Privatgelehrter mit äußerst umfangreichem Herbar) 192, 225 [F.], 269
Buser, Robert (1857-1931; Genf; Konservator des Herbariums de Candolle, Spezialist für Weiden) 78, 265, 272, 282 f., 303, 308, 310, 316, 390, 451, 456
Buxtorf, August (1877-1969; Basel; Professor für Paläontologie und Geologie) 255 [F.], 404, 419 [F.]

Caflisch, Johann Luzius (1847-1900; Chur; Anwalt, Entomologe mit großer Sammlung, Präsident der Schweiz. Entomolog. Ges.) 164-173 [Abb.: 165, 167, 171], 178, 227, 233-238 [Abb.: 233]
Candolle, Alphonse de (1806-1893; Genf; Prof. für Botanik an der Académie, Direktor des bot. Gartens, Publikationen zur globalen Standardisierung der bot. Nomenklatur) 284 f.
Castella, François (1850-1913; Romont FR; Pfarrer, Sekundarlehrer, Mitautor »Guide du botaniste dans le canton de Fribourg«, 1891, Mitarbeit am naturhist. Museum Fribourg) 132
Charpié, Auguste (1855-1918; Malleray BE; Spezerei- und Kurzwarenhändler, Heimat-, Dialekt- und Flurnamenforscher, Botaniker) 7-11, 25 f., 244-247 [Abb.: 247], 255, 258-261, 445, 448 f., 464-466, 475, 477, 480, 490-495, 507, 509-512, 621
Chodat, Robert (1865-1934; Genf; Apotheker, dann Prof. für Botanik an Univ. Genf) 193 [F.], 258-260
Christ, Hermann (1833-1933; Basel; Jurist, Autor des pflanzengeogr. Standardwerks »Das Pflanzenleben der Schweiz«, 1879, Spezialist für Rosen, Nadelhölzer und Farne) 193 [F.], 196, 250, 258, 259 [Abb.], 305 f., 372 [F.], 377, 460, 484 f. [F.], 488, 523 f., 599 [F.]
Conwentz, Hugo (1855-1922; deutscher Botaniker, Begründer des Naturschutzes in D) 484 [F.], 585
Correvon, Henry (1854-1939; Genf; Gärtner, Gartenarchitekt, Autor, Experte für Akklimatisation von Alpenpfl., Gründer der »Assoc. pour la protection des plantes«) 222 [F.], 556-558, 572-580 [Abb.: 572, 575]
Cottet, Michel (1825-1896; Fribourg; Abt, Botaniker, Mitautor »Guide du botaniste dans le canton de Fribourg«, 1891) 132
Crépin, François (1830-1903; belgischer Botaniker, Direktor des bot. Gartens in Brüssel, div. Forschungsreisen in die Schweizer Alpen und Kontakte zu Schweizer Botanikern) 258

Dahl, Friedrich (1856-1929; deutscher Zoologe, div. Publikationen zur Tiergeographie, schuf den Begriff »Biotop«) 587, 629
Darwin, Charles (1809-1882; britischer Naturforscher, Geologe, Zoologe, Taxonom, Mitbegründer der modernen Evolutionsbiologie) 272 f., 279, 292 f., 357, 448-461, 472 f.
Davatz, Florian (1842-1894; Chur; Kantonsschullehrer, Reformer der Naturkundepädagogik, Botaniker, beteiligt an Wiederansiedlung des Steinbocks in GR) 387 f.
Dietrich, Kaspar (gest. 1878; Zürich; Lehrer, 1858-1877 Konservator der entomolog. Sammlung – des »Escher-Zollikofer'schen Museums« – des Eidg. Polytechnikums) 98
Dodel-Port, Arnold (1843-1908; Zürich; Prof. für Botanik an der Univ. Zürich, Freidenker und Sozialist, Popularisator der darwinschen und haeckelschen Evolutionstheorien) 448-450
Durand, Théophile (1855-1912; belgischer Botaniker, Direktor des bot. Gartens in Brüssel, Mitautor »Catalogue de la flore vaudoise«, 1882) 182, 298 [F.], 476

Eger, Leopold (gest. 1904; A-Wien, urspr. aus Affoltern ZH; Inhaber einer naturhist. Lehrmittelhandlung, Autor der Anleitungsschrift »Der Naturalien-Sammler«, 1876) 62 f., 90, 94, 479 [F.]

Eugster, August (1835-1901; Herisau AR, Dussnang TG und Birmensdorf ZH; Pfarrer, Lepidopterologe mit großer Sammlung, Mitglied des entomolog. Kränzchens Zürich) 369

Fauconnet, Charles (1811-1876; Genf; Arzt, Botaniker, Autor div. bot. Reiseberichte zu Genf, Wallis und Savoyen, Präsident der Soc. Murithienne) 495, 518-522, 557
Favrat, Louis (1827-1893; Lausanne; Industrieschullehrer, anschließend Konservator des bot. Museums in Vevey VD und ao. Prof. an Académie Lausanne, Patois-Autor) 406 [F.]
Fellmann, Joseph (1850-1930; Vitznau LU; Direktor Rigibahn) 436
Feurer, Gottlieb (1853-1925; St. Gallen; Chefarzt am Kantonsspital, Botaniker) 392
Fischer, Eduard (1861-1939; Bern; Prof. für Botanik an der Univ. Bern, Direktor des bot. Gartens, Gründer des Alpengartens Schynige Platte, Präsident d. Schweiz. Naturf. Ges.) 193 [F.], 243, 507
Fischer-Sigwart, Hermann (1842-1925; Zofingen AG; Apotheker, Konservator Museum Zofingen, Publikationen zu Botanik, Amphibien, Reptilien, Ornithologie, Naturschutz) 8, 115-117, 137, 372 [F.], 421, 431, 464f., 475 [F.], 477, 479 [Abb.], 488, 547, 549 [Abb.], 550, 559-563 [Abb.: 561, 563]
Floericke, Kurt (1869-1934; D-Stuttgart; Ornithologe, Redaktor der Zeitschrift »Kosmos«, Autor div. populärwissenschaftl. Schriften) 90, 92 [F.], 93 [Abb.], 95, 100, 109, 231, 493, 497 [Abb.], 536f. [Abb.: 537]
Focke, Wilhelm Olbers (1834-1922; D-Bremen; Arzt, Botaniker, Theoretiker der Pflanzenhybride, Autor von »Die Pflanzen-Mischlinge«, 1881) 273
Frank, Christian (1867-1942; D-Kaufbeuren; Pfarrer, Förderer der Heimatbewegung, Herausgeber der heimatkundlichen Zeitschrift »Deutsche Gaue«) 103 [Abb.], 104, 514 [F.], 542
Frey, Heinrich (1822-1890; Zürich; Professor für Medizin an der Univ. und Eidg. Polytechnikum Zürich, Lepidopterologe, Autor von »Lepidopteren der Schweiz«, 1880) 520
Frey-Gessner, Emil (1826-1917; Aarau und Genf; Mechaniker, Bezirksschullehrer in AG, langjähriger Konservator der entomolog. Sammlungen des naturhist. Museums in Genf) 260f., 406 [F.]
Fries, Franz Eduard (1811-1879; Sissach BL; Arzt, Botaniker mit umfangreicher Sammlung) 372f.
Froebel, Theodor (1810-1893; Zürich; Universitätsgärtner, Gestalter des bot. Gartens auf Bollwerk zur Katz, später private Handelsgärtnerei) 573f.
Früh, Johann Jakob (1852-1938; Trogen AR, Zürich; Naturkundelehrer an Kantonsschule Trogen, PD und Prof. für Geographie an Univ. und Eidg. Polytechnikum Zürich) 53, 379, 422

Garadja, Aristides von (1861-1955; RO-Tirgu Neamtu; Jurist, Gutsbesitzer, Lepidopterologe mit internationaler Ausstrahlung, Sammler und Züchter) 236
Garibaldi, Giuseppe (1807-1882; populärer Protagonist der italienischen Unabhängigkeitskriege) 281, 428
Glutz-Graff, Robert (1873-1914; Solothurn; Kreisförster von Solothurn, früher Förderer des Naturschutzgedankens in CH, Mitbegründer der Naturschutzkommission SO) 486
Godet, Charles-Henri (1797-1879; Neuchâtel; Prof. für Naturkunde an der Académie, Spezialist für Taxonomie der Rosen, Autor der »Flore du Jura«, 1853) 257f.
Goudet, Henri (1840-1927; Genf; Arzt, Botaniker mit Forschungsschwerpunkt VS, Mitbegründer der »Assoc. pour la protection des plantes«) 478, 482 [F.]
Gremli, August (1833-1899; Nant-sur-Vevey VD; Apothekergehilfe, Konservator am Herbar von Emile Burnat, Autor der populären »Excursionsflora der Schweiz«, 1867) 44, 56, 159, 172, 191-193, 265-328, 376, 385, 391
Greppin-Bloesch, F. (gest. 1966; Frau des Leopold, erforschte die Solothurner Schnecken- und Muschelfauna) 501f.
Greppin, Eduard (1856-1927; Basel; Bruder des Leopold, Direktor der Chem. Fabrik Geigy in D-Grenzach, Mitarbeiter an der paläontolog. Sammlung des Naturhist. Museums) 255 [F.]

Greppin, Leopold (1854-1925; Langendorf SO; Leiter der »Heil- und Versorgungsanstalt für Irre und unheilbar Kranke« Rosegg b. Solothurn, Ornithologe, Naturschützer) 62, 199f., 208-221 [Abb.: 210, 212-215], 360, 389-391, 394, 489, 502
Grubenmann, Ulrich (1850-1924; Frauenfeld TG und Zürich; Naturkundelehrer an Kantonsschule Frauenfeld, später Prof. für Mineralogie und Gesteinskunde an Univ. und Eidg. Polytechnikum Zürich) 405f.
Gugelberg von Moos, Maria Barbara (1836-1918; Maienfeld GR; Privatière, Pflanzenillustratorin und Botanikerin, Spezialistin für Moose und Lebermoose) 308, 310-315 [Abb.: 313, 315], 501-503
Gutzwiller-Gonzenbach, Andreas (1845-1917; Basel; Lehrer an Oberer Realschule, Autor geologischer Karten, Mitarbeiter am Naturhist. Museum) 255 [F.]

Haeckel, Ernst (1834-1914; deutscher Zoologe, wichtiger Popularisator des Darwinismus in D, Begründer der ökologischen Theorie) 448, 591
Hager, Karl (1862-1918; Disentis GR; Priester, Naturkundelehrer an Klosterschule, div. forst- und geobot. sowie landes- und volkskundl. Arbeiten) 372 [F.]
Hauser, Oskar (1867-1935; Luzern; Politiker, Direktor Hotel »Schweizerhof«) 436
Haussknecht, Carl (1838-1903; D-Weimar; Apotheker und Botaniker, Monograph der Gattung Epilobium) 286, 305, 319
Heer, Oswald (1809-1883; Zürich; Prof. für Botanik und Entomologie am Eidg. Polytechnikum und Univ. Zürich, Theoretiker der Evolutions- und Paläobiologie) 269f., 449, 459, 498, 573
Hegetschweiler, Johannes (1789-1839; Zürich; Arzt, liberaler Politiker, Initiator des bot. Gartens auf dem Bollwerk zur Katz, div. Beiträge zu einer Flora der Schweiz) 281f., 573 [F.]
Hegi, Gustav (1876-1932; geb. in Zürich; Kustos am bot. Garten München, a.o. Prof. für Botanik an der Univ. München, Autor »Alpenflora« 1905 und »Illustrierte Flora von Mittel-Europa«, 1908-1931) 158, 195 [F.], 377
Heim, Albert (1849-1937; Zürich; Prof. für Geologie am Eidg. Polytechnikum und Univ. Zürich) 379f., 422, 498 [F.], 506f., 590, 609, 622
Heinis, Fritz (1883-1970; Basel; Sekundarschullehrer, Botaniker, Mitarbeiter des Kantonsmuseums Baselland, Mitglied in Naturschutzkommission beider Basel) 372f., 486 [F.]
Hoffmann, Paul (1850-1921; D-Guben; Lehrer, Entomologe, Mitgründer des »Internat. Entomolog. Vereins« und dessen Periodikums »Entomolog. Zeitschrift«) 234, 520
Hoffmann-Krayer, Eduard (1864-1936; Basel; Prof. für Germ. Philologie an der Univ. Basel, zentrale Gründungsfigur der Schweiz. Ges. f. Volkskunde) 209, 484, 597 [F.], 614-616
Hugi, Franz Joseph (1791-1855; Solothurn; Naturwissenschaftslehrer an Kantonsschule, Gründer des städtischen Naturalienkabinetts) 340-342
Hunziker, Jakob (1827-1901; Aarau; Französischlehrer an der Kantonsschule, Dialekt- und Bauernhausforscher, Mitgründer der Schweiz. Ges. f. Volkskunde) 592

Jäggi, Jakob (1829-1894; Zürich; botanischer Autodidakt, Konservator am Herbar des Eidg. Polytechnikums in Zürich, Tit.Prof. für Botanik) 206, 222, 226, 247, 282 [F.], 283, 286, 305, 317-320, 327f., 376, 417, 452
Jenny, Fridolin (1862-1933; Basel; Naturkundelehrer, Geologe, Paläontologe) 255 [F.]
Junge, Friedrich (1832-1905; Kiel; Reformpädagoge, Erneuerer der Naturkundedidaktik, Ökologe, Autor von »Der Dorfteich als Lebensgemeinschaft«, 1885) 583f.

Kaufmann, Arnold (1891-1979; Solothurn; Seminarlehrer, Betreuer der Sternwarte der Kantonsschule) 393
Kaufmann, Franz Joseph (1825-1892; Luzern; Naturgeschichtslehrer an Kantonsschule, Konservator des Naturalienkabinetts, Paläogeograph) 54, 399
Kelhofer, Ernst (1877-1917; Schaffhausen; Kantonsschullehrer, Autor von »Die Flora des Kantons Schaffhausen«, 1920) 138 [F.], 154, 174

Keller, Gottfried (1873-1945; Aarau; Jurist, Politiker, Orchideenspezialist mit großer Sammlung) 363 f. [F.]
Keller, Robert (1854-1939; Winterthur; Naturgeschichtslehrer an Höheren Stadtschulen, Mitautor »Flora der Schweiz«, 1900, Spezialist für Wildrosen und Brombeeren) 138 [F.], 172, 193, 250, 258, 321
Killias, Eduard (1829-1891; Chur; Stadtarzt in Chur, Kurarzt in Tarasp GR, lokalfaunistische und -floristische Studien, langjähriger Präsident der Naturf. Ges. Graubünden) 31, 98, 129-136 [Abb.: 131], 140, 146-153, 166, 172-178 [Abb.: 173, 175-177], 185-188 [Abb.: 187], 195, 206, 211, 227, 238, 256-258, 282, 332 [F.], 460-462, 482 [F.], 517-520, 592 [F.], 598 [F.]
Klebs, Georg (1857-1918; Basel, 1887-1898 Prof. für Botanik an der Univ. Basel) 334
Knecht, Simon (1850-1926; Bichelsee TG, Primarlehrer, Botaniker, publizierte in Mitteilungen der Thurgauischen Naturf. Ges. größere lokalfloristische Arbeit) 157, 377
Krättli, Johann Luzi(us) (1812-1903; Bever GR; Lehrer, Botaniker mit großer Sammlung, Pflanzenhändler) 221-224 [Abb.: 220], 282 [F.], 308-311 [Abb.: 309, 311], 517
Kuntze, Otto (1843-1907; deutscher Botaniker, unabhängiger Forscher, div. bot. Weltreisen, provozierte mit radikalen Reformvorschlägen zur bot. Systematik) 324 [F.]

Lang, Arnold (1855-1914; Zürich; Prof. für Zoologie und vergl. Anatomie an der Univ. Zürich, Direktor der zoolog. Sammlungen an beiden Zürcher Hochschulen) 53, 334, 379 f., 449 f., 622
Lang, Franz Vinzenz (1821-1899; Solothurn; Kantonsschullehrer für Naturgeschichte, langjähriger Präsident der Naturf. Ges. Solothurn, Kurator der naturhist. Sammlungen der Stadt Solothurn) 54, 260, 344 [F.], 375
Lang, Sophie (Solothurn; Tochter des Franz Vinzenz, Primarlehrerin, Botanikerin, Mitarbeiterin an Rudolf Probsts Kantonalflora von SO) 502 f.
Leuthardt, Franz (1861-1934; Liestal; Bezirksschullehrer, Konservator des Kantonsmuseums, Mitgründer und langjähriger Präsident der Naturf. Ges. Baselland) 9, 32, 44, 50, 59, 77-80, 95, 97, 137, 202, 253-255 [Abb.: 253], 307 [F.], 331-335 [Abb.: 335], 345-350, 362, 374, 381-389 [Abb.: 385], 421 [Abb.], 424-434 [Abb.: 427, 429, 432 f.], 440-443, 447 [Abb.], 462-466 [Abb.: 463], 475 [F.], 479 [Abb.], 488, 494, 498, 501 [Abb.], 504 f. [Abb.], 513 [Abb.], 524 f., 527-566 [Abb.: 529-531, 538, 541, 549, 560], 566-617 [Abb.: 567, 585, 589, 591, 605], 627
Linné, Carl von (1707-1778; schwedischer Naturforscher, Reformer der biologischen Nomenklatur und Begründer der modernen bot. und zoolog. Taxonomie) 70 [F.], 98 f., 141-144, 170, 256 f., 274, 284, 288, 554, 629 [F.]
Lüscher, Hermann (1859-1920; Zofingen AG; Kaufmann, Botaniker mit großer Sammlung, Autor von Kantonalfloren von SO und AG) 132, 139 [F.], 152, 161 [Abb.], 168, 184, 244, 298 [F.], 391 [F.], 445, 466, 598 [F.]

Mann, Friedrich (1825-1906; Frauenfeld TG; in CH exilierter Aktivist der 1848er-Revolution in Hzm. Nassau, Lehrer für Mathematik und Physik an der Kantonsschule, Mitgründer der Thurgauischen Naturf. Ges.) 411, 413
Meister, Jakob (1850-1927; Schaffhausen; Kantonsschullehrer, Autor einer Kantonalflora von SH) 138, 155, 174, 298, 477
Merklein, Friedrich (1815-1881; Schaffhausen; Kantonsschullehrer, Botaniker, Autor einer Lokalflora von SH) 154, 156 [Abb.], 174
Möbius, Karl August (1825-1908; deutscher Zoologe, Begründer der modernen Ökologie, Modernisierer des naturhist. Museumswesens) 357, 584-590, 600, 629
Moritzi, Alexander (1806-1850; Naturkundelehrer an Kantonsschule Solothurn, Politiker und Publizist in Chur, pionierhafte Forschungen zur biolog. Systematik und zur Deszendenztheorie) 130, 277, 400, 449
Morthier, Paul (1823-1886; Neuchâtel; Prof. an der Académie, Direktor der Soc. Hélvétique pour l'Echange des Plantes) 205 f.

Mötteli, Olga (1886-1944; Frauenfeld TG; Privatière, Schriftstellerin, Spezialistin für Moose und Schnecken, Kuratorin des naturhist. Museums Frauenfeld, Mitarbeit an H. Wegelins »Flora des Kantons Thurgau«, 1943) 503 f.
Müller, Hippolyte (1865-1933; FR-Grenoble; Goldschmied, autodidaktischer Archäologe und Ethnograph, 1906 erster Konservator des Musée dauphinois in Grenoble) 421 [Abb.]
Müller, Julius (1853-1926; A-Bregenz; Arzt, Koleopterologe, Autor mehrerer lokalfaunistischer Studien) 392
Müller-Rutz, Johann (1854-1944; St. Gallen; Stickereizeichner, Gewerbeschullehrer, Lepidopterologe mit großer Sammlung, spezialisiert auf Mikrolepidoptera, Mitautor des Standardwerks »Die Schmetterlinge der Schweiz«, 1911-14) 60, 207 [Abb.], 368 f.

Naef, Adolf (1883-1949; Schweizer Zoologe, habilitierte an Univ. Zürich, Forschungs- und Lehraufenthalte in Neapel, Zagreb, Kairo, Vordenker der systemat. Morphologie) 421 [Abb.]
Nägeli, Carl Wilhelm von (1817-1891; geboren in Kilchberg ZH, später D-München; Prof. für Botanik und Direktor des bot. Gartens der Univ. München, bedeutende Forschungen zu Pflanzenphysiologie, -pathologie und Vererbung) 262, 272 f., 305, 454 f.

Pool, Lucius (1754-1828; div. Orte GR; Pfarrer, Aufklärer, Publizist, Naturforscher, Mitgründer der Naturf. Ges. Graubünden) 281
Pittier, Henri (1857-1950; Château-d'Œx VD; Sekundarschullehrer, Botaniker, Mitautor »Catalogue de la flore vaudoise«, 1882) 182, 298 [F.], 476
Probst, Rudolf (1855-1940; Langendorf SO; Arzt, Botaniker mit großer Sammlung, Spezialist für Adventivflora, Autor einer Kantonalflora von SO) 7 f., 26, 140 [F.], 184, 243-251 [Abb.: 245, 248], 255, 258, 260 f., 391 [F.], 429, 445-449, 464-471 [Abb.: 467, 471], 474-490, 494 f., 503 [F.], 507, 509-512, 524, 630

Rätzer, August (1845-1907; Büren a./A. BE; Pfarrer, Lepidopterologe mit großer Sammlung, Mitarbeiter am naturhist. Museum Solothurn) 82-84, 260, 364-371, 398 [F.], 436 [F.], 450 [F.], 518-524, 592 [F.]
Rhiner, Joseph (1830-1897; Schwyz; Sprachlehrer, Botaniker mit großer Sammlung, Autor mehrerer lokalfloristischer Arbeiten) 139, 159, 168, 184, 298 [F.], 482 [F.], 557
Ribeaud, Emil (1848-1922; Luzern; Lehrer für Naturwissenschaft an der Kantonsschule, dort auch Rektor, Verfasser mehrerer wissenschaftshist. Studien) 400
Riggenbach, (Jakob) Emanuel (1873-1955; Basel, Realschullehrer, Autor von natur- und sexualpädagog. Schriften) 614 [F.]
Rikli, Martin (1868-1951; Zürich; Konservator am Herbar der ETH, Tit.Prof für Pflanzengeographie am Geobot. Inst. Rübel, Präsident der Naturf. Ges. in Zürich) 416
Ris, Friedrich (1867-1931; Rheinau ZH; Direktor der kant. Heilanstalt Rheinau, Entomologe, Spezialist für Libellen) 80
Romanes, George (1848-1894; kanadisch-britischer Evolutionsbiologe und Physiologe) 576
Roos, Josef (1851-1909; Gisikon LU; Lehrer, Journalist, Mundartautor) 494
Roos, Wilhelm (Bern, Kursinspektor bei Postdirektion; um 1880-1890 tätiger Lepidopterologe mit großer Sammlung) 365 [F.]
Rübel, Eduard (1876-1960; Zürich; PD und Tit.Prof. für Geobotanik an der ETH Zürich, Stifter des »Geobot. Instituts Rübel«, Präsident der Schweiz. Naturf. Ges.) 375 [F.]
Rütimeyer, Ludwig (1825-1895; Basel; Prof. für Zoologie und vergl. Anatomie an der Univ. Basel, Leiter der naturhist. Sammlung des Museums an Augustinergasse) 334, 374 f.

Sarasin, Fritz (1859-1942; Basel; Privatgelehrter, gemeinsame Forschungen mit Paul Sarasin, Leiter des Naturhist. und Völkerkundl. Museums, Präsident der Schweiz. Naturf. Ges.) 255 [F.], 348 [F.], 374, 424, 597 [F.]
Sarasin, Paul (1856-1929; Basel; Privatgelehrter, u.a. anthropolog., bot., geolog. Forschungen in Celebes und Ceylon,

erster Präsident d. Schweiz. Naturschutzkommission, Mitinitiant des Schweiz. Nationalparks) 255 [F.], 374, 484f., 585, 597 [F.], 606, 614-616 [Abb.: 615], 629
Schalch, Johannes (1796-1874; Schaffhausen; Apotheker, Sammler der Schaffhauser Flora und Verfasser eines lokalfloristischen Verzeichnisses), 154, 155 [Abb.]
Schibler, Wilhelm (1861-1931; Davos GR; Arzt, Botaniker, floristische Arbeiten in Davos und Umgebung mit Spezialgebiet alpine Gipfelflora) 195 [F.]
Schinz, Hans (1858-1941; Zürich; Direktor bot. Garten Zürich, Prof. für system. Botanik an Univ. Zürich, langjähriges Vorstandsmitglied Naturf. Ges. in Zürich und Naturf. Ges. Schweiz, Mitautor »Flora der Schweiz«, 1900) 53, 100f., 105, 138 [F.], 157 [Abb.], 158, 172, 179, 183, 193, 257, 321f., 363f. [F.], 370-380, 459, 470-472, 476, 507, 514, 540, 622
Schlaginhaufen, Otto (1879-1973; Prof. für Anthropologie an der Universität Zürich, Vererbungsforscher und Eugeniker) 421 [Abb.]
Schlatter, Theodor (1847-1918; St. Gallen; Apotheker, Lokalpolitiker und Sozialreformer, 1881 Mitautor einer Kantonalflora von SG) 392
Schleiden, Matthias Jacob (1804-1881; deutscher Botaniker, Mitbegründer der Zelltheorie) 556
Schmassmann, (Hans) Walter (1890-1971; Liestal; Bezirksschullehrer, langjähriger Konservator des Kantonsmuseums und Präsident d. Naturf. Ges. Baselland) 372-374
Schmid, Eduard (1844-1927; Luzern; Direktor Dampfschiffgesellschaft Vierwaldstättersee, Ehrenmitglied der Naturf. Ges. Luzern) 436
Schmid, Gustav (1888-1950; Luzern; Direktor des Kantonsspitals, Aufsichtskommission Naturhist. Museum, Obmann der Sektion Innerschweiz des Schweiz. Heimatschutzes) 392, 506
Schmidlin, Fridolin (1823-1888; Pfeffingen BL; Pfarrer und Arzt, in seiner Freizeit historische und naturkundliche Studien) 137
Schmitt, Cornel (1874-1958; D-Würzburg; Naturkundelehrer, Autor div. populärwissenschaftlicher und naturpädagogischer Schriften) 609f. [F.]
Schöpfer, Robert (1869-1941; Solothurn; Jurist, Kantons-, Regierungs- und Ständerat des Kt. Solothurn) 390
Schröter, Carl (1855-1939; Zürich; Prof. für spez. Botanik am Eidg. Polytechnikum, Mitgründer der Pflanzensoziologie, aktiv in Schweiz. Naturschutzkommission, Mitgründer des Schweiz. Nationalparks) 53, 87, 105, 179, 193 [F.], 224 [F.], 226, 322, 371-380, 408, 422, 449, 458f., 485, 498, 499 [Abb.], 506, 576, 590-593 [Abb.: 593], 596, 601, 612, 619f., 622, 629f.
Schulthess, Anton von (Rechberg) (1855-1941; Zürich; Arzt, Entomologe) 260f.
Schuster, Wilhelm (1880-1942; D-Mainz; Pfarrer, Entomologe, Ornithologe) 99
Schwingruber, Jost (1851-1931; Lugano; Buchhalter, Botaniker, Spezialist für Flechten und Moose, in regem Kontakt mit H. Schinz, C. Schröter) 376
Seiler, Jakob (Liestal; Buchbindermeister, Entomologe, zwischen 1901 und 1921 div. lokalfaunistische Publikationen in »Tätigkeitsberichte Naturf. Ges. Baselland«) 80, 300 [F.]
Seiler, Otto (Liestal; Sohn des Jakob, Postbeamter, Entomologe) 558
Siegfried, Hans (1837-1903; Winterthur, Bülach ZH; Kaufmann, nach Aufgabe des Geschäftes botanischer Privatgelehrter, Spezialist für Potentillen, die er in großem Massstab tauschte, anbaute und als Exsikkaten-Serie in den Handel brachte) 224-226, 256, 262, 282 [F.], 314-317, 327, 372 [F.], 377
Spörry, Hans (1858-1925; Zürich; Kaufmann, Sammler, Schriftsteller, beruflich mehrere Jahre in Japan, dort intensive Sammeltätigkeit von Alltagsobjekten v.a. aus Bambus) 349f.
Standfuss, Max (1854-1917; Zürich; Konservator und später Direktor des entomolog. Museums des Eidg. Polytechnikums, PD an Polytechnikum und Univ. Zürich, berühmte Zuchtexperimente mit Schmetterlingen, Präsident der Naturf. Ges. in Zürich) 53, 105f., 375f. [F.], 379f., 480, 622
Staudinger, Otto (1830-1900; D-Dresden; Lepidopterologe, Inhaber einer namhaften Insektenhandlung, Mitautor des Standardwerks »Catalog der Lepidopteren Europa's«, 1861) 173, 230-238 [Abb.: 230f., 237], 300

Stehlin, Hans Georg (1870-1941; Basel; Leiter der Abt. Paläontologie und vergl. Anatomie des Naturhist. Museums, Präsident der Museumskommission) 255

Steiger, Jakob Robert (1801-1862; Büron LU, Luzern; Arzt, liberaler Politiker und Freischärler, Autor mehrerer lokalfloristischer Werke) 94, 558

Stierlin, Robert (1862-1928; Sohn des Wilhelm Gustav; Winterthur, Spitaldirektor, Lepidopterologe, Autor von »Die Schmetterlingsfauna des Kantons Schaffhausen«, 1927) 520

Stierlin, Wilhelm Gustav (1821-1907; Schaffhausen; Arzt, Koleopterologe, Präsident der Naturf. Ges. Schaffhausen, Kurator des naturhist. Museums) 252 f.

Stierlin-Hauser, Robert (1844-1913; Rigi-Scheidegg LU; Hotelier, Panoramazeichner, Mäzen des Alpengartens auf Rigi-Scheidegg, Ehrenmitglied der Naturf. Ges. Luzern) 436, 438 [F.], 577

Stirnimann, Vinzenz (1850-1910; Luzern; Ingenieur, Bauinspektor der Stadt Luzern) 436

Streuli, Ernst (1871-1938; Uznach SG; Apotheker, Botaniker) 376

Strübin, Karl (1876-1916; Liestal; Bezirksschullehrer, geologische Forschungen zum Baselbieter Jura, Engagement für Inventarisierung und Schutz erratischer Blöcke) 617 [F.]

Studer, Bernhard (1847-1910; Bern; Apotheker, Vorstandsmitglied der Naturf. Ges. Bern, Mykologe) 377

Suidter, Otto (1833-1901; Luzern; Apotheker, Politiker, Richter, Präsident der Naturf. Ges. Luzern) 436

Thellung, Albert (1881-1928; Zürich; Mitarbeiter und Tit.Prof. am bot. Museum und Garten der Univ. Zürich, Spezialist für Adventivpflanzen) 469

Theobald, Gottfried Ludwig (1810-1869; Chur; in CH exilierter liberaler Landtagsabgeordneter aus Hessen, Naturwissenschaftslehrer an der Bündner Kantonsschule, Vorsteher der naturhist. Sammlung) 281, 428

Tripet, Fritz (1843-1907; Neuchâtel; Lehrer, später Prof. für Botanik an der Académie) 205 [F.]

Viollier, David (1876-1965; Vevey VD und Zürich; Archäologe, Vizedirektor des Schweiz. Landesmuseum in Zürich) 421 [Abb.]

Völlmin, Theodor (1840-1915; Gelterkinden BL; Landwirt und Posamenter, Botaniker) 372

Vorbrodt, Karl (1865-1932; Zürich, Lyss BE, Lugano TI; Instruktionsoffizier und Zeughausverwalter, Lepidopterologe, Verfasser d. Standardwerks »Die Schmetterlinge der Schweiz« 1912/14) 159 f., 181, 185, 207 [Abb.], 293, 300, 521

Wallace, Alfred Russell (1823-1913; britischer Naturforscher, Mitbegründer der Evolutionstheorie und Tiergeographie) 358

Walther, Heinrich (1862-1954; Luzern; Regierungs- und Nationalrat) 436

Wartmann, Bernhard (1830-1902; St. Gallen; Lehrer für Naturkunde an Kantonsschule St. Gallen, Vorsteher des naturhist. Museums, Präsident der St. Gallischen naturwissensch. Ges., Autor einer Kantonalflora) 132 [F.], 182, 280 [F.], 392

Waser, Otto (1870-1952; Zürich; Prof. für Klassische Archäologie an der Univ. Zürich, Vorstandmitglied der Zürcher Sektion der Schweiz. Ges. f. Volkskunde) 209

Weber, Jakob (1855-1932; Männedorf ZH; Sekundarlehrer, Bryologe) 377

Wegelin, Heinrich (1853-1940; Frauenfeld TG; Lehrer für Naturwissenschaft und Geographie an Kantonsschule Frauenfeld, langjähriger Kurator des naturhist. Museums sowie Präsident der Thurgauischen Naturf. Ges.) 26, 50 f., 60, 332-334, 349 [F.], 354 f., 371, 378 [Abb.], 379, 381, 408, 422, 431 [F.], 434, 440-443, 488, 527 [F.], 532 [F.], 552, 555, 587 f., 597-600, 605 f., 630

Wehrli, Eugen (1871-1958; Basel; Augenarzt, Lepidopterologe, Spezialist für die Familie der Spanner) 539, 544

Werndli, Wilhelm (1871-1917; Nassenwil ZH und Zürich; Lehrer, Spezialist für Pflanzengattungen Rosa, Rubus und Hieracium, enger Kontakt mit Herbar Univ. Zürich) 372

Werner, Alfred (1866-1919; Zürich; Prof. für Chemie am Eidg. Polytechnikum und Univ. Zürich) 53

Wetterwald, Xaver (1854-1930; Basel; Bezirks- und Realschullehrer, Pionier der schulischen Umweltbildung) 614 [F.], 616
Winkler, Robert (1861-1922; Luzern; Ingenieur, Direktor Pilatusbahn) 436, 438 [F.]
Wiskott, Max (1840-1911; Breslau/Wrocław; Inhaber graphische Kunstdruckanstalt, Lepidopterologe und herausragender Schmetterlingssammler) 236 f., 375 [F.]
Wolf, Theodor (1841-1924; D-Dresden; Privatgelehrter, Geologe und Botaniker, Monograph der Gattung Potentilla) 294, 316 f.
Wossidlo, Richard (1859-1939; D-Waren a. d. Müritz; Gymnasiallehrer und Mitbegründer der deutschsprachigen Volkskunde) 214
Wüest, Friedrich (1843-1902; Luzern; Architekt, Politiker, Direktor Gotthardbahn) 436
Wullschlegel, Arnold (1849-1912; Martigny VS; Entomologe, Insektenzüchter und -händler) 239 [Abb., F.]
Wullschlegel, Jakob (1818-1905; Lenzburg AG; Rektor der Mädchenbezirksschule, Lepidopterologe, Ehrenmitglied der Schweiz. Entomolog. Ges.) 157

Zeller, Philipp Christoph (1808-1883; Stettin/Szczecin; Lehrer, Entomologe, Spezialist für Kleinschmetterlinge) 520
Zimmerli-Glaser, Jakob (1863-1940; Luzern; Hotelier, Jurist und Politiker) 436
Zimmeter, Albert (1848-1897; A-Innsbruck; Ober-Realschullehrer, Botaniker, Monograph der Gattung Potentilla) 262, 327
Zschokke, Friedrich (1860-1936; Basel; Prof. für Zoologie und vergl. Anatomie an der Univ. Basel) 255 [F.], 402-404, 408

Dank

Meine vorliegende Dissertation hätte ich nicht schreiben können ohne die- vielfältige Unterstützung einer Vielzahl von HelferInnen und GesprächspartnerInnen. Diesen allen – auch jenen, die in der folgenden Aufzählung vergessen gegangen sind oder nicht namentlich genannt werden – gilt mein großer Dank. Zuvorderst danken möchte ich meinen beiden Dissertationsbetreuern Thomas Hengartner vom *ISEK – Populäre Kulturen* der Universität Zürich und Philipp Sarasin von der *Forschungsstelle für Sozial- und Wirtschaftsgeschichte* der Universität Zürich. Sie ließen meinen Forschungen immer große Freiheit und bedachten diese in den wichtigen Momenten stets mit den entscheidenden Winken und umsichtiger Unterstützung. Maßgebliche Hinweise für die Ausrichtung meiner Studie verdanke ich ebenso Ueli Gyr, Alfred Messerli, Kaspar Maase, Friedemann Schmoll, Jakob Tanner und Michael Hagner, die mir in längeren oder kürzeren Diskussionen wertvolle Gesprächspartner waren. Rolf Rutishauser vom *Institut für Systematische Botanik* der Universität Zürich war über die Jahre stets ein interessierter und anregender Gesprächspartner, der mir zudem verschiedentlich mit botanischem Fachwissen unter die Arme griff. Christoph Schmitt von der Universität Rostock schulde ich Dank für intensive Gespräche und freundliche Gastgeberschaft. Den LeiterInnen und KollegiatInnen des Graduiertenkollegs des *Zentrum Geschichte des Wissens* von Universität und ETH Zürich verdanke ich vielfältige Anregungen wie vergnügliche Momente, besonderer Dank gilt Anna Joss, die in Diskussionen über materielle Wissenskulturen und vieles mehr ein geistreiches Gegenüber war und ist. Meinen KollegInnen vom *ISEK – Populäre Kulturen* der Universität Zürich danke ich für die stets freundschaftliche und befruchtende Atmosphäre. Ebenso geht mein Dank auch an jene zahlreichen weiteren KollegInnen, die mein Projekt mit Literaturhinweisen, Gesprächen, Kontaktvermittlungen, Einladungen zu Präsentationen etc. unterstützt haben.

Für ihre engagierte Unterstützung meiner Archivrecherchen danke ich den LeiterInnen sowie den Mitarbeitenden der Bibliothek des Botanischen Gartens der Universität Zürich, des Bündner Naturmuseums, des Naturmuseums Solothurn (spezieller Dank an Silvan Thüring), des Naturmuseums Thurgau (spezieller Dank an Barbara Richner), des Naturmuseums Luzern sowie der Staatsarchive Basel-Landschaft (spezieller Dank an Regula Nebiker), Graubünden und Zürich.

Für das zeitintensive und präzise Gegenlesen und Kommentieren meines Manuskripts danke ich Peter-Paul Bänziger, Simon Graf und Reto Plattner ganz herzlich, Gleiches gilt für Florian Wegelin, der in unzähligen Tages- und Nachtstunden mein Abgabemanuskript äußerst attraktiv gelayoutet hat.

Beim Schweizerischen Nationalfonds bedanke ich mich für den geleisteten Publikationsbeitrag, welcher die Herstellung dieses Buches mit ermöglichte.

Beim Wallstein Verlag bedanke ich mich für die Aufnahme in das ansprechende Verlagsprogramm und bei Diane Coleman Brandt für ihre sorgfältige Betreuung meines Manuskriptes.

Meinen Eltern, sowohl meiner 2010 verstorbenen Mutter Margrith wie meinem Vater Hans Scheidegger, danke ich für ihre liebevolle Unterstützung, die sie mir zukommen ließen und lassen. Sibylle Künzler verdanke ich inspirierenden Austausch, ermutigenden Zuspruch, gelassene Auszeiten, einen freien Rücken zur rechten Zeit und noch vieles mehr, als auf solch kurzen Zeilen Platz findet. Amalia danke ich für ihre Freude an der Welt, die sie tagtäglich mit uns beiden zu teilen weiß.

Ich widme das Buch Attilio Brenna, der mir die Vogelwelt näherbrachte ebenso wie die Kunst wohlformulierter politischer Polemik.

Ausführliches Inhaltsverzeichnis

Einleitung 7

Einstieg ins Feld 7 | *Terminologische Klärungen* 10 | *Petite Science: Konturen eines Wissenschaftsmodus* 25 | *Theoretische Horizonte* 34 | *Methodologische Erwägungen und Begründung des Quellenkorpus* 40 | *Kapitelübersicht* 55

1. Ein Wissen der Dinge: Sammeln und Objektpraktiken 59

1.1 Fixierte Natur: Ontologie und Epistemik der Sammlungsdinge 61

Künstlich gemachte Naturdinge 61 | *Sammlungsdinge als Zeichen* 66 | *Sammlungsdinge als Arbeitsobjekte* 70 | *Fixierte Naturdinge: Fazit* 76

1.2 Dingpraktiken der Petite Science 77

Sammlungstypen der Petite Science 77 | *Floristische und faunistische Belegsammlungen* 77 | *Liebhabersammlungen* 82 | *Taxonomische Sammlungen* 84 | *Zur Wissenschaftlichkeit anleiten: Naturkundliche Ratgeberliteratur* 86 | *Handhaben und Teilhaben: Dingtugenden als Zugehörigkeitskriterium* 92 | *Spezifische Dingpraktiken: Fazit* 105

1.3 Vergnügliche Dinge: Natursammeln als Hobby und Konsumkultur 108

Sammlungskonjunktur im ausgehenden 19. Jahrhundert 108 | *Sammeln zwischen Bastelei und Kommerzialisierung* 118

2. Listen des Lokalen: Floren und Faunen als Wissensformate 129

2.1 Verortung und Umrisse eines Wissensformats 131

Zur Konjunktur lokaler Naturinventare im 19. Jahrhundert 131 | *Verwandte Verzeichnisse: Meteorologische und phänologische Messreihen* 136 | *Bewegliche Grenzen: Die Relativität des Lokalen* 138 | *August Binz'* Flora von Basel*: Zum Aufbau eines typischen Lokalkatalogs* 141

2.2 Heterogene Listen: Zur medialen Struktur der Floren und Faunen 146

Listen und die Ordnung der Welt: Theoretische Annäherungen 146 | *Raumzeitliche Anschlussfähigkeit: Zur Historizität des Katalogisierens* 149 | *Anschlussfähigkeit von Dingen und Daten: Lust und Logik des*

Inventars 162 | *Stabilisierung des Dynamischen: Leerstellen, Ergänzungen und Karteien* 170 | *Geschichtete Listen: Fazit* 179

2.3 Lokalkataloge als Forschungsprogramm 180

Lückenhafte Listen: Vervollständigungsappelle und zukünftige Datenauswertung 180 | *Vereinigt durch die Liste: Kataloge als Medium kollektiver Forschung* 188 | *Lokalkataloge als Forschungsprogramm: Fazit* 195

3. Zirkulierende Objekte und soziale Beziehungen 199

3.1 Kollektive Dingzirkulation 201

Von der einen Hand zur andern: Lesezirkel 201 | *Einer für alle, alle für einen: Tauschkreise* 204 | *Wissen aufrufen: Fragebögen und Sammelappelle* 206 | *Gemeinschaftliche Zirkulation: Fazit* 217

3.2 Kauf und Tausch von Naturdingen 221

Sammler als Gelegenheitshändler 221 | *Kommerzieller Naturalienhandel* 227 | *Privater Tausch und Einkauf* 235 | *Kaufen und Tauschen: Fazit* 239

3.3 Gabenökonomien der Petite Science 240

Kleine Geschenke erhalten die Gesellschaft: Theorien der Gabe 240 | *Dr. Probsts Präsente: Zwei Fallbeispiele zur Gabenökonomie* 243 | *Weitere Formen der Gaben: Verpackungen* 252 | *Sonderdrucke* 254 | *Danksagung* 255 | *Widmung von Speziesnamen* 256 | *Sammlungsrevisionen und Leihgaben* 257 | *Vermittlung von Zugängen* 261 | *Güterbewegungen und die soziale Kraft der Gabe: Fazit* 263

4. Ordnung Macht Zugehörigkeit 265

4.1. Brügger versus Gremli: Ein Wissenschaftsstreit 266

Christian G. Brügger und August Gremli: Die Protagonisten 266 | *Umstrittene Beobachtungen: Brüggers Publikation und Gremlis Kritik* 272 | *Babylonische Bastarde: Brügger als Häretiker der botanischen Nomenklatur* 278 | *Brügger im Abseits: Infragestellung von Ordnungskategorien und verwehrte Teilhabe* 289 | *Gremlis* Excursionsflora *als verdinglichte Ordnungsmacht* 296

4.2 Soziale Stellung und Positionen zur Polemik. 303

Zutrittskontrolle: Glaubwürdigkeit und Grundlagenforschung 303 | *Loyalitäten in Stresstest: Positionsbezüge in Brüggers Umfeld* 307 | *Forschen in der Peripherie: Johan Luzius Krättli* 308 | *Allein unter Männern: Maria Gugelberg von Moos* 310 | *Selbstbewusstsein des autodidaktischen Spezialisten: Hans Siegfried* 314 | *Neutralität der akademischen Institution: Jakob Jäggi* 317

4.3 Ordnungsmacht und Zugehörigkeit: Epilog und Fazit 320

Das traurige Ende zweier Kontrahenten: Epilog 320 | *Brüggers umstrittene Bastarde: Fazit* 323

5. Institutionen und Akteure der Petite Science 329
5.1 Akteure an institutionellen Schnittstellen. 330

Manager der Lokalforschung: die naturkundlichen Zentrumsakteure 330 | *Fünf Forscher: Beispielhafte Biographien naturkundlicher Zentrumsakteure* 332 | *Öffentlichkeit und Ressourcen als strategische Mittel* 336

5.2. Lokale Naturmuseen 340

Geschichte kleinstädtischer Naturmuseen in der Schweiz 340 | *Fokussierung aufs Lokale: Inhalte und konzeptionelle Entwicklungen* 347 | *Bühne und Gravitationszentrum: Museen im Dienst der Zentrumsakteure* 361 | *Umschwärmte Häuser: Museen als Erweiterung privater Sammlungen* 366 | *Die letzten Dinge: Museen und private Sammlungsnachlässe* 368 | *Mitgift: Austausch mit großstädtischen Museen und Hochschulen* 373 | *Museum als Bühne und Ressource: Fazit* 380

5.3 Schulen. 381

Geschichte des Naturkundeunterrichts in der Schweiz 382 | *Anschauungsunterricht als pädagogisches Ideal* 386 | *Schüler als Hilfskräfte und geförderte Nachwuchswissenschaftler* 389 | *Treue Mitstreiter: Beschenken und Belehren der Dorfschullehrer* 393 | *Sozialprestige und Beheimatung: Motive der forschenden Dorfschullehrer* 396 | *Forschung am Gymnasium: Lehrerkollegium als Wissenschaftsöffentlichkeit* 399 | *Zu Höherem berufen: Forschung als Karrierestrategie der Zentrumsakteure* 402 | *Schulen als Schaltstellen und Karrierestufen: Fazit* 409

5.4 Naturforschervereine,
bürgerliche Netzwerke und Behörden 410

Geschichte und Bedeutung der kantonalen Naturforschenden Gesellschaften 410 | *Vereine als Resonanzraum: Vorträge und Zeitschriften* 416 | *Vereine als Bühnen der Selbstdarstellung und Orte der Geselligkeit* 419 | *Netzwerke bürgerlicher Vereinsöffentlichkeit* 423 | *Naturforscher als Staatsdiener: Gutachtertätigkeiten* 429 | *Im ganzen Land bekannt: Medienöffentlichkeit der Zentrumsakteure* 432 | *Vielfältig vernetzt: Bachmanns Vierwaldstättersee-Projekt als Fallbeispiel* 435 | *Vereine als Netzwerke: Fazit* 438

5.5 Institutionen und Akteure: Rückblick 440

6. Landschaft zwischen Erkenntnis und Erlebnis 445
6.1 Landschaft als Ort der Erkenntnis 446

Mit Darwins Augen: Zum Stellenwert lokaler Besonderheiten 446 | *Wider das Labor: Lokalität als Legitimation der Feldforschung* 450 | *Landschaft als Labor: Die Wiederentdeckung der Feldforschung um 1880* 457 | *Evolutionistisch inspirierte Forschungspraktiken der Petite Science* 460 | *»Eigentümliche Lineamente der Verbreitung«: Biogeographie* 460 | *Fröhliche Freisetzungswissenschaft: Akklimatisierungsversuche* 461 | *»Eine australische Niederlassung in Derendingen«: Adventivfloristik* 468 | *Landschaft als epistemischer Ort: Fazit* 472

6.2 Lokalforschung und Entstehung des Naturschutzes 474

Lieblingsorte und ausgetretene Pfade 474 | *Archipele der Aufmerksamkeit* 478 | *Im Schatten der Alpen: mittelländische Naturschutzpioniere* 482 | *Landschaftswissen, Inventar und Naturschutz: Fazit* 488

6.3 Landschaftsgänge: Auf Exkursion 490

Handlungs- und Vorstellungsraum: Zum Landschaftsbegriff 490 | *Dürftige Spuren: Zur Quellenlage der Exkursionspraxis* 492 | *Landschaft als Freiraum* 494 | *Männliche Seilschaften: Exkursionen und Ausschluss der Frauen* 500 | *Gemeinsam im Feld: Integration durch Exkursionen* 506 | *Landschaft als Handlungsraum: Fazit* 508

6.4. Naturforscher als Landschaftsproduzenten 509

Erschließung und Ausrüstung: Herstellung der Freizeitlandschaft 509 | *Naturkundliche Pilgerreisen: Sammeltourismus und Exkursionsberichte* 517 | *Mentale Erschließung der Landschaft: Mythos des alpinen Südens* 521 | *Landschaftsproduktion durch Naturforscher: Fazit* 524

7. Petite Science als Heimwissenschaft und Heimatmaschine 527
7.1 Forschung im trauten Heim: Heimwissenschaft 528

Studierzimmer: Zur historischen Verortung eines Raumtypus 528 | *»Wissenschaft« darstellen: Selbstinszenierung im Studierzimmer* 532 | *A room of man's own: Studierzimmer als Klause des Naturforschers* 542 | *Naturhaushalt: Freizeitwissenschaft und familiäre Sphäre* 547 | *Lebenskunst des Überschaubaren: Kontemplation mittels Sammlung und Garten* 553 | *Heimwissenschaft: Fazit* 562

7.2 Lokalforschung als Heimatmaschine 566

Das Heimatensemble auf dem Burghügel 566 | *Der Alpensteingarten: Ideologische Fundamente der Heimat* 568 | *Der Schulteich: Ökologie als Denkrahmen der Heimat* 582 | *Das Schulhaus: Heimatagentur und Bastion der Petite Science* 601 | *Lokalforschung als Heimatwissenschaft: Fazit* 616

Schluss 621

Quellen- und Literaturverzeichnis 635

Archivalische Quellen (Handschriften, Nachlässe) 635 | *Gedruckte Quellen* 638 | *Verwendete Literatur* 649

Abbildungsnachweise 673

Kapitel 1 673 | *Kapitel 2* 674 | *Kapitel 3* 675 | *Kapitel 4* 676 | *Kapitel 5* 676 | *Kapitel 6* 677 | *Kapitel 7* 678

Anhang: Zusammenstellung von deutschsprachigen Titeln naturkundlicher Anleitungsliteratur 681

Personenregister 691

Dank. 701

Ausführliches Inhaltsverzeichnis 703

Bibliografische Information der Deutschen Nationalbibliothek
Die Deutsche Nationalbibliothek verzeichnet diese Publikation
in der Deutschen Nationalbibliografie;
detaillierte bibliografische Daten
sind im Internet über http://dnb.d-nb.de abrufbar.

www.wallstein-verlag.de
Vom Verlag gesetzt aus der Aldus nova Pro.
Umschlaggestaltung: Susanne Gerhards, Düsseldorf,
unter Verwendung einer Fotografie aus dem Nachlass Franz Leuthardts
aus dem Staatsarchiv Basel-Landschaft (siehe Abbildungsnachweis, Abb. 6.6).
Druck: Hubert & Co, Göttingen
ISBN 978-3-8353-1997-4